$\frac{2}{200}$

Pio Fioroni

Allgemeine und vergleichende
Embryologie
der Tiere

Ein Lehrbuch

Mit 145 Abbildungstafeln und 89 Tabellen

Springer-Verlag
Berlin Heidelberg New York
London Paris Tokyo

Professor Dr. Pio Fioroni
Westfälische Wilhelms-Universität
Zoologisches Institut
Lehrstuhl für Spezielle Zoologie
Hüfferstraße 1
4400 Münster (Westf.)

ISBN 3-540-17225-4 Springer-Verlag Berlin Heidelberg New York
ISBN 0-387-17225-4 Springer-Verlag New York Berlin Heidelberg

CIP-Kurztitelaufnahme der Deutschen Bibliothek
Fioroni, Pio
Allgemeine und vergleichende Embryologie
der Tiere: e. Lehrbuch / Pio Fioroni.
Berlin; Heidelberg; New York; London; Paris;
Tokyo: Springer, 1987.
ISBN 3-540-17225-4 (Berlin . . .)
ISBN 0-387-17225-4 (New York . . .)

Zeichnungen: Klaus Moths, Münster.
Satz und Bindearbeiten: Appl, Wemding. Druck: aprinta, Wemding.
2131/3130-543210

Meinen Studenten gewidmet

Vorwort

Namentlich im angloamerikanischen Sprachbereich sind in den letzten Jahren manche gute Embryologiebücher erschienen. Diese jedoch betonen in der Regel – entsprechend der derzeitig herrschenden Strömung – in großem Maße die molekularbiologisch und entwicklungsphysiologisch orientierten Zugänge zur Entwicklung, während die Darstellung der eigentlichen Morphogenese mit ihren morphologischen Basen und besonders die vergleichende Embryologie weniger zum Zuge kommen.

Das vorliegende Buch möchte helfen, diese Lücken auszufüllen. Es ist stark auf die Behandlung von Fragen der speziellen und vergleichenden Entwicklungsgeschichte ausgerichtet, bietet aber zusätzlich in den einleitenden Kapiteln (vor allem Kap. 4 und 5) eine freilich kurze Einführung in die allgemeine Embryologie. Diese ist im Hinblick auf den morphologisch orientierten Grundcharakter des Buches recht allgemein gehalten und verzichtet namentlich auf eine intensivierte Darstellung der in den oben genannten Lehrwerken ja reichlich berücksichtigten biochemischen, molekularbiologischen und genetischen Aspekte der Ontogenese. Auch die entwicklungsphysiologisch ausgerichteten Abschnitte bieten nur das zum tieferen Verständnis der Morphogenese unbedingt Notwendige.

Dagegen werden neben den morphogenetischen Abläufen (Kap. 7ff.) auch die „Umwege der Entwicklung" (Kap. 12) und die embryonale Ernährung (Kap. 13) unter Mitberücksichtigung von ökologischen und phylogenetisch ausgerichteten Fragestellungen (u.a. Kap. 14 und 15) intensiver behandelt.

Darüber hinaus werden auch einige in Embryologiebüchern öfter weggelassene Themenkreise wie Regeneration (Kap. 4.3), Fortpflanzungsweisen (Kap. 6), Altern (Kap. 11) und Mißbildungen (Kap. 5.11) kurz vorgestellt.

Die den Ablauf der Entwicklung beschreibenden Kapitel (Kap. 7-11) folgen primär den einzelnen Entwicklungsphasen. Doch wird in jedem Kapitel der allgemein sowie vergleichend gehaltene Teil von speziellen Abschnitten begleitet. Diese schildern, damit das Buch auch als Hilfe bei Embryologiekursen mit verwendet werden kann, jeweils vornehmlich die Verhältnisse bei den in solchen Praktika am häufigsten vorgestellten Ontogeneseabläufen. Im weiteren reiht Tabelle 88 das an unterschiedlichen Stellen des Buches über die verschiedenen Tiergruppen Erwähnte mittels der Angaben der Abbildungsnummern chronologisch auf; so wird dem Leser ermöglicht, diese Entwicklungen gleichsam durch das Buch hindurch verfolgen zu können. In Tabelle 89 gilt dies entsprechend für den Text und die Tabellen, wobei indessen nur die in der Regel in embryologischen Praktika behandelten Tiergruppen berücksichtigt worden sind.

Der Umfang des zu beschreibenden Forschungsgebietes bzw. die beschränkte Seitenzahl dieses Buches bedingen sehr viele, auch dem Autor schmerzlich bewußte Auslassungen oder zwingen diesen zu einer manchmal recht kondensierten und zudem teilweise bewußt etwas subjektiven Darstellungsweise. Besonders unbefriedigend ist es außerdem, daß die oft so aufschlußreichen „Ausnahmen von der Regel" nicht gebührend gewürdigt werden können und daß für Manches unter arger Qual der Wahl nur ein exemplarisches Beispiel gegeben werden kann.

Bei dem so wichtigen, der Bildung der Körpergrundgestalt gewidmeten Kapitel ist der Betrag des nicht Behandelten besonders hoch. Der Grund liegt u.a. darin, daß der Autor nicht darauf verzichten wollte, auch die übrigen Abschnitte der Ontogenese (vor allem die Kap. 7, 8 und 10) in vergleichbarer Intensität zu schildern, was entsprechend zur räumlichen Beschränkung im Gastrulationskapitel führen mußte.

Ebenfalls aus Platzgründen erwies es sich als nicht realisierbar, die unzähligen Embryologen und Verfasser von Spezialarbeiten namentlich zu nennen. Nur wenige, historisch bedeutsame Namen von Embryologen werden zitiert. Dies erscheint als umso berechtigter, als ja die heute selbstverständlichen Erkenntnisse meist das gemeinsame Produkt der Arbeit vieler Gelehrter darstellen.

Auch das sicher subjektiv ausgewählte, indessen ein intensiviertes Literaturstudium ermöglichende Literaturverzeichnis (vgl. Kap. 16) ist entsprechend relativ kurz gehalten. Embryologisches Wissen beruht im wesentlichen auf Anschauung; deshalb ist unser Buch stark optisch orientiert und durch eine große Zahl von einheitlich ausgeführten Abbildungen ausgezeichnet. Auf fotografische Dokumentation wurde nicht zuletzt aus Kostengründen verzichtet. Die Abbildungen stellen in der Regel – meist anhand von Teilbildern – einen Themenkreis vergleichend dar; sie gehen dabei manchmal über die Aussagen des Textes hinaus. Ihre intensive Durcharbeitung sei deshalb dem Studierenden empfohlen; die nur in Form von Abkürzungen gegebenen Bildbeschriftungen erleichtern dabei die Selbstprüfung seines Wissens. Die weniger häufig bzw. nur einmal verwendeten Abkürzungen sind den jeweiligen Abbildungslegenden direkt beigefügt; die immer wieder vorkommenden Abkürzungen finden sich dagegen am Ende des Buches in einem ausfaltbaren Sammelverzeichnis.

Entsprechend der Ausrichtung der Abbildungen auf Themenbereiche können einige Teilbilder in gleicher oder zumindest verwandter Gestaltung mehrmals auftreten, was dem Leser auch in optischer Hinsicht hilft, Querverbindungen herzustellen.

Aus Vergleichsgründen sind auf den Bildern die Keimblatt-Derivate stets gleich gehalten. Schwarze bzw. bei räumlichen Darstellungen sehr dichte Punktierung gilt für entodermale, lockerer gepunktete Signatur für mesodermale und eine helle Fläche jeweils für ectodermale Abkömmlinge. Die neurectodermalen Elemente des Nervensystems sind jeweils dick umrandet. Zur Darstellung des Dotters, ohne Rücksicht darauf wie im Einzelfall seine Detailstruktur auch sein mag, wird aus Vergleichsgründen stets die gleiche, leicht unregelmäßige Punktierung gewählt.

Diese Vereinheitlichung bedingte auch, daß die aus unterschiedlichsten Quellen stammenden Teilbilder fast ausnahmslos angepaßt und verändert werden mußten. Unter anderem, ebenfalls zur leichteren Vergleichbarkeit, sind – unbeschadet der natürlichen Größenverhältnisse – die Teilbilder einer Abbildung jeweils etwa auf gleiche Größe gebracht.

Die zahlreichen Tabellen erweitern entweder den Text oder aber fassen wichtige Themenbereiche in übersichtlicher Form zusammen. Sie verstärken deshalb, ähnlich wie die Abbildungen, die Aussagekraft des Textes ganz wesentlich und erfordern dementsprechend ein tiefer führendes Studium.

Jeder Embryologe hat sich mit dem Problem der Schreibweise der wissenschaftlichen Fachausdrücke auseinanderzusetzen. Der Autor möchte hier für eine gewisse Toleranz eintreten. Ob man etwa die sekundäre Leibeshöhle als „Zölom", „Zoelom", „Cölom" oder „Coelom" bezeichnet, erscheint ihm weniger wichtig, als daß man über deren Entwicklung umfassend Bescheid weiß.

Das vorliegende Buch unterscheidet sich somit im Hinblick auf seine besondere Art der Illustrierung, seine Gliederung und seine Schwerpunktsetzung wesentlich von den heute gängigen Lehrbüchern. Dies gilt auch hinsichtlich des so trefflichen *Lehrbuch der vergleichenden Entwicklungsgeschichte der Tiere* des 1985 allzufrüh verstorbenen Kollegen Siewing, dem der Autor während vieler Jahre fachlich und freundschaftlich sehr verbunden war. Die Berücksichtigung weiterer Literatur beim Embryologiestudium sei darum den Studierenden nicht zuletzt aus diesen Gründen sehr empfohlen.

Dankbar ist der Autor seinen Kollegen und Mitarbeitern, die ihm mündlich und durch ihre Arbeiten im Laufe der Jahre viele Einblicke, Anregungen und Kenntnisse vermittelt haben. Der Dank schließt aber auch die vielen Basler und Münsteraner Studenten ein, denen dieser Band gewidmet ist. Sie haben nicht zuletzt durch ihre manchmal „unverbrauchten" und unkonventionellen Fragen den Autor oft zu ergiebigem Nachdenken gebracht sowie ihm ermöglicht, manche Unterrichtserfahrungen in den Buchtext einfließen zu lassen. Der Verfasser bittet all diese Mitstreiter auf dem Felde der Embryologie, ihn auf die im vorliegenden Buch sicher auftretenden Fehler und unzureichenden Darstellungen aufmerksam zu machen.

Besonders verpflichtet ist der Autor Herrn Dr. D. Czeschlik und den anderen verantwortlichen Mitarbeitern des Springer-Verlages. Sie haben es ihm gestattet, das Buch weitgehend nach seinen Vorstellungen zu gestalten. Seiner Sekretärin, Frl. S. Hodt, sei für ihre unermüdliche Hilfe beim Abschreiben des Manuskriptes und bei den vielen weiteren technischen Arbeiten gedankt. Besonders hervorzuheben ist schließlich der wissenschaftliche Zeichner, Herr Klaus Moths. Er ging anläßlich der mehrjährigen Arbeit an den Embryologietafeln stets bereitwillig auf die manchmal nicht leicht zu befriedigenden Gestaltungswünsche des Autors ein und hat an den vorliegenden Abbildungen als Endprodukten unserer gemeinsamen Bemühungen entscheidenden Anteil.

Viele Embryologen und entsprechend ihre Werke sind – wie eingangs erwähnt – heute stark molekularbiologisch orientiert. Es ist unser besonderes Anliegen, in diesem Buch die ganze Breite der embryologischen Wissenschaft aufzuzeigen und auf die in allen Teildisziplinen vorhandenen großen Wissenslücken aufmerksam zu machen. So stellen u. E. die gesamte Entwicklungsgeschichte und nicht nur gewisse Teildisziplinen eine aktuelle Wissenschaft dar. Wenn es diesem Buch gelänge, seine Leser auch für die zur Zeit weniger beachteten Probleme der speziellen und vergleichenden Embryologie interessieren oder gar begeistern zu können, so wäre sein schönstes Ziel erreicht.

Münster, Frühjahr 1987   PIO FIORONI

Inhaltsverzeichnis

Verzeichnis der mehrfach in den Abbildungen
auftretenden Abkürzungen als Faltblatt am hinteren
Einbanddeckel

1 Embryologie als Wissenschaft

1.1 Geschichte

Die Geschichte der embryologischen Wissenschaft ist derart umfangreich, daß hier nur einige Teilaspekte in sehr subjektiver Weise kurz beleuchtet werden können.

Wichtigste Voraussetzung zu genaueren embryologischen Untersuchungen war das Mikroskop. Bereits um 1670 wurden durch Swammerdam, Hamm, Hartsoeker und vor allem Leeuwenhoek Ei- und Samenzellen damit gesehen, wenn auch unter dem Einfluß der von Malebranche (1688) begründeten **Praeformationslehre** oft mißdeutet. Die Praeformisten nahmen an, daß alles im Spermium (Animalkulisten) bzw. in der Eizelle (Ovulisten) vorgebildet sei. Entsprechend wurden etwa ganze Embryonen als Homunculi in Spermienköpfe eingezeichnet. Im Extrem führte diese Auffassung bei den Ovulisten zur Einschachtelungstheorie; sie postulierte, daß die ganze Menschheit bereits im Ovar der Urmutter Eva in gleichsam eingeschachtelter Form vorgebildet gewesen sei.

Bedeutendster Vertreter der Ovulisten war Harvey (1651) mit seinem embryologisch so bedeutsamen Satz „ex ovo omnia" (Alles - auch der Mensch - entsteht aus der Eizelle). Wolff (1768/69) war ein Vorkämpfer der **Epigenese;** er studierte die Hühnchenentwicklung und stellte fest, daß die Organe entgegen der klassischen Praeformationsauffassung nicht schon im Ei enthalten sind, sondern sukzessive gebildet werden. Zudem zeigt seine lateinisch geschriebene Arbeit erste Andeutungen der **Keimblattlehre.**

Diese feierte ihren Durchbruch mit der in Deutsch gehaltenen Hühnchenstudie von Pander (1817). Später - etwa ab der Jahrhundertmitte - wurde dank einer Reihe von vorzüglichen embryologischen Untersuchungen an Vertebraten und den verschiedensten Evertebraten (z. B. durch Rathke, Remak, Huxley, Kowalewsky, Lankester, Metschnikoff, Fol und viele andere), die eine vergleichende Embryologie ermöglichten, der Keimblattbegriff weiter popularisiert.

Zudem förderten diese Studien die seit Goethe aktivierte Suche nach dem Urtypus. Haeckel, dem wir auch die Begriffe „Ontogenie" und „Phylogenie" verdanken, stellte diesen in seiner **Gastraeatheorie** (1860ff.) als Invaginationsgastrula („Gastraea") dar. Sein Gedanke, daß der urtümliche Gastrula-Zustand in der Entwicklung der höheren Tiere rekapituliert würde, führte zur Aufstellung des **biogenetischen Grundgesetzes** (S. 386) und zur Rekapitulationsidee. Ähnliche, zum Teil auch modifizierte Gedanken wurden indes schon von Meckel (1821), von Baer (1828) sowie von Müller (1864) u. a. ausgesprochen. Von Baer stellte u. a. fest, daß in der Entwicklung nicht ehemalige Adultzustände, sondern frühe Entwicklungsstadien rekapituliert würden. Entgegen der Haeckelschen Gastraea sah Lankester in der Planula den Grundtyp der Metazoen. Innerhalb der Protostomierlarven wurde durch Hatschek (1878) der Trochophora eine ähnliche Rolle zudiktiert.

Man beachte, daß bis zum Jahre 1838/39 der **Begriff der Zelle,** der damals durch Schwann und Schleiden praktisch gleichzeitig für Tiere und Pflanzen eingeführt wurde, unbekannt war. Kölliker stellte 1844 fest, daß das „Ei" ebenfalls eine Zelle ist. Dessen dominierende Rolle für die Entwicklung wurde freilich schon früher betont. Redi (1670) und Spallanzani (1786) wandten sich gegen die Auffassung einer Urzeugung und setzten sich mit dem schon zitierten Harvey dafür ein, daß alles Leben - auch bei niederen Tieren - aus Eiern entstünde.

Die genauere Beschreibung von Besamung und **Befruchtung** beim Seeigel ist den Brüdern Hertwig 1875 zu verdanken. Etwa ab 1883/84 wurde durch Hertwig, Strassburger, Roux, Boveri u. a. die Rolle der Chromosomen als Träger der Vererbung und kurz darauf die Bedeutung der Meiose (Weismann 1885/87) klargestellt.

Bis etwa zur Wende zum 20. Jahrhundert war die Embryologie, die um diese Zeit in den zahlreichen Arbeiten über Zellstammbäume einen ihrer Höhepunkte erlebte, vornehmlich deskriptiv und vergleichend orientiert. Obwohl bereits Trembley 1744 mit seinen Regenerationsexperimenten an *Hydra* experimentell gearbeitet und Saint-Hilaire 1820 Mißbildungen auf Entwicklungsstörungen zurückgeführt hatte, können erst Boveri und besonders Roux mit seiner „Entwicklungsmechanik" gegen Ende des 19. Jahrhunderts als Begründer der modernen **Entwicklungsphysiologie** bezeichnet werden.

Roux suchte nach kausalen, faßbaren Ursachen des Entwicklungsgeschehens und wandte sich damit gegen die zum Neovitalismus führende Entelechie von Driesch, die als Lenkung der Morphogenese ein nicht materielles Agens annahm. Eine Vielzahl von Experimenten – z. B. Spemann (1897ff.) viele andere an Amphibien, die Schulen von Driesch (1891ff.), Hörstadius (1925ff.), Runnström (1914ff.) u.a. an Seeigeln – führten zur faktischen Bestätigung von Begriffen wie Mosaik- und Regulationsentwicklung, Induktor- und Organisationswirkungen etc.

Heute ist die Entwicklungsphysiologie ein riesiges Forschungsfeld geworden. Sie wurde bald schon auch als chemische bzw. „physiologische" Embryologie (Lehmann) betrieben und fand in Brachet, Needham, Raven, Weber und vielen anderen hervorragende Spezialisten. Zu den Methoden der Gewebekultur, der Immunologie und Endokrinologie traten in neuester Zeit die Zellfusion und die durch Briggs und King, Gurdon u.a. (1952ff.) begründete Methode des Kerntransfers (S. 54). In allerneuester Zeit ist es sogar gelungen, durch Kombination von Blastocystenzellen Chimaeren aus Schaf und Ziege zu erzielen, die vor allem chimaerenhaft verteilte Fellpartien aufweisen. Des weiteren arbeitet der Entwicklungsbiologe oft mit den Molekularbiologen und den Genetikern zusammen. Gerade durch diese Kollaboration hat die durch Mendel (1866) begründete und durch die um die Jahrhundertwende erfolgte Einführung von *Drosophila* als Versuchsobjekt (Castle, Morgan u.a.) popularisierte Genetik in neuerer Zeit weitere Betätigungsfelder gefunden.

1.2 Thematik

Die Embryologie untersucht vornehmlich die ontogenetische, zur Erreichung einer bestimmten Adultform führende Entwicklung; die Analyse der phylogenetischen Entwicklung oder der Evolution kann sich zwar anschließen; doch ist letztere Hauptobjekt der Evolutionsforschung.

Die deskriptive Embryologie ist dem Entstehen der tierischen (bzw. pflanzlichen) Struktur (= Strukturanalyse) sowie der Analyse der Morphodynamik [Lehmann (= Bewegungsanalyse)] verpflichtet. Sie kann als allgemeine Embryologie diese Abläufe generell, als spezielle Embryologie für bestimmte Arten bzw. Tiergruppen darstellen, während die vergleichende Embryologie unterschiedliche Ontogenesen miteinander vergleicht und auch dahin tendiert, Rückschlüsse auf phylogenetische Aspekte zu gewinnen.

Die kausale Embryologie oder Entwicklungsphysiologie betreibt Funktions- und Kausalanalyse und stellt die Frage nach den die Entwicklung determinierenden Faktoren.

Die phylogenetisch ausgerichtete Embryologie schließlich sucht durch Evolutionsanalyse nach phylogenetisch bedingten Veränderungen in Entwicklungsabläufen und kann damit nicht zuletzt die Homologieforschung unterstützen.

Abb. 1. Normentafeln(etwasvereinheitlicht). Vgl. auch Abb. 126 l–o.

A Zwei Stadien der in 20 Stadien (I–XX) gegliederten Naefschen Normentafel für *Loligo vulgaris* (1928; Cephalopoda), jeweils in Ansicht von der Trichter- *(links)* bzw. Mundseite *(rechts)*. Man beachte die zwischen Stadium XI und XII erfolgende Verschmelzung der paarig angelegten Trichterfalten zum Trichterrohr.

B Stadien der Anuren-Normentafel für *Xenopus laevis* von Nieuwkoop-Faber (1967) mit insgesamt 66 Stadien (bis nach Ende der Metamorphose). **a** Furchungsstadien (Stadium 6: 32 Zellen; Stadium 6½: Morula; Stadium 7: frühe Blastula; Stadium 8: mittlere Blastula); **b** Larvalstadien (*a* von animal; *d* von dorsal; *l* von lateral; *v* von ven-

tral); **c** Entwicklung der Hinterextremitäten in den Stadien 48 bis 54 (vgl. auch Abb. 126 l–o).

C Drei Stadien der in 11 Stadien (E1–E11) aufgeteilten Cuminschen Normentafel von *Lymnaea stagnalis* [(1972) Pulmonata] in leicht abgewinkelter Ansicht schräg von cephal.

Die Abbildungen demonstrieren einige Phasen der Morphogenese einer Pulmonate.

Al	Atemloch
Apf	Armpfeiler
DA	Dorsalarm
EKS	Eiklarsack
Fl	Flosse
Glu	Gastrallumen (Mitteldarmlumen)
HO	Hoylesches Schlüpforgan
Ir	Iris

Ki	Kieme (Ctenidium)
Kr	Kropf
kzDpl	kleinzellige Darmplatte (ohne Eiklaraufnahme)
M	Mantel
Mddrep	Mitteldarmdrüsenepithel
Muk	Mundkegel
Mul	Mundlappen
Nuz	Nuchalzellen
Os	Osphradium
Pn	Protonephridium (Urniere)
Trd	Trichterdrüse
Trf	Trichterfalte
Trr	Trichterrohr
VA	Ventralarm
Vg	Visceralganglion
vQr	ventrale Querrinne
Vt	Ventrikel (Herzkammer)

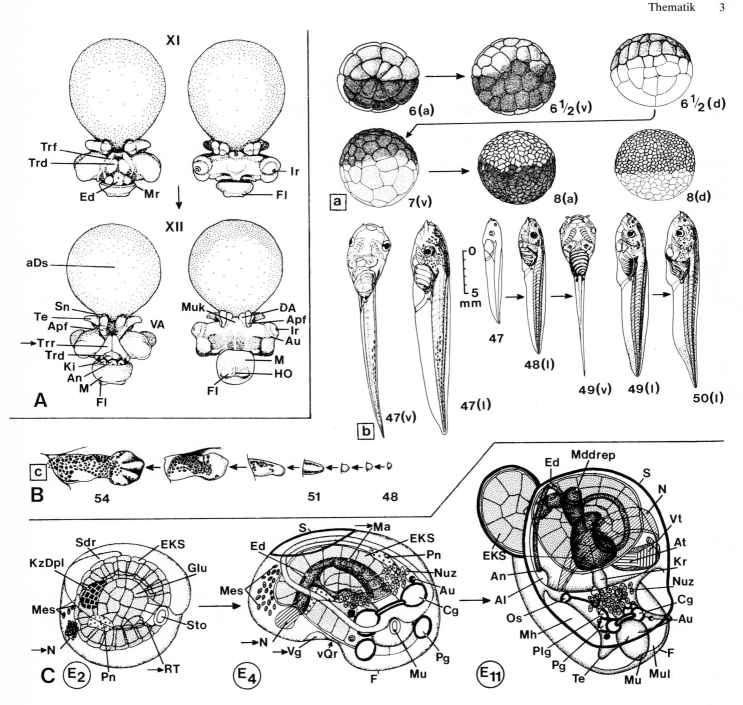

1.3 Methoden

Die deskriptive Embryologie setzt topografische, histo- und cytologische sowie auch elektronenmikroskopische Untersuchungstechniken ein, die durch morphometrische Analysen ergänzt werden können. Zur Abklärung von Bewegungsabläufen haben sich vor allem **Vitalfärbungen** von Keimbezirken (vgl. Abb. 97a–c) bzw. die Markierung von einzelnen Zellen mittels verschiedenen „Tracern" bewährt. Dabei ist ebenfalls die radioaktive Markierung von Substanzen, z. B. von DNS, mittels der Autoradiographie zu erwähnen. Wie u. a. zahlreiche Filme des Institutes für den wissenschaftlichen Film (IWF) in Göttingen ausweisen, ist die oft mit Zeitdehnung bzw. Zeitraffung arbeitende **Mikrokinematographie** zu einem für den Embryologen unentbehrlichen Arbeitsinstrument geworden.

Zur weiteren Demonstration dienen Mikrophotos und Zeichnungen; diese sind bei räumlicher Darstellung oft das Resultat von auf der Auswertung von Schnittserien beruhenden Rekonstruktionen. Auch können plastische Modelle von Entwicklungsstadien hergestellt werden.

Entwicklungen bzw. Ontogenesestadien werden durch **Normentafeln** (Abb. 1 und 126 l–o) exakt beschrieben. Diese sind seit dem Ende des letzten Jahrhunderts für viele Wirbeltiere (z. B. Keibelsche Normentafeln) erstellt worden, bei Evertebraten aber leider noch spärlich. Die festgelegten Stadien werden meist aufgrund von zur Bestimmung dienenden Außenmerkmalen beschrieben und abgebildet; teilweise liegen die innere Organisation und die Histologie berücksichtigende Tafeln ebenfalls vor. Auch die Oogenese kann in einzelne, normmäßig festgelegte Stadien eingeteilt werden (vgl. Abb. 35). Die Aufstellung von unter Normbedingungen – z. B. gleichbleibende Temperatur usw. – gezüchteten, altersmäßig genau datierten und exakt beschriebenen Stadien ist namentlich für den auf vergleichbare, d. h. normierte Versuchsobjekte angewiesenen Entwicklungsphysiologen eine große Hilfe.

Zur genauen, leicht nachvollziehbaren Darstellung von Furchungsabläufen hat sich – sofern letztere dem arttypisch fixierten, determinierten Furchungstyp zugehören (z. B. Spiral- oder bilateralsymmetrische Furchung) – die Anlage von **Zellstammbäumen** (= Cell-Lineage) durchgesetzt. Diese können grafisch (Abb. 2a) oder auch in gezeichneter Form (Abb. 2b + c; vgl. auch Abb. 49b–p und 55d, f + g) ausgeführt sein und lassen das Schicksal der Organe bis auf frühe Furchungsstadien zurückverfolgen. Es gibt vornehmlich um die Jahrhundertwende entstandene Zellstammbäume für Entwicklungen von Ctenophoren, Seeigeln, Nematoden, Anneliden, spiralig sich furchenden Mollusken, Chaetognathen und

Ascidien. Zellstammbäume eröffnen natürlich dem Phylogenetiker interessante Vergleichsmöglichkeiten.

Basierend auf den Resultaten von Vitalfärbungen bzw. entwicklungsphysiologischen Experimenten gelingt es auch im Fall der regulativen Entwicklung zumindest für das Blastula- und Gastrula-Stadium (Abb. 2f + g, 3C und 64–66) **Anlagepläne** zu entwerfen. Diese können sich im weiteren auch auf Furchungsstadien (Abb. 2e sowie 65a + c), auf Imaginalscheiben (Abb. 2i) oder auf Organanlagen (z. B. Extremitätenknospen; Abb. 2h) beziehen. Pioniere hinsichtlich solcher Fate-Maps waren Goodale (1911ff.) bzw. Smith (1914ff.) für *Spelerpes bilineatus* bzw. *Cryptobranchus alleghaniensis*. Vor allem die Agar-Methode durch Vogt (1923ff.) – die Vitalfarbstoffe werden mittels durch sie tingierter Agarstücklein auf die Blastulaoberfläche von Amphibien geprägt – brachte einen großen Aufschwung (Abb. 97a–c); bald wurden auch meroblastische Wirbeltiere [z. B. *Scyllium* (1936) durch Vandenboek] „kartiert".

Die klassische Entwicklungsphysiologie arbeitet vor allem mit **Zentrifugationen, Schnürungen** (Abb. 21), **Transplantationen** (Abb. 17 Ba–c und 18A) und der Wegnahme von Blastomeren, Blastomerenkränzen (Abb. 17A) oder Keimteilen (= Ablationsexperimente) sowie der Deletion von Blastomeren bzw. Kernen. Transplantationen können durch Passagetechniken (z. B. Abb. 18 Ae), die auch bei Imaginalscheiben (S. 65) oder bei **Kerntransfers** (S. 54) angewendet werden, methodisch erweitert werden. Die heute humanmedizinisch so wichtige Organtransplantation soll zumindest erwähnt werden. Man unterscheidet im einzelnen autoplastische (Verpflanzungen innerhalb des Individuums), homoplastische (innerhalb der Art), heteroplastische (innerhalb der Gattung) sowie xenoplastische, d. h. über den Gattungsrahmen hinausgehende Transplantationen.

Durch **künstliche Besamung** ist es – z. B. beim Seeigel sowie bei anderen Tieren mit äußerer Besamung – leicht möglich, auf einen Zeitpunkt hin ein bestimmtes Ontogenesestadium sich entwickeln zu lassen.

Explantate können in Gewebezucht gehalten werden. Auch sind **in vitro-Aufzuchten** von bestimmten Entwicklungsstadien (vgl. die Frühstadien der menschlichen „Retorten-Babys") und Organkulturen außerhalb des Embryos möglich. Nach zellulärer Dissoziation können Gewebereconstructions studiert (Abb. 9) bzw. anläßlich von Zellfusionen das Verhalten der Kerne in für sie atypischen Plasmen analysiert werden. Auch ist Hybridisierung von DNS bzw. von Zellen sowie die „Herstellung" von Chimaeren möglich. Dazu treten unterschiedlichste immunologische, genetische und molekularbiologische Methoden.

Abb. 2. Zellstammbäume **(a–d)** und Anlagepläne **(e–i)**. Vgl. hierzu auch die Abb. 3 C und
64–66.

a Graphische Darstellung des Zellstammbaumes für Polychaeten.
b–d Bezeichnung der Blastomeren auf der
bildlichen Darstellung von Furchungsstadien von *Lymnaea* (Pulmonata) (Ansichten vom animalen Pol): **b** 4-Zellstadium;
c 8-Zellstadium; **d** spätes Furchungsstadium mit dem „Kreuz der Mollusken".
e Anlageplan des 2-Zellstadiums der Ascidie
Styela (von lateral) (vgl. auch Abb. 63 A).
f Anlageplan des meroblastischen Wirbeltieres am Beispiel der *Torpedo*-Blastula (Sagittalschnitt).
g Anlageplan des holoblastischen Wirbeltieres am Beispiel der Urodelen-Blastula (Lateralansicht).
h Anlageplan der Flügelknospen von *Gallus*
(in Schnittpräparaten) (vgl. auch Abb. 106).
i Anlageplan der Genitalscheibe der Diptere
Drosophila.

Die folgenden Abkürzungen gelten für **e–i**:

A	Analplatte
aEc	apicales Ectoderm
B	periphere Borsten
C	Clasper
Co	Coracoid
D	Ductus ejaculatorius
G	glenoide Region
HH	Hand und Handgelenk
P	Penis
Pa	Paragonium
R	Radius
Sc	Scapula
Sh	Spannhaut
Smy	Schwanzmyotom
Spu	Samenpumpe
Ul	Ulna
Va	Vas deferens (Samenleiter)

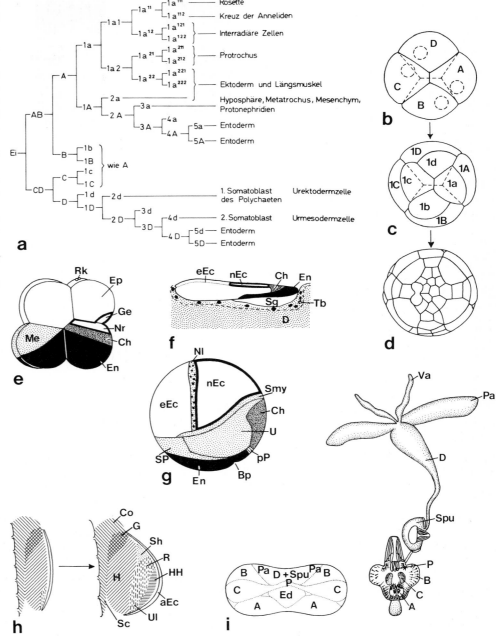

Ein großes Problem für jeden Embryologen – gleich welcher Disziplin – ist die Materialgewinnung, die oft auf der **Heranzüchtung geeigneter Entwicklungsstadien** – möglichst unter Normbedingungen – zu beruhen hat. Diesem Desideratum wird von manchem Nichtlabortier nicht oder nur ungern nachgekommen. Doch kann gegebenenfalls durch das Zusammenstellen von Embryonen, die von verschiedenen ♀♀ bzw. Gelegen stammen, eine zusammenhängende Embryonalserie rekonstruiert werden. Die postembryonale Aufzucht ist namentlich bei den mit einer langen planktontischen Migrationsphase versehenen Larven mancher mariner Evertebraten schwierig; sie hat aber in den letzten Jahren große Fortschritte gemacht. Ein Ausweg bietet sich auch hier teilweise im konsequenten Aufsammeln von planktontischen Stadien, die – sofern man Glück hat – zu fließenden Entwicklungsabläufen aufgereiht werden können.

Angesichts dieser Schwierigkeiten ist es nicht erstaunlich, daß namentlich die auf große Mengen von Embryonen angewiesene Entwicklungsphysiologie mit relativ wenigen Standardtieren bzw. -tiergruppen arbeitet. Aber auch in der deskriptiven Embryologie bestehen aus den gleichen Gründen hinsichtlich vieler Tierstämme noch sehr große Kenntnislücken.

Besondere **theoretische Methoden** müssen bei vergleichenden Interpretationen von Entwicklungsgängen angewendet werden. Vergleichsgrundlage muß dabei immer der gesamte Ablauf der betreffenden Individualentwicklung sein. Ein nur bestimmte Ontogenesephasen berücksichtigender Vergleich ist nur gestattet, wenn vom Vergleichenden zumindest unausgesprochen das erste Kriterium mit in Rechnung gestellt wird. Dann kann der vergleichende Embryologe sowohl der Homologieforschung als auch dem Phylogenetiker (vgl. Kapitel 15) wertvolle Zubringerdienste erweisen.

2 Aspekte der Individualentwicklung

Die augenfälligste Aufgabe jeder Ontogenese ist der Aufbau der arttypischen adulten Organisationsform.

Daneben hat sich die Entwicklung sowohl embryonal als auch postembryonal an die Entwicklungsbedingungen im weitesten Sinne, insbesondere ans „embryonale Milieu", anzupassen. Dies kann zur Ausbildung von transitorischen Organen bzw. auch von Larven führen, was im letzteren Fall eine Metamorphose bedingt. Es kann daher zu känogenetischen, sich nicht auf die Adultstruktur auswirkenden Ontogeneseabwandlungen kommen [= „umwegige Entwicklung" (Nauck 1931)], die der „Eigengesetzlichkeit der Ontogenese" unterliegen (vgl. Kapitel 15.2).

Entwicklungsstadien – insbesondere marine planktontische Larven von benthonischen Adultformen – können im weiteren zur Artverbreitung eingesetzt werden. Die Ausbildung von besonderen Stadien wie Gemmulae, Statoblasten und Ephippien (vgl. Abb. 112 k–o) bzw. temporäre Entwicklungsarretierungen (Schalttragezeit, Diapause etc.) ermöglichen das Überdauern unter schlechten Umgebungsbedingungen.

Schließlich rekapituliert jede Entwicklung teilweise die ontogenetische Vergangenheit (vgl. Kapitel 15.3); sie ist durch palingenetische Züge mitgeprägt. Jede adult manifeste Änderung – bedingt durch Mutation bzw. Neukombination von Genen – basiert auf Entwicklungsabwandlungen; Ontogenie ist damit Voraussetzung zur Phylogenie.

Zusammenfassend sei somit betont, daß die Entwicklung nicht nur den Aufbau der Adultstruktur zu leisten hat, sondern zahlreiche weitere Aufgaben erfüllen muß. Es ist deshalb die Pflicht jedes umfassend orientierten Embryologen, all diese Aspekte gebührend zu berücksichtigen.

3 Ontogenese-Gliederungen

Ganze Entwicklungsabläufe können nach unterschiedlichsten Kriterien untergliedert werden. Die wichtigsten davon werden im folgenden in den Kapiteln 3.1 bis 3.6 besprochen.

Im weiteren könnte man beispielsweise entsprechend dem Ausgangspunkt der Ontogenese (Zygote bzw. Sprossungsstadium) eine sexuelle und eine asexuelle Entwicklung, nach dem Urmundverhalten eine proto- und eine deuterostome und im Hinblick auf Änderungen des Ontogenesetempos eine akzelerierte bzw. eine retardierte Entwicklung voneinander unterscheiden. Schließlich sei erwähnt, daß es neben der formativen, aufbauenden auch eine zu Dedifferenzierungsprozessen führende degenerative Morphogenese gibt. Diese letzten beiden Termini lassen sich indessen nur auf bestimmte Phasen der Entwicklung anwenden, da ja die Gesamtontogenese in ihrem Endresultat stets formativ ist!

3.1 Direkte und indirekte Entwicklungen

Generell sind direkte und indirekte Entwicklungen zu unterscheiden, wobei die entsprechende Beurteilung auf rein morphologischen Kriterien zu beruhen hat.

Entgegen Geigy und Portmann (1941), welche den Begriff der direkten Ontogenese weiter fassen, ist u. E. jede Entwicklung, die nicht nur definitive Anteile bildet, als indirekt zu bezeichnen.

Die weitverbreitete *indirekte Entwicklung* kann dann entweder zur Bildung von **Embryonen mit transitorischen Anhangsorganen** (z. B. Allantois, Amnion, Dottersack; Abb. 112 i, 130 e und 131 f + g) oder aber von **Larven** führen (vgl. Abb. 112 a–f,g + h und 114 ff.). Letztere sind durch in ihren Körper integrierte Larvalorgane ausgezeichnet und verwandeln sich durch eine **Metamorphose** in die definitive Adultstruktur.

Direkte Ontogenesen – sämtliches Anlagematerial geht im Adultkörper auf – sind dagegen seltener und kommen etwa bei Mesozoen, acoelen und polycladen Turbellarien, Chaetognathen, gewissen Nemertinen, Nematoden, den Gastrotrichen, Onychophoren und Tardigraden sowie z. B. auch bei Polychaeten der Sandlückenfauna vor.

Öfter werden auch ökologische Kriterien angewendet. Jeschikov (1936) stellt der direkten Entwicklung die Metamorphose sowie die Cryptometabolie gegenüber. Letztere umschreibt im Innern von Eihüllen oder des Elters ablaufende, die kapsel- bzw. organinklusen Larven im Sinne von Schmidt (1966) erfassende Ontogenesen. Dieses Vorgehen ist indessen zu vermeiden; Metamorphose und Cryptometabolie zeigen in morphologischer Hinsicht keine prinzipiellen Unterschiede. Bei vielen Tieren werden eben freie Larven intrakapsulär rekapituliert (z. B. die Veliger vieler nährstoffreicher Prosobranchierentwicklungen, die Trochophora bei *Scoloplos*, die Larve des Alpensalamanders) bzw. durch zwar abgewandelte, aber gleichfalls metamorphosierende Stadien (z. B. die vom Veliger abzuleitenden intrakapsulären Larven der Pulmonaten) ersetzt.

3.2 Holo- und meroblastische Entwicklung

Bei der holoblastischen Entwicklung geht alles Anlagematerial in den Keim über (Echinodermen, Amphibien etc.; Abb. 3 A a + b, B a, C a). Im meroblastischen Fall dagegen wird ein Teil des Bildungsmaterials zum Aufbau transitorischer Anhangsorgane wie etwa Dottersack (Nabelblase), Allantois und Amnion verwendet (Abb. 3 A d, B b, C b + c und 112 i). Meroblastische Entwicklungen zeigen z. B. die Cephalopoden, die Knorpelfische, die Teleostier und die Amnioten.

Davon unabhängig lassen sich die Begriffe holo- bzw. meroblastisch auch zur Charakterisierung der Furchung (der Dotter wird mitgefurcht bzw. nicht mitgefurcht) verwenden (vgl. S. 135).

3.3 Embryonal- und Postembryonalentwicklung

An sich lassen sich beide Typen klar abgrenzen; die Postembryonalentwicklung setzt nach dem Verlassen der Eihüllen (= Schlüpfen) bzw. des Elters (= Geburt) ein.

Bei Evertebraten ist diese Aufgliederung allerdings wenig sinnvoll, da das Schlüpfen innerhalb einer Gruppe zu unterschiedlichsten Zeitpunkten erfolgen kann, wie bei Prosobranchiern von der Fur-

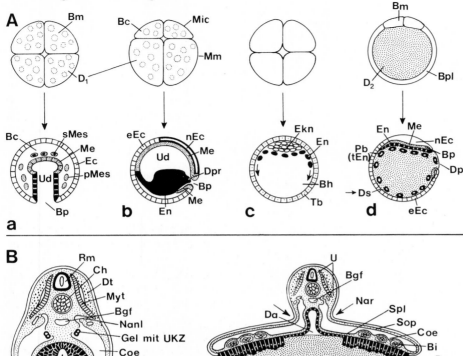

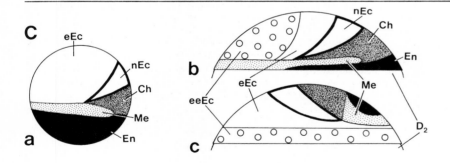

Abb. 3. Holoblastie und Meroblastie.

A 8-Zellstadien *(oben)* und Gastrulae bzw. Blastocyste **(c)** *(unten)* verschiedener Entwicklungstypen (Sagittalschnitte): **a** holoblastische, dotterarme Entwicklung (z. B. Seeigel); **b** holoblastische, dotterreichere Entwicklung (z. B. Amphibien); **c** holo-meroblastische Entwicklung vom Typ der praktisch dotterlosen placentalen Säuger (Eutheria): totale Furchung, dann Ausbildung eines Keimes mit transitorischen Anhangsorganen; **d** meroblastische, sehr dotterreiche Entwicklung (Typ: Teleostier).
B Vergleich von holo- bzw. meroblastischem Wirbeltierkeim mit etablierter Körpergrundgestalt (Querschnitte, vgl. auch Abb. 79, 92 und 131). Durch Ausbreitung in Pfeilrichtung (*) des ventral aufgeschnittenen, holoblastischen Keimes **(a)** läßt sich die Herausbildung des der Dottermasse aufliegenden meroblastischen Keimes **(b)** versinnbildlichen.
C Anlagepläne von holo- (**a** Anura) und meroblastischen Wirbeltierkeimen (**b** Teleostei; **c** Aves) (vgl. Abb. 65 e-1 und 66 sowie 78).

Bh   Blastocystenhöhle (topographisch dem Dottersack entsprechend)
Bi   Blutinsel (der Area vasculosa) (extraembryonal)
Bpl   Bildungsplasma
D_1 zellularisierter, mitgefurchter Dotter
D_2 nicht zellularisierter, nicht mitgefurchter Dotter
Dpr   Dotterpfropfen
exEc   extraembryonales Ectoderm
Ekn   Embryonalknoten
Nanl   Nierenanlage
Nar   Einschnürung der Nabelregion
tEn   transitorisches Entoderm
vBZ   ventrale Blutzellen

chung bis zum äußerlich adultähnlichen Kriechstadium (vgl. Abb. 139). Zudem ist der Schlüpfmoment oft von Außenbedingungen mitbestimmt und damit kein morphologisches Kriterium. Die im Kapitel 14 ausführlich besprochene Aufteilung in den planktontischen bzw. benthonischen Entwicklungstyp erfaßt bei Evertebraten entscheidendere und aussagekräftigere Kriterien.

Dagegen ist die hier zu diskutierende Unterteilung bei Vertebraten und insbesondere bei Homoiothermen völlig berechtigt. Das Schlüpfen und die Geburt sind hier genau festgelegt; sie stellen bei Warmblütlern einen entscheidenden Entwick-

lungsabschnitt dar. Die Schlüpf- bzw. Geburtsstadien sind als Nesthocker bzw. Nestflüchter (S. 373) auch morphologisch klar definierbar.

Der „geregelte", genau festgesetzte Entwicklungsverlauf der warmblütigen Wirbeltiere erlaubt weitere Untergliederungen (vgl. etwa Schmidt). Die frühembryonale, durch die meisten Rekapitulationen mitgeprägte Embryonalperiode wird von der spätembryonalen Vollfruchtperiode gefolgt. Diese zeigt eine intensive Organbildung in arttypischer Form. Die Frucht- oder foetale Periode ist bei eutheren Säugern durch den Höhepunkt der Placentation geprägt und führt zur geburtsreifen Juvenilform. Diese Abschnitte, vor allem die Fruchtperiode, sind bei den einzelnen Säuger-Typen unterschiedlich lang.

Die menschliche pränatale Entwicklung wird gewöhnlich eingeteilt in die Progenese als Zeit „prae conceptionem" mit der Keimzellreifung und in die Kyematogenese („post conceptionem"). Letztere umfaßt die Blastogenese (0.–15. Tag; Befruchtung bis Bildung der Blastocyste), die Embryo- bzw. Choriogenese (15.–75. Tag; Nidation, Anlage und beginnende Differenzierung der Organe) und die Feto- bzw. Plazentogenese (75. Tag bis zur Geburt; Organdifferenzierung, Reife- und Wachstumsphase).

3.4 Abhängige und unabhängige Entwicklungen

Die Unabhängigkeit bzw. die Abhängigkeit der Entwicklung wird von unterschiedlichen übergeordneten Kriterien bestimmt.

Man kann diese beiden Begriffe sowohl auf Jungtiere, Larven und Embryonen als auch auf ganze Entwicklungen anwenden.

Bei der Abhängigkeit von der **Elterngeneration** ist die ja in jedem Falle erfolgende Versorgung des Keimes mit der Entwicklungsgrundausrüstung der Art (vgl. Abb. 37 C) auszuklammern. Abhängigkeit basiert damit auf zusätzlichen Leistungen der Elterngeneration wie z. B. Brutpflege, Placentation usw.). Unabhängigkeit der Ontogenese kommt vor allem bei direkten Ontogenesen vor.

Entwicklungen können auch von **ökologischen Bedingungen** abhängig sein. Man denke z. B. an essentielle Austrocknung bzw. an Diapausen im Entwicklungsverlauf von Arthropoden oder an den beim zur Metamorphose überleitenden Festsetzen erfolgenden Milieuwechsel von planktontischer zu benthonischer Lebensweise bei vielen Marinformen. Entscheidend zur Einleitung der Metamorphose ist hier oft das Vorhandensein eines spezifischen Substrates.

Bestimmend wirkt sich auch aus, ob eine Ontogenese durch sexuelle (bisexuelle oder parthenogenetische) bzw. asexuelle Prozesse (Knospung, Sprossung etc.) eingeleitet wird (vgl. Kapitel 6.1 bis 6.3).

3.5 Phasigkeit

Entwicklungen können kontinuierlich **einphasig** oder **mehrphasig**, d. h. im letzteren Fall in zeitlich bzw. räumlich voneinander abtrennbaren Phasen verlaufen.

Der Begriff der Phasigkeit wurde von Hirscheler (1912), Roonwal (1939) und Siewing (1960ff.) auf Arthropoden, von Sacarrão (1952ff.) auf Cephalopoden, von Peter (1941) u. a. auf Wirbeltiere sowie schließlich vom Verfasser auf Mollusken und Crustaceen angewendet. Die Phasigkeit kann sich im einzelnen auf unterschiedliche Abschnitte der Morphogenese (Keimblattbildung, Gastrulation, Organogenese, Metamorphose usw.; Tabelle 1) beziehen. Sie stellt ein speziell für die vergleichende Embryologie wertvolles Kriterium dar, zumal Mehrphasigkeit (vgl. u. a. auch Abb. 67 und 68) meist abgeleitet ist.

3.6 Determination

Die klassische Aufteilung hat früh determinierte, durch ein irreversibles Zellschicksal bestimmte **Mosaikentwicklungen** (Spiralier, zellkonstante Tiere wie Nematoden und Rotatorien) und **Regulationsentwicklungen** (z. B. Cnidarier, Vertebraten) mit erst später Determination geschieden. Sie läßt sich heute in der ursprünglichen Strenge nicht mehr halten.

So sind bei Mosaikentwicklungen, wie nunmehr mehrere Autoren an Pulmonaten bewiesen haben, trotz Blastomerendeletionen in frühen Furchungsstadien bzw. nach Zweiteilung von Zweizellstadien doch Normogenesen möglich. Darüber hinaus gibt es zahlreiche Hinweise, die auf Interaktionen von Zellen während der ursprünglich als streng mosaikartig determiniert charakterisierten Spiralier-Ontogenese hindeuten. So ist bei Gastropoden die Schalendrüsen-Genese von bestimmten Zellkonfigurationen abhängig (Abb. 20g) und dürfte die Schalendrüse unter Induktion durch das kleinzellige Entoderm entstehen (Abb. 20e,f + h). Dem bei verschiedenen Spiraliern vorkommenden Pollappen (Abb. 57 und 58) wird eine induktive Rolle im Hinblick auf die Mesodermgenese und nach neuesten Analysen auch auf die Ausbildung der Dorsoventralität zuerkannt (vgl. auch Abb. 20g$_4$). Viele Versuche haben im weiteren gezeigt, daß sich die topographische Lage einer Furchungszelle im Blastomerenverband entscheidend auf ihre Differenzierung auswirkt. Schließlich deutet die Ausbildung von Gap-junctions und von anderen Adhaesiv-Strukturen (S. 30f.) ebenfalls auf Interaktionen zwischen Zellen hin, die indes vor allem postgastrulär einsetzen.

Es sei besonders darauf hingewiesen, daß mit unterschiedlichen Operationstechniken auch divergierende Resultate hinsichtlich der Regulationsfähigkeit entstehen, was im übrigen in der Frühzeit der Entwicklungsphysiologie oft übersehen und entsprechend zu an sich sinnlosen Kontroversen geführt hat.

Trennt man z. B. im 2-Zellstadium eines Amphibiums die beiden Blastomeren vollständig, so reguliert jede zu einem Totalkeim. Wird dagegen eine Blastomere beispielsweise mittels Thermokauter abgetötet und im Verband gelassen, so verhält sich die intakt gebliebene Partnerzelle anfänglich nach dem Mosaikmodus, bevor dann auch hier die Regulation einsetzt. Im Falle der oben erwähnten Regulationen in der Pulmonatenentwicklung ist ebenfalls zu betonen, daß

Tabelle 1. Einige Beispiele von mehrphasigen Morphogenesen. – Die römischen Zahlen symbolisieren die einzelnen Phasen

A. Bildung der Körpergrundgestalt (Gastrulation) (Abb. 86 und 89)

Cephalopoda	Insecta (Arten mit Vitellophagen)
I. Ablösung des Dottersyncytiums (=transitorisches Entoderm)	Bildung von Blastoderm und im Dotter zurückbleibenden Vitellophagen (=transitorisches Entoderm)
II. Loslösung einer entomesoblastischen Schicht vom Ectoderm	Loslösung einer entomesoblastischen Schicht vom Blastoderm
III. Aufteilung des Entomesoderms in Ento- und Mesoderm	

B. Ektodermgenese bei Solenogastres *(Neomenia, Halomenia)* und protobranchiaten Muscheln *(Yoldia, Nucula)* (Abb. 127 k + l; vgl. auch 122 d)

I.　Aufbau von transitorischen Hüllzellen

II.　Konstituierung des definitiven Ektoderms

C. Entodermgenese bei Crustacea mit Vitellophagen (Abb. 68, 85 a–d, 128 und 129)

I.　Immigration des sich in der Folge in Ento- und Mesoderm aufteilenden Mesentoderms

II f. Detachierung von einer bzw. mehreren Vitellophagengenerationen

D. Mesodermgenese

1. bei Echinodermata (Abb. 67 A und 75 a–c)

Crinoidea, Holothurioidea	Echinoidea, Ophiuroidea
I. Bildung des Mesenchyms	Bildung des primären Mesenchyms
II. Invagination des Mesentoderms mit anschließender Coelombildung	Invagination des Mesentoderms und Bildung des sekundären Mesenchyms
III. –	Coelombildung

2. bei *Eupomatus* und *Tomopteris* (Polychaeta) (Abb. 67 B und 84)

I.　Loslösung des Ectomesenchyms

II.　Bildung des Entomesoderms der Larvalsegmente durch die Urmesodermzellen

III.　Bildung des Mesoderms der Imaginal- oder Sprossungssegmente durch die ectomesoblastische Sprossungszone

E. Histogenese bei *Fusus* sp. (Prosobranchia) (vgl. Abb. 98 a + b)

Linke Mitteldarmdrüse	Rechte Mitteldarmdrüse
I. Eiklarspeicherzellen	Polynucleäre Sekretzellen
II. Sekundäre Differenzierung von vakuolisierten, zur Eiklar- und Protolecithresorption dienenden Mitteldarmdrüsenzellen	
III. Gewebliche Transformation ins definitive Mitteldarmdrüsen-Epithel	

F. Organogenese

1. des entodermalen Darmtraktes von *Bradybaena fruticum* (Pulmonata)

I.　Differenzierung von Magen und Mitteldarmdrüse aus dem „Urdarm-Entoderm"

II.　Sekundäre Angliederung des isoliert angelegten Enddarms

2. des Protoconchs bei Archaeogastropoda (*Patella, Fissurella,* etc.)

I.　Napfartiger Protoconch (Larvalschale)

II.　Gewundener Protoconch

III.　Napfartiger Teloconch (Adultschale)

G. Eiklaraufnahme der Pulmonata (Abb. 133 c–e; vgl. auch Abb. 124 i–m)

I.　Furchung: peripher durch alle Blastomeren

II.　Gastrula: peripher (durch alle Ektodermzellen) und peroral (durch die invaginierten entodermalen Darmanteile)

III.　Postgastrulär: nur noch peroral

H. Sukzession von Larvalstadien

1. bei *Sipunculus* sp. (Sipunculida)
　I. Larve mit Larvalhülle, II. freie trochophoraähnliche Larve

2. bei *Mutela bourguignati* (Bivalvia)
　I. freischwimmende Larve, II. Haustorienlarve (Abb. 122 h + i)

3. bei *Paedoclione doliiformis* (Gymnosomata)
　I. Veliger, II. polytroche Larve (vgl. auch Abb. 124 d)

4. bei Prosobranchiern mit Nähreiern
　I. intrakapsulärer Praeveliger, II. intrakapsuläres Freß-Stadium, III. intrakapsulärer Veliger (vgl. Abb. 123 c + h und 132 f–n)

5. bei *Sacculina* sp. (Cirripedia)
　I. Nauplius, II. Metanauplius, III. Cypris, IV. Kentrogon, V. Sacculina interna, VI. Sacculina externa (Abb. 121 g–k)

6. bei Anura
　I. Kaulquappe mit Außenkiemen, II. Kaulquappe mit Innenkiemen und Operculum (Abb. 126 l + m)

diese im Falle von zwei völlig voneinander getrennten Furchungszellen besser sind als bei der Zerstörung einzelner Zellen aus einem Blastomerenverband.

Zudem ist innerhalb einer Ontogenese ein Wechsel des Determinationsgeschehens möglich: die determinative Furchung der Ctenophoren geht in eine regulative Entwicklung über.

Eine neue Definition der „Mosaikentwicklung" muß deshalb einschließen, daß hier die Diversifikation der Blastomeren vornehmlich von der Segregation der verschiedenen Plasmakomponenten abhängig ist, die sich in Kombination mit spezifischen und konstanten Furchungsmustern auswirken. Im Gegensatz dazu sind bei der „regulativen Entwicklung" die spezifischen Entwicklungspotenzen auf eine größere Zahl von Zellen verteilt.

Es sei schließlich betont, daß der Nachweis eines Zellstammbaumes an sich keinen Beweis für eine Selbstdifferenzierung darstellt. Dies gilt um so mehr, als die klassischen Cell-Lineage-Autoren die ooplasmatische Segregation meist nicht berücksichtigt haben!

3.7 Phasen der Individualentwicklung

Tabelle 2 informiert über die aus deskriptiven Gründen nötige Aufteilung der Ontogenese in einzelne Entwicklungsphasen, die aber im Entwicklungsverlauf fließend ineinander übergehen. Ergänzend sei erwähnt, daß die Sukzession der voneinander unabhängigen Abschnitte der Embryogenese variieren kann (vgl. Abb. 98).

Für die menschliche Entwicklung werden auch andere Bezeichnungen verwendet, wie z. B. Progenese, Konzeption, Kyematogenese, Blasto-, Embryo- (Chorio-) und Fetogenese (vgl. S. 8 f.). Bei *Homo* und den Warmblütlern läßt sich die Postembryonalperiode nach der Juvenilzeit in Pubertät, Fertilität und Seneszenz aufgliedern.

Tabelle 2. Phasen der Individualentwicklung (vereinfacht; die mit der indirekten Entwicklung korrelierten Komplikationen des Entwicklungsganges sind nicht dargestellt). (Vgl. dazu S. 7)

	Perioden		Funktion
Praemorphogenese	Progenese:	Keimzellreifung (Gametogenese, Maturation) mit Oo- bzw. Spermatogenese ↓	Bildung von funktionellen Spermien und Oocyten; in Oogenese zusätzlich Bereitstellung der Entwicklungsgrundausrüstung
		Besamung (Penetration)	Eindringen des Spermiums in die Eizelle
		Befruchtung, Aktivation und Symmetrisation ↓	Kernverschmelzung zum Zygotenkern, Neukombination von Erbanlagen, Geschlechtsbestimmung, Aktivierung der Entwicklung, z. T. Festlegung der Körpersymmetrien
	Blastogenese: (Früh- oder Primitiventwicklung)	Furchung und ooplasmatische Segregation als Parallelprozesse ↓	Bildung von Blastomeren (Furchungszellen) mit identischen und divergierenden Plasmen; z. T. beginnende Differenzierung der Blastomeren
		Blastulation ↓	Erreichung des Blastulastadiums (als Furchungsende)
Embryogenese	Gastrulation und Bildung der Körpergrundgestalt (inkl. Neurulation) ↓		Aufbau eines mehrschichtigen Keims durch spatiale Segregation (→Gewebsinteraktionen), Keimblattbildung
	Topogenese		Aufteilung der Blasteme in sich dann weiter differenzierende Organ-Anlagen
	Organogenese	oft kombiniert mit Wachstum	Bildung des arttypischen Bauplans
	Histogenese (histologische Differenzierung) ↓		Endgültige Differenzierung und Wachstum der Organe
	Erreichung des sehr unterschiedlichen Schlüpf- bzw. Geburtsstadiums ↓		
	Sexualreife ↓		Fortpflanzung der Art
	Altern (Seneszenz) ↓		Abnahme der organischen Leistungsfähigkeit
	Tod		

4 Morphogenetische Gestaltungsprinzipien

4.1 Allgemeine Prinzipien

4.1.1 Differenzierung

Durch Differenzierung entstehen aus einer einheitlichen Ausgangszelle (meist der Zygote) im Entwicklungsverlauf unterschiedliche Zelltypen (vgl. u.a. Abb. 10). Differenzierung ist damit der basale Prozeß der Morphogenese; er führt zur Zunahme der spatialen Multiplizität, d.h. zu einer zunehmenden Komplexität im organischen räumlichen Gefügesystem.

Der Kern der Zelle ist an sich totipotent (vgl. S. 54). Die Differenzierung zu verschiedenen Zelltypen erfolgt dank der zu einer unterschiedlichen Transkription (S. 52) führenden differentiellen Genaktivität, die durch Plasmaeinflüsse mit beeinflußt wird (vgl. auch S. 53 ff.).

Differenzierung steht in Antagonismus zum Wachstum und u.a. zur Zellteilung. Bei letzterer liegt die Aufgabe des Kernes vornehmlich in seiner eigenen Reorganisation; die für die nukleäre Differenzierungs- und Wachstumskontrolle nötigen Interphasezustände (S. 26) sind deshalb hier nur kurz.

Es können eine besonders für die Frühentwicklung bedeutsame chemische (Chemodifferentiation und chemische Differenzierung), eine morphologische (bauliche) und eine physiologische (funktionelle) Differenzierung unterschieden werden. Letztere steht vor allem postembryonal unter dem Einfluß von Außenbedingungen; zudem spielt im funktionellen Stadium der Entwicklung der Einfluß der Funktionen eines Organs auf dessen Differenzierung eine Rolle.

Differenzierung kann Gefüge unterschiedlichster Komplexität wie z.B. Organellen, Zellen, Keimblätter, Organe bzw. Organsysteme erfassen.

Nach dem Zeitpunkt ist die primäre Differenzierung [= vor allem Chemodifferentiation (Raven); vgl. auch die latente Differentiation (Dragomirov, Ten Cate)] von der postgastrulären sekundären Differenzierung zu trennen. Für die Frühentwicklung ist oft auch eine Praedetermination der einzelnen Bezirke der Oocyte von Bedeutung.

Im Hinblick auf die Steuerung werden seit Roux (1894) zwei Typen unterschieden:

(1) Die **autonome Selbstdifferenzierung** (Autodifferentiation; Abb. 4e) ist als „typische Differenzierung am typischen Ort" (Kühn) stabil und speziell in der Frühentwicklung (extrem beim Mosaiktyp) von großer Bedeutung. – Die Fähigkeit zu autonomen Differenzierungsleistungen von Zellen ist mittels in vitro-Zellkulturen testbar.

(2) Die abhängige, **korrelative Differenzierung** ist labil und spielt vor allem postembryonal (besonders beim „Regulationstyp") eine Rolle. Dies gilt namentlich für die Organogenese.

Die Differenzierungsfähigkeit von Zellen basiert auf der Potenz der Zelle zur strukturellen Durchgliederung. Die Eizelle im aequipotentiellen Zustand ist toti- oder omnipotent (Roux). Zunehmende Einwirkung der Determination im Entwicklungsverlauf führt – mit Ausnahme von totipotenten Regenerationszellen – zu einer **Potenzbeschränkung** (Potenzverlust, -inhibition). Diese progressive graduelle Beschränkung der Zellkapazität führt zu einer „Kanalisation der Entwicklung" (Waddington). Zugleich geht die ursprünglich labile Determination in die definitive über. Diese **Autonomisation** ist als Prozeß der Individuation in der Stabilisierungsphase während der späteren Entwicklung bestimmend.

Das Organprimordium des Anuren-Hinterbeines zeigt anfänglich eine generelle Regenerationsfähigkeit; die Regeneration einer neuen Beinanlage ist entsprechend möglich. Im Stadium des Suborganisationsfeldes ist die Regulation auf die Fußbildung eingeschränkt. Die postgastruläre Autonomisation führt im Mosaikstadium der Entwicklung schließlich zu einer stark eingeschränkten bzw. fehlenden Regenerationsfähigkeit.

Weitere entwicklungsphysiologische Beweise für fortgeschrittene Autonomisation liefern die autonome Differenzierung von isolierten Organen, die spendergemäße Entwicklung von transplantierten Organanlagen sowie die Tatsache, daß entfernte Organ-Anlagen nicht ersetzt werden.

Das Mosaikstadium kann freilich im Entwicklungsverlauf zeitlich beschränkt sein.

Bei Urodelen ist etwa während der Frühentwicklung eine Schwanzregeneration möglich, dagegen nicht mehr beim jungen Embryo. Bei der Larve tritt aber die Regenerationsfähigkeit erneut wieder auf.

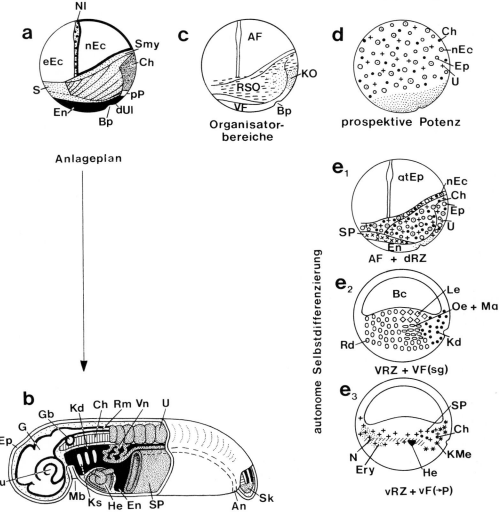

Abb. 4. Anlagepläne und Entwicklungspotenzen des Amphibienkeimes.

a Anlageplan der frühen Urodelengastrula (vgl. Abb. 65i–l und 78A).
b Organtopographie im Embryonalkörper des Schwanzknospenstadiums (Lateralansicht) (vgl. Abb. 77g + h).
c Organisatorbereiche der frühen Amphibiengastrula (Lateralansicht).
d Prospektive Potenzen der Bezirke der frühen Amphibiengastrula, erschlossen aus Induktionsexperimenten.
e Autonome Selbstdifferenzierung der Bezirke der frühen Urodelengastrula, erschlossen aus Induktionsexperimenten. 1. Bezirke des animalen Feldes und der dorsalen Randzone in Lateralansicht (e₁). 2. Bezirke der ventralen Randzone und des vegetativen Feldes im Sagittalschnitt (e₂) und bei Projektion der Bezirke der inneren Randzone auf den Umriß des Sagittalschnittes (e₃). Man beachte aber, daß nach neuen Befunden zur „Selbstdifferenzierung" des Entoderms die Anwesenheit von Mesodermzellen nötig ist (S. 14).

AF   animales Feld
atEp atypische Epidermis
G   Gehirn
Kd   Kopfdarm
KM   Kopfmuskulatur
KMe   Kopfmesoderm
Ko   Kopforganisator
Mb   Mundbucht
Rd   Rumpfdarm
RSO   Rumpfschwanzorganisator
RZ   Randzone
Sk   Schwanzknospe
Smy   Schwanzmyotom
VF   vegetatives Feld (Dotterbezirk)
Vn   Vorniere

Die **Kompetenz** ist Ausdruck der Reaktionsfähigkeit der Zelle; sie ermöglicht auf unterschiedliche Stimuli entsprechend differenzierte Reaktionen.
Die sog. latente Kompetenz (vgl. Abb. 4d) kann – in Abhängigkeit zu bestimmten Stimuli – die Auslösung von zusätzlichen Entwicklungsleistungen ermöglichen. Diese werden in der Normogenese nie manifest, können aber etwa anläßlich xenoplastischer Transplantationen demonstriert werden.
Die schon erwähnte Autonomisation führt zur Reduktion der **prospektiven Potenz** einer Anlage auf deren **prospektive Bedeu-**

tung (Tabelle 3). Diese auf Driesch (1896) zurückgehenden Bezeichnungen sind Maßstab für die unterschiedliche Differenzierungskapazität. Dies sei am Amphibienbeispiel erläutert (Abb. 4d + e):

(1) Das vom animalen Feld ableitbare Ectoderm (vgl. Abb. 4a) ist nicht selbstdifferenzierungsfähig und zeigt eine vorgastruläre prospektive Omnipotenz. Unter geeigneten Bedingungen kann es auch ento- und mesodermale Organe samt Blutgefäßen und pulsierendem Herzen bilden. Die Dif-

Tabelle 3. Unterschiede zwischen prospektiver Potenz und prospektiver Bedeutung. (Aus Fioroni 1973a). (Vgl. auch Abb. 4)

	Prospektive Potenz	Prospektive Bedeutung
Bedeutung	= potentielle, unter bestimmten Entwicklungsbedingungen realisierbare Entwicklungsleistungen	entspricht der in der Normogenese realisierten normalen Entwicklungsleistung
Darstellbar	durch Experimente (z.B. künstliche Induktoren)	in Anlageplänen
Determination	gering, labil	stabilisiert
Differenzierungskapazität, Kompetenz	groß	beschränkt

ferenzierung der epithelialen Organe scheint generell von Interaktionen mit dem unterliegenden Mesoblast abhängig zu sein.

(2) Im marginalen Feld zeigt das Mesoderm (Abb. 4a) bereits praegastrulär eine starke, wenn auch labile Selbstdifferenzierungsfähigkeit mit lokalen Differenzen. Man vgl. hierzu das schon von Dalcq-Pasteels (1937) nachgewiesene dorsolaterale Gefälle der autonomen Gliederung. Dieses bewirkt die regulatorische Selbstgliederung dieses morphogenetischen Feldes, die in Richtung auf einen harmonischen Organkomplex hinstrebt. Unter bestimmten experimentellen Bedingungen kann das Mesoderm indes auch Epidermis und Neuralgewebe bilden.

(3) Das Entoderm [aus dem vegetativen Feld (Abb. 4a)] ist entgegen der ursprünglichen Ansicht nicht selbstdifferenzierungsfähig, sondern vom Mesoderm abhängig. Auch ist es regulationsfähig, da entnommene Entodermportionen regeneriert werden können.

Es sei besonders betont, daß diese klassischen Vorstellungen zwar ein leicht faßbares Modell darstellen, aber - wie die Entwicklungsphysiologie der letzten Jahre lehrt - im Detail dauernd zu modifizieren sind. Nicht zuletzt sind die experimentell oft nicht leicht faßbaren, dauernden und reziproken Interaktionen bzw. Wechselwirkungen zwischen sämtlichen Keimblattanteilen zu berücksichtigen. So weisen z.B. neuere Untersuchungen darauf hin, daß das vegetative Entoderm beträchtlichen Einfluß auf die Mesodermdifferenzierung haben dürfte und damit die Ansicht der Selbstdifferenzierungsfähigkeit des mittleren Keimblattes zu relativieren ist.

Die **kritische Masse der Differenzierung** ist Funktion des zur Bildung eines Organs essentiellen minimalen Masseneffektes: Die Kapazität zur Gewebe- und Organbildung erfordert eine minimale, für eine kontinuierliche Morphogenese unabdingbare Masse. Diese erlaubt dem entsprechenden Zellverband eine autonome Synthetisierung der für seine Morphogenese nötigen Komponenten.

So liefert eine mit Urdarmdachzellen kombinierte Neuroepithelzelle noch keine neurale Differenzierung; letztere tritt erst bei mindestens zwei neuralen Zellen ein. Auch steht die Differenzierungsleistung von in Gewebezucht gehaltenen praesumptiven Neuralleistenstücken in direkter Relation zur Größe des Gewebestückes. Bei Induktionsexperimenten kann eine zu kleine Gruppe induzierter Zellen eliminiert werden.

Freilich bestehen art- und organspezifische Unterschiede. Ein determinierter Myoblast des 12tägigen Hühnerembryos kann in der Folge die ganze Muskelbildung leisten!

4.1.2 Dedifferenzierung und Nekrose

Zu Nekrose bzw. Dedifferenzierung führende Prozesse treten nicht nur als pathologische Erscheinungen im Krankheitsbild, sondern auch oft in der Normogenese auf. Diese kann somit außer den zwar dominierenden konstruktiven zusätzlich destruktive Vorgänge einschließen. Da die stets mit Abbauprozessen verbundenen indirekten Entwicklungen viel häufiger als die direkten sind (vgl. S. 7), ist entsprechend auch der Anteil an Dedifferenzierungsprozessen hoch.

Infolge des so häufigen Auftretens degenerativer Erscheinungen in der Morphogenese könnte man sogar so weit gehen und den Zelltod gleichwertig mit Prozessen wie Differenzierung und Wachstum einstufen. In den Fällen, bei denen Dedifferenzierung gesetzmäßig auftritt, kann man zu Recht von einem programmierten Zelltod sprechen.

Cytologisch manifestieren sich Dedifferenzierungsprozesse in Veränderungen bestimmter Organelle, so vor allem von endoplasmatischem Reticulum, Golgi-Körper und der Zellmembran sowie im Auftreten von Lysosomen. Besonders bei der Reduktion von Larvalorganen und bei der Elimination von Geweberesten bei Wunden spielen phagocytotische Prozesse eine Rolle.

Von der Dedifferenzierung erfaßt werden können nicht nur einzelne Zellen bzw. Zellgruppen, sondern in Verbindung mit der Metamorphose auch ganze Organe. Extrembeispiel dafür ist vielleicht der Umbau des Kentrogonstadiums der Cirripedier in die Sacculina (Abb. 121h-k) bzw. des festgesetzten Cyphonautes in das Bryozoen-Zoid (Abb. 115i-l).

Zwar sind Zelldegenerationen besonders intensiv in den Ontogenesen unterschiedlichster Wirbeltiere untersucht worden, doch dürften diese auch bei Evertebraten entsprechend zahlreich in Erscheinung treten. Generell lassen sich wohl drei Hauptkategorien von Dedifferenzierung aufstellen:

(1) Bei **morphogenetischen Degenerationen** kann der Zelltod auftreten in Verbindung mit der Formänderung von Organanlagen (z. B. In- und Evaginationen), anläßlich der Vereinigung bzw. Loslösung von Organteilen (z. B. Verwachsung der Trichterfalten zum Trichterrohr der Cephalopoden bzw. Detachierung von Linse bzw. Ohrbläschen aus dem Ektoderm bei Wirbeltieren) sowie im Zusammenhang mit der Lumenbildung in anfänglich soliden Organ-Anlagen (z. B. Neuralrohr der Selachier, Drüsen, Darmanteile usw.). Im weiteren ermöglicht er das Eindringen von neuen Gewebeanteilen in bereits bestehende Organteile (z. B. myogenes Gewebe in die Kieferanlage). Bei *Fissurella (Diodora)*-Arten (Prosobranchia) degeneriert der erste Retraktormuskel und wird dieser nachfolgend durch eine Sukzession von weiteren Muskeln ersetzt.

(2) **Histogenetische Degenerationen** stehen oft im Zusammenhang mit der geweblichen Differenzierung und dem „inneren Umbau" von Geweben und Organen. Sie sind entsprechend in der aufbauenden Entwicklung mancher definitiver Organe nachgewiesen.

Anläßlich der Ausgestaltung von Sinnesorganen und vom Nervensystem der Wirbeltiere wird etwa durch die Dedifferenzierung von Zellen erreicht, daß neue Schaltkontakte zwischen den Neuronen geschaffen werden können. Für die Entwicklung des Zentralnervensystems der Vögel konnte dabei gezeigt werden, daß außer in der Embryonalperiode auch in der sensiblen Phase der Prägung besonders viele solcher physiologischer Degenerationsbereiche auftreten.

Dedifferenzierung ist bei Regenerationsprozessen Voraussetzung zur Redifferenzierung; letztere erfolgt oft unter Metaplasie (vgl. S. 41).

(3) **Phylogenetische Degenerationen** spielen vor allem beim Abbau von Larvalorganen bzw. rudimentären Organen eine Rolle (z. B. Pronephros, Kiemen und Schwanz der Kaulquappe bei Amphibien). Ferner können sie beim weiteren Ausbau von gleichsam ursprünglichen Formzuständen in Erscheinung treten, wie z. B. in der Extremitätenentwicklung der Wirbeltiere bei der Ausformung der Phalangen im Bereich der ursprünglichen einheitlichen Fuß- bzw. Handplatte (Abb. 106 m). Wird hier die Nekrose künstlich verhindert, so kommt es zur Syndactylie.

Ergänzend sei festgehalten, daß Zelldegeneration bereits während der Keimzellreifung eintritt.

Oft kommt es nämlich zur u. a. durch Kerndegeneration gekennzeichneten Umbildung von Gonen, einem auch als Bildung atypischer Keimzellen (S. 100 und Abb. 33 g–n) bezeichneten Prozeß. Die so gebildeten transitorischen Zellen können Nähraufgaben, Transportfunktionen für Spermien und Hormonwirkungen übernehmen. Erwähnt sei des weiteren die häufig auftretende, allgemein bekannte

Follikelatresie im Ovar der weiblichen Säuger. Sie ist indes auch bei Seeigeln und Fischen nachgewiesen.

Besonders spektakulär wirkt Zelldegeneration bei zellkonstanten (eutelen) Tieren:

Beim Erdnematoden *Caenorhabditis elegans* konnte gleichsam ein praeprogrammierter, regelmäßiger Zelltod abgeleitet werden. Beim adulten Zwittertier mit 810 Zellen degenerieren 18 und beim durch 970 Zellen ausgezeichneten adulten ♂ gehen 36 Zellen verlustig. Erfaßt werden dabei neben der lateralen Hypodermis und der Schwanzpartie auch das Nervensystem.

Die *funktionelle Bedeutung* der Dedifferenzierung scheint bei Regenerationsprozessen, beim Abbau von Larvalorganen in Verbindung mit der Metamorphose und z. T. auch im Hinblick auf die veränderte Ausgestaltung („remodeling") von Organanlagen verständlich. Es ist auch augenfällig, daß anläßlich des Abbaus von nicht mehr benötigten Zellen oder Larvalorganen dem Organismus zusätzliche Nährstoffe zur Verfügung gestellt werden können.

Dieses Prinzip der wieder verwertbaren Stoffe demonstriert die koloniale Ascidie *Perophora* besonders schön. Bei Hungertieren bildet der distale Stolo trotzdem neue Zoide, was auf Kosten von sich rückbildenden alten Stolonen und Zoiden erfolgt.

Die auch versuchte zusätzliche Erklärung, daß Dedifferenzierung das Freiwerden von für die weitere Genese wichtigen „Zellteilungsstoffen" durch Informationsverluste ermöglicht und damit die Aussendung neuer Informationen gestattet, erscheint nicht als voll befriedigend und wohl als überholt.

Im Falle der Degeneration eines Partners der ursprünglich doppelten Anlage des Riesenfasersystems von *Sepia* wird das bei biologischen Prozessen ja nicht selten verwirklichte Prinzip der doppelten Sicherung wieder rückgängig gemacht.

Schließlich sei festgehalten, daß der Zelltod durch unterschiedlichste Komponenten wie Umgebungseinflüsse, hormonale Wirkungen und genetische Faktoren determiniert wird.

4.1.3 Wachstum

Das **unechte Wachstum** ist durch eine auf rascher Wasseraufnahme beruhende Volumen-Zunahme charakterisiert. Dies gilt z. B. für zwischen den Häutungen stehende Krebse, wobei hier die Flüssigkeitsaufnahme durch den Darm stattfindet. Des weiteren können Proportionsänderungen ein Wachstum vortäuschen.

Das **echte Wachstum** beruht dagegen auf einer Synthese von organischen Verbindungen, insbesondere von Eiweißen. So kommt es im Verlauf der Individualentwicklung zu einer Vergrößerung des Gewichtes bzw. der Totalmasse durch den Ansatz von strukturell und funktionell vollwertiger lebender Masse.

Das Wachstum verläuft meist unter Bildung von neuen Formen und geht parallel mit einer Leistungssteigerung einher. Da es stark ernährungsabhängig ist, erfolgt es vor allem postgastrulär bzw. im „freien Leben". Dies gilt natürlich ganz besonders für die dotterarmen und nicht durch zusätzliche Nährstoffe charakterisierten Entwicklungen.

Wachstum führt zu quantitativen und räumlichen, die Differenzierung dagegen zu formalen und qualitativen Veränderungen; indes ist das Wachstum oft nur schwer von Differenzierungsprozessen zu trennen.

Einerseits kann Wachstum auf Veränderungen der Zelle basieren, wie z. B. auf Zellstreckung (Abb. 10/28) oder auf Zellwachstum unter Dottereinlagerung (während der Oogenese; Abb. 35 a–c). Dabei kann es mit Polyploidisierung der Kerne kombiniert sein, wie in den Spinndrüsen der Lepidopteren- bzw. den Speicheldrüsen der Dipterenlarven. Andererseits kann die Massenzunahme mit auf einer Vermehrung der Anzahl der diploiden Zellen beruhen.

Die hier nicht im Detail zu besprechende **artspezifische Wachstumsordnung** ist embryonal und postembryonal oft verschieden. Doch strebt sie jeweils auf eine artspezifische Endgröße mit einem meist nur schmalen Variationsbereich zu. In der Regel erfolgt das Wachstum in Form einer S-förmigen Kurve mit organabhängigem Steigungswinkel; es ist mittels Wachstumsgradienten oder -linien bzw. organspezifischen Wachstumskurven grafisch darstellbar.

Von der eben erwähnten Kurvenform kommen Abweichungen vor. So ist das Wachstum der Maus grafisch durch eine zweimalige Abflachung der Kurve gekennzeichnet, die durch die Entwöhnung vom Muttertier bzw. durch die Pubertät bedingt wird. Das vorübergehende postembryonale Übergewicht von *Fulmarus* (Eissturmvogel; 166%) und *Daptio* (Kaptaube; 188%) führt zu entsprechenden Abweichungen der Wachstumskurven. Diese zeigen bei Arthropoden einen treppenförmigen Verlauf, da hier Wachstumsprozesse nur zwischen den Häutungen möglich sind.

Man unterscheidet ein gleichförmiges, **isometrisches** und ein ungleichmäßiges, **allometrisches Wachstum** (Abb. 5). Letzteres, auch als relatives Wachstum bezeichnet, ermöglicht durch Proportionsänderungen ein örtlich differierendes Wachstum und ist als Morphogenese-Faktor entsprechend wichtig. Mit His (1874) könnte man die Morphogenese etwas überspitzt generell als Produkt von lokal ungleichmäßigem Wachstum auffassen.

Auch bei umfangreichen Metamorphosen – z.B. bei den von der ovoiden Ctenophoren-Grundform adult stark abgewandelten Acnidariern *Cestus* und *Coeloplana* – spielt allometrisches Wachstum in den verschiedenen Hauptebenen der Körperorganisation eine dominierende Rolle.

Als Beispiel für das sehr unterschiedliche Wachstum der einzelnen Organe sei die Embryogenese von *Gallus* zitiert, wo in der Zeit vom 4. Bruttag bis zum Schlüpfen das Gehirn um das 102fache, die Knospen der Vorderextremitäten dagegen um das 720fache zunehmen.

Allometrien können innerhalb eines Organismus (Abb. 5), innerhalb eines Organs (z. B. Knochen) oder innerhalb einer Zelle (z. B. Foraminiferenschalen) auftreten.

Das allometrische Wachstum (aW) erfolgt nach der Gleichung

$$aW: \log y = \log b + a \times \log x$$

y entspricht dabei der Größe des Organs, x derjenigen des ganzen Tieres; a stellt die Neigung der allometrischen Geraden dar, b kommt dem Wert von y für $x - 1$ gleich.

Neben dem **positiven,** zur Substanzvermehrung führenden Wachstum kann auch ein etwa beim Altern manifest werdendes **negatives Wachstum** festgestellt werden.

Außer der genetisch bedingten Konstitution sind zahlreiche weitere **Wachstums-Regulatoren** nachgewiesen. So bewirkt die Oberflächen-Volumen-Ratio eine größere Zunahme des Volumens und führt zu entsprechenden metabolischen Anpassungen. Auch ist versucht worden, allgemeine Beziehungen zwischen den unterschiedlichen Wachstumstypen und dem Stoffwechsel herzuleiten.

Bei Säugern, Fischen, Muscheln und Crustaceen ist die Respirationsquote (RQ) proportional der Oberfläche oder der $\frac{2}{3}$ Potenz des Gewichtes, und die Stoffwechselrate verhält sich allometrisch zum Gewicht. Die Kurve des Längenwachstums flacht sich hier ohne Wendepunkt langsam ab und die Gewichtskurve ist S-förmig. Beide Kurven erreichen einen stationären Zustand eines Endwertes. Ein exponentielles, an sich unbegrenztes Wachstum tritt ein, wenn RQ dem Gewicht direkt proportional ist (z. B. bei Insektenlarven, Orthopteren und bei Heliciden). Die Metamorphose, jährliche Zyklen u. a. brechen hier aber das Wachstum ab. Schließlich liegt der RQ der Planorbiden in der Mitte zwischen Oberflächen- und Gewichtsproportionalität. Die Wachstumsrate des Wachstums strebt unter Aufbau eines Wendepunktes einem Endwert zu; die Kurve des Gewichtes ist ähnlich wie im ersten hier beschriebenen Fall.

Natürlich besteht eine starke Abhängigkeit von embryonalen (Protolecith) und extraembryonalen Nährstoffen. Neben Außenfaktoren können auch bestimmte Entwicklungsperioden (z. B. die schon erwähnten Häutungszyklen bei Arthropoden) das Wachstum entscheidend beeinflussen. Als Außenfaktoren wirken etwa die Temperatur, das Nahrungsangebot und das Alter auf den Wachstumsprozeß ein.

Die sogenannte **kompensatorische Hypertrophie** führt bei Wegnahme eines Partnerorgans bei paarigen Organen (wie Hoden, Nieren usw.) zum verstärkten Wachstum des belassenen Partners, bis die ursprüngliche Leistung wieder erreicht ist. Diese Tatsache läßt auf wachstumsbegrenzende Faktoren schließen.

Nach der klassischen Hypothese von Weiss (1955) sollen Templates als Katalysatoren des Wachstums in jeder Zelle liegen, welche zusätz-

Abb. 5. Allometrien des Wachstums.

A Stark positive Allometrie des Nervensystems bei frisch geschlüpften Prosobranchiern (**a, b**) bzw. Cephalopoden (**c, d**) (außer **b** Sagittalschnitte). **a** altes Embryonalstadium von *Fusus* sp.; **b** adulte Wellhornschnecke *Buccinum undatum* mit eröffneter Mantelhöhle (von lateral); **c, d** Schlüpfstadium bzw. Adulttier des Kalmars *Loligo vulgaris* (vgl. hierzu Abb. 125 p).
B Veränderungen der menschlichen Körperproportionen im Laufe der Postembryonalentwicklung.

Bn   Brachialnerv (Armnerv)
BraG Branchialganglion
BrG   Brachialganglion
G   Ganglion
Hypd Hypobranchialdrüse
J   Jahre (postembryonal)
Kom   Kommissur
M   fetale Monate
Ng   neugeboren
oBG   oberes Buccalganglion
OeG   oesophageale Ganglien (sub- bzw. supraoesophageales Ganglion)
OG   optisches Ganglion
OsG   Osphradialganglion
StG   Stellarganglion
uBG   unteres Buccalganglion
VG   Visceralganglion

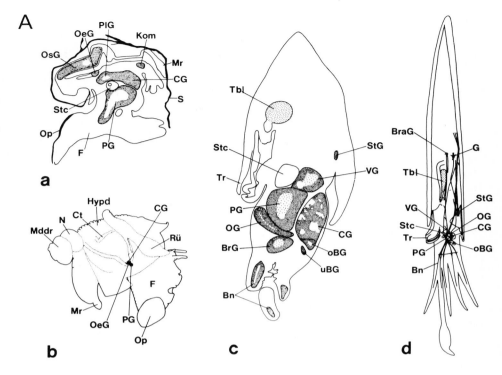

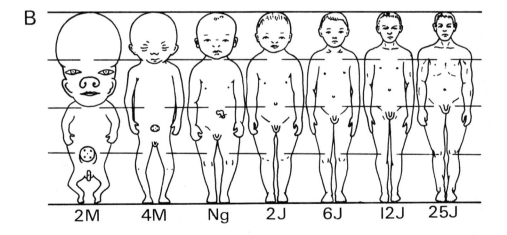

lich Antitemplates nach außen abgibt. Letztere bewirken bei einer bestimmten Konzentration den Wachstumsstop. Die Entfernung eines Organs und damit der Antitemplates ermöglichen dem Partnerorgan ein erneutes Wachstum.

Darüber hinaus sind etwa beim Nervenwachstum kontrollierende Proteinfaktoren aufgezeigt worden. Allgemein bekannt sind auch Wachstumshormone. Diese haben eine allgemein fördernde Wirkung (z. B. die Hypophysen-Vorderlappenhormone der Wirbeltiere) oder sind von unterschiedlichem Einfluß auf die Zellen.

Das Somatotropin (STH) als Wachstumshormon der Wirbeltiere entstammt aus den eosinophilen Zellen der Adenohypophyse und unterliegt voraussichtlich übergeordneten Steuerungsmechanismen des Zwischenhirns. Es wirkt fördernd auf das Wachstum und nimmt zudem Einfluß auf den Protein-, Fett-, Kohlehydrat- und Mineralstoffwechsel, wobei die unterschiedlichen Gewebe auf dieses Hormon recht verschiedenartig reagieren.

4.1.4 Polaritäten und Gradienten

Gradienten als Raten der Qualitäts- und besonders der Quantitätsänderung in jedem beliebigen Punkt eines morphogenetischen Feldes bauen sowohl mit entwicklungsphysiologischen Methoden (S. 56 f. sowie Abb. 17 und 21 v–x) als auch strukturell nachweisbare Gradientenwirkungen bzw. Gradientenfelder auf. Sie sind auch anläßlich von Regenerationsleistungen demonstrierbar (Abb. 13).

Polaritäten und Gradienten sind manifest sowohl in allen Bereichen der einzelnen Zelle (nucleär, cytoplasmatisch und cortical) als auch im heranreifenden ganzen Keim bzw. Organismus.

Bereits die Eizelle verfügt über eine ausgeprägte, **animal-vegativwärts gerichtete Polarität** (Abb. 37 C), die sich in den besonderen, nachfolgend aufgeführten Eigenschaften des animalen Poles zeigt, wie im Austritt der Richtungskörper bzw. im Eintritt des Spermiums, im Ort der ersten Teilungsfurchen, in der Lage von Centriol und meist auch des Kerns, in der Dotterarmut, in der maximalen Reizbarkeit und den starken physiologischen Aktivitäten sowie im damit kombinierten Mitochondrien-Reichtum. Vegetativwärts liegen dagegen die Reservestoffe besonders dicht, insbesondere der Dotter.

Auch die Verteilung von plasmatischen Einschlüssen und von Pigmenten [z. B. *Sertularia, Paracentrotus* (Abb. 46 c)] sowie das Auftreten von animalen Polplasmen [z. B. Anneliden (Tabelle 4), *Artemia, Lymnaea* (Abb. 63 Be), *Lebistes*, Amphibia] bieten weitere Hinweise auf die Polarisierung. Diese kann, wie bei Cephalopoden und Insekten, sich bereits schon in der Eiform manifestieren.

Polaritäten sind des weiteren in **Mitose-** und **Dottergradienten** sowie in besonders beim Seeigel intensiv untersuchten **Metabolismus-Gradienten** darstellbar, die zur Aufstellung der physiologischen Gradienten-Theorie von Child (1928 ff.) geführt haben (S. 55). Stoffwechselgradienten äußern sich beispielsweise in unterschiedlicher Empfänglichkeit für schädliche Substanzen, differierender Reduktion von Vitalfarbstoffen, wechselnder Atmungsintensität, variierenden Redoxpotentialen und pH-Werten des Plasmas, in Differenzen im Proteinaufbau sowie in weiteren chemisch beeinflußbaren Stoffwechselunterschieden.

Polaritätswirkungen werden durch ein Polaritätenmuster bestimmt, welches bei den meisten Tieren aufgrund experimenteller Ergebnisse in der Eirinde (= Cortex) lokalisiert sein dürfte. Dieses sorgt etwa dafür, daß die durch experimentelle Zentrifugation künstlich gestörte Verteilung der verschiedenen Plasmakomponenten wieder rearrangiert wird.

Zahlreiche Befunde erläutern, daß die Polarität oft schon während der Oogenese auf die Eizelle geprägt oder zumindest praedeterminiert wird.

So verläuft z. B. bei *Sycon* die Eiachse parallel zum Choanocyten-Epithel. Der animale Eipol vieler Tiere (Hydroiden, Echinodermen, *Cerebratulus, Ascaris, Phascalosoma*, Anneliden, *Lymnaea*, Bivalvier, Elasmobranchier) liegt der Ovarialwand gegenüber bzw. ist bei *Branchiostoma* gegen dieselbe gerichtet. Die übrigen Vertebraten zeigen entgegen den Haifischkeimen keine so ausgeprägten Beziehungen; doch ist das Follikelepithel bei *Lampetra, Spinax* und *Chimaera* am animalen Pol dick, bei *Scalaria* dort dagegen dünner. Schließlich sei

Tabelle 4. Vorkommen von Polplasmen bei den Annelida. (Aus Schmidt 1966)

	Animales	Vegetatives
	Polplasma	
Polychaeta		
Podarke obscura	+	+
Nereis limbata	+	−
Chaetopterus pergamentaceus	−	+
Arenicola marinus	+	−
Sternaspis sp.	+	+
Oligochaeta		
Tubifex tubifex	+	+
Rhynchelmis limosella	+	+
Allobophora foetida	+	+
Hirudinea		
Glossiphonia complanata	+	+
Protoclepsis tessulata	+	+
Hemiclepsis marginata	+	+
Herpobdella octoculata	+	+

erwähnt, daß der Oocytenkern der Insekten meist auf der Seite liegt, welche der longitudinalen Längsachse der Ovariole (Eiröhre) entspricht.

4.1.5 Symmetrien

4.1.5.1 Bilateralität und Dorsoventralität

Diese beiden grundlegenden Körperausrichtungen sind für alle Bilateralier typisch, wobei die Bilateralität nie ganz streng spiegelbildlich symmetrisch ausgebildet ist. Ludwig (1932) hat auf dieses sogenannte „Links-Rechts-Problem" besonders aufmerksam gemacht.

Ausnahmsweise wird die Bilateralität erst sekundär erreicht, wie dies die ursprünglich asymmetrisch sich anlegenden Kiemenspalten der Lanzettfisch-Arten dokumentieren.

Entsprechend den früh etablierten Polaritäten werden aber Dorsoventralität und Bilateralität oft schon im Verlaufe der Oogenese aufgebaut. Dies erscheint verständlich, indem die animale Eiregion in der Regel in etwa der Dorsal-, die vegetative dagegen der Ventralseite entspricht.

Bei Echinodermen werden die Körpersymmetrien während der Oogenese praedeterminiert; die endgültige Festlegung erfolgt während der Furchung. Bei der Pulmonate *Lymnaea* wird dagegen erst anläßlich der Festlegung der Urmesodermzelle von der anfänglich dominierenden Radiärsymmetrie abgewichen; letztere kann durch Lithiumchlorid-Beigaben künstlich länger erhalten bleiben.
Bei *Lebistes* wandert das perinukleäre Plasma in Form des mit Lipochondrien dotierten peripheren Halbmondes früh nach dorsal. Auch die Oocyte der Ratte zeigt auf der prospektiven Dorsalseite eine erhöhte Basophilie und einen vermehrten RNS-Reichtum, während die Ventralseite durch die Ausbildung von Vakuolen und Fetttröpfchen ausgezeichnet ist. Bei Insekten, wo sich gleichfalls RNS-Gradienten nachweisen lassen, liegt der Oocyten-Kern entweder auf der künftigen Dorsal- *(Tachycines, Acanthoscelides)* oder auf der Ventralseite *(Platycnemis, Apis, Tenebrio)*.
Die zur Bildung des grauen Halbmondes führende **corticale Symmetrisierungsrotation** (S. 124 sowie Abb. 42 A und 63 C) wird bei Amphibien und *Acipenser* dagegen erst durch das anläßlich der Besamung eindringende Spermium induziert. Freilich ist auch hier eine praeformierte Symmetrie vorhanden; eine künstlich aktivierte Eizelle mit unterdrückter Rotation bildet in der Folge trotzdem die Körpersymmetrien aus. Bei Selachiern (bei der Bildung der Körpergrundgestalt) und den Teleostiern (beim Auftreten der Subgerminalhöhle) erfolgt die Etablierung noch später. Bei Knochenfischen scheinen zudem Einflüsse des Dottersyncytiums und die Position des Embryonalrandes in Beziehung zur Lage im Eiraum mitzuspielen. Bei Vögeln schließlich bestimmt die anhand der Windungsrichtung der Chalazen sichtbare Eirotation in der „kritischen Phase" der Bildung der Area pellucida die Links-Rechts-Symmetrie des Keimes.

Die Entstehung der bei höheren Metazoen innerlich die Bilateralität oft beeinträchtigenden **Eingeweide-Asymmetrie** (z. B.

Darm, Herz etc.) ist – ähnlich wie die Torsion der Gastropoden (S. 36 ff. und Abb. 12 d–g) – trotz zahlreicher experimenteller Analysen an Wirbeltieren noch nicht eindeutig geklärt. Doch scheint auch hier eine genetisch bedingte Praeformation der Asymmetrie vorzuliegen, die in der kurzen, zwischen Gastrula und mittlerer Neurula liegenden Entwicklungsspanne endgültig stabilisiert wird.

4.1.5.2 Radiärsymmetrie

Diese auch als sogenannte Antimerenbildung bezeichnete Körperausrichtung ist typisch für die Cnidarier. Sie ist erkenntlich anhand der Anordnung bzw. des ontogenetischen Auftretens von Gastraltaschen, Tentakeln, Sinnesorganen etc. (vgl. Abb. 24 e, 61 und 74 e).

Bei den Anthozoen liegt freilich eine u. a. anhand der Anordnung der sogenannten Richtungsfächer im Gastralraum aufzeigbare Tendenz zur Bilateralität vor.

Die Radiärsymmetrie wird ontogenetisch direkt so angelegt. Die zwischen den entsprechenden Ausbuchtungen des ectodermalen Glockenkernes und dem Außenectoderm liegenden vier entodermalen Schläuche der Radiärkanalanlagen treten anläßlich der Medusenknospung der Hydroiden unmittelbar in radiärsymmetrischer Anordnung in Erscheinung (Abb. 24 e).
Die Sechser-Symmetrie der Hexacorallier dürfte sekundär sein, indem das in ihrer Entwicklung durchlaufene Edwardsia-Stadium temporär eine Achter-Symmetrie seiner Gastralsepten aufweist.

4.1.5.3 Übergänge und Abwandlungen

Die adult manifeste **Pentamerie** (Fünfstrahligkeit) der Echinodermen ist sekundär; sie beruht auf einem Symmetriewechsel der bilateral-symmetrischen Larve anläßlich der Metamorphose (S. 314 und Abb. 75 e). Bei irregulären Seeigeln und den Holothurien ist auch im adulten Bauplan eine erneute sekundäre Tendenz zur Ausbildung der Bilateralsymmetrie festzustellen.
Bei den Gastropoden führen die **Torsion** und teilweise die Chiastoneurie (= Überkreuzung der Cerebrovisceral-Konnektive) zusammen mit der Volution (Schalenwindung) im Bereich des Palliovisceralkomplexes (= Eingeweidesack) zu einer Abkehr von der ursprünglichen Bilateralsymmetrie (S. 36 ff. und Abb. 12 c–g). Als Parallelfall zu den eben zitierten Stachelhäuterbeispielen läßt die bei Opisthobranchiern oft verwirklichte Detorsion wiederum eine zumindest äußerlich manifeste Rückkehr zur Bilateralsymmetrie erkennen.

4.1.6 Metamerisierung (Segmentierung)

4.1.6.1 Allgemeines

Eine Metamerie – eine seriale Anordnung von Körpersegmenten bzw. Organen entlang der Körperlängsachse – ist nur echt, wenn sie auf einer mesodermalen Durchgliederung (z. B. Coelom-Metamerie der Anneliden, Somiten- und Nephrotom-Metamerie der Vertebraten) beruht. Tabelle 5 gibt eine Vorstellung über das Ausmaß der Metamerie bei den Ringelwürmern und den Chordaten.

Tabelle 5. Vergleich der Metamerie von Articulaten und Chordaten. (Nach Siewing 1969)

	Articulata (Annelida)	Chordata (Acrania, Cyclostomata)
Muskulatur	Segmental, durch Dissepimente getrennt; ontogenetisch Somite	Segmental, durch Myosepten getrennt; ontogenetisch Somite
Nervensystem	Ventrales Bauchmark mit segmentalen paarigen Ganglien und segmentaler Nervengarnitur	Dorsales Rückenmark mit segmentaler Nervengarnitur (Spinalnerven), später auch segmentale Spinalganglien
Blutgefäßsystem	Segmentale Schlingen in Segmentgrenzen zwischen Dorsal- und Ventralgefäß	Segmentale paarige Gefäßzweige in den Myosepten
Exkretionsorgane	Nephridien segmental (Wimpertrichter und/ oder Solenocyten)	Nephridien segmental (Wimpertrichter oder Solenocyten); ontogenetisch segmentale Anlage
Gonaden	Segmental im Mesoderm	Ursprünglich segmental im Mesoderm (Acrania)
Kiemendarm	–	Hauptbögen bei Acrania segmental nach ontogenetischer Symmetrisation
Axialskelett	–	Nicht segmentierte Chorda dorsalis; segmentale Wirbelsäule, ontogenetisch segmentales Sclerotom
Extremitäten	Segmental	Nicht segmental
Segmentgrenzen	Intersegmentalfurchen	–
Tracheen	Antennata, Chelicerata: segmental	–

Daneben gibt es zahlreiche, von Beklemischew (1958) auch als Pseudo- oder Anordnungsmetamerien bezeichnete unechte Segmentierungen. Diese können als Funktionsmetamerie – z.B. bei serialen Blutgefäßen oder Exkretionsorganen – funktionell bedingt sein. Man vergleiche in diesem Zusammenhang auch die unabhängig von der ursprünglichen mesodermalen Segmentierung erfolgende sekundäre Ringelung der Hirudineen.

Bei allen hoch evolvierten Tieren – wie bei den Gastro- und Notoneuraliern – ist entgegen den ameren, d.h. ungegliederten Tierformen die Metamerie dominierendes Bauprinzip (vgl. z.B. Abb. 61, 67 B, 83 d und 84 b-d für Anneliden; Abb. 85 h und 87 e, k + l für Arthropoden und Verwandte; Abb. 4 b, 61, 81 g + h, 90 d, 92 b + c und 105 c-e für Chordaten).

Sie kann **homonom** (= gleichartige Metameren) oder **heteronom** (mit ungleichwertigen Segmenten) ausgebildet sein. Für den letzteren Typus sind außer den Arthropoden diejenigen Anneliden zu nennen, die in cephale atoke und caudad liegende, mit Gonaden gefüllte epitoke Segmente aufgeteilt sind. Letztere können sich teilweise auch detachieren und sind oft einer Metamorphose (z.B. Ausbildung der Parapodien als Schwimmfüße, Reduktion des Darmes) unterworfen. Meist sterben die Tiere nach der zur Ausbreitung der Geschlechtsprodukte dienenden Schwimmphase; ausnahmsweise regeneriert aber der vordere Körperabschnitt ein neues Hinterende [z.B. *Eunice viridis* (Palolowurm)]. Auch kommt eine Neubildung von a priori des Darmes entbehrenden Genitalsegmenten vor.

Bei Arthropoden tritt häufig die Bildung von **Tagmata** ein, d.h. eine Aufteilung des Körpers in einzelne, besonderen Funktionen dienende Komplexe (z.B. Kopf, Thorax, Abdomen), die jeweils mehrere, teilweise auch Segmentverschmelzung zeigende Metameren umfassen.

4.1.6.2 Metamerie bei Articulaten

Mit dem Zusammenscharen der Blastodermzellen zur Vorkeim- bzw. Keimanlage (Abb. 86 a + b) wird die Metamerie – entgegen den Vertebraten - **im Ectoderm etabliert.**

Zerstört man bei *Chrysopa* die Mesentoderm-Anlage mittels eines Thermokauters, so erfolgt trotzdem die Ausbildung von Ectoderm und metamerem Nervensystem.

Die neurale Metamerie bestimmt bei Insekten die Coelomkammer-Gliederung. Bei Polychaeten ist das Ectoderm für die Aufteilung der Larvalsegmente (vgl. Abb. 67 B und 84 b + c) verantwortlich; andererseits erfolgt die anschließende Durchgliederung der Sprossungszone autonom im Mesoderm.

Die Differenzierungsrichtung liegt bei Ringelwürmern von caudal nach cephal; sie geht dagegen bei Arthropoden von einem Differenzierungszentrum nach beiden Körperpolen aus.

Das metamere Mesoderm der Articulaten basiert auf dem unter Teloblastie entstandenen **Sprossungsmesoderm,** das sich bei Anneliden dank ihrer einer Cell-Lineage zugänglichen Spiralfurchung auf zwei Urmesodermzellen zurückführen läßt.

Bei allerneuesten Detailuntersuchungen an holoblastisch sich furchenden Crustaceen ist es gelungen, auch hier Urmesodermzellen nachzuweisen. Dieses erstmals an Arthropoden hergeleitete, überraschende Resultat liefert einen weiteren embryologisch fundierten Beweis für die enge Verwandtschaft von Ringelwürmern und Gliederfüßlern.

Vor allem Ivanov hat bei Anneliden eine freilich nicht bei allen Arten verwirklichte Aufteilung propagiert: Die wenigen Larvalsegmente [= Deutometameren (Remane)] gehen stets auf die Urmesodermzellen zurück (Abb. 67 Bb ff.). Die zahlenmäßig dominierenden Imaginalsegmente (= Tritometameren) können ebenfalls von den Urmesodermzellen (Abb. 67 B c + d und 84 c) oder aber von einer ectomesoblastischen Sprossungszone (Abb. 67 B e + f und 84 c) formiert

werden. Auch sei an die in naupliales und metanaupliales Mesoderm zerfallende Anlage des mittleren Keimblattes der Crustaceen (Abb. 85 g) erinnert, die eventuell damit homologisierbar ist.

Im Sinne Remanes wären die Larvalsegmente als metamerisiertes Metacoel der Archicoelomaten (Abb. 61) zu verstehen; die Tritometameren entstünden dagegen entsprechend der Sprossungstheorie neu.

Das cephale Prostomium der Anneliden bzw. das Acron der Insekten sind mesodermfrei.

Freilich sind bei zahlreichen Arthropoden praeantennäre, praechelicerate bzw. auch labrale Coelomsäcke nachgewiesen. Dies gilt etwa für Onychophoren *(Eoperipatus weldoni)*, Spinnentiere, Chilopoden *(Scolopendra cingulata),* Crustaceen *(Hemimysis lamornae),* Symphylen *(Hanseniella agilis)* und Insekten [z. B. *Tenebrio molitor, Carausius morosus* und *Calotermes flavicollis* (Abb. 87 e)].

Im Hinblick auf die Postembryonalentwicklung der Metamerie lassen sich bei Arthropoden zwei Typen unterscheiden: Bei der **Epimorphose** (Epimorphie) schlüpfen mit allen Segmenten versehene „Langkeime"; die anameren „Kurzkeime" ergänzen dagegen anläßlich der **Anamorphose** (Anamorphie) ihre Segmentzahl postembryonal (vgl. Tabelle 6, sowie S. 322).

Tabelle 6. Übersicht der Sprossungsverhältnisse und Sprossungstypen der Arthropoden

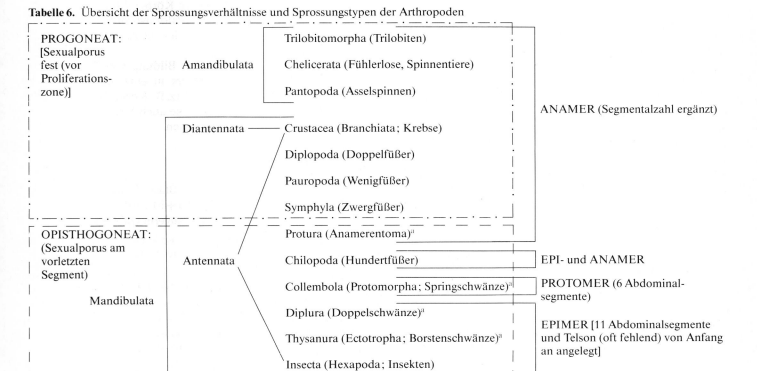

[a] Oft innerhalb der Insecta als Apterygota klassiert bzw. als vier isolierte Unterklassen den Pterygota gegenübergestellt.

4.1.6.3 Metamerie bei Chordaten

Die oft auch entsprechend den segmentalen Somiten (= Ursegmenten) als Myomerie bezeichnete Metamerie der Chordatiere ist entgegen derjenigen der Articulaten **im Mesoderm begründet**. Zudem werden nie Teloblasten ausgebildet. In Form der Schwanzknospe ist freilich eine Art von caudaler Sprossungszone vorhanden.

Im Gegensatz zu den Gliedertieren dürften bei Chordaten wahrscheinlich die Archimeren im Sinne Remanes übrig geblieben sein (vgl. unten). Darauf weisen z. B. das primär unpaare Rostralcoelom der Acranier (S. 214 und Abb. 81 g) bzw. das ebenfalls nur einfach vorhandene Praemandibular-Coelom der Craniota hin, die beide dem Protocoel entsprechen dürften.

Das zweite Coelomsegment von *Branchiostoma* (Abb. 81 g + h) könnte entsprechend mit dem Mesocoel gleichgesetzt werden. Damit wäre die ursprüngliche Archimerie erhalten geblieben. Die bei den Acraniern und ähnlich den Cyclostomen durchgehend segmentale Mesodermanlage bleibt bei den übrigen Wirbeltieren mit ihren unsegmentierten Seitenplatten freilich auf die Somiten und Nephrotome beschränkt.

Während bei den Articulaten die Coelomanteile häufig durch Schizocoelie entstehen, kommen bei den Notoneuraliern Enterocoelie, Schizocoelie sowie auch Coelombildung durch Aggregation vor.

4.1.6.4 Phylogenetische Entstehung der Metamerie

Die phylogenetische Entstehung der Segmentbildung hat Anlaß zu zahlreichen Theorien gegeben, über die hier nur in Kurzform zu berichten ist.

Die Haeckel'sche Sprossungs- oder Kormen-Theorie taxiert jede Metamerisierung als unvollständige Durchgliederung im Sinne einer verkappten Koloniebildung. In der Pseudometamerie- (Hatschek) bzw. Gunda-Theorie (Lang) wird dagegen die Zerlegung eines ursprünglich einheitlichen Ganzen in Teilstücke postuliert.

Die Cyclomerie-Theorie von Leuckart (ähnlich auch Hertwig, Sedgwick u. a.) möchte die entlang einer cephal-caudal orientierten Hauptachse ausgerichtete Segmentierung der höheren Metazoen auf die Radiärsymmetrie der Coelenteraten – insbesondere die Gastraltaschen (Genitaltaschen) der Anthozoen – zurückführen.

Remane (1949; vgl. Abb. 61) glaubt unter Kombination verschiedener Theorien an eine Überschichtung von drei Metamerien. Zu der auf die Hohltiere zurückgehenden, heute noch bei den Archicoelomaten verwirklichten **Archimerie** kommt durch sekundäre Untergliederung des zuhinterst liegenden Somatocoels (= Metacoels) eine **Deutometamerie** hinzu. Die **Tritometamerie** schließlich soll durch zusätzliche sprossungsartige Segmentvermehrung in der praeanalen Zone bedingt sein, aber keinesfalls Rudiment einer ursprünglichen Ketten- oder Koloniebildung sein.

Man vergleiche hierzu auch Snodgrass (1938) und ähnlich Ivanov (1928 ff.), die bei Articulaten einerseits eine teloblastische Sprossung, andererseits eine durch sekundäre Unterteilung der Mesodermstreifen erfolgte Kormenbildung unterscheiden.

Unbelastet von solchen Erwägungen ist die Ansicht Steinböcks (1963), nach welcher Coelome bzw. Leibeshöhlen-Gliederungen überall da, wo sie benötigt werden, aus dem als Archihiston fungierenden Mesenchym entstehen.

4.2 Spezielle Prinzipien

4.2.1 Rolle von Einzelzellen

4.2.1.1 Zelldifferenzierung

Die zelluläre Differenzierung erfolgt bei Protozoen nach ihrer Teilung. Bei Metazoen tritt sie bereits anläßlich der Keimzellreifung [speziell im Verlauf der Dottersynthese bzw. der Spermiohistogenese (Abb. 37 C bzw. 6 A)] ein; ihre Hauptperiode liegt aber postgastrulär im Zusammenhang mit der Ausbildung von Organprimordien.

Die zelluläre Differenzierung führt zur Änderung des Zellinventars (vgl. z. B. Abb. 6) und damit beispielsweise in einem Gewebe zur Ausprägung eines bestimmten Zelltyps. Dabei erfolgt in der Zelle innerhalb eines zusammenhängenden Plasmas meist eine Kompartimentierung in unterschiedliche Bereiche mit spezifischer Leistung.

Biochemisch ausgedrückt kann man auch sagen, daß die Differenzierung infolge einer bevorzugten Aktivierung von Genen zur Auslösung spezifischer funktioneller Leistungen führt, wie zum Aufbau von Proteinen mit (Sekrete) oder ohne Enzymcharakter (z. B. Haemoglobin), von Peptidhormonen, Muskel- und Gerüsteiweiß (z. B. Schleimstoffe, Keratin, Kollagen) oder von Antigenen. – Entsprechend müssen bei der Entdifferenzierung diese Gene inaktiviert werden.

Plasmadifferenzierung

Bei der hier nicht im Detail zu schildernden, durch Abb. 6 für drei Beispiele dargestellten *Organell-Morphogenese* ist die Wichtigkeit der Elementarmembranen hervorzuheben, die mit je zwei Lipoidproteid-Doppelschichten versehen sind. Die Lumina zwischen den Elementarmembranen heißen Zisternen. Elementarmembranen sind zum Abbau und Neuaufbau (z. B. der Kernmembran nach der Teilung) befähigt und spielen eine Rolle beim Aufbau der Zellwand, des endoplasmatischen Reticulums und des Golgi-Apparates (vgl. auch Abb. 37 C). Die Centriolen sind beispielsweise für die

Abb. 6. Differenzierung von Zellen.

A Spermiohistogenese beim Säuger (vgl. Abb. 28 A). **a** Spermatocyte II mit ziemlich umfangreichem Idiosom; **b** Spermatide; **c** reife Spermatide mit beginnender Geißelbildung; **d** junges Spermatozoon (Spermium) mit sich an der Geißelbasis zusammenziehendem Cytoplasma, das teilweise eliminiert wird; **e** reifes Spermium.

B Differenzierung von Melanosomen im Cytoplasma einer Wirbeltier-Melanocyte. Vom Golgi-Komplex werden „Protyrosinase" enthaltende Vesikeln gebildet. Diese differenzieren sich zu Praemelanosomen mit in charakteristischer Anordnung orientierten Protyrosinase-Molekülen. Dann wird auf einer Protein-Matrix Melanin polymerisiert, bis es zur Etablierung der Melanosomen kommt, die als dichte Partikel keine Tyrosinase-Aktivität mehr zeigen.

C Differenzierung der Säuger-Erythrocyte. **a** Hypothetische pluripotente Mesenchymzelle; **b** Haemocytoblast als Ursprungszelle der „Erythrocytenlinie"; **c** Proerythroblast, gekennzeichnet durch aktive RNS-Synthese als Bedingung zur Differenzierung; **d** durch chromosomielle Kondensation und gleichzeitige Reduktion der Kernaktivität ausgezeichneter basophiler Erythroblast; **e** polychromatophiles Stadium mit zunehmender Synthese und Akkumulation von Haemoglobin sowie abnehmender RNS-Synthese; **f** nicht mehr teilungsfähiger orthochromatischer Erythroblast mit inaktivem Kern und haemoglobingefülltem Plasma; **g** Reticulocyte nach Kernverlust. Diese Zelle zirkuliert nun im Blutstrom und synthetisiert noch 1 bis 2 Tage Haemoglobin, um dann zur definitiven, durch fehlende Proteinsynthese charakterisierten Erythrocyte zu werden.

Acg	Akrosomengranula
aMs	altes Melanosom
dCen	distales Centriol
elCyt	eliminiertes Cytoplasma
elKe	eliminierter Kern
epR	endoplasmatisches Reticulum

ES	Endstück	Gk	Golgikomplex
Gei	Geißel	Ha	Hals
HS	Haupt-Schwanzstück		
jMs	junges Melanosom	JR	Jensenring
Mst	Mittelstück	Is	Idiosom
PAK	Pro-Akrosomenkörner		
pCen	proximales Centriol		
PMs	Praemelanosom		
RIs	Rest des Idiosoms		
Ves	Vesikeln		

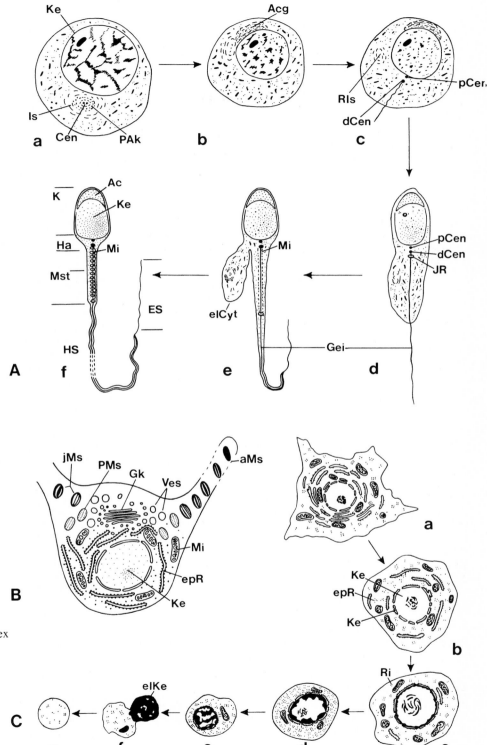

Bildung von Cilien, Geißeln, Achsenstäben und Mitosespindeln bedeutsam.

Zellbestandteile können – wie Mitochondrien und Kinetosomen – sich einerseits durch **Selbstreproduktion** vermehren, wobei die Zunahme der Mitochondrien unabhängig vom Zellzyklus (S. 26) erfolgt. Man vergleiche hierzu auch die Verdoppelung der DNS-Stränge.

Andererseits ist für viele Bildungen eine **de novo-Entstehung** nachgewiesen, wie beispielsweise ebenfalls für Mitochondrien sowie für Centriolenderivate, den Golgi-Apparat (aus Vesikeln der Kernmembran bzw. des endoplasmatischen Reticulums), Sekrete (aus Membranvesikeln), Myo- und Neurofibrillen, Pigmentkörner etc.

Die Entwicklung geformter Sekrete kann embryonal oder postembryonal stattfinden und zum Aufbau von Skeletten (Abb. 69 d + e, 75 d und 114 d + e), Schalen, Gehäusen, Eihüllen (Abb. 36), Spermatophoren (Abb. 39), Trichocysten (Ciliaten), Nesselkapseln (Cnidarier), Filtriergehäusen (Appendicularien), Schuppen (Schmetterlinge) und cuticulären Bildungen führen. Oft ist dabei die Grenze zwischen zellulären und extrazellulären Anteilen nur unscharf zu ziehen.

Die wohl komplizierteste tierische Sekretionsleistung stellt die Bildung der rein als Sekretionsprodukt anzusprechenden Spermatophore der Cephalopoden dar (Abb. 39 k + f), die anläßlich ihrer Passage durch den kompliziert gebauten ♂ Geschlechtsgang (Abb. 39 m) in dessen Höhlungen sukzessive ausgeformt wird.

Kerndifferenzierung

Während der Ontogenese kommt es oft zur Ausbildung von spezifischen *Funktionsstrukturen* der Kerne. Entgegen den inaktiven heterochromatischen, hochspiralisierten Chromozentren sind die euchromatischen Abschnitte aktiv. Sie können durch schleifenförmige DNS-Fäden hervortretende **Lampenbürstenchromosomen** (Abb. 16 f–h), bei den Riesenchromosomen als örtliche Auftreibungen sogenannte **Puffs** (Abb. 16 i + k) sowie durch maximale Streckung der seitlich austretenden DNS-Stränge ausgezeichnete **Balbiani-Ringe** bilden (vgl. S. 53 und 113).

Eine besondere Art der Kerndifferenzierung stellt die Ausbildung von **Geschlechtschromosomen** (Heterochromosomen, Allosomen) dar. Diese sind aus einem Paarungssegment mit möglichem Crossing – und einem genarmen Differentialsegment aufgebaut. Deren Konstellation – ♂ oder ♀ Heterogamie – ist bei den einzelnen Tiergruppen sehr verschieden (Tabelle 7).

Für den Menschen ist das Geschlechtschromatin zu erwähnen. Infolge eines in weiblichen Zellen an die Kernwand angehefteten Chromozentrums, dem sog. Barr-Körperchen

Tabelle 7. Einige Typen von Geschlechtschromosomen

	♂	♀	Beispiele
♂ Heterogametie	X Y	X X	*Drosophila* (Diptera), *Lygaeus* (Hemiptera), *Nezara* (Hemiptera), Mammalia
	X O	X X	*Protenor* (Hemiptera), *Ancyracanthus* (Nematoda)
	X X O	X X X X	*Phylloxera (Dactylosphaera)* (Aphididae)
♀ Heterogametie	X X	X Y	*Abraxas* (Lepidoptera)
	X X	X O	*Gallus* (Aves)

Man beachte, daß bei den meisten Reptilien keine morphologisch divergierenden Allosomen nachweisbar sind.

(= Sexchromatin), ist auf histologischer Basis eine rasche sexuelle Zuordnung von Zellkernen durchführbar.

Weitere Möglichkeiten der nucleären Differenzierung bietet das Chromosomen-Verhalten. Bei der **Polyploidie** werden die Chromosomen verdoppelt bzw. vervielfacht (z. B. Tetraploidie). Der Vorgang kann als somatische Polyploidie auch hochdifferenzierte Zellen (z. B. von Drüsen) erfassen. Bleiben unter Längsverdopplung der Chromosomen die neuen Chromosomen gepaart und entspiralisiert, kommt es durch Polytaenisierung zur Bildung von Riesenchromosomen (z. B. in den Speicheldrüsen oder in der Larvalepidermis der Dipteren). Eine auch als somatische Reduktion bezeichnete Entpolyploidisierung ist relativ selten. Sie ist etwa bei Protozoen *(Aulacantha, Ichthyophthirius)* oder bei Kernen des Darmepithels von Mücken und Bienen nachgewiesen. Es entstehen dabei Kerne von einer niedrigeren Polyploidie- bzw. von der Diploidie-Stufe; die Zellteilung erfolgt unter Paarung der homologen Chromosomen, aber ohne deren Verdopplung (vgl. dazu S. 28 f.).

4.2.1.2 Kern- und Zellteilung

Allgemeines

Jede Zellteilung umfaßt die durch den physiologischen Zustand der Cytoplasmen synchronisierte Kernteilung (= **Mitosis**) (Abb. 7 a + b) sowie die Plasmateilung (= **Cytokinesis**). Letztere ist vornehmlich durch die Durchschnürung des Plasmas sowie die Bildung einer neuen Zellwand charakterisiert. Die Mitose geht mit dem Aufbau des achromatischen Apparates und den im Folgenden zu schildernden Chromosomenveränderungen parallel.

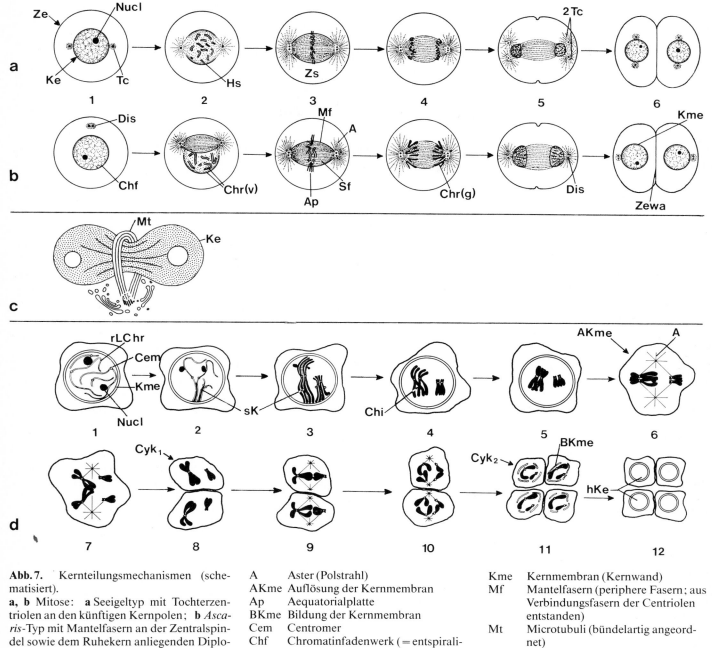

Abb. 7. Kernteilungsmechanismen (schematisiert).

a, b Mitose: **a** Seeigeltyp mit Tochterzentriolen an den künftigen Kernpolen; **b** *Ascaris*-Typ mit Mantelfasern an der Zentralspindel sowie dem Ruhekern anliegenden Diplosom. *1* Interphase; *2* Prophase; *3* Metaphase; *4* Anaphase; *5, 6* Telophase mit gleichzeitiger Plasmateilung.

c Amitose einer Interrenalzelle von *Rana*.

d Meiose (vgl. Abb. 28): *1* Leptotaen; *2* Zygotaen; *3* Pachytaen; *4* Diplotaen; *5* Diakinese; *6* Metaphase 1; *7* Anaphase 1; *8* Interkinese; *9* Metaphase 2; *10* Anaphase 2; *11* Telophase; *12* 4 haploide Keimzellen am Mitoseende.

A	Aster (Polstrahl)
AKme	Auflösung der Kernmembran
Ap	Aequatorialplatte
BKme	Bildung der Kernmembran
Cem	Centromer
Chf	Chromatinfadenwerk (= entspiralisierte Chromosomen)
Chi	Chiasma
Chr(g)	geteilte, einfache Chromosomen
Chr(v)	verdoppelte Chromosomen
Cyk	Cytokinese (Zellteilung)
Dis	Diplosom (Zentralkörper, Cytozentrum, Centriol)
hKe	haploider Kern
Hs	Halbspindel

Kme	Kernmembran (Kernwand)
Mf	Mantelfasern (periphere Fasern; aus Verbindungsfasern der Centriolen entstanden)
Mt	Microtubuli (bündelartig angeordnet)
Nucl	Nucleolus
rLChr	replizierte Leptotaen-Chromosomen
Sf	Spindelfasern („Zugfasern")
sK	synaptonemaler Komplex
Tc	Tochtercentriol
Ze	Zelle
Zewa	Zellwand
Zs	Zentralspindel (durch Vereinigung der Halbspindeln gebildet)

Im Falle der Syncytienbildung (vgl. z.B. S.226 sowie Abb. 10/4, 89e+f und 130b) wird die Kernteilung von keiner Plasmateilung gefolgt.

Bei der Plasmateilung spielen die peripheren Schichten der Zelle (Ectoplasmamembran, Rindenschicht bzw. Cortex) eine wesentliche Rolle. Besonders beim Seeigel scheint die aktive Cortexausbreitung, welche wahrscheinlich in der Anaphase durch die Astrosphären ausgelöst wird, eine Hauptrolle zu spielen. Die anläßlich der Zellteilung agierenden autonomen plasmatischen Einflüsse gestatten bei Amphibien und Echinodermen unter bestimmten experimentellen Bedingungen die Teilungsfähigkeit kernloser Keime bis zur Blastula.

Zellteilungen laufen frühontogenetisch während der Furchung ohne Wachstum ab. Später können sie oft Vorspiel des zur Zellvergrößerung führenden Interphasenwachstums sein. Im weiteren steht dann die Teilung meist in Verbindung zum intususceptionellen Wachstum der Zellwand.

Durch Teilungsvorgänge entstehen entweder identische oder aber nach einer **differentiellen Zellteilung** mit ungleicher Verteilung von Zellbestandteilen (Abb. 8 und 28 B e+f) ungleichwertige Tochterzellen. Letztere können sowohl hinsichtlich ihrer morphologischen Struktur als auch ihrer prospektiven Potenz divergieren.

Als besonders schöne Beispiele von zu unterschiedlichen Zellpotenzen führenden differentiellen Teilungen gelten die in Zellstammbäumen darstellbaren Furchungsteilungen bei zellkonstanten Tieren bzw. Spiraliern (Abb. 2a–d). Bei der Richtungskörperbildung (Abb. 28 B d–f) entstehen sowohl morphologisch als auch hinsichtlich ihrer prospektiven Potenzen unterschiedliche Deszendenten. In morphologischer Hinsicht sei schließlich auf die Entstehung zahlreicher Arthropodenorgane wie Schuppen, Haare und Augen hingewiesen (Abb.8). Durch die sog. determinativen Teilungen in meroistischen Insektenovariolen entstehen aus einer Oogonie Ei- und Nährzellen, wobei die Glieder des Zellverbandes durch Zellkoppeln (= „Spindelrestkörper") verbunden bleiben. Zu einer Eizelle kommen dadurch 2^{n-1} Nährzellen (also 3, 7, 15 usw.).

Als Sonderfall von Zellteilungen ist die u.a. bei Spiraliern verwirklichte **teloblastische Sprossung** zu nennen. Regelmäßige synchrone Teilungsfolgen schaffen gerichtete parallele Zellreihen, die aus den sich weiter teilenden Teloblasten am „unteren" Ende hervorgehen (vgl. z.B. Abb. 10/13, 83a–d sowie 84).

Teloblasten kommen im Meso- und Ectoderm vor. So bildet bei Anneliden die Urmesoblastzelle 4d die beiden Urmesodermzellen, die unter Teloblastie die Mesodermstreifen (Abb. 67 B a und 87b) aus sich entstehen lassen. Im Ectoderm differenziert sich aus dem Ursomatoblasten 2d die somatische Platte (Abb. 70b+e und 84a). Diese egalisiert gleichsam im äußeren Keimblatt das mesodermale teloblastische Sprossungswachstum und formiert das Rumpfectoderm (vgl. S.216).

Die im Folgenden durchgeführte Gliederung in verschiedene Zellteilungstypen basiert auf den unterschiedlichen Kernteilungsmodalitäten.

Mitose

Bei der **Aequationsteilung,** einer Zellteilung ohne Reduktion, bleibt der Chromosomenbestand intakt; aus einer diploiden Mutterzelle entstehen zwei diploide Tochterzellen. Die Aufteilung in zwei Kerne erfolgt mit Hilfe eines plasmatischen Teilungsapparates (Abb. 7a+b); dessen „Plasmastrahlen" sind bereits 1844 durch Grube gesehen worden.

Die Teilungskapazität von Zellen steht in umgekehrt proportionalem Verhältnis zu deren Differenzierungshöhe. Bei wenig bzw. relativ niedrig differenzierten Zellen (limitierende „Membranen", gewebsbildende Zellen und vor allem embryonale Zellen) ist eine volle Teilungsfähigkeit erhalten. Doch ist auch bei beträchtlicher Differenzierung – z.B. bei Zellen der Leber oder der Gastrodermis *(Hydra)* – noch eine Fähigkeit zur Durchführung von Mitosen nachweisbar. Extrem spezialisierte Zellen, wie etwa Nervenzellen, sind dagegen nicht mehr teilungsfähig.

Im *Zellzyklus* (= Kern- oder Mitosezyklus) sind generell die Mitose- (M) und die Interphasen (Abb. $7a_1+b_1$) zu scheiden. Letztere werden unglücklich auch als Ruhephasen bezeichnet. In Wirklichkeit sind sie in biochemischer Hinsicht vielmehr durch höchste Aktivität charakterisiert. Dank transkriptionsaktiven Genen geht die RNS- und Proteinsynthese weiter. In sich nicht weiter teilenden Zellen stellt die Interphase den Endzustand der Zelle dar. Bei sich intensiv vermehrenden Zellen, wie anläßlich der Furchung, kann dagegen die Interphase weitgehend reduziert sein oder fehlen.

Der Aktivitätsphase des Zellzyklus geht die G_0-Phase (G=gap; Lücke) voraus, die natürlich bei sich lange nicht teilenden Zellen besonders ausgeprägt ist. Die im einzelnen in ihrer Dauer variable G_1-Phase dient als Einleitung zur M-Phase. Hier erfolgt in der in ihrer Länge meist konstanten S-Phase unter DNS-Synthese die Replikation der DNS der Chromosomen und damit die Bereitstellung des zur Neubildung des zusätzlichen Kernes nötigen Materials. Die anschließende G_2-Phase ist relativ kurz und verbindet die abgeschlossene S-Phase mit dem Einsetzen der Teilungsvorgänge.

Manchmal ist eine experimentell auslösbare Stimulierung zur Teilung möglich, z.B. durch Temperaturschock.

Die eigentliche Mitose besteht aus vier cytologisch leicht diagnostizierbaren *Phasen:*

Abb. 8. Differentielle Zellteilungen in der Organogenese von Arthropoden.

a Genealogie der Ommatidienzellen des Facettenauges der Arbeiterin von *Formicina flava* (Hymenoptera); **b–e** Ommatidien-Genese von *Formicina;* **b** frühe Stadien (Sagittalschnitte); **c–e** ältere Stadien (Sagittalschnitte); bei **e** ist die Lage der Querschnitte (**f, g**) eingezeichnet; **f** Querschnitt durch den oberen Augenteil; **g** Querschnitt durch die Retinularegion; **h** Stadien der Schuppenentwicklung bei den Lepidoptera [z. B. *Ephestia* (Sagittalschnitte)].

BZ   Balgzelle
C   Corneazelle
dSZ   Stammzelle der distalen Zellgruppe
dT   differentielle Zellteilung
K   Kristallzelle
Np   Nebenpigmentzelle
OSZ   Ommatidienstammzelle
P   Pigmentzellen
PSZ   Pigmentzellstammzelle
pSZ   Stammzelle der proximalen Zellgruppe
R   Retinulazellen
RSZ   Retinulazellstammzelle
Sch   Schuppe
SchZ Schuppenbildungszelle
TZ   Tochterzelle der Schuppenstammzelle

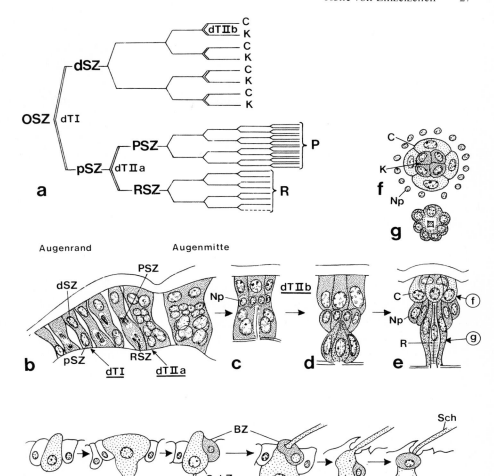

(1) In der **Prophase** (Abb. 7 $a_2 + b_2$) zerfällt die Kernmembran; die Chromosomen werden mit einem zur Chromatidenbildung dienenden Längsspalt versehen. Das Centrosom (Centriol, Cytozentrum) als Spindelansatzstelle im Plasma teilt sich. Die Chromosomen verkürzen sich.

(2) Dieser Prozeß erreicht in der **Metaphase** (Abb. 7 $a_3 + b_3$), wo die Chromosomen in der Teilungsebene der Aequatorialplatte angeordnet sind, sein Maximum. Die Centromeren (Kinetochore), welche als Ansatzstellen der „Chromosomentubuli" der Spindel am Chromosom dienen, sind gespalten. Anläßlich der Bildung des Teilungsapparates formiert nämlich das Centriol einen mikrotubulären Strahlenkörper (Monaster), der sich in den Diaster aufteilt und mit dem Auseinanderweichen die Teilungsspindel konstituiert.

(3) In der **Anaphase** (Abb. 7 $a_4 + b_4$) erfolgt die Teilung der Chromatiden, welche mit Hilfe der Spindelfasern gegen die entsprechenden Centrosomen hinwandern.

(4) Die Chromatiden strecken sich in der **Telophase** (Abb. 7 a_{5+6}, b_{5+6}) die vor allem durch die Bildung von zwei, mit je einer Zellmembran dotierten Kernen und den die Tochterzellen trennenden Zellwänden charakterisiert ist.

Die *Mitosedauer* ist recht unterschiedlich (Tabelle 8). Die *Mitoseaktivität* variiert im Entwicklungsverlauf. Eine dauernd kontrollierte Weiterteilung erfolgt während der Furchung (mit synchronen und asynchronen Perioden) sowie in einzelnen Organen (wie Knochenmark, Epithelien) und bei den interstitiellen Zellen der Coelenteraten. Die „unkontrollierte" Neo-

Tabelle 8. Einige Beispiele zur Dauer von Mitose (M) bzw. Interphase (I) in tierlichen Zellen. (Nach zahlreichen Autoren, vor allem nach Ris 1955, verändert und erweitert)

		M	I	T (°C)
F	*Drosophila* sp.	10 min		23
	Lymnaea stagnalis	80		25
	Echinus miliaris	33–36		17
	Psammechinus microtuberculatus	33–39		13
	Sphaerechinus granularis	52–59		13
	Brachydanio rerio	20		24
	Fundulus heteroclitus	45–60		20
	Rana pipiens	48–72		18
	Xenopus laevis	15–30		22–24
	Triturus pyrrhogaster	120–195		18
	Salamandra sp.	120–240		18
	Maus/Ratte	ca. 24 h		
G	*Cortophaga:* Neuroblast	181 min	27 min	38
	Frosch: Fibroblast	90 min		26
	Axolotl: Fibroblast	120 min		26
	Huhn: Fibroblast	25 min	11 und mehr h	40
	Macrophage	25–39 min		40
	Myocard	–	7–21 h	40
	embryonales Gewebe	34–52 min		40
	Maus: Leber	43–90 min	8–18 h	40
	Jejunum[a]	23,9 min	43 h	40
	Erythrocyten[a]	29,5 min	99 h	
	Lymphknoten[a]	23,2 min	100 h	
	Epidermis[a]	30,2 min	670 h	
	Myelinzellen[a]	35,3 min	155 h	
	Nebenniere[a]	14,4 min	1090 h	

F = Furchung, G = Gewebezuchtbedingungen, T = Temperatur.
[a] Indirekt bestimmte Zeiten.

plasmenbildung durch Tumorzellen basiert ebenfalls auf einer intensiven Mitose-Aktivität. Die generelle Regeneration nach der Differenzierung, die physiologische Regeneration von Organzellen (z. B. Leber), Knospungsprozesse, der Invaginationsbeginn und andere embryonale Faltenbildungen (Primitivstreifen, Wirbeltiergehirn, Augenanlagen etc.) werden oft durch intensive Teilungen eingeleitet. Andererseits sind – wie schon erwähnt – infolge von Spezialisierung die Mitosen im Nervensystem weitgehend sistiert.

Endomitose

Sie läuft als intranukleärer Chromosomenteilungsmodus ohne Spindelbildung ab und führt meist zur Polyploidie. Ent-

gegen der indirekten Kernteilung der Mitose wird sie auch als direkte Kernteilung bezeichnet.

Amitose

Durch hantelartige Durchschnürung des Kernes (Abb. 7 c) entstehen zwei Tochterkerne. Der besonders bei Pflanzen auch als Kernfragmentation bezeichnete Prozeß muß nicht von Zellteilung begleitet sein.

Amitose kommt wahrscheinlich vornehmlich bei polyploiden Kernen als Mittel zur Depolyploidisierung und Oberflächenvergrößerung des Kernes vor. Sie ist besonders in mehreren Organen von Säugern nachgewiesen worden; in der Leber dürfte sie in diurnalem Rhythmus ablaufen. Erwähnt seien auch die regelmäßigen zyklischen Teilungen der Macronuclei der Ciliaten.

Meiose

Die von einer Reduktion der Chromosomenzahl [von diploid (2n) zu haploid (n)] begleitete **Reifungsteilung** (Abb. 7 d) ist das Produkt von zwei aufeinanderfolgenden Teilungen. Ihre Bedeutung wurde bereits durch Weismann (1885/87) erkannt. In „klassischer Weise" findet sie anläßlich der Gametenbildung (vgl. S. 92 f. und Abb. 28) statt; bei haploiden Organismen – z. B. Sporozoen – erfolgt sie direkt nach der Zygotenbildung zur Wiederherstellung des haploiden Zustandes.

Entsprechend der umfangreichen chromosomiellen Vorgänge ist die Stadien-Unterteilung der Meiose wesentlich komplizierter als bei der Mitose:

Die praemeiotische S-Phase geht in die in vier Stadien gegliederte **Prophase I** über:

(1) Im **Leptotaen** (Abb. 7 d_1) sind die stark gestreckten, je aus zwei Schwesterchromatiden bestehenden Chromosomen meist noch ohne Längsspalt und noch ungepaart.

(2) Im **Zygotaen** (Abb. 7 d_2) beginnt die Paarung der homologen väterlichen und mütterlichen Chromosomen (= Parasyndese, Dyaden-Bildung, Synapsis).

Der Prozeß nimmt an der Kernhülle seinen Anfang; infolge der parallelen, u-förmigen Chromosomenschleifen spricht man auch von Bukett-Stadium. Zur Paarung der Chromosomen wird ein aus zwei peripheren Teilen und einer zentralen Struktur bestehender, nur im Elektronenmikroskop sichtbarer synaptischer Komplex eingesetzt, der mit beiden Enden an der Kernhülle verankert ist.

(3) Im **Pachytaen** (Abb. 7 d_3) sind die nun verkürzten **Chromosomen** durchgehend **gepaart.** Sie werden als Bivalenten bezeichnet; die schon früher gebildeten zwei Chromatiden pro Chromosom werden sichtbar. Da in diesem Stadium die

Chromosomen gepaart sind, sind pro identischem Chromosomenpaar jeweils total vier **Chromatiden** (=Chromatiden-Tetraden) vorhanden. Die Chromomeren sind kondensiert. Die **Chiasma-Bildung** (das Crossing-over) und die dadurch möglichen intrachromosomalen Rekombinationen von Chromosomenstücken erfolgen jetzt.

Bei der Bildung von Chiasmata kommt es durch Überkreuzung von Stücken der Tetraden zu einem Austausch von Tetraden-Abschnitten, also zu einem Austausch zwischen den Chromatiden und damit zu einer Umordnung des Genbestandes innerhalb der Chromosomen.

(4) Im **Diplotaen** (Abb. 7 d$_4$) verstärkt sich die Verkürzung der Chromosomen. Diese werden, mit Ausnahme der Stellen, an denen sich Chiasmata formiert haben, nun voneinander getrennt.

Meist wird die Periode als sog. „diffuses Diplotaen" eingeleitet. In dieser Transkriptionsphase werden teilweise Lampenbürstenchromosomen (S. 24) ausgebildet. Die nachfolgende Diakinese (Abb. 7 d$_5$) umschreibt dann die Phase der maximalen Chromosomenverkürzung. Die Chiasmata sind unter „Terminalisierung" oft ans Chromosomenende verlagert.

Die **Metaphase I** (Abb. 7 d$_6$) geht im folgenden in die **Anaphase I** (Abb. 7 d$_7$) über. Man beachte, daß entgegen der Mitose nicht Chromatiden, sondern ganze Chromosomen zu den Spindelpolen transportiert werden. Dabei kommt es zu einer zufallsabhängigen Verteilung der elterlichen Chromosomen (=interchromosomale Rekombination).

In der anschließenden **Interkinese** (Interphase; Abb. 7 d$_8$) werden die getrennten Chromosomen auf die zwei „haploiden" Tochterkerne verteilt.

Nach kurzer Ruhepause folgt die wie bei der Mitose vor sich gehende **Prophase II**. Sie wird von der **Metaphase II** (Abb. 7 d$_9$) gefolgt. Letztere läuft zwar im Prinzip wie bei der Mitose ab, doch hängen die Chromatiden meist nur an den Centriolen aneinander. Die wie bei der Mitose vorhandene **Anaphase II** (Abb. 7 d$_{10}$) geht in die **Telophase** (Abb. 7 d$_{11}$) über. Diese liefert aus einer diploiden Ausgangszelle (Oogonium bzw. Spermatogonium) vier haploide Zellen (Abb. 7 d$_{12}$) als Endprodukte der Meiose-Teilungen, d. h. in der Spermatogenese vier Spermatiden bzw. in der Oogenese eine Eizelle und primär drei Richtungskörper (vgl. Abb. 28 Ag bzw. Bf).

Hinsichtlich der jeweiligen Beziehungen des Kernzustandes zur Plasmadifferenzierung sei auf die später anläßlich der Besprechung der Keimzellreifung gemachten Angaben verwiesen.

Aberrante Teilungsmechanismen

Sowohl bei einer Mitose als auch der Meiose kommen zahlreiche, hier nicht im Detail zu behandelnde atypische Teilungsmodalitäten vor.

Bei Insekten finden sich etwa aberrante Teilungsapparate, wie der dauernd außerhalb der Kernmembran bleibende dizentrische Teilungsapparat der Trichonymphiden oder den monozentrischen, nur eine Spindel aufweisenden Spermatocyten-Teilungen von *Sciura* und *Micromalthus*. Zahlreich sind die Varianten hinsichtlich der Spermatocyten-Teilungen bei den haploid-parthenogenetischen Hymenopteren. Die Hornisse besitzt zwei der Kern- bzw. der Mitochondrien-Aufteilung dienende Spindeln. Bei der Biene wechseln verschiedene Generationen von intranukleären und plasmatischen Spindeln ab.

4.2.1.3 Zellwachstum

Die in Kapitel 4.1.3 bereits aufgezeigten generellen Wachstumskategorien gelten auch für einzelne Zellen.

Von besonderer Bedeutung ist das nach der Teilung einsetzende intususceptionelle Wachstum durch Einlagerung bzw. Neubildung von plasmatischem Material. Betont sei, daß eine einheitliche Wachstumsleistung auf einem einheitlichen koordinierten Verhalten aller beteiligten Zellen beruhen muß. Dieses führt z. B. zur Elongation (=Streckungswachstum; Abb. 10/28) des Urdarmdaches der Amphibien.

Auch sei erwähnt, daß Organellen besondere Beziehungen zu Wachstumsprozessen haben können. So ordnen sich bei der Elongation anläßlich des Linsenwachstums bei *Gallus* die sich bildenden Microtubuli entlang der Streckungsachse an. Ihre Zerstörung mit Colcemid bringt den Verlust der typischen Zellgestalt. Bei anderen Prozessen – wie beim Einziehen des Schwanzes anläßlich der Pseudometamorphose der Ascidien (S. 332 und Abb. 12 i + k) - zeigt sich im übrigen ebenfalls die Microvilli-Rolle bei Zellkontraktionen.

4.2.1.4 Wanderungsverhalten und Adhäsion von Zellen

Anläßlich der Zellwanderung läßt sich die etwa im Vorderpol von amöboiden Zellen manifest werdende, bereits besprochene **Zellpolarität** feststellen.

Die Auswirkungen der Bewegungen der Einzelzelle auf die bisher meist ganzheitlich untersuchten morphogenetischen Prozesse sind relativ spärlich analysiert. Doch hat schon Willmer (1960, 1970) durch die Aufteilung in vier **Zellklassen** eine zum Verständnis wesentliche Basis geschaffen:

Die unterschiedlichen autonomen Zellbewegungen der einzelnen Zelltypen sind durch ihr Verhalten in Gewebskultur darstellbar. Man kann Amoebocyten (a) mit Pseudopodien, Epitheliocyten (A) mit Cilien sowie die in Myxoblasten (as, Bindegewebe) und Myoblasten (As; Muskulatur) aufgeteilten Mechanocyten unterscheiden.

Die eben erwähnten Symbole beziehen sich auf niedere (a) bzw. auf hohe (A) intrazelluläre Adhäsion. Spindelförmige Zellen sind durch „s" charakterisiert, während den rundlichen Zellen kein besonderes Zeichen beigegeben ist. Im weiteren Verlauf der Ontogenese treten zu diesen basalen Zelltypen weitere Zellklassen - z. B. Nervenzellen - hinzu.
Diese hier gegebene Kategorisierung ist von anderen Autoren verfeinert bzw. abgeändert worden.

Neben dem Wanderungsverhalten spielt die **Zelladhäsion** (vgl. unten) eine wesentliche morphogenetische Rolle, die namentlich nach dem Wanderungsende zum Aufbau von Geweben führt. Die genetisch gesteuerten ad- und kohaesiven Eigenschaften der Zelloberflächen sind Voraussetzung der Vereinigung von Einzelzellen zu Zellverbänden (Geweben). Die u. a. an Blutgruppen-Reaktionen getesteten Wirkmechanismen - eine Abgabe von extrazellulären Substanzen durch die Zelloberfläche ist anzunehmen - sind Objekt eines speziellen Forschungsgebietes. Die seit Holtfretter (1943) hypothetisch geforderte Oberflächenschicht ist besonders umstritten, da elektronenmikroskopische Untersuchungen bei verschiedenen Tiergruppen uneinheitliche Resultate ergeben haben.

Als Beispiel der praktischen Anwendung des Zellverhaltens zur Analyse morphogenetischer Prozesse seien die Arbeiten Løvtrups (1965) am Amphibienkeim erwähnt: Alle Zelltypen entstehen durch Transformation aus der Eizelle, die als Amoebocyte dem zellulären Grundtyp entspricht. Sie unterscheiden sich in der Folge durch ein unterschiedliches, starkes (M) bzw. schwaches (m) Migrationsverhalten. Amoebocyten können z. B. anläßlich der Amphibien-Gastrulation entlang einer hyalinen Membran wandern, Schichten durchdringen, sich entlang einem stabilen oder sich gleichfalls deplazierenden Epithel verschieben, etc. Die Anwendung des Kriteriums der Wanderungstypen hat im übrigen Løvtrup und andere Forscher zur Kritik an den klassischen Anlageplänen der Amphibien geführt (S. 206 und Abb. 78 A a–d, B a–d).

Aus dem reichen Inventar des Wanderungsverhaltens von Zellen seien im Folgenden nur einige wenige praktische Beispiele demonstriert:
Zellen können über kurze Distanzen (z. B. wie die in die Tunica der Manteltiere einwandernden Mesodermzellen) oder über längere bis lange Strecken wandern. Letzteres gilt für die I-Zellen der Cnidarier bei der Geschlechtszellbildung, die Neoblasten der Plathelminthen (anläßlich der Regeneration), die Urkeimzellen (Abb. 31) und die Neuralleistenzellen (Abb. 80) der Wirbeltiere.
Die Detachierung (das Freiwerden) von wandernden Zellen kann sehr unterschiedlich erfolgen, wie durch uni- bzw. multipolare Immigration (inkl. Zwischenformen) oder durch Delamination (S. 192 und z. B. Abb. 10/14, 20, 21, 26, 42 und Abb. 73).

Am Wanderungsende folgt anläßlich der anschließenden Organbildung oft die **Aggregation** von Zellen. Man denke etwa an das Zusammentreten der Zellen des primären Mesenchyms zur Bildung des Larvalskelettes beim Seeigelpluteus (Abb. 75 b–d), den Zusammenschluß freier Zellen zum „Aggregationscoelom" (Bryozoen) oder die Vereinigung von Neuralleistenzellen zur Bildung unterschiedlicher Organe (Abb. 80).

Es muß aber betont werden, daß die Organbildung durch Zusammenschluß freier Zellen einen Spezialfall darstellt. Viele Organe bilden sich natürlich durch Aufgliederung von umfangreichen Gewebepartien (Blasteme) in Teilblasteme (Organanlagen) (man vergleiche hierzu die Kapitel 9 und 10).

4.2.1.5 Zellfusion

Ursprünglich isolierte Zellen können unter Syncytien-Bildung verschmelzen, womit mehrere bis zahlreiche Kerne in einen zusammenhängenden Plasmakomplex zu liegen kommen.

Dieser natürlicherweise etwa bei Dotterepithelien (Abb. 89 e + f und 130 b) eintretende Prozeß kann unter Einwirkung von inaktivierten Viren auch zur künstlich erzeugten Zellfusion führen. Diese hier nicht weiter zu besprechende Technik ermöglicht unterschiedlichste Wechselwirkungen zwischen verschiedenen Kernen und Plasmen von nicht miteinander verwandten Tiergruppen, wie etwa anhand von Zellfusionen innerhalb verschiedener Vertebratenklassen, zu studieren.

4.2.1.6 Zellmetabolismus

Dieses sehr umfangreiche Gebiet kann in dieser vornehmlich morphologisch ausgerichteten Darstellung nur am Rande erwähnt werden. Der bereits schon embryonal extrem divergierende Metabolismus der einzelnen Zellen ist Thema der „chemischen Embryologie". Er erlaubt u. a. die metabolisch fundierte, aufgrund des jeweils spezifischen Leistungsinventars verständliche Charakterisierung von larvalen und imaginalen „adulten" Zelltypen von Entwicklungsstadien (Tabelle 9) sowie die Definierung von unterschiedlichen Eibezirken aufgrund biochemischer Unterschiede [vgl. u. a. die ooplasmatische Segregation (Kapitel 8.2)].

4.2.2 Rolle von Zellverbänden

4.2.2.1 Adhäsionsstrukturen

Die Zelladhäsion ist eine wesentliche Voraussetzung zur Bildung von Zellverbänden. Vornehmlich bei Epithelien spielen

Tabelle 9. Unterschiede zwischen larvalen und adulten Zelltypen bei Entwicklungsstadien von *Lymnaea*. (Nach Raven 1946 ff., aus Fioroni 1973 a)

	Zelltyp I: larval	Zelltyp II: imaginal
Bildungsaufgabe	Larvalorgan	Imaginalorgan
Zellteilungen	arretiert	sich fortsetzend
Zellgröße	groß	klein
Zellorganellen	besonders viele aktive „Biosome", Mito- chondrien und Golgi- körper	weniger
Zellmetabolismus	viele Betriebsstoffe (Fette, Glykogen)	viele Bildungsstoffe (DNS, RNS)
	aktiver, katabolischer Metabolismus für Be- trieb und Erhaltung	anabolischer Metabo- lismus für Aufbau
Beispiele (vgl. z. B. Abb. 124 i):		
Ectoderm	Cilienzellen (Velum, Apicalplatte, Kopf- blase)	Hautepithelzellen
Mesoderm	Protonephridium (Urniere)	Mesenchymzellen
Entoderm	Zellen des Eiklar- sackes (Nährsackes)	Zellen des kleinzelligen Entoderms (Magen- und Enddarmanlage)

besondere Mikrostrukturen zur Ermöglichung und Verstärkung der Zellkontakte eine wichtige Rolle. Diese sind bereits schon bei Furchungs- bzw. Embryonalstadien nachzuweisen. Im übrigen kann als mögliches Resultat von Zellkontakten auch eine Kontaktinhibition eintreten, die zur Hemmung von Zellverlagerungen bzw. -teilungen führen kann.

Die bei Wirbeltieren als Maculae adhaerentes bezeichneten, relativ großen **Desmosomen** sind durch intrazelluläre Fugen ausgezeichnet, die mit beschränkt dichtem Material ausgefüllt sind. Elektronendichtes Material findet sich in ihrem Bereich unter den Plasmamembranen; Tonofilamente ragen in den intrazellulären Raum hinein. Besonders bei Evertebraten treten diverse Varianten auf.

So sind die septierten Desmosomen der Hydrozoen mit feinen, rechtwinklig zu den Plasmamembranen stehenden Septen versehen; die Wabendesmosomen der Turbellarien und Insekten besitzen wabenartige Septen.

Bei der länglichen „**Tight junction**" (= Zonulae occulentes für Vertebraten) ermöglichen proteinide Partikel einen dichten Kontakt bzw. eine Verschmelzung der Zellmembranen. Tight junctions können aber auch ringartig Zellen umgeben. Sie dienen wahrscheinlich darüber hinaus als Permeabilitätsschranke.

Die „**Gap junction**" (= Nexus) ist durch dichte Kontakte mit feinen durch den Interzellularraum zu den Zellen ziehenden hexagonalen Verbindungen ausgezeichnet. Hier erfolgt ein Austausch von niedermolekularen Stoffen. Eine Membranverschmelzung findet nicht statt.

Neben diesen drei Typen kommen – z. B. bei Blastomeren und Spermatiden – echte corticale und endoplasmatische **Zellbrücken** vor, die auch Voraussetzung zur Syncytienbildung sind.

Für alle besprochenen Strukturen sind ein rascher Auf- und Abbau charakteristisch.

4.2.2.2 Gewebsaffinitäten und -interaktionen

Gewebsaffinitäten stellen ein Resultat von Gewebsinteraktionen dar.

Sie sind einerseits anhand natürlicher Phänomene demonstrierbar. So bauen bei Parazoen die aus den Gemmulae (Abb. 112 l) ausschwärmenden Archaeocyten unter Zusammenschluß einen neuen Schwamm auf. Die anfänglich isolierten kollektiven Amoeben der Acrasina (z. B. *Dictyostelium*) treten zum Aufbau des vielzelligen Sporenträgers zusammen (S. 44).

Auf künstliche Weise lassen sich unter experimentellen Bedingungen sogenannte **Gewebsrekonstruktionsstudien** tätigen.

Voraussetzung zu deren Verständnis sind der am Verhalten isolierter Keimblätter gewonnene Aufschluß über deren Fähigkeit zur Selbstdifferenzierung (S. 14 und Abb. 4 e) sowie die Tatsache, daß durch Trypsin oder andere Substanzen künstlich aus Keimbezirken isolierte Zellen reaggregationsfähig sind und sich erneut zur Organbildung zusammenfinden.

Die klassischen Poriferen-Versuche Wilsons haben die **Reaggregation** von ganzen Organismen bewiesen (vgl. Abb. 9 B). Durch Stoffsieb-Passage voneinander isolierte *Microciona*-Zellen formieren erneut einen Schwammorganismus. Isolierte und in der Folge miteinander vermischte Zellen von *Microciona* und *Haliclona* separieren sich wieder und bilden in der Folge zwei arttypische Schwämme; es konnte dabei ein artspezifischer, erst bei Temperaturen von über 5 °C abgeschiedener Reaggregationsfaktor aus dem Seewasser isoliert werden.

Durch bestimmte chemische Behandlung voneinander getrennte Blastomeren von Seeigeln treten gleichfalls erneut zur Bildung von je nach Alter und experimentellen Bedingungen unterschiedlich weit differenzierten Entwicklungsstadien zusammen; die Ausbildung von weitgehend pluteusähnlichen Stadien ist möglich.

Künstlich provozierte Kombinationen von aus verschiedenen Keimblättern stammenden Zellen sind ursprünglich bei Amphibien sowie später u. a. auch bei Vögeln und Säugern getätigt worden. Nach einer ersten Phase der Reaggregation zu einem Zellklumpen kommt es anschließend entsprechend den Eigenheiten der diversen Zelltypen zur zellulären Segregation. Die in Abb. 9 A schematisierten Versuchsresultate zeigen, daß der Mesoblast als „Bindegewebe" (Abb. 9 Ad + e sowie auch Ab + c) die sich sonst unter „Zellisolation" voneinander trennenden Ecto- und Entodermschichten (Abb. 9 Aa) zusammenhält und gleichzeitig polarisierend wirkt (vgl. vor allem Abb. 9 Ad + e). Freilich weisen auch diese beiden letzteren Keimblätter orientierende und differenzierende Rückwirkungen auf das Mesoderm auf. Man vergleiche im weiteren die auf Abb. 9 l-o zusammengestellten Resultate zum Verhalten von reaggregierten Zellmassen.

Ähnliche Resultate sind durch die Kombination verschiedener Organgewebe erreicht worden. Solche Gewebsreaktionen sind nicht klassenspezifisch; es können vereinigte Vogel- und Säugergewebe erzielt werden. Die Anordnung im Zellgefüge ist damit primär nicht artspezifisch, sondern wird durch die funktionelle Gliederung bestimmt. Dabei konnte im einzelnen eine ganze Hierarchie von sich nach außen bzw. innen detachierenden Gewebszellen aufgestellt werden.

Gewebsinteraktionen werden vornehmlich nach der Gastrulation ersichtlich und haben u. a. bei der Differenzierung von Organen eine wichtige Funktion.

4.2.2.3 Möglichkeiten zur Verlagerung von Zellverbänden

Die Verlagerung ganzer Zellverbände beruht natürlich u. a. auf dem unterschiedlichen Verhalten der daran beteiligten Zellen (vgl. S. 29 ff.). Solche morphogenetischen Bewegungen spielen bei den unterschiedlichsten Formbildungsprozessen wie Gastrulation und Keimblattsonderung, Organbildung, Verlagerung von Organanlagen usw. eine entscheidende Rolle. Trotz ihrer Mannigfaltigkeit lassen sie sich erstaunlicherweise jeweils auf relativ wenige, im ganzen Tierreich immer wieder auftretende Grundprinzipien zurückführen.

Außer in der klassischen umfangreichen Arbeit Davenports (1895/96) ist später nur in vereinzelten Fällen versucht worden, die morphogenetischen Abläufe entsprechend zu kategorisieren. Dies sei mit Abb. 10 nachgeholt, die, von der Zygote ausgehend, die wichtigsten Typen schematisch und vereinfacht darstellt und dabei auch die Rolle der Zellteilungen mit berücksichtigt.

Ergänzend sei betont, daß im Falle der in diese Abb. nicht eingearbeiteten asexuellen Entwicklung (z. B. durch Sprossung) weitere Typen des Ablaufs dazukommen, welche entwe-

der an noch undifferenzierten Zellen bzw. Geweben [Gemmulae der Parazoa (Abb. 112 l), Statoblasten der Bryozoa (Abb. 112 m)] oder aber an bereits differenziertem und funktionellem, oft adultem Gewebe [z. B. Medusen- (Abb. 24 c-f) oder Bryozoenknospung (Abb. 24 i)] einsetzen.

4.2.3 Rolle von embryonalen Bewegungen i. w. S.

4.2.3.1 Blastokinese der Arthropoden

Es handelt sich hierbei um eine Lageveränderung der Keimanlage(n) gegenüber dem Dotter. Die teilweise bei Onychophoren und Diplopoden sowie bei Chilopoden, Araneiden, den Uropygi (z. B. *Tyopeltis stimpsoni*) und den Insekten auftretende, phylogenetisch mehrmals entstandene Blastokinese ist vornehmlich auf dotterreiche Eier angewiesen.

Ihr Verlauf ist im Folgenden für Insekten und Spinnentiere etwas genauer dargestellt (Abb. 11).

Bei Insekten ist die mit der Keim- oder Embryonalhüllenbildung kombinierte Blastokinese nur für Kurzkeime (Abb. 11 a + b) sowie halblange Keime (Abb. 11 c + d) typisch. Bei Langkeimen wird dagegen der Embryo von den Eihüllen überwachsen; falls dabei Dotter zwischen Amnion und Serosa eindringt, spricht man von einem immersen Keimstreifen.

Bei *Machilis* und *Lepisma* (Abb. 11 a) ist – ähnlich wie bei den Onychophoren – die Einrollung von der Entstehung einer Amnionhöhle begleitet, die sich mit einem Amnionporus öffnet.

Beim zweiten Typ, der bei Libellen, Schildläusen, *Forficula* und anderen verwirklicht ist, findet die Invagination (= **Einrollung**) zuerst am hinteren Ende der Keimanlage statt (Abb. 11 c); der Kopf liegt dann am Hinterpol des Eies. Während der Einrollung werden auch extraembryonale Teile mit hineingezogen, die das mit sich schließenden Falten dotierte Amnion bilden. Die Region der Serosa bleibt dagegen an der Oberfläche. Später erfolgt an der Kontaktstelle zwischen Serosa und Amnion ein Riß; der Embryo gelangt unter Umrollung (= **Ausrollung**) wieder an die Oberfläche, wobei die ursprüngliche Kopflage wieder eingenommen wird.

Der auf Abb. 11 e dargestellte *Xiphidium*-Keim ist mit einem eine zusätzliche Hüllschicht ausbildenden Indusium ausgestattet.
Neben diesen Typen gibt es zahlreiche weitere Blastokinese-Formen (vgl. auch Abb. 11 c). Man beachte auch, daß bei extremen Kurzkeimen (z. B. *Pteromarcys proteus*; Abb. 11 b) Ein- und Ausrollung weniger ausgeprägt sind. Bei der parthenogenetisch viviparen Generation der Blattläuse (z. B. *Pemphigus bursarius*), die freilich Mycetocyten mit Saccharomyceten (Pseudovitellus) aufweist (vgl. Abb. 56 h), erfolgt trotz Dotterarmut eine Blastokinese.

Abb.9. Durch Gewebsaffinitäten bedingte künstliche **(A)** und natürliche Geweberekonstruktionen **(B).**

A Resultate der Vereinigung von künstlich isolierten, aus verschiedenen Keimblättern von Amphibien stammenden Zellkomplexen (stark schematisiert) (vgl. auch Abb.97 l–o). **a** Die Kombination von Ecto- und Entoderm führt zur Separierung der Gewebe. **b** Die Kombination von Ento- und Mesoderm führt zu zentripetaler Wanderung des letzteren und zur Bildung einer entodermalen Oberflächenschicht. **c** Die Vereinigung von Ecto- und Mesoderm führt zum Aufbau einer ectodermalen Außenschicht. Das Mesoderm kann teilweise Mesenchym, Coelomhöhlen und Blutzellen bilden. **d,e** Die Vereinigung von aus allen drei Keimblättern stammenden Zellen führt in Abhängigkeit zu den prozentuellen Anteilen der Keimblätter zur Etablierung der natürlichen Lagebeziehungen.

B *Ephydatia fluviatilis* (Parazoa).

a Durch Filterpassage voneinander isolierte Schwammzellen, 17 h nach dem Eingriff; **b** späteres Stadium mit weitgehend erneut differenzierter Schwamm-Zytoarchitektur.

aK	ausführender Kanal
Ap	Apopyle
Ar	Archaeocyte
BZ	Blutzellen
Choa	Choanocyte (Kragengeißelzelle)
Col	Collencyte
Enl	Entodermlumen (Darmhohlraum)
Gk	Geißelkammer
kV	kontraktile Vakuole
L	Lakune
Pi	Pinacocyte (Deckepithel)
Prs	Prosopyle
zK	zuführender Kanal

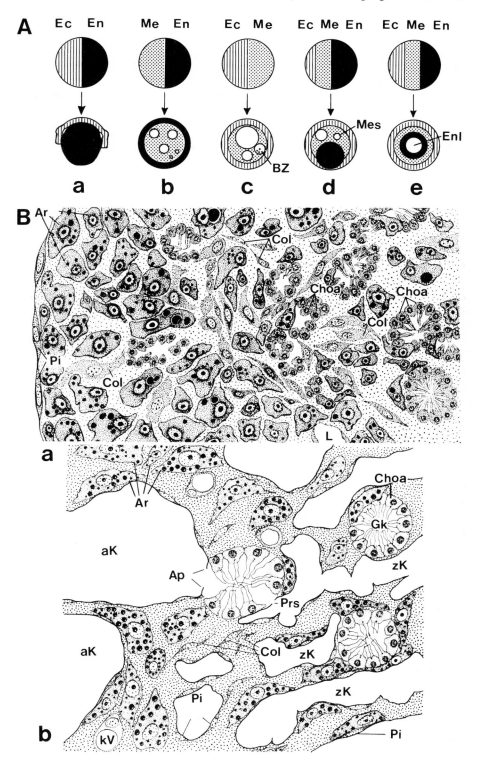

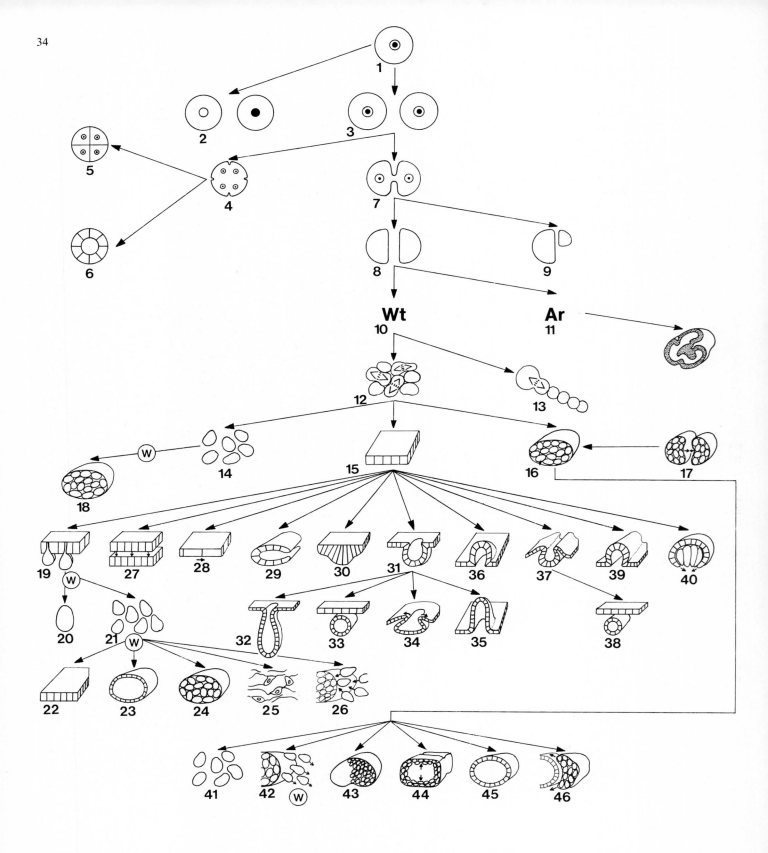

Wt

Ar

Abb. 10. Zur Bildung räumlicher (= spatialer) Gefügesysteme führende morphogenetische Prinzipien (vereinfacht).

Die Tatsache, daß mehrere Prozesse in zeitlicher Sukzession einander folgen können, ist nur teilweise berücksichtigt (vgl. die Pfeilsymbole). *W* symbolisiert einen mit Zellwanderung kombinierten Ablauf (z. B. von Sclerotom-, Dermatom- und Neuralleistenzellen bei Wirbeltieren, Cardioblasten bei Insekten und Wirbeltieren, Vitellophagen bzw. Dotterzellen bei Partialfurchungen, zum Blastozoid-Transport dienende Phorocyten bei *Doliolum*).

1 Zygote (als Ausgangspunkt der Morphogenese); *2* Meiose (während der Keimzellreifung); *3* Mitose; *4* Mitose ohne Plasmateilung (→Syncytienbildung); *5* anschließende Zellularisierung: z. B. gemischte Furchung (superfiziell → total); *6* anschließende Epithelialisierung: z. B. superfizielle Furchung (Blastodermbildung); *7* Mitose mit Plasmateilung; *8* mit Bildung gleichwertiger Tochterzellen; *9* mit Bildung ungleicher Tochterzellen (= differentielle Zellteilung): z. B. Aufteilung in Germa- und Somazellen bei *Ascaris*, Bildung von Eizelle und Nährzellen (aus ursprünglicher Oogonie) sowie von Schuppen, Haaren und Facettenaugen bei Insekten; *10* mit sofortiger Weiterteilung; *11* mit temporär entwicklungsarretierten Zellen: z. B. Archaeocyten der Schwämme, I-Zellen der Cnidarier, Neoblasten der Planarien, Imaginalscheiben der Insekten; *12* mit „freien", ungerichteten Teilungen; *13* mit gerichteten Teilungsfolgen (→teloblastische Sprossung): z. B. Auswachsen des Mesoderms bei Anneliden und Crustaceen; *14* unter Bildung freier isolierter Zellen: z. B. Embryogenese bei Plathelminthen mit ectolecithalen Eiern, Testazellen der Pyrosomiden, Kalymmocyten der Desmomyaria, Urkeimzellen; *15* unter Bildung eines Epithels (Epithelialisierung) (als Ausgangspunkt weiterer Differenzierungen): z. B. Ectoderm- bzw. Epidermisbildung; *16* unter Bildung einer vielzelligen Zellmasse (als Ausgangspunkt weiterer Differenzierungen): z. B. Bildung der Nervensystemanlage bei Teleostiern; *17* Bildung einer vielzelligen Zellmasse durch Fusion von vorher getrennten Zellmassen: z. B. Vereinigung der beiden Vorkeimanlagen bei Insekten, Zusammenschluß der Blutgefäßenden zur Kapillarenbildung bei Wirbeltieren; *18* Aggregation von isolierten Zellen zu kompakten Zellkomplexen bzw. Organismen: z. B. Bildung des Sporenträgers bei der Acrasine *Dictyostelium*, Bildung des Süßwasserschwammes aus den Archaeocyten der Gemmula, Bildung von Tochterindividuen bei der Schwammknospung; *19* Immigration (unpolarisiert oder polarisiert, uni- oder multipolar) von Zellen: z. B. Gastrulation bei vielen Hydrozoen [z. B. *Clytia* (unipolar) – *Aeginopsis* (multipolar)], diffuse Entodermbildung bei Cheliceraten. Vgl. auch die Beispiele zu *20* und *21*!; *20* mit Loslösung einzelner Zellen: z. B. Detachierung von Vitellophagen bzw. von sekundären Dotterzellen aus dem Ectoderm bei diversen Krebsen, Auswandern der Basalzellen der Köllikerschen Organe ins Bindegewebe bei Octopoden; *21* mit Loslösung von vielen Zellen gleichzeitig: z. B. oft bei Mesoblastbildung [primäres und sekundäres Mesenchym des Seeigels, Bildung des Randwulstes (= Mesentodermanlage) der Cephalopodenkeimscheibe], Entodermbildung bei Insekten, Bildung der Darmmuskelzellen aus der Splanchopleura bzw. der Neuralleistenzellen aus den Neuralfalten bei Wirbeltieren; *22* Aggregation zu Epithelien (Epithelialisierung): z. B. Ecto- und Entodermbildung bei der Differenzierungsgastrula der Hydroide *Eudendrium*, Bildung der Mitteldarmdrüse aus zuwandernden Vitellophagen und Entodermzellen bei Spinnen bzw. aus Vitellophagen bei Crustaceen; *23* Zusammenschluß zum epithelialisierten Rohr: z. B. Cardioblasten bei Arthropoden und Wirbeltieren; *24* Aggregation bzw. Reaggregation zu einem kompakten Zell- bzw. Organkomplex: z. B. Zusammenschluß der Sclerotomzellen zur Wirbelsäule bei Vertebraten; *25* Zusammenschluß zu einem lockeren Zellverband: z. B. Aggregation der Dermatomzellen zum Bindegewebe bei Wirbeltieren; *26* Anlagerung von isolierten Zellen an einen bestehenden Zellkomplex: z. B. Zusammenschluß der Knorpelzellen zur Bildung der Kopfkapsel bei Cephalopoden, Neuralleistenzellen der Wirbeltiere bei der Bildung von Hirnhäuten oder Spinalganglien bzw. bei der Einlagerung der Odontoblasten in die Kiefer, Anlagerung von Knorpel- bzw. Knochenzellen um die Nasen- bzw. Ohranlage zur Bildung von Nasen- bzw. Ohrkapseln bei Wirbeltieren; *27* Delamination (eines zusammenhängenden Epithels): z. B. Blastula-Delamination bei der Hydrozoe *Geryonia*, Entodermbildung bei Teleostiern, Entoderm-Loslösung am Urdarmdach nach der Urdarminvagination bei Anu-

ren; *28* Elongation (Zellstreckung): z. B. diverse Prozesse bei der Bildung der Körpergrundgestalt bei Amphibien (birnförmige Zellen am Urdarmende der jungen Gastrula, Extension der Gastrula, Streckung des Urdarmdaches vor der Neurulation, Verlängerung des Neuralrohres nach der Neurulation); *29* Umfaltung bzw. Einkrümmung: z. B. Bildung der Coelomkammern bei gewissen Insekten, Gastrulation bei Selachiern und Teleostiern; *30* Pallisadisierung unter lokaler Verdickung (Plakodenbildung): z. B. Ganglienbildung bei Gastroneuraliern, Retinabildung bei Cephalopoden, erste Anlage der Sinnesorgane bei Wirbeltieren, frühe Haaranlagen der Säuger; *31* Invagination (Embolie): z. B. Invaginationsgastrulation bei vielen Tieren, Einstülpung der Retina bei Cephalopoden bzw. der Linse bei Amnioten; *32* Taschenbildung: z. B. Urdarmbildung bei der älteren Invaginationsgastrula (wie Seeigel), Köllikerscher Gang der Statocysten-Anlage bei Cephalopoden, viele Drüsenanlagen; *33* Hohlkugel- bzw. Bläschenbildung: z. B. Auge und Statocyste der Cephalopoden, Auge und Ohr der Wirbeltiere; *34* Evagination (Ausfaltung): z. B. Exkurvation der Stomoblastula bei den Kalkschwämmen, Schalendrüse bei den ectocochleaten Mollusken; *35* Umstülpung (nach anfänglicher Invagination): z. B. Nesselfaden (bei Explosion) der Cnidarier, metasomaler Blindsack der metamorphosierenden Actinotrocha der Phoronida, sich ausfaltender Faltenkeim (= Rumpfanlage) bei *Polygordius*-Arten mit „katastrophaler Metamorphose", Imaginalscheiben von Insekten, Spermatophore (bei Explosion) der Cephalopoden (ist indessen azellulär!); *36* Ausstülpung: Frühstadien der Hydroidenknospung, Enterocoelie anläßlich der Coelombildung bei zahlreichen Archicoelomaten, sich dem Diencephalon ausstülpender Augenbecher (Retinaanlage) bei Wirbeltieren, sich aus dem entodermalen Wirbeltierdarm ausstülpende Anhangsorgane; *37* Einfaltung bzw. Rinnenbildung: z. B. Neurulationsbeginn bei vielen Wirbeltieren, Bildung der Primitivrinne bei Amnioten; *38* Tubulation (Röhrenbildung): z. B. Zusammenschluß der Neuralfalten zum Neuralrohr bei den Wirbeltieren; *39* Auffaltung (eines Epithels): z. B. Bildung der Entodermspange bzw. der Iris bei Cephalopoden, Pleuramnion (Faltamnion) bei Säugern, Wolffsche Extremitätenleisten bei Wirbeltieren; *40* Epibolie (Umwachsung): z. B. Um-
(Fortsetzung nächste Seite)

Bei Spinnen gibt es einerseits die Möglichkeit mit ungeteilt bleibendem Keimstreifen und ohne Inversion. Beim anderen Typ (Abb. 11 f + g) wird anläßlich der Bildung der Extremitätenanlagen die Keimanlage median von Zellen entblößt. Letztere spaltet sich- außer auf Kopf und Telson - anschließend in zwei Hälften (Abb. 11 f$_1$, g$_1$, g$_2$). Dann erfolgt die **Reversion** (= **Inversion**), die den Keim aus der Ventralkrümmung führt. Die beiden Keimstreifenhälften verschieben sich dabei nach dorsad und tätigen schließlich den **Rückenschluß** (Abb. 11 f$_2$, g$_3$). Das Mesoderm nimmt an dieser Verlagerung teil. Der Dotter gelangt vornehmlich ins Opisthosoma. Anschließend erfolgt zwischen Pro- und Opisthosoma eine Einschnürung, die erlaubt, daß die Bauchseiten der beiden Körperabschnitte sich gegeneinander wenden (Abb. 11 f$_3$, f$_4$, g$_4$).

4.2.3.2 Erste und zweite Umdrehung der Cephalopoden

Die in ein enges Chorion als Eihülle eingeschlossenen Keime der Octopoden rotieren mit dem Auftreten der ersten Organanlagen (vgl. Abb. 12 a) bis gegen das Ende der Embryonalentwicklung um ihre Körperlängsachse; diese Bewegung ist auf das Schlagen der Cilien des äußeren Dottersackes zurückzuführen.

Außerdem setzt gleichzeitig die **erste Umdrehung** ein, die indes bei *Argonauta* fehlt. Sie stellt eine auf einem Wechsel der Cilienschlagrichtung beruhende Verlagerung des Gesamtembryos dar, wobei die ursprünglich unter der Mikropyle gelegene Keimscheibe sich unter den Stielpol der Eihülle verlagert (Abb. 12 a). Die anfänglich gewählte Bezeichnung „Blastokinese" ist falsch, da die Keimscheibe entgegen der ursprünglichen Annahme nicht über den Dotter gleitet, sondern der Gesamtkeim sich umdreht.

Durch eine rasche **zweite Umdrehung** am Ende der Embryonalzeit (Abb. 12 b) wird die vor der ersten Umdrehung eingenommene Embryolage wieder erreicht; der das Hoylesche Schlüpforgan tragende Mantelapex wird dadurch vom Stielpol weggerichtet. Es preßt dabei der Embryo durch eine einmalige, sehr rasche Kontraktion den Mantel auf der dorsalen Seite zwischen Kopf und Chorion hindurch. Nachher wird der Kopf gedreht und der nur noch kleine Dottersack durchgezogen. Diese eben geschilderten gesetzmäßigen embryonalen Bewegungen sind nur für Octopoden typisch.

Die entgegen den Octopoden auch auf dem Körper mit Cilienbüscheln dotierten Embryonen der zehnarmigen Tintenfische liegen mit Ausnahme der Sepioliden in einem sich im Entwicklungsverlauf sukzessive vergrößernden, weiten perivitellinen Raum und sind zu „freieren" Bewegungen fähig.

4.2.3.3 Torsion und andere morphogenetische Bewegungen bei Gastropoden

Bei Schneckenkeimen ist die Metamorphose des Veligers (S. 330 ff.) ins äußerlich adultähnliche Kriechstadium oft durch eine Torsion des Eingeweidekomplexes in entgegen dem Uhrzeigersinn liegender Richtung gekennzeichnet (Abb. 12 d–g; vgl. auch Abb. 1 C).

Die adult manifeste Asymmetrie beginnt freilich bereits während der Furchung und wird in der Folge durch eine Verlagerung der Schalendrüse nach links manifestiert. Die Mantelhöhle wird dagegen meist von vornherein rechts angelegt und auch die larvalen Retraktoren sind früh schon asymmetrisch.

Als wesentliche Voraussetzung zur Torsion ist die ventrale Flexion (= anopediale Krümmung des Darmrohres oder **Retroflexion**) zu betrachten, die den ursprünglich gerade gestreckten Darm in der Richtung der sekundären Molluskenachse u-förmig abbiegt (vgl. Abb. 145 Ac); sie ermöglicht damit eine Drehung des Eingeweidesackes gegenüber dem Kopffuß. Die Aufwindung der Schale (**Volution**; Spiralisierung) hat dagegen nichts mit der **Torsion** zu tun. Letztere bringt die Mantelhöhle mit dem Anus und den Mantelhöh-

---

Abb. 10 (Fortsetzung)
wachsungsgastrula bei manchen dotterreichen Keimen; *41* Aufteilung eines kompakten Zellkomplexes in einzelne Zellen: z.B. künstlich vereinigte ecto- und entodermale Zellen bei Geweberekonstruktionsversuchen, aus der mesentodermalen Immigration sich detachierende Mesodermzellen bzw. Vitellophagen bei Krebsen; *42* Proliferation (Emigration) bzw. Immigration von Zellen aus einer Zellmasse: z.B. aus der Somatopleura proliferierende Mesodermzellen bei der Extremitätenbildung der Tetrapoden, aus dem Derma- bzw. Sclerotom auswandernde mesoblastische Zellen bei Wirbeltieren (beachte: die Grenze zwischen *41* und *42* ist fließend); *43* Kondensation: z.B. mesodermale Papille bei der Haarentwicklung der Säuger bzw. der Federentwicklung der Vögel; *44* Spaltraumbildung (Exkavation): z.B. Furchungshöhlen (wie Pulmonaten), Coelombildung unter Schizocoelie bei Anneliden und gewissen Insekten, Bildung des Rückenmarkzentralkanals bei Teleostiern, Knorpel- und Lungenfischen sowie bei Störartigen, Schizamnion bei Säugern; *45* Spalt- raumbildung unter anschließender Epithelialisierung: z.B. Bildung der Glockenhöhle bei der Medusenknospung der Hydroiden, Coelombildung nach anfänglich unter Emigration proliferierenden Coelomanlagen bei diversen Enteropneusten, Bildung von Blutgefäß-Endothelien; *46* Anlagerung an andere Zellkomplexe bzw. Epithelien: z.B. Bildung von bindegewebigen Organhüllen (wie um Nieren, Leber, Milz) bzw. zahlreiche Knorpel- bzw. Knochenanlagen wie um Innenohr, Nasensack, Gehirn etc. bei Wirbeltieren

Abb. 11. Embryonale Bewegungen I: Blastokinese der Insekten (**a–e**) und Reversion der Chelicerata (**f, g**) [schematisierte Sagittalschnitte (**a–e**) bzw. Lateralansichten (**f, g**)].

A Insecta:
I. Einrollung unter Invagination bei Kurzkeimen. **a** *Lepisma* sp. (Thysanura); **b** *Pteronacys proteus* (Plecoptera) (mit Amnionbildung durch Spaltraumbildung).
II. Blastokinese unter Einrollung und anschließender Ausrollung bei halblangen Keimen (**c**) bzw. Überwachsung beim Langkeim (**d**). **c** Typ mit eingestülptem (invaginiertem) Keimstreifen; **d** Typ mit eingesenktem (immersem) Keimstreifen.
III. Blastokinese unter zusätzlicher Bildung eines Indusiums bei *Xiphidium ensiferum* (Saltatoria) (**e**).
B Chelicerata: f *Tyopeltis stimpsonii:* **f₁** frühe Inversion; **f₂** Inversion und Dorsalschluß vollendet, **f₃** ventraler Schluß des Prosomas, **f₄** Ventralschluß des Opisthosomas (kurz vor dem Schlüpfen); **g** *Latrodectus mactans:* **g₁** segmentierter Keimstreifen; **g₂** Beginn der Inversion; **g₃** Inversion und Rückenschluß nahezu beendet; **g₄** ventraler Schluß beendet (kurz vor dem Schlüpfen).

Amp	Amnionporus
Cerc	Cercus
Che	Chelicere
deeEc	dorsales, extraembryonales Ectoderm
„Ez"	„Eizahn"
Fl	Flagellum
G	Gehbeine (Laufbeine)
HüA	Hüllen-Anlage
In	Indusium
KA	Keimanlage
KST	Keimstreifen
Lbr	Labrum
LO	Lateralorgan
Nst	Nackenstiel (Rücken-Nabel)
Opi	Opisthosoma
opGm	opisthosomale Gliedmaße
opSeg	Segmentierung des Opisthosomas
opWZ	opisthosomale Wachstumszone
pchL	Praecheliceren-Lobus (Kopflappen)
Pp	Pedipalpus (Kiefertaster)
Ps	Prosoma
RaVs	Randzone des Ventralschlusses
SAm	Schizamnion
Sg	Scheitelgrube
veS	ventraler Sulcus

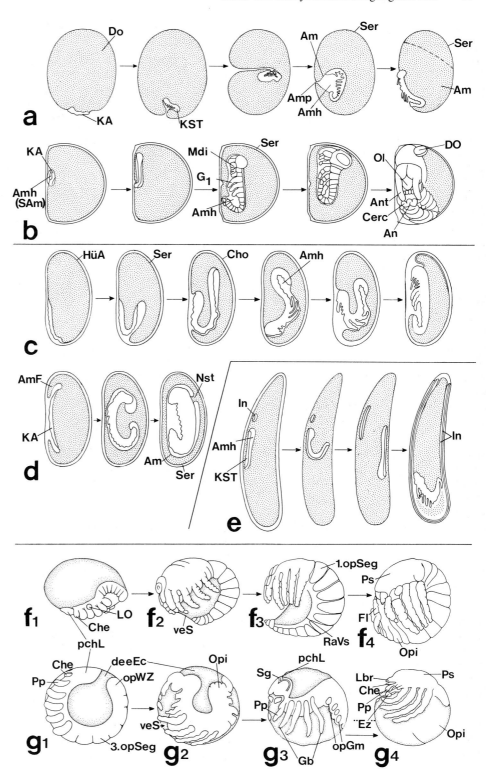

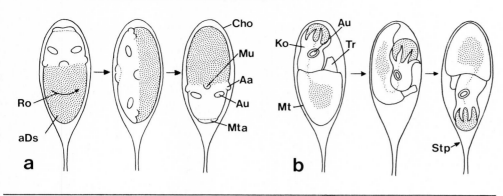

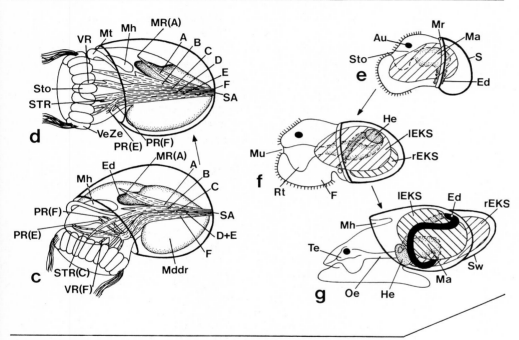

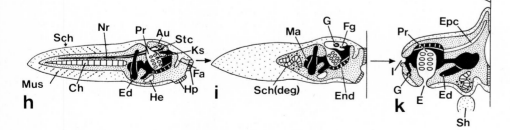

Abb. 12. Embryonale Bewegungen II (schematisiert).

a, b Erste **(a)** bzw. zweite Umdrehung **(b)** von *Octopus vulgaris* (Totalansichten).

c, d Rasche Torsion von *Haliotis tuberculata:* **c** Veliger unmittelbar vor der Torsion (von rechts); **d** Veliger nach der ersten, 90° betragenden Torsion (in Dorsalansicht).

e–g Langsame Torsion von *Lymnaea stagnalis* am 4. **(e),** 6. **(f)** und 8. Embryonaltag **(g)** (vgl. auch Abb. 1 C).

h–k Pseudometamorphose (unter Abbau der chordatentypischen Organe) und 180° Drehung der Eingeweide bei Ascidien: **h** freischwimmende geschwänzte Larve („Kaulquappenstadium") ohne Nahrungsaufnahme; **i** festgeheftete Larve bei Schwanzabbau; **k** junge Ascidie nach der Drehung der Eingeweide mit den letzten Schwanzresten.

Aa	Armanlage
E	Egestionsöffnung (Ausfuhröffnung)
End	Endostyl
Epc	Epicard
Fa	Ectodermfalte
Fg	Flimmergrube
G	Ganglion
Hp	Haftpapille
I	Ingestionsöffnung (Einströmöffnung)
Ko	Kopf
lEKS	linker Eiklarsack
Mt	Mantel
Mta	Mantelanlage
MR	Ende des Mantelretraktors
PR	Ende des Fußretraktors (Pedalretraktor)
Pr	Peribranchialraum (ectodermal)
rEKS	rechter Eiklarsack
Ro	Rotation (Drehung) um Keimlängsachse
SA	Schalenanheftungsstelle des larvalen Retraktors
Sch	Schwanz
Sh	abgesetzte Zellulosehülle des ehemaligen Schwanzes
Stp	Stielpol des Eies
STR	Retraktorende in stomodaealer Wand
Sw	Schalenwindung (volutiert)
VeZe	velare Zelle
VR	Ende des Velumretraktors
A–F	larvale Retraktorzellen

lenorganen in eine anterodorsale Position und bewirkt im weiteren eine entgegen dem Uhrzeigersinn gerichtete Rotation des Eingeweidesackes um die longitudinale, cephal-caudal gerichtete Körperachse, die an der Verlagerung des Herzkomplexes (vgl. Abb. 12 f mit Abb. 12 g) besonders gut sichtbar ist. Bei den Prosobranchiern (Streptoneura) wird die Torsion von der **Chiastoneurie**, einer Überkreuzung der Cerebrovisceralkonnektive, begleitet; letztere fehlt den Euthyneura (Opisthobranchia, Pulmonata).

Die Torsion kann bei diversen Archaeogastropoden rasch erfolgen; sie beruht dann auf einem inaequalen Wachstum der larvalen Retraktoren und vor allem auf deren Kontraktion (Abb. 12 c + d). Die vornehmlich für nährstoffreiche Arten mit intrakapsulärer Entwicklung typische langsame Torsion (Abb. 12 e – g) ist dagegen vor allem Funktion des unterschiedlichen Wachstums der einzelnen Organkomplexe. Sie darf deshalb eigentlich nicht mehr als embryonale Bewegung klassiert werden. Schließlich sei erwähnt, daß bei verschiedenen Hinterkiemern nach anfänglicher Torsion eine Detorsion einsetzen kann. Die biologische Bedeutung der Torsion ist bis heute stark umstritten.

4.2.3.4 Andere Körperdrehungen

Nach ihrer Festsetzung am Substrat dreht die geschwänzte, dann aber anläßlich der Pseudometamorphose ihren Schwanz abbauende Ascidienlarve ihre Eingeweide entlang ihrer Längsachse um 180° (Abb. 12 h – k), was unter anderem an der Verlagerung der Afteröffnung festzustellen ist.

Bei den Appendicularien erfolgt nach dem Schlüpfen eine Linksdrehung des hier ja persistierenden Schwanzes um 90°; zudem wird dieser auch nach ventral abgeknickt.

Eine weitere spektakuläre, fast 180° erreichende Drehung um die hintere Kopffalte macht die Cypris-Larve der sessilen Cirripedier durch (vgl. Abb. 121 d – f); sie steht im Zusammenhang mit der Ausbildung der Rankenfüße.

Umfangreiche Verlagerungen treten auch bei der Kamptozoen-Larve ein. Diese setzt sich so fest, daß ihre in einem Vestibulum (mit Verbindung nach außen) sich befindliche Mund- bzw. Afteröffnung gegen das Substrat zu gerichtet ist (Abb. 117 p). Da sich im Deckengebiet des Vestibulums der Stiel ausbildet, verliert dieses jede Verbindung mit der Außenwelt, was zum erneuten, zur Ernährung ja nötigen Umweltkontakt eine anschließende 180° Drehung der Vestibularhöhle und dementsprechend auch der Körperöffnungen erforderlich macht (Abb. 117 q).

4.3 Regenerative Entwicklungsleistungen

4.3.1 Allgemeines

Dieser durch die Versuche Réaumurs (1712; an Krebsen) sowie Trembleys (1744; an *Hydra*) erstmals experimentell angegangene Fragenkomplex kann hier nur kurz besprochen werden, obwohl er infolge der mit ihm liierten Neubildungsprozesse eine embryologische Disziplin darstellt.

Bei der Regeneration (= **restorative Morphogenese**) werden verloren gegangene Körperanteile, Organe, Gewebe oder Zellen wieder ersetzt. Dabei bleibt der normale Mechanismus der Integration des Regenerates in den Rest des Organismus bzw. Organes, Gewebes oder der Zelle beibehalten.

Von der Regeneration muß die in manchem ähnlich verlaufende **somatische Embryogenese** geschieden werden (vgl. Abb. 24 und 25 a – l). Sie läßt anläßlich der asexuellen Vermehrung aus einem Komplex von Zellen gänzlich neue Organismen entstehen. Dies bedingt eine komplette Reorganisation der betreffenden Strukturen und Funktionen, wobei die Zellen bzw. Zellgruppen neue eigene Potenzen entwickeln müssen.

In Form der Heteromorphose (vgl. unten) und der Additionen kommen zwischen diesen beiden Hauptkategorien Zwischenformen vor.

Als Spezialfälle der Regeneration sind die **Autotomie**, d.h. der Abwurf von Organen an praeformierten Stellen (Eidechsenschwanz, Krebsextremitäten) und die bei See- und Schlangensternen auftretende **Schizogonie** zu nennen. Letztere führt durch einen Riß durch die Mitte der Mundscheibe (*Ophiactis, Asterias, Asteracanthion, Asterina, Stichaster, Cribrella*) bzw. durch die Ablösung von Armen (*Linckia*; Abb. 24 h) zur Vermehrung der Individuenzahl. Sie wird im Falle von *Linckia* auch als „geplante Autotomie" bezeichnet.

Besonders kompliziert ist diese Schizogenese bei der zu den Polychaeten zählenden Cirratulide *Dodecaceria caulleryi*. Ein Tier zerfällt in Vorder- und Hinterende sowie in die 14 – 18 dazwischenliegenden einzelnen Segmente. Die Körperpole regenerieren das jeweils fehlende Tierende. Die Einzelmetameren setzen beidseitig ca. 7 Segmente an und zerfallen anschließend in der Mitte. Die dadurch entstandenen zwei Teilstücke ergänzen nun ebenfalls je die fehlenden Körperpole.

Auch von den Eichelwürmern *Balanoglossus australensis* und *Glossobalanus minutus* ist bekannt, daß sie in anschließend regenerierende Bruchstücke zerfallen können.

Die Regenerationsfähigkeit kann sich im Entwicklungsverlauf ändern. Generell ist bei vielen Tieren Regeneration anläßlich der Entwicklung, nicht aber im Adultzustand möglich. Andererseits zeigen etwa die Polychaeten nach einer anfänglich stark mosaikartigen Entwicklung später große Potenzen zur asexuellen Sprossung. Ebenfalls die adulten

Opisthobranchier besitzen nach der mosaikartigen „Spiralier-Entwicklung" als adulte Tiere eine beträchtliche Regenerationsfähigkeit. Auf die im Entwicklungsverlauf sich gleichfalls ändernde Regenerationskapazität bei Urodelen wurde schon hingewiesen (S. 12).

4.3.2 Typisierung

Urform der **reparativen** oder traumatischen **Regeneration** war wohl die Fähigkeit zum Wundverschluß nach Verletzung, die sich bei diversen Tiergruppen zu weitergehenden Leistungen ausgeweitet und dann die Ersetzung von Körperanteilen gewährleistet hat.

Als Fehlleistung kann es dabei zu Heterogenesis (Monstrenbildung) oder zur Hypermorphose kommen, bei der zuviel (z. B. zwei Beine statt einer Extremität) gebildet wird. Bei der Heteromorphose wird dagegen zu wenig oder etwas anderes [beispielsweise eine Antenne anstelle des Auges (Crustacea)] regeneriert. Als weiteres Beispiel für eine an eine Regeneration gekoppelte Zusatzleistung sei die Hydroide *Myriothela* genannt, wo anläßlich von Regenerationsprozessen die sonst nur basal liegenden Adhaesivtentakel in sämtlichen vier, bei dieser Art unterscheidbaren Körperzonen auftreten können.

Die **physiologische Regeneration** dient entsprechend der beschränkten Lebensdauer vieler Zellen („Zellmauserung") dem Wiederersatz von Zellen bzw. auch von Gewebeteilen, Geweben oder gar Organen (z. B. brauner Körper der Bryozoen). Sie kann sowohl Gewebe mit inter- als auch postmitotischen Zellen erfassen und zyklisch ablaufen. Letzteres gilt etwa für Häutungen, die Menstruation und die Geweihbildung.

Hinsichtlich ihrer Bedeutung sei der Mensch zitiert, bei dem pro Tag entsprechend der gleich großen „Sterberate" 2 bis 3×10^{11} neue Blutzellen gebildet werden.

Die physiologische Regeneration basiert oft wesentlich auf der Tätigkeit von sogenannten Stammzellen (stem cells), die sich durch eine außergewöhnliche Proliferationsfähigkeit auszeichnen. Sie lassen einerseits wieder Stammzellen und andererseits in einer bestimmten Richtung differenzierungsfähige Tochterzellen aus sich hervorgehen.

Nach dem Umfang der Regenerationsleistung ist eine totale Regeneration von der Organ-, Gewebe- und Zellregeneration sowie schließlich von der Regeneration von Zellteilen (z. B. bei Rotatorien und wahrscheinlich bei Nervenzellen von Wirbeltieren) zu unterscheiden.

4.3.3 Ablauf

Voraussetzung zur erfolgreichen reparativen Regeneration ist das Vorhandensein einer minimalen „Regenerations-Menge". Bei adulten Tieren ist entgegen ihrer Ontogenese und im Gegensatz zu den Pflanzen eine Regeneration aus nur einer Zelle nicht möglich. Man vergleiche hierzu den Hinweis auf die kritische Masse der Differenzierung (S. 14).

Der Regenerationsablauf läßt sich in einzelne Phasen aufteilen, z. B. in Initialstimulus (Abb. 14 Aa), Dedifferenzierung (Abb. 14 Ab), Blastembildung (Abb. 14 Ac), Redifferenzierung und Morphogenese (Abb. 14 Ad).

Eine genauere Analyse der Regeneration der Urodelenextremität (Tabelle 10) zeigt als erste Phase den unter Epithelbildung erfolgenden **Wundverschluß**. Dann wird ein **Regenerationsblastem** gebildet, das unter Trans- oder Umdifferenzierung aus umdifferenzierten Zellen oder aber aus undifferenzierten Zellen entsteht.

Als letztere gelten etwa die Archaeocyten der Schwämme (Abb. 9 Ba und 112 l), die interstitiellen Zellen (I-Zellen) der Cnidarier sowie die meist sich durch eine zweiphasige Wanderung auszeichnenden Neoblasten, welche außer bei Planarien ebenfalls bei Oligochaeten und Ascidien vorkommen.

Bei den extrem regenerationsfähigen Seescheiden könnten eventuell auch Blutzellen eine Rolle bei Regenerationsprozessen spielen.

Tabelle 10. Histologische Veränderungen während der Regeneration einer adulten Urodelen-Extremität. (Nach Manner 1953). (Vgl. auch Abb. 14 A–C)

1 Tag:	Wundverschluß durch überwachsende Epidermiszellen
2 Tage:	In Wunde zahlreiche Phagocyten. Beginnende Desintegration des Knorpels, Akkumulation von Epidermiszellen am distalen Gliedmaßen-Ende
5 Tage:	Beginnende Desintegration der quergestreiften Muskulatur; Akkumulation der Epidermiszellen geht weiter
6 Tage:	Bindegewebszellen zwischen durchtrenntes Knochenstück und Epidermis wandernd; weitergehende Desintegration von Knorpel und Knochen; wahrscheinlich Inkorporation von Knorpel- und Muskelfragmenten ins Regenerationsblastem
16 Tage:	Akkumulation der Epidermiszellen auf ihrem Maximum; weitergehende Desintegration von Knorpel und Muskulatur
20 Tage:	Erscheinen des ersten Fingers. Fibroblasten sich in Chondroblasten differenzierend; Desintegration von Knorpel und Muskulatur beendet
28 Tage:	Erscheinen des zweiten Fingers, fortschreitende Differenzierung des neuen Knorpels

Abb. 13. Regeneration I: Polaritätenwirkungen bei Evertebraten.

a, b Planarien: **a** Kopf- und Schwanzregeneration unter Beibehaltung der cephalocaudalen Polarität; **b** nach Wegnahme des Kopfes und nach medianem Einschnitt regenerieren 2 Köpfe; die neu entstehenden Teile sind hell eingezeichnet.

c–e *Hydra:* **c** Regeneration aus einem kleinen Stück unter Konservierung der ursprünglichen Polaritätsachse. **d** Nach Kopf- und Fußwegnahme und anschließender Implantation eines Kopfes auf das Fußende wird am Kopfende ein neuer Kopf gebildet; anschließend kommt es zur Trennung in 2 Individuen. **e** Ein durch aufeinander gepfropfte Individuen erzielter Riesenpolyp [mit entfernten Kopf- und Fußstücken bei *2–4,* bzw. entferntem Kopf *(5)* bzw. Fuß *(1)*] löst sich innerhalb von 5 Tagen *(5 T)* unter Wahrung der Polarität wieder in Einzelpolypen auf.

Fs   Fuß-Scheibe
MuA Mundafter

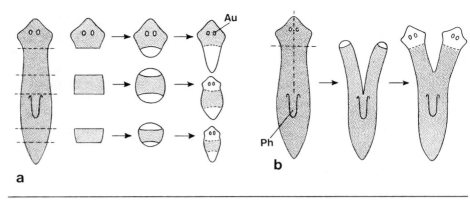

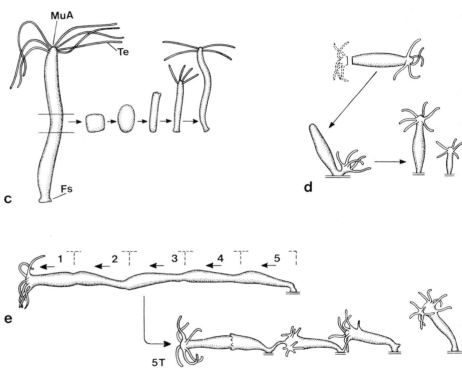

Voraussetzung zur **Umdifferenzierung** ist die vorangehende **De-** oder **Entdifferenzierung** von Zellen. So können sich etwa bei Amphibien Muskel-, Knorpel- und Bindegewebszellen sowie auch Schwannsche Scheidenzellen zu mesenchymatischen Blastemzellen „zurückentwickeln" (Abb. 14 B). Diese Tatsache ist ein auch allgemeinbiologisch wichtiger Hinweis auf die beschränkte Stabilität des differenzierten Zustandes. Bei der anschließenden Re- oder Neudifferenzierung von Zellen bzw. Organen spricht man, falls dabei neue Zelltypen ent-

stehen, auch von Metaplasie (= Transdifferenzierung). Dabei entsteht das neue „Muster" unterschiedlich:
Durch **Epimorphose** werden die fehlenden Teile unter Proliferation hintereinander aus einem auswachsenden System neu gebildet (Abb. 14 C). Dieses Prinzip tritt im übrigen auch in der Ontogenese (z. B. Gliedmaßenbildung, „Wurmkeim" der auswachsenden Trochophora (Abb. 84 und 118 b–e), Imaginalscheiben der Insekten) auf.

Die **Morphallaxie** ist dagegen charakterisiert durch die Gliederung des verbleibenden Materials zu einem verkleinerten, ganzheitlichen Muster, welches anschließend auswächst. Es wird also primär kein neues Material verwendet, sondern es erfolgt eine Rearrangierung der vorhandenen Zellen. Beispiele liefern etwa *Hydra* oder die Planarien bzw. anläßlich von Entwicklungseingriffen die Regulation von Teilkeimen zu kompletten Embryonen.

4.3.4 Abhängigkeiten und Steuerungsmechanismen

Die in unzähligen Experimenten angegangene Frage nach den an der Regeneration beteiligten Faktoren kann nur gestreift werden.

Wie Abb. 13 für Planarien und Hydroiden zeigt, werden – außer unter bestimmten experimentellen Bedingungen – die ursprünglichen Polaritäten stets beibehalten. Hemmwirkungen [Inhibitoren; z. B. die Wirkung der Erstlinse in der Augenentwicklung der Wirbeltiere (Abb. 14 D, vgl. S. 253)] stehen im Wechselspiel mit Induktions- sowie Feldwirkungen (z. B. Extremitätenfeld). Unter den übergeordneten Koordinatoren sind etwa das Gehirn (Planarien), Nerven (Extremitätenregeneration der Wirbeltiere, Regeneration der Anneliden), Hormone (oft Neurohormone) sowie auch die organisierende Wirkung des Kopfstückes von *Hydra* (Abb. 13 d) zu nennen. Als künstlich, d. h. experimentell erzeugbare Stimuli dienen beispielsweise schwache Stromstöße.

4.3.5 Vorkommen

Regeneration ist weit verbreitet; dies kann hier nur anhand weniger Beispiele illustriert werden. Sie kommt schon bei Protozoen vor.

So können Fragmente des Ciliaten *Stentor* zu einem kompletten Individuum regenerieren, sofern sie über einen Teil des hier ja sehr langgestreckten Macronucleus und einen Anteil des Ectoplasmas mit den wesentlichen Kinetosomen verfügen. Im Gegensatz zu *Stentor* ist *Euplothes* für die entsprechende Leistung zusätzlich auf das Vorhandensein von einem Micronucleus angewiesen.

Die großen regenerativen Fähigkeiten der Hydroiden und Planarien sind auf breiter Basis untersucht worden. Während bei *Lineus* (Nemertini) zur Regeneration ein Teilstück, das länger als breit ist, nötig ist, kann der polychaete Annelide *Chaetopterus variopedatus* sich aus einem einzelnen Segment regenerieren. Die Arthropoden zeichnen sich vor allem durch die Regeneration von Körperanhängen bei larvalen Insekten sowie bei Krebsen (hier auch adult) aus.
Unter den Mollusken, bei denen Regeneration besonders bei Opisthobranchiern möglich ist, demonstriert die Armregene-

ration die Cephalopoden, daß auch bei hochevolvierten Evertebraten durchaus Regenerationsprozesse ablaufen können.
Bei den Echinodermen sind neben den schon erwähnten Asteroiden und Ophiuriden die Holothurien zu nennen; diese können bei Belästigung ihren Darm, teilweise auch die Kiemenbäume sowie andere innere Organe, auswerfen und anschließend regenerieren. Bei *Stichopus* soll diese Evisceration regelmäßig einmal jährlich erfolgen; sie könnte eventuell als eine Form von Exkretion i. w. S. gedeutet werden.
Bei den Ascidien kann ein Stück des Stolons bzw. des Epicardiums oder des Atrialepithels eine ganze Seescheide regenerieren, während andere Organteile (Epidermis, Pharynx, Darm etc.) nur zur Ersetzung des gleichen Organes befähigt sind.
Unter den Vertebraten ist die Regenerationsfähigkeit der Urodelen eingehend untersucht worden. Dann wurde neben der Schwanzautotomie der Eidechsen auch bei verschiedenen Fischen und Anurenlarven Regeneration nachgewiesen. Nach Angaben russischer Forscher soll unter geeigneten Bedingungen auch bei höheren Wirbeltieren bis hinauf zum Säuger Organregeneration möglich sein.

4.4 Prinzipien bei der Individuen- und Koloniebildung

Wir geben im Folgenden eine summarische Übersicht über die verschiedenen Bildungsweisen von Individuen bzw. von Individuenverbänden im Tierreich.

4.4.1 Individualentwicklung

Bei Protozoen wird die Zellteilung von der Zelldifferenzierung gefolgt.
Für die Metazoen seien zuerst die nach *sexueller Vermehrung* möglichen Abläufe zusammengestellt:

(1) Als Normalfall hat die unter Diachorese (= Aufgliederung) erfolgende **Differenzierung aus der Zygote** zu gelten.
(2) Bei Parthenogenese (S. 72 ff.) nimmt dagegen die **Entwicklung aus einer unbefruchteten** haploiden oder diploiden **Eizelle** ihren Anfang.
(3) Im Spezialfall der **Dioogonie** von *Bothrioplana semperi* liegen pro Eikapsel neben Dottermaterial zwei Eizellen, die zu einem Embryo verschmelzen. – Auch bei anderen, gleichfalls durch anarchische Furchung gekennzeichneten Turbellarien kommen im ectolecithalen Ei jeweils mehrere Eizellen vor.

Abb. 14. Regeneration II. Zum Ablauf.

A Ablauf der Fingerregeneration bei einer *Ambystoma*-Larve. Die *Pfeile* bezeichnen die Richtung des Blutstroms; **a** Amputation (0. Tag); **b** Wundverschluß und beginnende Dedifferenzierung des Knorpels (1. Tag); **c** die dedifferenzierten Knorpelzellen bilden ein Blastem (9. Tag); **d** Auswachsen des Regenerates und Redifferenzierung zu Knorpel (14. Tag).

B Dedifferenzierung und Redifferenzierung von Muskel- und Knorpelzellen anläßlich der Beinregeneration von Amphibien.

C Regeneration eines amputierten Vorderbeines beim adulten *Triturus*. Die Zahlen bezeichnen die seit der Amputation verstrichenen Tage *(T)*.

D Linsenregeneration bei *Triturus*. **a** Entfernung der Erstlinse (die ursprünglich vom Hornhautepithel gebildet wurde); **b–d** Bildung der neuen Linse durch den oberen Irisrand; **e** eine in die hintere Augenkammer versetzte Erstlinse hemmt die Regeneration; **f** eine entsprechend versetzte, aber paraffinierte Linse verhindert die Regeneration nicht.

A   Arterie
BlZ   Blutzelle
DE   Dedifferenzierung
Ent   Entfernung (der Linse)
EpRa   Epidermisrand
Gok   Golgi-Komplex
hAk   hintere Augenkammer
Hew   Hemmwirkung
jKnZ   junge Knorpelzelle (Chondroblast)
Ir   oberer Irisrand
Kn   Knorpel
KnZ   Knorpelzelle
Li   Linse (Erstlinse)
Mes*   zu Mesenchymzellen dedifferenzierte Knorpelzellen
Mph   Macrophage
Mybl   Myoblast
paLi   paraffinierte Erstlinse
RE   Redifferenzierung
regLi   regenerierende Linse
Ret   Retina
renR   rauhes endoplasmatisches Reticulum
Smfa   Skelettmuskelfasern   Sne   Sehnerv
SmuZ   Skelettmuskelzelle   Vn   Vene
WV   Wundverschluß
1   neue Proteine vor allem intrazellulär gebildet
2   neue Proteine vornehmlich extrazellulär gebildet.

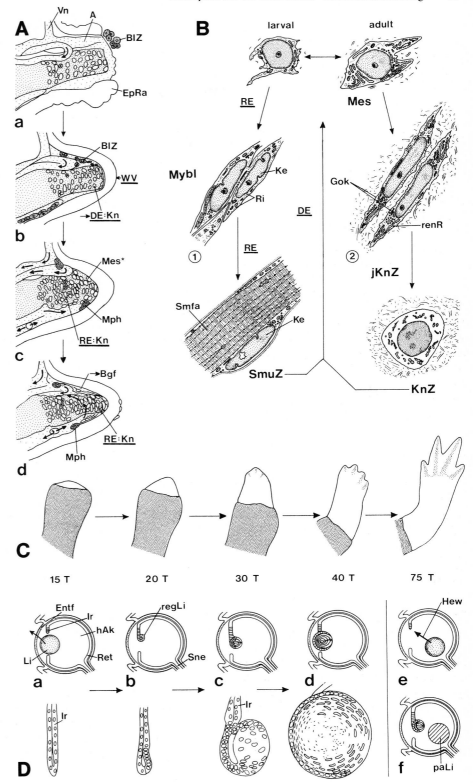

(4) Als Besonderheit ist die **Addition von mütterlichen Zellen** zu nennen; diese bilden zusammen mit den Blastomeren den Embryo.

Bei den Desmomyariern unter den Salpen schieben sich aus dem Follikelepithel auswandernde Kalymmocyten (Abb. 56 e) zwischen die Furchungszellen; ihre genaue Funktion wird noch diskutiert. Dies trifft auch für die Testazellen der Pyrosomiden (Abb. 52 d) zu. Ähnliches gilt für die Hydroiden *Sertularia cornicina* und *Halecium halecioides*. Aus dem ♀ Gonangium stammende I-, Vakuolen- und Pigmentzellen migrieren zwischen die Blastomeren von Furchungsstadien und teilen sich mit diesen weiter.

(5) Ein weiteres Spezialprinzip stellt der späte **Einbezug von individuen- bzw. artfremden Organteilen** in die Körperorganisation dar.

So birgt der parasitische Copepode *Xenocoeloma brumpti* in seinem Innern eine Coelomaussackung seines Polychaetenwirtes *Polycirrus*, durch welche die Ernährung des Parasiten gewährleistet wird. Bei diversen Anglerfischen verschmelzen die Zwergmännchen mit einem ♀ und werden mit Hilfe von Blutgefäßen durch dieses ernährt. Manche Nudibranchier integrieren die mit ihren Cnidarier-Futterorganismen aufgenommenen Nesselzellen in die Spitzen ihrer mit besonderen Nesselsäcken ausgestatteten Rückenanhänge. Schließlich verschmelzen beim monogenen Trematoden *Diplozoon paradoxum* gesetzmäßig jeweils zwei Individuen zu einer „Fortpflanzungseinheit".

(6) Auch sei auf das wichtige Prinzip der **Verwendung von** längere Zeit **undifferenziert gebliebenen embryoeigenen Zellen** bzw. Zellkomplexen für die Morphogenese hingewiesen.

In den Archaeocyten der Parazoa bzw. den I-Zellen der Cnidarier stehen diesen Organismen für unterschiedlichste Bildungsleistungen einsetzbare, pluri- oder oft totipotente Reservezellen zur Verfügung (vgl. Abb. 9 B und 112 l). Besonders bei Süßwasser-Oligochaeten (z. B. *Aeolosoma*) werden Neoblasten bei der Sprossung verwendet. Sie sind am Aufbau von Epidermis, Darm und Bindegewebe und wahrscheinlich auch an der Bildung der Keimzellen beteiligt, während die übrigen Organe wie Borsten, Ringmuskulatur und Gehirn sich durch Umdifferenzierung von ehemaligen Epidermiszellen bilden. Im larvalen Darm der holometabolen Insekten liegen Regenerationskrypten (Abb. 112 e); diese Zellnester formieren parallel zur Degeneration des larvalen Mitteldarmes den Imaginaldarm.

(7) Dasselbe Prinzip ist bei den **Imaginalscheiben** i. w. S. verwirklicht. Sie sind für Insekten in verschiedenen Typen charakteristisch (Abb. 2 i, 10/11, 15 e und 112 e). Im Falle der äußeren Imaginalanlage wird z. B. das Adultbein unter der Cuticula des Larvalbeines angelegt. Freie Imaginalanlagen strecken sich anläßlich der nächsten Häutung; versenkte Imaginalanlagen sind teilweise noch nach außen vorgewölbt, während gestielte Imaginalscheiben komplett ins Larveninnere versenkt sind etc.

Mit Imaginalscheiben vergleichbar sind auch die Scheiben der Nemertini (Abb. 15 c + d bzw. 141 b), die Seeigelscheibe des Echiniden-Pluteus (Abb. 15 b, 75 e und 141 a), der metasomale Blindsack (Wurmkeim) der Phoroniden-Actinotrocha (Abb. 15 a ff.), die Rumpfkeime der Larven der Gnatho- und Ichthyobdellidae (Hirudinea) sowie Sprossungszonen [z. B. für die Pereiopoden (Schreitbeine) der malacostraken Krebse (Abb. 121 w)] oder der „Wurmkeim" der Polychaeten-Metatrochophora (Abb. 118 c).

Auch bei *asexuellen Vermehrungsprozessen* sind entsprechend zu deren Vielfalt zahlreiche, auf Tabelle 18 sowie Abb. 24 und 25 a–l resümierte **Sprossungsmöglichkeiten** verwirklicht. Dabei sei die raffinierte strangartige Anordnung des Anlagematerials im Stolo prolifer der Salpen besonders erwähnt (S. 85 und Abb. 25 g–l).

Zu betonen ist auch die Möglichkeit der **Aggregation** von Zellen bzw. Zellverbänden, wie dies die auskeimenden Zellen der Schwammgemmulae (vgl. hierzu auch Abb. 9 B) oder die sich zum Sporenträger vereinigenden amoeboiden Zellen der Acrasina (vgl. S. 31) demonstrieren.

4.4.2 Entwicklung von Kolonien

Die Ausbildung von Kolonien (Tabelle 11) ist häufig kombiniert mit **Polymorphismus,** d. h. dem Auftreten von morphologisch und funktionell differierenden Einzeltieren wie z. B. von Freß- und Geschlechtspolypen (S. 84) im Polypenstock (vgl. Abb. 26).

Bei Protozoen wird Koloniebildung durch unvollkommene Durchschnürung der Plasmen anläßlich der Zellteilung erreicht. Sie kommt vor allem bei den Flagellaten (Volvocales, Choanoflagellatae) und den Ciliaten vor.

Bei den Metazoen treten an den nach sexueller Vermehrung entstandenen, anfänglich solitären Tochtertieren nachträglich **Sprossungen** auf, die zur Ausbildung eines kolonialen Verbandes führen (z. B. Hydroiden; Abb. 26 f). Bei Bryozoen werden dagegen früh schon aus dem Material einer Eizelle zwei Polypide gebildet (vgl. Abb. 115 m + n).

Als Spezialfall ist die bei gewissen Hexacorallen verwirklichte Stockbildung unter Aggregation zu nennen; es kommt durch seitliches Verwachsen von benachbarten festgesetzten Larven zum Zusammenschluß derselben zu einer Kolonie.

Im einzelnen sind zahlreiche Sprossungsprinzipien zu unterscheiden. Bei der sympodialen Hydroidenknospung erfolgt die Sprossung entlang mehrerer Hauptachsen, während im monopodialen Fall nur eine Hauptachse berücksichtigt wird. Letzteres Prinzip findet sich auch bei der Strobilation der Scyphostoma der Quallen; tellerartig schnüren sich am Scyphopolypen die Ephyralarven ab (Abb. 24 a und 114 m), die sich

Abb. 15. Imaginalscheiben und imaginalscheibenähnliche Bildungen bei Evertebraten (schematisiert).

a Stadien der von der Actinotrocha-Larve *(links)* ausgehenden Metamorphose der Phoronida (Tentaculata) (Lateralansicht) (vgl. Abb. 115 a–d). **b** Frühe Metamorphose-Stadien des Echinopluteus des Seeigels (Echinodermata) (Frontalschnitte bzw. Frontalansicht) (vgl. Abb. 75 d–g). **c, d** Metamorphose-Stadien des Pilidiums der Nemertini (Lateralansichten bzw. Frontalansichten) mit sich im Innern von Amnionhöhlen um den übernommenen Larvaldarm herum zur Wurmanlage zusammenschließenden Scheiben (vgl. Abb. 117 h). **e** Imaginalscheiben der *Drosophila*-Larve *(links)*, kontrastiert mit den entsprechenden Organen der adulten Essigfliege *(rechts)* (vgl. Abb. 112 e).

AnS   Antennenscheibe (mit Augenscheibe im Frontalsack vereinigt)
Ar   Arme
AuS   Augenscheibe (mit Antennenscheibe im Frontalsack vereinigt)
Ax   Axocoel
BS   Beinscheibe
ClS   Clypeolabrum-Scheibe
Co   Cerebralorgan
CS   Cerebralscheibe
DS   Dorsalscheibe
FlS   Flügelscheibe
GeS   Genitalscheibe
HaS   Halterenscheibe
Hc   Hydrocoel
Hys   Hyposphäre
Kr   Kragen
KS   Kopfscheibe
Ksch Kopfschild
LaS   Labialscheibe
msB   metasomaler Blindsack
2. Nk sog. 2. Nervenkomplex (Sinnesorgan für Festsetzen)
Pec   Pedicellarie
RA   Rüsselanlage
RS   Rumpfscheibe
SA   Seeigelanlage
Sc   Somatocoel
Sk   Steinkanal
SS   Seeigelscheibe
Ves   Vestibulum (Anlage der Seeigelscheibe)
Wep   Wimperepaulette

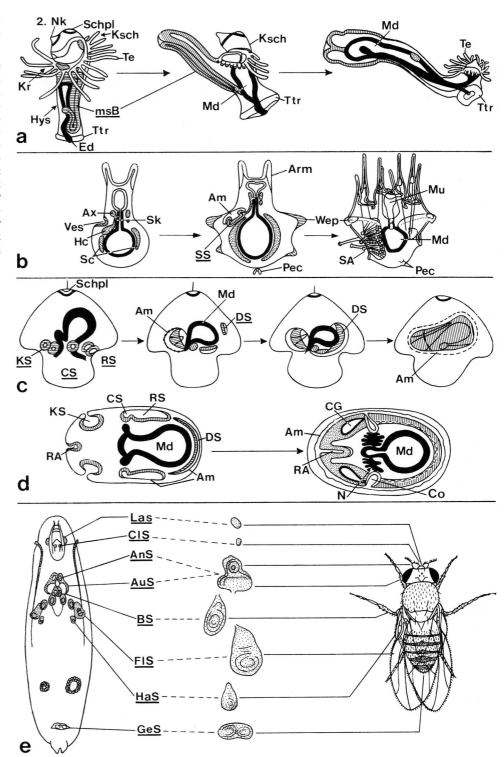

später zu Quallen differenzieren. Auch die Stolonisation der Salpen am Stolo prolifer des Oozoids (vgl. S.65 sowie Abb.25g–l) entspricht dem monopodialen Typ.

Bei Bryozoen, vor allem den Phylactolaemata, kann die Sprossung sehr komplex werden, indem oft zwischen den schon bestehenden Polypiden neue Knospen gebildet werden (vgl. Abb.24i). Ähnliches geschieht bei Ascidien, wo etwa bei *Botryllus* zwischen die oft radiärsymmetrisch angeordneten Zoide, die teilweise später absterben, neue Knospen eingeschoben werden. Letztere sind durch strangartige Kanäle mit ihren Mutterindividuen verbunden. Die schon beim erst wenig entwickelten Oozoidkeim einsetzende Sprossung (vgl. Abb.25e+f) bei den Feuerwalzen (Pyrosomida) verläuft gleichfalls recht kompliziert.

Tabelle 11. Koloniebildung im Tierreich

			Kolonie-Typ		Vorkommen
			sessil	plank-tontisch	
Protozoa	Flagellata		+	+	bei einigen Gruppen
	Ciliata		+	+	
Cnidaria	Hydrozoa	Hydroida	+		häufig
		Siphonophora		+	nur koloniale Arten
	Scyphozoa		+		recht selten
	Anthozoa		+		häufig
Tentaculata	Bryozoa		+		nur koloniale Arten
Kamptozoa			+		häufig
Hemichordata	Pterobranchia		+		häufig
Tunicata	Ascidiacea		+		häufig
	Thaliacea			+	Cyclomyaria (in Verbindung mit Metagenese)
	Pyrosomida			+	nur koloniale Arten

5 Morphogenetische Steuerungsprinzipien

5.1 Einleitung

Unser vorwiegend morphologisch und vergleichend-embryologisch orientiertes Buch kann diesen weiten Problemkreis nur summarisch darstellen. Dies gilt insbesondere hinsichtlich der in vielen ausgezeichneten molekularbiologisch und genetisch ausgerichteten Lehrbüchern ausführlich behandelten Genwirkungen auf die Morphogenese.

Man beachte allgemein, daß entwicklungsphysiologisch interpretierende Schlußfolgerungen oft von der **methodischen Zugänglichkeit** des gewähltes Objektes bzw. vom damit zusammenhängenden jeweiligen Versuchsansatz mit geprägt werden.

So werden etwa bei der Amphibienentwicklung vornehmlich Induktionen und Metamorphosehormone beachtet, während die Steuerung der Seeigel-Morphogenese als Produkt von Gradientenwirkungen dargestellt wird. Bei den Insekten stehen morphogenetische Zentren und wiederum Hormone im Vordergrund des Interesses, während corticale Wirkungen auf die ooplasmatische Segregation bei Spiraliern (z. B. *Lymnaea*) untersucht werden. In allen diesen Entwicklungen sind in Wirklichkeit weitere Faktoren mit im Spiel, die indessen bei den betreffenden Entwicklungssystemen methodisch schwieriger nachzuweisen sind.

Es ist hervorzuheben, daß Entwicklungssteuerungen oft dem **Prinzip der doppelten Sicherung** unterliegen, indem bestimmte Entwicklungsprozesse von mehreren Faktoren gleichzeitig beeinflußt werden können. Dabei kann gegebenenfalls beim Ausfall eines Faktors ein anderer doch noch die ganze betreffende Morphogeneseleistung erfolgreich steuern.

So löst etwa normalerweise die durch das Eindringen des Spermiums bewirkte Besamungsrotation der Amphibieneizelle (Abb. 42 A und 63 C) deren Symmetrisation aus. Bei Unterdrückung der Rotation ist die Symmetriebildung aber trotzdem gewährleistet (S. 124). Normalerweise induziert der Augenbecher der Wirbeltiere im darüberliegenden Ectoderm die Linsenbildung (Abb. 18 B). Diese kann auch durch Urdarmmaterial induziert werden; zudem besitzt das Ectoderm eine autonome Linsenbildungspotenz.

5.2 Determination

Die Determination bestimmt den Entwicklungsablauf; sie ist auf eine entsprechende **Kompetenz** (Reaktionsfähigkeit; S. 13) der durch sie tangierten Zellen angewiesen.

Die Suche nach den bestimmenden Faktoren der Entwicklung kann - analog zu der Herleitung der Evolutionsursachen - auf zwei Wegen geschehen:

Die ideelle spiritualistische Betrachtungsweise glaubt an übergeordnete Kräfte, welche aus einer anfänglichen Unordnung sukzessive Ordnung schaffen. Es sei etwa erinnert an die „Vis essentialis" von Wolff, den Bildungstrieb Blumenbachs oder an den „Élan vital" von Bergson. Auch Cuénot glaubt an eine irrationale Kraft, während Bernard eine schöpferische Idee oder Leitidee propagiert. Der Vitalismus von Driesch geht von der Entelechie als treibende Kraft aus. Die Trend-Idee des Neodarwinismus (vgl. Huxley) als Annahme eines experimentell nicht faßbaren Evolutionsfaktors muß u. E. auch in die Nähe dieser Auffassungen gestellt werden. All diese Erklärungsversuche haben zwar den Vorteil, daß sie den ganzheitlichen Aspekt betonen; die durch sie propagierten Faktoren sind andererseits aber durch exakte Analysen nicht nachweisbar.

Die reale, mechanistisch-materialistische Betrachtungsweise sucht dagegen nach experimentell zugänglichen Faktoren. Sie kann wertvolle Teilergebnisse liefern; doch unterliegt sie leicht der eingangs dieses Kapitels schon erwähnten Gefahr, ihre Vorstellungen über die agierenden Steuerungsmechanismen allein von den für das betreffende Objekt jeweils geeigneten Untersuchungsmethoden abzuleiten (und umgekehrt).

Die Steuerung ist nach dieser Ansicht fast ausschließlich ein biochemisch erfaßbarer, auf Kerneinwirkungen und der Chemodifferenzierung unterschiedlicher Plasmen beruhender Prozeß. Die Berücksichtigung zahlreicher struktureller Voraussetzungen wie z. B. von Cortex, unterschiedlichen Plasmen, Polaritäten, Gradienten und Feldgliederungen ist dabei wichtig.

Ein uraltes, für die Entwicklungsphysiologie basales Problem ist die Frage nach der **Praeformation** bzw. der **Epigenesis** (vgl. S. 21). Im ersteren Fall wäre in den Keimzellen bereits die ganze Entwicklung vorgebildet. Die namentlich im 17. und 18. Jahrhundert gängige Einschachtelungstheorie („Théorie d'emboîtement") nahm dabei an, daß im Ovar eines Tieres bereits alle kommenden Generationen in eingeschachtelter Form vorhanden wären. Dabei war lange umstritten, ob die Praeformation im Spermium oder – wie dies Harvey annahm – in der Eizelle lokalisiert wäre. In neuerer Zeit ist die Praeformationsidee durch die zwar unrichtige Keimplasma-Theorie Weismanns (entgegen den Keimzellen mit ihrem intakten Kerninventar sollen in den Somazellen „Kernteile" ins Plasma entweichen) und die Mosaiktheorie der Entwicklung (Neoevolution) von Roux neu belebt worden. Letztere Auffassung ordnet ja jeder Adultbildung einen entsprechenden Eiort zu.

Nach der vor allem von Wolff gegen Ende des 18. Jahrhunderts geförderten Auffassung der Epigenese ist die auch durch Plasmafaktoren mitbestimmte Ontogenese durch eine sukzessive Zunahme der Ordnung im Entwicklungsverlauf charakterisiert.

Heute hat die Diskussion angesichts des Nachweises von vererbten bzw. von außen aufgeprägten Faktoren viel von ihrer ursprünglichen Schärfe eingebüßt. Zudem lassen sich innerhalb einzelner Tiergruppen von der Mosaik- zur Regulationsentwicklung überleitende Zwischenstufen feststellen.

Bei Insekten führt so eine Reihe von den mosaikartigen Langkeimen (Diptera, Lepidoptera) über die Coleo- und Hymenoptera zu den Regulations-Kurzkeimen der Odonata und Orthoptera. Man vergleiche hierzu auch das in Kapitel 3.6 Zusammengefaßte.

Die Frage nach der Natur der im gesetzmäßigen Entwicklungsablauf zutage tretenden Ordnung ist ungelöst. In der **informationstheoretischen Ausdeutung** der Entwicklung, wie sie wohl erstmals Raven (1958 ff.) und Apter (1966) versucht haben, liegt ein leicht faßliches Modell vor (Tabelle 12).

Raven hat dieses experimentell zu beweisen versucht. Aufgrund des normalen Zellschicksals ist für die Entwicklung der animalen Keimhälfte von *Lymnaea* - ursprünglich bis zum 68-Zellstadium, später auch für weitere Entwicklungsstadien - ein Informationsprogramm für einen zeichnenden Computer aufgestellt und in diesen eingegeben worden. Die dabei trotz unumgänglicher Vereinfachungen erzielten, weitgehend mit den normalen Furchungsbildern vergleichbaren Computer-Abbildungen erlauben den Schluß, daß die Frühentwicklung der Pulmonaten durchaus mit einem präprogrammierten Prozeß verglichen werden darf.

Die Determination (Tabelle 12) wird im Ravenschen Modell als Kommunikationsproblem aufgefaßt: Die Morphogenese stellt ein geordnetes System von Aktions- und Reaktionsmechanismen dar, die durch die Entwicklungsinformation [vgl. auch die Messenger-Hypothese (S. 52 f.)] verbunden sind. Die Wechselwirkung der Informationsträger führt zur unter Entcodisierung manifest werdenden Embryonalentwicklung. Diese läßt die im Code (= Erbgut) enthaltenen Ordnungsprinzipien sichtbar werden.

Tabelle 12. Informationstheoretische Ausdeutung der Entwicklungssteuerung. Als zusätzlicher Informationsspender muß die hier nicht aufgeführte „Umgebung" i. w. S. genannt werden. (Nach Angaben von Raven, aus Fioroni 1973 a)

Spender (Träger)	Informationsgehalt	Kodisierung	Kommunikationskanal	Entkodisierung	Empfänger
Eltern und zusätzliche äußere Faktoren	repräsentiert durch die Adultstruktur	in Form von Information	Geschlechtszellen und Zygote	repräsentiert durch die Embryonalentwicklung	Jungtier bzw. Larve

Informationsträger	Informationszentrum	Informationsvermittlung	Informationstyp
v. a. DNS	nucleär (genotypisch)	Meiosis, Amphimixis	„Exekutive" Information (bestimmt Embryo- und Organogenese)
Cytoplasmen	cytoplasmatisch	Oogenese, später über Organellen und Zelleinschlüsse	„Exekutive" Information (bestimmt Embryo- und Organogenese)
Eirinde	cortical	wahrscheinlich während Oogenese aufgeprägt	„Blue print"-Information (bestimmt Grundzüge des Körperbauplans und die larvalen Organe)

Tabelle 13. Progressive Determination. (Aus Bodemer 1968)

Zeit	Determina-tion	Differenzie-rung	Entwick-lungspoten-zen	Selbstdifferen-zierungsfähigkeit
t_1	fehlend oder gering	fehlend	vielfältig	fehlend oder gering
	Organfelder	molekular	einge-schränkt	ganze Organe
t_n	innerhalb eines Feldes	supramole-kular	eine (?)	Teile von Orga-nen

Ergebnisse der Entwicklungsphysiologie zeigen, daß die Kapazität des Informationskanals beschränkt ist. Die Entwicklungsinformation ist kleiner als die Ansprechbarkeit der oft mit großen prospektiven Potenzen ausgestatteten Eizelle (vgl. S.12). Die Information bleibt andererseits oft länger erhalten als die Reaktionsfähigkeit des auf sie abgestimmten Gewebes.

Zu Beginn der Entwicklung spielen Cytoplasma und Eirinde eine entscheidende Rolle als Informationsträger, während die direkte Einwirkung der Kernfaktoren erst später wichtig wird. Die im Folgenden aus didaktischen Gründen getrennt dargestellten Kern- und Plasmafaktoren stehen aber in dauernder Wechselwirkung. Umgebungseinflüsse wie Licht und Temperatur sind mit zu berücksichtigen.

Die Beziehung der Determination zum ganzen Entwicklungsablauf kann differieren. Entweder wird sie von sofortiger Differenzierung gefolgt (etwa bei Nervenzellen) oder aber es erfolgt letztere erst nach einer langen Phase ohne Differenzierung (z.B. bei Imaginalscheiben, im Knochenmark oder bei der Keimzelldifferenzierung).

Determination kann als sog. **positionale Determination** von der Lage im Zellverband abhängig bzw. als labile Praedetermination sukzessive in eine definitive Determination übergehen. Die schon früher erwähnte Autonomisation bzw. **progressive Determination** ist auf Tabelle 13 kurz zusammengefaßt.

Steuerungs- und damit Determinationsmechanismen können hierarchisch gegliedert sein. So erfolgt beispielsweise die Aktivation auf der ooplasmatischen und die primäre Induktion auf der Blastemstufe. Auf der Organstufe folgen sekundäre und weitere Induktionen; schließlich spielt in der Gewebe- und Organstufe auch die korrelative Differenzierung eine Rolle. Die einzelnen Faktoren können – wie etwa die Rückinduktion (S.60) demonstriert – in Wechselwirkung zueinander stehen.

5.3 Kernfaktoren

Der Kern als Träger der Chromosomen und damit der Gene ist Sitz der genetischen Kontrolle der Entwicklung. Diese genetischen Einflüsse wirken sich als generelle Heredität (Brachet) schon in der frühen, als spezielle, auch als Mendelsche oder chromosomiale Heredität bezeichnete Vererblichkeit in der späteren Entwicklung aus. In Anbetracht der kurzen Interphase-Perioden während der Furchung erfolgt die faktische direkte Einwirkung der Kernfaktoren vornehmlich postgastrulär.

5.3.1 Chromosomen

Die typische Struktur der Chromosomen (Abb. 16 a) ist nur in deren Transportform im Teilungskern sichtbar, da die Chromosomen in der Interphase-Periode entspiralisiert sind. Die Matrix (= accessorische Substanz) wird in der Meta- und Anaphase von einer lipoiden Pellicula umgeben, die nach neueren Vorstellungen vornehmlich durch Genschleifen gebildet wird. Freilich ist die Matrix, auch als nucleoläres Material oder als durch kleine aktive Nucleohiston-Schleifen vorgetäuschte Bildung taxiert, umstritten und wird gelegentlich auch im Sinne eines Artefaktes gedeutet. Sie enthält in der Kommissur oder Matrixgrube ein Kinetochor (Centromer) zum Ansatz der bei der Teilung aktiven Spindelfasern. Im weiteren birgt sie die stark gewundenen Chromonemen mit den aus DNS (Desoxyribonucleinsäure, DNA; Euchromatin) bestehenden Chromomeren als Genträgern. Besonders große, wahrscheinlich an der Kernhülle befestigte Chromomeren werden als Telomeren bezeichnet. Die oft genarmen, nur durch wenige oder fehlende Chiasmata ausgezeichneten Heterochromatinabschnitte bleiben im Arbeitskern kondensiert und bilden Chromozentren. Diese sind auch in der Telophase stark anfärbbar und liegen bei den **Autosomen** oft in Kinetochornähe, bei den **Allosomen** (Geschlechtschromosomen) dagegen im Differentialsegment. Jedes Chromosom zerfällt in zwei Chromatiden, die sich in Halb- und Viertelchromatiden und schließlich in Elementarfibrillen aufteilen lassen. Mindestens ein Chromosom pro Chromosomensatz enthält auch eine nucleolusbildende Region bzw. den Nucleolusorganisator.

Durch vervielfachte Chromomerenzahl werden z.B. in den Speicheldrüsen der Dipterenlarven polytäne **Riesenchromosomen** (S.24) gebildet, die einen bis 512mal vergrößerten DNS-Gehalt aufweisen können (vgl. Abb. 16 i + k).

Innerhalb eines Genoms ist die Form der einzelnen Chromosomen jeweils verschieden. Bei den etwa bei *Siredon (Ambly-*

stoma) und *Drosophila* nachgewiesenen Nucleolen-Chromosomen ist der Hauptanteil des Chromosoms durch einen Nucleolärfaden vom sog. Satelliten-Abschnitt getrennt (Abb. 16a); der fadenförmige Abschnitt bildet unter Kondensierung Nucleolärsubstanz.

Als morphologisches Korrelat einer unterschiedlichen Chromosomen- bzw. Genaktivität sind besondere, bei den einzelnen Chromosomen eines Satzes jeweils differierende *Funktions-Strukturen* (S. 24) nachweisbar.

5.3.2 Gene

Die Gene als Erbfaktoren sind von entscheidendem Einfluß auf den Entwicklungsverlauf. Entsprechend dem Jacob-Monod-Modell sind unterschiedliche Gentypen zu unterscheiden: Strukturgene leiten die Synthese von Proteinen und Enzymen; sie werden ihrerseits durch ihnen zugeordnete Operator-Gene kontrolliert. Ein derartig liierter Genkomplex bildet ein Operon. Die Operator-Gene ihrerseits stehen unter der Kontrolle von Regulator-Genen als übergeordneten Instanzen. Die Repressoren, die zu den Operons wandern, werden dabei durch niedermolekulare Effektoren aus dem Cytoplasma beeinflußt. Bei der feineren Regulierung von verzweigten Biosynthesen sind Isoenzyme mit im Spiel.

Gleichsinnig wirkende Gene (= **Polymerie,** Polygenie) spielen besonders bei quantitativer Merkmalsausprägung eine Rolle (vgl. auch Allele). Daneben gibt es antagonistische Gene, die beispielsweise als Modifikationsgene bekannt sind. Meist wirkt ein Gen auf mehrere Merkmale, was als **Pleiotropie** bzw. Polyphaenie bezeichnet wird.

Die Ausprägung eines bestimmten Merkmals ist Produkt der Aktion von Genwirkketten, welche eine Abfolge von gengesteuerten Reaktionen nach sich ziehen. Die Genwirkung liegt inner- (Autophaene) oder zwischenzellig (Allophaene), was im letzteren Fall zu sekundär pleiotroper Wirkung führt. Die Autophaenie wird durch die als Positionseffekt bedeutsame Lage des Genes im Chromosom mit beeinflußt.

Doch ist nur die **Reaktionsnorm** als Primärwirkung erblich festgelegt. Durch Interaktionen mit dem umgebenden Gewebe sowie durch Außeneinflüsse (Licht, Temperatur etc.) werden die Genwirkungen modifiziert. Diese **Modifikabilität** äußert sich im weiteren in der differentiellen bzw. reversiblen Genaktivität (Aktivation bzw. Repression).

Die sogenannte **Amplifikation** (Überreplikation einzelner Gene) der ribosomalen DNS durch Vervielfachung des Nucleolenbildungsortes kann die Genwirkung steigern. Im Prinzip wird dabei anläßlich der lokalen DNS-Synthese (Extrareplikation) in ähnlicher Weise wie bei der normalen Replikation auch der gesamte Nucleohistonkomplex verdoppelt bzw. vervielfacht. Ein Gen kann so in mehreren hundert oder tausend Kopien vorhanden sein und etwa die gesteigerte Synthese spezifischer RNS-Sorten ermöglichen. Diese Redundanz – ein Gen ist vielfach im Genom beispielsweise einer Oocyte vorhanden – erlaubt auch die Vorwegbildung vor allem von r-RNS, welche dann bis zur Gastrula ausreicht. Als morphologisches Korrelat dieses u. a. in Eizellen vorkommenden Prozesses ist der Nucleohistonkörper (= Chromatin- oder Binnenkörper) im Kern zu nennen. Er kann multiple synaptinemale Komplexe und multiple Nucleolen enthalten. Letztere kommen in extrachromosomialer Lage in Oocytenkernen von Amphibien in einer Zahl von über 1000 vor. Auch sei an den Nachweis von frei im Kern liegenden Schleifen bei Lampenbürstenchromosomen (vgl. Abb. 16f–h) erinnert.

Das *Eingreifen der Gene* und damit die Realisation der Kernfaktoren erfolgt in der phaenokritischen Phase, welche an den Interphasezustand des Kernes gebunden ist. Infolge der nur sehr kurzen Interphasezustände während der Frühentwicklung ist deshalb dort die direkte Einflußnahme von Kernfaktoren gering.

Dies erklärt die Möglichkeit der erfolgreichen Kerntransplantation auf enucleirte Eizellen (S. 54) bzw. die Tatsache, daß bei Hybridisierung von Echiniden-Eiern die väterlichen Merkmale erst in der Pluteuslarve manifest werden. In die gleiche Richtung deuten die Differenzierung ohne Furchung (S. 175) sowie die zahlreichen Nachweise von extrakaryotischen Faktoren in der Frühentwicklung. Schließlich beginnen bei künstlich haploid sich entwickelnden Amphibienkeimen die oft vehementen Entwicklungsstörungen während der Gastrulation; sie nehmen im übrigen im weiteren Entwicklungsverlauf noch zu, so daß nur wenige Larven die Metamorphose erreichen.

Freilich muß im einzelnen die Frage der Genaktivität in frühen Furchungsstadien differenzierter als bisher geschildert betrachtet werden. So haben neuere, mit unterschiedlichsten Methoden z. B. an frühen Mauskeimen getätigte Untersuchungen ergeben, daß dort das Genom – in Ergänzung zur bis zur Blastocyste nachweisbaren m-RNS – bereits zwischen dem 2- bis 8-Zellstadium aktiv werden kann (vgl. S. 54), wobei sich auch schon erste väterliche Genprodukte haben aufzeigen lassen.

Weitere Schlüsse über die Wirkweise der Gene ermöglicht uns das Studium von natürlich auftretenden bzw. experimentell provozierten **Mutationen,** die leider oft letal sind. Zusätzliche Informationen liefern unter Zellfusion (S. 30) künstlich vereinigte Zellen bzw. die auch in der Normogenese auftretenden polynucleären Zellen (Dottersyncytium der Cephalopoden, mehrkernige Vitellophagen und sekundäre Dotterpyramiden der Krebse, Phagocyten, gewisse Blut- und Knochenmarkszellen usw.).

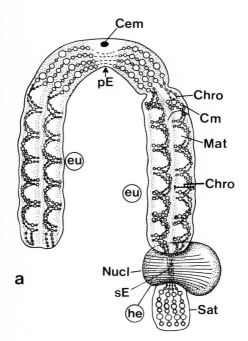

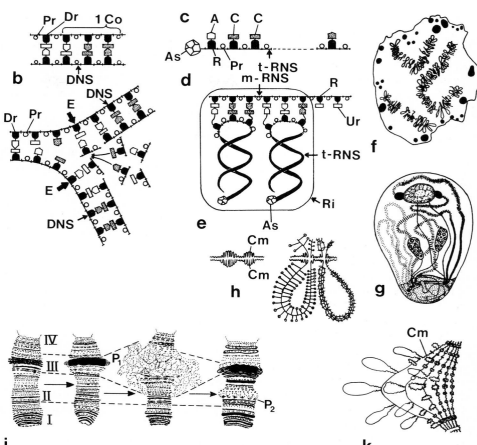

Abb. 16. Chromosomenstruktur und Kernaktivitäten (schematisiert).

a Chromosomenbau; als Typ dient ein mit einem Satellitenchromosom (Trabanten-, Nucleolen- oder SAT-Chromosom) ausgestattetes Chromosom.

b–e DNS- und RNS-Bau und Messengerhypothese am Beispiel der gengesteuerten Proteinsynthese (extrem schematisiert): **b** Aufbau der DNS-Doppelkette; **c** identische Reproduktion der DNS nach der Modellvorstellung der semikonservativen Reduplikation (an den voneinander getrennten Strängen wird jeweils ein Komplementärstrang gebildet); **d** lösliche Transfer-RNS mit der an sie gebundenen „aktivierten" Aminosäure; **e** am Ribosom erfolgender Proteinaufbau gemäß dem durch die Messenger-RNS vermittelten Code.

f–h Lampenbürstenchromosomen: **f** Kern einer Oocyte von *Amphiuma* (Urodela) mit maximal entwickelten Lampenbürstenchromosomen; **g** Y-Chromosom von *Drosophila* (Diptera) aus dem Kern der primären Spermatocyten; **h** Modell der Chromomere in einem Lampenbürstenchromosom vor *(links)* und nach *(rechts)* der durch verschiedene Strukturtypen ausgezeichneten Schleifenbildung.

i, k Puff-Bildung: **i** Das Ende des C-Chromosoms aus einer Speicheldrüsenzelle der Larve von *Rhynchosciara* (Diptera). In der Region III entwickelt sich temporär ein Puff P_1. Beim ganz rechts abgebildeten Stadium entsteht in der Region II bei P_2 eine neue Funktionsstruktur. **k** Struktur eines Puffs von *Drosophila*. Die Chromomeren der durch Streckung auseinanderweichenden Einzelchromosomen entfalten sich zu Schleifen.

A	Adenin
As	Aminosäure
C	Cytosin
Cem	Centromer (Kinetochor; Ansatzstelle der Spindelfasern)
Chro	Chromatide
Cm	Chromomer
Cn	Chromonema
1 Co	1 Codon (Triplet, = Chiffre für eine Aminosäure)

DNS	Desoxyribonucleinsäure
Dr	Desoxyribose
E	Enzym
eu	euchromatischer Chromosomenabschnitt
G	Guanin
he	heterochromatischer Chromosomenabschnitt
Mat	Matrix (Kalymma)
m-RNS	Messenger-RNS (Boten-Ribonucleinsäure)
Nucl	Nucleolus (Kernkörperchen)
pE	primäre Einschnürung (Kinetochore)
Pr	Phosphorsäurerest
R	Ribose
Sat	heterochromatischer Satellit (Trabant)
sE	sekundäre Einschnürung
t-RNS	Transfer-RNS („lösliche" RNS)
T	Thymin
Ur	Uracil

Als *morphologische Korrelate der Genaktivität* sei an die schon erwähnten Lampenbürstenchromosomen oder die Puffs und Balbiani-Ringe (S. 24; Abb. 16f–k) erinnert. An diesen Stellen ist die Bildung von RNS und Proteinen nachgewiesen. Die Periodizität dieser Strukturänderungen – beispielsweise anläßlich der Oogenese oder Spermatogenese oder während der Insektenentwicklung – ermöglicht die Aufstellung von Aktivitätsmustern der Kerne; diese können dank den Chromosomenkarten bestimmten Organteilen zu geordnet werden. Besonders viele, durch Ecdyson-Gabe künstlich induzierbare Puffs zeigt die Insektenmetamorphose. Auch die anläßlich von Kerntransplantationen künstlich geschaffene neue plasmatische Umgebung erzeugt bei den transplantierten Kernen Puffs.

5.3.3 Molekulare Basen der Genwirkung

Die ursprünglich am Bakterienmodell erarbeitete **Messenger-Hypothese** sei am Beispiel der für die Entwicklung so bedeutsamen genkontrollierten Proteinsynthese in kurzer Form exemplifiziert:

Die **DNS** (Desoxyribonucleinsäure, DNA) baut sich aus in einer Doppelhelix angeordneten Fadenmolekülen auf, wobei im Innern der Helix die Basenbausteine charakteristische Wasserstoffverbindungen bilden (Abb. 16b). Ein Mononucleotid besteht aus Phosphorsäure und einer Pentose (Desoxyribose), an der Purin-(Adenin bzw. Guanin) bzw. Pyrimidinbasen (Thymin bzw. Cytosin) hängen. In der Doppelhelix fungieren Adenin und Thymin bzw. Guanin und Cytosin als Partner. Die Nucleotide treten zu Polynucleotiden zusammen; die Verbindungen laufen dabei über den Phosphatrest. Es handelt sich also gleichsam um eine durchlaufende Kette, die abwechselnd aus Pentosezucker und Phosphat aufgebaut ist. Nochmals betont sei, daß damit die DNS gemäß dem Watson-Crick-Modell (1953) meist doppelsträngig vorliegt.

Die **RNS** (Ribonucleinsäure, RNA) ist dagegen nur einsträngig, enthält an Stelle der Desoxyribose Ribose und ersetzt das Thymin durch das Uracil. Anläßlich der RNS-Vermehrung tritt freilich als Zwischenstadium gleichfalls eine Doppelstrangstruktur in Erscheinung.

Der **genetische Code** als Informationsträger bildet das „Morsealphabet des Lebens" (Botsch), welches aus den oben erwähnten vier Nucleinbasen aufgebaut ist. Ein Codon („Triplet") besteht aus einer Sequenz von drei Nucleotiden und entspricht jeweils einer der rund 20 Aminosäuren. Zusätzliche Codons für Start und Ende einer Proteinsynthese formieren gemeinsam mit den für die betreffende Synthese verantwortlichen Codons ein Cistron.

Die Doppelhelixstruktur der DNS ermöglicht sowohl die autokatalytische Funktion der Reduplikation bei der Kernteilung (Abb. 16c) als auch die heterokatalytische Rolle anläßlich der mit Hilfe der RNS-Polymerase erfolgenden *Transkription*. Dieser letztere Ausdruck umschreibt die Übertragung der DNS-Information auf die RNS; bei der Synthetisierung der **Messenger-RNS** (m-RNS, Präge-RNS, Botensubstanz) wird ein Strang des DNS-Modells negativ kopiert. Diese Boten-RNS verläßt den Kern (Abb. 37 C) und steuert dann am sie abtastenden Ribosom bzw. an den Polyribosomen die Proteinsynthese (Abb. 16e). Das mit **Ribosomen-RNS** (= größtenteils im Nucleolus synthetisierte r-RNS) dotierte Ribosom baut dabei entsprechend der m-RNS-Information unter *Translation* die geforderten Struktur- oder Enzymproteine auf. Jede m-RNS ist damit mit einem ihr zugehörigen Protein korreliert.

Die zur Proteinsynthese benötigten Aminosäuren werden mit Adenosintriphosphat (ATP) sowie unter Beteiligung aktivierender Enzyme (Aminoacyl-t-RNS-Syntheasen) aktiviert und mit Hilfe der **Transfer-RNS** (t-RNS; Abb. 16d) zum Ribosom gebracht. Diese RNS besteht aus dem Anticode, der das vollständige Triplet zum Codon der m-RNS enthält, sowie einer immer die Nucleotidfolge Cytosin-Cytosin-Adenin bildenden Aminosäuren-Anheftungsregion und schließlich einer Aminosäuren- oder Matrizenerkennungsregion.

Die Ribosomen schließen sich während der Proteinsynthese oft zu Polysomen (Abb. 37 C) zusammen. Letztere heften sich anläßlich der Synthese von exportablen Proteinen an die Membranen des endoplasmatischen Reticulums (= rauhes ER) an, während sie bei der Synthese von zelleigenen Proteinen frei im Cytoplasma liegen.

Besonders betont sei, daß die eben geschilderten Reaktionssequenzen hier extrem vereinfacht dargestellt sind. Beispielsweise sind – entgegen den Bakterien – bei höheren Organismen Transkription und Translation nicht streng räumlich und zeitlich liiert, sondern durch verschiedene intermediäre Schritte voneinander getrennt; zudem ist die Codisierung in manchem komplizierter als sie hier referiert worden ist. Im weiteren wird der Katalog der RNS-Typen zunehmend erweitert, wenn auch die vorgestellten drei Hauptformen die wichtigsten geblieben sind. Zudem können – z.B. bei der Maus in ca. 20% der totalen DNS-Sequenzen – einzelne Folgen in zahlreichen Kopien als repetitive DNS vorliegen. Diese codieren vor allem Histoproteine, r-RNS sowie t-RNS und dürften, obwohl weitere Funktionen im einzelnen noch unbekannt sind, allgemein wichtige regulatorische Aktivitäten durchführen.

Eine Möglichkeit zur Kontrolle von Transkription und Translation stellt die innerhalb des Kernes ablaufende sogenannte

Prozessierung der RNS dar. Nach der Primärtranskription liegt erst eine sogenannte heterogene Kern-RNS (= hnRNA) vor. Diese wird oft zerschnitten (= gespleißt) und wieder zusammengefügt, um schließlich die reife Boten-RNS zu bilden. Teile können als sog. Introns bei diesen Abläufen verloren gehen; Enzyme entfernen dabei nicht codierte Sequenzen und modifizieren im weiteren die RNS-Enden. So wird unter Polyadenylierung ein aus Adenin-Nukleotiden bestehender Schwanz [Poly(A)-Schwanz] angehängt bzw. eine „Kappe" aufgesetzt. Einige Nukleotide werden hierbei methyliert; sie tragen eine zusätzliche Methylgruppe (CH_3).

Trotz der nicht zuletzt durch die Kerntransfer-Experimente erwiesenen Totipotenz der Kerne kommt es innerhalb einzelner Zellen zu einer **differentiellen Gen-Aktivität**. Jede Zelle enthält ein charakteristisches Muster von aktiven bzw. inaktiven Genen. Dieses ist in Abhängigkeit zur jeweiligen Differenzierungsleistung während der ganzen Entwicklung variabel. Die differentielle Genaktivität manifestiert sich primär in einer unterschiedlichen m-RNS-Produktion. Besonders groß ist diese bei Puffs (Abb. 16i + k), Balbiani-Ringen und Lampenbürstenchromosomen (Abb. 16 f–h).

Eine unterschiedliche DNS-Reduplikation tritt u.a. im Mitosezyklus auf, wo einzelne Chromatidenabschnitte zu verschiedenen Zeitpunkten redupliziert werden können. Lampenbürstenchromosomen sind zur schon erwähnten Gen-Amplifikation fähig; zusätzliche ringförmige DNS-Kopien von Genen gelangen ins Plasma, wo die ihnen entsprechende r-RNS gebildet wird. Eine DNS-Reduplikation ohne Kontrolle kann im übrigen zur Tumorbildung führen.

Die **Wirkung von Plasmafaktoren** als Mitursache der differentiellen Gen-Aktivität zeigt sich einmal an den Resultaten der Kerntransfer-Experimente (S.54). Dann treten beim Generationswechsel (S.80ff.) trotz des gleichen Genoms zwei unterschiedliche „Personen" der gleichen Art auf, wie z.B. Polyp und Meduse bei den Cnidariern. Der Kern einer Hühner-Erythrocyte zeigt – entgegen seinem Normverhalten – im Macrophagenplasma der Ratte eine RNS-Bildung. Auch sei auf die Resultate der sog. somatischen Hybridisierung von Zellen nach Zellfusion hingewiesen.

Bei *Escherichia coli* ist eine Substratinduktion nachgewiesen, indem Lactose die Aktivität des β-Galaktosidase-Gens aktiviert. Daneben gibt es etwa Endproduktrepressoren. Der schon früh gebildete Repressor wird bei *Escherichia* infolge von Regulatorgenen erst dann aktiv, wenn eine bestimmte Argininkonzentration erreicht ist. Die Feinregulation dürfte über Isoenzyme erfolgen.

Es ergeben sich im weiteren zahlreiche Hinweise auf ein Wechselspiel zwischen Induktoren und Repressoren. Zusätzliche repressive Wirkweisen werden z.B. durch die Chalone als gewebespezifische Repressoren (Mitosehemmer) bzw. durch die vorwiegend in den Chromosomen lokalisierten Histone geleistet.

Auch **Hormone** können sich einschalten. Bei Insekten wirkt das Ecdyson als Auslöser von Puffs und induziert die Synthese von m-RNS. Das Thyroxin fördert bei Amphibien die Synthese von Proteinen und Proteasen sowie die Enzyme der Harnstoffsynthese und der Globine. Hormone können als Effektoren die Repressoren bestimmter Gene inaktivieren. Zudem wird teilweise angenommen, daß sie quasi als primäre Boten die Synthese eines sekundären Messengers [z. B. cAMP (zyklisches Adenosinmonophosphat)] aktivieren.

Abschließend sei nochmals betont, daß viele unserer Modellvorstellungen der Genfunktion vor allem an Viren und Bakterien hergeleitet worden sind und entsprechend bei diesen relativ einfachen Lebensformen auch am besten untersucht sind, wobei zudem vorwiegend die Transkriptionsphase berücksichtigt worden ist.

Bei Metazoen sind – wie schon auf S.52 ausgeführt – die Verhältnisse komplizierter. Dies zeigt sich im weiteren im Auftreten von sog. **„maskierter RNS"** in Form von langlebiger, teilweise mehrtägiger RNS in Form von Ribonucleoproteinpartikeln. Langlebige m-RNS könnte eine Rolle als interzelliger Regulator spielen. Überhaupt kommt bei Metazoen zur bereits für Bakterien und Viren skizzierten intrazellulären, d.h. innerhalb einer Zelle spielenden, eine interzelluläre Regulation zwischen vielen Zellen hinzu.

5.4 Plasmafaktoren

5.4.1 Allgemeines

Einleitend sei nochmals unterstrichen, daß infolge der fehlenden Interphasezustände des Kernes Plasmafaktoren namentlich in der Frühentwicklung von besonderer Bedeutung sind.

Zahlreiche Faktoren weisen in der Tat auf die relative Bedeutungslosigkeit der direkten Kerneinwirkung in der Frühentwicklung hin: Bei der auf S.160 besprochenen **Karyomeren- oder Teilkernbildung** (Abb. 42e + f) kann wegen der Kürze der Interphasezustände ein größerer Kerneinfluß ausgeschlossen werden. Beim Seeigel (seit Boveri 1895) und ähnlich bei Amphibien ist die „Entwicklungsfähigkeit" kernloser Keime bis zur Blastula erwiesen. Sie dürfte auf die bei verschiedenen Oocyten und frühen Entwicklungsstadien nachgewiesene plasmatische „maskierte" DNS zurückzuführen sein.

Diese auch als langlebige oder stabile **mRNS** bezeichneten Nucleinsäuren liegen gemeinsam mit vorgefertigten **maternen**

Proteinen im Eicytoplasma und ermöglichen oft die Absolvierung der Frühentwicklung ohne die simultane Aktivität (= Transkription) des in den Zellkernen liegenden, dann noch inaktiven Genoms der embryonalen Zellkerne. Dieser RNS-Vorrat ist als ein cytoplasmatisches, während der Oogenese unter den Direktiven des maternen Genoms angefertigtes latentes Genproduktionsinventar anzusprechen, welches eine genbedingte materne Praedetermination von frühen Entwicklungsprozessen bewirkt. In dieser Determinationsphase werden somit unter Translation genetisch praeformierte mRNS sowie vorgeformte Proteine genutzt.

Die Bedeutung dieser RNS für den Ablauf der Frühentwicklung läßt sich experimentell durch Zugabe von Transkriptionshemmern (wie z.B. Actinomycin D oder α-Amanitin) zu Eizellen bzw. zu frühen Entwicklungsstadien beweisen, da dann trotz weitestgehend blockierter Kernaktivität die Morphogeneseprozesse aufgrund der maternen Praedetermination trotzdem bis zur Erreichung eines bestimmten Stadiums weiterlaufen.

Letztere ist innerhalb des Tierreiches von unterschiedlichem Ausmaß. Während sie beispielsweise bei Echinodermen, Amphibien und Teleostiern eine Entwicklung bis zur Blastula und bei gewissen Anneliden *(Sabellaria, Chaetopterus)* sowie bei den spiralig sich furchenden Mollusken sogar bis zur Gastrulastufe gewährleistet, ist andererseits das keimeigene Genom bei *Artemia salina* und bei Säugern bereits schon anläßlich der Furchung von entscheidendem Einfluß auf den Entwicklungsablauf. Im Laufe der einzelnen Normogenese läßt sich jeweils eine graduelle Transition von der maternen Praedetermination zur vollständigen Kontrolle der Genexpression durch das Embryogenom feststellen; dabei dürften zwischen diesen beiden steuerlichen Komponenten mannigfaltige Wechselwirkungen anzunehmen sein.

Generell dürfte die materne Praedetermination einerseits bei großen Eizellen mit einer entsprechend qualitativ geringen „Genomkonzentration" bzw. andererseits bei durch ein hohes Entwicklungstempo ausgezeichneten Furchungen mit blockierter Möglichkeit des direkten Kerneinflusses (vgl. S. 130) besonders bedeutungsvoll sein.

Den schönsten Nachweis für eine anfänglich geringfügige Einflußnahme des Kerngenoms auf den Entwicklungsablauf liefert wohl die durch Briggs und King (1952) sowie Gurdon (1960) erstmals an Amphibien sowie auch durch andere Forscher später an Insekten und Säugern angewandte Methode des **Kerntransfers** (Kerntransplantation).

Alte Kerne (bei Amphibien vom Blastula- bis zum adulten Darmepithelkern) werden auf eine enucleierte Eizelle transplantiert und erzielen in der Folge eine normale Morphogenese. Mit zunehmendem Alter des Kerns tritt in der Regel indes eine Verschlechterung der Entwicklungsleistung ein; doch konnte mittels eines adulten Darm-

kernes bei *Xenopus* ein Adulttier entstehen. Das erwähnte Verfahren ist im Sinne einer Klonierung auch serial möglich, indem aus einer nach der obigen Methode erzielten Blastula erneut Kerne transplantiert werden.

Bei Säugern sind, wie Illmensee u.a. nachgewiesen haben, die Resultate nicht gleich signifikant. Nur ein geringer Prozentsatz der in eine enucleirte Eizelle transplantierten Blastocystenkerne persistiert anschließend bis zur Bildung einer jungen Maus. Transplantierte Trophoblast- sowie Entodermkerne ergaben – entgegen den *Xenopus*-Resultaten – keine Weiterentwicklung.

Diese hier nur im Prinzip erläuterten Transfer-Experimente weisen die Totipotenz des tierlichen Zellkerns nach; dieser ist dank reversibler Gen-Aktivität fähig, in allen Entwicklungsstadien die entsprechende Entwicklungsleistung zu steuern. Die Beeinflussung des Kerns durch das Plasma wird nicht zuletzt durch den Nachweis von durch die Kerntransplantation induzierten Puff-Bildungen manifest.

Doch sei abschließend besonders hervorgehoben, daß letztlich wohl sämtliche Plasmafaktoren ihrerseits indirekt der Kernkontrolle unterliegen, die u.a. durch plasmatische DNS, stabile (= maskierte, blockierte) m-RNS und r-RNS repräsentiert wird. Die Nucleoproteine bilden als transkribierbare Informationsträger zu einer späteren Proteinsynthese einen essentiellen Anteil an der Cytoarchitektur des Eies. Der Gehalt an RNS und DNS ist deshalb in Oocyten immer wesentlich höher als in ausdifferenzierten Gewebezellen. So entspricht der DNS-Gehalt einer Seeigel-Oocyte demjenigen von 400 Blastomeren, beim Amphibienei sogar demjenigen von 5000–10000 Furchungszellen. Schließlich sei die ungeschmälerte Proteinsynthese-Leistung von entkernten Eifragmenten bzw. von aktivierten, aber entkernten Oocyten von Amphibien und Seeigeln erwähnt.

5.4.2 Corticale Faktoren

Der **Cortex** (= **Eirinde**) entspricht einer oberflächlichen, nicht oder nur in bestimmten Phasen experimentell beeinflußbaren Schicht der Eizelle. Er läßt sich morphologisch nur schwer abgrenzen und ist bei den einzelnen Tiergruppen verschieden strukturiert.

Bei einigen dürfte die Corticalregion der Eimembran entsprechen (z.B. *Lymnaea*); beim Seeigel ist dagegen der Cortex nach der Besamung aus Anteilen von Eimembran, Membranen der Corticalgrana und der Membran des eingedrungenen Spermiums zusammengesetzt (S. 125 und Abb. 41 a–d).

Viele experimentelle Hinweise zeigen, daß die Eirinde die Eipolarität, die Symmetrien, die Plasmaverteilung und damit den Verlauf der ooplasmatischen Segregation bestimmt. Die durch Zentrifugation während der Oogenese bzw. vor der Furchung künstlich gestörte Plasmaverteilung wird unter Einwirkung des nicht beeinträchtigten, präformierten Cortex-Musters unter Rearrangierung (= Redistribution, „Readjustment") wieder normalisiert. Solche Experimente wurden an Anneliden, Opisthobranchiern, Pulmonaten *(Lymnaea)*, Echiniden u. a. getätigt.

Das corticale Determinationsmuster wird der Eizelle während der Oogenese von außen aufgeprägt; bei *Lymnaea* korrespondieren subcorticale Plasmaakkumulationen in ihrer Lage ungefähr mit der Anordnung der Follikelzellen (Abb. 63 Ba + b).

Bei Echinodermen werden die Körpersymmetrien während der Oogenese praedeterminiert; die endgültige Festlegung erfolgt während der Furchung. Bei der Pulmonate *Lymnaea* wird dagegen erst anläßlich der Festlegung der Urmesodermzelle von der anfänglich dominierenden Radiärsymmetrie abgewichen; im Verlauf der 5. Teilung stößt eine der bisher gleichwertigen Macromeren ins Zentrum und wird dadurch zur sogenannten „Stem"-Zelle. Durch Lithiumchlorid-Beigabe kann die Radiärsymmetrie künstlich länger erhalten werden.

5.4.3 Extrakaryotische Plasmafaktoren

Mit Ausnahme der schon erwähnten plasmatischen Nucleinsäuren sind die im Plasma lokalisierten Steuerungsfaktoren – auch als Plasmotypus (von Wettstein), Plasmagene (Waddington) oder morphogenetische Kontrollsubstanzen bezeichnet – schwer aufzuzeigen, zumal wenn morphologische Korrelate fehlen.

Doch sind unterschiedliche Plasmen mit differierenden Stoffkonzentrationen (**„organbildende Substanzen"**) oft nachgewiesen worden. Dabei sind unter genetischer Kontrolle stehende homeostatische bzw. differenzierende Enzyme von entscheidender Bedeutung.

Die **Keimbahn** (S. 94 ff.; Abb. 29 und 30) ist bei verschiedenen Tieren durch besondere, diese zumindest mit determinierende Plasmen oder Plasmaeinschlüsse gekennzeichnet. Bei *Ascaris* bestimmt das Plasma als Träger von „anticaryotypischen Faktoren" die Chromatindiminution (Abb. 29 d–f) und damit die Differenzierung zu Somazellen (S. 94).

In den **Pollappen** (S. 162 ff. sowie Abb. 57 und 58) liegen für die Symmetrisierung sowie die spätere Mesodermbildung verantwortliche morphogenetische Substanzen. Auch die Kontrolle von Meiosen (man vgl. die Maturationsplasmen der Insekten) und Mitosen sowie von der Furchung (S. 175) unterliegt bei verschiedenen Tiergruppen Plasmaeinflüssen.

Die später zu behandelnden **Organisations-** bzw. **Induktionszellen** bilden im Plasma entsprechende Stoffe; die **Gradientenwirkungen** basieren auf Gefällen von determinierenden Plasmastoffen.

Unter den lokalisierten Informationsträgern im Plasma sind speziell die **Mitochondrien,** u. a. Vererbungsträger für den Atemmetabolismus, zu nennen; in ihnen ist auch DNS nachgewiesen worden (z. B. bei *Amoeba*). Die ooplasmatische Segregation ist meist mit einer Mitochondrien-Segregation verbunden, die nach Brachet den wichtigsten Faktor der Evertebratenmorphogenese darstellt. Bei *Tubifex* entsprechen im unbesamten Ei alle Mitochondrien dem Grundtyp. Dieser bleibt anläßlich der Furchung in den Micromeren und den Somatoblasten 2 d und 4 a erhalten, während dagegen im prospektiven Entoderm der vesikuläre Typ vorherrscht.

Die sog. „organbildenden Substanzen" bzw. „Bezirke" dürften vor allem auf eine divergierende Ribosomen-Aktivität zurückzuführen sein.

5.5 Gradientenwirkungen

Gradienten sind Raten der Qualitäts- und besonders der Quantitätsänderungen in jedem beliebigen Punkt eines Feldes. Sie bauen entwicklungsphysiologisch nachweisbare Gradientenfelder auf und sind oft von entscheidendem Einfluß auf die Entwicklung.

Neben Mitose- und Dottergradienten gibt es vor allem bei Seeigeln intensiv untersuchte Metabolismus-Gradienten bzw. Gradienten von chemisch noch unbekannten Morphogenen (= morphogenetisch wirksame Substanzen), die zur Aufstellung der heute freilich umstrittenen **physiologischen Gradienten-Theorie** (Child 1928 ff.) geführt haben. Nach ihr soll in einem Keim – auch in einem regenerationsfähigen Individuum (z. B. Planarien; vgl. auch Abb. 13) – ein „Axialgradient" bestehen, der eine in eine Richtung gestaffelte Rangordnung der einzelnen Bereiche bewirkt. So würde beispielsweise die vorne liegende dominante Region über die nächst hintere bestimmen, wobei letztere weiter hinten entsprechend wieder ein von ihr abhängiges Gebiet hätte, usw. Physiologisch interpretiert wären dabei die physiologischen Gradienten letzten Endes Konzentrationsänderungen spezifischer Hemmsubstanzen, die entlang der Achse des Keimes bzw. Individuums in einer Richtung diffundieren.

Solche Metabolismusgradienten äußern sich etwa in der unterschiedlichen Empfänglichkeit für schädliche Substanzen, der differierenden Reduktion von Vitalfarbstoffen, der wechselnden Atmungsintensität, den variierenden Redoxpotentialen und pH-Werten des Plasmas, den Differenzen im Proteinaufbau sowie in weiteren, chemisch beeinflußbaren Stoffwechselunterschieden.

Zudem ist es schon früh gelungen, aus unbefruchteten See-igeleiern animalisierende und vegetativisierende Substanzen zu isolieren. Mittels autoradiografischer Methoden konnte auch der Nachweis von induktiver, aus den Micromeren animalwärts in die Macromeren auswandernder RNS geführt werden.

Die Seeigelentwicklung ist das klassische Beispiel (vgl. Runn-ström, Hörstadius, Lindahl, von Ubisch und viele andere), um die Wirkung von Gradientenfeldern anläßlich der Determination der Pluteuslarve zu demonstrieren. Doch sind auch bei anderen Entwicklungen, wie bei *Lymnaea* und den Amphibien sowie bei Induktionsprozessen (vgl. S. 60) Gradientenwirkungen geltend gemacht worden.

Grundlage zum Verständnis der Pluteus-Determination bildet das sich aus *Isolationsexperimenten* ergebende Schicksal der während der Furchung (Abb. 46 c) in Zellkränzen angeordneten Blastomeren (Abb. 17 Aa und 46 c).

Isolationen von Blastomeren aus Zwei- oder Vierzellstadien führen zur Bildung verkleinerter, aber normaler Plutei (Abb. 17 Ab), da die isolierten Zellen prospektives animales und vegetatives Material in einem typischen Gradientenverhältnis enthalten. Isolierte animale Hälften von 8–16 Zellstadien gehen infolge fehlender vegetativer Komponenten in die gastrulationslose **animale Anormogenese** (meist mit der Bildung von Dauerblastulae) über (Abb. 17 Ac). Analog isolierte vegetative Hälften durchlaufen dagegen eine **vegetative Anormogenese** mit Gastrulation und reduzierten animalen Bestandteilen (Abb. 17 Ad). Letztere sind auf die animalen Bezirke des ersten vegetativen Zellkranzes zurückzuführen (vgl. hierzu auch Abb. 46 c).

Diese etagenweise faßbaren animal-vegetativen Gradienten zeigen sich identisch und noch etwas verfeinert bei Isolierungen von einzelnen Zellkränzen (Abb. 17 Ae–i).

Die mit diesen Experimenten erreichten Vorstellungen von Gradienten lassen sich durch die *Kombination von Zellkränzen* weiter erhärten (Abb. 17 Ba–c): Addition von Micromeren zu animalen Zellkränzen führt zu einer von der beigefügten Micromerenzahl abhängigen, dank Vegetativisierung verbesserten Entwicklungsleistung. Eine Kombination von 4 Micromeren und dem ersten animalen Zellkranz (Abb. 17 Bc) ermöglicht so die Pluteusbildung. Diese ist möglich, weil die an sich zwar abgeänderten animal bzw. vegetativen Gradienten in ihrem gegenseitigen Verhältnis doch in etwa dem normogenetischen Zustand entsprechen. Andererseits verschlechtert infolge Übervegetativisierung das Zufügen von Micromeren zu vegetativen Zellkränzen die Entwicklungsleistung in vegetativer Richtung und führt zur Exogastrulation (vgl. hierzu auch Abb. 17 Be).

Entsprechende Wirkungen sind durch **chemische Behandlung** von ganzen Eiern mit animalisierenden (Abb. 17 Bd) bzw. vegetativisierenden Substanzen (Abb. 17 Be) erzielt worden.

Dabei sei präzisiert, daß außer Lithium-Ionen auch Isoniazid und Choramphenicol vegetativisierend bzw. neben Rhodan-Ionen auch Zinkionen, Trypsin, Evans Blau oder ein Sulfat-Entzug animalisierend wirken.

Auch können die Methoden der Blastomerenisolation und der chemischen Behandlung kombiniert werden. Eine isolierte animale mit Lithiumionen behandelte Hälfte erzeugt dank deren vegetativisierender Wirkung einen Pluteus.

Dieses hier nur anhand der orthopolaren Transplantation dargestellte, durch zahlreiche weitere Versuche erhärtete Prinzip führte zur Aufstellung der **Gefällehypothese** durch Runnström u. a.: Die Echinidenentwicklung wird durch gegensinnige, schon in der Oocyte von den beiden Eipolen ausgehende **animalisierende** bzw. **vegetativisierende Gradienten** (Abb. 17 Ba) gesteuert. Diese ermöglichen in der Normogenese, wo sie im Gleichgewicht sind, die Ausbildung des normalen Pluteus (vgl. Abb. 17 Aa). Dieses Gleichgewicht kann experimentell durch geeignete Zellkombinationen in frühen Entwicklungsstadien gleichfalls erreicht werden. Bei älteren Keimen (14 bis 16 Stunden nach der Befruchtung) ist indes infolge der dann stattgehabten Determination keine Beeinflussung mehr möglich. Wie u. a. die Rearrangierung der Plasmen nach Zentrifugation ausweist, liegt die Steuerung der Gradienten im Cortex.

Auch bei der Determination der Segmentzahl von Insekten scheinen Gradientenwirkungen beteiligt zu sein. Durchtrennt man frühe Keime der Calliphoride *Protophormia* in zwei Hälften, so entsteht eine Lücke, indem die um die Schnittstelle liegenden Metameren fehlen, während die restlichen animalen respektive vegetativen Segmente sich spreizen, d. h. länger werden. Eine Kombination von zwei hinsichtlich der mittleren Metameren sich überlappenden Keimhälften (je eine animale bzw. vegetative) erbringt dagegen eine vollständige Segmentfolge. Schneidet man dagegen sehr späte Keime entzwei, so entfallen entgegen dem ersten Experiment keine Segmente, da deren Determination bereits erfolgt ist.

Im weiteren sei auf die in ähnlicher Weise bei *Euscelis* nachgewiesenen bipolaren Tendenzen hingewiesen (S. 63 und Abb. 21 v–x).

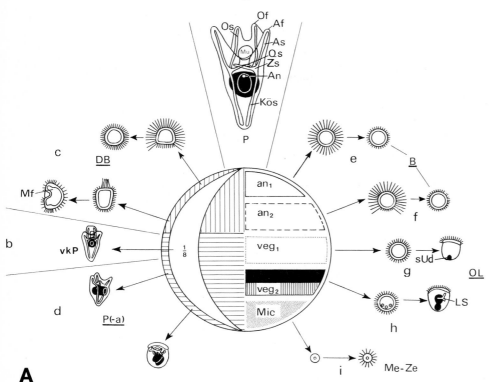

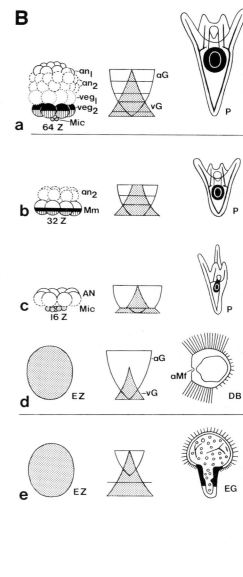

Abb. 17. Nachweis von Gradientenwirkungen am Seeigelkeim. Vgl. hierzu auch Abb. 46 c.

A Isolationsexperimente. **a** Normogenese (Totalkeim); **b** regulative Normogenese (isoliertes ⅛ Stück aus meridionaler Teilung des 32-Zellstadiums); **c** animale Anormogenese (isolierte animale Hälften aus 8- oder 16-Zellstadien); **d** vegetative Anormogenese (isolierte vegetative Hälften aus dem 8- oder 16-Zellstadium); **e–i** Resultate der Isolation von einzelnen Zellkränzen; an₁ **(e)**, an₂ **(f)**, veg₁ **(g)**, veg₂ **(h)**, Micromeren **(i)**.
B Interpretation der durch Kombination verschiedener Zellkränze sowie durch chemische Behandlung der Eier erzielten Entwicklungsleistungen im Sinne der Gefälle-Hypothese. **a** Normogenese; **b, c** annähernde Normogenese durch Kombination animaler und vegetativer Zellkränze: an₂ und Macromeren im 32-Zellstadium **(b)** bzw. animale Zellkränze und Micromeren im 16-Zellstadium **(c)**; **d** Animalisierung des Totalkeims durch SNC-Behandlung; **e** Vegetativisierung des Totalkeims durch LiCl-Behandlung.

Af	Analfortsatz
aG	animale Gradienten
aMf	Andeutung des Mundfeldes (Oralfeldes)
AN	animale Zellkränze (an₁ und an₂)
an₁	animaler Zellkranz 1 (bildet Ectoderm)
an₂	animaler Zellkranz 2 (bildet Ectoderm)
As	Analstab (des Larvalskelettes)
B	Blastula
DB	Dauerblastula
EG	Exogastrulation
Kös	Körperstab des Larvalskelettes
LS	Larvalskelett
Me-Ze	Mesoblast-Zelle
Mf	Mundfeld (Oralfeld)
Mic	Micromerenkranz (bildet primäres Mesenchym)
Mm	Macromerenkranz (veg₁ und veg₂)
Or	Oralfortsatz
OL	Ovoide Larve
Os	Oralstab (des Larvalskelettes)

P	normaler Pluteus
P(-a)	Plutei mit mehr oder minder fehlenden animalen Teilen
Qs	Querstab (des Larvalskelettes)
sUd	schwache Urdarmeinstülpung
veg₁	vegetativer Zellkranz 1 (bildet Ectoderm)
veg₂	vegetativer Zellkranz 2 (bildet Ento- und Mesoderm)
vG	vegetative Gradienten
vkP	verkleinerter Pluteus
Z	Zellstadium
Zs	Zwischenstab des Larvalskelettes

5.6 Organisator- und Induktionswirkungen

5.6.1 Organisatorwirkungen

Ein Organisator ist einerseits zur autonomen Selbstdifferenzierung (Selbstorganisation) und andererseits zum Aufbau eines **regulationsfähigen Organisationsfeldes** befähigt. Er steuert umfassend die morphogenetischen Abläufe und kann seine Organisatorwirkung auch auf an sich nicht organisationsfähige Gewebe übertragen (Abb. 18 Ae).

Im Verlaufe der weiteren Ontogenese kann, wie es gerade das Chordamesoderm des Urdarmdaches der Wirbeltiere demonstriert, ein Organisator auch Induktionswirkungen haben (Abb. 18 B).

Der bekannteste Organisator ist die aus dem mittleren Teil des grauen Halbmondes hervorgegangene **dorsale Urmundlippe** der Amphibiengastrula (Abb. 4c), die dann anläßlich der Gastrulation ins Urdarmdach verlagert wird (Abb. 18 Aa und 77 a–e); sie ist für den Ablauf der Gastrulation verantwortlich (Abb. 18 Ab–e). Sie entspricht dem prospektiven Chorda-Somitenfeld, das sich postgastrulär selbständig in seine einzelnen mesodermalen Abschnitte aufgliedert.

Die cephal liegende entomesodermale praechordale Platte ist für die Kopforganisation, das eigentliche Chordamesoderm für die Rumpf- und Schwanzorganisation verantwortlich.

Es lassen sich Organisatorkategorien aufstellen: Die dorsale Urmundlippe ist ein primärer, das Urdarmdach dagegen ein sekundärer Organisator.

5.6.2 Induktionswirkungen

5.6.2.1 Allgemeines

Induktion führt zur Aktivation von bestimmten Entwicklungsleistungen im durch den **Induktor** induzierten, diesem unmittelbar benachbart liegenden Gewebe. Die bei der Segregation der Keimschichten erst labile Determination wird damit stabilisiert. Die Induktion hat auch Einfluß auf die Proteinsynthese als einem mit der Zelldifferenzierung liiertem Prozeß.

Klassisches, vor allem an Amphibien vielfältig experimentell analysiertes Beispiel ist das Urdarmdach **(Chordamesoderm)** der Wirbeltiere, welches im darüber liegenden prospektiven Neurectoderm die **Neurulation** (Neuralrohrbildung) induziert.

Beweise dazu zeigt Abb. 18 A. Wird im weiteren ein künftiges Urdarmdachstück mittels der sog. Sandwich-Technik mit prospektivem Ectoderm umhüllt und in Gewebekultur gehalten, so treten im letzteren neurale Strukturen auf. Fehlt dem Sandwich dagegen das Chordamesoderm, so werden nur epidermale Strukturen gebildet. – Bei Defekten im Archenteron ist entsprechend auch die Neurulation gestört.

Es muß nochmals betont werden, daß im Amphibienfall die Organisatorwirkung der dorsalen Urmundlippe, die ja später zum induzierenden Urdarmdach wird, mit der Induktion gekoppelt ist!

Die Induktion steht in einer auch zeitlich manifesten **Wechselwirkung mit der Kompetenz** des zu induzierenden Gewebes. Ein Induktor braucht zur erfolgreichen Realisation ein entsprechendes kompetentes Reaktionssystem. Die Induktionsfähigkeit des Chordamesoderms bleibt im übrigen bis ins Schwanzknospenstadium erhalten, während im Ectoderm die Kompetenz zur Neurectodermbildung nach Beginn der Neurulation rasch abnimmt.

Induktor bzw. Kompetenz sind an sich unabhängig. Die Axolotl-Larve etwa besitzt einen Balancer-Induktor, der sich infolge mangelnder Kompetenz ihrer Oberhaut nicht realisieren kann. Bei Transplantation von kompetenter *Triturus*-Epidermis wird dagegen auf dem Axolotl ein Balancer (vgl. hierzu Abb. 126 h) gebildet.

Im weiteren ist die Induktionswirkung von der art- bzw. regionalspezifischen **Induktionszeit** abhängig. Entfernt man das Urdarmdach vor der Neuralwulstbildung, so erfolgt eine nur unvollständige Gehirnbildung.

Interessanterweise ist bei Wirbeltieren die Induktionswirkung unspezifisch; beispielsweise wirkt Fisch-, Amphibien- und

Abb. 18. Organisator- und Induktionswirkungen in der Amphibien-Morphogenese (schematisiert).

A Experimentelle Nachweise. **a** Normogenese: dorsale Urmundlippe als Organisator der Gastrulation, Induktion der Neurulation durch das Urdarmdach [= prospektives Chordamesoderm (Notochord)]. **b** Notwendigkeit des Organisators: bei horizontaler Teilung des frühen Keims bildet nur der den Organisator enthaltende Keimteil einen Embryo. **c** Nachweise der Organisatorwirkung: ins Ectoderm *(c₁)* oder ins Blastocoel *(c₂)* transplantiertes prospektives Chordamaterial induziert im Wirt die Bildung eines zusätzlichen Embryos *(I₁ bzw. I₂)*. **d** Regulationsfähigkeit des Organisators: median halbierte Organisatorbereiche ermöglichen die Bildung normaler Embryonen *(d₁)*. Der ins Blastocoel transplantierte zusätzliche halbierte Organisatorbereich führt im Wirt zur Bildung eines zusätzlichen Embryos *(d₂)*. **e** Übertragbarkeit der Organisatorwirkung: ein 29 Stunden in den Organisatorbereich einer Gastrula *(G₂)* implantiertes prospektives Ectoblast-Stück erlangt die Organisationsfähigkeit und führt bei Transplantation in eine weitere Gastrula *(G₃)* dort zur Bildung eines zusätzlichen Embryos.

B Induktionshierarchien, dargestellt am von dorsal her eröffneten Amphibienkeim (vgl. Abb. 19).

I. Primäre Induktionen: 1. Die Induktion der Neurulation im prospektiven Neurectoderm durchs Urdarmdach ist nicht eingezeichnet (vgl. Abb. 18 Aa). 2. Komplementäre, regionalspezifische Induktionen durchs Urdarmdach auf die Neuralplatte: archencephale *(Ar)*, deuterencephale *(D)* und spinocaudale *(Sc)* Induktion. 3. Assimilative Induktion *(A):* Einziehung des Mesoderms ins Gliederungsfeld.

II. Sekundäre Induktionen: z. B. 1. von den Hemisphären auf die olfaktorischen Plakoden induzierte Nasenbildung *(N)*. 2. vom Zwischenhirn (Augenbecher) aufs Ectoderm induzierte Linsenbildung *(L)*. 3. vom Urdarmdach (schwache Induktion in später Gastrula und früher Neurula) und vom Gehirn (späte Neurula) auf die ectodermalen Plakoden induzierte Bildung des Ohrbläschens *(O)*.

III. Tertiäre Induktionen: z. B. vom Ohrbläschen induzierte Bildung des knöchernen Labyrinthes *(kL)*.

IV. Quartäre Induktionen: z. B. vom knöchernen Labyrinth induzierte Bildung des Trommelfells *(Tf)*.

Verschiedene weitere Induktionen sind nicht eingezeichnet, wie z. B. der Einfluß des vorderen Urdarmdaches auf die Mundplatte oder des Ectoderms der letzten drei Branchialbögen auf die Kiemen. Auch die Rückinduktionen sind weggelassen.

Bs	Bauchstück
Di	Diencephalon (Zwischenhirn)
G	Gastrula
I	Induktion
Lm	Lamina metencephalica (Kleinhirn)
Mese	Mesencephalon (Mittelhirn)
pEc	prospektives Ectoderm
Rg	Riechgrube
t	transplantiert
Tel	Telencephalon (Großhirn)
ziE	zusätzlicher, unter Induktionswirkung entstandener Embryo
–	Die Abkürzungen für Induktionswirkungen sind unterstrichen.

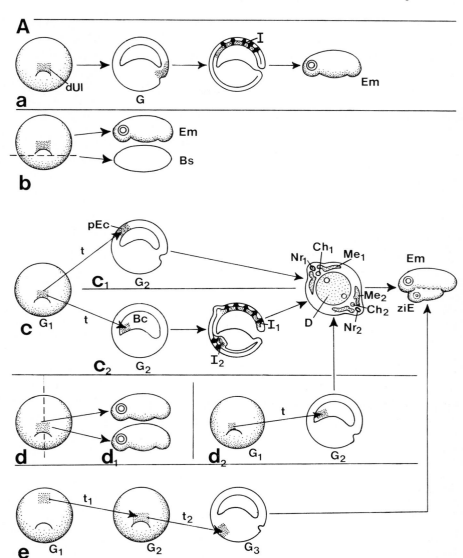

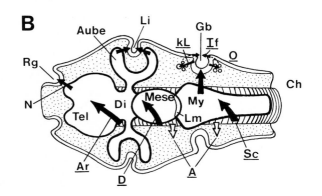

Säugerchorda auf Vogelectoderm neuralisierend. Auch lebende, narkotisierte oder sogar abgetötete unterschiedliche Gewebe verschiedenster Tiere, Hitzebehandlungen usw. wirken als **heterogene Induktoren** induzierend. – Unter toxischen bzw. unphysiologischen Bedingungen ist sogar eine **Autoneuralisation,** d. h. eine Neuralisation im Ectoderm ohne Induktion, möglich; im Ectoderm muß demnach zumindest in Vorstufen ein Neuralisationsfaktor vorhanden sein.

Die Vielfalt von Induktoren dürfte den Schluß auf einen auslösenden Trigger-Mechanismus erlauben, der auf eine spezifische Neuralisationskompetenz im zu induzierenden Gewebe wirkt.

Manche Einzelheiten sind umstritten. Seit Bautzmann (1932ff.) wird zwar ein Austausch chemischer Substanzen angenommen; deren genaue Natur ist aber noch immer ungeklärt. Auch dürften Ribosomen am Austausch beteiligt sein. Separiert man die Gewebe voneinander oder schiebt eine Membran zwischen sie, so wird – in Abhängigkeit zur Porengröße – die Induktion gehemmt bzw. verhindert. Die Abnahme von Proteinen, Vitalfarbstoffen und radioaktiv markierten Stoffe im Induktor und die entsprechende Zunahme im induzierten Gewebe sprechen gleichfalls für einen Stoffaustausch. Dagegen ist die seinerzeitige Auffassung einer Kontaktinduktion umstritten. Elektronenmikroskopische Befunde haben sowohl durch den Interzellularraum ziehende Plasmaausläufer mit echter Anastomosenbildung als auch Substanzaufnahme durch Pinocytose nachgewiesen.

5.6.2.2 Induktionsketten und Rückinduktionen

Durch regionalspezifische Induktion bilden sich aus dem ursprünglich einheitlichen Neuralrohr die verschiedenen Teile des Zentralnervensystems (Abb. 18 B; vgl. auch Abb. 102). Wie dies im einzelnen geschieht, ist nach wie vor unklar:

Nach Dalcq-Pasteels sollen dabei zwei caudocranial bzw. dorsoventral verlaufende Gradienten jedem Teil des Nervenrohres ein anderes Gefälle vermitteln. Die Aktivations-Transformations-Theorie von Nieuwkoop u. a. postuliert dagegen, daß in einer ersten Induktionsphase das Ectoderm durchgehend archencephale Strukturen induziert bekommt. Ein später von caudal her vordringender Faktor, der nicht mehr ans cephale Ende gelangt, transformiert unter quantitativem Gefälle die caudalen Anteile des prospektiven Nervensystems in ihre endgültige Struktur. Saxen-Toivonen, Takata u. a. sehen dagegen die Faktoren gleichzeitig wirkend, während Yamada für eine Wechselwirkung zwischen chemischen und mechanischen Faktoren plädiert. Schließlich kann man mit Mangold auch annehmen, daß das Urdarmdach von Anfang an regionalspezifisch durchgliedert ist und entsprechend unterschiedlich induziert.

Die **primäre Induktion** der Neuralrohrbildung ist von weiteren morphogenetischen Stimuli in Form von ganzen **Induktionsketten** (Induktionshierarchien) gefolgt (Abb. 18 B und 19), welche im primär determinierten Gewebe zusätzliche Kompetenzen erfordern. Diese von Gewebe-Interaktionen begleiteten Prozesse können auch **Rückinduktionen** einschließen; das induzierte Gewebe wirkt auf den Induktor zurück:

Bei Wirbeltieren induziert die Augenblase im Ectoderm die Linsenbildung. Letztere induziert ihrerseits im Augenbecher die Differenzierung der verschiedenen Retinaschichten.

Auf S. 252 f. werden anhand der Augenentwicklung exemplarisch die dabei tätigen Induktionswirkungen vorgestellt. Allgemein sei ergänzt, daß bei Organogenesen häufig Induktionssysteme zwischen unterlagerndem Mesenchym und den aufliegenden Epithelien wirksam sind.

So regt etwa das Dorsalmesenchym der Federn tragenden Dorsalseite des Vogels eine normalerweise nicht an der Federbildung beteiligte Bauchepidermis zur Beteiligung am Federnaufbau an.

5.6.2.3 Induktionsähnliche Vorgänge bei Evertebraten

Bei Wirbellosen, die diesbezüglich nur wenig untersucht worden sind, kommen mit den Wirbeltier-Induktionen in etwa vergleichbare Prozesse vor. So induziert in der Gastropoden-Entwicklung das kleinzellige Entoderm postgastrulär im darüberliegenden Ectoderm die Bildung der Schalendrüse (Abb. 20 e + f).

Das transitorische Dotterepithel der Cephalopoden soll – nach einer freilich nicht durchgehend akzeptierten Auffassung – im überliegenden Gewebe die Bildung von Organen induzieren (Abb. 20 h); deren Anlage scheint aber bereits in der Keimscheibe durch Cortexwirkungen praedeterminiert zu sein. Dabei sei an das Dottersyncytium des Teleostiers *Brachydanio* erinnert, das frühontogenetisch die Differenzierung des Blastoderms in zwei Zelltypen steuert.

Beim sich metamorphosierenden Seeigelpluteus wird angenommen, daß das Hydrocoel im überlagernden Ektoderm die Einsenkung des Vestibulums und die Bildung der Seeigelscheibe (vgl. Abb. 75 e) induziert.

Nachdem die Ascidien-Ontogenese (vgl. Abb. 50 b) lange als klassische Mosaikentwicklung galt, konnte die Reverberi-Schule **Evokatoren** nachweisen. Diese wirken entgegen den Induktoren nicht auf Gewebe, sondern auf einzelne Blastomeren, deren Schicksal zudem praedeterminiert und durch eine frühe mosaikartige Kompetenzbeschränkung ausgezeichnet ist (Abb. 20 a – d). Die das prospektive Chordamaterial enthaltenden Blastomeren stimulieren die künftigen Neurectodermzellen (Abb. 20 c) – nicht aber die Ectodermzel-

A

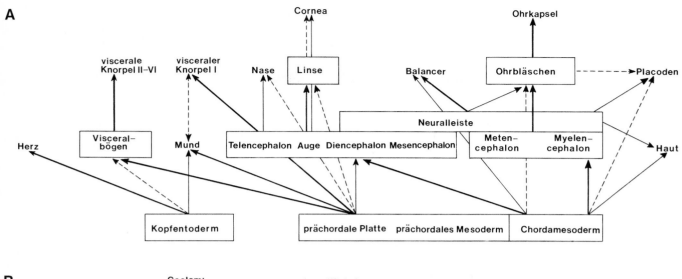

B

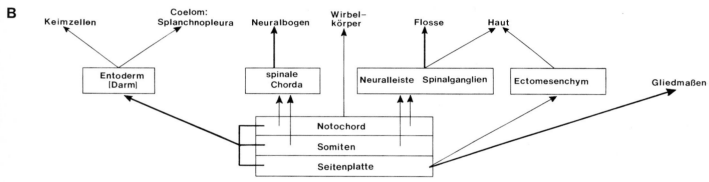

Abb. 19. Induktionsabläufe in Kopf **(A)** und Rumpf **(B)** bei Amphibien. Die unterschiedliche Induktionsstärke ist durch dicke, dünne sowie gestrichelte Striche symbolisiert.

len (Abb. 20 d) – zur Bildung von Gehirn und Sinnesorganen (vgl. Abb. 12 h oder 112 g). Bei vorhandenen prospektiven Neuralzellen, aber entfernten „Chorda-Blastomeren" (Abb. 20 b) findet dagegen keine Neurulation statt.

5.7 Morphogenetische Zentren bei Insekten

Bei Insekten lassen sich oft sehr früh schon besondere Plasmabezirke mit morphogenetischen Auswirkungen feststellen. So dient das um den Oocytenkern liegende **Maturationsplasma** der Meiosenkontrolle bzw. der Mitosenblockierung oder es sind besondere **Polplasmen** zur Determination der Urkeimzellen eingesetzt (Abb. 29 n–s). Die Differenzierung

der Geschlechtszellen kann freilich auch durch im Periplasma liegende corticale Faktoren bestimmt werden, welche besonders bei sehr früh determinierten Langkeimen (Dipteren, Lepidopteren, Coleopteren; Biene) von großem Einfluß sind.

Bei spät determinierten Keimen – beim Extremfall *Tachycines* ist der Keimstreif noch regulationsfähig – kann die Wirkung von übergeordneten plasmatischen Zentren [= morphologische Zentren, Faktorenregionen (Seidel), physiologische Zentren, Initialregionen (Krause)] besonders eindrucksvoll demonstriert werden (Abb. 21):

Das **Furchungszentrum** ist plasmatisch präformiert und läßt die Hofbildung der Furchungsenergiden einsetzen, welche sich von ihm aus anläßlich der superfiziellen Furchung in alle Richtungen ausbreiten. Es funktioniert nach dessen Eliminierung unabhängig vom Kern: am unbefruchteten Ei bzw. nach Ausschaltung der ersten Furchungskerne durch Schnürung kommt es unter Pseudofurchung in der kernlosen Eihälfte

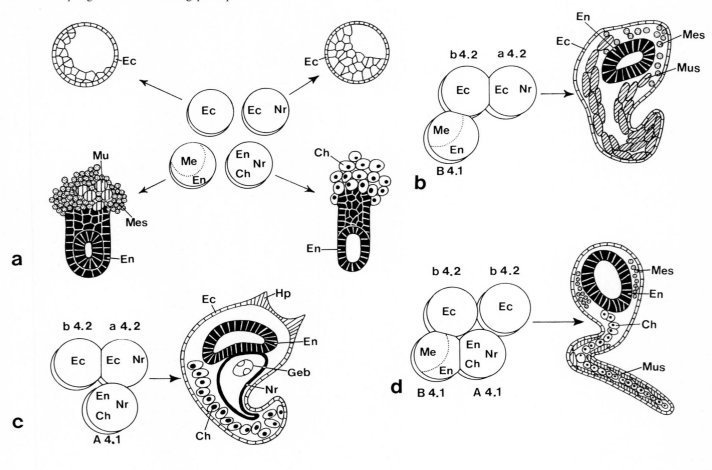

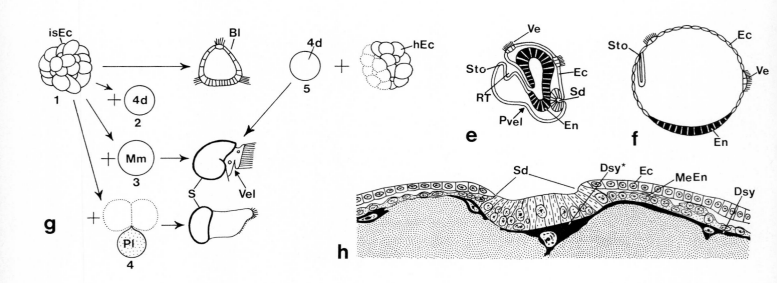

trotzdem zur Bildung kernloser Cytoplasmahöfe (Abb. 21 d + e bzw. f + g).

Das Vorhandensein des **Bildungszentrums** (Seidel) bzw. Aktivationszentrums (Krause-Sander) (Abb. 21 a) wurde ursprünglich durch die klassischen Schnürungsversuche von Seidel an *Platycnemis pennipes* erwiesen. Dessen Funktionieren ist Voraussetzung zur Blastodermbildung; das posterior liegende Zentrum bestimmt unter Stoffausscheidung in anteriorer Richtung die Bildung der Keimanlage. Dazu ist der Kontakt mit den durch das Furchungszentrum aktivierten Kernen nötig und müssen die Furchungsenergiden ans Hinterende gelangen.

Bei einer nur geringfügigen posterioren Abschnürung wird noch eine Keimanlage gebildet (Abb. 21 h + i); bei weiter vom Caudalpol entfernten Ligaturen erfolgt nur noch eine Dotterfurchung (Abb. 21 k + l). Können dagegen bei lockerer Durchschnürung die Kerne noch durchtreten, so findet die Embryobildung statt. Der gleiche im Blastodermstadium getätigte Versuch führt zur Bildung eines Teilembryos am Vorderende (Abb. 21 m), was auf die zeitlich beschränkte Wirkung des Bildungszentrums schließen läßt.

Im Bereich des späteren Prothorax liegt das durch UV-Bestrahlung zerstörbare **Differenzierungszentrum** (Abb. 21 b, c + n). Die Blastodermdifferenzierung ist von ihm abhängig. Im weiteren ist dieses corticale Informationsmuster für Metamerie auch Stimulans für die Bildung der Primitivrinne. Seine Formierung wird durch örtliche Kontraktionen von Netzplasma und Dotter im Gebiet des Zusammenschlusses der Blastodermzellen zur Keimanlage eingeleitet. Seine Lage entspricht somit etwa dem Kontraktionszentrum; sie verändert sich aber im Laufe der Entwicklung und kann zudem durch Bestrahlung bzw. Schnürung verschoben werden (Abb. 21 n-p).

Ein im Blastodermstadium geschnürter Keim bildet nur in dem Teil einen Embryo, der das Differenzierungszentrum enthält (Abb. 21 q-u); bei einer Ligatur durch das Differenzierungszentrum kommt es zur Bildung von zwei Keimanlagen.

Neben den eben besprochenen drei klassischen morphogenetischen Zentren kommen bei Hexapoden weitere Typen vor. So ist etwa bei *Gryllus domesticus* ein **Mesodermdifferenzierungszentrum** nachgewiesen.

Für die Entwicklung von *Euscelis plebejus* sind bipolare Tendenzen in Form von **anterioren** und **posterioren Faktoren** mit verantwortlich (Abb. 21 v):

Eine Durchschnürung im 128 Kern-Stadium bis zum Keimanlage-Stadium oberhalb von 60% der Eilänge (von posterior her gerechnet) ergibt aus dem hinteren Teil einen vollständigen Keim oder einen Embryo mit unvollständigem Vorderkopf (Abb. 21 w). Schnürungen unterhalb dieser Grenze lassen hinter der Schnürung Keime entstehen, denen am Vorderende Segmente fehlen. Im Verlaufe der weiteren Entwicklung rückt diese Grenze zwischen vollständigem Embryo bzw. Teilkeim sukzessive nach hinten. So muß beim Vorkeim-Stadium zur Erzielung ganzer Embryonen bzw. solcher mit fehlenden Vordersegmenten die Ligatur bei 40% liegen. Die Verschiebung ist mit Funktion einer erhöhten Regulationsfähigkeit dank verlängertem Kontakt mit dem Eivorderpol und dessen anterioren Faktoren. Unabhängig vom Alter ergibt im vorderen Eiteil eine Schnürung von 45% keine Keimanlage, bei 23-45% dagegen in beiden Eiteilen eine Bildung von komplementären Teilembryonen.

Verlagert man experimentell den normal caudal liegenden Symbiontenball nach vorne und schnürt dahinter (Abb. 21 x), so erhält man dank der mitverschobenen posterioren Faktoren im Vorderteil einen vollständigen Embryo, im Hinterteil aber eine „Umpolung", so daß die Enddarmanlage nach vorne zu liegen kommt.

Im Prinzip handelt es sich bei *Euscelis* um mit den Gradienten der Seeigel vergleichbare Verhältnisse.

Abb. 20. Evokations- **(a-d)** und Induktionswirkungen **(e-h)** bei Evertebraten (schematisiert).

a-d Experimente an 8-Zellstadien von Ascidien (vgl. auch Abb. 63 Ac-h). **a** Entwicklungsleistungen der 4 isolierten Blastomerenpaare (mit eingezeichneten prospektiven Bedeutungen). **b-d** Resultate von Kombinationen von 3 Blastomerenpaaren mit fehlenden A 4.1- **(b)** bzw. B 4.1-Zellen **(c)**. Die Neurulation erfolgt im letzteren Fall, weil sowohl die evokatorisch aktiven A 4.1- als auch die kompetenten a 4.2-Zellen vorhanden sind. **d** Resultate einer Kombination von 4 Blastomerenpaaren, wobei die a 4.2 durch b 4.2-Zellen ersetzt sind. Infolge des fehlenden, zur Nervensystembildung kompetenten

Blastomerenplasmas unterbleibt trotz Vorhandenseins der „Evokatorzellen" A 4.1 die Neurulation.

e,f Schalendrüsen-Induktion durch das kleinzellige Entoderm bei *Bithynia tentaculata* (Prosobranchia). Das Ectoderm bildet in der Normogenese **(e)** eine Schalendrüse, weil es vom kleinzelligen Entoderm unterlagert wird. Bei durch LiCl provozierter Exogastrulation **(f)** und damit fehlendem Ecto-Entodermkontakt unterbleibt die Schalendrüseninduktion.

g Schalendrüsen-Induktion bei *Ilyanassa obsoleta* (Prosobranchia). Aus isoliertem Ectoblast *(1)* bildet sich nur eine Blastula. Wird dieser Ectoblast aber mit der Mesentoblastzelle 4 d *(2)*, einer Makromere *(3)* oder

dem Pollappen *(4)* kombiniert, so entstehen beschalte Keime. Dasselbe gilt für eine Kombination aus hinterem Ectoblast und der 4 d-Zelle *(5)*.

h Mutmaßliche Schalendrüseninduktion im Naefschen Stadium IV bei Cephalopoden *(Octopus vulgaris)* durch die unterlagernden Zellen des Dottersyncytiums (Dsy*).

Bl	Blastula
Geb	Gehirnbläschen
hEc	„hinteres" Ectoderm
Hp	Haftpapille der Ascidienlarve
isEc	isoliertes Ectoderm
Pl	Pollappen
Pvel	Praeveliger
Vel	Veliger

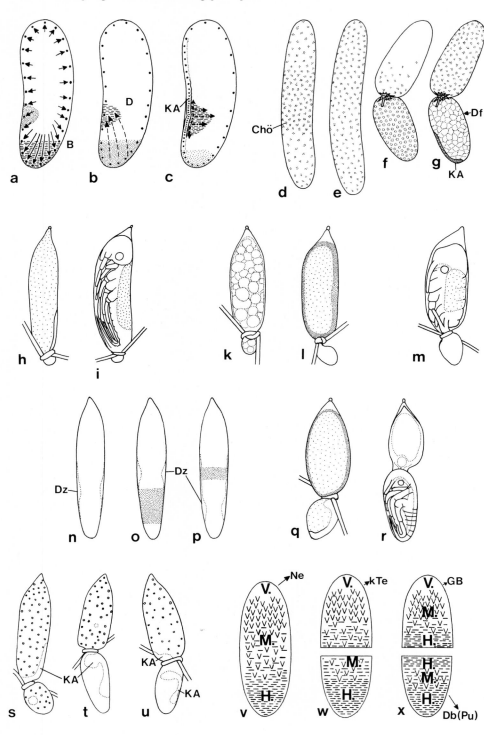

Abb. 21. Morphogenetische Zentren bei Insekten.

a–c Aktivierung und Wirkweise von Bildungs- und Differenzierungszentrum (schematisch).

d–g *Gryllus domesticus:* Ausbreitung kernloser Cytoplasmahöfe im Ei (d, e) bzw. im vorderen Teil eines im 2-Kernstadium geschnürten Eies (f, g). Der hintere kernhaltige Teil bildet eine Keimanlage aus und zeigt Dotterfurchung.

h–m Nachweis des Bildungszentrums von *Platycnemis pennipes:* bei sehr caudaler Schnürung **(h)** entsteht ein vollständiger Keim **(i).** Weiter vom hinteren Eipol entfernte Schnürungen **(k)** verhindern die Bildung einer Keimanlage **(l).** Eine mit **k** identische, aber im Blastodermstadium getätigte Schnürung ergibt einen Teilembryo **(m).**

n–p Differenzierungszentrum von *Platycnemis* in normaler bzw. durch Ringbestrahlung im 512-Kernstadium verschobener Lage **(o, p).**

q–u Nachweis des Differenzierungszentrums von *Platycnemis.* Nach der vollkommenen Durchschnürung eines Furchungsstadiums hinter der Eimitte **(q)** entsteht nur hinter der Schnur ein vollständiger Zwergkeim **(r).** Schnürungen hinter **(s)** bzw. vor dem Differenzierungszentrum **(t)** ergeben im das Differenzierungszentrum enthaltenden Teil einen Embryo; Schnürungen durch das Differenzierungszentrum **(u)** ermöglichen die Bildung von 2 Keimanlagen.

v–x *Euscelis plebejus:* Wirkung der anterioren und posterioren Faktoren in der Normogenese (schematisiert) **(v),** nach Durchschnürung in 2 Keimteile **(w)** und nach Vorverlagerung von caudalem Cytoplasma nach vorne (vgl. Text; S. 63) **(x).**

B	Bildungszentrum
Chö	kernlose Cytoplasmahöfe
Db(Pu)	Doppelbildung mit Polaritätsumkehr
Df	Dotterfurchung
D	Differenzierungszentrum
GB	Ganzbildung
H.	Hinterkörper
KA	Keimanlage
kTe	komplementäre Teilembryonen
M.	Mittelkörper
Ne	Normalembryo
V.	Vorderkörper

Generell zeigen bei Insekten die Resultate entwicklungsphysiologischer Experimente eine Interferenz von mosaikartigen und von regulativen ooplasmatischen Faktoren, welche während der späteren Ontogenese durch Gewebeinteraktionen ergänzt wird. Das Mesoderm kontrolliert dabei die Streckung, während das Ectoderm das regionale Mesoderm-Muster aufprägt.

Hinsichtlich der Determination bzw. der *Regulationsfähigkeit* zeigen sich große Unterschiede. So kann bei Langkeimen bereits im Blastodermstadium eine Längs- und Querdifferenzierung des Keimes festgelegt sein. Bei *Apis* ist das Differenzierungszentrum anhand der Cytoplasmadifferenzierung schon im Ei zu erkennen. Auch bei Schmetterlingen und Dipteren ist das Rindenplasma des Eies bereits in Muster von fest determinierten Faktoren aufgegliedert. Den Gegensatz zu diesen früh determinierten Mosaikentwicklungen stellt sich *Tachycines asynomorus* als anderes Extrem dar; hier sind die Keimanlage und sogar noch der in Bildung begriffene Keimstreif hochgradig regulativ.

5.8 Determination der Imaginalscheiben bei Insekten

Bei holometabolen Insekten werden die larvalen und die in Form von Imaginalscheiben (Abb. 2i, 15e und 112e) angelegten adulten Organe ungefähr simultan determiniert. UV-Bestrahlungen oder chemische Behandlungen von Keimstreifenstadien bei Dipteren ergeben deshalb auch Schädigungen an den Adultstadien. Die Imaginalscheiben sind lange vor ihrer unter dem Einfluß von Metamorphosehormonen erfolgenden Differenzierung determiniert. Genauere Analysen zeigen, daß die Imaginalscheibe frühembryonal ein noch zu Regulationen fähiges **Selbstgliederungsmuster** darstellt, welches erst bei alten Larven zu einem **Mosaikmuster** wird.

In einen alten Wirt transplantierte halbierte Imaginalscheiben von *Drosophila* ergeben defekte Imaginalorgane. Bei 4tägigem Aufenthalt von Teil-Imaginalscheiben in einer Larve wird dagegen dank der larvalen „Umgebung" die Rekonstitution zum normalen Adultorgan (z. B. Geschlechtsanhänge) möglich.

Diese durch die Hadorn-Schule ausgebaute Passagetechnik kann auch „Umgebungseinflüsse" demonstrieren.

In Adulttiere gebrachte Imaginalscheiben bilden nur sich weiter vergrößernde Zellmassen; daraus gewonnene zerschnittene Teilscheiben können bei Rücktransplantation in eine Larve wieder zu normaler Entwicklungsleistung regenerieren. Dieses Experiment zeigt somit, daß sich ein bestimmter Determinationszustand nur unter einer spezifischen Entwicklungsbedingung realisieren kann, andererseits aber auch, daß er - ohne direkt manifest zu werden - durch Zellheredität an Tochterzellen weiter vermittelt werden kann.

Alle Imaginalscheiben lassen immer autotypische, d. h. bedeutungseigene Bildungen aus sich hervorgehen. Mischt man Zellen, die aus verschiedenen Imaginalscheiben stammen, so erfolgt eine herkunftsgemäße Separierung. Durch lange Passagen läßt sich aber eine teilweise reversible **Transdetermination** erzielen. Diese ist durch die Bildung von zusätzlichen, über die normalen Bildungspotenzen der betreffenden Imaginalscheibe hinausgehenden Organen charakterisiert. Es könnte dabei vielleicht eine Verdünnung praeexistenter Determinationsträger im Spiele sein; die Häufigkeit des Auftretens dürfte somatische Mutationen ausschließen.

5.9 Hormonale Steuerungen

Das sehr komplexe, meist auf antagonistischer Wirkung mehrerer Hormone und Hormonsukzessionen beruhende Prinzip kann nur anhand weniger exemplarischer und besonders hinsichtlich der Insektenmetamorphose stark vereinfacht geschilderter Beispiele dargestellt werden.

5.9.1 Spermatogenese der Säuger

Die an der Ratte besonders intensiven Untersuchungen haben gezeigt, daß die **Epiphyse** (= Pinealorgan) - vor allem bei Säugern mit jahreszeitlich begrenzter Aktivität - mittels Neurosekreten auf den **Hypothalamus** wirkt (Abb. 22 c). Letzterer leistet die Synthese von *LH-RH.* Dieses Oligopeptid wirkt als „Releaser-Hormon" für die *Gonadotropine* der **Adenohypophyse,** wohin es über den Umweg durch das Pfortadersystem gelangt. Der Hirnanhang setzt daraufhin zwei Hormone frei:

Das *LH* (= luteinisierendes Hormon; ICSH; zwischenzellstimulierendes Hormon) beeinflußt die Leydigschen Zellen des Hodens. Hier erfolgt die Synthese von *Testosteron* als männlichem androgenem Keimdrüsenhormon, welches in die Hodenkanälchen und schließlich in die Samenzellen gelangt.

Das follikelstimulierende Hormon *FSH* wirkt auf die Sertoli-Zellen, die das androgenbindende Protein (ABP) bilden. Dieses dient zur Aufrechterhaltung eines hohen Testosterongehaltes.

5.9.2 Oogenese der Säuger

Identisch wird auch im weiblichen Geschlecht die Hormonproduktion in der Gonade durch übergeordnete *Hypophysen-*

hormone kontrolliert (Abb. 22 c und 35 d). Dazu gehören das *FSH* (follikelstimulierende Hormon), das *LH* (luteinisierende) sowie das *LTH* (luteotrope Hormon; Prolactin). In der **Follikelhöhle** (= Antrum folliculi) des Graafschen Follikels (Abb. 34 k) liegt im Liquor folliculi *Oestradiol* (Folliculin) als Stimulans zum Aufbau der Uteruswand für die zu erwartende Implantation. Das **Stratum granulosum** und die Schichten der **Theca folliculi** bilden außer den Oestrogenen auch das *Progesteron* oder die Luteohormone als Produkte des sog. **Gelbkörpers** (= Corpus luteum), der nach der Ovulation das ehemalige Follikellumen ausfüllt. Das Progesteron erhält die Schwangerschaft, ermöglicht die Lactation bzw. führt – bei nicht eingetretener Befruchtung – zur Menstruation.

5.9.3 Metamorphose der Krebse

Die einzelnen Larvalstadien der decapoden Krebse (vgl. Abb. 121) sind voneinander getrennt durch Häutungen, welche sich entgegen den Insekten auch im Adultzustand fortsetzen. Diese werden durch die in den Augenstielen liegenden Hormonzentren gesteuert.

Im Prinzip produzieren die neurosekretorischen Zellen des **Medulla-X-Organs** ein häutungshemmendes Hormon, das durch axonalen Transport in die Sinusdrüse gelangt und somit indirekt wirkt. Das häutungshemmende *MIH* ist wahrscheinlich nicht art- oder gruppenspezifisch und wirkt als Antagonist zu den *häutungsfördernden Hormonen* der **Y-Organe.**

Bei Entfernung des Y-Organs kommt es zu einem Dauerausfall der Häutungen. Das Y-Organ atrophiert bei der sich adult nicht mehr häutenden Seespinne *Maja;* es persistiert dagegen bei der durch sich fortsetzende Häutungen ausgezeichneten Strandkrabbe *(Carcinides (Carcinus) maenas).* Diese Vorstellungen beruhen indes auf nur wenigen untersuchten Decapodenarten (vor allem Krabben) und bedürfen entsprechend der Ergänzung. Interessanterweise fehlt larval das Y-Organ bei diversen Arten.

5.9.4 Metamorphose der Insekten

Die Kerbtiere haben wie die Krebse eine durch Häutungsprozesse mitgekennzeichnete Postembryonalentwicklung, welche aber im Gegensatz zu den Crustaceen bei der Imago sistieren. Der hier stark vereinfacht dargestellte hormonale Wirk-

Abb. 22. Einige Hormonwirkungen bei Insekten **(a, b)** und Vertebraten **(c, d)** (schematisiert).

a Hormonale Kontrolle der Metamorphose bei *Cecropia* (vgl. Text). **b** Von dorsal eröffneter Kopf von *Periplaneta americana* zur Demonstration der inkretorischen Organe. **c** Die Hypothalamus – Schilddrüsen – Endokrinachse des Endokrinsystems der Wirbeltiere (vgl. Text). **d** Grafische Darstellung der endokrinen Vorgänge anläßlich der Anurenmetamorphose (vgl. Abb. 126 l–p).

A	Adulttier
ACTH	adrenocorticotropes Hormon
Akt	Aktivität
Ahy	Adenohypophyse
Andg	Androgene
Ca	Corpora allata
Cca	Corpora cardiaca
Chr	Chromosomen
Cu	Cuticula
Emm	Eminentia mediana
Ent	Entwicklung
„Fb"	Feedback (Rückmeldung)
FG	Frontalganglion
FSH	follikelstimulierendes Hormon
G	Prothorax-Ganglion
Gco	Glucocorticoide
Glnge	Gluconeogenesis
Gtr	Gonadotropine
Hbl	Länge der Hinterextremitäten
HH	Hirnhormon
Hy	Hypophyse
Hyth	Hypothalamus
JH	Juvenilhormon (Neotenin)
Kl	Klimax (der Metamorphose)
Kon	Konnektiv
L	Larve
LH	luteinisierendes Hormon
mCO	mineralische Corticoide
Met	Metamorphose
Mu	Muskulatur
NaRe	Na$^+$-Retention
Ner	Nervus recurrens
Nhy	Neurohypophyse
Nnri	Nebennierenrinde
nsZe	neurosekretorische Zellen
Oeg	Oestrogene
OSG	Oberschlundganglion
Oxt	Oxytoxin
P	Puppe
PGH	Ecdyson, Hormon der Prothoraxdrüse
Praemet	Praemetamorphose
Promet	Prometamorphose
Pro	Prolactin
Prog	Progestine
Psy	Proteinsynthese
Pthdr	Prothoraxdrüse
RH	Releaser-Hormone (auslösende Hormone)
RNS	Ribonucleinsäure
Schl	Schwanzlänge
St(A)	Adultstruktur
St(L)	larvale Strukturen
St(P)	pupale Strukturen
sW	selektives Wachstum
T	Tage
T$_3$	Trijodthyronin
Th	Thyreoidea (Schilddrüse)
Thy	Thyroxin
TSH	thyreoideastimulierendes Hormon
USG	Unterschlundganglion
Vpr	Vasopressin
W	Wachstum
Wh	Wachstumshormon

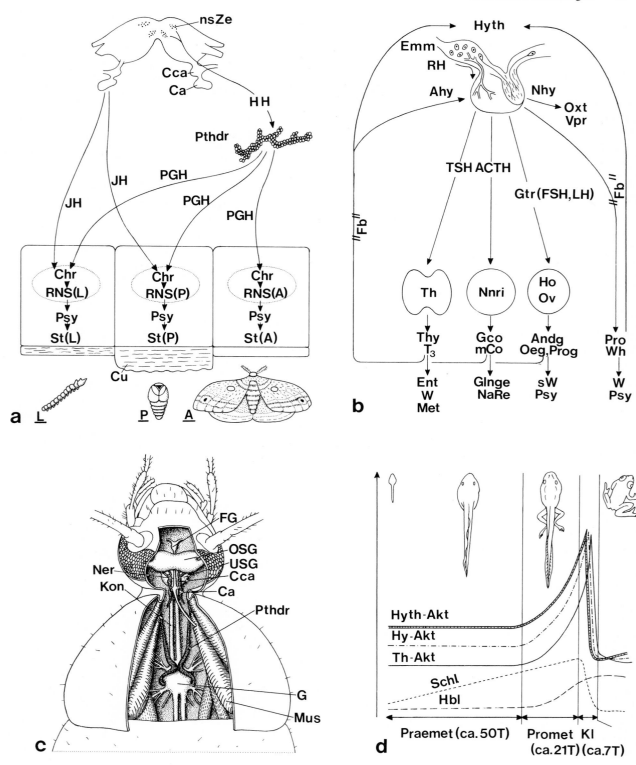

mechanismus (Abb. 22a) wurde prinzipiell bereits durch Wigglesworth (1934) geklärt.

Neurosekretorische Gehirnzentren der Pars intercerebralis aktivieren bei Anwesenheit von Cholinesterase die **Prothoraxdrüse** zur Bildung des Häutungshormones *Ecdyson,* einer Stereoid-Verbindung. Dieses Organ stellt bei Lepidopteren eine bandförmige, verzweigte und durch das Unterschlundganglion nervös versorgte Bildung dar. Bei den Hemimetabola (z. B. Orthopteren, Odonaten) liegen ventral im Caput Kopfdrüsen (= Pericardial- oder Ventraldrüsen).

Das Gehirn aktiviert im weiteren über die Neurohaemalorgane der **Corpora cardiaca** die **Corpora allata;** welche mit ersteren nervlich verbunden sind und hinter dem Gehirn dem Dorsalgefäß aufliegen (Abb. 22b). Sie bilden das nicht artspezifische *Neotenin;* dieses bestimmt die Art der Häutung. Bei im Vergleich zum Ecdysongehalt viel vorhandenem Neotin gibt es eine Larval-, bei wenig dagegen eine Metamorphosehäutung.

Die außerhalb des Gehirns liegenden Hormonzentren sind bei den Dipteren zur Ringdrüse zusammengefaßt.

Beweis für die erwähnten Hormonwirkungen ist die Tatsache, daß in eine junge Raupe transplantierte Corpora allata weitere Häutungen bewirken. Die von einer jüngeren Raupe stammenden Corpora allata provozieren bei Transplantation in eine vor der Metamorphose stehende Raupe, daß diese zur Riesenraupe wird. Andererseits führt die Wegnahme der Corpora allata auch bei jungen Raupen zur vorzeitigen Verpuppung.

Im übrigen sind bei holometabolen Insekten auch spezielle, den Schlüpfvorgang einleitende *Schlüpfhormone* nachgewiesen worden. Sie werden in neurosekretorischen Gehirnzellen gebildet und in den Corpora cardiaca gespeichert. Die Corpora allata sind bei der ja häutungslosen Imago Sitz des Gonadenreifungshormons.

5.9.5 Metamorphose der Amphibien

Die durch die übergeordneten Hormone der **Adenohypophyse** (die in erster Linie *Prolactin* ausscheidet) aktivierte **Thyreoidea** (Schilddrüse) bewirkt durch Ausschüttung von *Thyroxin* bzw. auch Trijodthyronin die Metamorphose (vgl. Abb. 22c). Die Schilddrüse zeigt ihre maximale Aktivität anläßlich der sog. Klimax der Metamorphose (Abb. 22d). Dagegen wirkt der antagonistische **Thymus** wachstumsfördernd, aber metamorphosehemmend.

Entsprechend diesem Wirkschema kann die Metamorphose durch Thyreostatica (vor allem $KClO_4$) unterdrückt werden. Beim neotenen Urodelen *Ambystoma tigrinum* bewirkt die Zugabe von Schilddrüsenhormon bzw. von jodhaltigen Stoffen die Metamorphose. Transplantiert man eine Hypophyse von *A. tigrinum* in *A. mexicanum,* wel-

cher unter normalen Bedingungen nie metamorphosiert, so erfolgt die Umwandlung. Die auf *A. tigrinum* transplantierte Hypophyse von *A. mexicanum* bedingt dagegen keine Metamorphose. *A. mexicanum* hat demnach funktionelle Defekte am schilddrüsenstimulierenden Hormon (TSH) der Hypophyse. Bei perennibranchiaten Urodelen *(Proteus, Necturus)* bleibt selbst bei hohen Thyroxingaben die Neotenie erhalten, da deren Gewebe nicht mehr auf Thyroxin reagieren.

5.10 Abhängigkeit von Außenfaktoren

Einige Aspekte dieses riesigen Themenkreises werden auch anläßlich der Besprechung der Entwicklungstypen und der Nährstoffabhängigkeit im Kapitel 14 behandelt. Hier können nur wenige Hinweise gegeben werden.

Besonders bei Evertebraten ist die Reproduktion von Außenfaktoren abhängig, wie dies die jahreszeitlich determinierten Fortpflanzungsperioden vieler mariner Tiere zeigen. Diese korrelieren teilweise mit dem Planktonaufkommen und der damit verfügbaren **Futtermenge** [z. B. Copepoden (Calaniden)]. Eine **Lunarperiodik** der Vermehrung kommt bei marinen Fischen, sehr vielen Polychaeten [*Eunice (Palolo) viridis* (Palolowurm) als bekanntestes Beispiel], Austern und anderen Muscheln, Strandschnecken, Seeigeln und Medusen vor. Sie erfaßt also auch benthonische Arten. Die Hydroiden *Pennaria* und *Syncoryne* sind nur bei Anwesenheit von Licht regenerationsfähig.

Als Beispiel einer **Lichtabhängigkeit** bei Vertebraten sei die Eireifung der Vögel genannt. Die durchs Auge und die Gehirnbahnen vermittelten Lichtreize beeinflussen die Hormonproduktion der Hyophyse, die dann ähnlich wie beim Säuger (S. 65) auf den Hormonhaushalt der Gonade einwirkt.

Die **Temperatur** stellt den wohl wichtigsten Umgebungsfaktor dar. Außer bei den warmblütigen Wirbeltieren entspricht die Entwicklungstemperatur der Umgebungstemperatur. Für jede Art läßt sich ein Minimum, ein Optimum und ein Maximum festlegen.

Die Temperaturspanne, in der Entwicklung möglich ist, ist in ihrer Ausdehnung meist etwa gleich umfangreich, liegt aber in unterschiedlichen Bereichen, so in gemäßigten Breiten zwischen 7-8 bis 22-23 °C, im marinen Kaltwasser dagegen zwischen 1 bis 10-12 °C.

Die Temperatur bestimmt die Entwicklungsdauer und kann die Entwicklungsart auch determinieren. Die Hydromeduse *Rathkea* zeigt bis zu 7 °C eine Medusenknospung (vgl. Abb. 26/13) und geht erst bei höheren Temperaturen zur sexuellen Fortpflanzung über.

Auch **im Meerwasser gelöste Substanzen** können entwicklungsbestimmend sein. Hinsichtlich der Strobilation der Scyphozoen-Polypen ist etwa eine Jod-Abhängigkeit festgestellt worden. Außenfaktoren wie Licht und Temperatur können zu sog. Standort- bzw. auch zu Dauermodifikationen führen. Die als Modulation (Weiss) bezeichnete Anpassung des Zellverhaltens an Gewebezuchtbedingungen eröffnet hierbei experimentell leicht zugängliche Möglichkeiten.

5.11 Ursachen von Mißbildungen

Da Mißbildungen - vornehmlich endogene - oft auf gestörte Steuerungsprozesse der Morphogenese bzw. auf diese schädigend wirkende Faktoren zurückführbar sind, seien sie als Abschluß dieses Kapitels an dieser Stelle kurz besprochen.

5.11.1 Allgemeines

Unabdingbare Bedingungen für die Normogenese sind ein gesundes Erbgut sowie günstige Außenfaktoren.
Bei Störungen treten Mißbildungen auf, nämlich **endogene,** d. h. erbliche, genetisch bedingte **Genopathien** bzw. **exogene Phänopathien,** die auf Umwelteinflüsse i. w. S. (= peristatische Faktoren) zurückgehen.

Letztere wirken oft multifaktoriell und zudem häufig im Wechselspiel, so daß eine eindeutige Abgrenzung der Faktoren oftmals sehr schwer ist. Zudem können exo- bzw. endogene Beeinträchtigungen die gleiche phänotypische Wirkung haben. Schließlich können Faktoren auch Doppelwirkung zeigen; Röntgenstrahlen etwa wirken mutagen und teratogen.

Verständlicherweise beansprucht die Lehre von den Mißbildungen beim Humanbiologen und -mediziner größeres Interesse als beim Biologen. Deshalb beschäftigen sich die experimentellen Ansätze meist mit Säugern, obwohl eine direkte Transponierbarkeit der Resultate von Tierversuchen auf den Menschen aus verschiedensten Gründen nicht möglich ist.
Je nach Schätzung sind zwischen 1–7% der menschlichen Neugeborenen mit sichtbaren Schäden behaftet; die früh teratologisch abgestorbenen Keime (ca. 25–30% der ursprünglich angelegten) sind dabei nicht erfaßt. Des weiteren dürfte heute jedes 16. Kind mit einem oft nicht manifest werdenden Erbschaden belastet sein.

Die Lehre von den Mißbildungen, die Teratologie, ist bereits eine alte Disziplin. St. Hilaire, der ihr den Namen gab, hatte bereits im frühen 19. Jahrhundert schädigende Auswirkungen von Chemikalien auf den Hühnerkeim festgestellt.

Schädigende Faktoren haben unterschiedlichste Angriffspunkte. Bei **Gametopathien** können sie Gonadenanlagen bzw. die Keimzellreifung beeinträchtigen, während bei **Chorio-** bzw. **Placentopathien** die entsprechenden Embryonalhüllen in Mitleidenschaft gezogen werden. Den Keim negativ beeinflussende Faktoren bewirken entsprechend der Hauptperiode ihrer Einwirkung **Blasto-, Embryo-** und **Fetopathien. Partopathien** schließlich treten anläßlich der Geburt auf.

Der weitgespannte Bereich der faktischen Auswirkungen reicht von harmlosen Anomalien bis zu letalen Mißbildungen; neben Einfachschädigungen gibt es auch Mehrfachdefekte.

Mißbildungen führen entweder zur Resorption bzw. zum Abort des Keims, also zum Tod, oder es wird eine Heilung mit Defekt (d. h. mit einer definitiven Mißbildung) erreicht. Im günstigsten Fall kann es zu einer Ausbildung eines normalen Individuums ohne bleibende Defekte kommen.

Namentlich Experimente mit exogenen Faktoren haben gezeigt, daß die Embryogenese Perioden mit unterschiedlicher Empfindlichkeit besitzt. Auswirkungen erfolgen nur in der **sensiblen Phase** (= teratogenetische Determinationsperiode), die für jedes Organ mehr oder minder differiert.

Besonders empfindlich zeigt sich die Blastogenese - wohl im Zusammenhang mit dem Anstieg der RNS bei Gastrula und Neurula - sowie speziell die frühe Embryogenese, weshalb die Embryopathien dominieren.
Zahlreiche Experimente haben für die Maus gezeigt, daß zwischen dem 1. bis 6. Embryonaltag viele Schäden auftreten und daß dabei überlebende Keime regulieren können. Zwischen dem 7. bis 11. Tag treten schwerste Schäden auf; ab dem 12. Tag nehmen sie ab. Beim Menschen ist besonders die Periode zwischen dem 18. und 42. Tag der Gravidität sensitiv.

Allgemein läßt sich feststellen, daß Zeitpunkt und Intensität der Einwirkung entscheidender sind als die Art der Einflußnahme.

5.11.2 Endogene Faktoren

Diese können sich bereits anläßlich der Keimzellreifung bzw. erst in späteren Ontogenesephasen manifestieren.
Im Einzelnen sind verschiedene Faktoren zu unterscheiden:

(1) **Pathologische Gene** sind für falsche genetische Informationen verantwortlich. Sie bewirken die klassischen Erbkrankheiten (z. B. Bluterkrankheit, Rotgrünblindheit) bzw. auch Kopf- und Gliedmaßenmißbildungen.
(2) Die **Genkompatibilität** basiert auf einer Unverträglichkeit von kindlichen und mütterlichen Erbanlagen. Das bekannteste Beispiel stellt der Rhesus-Faktor dar.
(3) **Chromosomen-Abberrationen** stören das genetische Gleichgewicht und äußern sich in zahlreichen, in der medizinischen Literatur ausführlich besprochenen Fehlbildungssyndromen.

Als mögliche Schäden kommen numerische (überflüssige bzw. fehlende Chromosomen) bzw. strukturelle Chromosomen-Aberrationen (Translokationen, Deletionen, Ringchromosomen etc.) in Betracht. Gonosomen-Aberrationen der Geschlechtschromosomen äußern sich meist in Sterilität, in Fehlbildungen der Geschlechtsorgane sowie in Debilität.

5.11.3 Exogene Faktoren

Sie sind dem Experiment gut zugänglich; andererseits dürfen – wie schon erwähnt – Tierbefunde nicht direkt und kritiklos auf den Menschen übertragen werden. Es ist erwiesen, daß sich einzelne schädigende Ursachen auf die Maus bzw. auf *Homo* unterschiedlich auswirken.

Tabelle 14 informiert über den Katalog schädigender Einflüsse, die sehr oft **chemische** bzw. **physikalische Faktoren** darstellen.

Dazu gehört erstaunlicherweise auch **Lärm.** Lärmbehandlung (3 × pro Tag eine Stunde Geschirrklappern und Beatmusik) von trächtigen Mäuseweibchen (am 11. Graviditätstag) ergibt bei 31,7% der Neugeborenen das Auftreten von Gaumenspalten.

Unter den chemischen Schadstoffen sind die Disazofarbstoffe (Trypanblau) gut untersucht, wenn auch ihr genaues Wirkgefüge noch unbekannt ist. Das reiche Schadenspektrum umfaßt Augen- und Ohrdefekte, Herzmißbildungen, Schwanzschäden usw.

Allgemein bekanntes Beispiel für fatale chemische Einwirkungen sind die früher als Beruhigungsmittel eingesetzten thalidomidhaltigen Produkte **(Contergan),** auf welche die 28 bis 42tägigen menschlichen Embryonen besonders empfindlich sind. Es war dies in den 1960er Jahren der erste bekannt gewordene Fall einer nicht genetisch bedingten Extremitätenmißbildung.

Den Keim schädigende **Krankheiten** beeinträchtigen oft die Mutter kaum oder sind für diese sogar völlig unschädlich.

So wird die Toxoplasmose von der latent, ohne erkennbare Symptome erkrankten Mutter auf den Embryo übertragen; Augenkrankheiten, geistige Retardierung bzw. Schwachsinn oder gar der Tod des letzteren können die Folge sein.

Die Viruskrankheit der Röteln, welche die Mutter nicht schädigt, führt – wie man dank Gregg seit 1941 weiß – zwischen dem 21. und 63. Embryonaltag zur Embryopathia rubeolica. Nach einer anfänglichen Erkrankung des Chorions kommt es zu teilweise sehr schweren Defekten an Herzen, Gehirn, Auge, Innenohr (bis zur Taubheit), zu Gaumenspalten, Wolfsrachen und zu anderen Schädigungen; deren Art wird vom Zeitpunkt der maternen Erkrankung beeinflußt.

Als Beispiele für weitere pathologische Einflußnahmen seien schließlich Doppel- und Kopfmißbildungen (Cyclopie und zahlreiche Zwischenstufen) erwähnt. Letztere lassen sich als Auswirkung von **Organisator-Schäden** im Kopfbereich interpretieren. Während einiige Zwillinge geglückte vollständige Durchschnürungen einer Eizelle darstellen, sind die sehr variantenreichen Doppelbildungen – dazu gehören auch die unterschiedlichen Typen von „siamesischen Zwillingen" – Resultanten von unvollständiger Durchschnürung. Im Gegensatz zu den unten erwähnten Evertebratenbeispielen dürften Mehrfachbildungen bei Vertebraten nie durch sekundäre Verwachsungen, sondern stets durch Abgliederung aus einem „Ursprungskeim" entstehen. Dabei gibt es – ähnlich wie bei Amphibien (Abb. 18 Ab) – auch bei *Homo* den Fall, wo ein normaler Zwilling und ein als Arcadius bezeichnetes unvollständiges Rumpfstück [dem Amphibien-Bauchstück ohne Induktion (Abb. 18 Ab) entsprechend] entstehen.

Abschließend seien die von Medusen, Echinodermen und vor allem Mollusken bekannten *Mehrfachbildungen* bei Evertebraten erwähnt.

Unter den Pulmonaten neigen gewisse Populationen von *Lymnaea palustris* und *columella* sowie von *Physa* (vor allem *acuta*) zu sekundären Keimverschmelzungen.

Voraussetzung zur Verschmelzung ist das Vorliegen von polyvitellinen Eiern, die im Eiklar ihres Totaleies (vgl. Abb. 36 e) jeweils mehrere Eizellen gemeinsam eingelagert haben. Vor allem im letzten Drittel der Fertilitätsperiode können dann zwischen 2 bis 6 Keime sekundär miteinander fusionieren. Bei praegastrulärer Verschmelzung (d. h. vor Anlage der Schalendrüse) haben die Monstren eine gemeinsame Schale, während postgastruläre Fusionen jeweils getrennte Schalen aufweisen. Die Fusionsstadien erreichen – vermutlich aus Platzmangel – meist nur das Kopfblasenstadium (vgl. z. B. Abb. 124 i oder k).

Tabelle 14. Einige der wichtigsten exogene Mißbildungen erzeugenden Faktoren

---

1. *Primär physikalische Faktoren*
   mechanische Faktoren (z. B. Nabelstrang-Abschnürungen etc.), ionisierende Strahlen (u. a. Röntgen-Strahlen), thermische Faktoren, Lärm usw.

2. *Primär chemische Faktoren*
   gestörte O_2-Versorgung bzw. CO_2-Vergiftungen, anorganische Substanzen, Elektrolyt-Mangel, Lösungsvermittler, Pflanzenschutzmittel, Farbstoffe, Lösungsmittel, Medikamente, Rausch- und Suchtmittel usw.

3. *Durch mütterliche Erkrankung*
   Bakterien- bzw. Viruserkrankungen (z. B. Hepatitis, Röteln etc.), Toxoplasmose, Ernährungsstörungen (u. a. Vitaminmangel bzw. -überfluß), Hormon- und Stoffwechselstörungen, Vergiftungen, Uterusanomalien, Streß usw.

4. *Primär iatrogene Faktoren durch ärztliche Behandlung*
   Arzneimittel, Impfungen, Kurzwellen, Ultraschall, Abrasionen, Abtreibungsversuche usw.

---

6 Reproduktionsprinzipien

6.1 Unabhängigkeit von Sexualität und Vermehrung

Der Begriff der Sexualität, deren biologische Bedeutung bei der Besprechung der Befruchtung abgehandelt wird, kann unterschiedlich weit definiert werden. So kann man unter Sexualität alle die Eigenschaften einschließen, welche spezifisch dem Zusammenbringen der beiden Vorkerne dienen, wie Struktur und Chemotaxis von Gameten, Verhalten von geschlechtsreifen Individuen u. a. Nach Hartmann (1943) ist dagegen Sexualität gleichbedeutend mit **Kernphasenwechsel**, also mit dem Wechsel vom diploiden zum haploiden Zustand des Kernes.

Die vielleicht wichtigste Funktion der Sexualerscheinungen dürfte in der mit ihr verbundenen Möglichkeit zur Neukombination von Genen liegen; diese ist ja anläßlich der Meiose (S. 28 f.) bzw. der Verschmelzung von genmäßig nicht identischen Gameten (S. 122) möglich.

Sexualität ist primär nicht mit der Vermehrung der Individuenzahl einer Art kombiniert, wie Abb. 23 A für Protozoen zeigt:

Bei der **Autogamie** (= Paedogamie, Automixis; Selbstverschmelzung) von *Actinophrys sol* (Abb. 23 Aa) teilt sich ein diploides Mutterindividuum im Innern einer Cyste unter Reduktionsteilung in zwei haploide Tochterzellen, die anschließend erneut zur Zygote verschmelzen. Anläßlich der **Amphimixis** von *Amoeba diploidea* (Abb. 23 Ab) fusionieren - wiederum unter Cystenbildung - in den beiden kopulationsbereiten Zellen jeweils die beiden haploiden Kerne zum Zygotenkern. Dieser reduziert sich anschließend in beiden Zellen je zur haploiden Stufe, worauf die Verschmelzung der beiden Sexualitätspartner zu einer Zelle erfolgt. Es entsteht somit aus zwei Ausgangszellen nach dem Sexualitätsakt nur eine Zelle. In dieser teilt sich im übrigen der Zygotenkern umgehend wieder in zwei haploide Nuclei!

Bei der bekannten, bereits durch Balbiani (1858) richtig gesehenen **Konjugation** der Ciliaten [*Paramecium* (Abb. 23 Ac)] besorgen zwei sich mit ihren Cytostomen vereinigende Zellen einen Kernaustausch und trennen sich anschließend wieder. Zuerst verschwindet während der Konjugation in beiden Partnern der Macronucleus; der Micronucleus bildet unter zwei Teilungen 4 Kerne; 3 davon degenerieren. Aus dem 4. Kern entstehen ein stationärer Kern sowie ein Wanderkern. Die Wanderkerne werden gegenseitig ausgetauscht und es kommt in beiden Partnern zur Kernverschmelzung von stationärem und Wanderkern. Die Tiere trennen sich anschließend; aus ihrem Zygotenkern entstehen unter Teilung wieder Micro- und Macronucleus.

6.2 Bisexuelle Vermehrung

6.2.1 Geschlechtsgestalten

Ursprünglich ist sicher die bisexuelle Situation der Gonadenanlagen.

So differenziert sich bei weiblichen Vögeln nach Ovariektomie des linken, adult allein funktionellen Organes die rechte, bisher rudimentär gebliebene Genitalanlage zum Hoden. In der Anuren-Ontogenese ist eine intermediäre Gonadenentwicklung festzustellen. Das Biddersche Organ der Kröten ist ein cranial vom Hoden liegendes Rudiment der bisexuellen Anlage, das nach Entfernung der Hoden zum Ovar auswachsen kann.

Die Sistierung der Entwicklung eines Partnerorgans der bisexuellen Anlage führt zur Getrenntgeschlechtlichkeit **(Gonochorismus)**. Bei voller Entwicklung beider Anlagen kommt es dagegen zum **Hermaphroditismus** (Zwittertum, Gemischtgeschlechtlichkeit). Dieser kann simultan (♀ und ♂ Organe funktionieren gleichzeitig) oder konsekutiv sein. Im letzteren Fall gibt es proterandrische (♂ vor ♀ Phase) bzw. protogyne Zwitter (♀ Phase vor ♂).

Als abnorme Form kommt die beim Menschen oft falsch als Zwittertum bezeichnete **Intersexualität** vor, wo neben der einen Anlage noch Merkmale des anderen Geschlechtes ausgebildet sind. Beim gleichfalls anormalen **Gynandromorphismus** (vor allem bei Schmetterlingen und Vögeln) liegt ein Mosaik von ♂ und ♀ Teilen vor; extrem ist hier das sog. Halbseitentier.

Tabelle 15. Zur Struktur der Zwittergonaden

		Getrennte $\male$ + $\female$ Gonaden (in einem Tier)	Zwittergonade
Cnidaria		Hydrozoa	z. T. bei *Sertularia cornicina*
Plathelminthes	Turbellaria	*Dendrocoelum*	*Fecampia*
Annelida	Polychaeta	*Spirorbis Salmacina Amphicora Amphiglena*	*Sabella*
	Oligochaeta	*Lumbricus*	*Enantriodrilus*
Mollusca	Bivalvia	Anatinacea Poromyidea	*Tridacna Cyclas Ostrea*
	Gastropoda		Opisthobranchia Pulmonata (vgl. Abb. 34 l)
Tunicata	Ascidiacea	alle Übergänge	

Die Frage nach der Ursprünglichkeit von Gonochorismus bzw. Zwittertum ist ungelöst; bei höheren Tieren finden sich mehr Gonochoristen als Zwitterformen.

Hermaphroditismus kommt – mit Ausnahme der Enteropneusten und verschiedenen Arthropodengruppen, wo er komplett fehlt – entweder gelegentlich oder auch dominierend bei fast allen Tierstämmen vor. Zu betonen ist, daß unter den Teleostiern das Zwittertum viel weiter verbreitet ist als dies gemeinhin angenommen wird.

Unter den Perciformes, vor allem den Serranidae *(Serranus)*, Sparidae *(Pagellus, Diplodus, Boops)*, Centracanthidae *(Spicara)* und den Labridae *(Coris julis, Thalassoma)*, sind sämtliche Typen von Hermaphroditismus demonstrierbar.

Bei Konsekutivzwittern bringt der Geschlechtswechsel oft beträchtliche morphologische Änderungen mit sich.

Während das mobile $\male$ von *Pulvinomyzostomum pulvinar* dem allgemeinen Myzostomiden-Bautyp entspricht, ist das ein starkes Dickenwachstum aufweisende $\female$ sessil und mit besonderen Lateralorganen versehen. Die Pantoffelschnecke *(Crepidula fornicata)* ist in der männlichen Phase beweglich und mit einer kleinen rundlichen Schale sowie Penis ausgerüstet; beim sessilen $\female$, welches mittels Kalkabscheidungen mit der einseitig stark ausgewachsenen Schale auf dem Substrat klebt, ist der letztere dann reduziert. Auch bei proterandrischen parasitischen Isopoden (z. B. *Danalia curvata*) ist das $\male$ mobil und das $\female$ sessil.
Auf zahlreiche weitere Beispiele sowie den generellen morphologischen Reichtum im Bau der Zwitterapparate (vgl. Tabelle 15 sowie Abb. 34 l) kann hier nicht eingegangen werden. Innerhalb nahe verwandter Gruppen können sowohl getrennte als auch zwitterige Gonaden mit unterschiedlich intensiver Verwachsung von Anteilen der Ausführwege auftreten.

6.2.2 Gamogonie

Bei der Gamo- oder Gametogonie werden – meist als Fortpflanzungszellen bezeichnete – haploide Sexualzellen gebildet, die nach der Befruchtung (= Kernverschmelzung) eine diploide Zygote bilden.
Im Falle der **Autogamie** (S. 71 und Abb. 23 Aa) verschmelzen zwei Deszendenten der gleichen Ausgangszelle miteinander; bei der **Amphimixis** (Abb. 23 Ab) stammen die sich vereinigenden Sexualzellen von verschiedenen Ausgangsorganismen.
Dabei kommt es bei der nur bei Protisten vorkommenden Hologamie zur Verschmelzung ganzer Individuen.

Ein Spezialfall davon ist die **Endomixis** verschiedener Ciliaten, die eine Regeneration des Kernapparates ohne Konjugation ermöglicht. Nach zweimaligen Micronucleus-Teilungen – der Macronucleus ist resorbiert worden – kommt es zur Regeneration des Kernapparates aus einem Tochterkern; die drei übrigen Derivate des Micronucleus sind abortiv.

Bei der **Merogamie** verschmelzen spezialisierte Geschlechtszellen (Keimzellen, **Gameten,** Gonen) miteinander. Sie sind bei der **Isogamie** gleich; bei der **Anisogamie** sind die $\male$ und die $\female$ Gonen (Oogamie) dagegen divergierend gebaut (z. B. Abb. 40 Aa, Ba).

Protozoen zeigen teilweise interessante Übergangsformen. So suchen bei peritrichen Infusorien kleine bewegliche Zellen große Partner auf; sie gehen aber trotz Austausch der Wanderkerne anschließend zugrunde. Bei *Vorticella nebulifera* sind differentielle Teilungen beteiligt. In der zur Ausbildung $\male$ Microkonjuganten führenden Linie degenerieren von 8 Kernen 7; der letzte Nucleus formiert einen stationären und einen Wanderkern, der zum $\female$ Macrokonjuganten wandert. Letzterer hat von ursprünglich 4 Kernen drei degenerieren lassen und den letzten Nucleus in einen abortiven Wander- und einen stationären Kern aufgeteilt. Dieser Kern verschmilzt dann mit dem Wanderkern des Microkonjuganten. In der so entstandenen Zygote werden durch anschließende Teilung erneut Macro- und Micronucleus gebildet.

6.2.3 Parthenogenese

Die auch als Jungfernzeugung bezeichnete Entwicklung aus unbefruchteten Eiern ist seit den Untersuchungen am Heterogoniezyklus der Blattläuse durch Albrecht (1701) und Bonnet (1762) bekannt.

Parthenogenese kommt **natürlich** (Tabelle 16) und **künstlich** vor.

Bataillon (1910ff.) konnte durch Anstechen mit feinen Glasnadeln am Amphibienei **artifizielle Parthenogenese** erzielen. Als chemische

Abb. 23. Sexualitätserscheinungen (**A**) und metagenetischer Generationswechsel (**B**) bei Protozoen (stark schematisiert). Als exemplarische Beispiele dienen *Actinophrys sol* (**a** Autogamie) *Amoeba diploidea* (**b** Amphimixis) und *Paramecium*-Arten für die Konjugation (**c**). Der Generationswechsel wird durch den Zyklus der als Malaria-Erreger bekannten Plasmodien (Sporozoa) dokumentiert.

Cy	Cyste
Cyst	Cytostom (Zellmund)
Damu	Darmmuskulatur
Dcy	Darmcyste
ES	erythrocytäre Schizogonie
G_1	Gametogonie 1 (im Menschen)
G_2	Gametogonie 2 (in der Mücke)
Lep	Leberparenchym
Mag	Makrogamet
Magc	Makrogametocyte
Man	Makronucleus (Stoffwechselkern)
Mig	Mikrogamet
Migc	Mikrogametocyte
Min	Mikronucleus (generativer Kern)
Mz	Merozoit
n	haploider Kern
2 n	diploider Kern
Ook	Ookinet
PES	praeerythrocytäre Schizogonie
R	Reifungsteilung
RES	reticuloendotheliales System
SaA	Saugakt der Mücke
SPO	Sporogonie
Spdr	Speicheldrüse
Spz	Sporozoit
StA	Stechakt der Mücke
StKe	stationärer Kern
Wke	Wanderkern
Zy	Zygote
Zyke	Zygotenkern
+	degenerierend

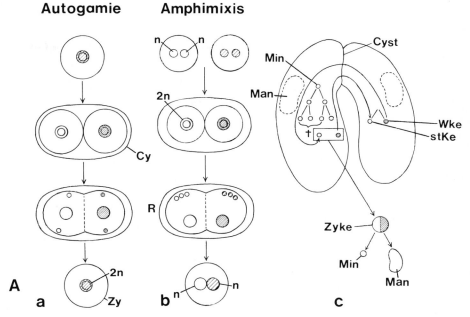

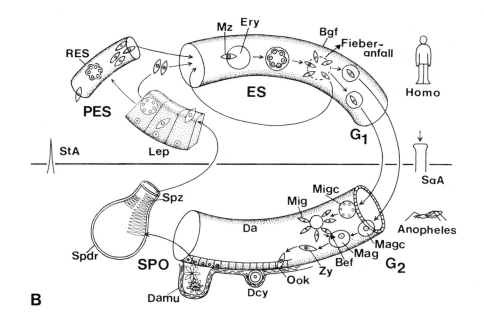

Tabelle 16. Natürliches Vorkommen der Parthenogenese

			Beispiele
Cnidaria			
Hydrozoa	Hydroida		*Margelopsis*
Anthozoa	Actiniaria		*Cereus*
Echinodermata			
Plathelminthes	Trematodes		*Dicrocoelium, Fasciola*
Gastrotricha			*Chaetonotus, Xenotrichula*
Nematoda			*Rhabditis*, viele Erdnematoden
Rotatoria	Heterogona Bdelloidea		*Asplanchna*
Annelida	Archiannelida Oligochaeta Hirudinea		*Dinophilus Eiseniella*
Tardigrada			*Macrobiotus*
Arthropoda			
Crustacea	Branchiopoda		
		Anostraca	*Artemia, Apus*
		Phyllopoda	*Daphnia, Bosmina*
	Ostracoda		*Cypris*
	Copepoda		Harpactidae
	Cirripedia (?)		
	Isopoda		*Trichoniscus*
Chelicerata	Araneae		
	Acari		*Pediculoides*
Insecta			
Thysanura	Machilidae		
Orthopteroidea	Phasmida		*Carausius, Bacillus, Clonopsis*
Blattoidea	Mantodea		*Brunneria*
	Isoptera		*Zootermopsis, Calotermes*
Psocoidea	Psocoptera (Copeognatha)		
Thysanopteroidea			*Heliothrips*
Ephemerida			
Hemipteroidea			
	Apleurodidae		
	Aphidina		Aphididae, Chermesidae, Phylloxeridae
	Coccina		Diaspinae, Margarodinae, *Lepidosaphes* u. a. Coccidea

Hymenopteroidea			
	Tenthredinidae		
	Cynipidae		
	Ichneumonidae		
	Formicidae		
	Vespidae		
	Apidae		*Apis*
Coleopteroidea Coleoptera			
	Curculionidae		*Otiorrhynchus*
	Chrysomelidae		*Biomius, Poecilaspis*
	Dermestidae		*Perimegatoma*
Strepsiptera			
Lepidoptera	Psychidae		*Solenobia*
Mollusca	Gastropoda		
	Prosobranchia		*Melanoides, Hydrobia, Paludestrina*
Vertebrata	Osteichthyes		*Poecilia formosa*
	Reptilia		*Brooksia, Cnemidophorus, Lacerta saxicola, Leiolepis, Lepidohyma, Leptodactylus, Typhlops*

Unsichere Fälle von Coelenteraten sind nicht erwähnt. Es sind oft nur die Namen der Gattungen notiert, die im übrigen meist auch Species mit bisexueller Fortpflanzung enthalten.

Parthenogenetika dienen z.B. Fettsäuren, Rohrzucker, Tannin, NH_4OH, Calciumsalze und hypertonische Salzlösungen. Weitere Methoden bestehen im Bürsten von *Bombyx mori*-Eiern, in Temperaturveränderungen (z.B. 3 Minuten bei 47 °C auf Kaninchenoocyten), der Applizierung von elektrischen Stromstößen und der Anwendung von radiumgeschädigten bzw. artfremden Spermien (z.B. *Mytilus*-Spermien auf *Echinus*-Eier).

Haploide Kerne können im übrigen auch unabhängig von Parthenogenese entstehen bzw. künstlich geschaffen werden (vgl. S. 129).

Im einzelnen lassen sich zahlreiche Typen von Parthenogenese unterscheiden. Besonders betont sei die Aufteilung in **zyklische,** mit Heterogonie (S. 85 f.) verbundene und in **azyklische Parthenogenese.** Diese ist bei einigen Rotatorien und Milben sowie namentlich bei den Hymenopteren auch mit der Geschlechtsbestimmung kombiniert:

Wie Dierzon schon 1845 für Bienen *(Apis)* festgestellt hat, entstehen aus unbesamten haploiden Eiern die männlichen Drohnen; diploide Zygoten führen bei besonderer Ernährung der Larven in „Weiselzellen" des Wabenstockes zur Bildung von Königinnen, während die Arbeiterinnen infolge schlechterer Ernährung steril gewordene ♀♀ darstellen.

Nach dem Geschlecht der Parthenogenese-Deszendenten ist die ♂♂ erzeugende **Arrhenotokie** (z.B. Hymenopteren) von der ♀♀ bildenden **Thelytokie** (Daphnien und Rotatorien) zu scheiden. Bei Archianneliden *(Dinophilus)* und einigen Echinodermen entstehen dagegen unter **Amphitokie** (= Deuterotokie) sowohl ♂♂ als auch ♀♀.

Dann ist die haploide, **gamophasische,** generative Parthenogenese von der diploiden, **zygophasischen** somatischen Jungfernzeugung zu trennen. Letztere erfolgt nach der meioselosen Oogenese und ist dann obligat.

Sie ist besonders häufig bei Arten mit ♀♀-Populationen (Cladoceren, Ostracoden, Rotatorien, Nematoden, Coleopteren, Aphiden und anderen Insekten) sowie den auf Tabelle 16 ausgewiesenen Reptilien. Im haploiden Fall wird die ♀ Meiose durchlaufen; Parthenogenese kann dabei fakultativ sein [z.B. Rotatorien (Zwergmännchen), Acari, Coccidier, Thysanopteren und Hymenopteren].

Für die oben schon erwähnten Hymenopteren sei betont, daß sich die Haploidie-Linie nur auf die Keimbahnzellen erstreckt; durch Verschmelzung von Furchungskernen bzw. Endomitosen wird in den Somazellen unter Endopolyploidisierung wieder eine höhere Ploidiestufe erreicht.

Besonders unter Arthropoden (z.B. bei entomostraken Crustaceen, Isopoden, Diplopoden und in vielen Insektenordnungen) kommt **geographische Parthenogenese** vor. Sie ist dadurch gekennzeichnet, daß sich innerhalb einer Art eine amphimiktische und eine parthenogenetische, dann oft polyploide Rasse ausbildet. Die Rassen leben häufig in geographisch getrennten Gebieten. Jungfernzeugung kann regelmäßig oder nur akzidentell auftreten. Bei Larven ablaufende Parthenogenese schließlich wird als **Pädogenese** bezeichnet.

In die Nähe der Parthenogenese zu stellen ist die bei *Artemia* vorkommende **Parthenogamie;** der Eikern verschmilzt mit dem nach normaler Meiose gebildeten Kern des 2. Richtungskörpers.

6.3 Asexuelle Vermehrung

6.3.1 Allgemeines

Die auch als Monogamie (Meisenheimer) bezeichnete asexuelle Vermehrung zeigt – wie schon früher betont – eine große Verwandtschaft zur Regeneration, da an ihr oft undifferenzierte Zellen beteiligt sind.

Dies gilt für die Archaeocyten der Schwämme, die I-Zellen der Cnidarier, die undifferenzierten Epicardzellen von Ascidien, die Neoblasten von Plathelminthen und Süßwasseroligochaeten. Ähnliche Zellen sind auch bei Seesternen nachgewiesen.
Aus denselben Gründen sind übrigens Parallelen zur auf undifferenzierte Zellen angewiesenen Sprossung bei Articulaten aufzeigbar.

Man unterscheidet generell die bei Protozoen vorkommende, auf Sporen basierende **Agamogonie** sowie die vielzellige, **vegetative Propagation** aus primär oder sekundär undifferenzierten Zellen bei höheren Tieren.

Die aus einer Teilung entstandenen Tochterindividuen werden auch als Tomiten bezeichnet. Sprossungsprodukte sind isolierte Individuen oder aber Kolonien. Sprossung ist bei den oft kolonialen sessilen Tieren sehr verbreitet.
Sprossung kann entweder Adulttiere oder Larven erzeugen und an Adulti (Abb. 24 und 25a–l), Larven (Tabelle 17; Abb. 27a–c, e–g) oder in Form von Polyembryonie bei Embryonen (Tabelle 20; Abb. 25m–o) ablaufen.

6.3.2 Typisierung

Nach dem morphologischen Ablauf gibt es bei Metazoen zwei durch Zwischenformen verbundene Haupttypen:
Bei der **Paratomie** sind die Organe schon vor der Teilung angelegt; es kann deshalb zur Kettenbildung kommen (z.B. Abb. 25a, b, d, g–l).

Paratomie findet sich beispielsweise bei diversen Turbellarien wie den Catenulidae *(Catenula, Rhynchoscolex, Stenostomum)* und Macrostomidae *(Microstomum, Alaurina), Planaria fissipara* sowie dem Polychaeten *Ctenodrilus servatus.*

Erfolgt die Differenzierung der Tomiten erst nach der Teilung, spricht man von **Architomie.**

Dies gilt für diverse Turbellaria wie *Crenobia alpina, Polycelis felina* und *Dugesia*-Arten sowie den Polychaeten *Ctenodrilus monostylos.*
Schon die eben erwähnten *Ctenodrilus*-Arten zeigen, daß es innerhalb einer systematischen Einheit große Unterschiede geben kann. Unter den Bryozoen wird bei den Gymnolaemata das Cystid vor dem Polypid angelegt, während die Reihenfolge bei den Phylactolaemata umgekehrt ist. Besonders groß sind die Differenzen bei der Stolonisation der Salpen und vor allem der Ascidien. Bei letzteren erfolgt zwar die Sprossung in der Regel unter Bildung eines Stolons, meist unter Beteiligung des Epicards (zwei vom Kiemendarm vorwachsende Schläuche), doch liegt der Stolon an unterschiedlichen Orten und besitzt auch etwas divergierende formative Anteile. Bei *Clavelina* und *Perophora* wird ein Außenstolo gebildet, in den Mesoblastzellen einwandern; die Distomidae *(Distaplia)* haben dagegen eine innere epicardiale Knospung. Polyclinidae wie *Amaroucium* zeichnen sich durch eine postabdominale Teilung aus. Die Knospung erfolgt bei den Didemniden und Diplosomiden *(Trididemnium, Diplosoma)* pylorisch, bei den Botrylliden *(Botryllus)* dagegen peribranchial (palleal).
Ähnliche Differenzen treten innerhalb der Pterobranchia auf (Abb. 24q–s); die Knospung findet bei *Cephalodiscus* am Stielfortsatz, bei *Rhabdopleura* dagegen als Stolon-Knospung statt.

Als Ablauf kommt bei *Protozoen* vorzüglich **Zweiteilung** vor, die gleiche oder ungleiche Tochterzellen schafft. Dies ist bei Einzellern angesichts der nicht von einer individuellen Vermehrung begleiteten Sexualitätserscheinungen (S. 71) der häufigste Mechanismus zur Vermehrung der Art. Daneben

Tabelle 17. Beispiele des Vorkommens von Sprossung bei Larven. (Vgl. auch Tabelle 20 und Abb. 27 a–c, e–g)

				Sprossendes Stadium
Cnidaria	Hydrozoa	Hydroida	*Haleremita (Gonionemus)* sp.	Actinula
		Trachylina	*Pegantha smaragdina*	Actinula
			Cunoctanta octomaria	Actinula
			Cunina sp.	Actinula
		Siphonophora	Calycophoridae	Planula
	Scyphozoa		*Haliclystus octoradiatus*	Planula
Tentaculata	Bryozoa		*Plumatella* und viele Phylactolaemata	Frühe Bildung zusätzlicher Polypen
Plathelminthes	Cestodes		*Spargassum proliferum*	Plerocercoid
			Cysticercus longicollis	Cysticercus mit äußeren Knospen
			Urocystis gemmipara	
			Coenurus cerebralis,	Cysticercus mit inneren Knospen (bzw.
			Echinococcus granulosus	Tochtercysten)
			Cysticercus longicollis	Cysticercus: Querteilung
			Taenia crassipes	
Kamptozoa			*Pedicellina cernua*	Noch undifferenzierte Knospe mit weiterer Knospung
Crustacea	Cirripedia		*Sacculina, Peltogaster, Thompsonia* u. a.	Tumorbildung der Sacculina interna
Tunicata	Ascidiacea		*Didemnum* sp.	Freie Larve (mit Stolo und Knospung)
			Diplosoma sp.	

Abb. 24.   Asexuelle Sprossung I (schematisiert).

a Scyphostoma (Scyphopolyp) in Strobilation (Bildung von Ephyren) (vgl. auch Abb. 114 m).
b Medusenknospung auf dem Hydroidpolypen *Coryne tubulosa* (vgl. Abb. 26 a).
c–f Schematische Darstellung der Stadien der Medusenknospung [außer **e** (quer) alles Längsschnitte]. Man beachte, wie der Glokkenkern gleichermaßen als „Gußform" für das Manubrium und die Entodermkanäle dient.
g Knospung an einem kleinen Exemplar des Schwammes *Tethya*. Die dabei gebildeten Fortsätze enthalten unterschiedliche Knospengenerationen (1–3).
h Nach Zerfall des Seesterns in einzelne Arme (Schizogonie) zu neuen Seesternen regenerierende Arme bei *Linckia multifora*. Die neu entstehenden Teile sind weiß gehalten. Das weiter fortgeschrittene Exemplar rechts regeneriert 2 durch Autotomie verlorengegangene Armspitzen.
i Typus der phylactolaematen Bryozoa mit am Funiculus sprossenden Statoblasten sowie an der Cystidwand sich differenzierenden Knospen unterschiedlichen Alters.
k–p Schematische Darstellung der Bildung sowie der anschließenden „Auskeimung" einer Statoblaste bei den Phylactolaemata.
q–s 3 Knospungsstadien von *Cephalodiscus indicus* (Enteropneusta; Pterobranchia).

Abl	Ablösungsstelle (der freiwerdenden Meduse)
Ak	Armknospen
äuEc	äußeres Ectoderm
Bim	„Bildungsmasse"
Chh	Chitinhülle
Cy	Cystid
cyB	cystogene Blase
CyW	Cystidwand
Eph	Ephyra-Larve
Fs	Fuß-Scheibe

Fun	Funiculus
Gg	Ganglion
Gh	Glockenhöhle
Gk	Glockenkern
inEc	inneres Ectoderm
Kn	Knospe
Lo_1 Lo_2	Armanlagen des Lophophors
Loph	Lophophor (Tentakelträger)
Man	Manubrium (Mundstiel)
Mdpl	Madreporenplatte
MedKn	Medusenknospe
Meso	Mesosoma
Met	Metasoma
Msch	Mutterschwamm
Ped	Pedunculus (Stiel)
Pep	Peritonealepithel (Coelomwand)
Pop	Polypid
Pro	Prosoma
Reg	Regeneration
Rak	Radiärkanal
Rik	Ringkanal
Sr	Schwimmring
Stb	Statoblaste

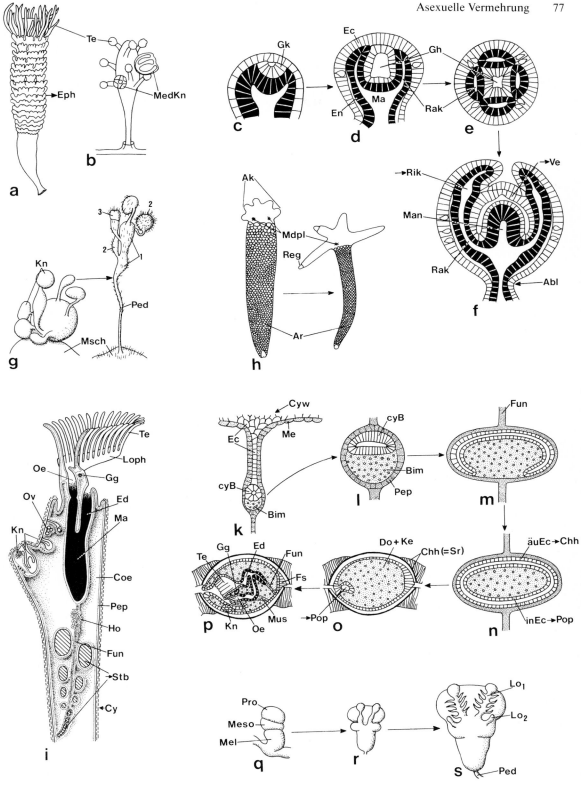

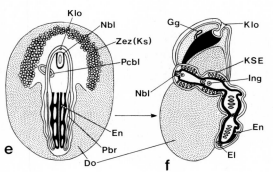

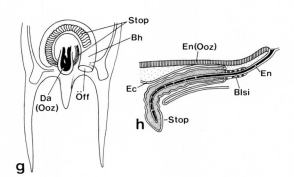

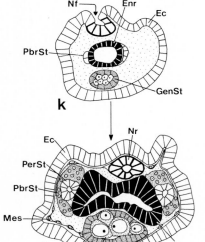

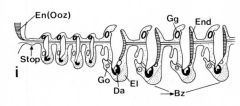

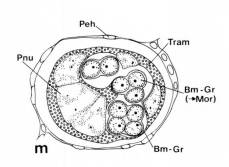

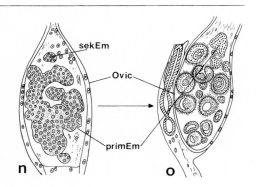

Tabelle 18. Asexuelle Vermehrung (Sprossung) bei Metazoen. (Vgl. auch Abb. 24, 25 a–l und 27 a–c, e–g)

Teilung (längs oder quer; →Fragmentation) mit Archi- oder Paratomie	Hydrozoen gelegentlich Holothurien *(Holothuria, Cucumaria, Psolus)* viele Turbellarien *(Microstomum lineare)* Nemertini Polychaeten (*Ctenodrilus*-Arten) Oligochaeten des Süßwassers (vgl. Schizogonie) Cestodes
Schizogonie [Schizogenese, Scissiparität (= Vielfachteilung unter Zerfall in einzelne Stücke)] (bei Polychaeten mit Epitokie kombiniert)	Polychaeten (v. a. Syllidae): *Autolytus cornutus, Eunice viridis, Dodecaceria caulleryi, Myrianida fasciata, Salmacina incrustans* Süßwasser-Oligochaeten: *Aeolosoma hemrichi, viridis, Chaetogaster diaphanus, Lumbriculus, Nais, Pristina longiseta, Stylaria lacustris*
„Schizogonie" unter Zerfall in einzelne Arme	Ophiuroidea: *Ophiactis virens* Asteroidea: *Asteracanthion, Asterina, Asterias, Cribrella, Linckia, Stichaster*
Strobilation durch monopodiale Unterteilung eines Individuums in ein (mono-) oder viele Tochterindividuen (polydisc)	Scyphozoa (z. B. *Aurelia, Cyanea* etc.) Opisthobranchia: *Clio pyramidata* (?)
Stolonisation (mono- bzw. sympodial)	Hydrozoa (vgl. auch Eudoxienbildung der Siphonophoren), Scyphozoa, Anthozoa, Bryozoa Pterobranchia: *Rhabdopleura* Kamptozoa: *Mysosoma, Pedicellina* Ascidiacea (vgl. Text) Thaliacea (vgl. Text) Pyrosomida (Tetrazoidbildung)
Knospenbildung (meist unter Bildung von Auswüchsen, auf denen Tochterknospen sprossen, wobei der Elter stets größer als der Tochterkeim ist), einfach oder multipel	Parazoa (äußere Brutknospen) Anthozoa: Octocorallia, Hexacorallia (vgl. Text) Bryozoa (innere, zooeciale Brutknospen) Pterobranchia: *Cephalodiscus* Cestodes: *Cysticercus, Echinococcus, Taenia crassiceps* u. a. Kamptozoa: *Loxosoma* Ascidiacea
Frustelbildung (= längliche Knospen mit früher Ablösung)	Hydrozoa (z. B. *Craspedacusta, Myriothela*)
Podocysten-Bildung (= knospenartige Dauerknospen an Polypenbasis)	Hydrozoa: *Craspedacusta;* Scyphozoa
Bildung von Teilstücken im Körper	Parazoa (→Gemmulae, Sorite) Bryozoa (→Zooecien, Statoblasten, Hibernacula) Ascidiacea
Tumorbildung	Cirripedia (durch Sacculina interna)

Abb. 25. Asexuelle Sprossung II **(a–l)** und Polyembryonie **(m–o)** (schematisiert).

a–d Sprossung: **a, b** paratome Sprossung entlang der Körperlängsachse bei *Microstomum lineare* (Turbellaria) bzw. *Proceraea picta* (Polychaeta). **c, d** seitliche Knospungen bei *Syllis ramosa* in jüngerem bzw. fortgeschrittenem Stadium.
e, f Bildung des Tetrazoids von *Pyrosoma* sp. (Tunicata, Pyrosomida) (vom animalen Pol her gesehen). Die Keimscheibe gliedert sich früh zur Anlage von vier hintereinander liegenden Blastozoiden (= Tetrazoid) auf, während die Organe des Oozoids degenerieren. Nach dem Freiwerden wächst das Tetrazoid zu einer vielgliedrigen Kolonie aus.
g–l Sprossung der Kettensalpen (Blastozoide) am Stolo prolifer des Oozoids der Salpe (Tunicata, Thaliacea, Desmomyaria); **g** Hinterende der Solitärsalpe; **h** junger Stolo prolifer (Längsschnitt); **i** älterer Stolo prolifer mit Abgliederung der Blastozoide

(Längsschnitt); **k, l** Querschnitte durch die jüngere bzw. ältere Region des Stolo prolifer.
m–o Polyembryonie: **m** *Ageniaspis fuscicollis* (parasitische Hymenoptere). Innerhalb des aus den Richtungskörpern entstandenen Trophamnions (vgl. auch Abb. 56 i) bilden Furchungszellen mehrere Morulae, die in sekundäre, dann den Embryonen entsprechende Morulae zerfallen. **n, o** *Crisia* sp. (Bryozoa): **n** der Primärembryo beginnt, sich in Sekundärembryonen aufzuteilen; **o** in der Folge enthält die Ovicelle zahlreiche Sekundärembryonen und Larven verschiedenen Alters.

Blsi	Blutsinus
Bh	Bruthöhle
Bm-Gr	Blastomeren-Gruppe
Bz	Blastozoide (Kettensalpen)
El	Elaeoblast
End	Endostyl
Enr	Entodermrohr
GenSt	Genitalstrang
Gg	Ganglion
Ing	Ingestionsöffnung
Mor	Morula
Nbl	Neuralblase
Öff	Öffnung
Ooz	Oozoid (Solitärsalpe)
Ovic	Ovicelle
Pbr	Peribranchialraum
PbrSt	Peribranchialstrang
Pcbl	Pericardbläschen
Pch	Peritonealhülle
PerSt	Pericardialstrang (Cardiopericardialanlage)
Pnu	Paranucleus
primEm	primärer Embryo
sekEm	sekundärer Embryo
Stop	Stolo prolifer
Tram	Trophamnion
Zez	sog. Zellenzone der Keimscheibe

Tabelle 19. Variabilität der Vermehrung am Beispiel der Aktinien. (Vor allem nach Angaben von Chia 1966)

Asexuell	Pedale Laceration (A)	Loslösung von Teilen der Fußscheibe, die dann zu einem Tier regenerieren
	Longitudinale Fission (B)	Am oralen Ende oder seitlich beginnend
	Transversale Fission (C)	
	Knospung (D)	
Sexuell	Innere Befruchtung	Schlüpfzustand larvipar (1) oder vivipar (2)
	Äußere Befruchtung	Schlüpfzustand ovipar (3)
	Die Lebensweise der geschlüpften planko- (a) bzw. lecitho- (b) bzw. detritotrophen (c) oder parasitischen (d) Larven kann pelagisch (I) bzw. benthonisch (II) sein oder in äußeren (III) oder inneren (IV) (Viviparität) Brutkammern ablaufen.	
Beispiele	A: *Metridium senile, Sagartia*-Arten; B: *Anemonia sulcata, Metridium senile, Sagartia davisi;* C: *Aiptasia couchii, Anthopleura stellula, Gonactinia prolifera;* D: Boloceroideae	
	3 Ia: *Metridium senile;* 3 Ia oder 3 Ib: *Anemonia sulcata, Calliactis parasitica, Cereus pedunculatus, Sagartia troglodytes;* 3 Id: *Edwardsia callimorpha, Peachia*-Arten; 3 IIc: *Halcampa*-Arten; 3 Ib: *Adamsia palliata, Tealia coriacea, crassicornis;* 3 IIIb: *Epiactis*-Arten; 1 Ib: *Tealia crassicornis;* IV: *Calliactis parasitica, Cereus pedunculatus, Sagartia troglodytes, Tealia crassicornis*	

Man beachte, daß bei einer Art mehrere Modalitäten vorkommen können.

gibt es **Plasmotomie** als Aufteilung von vielkernigen Formen in mehrkernige Tochterzellen sowie **multiple Teilung** in Form der Succedan- oder Vielfachteilung bzw. als Simultanteilung. Dabei wird – besonders oft bei Schizogonie (Abb. 23 B) – ein temporär vielkerniges Gebilde in jeweils einkernige Einzelzellen aufgeteilt.
Über die sehr variantenreichen Abläufe bei *Metazoen* orientieren die Abb. 24 und 25 sowie die Tabellen 18 und 19. Tabelle 19 zeigt erneut die Tatsache, daß bereits innerhalb einer kleinen systematischen Einheit – hier innerhalb der Aktinien – mehrere Möglichkeiten auftreten.

6.3.3 Polyembryonie

Meist frühe, wenn auch in unterschiedlichem Alter mögliche Teilungen von Embryonen kommen natürlich vor oder lassen sich experimentell erzeugen.

Im ersteren Fall kann Polyembryonie als normale Vermehrungsform ablaufen (Tabelle 20 und Abb. 25 m–o; vgl. auch S. 168) bzw. bei allen Stämmen auch als gelegentliche, akzidentelle oder als teratologische Polyembryonie vorkommen. Dabei sei etwa an die Bildung von Zwillingen oder Mehrlingen bzw. an unter Abwandlung von der Normogenese zustandegekommene Zwillingsmonstren erinnert (S. 70).

Auf die besonders unter den cyclostomen Bryozoen ausgeprägte Polyembryonie sei speziell hingewiesen (Abb. 25 n + o). Von den zahlreichen Eiern eines Gonozoids entwickeln sich nur eine bis zwei Oocyten, die der sich im Innern des Cystids differenzierenden Polypidknospe anhängen. Das Mesoderm liefert einen follikulären membranösen Sack, das degenerierende Polypid zusätzliche Nährstoffe. Ein Nährstrang als Verbindung zwischen Polypid-Rest und Embryo ist ebenfalls vorhanden. Nach der Furchung zerfällt der Primärembryo in einzelne Zellen oder Zellgruppen (Abb. 25 n). Diese bilden sekundäre und zum Teil selbst tertiäre Embryonen, welche gelegentlich zu hunderten in einem Gonozoid liegen (Abb. 25 o).
Bei den Phylactolaemata läßt die Larve im Innern des sog. Embryosackes aus Polypide aussprossen (Abb. 27 e bzw. 115 m + n).
Beim Gürteltier *Dasypus novemcinctus* erfolgt nach der Implantation die Aufteilung der Embryoanlage in vier, bei *Dasypus hybridus* sogar in acht gleichgeschlechtliche Junge, die schließlich durch „zuführende Kanäle" mit ihrem einheitlichen Amnion verbunden sind. Placenten und Nabelschnüre sind in Vier- respektive Achtzahl ausgebildet.

6.4 Generationswechsel

6.4.1 Allgemeines

Diese ganz besonders bei Pflanzen weit und in unterschiedlichsten Varianten verbreitete Erscheinung kann für das Tierreich nur kurz zusammengefaßt werden.
Es handelt sich um einen regelmäßigen Wechsel zwischen zwei morphologisch differierenden Generationen, die bei **Metagenese** sexuell und asexuell, bei **Heterogonie** dagegen bisexuell und parthenogenetisch entstanden sind.
Der Generationswechsel hat sich bei unterschiedlichen Gruppen von Proto- und Metazoen unabhängig voneinander entwickelt (Tabelle 21); er kann auch mit Wirtswechsel (z. B. Plasmodien, Trematoden) kombiniert sein.

Bei Einschluß der Pflanzen in die Betrachtung muß man zwischen primärem und sekundärem Generationswechsel differenzieren. Ersterer besteht in einem Wechsel zwischen einer sexuellen Generation und einer asexuellen Einzelzelle (Agamet, Spore). Er kann homophasisch in der reinen Haplo- bzw. Diplophase ablaufen bzw. heterophasisch mit einem Kernphasenwechsel kombiniert sein. Der durch eine Alternanz von zwei vielzelligen Generationen gekennzeichnete **sekundäre Generationswechsel der Tiere** schließt Metagenese und Heterogonie in sich ein.

Als Produkte der Metagenese werden **Oozoid** (das sich auf sexuelle Weise aus den Eiern differenziert hat) und **Blastozoid** unterschieden. Letzteres geht auf asexuelle Art aus vielzelligen Fortpflanzungsknospen bzw. Dauerstadien hervor und besitzt Gonaden.

Zwar werden die Begriffe „Oozoid" und „Blastozoid" von verschiedenen Autoren entsprechend dieser Beziehung allgemein zur Unterscheidung der beiden Generationen der Metagenese verwendet; doch beschränkt sich der Geltungsbereich der beiden Begriffe meist auf den Generationswechsel der Salpen.

Besonders Meisenheimer hat die Idee von **Gametocyteträgern** propagiert. So würde bei Hydroiden (Abb. 26) der Polyp als Gametocytenträger I. Ordnung (GT I) die Meduse bzw. die Medusen als GT II. Ordnung auf sich tragen. Beide „Träger" hätten die Tendenz, gleichsam ehemalige Gonaden zu freien selbständigen Organismen werden zu lassen. Da unserer Ansicht nach – zumindest bei den Cnidariern – der vollständige Generationswechsel ursprünglich war (S. 84), scheint diese Ansicht umstritten.

In Einzelfällen ist die Abgrenzung zwischen regelmäßiger Metagenese und akzidenteller Sprossung oft schwer. Man

Tabelle 20. Natürliches Vorkommen von Polyembryonie. (Vgl. auch Tabelle 17 und Abb. 25 m–o)

			Beteiligtes Stadium
Cnidaria	Hydrozoa	*Craspedacusta*	Planula
		Turritopsis	Furchung
	Anthozoa	*Polypodium*	Planula
Tentaculata	Bryozoa		
	Gymnolaemata	*Crisia, Diastopora, Lichenopora, Tubulipora* u. a.	Morula bis Gastrula
	Phylactolaemata	*Plumatella* u. a.	Aus einem Ei zwei Polypide entstehend
Plathelminthes	Trematodes	*Wedlia bipartita*	Aus einer Zygote ein ♂ und ein ♀ entstehend
Annelida	Oligochaeta	*Lumbriculus trapezius*	Blastula
		Allolobophora caliginosa	Gastrula
Arthropoda	Insecta: Chalcidoidea	*Eucurtus fascicollis* *Polygonotus hiemalis* *Litomastix truncatellus* *Argeniaspis fascicollis* *Paracopidomopsis*	Aus einer Eizelle entstehen – je nach Art – ca. 10–200 Morulae (mit unterschiedlicher Zellzahl) bzw. Blastulae
	Strepsiptera		frühe Keimanlage
Vertebrata	Mammalia: Edentata	*Dasypus hybrideus* (Gürteltier) *D. novemcinctus*	Frühembryonale Aufspaltung in 8 Keime bzw. in 4 Keime

Tabelle 21. Vorkommen des Generationswechsels

A. Metagenese

Protozoa	Flagellata	z. T. Phytomonadina
	Rhizopoda	z. T. Heliozoa, Foraminifera
	Sporozoa	z. B. *Plasmodium, Monocystis, Eimeria* etc.
	Ciliata	z. T. Peritricha (z. B. *Zoothamnium*)
Mesozoa		
Cnidaria	Hydrozoa (vgl. Tabelle 22)	Hydroida z. T. Trachylina z. T. Siphonophora
	Scyphozoa	
Echinodermata	Asteroidea	*Linckia* (?)

Plathelminthes	Cestodes	*Echinococcus granulosus*
Annelida	Polychaeta	Syllidae
Tunicata	Thaliacea Pyrosomida	

B. Heterogonie

Plathelminthes	Trematodes (?)	
Crustacea	Phyllopoda	Cladocera
Rotatoria		
Nematodes	z. T. Rhabdiasidae z. T. Strongylidae z. T. Allantonematidae	
Insecta	Hemipteroidea Hymenoptera	Aphididae (Blattläuse) Cynipidae (Gallwespen)

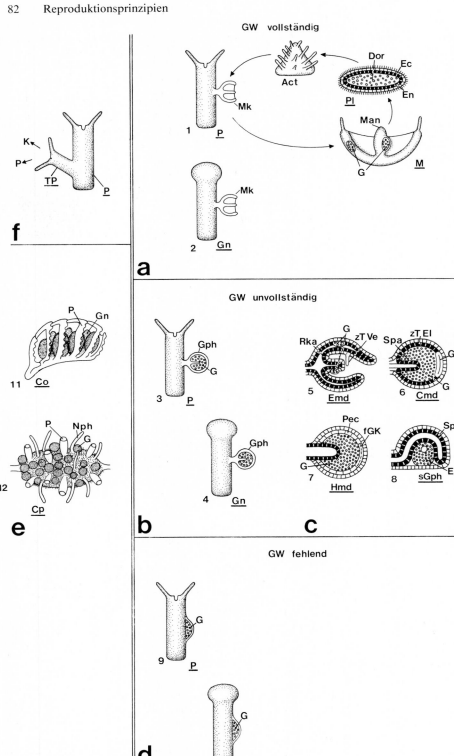

f

K
P
TP
P

GW vollständig

Dor
Ec
Act
En
Pl
Mk
Man
1   P
G
M

Mk
2   Gn

GW unvollständig

Gph
G
3   P

G   zT Ve   Spa   zT El
Rka   Gk
5   Emd   6   Cmd   G

Gph
4   Gn

Pec
fGK   Spa
G   EZ
7   Hmd   8   sGph

b   **c**

GW fehlend

G
9   P

G
10   Gn

d

e

P   Gn
11   Co

P   Nph
G
12
Cp

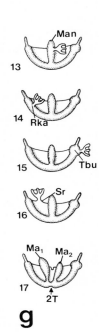

Man
13

14   Rka

15   Tbu

Sr
16

Ma₁   Ma₂
17
2T

g

a

denke etwa an die freien epitoken Segmente der Polychaeten *Myrianida fasciata* und *Eunice viridis* oder die zusätzliche Polypenknospung bei Hydroiden (Abb. 26 f). Es sei auch an den unter Schizogonie erfolgenden regelmäßigen Zerfall des Seesterns *Linckia* und einiger anderer Echinodermen erinnert (S. 39; Abb. 24 h), bei denen die asexuell entstandenen Teilstücke sich zu Tieren entwickeln, die sich sexuell vermehren.

6.4.2 Metagenese

6.4.2.1 Protozoa

Als exemplarisches Beispiel für Protozoen sei an den Zyklus der **Malaria-Erreger,** d. h. der zu den Sporozoen gehörenden, von Laveran 1880 entdeckten *Plasmodium*-Arten, erinnert (Abb. 23 B). Diese werden durch weibliche *Anopheles*-Mükken anläßlich des Stechaktes bei der Blutmahlzeit dem menschlichen Wirt vermittelt; zum erfolgreichen Zyklus, d. h. zur Gametogonie des Erregers, ist eine Temperatur von über 16 °C nötig.

Mit dem Mückenstich gelangen aus der Speicheldrüse der Mücken **Sporozoite** in die menschliche Blutbahn. Diese vermehren sich asexuell unter extra- bzw. praeerythrocytärer Schizogonie im Leberparenchym bzw. im reticuloendothelialen System. Die daraus hervorgehenden **Merozoite** befallen rote Blutkörperchen und vervielfachen sich unter erythrocytärer Schizogonie in den Erythrocyten in den Blutgefäßen. Die nach multipler Teilung frei werdenden Merozoite lassen dabei das Blutkörperchen zerfallen, was zum typischen Fieberanfall führt. Diese Schizogonie wiederholt sich periodisch. Andere Zellen machen eine Gametogonie durch; diese braucht zum erfolgreichen Abschluß mit Bildung von ♀ **Macro-** bzw. ♂ **Microgameten** den Aufenthalt im Mückendarm; die Parasiten gelangen beim Saugakt der Mücke während der Blutaufnahme dorthin. Die Zygote durchstößt als Ookinet die Darmwand und richtet in der Darmmuskulatur von *Anopheles* eine Darmcyste ein. In dieser entstehen unter asexueller Sporogonie die schließlich in die Speicheldrüse wandernden Sporozoite.

Abb. 26. Übersicht des Generationswechsels bei Hydroiden (schematisch ohne Berücksichtigung der bei Thecaten zusätzlich ausgebildeten Hydro- bzw. Gonothek). Vgl. Tabelle 22 und Abb. 24 b–f.

a Vollständiger Generationswechsel. Die am Polypen *(oben)* bzw. Gonangium (= spezialisierter Geschlechtspolyp) *(unten)* sprossende Meduse wird frei. Der Polyp stellt die asexuelle, die Meduse die sexuelle Generation dar. Bei den athecaten Medusen liegen die Gonen im Manubrium, bei den thecaten dagegen an den Radiärkanälen.
b Unvollständiger Generationswechsel. Das am Polypen *(oben)* bzw. Gonangium *(unten)* sprossende Medusoid (= Gonophore oder Gemme) bleibt sessil.
c Variabler Ausbildungsgrad der Gonophoren, gekennzeichnet durch unterschiedlich stark ausgebildete Medusenmerkmale. Bei der styloiden Gonophore ist nur noch ein Spadix (homolog dem Manubrium) ausgebildet.
d Generationswechsel fehlend.
e Einbezug von Kolonieteilen, die um die Gonangien besondere Hüllen bilden.
f Sprossung am Polypen, zur Koloniebildung bzw. bei Abtrennung des Tochtertieres zur Bildung neuer Einzelpolypen führend.

g Sprossung an Medusen. Die neuen Medusen entstehen am Manubrium (bzw. Pedunculus), an den Radiärkanälen, den Tentakelbulben oder am Schirmrand. Auch die Durchtrennung von Medusen nach vorheriger Bildung eines neuen, zusätzlichen Manubriums kommt vor.

Act	Actinula
Cmd	Cryptomedusoid
Co	Corbula
Cp	Coppinia
Dor	Dotterreste
El	Entodermlamelle
Emd	Eumedusoid
fGk	„falscher" Glockenkern
G	Gonen (Geschlechtszellen)
Gk	Glockenkern
Gn	Gonangium (= Geschlechtspolyp)
Gph	Gonophore (Medusoid, Gemme)
Gw	Generationswechsel
Hmd	Heteromedusoid
K	Kolonie
M	Meduse
Man	Manubrium (Mundstiel)
Mk	Medusenknospe
Nph	Nematophor
P	Freßpolyp (Nährpolyp)
Pec	Parectoderm

Pl	Planula
Rka	Radiärkanal
Spa	Spadix
Sr	Schirmrand
Tbu	Tentakelbulbus
TP	Tochterpolyp
sGph	styloide Gonophore
V	Velum
zT	teilweise
2T	Zweiteilung

Die im folgenden gegebenen Beispiele zu den einzelnen Erscheinungsformen des Generationswechsels sind auf der Abbildung durch die entsprechenden arabischen Ziffern symbolisiert: 1 *Bougainvillia, Cladonema, Clythia, Dendroclava, Podocoryne, Syncoryne;* 2 *Eucheilota, Obelia;* 3 *Myriothela;* 4 *Aglaophenia, Campanularia, Gonothyrea, Laomedea, Merona;* 5 *Cladocoryne, Eucopella, Gonothyrea, Pennaria, Stylactis;* 6 *Clava, Myriothela, Perarella, Tubularia;* 7 *Coryne, Hydractinia, Laomedea;* 8 *Eudendrium;* 9 *Hydra;* 10 *Corydendrium, Halecium, Sertularella;* 11 *Aglaophenia;* 12 *Lafoëa;* 13 *Diplonema, Eucodonium, Lizzia, Rathkea, Sarsia gemmifera;* 14 *Eleutheria,* Leptomedusae; 15 *Hybocodon, Sarsia prolifera, Steenstrupia;* 16 Cladonemidae; 17 *Gastroblasta, Phialidium.*

Ähnliche, durch mehrere Phasen asexueller Vermehrung ausgezeichnete Zyklen kommen zahlreichen anderen Sporozoen wie z. B. der in der Samenblase von Lumbricus lebenden Gregarine *Monocystis* zu.

6.4.2.2 Cnidaria

Der metagenetische Generationswechsel der Cnidarier (Tabelle 22), der bei den Acnidariern (Ctenophora) fehlt, wurde bereits durch Sars (1829ff.), Dalyell (1836), Lovén (1837), Siebold (1839) und Steenstrup (1842) prinzipiell geklärt.

Abbildung 26 orientiert über die Verhältnisse bei den **Hydroiden.** Ergänzend sei betont, daß der einfache Generationswechsel zwischen **Polyp** und **Meduse** durch die Tatsache, daß sowohl die Polypen- (Abb. 26 f) als auch die Medusengeneration (Abb. 26 g) sich teilweise zusätzlich asexuell zu vermehren imstande ist, kompliziert werden kann.

Die Frage nach der primären Organisationsform [Polyp (Goette) oder Meduse (Boehm, Brooks, Hyman) oder freie Actinula] bzw. nach dem Grad der ursprünglichen Ausprägung des Generationswechsels bei den Nesseltieren war lange umstritten. Heute dürfte feststehen, daß der vollständige Generationswechsel mit freien Medusen – wie dies schon Kühn annahm – ursprünglich war. Die in Abb. 26 c ausgewiesene, durch Zwischenglieder verbundene, unterschiedliche Ausprägung der Medusenmerkmale bei den Medusoiden (Gonophoren) läßt sich u. E. nur im Sinne einer Reduktionsreihe deuten.

Innerhalb der Cnidarier fehlt die Metagenese bei den ausschließlich Polypen ausbildenden **Anthozoen** (Tabelle 22).

Bei den **Scyphozoen** herrscht hinsichtlich des Generationswechsels ebenfalls eine große Variabilität, die in Tabelle 22 nicht im Detail berücksichtigt wird. Den meisten Semaeostomeae und Rhizostomeae kommt ein vollständiger Generationswechsel zu. Nur *Pelagia* unterdrückt den Scyphopolypen, indem die später sich zu Medusen transformierenden Ephyren (Abb. 114 m) direkt aus der Flimmerlarve (Abb. 114 l) entstehen. Die Zahl der pro Scyphostoma (= Scyphopolyp) gebildeten Ephyra-Larven kann von einem Abkömmling (monodiske Sprossung) über 10–13 Larven bis in die Tausende (polydiske Sprossung) gehen. Ähnlich wie beim Hydroiden-Polyp kann sich die Scyphostoma unter im Einzelnen differierender lateraler Knospung zusätzlich asexuell vermehren.

Besonders reichhaltig ist die Variabilität innerhalb der Gattung *Stephanoscyphus,* wo die solitären oder kolonialen Scyphopolypen einen Opercularapparat besitzen und in einer Peridermröhre leben. Der koloniale *Stephanoscyphus komaii* zeigt einen vollständigen Generationswechsel, während beim solitären *S. (Tesseroscyphus) eumedusoides* die nur 3 bis 8, der Sinnesorgane entbehrenden, oft zwittrigen Medusoide auf den Polypen bleiben. *S. racemosus* läßt die Gonen in

Tabelle 22. Generationswechsel und Lebenszyklen der Cnidarier (stark vereinfacht; vgl. Text)

	Polypengeneration	Medusengeneration
Hydrozoa, Hydroida	$Kob \leftarrow K - P$ — Mk; $(Ac) \leftarrow Pl$	$HM - (K)$
(vgl. Abb. 26 sowie auch 24b–f, 112b und 114f+h)	$Kob \leftarrow K - P$ — $Gphk$; $(Ac) \leftarrow Pl$; $P - (Ac) \rightarrow Pl$	Gph
Trachylina, Trachymedusae	$Pl \leftarrow TM$	
Narcomedusae	$Pl \leftarrow NM$; $Ac - Ack - Ac \leftarrow NM$; $St \leftarrow Pl \leftarrow NM$; Mk	
Siphonophora, Calycophoridae	$Ss \rightleftharpoons Ed - Gg$; Pl	
Physophoridae	$Ss \rightleftharpoons M (z. T. f)$; Pl	
Scyphozoa	$Sc \leftarrow St \rightarrow Eph \rightarrow SM$; Pl; $Pl \leftarrow SM$	
(vgl. Abb. 24a und 114 l+m)		
Anthozoa	$Kob \leftarrow K - P$ — L	

Ac = Actinula, *Ack* = Actinulaknospung, Ed = Eudoxie, Eph = Ephyra, Gg = Geschlechtsglocke, Gph = Gonophore (Medusoid), *Gphk* = Gonophorenknospung, HM = Hydromeduse, K = Knospung, *Kob* = Koloniebildung, L = Larve, M = Meduse, *Mk* = Medusenknospung, NM = Narcomeduse, P = Polyp [Freß- oder Geschlechtspolyp (Gonangium)], Pl = Planula, Sc = Scyphopolyp (Scyphostoma), SM = Scyphomeduse, Ss = Siphonophorenstock, *St* = Strobilation, TM = Trachymeduse, z. T. f = teilweise frei, ( ) = zum Teil verwirklicht. Dünne Linien = asexuelle Entstehung durch Knospung, dicke Linien = sexuelle Entstehung aus Zygote.

den Gastralsepten des Polypen heranreifen und übergibt sie erst dann an die nur 2 bis 3 Tage lebensfähigen Eumedusoide, die, sofern männlich, ihre Spermien schon auf dem Stock entlassen können. Die nach ihrer Strobilation im Peridermrohr bleibenden Ephyren von *S. planulophorus* wandeln sich dort zu Planulae um. Als einzige Scyphozoe bildet diese Art keine geschlechtliche Medusengeneration mehr aus!

Bei den neuerdings systematisch als eigene Klasse aus den Scyphozoen herausgenommenen Cubozoa – *Tripedalia cystophora* ist besonders intensiv untersucht worden – entsteht aus der Planula jeweils ein Primärpolyp. Dieser läßt durch seitliche Knospungen unter asexueller Vermehrung weitere Polypen aus sich hervorgehen. Anläßlich der Metamorphose wandelt sich schließlich der Polyp in eine einzige Meduse um. Die getrenntgeschlechtlichen Medusen sorgen für die geschlechtliche Phase der Fortpflanzung. Diese Verhältnisse müssen hinsichtlich des Metagenese-Typus wohl als ursprünglich taxiert werden; sie zeigen gleichzeitig die auch mit entwicklungsphysiologischen Methoden an Hydroiden erwiesene Transformierbarkeit des Polypen in eine Meduse.

6.4.2.3 Thaliacea und Pyrosomida

Die Metagenese der *Thaliacea* (Salpen) wurde 1819 von A. von Chamisso an Desmomyariern entdeckt.

Die asexuell entstandene Salpenkette besteht aus mittels ihrer Körperfortsätze zusammenhängenden **Kettensalpen** (= Blasto- oder Gonozoide); diese sind mit einer Placenta (vgl. Abb. 135 a) und oft nur einer Eizelle (gelegentlich freilich mit bis zu 7 Oocyten) dotierte Konsekutivzwitter. Aus ihrer befruchteten Eizelle entsteht die **Solitärsalpe** (Oozoid), die einen **Stolo prolifer** aufweist (Abb. 25 g + h). Diese am Hinterende des Endostyls liegende Ausstülpung des Pharynx liegt unter einer Ectodermvorwölbung innen in der nach außen geöffneten Bruthöhle. Der Stolo birgt in seinem Innern mehrere um ein zentrales Entodermrohr gelagerte Stränge (Genitalstrang, paarige Peribranchial- und zum Teil Pericardialstränge sowie die dorsale Anlage des Nervensystems und Mesenchymzellen; Abb. 25 k + l). Durch quere Einschnürungen erfolgt die Aufteilung in die einzelnen, sich weiter ausdifferenzierenden Blastozoide (Abb. 25 h). Dabei wird der ursprünglich die Zoide verbindende Stolorest abgebaut; die die Salpenkette formierenden Blastozoide bleiben aber als Tierverband mittels Haftpapillen der Körperwand miteinander verbunden.

Bei den Cyclomyaria (z. B. *Doliolum*) ist der Generationswechsel noch durch einen sehr starken Polymorphismus der Blastozoide kompliziert:

Die aus einer geschwänzten Larve sich umbildende Ammengeneration (= Oozoid) bildet an ihrem kettenförmigen Ventralstolo Blastozoide, die durch Phorocyten zum Dorsalstolo transportiert werden, wo sie sich unter Polymorphismus in mehreren Reihen anordnen: Den Lateralsprossen (= laterale Zoide) fehlt ein Peribranchialraum;

sie fungieren als Nährtiere (Trophozoide) der Amme, welche ihren Darm zurückbildet. Die Mediansprossen (Ersatzknospen) dienen als „Pflegetiere" (Phorozoide) der erneut eintreffenden Blastozoide (= Geschlechtsknospen), die dann zu Gonozoiden heranreifen und schließlich frei werden. Die Wanderknospe (Blastozoid) als Ausgangspunkt für die Bildung der verschiedenen Individuen besitzt in ihrem Inneren acht Längsstränge; deren Bildungsleistungen lassen sich allerdings nicht direkt mit den Verhältnissen bei den Desmomyaria vergleichen.

Bei den *Pyrosomida* (= Feuerwalzen) bildet der sich entwickelnde Keim des Oozoids sehr früh schon am Stolo vier Blastozoide (= Tetrazoide; Abb. 25 e + f) und degeneriert dann. Das **Tetrazoid** wird frei und sinkt zu Boden. Am Stolo werden in der Folge weitere Blastozoide formiert, die mittels Phorocyten an ihren definitiven Platz in der Kolonie verfrachtet werden.

6.4.3 Heterogonie

6.4.3.1 Trematodes

Nachdem zu Ende des 17. Jahrhunderts Tyson und Redi erste grundlegende Untersuchungen angestellt hatten, gelang es von Siebold (1833), den Entwicklungsgang der parasitologisch so wichtigen Saugwürmer weitgehend aufzuklären.

Bekannteste Beispiele sind die Zyklen der *Leberegel* [z. B. *Dicrocoelium lanceolatum* und *Fasciola hepatica* (kleiner und großer Leberegel)].

Die vom parasitischen, in den Gallengängen von Mammaliern lebenden Adultus gebildete freie bewimperte Larve **(Miracidium)** wandelt sich im Innern des Zwischenwirtes (Land- bzw. Süßwasserschnecke) zur **Sporocyste.** Diese bildet aus ihren Keimballen auf parthenogenetische Weise **Redien,** welche in sich wiederum parthenogenetisch **Cercarien** erzeugen. Diese Larven gelangen ins Freie. Sie sind mit einem transitorischen Ruderschwanz versehen und transformieren sich im Endwirt (vor allem Schaf bzw. Rind) zum zwittrigen Adulttier; bei *Dicrocoelium* wird noch eine Ameise als Transportwirt dazwischengeschaltet.

Diese klassische Darstellung ist schon angezweifelt worden. So könnte die Vermehrung von Sporocysten und Redien durch asexuelle Vermehrung im Sinne von Polyembryonie stattfinden und nicht auf Parthenogenese beruhen. Andererseits wurde zumindest für *Fasciola hepatica* erneut das Vorliegen von diploider Parthenogenese demonstriert.

6.4.3.2 Rotatoria

Der vor allem durch Maupas (1890 ff.) klargestellte Generationswechsel der Rädertiere ist durch drei Eitypen, das häufige Vorkommen von Zwerg ♂ ♂ und – als einzigem eindeutigen Fall im Tierreich – von zwei ♀ ♀ -Sorten kompliziert. Unter den heterogenen Rotatorien sind dabei vor allem die Gattungen *Brachionus* und *Asplanchna* untersucht.

Amiktische ♀♀ erzeugen parthenogenetische Somaeier **(Sommereier),** wobei die somatische Chromosomenzahl erhalten bleibt. Aus diesen Eiern entwickeln sich wiederum amiktische ♀♀ oder aber miktische ♀♀. Aus den meiotischen Eiern der letzteren entstehen bei fehlender Befruchtung ♂♂, nach Befruchtung aber **Winter-** oder **Dauereier,** die dann überwintern. Je nach Häufigkeit dieser mit als Reaktion auf die Umgebungsbedingungen zu deutenden Zyklen können mono-, di- und polyzyklische Arten (bis zu 4 Zyklen pro Jahr) unterschieden werden. Bei den Philodinidae treten keine ♂♂, bei den Seisonidea dagegen stets ♂ und ♀ auf.

6.4.3.3 Cladocera

Die Heterogonie der Wasserflöhe wurde ursprünglich vornehmlich durch Weismann (1876) analysiert.

Die rein parthenogenetische Generation besteht aus „amiktischen" ♀♀, die dünnschalige **Subitaneier** (=Sommer- und Jungferneier) ohne Reduktionsteilung ablegen. Diese folgen sich oft in mehreren Generationen. Die Sexualperiode wird eingeleitet, indem „miktische", äußerlich nicht divergierende ♀♀ haploide, in fakultativer Weise parthenogenetische Eier ablegen können. Werden diese nicht besamt, so entstehen haploide ♂♂. Besamen diese ♂♂ aber die „miktischen" ♀♀, so legen diese **Latenz-** oder **Dauereier** ab, welche unter einem Entwicklungsstop (meist im Stadium der Mesodermablösung) überwintern. Die Dauereier liegen oft im Innern von **Ephippien** (Abb. 112o) und brauchen eine Einfrierung oder Eintrocknung zur erfolgreichen Weiterentwicklung, die stets ein „amiktisches" ♀ entstehen läßt.

Ähnlich wie bei den Rädertieren gibt es auch a- bis polyzyklische Cladoceren; der dizyklische Generationswechsel mit Sexualperioden im Frühjahr und Herbst ist aber am häufigsten.

6.4.3.4 Homoptera, Aphidoidea

Die Blattläuse liefern ein Paradebeispiel für Evolutionstendenzen der Heterogonie.
Ursprünglich dürfte wohl reiner Gonochorismus mit geflügelten ♂ bzw. ♀ gewesen sein; ihn gibt es heute nicht mehr. In einer ersten Stufe [z.B. *Acanthochermes quercus* (Zwerglaus)] kommt es zu einem heterogenen Wechsel zwischen einer parthenogenetischen und einer bisexuellen Generation.
Eine weitere Stufe bringt eine Vermehrung der Zahl der parthenogenetischen Generationen, die aber am Saisonende stets von einer sexuellen Generation gefolgt werden. Dabei wird die aus dem befruchteten Ei hervorgehende Morphe zur **Fundatrix** (=Stamm-Mutter) aller folgenden parthenogenetischen Generationen. Letztere bilden als **Virgines** unter rein

parthenogenetischer Vermehrung eine Anzahl von genetisch fixierten oder aber umweltabhängigen Virgo-Generationen. Als **Sexuparae** bringen sie dagegen im Herbst die bisexuelle Generation der **Sexuales** aus sich hervor und zwar aus größeren Eiern die ♂♂, aus kleineren die ♀♀.
Das einzige Ei pro ♀, das Winterei, läßt im Frühjahr wieder eine Fundatrix entstehen. Besonders bei primitiven Arten gibt es aber auch die Form der Virgino-Sexupara, die sowohl Virgines als auch (Virgino-) Sexuparae bildet. Parallel dazu läßt sich eine sukzessive Tendenz zur Flügelreduktion feststellen (Tabelle 23).
Der Rückgang des Siebröhrensaftes des Pflanzenwirtes während des Sommers führt zu weiteren Anpassungen. Entweder werden Aestivales (Kümmerformen) bzw. Aestivoresistentes (Latenzlarven) gebildet oder es kommt zu **Heterözie.** Dieser Wirtswechsel kann fakultativ oder obligatorisch sein.
Dabei läßt sich eine sukzessive Zunahme der Generationen sowie schließlich auch das Auftreten von sexuellen Generationen auf dem Nebenwirt feststellen. Terminologisch sollten alle Generationen auf dem Nebenwirt die Vorsilbe „Exsulis-" (z.B. Exsulis-Virgo) bzw. auf dem Hauptwirt „Civis-" erhalten. Bei Platzwechsel auf dem gleichen Wirt [Subheterözie (z.B. bei diversen Lachnidae und Aphididae wie *Viteus vitifolii* (Reblaus)] ist der Begriff „Exsulis" durch „Proexsulis" zu ersetzen.
Endziel aller Evolutionen des Blattlaus-Zyklus dürfte die Erzielung von rein parthenogenetischen, anholozyklischen Arten sein, die sich auch über den Winter parthenogenetisch halten können. Arten mit sehr seltenen Sexuparae wie *Byrsocrypta ulmi* (Rüsternblasenlaus) und *Myzodes persicae* (Pfirsichblattlaus) stehen nahe an diesem Zustand.

Tabelle 23. Tendenzen zur Flügelreduktion bei den Blattläusen (Aphidoidea). (Vor allem nach Angaben von Lampel 1965)

	Beispiele
1. Alle Morphen geflügelt (=Ausgangszustand)	*Drepanosiphon californicum*
2. ♀ Sexuales ungeflügelt	Phyllaphidinae, Callaphidinae [z.B. *Chromophis juglandicola* (Walnußlaus)]
3. ♂ und ♀ Sexuales ungeflügelt	Pemphigidae, Adelgidae, Phylloxeridae
4. Auch Fundatrix ungeflügelt	Drepanosiphonini, Callaphidini, Myzocallidea, Eucallipterina
5. Auch Virgines und Sexuparae ungeflügelt	*Phyllaphis fagi* (Buchenzierlaus) (außer die ersten beiden Virgo-Generationen)

6.4.4 Biologische Bedeutung

Die unterschiedlichen Typen des Generationswechsels sind im Tierreich mehrmals und polyphyletisch, d. h. unabhängig voneinander, entstanden. Innerhalb der einzelnen Tiergruppen lassen sich Evolutionslinien nachweisen, so bei Hydroiden die Tendenz der sukzessiven Reduktion der Meduse zu sehr einfach gebauten Gonophoren bzw. bei Blattläusen der Trend zur völligen Aufgabe der sexuellen Generation zugunsten von reiner Parthenogenese.

Die Ausbildung von Generationswechsel kann biologische Vorteile bringen. Bei der Metagenese der Hohltiere verbessert etwa die freischwimmende Medusengeneration die Artverbreitung. Andererseits dürfte der Verzicht auf freie Medusen bei Hydroiden-Arten des Küstensaumes das Verdriften in nicht besiedlungsfähige größere Meerestiefen verhindern. Im weiteren ermöglicht asexuelle Vermehrung die rasche Besiedlung eines (günstigen!) Biotops mit genetisch gleichartigen Tieren.

Bei der Heterogonie stehen die bisexuell entstandenen Latenzeier in Zusammenhang mit der Überbrückung von ungünstigen Außenbedingungen; die dank Parthenogenese mögliche rasche Propagation mittels Subitaneiern ermöglicht ein rasches Ansteigen der Populationen in den günstigen Sommermonaten.

6.5 Fertilitätsperioden

Fertilität wird in der Regel im Adultstadium erreicht. Bei Arthropoden sind Beziehungen zur Häutung ableitbar; Insekten häuten sich - allerdings im Gegensatz zu den Crustaceen - nach Erreichung der Geschlechtsreife nicht mehr.

Im Folgenden seien einige unterschiedliche Beispiele von *besonderem Fertilitätsverhalten* besprochen:

In Ausnahmefällen kann **Neotenie** eintreten (Tabelle 24 sowie Abb. 27 h-o): die Geschlechtsreife tritt bereits im Zustand der Larve oder Nymphe [Acari (Abb. 27 k)] ein.

Als besonders signifikante Beispiele sind neben den zahlreichen Urodelen (Abb. 27 l-o) die oft „unterentwickelten" Zwerg ♂♂ bei parasitischen Copepoden (Abb. 27 h) und Cirripediern zu nennen. Auch sei an die Möglichkeit der Termiten, bei Verlust der Königin nicht voll entwickelte Ersatzgeschlechtstiere heranzuziehen sowie an die Tatsache erinnert, daß *Salmo salar* im Süßwasser früh matur wird.

Als Unterbegriff könnte mit Meisenheimer die „Progenese" abgetrennt werden für Formen, die vor beendetem Wachstum die Sexualreife erlangen. Der Ausdruck hat sich indes zur Bezeichnung der ersten Entwicklungsphasen vor der Furchung (Tabelle 2) durchgesetzt.

Eine Abart beschreibt auch der seinerzeit durch Chun (1892) eingeführte Terminus der **Dissogonie** („Mehrfachzeugung"). Bei den Ctenophoren *Eucharis* (Abb. 27 d), *Bolinopsis (Bolina)* und *Pleurobrachia* ist die Cydippen-Larve fertil; nach der Metamorphose erfolgt eine zweite Fortpflanzungsperiode. Ähnliches gilt für die Scyphozoe *Tetraplatia* und verschiedene Aktinien. *Platynereis dumerilii* wird zunächst als atokes und später wiederum als epitokes Individuum nach der Metamorphose geschlechtsreif.

Pädogenese ist die parthenogenetische Fortpflanzung von Larven und Puppen. In Ergänzung zu Tabelle 24 seien die Verhältnisse bei Gallmücken kurz geschildert.

Bei *Heteropeza pygmaea* produzieren die in verrotteten, pilzbesetzten Baumstrünken lebenden weiblichen „Mutterlarven" auf parthenogenetische Weise zahlreiche Larven, die ihre Erzeugerin durch die Körperwand verlassen. Bei Nahrungsmangel werden einige Larven zu ♀♀, die „orthodox" befruchtete sowie unbefruchtete Eier in neue Strünke ablegen. Andere Larven produzieren Larven, die zu ♂♂ und ♀♀ werden; dabei gibt es Larven, die als „Männchenmütter" nur ♂♂ erzeugen können. Ähnliche Verhältnisse zeigt *Oligarces paradoxus;* doch unterscheidet sich diese Spezies durch die Art ihrer genetischen Geschlechtsdetermination.

Beim oft zitierten Trematoden *Gyrodactylus* sind bis zu vier Generationen von Embryonen ineinander geschachtelt. Doch könnte es sich auch um Polyembryonie handeln, wobei in diesem Fall die einzelnen Generationen auf übriggebliebene, totipotente Furchungszellen zurückgehen würden.

Die **Superfetatio** basiert auf im gleichen ♀ stattfindenden Befruchtungen von Eiern, die aus verschiedenen Ovulationsperioden stammen. Außer Fischen (u. a. Cypridontidae wie *Gambusia, Platypoecilus, Heterandria* u. a.) ist sie neben zahlreichen umstrittenen Fällen für die Maus und namentlich den Feldhasen bewiesen. Bei *Lepus europaeus* können die Häsinnen bereits 5 Tage vor der Geburt ihrer Jungen wieder gedeckt werden. Vergleichbare Fälle sind auch von *Homo* bekannt. Voraussetzung ist immer, daß das Corpus luteum nicht die Ausreifung von weiteren Follikeln verhindert.

Bei der **Superfecundatio** (Überschwängerung) werden dagegen gleichzeitig ausgestoßene Eier aufgrund mehrerer Kopulationen besamt und befruchtet. Bei *Homo* wurde bei einem zweieiigen Zwillingspaar bewiesen, daß dieses auf verschiedene Väter zurückgeht. Ähnliche Fälle sind bei Pferden und vor allem von Rassehündinnen bekannt, wobei diese nach Paarung mit einem Rassehund im Nachhinein noch von einem Bastardmännchen gedeckt worden sind.

Bei Säugetieren wird die verzögerte Fortpflanzung durch Retardation bzw. durch Arretierung im Entwicklungsverlauf als **Schalttragezeit** bezeichnet.

Tabelle 24. Vorkommen von Neotenie, Dissogonie (D) und Pädogenese (P). (Vgl. auch Tabelle 17 und Abb. 27 d, h–o)

Cnidaria	Scyphozoa		*Tetraplatia* (D)
	Anthozoa		div. Actinien (D)
Acnidaria			*Bolinopsis (Bolina) hydatina* D), *Eucharis* (D)
Plathelminthes	Turbellaria		*Bothromesostoma, Graffizoon lobatum, Mesostoma ehrenbergi*
	Trematodes		*Gyrodactylus* (P?)
Nemathelminthes	Nematoda		
	Nematomorpha		*Gordius*
Annelida	Polychaeta		Spionidae, *Nereis dumerili* (D)
Arthropoda	Crustacea	Cladocera	*Podon, Evadne*
		Copepoda	*Achtheres, Cyclops languidus,* Caligoida (extrem bei Lernaeida)
		Cirripedia	*Sacculina*
		Ascothoracida	*Dendrogaster*
		Isopoda	*Portunion maenadis*
	Chelicerata	Acari	*Chorioptes auricularum, Schizocarpus mingaudi, Phytoptipalpus paradoxus, Pediculus (Pediculopsis) graminum*
	Pantopoda		*Ammothea borealis*
	Insecta	Strepsiptera	*Polistes, Xenos*
		Diptera	*Miastor metroloas* (P), *Oligarces paradoxus* (P), *Heteropeza* (P)
		Isoptera	Ersatzgeschlechtstiere
Mollusca	Gastropoda		Pteropoda
Tunicata	Pyrosomida		*Pyrosoma*
Vertebrata	Osteichthyes	Teleostei	*Salmo salar* (im Süßwasser)
	Amphibia	Urodela	
		Sirenidae	*Siren*, Pseudobranchus**
		Proteidae	*Necturus*, Proteus**
		Cryptobranchidae	*Cryptobranchus*, Megalobatrachus**
		Amphiumidae	*Amphiuma*
		Plethodontidae	*Typhlomolge, Haldeotriton, Eurycea, Gyrinophilus*
		Amblystomatidae	*Siredon*

Die mit einem Stern gekennzeichneten Urodelen-Gattungen besitzen eine permanente Larve; bei den übrigen Genera ist die künstliche Induktion der Metamorphose möglich.

Die Keimruhe nach der Befruchtung ist für Gürteltiere *(Dasypus)* typisch. Bei Fledermäusen *(Myotis, Eptesicus)* kommt auch verzögerte Befruchtung vor, indem die Spermien bis zum Erwachen des ♀ aus dem Winterschlaf in Uteruskrypten bzw. in der oberen Vagina gespeichert werden.
Häufig ist eine verzögerte Implantation durch Entwicklungsarretierung im Blastocystenstadium. Diese kann periodisch sein (vor allem bei Edentaten, Robben, Bären, Marderartigen sowie beim Reh) und führt dazu, daß die Jungen in der optimalen Jahreszeit (meist im Frühjahr) geboren werden. Als aperiodisch gilt z. B. die infolge starker Laktation bei Nagern häufige Arretierung, die auch beim Riesenkänguruh eintritt, solange das Beuteljunge saugt. Bei Fledermäusen *(Macrotus, Miniopterus)* beruht die verzögerte Entwicklung auf einem verlangsamten Wachstum der Blastocyste. Schließlich kann auch die Spermatogenese verlangsamt sein (z. B. *Citellus*).

In diesem Zusammenhang sei erwähnt, daß bei den vielen Vögeln, die erst bei Vorliegen eines vollständigen Geleges zu brüten beginnen, in den Eiern zwischen Ablage und Brutbeginn ein Entwicklungs-Stillstand eintritt.

Daneben gibt es Möglichkeiten zur oft als **Diapause** bezeichneten Entwicklungsunterbrechung.

Bei Nahrungsmangel gehen Erdnematoden (z. B. *Pelodera)* zur Bildung von Dauerlarven über.

Oft ist die durch einen minimalen Stoffwechsel charakterisierte, häufig in Verbindung mit der Überwinterung auftretende Diapause der Insekten von endogenen Zyklen abhängig und findet dann unbeschadet guter Außenbedingungen

Abb. 27. Vermehrungslarven inkl. Formen mit Dissogonie (**d**) bzw. Neotenie (**h** ff.) (außer **g** Totalansichten).

a Actinulalarve von *Pegantha* (Trachylina) mit sprossenden Actinulae; **b** an der Trachymeduse *Rhopalonema* festgeheftete Stolone von *Cunina* (Narcomedusae); **c** Larve von *Haliclystus* (Scyphozoa) mit Planula-ähnlichen Stolonen; **d** geschlechtsreife Larve von *Eucharis* (Ctenophora); **e** Bryozoen-Larve von *Plumatella* mit zwei sprossenden Zooiden; **f** Finne von *Cysticercus longicollis* (Cestodes) mit sich außen abschnürenden Tochterblasen; **g** Cysticercus von *Echinococcus granulosus* (Blasenwurm; Cestodes) mit sich nach innen abschnürenden Tochterblasen, welche Scolex-Anlagen enthalten; **h** *Achtheres* (Copepoda) mit sexuell maturem dritten Copepodit-Stadium; **i** parasitische, sexuell mature *Miastor*-Larve (Diptera); **k** Larve von *Siteroptes* (Acari) mit progenetisch im Inneren heranreifenden 4 ♀ ♀ und 1 ♂; **l–o** neotene Urodelen der Gattungen *Siredon (Amblystoma)* [Axolotl (**l**)], *Necturus* (**m**), *Siren* (**n**) und *Proteus* (Grottenolm; **o**).

Ak   Adventivknospe
aS   apikales Sinnesorgan
Bk   Brutknospe
Cu   Cuticula
Ez   im Haemocoel liegende Eizellen
fG   fertiles Rückengefäß (subsagittal)
K   Knospe
Kie   Außenkiemen
Lhü   Larvenhülle (Larvalsack mit Cilien)
lTbl   losgelöste, innere Tochterblase
Mbl   Mutterblase (Cysticercus)
Mx   2. Maxillen, armförmig und verwachsen mit terminaler Haftscheibe (Bulla)
PhG   Pharyngealgefäß (Pharyngealkanal)
Sc   Scolex
Spdr   Speicheldrüse
St   Stolon
Sti   Stigma (Atemöffnung)
StG   steriles Rippengefäß (subtransversal)
TeG   Tentakelgefäß (Tentakelkanal)
TG   Trichtergefäß (Trichterkanal)
Tra   Trachee
Wi   Wimperplättchen
Z   Zooecien

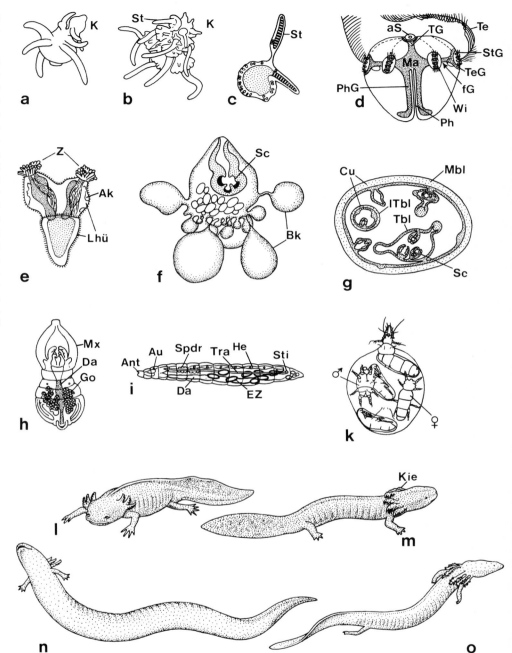

dennoch statt. Daneben können freilich auch Außenfaktoren – vor allem Licht und Temperatur – von auslösender Wirkung sein.

Obwohl die Diapause wohl am häufigsten in Verbindung mit der Metamorphose auftritt, kann sie von der Eizelle an alle Entwicklungsstadien erfassen; dies gilt selbst für Schmetterlinge, bei denen jedoch die Puppe als Diapause-Stadium am bekanntesten ist. Polyphyletisch entstanden sind Diapausevorgänge auch in Verbindung mit Heterogonie (S. 85 f.), bei welcher die arretierten Dauer- oder Latenzeier zur Überwinterung eingesetzt werden.

6.6 Typisierung der Reproduktionsperioden nach dem Zustand der abgelegten Stadien

Oviparität ist durch die Ablage von Eiern charakterisiert. Ganz streng genommen müssen diese noch die Eizelle enthalten, welche bei oder nach der Ablage besamt und befruchtet wird. Das Eindringen des Spermiums wird öfters durch eine Micropyle in der Eihülle ermöglicht.

Ovo-Viviparität führt dagegen zur Ablage von Eiern, die einen mehr oder weniger weit entwickelten Embryo enthalten. Als Wirbeltierbeispiel seien die Vögel genannt, wo im Ablagemoment über dem Dotter bereits ein Blastoderm vorhanden ist.

Viviparität ist durch die Geburt von lebenden Jungen charakterisiert; vorausgehend ist das Zerreißen der Eihüllen bzw. die Geburt. Echte vivipare Formen finden sich außer bei den Säugern z. B. bei Aktinien, Anneliden (Syllidae, Cirratulidae), diversen Crustaceen, Skorpionen und anderen Cheliceraten, bei dreizehn Insektenordnungen, Elasmobranchiern und verschiedenen Teleostiern. – Als einzige Amphibienart mit echter Viviparität (im uterusähnlichen Ovidukt) ist der Frosch *Nectophrynoides occidentalis* (vgl. Abb. 126 q) zu nennen. Andere Anuren sind durch äußere Inkubation (z. B. *Pipa*) bzw. durch „Mundinkubation" gekennzeichnet (vgl. hierzu auch S. 363).

Auf die Vielfalt der oft mit der Viviparität verbundenen Brutfürsorgeeinrichtungen kann hier nicht eingegangen werden; Tabelle 25 orientiert an einem Beispiel über die schon bei Bryozoen realisierten, vielfältigen Möglichkeiten.

Tabelle 25. Typen der Brutpflege bei Bryozoen. (Nach Angaben von Ström, in Woollacott und Zimmer 1977)

	Brutpflege-Typ	Beispiele
Ctenostomata	Freischwimmende Larve ohne Brutpflege	*Alcyonidium albidum, Hypophorella, Facella*
	Eimembran am Zooid befestigt	*Triticella*
	Embryonen am Vestibulum oder Tentakelschild	*Bulbella, Alcyonidium duplex, Flustellidra, Pherusella*
	Embryonen im Introvert (bei degenerierendem Polypen)	*Amathia, Bowerbankia, Vesicularia*
	Embryonen in invaginierendem Sack der Körperwand	*Victorella, Nolella*
Cheilostomata	Planktotropher Cyphonautes ohne Brutpflege	*Membranipora, Electra*
	Embryonen am Zooid festgeheftet	*Aetea*
	Embryonen an bogenartigen Cystid-Fortsätzen	*Tendra*
	Äußerer, am Operculum befestigter Embryosack	*Carbasea*
	Embryonen an röhrenartig erweitertem Kragen oder Peristom (= peristomiale Ovicelle)	*Tubucellaria, Turretigera*
	In Cölomwand invaginierender Brutsack	*Labiostomella, Beania*
	Bruttasche in Vestibulumwand	*Cryptosula*
	Ausbildung spezialisierter Brutkammern aus frontaler Partie des Zooids [= Ovicelle (Ooecium)] (6 unterschiedliche Typen)	*Alcidium, Bugula*, Cellaridae, *Callopora, Flustra, Phyllactellipora, Scruparia, Thalamoporella*
Stenolaemata	Ganzes Zooid als Brutkammer dienend (= Gonozooid) (mit Polyembryonie kombiniert)	z. B. *Crisia*
Phylactolaemata	In Coelomwand invaginierender Embryosack	z. B. *Plumatella*

6.7 Graviditätsdauer

Die Dauer der Gravidität wird bei Evertebraten oft durch Außeneinflüsse – teilweise entscheidend – mitbestimmt. Dagegen ist sie bei Wirbeltieren – namentlich bei Warmblütlern – fixiert (vgl. Tabelle 26) und läßt sich infolgedessen als nicht unwesentliches Kriterium bei evolutiven Fragestellungen mit verwenden. Entsprechendes gilt hinsichtlich der Brutdauer der Vögel.

Tabelle 26. Beispiele für Brutdauer bei Vögeln bzw. Graviditätsdauer bei Säugern. (Nach Angaben Starcks 1975)

I. Aves		Brutdauer in Tagen
Nesthocker:	*Cuculus* (Kuckuck)	12,5
	Passer (Sperling)	12–13
	Dendrocopus (Buntspecht)	12–13
	Fulmarus (Eissturmvogel)	60
	Diomedea (Albatros)	60
Nestflüchter:	*Coturnix* (Wachtel)	18
	Gallus (Huhn)	20,5
	Struthio (Strauß)	60
	Doromaeus (Emu)	60

II. Mammalia		
1. Monotremata		
Ornithorhynchus (Schnabeltier)	Graviditätsdauer	13–14
	Brutdauer in Tagen	12
2. Marsupialia	Graviditätsdauer in Tagen	
Dasyurus (Beutelmarder)		12–14
Didelphis (Opossum)		12,5
Macropus (Känguruh)		38–40
3. Eutheria	Graviditätsdauer in Tagen	
Sorex (Spitzmaus)		13–19
Mesocricetus (Goldhamster)		16
Mus (Maus)		18–20
Rattus (Ratte)		21
Oryctolagus (Kaninchen)		30–32
Felis (Katze)		63
Canis (Hund)		58–63
Sus (Schwein)		114
Bos (Rind)		280
Equus (Pferd)		330
Elephas (ind. Elefant)		623
Homo (Mensch)		250–267–285

7 Progenese

7.1 Keimzellreifung

7.1.1 Allgemeines

Die Keimzellreifung **(Gametogenese)** umfaßt die Bildung der Keimzellen (Gameten, Gonen) (Abb. 28); diese sind von Agameten (= Sporen) zu unterscheiden.

Es sei nochmals an den Spezialfall der Protozoen erinnert, bei denen jede Zelle (= Individuum) fortpflanzungs- bzw. sexualitätsfähig sein kann (vgl. Abb. 23).

Als Einleitung zur Frühentwicklung ist die Bildung von Spermien und Eizellen ein embryologischer Prozeß. Dieser ist in der weiblichen Linie immer notwendig; bei parthenogenetischer Entwicklung sind die Spermien überflüssig. Die Bedeutung der Eizelle wurde – gleichsam intuitiv – bereits durch Harvey (1651) formuliert, indem sich sämtliche Tiere, der Mensch inbegriffen, aus Eiern entwickeln sollen („omnia ex ovo").

Keimzellreifung besteht stets aus der schon besprochenen **Kernreifung** in Form der Meiose (S. 28 f., Abb. 7 d) mit der Aufteilung der ♂- bzw. ♀-bestimmenden Geschlechtschromosomen im Verhältnis 1:1 (Abb. 28 Af, Bf) sowie aus der **plasmatischen Differenzierung** (Abb. 28 Ag, Bc–f).

Die *Steuerung* dieser Prozesse beruht meist auf hormonalen Basen (S. 65 f.) und ist im weiteren von Außeneinflüssen wie Licht, Temperatur, Lunarperioden usw. mit beeinflußt. Besonders der Ablauf der Oogenese ist äußerst sensibel auf Störungen von außen. Kurz vor der Eiablage stehende Amphibien können gegebenenfalls noch sämtliche Eier zurückbilden. Oogenese und Spermatogenese zeigen verschiedene prinzipielle Unterschiede (Tabelle 27 und Abb. 28). Beiden gemeinsam ist, daß ursprünglich in der Proliferationsphase eine mitotische Vermehrung der **Urkeimzellen** (Tabelle 28) zu gleichfalls noch diploiden Spermatogonien bzw. Oogonien stattfindet (Abb. 28 b).

Erwähnt sei, daß entgegen der seinerzeitigen Annahme einer strikten frühen Festschreibung der Oogonienzahl beim ♀ Säuger auch später manchmal eine Neubildung möglich ist.

Tabelle 27. Unterschiede zwischen der ♀ und ♂ Keimzellreifung. (Vgl. auch Abb. 28)

	Spermatogenese	Oogenese
Ausgangszelle	Spermatogonium	Oogonium
Endprodukt	4 haploide Spermien	1 haploide Eizelle (Oocyte) und meist 3 haploide Richtungskörper
Kernreifung	vor Plasmadifferenzierung	während bzw. nach Plasmadifferenzierung
Entstehungsphasen		Vermehrungsphase
	Reifungsphase (Kern) Spermiohistogenese	Wachstumsphase Reifungsphase (Kern)
Ablauf	autonom	endgültige Reifung oft von der Besamung abhängig (vgl. Tabelle 39) oft periodisch
	z. T. dauernd (z. B. viele Säuger)	
Ernährende Hilfszellen	wenige auf viele Keimzellen	viele auf wenige Keimzellen
Zahl der Keimzellen	sehr viele (vgl. Tabelle 29)	wenige bis sehr viele (stets geringer als die Zahl der Spermien)

Tabelle 28. Zunahme der ♀ Keimzellen im Laufe der menschlichen Ontogenese. (Nach Witschi 1962 ff.)

Alter	Stadium	Keimzellen	Zahl
26 T	16 Somiten	sexuell undifferenzierte Urkeimzellen	109
8 W	Embryo	Oogonien	100 000
11 W	Embryo	Oogonien und Oocyten	1×10^6
15 W	Embryo	Oocyten	$5\text{-}6 \times 10^6$
		Stop der Neubildung[a]	
Geburt	Säugling	Oocyten und Primärfollikel	$5\text{-}6 \times 10^6$

[a] Beim ♂ dauernd Neubildung.
T = Tage, W = Wochen.

Abb. 28. Keimzellreifung und genotypische Geschlechtsbestimmung (schematisch). Die Autosomen sind durch ein gepunktetes Chromosomenpaar symbolisiert; die Allosomen (Geschlechtschromosomen) (XO: *Lebistes*-Typ) sind schwarz gehalten.

A Spermatogenesis: **a** Urkeimzelle; **b** Spermatogonium (durch Mitose in der Proliferationsphase entstanden); **c** Spermatocyte I. Ordnung; **d, e** die zwei Reifungsteilungen der Meiose; **e** Spermatocyte II. Ordnung; **f** 4 Spermatiden (je 2 mit dem X-Chromosom bzw. fehlenden Allosom); **g** 4 Spermien [durch Spermiohistogenese entstanden (vgl. Abb. 6 A)], **h, i** Befruchtung der Eizelle durch ein ♀-bestimmendes **(h)** bzw. ♂-bestimmendes Spermium **(i)**.
B Oogenesis: Die durch sukzessive Vergrößerung des Zellvolumens (Dottereinlagerung) charakterisierte Wachstumsphase ist nur schematisch dargestellt: **a** Urkeimzelle; **b** Oogonium (durch Mitose in der Proliferationsphase entstanden); **c** Oocyte I. Ordnung; **d, e** die zwei Reifungsteilungen der Meiose, die zur Oocyte II. Ordnung **(e)** führen; **f** Oocyte (Eizelle) mit drei abortiven Richtungskörpern (Polkörpern, Polocyten), die durch Ovulation frei wird; **h, i** Geschlechtsbestimmung wie bei **A**.

Cen   Centriol (durchs Spermium geliefert, gestattet Teilungsfähigkeit)
♂ Pn ♂ Pronucleus (Vorkern)
♀ Pn ♀ Pronucleus (Vorkern)
St   Spermatidium
T   Tetradenbildung

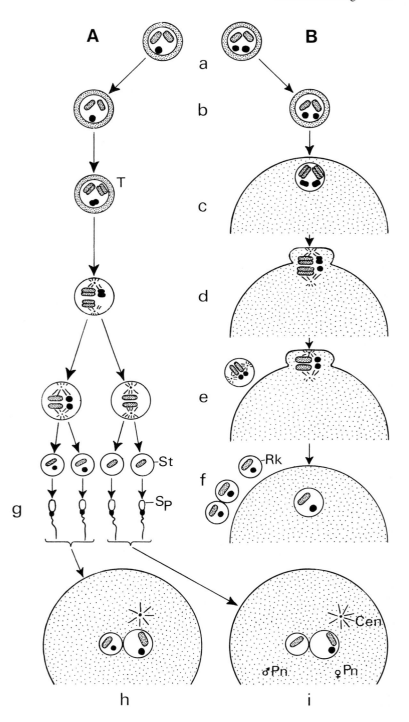

7.1.2 Keimbahn

Die Keimbahnidee hat sowohl einen *phylogenetischen* als auch einen *morphogenetischen Aspekt.*

Die in verschiedenen Entwicklungen früh sichtbare Abtrennung der Keimzellen (Germazellen) von den Soma - oder Körperzellen (vgl. auch Abb. 29 d-f als wohl bekanntestes Beispiel) hat zur von Nusbaum, Weismann, Boveri, Witschi u. a. vertretenen **Keimbahnidee** geführt. Sie nimmt an, daß die Germazellen als generative Zellen in direkter Linie (= Keimbahn) von Generation zu Generation weitergegeben werden. Die Spezialisierung der nach Witschi höher differenzierten somatischen Zellen erfolgt davon unabhängig. Doch haben zahlreiche, vor allem an Evertebraten ausgeführte Experimente gezeigt, daß nach Entfernung der Urkeimzellen Gonen aus Körperzellen regeneriert werden können.

Bei Hydroiden werden die Keimzellen oft nicht bereits während der Embryogenese, sondern wie schon Weismann (1883) gewußt hat, erst in späteren Lebensphasen gebildet. Des weiteren konnte eine Dedifferenzierung von Körperzellen zu I-Zellen und von da aus zu Keimzellen beobachtet werden. Auch bei den Schwämmen *Aplysilla* und *Clathrina* können sich selbst die hochdifferenzierten Kragengeißelzellen noch zu Keimzellen umtransformieren. Die von einem Außenektoderm umschlossene Axialzelle der Mesozoen läßt sämtliche Zellen der durch sie gebildeten Individuen aus sich hervorgehen.

Der morphogenetische Aspekt der Keimbahn basiert auf der Tatsache, daß manchmal Urkeimzellen bzw. Urkeimzell-Regionen sich durch *besondere morphologische Charakteristika* auszeichnen (Abb. 29 und 30); in diesen Fällen läßt sich daher eine frühontogenetische Sonderung der prospektiven Keimzellen erkennen:

Bei *Ascaris megalocephala* und ähnlich bei *Cyclops* und anderen Copepoden besitzen die künftigen Urkeimzellen im Gegensatz zu den **Chromatindiminution** erleidenden Somazellen eine normale Chromosomenzahl (Abb. 29 d-g). Die sog. Urgeschlechtszelle der Rotatorien teilt sich in eine Urkeimzelle und eine Urdotterzelle (Abb. 29 l + m). Erstere soll die Oogonien, letztere den Dotterstock liefern.

Bei Muscheln, die teilweise durch eine Mitochondrien-Konzentration ausgezeichnete **keimbahnbegleitende Körper** aufweisen, führt der Zellstammbaum die Urkeimzellen auf Derivate der D-Zelle zurück. Bei Cephalopoden gelang es ebenfalls, die Urkeimzellen anhand ihres auf histologischen Schnitten stets hell angefärbten Plasmas bis zum etwa der Gastrulation entsprechenden Naefschen Stadium IV zurückzuverfolgen.

Der stark anfärbbare keimbahnbegleitende Körper von *Sagitta* (Chaetognatha) (Abb. 29 a-c) stellt wahrscheinlich den Rest einer degenerierenden Zelle des Ovarepithels dar. Besonders viele Beispiele liefern die Arthropoden. Unter den niederen Krebsen zeigen etwa *Branchipus* und *Polyphemus* (Abb. 29 h + i) **Nährzellreste** in den Urkeimzellen. Auch bei diversen Insekten (*Calliphora, Chironomus,* Chrysomeliden, *Camponotus* sowie Schlupfwespen) sind wohl aus veränderten Nährzellsekreten bestehende Keimbahnkörper in den Urkeimzellen bekannt. Oft liegen bei Insekten am caudalen Eipol besondere hintere **Polplasmen** mit RNS-reichen Grana (Abb. 29 n-s). Dieses „Gonadensoma" wird von einigen Furchungsenergiden besiedelt, welche dadurch zu Urkeimzellen werden. Bei den Cecidomyiden (pädogenetische Gallmücken) ist die Keimbahn doppelt gesichert (Abb. 29 n-p); die

Abb. 29.   Keimbahn und Urkeimzellen bei Evertebraten (schematisiert).

a-c *Sagitta* sp. (Chaetognatha) mit keimbahnbegleitendem Körper: **a** Teilung zum 2-Zellstadium; **b** 16-Zellstadium (vom vegetativen Pol); **c** Invaginationsgastrula.
d-g *Ascaris* sp. (Nematoda) mit Chromatindiminution: **d** 2-Zellstadium in Teilung; **e** 4-Zellstadium; **f** dito, mit beendeter Blastomerenumlagerung; **g** postgastrulärer Embryo mit beendeter Stomodaeumbildung.
h, i *Polyphemus pediculus* (Cladocera); Subitanei mit Nährzellresten: **h** 4-Zellstadium; **i** 62-Zellstadium (vom vegetativen Pol).
k *Penaeus trisulcatus* (Decapoda): „Gastrula".
l, m *Asplanchna priodonta* (Rotatoria) mit Ectosomen: Embryonen.

n-p *Miastor metraloas* (Diptera) mit Polplasma bzw. Chromosomenelimination in den somatischen Zellen: **n** 4-8-Zellstadium; **o** 15-Zellstadium; **p** Periblastula.
q-s *Chironomus* sp. (Diptera) mit Polplasma (Oosom): **q** Ei mit Polplasma; **r** frühes Furchungsstadium mit freien Polzellen; **s** Übergang zur Periblastula mit wieder in den Keim einwandernden Polzellen.

A, B	aus Ursomazelle entstandene Somazellen (liefern Ectoderm)
Chd	Chromatindiminution
Chr	Chromosom (Sammelchromosom)
ChrEl	Chromosomenelimination
degZe	degenerierende Zelle (des Ovarepithels)
Ects	körnchenartige Ectosomen
elChr	eliminierte Chromosomen

Fen	Furchungsenergide
Fep	Follikelepithel (der Ovariole)
KbK	keimbahnbegleitender Körper
KbZ	Keimbahnzelle
Nme	Naupliusmesoderm
Nzr	Nährzellrest
Oos	Oosom
P_1	Urpropagationszelle (Stammzelle, Keimbahnzelle)
P_2	Propagationszelle
Ppl	Polplasma
Pz	Polzelle
S_1	sich in A und B aufteilende Ursomazelle (Urectodermzelle)
S_2	Somazelle 2 (liefert Entoderm, Mesenchym und das Stomodaeum)
Trc	Trophocyte (Nährzelle)
UDZ	Urdotterzelle

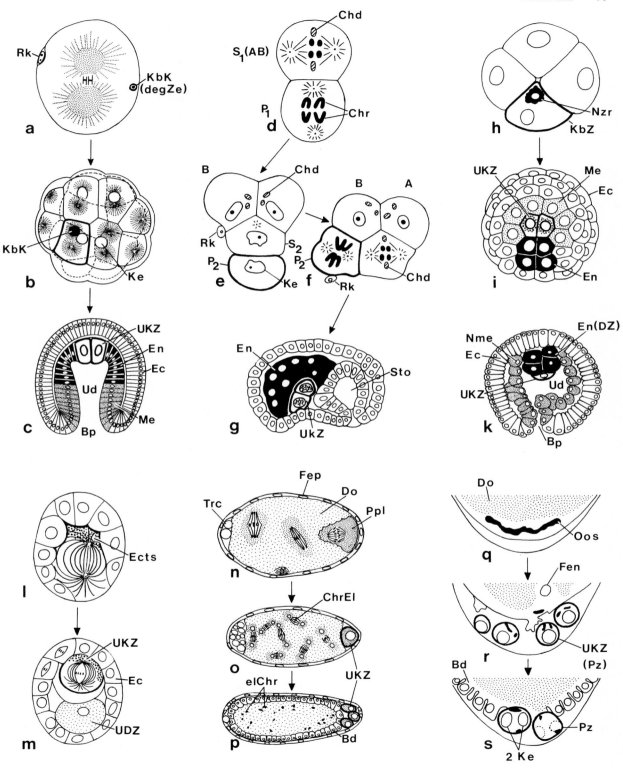

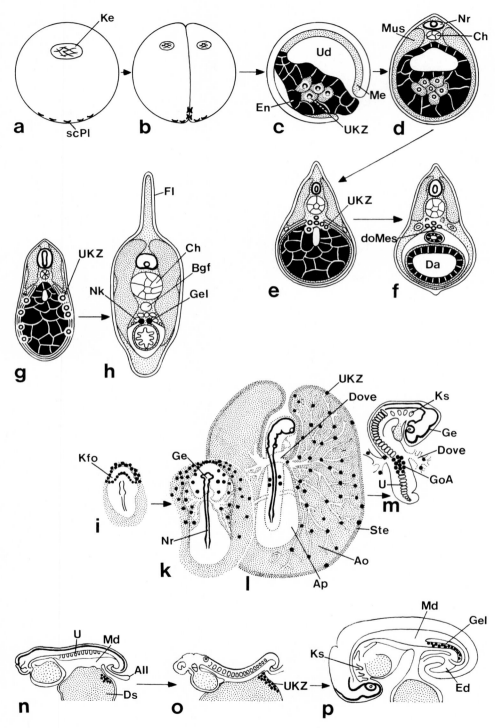

Abb. 30. Keimbahn und Urkeimzellen bei Wirbeltieren (schematisiert).

a–d Anura: **a** befruchtetes ungefurchtes Ei; **b** 2-Zellstadium; **c** Gastrula (Sagittalschnitt); **d–f** Schwanzknospenstadium und ältere Keime (quer).

g, h Urodela: verschieden alte Larven (quer).

i–m Aves (Ansichten des Hühnchenkeimes von dorsal) nach 18, 33, 38 und 72 h Bebrütungsdauer.

n–p Mammalia (Lateralansichten von verschieden alten Embryonen).

Ao	Area opaca
Ap	Area pellucida
doMes	dorsales Mesenterium
Fl	Flosse
GoA	Gonaden-Anlage
Kfo	Kopffortsatz
Nk	Nierenkanälchen
scPl	subcorticale Plasmaanhäufungen (Keim- oder Germinalplasma)
Ste	Sinus terminalis (Randgefäße)

Urkeimzellen sind sowohl durch einen Keimbahnkörper als auch durch die entgegen den Somazellen fehlende Chromosomenelimination charakterisiert. Die durch Polyembryonie ausgezeichneten Chalcidier (Zehrwespen) zeigen typische Keimbahnkörper. Bei der Aufteilung in zahlreiche Keime bekommen gelegentlich einzelne Embryonen keine Keimbahnkörper zugeteilt, was zur Bildung von geschlechtslosen Larven führt.

Bei den Wirbeltieren ist übereinstimmend die extragonadale Herkunft der Urkeimzellen meist aus dem Entoderm (Abb. 30) erwiesen. Bei *Rana* bereits im 2-Zellstadium (Abb. 30b) am vegetativen Pol nachweisbare **RNS-haltige Plasmaeinschlüsse** erlauben die weitere Verfolgung (Abb. 30c–f) des Schicksals der Urkeimzellen, die später via Darm und dorsales Mesenterium in die Genitalleiste einwandern.

Im Gegensatz zu den Anuren entstehen die primordialen Urkeimzellen der Urodelen in der animalen Keimhälfte. Sie weisen keine „Polgranula" auf; auch sind sie später anläßlich ihrer Wanderung zur Genitalleiste nicht im Entoderm, sondern im Seitenplattenmesoderm nachzuweisen (Abb. 31g + h).

Bei Vögeln (Abb. 30i–m) liegen dagegen die ursprünglich im extraembryonalen Hypoblast nachweisbaren Urkeimzellen cephal in bogenförmiger Anordnung am Rand zwischen Area opaca und pellucida. Von hier aus gelangen sie mittels des Zirkulationssystems in die Genitalleiste.

7.1.3 Spermatogenesis

7.1.3.1 Ablauf

Der Ablauf der Samenreifung (Abb. 28 A) verläuft entgegen der Oogenese, die in ihren letzten Phasen oft vom Spermieneintritt in die Eizelle abhängig ist (S. 122 und Tabelle 39), autonom. Aus einer diploiden **Spermatogonie** (Abb. 28 Ab) entstehen durch die *Meiose* über die **Spermatocyten I.** und **II. Ordnung** (Abb. 28 Ac–e) 4 haploide **Spermatiden** (Abb. 28 Af). Diese sind plasmatisch noch unreif; durch die *Spermiohistogenese* (Abb. 6 A) werden sie erst zu besamungs- und befruchtungsfähigen **Spermien** [Spermatozoen (Abb. 28 Ag)].

– Freilich setzt etwa bei der Hydroide *Sertularia cornicina* die Plasmaausgestaltung in Form der Flagellen-Differenzierung bereits schon bei der jungen Spermatocyte, also schon während der Kernreifung, ein.

Die Spermiocytogenese ist auf Abb. 6 A für das typische Flagellospermium dargestellt. Durch die Vereinigung der Dictyosomen des Golgiapparates wird das zwei Centriolen enthaltende Idiosom aufgebaut. Lamellen des Golgiapparates werden zu Vesikeln und diese zu Proakrosomenkörnchen

(Abb. 6 Aa). Letztere bilden unter Fusion das Akrosom, das lytische Enzyme in sich birgt. Dieses legt sich terminal haubenartig um den Kern (Abb. 6 Ab ff.). Die Centriolen trennen sich (Abb. 6 Ac). Das proximale bleibt in Kernnähe, während sein kernferner distaler Partner das Flagellum und später auch den Jensen- oder Terminalring (Abb. 6 Ad) formiert. Dieser gleitet dann dem Flagellum entlang nach hinten. Die sich verdichtenden Mitochondrien ordnen sich spiralig im Mittelstück an (Abb. 6 Ae + f).

Während dieser cytologischen Veränderungen kommt es zudem zur Ausstoßung von Karyoplasma, das in Form von lamellären Strukturen im Cytoplasma erscheint. Dann wird ein mit Resten des Golgikomplexes dotierter Cytoplasmanteil abgegliedert (Abb. 6 Ae), der im Lumen des Samenkanälchens im Hoden degeneriert.

Von diesem Grundschema der Bildung gibt es zahlreiche *Abwandlungen,* die anhand von drei Beispielen erläutert seien:

Bei den vorhin erwähnten Hydrozoen fällt die frühe, gleich nach Ausrichtung des proximalen und distalen Centriols einsetzende Flagellendifferenzierung sowie das Fehlen eines typischen apikalen Akrosoms auf.

Der Flußkrebs besitzt aflagellate, abgeflachte, linsenförmige Spermatozoen mit armförmigen, nach außen gerichteten Fortsätzen (Abb. 33f). Hier sind die Mitochondrien nicht beteiligt und degenerieren die Centriolen. Der Golgikörper soll keinen Anteil an der Bildung des sehr mächtigen Akrosoms haben.

Bei Cestoden *(Hymenolepis, Moniezia)* verschmelzen 4 Spermatogonien zu einem Cytophor (vgl. hierzu auch Abb. 34a); in diesem entstehen durch eine umstrittene Kernfragmentation bzw. durch eine Meiosen-Folge 16 Spermien.

7.1.3.2 Hilfseinrichtungen

Besondere, der Ernährung dienende Hilfseinrichtungen zur Spermienreifung kommen zwar in verschiedenen Varianten vor; sie sind aber nicht so wichtig wie bei der ja meist mit dem Dotteraufbau korrelierten Oogenese.

Bei den **Hydroiden** hat das Entoderm eine ernährende Funktion, sei es im **Blastostyl** (= der fertilen Hydranthenwand) des Geschlechtspolypen (Gonangium) bzw. als **Spadix** des Medusoids (= Gonophore) bzw. als Entodermkanal des Gastrovaskularsystems der Meduse (vgl. hierzu Abb. 26c + d sowie 34i).

Ascaris zeigt im Hodenschlauch einen zentralen, freilich nicht von allen Autoren funktionell so gedeuteten azellulären Nährstrang, die **Rhachis**.

Bei Turbellarien, Anneliden und Mollusken können **Cytophoren** (Abb. 34a) ausgebildet sein. Es sind dies zentrale Plasmaanteile, um die herum die Spermienanlagen sitzen. Aus der Hodenwand detachierte, bläschenförmige, die meist synchron heranreifenden Keimzellen in sich einschließende

Spermiocysten (Spermatocysten; Abb. 34 b) finden sich bei Insekten, Selachiern, Teleostiern und Amphibien. Bei den Phylactolaemata unter den Bryozoen, bei Schnecken, Muscheln sowie ähnlich bei Säugern treten als **Basal-** bzw. **Sertolizellen** (Abb. 34 c) bezeichnete Zellen auf, die oft syncytiale Wandbeläge mit Stütz- und wahrscheinlicher Nährfunktion formieren.

In den Hoden der Enteropneusten stehen die Spermien mit einer **ernährenden Dottermasse** in Kontakt. Ähnliches gilt für den Prosobranchier *Littorina sitkana:* durch ihre Reduktionsteilung mit gekennzeichnete Nährzellen senden Pseudopodien aus, die desmosomenartig Verbindungen zu den sich entwickelnden Spermatiden aufnehmen und sich in der Folge wieder zurückziehen. Noch später gelangen kugelförmige Nährzellen als **Spermatozeugma** mit zusätzlicher Transportfunktion in die Samenblase (S. 100). Sie tragen die an sie angehefteten eupyrenen Spermien und bleiben dort bis zur Kopulation gespeichert.

7.1.4 Das Spermium

7.1.4.1 Typische Spermien

Über den Bau des typischen eupyrenen fadenförmigen Nemato- oder *Flagellospermiums* orientiert Abb. 31 i–n. Es setzt sich zusammen aus einem **Spitzenstück** mit dem Acrosom, einem den Kern bergenden **Kopfstück,** dem **Hals** und dem **Zwischenstück** mit den Centrosomen (Centriolen) und meist vielen Mitochondrien sowie schließlich aus dem in Hauptschwanzstück und Endstück zerfallenden **Schwanz** (mit Achsenfaden und Plasmahüllen).

Das Acrosom wurde früher, da man ihm eine mechanische einbohrende Wirkung zuschrieb, auch als Perforatorium bezeichnet. Im einzelnen bestehen im Spermienbau viele, u. a. die Acrosomenregion (Abb. 31 a–h) betreffende Varianten (Abb. 32).

Typische, d. h. besamungs- und befruchtungsfähige, aber nicht fadenförmige *Anematospermien* (vgl. Abb. 33 a–f) sind für verschiedene Tiergruppen charakteristisch, wie unter den Arthropoden für Myriapoden, Spinnen und Crustaceen (mit sog. „Explosionsspermien"). Die Nematoden-Spermien (Abb. 33 b) sind amöboid und oft mit einem „Glanzkörper" als Acrosom versehen. Bei diesen bleiben, da keine Interphasekerne aufgebaut werden, die Chromosomen oft sichtbar.

Die *Länge der Spermien* kann - wie das am Wirbeltierbeispiel gezeigt sei - beträchtlich variieren. Sie beträgt bei Teleostiern ca. 30-35 μm, bei Vögeln zwischen 90 und 100 *(Gallus)* bis zu 200 μm (Sperling) und beim Säuger zwischen 55 (Ziege) bis zu etwa 100 μm (Meerschweinchen). Große Schwankungen zeigen die Amphibien mit 52 μm *(Rana)* bis zu 2270 μm *(Discoglossus).*

Über die zur Besamung nötige *Spermienzahl* orientiert Tabelle 29. Generell ist innerhalb der Art die Zahl der Spermien

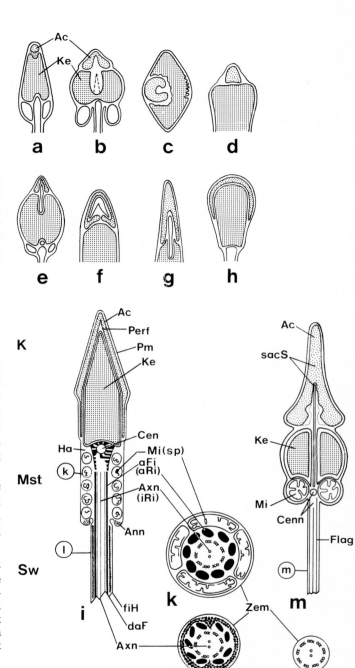

◁ **Abb. 31.** Bau des typischen Spermiums (schematisiert).

a–h Variabilität im Bau des Acrosoms: **a** *Arbacia* (Echinoidea); **b** *Crassostrea* (Bivalvia); **c** *Procambarus* (Crustacea, Decapoda); **d** *Saccoglossus* (Enteropneusta); **e** *Nereis* (Polychaeta); **f** *Acheta* (Insecta); **g** *Gallus* (Aves); **h** *Oryctolagus* (Mammalia). **i–l** Schematischer Bau des Säugerspermiums in Längs- **(i)** und Querschnitten **(k, l;** vgl. die entsprechenden Markierungen bei **i); m, n** Bau eines ursprünglichen Spermiums im Längs- **(m)** und Querschnitt **(n;** durch Schwanzregion).

aFi	dichte, äußere Fibrillen (im Mittelstück)
Ann	Annulus
aRi	äußerer Ring
Axn	Axonema
Cenn	Centriolen
daF	dichte, äußere Fibrillen (im Schwanz)
fiH	fibrilläre Scheide
Flag	Flagellum
Ha	Hals
iRi	innerer Ring
K	Kopfstück
Mst	Mittelstück
Perf	Perforatorium
Pm	Plasmamembran
SacS	subacrosomale Strukturen
sp	spiralig angeordnet
Sw	Schwanz
Zem	Zellmembran

Abb. 32. Beispiele von typischen Spermien (mit Ausnahme von **n** ungefähr auf gleiche Größe gebracht; stark schematisiert).

a *Lithobius* (Chilopoda); **b** *Argas* (Insecta); **c** *Arbacia* (Echinoidea); **d** *Opsanus* (Teleostei); **e** *Triturus* (Urodela); **f** *Amphiuma* (Urodela); **g** *Fringilla* (Buchfink; Aves); **h** *Gallus* (Aves); **i–n** Mammalia: **i** *Mus* (Maus); **k** *Cavia* (Meerschweinchen); **l** *Sus* (Schwein); **m** *Bos* (Rind); **n** *Homo* (Mensch)

Plm	Plasmamanschette
Sf	Schwanzfaden
uM	undulierende Membran
Vbs	Verbindungsstück

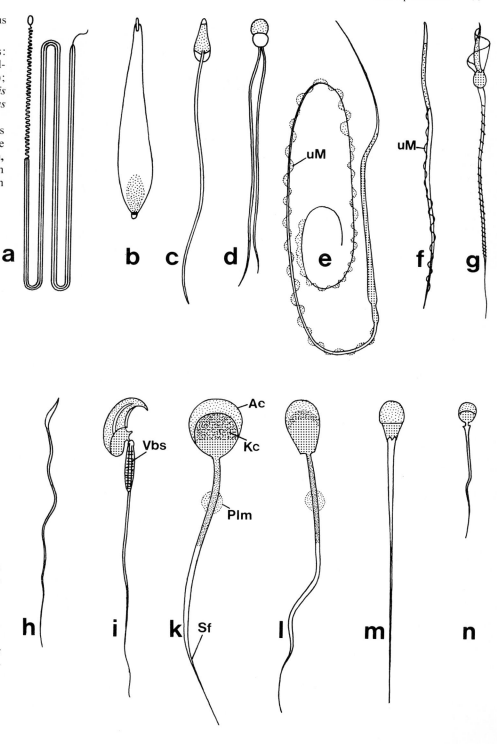

Tabelle 29. Zum Spermienüberfluß bei der Besamung. (Nach zahlreichen Autoren aus Cohen 1977)

Gattung	Zahl der Spermien	Zahl der Befruchtungen
Hydra	75	1 (?)
Echinus	1000	1
Lytechinus	60 (?)	1
Limulus	ca. 60 000	1
Aculus	50	23
Aedes	ca. 1 500	ca. 57
Apis	6×10^6	< 100 000 (?)
Dahlbominus	300	54
Drosophila	ca. 4000	< 7000
Reticulotermes	ca. 9561	< 200
Loligo	8×10^6	?
Gallus	2800×10^6	10
Coturnia	20×10^6	10
Megalica (Känguruh)	32×10^6	1
Mus	3×10^6	6
Oryctolagus	150×10^6	8
Myotis	300×10^6	1
Bos	4000×10^6	1
Rangifer	$2,4 \times 10^6$	1
Sus	25×10^6	9
Equus	8400×10^6	1
Homo	350×10^6	1

viel größer als diejenige der Oocyten. Sie ist bei Insekten relativ niedrig, bei Säugern dagegen sehr hoch. Bei *Homo* führen 250 Billionen Spermatocyten zur Bildung von 1 Trillion (10^{12}) Spermien!

Die Spermien bilden zusammen mit der aus besonderen Drüsen (z. B. Prostata) stammenden Samenflüssigkeit das **Sperma**.

Gelegentlich werden zur Übertragung der Spermien besondere **Spermatophoren** (S. 118 und Abb. 39) eingesetzt.

7.1.4.2 Atypische Spermien

Apyrene, dyspyrene, entgegen den typischen Eu- auch als Paraspermatozoen bezeichnete atypische Spermien gehen zwar aus männlichen Keimzellen hervor; infolge ihres reduzierten Chromatingehaltes sind sie aber entgegen den eupyrenen Spermien nicht mehr befruchtungsfähig.

Apyrene Spermien sind vornehmlich bei über 51 Gattungen der Prosobranchier (Abb. 33 g–n) bekannt; sie wurden bereits 1824 durch Treviranus bei *Viviparus* entdeckt.

Sie sind z. T. häufiger als normale Spermien und treten bei gewissen Arten saisonal auf. Die zahlreichen Typen umfassen neben filiformen, d.h. mit Kopf, Zwischenstück und Schwanz ausgezeichneten auch vermiforme Spermien ohne Kopf und Zwischenstück. Hinsichtlich des Chromatingehaltes lassen sich Reduktionsreihen feststellen.

Die *Funktion* der atypischen Spermatozoen ist in vielen Fällen noch unbekannt. Bei *Goniobasis* wird eine Wirkung als Gamonträger geltend gemacht und bei Prosobranchiern mit Näheiern eine Rolle bei der Näheierdetermination in Betracht gezogen, indem durch atypische Spermien besamte Oocyten zu Näheiern werden könnten. Doch ist letztere Annahme faktisch nicht bewiesen. Bei *Littorina* und *Montacuta* (vgl. S. 98) dienen atypische Spermien zur Ernährung ihrer normalen Partner sowie als einfache kugelförmige **Spermiozeugmen** auch dem Spermientransport. Die komplizierteren Spermiozeugmen (Spermiodesmen) von *Scala*, *Janthina*, *Goniobasis* und anderen Vorderkiemern bestehen aus einer auch Dottersubstanzen enthaltenden Treibplatte, einem Verbindungs- sowie einem langen Ansatzstück für Spermien (Abb. 33 n).

Dimorphe bzw. auch polymorphe Spermienformen kommen u. a. bei Opisthobranchiern und Cephalopoden vor. Bei zahlreichen Evertebraten und Vertebraten sind im weiteren Riesenspermien nachgewiesen, bei denen wahrscheinlich die 2. Spermatocytenteilung unterblieben ist. Daneben gibt es oft auch wirklich **pathologische Spermien**; so sind etwa bei *Homo* zweigeißlige Typen relativ häufig.

Erwähnt sei schließlich, daß bei Lepidopteren die normalen Spermien innerhalb einer Art unterschiedlich gebaut sein können. Besondere Spermientypen können bei diversen anderen Insekten als Spermiodesmen (Spermiozeugmen) auftreten, die nach Abbau der Spermatocyten an ihrem Kopfende vereint bleiben.

7.1.5 Oogenesis

7.1.5.1 Ablauf

Neben der oft nicht autonomen Kernreifung (Bildung des haploiden ♀ Vorkerns) muß die für den künftigen Keim nötige **Entwicklungsgrundausrüstung** (Abb. 37 C) bereitgestellt werden. Insbesondere ist der Aufbau von Nährsubstanzen in Form von Dotter zu betonen, der eine oft umfangreiche **Dottersynthese** (vgl. Abb. 35 a–c) erfordert.

Da in vielen Fällen - ausgenommen sind Arten mit besonderer Brutfürsorge oder Placentation - die Eizelle dem später aus ihr hervorgehenden Keim die Entwicklungsfähigkeit bis zur selbständigen Nahrungsaufnahme von außen ermöglichen muß, geht diese Entwicklungsgrundausrüstung in quanti- und qualitativer Hinsicht weit über den Eigenbedarf der Eizelle hinaus.

Abb. 33.   Beispiele von besonderen Spermienformen **(a-f)** bzw. von atypischen Spermien **(g-n)** (schematisiert).

a *Latona* (Cladocera); **b** *Ascaris* (Nematoda) (vgl. auch Abb. 40 Ba); **c** *Oxyuris* (Nematoda); **d** *Sida* (Cladocera); **e** *Galathea* (Decapoda, Anomura); **f** *Astacus* (Decapoda, Macrura), **g-n** Prosobranchia: **g** *Conus mediterraneus;* **h** *Bithynia tentaculata;* **i** *Viviparus viviparus;* **k** *Apporhais (Chenopus) pes pelecani;* **l** *Vermetus gigas;* **m** *Strombus bituberculatus;* **n** *Janthina janthina.*

Dpk   Deutoplasmakörper
Glk   Glanzkörper
Ha   Hals
Hf   Halsfortsätze
K   Kopfstück
Sw   Schwanzstück
Sfn   Schwanzfäden
Spz   Spermiozeugma
Sti   spiralig gedrehter „Stiel"
Tp   Treibplatte

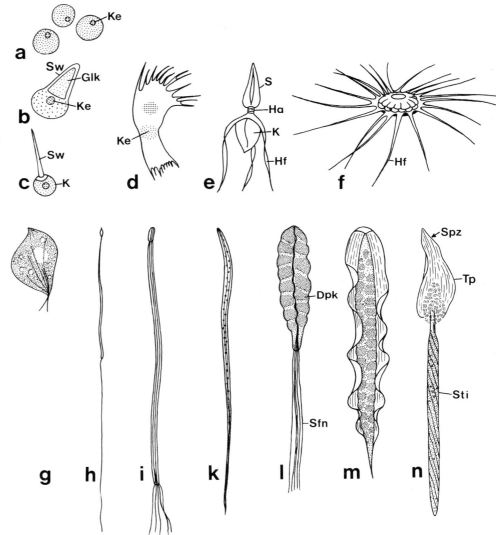

Die Eizellbildung läuft **diffus,** d. h. ohne Ausbildung von typischen Gonaden (vor allem Parazoen und Coelenterata), oder in der Mehrheit der Fälle **lokalisiert** in Gonaden ab (vgl. Tabelle 30).

Die Eireifung kann teilweise sehr lange dauern, etwa bei Amphibien bis zu 3 Jahren (Abb. 35 b). Sie zerfällt in drei Phasen (vgl. Abb. 28 B), wobei - entgegen der Spermatogenese - die plasmatische Reifung vor der Kernreifung erfolgt:

(1) Die **Vermehrungs-** oder **Proliferationsphase** bringt eine mitotische Vermehrung der Oogonien (vgl. Abb. 28 Bb).
(2) Die **Wachstumsphase** ist vornehmlich durch Dottersynthese charakterisiert (Abb. 28 Bc ff.). In der Regel zerfällt sie in

zwei Abschnitte, nämlich in die vornehmlich durch Plasmavermehrung ausgezeichnete **Praevitellogenese** und die durch Dottereinlagerung hervortretende **Vitellogenese.**
(3) Die **Reifungsphase** des Kerns wird oft erst nach der Besamung (S. 122) abgeschlossen.

Besonders bei Wirbeltieren wird das Freiwerden der Oocyten aus dem Ovar (Eierstock) als Ovulation bezeichnet (vgl. Abb. 35 c).

Die *Kernreifung* verläuft kernmäßig wie bei der Spermatogenese (vgl. Abb. 28 Bb-f mit 28 Ab-f); doch entstehen aus einem Oogonium nur eine haploide Eizelle **(Oocyte)** sowie meist drei gleichfalls haploide **Richtungskörper** (= Polkörper)

Tabelle 30. Typen der Eizellbildung. (Vgl. Text, S. 102 f.)

	Beispiele
Diffus	
solitär	Coelenterata, Acoela, z. T. Nemertini, z. T. Annelida
alimentär (nutrimentär)	Parazoa, Coelenterata
Lokalisiert	
solitär	Echinodermata, Solenogastres, Bivalvia
alimentär follikulär	Annelida, Sipunculida, Mollusca (inkl. Cephalopoda), Insecta (bei panoistischen Ovariolen), Tunicata, Vertebrata
nutrimentär	Insecta (bei meroistischen Ovariolen) sowie viele Beispiele aus Tabelle 31

(Abb. 28 Bf). Diese 4 Zellen entsprechen den 4 haploiden aus einem Spermatogonium hervorgehenden Spermien im männlichen Fall (Abb. 28 Ag).

Oft können Oocyten für Jahre in der praemeiotischen Phase der 1. Reifungsteilung arretiert bleiben, wobei der Kern äußerlich häufig interphaseähnlich aussieht. Die in vielen Fällen durch das eindringende Spermium anläßlich der Besamung induzierte Metaphase der 1. Reifungsteilung erfolgt damit erst am Ende des Oocytenwachstums.

Dabei treten häufig **Lampenbürstenchromosomen** (Abb. 16 f) und multiple Nukleolen auf. Letztere können in großer Anzahl gleichartig (Arthropoden, Vertebraten) bzw. ungleichartig in Form eines großen Kernkörpers und zahlreicher akzessorischer Nucleoli (*Antedon, Limulus* und diverse andere Arthropoden, Haifische) oder auch nur in Einzahl (Pulmonaten) in Erscheinung treten.

Hymenopteren zeigen z. T. in der Mitte der Wachstumsperiode die Abgabe von wahrscheinlich amitotisch entstandenen akzessorischen Kernen; auch seien die Kernknospen der Myriapoden erwähnt.

Durch die Spindelstellung anläßlich der Abscheidung von Richtungskörpern kann es bereits zu einer Verlagerung ooplasmatischer Bezirke und damit zu einer schon vor der Befruchtung einsetzenden Micromorphogenese bzw. ooplasmatischen Segregation kommen (vgl. Abb. 63 Bc + d).

Schließlich sei betont, daß es in dieser beim Wirbeltier durch eine hormonale Progesteron-Induktion eingeleiteten ersten Aktivation der Eizelle bereits zu einer frühen Translationsaktivität kommen kann; diese wird dann im Laufe der Befruchtung von einer zweiten, besamungsinduzierten Aktivation (vgl. S. 122 ff.) gefolgt werden.

Die **Plasmareifung** dient zur Etablierung des zur Entwicklungsgrundausrüstung dienenden Organell-Inventars (Abb.

37 C) sowie der **Dottersynthese** (Abb. 35 a–c), welche indes bei placentalen Säugern reduziert ist. Dann ist der Aufbau der bei verschiedenen Eizellen vorhandenen **corticalen Grana** durch den Golgi-Apparat zu erwähnen.

Diese kommen bei Bivalviern, Echinodermen (Abb. 41 a), Anuren, Knochenfischen und einigen Säugern (Mensch, Kaninchen, Hamster) vor, fehlen aber bei anderen Säugern, den Urodelen und vielen Mollusken. Sie spielen teilweise eine Rolle bei der Bildung der Besamungsmembran (vgl. Abb. 41 a–o). Ihre Zahl pro Eizelle wird bei *Psammechinus* auf etwa 30 000 geschätzt.

7.1.5.2 Hilfseinrichtungen

Viel stärker als die Spermatogenese ist die Oogenese auf Hilfseinrichtungen angewiesen (vgl. die Abb. 34 d–o und 35 a + c).

Doch kommt im *solitären Fall,* der sowohl bei diffuser [Coelenterata, Turbellaria (Acoela), gewissen Nemertini und Annelida (bei Proliferation der Gonen aus dem Coelomepithel)] als auch bei lokalisierter Eibildung (Echinodermata, Bivalvia, Solenogastres) auftritt, ein Nährstoffaufbau (= Dottersynthese) ohne spezifische Vermittler zur Eizelle vor. Freilich gibt es schon hier Übergänge zum alimentären Typ, wie dies verschiedene Echinodermen (vgl. unten) durch ihre sich gemeinsam mit den Oocyten ablösenden rudimentären Follikelzellen ausweisen.

Der *alimentäre (auxiliäre) Typ* ist auf die Mitwirkung zusätzlicher Hilfszellen angewiesen, die im follikulären Fall meist als **Follikelepithel** des Ovars die Oocyte umgeben und im nutrimentären Fall aus besonderen **Nährzellen** bestehen.

Zwischen diesen beiden Möglichkeiten gibt es zahlreiche Übergänge, zumal sich Nährzellen gemeinsam mit den Oocyten aus Follikelepithelien detachieren können, wobei erstere bei Asteroiden und Holothurien noch längere Zeit am Eistiel der Eizelle (= Verbindung zum Follikelepithel) festgeheftet bleiben. Im Falle der meroistischen Insektenovariole (Abb. 34 e + f) treten Follikelepithel und Nährzellen gleichzeitig auf.

Die Eiernährung kann noch mittels weiterer Hilfsstrukturen erfolgen, wie dies die Rhachis der Nematoden (Abb. 34 g) oder die bei Hydroiden identisch auch für die Spermatogenese tätigen Entodermpartien (Abb. 34 l; vgl. S. 97) demonstrieren.

Follikelepithelien können ein- oder mehrschichtig (Abb. 34 k) sein und unter temporärer Faltenbildung, teilweise unter Mitnahme von Blutgefäßen, in die Oocyte eindringen (z. B. Cephalopoda; Abb. 34 h). Innerhalb der **Nährzellen** (vgl. Tabelle 31) sind unterschiedlichste Möglichkeiten verwirklicht. Doch sind - etwa mit Ausnahme der transformierten Kragengeißelzellen der Parazoen (Abb. 34 m) und der aus

Tabelle 31. Zusätzlich zum Follikelepithel vorhandene bzw. autonom auftretende Nährzellen

	Beispiele	Bemerkungen
Parazoa		
Calcarea	*Leucandra, Clathrina*	Kragengeißelzellen (Abb. 34m)
	Sycon	transformierte Choanocyten [Nähr- + Satellitenzelle (= „Dolly-cell")]
	Sycandra	Mesenchymzellen
Cnidaria		
Hydrozoa	*Hydra, Millepora, Pennaria, Tubularia, Myriothela*	oft als Pseudozellen bezeichnete, aufgenommene Oocyten
Acnidaria	*Bolinopsis, Callianira*	
Plathelminthes	Turbellaria (z. T.) Trematodes, Cestodes	Dotterzellen im ecto-lecithalen Ei (Abb. 37 Ag und 56 d)
Nemertini	*Planctonemertes*	
Rotatoria		aus Germovitellarium (Keimdotterstock) (Abb. 34n)
Annelida		
Polychaeta	*Autolytus, Dinophilus, Diopatra, Mesonerilla, Ophryotrocha, Spirorbis, Tomopteris, Trilobodrillus*	vgl. Abb. 34 o
Hirudinea	*Branchelion, Hirudo Piscicola*	
Myzostomida	*Myzostomum*	
Crustacea	Daphnidae	
Insecta		in meroistischen Eiröhren (Abb. 34 e + f)
Mollusca	*Sphaerium*	degenerierende Follikelzellen

dem Follikelepithel auswandernden Kalymmocyten der Ascidien und Thaliaceen (Abb. 56e) – die Nährzellen im Sinne abortiver Keimzellen genetisch meist mit den Keimzellen verwandt.

Bei *Dytiscus* (Coleoptera) entstehen aus einer Ausgangszelle eine durch eine stark anfärbbare Plasmamasse determinierte Eizelle und 15 Nährzellen. Bei den Pisciolidae unter den Hirudineen kommen jeweils zwei aequivalente Oogonien zusammen; eine bildet in der

Folge eine Follikelzellhülle, die andere die Eizelle sowie zahlreiche Nährzellen (Abb. 34 o).

Im strengen Sinne der Definition müssen Nährzellen von der Oocyte aufgenommen (= phagocytiert) werden. Doch gibt es fließende Übergänge zu den Nähreiern, die als in ihrer Entwicklung arretierte Oocyten bzw. Furchungsstadien (S. 351 ff.) von postgastrulären Entwicklungsstadien gefressen werden (vgl. hierzu auch Abb. 34 m und 132 a).

Die Zahl der einer Eizelle zur Verfügung stehenden Nährzellen kann sowohl innerhalb verwandter Formen (z. B. eine Nährzelle bei *Ophryotrocha*, 2 bei *Myzostomum*, 7 bei *Tomopteris*, sehr viele bei den Hirudineen) als auch innerhalb einer Spezies (3 Nährzellen beim Sommer-, viele beim Winterei von *Daphnia*) variieren.

Als Sonderfall sei schließlich die Hydroide *Sertularia cornicina* erwähnt; die anläßlich der Spermiohistogenese abgestoßenen Plasma-Anteile werden von den Oocyten aufgenommen.

7.1.5.3 Dottersynthese

Prinzipiell sind Größe und Dottergehalt der Eizelle zwar voneinander unabhängig, doch sind fast ausnahmslos große Oocyten auch dotterreich. Deshalb ist die Dottersynthese die Hauptursache der Volumenzunahme des Eies. Bei *Drosophila* ist während der Oogenese innerhalb von drei Tagen eine rund 90 000fache Zunahme des Eivolumens feststellbar!

Bei unterschiedlichen Tieren ist gesichert, daß neben der Substanzeinlagerung durch Dottersynthese auch Mitochondrien, Golgi-Körper und „lining Bodies" von außen in die Oocyte aufgenommen werden können.

Dotter – vornehmlich mit **lipoiden** und **proteiden** Anteilen (vgl. S. 116) kann in Form von Dotterpraekursoren oder als solcher z. B. aus dem Follikelepithel oder Haemocoel unter **Heterosynthese** aufgenommen werden oder aber unter Eigensynthese **(Autosynthese)** in der Oocyte selbst entstehen. Die synthetische, immunologisch oder autoradiographisch nachweisbare Aktivität der Follikelzellen ist bei Vögeln (Tabelle 32) gut untersucht. Die aus dem Blut und der Theca aufgenommenen niedermolekularen Substanzen – wie aus der Leber stammende Lipoide und Proteine – werden zu komplexeren, an die Oocyte abgegebenen Verbindungen synthetisiert; die Eizelle leistet unter Kernkontrolle die definitive Synthese.

Bei Amphibien entsteht der proteide Dotter vor allem durch Heterosynthese: das als Praekursor dienende Vitellogenin wird in der Leber synthetisiert und gelangt über den Blutstrom zum Ovar, wo es durch Endocytose von den Oocyten aufgenommen wird. Neue elektronenmikroskopische Befunde haben andererseits eine wenn auch relativ geringe Autosynthese nachgewiesen, die noch vor der Heterosyn-

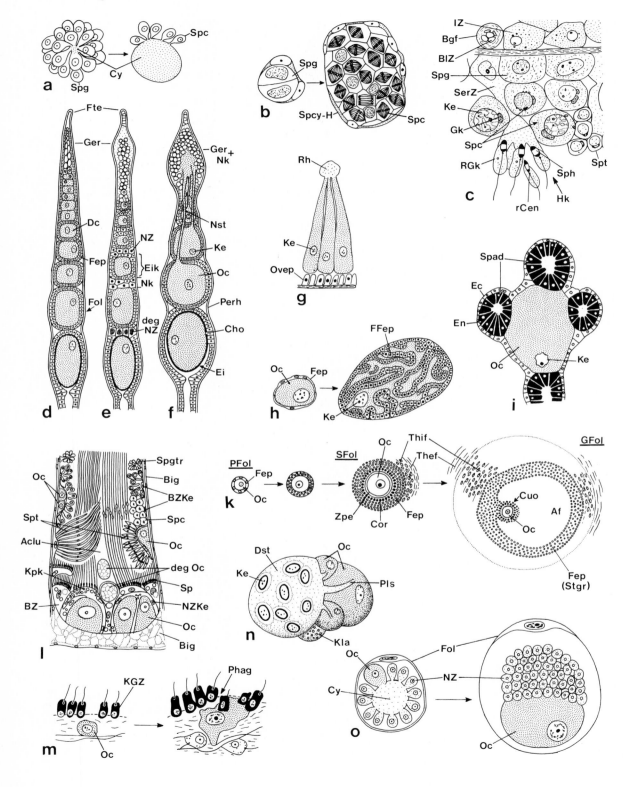

these-Aktivität einsetzt. Im weiteren können akzessorische Zellen (Nährzellen) mit einbezogen werden oder es fusionieren mehrere Oocyten miteinander (z. B. *Tubularia, Hydra*).

Im einzelnen besteht eine große, hier nicht zu behandelnde Vielfalt hinsichtlich der „Zulieferer". So stammen bei Insekten die Lipide vor allem aus Follikelzellen, während die anfänglich im Fettkörper liegenden Proteinvorstufen aus dem Haemocoel zum Follikelepithel oder direkt zur Eizelle gelangen. Im Falle der meroistischen Oocyte sind Nährzellen mit im Spiel.

Auch der Katalog der am Dotteraufbau beteiligten Organellen der Oocyte variiert (vgl. Tabelle 33):
Bei Cephalopoden ist vor allem der Golgi-Apparat bei der Dottersynthese aktiv, während bei Krebsen und Amphibien das endoplasmatische Reticulum mit Beteiligung der Ribosomen hervorzuheben ist.

Bei Wirbeltieren (vor allem den Amphibien) erfolgt die Stoffaufnahme von außen durch Microvilli und mittels Pinocytose. Zur endgültigen Synthese von Proteinen werden – wie eben erwähnt – endoplasmatisches Reticulum und Ribosomen eingesetzt. Bei bereits vorhandenen Polypeptiden reichen dagegen die Mitochondrien aus. *Rana* bildet insgesamt drei Dottertypen. Dies geschieht einerseits in der Matrix und in den Cristae der Mitochondrien; der vesikuläre Dotter wird dagegen durch pinocytotische Aufnahme in die multivesiculären Körper gebildet. Die zwei Dotterplättchen-Typen von *Triturus* werden durch unterschiedliche Vesikelntypen for-

Abb. 34. Hilfseinrichtungen der Keimzellreifung (schematisiert).

a Spermatogenese bei *Hirudo medicinalis* (Hirudinea): *links:* Gruppe von 32 Spermatogonien mit sich bildendem Cytophor (Blastophor); *rechts:* am Cytophor anhängende Spermatocyten.
b *Bombinator* sp. (Anura): von einer Spermiocysten-Hülle umgebene Spermatogonien bzw. Spermatocyten.
c Spermatogenese und Spermiohistogenese beim Säuger mit ausreifenden, sich an eine Sertolische Fußzelle anlagernden Spermien.
d–f Eiröhrentypen der Insekten (Längsschnitte): **d** panoistische Ovariole; **e** meroistische polytrophe Ovariole; **f** meroistische telotrophe Ovariole.
g *Parascaris equorum* (Nematoda): Wachstumszone des Ovars (quer) mit mit der Rhachis verbundenen Oocyten.
h Eiernährung bei *Loligo brevis* (Cephalopoda) mittels des sich zunehmend zur Oberflächenvergrößerung ins Eizellplasma hineinfaltenden Follikelepithels (Querschnitte).
i Zur Eiernährung dienender, um die Oocyte gewundener entodermaler Spadix in der styloiden Gonophore von *Eudendrium racemosum* (Hydrozoa) (vgl. auch Abb. 26 c/8).
k Follikelreifung beim placentalen Säuger; der durch Spaltraumbildung im Follikelepithel gekennzeichnete Tertiärfollikel ist nicht abgebildet. Vgl. auch Abb. 35 d.
l *Planorbarius corneus* (Pulmonata): Schnitt durch einen Acinus der Zwitterdrüse. Vom im Atrium der Zwitterdrüse gelegenen Keimepithel aus werden die ♂ Keimzellen mittels Basalzellen an den Grund des Atriums geschleppt; die Oocyten wandern dagegen selbständig ins basale Acinus-Gebiet (vgl. auch Abb. 35 a).
m Eiernährung bei *Clathrina coriacea* (Parazoa, Calcarea): Die aus einer Kragengeißelzelle durch Transformation entstandene Oocyte nimmt in der Folge durch Phagocytose Kragengeißelzellen auf.
n Keimdotterstock von *Synchaeta* sp. (Rotatoria) mit aus dem Dotterstock zu den Oocyten hinführenden, Nährstoffe übermittelnden Plasmaschläuchen.
o Eiernährung bei *Branchielion* sp. (Hirudinea). Die prospektive Eizelle ist über einen zentralen Cytophor mit den als Nährzellen dienenden Geschwisterzellen verbunden *(links);* die Zahl der Nährzellen erhöht sich in der Folge *(rechts).*

Aclu	Acinuslumen
Af	Antrum folliculi (Follikelhöhle; mit Liquor folliculi)
Big	Bindegewebe (mit Pigment-, Blasen- u. a. Zellen)
BlZ	Blutzelle (Blutkörperchen)
BZ	Basalzelle
BZKe	Basalzellkern
Cor	Corona radiata (= innerste Lage des Follikelepithels)
Cuo	Cumulus oophorus
Cy	Cytophor
Dst	Dotterstock
Ei	Ei (Oocyte + Chorion)
Eik	Eikammer
Fep	Follikelepithel
FFep	Follikelepithelfalten
Fol	Follikel
Fte	Filum terminale (Terminalfilum, Endfaden)
Ger	Germarium
GFol	Graafscher Follikel
Gk	Golgiapparat (Golgikomplex)
Hk	Hodenkanälchen
IZ	interstitielle Zelle
Kpl	Kinoplasmakugeln
Nk	Nährkammer
Nst	Nährstrang
NZ	Nährzelle
NZKe	Nährzellkern
Oc	Oocyte
Ovep	Ovarialepithel
Perh	Peritonealhülle
PFol	Primärfollikel
Phag	Phagocytose
Pls	Plasmaschlauch
rCen	ringförmiges Centriol
Rh	Rhachis
RGk	ausgestoßener Rest des Golgikomplexes
SerZ	Sertoli-Zelle
SFol	Sekundärfollikel
Spad	Spadix
Spc	Spermatocyte
Spcy-H	Spermatocystenhülle (Spermiocysten-Hülle)
Spg	Spermatogonium
Spgtr	Spermatogonien-Traube
Sph	Stadien der Spermiohistogenese
Spt	Spermatide
Stgr	Stratum granulosum (Granulosa)
Thef	Theca folliculi externa
Thif	Theca folliculi interna
Zpe	Zona pellucida (des Ooolems; mit Microvilli)

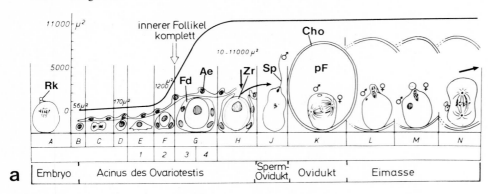

a

A	B	C	D	E	F	G	H	J	K	L	M	N

| Embryo | Acinus des Ovariotestis | Sperm-Oviduk | Oviduk | Eimasse |

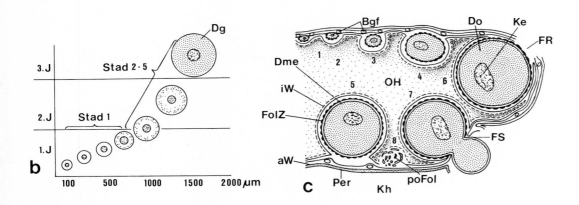

b

c

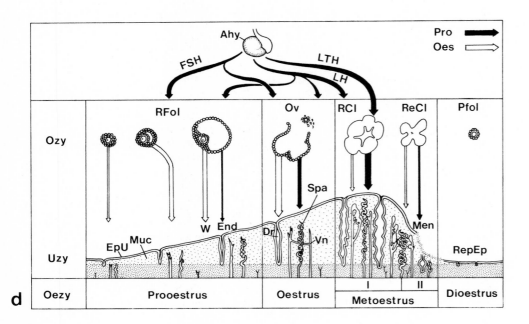

d

Tabelle 32. Übersicht der Dotterbildung von *Gallus*. (Nach Bellairs, Van Durme und Marza-Marza, aus Fioroni 1973a). (Vgl. Abb. 37 B)

Phase	Oocyten ∅ (in mm)	Cytologische Entwicklung der Oocyte	Histochemische Situation (in Oocyte eindringende Substanzen)	Höhe der Follikelzellen (in μm)
I	0,05–0,2	Balbianischer Dotterkörper	mehr Fette als Proteine	4,0
	0,2–0,3	Auflösung des Balbianischen Körpers		
	0,3–1,0	Mitochondrien liegen peripher		19,0
II	2,0–3,0	Vakuolen	mehr Proteine als Fette	17,0
	3,0–6,0	Auftreten des ersten Dotters		7,0
III = rasches Wachstum	6,0–9,0	etwas weißer Dotter	mehr Fette als Proteine	6,9
	10,0–35,0	gelber Dotter, Latebra, Panderscher Dotterkern		3,0

Tabelle 33. Vereinfachte Darstellung der an der Dotterbildung beteiligten Plasma- und Kerndifferenzierungen der Eizelle

Typ des Dotters	Beteiligt	Beispiele
kohlehydrathaltig (v.a. Glykogen, Mucopolysaccharide)	Cytoplasma	1, 2, 3, 4, 7
	Vakuolen	3, 11
lipoidhaltig	Cytoplasma	2, 8, 9, 10, 12
	um herausgetretenen Nucleolus	15
	Mitochondrien	2, 3, 4, 13, 14
	Golgi-Körper	2, 4, 7, 10, 11
	Dotterkern	6, 10
proteinhaltig	Cytoplasma	4, 7, 11, 12
	Vakuolen	4, 5, 9, 13, 14
	nucleäre Extrusionen	2, 7
	Mitochondrien	2, 4, 6, 8, 11, 12, 13
	Mitochondrien und ergastoplasmatische Lamellen	8
	Golgikörper	5, 10, 12
	Dotterkern	10

Beispiele: 1 = Nematoda, 2 = Annelida, 3 = Sipunculida, 4 = Insecta, 5 = Crustacea, 6 = Chelicerata, 7 = Myriapoda, 8 = Mollusca (ohne Cephalopoda), 9 = Cephalopoda, 10 = Echinodermata, 11 = Teleostei, 12 = Amphibia, 13 = Aves, 14 = Monotremata, 15 = Eutheria.

Abb. 35. Oogenese und Dottersynthese.
a Eientwicklung bei *Lymnaea stagnalis* (Pulmonata): **A** Embryonalentwicklung; **B** Bildung der Urkeimzellen; **C** Vermehrung der Urkeimzellen; **D** Oogonium; **E** amöboide Phase des Oogoniums; **F** Bildung des Follikels; **G** Wachstumsphase; **H** Ruhephase; **I** Besamung (Insemination); **K** Phase der Praematurität, Bildung der Eihüllen; **L** 1. Reifungsteilung; **M** 2. Reifungsteilung; **N** 1. Furchungsteilung. Der vertikale große Pfeil symbolisiert die Kompletierung des inneren Follikels. Die Kurve stellt das Oocyten-Wachstum mit Hilfe des Zellindexes (= Produkt von Länge und Breite der Eizelle auf dem größten Zellschnitt) dar. Die Zahlen 1–4 bezeichnen einzelne Stadien der Follikelreifung.
b Wachstum der Amphibien-Oocyte. Die Fertilität wird erst im 3. Jahr erreicht.
c Reifung des Eifollikels und Ovulation beim Frosch. Die Zahlen 1–8 symbolisieren die sukzessiven Reifungsstadien des Follikels.

d Hormonelle Beziehungen und Veränderungen in der funktionellen Anatomie des Ovarfollikels und des Endometriums des Uterus während des Oestrus-Zyklus beim Säuger. Die Breite der Pfeile für Oestradiol bzw. Progesteron symbolisiert die Zu- bzw. Abnahme dieser Hormone (vgl. S. 65 f.).

Ae	Acinusepithel der Zwitterdrüse
Ahy	Hypophysen-Vorderlappen (Adenohypophyse)
aW	äußere Wand des Ovars
Cho	Chorion (Eihülle)
Dg	Dottergrana
Dr	Uterusdrüse
EpU	Epithelium des Uterus
FolZ	Follikelzellen
FR	Follikelriß
FS	Follikelsprung (mit austretender Eizelle)
FSH	follikelstimulierendes Hormon
iW	innere Wand des Ovars
J	Jahr
Kh	Körperhöhle (Coelom)

LH	luteinisierendes Hormon
LTH	luteotropes Hormon
Men	Menstruation
Muc	Mucosa des Uterus
Oes	Oestradiol (Folliculin)
Oezy	Oestrus-Zyklus
OH	Ovarhohlraum
Ozy	ovarieller Zyklus
Per	Peritoneum (Cölomwand)
pF	perivitelline Flüssigkeit (Eiklar)
PFol	Primärfollikel
poFol	postovulärer Follikel (mit zurückbleibender Follikelzelle)
Pro	Progesteron
RCl	Reifung des Corpus luteum
ReCl	Reduktion des Gelbkörpers
RepEp	Reparatur des Epitheliums
RFol	Reifung des Follikels
Spa	Spiralarterie
Stad	Stadium
Uzy	uteriner Zyklus
Vn	Vene
WEnd	Wachstum des Endometriums
Zr	Zona radiata

miert, die von der Nucleärmembran, cytosomalen ribosomen-ähnlichen Partikeln, dem Golgiapparat sowie unter Pinocytose aus der Plasmamembran abstammen. Des weiteren ist bei Amphibien die Beteiligung von „annulate Lamellae" bei der Dottersynthese nachgewiesen.

Bei verschiedenen Tieren wird auch eine Mitwirkung des **Dotterkerns** (S. 116) bei der Dottersynthese in Betracht gezogen.

7.1.5.4 Besonderheiten

Einmal ist die oft durch nur eine Reifungsteilung gekennzeichnete abgewandelte Kernreifung bei Parthenogenese zu erwähnen. Dann sei die bei Säugern hormonal (FSH + LH) gesteuerte **Follikelatresie** genannt, die meist sehr frühe, aber auch spätere Stadien bis zum Bläschenstadium (Blastocyste) erfassen kann. Bei *Homo* reduzieren sich dadurch die anfänglich 5–6 Millionen ♀ Keimzellen bis zur Sexualreife auf etwa 40 000 Follikel, deren Zahl auch weiter abnimmt; befruchtungsfähig sind schließlich nur noch rund 400 Oocyten. Nach der Menopause ist dann kein Primärfollikel mehr vorhanden. Bei den oft sehr viele Eier ablegenden Anamniern reifen dagegen meistens alle Ovarialeier aus.

Schließlich sei erneut betont, daß die Bildung von Nährzellen und Nähreiern häufig auf **atypischer Oogenese** basiert, wobei deren Abtrennung von den fertilen Oocyten zu unterschiedlichen Zeitpunkten erfolgen kann.

7.1.5.5 Spezielle Beispiele

Insecta

Die Hexapoden zeigen eine unterschiedliche Beteiligung von Hilfszellen an der Eizellreifung.

Die **panoistischen Ovariolen** (= Eiröhren) der Apterygota, Orthoptera, Aphaniptera und gewisser Coleoptera (Abb. 34 d) haben einen als Terminalfilum bezeichneten Endabschnitt, der oviduktwärts in das Germarium als Bildner von Eizellen und polyploiden Follikelzellen übergeht. Letztere umschließen als Epithel (teilweise mit zweikernigen Zellen) im Vitellarium jeweils eine Oocyte und sind für die Mithilfe bei der Dottersynthese und die Bildung des Chorions (Eihülle) verantwortlich. Ein basaler hohler Stiel verbindet jeweils die Ovariole mit dem Ovidukt.

Bei **meroistischen Eiröhren** sind zusätzlich zum Follikelepithel weitere Nährzellen beteiligt (vgl. S. 102 f.). Im **polytrophen** Fall (Neuroptera, Diptera, Lepidoptera, Hymenoptera, z. T. Coleoptera; Abb. 34 e) liegen diese zwischen den einzelnen vom Follikelepithel umgebenen Oocyten in besonderen Nährkammern. Letztere enthalten jeweils zwischen 6 (Läuse, Mallo-

phagen) bis zu 50 Nährzellen (Carabiden, *Apis*). Die **telotrophen** Ovariolen der Hemiptera und gewisser Coleoptera (Abb. 34 f) zeichnen sich durch Nährzellen aus, die in einer endständigen Nährkammer liegen. Diese können bei Wanzen gelegentlich miteinander fusionieren; sie sind mit Plasmaausläufern (= Nährstränge, Eistiele) mit jeder Oocyte verbunden. Vergleichbare Stränge verbinden übrigens bei Rotatorien jeweils die einzelnen Eier mit dem syncytialen Keimdotterstock (= Germovitellarium).

Cephalopoda

Die anfänglich einschichtige Follikelzellschicht, die im Gebiet der künftigen Mikropyle eine besondere Struktur bekommt, bildet später in die Oocyte eindringende Falten, die auch Blutgefäße enthalten (Abb. 34 h). Die Anordnung der Falten ist bei den Decabrachiern netzartig, bei den Octobrachiern dagegen auf Längsfalten beschränkt. Die Follikelzellen dürften wahrscheinlich vornehmlich nur Dotterpraekursoren vermitteln; darüber hinaus sezernieren sie das Chorion.

Pulmonata

Die **Zwitterdrüse** der Pulmonaten gliedert sich in zahlreiche Acini auf (Abb. 34 l). Jeweils im Atrium eines Acinus bildet das Keimepithel Keimzellen, welche in den eigentlichen Acinus hineinwandern und dabei reifen. Die traubenartig angeordneten Spermatogonien werden von - je nach Art - isolierten oder syncytialen Basalzellen entlang der Acinuswand geschleppt; die selbständig immigrierenden Oogonien werden am Grund des Acinus von ernährenden Follikelzellen umgeben (vgl. auch Abb. 35 a).

Aves

Die hier am Beispiel von *Gallus* geschilderte Oogenese der Vögel ist durch eine extrem umfangreiche Dottersynthese gekennzeichnet. Die schon embryonal angelegten, aus dem peripheren Keimepithel des Ovars stammenden Oogonien werden vom Follikelepithel sowie der Theca folliculi mit Bindegewebe und Blutgefäßen umgeben. Sie wandern dabei gegen die Oberfläche des Eierstocks. In reifem Zustand ragen sie als Protuberanzen mittels eines Stieles aus der Ovaroberfläche heraus; der animale Pol des Eies ist gegen den Eierstock zu gerichtet. Die mit zur Stoffaufnahme dienenden Microvilli besetzte Oocytenoberfläche bildet die „Zona radiata" (vgl. auch S. 109 f.). Die azelluläre Dottermembran ist eine Bildung des Ooplasmas.

Der schichtenweise abgelegte **gelbe Dotter** umgibt im Zentrum unterhalb des animalen Poles den **weißen Dotter** („Zentralkern"), der vom direkt unter dem Kern im Bildungsplasma liegenden Panderschen Dotterkern ausgeht (Abb. 37 B).

Erst nach der Dotterbildung erfolgt die 1. Reifungsteilung. Nach der Ovulation wird das nun im Follikelhohlraum liegende Corpus luteum rasch resorbiert. Das die Eizelle umgebende umfangreiche Eiweiß und die Schale (Abb. 37 B) werden im Ovidukt gebildet.

Eutheria

Nachdem Graaf bereits 1665 den Säugerfollikel entdeckt, aber mit der Eizelle verwechselt hatte, konnte K. E. von Baer 1827 letztere demonstrieren.

Bei Eintritt der Sexualreife gelangen phasenweise jeweils eine bis mehrere **Primärfollikel** (= Primordialfollikel) zur Reife (Abb. 34 k).

Diese entstehen embryonal; sie detachieren sich wie bei den Vögeln aus dem Keimepithel, wobei ein Oogonium von maximal 4 Follikelzellen umgeben ist. Während der Wanderung der wachsenden Oocyte gegen die Ovaroberfläche wird das auch als „Corona radiata" bezeichnete einschichtige, nunmehr vielzellige Follikelepithel mehrschichtig (= Granulosa) und von sich als Theca folliculi anlagerndem Bindegewebe umgeben. Die Eizelle bildet gemeinsam mit dem Follikelepithel die Zona pellucida, die von cytoplasmatischen Fortsätzen beider Partner durchdrungen ist. Treten dann in diesem als **Sekundärfollikel** bezeichneten Zustand in der Granulosa Spalträume auf, so spricht man vom **Tertiärfollikel**, der im übrigen von einer kapillarisierten, jetzt zweiteiligen Theca (interna und externa) umgeben wird. Die einzelnen Spalträume schließen sich im reifen **Graafschen Follikel** zu einer zusammenhängenden, den Liquor folliculi enthaltenden Follikelhöhle (= Cavum folliculi, Antrum) zusammen. Die sich im Stadium der 1. Reifungsteilung befindende Oocyte ragt auf einem aus Follikelepithelzellen bestehenden Cumulus oophorus ins Antrum hinein. Bei der nach einem weiteren Follikelwachstum aufs etwa vierfache Volumen erfolgenden **Ovulation** reißt die Ovarialwand. Eizelle und die Zellen des Cumulus gelangen durch die Leibeshöhle ins Ostium tubae (Muttertrompete) des Oviduktes. In das Antrum des im Ovar verbleibenden Follikels wird das **Corpus luteum** (= Gelbkörper) eingelagert (vgl. S. 66).

7.1.5.6 Bildung und Struktur der Eihüllen

Besonders bei Eizellen, die in das Außenmedium abgelegt werden, sind diese von Eihüllen (Abb. 36) umgeben. Ein *Ei (= Totalei)* besteht somit aus der **Eizelle,** dem mit Flüssigkeit bzw. extraembryonalen Nährstoffen (z. B. Eiklar) gefüllten **perivitellinen Raum** sowie der **Eihülle** bzw. den Eihüllen (vgl. z. B. Abb. 36 e). Leider werden in der Literatur die Begriffe Ei bzw. Eizelle oft zu wenig präzise angewendet.

Die meist vorgenommene *Typisierung der Eihüllen* nach Ludwig (1874) entsprechend ihrem Bildungsort besticht durch ihre Übersichtlichkeit (Tabelle 34).

Sie kann dann unpräzise sein, wenn eine Eihülle von mehreren Bildnern bzw. bei verschiedenen verwandten Arten auf unterschiedliche Weise aufgebaut wird. So sind etwa bei Urodelen sowohl die Oocyte als auch das Follikelepithel an der Bildung der Dottermembran beteiligt. Die bei diversen Fischen als fibröse Schicht außerhalb der Zona radiata liegenden adhaesiven Fäden werden bei Cypriniden vom Follikelepithel, bei anderen Gruppen aber von der Eizelle formiert. Die Zona radiata ist bei Teleostiern eine Bildung der Oocyte, die vergleichbare Zona pellucida der Säuger dagegen wahrscheinlich

Tabelle 34. Typen von Eihüllen (vereinfacht). (Vgl. auch Abb. 36)

Typ	Bildungsort	Bezeichnung, Charakterisierung	Beispiele
fehlend			Parazoa, Coelenterata, div. Bivalvia und andere Mollusca
primäre	Eizelle (im Ovar)	Dotterhaut, Dottermembran, Besamungsmembran; bei Vertebrata: Zona radiata	Echinodermata, viele „Vermes"; Bivalvia, Scaphopoda (rasch abgeworfen!) sowie andere Mollusca, „Pisces", Amphibia, Sauropsida
sekundäre	Follikelzellen im Ovar	Chorion; Säuger: Zona pellucida oft mit Micropyle oder Deckelapparaten	Gastrotricha, Tardigrada, Insecta, Polyplacophora, Cephalopoda, „Pisces"
tertiäre	Ovidukt	Kokons, Gallerten, Eiweiß + Hornkapsel bzw. Eiweiß + Hartschale etc.	Annelida, Gastropoda, Selachii, Amphibia, Sauropsida, Monotremata
quartäre	Drüsen außerhalb des Geschlechtstraktes	Kokons, Laichkapseln, Totaleier etc.	Clitellata, Prosobranchia, decapode Cephalopoda

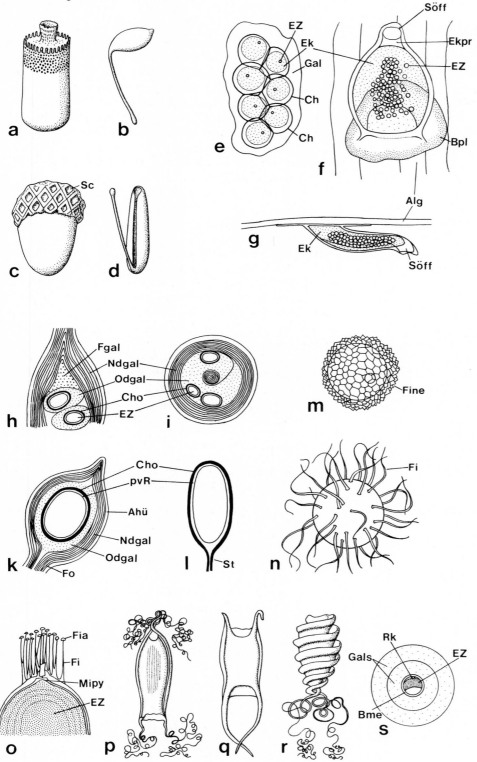

Abb. 36. Eier, Eihüllen, Gelege und Laichkapseln

a–d Beispiele für Insekteneier: **a** *Presosternum subulatum* (Hemiptera); **b** *Bruchogus funebris* (Hymenoptera); **c** *Cryptocephalus bipunctatus* (Coleoptera, Chrysomelidae) mit Scatoconch; **d** *Musca domestica* (Diptera).
e–g Prosobranchier-Gelege (**e**) und -Laichkapseln (**f, g**): **e** *Bithynia tentaculata*; **f, g** *Nassarius reticulatus* (total bzw. im Schnitt). Man beachte die praeformierte Schlüpföffnung.
h–l Cephalopoden-Gelege (schematisiert): **h, i** Laichschnur von *Loligo vulgaris* (Längs- bzw. Querschnitt); **k** Einzelei von *Sepia officinalis* (Längsschnitt). Der basale zweizipflige Fortsatz, mit welchem die Einzeleier vom ♀ zu Laichtrauben verknotet werden, ist nur angedeutet; **l** Einzelei von *Octopus vulgaris* (Längsschnitt). Der basale Stiel der wie bei allen Octopoden nur aus dem Chorion bestehenden Eihülle erlaubt die Vereinigung der Einzeleier zu Eischnüren.
m, n Teleostiereier mit auftriebsfördernden Strukturen; **m** *Macrurus* sp.; **n** *Belone* sp.
o Ei von *Bdellostoma stouti* (Cyclostomata) mit Filamenten.
p–r Eihüllen (Ootheken) der Chondrichthyes: **p** *Scyliorhinus* sp.; **q** *Raja* sp.; **r** *Heterodontus* sp.
s Eihüllen bei Anuren (z. B. *Rana*).

Ahü	Außenhülle
Alg	Alge
Bme	Besamungsmembran (Befruchtungsmembran)
Bpl	Basalplatte (Fußplatte)
Cho	Chorion
Ekpr	Eiklarpfopf (Eiweißpfropf)
Fgal	Füllgallerte
Fi	Filament
Fia	Filamentanker
Fine	Filament-Netz
Fo	basaler Fortsatz
Gal	Gallerte
Gals	Gallertschichten
Mipy	Micropyle
Ndgal	Nidamentalgallerte
Odgal	Oviduktgallerte
pvR	perivitelliner Raum
Sc	Scatoconch (aus Exkrementen)
Söff	praeformierte Schlüpföffnung
St	Stiel

eine der Follikelzellen. Doch könnten bei den Eutherien auch die Eizelle bzw. die Oocyte und Granulosazellen gemeinsam an der Bildung der Zona pellucida beteiligt sein. - Schließlich sei erwähnt, daß des öfteren bei einem Eityp mehrere Eihüllen vorhanden sind (vgl. unten).

Außer den in Tabelle 34 summierten Möglichkeiten können nach der Ovulation gebildete Embryonalhüllen in einigen Fällen auch Derivate von Polkörpern (S. 116 und Abb. 56 i) oder Blastomeren (S. 168 und Abb. 134 a) sein. Bei den Ascidien gehen die die Oocyte umhüllenden Testazellen auf das Follikelepithel zurück. Dann sei der sog. Scatoconch der Chrysomeliden (Abb. 36 c) erwähnt, der durch auf das Chorion abgegebene Exkremente verstärkt wird. Bei den Digenea unter den Trematoden ist schließlich beobachtet worden, daß die Dotterzellen durch Exocytose im Uterus Schalenmaterial sezernieren.

Oft wird in den Eihüllen eine besondere **Micropyle** (Abb. 36 o) angelegt, die zum Spermiendurchtritt anläßlich der Besamung sowie später teilweise auch als Schlupföffnung (vgl. Abb. 36 f + g) dient.

Sie kann der Narbe des Eistiels (Verbindung zwischen Oocyte und Ovar) entsprechen oder auf eine Durchbohrung der Eihaut durch das vorwachsende Oocytenplasma (Echinodermata) zurückgehen. Bei Teleostiern durchdringt dagegen ein protoplasmatischer Fortsatz des Follikelepithels die Zona radiata.
Bei Cephalopoden konnte im Gebiet der prospektiven Micropyle eine unterschiedliche Follikelepithelstruktur nachgewiesen werden. Das *Argulus-*♀ [Karpfenlaus (Branchiura)] schließlich soll eine künstliche Micropyle schaffen, indem es die Eier vor der Besamung durch Spermien, die aus seinem Receptaculum seminis stammen, mit einem chitinösen Stachel (auf der Ventralseite der Abdomenplatte) anbohrt.

Die Lage der namentlich bei Insekten teilweise recht kompliziert strukturierten Micropyle variiert: so ist letztere bei Fischen und Echinodermen am animalen, bei Nemertinen, Bivalviern und Gastropoden am vegetativen Eipol.
Eihüllen haben unterschiedlichste *Funktionen:* Primär dienen sie der **Verhinderung von Polyspermie** sowie dem **Schutz** vor ungünstigen Außenbedingungen (wie Austrocknung) und mechanischen Beeinträchtigungen. Dies gilt vor allem für Eigallerten [z. B. Amphibien (Abb. 36 s), Cephalopoden (Abb. 36 h-k)], die harten Eihüllen der Insekten (Abb. 36 a-d), das „terrestrische Ei" der Sauropsiden (Abb. 37 B) oder die bei diversen Evertebraten ausgebildeten Eikokons (vgl. Abb. 36 f + g). Dann können Eihüllen Symbionten (Insekten) oder Bakterien (beim Tintenfisch *Rossia*) beherbergen sowie eine **trophische Funktion** haben, sei es, daß in ihrem Bereich Eiweiße im weitesten Sinne eingelagert werden, sei es, daß durch sie von außen Sauerstoff, Wasser, Mineralsalze sowie auch andere Stoffe aufgenommen werden. Diese Prozesse

führen übrigens oft zu einer Zunahme des perivitellinen Raumes im Entwicklungsverlauf und damit zu einer Vergrößerung des Durchmessers des Totaleies.
Der unübersehbare Reichtum an Eihüllen zwingt zur Beschränkung auf ganz wenige repräsentative Beispiele (vgl. auch Abb. 36 und 37 B). Dabei sei betont, daß - wie Abb. 36 m-r für Elasmobranchier demonstriert - innerhalb einer systematischen Einheit oft eine große Variabilität im Bau der Gelegekapseln herrscht.
Bei *Amphibien* wird die die Oocyte umgebende **Dottermembran** von **Gallertschichten** umhüllt, die aus dem Ovidukt stammen (Abb. 36 s).
Nach der Besamung wird die den Dotter beherbergende, von der Dottermembran umschlossene Eizelle der *Vögel* durch in unterschiedlichen Schichten abgelagerte **Eiweiße** (aus der eiweißsezernierenden Region des Ovidukts) sowie von der **inneren** und der **äußeren Schalenhaut** umgeben, welche an einem Eipol die **Luftkammer** freilassen. Die an beiden Eizellpolen ansetzenden, nach außen ziehenden **Chalazen** (Hagelschnüre) sind gewunden, da die Eizelle anläßlich der Oviduktpassage rotiert. Schließlich wird durch den Schalendrüsen-Anteil des Eileiters als Abschluß nach außen noch die **Kalkschale** sezerniert. Der ganze Eiaufbau (vgl. Abb. 37 B) dauert beim Huhn rund 22 Stunden.

Gleichfalls bei den *Monotremata* wird das Ovarialei (⌀ 4-4,5 mm) im Ovidukt besamt und befruchtet. Dann werden Eiweiße in einer dichten Innen- und einer flüssigen Außenschicht (⌀ 14-16 mm) sowie eine innere Schalenschicht abgeschieden. In der Folge werden weitere Schalenlagen (insgesamt 4) und zusätzliche Eiweiße sezerniert, welche die Schalen demnach durchqueren müssen. Die Außenschale ist durch Kalk *(Ornithorhynchus)* bzw. Horn *(Tachyglossus)* verfestigt. Auch die *Selachier-*Eier haben zusätzliches Eiweiß sowie eine Hornschale.

Die Oocyte der *Eutherien* wird von der azellulären **Zona pellucida** umgeben und geschützt. Diese entfällt beim Insectivoren *Elephantulus* bereits im 4-Zellstadium, bleibt aber bei den meisten Arten bis zur sich implantierenden Blastocyste erhalten. Beim Goldmull *(Chrysochloris)* als anderem Extrem sind späte, mit Embryonalknoten und Entoderm dotierte Blastocystenstadien noch in utero von der Zona pellucida umgeben.

Bei *Gastropoden* wird die vom oft eiklarhaltigen perivitellinen Raum umschlossene Eizelle mit einem **Chorion** umgeben und damit ein Totalei formiert. Nach außen treten bei diversen Prosobranchiern und Landpulmonaten **kalkhaltige Hüllen** hinzu. Bei vielen Basommatophoren, Opisthobranchiern und manchen Prosobranchiern werden dagegen die Totaleier durch **Gallertbildungen** zu Laichschnüren (Abb. 36 e) oder Laichklumpen vereinigt. Besonders für höhere Vorderkiemer ist typisch, daß die bald ihre Hüllen verlierenden Eizellen in meist größerer Anzahl im Innern von **Laichkokons** (Abb. 36 f + g)

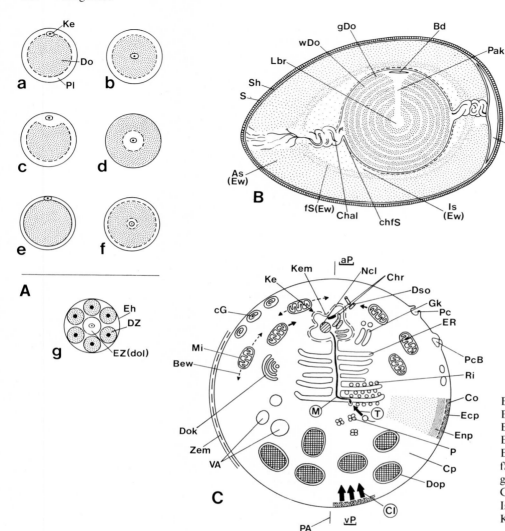

Abb. 37. Eizelltypen, Eibau und Entwicklungsgrundausrüstung der Eizelle.

A Eizelltypen (stark schematisiert; vgl. Tabelle 35): **a–f** endolecithale Oocyten: **a, b** isolecithal; **c** anisolecithal; **d** perilecithal; **e** telolecithal; **f** centrolecithal; **g** Bau des ectolecithalen Eies.
B Hühnerei im Moment der Ablage (Längsschnitt).
C Entwicklungsgrundausrüstung der Eizelle (schematisiert). Die Entwicklungsinformationen sind durch dunkle Pfeile symbolisiert.

As   Außenschicht
Bew Bewegungen der Mitochondrien
cG   corticale Grana

Chal Chalaza (Hagelschnur)
chfS chalazifere Schicht
Chr Chromosomen (Genomträger mit DNS)
CI   corticale Information
Co   Cortex (Eirinde; mit Informationsmuster, Polarisation, Gradienten, mosaikartigen Faktoren etc.)
Cp   Cytoplasma (u. a. mit Glykogen, RNS, DNS, Aminosäuren, Fetten, Lipochondrien, Vitaminen, Fe usw.)
Dok Dotterkern (Balbianischer Dotterkörper)
(dol) dotterlos
Dop Dotterplättchen
Dso Diplosom (Centriol, Centrosom, Zentralkörperchen)

Ecp Ectoplasma
Eh   Eihülle
Enp Endoplasma
ER   endoplasmatisches Reticulum
Ew   Eiweiß
fS   fibröse Schicht
gDo gelber Dotter
Gk   Golgikörper (Golgi-Apparat)
Is   Innenschicht (dünn)
Kem Kernmembran (Kernwand, zweischichtig)
Lbr Latebra
M   Messenger-RNS (Boten-RNS)
Ncl Nucleolus (Kernkörperchen)
P   Polysomen
PA Polaritätsachse
PaK Panderscher Dotterkern
Pc   Pinocytose („membranöse Vesiculation")
PcB Pinocytosebläschen (→Vakuole)
Pl   Plasma
Ri   Ribosom (→Proteinsynthese)
Sh   Schalenhaut (Schalenmembran)
T   Transfer-RNS
VA vakuolärer Apparat
wDo weißer Dotter
Zem Zellmembran (Zellwand; mehrschichtig)

Tabelle 35. Gliederung der Eitypen nach Dottergehalt und -verteilung. (Vgl. auch Abb. 37 A)

Dottergehalt	Dotter-verteilung	Beispiele	Furchung
endolecithal:	Dotter in Eizelle		
alecithal (micro-oligo-lecithal)	isolecithal (homolecithal)	Coelenterata Echinoidea Acrania Eutheria	total
	anisolecithal	Mollusca Cyclostomata „Altfische" Amphibia	
mesolecithal	centrolecithal	z. T. Coelenterata *(Clavularia, Renilla)* z. T. Echino-dermata *(Cucumaria)* Crustacea Insecta u. a.	partiell: superfiziell
polylecithal	telolecithal	Scorpiones Cephalopoda Pyrosomida Cyclostomata *(Myxine)* Selachii Teleostei Gymnophiona Sauropsida Monotremata	partiell: discoidal
ectolecithal (exolecithal)	Dotter in besonderen Dotterzellen	Turbellaria (Neoophora) Trematodes Cestodes	meist anarchisch

liegen, deren derbe Außenhüllen von verschiedenster Art sind. Diese Kokons enthalten in ihrem Kapselraum Eiklar von unterschiedlichster Konsistenz bzw. zusätzlich auch Nähreier. Diese Laichkapseln werden im Ovidukt vorgebildet und in den Pedaldrüsen endgültig geformt und gehärtet.

Unter den **Cephalopoden** wird die zumindest bei *Loligo* von einer Dottermembran umhüllte Oocyte bei den Octopoden (Abb. 36 l) nur noch von einem im Ovar gebildeten, mit einem Stiel versehenen **Chorion** umgeben. Diese Eier werden meist dank der Haftplatte, die die Eistiele zu Gruppen vereinigt, zu Gelegen zusammengeschlossen. Bei den Decabrachiern dagegen ist das stiellose Chorion von **Gallerten** umhüllt, die sowohl aus der Eileiterdrüse als auch aus den in der Mantelhöhle des ♀ liegenden Nidamentaldrüsen stammen. Die Gallerten umhüllen die Eier entweder einzeln (Sepiiden, Sepioliden;

Abb. 36 k) oder vereinigen diese zu Laichschnüren oder Laichpatronen (Loliginiden; Abb. 36 h + i). Das ♀ von *Sepia* knüpft freilich die Gallerthüllen der Einzeleier zum Aufbau von Laichtrauben zusammen.

Während bei Gastropoden der Laichaufbau nur beschränkt als gruppenspezifisches Merkmal taxiert werden kann, ist bei Tintenfischen der Gelegebau durchaus als systematisches Merkmal mit verwendbar.

7.1.5.7 Symbiontenübertragung

Bei symbiontenhaltigen Tieren kann die „Infektion" der Symbionten auf die Nachkommenschaft teilweise bereits anläßlich der Oogenese erfolgen.

Symbionten (Pilze bzw. Bakterien) können dann polar (Ameisen, Lyctiden), bipolar (*Mastotermes*, Blattiden) oder nur am vorderen (Cocciden, Curculioniden, Ipiden, heteroptere Wanzen mit Mycetomen) bzw. hinteren Pol (Schildläuse, Psylliden, Zikaden, Anopluren, Mallophagen) in die Oocyten eingelagert werden.

Für die Übertragung auf die Eizellen bieten sich im Einzelnen unterschiedliche Möglichkeiten, etwa über Follikelzellen, Nährstränge, bakterienbeladene Zellen in der bindegewebigen Ovariolenhülle oder über besondere Mycetome im Ovariolengebiet.

7.1.6 Die reife Eizelle

7.1.6.1 Allgemeines

Die Eizelle (Oocyte, Ovulum) darf nicht mit dem auch die Eihüllen einschließenden Ei (oder Totalei) verwechselt werden. Ihre Zellnatur wurde bereits 1844 durch Koelliker erkannt.

Die Oocyte stellt oft eine **Riesenzelle** (vgl. Tabelle 36 sowie Abb. 38) dar, die in kurzer Zeit ein außerordentliches, in erster Linie durch die Dottersynthese bedingtes Wachstum durchgemacht hat (vgl. Abb. 35). Sie birgt in ihrem Plasma häufig viele Reservestoffe als Nährsubstanz - meist in Form von Dotter (= Deutoplasma).

Trotz ihrer Größe verzichtet die Eizelle angesichts der ihr bevorstehenden Befruchtung auf eine endomitotische Polyploidisierung. Andererseits kann in ihr zur gesteigerten RNS-Synthese die schon erwähnte partielle Extra-Replikation der DNS [= selektive Replikation der r DNS (= Genamplifikation)] ablaufen.

Während des Wachstums zeigen die in der Prophase I der Meiose aktivierten Gene oft Lampenbürstenchromosomen-Struktur (vgl. S. 24 und Abb. 16 f-h).

Jede Eizelle ist bereits arttypisch, was sich besonders bei Insekteneiern auch an entsprechenden artspezifischen Struk-

Tabelle 36. Eizell-Durchmesser (in µm): Minimal- bzw. Maximalwerte. (Nach vielen Autoren). (Vgl. auch Abb. 38)

Parazoa		40–300
Mesozoa		?
Cnidaria	Hydrozoa	60–600
	Scyphozoa	30–230
	Anthozoa	80–750
Acnidaria		200–210
Tentaculata	Phoronida	60–125
	Bryozoa	20–?
	Brachiopoda	?
Chaetognatha		150
Echinodermata	Crinoidea	?
	Asteroidea	190–688
	Ophiuroidea	96–800
	Echinoidea	79–180
	Holothurioidea	200–570
Hemichordata	Enteropneusta	90–1000 × 1300
	Pterobranchia	250–450
Pogonophora		160–130 × 650
Plathelminthes	Turbellaria	85–20000
	Trematodes	12–17 (?)–25–385 × 400
	Cestodes	?
Nemertini		50–2500
Nemathelminthes	Nematomorpha	40 × 50
Gnathostomulida		300
Kamptozoa		80
Priapulida		60–80
Annelida	Polychaeta	20 × 40–1560
	Oligochaeta	?
	Hirudinea	?
Echiurida		60–400
Sipunculida		50 × 104–230 × 280
Myzostomida		?
Tardigrada		30 × 42–239
Pentastomida		?
Onychophora		80 × 260–1900
Arthropoda	Crustacea	100–2400 × 2800
	Chelicerata	60 × 70–3500
	Pantopoda	20–675
	Insecta	120–5000
	Chilopoda	3000
	Diplopoda	360–1300
	Symphyla	370
	Pauropoda	110
Mollusca	Polyplacophora	110–400 × 600
	Aplacophora	110–400
	Monoplacophora	ca. 200
	Scaphopoda	175–200
	Bivalvia	40–500 × 750
	Gastropoda	60–1700
	Cephalopoda	600 × 800–9500 × 17500

Tunicata		100–700
Acrania		100–120
Vertebrata	Cyclostomata	1000–8000 × 22000
	Osteichthyes:	
	„Altfische"	2000–70000
	Teleostei	800–6000
	Chondrichthyes	15000–220000
	Amphibia	1000–10000
	Reptilia	3000–40000
	Aves	6000–105000
	Mammalia:	
	Monotremata	3000–4500
	Marsupialia	150–250
	Eutheria	60–140
	Homo	135

turkomponenten aufzeigen läßt. Dabei muß der Eigenwert ihrer cytoplasmatischen, vom Adultbau prinzipiell autonomen Strukturen besonders hervorgehoben werden.

Die Oocyte trägt als geschlossenes System die gesamte **Entwicklungsgrundausrüstung** (Abb. 37C) in sich. Diese umfaßt **Baustoffe** zur Phase des autophagen Wachstums sowie die anläßlich der Befruchtung durch den ♂ Vorkern ergänzte **Entwicklungsinformation.**

In der Regel bedarf jede Oocyte der Besamung und Befruchtung, die zur Aktivierung ihrer Potenzen und zur Einleitung der weiteren Entwicklung führen.

Laut Willmers Kategorisierung in Zellklassen (S. 29 f.) entspricht die Eizelle prinzipiell der Amoebocyte; noch dotterarme, wandernde weibliche Urkeimzellen oder Oogonien (z. B. Parazoa, Cnidaria) kommen dieser Vorstellung besonders gut nach. Die Form der Oocyte variiert und ist rund, oval, teilweise auch sehr lang-oval (Pogonophora, Insecta, Cephalopoda) oder spindelförmig (Acanthocephala) (vgl. auch Abb. 38).

Typisch für jede Eizelle und entscheidend für den weiteren Entwicklungsverlauf ist die meist stark ausgeprägte animalvegetative **Ei-Polarität** (vgl. S. 18), die als Produkt des „maternellen Effektes" oft schon im mütterlichen Ovar festzustellen ist.

Nur bei den jüngsten Oocyten liegt der Kern noch zentrisch. Freilich findet bei diversen Hydroiden und Teleostiern das sonst frühe Wandern des Nucleus an den animalen Eipol erst vor den Reifungsteilungen statt.

Die Polarität ist monaxon, d. h. die unterschiedlichsten Komponenten wie Kern, Dottergrana, Polplasmen, Mitochondrien, Pigmente in der Eirinde usw. sind hinsichtlich ihrer Anordnung auf die Eilängsachse ausgerichtet (vgl. Abb. 37 C).

Abb. 38. Eizelldurchmesser bei Vertebraten (**a**) und Evertebraten (**b**).

a Die Eizellgröße bei den verschiedenen, stammbaumartig angeordneten Wirbeltiergruppen.

Acr   Acrania
Agn   Agnatha
Anu   Anura
Av   Aves
Ba   Batoidea
Bra   Brachyopterygii
Che   Chelonia
Choa Choanichthyes
Chon Chondrostei (Palaeonisciformes)
Cr   Crocodilia
El   Elasmobranchii
Eu   Eutheria (Placentalia)
Gy   Gymnophiona
Het   Heterodontoidei
Hol   Holostei
Holo Holocephali
Mam   Mammalia
Mar   Marsupialia (Metatheria)
Mon   Monotremata [Pro(to)theria]
Myx   Myxinoidea
Rept Reptilia
Ost   Osteichthyes
Pet   Petromyzontida
Pl   Placodermi
Rhy   Rhynchocephala
Sq   Squamata
Tel   Teleostei
Ur   Urodela

b Schwankungen des Eizelldurchmessers innerhalb einer systematischen Einheit, demonstriert anhand verschiedener Evertebratengruppen.

1 *Ophiocten*
2 *Ophiocantha*
3 *Crangon*
4 *Sclerocrangon*
5 *Glossobalanus*
6 *Harrimania*
7 *Modiolaria*
8 *Ostrea*
9 *Littorina*
10 *Fulgur*
11 *Ommastrephes*
12 *Sepia*
13 *Argonauta*
14 *Octopus bimaculoides*

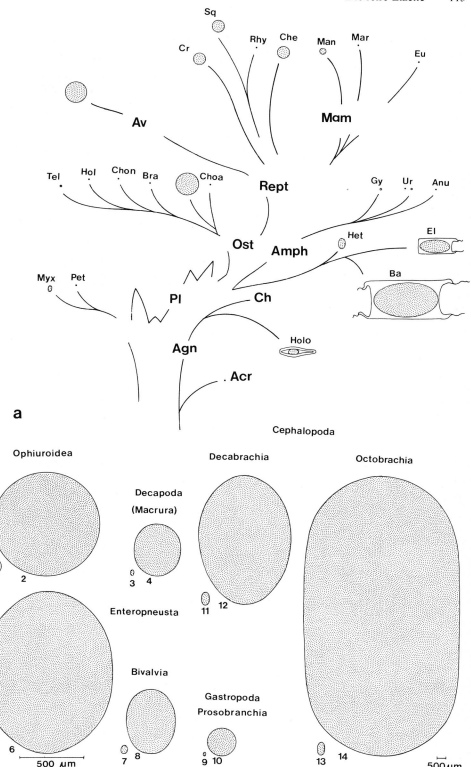

Im einzelnen gibt es namentlich im Hinblick auf die Mitochondrien-Verteilung unterschiedlichste Möglichkeiten (vgl.
S. 177 f.). Auch ist teilweise – beispielsweise an den Eizellen
von decapoden Tintenfischen – bereits die Bilateralsymmetrie
nachzuweisen.

Wie Abb. 37 C zeigt, ist die Oocyte mit allen wesentlichen
Organellen dotiert; nur das die Teilungsfähigkeit bewirkende
Cytozentrum wird gewöhnlich erst durch die Besamung übertragen (vgl. Abb. 40 Ab). Die Eirinde (Cortex), u. a. Träger
wichtiger Entwicklungsinformationen zum Ablauf der
ooplasmatischen Segregation (S. 177), ist unter den Plasma-
Anteilen bedeutungsmäßig besonders hervorzuheben.

Als spezielle plasmatische Bildung kommt der von Henneguy
(1893) entdeckte **Dotterkern** (Dotterkörper) bei Vertretern der
Echiniden, Anneliden, Mollusken (Gastropoden, Bivalvier),
Teleostier, Amphibien, Säuger (Nager, Katze) sowie in besonders starker Ausprägung bei Spinnen vor.

Der Dotterkern wird vor der Dotterbildung formiert und verschwindet meistens im Laufe derselben; bei Prosobranchiern sowie vor
allem bei Spinnen kann er freilich bis zur Furchung bzw. sogar bis
zum Embryo persistieren. Ursprünglich liegt er – oft unter Kontakten
mit der Kernmembran – in Kernnähe; später wandert er, meist in
Form von kleineren Körpern, in der Regel an die Oocyten-Periphe-
rie.

Hinsichtlich der Struktur sind drei Typen zu unterscheiden. So kann
sich rauhes oder normales endoplasmatisches Reticulum in bestimmten Plasmaarealen kondensieren (viele Tiergruppen). Bei Säugern ist
dagegen eine Akkumulation von Golgi-Material typisch. Auch der
Prosobranchier *Nassarius* zeigt diesen Typ, der aber noch durch eine
Form mit dichtgepackten, in einer „intermitochondrialen Substanz"
liegenden Mitochondrien ergänzt wird.

Die Funktion des Dotterkerns ist umstritten, nicht zuletzt in Anbetracht seines teilweisen Persistierens in der Embryonalzeit. Eine
Beteiligung an der Dottersynthese ist anzunehmen, zumal er oft Dottergrana enthält. Auch ein Materialtransport in den Cortex wird teilweise in Betracht gezogen.

Wichtigster Reservestoff der meisten Oocyten ist der Dotter.
Außer kohlehydrathaltigen Einschlüssen – vor allem als diffus im Cytoplasma bzw. in Vakuolen (Fische) eingelagertes
Glykogen – gibt es auch Mucopolysaccharide. In erster Linie
aber ist **lipoider** und **proteider Dotter** zu unterscheiden. Diese
Dotteranteile bilden sich in der eben gegebenen Reihenfolge,
wobei die Synthese der Proteinanteile meist mit der Phase der
rapiden Größenzunahme der Eizelle übereinstimmt.

Fette liegen in Tröpfchenform, teilweise aber auch zu Lipochondrien (z. B. Amphibien) konzentriert, im Cytoplasma.
Die Proteine treten in Form von Dottergranula bzw. -plätt-
chen auf. Diese können sekundär auch zu größeren Komplexen bzw. zu zusammenhängenden ölartigen Dottermassen
(Teleostier, Cephalopoden) verschmelzen. Bei Süßwasser-
Pulmonaten enthalten die Dottergranula Ferritin.

7.1.6.2 Polkörper

Die Polzellen (Polocyten) oder Richtungskörper liegen als
„Nebenprodukte" der Eizellreifung in der Regel meist frei
neben der Oocyte (Abb. 28 f, 40 Aa, 42 Aa, 46 b etc.).

Oft handelt es sich infolge einer weiteren Teilung des zuerst
detachierten Richtungskörpers insgesamt um drei Zellen.
Doch kommen etwa bei Cephalopoden oft bis zu 5–6, teilweise auch mehrkernige Polkörper vor. Der zweite Richtungskörper ist oft kleiner als der zuerst gebildete.

Zahlreiche **Besonderheiten** weichen vom allgemeinen Schema
(Abb. 28 f) ab. So können die Richtungskörper bei Insekten im
Eizellinnern bleiben bzw. kann ihre mitotische Weiterteilung
fehlen oder ungeordnet sein. Anläßlich der Parthenogenese
der amiktischen Eier der Rotatorien und Arthropoden kommt
es zur Einbehaltung des 2. Richtungskörpers bzw. zum Unter-
bleiben der 2. Reifungsteilung. Bei *Thysanozoon, Ascaris, Crepidula, Arion* und *Mus* kommen sehr große Polocyten vor. Als
Spezialfall sei die bei polycladen Turbellarien nachgewiesene
Befruchtung des Richtungskörpers zitiert. Schließlich können
– z. T. unter Verschmelzung – Richtungskörper sich weitertei-
len. Sie bilden dadurch bei Schlüpfwespen und Schildläusen
das „Trophamnion" (Abb. 56 i) als vielkernige Schutzmasse
bzw. das den Pilz beherbergende Mycetom-Gewebe bei *Pseu-
dococcus.*

7.1.6.3 Typisierung

Neben den dominierenden **endolecithalen,** den Dotter in sich
einschließenden Eizellen (Abb. 37 Aa–f) gibt es als Spezialfall
das **ectolecithale** oder zusammengesetzte **Ei** (Abb. 37 Ag). In
ihm werden im Innern einer gemeinsamen Hülle eine dotterlose Eizelle oder mehrere Oocyten (vom Ovar herstammend)
von mehr oder minder zahlreichen (S. 351), in einem speziellen Dotterstock gebildeten Dotterzellen begleitet. Ectolecithale Eier sind mit Ausnahme der polycladiden und acoelen
Turbellaria für die Plathelminthes typisch.

Die häufigste Einteilung der endolecithalen Eizellen basiert
auf dem *Gehalt* bzw. der *Verteilung des Dotters* (Tabelle 35
sowie Abb. 37 Aa–f). Entsprechend der Determination respektive dem späteren Schicksal sind determinierte Mosaik-
bzw. Regulationseier (vgl. S. 9) zu trennen.

Neben den dominierenden **einheitlichen** gibt es auch **dimorphe
Eizellen.** Sexuell dimorphe „Eier" im Sinne einer progamen
Geschlechtsbestimmung treten vor allem bei Insekten auf.
Die ♀-Eier sind meist größer als die ♂-Eier [z. B. Rotatorien;
Dinophilus (Archiannelida); *Viteus* (Reblaus); *Chermes;
Hydatina*].

Die schon zitierte Aufteilung in **Latenz-** und **Subitaneier** (S. 85 f.) gilt im weiteren auch für die Hydroide *Magelopsis*, rhabdocoele Turbellarien, *Dinophilus* und für Tardigraden. Die Dauereier sind hartschalig und größer; die weichschaligen, kleineren Soforteier zeigen stets eine „intrauterine" Entwicklung.

Das Subitanei der Cladoceren entsteht aus einer Viererzellgruppe, die eine Eizelle und drei Nährzellen umfaßt. An der Bildung eines Dauereies sind dagegen mehrere Vierergruppen beteiligt.

7.1.6.4 Eizellgröße

Die nicht mit der Totalei-Größe zu verwechselnde Eizellgröße schwankt zwischen 12 und 17 µm (gewisse Trematoden) bis zu 22 cm [*Carcharias japonicus* (Sandhai oder Tigerhai)] (Tabelle 36). Bereits innerhalb einer Tiergruppe können die Schwankungen sehr groß sein (Abb. 38).

Bei einer hohen Eizahl pro ♀ muß meist eine relativ kleine Eigröße in Kauf genommen werden, und umgekehrt bedingen große Eizellen in der Regel geringe Eizahlen. Beim Vorkommen von Eiklar (Pulmonaten) bzw. von vom ♀ abgeschiedenen Nährflüssigkeiten sowie bei einer ausgebauten Placentation (z. B. Eutheria) als zusätzlicher Ernährungsmöglichkeit für den Keim kann die Oocytengröße bescheiden bleiben.

Der Eizelldurchmesser bestimmt entscheidend den Entwicklungstyp mit; dies gilt ganz besonders für Tiere, die nur über den eigenen Dotter (Protolecith) als embryonalen Nährstoff verfügen (vgl. Abb. 140).

7.1.6.5 Eizahlen

Einleitend sei nochmals betont, daß bei jeder Art die Spermienzahl stets viel größer ist als die Zahl der abgelegten Eizellen (vgl. Tabelle 29).

So bildet der ♂ Mensch dank dauernder Produktion bis zu 1 Trillion 10[12]) Spermien, während der Frau schlußendlich nur etwa 400 befruchtungsfähige Oocyten zur Verfügung stehen.

Die Oocytenzahl (vgl. Tabelle 37) steht - wie oben schon erwähnt - in umgekehrt proportionalem Verhältnis zum *Eizelldurchmesser* und damit indirekt zum Entwicklungstyp. *Salmo fario* (Forelle) legt zwischen 500-2000 erbsengroße Eier ab, während *Coregonus albula* (Maräne) bis zu 10000, 2 mm durchmessende Eier ablaicht. Brutpflege reduziert die Eizahl. Während Karpfenartige ohne Brutpflege Eizahlen von 200000 bis 700000 erreichen, kommt *Gasterosteus aculeatus* (Stichling) mit 80-100 Eiern aus.

Darüber hinaus kann durch *Ernährung* und *Zuchtwahl* (durch den Menschen) die Eizahl gewaltig gesteigert werden, wie

Tabelle 37. Zahl der Nachkommenschaft bei verschiedenen Tieren. (Vor allem nach Cohen 1977)

		Zahl der Eier bzw. Jungen	
		pro Gelege bzw. Fortpflanzungsperiode	als Totalproduktion eines ♀
Echinodermata	*Echinus esculentus*	1×10^6	3×10^6
Pentastomida	*Linguatula* sp.	500000	mehrmals $\times 10^6$
Crustacea	*Daphnia longispina*	4-35 (4-6 Tage)	200-300
	Homarus americanus	8500	20000
Insecta	*Musca domestica*	75-100	75-100
	Vespula vulgaris	22000	50000
	Apis mellifera	120000	$0,5 \times 10^6$
	Bellicositermes natalensis	13×10^6	100×10^6
Mollusca	*Helix pomatia*	40-200	400
	Mytilus edulis	$0,5-5 \times 10^6$	5×10^6
Chondrichthyes	*Scyliorhinus canicula*	8-20	40
Osteichthyes	*Salmo salar*	7000-10000	7000-10000
	Mola mola	300×10^6	1000×10^6
Amphibia (Anura)	*Sminthillus limbatus*	1-3	10
	Rana catesbyana	10000-25000	100000
Reptilia	*Anolis carolinensis*	8-10	20
	Chelone mydas	700	3000
Aves	*Larus argentatus*	2,5	7
	Perdix perdix	14	50
Mammalia	*Homo sapiens*	1	13
	Capra hircus	1 (-5)	20
	Oryctolagus caniculus	1-8-13	25

dies die bis zu 247 pro Jahr abgelegten Eier eines Rassehuhnes im Vergleich zur im Jahresdurchschnitt 30 Eier betragenden Eiproduktion eines Wildvogels eindrucksvoll demonstrieren.

Auch *ökologische Gegebenheiten* sind oft entscheidend. Besonders hohe Eizahlen finden sich bei sozialen Insekten ($1,5 \times 10^6$ Eier bei der Bienenkönigin, mehrere Millionen Oocyten bei der Termitenregentin) sowie bei Endoparasiten. Die Jahresproduktionen betragen etwa für *Ascaris lumbricoides* (Spulwurm) 64×10^6, für *Taenia solium* (Schweinebandwurm) 42×10^6 und für *Diphyllobothrium latum* (Fischbandwurm) rund 10,5 Milliarden Eier.

7.2 Besamung und Befruchtung

Diese leider oft ungenau angewendeten Begriffe sind scharf voneinander zu trennen; man vergleiche hierzu auch die besonders bei Landtieren oft ablaufende zeitliche Sukzession von Begattung, Besamung und Befruchtung.

7.2.1 Besamung

7.2.1.1 Allgemeines

Der Begriff der Besamung (**Impregnation**, Cytogamie) umschreibt das Eindringen des Spermiums in die Eizelle als Voraussetzung zur Befruchtung. Es dringen dabei normalerweise der Kopf und das Zwischenstück mit dem Spermiencentrosom ein; manchmal gelangt aber auch der Schwanz ins Oocyteninnere. Das Eindringen des Spermiums bringt oft den Entwicklungsanstoß und die Aktivierung der ooplasmatischen Segregation, wie dies u. a. die Besamungsrotation (S. 124) demonstriert.
Folgende *Voraussetzungen* sind nötig:

(1) Das hier nicht weiter behandelte Zusammenkommen der Geschlechtspartner wird teilweise durch **Pheromone** (Sexuallockstoffe; z. B. Insekten) ermöglicht. Das Zusammentreffen der Geschlechter kann auch durch die Ausbildung von im oder am ♀ lebenden Zwerg ♂♂ erleichtert werden. Solche kommen etwa bei Rotatorien, Echiuriden *(Bonellia)*, Copepoden, Cirripediern, Bopyriden, Cephalopoden *(Argonauta)* und parasitischen Mesogastropoden *(Entocolax, Entoconcha)* vor. Bei Anglerfischen der Tiefsee können die Zwerg ♂♂, sogar mit dem ♀ definitiv verwachsen und werden dann durch dessen Blutgefäßsystem ernährt.
(2) Das Zusammenkommen der ♂ und ♀ Geschlechtszellen steht oft unter Einwirkung von **Gamonen** („Befruchtungsstoffen", vgl. unten).
(3) Das Vorhandensein von plasmatisch reifen ♂ und ♀ Keimzellen kann durch aufeinander **synchronisierte Fortpflanzungsrhythmen** erleichtert werden. Bei diversen Säugern wie Kaninchen, Katze und Frettchen löst der Koitus im ♀ die Ovulation aus.

Hinsichtlich des Ortes kann die Besamung als **„äußere Besamung"** frei im Wasser (viele Evertebraten, Teleostier, Anuren) oder auch unter Kontakt der Geschlechtspartner (Fische, Anuren) erfolgen. Die **innere Besamung** in den ♀ Genitalwegen ist meist die Folge einer Begattung (Kopulation), die mit echten (Penis, Vagina) oder unechten, d. h. außerhalb des Geschlechtstraktes liegenden Begattungs- oder Kopulationsorganen durchgeführt wird.

Beispiele für letztere sind etwa die zum Pterygopodium umgebauten medianen Teile der Bauchflossen bei Selachier ♂♂, das den 3.–5. Flossenstrahl der Analflosse erfassende Gonopodium bei gewissen männlichen Teleostiern oder der als Hectocotylus mehr oder minder umgebaute Geschlechtsarm der ♂♂ bei Cephalopoden. Bei diversen Arthropodengruppen wie Krebsen, Spinnen und Tausendfüßlern können Extremitäten zur Übergabe der Spermatophoren umgestaltet sein.
Als Spezialfall der Spermienübertragung ist die hypodermale Injektion ins Parenchym des (hier zwittrigen) Geschlechtspartners zu nennen. Sie kommt z. B. bei gewissen Turbellarien, Hirudineen, bei *Dinophilus* und den Myzostomiden sowie ähnlich bei den Bettwanzen vor.

Entweder gelangen die übertragenen Spermien direkt zu den Eiern oder sie werden vorher im Receptaculum seminis (Samenblase) des ♀ gespeichert.

7.2.1.2 Hilfseinrichtungen

Als Parallelevolution sind bei unterschiedlichsten Tiergruppen (Tabelle 38) **Spermatophoren** entwickelt worden. Als meist azelluläre Bildungen enthalten diese Spermienüberträger (Abb. 39) in ihrem Innern die Samenzellen. Das vielleicht komplizierteste Sekretionsprodukt stellt die mit einer „Explosions-Einrichtung" versehene Spermatophore der Cephalopoden (Abb. 39 k–m) dar. Die „Spermatophoren" der Myzostomida sind dagegen von zellulärer Natur (Abb. 39 p).
Eine ähnliche Rolle haben die schon erwähnten, auf atypische Spermien zurückgehenden, zur Anheftung der Spermien dienenden **Spermiozeugmen** der Prosobranchier (Abb. 33 n) oder die die Spermien einhüllenden Samenpakete der Oligochaeten.
Zudem können auch besondere **Hilfszellen** im Dienste der Besamung (Abb. 39 o–q) stehen.

7.2.1.3 Gamonwirkungen

„Befruchtungsstoffe" oder besser Besamungsstoffe mit Fertilisin- bzw. Antifertilisinreaktion sind in kleinen Mengen wirksam und ermöglichen durch ein quantitativ abgestimmtes Wechselspiel von ♂ **Andro-** und ♀ **Gynogamonen** die Vereinigung der Gameten.
Ihre chemotaktische Wirkung wurde erstmals durch Lollos (1916) nachgewiesen. Die meist riesige Zahl der bei einer Besamung vorhandenen Spermien (Tabelle 29), von denen die

Tabelle 38. Beispiele des Vorkommens von Spermatophoren. (Vgl. auch Abb. 39)

			Beispiele
Cnidaria			*Tripedalia*
Tentaculata	Phoronida		*Phoronis, Phoronopsis*
Chaetognatha			*Sagitta, Spadella*
Pogonophora			*Siboglinum*
Plathelminthes	Turbellaria		*Leptoplana*
	Trematodes		*Entobdella, Acanthocotyle*
Annelida	Polychaeta	Capitellidae	
		Spionidae	*Spio, Pygospio, Polydora*
		Syllidae	
		Hesionidae	*Hesionides*
		Arenicolidae	
		Archiannelida	*Dinophilus, Protodrilus*
	Oligochaeta	Lumbricidae	*Allolobophora, Lumbricus*
		Tubificidae	*Tubifex, Aktedrilus*
	Hirudinea	Rhynchobdellodea	*Glossiphonia, Piscicola, Branchelion, Hemiclepsis*
		Erpobdellidae	*Erpobdella (Herpobdella, Nephelis)*
Myzostomida			
Onychophora			*Peripatus, Peripatopsis*
Arthropoda	Crustacea	z. B. Copepoda	*Diaptomus, Cyclops, Calanus*
		Ostracoda	*Propontocypris*
		Isopoda	*Armadillidium*
		Decapoda	*Astacus, Eupagurus, Homarus, Galathea*
	Chelicerata	Scorpiones	
		Acari	*Belba, Haemogamasus, Ornithodorus*
		Pedipalpi	*Tarantula*
		Uropygi	*Mastigoproctus*
		Pseudoscorpiones	*Chelifer, Lasiochernes*
	Insecta	z. B. Collembola	*Dicytomina, Orchesella*, Sminthuridae
		Diplura (Campodeidae)	*Campodea*
		Thysanura Machilidae	*Machilis*
		Lepismatidae	*Lepisma*
		Ephemerida	
		Odonata	*Lesbes*
		Orthopteroidea z. B. Gryllidae	*Liogryllus, Acheta*
		Locustidae	*Ephippigera, Locusta*
		Blattoidea Mantodea	*Mantis*
	Chilopoda		*Lithobius, Scolopendra*
	Diplopoda		*Chordeuma, Polyxenus*
	Symphyla		*Scutigerella*
	Pauropoda		*Stylopauropus*
Mollusca	Gastropoda	Prosobranchia	*Goniobasis, Modulus, Janthina; Boonea, Fargoa*
		Opisthobranchia	*Haminaea, Runcina*
		Pulmonata	*Siphonaria, Arion, Clausilia, Milax*
	Cephalopoda		*Nautilus, Loligo, Sepia, Octopus*
Vertebrata	Chondrichthyes		*Callorhynchus, Cetorhinus*
	Osteichthyes	Cyprinodontes	*Horaichthys*
	Amphibia	Urodela	*Ambystoma, Triturus*

Man beachte, daß Spermatophoren bei gewissen Gruppen obligat (z. B. Cephalopoda), teilweise (z. B. Prosobranchia) oder nur gelegentlich (z. B. Opisthobranchia) vorkommen.

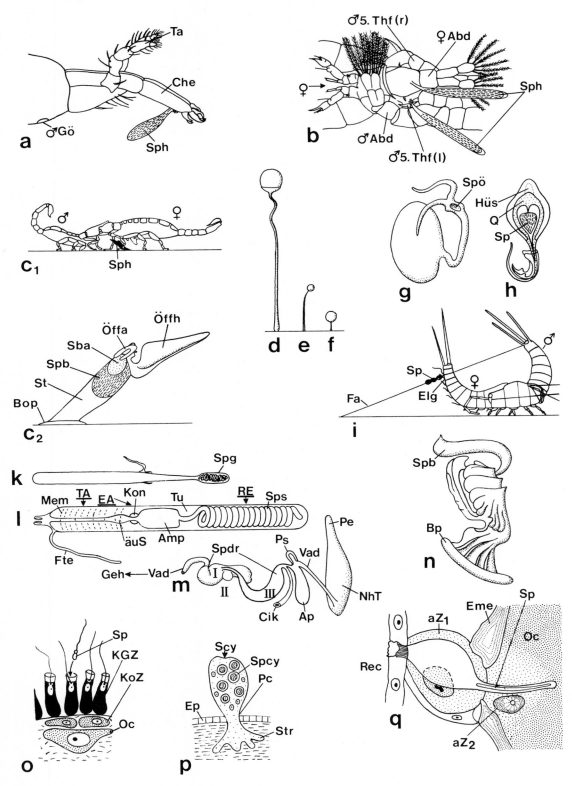

a $\male$ Gö Ta Che Sph

b $\male$ 5. Thf (r) $\female$ Abd Sph $\female$ $\male$ Abd $\male$ 5. Thf (l)

c_1 $\male$ $\female$ Sph

c_2 Öffa Öffh Sba Spb St Bop

d e f

g Spö Hüs Q Sp h

i Sp Elg $\female$ $\male$ Fa

k Spg

l Mem TA EA Kon Tu RE Sps äuS Amp Fte

m Spdr Ps Pe Vad I Geh Vad II III Cik Ap NhT

n Spb Bp

o Sp KGZ KoZ Oc

p Scy Spcy Pc Ep Str

q aZ_1 Eme Sp Rec Oc aZ_2

wenigsten zur Befruchtung gelangen, kann wohl durch deren Rolle bei den Gamonwirkungen erklärt werden.

Schon bei Protozoen liegen im Glykocalyx, der die Zellmembran außen umgibt, Glykoproteinmoleküle, die dann auch frei ins Wasser abgegeben werden. Bei Metazoen ist die Wirkung des komplizierten Gamonkomplexes im Detail nach wie vor nicht ganz klar. Sie sei unter Weglassung der biochemischen Fakten anhand eines besonders für den Seeigel gültigen vereinfachten Modells dargelegt. Ähnliche Verhältnisse liegen aber auch bei Mollusken, Tunicaten, Cyclostomen und Amphibien vor.

Die beiden – freilich durch zusätzliche Substanzen ergänzten – Gynogamone der Eizelle sind das chemotaktisch anlockende und die Spermien aktivierende **GI** sowie das von Lillie (1913) entdeckte **GII** oder Fertilisin, das die Spermien agglutiniert.

Die Wirkung des letzteren ist allerdings umstritten. So dürfte der Agglutinationseffekt wahrscheinlich nur in unphysiologisch hohen Konzentrationen eintreten. Neben seiner Wirkung, die Polyspermie zu verhindern, dürfte das GII zu einer Oberflächenveränderung der Spermien führen, die eine bessere Verschmelzung der Gameten ermöglicht. Die Hemmung der Bastardbefruchtung erfolgt wahrscheinlich durch ein zusätzliches Agglutinin.

Die männlichen Androgamone umfassen das das GI neutralisierende **AI**, das lähmend wirkt, aber die Befruchtungsfähigkeit verlängert, sowie das **AII**. Dieses Spermienantifertilisin

---

Abb. 39. Spermatophoren (**a–n**) bzw. Hilfszellen zur Besamung (**o–q**) (schematisiert).

a–n Spermatophoren, **a** *Haemogamasus hirsutus* (Chelicerata, Acari): seitliche Ansicht des Vorderkörpers; **b** *Diaptomus gracilis* (Crustacea, Copepoda): Hinterenden der beiden Geschlechter beim Absetzen der Spermatophoren; **c₁** Paarung der Skorpione (von lateral); das ♂ zieht das ♀ zur Spermatophore; **c₂** Detailansicht des Spermatophoren; **d–f** Verschiedene gestielte Boden-Spermatophoren: **d** *Belba* (Moosmilbe); **e** *Orchesella* (Collembola); **f** *Campodea* (Thysanura); **g, h** Insektenspermatophoren von *Ephestia kuehniella* (**g**) bzw. *Liogryllus campestris*. **i** Paarung beim Felsenspringer *Machilis*. Das ♂ hat mit seinem Spinngriffel („Penis") während des Vorspiels einen anschließend mit Samentropfen versehenen Faden ausgezogen. Es zieht das ♀ so, daß dieses mit seinem am Hinterende liegenden Eilegegriffel die Samentropfen abtupfen kann.
k–m Cephalopoda: **k** Spermatophore eines Octopoden nach der Bildung des sekundären Spermabehälters (Spermatangium); **l** Spermatophore eines zehnarmigen Tintenfisches (stark schematisiert); **m** Schema des männlichen, die Spermatophore bildenden Ganges von *Sepia officinalis*. Der Gang ist durchgehend mit Cilien besetzt und zeigt besondere drüsige Differenzierungen (vor allem Spermatophorendrüse), welche die einzelnen Teile der Spermatophore sezernieren: Samenblase I (= Spermidukt I) →Spermareservoir; Samenblase II →Ejakulationsapparat; Samenblase III →Membranen des Ejakulationsapparates, Konnektiv und Tunica; akzessorische Drüse →Endfaden. Die fertigen Spermatophoren werden in die Needhamsche Tasche eingelagert; der Cilienkanal dient zum Abfluß der überflüssigen Sekretmasse.
n Spermatophore von *Triturus vulgaris* (Urodela) (Lateralansicht).
o–q Hilfszellen zur Besamung: **o** *Sycon raphanus* (Parazoa, Calcarea): Das Spermium dringt in eine Kragengeißelzelle ein, die in der Folge, von Komplexzellen umgeben, als „Trägerzelle" das Spermium der Oocyte übermittelt. **p** *Myzostomum* sp. (Myzostomida): Die aus Spermiocysten (mit Spermien) und der Podocyste aufgebaute Spermatophore (=spermatisches Syncytium) dringt unter Pseudopodienbildung am Spermatophorenträger des Partners ein; sie gelangt nach amöboider Durchwanderung der Leibeshöhle ins Ovar; **q** *Sagitta* sp. (Chaetognatha): Das Spermium wird unter Beteiligung von accessorischen Zellen aus dem Receptaculum seminis zur Oocyte geleitet.

Amp	Ampulle
Ap	Appendix (Blindsack)
äuS	äußerer Sack
aZ₁, aZ₂	accessorische Zelle (1 + 2)
Bop	Bodenplatte
Che	Chelicere
Cik	Cilienkanal
EA	Ejakulationsapparat (projektiler Apparat)
Elg	Eilegegriffel des ♀
Eme	Eimembran
Fa	Faden
Fte	Filum terminale (Endfaden)
Geh	Genitalhöhle
Gö	Geschlechtsöffnung
Hüs	Hüllschichten
Kon	Konnektiv
KoZ	Komplexzelle
(l)	links
Mem	Membran
NhT	Needhamsche Tasche (Spermatophorensack, Rangierdrüse II)
Oc	Oocyte (Eizelle)
Öffa	Öffnungsapparat
Öffh	flügelartiger Öffnungshebel
Pc	Podocyste
Pe	Penis
Ps	Prostata (accessorische Drüse, Rangierdrüse I)
Q	Quellsubstanz
(r)	rechts
RE	Reservoir
Rec	Receptaculum seminis (Samenblase)
Sba	Samenballen
Scy	Spermacytium
Spb	Spermienbehälter (Samenbehälter)
Spcy	Spermiocyste (mit Spermien)
Spdr	Spermatophorendrüse
Spg	Spermatangium (sekundärer Spermabehälter)
Sph	Spermatophore
Sps	Spermaschlauch
Spö	Spermienaustrittsöffnung
St	Stiel
Str	Spermatophorenträger des Empfängers
TA	Terminalapparat
Ta	Taster
5. Thf	fünfter Thorakalfuß
Tu	Tunica (Hülle)
Vad	Vas deferens (Samenleiter, Spermidukt)

oder Lysin neutralisiert das GII und löst die Eimembran bzw. auch Eigallerten auf.

Das komplizierte Wechselspiel der einzelnen Gamone ist – was indes nur bedingt richtig ist – auch mit Immunitätserscheinungen verglichen worden.

7.2.2 Befruchtung

7.2.2.1 Allgemeines

Spallanzani (1780 ff.) hatte bereits die künstliche Besamung an Seidenspinnern, Amphibien und am Hund durchgeführt. Die kernmäßige Bedeutung der ihr folgenden Befruchtung (= Konzeption; vgl. Abb. 28 h + i und 40) wurde aber erst O. Hertwig (1875) nach seiner Analyse am Seeigel klar: „Die Befruchtung beruht auf der Verschmelzung von geschlechtlich differenzierten Zellkernen", also des haploiden ♂ bzw. ♀ Vorkerns zum diploiden Zygotenkern (= **Synkaryon**).

Voraussetzung zur Befruchtung ist die Besamung. In diesem Moment ist die ♀ Kernreifung unterschiedlich weit fortgeschritten (Tabelle 39). Die oft als Normalfall taxierte Seeigel-Situation, bei der die Meiose der Oocyte bereits vollendet ist (Abb. 40 Aa), stellt in Wirklichkeit wie *Ascaris* (Abb. 40 Ba) als anderes Extrem mit noch nicht abgelaufenen Reifungsteilungen einen Spezialfall dar.

Bei Pulmonaten (*Lymnaea;* Abb. 42 B bzw. S. 125 f.) zeigt sich drastisch, daß die Beendigung der 2. Reifungsteilung vom eingedrungenen Spermium abhängig ist; der Spermaster ist an der Bildung der Maturationsspindel beteiligt.

Dagegen ist die Oocyte im Besamungsmoment in der Regel plasmatisch reif, d.h. deren Dottersynthese ist beendet.

Allerdings kann bei gewissen Kalkschwämmen das Oocyten-Wachstum auch nach der Besamung noch weitergehen.

7.2.2.2 Bedeutung

Die Bedeutung von Besamung und Befruchtung ist vielfältig. Das Eindringen des Spermiums ermöglicht oft die **Beendigung der ♀ Kernreifung** (vgl. Tabelle 39). Durch die Amphimixis (Weisman) der Kernverschmelzung kommt es zur Mischung von väterlichen und mütterlichen Merkmalen sowie zur Neukombination von Erbanlagen. Meist erfolgt durch die Befruchtung auch die syngame, auf dem Vorhandensein von Geschlechtschromosomen (Allosomen) beruhende **Geschlechtsbestimmung.**

Dann ist die Befruchtung mit der Besamung **Hauptanstoß zur Entwicklung.** Die Befruchtung wirkt durch die Aufhebung von Inhibitionssystemen (vor allem Cytochromoxydase beim

Tabelle 39. Besamungsmoment, bezogen auf den Zustand der Oocyte

Junge primäre Oocyte	Plathelminthes	*Otomelostoma, Distomum, Brachycoelium*
	Annelida	*Dinophilus, Histriobdella, Saccocirrus*
	Onychophora	*Peripatopsis*
Ausgewachsene primäre Oocyte	Mesozoa	*Dicyema*
	Parazoa	*Grantia*
	Nematoda	*Ascaris*
	Annelida	*Nereis, Pomatoceros*
	Echiurida	*Thalassema*
	Myzostomida	*Myzostoma*
	Mollusca	*Spisula*
	Tunicata	Ascidiacea
	Mammalia	Hund, Fuchs
1. Metaphase (1. Reifungsteilung)	Nemertini	*Cerebratulus*
	Annelida	*Chaetopterus, Ophryotrocha, Pectinaria*
	viele Insecta	
	Mollusca	*Dentalium, Lymnaea*
	Tunicata	Ascidiacea *(Styela)*
	Aves	Taube
2. Metaphase (2. Reifungsteilung)	Acrania	*Branchiostoma*
		Amphibia [z. B. *Siredon (Amblystoma)*]
	Aves	*Gallus*
	Mammalia	
♀ Pronucleus (nach 2. Reifungsteilung)		Coelenterata (z. B. Actinia-ria) Echinodermata (z. B. *Paracentrotus, Psammechinus, Asterias*)
	Annelida	*Hydroides*
	Monotremata	*Echidna*

Seeigel) und durch Enzymaktivation aktivierend auf das Einsetzen der „Micromorphogenese". Hellbrunn's Meinung (1915 ff.), das Hauptphänomen der Befruchtung sei das Freiwerden von Calciumionen, erscheint freilich als zu extrem formuliert. Die Aktivierung äußert sich neben der schon erwähnten Veränderung in der Anordnung der Plasmaanteile (vgl. Abb. 42 A und 63) auch in der Anhebung des respiratorischen Metabolismus sowie in der Aktivierung der bisher blokkiert gewesenen Proteinsynthese (Tabelle 40). Durch das mitgebrachte Spermien-Centrosom wird der Eizelle die Teilungsfähigkeit ermöglicht. In der Tat setzen unmittelbar nach der Kernverschmelzung meist die Furchungsteilungen ein.

Freilich ist diese eben zitierte, auf Boveri zurückgehende Auffassung heute differenzierter zu betrachten. Die Eizelle kann sich ja bei Parthenogenese trotz fehlendem Spermium-Centrosom teilen. Auch ist

Abb. 40. Befruchtungstypen (schematisch). Vgl. auch Abb. 41 und 42.

A Seeigel (Echinodermata): Besamung nach Abschluß der ♀ Reifungsteilungen: **a** Bildung des Befruchtungshügels beim Auflösen der Dottermembran durch das Spermium; **b** Eindringen des Spermiums (ohne Schwanz) und Beginn der Abhebung der Besamungsmembran; **c** die abgehobene Besamungsmembran schafft den flüssigkeitserfüllten perivitellinen Raum. Der umgedrehte Spermienkopf wandert mit dem Zentriol voran gegen den gleichfalls migrierenden ♀ Pronucleus. Beginn der Spindelbildung; **d** der ♂ Pronucleus hat den ♀ Vorkern erreicht; **e** Verschmelzung zum Synkaryon (Zygotenkern); **f** 1. Furchungsteilung.
B *Ascaris* (Nematoda): Besamung vor den ♀ Reifungsteilungen: **a** Eindringen des kegelförmigen Spermiums in die Oocyte. Sein Glanzkörper soll an der Bildung der Eischale teilhaben; **b** 1. Reifungsteilung der von einer derben Hülle (= Eischale) umgebenen Eizelle (Bildung des 1. Richtungskörpers), Auflösung des Spermienplasmas; **c** 2. Reifungsteilung der Eizelle (Bildung des 2. Richtungskörpers); **d** Annäherung der Pronuclei; **e** Teilung in zwei auseinanderweichende Centriolen. Vorkerne mit sichtbaren Chromosomen; **f** unmittelbar auf die Kernverschmelzung folgende 1. Mitose (1. Furchungsteilung).

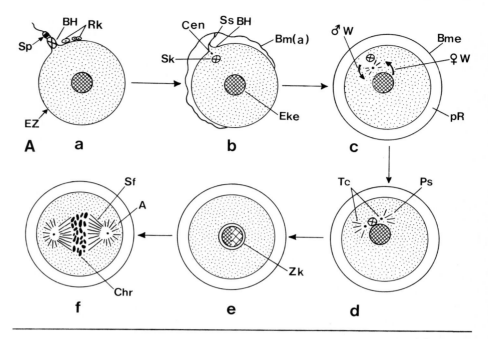

A	Aster (Polstrahlen)
BH	Besamungshügel (= Befruchtungs- oder Empfängnishügel)
Bme	Besamungsmembran (Befruchtungsmembran)
Bm(a)	sich abhebende Besamungsmembran
Chr	Chromosomen
Eke	Eizellkern (Oocytenkern)
ES	derbe Eischale
Gk	Glanzkörper
Ps	Plasmastrahlung
pR	perivitelliner Raum (mit perivitelliner Flüssigkeit)
1. Rk	1. Richtungskörper
2. Rk (B)	2. Richtungskörper in Bildung
Sf	Spindelfasern
Sk	Spermienkern
Sp (A)	Spermium in Auflösung
Ss	Spermienschwanz
Tc	Tochtercentriol

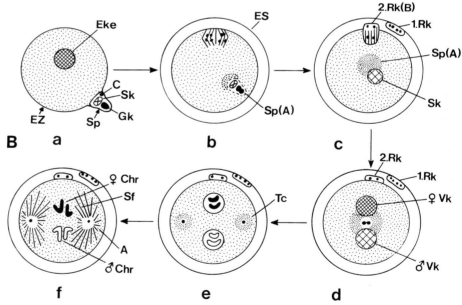

Vk	Vorkern (Pronucleus)
W	Wanderung der Kerne
Zk	Zygotenkern (Syncaryon; durch Verschmelzung des ♂ und ♀ Pronucleus)

Tabelle 40. Strukturelle und funktionelle Veränderungen anläßlich der Befruchtung beim Seeigel *Strongylocentrotus purpuratus* (bei 17 °C). (Nach zahlreichen Autoren aus Austin 1974)

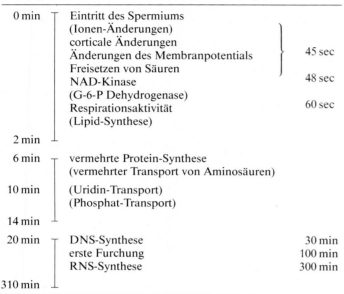

0 min	Eintritt des Spermiums (Ionen-Änderungen) corticale Änderungen Änderungen des Membranpotentials Freisetzen von Säuren	45 sec
	NAD-Kinase	48 sec
	(G-6-P Dehydrogenase) Respirationsaktivität	60 sec
2 min	(Lipid-Synthese)	
6 min	vermehrte Protein-Synthese (vermehrter Transport von Aminosäuren)	
10 min	(Uridin-Transport) (Phosphat-Transport)	
14 min		
20 min	DNS-Synthese	30 min
	erste Furchung	100 min
	RNS-Synthese	300 min
310 min		

Bei den in Klammern angegebenen Prozessen läßt sich der entsprechende Zeitpunkt nur approximativ angeben.

bei normalen Säugerkeimen das Centriol an der ersten Furchungsteilung oft nicht beteiligt. Zumindest bei der Ratte dürften sowohl die Centriolen als auch die Mitochondrien des Spermiums nicht in Form von intakten Organellen an die Eizelle weitergegeben werden.

Die erwähnte, von der **Symmetrisation,** d. h. der Festlegung der Körperachsen und -symmetrien, gefolgte **Aktivation** ist im einzelnen mehrphasig. Die anfängliche, bereits durch das eindringende Spermium bzw. durch Stimuli bei der künstlichen Parthenogenese erreichte Stimulation (= Evokation) wird von sekundären, sich zwischen Eirinde und Cytoplasma ausbreitenden Impulsen gefolgt. Diese ergeben sich aus den Wechselwirkungen zwischen Synkaryon, Cortex und Plasma.

Als ein Beispiel sei die mehrphasige Aktivation und Symmetrisation der Anuren-Eizelle erwähnt (Abb. 42 A und 63 C). Nach Eintritt des Spermiums erfolgt unter corticalen Bewegungen um den festen zentralen Teil die sog. Orientierungsrotation; sie wird von der Aussendung des 2. Richtungskörpers gefolgt. Die anschließende Befruchtungs- oder corticale Symmetrisierungsrotation, die treffender als **Besamungsrotation** zu bezeichnen ist, führt zur Bildung des grauen Halbmondes und determiniert dadurch irreversibel Bilateralität und Dorsoventralität des künftigen Keimes. Der graue Halbmond als schräge Pigmentkappe entsteht durch die Ausbreitung des pigmentierten Marginalplasmas unter das Rindenplasma im vegetativen Gebiet. Er ist deutlich bei *Rana temporaria* und beim Axolotl, fehlt aber andererseits bei *Rana esculenta*. Die Besamungsrotation ist mit dem Einsetzen der ooplasmatischen Segregation und der Proteinsynthese auf Ribosomenniveau kombiniert. Die Polysomenbildung beginnt dabei im Gebiet des Spermieneintrittes. Bestimmt wird die Rotation prinzipiell durch das Eintreten des Spermiums. Doch wird bei künstlich unterdrückter Rotation trotzdem die Symmetrisation gewährleistet, was auf eine zusätzliche, bereits praeformierte Symmetrie schließen läßt.

Bei den Urodelen ist angesichts ihrer Polyspermie die Symmetrisierungsreaktion weniger klar durchschaubar.

Im weiteren liegt die Bedeutung der Fecundation in der heute freilich teilweise widerlegten Idee der **physiologischen Verjüngung** (Bütschli, Maupas u. a.).

Zugrunde lag die Ansicht, daß Ciliatenkulturen bei fehlender Konjugation absterben und der mit dem Kernaustausch verbundene Austausch von Erbfaktoren gleichsam zum Weiterbestehen essentiell wäre. Inzwischen ist es indes geglückt, Protozoenkolonien über Jahre rein asexuell zu züchten und zu halten.

Nach der **Sexualitätshypothese** von Hartmann bringt die Befruchtung den „Ausgleich der sexuellen Spannung". Die in jeder Zelle grundsätzlich vorhandene bisexuelle Potenz wird unter dem Einfluß von geno- und phaenotypischen Faktoren unter Überwiegen der einen Tendenz (= relative Geschlechtlichkeit) auf ein Geschlecht festgelegt. Die relative Geschlechtlichkeit soll in der Zelle zu einer sexuellen Spannung führen, welche durch die Vereinigung beider Tendenzen anläßlich der Befruchtung abgesättigt wird. Freilich wird u. E. damit die Existenz der beiden Geschlechter nicht erklärt.

7.2.2.3 Ablauf beim Seeigel

Seit Hertwig (1875) und Fol (1877; an *Asterias*) läuft die inzwischen durch zahlreiche biochemische und elektronenmikroskopische Arbeiten ergänzte Analyse des Befruchtungsablaufes bei Echinodermen (Abb. 40 A und 41 a–g).

Bei der Kontaktnahme (Abb. 41 e) zwischen dem Akrosom des Spermiums und der Dottermembran der Eizelle kommt es zur **Auflösung der Spermienspitze** (Abb. 41 f). Dadurch wird das **Akrosomengranulum** frei, so daß dessen lytische Enzyme das weitere Eindringen des Spermiums erleichtern können. Fast gleichzeitig wächst der adnucleäre, über dem Nucleus liegende Teil der Akrosomenmembran aus und bildet mittels fibrösem Material das lange **Akrosomenfilament** (Akrosomentubulus) aus (Abb. 41 g). Es ist außen von Akrosomen-Enyzmen umgeben und dringt in die Eizelle ein.

Als Reaktion der Oocyte kommt es zur Bildung einer lokalen Plasma-Erhebung, dem besser als **Besamungshügel** (Abb. 40 Ab) zu bezeichnenden „Befruchtungshügel". Hier verschmelzen Ei- und Spermienmembran miteinander. Das nun tiefer eindringende Spermium wird vom Besamungshügel gleichsam „verschlungen". Letzterer bewirkt einerseits das Abheben (= **Elevation**) der bei den Echiniden nur dünnen, aus sauren Mucopolysacchariden bestehenden **Dottermembran**, womit der zwischen Dottermembran und Oocytenoberfläche sich erstreckende, sich in der Folge noch weiter vergrößernde perivitelline Raum geschaffen ist (Abb. 41 c). Andererseits werden die in der Eirinde liegenden **corticalen Grana** (Abb. 41 a) eröffnet; sie reißen auf (Abb. 41 b). Die im Innern ihrer Membran liegenden lamellären, konzentrisch oder spiralig aufgerollten dunklen Körper („dark bodies") treten aus und heften sich an die Dottermembran, während die hemisphärischen Globuli an die Membran der corticalen Grana angelagert bleiben. Durch die Vereinigung von Dottermembran und den Anteilen der corticalen Grana wird die **Besamungsmembran** (stets unzutreffend als „Befruchtungsmembran" bezeichnet; = „Dotterhaut" oder „activation calyx") konstituiert (Abb. 40 Ab und 41 d). Im weiteren erscheint, wahrscheinlich unter Beteiligung der Corticalgrana, eine zwischen Eimembran und Besamungsmembran sich erstreckende hyaline Schicht. Diese verhindert im Normalfall gemeinsam mit der innerhalb einer Minute nach Eindringen des Spermiums konstituierten Besamungsmembran die Polyspermie (Mehrfachbesamung). Ergänzend sei jedoch festgestellt, daß die 1 bis 2 Sekunden nach dem Auftreffen des Spermiums auf die Eizelloberfläche erfolgende Veränderung des Membranpotentials derselben sich ebenfalls schon hindernd auswirkt.

Das Aufreißen der corticalen Grana erfordert den anschließenden **Neuaufbau der Eizelloberfläche**, ohne daß dabei das corticale Muster (S. 54 f.) zerstört wird. Die neue Eimembran setzt sich aus verschiedenen zusätzlichen Anteilen zusammen, nämlich den Membranen der aufgerissenen Corticalgrana sowie der Spermienmembran, da sich diese ja beim Spermien-Ei-Kontakt mit der Eimembran verbunden hat. Die Eizelloberfläche ist beim Seeigel somit ein Mosaik aus Oolemm, Corticalgrana-Hülle und Spermienmembran.

Die eingedrungenen Spermienteile (Kopf und Mittelstück) drehen sich dann um 180° (Abb. 40 Ac). Der ♀ Vorkern wandert beim Seeigel dem ♂ Partner entgegen, bevor es unter **Kernverschmelzung** zur Bildung des Zygotenkernes kommt (Abb. 40 Ad + e). Nach der Teilung des ursprünglich im Spermienmittelstück gelegenen Spermiencentrosoms werden unter Asterbildung die Zentralspindel und die Polstrahlen der ersten mitotischen Furchungsteilung (Abb. 40 Af) gebildet.

7.2.2.4 Abwandlungen

Vom eben geschilderten Seeigelfall kommen bei den einzelnen Tiergruppen zahlreiche Abwandlungen vor.

So kann etwa auch der Spermienschwanz mit eindringen. Die Wanderungsanteile von ♂ und ♀ Vorkern können stark divergieren; z. B. bei *Octopus* wandern die ♀ Vorkerne ebenfalls.

Die *Akrosomen-Struktur* (Abb. 31 a–h und 41 u–w) und damit entsprechend die Akrosomen-Reaktion sind unterschiedlich. *Mytilus*, *Nereis* (Abb. 41 h–k) und *Saccoglossus* haben wie der Seeigel nur ein Akrosomenfilament. Dasselbe gilt für *Holothuria*, wo das Filament zusätzlich eine um die Eizelle liegende Gallerthülle zu durchdringen hat. Bei *Hydroides* dagegen werden zahlreiche Akrosomentubuli eingesetzt (Abb. 41 o–t).

In noch größerer Weise variieren das *Verhalten der Dottermembran* und die *Reaktion der Eioberfläche:*

Beim Enteropneusten *Saccoglossus* sind die Verhältnisse im Prinzip mit der Seeigel-Situation zu vergleichen. Doch ist die Dottermembran dick; sie wird aber - entgegen *Nereis* - nicht von Microvilli durchdrungen.

Bei diversen Polychaeten (Abb. 41 l–n) fusionieren corticale Alveolen zu einer kompakten Schicht und brechen auf. Diese Praekursoren der Gallertschicht bilden außerhalb der Dottermembran, die zur Besamungsmembran wird, eine Gallertlage. Die Konstituierung der neuen Eimembran, die natürlich durch den perivitellinen Raum von der Besamungsmembran getrennt wird, erfolgt wahrscheinlich ähnlich wie beim Seeigel unter Beteiligung von Anteilen der corticalen Grana.

Die von einer dicken Dottermembran (mit durchgedrungenen Microvilli) umgebene Eioberfläche des Echiuriden *Urechis* umschließt gleichsam das eindringende Spermium. Die beiden dabei aneinandergrenzenden Membranen von Spermium bzw. Oocyte lösen sich unter Vesikelnbildung auf.

Verschiedene Bivalvier (*Mytilus, Mactra, Barnea, Spisula* u. a.) besitzen zwar corticale Grana. Diese werden indes schon vor bzw. nach der Besamung abgebaut, so daß keine direkten Beziehungen zum Spermieneintritt abzuleiten sind.

Amphibien und Teleostier haben ebenfalls corticale Grana; diese wirken bei diversen Teleostiern aber nur härtend auf das Chorion ein, ohne daß es zu Neubildungen kommt. Bei anderen Arten finden Verschmelzungen mit der Dottermembran statt, wobei letztere zudem durch die Zona radiata vom unterliegenden Dotter getrennt ist.

Bei den Säugern, bei denen am Spermium kein Akrosomenfilament gebildet wird (Abb. 41 u–w), muß die Hyaluronidase des Akrosomengranulums auch die bei der Ovulation mit ausgestoßenen Zellen der Corona radiata auflösen. Die Eizellen von Kaninchen, Hamster und vom Menschen besitzen zwar corticale Grana, formieren aber keine neuen Membranen.

Weitere, schon erwähnte Varianten beziehen sich auf den *Zustand des Oocytenkerns* anläßlich der Besamung. Bei *Lymnaea* (Abb. 42 B) wird der 1. Polkörper autonom gebildet (Abb. 42 Ba); nach dem Spermieneintritt nimmt der Sperm-

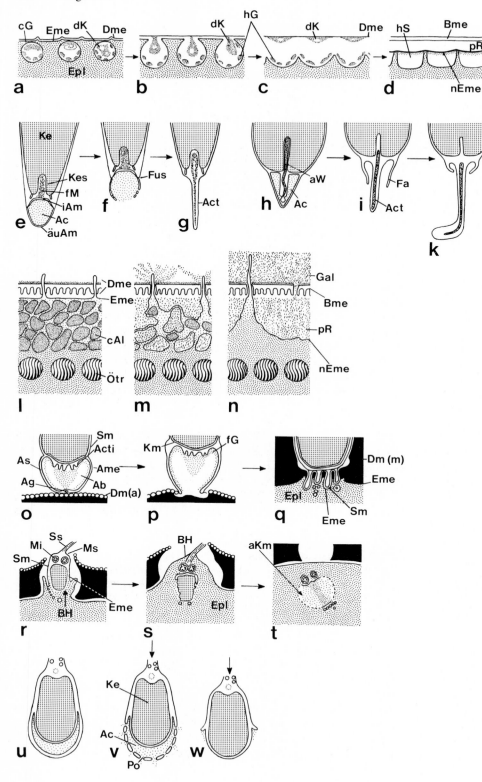

Abb. 41. Ablauf der Besamung und Bildung der Besamungsmembran (schematisiert). Vgl. auch Abb. 40.

a–d Bildung der Besamungsmenbran beim Seeigel: **a** Oberfläche der unbesamten Eizelle; **b** durch die Aufwölbung des Besamungshügels eingeleitete Eröffnung der corticalen Grana und beginnende Abhebung der Dottermembran; **c** Anlagerung des aus „dark bodies" bestehenden Inhaltes der corticalen Grana an die Dottermembran; **d** Bildung der Besamungsmembran durch Fusion der dunklen Körper mit der Dottermembran; Aufbau der neuen Eimembran durch die hemisphärischen Globuli unter Bildung einer hyalinen Schicht.

e–g Acrosomenreaktion beim Seeigel: **e** intaktes Spitzenstück; **f** Beginn der Acrosomenreaktion durch Auflösung der äußeren Acrosomen- sowie der Plasmamembran; **g** Vorwachsen des Acrosomen-Tubulus.

h–k Acrosomenreaktion bei *Nereis* (Polychaeta): **h** intaktes Spitzenstück; **i** nach Austritt des Akrosomenmaterials sowie nach Verschmelzung der Spermienplasma- mit der Acrosomenmembran einsetzende Projektion des Acrosomentubulus; **k** weitgehend beendete Acrosomenreaktion.

l–n Besamungsreaktion in der Eirinde (Eicortex) von *Nereis*: **l** Oberfläche der unbesamten Eizelle; **m** Fusion und Aufbrechen der corticalen Alveolen unter Bildung einer neuen Cytoplasmaoberfläche (10 min nach Besamung); **n** die bei **m** freigesetzten Gallertenvorstufen durchdringen die Dottermembran (20 min nach Besamung).

o–t Eindringen des Spermiums bei *Hydroides* (Polychaeta): **o** Kontakt des Spitzenstückes mit der Außenschicht der Dottermembran; **p** Auflösung derselben durch Enzyme des Akrosomengranulums und beginnende Eversion der Akrosomenwand; **q** Kontakt der Akrosomentubuli mit der Plasmamembran der Eizelle; **r** Fusion von Ei- und Spermienmembran, beginnende Bildung des Besamungshügels; **s, t** sukzessives tieferes Eindringen des Spermiums unter Auflösung von Plasma- und Kernmembran des Spermienkopfes. Rückbildung des Besamungshügels (**t**).

u–w Acrosomenreaktion beim Säuger: **u** intaktes Spitzenstück; **v** vielfache Fusion der äußeren Spermien- und äußeren Acrosomenmembran sowie Austritt der Acrosomenenzyme durch die dadurch gebildeten Perforationen (erfolgt beim Eintritt des Sper-

aster am Aufbau des inneren Asters bei der Abgliederung des 2. Richtungskörpers teil (Abb. 42 Bb + c). Dann formiert der ♀ Pronucleus wie auch sein ♂ Partner Karyomeren (Abb. 42 Bd – f). Anschließend erfolgt auf normale Weise die Verschmelzung der Vorkerne.

Das amöboide Spermium von *Ascaris* tritt in die noch diploide Eizelle (Abb. 40 Ba), welche wahrscheinlich unter Beteiligung des Glanzkörpers des Spermiums rasch eine harte Eischale ausbildet (Abb. 40 Bb). Die Reifungsteilungen sind durch tonnenförmige Teilungsspindeln ohne Sphären charakterisiert. Der 1. Richtungskörper klebt an der Eischale, während der 2. an der Eioberfläche bleibt (Abb. 40 B). Nach der Meiose kommt es zu keiner typischen Verschmelzung der haploiden Vorkerne, sondern es wird unmittelbar zur ersten Furchungs-Mitose übergegangen (Abb. 40 Bf).

Die Polyspermie (Mehrfachbesamung) kann auf verschiedene Weise verhindert werden. So legt sich *Branchiostoma* ähnlich wie die Echiniden eine Besamungsmembran zu, während bei vielen anderen Eizelloberflächen chemische Mechanismen aktiv werden. Beim Stör und verschiedenen Teleostiern wird nach Durchtritt des befruchtenden Spermiums die Micropyle des Eies mittels Gallerten verschlossen.

7.2.3 Besonderheiten

Die **künstliche Besamung** („Befruchtung in vitro") erlaubt dem Entwicklungsphysiologen die Heranzüchtung von zeitlich genau determinierten Entwicklungsstadien, wie von Seeigeln und Amphibien. Wirtschaftlich wird die hier von Jacobi (1758) erstmals erarbeitete Methode in der Fischzucht seit etwa 100 Jahren auf breiter Basis angewendet; auch die Bedeutung der artifiziellen Besamung bei Haustieren ist allge-

mein bekannt. Selbst beim Menschen wird die künstliche Insemination in den letzten Jahren immer mehr vollzogen.

Die **artfremde Besamung** kann zum Teil erfolgreich zur Bastardbildung führen (z.B. Maultier, Maulesel) oder aber bei entwicklungsphysiologischen Experimenten als Möglichkeit zum Entwicklungsanstoß dienen. So können etwa Muschelspermien Seeigel-Eizellen aktivieren.

Selbstbefruchtung (Autofecundation, Automixis) kommt nachgewiesenermaßen bei verschiedenen Zwittern vor, wie z.B. *Rhabditis* und besonders bei den Cestoden. Dasselbe wird für die Diptere *Termitoxenia* und diverse Opisthobranchier behauptet. Doch ist die Autofecundatio oft umstritten, zumal sie infolge der Gamon-Konstellation oft nicht möglich sein dürfte. Die Superfecundatio wurde bereits auf S. 87 vorgestellt.

Polyspermie oder Mehrfachbesamung kommt als pathologische Erscheinung u.a. bei Säugern vor und kann zur Ausbildung triploider Keime führen. Sie ist aber meist von abnormer Entwicklung gefolgt, was auch für die sehr oft letale Polygynie gilt. Letztere tritt ein, wenn nach der Besamung auf die Bildung des 2. Richtungskörpers verzichtet wird.

Physiologische Polyspermie als Normalverhalten ist hauptsächlich bei Bryozoen, *Lymnaea*, Spinnen, Insekten (*Drosophila*, sehr viele Lepidopteren etc.) und Urodelen sowie vorzugsweise bei meroblastischen Wirbeltieren (Elasmobranchier, Sauropsiden) beobachtet worden. Die Anzahl der beteiligten Spermien variiert von 5–7 bei *Drosophila*, 5–6 beim Huhn bis zu 20–25 bei der Taube. Besonders bei Selachiern können die oft in sehr großer Zahl eindringenden, nicht zur Befruchtung gelangenden Spermien als Merocytenkerne beim Dotterabbau mithelfen (S. 232 sowie Abb. 53 c und 127 a + b). Diese „Nebenspermienkerne" sind in der Folge etwas kleiner als die Blastomerenkerne. Sie sammeln sich

---

miums in den Cumulus); **w** Zustand nach Verlust der äußeren Membran über dem Apex.

Ab	Acrosomenblase	BH	Besamungshügel (Befruchtungshügel)	
Act	Acrosomentubulus („Perforatorium")	Bme	Besamungsmembran (Befruchtungsmembran)	
Acti	Acrosomentubuli	cAl	corticale Alveolen	
Ag	Acrosomengranulum	cG	corticale Grana	
aKm	aufgelöste Kernmembran	dK	dunkle Körper („dark bodies")	
Ame	Acrosomenmembran	Dm(a)	Außenschicht der Dottermembran	
äuAm	äußere Acrosomenmembran	Dm(m)	Mittelschicht der Dottermembran	
As	Acrosomenspitze mit apikalem Bläschen	Eme	Eimembran	
aW	axiale Wurzel („axial rod")	Epl	Eiplasma	
		fG	feine Granulae	
		fM	fibröses Material	
		Fa	Falte (aus Plasma- und Acrosomenmembran)	

Fus	Fusion der äußeren Acrosomen- und Plasmamembran
Gal	gallertige Schicht
hG	hemisphärische Globuli
hS	hyaline Schicht
iAm	innere Acrosomenmembran
Km	Kernmembran
Ms	Spermienmittelstück (mit Centriol)
nEme	neue Eimembran
Ötr	Öltropfen (Lipoidtropfen)
Po	Porus
pR	periviteliner Raum (perivitelline Flüssigkeit)
Sm	Spermienmembran
Ss	Spermienschwanz

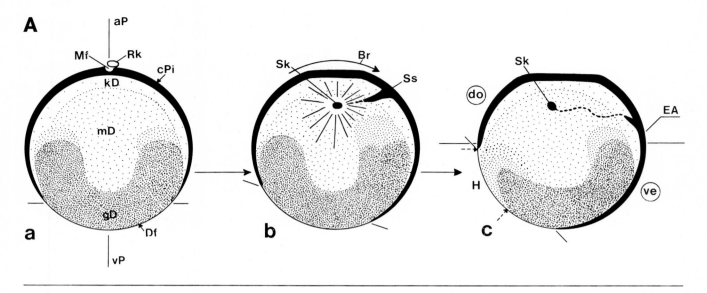

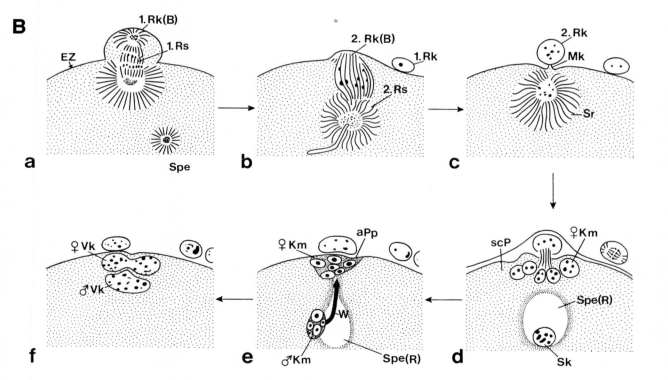

anläßlich der Furchung vornehmlich am Keimscheibenrand an und machen anfänglich noch einige Teilungen durch. Später degenerieren sie.

Innerhalb einer systematischen Einheit kann das Auftreten von Polyspermie variieren. So kommt diese den Molchen zu, fehlt aber bei Froschlurchen.

Dann gibt es künstlich erzeugte bzw. z. T. auch natürlich vorkommende Fälle, wo der Keim sich nach der Besamung nur mit einem Kern entwickelt.

Die **Gynogenese** (Pseudogamie, Merospermie) ist eine unvollständige Befruchtung, da der eingedrungene männliche Kern unter Chromatinballung ausfällt; dank dem übertragenen Centriol sind aber der Entwicklungsanstoß und die Teilungsfähigkeit gewährleistet.

Natürlich ist die Gynogenese bei *Rhabditis*-Arten nachgewiesen, wo der Keim infolge der ausfallenden Oocyten-Meiose aber diploid bleibt. Künstlich können Bestrahlungen (Radium-Strahlen) bzw. art- oder stammfremde Besamung eine merosperme Entwicklung ermöglichen.

Die **Androgenese** als dazu komplementärer Vorgang zeigt eine nach Weg- bzw. Ausfall des ♀ Vorkerns erfolgende haploide Entwicklung, bei welcher der Spermienkern die Steuerung übernimmt.

Die **Merogonie** schließlich basiert auf der Zweiteilung einer Eizelle vor oder nach der Besamung. Sie wurde experimentell bei Mollusken, Amphibien und vor allem Seeigeln erreicht, wobei hier die Entwicklung bis zur Larve gelang.

Die resultierenden Produkte sind – wie dies für den Seeigel exemplifiziert sei – entsprechend den Kernverhältnissen verschieden. Aus der besamten Hälfte mit dem ♀ Vorkern entsteht eine sehr kleine, diploide merogone Larve bzw. bei fehlender Befruchtung eine gynomerogone haploide Larve. Eine besamte kernlose Eihälfte läßt dagegen eine andromerogone haploide Zwerglarve aus sich hervorgehen.

Schließlich sind als weitere Besonderheiten die **Parthenogenese** als Entwicklung ohne Befruchtung (S. 72 ff.) bzw. Sonderformen der Sexualität bei Protozoen (S. 71 und Abb. 23) bereits besprochen worden.

Abb. 42. Besondere, nach der Besamung ablaufende Prozesse.

A Durch die Besamung induzierte Aktivation des Amphibieneies (Beispiel: *Rana*; vgl. auch Abb. 63 C): **a** unbefruchtete Eizelle; **b** Befruchtungsrotation (Besamungsrotation); **c** Eizelle nach der Besamungsrotation, die zur Bildung des grauen Halbmondes geführt hat.
B Richtungskörperbildung unter Spermasterbeteiligung sowie anschließender Befruchtung bei *Lymnaea stagnalis* (Pulmonata); **a** Telophase der autonomen Bildung des 1. Richtungskörpers; **b** Bildung der 2. Maturationsspindel unter Beteiligung des expandierten Spermasters am inneren Aster; **c** 2. Reifungsteilung: Abscheidung des 2. Polkörpers unter Bildung des Mittelkörpers („mid-body"); **d** anschließende Karyomerenbildung (Teilkernbildung) des im subcorticalen Plasma liegenden ♀ Vorkerns. Der ♂ Pronucleus tritt in die Centrosphaere des Spermasters; **e** letztere gelangt in Verbindung zum animalen Polplasma. Wanderung des ♂ Vorkerns zum ♀ Pronucleus; **f** Beginn der Kopulation der Pronuclei (Verschmelzung zum Zygotenkern). – Bei anderen Pulmonaten ist der Spermaster nicht (*Agriolimax, Limax, Physa, Succinea*) oder in differierender Weise an der Bildung der 2. Richtungsspindel (weitere *Lymnaea*-Arten, *Myxas*) beteiligt.

aPp	animales Polplasma
BR	Befruchtungsrotation (Symmetrisierungsrotation)
cP	corticale Pigmentschicht
Df	Dotterfeld (vitellines Feld)
EA	Eiaequator
gD	grobscholliger (weißer) Dotter; bildet Cupula (Dotterhörner)
H	grauer Halbmond
kD	kleinscholliger (brauner) Dotter
Km	Karyomere (Teilkern)
mD	mittlerer (brauner) Dotter
Mf	Maturationsfleck (oberer, polarer Fleck; Infundibulum der Maturation)
Mk	Mittelkörper
Rk (B)	Richtungskörper in Bildung
1. Rs	erste Reifungsspindel (Maturationsspindel)
2. Rs	zweite Reifungsspindel (mit Beteiligung des Spermasters)
scP	subcorticales Plasma
Sk	Spermienkern
Spe	Spermaster
Spe (R)	Spermaster-Rest
Sr	Spindelrest
Ss	Spuren des Spermieneintrittes
Vk	Vorkern (Pronucleus)
W	♂ Kernwanderung

8 Blastogenese

Furchung und ooplasmatische Segregation wirken als an sich unabhängige Prozesse in der Früh- und Primitiventwicklung (= Blastogenese) zusammen; sie werden in der folgenden Darstellung nur aus didaktischen Gründen getrennt.

8.1 Furchung

8.1.1 Generelles zum Ablauf

Der Ausdruck „Furchung" kommt von den anläßlich der Segmentierung auf der Eioberfläche sichtbar werdenden Furchen, wie sie Swammerdam schon 1738 an Froscheiern beobachtet hat.

Die Furchung bringt eine Aufteilung der Zygote in **Blastomeren** (Furchungszellen) durch mitotische Teilungen. Die Tochterzellen wachsen dabei nicht mehr zur Größe der Mutterzelle heran. Furchung ist – mit wenigen Ausnahmen (S. 162) – damit nicht mit Wachstum kombiniert. Die Segmentierung kann die ganze Eizelle (= holoblastische Furchung; Abb. 3 A a–c und 45 a–g) oder nur einen Teil von ihr (= meroblastische Furchung; Abb. 3 A d und 45 h–k) erfassen.

Sie besteht aus den an sich getrennten, plasmatisch synchronisierten Prozessen von **Kern-** (Karyodieresis) und **Plasmateilung** (Plasmodieresis).

Das generelle Verhältnis von Kern und Plasma wird immer mehr zugunsten des Kernmaterials verschoben. Endziel der vielleicht durch eine „kritische Spannung" in den Kern-Plasma-Beziehungen ausgelösten Furchung ist eine im Blastula-Stadium erreichte bestimmte **Kernplasmarelation.** Diese ist einerseits artspezifisch (vgl. Tabelle 41), andererseits – mit Ausnahme der selten verwirklichten rein aequalen Furchung – auch keimbezirksabhängig; vegetative Macromeren sind infolge ihres Dottergehaltes oft größer als die dotterarmen, animalwärts liegenden Micromeren.

Beweise für den Einfluß der Kernplasma-Relation auf das Furchungsende liefern künstlich parthenogenetisch erzielte haploide Seeigelkeime. Diese haben infolge der im Vergleich mit den normalen diploiden Kernen geringeren Kerngröße eine doppelt so hohe Zellzahl; andererseits führt artifizielle Tetraploidie nur zur Ausbildung der halben Anzahl von dafür doppelt so großen Zellen. – Bei der Scyphomeduse *Chrysaora hysoscella* ist die Blastulagröße von der Ernährung durch die Muttermeduse abhängig; größere Blastulae sind entsprechend der Kern-Plasma-Relation zellreicher als kleine.

Das rasche Anstreben der endgültigen Kernplasmarelation erfolgt unter hohen Mitoseraten, die durch nur kurz währende Interphaseperioden ermöglicht werden. Da die Einwirkung von Kernfaktoren aber stark auf Interphasezustände angewiesen ist, resultiert ein Antagonismus zwischen Zellteilung und direkt kerngesteuerter Plasmadifferenzierung. Deshalb dürfte die während der Furchung weitergehende ooplasmatische Segregation vorwiegend cortical gesteuert sein.

In Bezug auf **Mitoseraten** zerfällt jede Furchung in zwei Abschnitte, nämlich eine synchrone und eine asynchrone Phase:

Tabelle 41. Blastula: Zellzahl am Furchungsende. (Aus Berrill 1971). (Vgl. hierzu auch Abb. 43)

	Eizelle ⌀ in μm	Zellzahl
Cnidaria:		
Scyphozoa: *Aurelia* sp.	150–200	2 600
Echinodermata:		
Echinoidea: *Toxopneustes variegatus*	110	2 100
Plathelminthes:		
Turbellaria: *Thysanozoon* sp.	120	950
Annelida:		
Polychaeta: *Lumbriconereis nasuta*	160	4 100
Serpula sp.	70	920
Tunicata:		
Ascidiacea: *Ascidiella aspersa*	160	3 400
Ecteinascidia turbinata	720	132 000
Acrania: *Branchiostoma lanceolatum*	120	9 000
Vertebrata:		
Cyclostomata: *Petromyzon (Entosphenus) wilderi*	1000	300 000
Amphibia: *Bufo americanus*	1300	450 000
Rana sylvatica	2100	700 000
Triturus viridescens	2600	800 000

Die frühembryonale **synchrone Periode** ist durch einen hohen Mitoseindex und minimale Interphasezustände gekennzeichnet. Manchmal können Karyomeren (Teilkerne; S. 160; vgl. auch Abb. 42 Bf) gebildet werden.

Der oben erwähnte Antagonismus zwischen Zelldifferenzierung und -teilung zeigt sich auch in der Tatsache, daß bei „Mosaikkeimen" mit früher ooplasmatischer Segregation die Zahl der synchronen Teilungsperioden (3–4 bei Spiraliern) geringer ist als bei „Regulationskeimen" (9 bei *Synapta*, 15 bei Amphibien). Bei superfizieller Furchung, bei der die Differenzierung erst bei der Erreichung der Eioberfläche durch die Furchungsenergiden einsetzt, ist die Synchroniephase ebenfalls lang (9 Zyklen bei *Ephestia* und *Calliphora*, 12 bei *Drosophila*). Dies gilt zum Teil auch für die discoidale Furchung (*Belone* mit 8).

Die spätere **asynchrone Periode** zeigt eine Abnahme des Mitoseindexes und im Zusammenhang mit dem Einsetzen der Zelldifferenzierung den Verzicht auf Karyomeren.
In den einzelnen Keimbezirken variiert der Eintritt der Asynchronie. Bei Seeigeln läuft die Synchronie im Bereich der Macro- und Mesomeren bis zum 5. bis 8. Zellzyklus weiter, während sie in den Micromeren bereits im 4. Zyklus sistiert wird.
Asynchronie führt oft zu sich in Mitosewellen äußernden **Mitosegradienten:**
Diese sind bei der Seeigelfurchung vom vegetativen gegen den animalen Pol zu gerichtet. Bei den sich spiralig furchenden Mollusken und Anneliden verlaufen die Gradienten im 4. und 5. Zellzyklus animalwärts, später dagegen umgekehrt.
Damit läßt sich die Furchung auch in Aktivitäts- (= Teilungs-) und in Ruheperioden untergliedern.
Der Mitosezyklus ist mit entsprechenden zellphysiologischen Aktivitäten - wie dem Zellatmungszyklus - kombiniert; für den Aufbau des Mitose-Apparates werden jeweils über 10% der Zellproteine engagiert.
Die Furchung ist - wie schon erwähnt - auf die dauernde **Zunahme von Kernmaterial** ausgerichtet. Dieses stammt zum Teil aus dem manchmal auch sehr RNS-reichen Plasma, das ja zudem plasmatische DNS aufweist. Auffallend ist diesbezüglich der bei Amphibieneiern etwa 5000mal vergrößerte Gehalt an plasmatischer DNS sowie dessen sukzessive Abnahme während der Furchung. Die plasmatische DNS kann direkt oder aus der Synthese von Praekursoren in den Kern integriert werden. Der gelegentlich nicht sehr hohe RNS-Gehalt ist trotzdem für den normalen Furchungsablauf wichtig; dies beweist die Tatsache, daß der RNS-Synthese-Hemmer Puromycin eine Arretierung der Furchung bewirkt. Als mögliche RNS-Funktionen kommen vor allem die Cytaster-Bildung, der Anteil an der Formierung der Zellmembranen und wahrscheinlich die DNS-Polymerasen-Bildung in

Frage, wobei letztere zur Verdoppelung der Chromosomen-DNS nötig sind.
Die **Furchenbildung** anläßlich der Plasmodieresis erfolgt autonom und läuft auch nach Wegnahme des subcorticalen Plasmas oder nach Isolation von Keimteilen weiter.
Beteiligt ist eine parallel zur Furchungsebene liegende bandartige elektronendichte Schicht aus vielen Microfilamenten; diese dürfte das Korrelat zum kontraktilen Ring sein, der den Keim in Blastomeren teilt. Eine Cytochalasin-Behandlung zerstört die Microfilamente und hemmt entsprechend die Furchung des Plasmas.

8.1.2 Die Blastula

8.1.2.1 Bedeutung

Die Blastula als Furchungsendprodukt ist **Träger von Blastemen**, d.h. von aus morphologisch noch undifferenzierten Zellen aufgebauten Bildungsgeweben. Sie vereinigt die praesumptiven organbildenden Bezirke (vgl. Abb. 64–66) sowie ein entsprechendes Zentrum zur Steuerung der weiteren Entwicklung. Die Blasteme mit einem für sie spezifischen Endwert der Kernplasmarelation besitzen die Fähigkeit zur späteren Aufteilung in Teilblasteme als Ursprungsorte der Organanlagen; sie lassen sich mittels Anlageplänen (Abb. 2 f + g, 4a und 64–66) anschaulich darstellen.
Der Blastula-Bau ist angesichts der sehr unterschiedlichen Furchungsmodalitäten entsprechend variantenreich (Abb. 43 und 44).

8.1.2.2 Typen

Nach *ökologischen Kriterien* ist die intrakapsuläre, im Innern von Eihüllen oder des Elters eingeschlossene, von der freischwimmenden, mit Cilien dotierten Blastula (z.B. Schwämme, Seeigel) zu trennen.
Im Hinblick auf seine *Bildungsleistung* kann der Rundkeim nur aus formativen Blastomeren bestehen oder aber - besonders nach Partialfurchung - mit nutritiven Hilfszellen versehen sein (vgl. z.B. Abb. 44).
Nach *morphologischen Kriterien* sind folgende Typen zu unterscheiden, die in Tabelle 42 (mit Abbildungshinweisen) weiter aufgeschlüsselt sind:

(1) Die **Coeloblastula** entsteht nach totaler Furchung; eine ein- oder mehrschichtige Blastomerenlage umgibt ein zentrales (nach aequaler) bzw. ein exzentrisches Blastocoel (nach inaequaler Furchung). Eine stark abgeflachte Blastula wird oft als Placula bezeichnet.

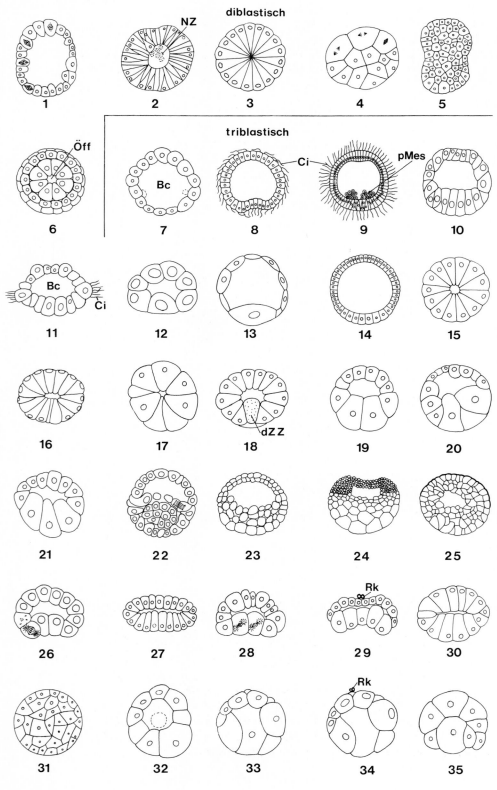

Abb. 43. Blastulae nach Totalfurchung bei di- (*1–6*) und triblastischen Tieren (*7–35*) (schematisiert und auf gleiche Größe gebracht). Mit Ausnahme von *6* (Ansicht auf den animalen Pol) handelt es sich um Schnittansichten. Vgl. hierzu Tabelle 42, welche die einzelnen Blastulatypen vorstellt, sowie Abb. 51 **g, h + k** für die Periblastula nach gemischter Furchung [jeweils Bdst (Blastodermstadium)].

NZ Nährzellen; *Öff* Öffnung vom Blastocoel nach außen (vgl. auch Abb. 46 b).

Dargestellte Beispiele:
1 *Hydra* sp. (Hydrozoa); 2 *Aurelia aurita* (Scyphozoa); 3 *Lucernaria* sp. (Scyphozoa); 4 *Clava squamata* (Hydrozoa); 5 *Turritopsis nutricola* (Hydrozoa); 6 *Sycon raphanus* (Parazoa, Calcarea); 7 *Phoronopsis viridis* (Tentaculata, Phoronida); 8 *Synapta digitata* (Holothurioidea); 9 *Strongylocentrotus lividus* (Echinoidea); 10 *Cerebratulus lacteus* (Nemertini); 11 *Polygordius* sp. (Annelida, Polychaeta); 12 *Paragordius varius* (Nematomorpha); 13 *Sphaerium* sp. (Mollusca, Bivalvia); 14 *Branchiostoma lanceolatum* (Acrania); 15 *Sagitta* sp. (Chaetognatha); 16 *Hypsibius* sp. (Tardigrada); 17 *Pycnogonum litorale* (Pantopoda); 18 *Lucifer* sp. (Crustacea); 19 *Flustrella hispida* (Bryozoa); 20 *Scoloplos armiger* (Annelida, Polychaeta); 21 *Dentalium* sp. (Mollusca, Scaphopoda); 22 *Hormurus australasiae* (Chelicerata, Scorpiones); 23 *Petromyzon fluviatilis* (Cyclostomata); 24 *Acipenser sturio* (Osteichthyes, „Altfische"); 25 *Rana fusca* (Amphibia); 26 *Parascaris equorum* (Nematoda); 27 *Lumbricus* sp. (Annelida, Oligochaeta); 28 *Chiton polii* (Mollusca, Polyplacophora); 29 *Firoloides desmaresti* (Mollusca, Gastropoda); 30 *Styela partita* (Tunicata, Ascidiacea); 31 *Polychoerus caudatus* (Turbellaria); 32 *Pedicellina cernua* (Kamptozoa); 33 *Neanthes* sp. (Annelida, Polychaeta); 34 *Nereis* sp. (Annelida, Polychaeta); 35 *Oikopleura dioica* (Tunicata, Appendicularia)

Tabelle 42. Blastula-Typen (vereinfacht). (Die Zahlen beziehen sich auf Abb. 43)

Typ	Charakteristika	Beispiele
I. Coeloblastula (Archiblastula)	rund, einschichtig, zentrisches großes Blastocoel	*Sycon* u. a. Parazoa, *Aequorea, Clytia, Tiara, Hydra* (1) und viele Hydrozoa, *Phoronopsis* [Phoronida (7)], Holothurioidea (8), Enteropneusta, Nematomorpha, Priapulida, Cyclomyaria, Acrania (14)
	wie oben; aber ein zentrisches, kleines Blastocoel	*Leucosolenia* u. a. Parazoa, *Aurelia* (2) u. a. Scyphozoa, Brachiopoda, Chaetognatha (15), Tardigrada (16), Pantopoda (17)
	wie oben; typisches, großes Blastocoel, aber exzentrisch	*Sphaerium* (Bivalvia) (13)
	wie oben; aber exzentrisches kleines Blastocoel	Bryozoa (19), Polycladida, Nemertini (10), Annelida (20), *Lucifer* (18) u. a. Penaeidae, *Dentalium* (21), *Chiton* (28) u. a. Mollusca
	rund, mehrschichtig, exzentrisches, mittelgroßes Blastocoel	*Hormurus* u. a. Skorpione mit Totalfurchung (22), *Petromyzon* u. a. Cyclostomata (23), *Acipenser* (24) u. a. Altfische, Amphibia (25)
	rund mit verfrühter Mesoderm-Sonderung	Echinoidea (9), Nematomorpha, Echiurida
	rund mit fehlenden Zellgrenzen	*Metridium* u. a. Actiniaria
	oval, einschichtig	Parazoa, viele Cnidaria, Nematomorpha (12), *Polygordius* (11)
	abgeplattet, einschichtig (= Placula)	Cnidaria, *Phoronis*, Nematodes [*Parascaris* (26)], Oligochaeta (27), *Firoloides* (29) u. a. Gastropoda, *Styela* (30) u. a. Ascidiacea
II. Sterroblastula	ohne Blastocoel, aequal-einschichtig	*Lucernaria* (3) u. a. Scyphozoa, Enteropneusta, Acoela, Polycladida, *Pycnogonum* (Pantopoda)
	ohne Blastocoel, inaequal-einschichtig	*Pedicellina* (32) u. a. Kamptozoa, *Neanthes* (33), *Nereis* (34) u. a. Polychaeta, Sipunculida, *Nymphon* (Pantopoda), Aplacophora, Gastropoda, *Oikopleura* (35) u. a. Appendicularia
	ohne Blastocoel, vielschichtig	*Clava* (4), *Turritopsis* (5) u. a. Hydrozoa, Anthozoa, *Polychoerus* (Turbellaria) (31)
	ohne Blastocoel, vielschichtig mit syncytialen Kernen	Holostei *(Amia)*
III. Discoblastula		Arten mit Discoidalfurchung (vgl. Tabelle 43)
IV. Periblastula		Arten mit superfizieller Furchung (vgl. Tabelle 43)
V. Blastocyste (als Spezialfall)		Eutheria (Placentalia)

(2) Die Furchungshöhle ist bei der häufig nach dotterreicher Totalfurchung erreichten **Sterroblastula** verschwunden.

(3) Bei der **Discoblastula** liegt nach discoidaler Partialfurchung die **Keimscheibe** am animalen Pol über dem ungefurchten Dotter. Typisch für sie ist die oft sehr frühe Sonderung des Entoderms (Hypoblast) vom überlagernden Epiblasten. Die Discoblastula hat in diesem Fall also bereits eine erste Phase der Keimblattsonderung erfahren!

(4) Die **Periblastula** (= superfizielle Blastula) ist mit einem peripher den Innendotter umschließenden **Blastoderm** versehen. Sie entsteht nach superfizieller oder gemischter Furchung.

Die **Blastocyste** der Mammalier findet sich trotz unterschiedlichem Furchungsverlauf bei den Meta- (Abb. 54 Be) und den Eutheria (Abb. 44 m und 54 Cg–l). Sie ist mit früh erscheinenden extraembryonalen Anteilen (**Trophoblast,** später dann bald auch extraembryonales Entoderm) dotiert, die als besondere Anpassungen an die rasche Aufnahme von Uterussekreten bzw. -geweben zu interpretieren sind. Die Blastocystenhöhle ist nicht mit dem Blastocoel homolog, sondern ent-

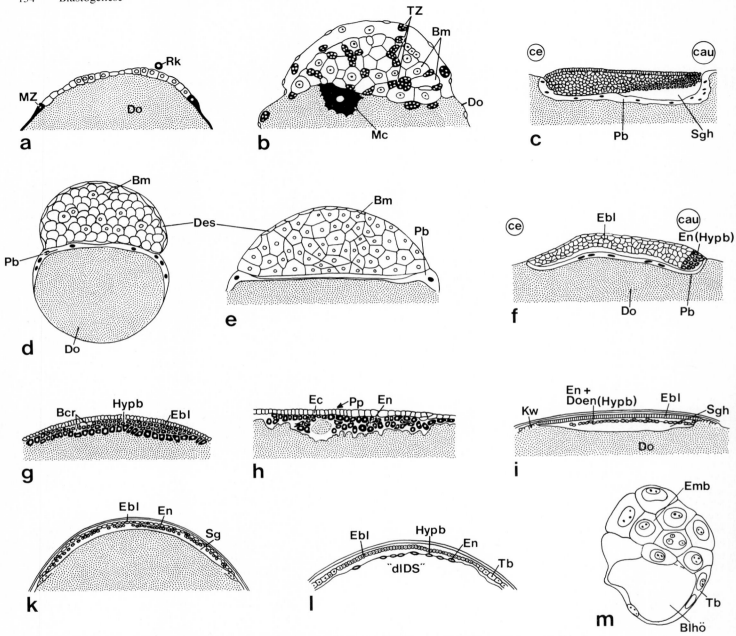

Abb. 44. Discoblastulae nach partieller Discoidalfurchung (**a–l**) bzw. Blastocyste nach Totalfurchung bei Eutherien (**m**) (schematisierte Schnittbilder).

a *Octopus vulgaris* (Cephalopoda); **b** *Pyrosoma giganteum* (Tunicata, Pyrosomida); **c** *Torpedo ocellata* (Chondrichthyes); **d–f** Teleostei mit unterschiedlichem Dottergehalt: *Brachydanio rerio, Serranus atrarius* und *Sal-*

moirideus; **g** *Hypogeophis alternans* (Amphibia, Gymnophiona); **h** *Platydactylus* sp. (Reptilia); **i** *Gallus* (Aves); **k** *Tachyglossus (Echidna)* sp. (Monotremata); **l** *Didelphis* sp. (Marsupialia); **m** *Mus musculus* (Eutheria).

Bcr   Spalträume des Blastocoels
Blhö   Blastocystenhöhle
„dlDS"   dotterlose, dem Dottersack der
         Sauropsiden entsprechende Höhle

Ebl	Epiblast
Emb	Embryoblast
Hypb	Hypoblast
Kw	Keimwall
Mc	Merocyte
MZ	Marginalzelle
Pp	Primitivplatte
Sgh	Subgerminalhöhle
TZ	Testazelle

spricht dem Lumen des Dottersackes der Sauropsiden. Damit kann die Blastocyste nicht mit einer typischen Blastula homologisiert werden.

8.1.3 Terminologie

Nach der *Lage der Teilungsebenen* sind anläßlich der Furchung folgende Orientierungen voneinander zu sondern: eine **meridionale** Furche zieht durch den animalen und vegetativen Pol (wie ein Meridian der Erdkugel), während eine **aequatoriale** zu ihr senkrecht steht und den Eiaequator umgürtet. **Vertikale** Furchen verlaufen parallel zu den meridionalen und demnach nicht durch die Eipole. **Latitudinale** Furchen schließlich liegen parallel zur aequatorialen Furche; sie ziehen damit nicht durch den Eiaequator.

Entsprechend der oft durch ihren *Dottergehalt* bestimmten Größe der Blastomeren sind kleine **Micro-** und große **Macromeren** sowie z. T. auch mittelgroße **Mesomeren** (Seeigel) zu unterscheiden. Primär sind diese Bezeichnungen unabhängig von der Lage der Blastomeren im Keim; doch liegen - mit Ausnahme des Seeigels (Abb. 46 c) - die Micromeren in der Regel im animalen, die Macromeren im vegetativen, ja meist dotterreicheren Bereich.

Zur Beschreibung der determinativen *Spiralfurchung* (Abb. 49) hat sich eine besonders auf Conklin zurückgehende, Zahlen und Buchstaben als Symbole verwendende Terminologie bewährt:
Die **Eiquadranten** - nach der 2. Teilung durch vier Macromeren repräsentiert - bekommen die Symbole A-D (z. B. Abb. 49 b). Den bei den folgenden Teilungen sich abschnürenden Micromeren entsprechen die kleinen Buchstaben a-d. Zur Festlegung der sich von den Macromeren in mehreren Teilungsschüben abschnürenden **Micromerenquartette** werden die Koeffizienten 1-4 bzw. 5 (z. B. bei Prosobranchiern mit 5 Micromerenquartetten) verwendet. Die Abkömmlinge der Micromerenquartette werden mit Hilfe von Exponenten dargestellt; z. B. entstehen so aus der Teilung von $1a^1$ die Blastomeren $1a^{11}$ und $1a^{12}$. Letztere teilt sich in $1a^{121}$ und $1a^{122}$ weiter etc. Die Teilungsrichtung schließlich wird bei Blick auf den animalen Pol bei nach rechts gerichteten Spindeln als **dexiotrop**, bei nach links orientierten dagegen als **laeotrop** (= leiotrop) benannt.

Mit diesen einfachen Bezeichnungen ist es möglich, leicht faßbare Zellstammbäume (Abb. 2 a) aufzustellen bzw. die Blastomeren auf Furchungsbildern entsprechend ihrer Genealogie zu bezeichnen (Abb. 2 b + c und 49). Damit ist dem vergleichenden Embryologen ein gutes Instrument zu detaillierten Ontogenesevergleichen in die Hand gegeben. Schließlich sind - wie schon erwähnt - entsprechend ihrem Umfang und der *Beziehung zum Dotter* holo- und **meroblastische** Furchungen zu differenzieren (vgl. unten). Im letzteren Fall wird der Dotter nicht mitgefurcht.

Es sei nochmals betont, daß die Begriffe holoblastische (alles Anlagematerial geht in den Keim) bzw. meroblastische Entwicklung (ein Teil bildet transitorische Anhangsorgane) respektive Furchung (S. 7) zwar voneinander unabhängig sind, sich aber mit Ausnahme der Eutherien (Abb. 3 Ac) in der Regel decken (Abb. 3 a, 3 Aa, b + d).

8.1.4 Typisierung

8.1.4.1 Allgemeines

Nach der *Determination* läßt sich die bei „Mosaikentwicklungen" (z. B. Ctenophoren, Spiralier, Ascidien) mit der Determination liierte Furchung von der determinationsarmen Furchung der „Regulationsentwicklung" sondern. Während im ersten Fall Blastomerengrenzen häufig auch unterschiedliche Plasmen trennen, erfolgt anläßlich der regulativen Entwicklung von *Acipenser* und der Amphibien die Bildung des grauen Halbmondes (S. 124) ohne Beziehung zum Furchungsverlauf. Die Aufteilung in Blastomeren braucht hier somit nicht mit deren Determination verbunden zu sein!

Entsprechend ihrem *Umfang* und der *Beziehung zum Dotter* kommen **totale** (holoblastische; z. B. Abb. 45 a-g) und **partielle** (meroblastische; z. B. Abb. 45 h-k) Furchungen vor. Im ersteren Fall wird der Dotter mitgefurcht, im letzteren Fall dagegen nicht. Die Partialfurchung umfaßt die mit einer oberflächlichen Blastodermbildung endende **superfizielle** Furchung (Abb. 45 k und 51) von centrolecithalen Eizellen bzw. die mit der Ausformierung einer scheibenförmigen Keimscheibe kombinierte **discoidale** Furchung (Abb. 45 h + i, 52, 53 und 54 A) von telolecithalen Oocyten.

Für den vergleichenden Embryologen besonders wichtig ist die Gliederung nach dem *Symmetrieverhalten der Blastomeren* (vgl. Tabelle 43 und Abb. 45).

Da in der Regel die beiden ersten Furchungsteilungen zur Bildung von vier gleichen Blastomeren führen, nehmen die im folgenden zu beschreibenden Unterschiede erst im 8-Zellstadium ihren sichtbaren Anfang.

Bei der phylogenetisch ursprünglichen **Radiärfurchung** (Abb. 45 a und 46 a-c) sind die Blastomeren der einzelnen Kränze in gleicher Anordnung radiärsymmetrisch um die zentrale, animal-vegetative Polaritätsachse gruppiert.

Die **Spiralfurchung** (Abb. 45 b und 49) zeichnet sich dadurch aus, daß die einzelnen Kränze durch schräggerichtete, untereinander alternierende dexio- und leiotrope Teilungen spiralig gegeneinander um 45° verschoben sind. Dadurch liegen „höher" (animalwärts) gelegene Blastomeren auf den Furchen zwischen den unterliegenden Furchungszellen. Weitere Merkmale sind die Quartettbildung, das Kreuz der Spiralier und das Vorkommen der Urmesodermzelle 4 d und des Ursomatoblasten 2 d (vgl. S. 147 ff.)

TOTALFURCHUNG

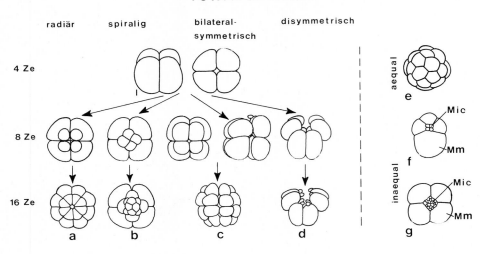

radiär   spiralig   bilateral-   disymmetrisch
                        symmetrisch

aequal   e

Mic
Mm
f

inaequal

Mic
Mm
g

4 Ze

8 Ze

16 Ze

a   b   c   d

PARTIALFURCHUNG

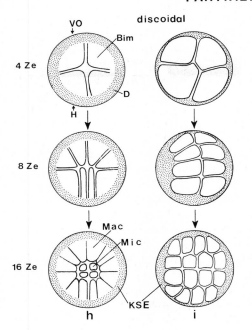

discoidal

VO
Bim

4 Ze

D

H

8 Ze

Mac
Mic

16 Ze

KSE

h   i

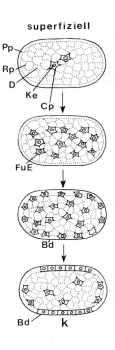

superfiziell

Pp
Rp
D
Ke
Cp

FuE

Bd

Bd   k

Abb. 45. Übersicht über die wichtigsten Furchungstypen [mit Ausnahme von **l** (= Lateralansicht) jeweils Ansichten vom animalen Pol; stark schematisiert]. Vgl. dazu u. a. Tabelle 43.

Beispiele: **a** Cnidaria, Echinodermata; **b** Annelida, Mollusca (ohne Cephalopoda); **c** Acrania, Ascidiacea; **d** Ctenophora; **e–g** Prosobranchia: **e** *Trochus;* **f** *Nassarius* (vgl. Abb. 59b); **g** *Fulgur* und *Fusus* (vgl. Abb. 59d, 62b und 69f + g); **h** Cephalopoda (vgl. Abb. 52c); **i** Teleostei (vgl. Abb. 53a + b); **k** Insecta.

Bim Bildungsmembran (= dünne, den Dotter umgebende Plasmaschicht)
Cp   Centroplasma (= Hofplasma; um Kern)
FuE Furchungsenergide
H   „hinten" (Trichterseite des späteren Tintenfisches)
Mm   Macromeren [bilden bei Cephalopoden später die Blastokonen bzw. Marginalzellen als Anlage des Dotterepithels (vgl. Abb. 83 a–g)].
Mic Micromeren (bilden bei Tintenfischen später die Embryo-Anlage)
Pp   Periplasma (Oberflächenplasma)
Rp   Reticuloplasma (= den Dotter in sich einschließendes Netzplasma)
VO   „vorne" (Oralseite = Mundseite des späteren Tintenfisches)

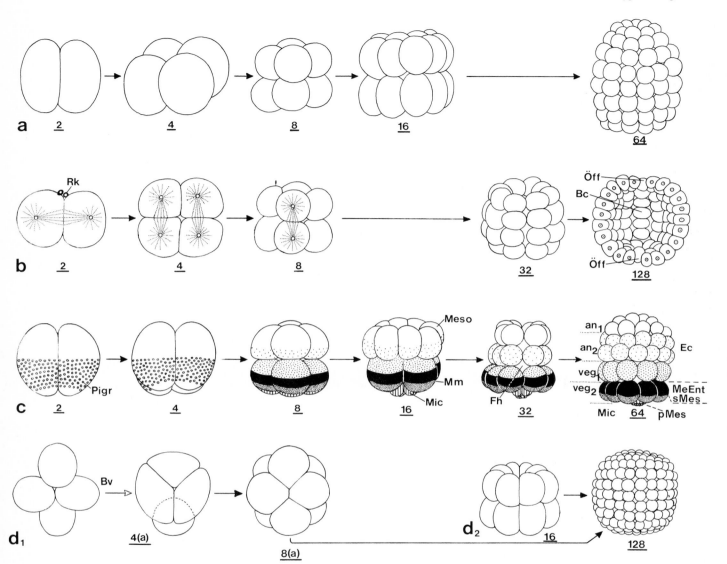

Abb. 46. Radiärfurchung (**a–c, d₂**) und Pseudospiralfurchung (**d₁**) (schematisiert).
a *Aequorea forskalea* (Hydrozoa); **b** *Synapta digitata* (Holothurioidea) (vgl. Abb. 43/8); **c** *Paracentrotus lividus* (Echinoidea). Beim 2- und 4-Zellstadium ist der aus rotem Farbstoff bestehende Pigmentring dargestellt; die Signaturen der späteren Stadien geben dagegen die prospektive Bedeutung der Blastomeren an (vgl. auch Abb. 43/9); **d** *Pachycerianthus multiplicatus* (Anthozoa) mit normaler Radiärfurchung (**d₂**) bzw. der Pseudospiralfurchung als Variante (**d₁**). – Die Zahlen symbolisieren die Zellenzahl der Furchungsstadien, die vom animalen Pol (**a**) oder von der Seite (kein Symbol) dargestellt sind.

an_1, an_2	animaler Zellkranz 1 bzw. 2 (vgl. Abb. 17)
Bv	Blastomerenverlagerung
Meso	Mesomeren
Öff	Öffnung des Blastocoels nach außen (vgl. Abb. 43/6)
Pigr	Pigmentring
veg_1, veg_2	vegetative Zellkränze 1 bzw. 2 (vgl. Abb. 17)

Tabelle 43. Furchungstypen bei den einzelnen Tiergruppen. (Aus Fioroni 1983)

		Total			Partiell					
Parazoa		r					u_1			
COELENTERATA										
Cnidaria	Hydrozoa	r	ps			i			su	su_1
	Scyphozoa	r	ps							su_1
	Anthozoa	r	ps			i			su	su_1
Acnidaria				di						
ARCHICOELOMATA										
Tentaculata	Phoronida		s_2							
	Bryozoa	r_1								
	Brachiopoda	r_1								
Chaetognatha		r								
Echinodermata		r	b_1				u_1		su	
Enteropneusta		r								
Pogonophora			s_2							
GASTRONEURALIA										
Plathelminthes	Turbellaria	s	s_2			an				
	Trematodes				a	an				
	Cestodes	r (?)				an				
Nemertini		s	s_2							
Nemathelminthes	Rotatoria		s_2							
	Gastrotricha		b_1							
	Kinorhyncha	?								
	Nematoda		b_1							
	Nematomorpha	?								
	Acanthocephala		s_2							
	Priapulida	?								
Kamptozoa			s_2							
Annelida	Polychaeta	s								
	Oligochaeta	s_1								
	Hirudinea	s_1								
Echiurida		s								
Sipunculida		s								
Myzostomida		s								
Tardigrada		r								
Pentastomida		r (?)								
Onychophora		st						d_2		
Arthropoda	Crustacea	r	s_2				u_1		su	
	Chelicerata	st					u_1	d_2	su	
	Pantopoda	st (?)								
	Insecta	st					u_1		su	
	Chilopoda								su	
	Diplopoda						u_1			
	Symphyla						u_1			
	Pauropoda						u_1			

		Total				Partiell	
GASTRONEURALIA							
Mollusca	Polyplacophora	s					
	Aplacophora	s					
	Scaphopoda	s					
	Bivalvia	s_1					
	Gastropoda	s					
	Cephalopoda					d	
NOTONEURALIA							
Tunicata	Appendicularia		b				
	Ascidiacea		b				
	Thaliacea		b	an			
	Pyrosomida					d	
Acrania			b				
Vertebrata	Cyclostomata	r			u_2	d	
	Osteichthyes: „Altfische"	r			u_2		
	Teleostei					d	
	Chondrichthyes	r				d	
	Amphibia	r			u_2		d_1
	Reptilia					d	
	Aves					d	
	Mammalia		a		u_3	d	

Abkürzungen der Furchungstypen: a = asymmetrisch, asynchron; an = anarchisch, unregelmäßig; b = bilateralsymmetrisch; b_1 = abgewandelt bilateralsymmetrisch; d = discoidal; d_1 = fast discoidal; d_2 = stark der Discoidalfurchung ähnlich; di = disymmetrisch; i = irregulär; ps = Pseudospiralfurchung; r = radiär; r_1 = abgewandelt radiär; s = spiralig; s_1 = abgewandelt, aber noch typisch spiralig; s_2 = stark abgewandelt spiralig; st = sekundär total; su = superfiziell; su_1 = stark der superfiziellen Furchung ähnelnd; u_1 = Übergang zwischen total und superfiziell; u_2 = Übergang zwischen total und discoidal; u_3 = Übergang zwischen discoidal und total; ? = Furchung nicht oder sehr ungenügend bekannt bzw. nicht einzuordnen.

Die systematisch umstrittenen Pogonophoren sind unter den Archicoelomaten aufgeführt.

Die **bilateralsymmetrische Furchung** (Abb. 45 c und 50 a + b) betont von Anfang an die bilateralsymmetrische Längsachse, die mit der späteren Symmetrielängsachse des Embryos zusammenfällt.

Bei der **disymmetrischen Furchung** (Abb. 45 d und 50 c) werden früh schon die beiden Körpersymmetrien der adulten Ctenophoren-Organisation (Schlund- und Tentakelebene) durch besondere Ausrichtungen der Blastomeren berücksichtigt.

Daneben kommen verschiedene abgewandelte Furchungstypen vor, wie die **asymmetrische/asynchrone Eutherienfurchung** (Abb. 54 C) oder die **anarchische Furchung** (Blastomerenanarchie), bei welcher die Blastomeren ihren Zusammenhang verlieren. Letztere ist als Anpassung an das Vorkommen von Dotterzellen beim ectolecithalen Ei [Plathelminthes (Abb. 56 d)], von Kalymmocyten [Desmomyaria (Abb. 56 e)] bzw. von Dotterelimination (Metatheria) zu interpretieren.

Schließlich gibt es unregelmäßige **irreguläre Furchungen** (Abb. 56 c) mit sehr variablem Blastomerenverhalten. Sie kommen bei gewissen Arthropoden sowie namentlich bei Hydroiden (*Turritopsis, Stomatoca, Pennaria* u. a.) vor. Es handelt sich zumindest bei den Cnidariern nicht um einen normalen Furchungstyp, sondern um durch ungünstige Außenbedingungen induzierte Furchungsabweichungen. Diese werden angesichts der außergewöhnlichen Regulations- und Regenerationsfähigkeit der Cnidarier trotzdem von einer Normogenese gefolgt.

Beweis hierfür sind Blastogenesestadien von *Aequorea forskalea* und *Hydractinia echinata*, die in freier Natur eine typische Radiärfurchung, in Aquarienkultur aber häufig irreguläre Furchungsbilder zeigen.

Die eben kurz charakterisierten, nach den Symmetrien orientierten Segmentierungstypen werden meist nur zur Unterscheidung zwischen Totalfurchungen verwendet. Sie lassen sich aber auch im discoidalen Fall anwenden; hier verläuft die Furchung bei Cephalopoden (Abb. 45 h) weitgehend

Tabelle 44. Furchungsverlauf bei den Arthropoda. (Vgl. auch Tabelle 43)

	Eizell ⌀ in µm	Furchungstyp	Beispiele
Tardigrada	30 × 42–235	t–ae	*Hypsibius*
Pentastomida		t (?)	*Porocephalus*
Onychophora	80 × 260–1900	g (t→s)	*Peripatopsis*
		s	*Eoperipatus, Peripatoides*
Crustacea	100–2400 × 2800	t–ad	*Polyphemus, Ibla* u. v. a. „Entomostraca", *Anaspides, Euphausia, Holopedium, Penaeus, Lucifer*
		t–i	*Balanus, Tetraclita* u. v. a. „Entomostraca"
		g (t→s)	*Branchipus, Gammarus, Galathea, Macropodia, Palinurus* u. v. a. Decapoda
		s	Cladocera, *Astacus, Dromia* u. v. a. Decapoda
		d	*Lernaea* (?)
Chelicerata	60 × 70–3500	t–ae	*Chelifer, Chthonius, Hormurus*
		g (tae→s)	*Pediculopsis, Pyemotes* u. v. a. Araneidae und Acari
		fast s	*Limulus*
		s	*Acarapsis, Knemidocoptes, Chernes* *Opilio, Telyphonus* sowie viele Araneidae und Acari
		→d	*Euscorpius*
Pantopoda	20–675	t–ae	*Pycnogonum*
		t–i	*Nymphon*
Insecta: „Apterygota"	120–1600	t–ae	*Isotoma*
		g (tae→s)	*Anurida, Tetradontophora*
		g (s→t→s)	*Macrotoma, Tomocerus*
		s	*Lepisma, Campodea*
Pterygota	340–5000	t	*Aphis, Pemphigus, Platygaster, Lithomastix, Stylops, Encyrtus*
		s	*Platycnemis, Bombyx* und die Mehrzahl aller Hexapoden
Chilopoda	3000	s	*Scolopendra*
Diplopoda	300–1300	g (t→s)	*Glomeris*
Symphyla	370	g (t→s)	*Hanseniella*
Pauropoda	110	g (t→s)	*Pauropus*

ae = aequal, ad = adaequal, d = discoidal, g = gemischt, i = inaequal, t = total, s = superfiziell.

radiär, bei Teleostiern (Abb. 45 i) bilateral-symmetrisch und bei den Vögeln (Abb. 53 d) unregelmäßig.

Manche Furchungen lassen sich klar einem Furchungstyp zuordnen. Daneben gibt es aber zahlreiche **Übergangsformen** bzw. nicht eindeutig einzuordnende Segmentierungsabläufe (vgl. vor allem Abb. 55).

Insbesondere kommen zahlreiche Abwandlungen von der Spiralfurchung vor, die zwar bei Clitellaten (Abb. 49 n + p) von der typischen Spiralfurchung ableitbar, bei den Nematelminthen aber kaum klassifizierbar sind (Abb. 55 e–g). Fließende und damit zuordnungsfähige Übergänge finden sich bei Arthropoden (Abb. 51; vgl. auch Abb. 48) im Übergang zwischen totaler und superfizieller sowie bei „Altfischen" und Amphibien (Abb. 47) beim Wechsel von totaler zu discoidaler Furchung.

Mehrere Abwandlungen können auch bestimmte Furchungsabläufe vortäuschen, ohne echt zu sein, wie die später noch genauer behandelte Pseudospiralfurchung bei Cnidariern (Abb. 46 d_1). Die „Discoidalfurchung" bei Arthropoden [Onychophora, Scorpiones (Abb. 52 a)] ist insofern unecht, als sie entgegen der Norm nicht am animalen Pol, sondern im vegetativen Keimbereich abläuft.

Verschiedene, als Entwicklungsverkürzung zu interpretierende verfrühte Keimblättsonderungen (z. B. Morula- bzw. Blastuladelamination) werden im Kapitel 9 behandelt.

Bereits die Furchung kann känogenetischen Entwicklungsvarianten unterliegen, die sich im Vorkommen unterschiedlicher Furchungsmuster innerhalb einer systematischen Einheit äußern (Tabellen 43 und 44).

8.1.4.2 Spezielles

Totale Furchungen

Radiärfurchung: Echinodermata

Als repräsentatives Beispiel sind die durch eine vorübergehend inaequale Totalfurchung gekennzeichneten dotterarmen Echiniden-Arten (*Psammechinus, Paracentrotus* etc.) zu behandeln, spielen diese doch in der Entwicklungsphysiologie bis heute eine wichtige Rolle (Abb. 46 c). Sie zeigen freilich durch die mit der 3. Teilung im 16-Zellstadium sehr auffällig werdende Inaequalität der Blastomeren bereits eine abgewandelte Situation.

Ursprüngliche Furchungsverhältnisse hat dagegen die Holothurie *Synapta* infolge ihrer komplett aequalen, zu gleich großen Blastomeren führenden Furchung (Abb. 46 b) sowie der Tatsache, daß sich animal- und vegetativwärts längere Zeit periphere, vom zentralen Blastocoel nach außen führende Öffnungen erhalten (vgl. auch S. 174).

Ähnliches gilt im übrigen für die Furchung des Kalkschwammes *Sycon raphanus*.

Für die Seeigel (Abb. 46 c) ist die jeweilige starke Abkugelung der Blastomeren voneinander typisch, die früh eine **Furchungshöhle** (Blastocoel) entstehen läßt. Nach zwei meridionalen Teilungen liegen 4 gleich große Blastomeren vor. Die teilweise bereits leicht inaequale latitudinale dritte Teilung formiert zwei Zellkränze mit 4 **animalen Meso-** und 4 **vegetativen**, bei *Paracentrotus* auch den Pigmentring enthaltenden **Macromeren**. Die vierte Teilung bildet drei Zellkränze und zwar animalwärts 8 Mesomeren und dann 4 große Macromeren, die vegetativwärts 4 **Micromeren** abscheiden. Die fünfte Teilung liefert vier Zellkränze, nämlich 2 Mesomerenkränze (mit je 8 Zellen), 8 Macromeren sowie 4 Micromeren, die nach dem kurzzeitig verwirklichten 28-Zellstadium rasch durch die Bildung von weiteren 4 Micromeren das 32-Zellstadium erreichen lassen.

Im 64-Zellstadium sind nach der sechsten Teilung **fünf typische Zellkränze** (vgl. auch Abb. 17 A) vorhanden: an_1 und an_2 mit bereits unregelmäßig angeordneten Blastomeren, veg_1 und veg_2 sowie die Micromeren. Nunmehr ist das aufgrund des Zellstammbaumes sowie auch experimentell durch Zellkranzisolationen (Abb. 17 Ae–i) herleitbare prospektive Schicksal der Blastomerenkränze klar festgelegt; die Kränze an_1 und an_2 sowie veg_1 bilden Ectoderm, veg_2 formiert das Mesentoderm sowie das sekundäre Mesenchym und der Micromerenkranz das primäre Mesenchym als künftigen Bildner des Larvalskelettes.

Weitere Teilungen lassen die ursprünglichen Größenunterschiede der Blastomeren verschwinden. Bei der mit nunmehr gleich großen Blastomeren ausgerüsteten **Coeloblastula** (Abb. 43/9) umschließt ein einschichtiges Epithel (mit äußerlich liegenden Cilien) das **zentrische**, große, mit kolloidalen Substanzen gefüllte **Blastocoel** (= Furchungshöhle).

Zwischen dem 20- bis zum 64-Zellstadium spricht man auch vom Morula-Stadium, da der äußere Aspekt dieser Furchungsstadien einer Maulbeere ähnlich sieht. Der Ausdruck ist indes unpassend, da sich ja im Inneren zwischen den Blastomeren eine Furchungshöhle befindet.

Abwandlungen

Bereits bei den Parazoen sind Abweichungen vom total-aequalen Grundtyp feststellbar. So verläuft etwa bei *Sycon raphanus* auch die dritte Teilung noch meridional. Bei vielen Schwammarten tritt in der weiteren Entwicklung eine große Inaequalität der Blastomeren auf, die wie die **Kreuzzellen** (Abb. 72 Bd + e) bereits früh differenziert sein können. – Auf die an die Furchung anschließende Exkurvation der Blastula bei Kalkschwämmen wird an anderer Stelle (S. 194 ff.) eingegangen.

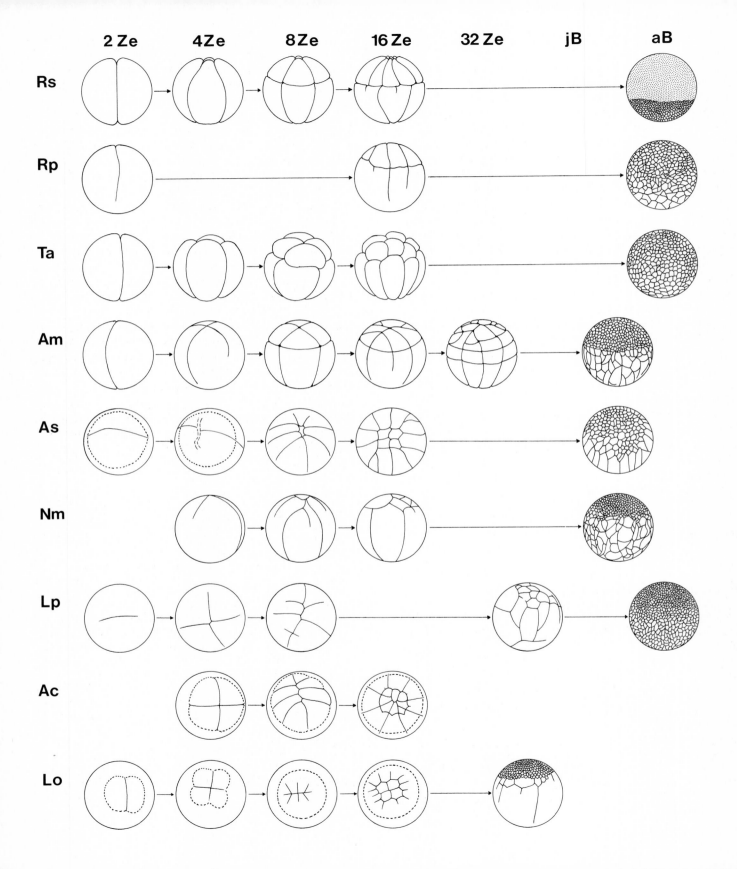

Die sog. **Pseudospiralfurchung** (Abb. 46 d$_1$) ist vor allem für verschiedene Cnidarier-Arten typisch. Sie kommt etwa vor bei den Hydrozoen *Gonionemus murbachi, Cordylophora lacustris, Stomatoca apicata, Rathkea fasciculata* und den Anthozoen *Sagartia troglodytes* und *Pachycerianthus multiplicatus.* Dasselbe gilt für *Lucernaria-* und *Aurelia*-Arten unter den Scyphozoen sowie die Gastrotriche *Lepidodermella squamata.* Der Ablauf ist durch eine Blastomerenverschiebung gekennzeichnet, durch welche im 4-Zellstadium je 2 bzw. beim 8-Zellstadium je 4 Blastomeren etwa 45° gegenüber den übrigen 2 bzw. 4 Furchungszellen verlagert sind. Doch sind entgegen der echten Spiralfurchung anläßlich der Teilungen die Spindelstellungen noch typisch radiär orientiert und rüken die Zellen erst nachträglich in die Lücken. Auch fehlt die für die Spiralfurchung typische Alternanz. Zudem tritt die Pseudospiralfurchung oft nicht bei allen Exemplaren einer beobachteten Art-Population auf (Abb. 46 d$_2$).

Bei Cnidariern kann eine **Verzögerung der Blastomerensonderung** – nach vorangegangener Kernteilung werden erst spät Zellmembranen eingezogen – zur superfiziellen Furchung überleiten (Abb. 51 e + f; vgl. S. 151 und 167).

Unter den Echinodermen zeigen sich bei verschiedenen Holothurien und Seesternen anläßlich ihrer Furchung Tendenzen zur Bilateralsymmetrie sowie auch Übergangsstadien zur superfiziellen Furchung (S. 151).

Tendenzen zur Meroblastie

Die Amphibien demonstrieren alle Übergänge von der Totalfurchung bis zur fast discoidalen Furchung (Abb. 47).

Als Normaltyp der **radiär-inaequalen Totalfurchung** sei der etwa bei *Rana temporaria (fusca)* (Ei ⌀ 1,5 mm) oder *Triturus cristatus* (Ei ⌀ 2 mm) als Produzenten von mesolecithalen Eiern verwirklichte Furchungsablauf skizziert.

Abb. 47. Übergänge von totaler zu partiell-discoidaler Furchung bei Amphibien und „Altfischen". Die Keime sind auf gleiche Höhe gebracht. Vergleiche hierzu auch Abb. 1 Ba *(Xenopus laevis)* sowie Abb. 43/24 + 25.
2 Ze bis *32 Ze* = 2-32 Zellstadium; *aB* alte Blastula; *jB* junge Blastula.

Ac	*Amia calva*
Am	*Ambystoma maculatum (punctatum)*
As	*Acipenser sturio*
Lo	*Lepisosteus osseus*
Lp	*Lepidosiren paradoxa*
Nm	*Necturus maculosus*
Rp	*Rana pipiens*
Rs	*Rana silvatica*
Ta	*Triturus alpestris*

Man beachte dabei, daß der bei verschiedenen Lurchen auftretende, anläßlich der Besamung die Symmetrien festlegende graue Halbmond (vgl. S. 124) von der Furchung unabhängig ist, indem die ersten Furchen manchmal diesen zwar halbieren, aber ebensogut unabhängig von ihm verlaufen können.

Nach zwei Teilungen sind genau wie bei Seeigeln 4 gleiche Blastomeren gebildet. Durch die animalwärts verschobene Latitudinalfurche anläßlich der dritten Teilung sind die vier vegetativwärts liegenden Furchungszellen als Macromeren vergrößert. Diese Tendenz verstärkt sich anläßlich der weiteren Teilungen immer mehr, und zudem kommt es zum Nachhinken der Teilungsfurchen am vegetativen Pol (Abb. 47); die zugehörigen Kernteilungen sind indes bereits vorher vollzogen. Im weiteren – etwa ab dem 12. Teilungsschritt – tritt aber auch eine Verzögerung der Kernteilungen im vegetativen Bereich hinzu, was zur Asynchronie führt. Diese ist – wie Abb. 47 ausweist – bei den verschiedenen Arten unterschiedlich stark. Bald wird durch die bei der Teilung ins Innere verlagerten **Micro-** und **Macromeren** Mehrschichtigkeit erreicht sowie ein animalwärts verlagertes Blastocoel (Furchungshöhle) gebildet. Die **Coeloblastula** ist demnach mehrschichtig und besitzt ein **exzentrisches Blastocoel** (Abb. 43/25).

Dieser eben geschilderte Furchungsmodus ist durch verschiedene Zwischenstufen mit der *Gymnophionen-Furchung* verbunden, die oft als discoidal bezeichnet wird (vgl. Abb. 44 g). Doch dürfte diese wahrscheinlich noch holoblastisch sein, wenn auch die sehr großen Macromeren des vegetativen Pols, die topografisch dem nach der Discoidalfurchung verwirklichten Dottersack entsprechen, keine formative Bedeutung mehr besitzen.

Solche Reihen (vgl. S. 167), die an sich unabhängig vom Dottergehalt sind (vgl. Abb. 62 C), zeigen sich auch bei „Altfischen" (Abb. 47) mit den „Endpunkten" *Amia* und *Lepisosteus.*

Bei der ersteren Art erreichen die stark meroblastisch-teleostierhaft anmutenden Furchen – freilich nur oberflächlich – indes noch den vegetativen Pol. Dann kommt es zur Aufgliederung in Zentral- und Marginalzellen sowie von im Dotterbereich liegenden syncytial organisierten **Dotterkernen.** Diese wandern einerseits aus der Keimscheibe ein und stammen andererseits als Residuen aus der frühen Furchung von im Dotter liegenden Kernen ab. *Lepisosteus* zeigt praktisch meroblastische Verhältnisse und bildet eine mehrschichtige, mit Blastocoelspalten zwischen den Blastomeren versehene Discoblastula aus, welche sich über dem mit Dotterkernen dotierten Dotter erhebt.

Totale Furchungen bei Arthropoden und Verwandten

Totale Furchungen kommen bei den verschiedensten Arthropoden-Typen vor (Abb. 48 und Tabelle 43). Sie lassen sich teil-

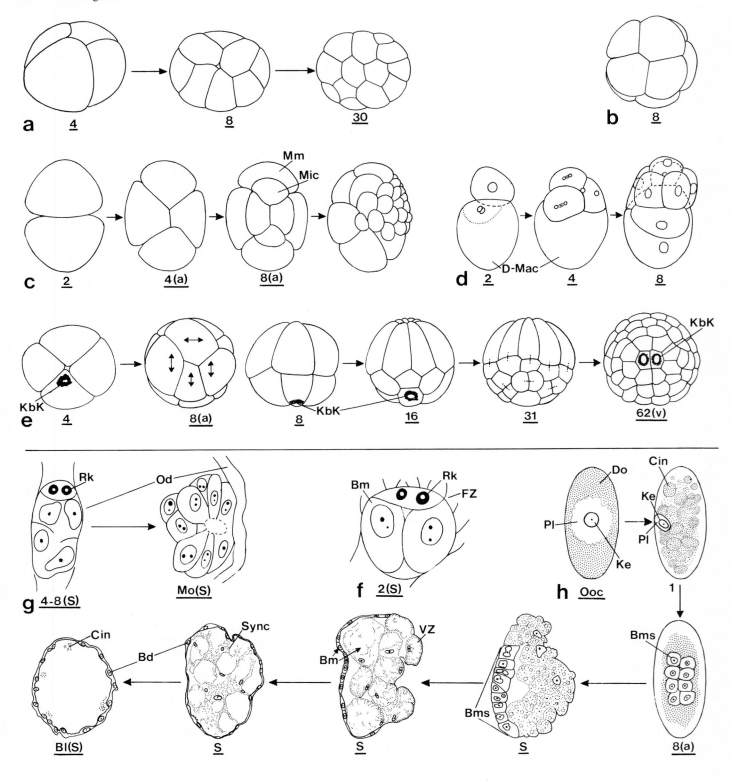

weise als sekundär (im Zusammenhang mit Nährstoffreichtum [Placentation der Onychophoren (Abb. 48 g + h) und Skorpione (Abb. 48 f), ♀ Sekrete bei Pseudoskorpionen)] aus superfizieller Furchung enstanden denken, zumal es in den eben erwähnten beiden ersteren Gruppen auch Arten mit Partialfurchung gibt.

Andere Formen mit ausschließlicher Totalfurchung wie die Tardigraden (Abb. 48 a) und Pantopoden (je nach Dottergehalt aequal oder inaequal) dürften dagegen ursprüngliche Verhältnisse repräsentieren. Dies dürfte auch für die Totalfurchungen von Krebsen zutreffen.

Bei den Phyllopoda, z. B. beim Subitanei von *Polyphemus pediculus*, tritt eine recht regelmäßige Radiärfurchung ein, die von einer extrem frühen Sonderung der Urkeimzellen begleitet (Abb. 29 h + i und 48 e) und auch einer „Cell-Lineage" zugänglich ist. Anklänge an eine Spiralfurchung sind nicht festzustellen. Das Gleiche gilt für Cladoceren (z. B. *Moina*), diverse Copepoden und den Ostracoden *Cyprideis littoralis*.

Unter den Cirripediern verläuft bei *Balanus balanoides* (Abb. 48 d) und ähnlich *Lepas* schon die erste Furchung inaequal, indem eine Blastomere allen Dotter erhält. Ähnlich wie bei den D-Zellen der Spiralfurchung bleibt im 4-Zellstadium eine Macromere (= D) groß; im 8-Zellstadium kommt es, fast vergleichbar mit einer Quartettbildung, zur Abscheidung von 4 Micromeren. Entgegen der Spiralfurchung entsteht aber das Entoderm nur aus der D-Macromere, welche im übrigen auch Mesoderm liefert. *Ihla quadrivalvis* zeigt nach einer erst mit der dritten Teilung inaequalen Furchung ein typisch radiärsymmetrisches Bild (Abb. 48 c). Entgegen diesen Befunden soll bei *Tetraclita, Chthamalus* und *Chamaesipho* Spiralfurchung vorkommen (vgl. S. 169 f.).

Unter den gleichfalls mit wahrscheinlich ursprünglicher Totalfurchung versehenen Euphausiaceen und Penaeiden (Abb. 48 b) stehen beim detailliert untersuchten, früh mit einer Furchungshöhle versehenen *Penaeus trisulcatus* im 8-Zellstadium die Blastomeren „auf Lücke", wobei es sich aber analog

zu der schon erwähnten Pseudospiralfurchung der Cnidarier um keine echte Spiralfurchung handelt.

Für die Ursprünglichkeit dieser beiden Krebsgruppen spricht im übrigen auch die Tatsache, daß diese entgegen den übrigen Malacostraken noch eine freischwimmende Nauplius-Larve ausbilden (vgl. Abb. 143 f + g).

Spiralfurchung

Allgemeines. Spiralfurchung ist für viele, oft als Spiralier zusammengefaßte Tierstämme typisch (Abb. 45 b und Tabelle 43). Besonders „klassisch" verläuft sie bei Polychaeten (Abb. 49 b) oder bei dotterarmen Prosobranchiern (Abb. 49 c). Sie ist als eine dem mosaikartigen determinativen Entwicklungstyp zugehörende Furchung einer Cell-Lineage-Analyse, also einer **Verfolgung des Zellstammbaumes** (Abb. 2 a-d), zugänglich.

Die folgende, generelle Darstellung ihres Verlaufes orientiert sich besonders am Polychaeten-Beispiel (Abb. 49 b).

Die beiden ersten Teilungen verlaufen fast wie bei der Radiärfurchung; doch sind bei der Betrachtung vom animalen Pol her die Blastomeren B und D gegenüber A und C etwas animalwärts verschoben. Darüber hinaus sind spiraliertypische sog. **Brechungsfalten** ausgebildet, indem die Berührungsflächen von je zwei Blastomeren gegen die Pole zu verschmolzen sind.

Öfters ist auch im 4-Zellstadium schon eine Inaequalität der Blastomeren festzustellen, indem die D-Zelle bei diversen Mollusken [z. B. *Dreissena, Nassarius* (Abb. 59 b)] sowie den meisten Sipunculiden und Anneliden vergrößert ist. Beim Großteil der Mollusken, Kamptozoen, Nemertinen und den Polycladida sind aber die vier ersten Blastomeren noch aequal.

Die Blastomeren A und C des 4-Zellstadiums entsprechen jeweils den Körperseiten, während B und D die Sagittalebene des künftigen Tieres markieren. Der animale Eipol stimmt mit

Abb. 48. Primär totale (**a-e**) und sekundär totale Furchung (**f-h**) bei Arthropoden und Protracheaten (schematisiert).

a *Hypsibius convergens* (Tardigrada) (vgl. Abb. 43/16).

b-e Crustacea: **b** *Lucifer* sp. (Decapoda, Penaeidae) (vgl. auch Abb. 29 k und 43/18). **c** *Ibla quadrivalvis* (Cirripedia); **d** *Balanus balanoides* (Cirripedia) mit fast allem Dotter in der sog. D-Macromere; **e** *Polyphemus pediculus* (Branchiopoda, Phyllopoda) mit

früh nachweisbarem keimbahnbegleitenden Körper (Nährzellrest) (vgl. Abb. 29 h + i).

f *Heterometrus scaber* (Chelicerata, Scorpiones).

g, h Onychophora: **g** vivipare neotropische Art mit Totalfurchung; **h** *Peripatopsis balfouri* mit sukzessiver Dottereliminanation.

Die Zahlen symbolisieren die Anzahl der von animal (*a*), vegetativ (*v*) oder von der Seite her gesehenen Blastomeren (ohne Symbol). S = Schnittdarstellung.

Cin	Cytoplasmainsel (kernfrei)
Bl	blastulaähnliches Stadium
Bms	Blastomerensattel
D-Mac	sog. D-Macromere
FZ	Follikelzellen
Mo	Morula
Pl	kernhaltiges Cytoplasma
Od	Oviduktwand
Ooc	Oocyte (Eizelle)
Sync	Syncytium
VZ	vakuolisierte Zelle

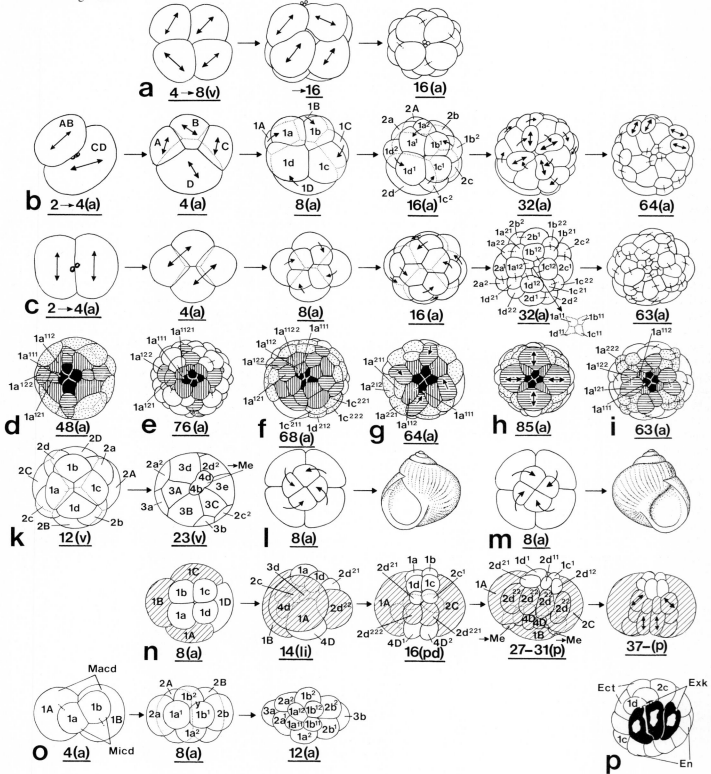

a $\underline{4 \to 8(v)}$ $\underline{\to 16}$ $\underline{16(a)}$

b $\underline{2 \to 4(a)}$ $\underline{4(a)}$ $\underline{8(a)}$ $\underline{16(a)}$ $1c^2$ $\underline{32(a)}$ $\underline{64(a)}$

c $\underline{2 \to 4(a)}$ $\underline{4(a)}$ $\underline{8(a)}$ $\underline{16(a)}$ $\underline{32(a)}$ $\underline{63(a)}$

d $\underline{48(a)}$ **e** $\underline{76(a)}$ **f** $\underline{68(a)}$ **g** $\underline{64(a)}$ **h** $\underline{85(a)}$ **i** $\underline{63(a)}$

k $\underline{12(v)}$ $\underline{23(v)}$ **l** $\underline{8(a)}$ **m** $\underline{8(a)}$

n $\underline{8(a)}$ $\underline{14(li)}$ $\underline{16(pd)}$ $\underline{27-31(p)}$ $\underline{37-(p)}$

o $\underline{4(a)}$ $\underline{8(a)}$ $\underline{12(a)}$

p

dem Vorder-, der vegetative mit dem Hinterende des später gastroneural orientierten Tieres überein.

Anläßlich der dritten Teilung sind die Spindelachsen gegen die Polaritätsachsen - vom animalen Pol nach rechts gerichtet (**dexiotrop**) - geneigt. Deshalb liegt im 8-Zellstadium die Micromere 1 a auf der Furche zwischen den Macromeren 1 A und 1 B, 1 b auf der Grenze zwischen 1 B und 1 C etc., womit beide Zellkränze um 45° gegeneinander verschoben sind (vgl. z. B. Abb. 45 b).

Die vierte Teilung fällt **leiotrop** aus, und der Wechsel zwischen dexio- und leiotrop setzt sich als **Alternanz** regelmäßig weiter fort. Da bei jedem Teilungsschritt 4 Zellen gebildet werden, spricht man von **Quartett-Bildung**. Dabei ist zu präzisieren, daß die Macromeren (am vegetativen Pol liegend) jeweils 4 neue Micromeren sowie die am animalen Pol liegenden Micromerenquartette ebenfalls je ein neues Micromerenquartett bilden; so entsteht eine Micromerenkalotte.

Diese Regelmäßigkeit geht bis zum 64-Zellstadium mit 4 Micromerenquartetten weiter; gelegentlich läuft sie sogar bis zur Abscheidung eines fünften Micromerenquartettes. Der Keim ist dann etagenweise gegliedert: das 1. Micromerenquartett liegt in der animalen Hemisphäre, das 2. und 3. im Aequatorgebiet und das 4. sowie - falls vorhanden - das 5. gemeinsam mit den Macromeren im vegetativen Bereich.

Im späteren Furchungsverlauf treten Abweichungen, vor allem bilateralsymmetrische Tendenzen, auf (vgl. unten). Als eine weitere Besonderheit ist die Bildung des **Kreuzes der Spiralier** am animalen Pol zu nennen: mit dem 16-Zellstadium macht sich bereits eine zunehmend deutlicher werdende, im 32- oder 64-Zellstadium sehr manifeste Anordnung von Blastomeren in Kreuzform bemerkbar (Abb. 49 d–i sowie

145 Aa + d). Es sind dies die Micromeren $1a^2$–$1d^2$ (die später den Prototroch bildenden primären Trochoblasten), $1a^{111}$–$1d^{111}$ (die kreuzweise angeordneten apicalen Rosettenzellen), $1a^{12}$–$1d^{12}$ (die ebenfalls am Prototroch beteiligten, in den Radien liegenden Intermediärzellen oder sekundären Trochoblasten) sowie $1a^{112}$–$1d^{112}$ (die interradiär liegenden Basalzellen des Kreuzes).

Spiralierkreuze sind besonders deutlich bei Anneliden, spiralig sich furchenden Mollusken (mit Ausnahme der Bivalvier) und Sipunculiden, sind auch bei anderen Gruppen Nachweise geglückt (Abb. 49 d–i). Die Homologie der Kreuze ist im einzelnen freilich umstritten, während eine komplette Übereinstimmung zwischen Anneliden- und Molluskenkreuz angenommen wird, soll nach Conklin (1897) allerdings nur das Zentrum des Kreuzes identisch sein.

Ein weiteres Charakteristikum der typischen Spiralfurchung ist der **Urmesoblast (Urmesodermzelle) 4d** (Abb. 49 k). Als Anteil des 4. Micromerenquartettes liefert dieser später das ganze Rumpfmesoderm. Er hängt engstens mit dem Entoderm zusammen (vgl. Mesentoderm; S. 183), welches von den Blastomeren 4 D, 4 A–C sowie 4 a–c gebildet wird. Der Urmesoblast teilt sich anschließend in 2 Mesoteloblasten, die oft als die beiden Urmesodermzellen (vgl. z. B. Abb. 67 a + b, 83 c + k und 84 a–c) bezeichnet werden.

Der **Ursomatoblast 2d** liegt auf der Rückenseite des Keimes und formiert später die somatische Platte (Abb. 70 b + e und 84 a) als Bildner des gesamten Rumpfectoderms. In dieser Region wird ebenfalls eine teloblastische Sprossung erfolgen, die besonders bei Anneliden das auf die Mesoteloblasten zurückzuführende rasche Wachstum im Mesodermbereich entsprechend im Ectoderm kompensiert.

Abb. 49. Spiralfurchung (schematisiert).

a *Phoronopsis viridis* (Tentaculata, Phoronida): Spiralfurchung ohne Urmesodermzelle (vgl. Abb. 43/7).
b *Arenicola cristata* (Annelida, Polychaeta): typische Spiralfurchung.
c *Trochus* sp. (Gastropoda, Prosobranchia): typische Spiralfurchung; beim 32-Zellstadium sind die zentralen Zellen des Kreuzes außerhalb des Keimes bezeichnet.
d–i Kreuz der Spiralier: **d** *Phascalosoma vulgare* (Sipunculida); **e** *Urechis caupo* (Echiurida), **f** *Arenicola cristata* (Polychaeta); **g** *Amphitrite* sp. (Polychaeta); **h** *Ischnochiton* sp. (Mollusca, Polyplacophora); **i** *Trochus* sp. (Mollusca, Gastropoda). Die Blastomeren des Kreuzes der Spiralier sowie die primären

Trochoblasten sind durch entsprechende *Schraffuren* hervorgehoben. Dies betrifft die apikalen Rosettenzellen ($1a^{111}$–$1d^{111}$), die Intermediärzellen ($1a^{121}$–$1d^{121}$, $1a^{122}$–$1d^{122}$), die Kreuzzellen ($1a^{112}$–$1d^{112}$) und ihre Abkömmlinge ($1a^{1121}$–$1d^{1121}$, $1a^{1122}$–$1d^{1122}$) sowie die primären Trochoblasten ($1a^{221}$–$1d^{221}$, $1a^{222}$–$1d^{222}$, $1a^{211}$–$1d^{211}$ und $1a^{212}$–$1d^{212}$).
k *Lymnaea stagnalis* (Gastropoda, Pulmonata): Bildung der Urmesodermzelle (Urmesoblast) 4d.
l, m Normale und inverse Spiralfurchung bei Gastropoden (generalisierter Typus): **l** Furchung von einigen Schnecken mit linksgewundener Schale; **m** Furchung der mit der dominierenden, rechtsgewundenen Schale versehenen Gastropoden-Arten.
n *Erpobdella (Nephelis) vulgaris* (Annelida,

Hirudinea): abgewandelte Spiralfurchung mit nicht formativen Zellen 1 A, 1 B und 2 C.
o *Convoluta roscoffensis* (Plathelminthes, Turbellaria): Duettfurchung aus den Macromeren A und B.
p *Bimastus constrictus* (Annelida, Oligochaeta): abgewandelte Spiralfurchung mit sich zu einem Exkretkörper entwickelnden abortiven Blastomeren A und B.
Die Zahlen symbolisieren die Zahl der Blastomeren, die von animal (*a*), vegetativ (*v*), von links (*li*), von posterodorsal (*pd*) oder von posterior (*p*) gezeichnet sind.

Exk   Exkretkörper
Macd   Macromerenduett
Micd   Micromerenduett
→ }
----- }   Richtung der Teilungsspindel

Durch das Auftreten der beiden Zellen 4 d und 2 d wird die primäre, ja auch im Kreuz mit ausgedrückter Radiärsymmetrie in eine Bilateralsymmetrie transformiert.

Abwandlungen. Von den zahlreichen Abweichungen vom eben umrissenen Grundschema können nur wenige erwähnt werden.

Öfter kommt es zu **Asynchronien** in der Teilungsfolge, womit die geometrische Progression der Blastomerenzahl nicht mehr „rein" erhalten bleibt.
Durch die Umkehr der Sukzession von dexio- bzw. leiotropen Teilungen können linksgewundene Schnecken mit einem **Situs inversus** (div. Pulmonaten und Prosobranchier) (vgl. S. 167) gebildet werden (Abb. 49 l + m).
Zahlreiche Besonderheiten zeichnen die durch eine frühe Teloblastenbildung (vgl. Abb. 83 a + b) hervortretenden ***Clitellaten*** aus. Oft werden Polplasmen (Tabelle 4) ausformiert, die von der D-Blastomere auf 2 d + 4 d aufgeteilt werden. Häufig verhindern frühe bilaterale Tendenzen die Bildung eines typischen Kreuzes.
Bei verschiedenen Clitellatengruppen besteht die Tendenz zu **nicht formativen Blastomeren** (im Extrem A–C) (Abb. 49 n + p). Diese aus dem Zellstammbaum erschlossene Tatsache ist auch experimentell bewiesen; trotz Wegnahme der entsprechenden Blastomeren entsteht ein normaler Embryo. Wenn C und D die Furchung allein durchführen, spricht man von einer **Duettfurchung,** die natürlich kein Kreuz mehr bilden kann. Die nicht formativen A + B dienen beim Lumbriciden *Bimastus constrictus* als Exkretspeicher; die transitorischen Zellen A–C bauen bei der Naidide *Stylaria* sowie bei *Eisenia* eine syncytiale Eihülle auf. Ähnliches ist von *Erpobdella* und *Chaetogaster* bekannt.
Im weiteren bildet bei Hirudineen die Blastomere 3 D durch eine Teilung 2 Urmesodermzellen, da sie selbst zur Urmesodermzelle wird. 4 D formiert dann kein Entoderm mehr, sondern wird zu einem Mesoteloblasten.

Die Bedeutung der Macromeren differiert auch bei der stark abgewandelten Spiralfurchung der ***Rotatorien*** (Abb. 55 e). Die auf der Ventralseite liegende D-Zelle ist Initialblastomere für die Bildung des Keimdotterstockes (Germarium und Vitellarium). Es fehlt den Rädertieren das typische Mesoderm, was angesichts der Kleinheit ihres Körpers funktionell möglich ist.

Die polycladen ***Turbellarien*** zeigen im Prinzip eine normale Spiralfurchung mit anfänglich 4 Macromeren. Doch gehen in der Folge 4 A–D sowie 4 a–c zugrunde. Aus 4 d entsteht die das Entoderm liefernde Urentodermzelle $4d^1$ sowie die Urmesodermzelle $4d^2$. Bei den Acoelen (z. B. *Convoluta roscoffensis*) liegt eine auf die Macromeren A und B zurückgehende Duettfurchung vor (Abb. 49 o).

Ein Teil der ***Nemertini*** besitzt eine recht regelmäßige Spiralfurchung; bei anderen Arten fehlen die Größenunterschiede zwischen Micro- und Macromeren. Auch ist die Kreuzbildung umstritten, und es werden oft nur 3 oder 4 Micromerenquartette formiert.
Bei ***Phoroniden (Phoronopsis viridis)*** kommt es im 8-Zellstadium zur Bildung eines dexiotropen Micromerenquartettes (Abb. 49 a). Die weiteren Teilungen folgen unter Alternanz, wobei sich auch eine apicale Rosettenplatte und periphere Rosettenzellen (als Basalzellen des Kreuzes) beobachten lassen. Freilich entsteht das Mesoderm nicht direkt aus Urmesodermzellen, sondern erst später durch Urdarmauswucherungen (Abb. 76 q + r) bzw. -ausfaltungen (Abb. 76 p).
Angesichts der u. E. basalen Stellung der Archicoelomaten im System (Abb. 61) scheint dieser Nachweis einer wenn auch noch nicht ganz typischen Spiralfurchung als besonders wichtig. Leider ist die Furchung bei den übrigen Tentaculaten nur sehr ungenügend bekannt. Die Bryozoen zeigen unterschiedlich starke Anklänge an die Spiralfurchung (Abb. 55 a–c), während die Brachiopoden vermehrt der Radiärfurchung angenähert sind.

Bilateralsymmetrische Furchung

Sie ist vornehmlich für die durch eine determinative Entwicklung ausgezeichneten niederen Chordaten charakteristisch und läßt früh die künftigen Körpersymmetrien erkennen.
Diese werden beim ***Acranier Branchiostoma lanceolatum*** (Abb. 45 c und 50 a) bereits im Vorkern-Stadium der Oocyte anhand der Verteilung des dotterfreien Plasmas ersichtlich. Beim durch zwei meridionale Teilungen entstandenen 4-Zellstadium sind 2 etwas größere (= cephale) und 2 etwas kleinere, prospektiv caudal liegende Blastomeren vorhanden. Die noch etwa dem Radiärtyp entsprechende dritte Teilung ist leicht inaequal, und mit dem 16-Zellstadium wird die Bilateralität evident: die animale Hälfte besteht aus 2 Vierer-Zellreihen beiderseits der prospektiven Medianebene, die vegetative Ebene ebenfalls aus 2 Viererreihen, die aber rechtwinklig zu den beiden animalen Reihen angeordnet sind. Zudem sind die zentralen Blastomeren größer als die peripheren. Im Laufe der weiteren Furchung, die bis zum 128-Zellstadium synchron verläuft, gehen diese Größenunterschiede temporär verloren. Doch teilen sich dann am vegetativen Pol die prospektiven Entodermzellen langsamer. Endprodukt ist eine **Coeloblastula** mit zentrischem Blastocoel (Abb. 43/14).
Auch die im Zusammenhang mit der ooplasmatischen Segregation später erneut aufgeführte Furchung der ***Ascidien*** (Abb. 63 A) schafft im 4-Zellstadium 2 große „Vorder-" und 2 kleinere „Hinterendzellen" (Abb. 50 b). Die ab dem 8-Zellsta-

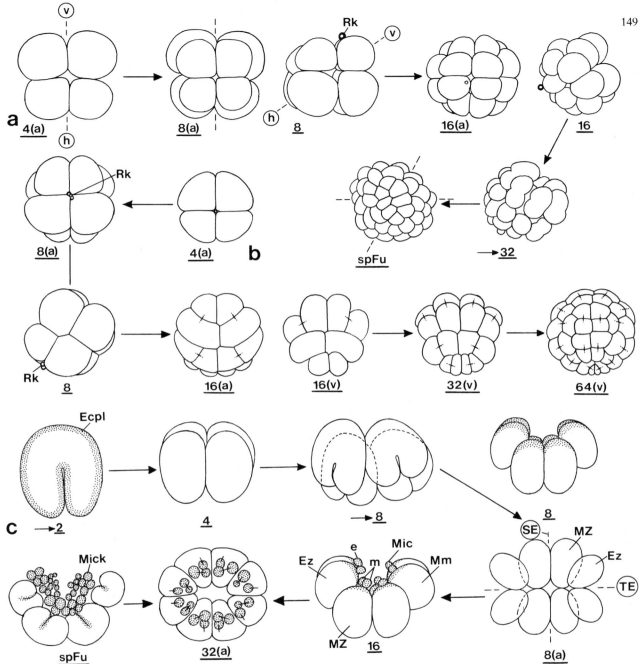

Abb. 50. Bilateralsymmetrische Furchung (**a, b**) und disymmetrische Furchung (**c**) (schematisiert).

a *Branchiostoma lanceolatum* (Acrania) (vgl. Abb. 43/14); **b** *Styela partita* (Tunicata, Ascidiacea) (vgl. Abb. 43/30 und 63 A); **c** *Beroë ovata* (Acnidaria) (vgl. auch Abb. 74 a ff.). Die Zahlen symbolisieren die Blastomerenzahl der von animal (*a*), vegetativ (*v*) oder von der Seite gezeichneten Furchungsstadien (kein Symbol).

e   Derivate der „Endzellen"
Ecpl   Ectoplasma
EZ   „Endzelle"
h   Hinterende der Körpergrundgestalt

m   Derivate der „Mittelzellen"
Mick   Micromerenkappe
MZ   „Mittelzelle"
SE   Schlundebene
spFu   späte Furchung
TE   Tentakelebene
v   Vorderende der Körpergrundgestalt

dium deutliche Bilateralität wird ebenfalls durch die Umrisse der Blastomeren angedeutet.

Innerhalb der wohl zu den Spiraliern gehörenden Nemathelminthes zeigt die gleichfalls sehr früh determinierte und dementsprechend die Körperachsen ausweisende Furchung der **Nematoden** (Abb. 55 g) stark bilateralsymmetrische Züge. Ähnliches dürfte für die *Gastrotrichen* zutreffen. Eine direkte Bezugsetzung zu den Chordatenverhältnissen ist natürlich weder möglich noch sinnvoll.

Disymmetrische Furchung

Der nur für die *Acnidarier* (Ctenophora) zutreffende Modus (Abb. 50 c) ist ebenfalls durch eine sehr frühe, parallel zur Furchung ablaufende Determination gekennzeichnet. Das den Kern enthaltende **Ectoplasma** der Eizelle entspricht dem prospektiven Ectoderm, das dotterreiche **Endoplasma** dem Entoderm.

Die beiden ersten Teilungen führen zu 4 aequalen Blastomeren, wobei die Furchen sich zuerst am vegetativen Pol einschneiden. Die erste Furche liegt in der prospektiven Schlund-, die zweite in der späteren Tentakelebene (vgl. Abb. 74 g); jede Blastomere entspricht damit einem bereits festgelegten Quadranten der künftigen, durch zwei Symmetrien (= **Disymmetrie**) ausgezeichneten Rippenqualle.

Durch die dritte Teilung wird jedes der beiden Blastomerenpaare durch eine schräggeneigte Ebene in eine etwas größere M- und eine etwas kleinere, außen liegende E-Zelle aufgeteilt, wobei sich das Ectoplasma gegen den animalen Pol zu konzentriert. Nur bei *Callianira* ist die dritte Teilung noch einmal aequal. Die vierte extrem inaequale Teilung schafft 8 Makro- und 8 animalwärts liegende Micromeren. Beide bilden anläßlich der fünften Teilung nochmals Micromeren. So besteht das 32-Zellstadium aus 8 **Oktanten** mit jeweils einer Macromere am vegetativen und 3 Micromeren am animalen Pol.

Während der sechsten Teilung teilen sich die 8 Macromeren aequal und bilden die 16zellige Entodermanlage. Diese Macromeren geben dann am vegetativen Pol je eine mit dem Rest ihres Ectoplasmas versehene Zelle als Anlage der Tentakelmuskulatur ab. Die sich lebhaft teilenden, im Gruppenverband bleibenden Micromeren umwachsen die Macromeren in der Folge epibolisch (vgl. S. 199 und Abb. 74 a + b).

Anarchische Furchung

Sie kommt bei mit **ectolecithalen Eiern** versehenen Plathelminthen (Abb. 56 d) vor. Bereits bei den neoophoren Turbellaria gibt es Varianten.

Ein ursprünglicher Typ wird durch die **Rhabdocoela** (Neorhabdocoela, Alloeocoela; z. B. *Mesostoma, Paravortex*)

repräsentiert. Ein Dauerei enthält eine **Eizelle** und sehr viele **Dotterzellen** (vgl. Abb. 37 A g). Die Oocyte macht anfänglich eine an die Spiralfurchung, teilweise an die Duettfurchung (S. 148) anklingende Frühentwicklung durch. Doch wird anschließend die Furchung unregelmäßig. Die Dotterzellen sind inzwischen zum **Dottersyncytium** verschmolzen. An dessen Oberfläche treten die ventrad in der Region der Keimstreifenbildung besonders dicht stehenden Blastomeren zu einer Art Blastoderm zusammen.

Gelegentlich können pro Ei mehrere Oocyten (bei *Plagiostoma girardi* 10–12) mit mehreren hundert Dotterzellen vereinigt sein. Bei den *Tricladida* (Abb. 56 d) erfolgt eine starke Vermehrung der Dotterzellen. So liegen dann in einem Kokon neben tausenden von Dotterzellen 4–6 *(Planaria polychroa)* bzw. bis zu 20–40 Eizellen *(Dendrocoelum lacteum)*, die dann je einen Embryo bilden.

Die sich sehr unregelmäßig furchenden Tricladen-Blastomeren wandern ab dem 4-Zellstadium auseinander und bilden später gegen die außen liegenden, gleichfalls syncytialen Dotterzellen ein zentrales Epithel. Letzteres umschließt ganz zentral liegende Blastomeren, die teilweise anschließend einen transitorischen Embryonalpharynx sowie den Embryonaldarm (Abb. 132 b) bilden. Andere Blastomeren schließlich bauen später auf der prospektiven Ventralseite die Definitivorganisation auf.

Obwohl die übrigen Plathelminthes noch wenig untersucht sind, zeigen die vorliegenden Befunde auch hier den Einfluß der Dotterzellen auf die meist mehr oder minder unregelmäßige Furchung, wenn auch die Blastomeren besser zusammenhängen.

Die Anzahl der Dotterzellen pro Ei ist bei den Cestodes gering; die Cyclophylliden haben sogar nur eine. Bei den Trematodes variiert deren Zahl von 2 *(Zoogonus)* über 5–6 *(Dicrocoelium)* bis zu 30–40 *(Fasciola)* und 50–60 *(Amphistomum conicum)*.

Allgemein zeigt sich die Tendenz der sehr frühen Bildung von um die Blastomeren liegenden **Hüllen**. Bei den Saugwürmern umgeben diese die syncytial werdenden Dotterzellen; bei *Zoogonus* dagegen formieren letztere selbst die Umhüllung.

Bei den *Pseudophyllidea* werden während der relativ regelmäßigen aequalen Furchung sukzessive Dottersubstanzen aufgenommen sowie zwei Hüllen ausgebildet; die äußere kann bei der Flimmerlarve der Oncosphaera bewimpert sein. Die stark inaequale Segmentierung der *Cyclophyllidea* führt zu drei Blastomeren-Typen. Die Macromeren bilden gemeinsam mit den Dotterzellen eine äußere, die Micromeren eine innere Haut, während aus den Mesomeren der eigentliche Embryo hervorgeht.

Partielle Furchungen

Superfizielle Furchung: Arthropoda

Dieser Furchtungstyp ist primär für Arthropoden typisch (Abb. 45k und 51a–f); er sei exemplarisch für Insekten geschildert:
Der vom **Hofplasma** umgebene, zum Furchungsbeginn sich teilende Zygotenkern liegt mitten in der Oocyte im Furchungszentrum. Sein Plasmaanteil ist durch das **Reticuloplasma** (Netzplasma) mit dem peripheren **Periplasma** (Ooplasma, Oberflächenplasma, „Keimhautblastem") verbunden. Das Netzplasma umschließt das aus Dotter, Fettkugeln sowie fein niedergeschlagenem Glykogen zusammengesetzte Deutoplasma. Teilweise sind zusätzliche **Polplasmen** vorhanden (S. 94 und Abb. 29n–s).
Die jeweils aus Kern und Hofplasma bestehenden Teilungsprodukte der Furchung werden **Furchungsenergiden** genannt.
Anläßlich der ersten, im Furchungszentrum ablaufenden Teilungen stoßen sich die Energiden gegenseitig ab oder erreichen auf anderen, durch die Eistruktur bestimmten Wegen – vielfach zuerst in Höhe des Furchungszentrums – die Eioberfläche. Sobald das am hinteren Eipol liegende Bildungszentrum (S. 63) besiedelt wird, entfällt die bisherige Synchronie und es kommt zu heterosynchronen Teilungen.
Im Oberflächenplasma der Peripherie vereinigen sich die dort angekommenen Furchungsenergiden zum einschichtigen **Blastoderm** (= Primär- oder Oberflächenepithel) (Abb. 51a; vgl. auch Abb. 86a). Dieses ist anfänglich noch locker und relativ unscharf vom Dotter abgegrenzt. Allerdings sind im Gebiet des Differenzierungszentrums früh Kernkonzentrationen festzustellen; in der Regel vereinigen sich dabei zwei **Vorkeimanlagen** zur unpaaren **Keimanlage** (Keimstreifen, „Keimscheibe"; Abb. 86b). Im Innern bleiben Reticulo- und Deutoplasma sowie später auch oft als primäre **Vitellophagen** (intravitelline Vitellophagen) dienende Furchungskerne („Dotterkerne"; vgl. S. 344f. sowie Abb. 51c, 86 und 87a, c+d) zurück. Das Netzplasma bildet nach erfolgter Blastodermbildung das sog. Dottersystem; es kann neben den primären auch sekundäre, nachträglich aus dem Blastoderm wieder in den Dotter zurückgewanderte perivitelline Vitellophagen beinhalten.

Dieser eben für Kerbtiere umrissene Furchungstyp kommt – mit kleineren Abwandlungen (Abb. 51b) – bei vielen Arthropoden sowie auch bei gewissen Onychophoren (Abb. 51a) vor. Diese Varianten beziehen sich z. B. auf die Einwanderungsart der Furchungsenergiden in das Keimhautblastem, die auf das ganze Ei ausgerichtet oder auf bestimmte Eiareale (Pole, Mitte) konzentriert sein kann. Vitellophagen können auch fehlen. Außerdem kann eine azelluläre Dotter-

zerklüftung durch primäre Dotterpyramiden (z. B. *Astacus*, Pedipalpi u. a.) (Abb. 128a und 129b) erfolgen.

Endprodukt ist immer die **Periblastula** (vgl. Abb. 51); ihr vom Blastoderm umgebener, mit Dotter gefüllter Innenraum entspricht grundsätzlich dem Blastocoel.

Nicht-Arthropoden

Unter den *Hydroiden* sei die oft auch unglücklich als „syncytial" bezeichnete superfizielle Furchung von *Eudendrium ramosum* dargestellt (Abb. 51e). Da ja kein Verlust von primär vorhandenen Zellen eintritt, wäre allenfalls der Terminus der „plasmodialen Furchung" vorzuziehen.
Der reife Oocytenkern von *Eudendrium* liegt am einen Eipol im Ectoplasma, welches durch eine Verflüssigungszone des Dotters (= „Dotterhohlkugel") vom Endoplasma getrennt ist. Nach der ersten Kernteilung wandert eine Furchungsenergide ins Innenplasma; ihr Partner bleibt außen. In beiden Bereichen erfolgen anfänglich synchrone Teilungen; die einzelnen Nuclei scharen unter „Dotterzerklüftung" jeweils einen nicht durch Zellgrenzen bestimmten Dotterbereich um sich. Später (Abb. 73 unten) kommt es unter Beteiligung der von innen nach außen wandernden Energiden zur Blastodermbildung; unter Zellularisierung wird das Ectoderm gebildet. In einer zweiten Phase konstituiert sich analog das Entoderm, welches in der Folge durch eine sich einziehende Mesogloea vom Ectoderm getrennt wird. Im Dotter zurückbleibende, sich wahrscheinlich amitotisch vermehrende Riesenkerne werden zur Dotterbewältigung eingesetzt.

Ähnliche, im Detail etwas abweichende Verhältnisse zeigen die Hydrozoe *Distichopora violacea* und die Anthozoen-Gattungen *Alcyonium*, *Clavularia* und *Renilla*. Bei der Zylinderrose *Cerianthus lloydii* wandern – wie bei der typischen Superfizialfurchung – alle Furchungsenergiden an die Peripherie (Abb. 51f; vgl. auch Abb. 73 oben).

Da *Eudendrium armatum* ab dem 4 Zellstadium eine totale Furchung demonstriert, kommen – sofern der für *Eudendrium ramosum* geschilderte Ablauf nicht durch Fixationsartefakte entstellt ist (was nicht ganz auszuschließen, u. E. aber kaum wahrscheinlich ist) – bei Cnidariern beträchtliche känogenetische Furchungsvarianten innerhalb einer Gattung vor. Auch bei *Echinodermen* (vor allem bei arktischen und antarktischen Formen) finden sich neben der dominierenden totalen Radiärfurchung verschiedene Vorstufen sowie die typische, durch Blastodermbildung gekennzeichnete superfizielle Furchung.

Dies gilt etwa für diverse Crinoiden, den Seestern *Fromia guardaquana*, die Echiniden *Abatus cavernosus*, *Amphipneustes koehleri* und *Hypsiechinus coronatus* sowie die Holothurien *Amphiura vivipara* und *Cucumaria glacialis*. Bei der letzteren Art bleiben teilweise im Dotter auch Vitellophagen zurück.

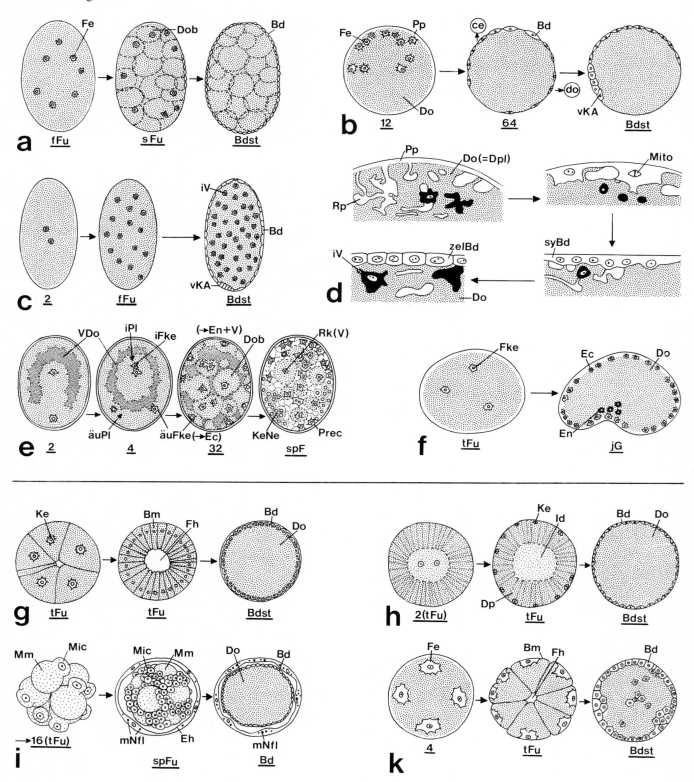

Discoidale Furchung

Evertebrata

Die **Cephalopoden** sind nicht zuletzt durch ihre übergangslos von der Spiralfurchung getrennte Discoidalfurchung (Abb. 45 h und 52 c) embryologisch von den übrigen Weichtieren isoliert (Abb. 145 C; vgl. auch S. 392).

Ihre telolecithale Oocyte besitzt am animalen Pol das den Kern enthaltende **Bildungsplasma**; dieses geht in die den ungefurcht bleibenden Dotter umschließende **Bildungsmembran** (= Periplasma) über.

Die erste Teilungsfurche soll bereits der durch den Mund respektive den Trichter ziehenden Symmetrieachse des Embryos entsprechen. Die zweite Teilung schafft bei Octopoden - hinsichtlich der Symmetrie analog wie bei vielen Totalfurchungen - vier gleiche, radiärsymmetrisch angeordnete hauchdünne Blastomeren; die im Zentrum tiefen Furchen flachen sich nach außen ab und verstreichen vegetativwärts im Dotter. Bei den Decabrachiern ist die zweite Furche beidseitig etwas abgeknickt und markiert deshalb bilateralsymmetrische Züge (vgl. Abb. 45 h). Die dritte Teilung läßt vier mediane und vier periphere Octomeren entstehen, die bei *Octopus* freilich oft noch gleich sind; bei zehnarmigen Formen zeichnen sich die zwei zentralen, auf der künftigen Trichterseite liegenden Blastomeren durch Kerne aus, die gegen das Zentrum hin verschoben sind. Im Übergang zum 16-Zellstadium entstehen durch Querteilungen gegen innen die vier ersten Micromeren mit bereits individuellen Varianten. Jetzt beginnen die zentralen Blastomeren, sich vom Dotterspiegel abzuheben.

Im Laufe der weiteren Furchungen verschwindet die Bilateralsymmetrie. Es kommt zu einer sukzessiven Vermehrung der **Micromeren** (= Binnen- oder Scheibenzellen) durch Teilung unter sich bzw. durch weitere Abspaltung von den **Rand-** oder **Dotterzellen** (= Macromeren) (Abb. 89 a + c). Die zentralsten Micromeren sind die kleinsten. Während aus den Micromeren die eigentliche embryonale Keimscheibe hervorgeht, bilden die Macromeren die in der Folge zum Syncytium verwachsenden Zellen des **Dotterepithels** (vgl. Abb. 89 a–f). Dies erfolgt bei den Decabrachiern durch Kernteilungen ohne vollständige Plasmentrennung, wodurch die strahlenförmigen, weit über die Keimscheibe hinausreichenden, peripher dünnen, in die Bildungsmembran übergehenden **Blastokonen** (Abb. 89 a + b) gebildet werden. Bei Octopoden nimmt das früh unter die Keimscheibe gezogene Dottersyncytium seinen Anfang in den vielkernig werdenden, sich aber nicht teilenden bzw. einfurchenden **Marginalzellen** (Abb. 44 a, 89 c–f und 130 a + b).

Endprodukt ist die im Vergleich zu den Wirbeltieren extrem flächige **Discoblastula** (Abb. 44 a), die mit dem Dottersyncytium über einen frühzeitig gesonderten transitorischen Entodermanteil verfügt.

Skorpione mit telolecithalen Eiern zeigen ähnliche Verhältnisse, wenn auch eine schon früh unregelmäßigere Anordnung der Blastomeren (Abb. 52 a + b). Zudem verläuft die Furchung, wie entsprechend die Keimblattbildung, auf der prospektiven Ventralseite, so daß eine direkte Homologisierung fehl am Platze ist und die Auffassung Siewings von einer „verschleierten superfiziellen Furchung" Unterstützung verdienen kann.

Dasselbe gilt für die **Onychophora** vom dotterreichen Eityp (z. B. *Eoperipatus* spec., *Peripatoides novae zealandiae*, *Peripatoides orientalis* und *Eoperipatus weldoni*. Man beachte dabei auch, daß die weitere Entwicklung der Protracheaten durchaus nach dem „superfiziellen Typ" verläuft. Bei Skorpionen (S. 226) zeigen sich indes hinsichtlich der Ablösung der Keimblätter (Abb. 88 a–e) weiterhin Ähnlichkeiten zum discoidalen Entwicklungstyp.

Die Discoidalfurchung der **Pyrosomida** (Feuerwalzen) wird kompliziert durch die zwischen den Blastomeren eindringen-

---

Abb. 51. Superfizielle (**a–f**) und gemischte Furchung (**g–k**) (schematisiert).
a Dotterreiche Art der Onychophora (Protracheata); **b** *Hemimysis lamornae* (Crustacea, Mysidacea; **c** Furchung einer Art der Thysanura (Insecta, Apterygota); **d** *Rhodnius prolixus* (Insecta, Heteroptera): Stadien der Blastodermbildung; **e** *Eudendrium racemosum* (Hydrozoa); **f** *Cerianthus loydii* (Anthozoa); **g** *Branchipus grubei* (Branchiopoda); **h** *Theridium maculatum* (Chelicerata, Araneae); **i** *Pselaphochernes scorpioides* (Chelicerata, Pseudoscorpiones); **k** *Macrotoma vulgaris* (Insecta, Apterygota) mit Wechsel von superfizieller zu totaler und wiederum zu superfizieller Furchung.

äuFke	äußere Furchungskerne
äuPl	äußeres Plasma
Bdst	Blastodermstadium
Dob	Dotterballen, Dottersphäre
Dp	Dotterpyramide
Dpl	Deutoplasma
Eh	Embryonalhülle
Fe	Furchungsenergide (= Kern + Hofplasma)
fFu	frühe Furchung
Fke	Furchungskern
iFke	innere Furchungskerne
Id	Innendotter
iPl	inneres Plasma
jG	junge Gastrula
KeNe	Kern-Nester

mNf	mütterliche Nährflüssigkeit
Pp	Periplasma
Prec	Praeectoderm
Rk (V)	Riesenkern (zur Dotterverarbeitung)
Rp	Reticuloplasma (Netzplasma)
spF	späte Furchung
syBd	syncytiales Blastoderm
tFu	totale Furchung
VDo	Dotterverflüssigungszone
vKA	ventrale Keimanlage
zelBd	zellularisiertes Blastoderm

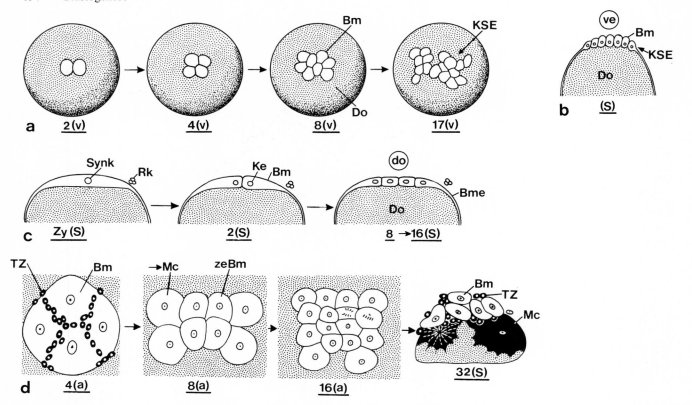

Abb. 52. Discoidalfurchung bei Evertebraten (schematisiert).

a *Euscorpio carpathicus* (Chelicerata, Scorpiones): Ventralansichten auf die „Keimscheibe"; **b** *Euscorpio indicus* (Chelicerata, Scorpiones); **c** *Octopus vulgaris* (Cephalopoda): Frühe Furchung (vgl. hierzu auch Abb. 44a + 45h); **d** *Pyrosoma giganteum*

(Tunicata, Pyrosomida): Discoidalfurchung mit zwischen die Blastomeren eingeschobenen Testazellen (Follikelzellen) sowie früh als Dotterzellen fungierenden Merocyten (vgl. hierzu auch Abb. 44b). Die Zahlen symbolisieren die Zellenzahl der von animal (*a*) oder vegetativ (*v*) oder im Schnitt (*S*) dargestellten Furchungsstadien.

Bme	Bildungsmembran (umschließt Dotter)
Mc	Merocyte (Dotterzelle)
Synk	Synkaryon (Zygotenkern)
TZ	Testazelle (Follikelzelle, Kalymmocyte)
ze	zentral
Zy	Zygote

Abb. 53. Discoidalfurchung bei Vertebraten (schematisiert).

a *Salmo fario* (Teleostei) mit direkter Abkunft des Periblasten aus dem Keimscheibenplasma (vgl. auch Abb. 44f); **b** *Serranus atrarius* (Teleostei) mit Bildung von zentralem und peripherem Periblast (vgl. Abb. 44e); **c** *Scyliorhinus canicula* (*Sc*) und *Torpedo ocellata* (*To*) (Chondrichthyes).

Man beachte die dem Dotterabbau dienenden Merocytenkerne (vgl. Abb. 44c); **d** *Gallus* (Aves) (vgl. Abb. 44i); **e** *Ornithorhynchus (Platypus) anatinus* (Monotremata); **f** *Tachyglossus (Echidna)* sp. (Monotremata) (vgl. Abb. 44k). Die Zahlen symbolisieren die Zellenzahl der Furchungsstadien, die vom animalen Pol gesehen (*a*) oder im Schnitt (kein Symbol) dargestellt sind.

As	Aster
Mc	Merocytenkern
MZ	Marginalzelle (Randzelle)
pePb	peripherer Periblast
zPb	zentraler Periblast
ZZ	Zentralzelle

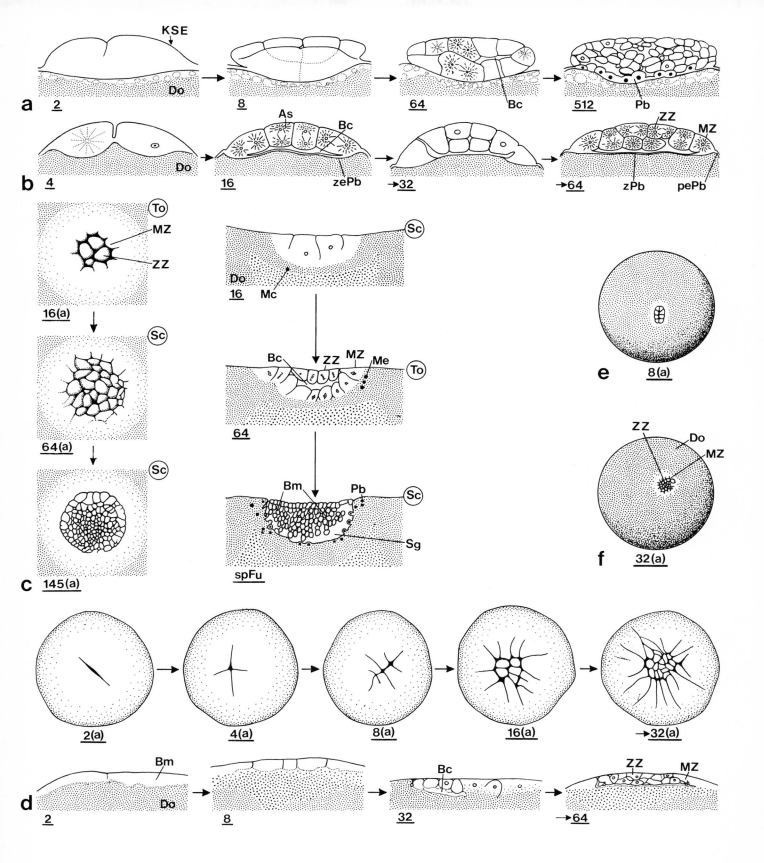

a

2   KSE   Do → 8 → 64   Bc → 512   Pb

b

4   Do → 16   As   Bc   zePb → →32 → →64   ZZ   MZ   zPb   pePb

c

To   MZ   ZZ   16(a) ↓ Sc   64(a) ↓ Sc   145(a)

Sc   Do   16   Mc ↓ Bc   ZZ   MZ   Me   To   64 ↓ Bm   Pb   Sc   Sg   spFu

e

8(a)

f

ZZ   Do   MZ   32(a)

d

2(a) → 4(a) → 8(a) → 16(a) → →32(a)

d

2   Bm   Do → 8 → 32   Bc → →64   ZZ   MZ

den **Testazellen** (Abb. 52 d), die von den Follikelzellen des
Ovars abstammen.

Die Furchungsbilder der Feuerwalzen zeigen eine starke Bilateralsymmetrie. Im 8-Zellstadium erfolgt bereits die Aufteilung in vier
zentrale Blastomeren als Embryoanlage und vier periphere **Merocyten** (= Kalymmocyten) als Dotterzellen. Diese sind durch Plasmabrücken miteinander verbunden und dringen mittels Pseudopodien
in den Dotter ein. Wie die Periblastzellen der Teleostier werden sie
syncytial. Im 32-Zellstadium erfolgt die Abrundung sowie die Detachierung von Blastomeren nach innen, was eine frühe Zweischichtigkeit der Keimscheibe bewirkt (vgl. auch Abb. 44 b).

Vertebrata

Bei den *Teleostiern* (Abb. 45 i und 53 a + b) erfolgt die scharfe
Trennung in Dotter- und Bildungsplasma innerhalb der
Eizelle oft erst anläßlich der Besamung und Befruchtung,
wobei sich das Protoplasma als wallartige Scheibe am Ort des
Spermieneintrittes erhebt; dies könnte als Rekapitulation
eines ursprünglichen holoblastischen Zustandes gedeutet
werden.

Die erste und zweite Furchung der im Vergleich zu den holoblastischen Amphibien-Oocyten oft kleinen Teleostiereizelle
(Tabelle 36) schafft vier aequale, sehr stark gewölbte Blastomeren, die dotterwärts einen kleinen Hohlraum ausbilden.
Die dritte Furchung erfolgt meist unter Betonung einer
Längsachse, die auch im durch 4 Viererreihen gekennzeichneten 16-Zellstadium beibehalten wird (Abb. 45 i).
Jetzt wird der **zentrale Periblast** (vgl. Abb. 53 b) gebildet,
indem die zentralen Blastomeren sich vom übrigen Dotter
abheben, wobei eine dünne Protoplasmaschicht (= zentraler
Periblast) auf dem Dotter bleibt. Der dadurch gebildete Spaltraum entspricht dem Blastocoel. Der zentrale Periblast steht
in kontinuierlicher Verbindung zu den peripheren Zellen, die
in der Folge als peripherer oder **marginaler Periblast** außerhalb der eigentlichen Keimscheibe den Dotter umschließen.
Beide Periblastanteile sind nicht zellfrei, sondern stehen in
kontinuierlicher Verbindung mit den Rand- oder Marginalzellen.
Bei der Forelle (Abb. 53 a) und anderen Teleostiern sind die
frühen Furchen inkomplett; das syncytiale Gewebe unterhalb
der Keimscheibe und an deren Rändern wird deshalb direkt
zum Periblasten.
Während den weiteren Teilungen wandern Kerne in beide
Periblastanteile ein. Es kommt damit zur Bildung des **Dottersyncytiums** (-plasmodiums) mit wahrscheinlich amitotisch
entstandenen, vergrößerten, später degenerierenden Kernen
(vgl. Abb. 90 b, e + f und 131 a). Es dient als transitorisches
Entoderm der Dotteraufarbeitung und sendet Plasmafortsätze in den Dotter aus. Die Keimscheibe wird durch nach

innen gerichtete Spindelachsen anläßlich der weiteren Teilungen mehrschichtig und zudem relativ bald von einem transitorischen **Deckepithel** (= Deckschicht) bedeckt (Abb. 44 d + e
und 131 a).
Die fertige mehrschichtige **Discoblastula** (Abb. 44 d–f) ist wie
bei den Tintenfischen mit einem transitorischen Entodermanteil ausgestattet. Sie besitzt eine mehr oder minder umfangreiche Furchungshöhle. Unter ihrem Zentrum sammeln sich im
Dotter häufig Lipidtropfen an.
Bei den viel dotterreicheren *Elasmobranchiern* (Abb. 53 c
sowie 44 c) liegt die von transitorischen Merocytenkernen
(S. 232) umgebene Keimscheibe in einer Dottermulde.
Bei *Torpedo ocellata* beginnt die Furchung syncytial, indem
zuerst vier Kerne gebildet und erst dann Blastomerengrenzen
eingezogen werden. Im 16-Zellstadium kommt es zur Gliederung in periphere **Marginalzellen** („Blastokonen") und vier
zentrale, vegetativwärts noch in den Dotter übergehende Blastomeren **(Zentralzellen)** als Anlage des Epiblasten. Im Laufe
der weiteren, sukzessive unregelmäßiger werdenden Teilungen hebt sich dieser sehr klar als Embryoanlage ab. Zwischen
den infolge longitudinaler Teilungen geschichteten Zentralzellen treten Blastocoelräume auf. Vom Keimscheibenrand
her kommt es zum Aufbau des **Periblasten** (= Trophoblasten),
wobei Kerne als zentraler Periblast ebenfalls unter die Keimscheibe gelangen (vgl. Abb. 44 c). Eine Beteiligung der Nebenspermakerne (vgl. S. 232) am Aufbau des Periblasten ist fraglich.

Dotterreiche *Cyclostomen* wie z. B. *Bdellostoma (Polistotrema) stouti*
zeigen im Prinzip teleostierähnliche Verhältnisse; das Furchungsmuster wird aber schon früh unregelmäßig.

Die Furchung der *Sauropsida* kann, da sie bei Reptilien
und Vögeln weitgehend übereinstimmt (vgl. Abb. 53 d sowie
44 h + i), gemeinsam abgehandelt werden. Stets ist die Keimscheibe weniger scharf vom Dotter abgesetzt als bei den
Fischartigen.

Beim Huhn setzt die Furchung (Abb. 53 d) während der Oviduktpassage des Eies ein; von der Ablage bis zum Einsetzen der Bebrütung
erfolgt im übrigen ein Entwicklungsstillstand.

Die Teilungen sind sehr unregelmäßig, zumal sich die Blastomeren nicht abkugeln. Vielmehr reichen die langen, z. T. Anastomosen bildenden Trennungsfurchen peripheriewärts frei
an den Keimscheibenrand.
Da die meridionalen Furchen im Zentrum nicht bis zum Dotter hinunterreichen, können unter latitudinaler Aufteilung des
Cytoplasmas auch hier zentraler und peripherer Periblast entstehen. Der erstere wird durch ein Blastocoel (= **Subgerminalhöhle**) vom Rest der Keimscheibe getrennt; er wird beim

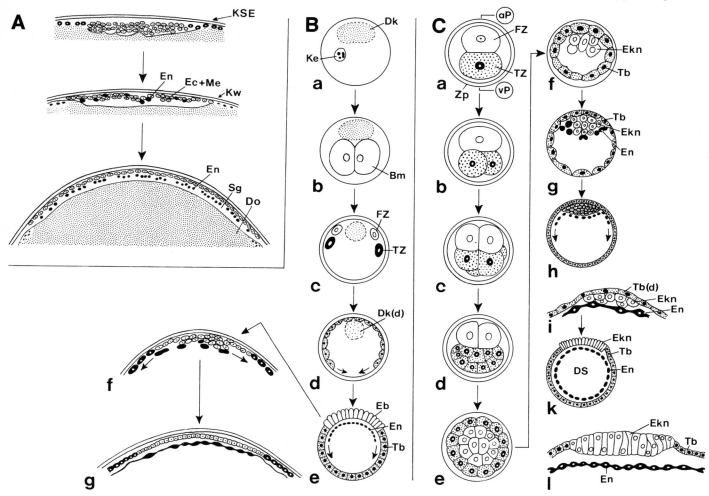

Abb. 54. Frühentwicklung der Mammalia (stark schematisiert).

A Protheria (Monotremata; *Tachyglossus*): typische Discoidalfurchung.
B Metatheria (Marsupialia; *Dasyurus, Didelphis*): frühe Eliminierung des Dotters während der ersten Furchungsteilungen (**b** ff.) (vgl. auch Abb. 127 o–q): **a** ungefurchtes Ei; **b** 2-Zellstadium; **c** 8-Zellstadium; **d** Bildung der Keimblase (Blastocyste); **e–g** Aufteilung in Embryo- und Trophoblast, Sonderung des Entoderms.

C Eutheria *(Sus):* dotterarme Totalfurchung mit früh asynchronen Teilungen: **a** 2-Zellstadium; **b** 3-Zellstadium; **c,d** spätere Furchungsstadien; **e** Eutherien-Morula; **f–i** Blastocyste mit Bildung der Blastocystenhöhle und Auftrennung in Embryoblast und Trophoblast. Bildung des Entoderms (ab **g**). Der periphere Trophoblast umgibt den Embryoblasten (Entypie); **k, l** für das Schwein typische Aufhebung der Entypie durch Degeneration des über dem Embryonalknoten liegenden Trophoblasten.

Dk	Dotterkörper (Dottervakuole)
Dk(d)	Dotterkörper in Degeneration
DS	prospektiver Dottersack (Nabelblase)
Eb	Embryoblast
Ekn	Embryonalknoten
FZ	formative Zellen
Kw	Keimwall
Sr	Spaltraumbildung
Tb(d)	degenerierender Trophoblast
TZ	Trophoblastzellen
Zp	Zona pellucida

Huhn nicht durch Zellkerne besiedelt. Die Keimscheibe wird im weiteren Verlauf durch horizontale Teilungen mehrschichtig sowie in **zentrale Zellen** und **Marginalzellen** geteilt. Letztere gehen peripheriewärts in den Dotter über. Vom Rand her, wo sich der sog. Keimwall als Bildner des marginalen, **syncytialen Periblasten** aufwölbt, kommt es auch zur nicht von Zellgrenzenbildung begleiteten Loslösung von Periblastkernen. Dieser Entwicklungszustand wird beim Huhn noch im Uterus erreicht. Die durch die Periblastkerne gebildeten Periblast- oder **Dotterenergiden** degenerieren rasch und werden in der Folge funktionell durch das **Dotterentoderm** (vgl. unten) ersetzt. Dasselbe gilt für die auch hier vorhandenen, aber bald an den Keimscheibenrand gedrängten **accessorischen Spermienkerne**. Diese teilen sich bei der Taube freilich bis zum 32-Zellstadium synchron mit den Blastomeren.

Noch während der Furchung kommt es zu einer Zellauswanderung, ursprünglich betont im caudalen Keimscheibenabschnitt, dann aber auch an anderen Stellen. Diese Immigration füllt allmählich als **Hypoblast** das ganze Gebiet zwischen Dotterspiegel und Keimscheibe (= **Epiblast**) aus (Abb. 44 i). Sie bildet unter sehr früher Entodermsonderung das schon erwähnte, am Keimscheibenrand unter der Area vasculosa (Abb. 3 Bb, 92 a + b und 131 h + i) liegende Dotterentoderm, sowie auch die prospektiven definitiven entodermalen Darmanteile.

Bei den *Monotremata* (Pro(to)theria) entspricht der im Innern des „terrestrischen Eies" liegende Keim bei der Ablage dem Zustand des 3tägigen Hühnchens.

Die Furchung verläuft bei *Ornithorhynchus (Platypus)* (Abb. 53 e) regelmäßiger als beim diesbezüglich reptilienähnlichen *Tachyglossus (Echidna)* (Abb. 53 s und 54 A). Typisch ist u. a., daß die Blastomeren noch im 32-Zellstadium fest mit dem Dotter in Verbindung stehen; wie bei den Sauropsiden werden keine zentralen Periblastkerne gebildet. In späteren Stadien wird die Furchung generell unregelmäßiger. Auch

hier erfolgt eine Zweiteilung der Blastomeren: Die marginalen Vitellocyten (= Rand- oder Marginalzellen) formieren im Keimwallgebiet ein in der Folge syncytiales Dotterepithel (= marginaler Periblast). Relativ spät bildet sich eine Subgerminalhöhle aus. Die anfänglich vielschichtig gelagerten Zentralzellen der Keimscheibe werden temporär einschichtig, wobei parallel dazu der Keimring aktiv nach peripher abwandert und es dadurch schon früh zur Dotterumwachsung kommt. Dessen Zellen können schon bald Uterussekrete resorbieren. Im Zentralbereich der Keimscheibe immigrieren dann die kleineren prospektiven Entodermzellen (= Anlage des Hypoblast) in die Subgerminalhöhle, die vom aus größeren Zellen aufgebauten Epiblast (= Ectoderm) überdeckt wird (Abb. 44 k).

Sukzessive Abwandlungen der Discoidalfurchung innerhalb der höheren Mammalia

Wie bei den Schnabeltieren ist bei den Beuteltieren (= *Metatheria*, Marsupialia, Didelphia; Abb. 54 B) noch Dotter – wenn auch in viel geringerem Umfang – vorhanden (Abb. 54 Ba); er wird aber schon bei der ersten Teilung aus den Zellen eliminiert (= **Dotterelimination**; Abb. 54 Bb sowie 127 o–q). Anschließend wandern die Furchungszellen unter „Blastomerenanarchie" – also unter **Totalfurchung** – an die Peripherie und umgeben in der Folge auf der Innenseite des Chorions einen den degenerierenden Dotter und die Subgerminalhöhle umfassenden Hohlraum (Abb. 54 Bc + d). Dieser kann als rudimentärer Dottersack bezeichnet werden (vgl. S. 166). Anschließend erfolgt wie bei den placentalen Säugern die meroblastische Untergliederung in eine formative Keimscheibe (= **Embryoblast**; formativer Bezirk) und einen transitorischen **Trophoblasten** (Abb. 44 l und 54 Be) und damit der Aufbau einer Keimblase (Blastocyste).

Abb. 55. Besondere Furchungsmuster (schematisiert).

a–c Bryozoa mit abgeänderter Radiärfurchung: **a** *Farella repens;* **b** *Flustrella hispida* (vgl. Abb. 43/19); **c** *Bugula* sp.
d *Siboglinum fiordicum* (Pogonophora) mit abgeänderter Spiralfurchung mit stark bilateralsymmetrischen Tendenzen nach der 5. Teilung. Die Blastomerennomenklatur erfolgt nach Bakke (1976).
e *Asplanchna sieboldi* (Rotatoria) mit stark abgewandelter Spiralfurchung.

f *Macroacanthorhynchus hirudinaceus* (Acanthocephala) mit stark abgewandelter Spiralfurchung. Die Bezeichnung der Blastomeren erfolgt nach Siewing (1969).
g *Parascaris equorum* (Nematoda) mit abgewandelter bilateralsymmetrischer Furchung (vgl. Abb. 29 d–f und 43/26).

Die Zahlen symbolisieren die Anzahl der Blastomeren, die von animal (*a*), vegetativ (*v*), von links (*l*), von rechts (*r*), von der prospektiven Dorsalseite (*do*) oder von lateral (kein Symbol) dargestellt sind.

Bq	Blastomerenquartett (bei Ansicht auf den sog. B-Quadranten)
EmSt	Somazelle (S₂) (liefert Entoderm, Mesenchym und das Stomadaeum)
nV	nach Verlagerung der Blastomeren (Einschwenken des Längsbalkens zum Rhombus)
P₁	Urpropagationszelle (= Stamm- oder Keimbahnzelle)
P₂	Propagationszelle
S₁	Ursomazelle (Urectodermzelle) (bildet Ectoderm)
spFu	späte Furchung

159

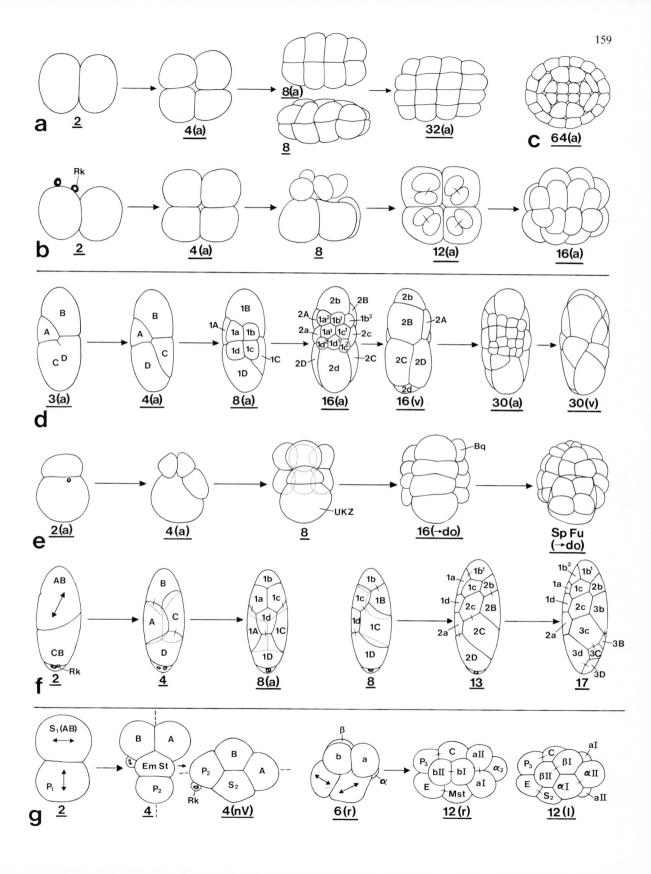

Der bei Sauropsiden und den Monotremen vorhandene Dottersack wird somit noch rekapituliert (vgl. auch Abb.136k), wobei man den Trophoblasten mit dem Periblasten vergleichen kann. Am Furchungsende wird keine typische Blastula gebildet, da der Hohlraum nicht der Fuchungshöhle, sondern eben dem Dottersacklumen entspricht.

Die Oocyten der **Eutheria** (= Placentalia, Monodelphia; Abb. 54C) sind sekundär dotterlos; ihre Entwicklung setzt während der Tubenwanderung ein. Die **total-adaequalen,** erstmals durch Bischoff (1833) entdeckten **Furchungen** sind anfänglich annähernd radiärsymmetrisch, aber extrem asynchron. So kommt es zu 3-, 5- und 7-Zellstadien (Abb. 54Caff.).

Obwohl es sich im Prinzip um eine Regulationsentwicklung handelt, dürfte - zumindest bei *Sus* - bereits im 2-Zellstadium (Abb. 54Ca) die Trennung im **Embryo-** und **Trophoblast** erfolgen.

Beim Insektivoren *Elephantulus* tritt die später in den Blastocystenhohlraum übergehende Furchungshöhle schon früh im Vierzellstadium auf (vgl. auch Abb. 95 Ia). Bei der Mehrzahl der Placentalier erscheint diese indes zwischen dem 16- bis 32-Zellstadium, bei *Myotis* dagegen etwa erst gegen das 100-Zellstadium.

Die spätere Furchung der Eutherien ist irregulär, wobei sich die nutritiven Zellen des Trophoblasten rascher teilen. Die Zellen haben die Tendenz zum Auseinanderweichen; sie werden aber wahrscheinlich durch die Zona pellucida zusammengehalten. Es kommt zur Bildung der Eutherien-Morula (Abb. 54Ce). In deren Innern höhlt sich unter Spaltraumbildung die Blastocystenhöhle aus. Damit ist die für alle Eutherien typische **Blastocyste** (Abb. 44 m und 54Ch-l) erreicht.

Nur bei *Elephantulus* (Rüsselspitzmaus) entsteht der Embryo durch diffuse Immigration von amoeboiden Zellen, die sich zuerst zur Bildung des freien Embryonalknotens zusammenfinden (Abb. 95 Ia). Erst dann fixiert sich der prospektive Embryo an der einen Eintrittstelle des Trophoblasten. Ähnliche Verhältnisse zeigt im übrigen der Beutler *Dasyurus*. Damit kann hier die Blastocystenbildung als zweiphasig gelten.

Die Blastocyste zeigt **Entypie,** d.h. der Trophoblast umschließt - wahrscheinlich aus Gründen des Stoffwechsels und des Einnistungszwanges in den Uterus - den Embryoblasten. Diese Konstellation kann sekundär aufgehoben werden (z.B. *Sus*; Abb. 54Ci-k sowie S. 236).

8.1.5 Besonderheiten

8.1.5.1 Karyomerenbildung

Öfters kommt es während der frühen Furchung - aber auch schon während der Reifungsteilungen anläßlich der Bildung des weiblichen Vorkerns (Abb. 42 B) - zur Bildung von Teilkernen (Karyomeren, Karyomeriten).

Die Chromosomen umgeben sich dabei zwischen den Mitosen mit besonderen Membranen, die gelegentlich einen eigenen Nucleolus einschließen. Die Karyomeren verschmelzen kurz vor der nächsten Teilung zum Ruhekern. Bei der Pulmonate *Lymnaea* kommt indessen auch die Bildung von polymorphen unregelmäßigen Prophasekernen vor.

8.1.5.2 Furchungshöhlen

Zwischen den Blastomeren liegende Hohlräume wurden für Pulmonaten bereits 1895 durch Kofoid bei *Limax* beschrie-

Abb. 56. Besonderheiten des Furchungsablaufes (schematisiert). Vgl. hierzu auch Abb. 57-59.

a *Lymnaea stagnalis* (Pulmonata): pinocytotische Eiklaraufnahme durch alle Blastomeren; **b** *Dreissena polymorpha* (Bivalvia): riesige Furchungshöhle beim 8-Zellstadium; **c** *Turritopsis nutricola* (Hydrozoa): irreguläre Furchung (vgl. Abb. 43/5); **d** *Dendrocoelum lacteum* (Turbellaria): Blastomerenanarchie infolge der zum Dottersyncytium verschmelzenden Dotterzellen; **e** *Salpa maxima* (Thaliacea): unregelmäßige Furchung infolge der zwischen die Blastomeren eingeschobenen Kalymmocyten; **f** *Stylops*sp. (Insecta, Strepsiptera): sekundär totale Furchung mit suk-

zessiver Elimination des mit Kernen dotierten Dotters; **g** *Aphis sambuci* (Aphidina, vivipar) mit früher Bildung von Vitellophagen und Mycetocyten; **h** *Pemphigus bursarius* (vivipare Blattlaus): totale Furchung sowie mit der die Follikelwand unter Symbiontenaufnahme durchbrechenden Mycetomzelle; **i** *Platygaster hiemalis* (parasitische Hymenoptere) mit zum Trophamnion werdenden Richtungskörpern.

Die Zahlen symbolisieren die Zellzahl der Furchungsstadien, die von animal (*a*) oder von lateral (kein Symbol) dargestellt sind.

A	Plasmaausläufer
Dom	Dottermasse
Ecp	Ectoplasma

Ekv	Eiklarvakuole
Enp	Endoplasma
Fol	Follikel
Ka	Kalymmocyten
Kst	Keimstreif
KZ	Keimzellen
Myc	Mycetocyte (Mycetomzelle; „Pseudovitellus")
Pi	pinocytotische Eiklaraufnahme
Plko	Placentarkonus
Plw	Placentawand
Pnm	Paranuklearmasse
Synk	Synkaryon (Zygotenkern)
Tram	Trophamnion
WZ	Wirtszelle

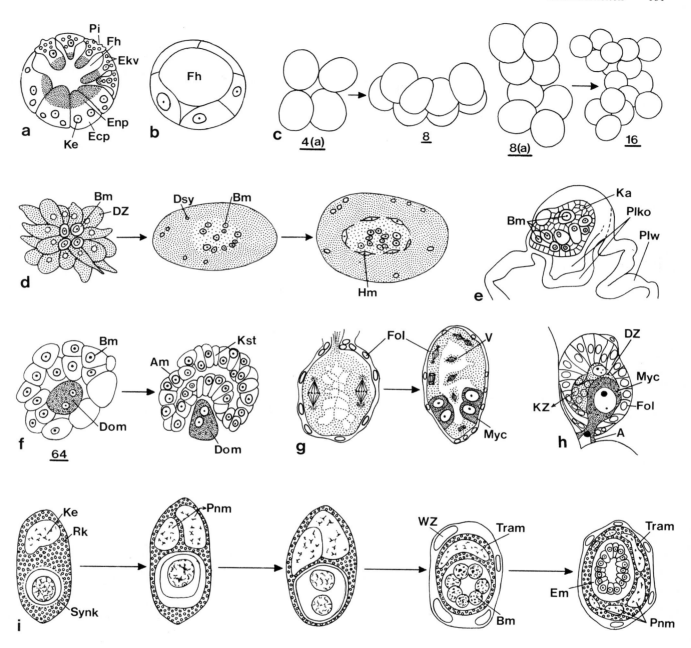

ben. Solche Hohlräume treten ebenfalls bei Partialfurchung (z. B. Fischartige) auf. Bei Amphibien werden sie auch als „Ergänzungshöhlen" bezeichnet, da hier öfters eine nachträgliche Vereinigung mit dem Urdarmlumen eintritt.

Furchungshöhlen werden bei Süßwassertieren besonders groß [Dreissena (Abb. 56 b), Sphaerium; vgl. auch Abb. 56 a, 63 Bi und 133 c für Lymnaea], während sie bei Marinarten (z. B. Trochus) eher klein bleiben.

Furchungshöhlen gehen in der Regel nach der Furchung ins Blastocoel bzw. in die Subgerminalhöhle über.

Bei den Lungenschnecken (Lymnaea) ist bis zum 24-Zellstadium eine Abgabe von Flüssigkeit und Sekreten durch besondere Sekretionskoni der Blastomeren (Abb. 63 Bh) in die Furchungshöhle (vgl. auch Abb. 56 a) nachgewiesen. Diese wird unter rhythmischen Pulsationen regelmäßig in den perivitellinen Raum entleert. Damit darf der Furchungshöhle in diesem Fall eine osmoregulatorische und exkretorische Funktion zugeschrieben werden.

8.1.5.3 Pinocytotische Eiklaraufnahme

Bei wohl allen Pulmonaten (S. 355 f.) und diversen Prosobranchiern nehmen bereits während der Furchung (bei Lymnaea ab dem 40-Zellstadium) alle Blastomeren Eiklar aus dem perivitellinen Raum als Nährflüssigkeit auf (Abb. 56 a und 133 c). Dies erfolgt durch Micro- und Macropinocytose und setzt sich im übrigen während der Gastrulation (S. 355) noch fort. Damit ist hier die Furchung mit einem wenn auch bescheidenen Wachstum verbunden.

Bei Limax, Bradybaena und Strophocheilus zeigen auch die Polkörper Eiklaraufnahme.

8.1.5.4 Pollappen

Pollappen enthalten einen spezifischen, am vegetativen Keimpol gelagerten Cytoplasma-Anteil sowie – sofern sie groß sind – auch umfangreiche Dotterreserven. Sie werden in **unterschiedlicher Generationenzahl** (Abb. 57, 58) während der ersten Furchungen sowie bei Prosobranchiern auch schon anläßlich der Bildung der Richtungskörper (Abb. 58) periodisch ausgestülpt und wieder eingezogen. Bei jeder Teilung bleibt der Pollappen jeweils im prospektiven **D-Quadranten** (Abb. 59 b). Einzelne Pollappen – Generationen können auch nur fakultativ auftreten.

Diese Beziehung zum D-Quadranten läßt sich ebenfalls entwicklungsphysiologisch beweisen: bei Wegnahme des Pollappens ist die Mesodermgenese gestört. Das Pollappenmaterial hat zudem induktive Wirkung. Bei dessen Transplantation auf eine „Nicht D"-Macromere übernimmt diese die Pollappen-Kapazität. Man vergleiche hierzu auch Abb. 20 g_4.

Pollappen kommen nur bei Vertretern der Spiralier vor (Tabelle 45), so bei den Species der Myzostomida und Scaphopoda sowie bei verschiedenen Arten der Polychaeta, Bivalvia (Abb. 57) und vor allem der Prosobranchia [hier z. T. auch bei Nähreiern (Abb. 58)].

Bei der Gattung Aplysia (Opisthobranchia) wird während der beiden ersten Furchungsteilungen ein atypischer animaler „Pollappen" ausgestülpt, der zudem keine Beziehungen zum D-Quadranten aufweist.

Die Pollappenbildung ist, da durch sie Plasma-Anteile verschoben werden, ein Teil der ooplasmatischen Segregation. Früher wurde in ihr oft eine Funktion im Sinne der temporären Ausschaltung des die Teilung behindernden Dotters gesehen. Doch besteht keine primäre Beziehung zum Dotter.

Abb. 57. Pollappen I: Typen und Entwicklung bei den Myzostomida (Myzostomum), Annelida (Polychaeta; Chaetopterus, Sabellaria), Aplacophora (Epimenia), Scaphopoda (Dentalium), Bivalvia (Mytilus, Ostrea, Chione) sowie Pulmonata (Physa).

Spätere, nicht mehr abgebildete Pollappengenerationen sind durch einen Pfeil mit heller Spitze symbolisiert. Bei Physa kommt der Pollappen nur ausnahmsweise vor.

Gemeinsame Legende der Abb. 57 und 58

A, B, C, D	die 4 Blastomeren des 4-Zellstadiums
1 A–1 D	die 4 Macromeren des 8-Zellstadiums
1 a–1 d	die 4 Micromeren des 8-Zellstadiums
AB/CD	die beiden Blastomeren des 2-Zellstadiums
2 D–4 D	die Macromere des D-Quadranten nach Abscheidung der Micromere 2 d des zweiten bzw. der Micromere 4 d des vierten Micromerenkranzes

FH	Furchungshöhle (Blastocoel)
NE	Nährei
P_1–P_4 $\quad$ PL_1–PL_6	die einzelnen Pollappengenerationen
Rk 1	1. Richtungskörper
Rk 2	2. Richtungskörper
St	Stiel des Pollappens
tA	transitorische Abschnürung (des Pollappens)
2 ZE	2-Zellstadium
4 ZE	4-Zellstadium

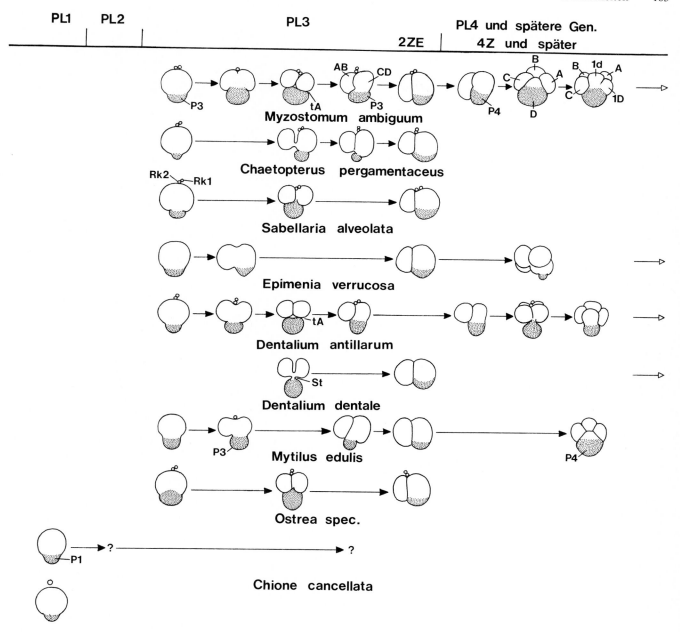

PL1   PL2   PL3   PL4 und spätere Gen.
                           2ZE   4Z und später

Myzostomum ambiguum

Chaetopterus   pergamentaceus

Sabellaria   alveolata

Epimenia   verrucosa

Dentalium   antillarum

Dentalium   dentale

Mytilus edulis

Ostrea spec.

Chione cancellata

Physa acuta

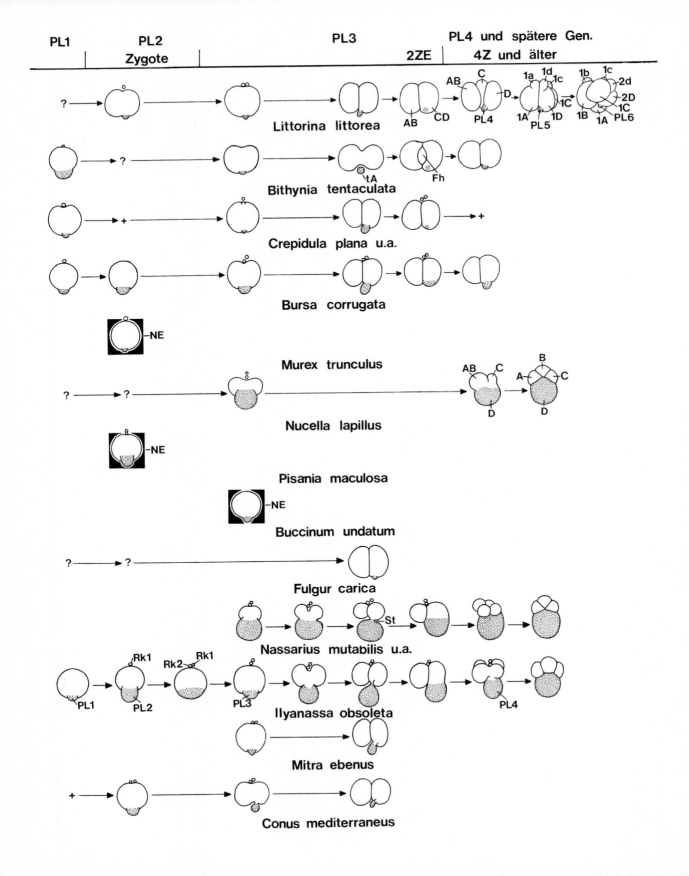

PL1　　　PL2　　　　　　　　PL3　　　　　　PL4 und spätere Gen.
　　　　　Zygote　　　　　　　　　　2ZE　　　　4Z und älter

Littorina littorea

Bithynia tentaculata

Crepidula plana u.a.

Bursa corrugata

Murex trunculus

Nucella lapillus

Pisania maculosa

Buccinum undatum

Fulgur carica

Nassarius mutabilis u.a.

Ilyanassa obsoleta

Mitra ebenus

Conus mediterraneus

Sehr kleine Pollappen sind dotterarm bzw. sogar dotterlos. Auch ist die Größe des Pollappens unabhängig vom Durchmesser der Eizelle. So gibt es kleine Eizellen mit sehr großem Pollappen und umgekehrt. Oft bestehen Beziehungen zu vegetativen Polplasmen (z. B. Myzostomida, *Chaetopterus, Dentalium, Ilyanassa)*. Sind diese gefärbt, so zeigt auch der Pollappen die entsprechende Kolorierung.

Bei Prosobranchiern läßt sich die Pollappengröße zur Macromerensituation in Bezug setzen: bei vier aequalen Macromeren ist der Pollappen klein, bei inaequalen Macromeren mit vergrößerter D-Macromere fällt dagegen der Pollappen stets groß aus (vgl. Abb. 58 sowie 59 b).

Die Intensität der Abgliederung, die mit Hilfe eines Microfilamentringes erfolgt, variiert artspezifisch bzw. auch in Abhängigkeit zur Pollappengeneration. Meist wird temporär ein feiner verbindender Stiel ausgebildet; doch soll auch eine kurzzeitige komplette Abschnürung des Pollappens vorkommen (z. B. bei *Dentalium antillarum*).

8.1.5.5 Dottermacromeren

Diese sind für manche dotterreiche **Prosobranchia** (Abb. 59) typisch.

Ausgangspunkt ist die Bildung von vier, den meisten Dotter enthaltenden Macromeren im dritten, sehr inaequalen Teilungsschritt der Spiralfurchung (Abb. 59 b + d sowie 45 f + g). Diese Macromeren können bei vielen Arten nach Bildung der Micromerenkränze in der Entodermbildung aufgehen. Dottermacromeren bleiben dagegen als dotterreiche Zellen 4 A–4 D (= aequale Dottermacromeren) oder nur als 4 D (= inaequale Dottermacromere) nach Abgabe der Micromeren **teilungsarretiert**. Sie werden anläßlich der epibolischen Gastrulation von den Micromeren umwachsen und bleiben teilweise bis in die Postembryonalzeit erhalten; sie finden sich, nachdem sie ursprünglich Teil des Mitteldarmdaches gewesen sind (Abb. 133 h), dann als Anhang zwischen Magen und Enddarmabgang (Abb. 59 c + e).

Die viel Dotter einschließenden Zellen haben einen großen Kern, wobei der 4 D-Kern divergierend gebaut sein kann. Die Kerne können sich gelegentlich ohne Begleitung durch eine

Abb. 58. Pollappen II: Typen und Entwicklung bei den Prosobranchiern.

Weitere nicht abgebildete Pollappen-Generationen sind bei sicherem Nachweis durch ein „ + ", bei unsicherem durch ein „?" symbolisiert. Bei *Murex, Pisania* und *Buccinum* sind die Nähreier mit einem Pollappen dotiert.

Legende: vgl. Abb. 57

Tabelle 45. Vorkommen von Pollappen. (Vgl. Abb. 57 und 58). Die Größe des Pollappens wird durch g (groß), m (mittel) bzw. k (klein) symbolisiert.

Annelida		
Polychaeta	*Chaetopterus*	m
	Sabellaria	g
Myzostomida	*Myzostomum*	g
Mollusca		
Aplacophora	*Epimenia*	k
Scaphopoda	*Dentalium*	g
Bivalvia	*Chione*	g
	Mytilus	k
	Ostrea	m–g
Gastropoda		
Prosobranchia	*Littorina*	k
	Amnicola	k
	Bithynia	k
	Crepidula	k
	Bursa	k
	Murex[a]	k
	Nucella[a]	m
	Pisania[a]	k
	Buccinum[a]	k
	Fulgur	k
	Nassarius	g
	Ilyanassa	g
	Mitra	k
	Conus	k
Pulmonata	*Physa*	k (gelegentlich)

[a] Nachweis von Pollappen bei den Nähreiern (vgl. S. 162)

Plasmateilung weiter teilen bzw. später dann auch degenerieren. Funktionell sind Dottermacromeren transitorische Speicher des eigenen Dotters **(Protolecithspeicher),** welche dem entodermalen Darmtrakt die vordringliche Resorption der extraembryonalen Nährstoffe [Eiklar, Nähreier (S. 353)] ermöglichen.

Man beachte, daß eine dotterreiche Macromere nicht immer einer Dottermacromere entspricht. Dies gilt vielmehr nur dann, wenn sie in teilungsarretierter Form persistiert. Darüber hinaus sei erwähnt, daß der Dotter der Pollappen – besonders bei inaequalen Dottermacromeren – in letztere integriert werden kann (z. B. auf Abb. 59 b).

8.1.5.6 Dotterelimination

Bei verschiedenen Tiergruppen hat sich phylogenetisch unabhängig die Ausstoßung von Dotter aus dem weiteren Entwicklungsverlauf evolviert.

Der **Onychophore** *Peripatopsis balfouri* (Abb. 48 h) besitzt eine telolecithale Eizelle. Bei der Furchung findet eine Auftren-

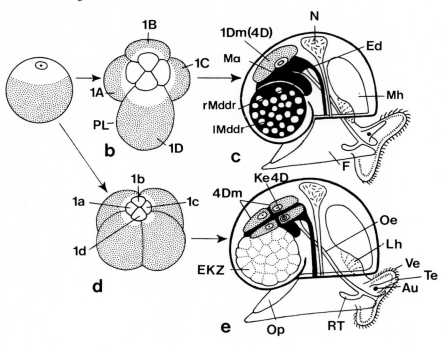

Abb. 59. Pollappen und Dottermacromeren bei Prosobranchiern (schematisiert).

a Zygote; **b, c** Entwicklung mit Pollappen und inaequalen Dottermacromeren, z. B. von *Nassarius* (8-Zellstadium bzw. intrakapsulärer Veliger mit erhalten gebliebener 4D-Dottermacromere); **d, e** Entwicklung ohne Pollappen, aber mit 4 aequalen Dottermacromeren, z. B. von *Fusus* (8-Zellstadium bzw. intrakapsulärer Veliger). Man beachte bei **e** die besondere Kernstruktur der 4D-Macromere.

EKZ	Eiklarspeicherzellen (des linken Divertikels der Mitteldarmdrüse)
lMddr	linker Sack der Mitteldarmdrüse
PL	Pollappen
rMddr	rechter Divertikel der Mitteldarmdrüse
1a–d	Micromeren
1A–D	Macromeren
4D	4 D-Macromere

nung in Cytoplasma und Kern bzw. Dotter statt. Der Dotter zerfällt in große Tropfen; seine Aufarbeitung erfolgt später durch vitellophagenähnliche Zellen, die sich aus den unabhängig vom Dotter sich aufteilenden Blastomeren abgliedern.

Bei *Peripatopsis mosleyi* ist die Furchung sehr ähnlich; doch ist hier praktisch überhaupt kein Dotter mehr vorhanden.

Wie schon erwähnt, enthält die von einer Albumenschicht und einer Schalenhaut umschlossene Eizelle der **Metatheria** noch wenig Dotter in einer am animalen Eipol liegenden Dottervakuole (Abb. 54 Ba und 127 o). Der Vitellus bildet bei *Dasyurus* einen Dotterkörper; er liegt dagegen bei *Didelphis* in Form von einzelnen Partikeln vor. Der Dotter wird anläßlich der ersten Furchungsteilung in toto eliminiert (Abb. 54 Bb und 127 p) und löst sich in der prospektiven Keimblasenhöhle auf (Abb. 54 Bc + d und 127 q).

Eine den Metatherien ähnliche Dotterelimination zeigt auch die Kleinfledermaus *Vesperugio*.

Schließlich sei erwähnt, daß bei sehr dotterreichen **Knorpelfischen** (z. B. *Heterodontus, Cestracion, Chimaera*) nur ein kleiner Dotteranteil umwachsen wird. Der restliche Dotter zerfällt und wird später durch Mund und Kiemenspalten des Embryos aufgenommen.

8.1.5.7 Intravitelline Vitellophagen

Bei Arthropoden können sich – wie schon erwähnt – im Dotter zurückbleibende Furchungsenergiden als intravitelline Vitellophagen zur Dotterverarbeitung spezialisieren (vgl. vor allem S. 218 und 222 sowie Abb. 51 c, 86, 87 a,c + d und 128 b).

8.1.5.8 Sich detachierende Blastomeren

Bei *Tergipes* und anderen Opisthobranchiern lösen sich bis zu 10 und mehr Blastomeren während der Furchung vom Keim ab. Sie bilden in der Folge Cilien aus, schwimmen frei im perivitellinen Raum und können vielleicht eine exkretorische Funktion haben. Später sollen die *Tergipes*-Keime die abgekugelten Zellen auffressen.

Freie Zellen mit Vakuolenbildung (wahrscheinlich Exkretspeicherung) treten auch bei Octopoden auf, wobei bei *Tremoctopus* die Ablösung von der Keimscheibe allerdings erst nach der Furchung erfolgt.

8.1.5.9 Kalymmocyten und Testazellen

Aus dem Follikelepithel der **Desmomyaria** unter den Salpen dringen **Kalymmocyten** zwischen die Blastomeren ein (Abb. 56 e). Ihr späteres Schicksal ist nach wie vor umstritten;

doch dürften sie keinen Anteil an der Embryobildung haben und rein als Nährzellen dienen. Der Blastophorus als transitorisches Nährorgan und die Placenta (Abb. 135a) werden wohl aus Follikelzellen gebildet; die Leuchtbakterien liegen in den Blastomeren.

Auch die morphogenetische Bedeutung der in den Trennfurchen zwischen die Blastomeren sich einschiebenden **Testazellen** der *Pyrosomida* (vgl. S. 153 ff. sowie Abb. 44 b und 52 d) ist fraglich. Eine Beteiligung an der Bildung der Leuchtorgane erscheint möglich.

Im übrigen wird innerhalb der Gruppe der Manteltiere die *Ascidien*-Eizelle durch Geschwisteroocyten umgeben, die sich in zwei Schichten aufteilen. Die später die sog. Papillenschicht bildenden Zellen des außen liegenden Sekundärfollikels sind durch die Eihülle (= Chorion) von den inneren Testazellen getrennt. Letztere degenerieren bzw. liegen außerhalb der Eizelle als Epithel dem Chorion von innen an.

8.1.5.10 Gemischte Furchungen

Der Terminus umschreibt Fälle, bei denen ein Furchungsmuster in ein anderes übergeht. Bereits beim **Schwamm Halisarca** wird eine Totalfurchung von einer Art superfizieller Furchung gefolgt, wenn auch typische Furchungsenergiden fehlen. Zahlreiche Beispiele liefern die **Cnidarier**. Einmal gibt es, wie *Corydendrium parasiticum*, *Clava squamata* und *Tubularia larynx* zeigen, einen fakultativen Übergang von totaler in superfizielle Furchung.

Bei Arten mit obligater gemischter Furchung läßt sich infolge sukzessiver Verzögerung der Blastomerensonderung eine Reihe aufstellen, die zunehmend an die superfizielle Furchung erinnert:

Die Auftrennung in Blastomeren erfolgt bei der Anthozoe *Sagartia troglodytes* bereits im 4-Zellstadium, bei den Hydroiden *Tubularia mesembryanthemum* und *Millepora* im 16- und bei *Bolocera, Urticina crassicornis* und *Penila* (Anthozoa) sowie *Myriothela* (Hydrozoa) im 32-Zellstadium. Das Ende der Reihe - z. T. auch als syncytiale bzw. plasmodiale Furchung bezeichnet - zeigen unter den Hydroiden gewisse *Eudendrium*-Arten (Abb. 51 e) und *Distichopora* sowie die Anthozoe *Cerianthus lloydii* (Abb. 51 f). Man beachte dabei, daß die verfrühte Keimblattsonderung, die bereits während der Furchung einsetzen kann (S. 188), mit hineinspielt.

Im weiteren können bei Hydroiden, z.B. bei *Aglaophenia*-Arten, Zellgrenzen in irgend einer Furchungsphase fehlen, was zur Sukzession totale - superfizielle - erneut totale Furchung führt.

Besonders charakteristisch ist der Wechsel von anfänglich totaler in superfizielle Furchung für manche Arten von **Arthropoden** wie bei Crustaceen (Abb. 51 g), Cheliceraten (Abb. 51 h + i), Diplopoden, Symphylen, Pauropoden und apterygoten Insekten sowie bei Onychophoren.

Bei der apterygoten *Macrotoma vulgaris* (Abb. 51 k) geht andererseits eine anfänglich superfizielle in eine totale und dann wiederum in eine superfizielle Furchung über.

8.1.5.11 Übergänge zur Meroblastie

Wie schon erwähnt, lassen sich bei **Anamniern** zwei Reihen mit zunehmender Reduzierung der Merkmale der Totalfurchung aufstellen (S. 143 und Abb. 47).

Dies gilt für Amphibien mit der Sukzession *Rana* und *Triturus* (Totalfurchung) → *Ambystoma, Necturus* und andere Perennibranchiata (stark unregelmäßige Furchung mit verzögerter Furchenbildung am vegetativen Pol) → *Alytes* → *Salamandra* → Gymnophiona (mit fast discoidaler Furchung). Die „Altfisch"-Reihe *Lepidosiren* → *Acipenser* → *Amia* → *Lepisosteus* (meroblastisch) zeigt zusätzlich, daß der meroblastische Zustand vor dem Dotterreichtum erreicht worden ist; *Amia* hat einen geringeren Dottergehalt als *Lepidosiren* (Abb. 62 C).

8.1.5.12 Irreguläre Furchung

Besonders bei der regulativen **Hydroidenentwicklung** können unter schädlichen Außenbedingungen sehr unregelmäßige, aber von einer normalen Embryobildung gefolgte Furchungen vorkommen (vgl. S. 139 sowie Abb. 56 c).

8.1.5.13 Inverse Furchung

Die schon erwähnte spiegelbildlich-symmetrische Furchung (S. 148 sowie Abb. 49 l + m) kann speziell bei der Spiralfurchung der **Gastropoden** auftreten. So kann es innerhalb einer Art durch Umkehr der Spindelrichtungen der Furchung später zu links- statt rechtsgewundenen Individuen (Situs inversus) kommen bzw. auch umgekehrt. Inverse Furchung kann - bei einigen Arten allgemein, bei anderen nur gelegentlich - auftreten bei den Prosobranchier-Gattungen *Buccinum, Neptunea* sowie den Pulmonaten-Genera *Physa, Lymnaea, Planorbarius, Ancylus, Clausilia* und *Helix*. Der Wechsel ist genetisch bedingt; bei *Lymnaea peregra* ist die Windungsrichtung der Schale ausschließlich vom mütterlichen Genom abhängig.

Außer von den erwähnten Gastropoden ist eine spiegelbildliche Umkehr der hier freilich nicht spiraligen Furchungssymmetrien auch von *Ascaris* und den Euphausiaceen bekannt.

8.1.5.14 Komplikationen bei sekundär totaler Furchung der Arthropoden

Die parthenogenetische vivipare Generation der Blattläuse [z. B. *Aphis sambucci* (Abb. 56 g) und *Pemphigus bursarius*

(Abb. 56h)] zeigt eine Blastomeren-Totalfurchung, wobei sich ins Innere Vitellophagen detachieren. Im „Blastoderm" liegen große **Mycetocyten**. Bei *Pemphigus* findet sich eine dieser Mycetocyten als stark vergrößerter „Pseudovitellus" im Innern und durchbricht die Follikelwand, um sich aus dem ♀ Mycetom die symbiontischen Saccharomyceten zu beschaffen. Schließlich umschließt ein einschichtiges Blastoderm als Embryoanlage das Mycetom, einige Dotterzellen sowie die Keimzellen.

Bei der Strepsiptere *Stylops* sp. (Abb. 56f) formieren Zellen, die dem mit eingewanderten Zellen dotierten Dotter anliegen, einerseits den Keimstreif, wobei in der Folge die Dottermasse an die Peripherie und aus dem Keim gedrängt wird: die außen liegenden Blastomeren bilden im weiteren die als Amnion bezeichnete Embryonalhülle.

Die Eizelle der Schlupfwespe *Platygaster* (Abb. 56i) teilt sich in die mit dem befruchteten Eizellkern versehene **Embryozelle** sowie die **Trophamnionzelle**; deren Kern ist aus dem Kernmaterial der vereinigten Richtungskörperchen entstanden. Die Trophamnionzelle dient als Embryonalhülle und macht weitere Teilungen durch.

Ähnlich umgibt beim Chalcidier *Litomastix floridana* ein sog. **Paranucleus** den sich teilenden Oocytenkern. Er wird durch die drei Richtungskörper gebildet, wobei sich freilich einer davon auflöst. Der Paranucleus umwächst als Trophamnion die formativen Zellen. Die Oocyte hat dabei anläßlich der ersten Teilung eine mit Keimbahnkörpern dotierte Urkeimzelle entstehen lassen. Die Weiterteilung führt in der Folge zur Polyembryonie.

Bei Insekten sind damit diese Abwandlungen der Furchung entweder mit der Weitergabe von Symbionten bzw. der Bildung von Embryonalhüllen kombiniert.

Auch bei anderen Arthropoden gibt es sekundär totale Furchungen, die im Zusammenhang mit zusätzlichen Nährmöglichkeiten stehen, welche die Reduktion des eigenen Dotters ermöglicht haben. Bei den **Pseudoskorpionen** (Abb. 51i) verläuft die Segmentierung bis zum 8-Zellstadium total und aequal. Dann schnürt jede Macromere eine Micromere ab. Die Micromeren vermehren sich in der Folge an der Oberfläche unabhängig von den im Zentrum verbliebenen Macromeren. Ein Teil der Micromeren bildet eine Embryonalhülle, die u.a. der Aufnahme der ♀ Nährflüssigkeit dient (S. 358 und Abb. 134a).

Die Zellgrenzen der Macromeren lösen sich auf. Die restlichen Micromeren schließen sich um die zentrale Dottermasse, so daß schließlich wie bei der superfiziellen Furchung ein hier freilich ganz anders entstandenes Blastoderm konstituiert wird.

Die in besonderen ernährenden Blindsäcken des Ovars liegenden Oocyten des **Skorpions *Hormurus australasiae*** durchlaufen keine superfizielle Furchung mehr, sondern eine totalaequale Furchung (vgl. auch Abb. 48f und 135i).

Innerhalb der **Onychophora** läßt sich im Zusammenhang mit unterschiedlich intensiver Keimernährung (mittels Nackenblase bzw. durch Placentation; S. 362) ähnlich wie bei den Säugern eine ganze Evolutionsreihe der Furchung herleiten. Diese führt von superfizieller, oft als discoidal bezeichneter Furchung (Abb. 51a) über Totalfurchung mit Dotterelimination (S. 165f. und Abb. 48h) zu totaler Furchung (Abb. 48g). Dieser Zustand ist bei *Eoperipatus edwardsii* und *inturmi, Macroperipatus torquatus* u.a. erreicht.

8.1.5.15 Pseudofurchung der Phytomonadinen

Bei den vielzelligen kolonialen Flagellaten der Phytomonadina *(Volvox, Janetosphaera)* durchläuft die befruchtete Ausgangszelle (= generative Zelle) anläßlich der Koloniebildung regelmäßige Teilungsfolgen (9–14 bei *Volvox*-Arten, 7 bei *Pleodorina*). Diese zeigen eine starke Ähnlichkeit zur Spiralfurchung und lassen auch eine Cell-Lineage zu. Natürlich sind diese Prozesse nicht mit der Metazoen-Furchung zu homologisieren, zumal die Aufteilung keine Blastomeren, sondern vollwertige „Zellindividuen" schafft. Interessanterweise wird diese „Pseudofurchung" nach Erreichung eines blastulaähnlichen Stadiums von der Exkurvation gefolgt, die ähnlich wie bei Kalkschwämmen eine Umstülpung der „Blastula"-Zellschicht mit sich bringt (S. 194ff. und Abb. 72A).

8.1.6 Phylogenetische Aspekte

8.1.6.1 Allgemeines

Bei der Ausdeutung des Furchungsverlaufes zu phylogenetischen Schlußfolgerungen muß der vergleichende Embryologe verschiedene Einschränkungen berücksichtigen.

Wenn Furchungsmuster als känogenetische Abwandlungen bei nahe verwandten Formen stark divergieren (vgl. Tabellen 43 und 44) lassen sie sich nicht im Sinne des biogenetischen Grundgesetzes als Homologiekriterium verwerten.

Es gibt Fälle, bei denen die Furchung sogar innerhalb einer Art variieren kann. So zeigt die Turbellarie *Prorhynchus stagnalis* total-aequale Radiär- und Spiralfurchung. Totale bzw. gemischte Furchung (total-superfiziell) kommt bei den schon erwähnten Hydroiden *Corydendrium parasiticum, Clava squamata* und *Tubularia larynx* vor.

Des weiteren sei betont, daß gewisse Furchungen – vor allem bei den Nemathelminthes – nur sehr schwer oder nicht einem typischen Segmentierungsmodus zugeordnet werden können (vgl. Abb. 55).

Dann sei nochmals die primäre Unabhängigkeit von Dottergehalt und Furchungsmuster (Abb. 62) herausgestellt.

Besonders muß hervorgehoben werden, daß zur eindeutigen Charakterisierung eines Furchungstypes nicht nur der Furchungsverlauf an sich, sondern auch die auf diesen folgende Entwicklung betrachtet werden muß. Echt homologisierbar sind nach Siewing (1969) unter Beachtung dieser Kautelen nur drei Typen, nämlich die radiäre, die spiralige und die bilateralsymmetrische Furchung. Die beiden letzteren Segmentierungstypen erlauben zudem infolge ihres Mosaikcharakters die Aufstellung von Zellstammbäumen.

Die superfizielle und die discoidale Furchung sind dagegen mehrfach und voneinander unabhängig entstanden. Sie lassen außerdem das spätere Schicksal der einzelnen Zellen nicht erkennen.

8.1.6.2 Phylogenetische Interpretation der Furchungstypen

Die im folgenden gegebenen Erörterungen versuchen gleichzeitig, einerseits das über den Furchungsverlauf Mitgeteilte nochmals kurz zusammenzufassen und andererseits eine grobe phylogenetische Interpretation der Furchungstypen (Abb. 60) zu geben.

Die **Radiärfurchung** darf als ursprünglich taxiert werden. Sie tritt bereits bei phylogenetisch primitiven Gruppen (z. B. Parazoa (Abb. 60/1), Cnidaria) auf. Auch findet sie sich innerhalb einer systematischen Einheit wiederum bei den ursprünglichen Gruppen [z. B. Tentaculata, Hemichordata (Abb. 60/27), Cyclostomata, „Altfische" (Abb. 60/31), Amphibia (Abb. 60/35 + 36)].

Außerdem lassen sich auch bei Partialfurchung, etwa bei den Octopoden und einigen Teleostiern, radiäre Symmetrien noch nachweisen. Des weiteren können evolvierte Furchungen wie die bilateralsymmetrische und die spiralige Furchung relativ leicht auf den radiärsymmetrischen Ausgangszustand zurückgeführt werden.

Die „ursprüngliche" Radiärfurchung findet sich - wie eben erwähnt - bei den Parazoa, Cnidaria und bei den Archicoelomata (vgl. auch Abb. 60/9), die alle durch eine mehr oder minder regulative Entwicklung gekennzeichnet sind. Doch läßt sie sich (Tabelle 43) bis hinauf zu den Wirbeltieren demonstrieren. Ursprünglich dürfte sie infolge Dotterarmut aequal und synchron abgelaufen sein; die dotterreiche, inaequale asynchrone Radiärfurchung ist abgeleitet.

Bereits auf dieser Stufe finden sich Abwandlungen. Bei den Parazoen können einzelne Zellen früh determiniert sein (Kreuzzellen; Abb. 60/2). Bei Cnidariern kann es im Zusammenhang mit Entwicklungsverkürzung zu einer verfrühten, bereits während der Furchung einsetzenden Keimblattablösung (Abb. 60/3) sowie zur Pseudospiralfurchung durch Blastomerenverschiebung (Abb. 60/4) kommen. Im weiteren sind beim Demospongier Halisarca, in allen Cnidarierklassen (Abb. 60/5 + 6) und bei verschiedenen Echinodermen (Abb. 60/10) infolge verspätet eingezogener Blastomerengrenzen

sämtliche Übergänge bis zur superfiziellen Furchung in zwei Typen [alle Energiden außen bzw. ein Teil derselben als Dotterzellen (Vitellophagen) im Innern bleibend] anzutreffen. Die irreguläre Cnidarierfurchung (Abb. 60/7) ist artifiziell und Ausdruck der großen Regulationsfähigkeit der Nesseltiere.

Von der Radiärfurchung der Cnidarier läßt sich - wenn auch typische Zwischenstufen fehlen - die als Sonderevolution nur einmal im Tierreich verwirklichte **disymmetrische Furchung** der Ctenophoren (Abb. 60/8) ableiten.

Eine weitere Linie führt von der regulativen Radiär- zur mosaikartigen **Spiralfurchung**. Als Zwischenglieder scheinen uns die Archicoelomaten besonders wichig; sie weisen neben typischen und abgewandelten Radiärfurchungen (S. 148) bei *Phoronopsis* (Abb. 60/11) auch den wohl ursprünglichen Typ der Spiralfurchung ohne Urmesodermzellen auf.

Die infolge ihrer Komplexität vermutlich nur einmal entstandene Spiralfurchung (Abb. 60/12) ist ein wichtiges Merkmal der Großgruppe der Spiralier, zu welcher im Prinzip die Gastroneuralia (vgl. Abb. 61) gehören.

Freilich ist hier die unsichere Stellung der stark abgewandelten Spiralfurchung der Rotatoria (Abb. 60/19) und Acanthocephala (Abb. 60/18) sowie der stärker bilateralsymmetrisch orientierten Furchungen der Gastrotrichen und Nematoda (Abb. 60/17; mit Chromatindiminution) zu betonen.

Im Rahmen der Spiralier gibt es zahlreiche Abwandlungen wie der Wechsel von dotterarmer-aequaler zu dotterreicher-inaequaler Furchung (vgl. Abb. 45e–g) [im Extremfall mit Dottermacromeren (Abb. 59)], die Pollappen-Bildung (Abb. 57 und 58) oder die inverse Furchung (vor allem Gastropoden; Abb. 49l + m und 60/13). Bei Bivalviern und Clitellaten, wovon letztere eine sehr frühe Teloblastenbildung (Abb. 49p und 83a + b) ausweisen, wird auf das Kreuz der Spiralier verzichtet (vgl. Abb. 49n). Bei den Acoela und Clitellata gibt es Duettfurchung der Macromeren C und D (Abb. 60/14) bzw. bei den letzteren auch die Ausbildung von nichtformativen Blastomeren (A–C) (Abb. 60/15). Die Bildung von ectolecithalen Eiern mit Dotterzellen läßt bei vielen Plathelminthes die Furchung anarchisch werden (Abb. 60/16). Neben den erwähnten Abwandlungen innerhalb der Nemathelminthes ist die Sonderstellung der Cephalopoden (Abb. 60/20) speziell zu erwähnen. Trotz ihrer Spiralierherkunft haben die Tintenfische eine rein discoidale Furchung ohne irgendwelche Anzeichen der Spiralfurchung verwirklicht (vgl. hierzu auch Abb. 145C).

Die Arthropoden bilden adultmorphologisch mit den zu den Spiraliern gehörenden Anneliden als „Articulata" eine Einheit. Ihre ursprüngliche Furchung dürfte total-aequal gewesen sein, wie diese heute noch bei Tardigraden, gewissen Pantopoden, niederen Krebsen (*Polyphemus* (Abb. 60/21); Cirripedia) und einigen Malacostraca (Penaeiden, Euphausiaceen) auftritt.

In diesen Fällen fehlen „leider" meistens Andeutungen auf die Spiralfurchung. Doch wird neuerdings für verschiedene Cirripedier eine Spiralfurchung geltend gemacht. Auch sei in diesen Zusammenhang erneut auf den in neuester Zeit geglückten, schon auf S. 21 erwähnten Nachweis von Urmesodermzellen bei total sich furchenden Krebsen durch Zilch erinnert.

Die bei zahlreichen Gliederfüßlergruppen vorkommende gemischte Furchung (total →superfiziell; Abb. 60/22 und S. 167) leitet gleichsam als „Missing link" zur mehr oder minder stark regulativen **superfiziellen Furchung** (Abb. 60/23) über, die heute die für Arthropoden typische Segmentierung darstellt.

Diese dürfte innerhalb der Arthropoden in Analogie zur gemischten Furchung wahrscheinlich mehrfach, also polyphyletisch entstanden sein.

Unter den Abwandlungen der superfiziellen Furchung ist die sehr frühzeitige Sonderung von intravitellinen Vitellophagen (primären Dotterzellen) als transitorisches Entoderm zu erwähnen. Im weiteren kann sich bei extremer Ernährung mit extraembryonalen Nährstoffen und damit kombinierter Dotterarmut erneut eine sekundär totale Furchung entwickeln, wie bei Onychophoren (Abb. 60/25), Skorpionen *(Hormurus)*, Pseudoskorpionen und diversen parasitischen Insekten. Dieser Prozeß ist dabei oft mit der Bereitstellung von Blastomeren zur Bildung von Embryonalhüllen – besonders extrem bei den Pseudoskorpionen (Abb. 60/26) – kombiniert. Bei den Protracheaten sind im übrigen alle von superfizieller bis zu totaler Furchung reichenden Zwischenstufen nachzuweisen.
Bei der sehr dotterreichen Entwicklung mancher Onychophoren und Skorpione (Abb. 60/24) sind äußerlich Anzeichen einer Discoidalfurchung feststellbar; infolge anderer Lage der Keimanlage (auf der vegetativen Seite) scheint aber eine echte Homologisierung nicht möglich.

Darüber hinaus ist die determinative **bilateralsymmetrische Furchung** der niederen Chordaten [Acrania (Abb. 60/28), Ascidiacea] auf den radiären Ursprungszustand zurückführbar. Durch frühe, in Verbindung mit einer intensiven ooplasmatischen Segregation (Abb. 63 A) stehende Symmetrieausbildung – sie läßt sich mit der Bildung des grauen Halbmondes bei den sich radiär furchenden Amphibien vergleichen – wird die radiärsymmetrische Blastomeren-Anordnung sehr frühzeitig in der Richtung der künftigen Körperachse „gestreckt".

„Hilfszellen" lassen die Furchung bei den Thaliaceen (Abb. 60/29) unregelmäßig anarchisch werden; infolge Meroblastie wird bei den gleichfalls mit zusätzlichen Zellen dotierten Pyrosomiden die Furchung sogar discoidal (Abb. 60/30).
Innerhalb der Wirbeltiere führen zwei weitere Linien mit sukzessiven Übergängen von der total-radiären zur partiell-**discoidalen Furchung,** nämlich von den „Altfischen"

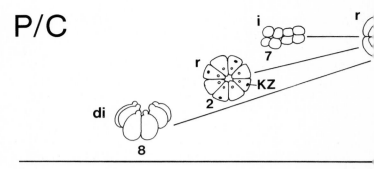

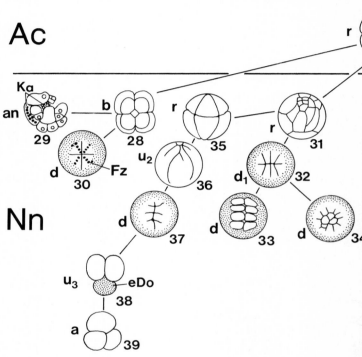

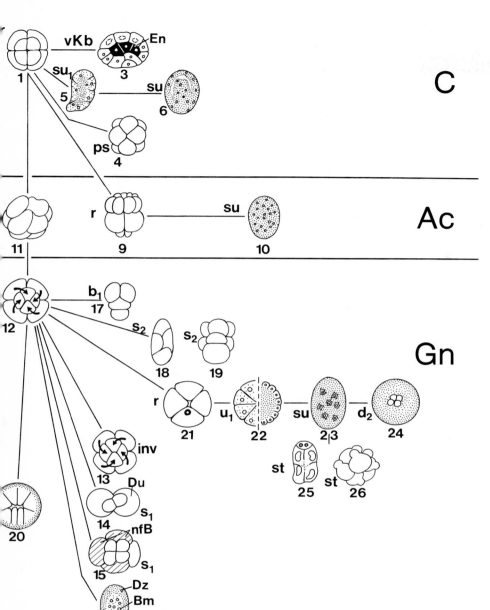

Abb. 60. Schematische Übersicht des Vorkommens der wichtigsten Furchungstypen.

Abkürzungen zur Systematik: *Ac* Archicoelomata; *C* Coelenterata; *Gn* Gastroneuralia; *Nn* Notoneuralia; *P* Parazoa.

Abkürzungen zum Furchungsverlauf: *B* Blastomeren; *Du* Duettfurchung; *Dz* Dotterzellen; *eDo* eliminierter Dotter; *En* Entoderm; *inv* inverse Furchung; *Ka* Kalymmocyten; *KZ* Kreuzzelle; *nfB* nicht formative Blastomeren; *vKb* verfrühte Keimblattablösung („Morula-Delamination"). Übrige Abkürzungen vergleiche Tabelle 43.

Beispiele: 1 idealisierter Typus; 2 *Sycon* (Calcarea); 3 *Clava* (Hydrozoa); 4 *Sagartia* (Anthozoa); 5 *Tubularia* (Hydrozoa); 6 *Eudendrium* (Hydrozoa); 7 *Turritopsis* (Hydrozoa); 8 *Beroë* (Ctenophora); 9 *Psammechinus* (Echinoidea); 10 *Cucumaria* (Holothurioidea); 11 *Phoronopsis* (Phoronida); 12 idealisierter Typus; 13 diverse Gastropoden; 14 *Convoluta* (Turbellaria); 15 *Erpobdella* (Hirudinea); 16 *Dendrocoelum* (Turbellaria); 17 *Parascaris* (Nematoda); 18 *Macracanthorhynchus* (Acanthocephala); 19 *Asplanchna* (Rotatoria); 20 *Loligo, Sepia* (Cephalopoda); 21 *Polyphemus* (Crustacea; Branchiopoda); 22 *Branchipus* (Crustacea; Branchiopoda); 23 idealisierter Typus; 24 *Euscorpio* (Chelicerata; Scorpiones); 25 vivipare Onychophora; 26 *Pselaphochernes* (Chelicerata; Pseudoscorpiones); 27 *Balanoglossus* (Enteropneusta); 28 *Branchiostoma* (Acrania); 29 *Salpa* (Tunicata; Thaliacea); 30 *Pyrosoma* (Tunicata; Pyrosomida); 31 *Lepidosiren* (Osteichthyes; „Altfische"); 32 *Lepisosteus* (Osteichthyes; „Altfische"); 33 *Brachydanio* (Osteichthyes; Teleostei); 34 *Scyllium* (Chondrichthyes; Elasmobranchii); 35 *Rana* (Amphibia); 36 *Necturus* (Amphibia); 37 *Gallus* (Aves); 38 *Dasyurus* (Mammalia; Metatheria); 39 *Sus* (Mammalia; Eutheria).

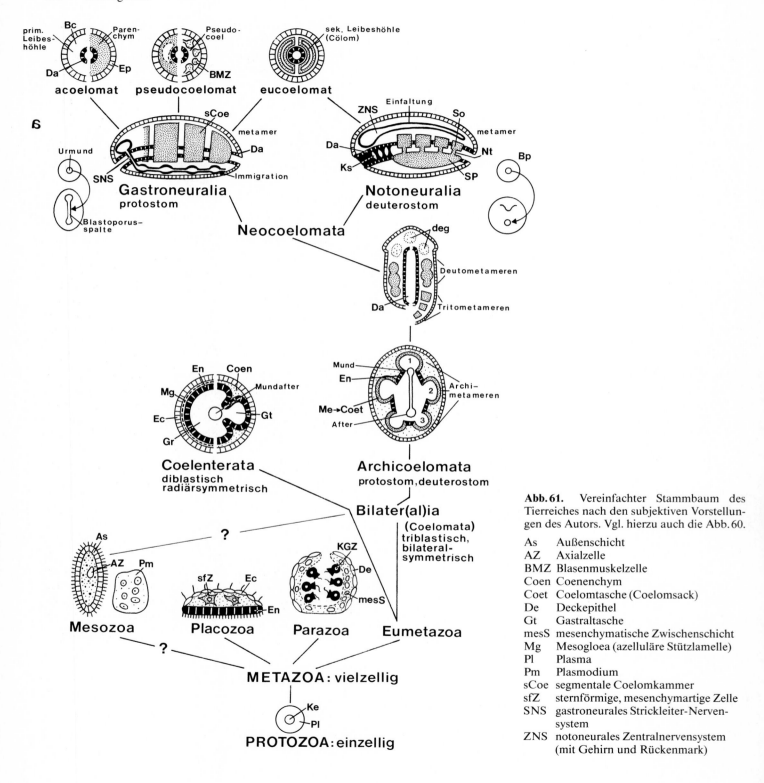

Abb. 61. Vereinfachter Stammbaum des Tierreiches nach den subjektiven Vorstellungen des Autors. Vgl. hierzu auch die Abb. 60.

As   Außenschicht
AZ   Axialzelle
BMZ   Blasenmuskelzelle
Coen   Coenenchym
Coet   Coelomtasche (Coelomsack)
De   Deckepithel
Gt   Gastraltasche
mesS   mesenchymatische Zwischenschicht
Mg   Mesogloea (azelluläre Stützlamelle)
Pl   Plasma
Pm   Plasmodium
sCoe   segmentale Coelomkammer
sfZ   sternförmige, mesenchymartige Zelle
SNS   gastroneurales Strickleiter-Nervensystem
ZNS   notoneurales Zentralnervensystem (mit Gehirn und Rückenmark)

(Abb. 60/31 + 32) zu den Teleostiern (Abb. 60/33) bzw. Selachiern (Abb. 60/34) und von den Anuren (Abb. 60/35) und Urodelen zu den Gymnophionen (vgl. Abb. 90 o), wobei letztere freilich den Zustand der Discoidalfurchung nicht ganz erreichen. Innerhalb der Cyclostomen sind ebenfalls beide Furchungsmodalitäten vertreten.

Die höheren, vom Wasser unabhängig gewordenen Tetrapoden mit ihren „terrestrischen Eiern" furchen sich primär discoidal (Sauropsiden-Zustand; Abb. 60/37). Innerhalb der Säuger ist eine von den discoidal sich segmentierenden Prototherien über die Marsupialier (Abb. 60/38) zu den Eutheriern (Abb. 60/39) reichende Evolutionslinie festzustellen. Die Eutherien behalten zwar infolge der die Ausbildung von Anhangsorganen erfordernden Placentation die meroblastische Entwicklung bei, doch führt der Dotterverlust zu sekundär totaler, **asymmetrisch-asynchroner Furchung**. Die Rekapitulation der Discoidalfurchung durch die Schnabeltiere ist mit ein Hinweis für die Reptilienabstammung der Säuger.

Abschließend sei festgehalten, daß dieses hier nur in den großen Zügen umrissene Schema der evolutiven Tendenzen der Furchung mit der von uns vertretenden Großgliederung des Tierreiches übereinstimmt (Abb. 61). Die basale Radiärfurchung der Parazoa und Cnidaria ist bei den Archicoelomata als ursprünglichsten Bilateralia bei manchen Formen noch konserviert. Die protostomen Phoroniden mit ihrer vereinfachten Spiralfurchung ohne Urmesodermzellen können zur Spiralfurchung der Gastroneuralier überleiten; deren Endzustand stellt die partiell-superfizielle Furchung der Arthropoden dar. Innerhalb der Notoneuralier wird die Radiärfurchung bei den höheren Vertebraten durch die discoidale, bei den Säugern sekundär wieder total werdende Furchung ersetzt, während die niederen Chordaten zu einer früh determinierten bilateralsymmetrischen Furchung gefunden haben.

8.1.7 Abhängigkeiten und Steuerungsmechanismen

Die im Hinblick auf Dottergehalt und -verteilung vertretene generelle Ansicht, daß viel Dotter das Furchungsgeschehen hemmt, hat zur Aufstellung der **Balfourschen Regel** geführt, die einen verzögernden Einfluß des Dotters auf die Furchung postuliert hat.

Obwohl dies oft zutrifft, gibt es zahlreiche *Ausnahmen*. So ist das Furchungsmuster primär genetisch bestimmt und damit an sich unabhängig vom Dottergehalt, wenn auch die Partialfurchung oft Voraussetzung zur Ausbildung von Dotterreichtum gewesen sein dürfte.

Als Beweis sei die Unabhängigkeit des Furchungsmusters vom Dottergehalt bei Crustaceen (Abb. 62 B) und Amphibien

Tabelle 46. Die Unabhängigkeit des Furchungsverlaufes vom Dottergehalt, demonstriert an den Mollusken. (Vgl. auch Abb. 62 A)

Eizelle ∅ in μm:

Prosobranchier mit Spiralfurchung (Arten mit großem Dottergehalt; Eiform rund)		Cephalopoda mit Discoidalfurchung (Arten mit geringem Dottergehalt; Eiform längsoval)	
Clavatula:	750	*Abralia:*	800 : 1000
Sycotypus:	1000	*Illex:*	900 : 1100
Amauropsis:	1500	*Alloteuthis:*	1100 : 1300
Fulgur:	1700	*Argonauta:*	600 : 800
		Tremoctopus:	900 : 1500

(Abb. 62 C) zitiert. Mollusken besitzen klassenspezifische Furchungsmuster – discoidal bei den Cephalopoden, total-spiralig bei allen übrigen – und zwar wiederum ohne Rücksicht auf den Dottergehalt der Eier (Abb. 62 A und Tabelle 46). Man beachte auch, daß die partiell sich furchenden Teleostier-Oocyten oft kleiner als die holoblastischen Amphibieneizellen sind. Ein letzter Hinweis gelte den divergierenden Furchungsmustern innerhalb der gleichen Art (vgl. S. 168).

Bei Tieren mit ectolecithalen Eiern – den Neoophora unter den Turbellarien, den Trematodes und Cestodes – wird die Eizelle dotterlos und der Vitellus in besonderen Dotterzellen konzentriert. Dies führt zu umfangreichen Abwandlungen der gesamten Entwicklung sowie zur Transformation der Spiralfurchung in die anarchisch-unregelmäßige Furchung.

Im weiteren sind zusätzliche Regeln aufgestellt worden. Die **Hertwigsche Regel** fordert, daß die Teilungsspindeln in der Längsrichtung der größten Plasmamasse liegen. Die **Sachsschen Regeln** sagen aus, daß jede Furchungszelle zur Bildung gleicher Tochterzellen tendiert und jede neue Furchung dazu neigt, die vorhergehende im rechten Winkel zu schneiden.

Das **Prinzip der kleinsten Flächen** erklärt wohl teilweise die Lage und Anordnung der sich oft nur geringfügig berührenden und sich nach jedem Furchungsschritt wieder abrundenden Blastomeren [z. B. extrem deutlich beim Seeigel (Abb. 46 c)]. Vor der erneuten Teilung kommt es allerdings jeweils wieder zu einem Aneinanderdrängen der Furchungszellen und einer Ausweitung von deren Berührungsflächen.

Diese physikalischen Prinzipien erlauben die künstliche Imitation von Furchungsbildern mittels Seifenblasen, wie dies Robert (1903) am Vorbild der Furchung des Prosobranchiers *Trochus* getan hat.

Die **Perpendikularitätsregel** der Radiärfurchung, die auf einem regelmäßigen Wechsel von meridionalen und aequatorialen Teilungen basiert, ist Folge der 2. Sachs'schen Regel. Die Ebene der folgenden Furchungsteilung steht stets senk-

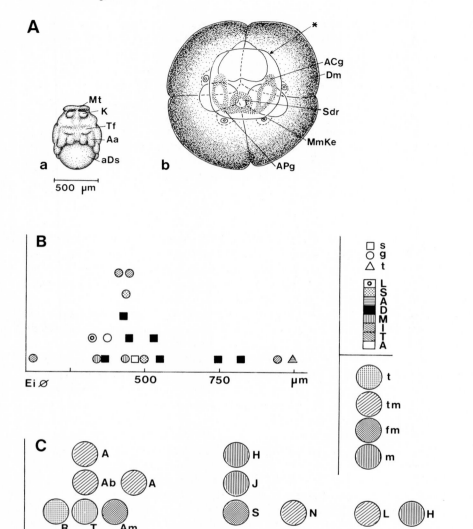

A

Mt
K
Tf
Aa
aDs

a

500 μm

*
ACg
Dm
Sdr
MmKe
APg

b

B

□ s
○ g
△ t

L S A D M I T A

Ei ⌀   500   750   μm

t
tm
fm
m

C

A
Ab   A
R   T   Am

H
J
S   N
L   H

Ei ⌀   2   5   7   mm

Abb. 62. Zur Unabhängigkeit von Furchungs-muster und Dottergehalt.

A Vergleich des relativ dotterarmen mero-blastischen Embryos von *Argonauta argo* (**a**) (Cephalopoda; von der Trichterseite) mit dem spiralig sich furchenden dotterreichen Keim des Prosobranchiers *Fulgur carica* (vom animalen Pol) (vgl. Tabelle 46). Man beachte bei **b** die sich im animalen Bereich bereits differenzierenden Organanlagen, während vegetativwärts im Gebiet der 4 zel-lularisierten riesigen Dottermacromeren die Mikromerenüberwachsung (*) und damit die Gastrulation noch im Gange ist (vgl. auch Abb. 69 f + g).

Aa   Armanlage
ACg   Anlage des Cerebralganglions
APg   Anlage des Pedalganglions
K   Kieme
Mt   Mantel
MmKe Kern einer Dottermacromere
Tf   Trichterfalte

B Vergleich von Furchungsmuster und Ei-zelldurchmesser bei höheren Krebsen (Crus-tacea malacostraca): *s* superfizielle Fur-chung; *g* gemischte Furchung (total→super-fiziell); *t* totale Furchung; *L* Leptostraca; *S* Stomatopoda; *A* Anaspidacea; *D* Decapo-da, *M* Mysidacea, *I* Isopoda, *T* Tanaidacea; *A* Amphipoda. Der sich durch eine gemisch-te Furchung und einen Eizelldurchmesser von ca. 3000 μm auszeichnende Flußkrebs *(Astacus)* ist nicht eingezeichnet.
C Gegenüberstellung von Furchungstyp und Eizelldurchmesser bei „Altfischen" und Amphibien (vgl. auch Abb. 47): *t* totale Fur-chung; *tm* Furchung mit Tendenz zur Mero-blastie; *fm* fast meroblastische Furchung; *m* meroblastische Furchung (im Detail ist diese bei den Gymnophionen freilich noch umstritten); A *Acipenser*; Ab *Ambystoma*; Am *Amia*; H *Hypogeophis*; I *Ichthyophis*; L *Lepidosiren*; N *Necturus*; R *Rana*; S *Sa-lamandra*; T *Triturus*.

recht auf der Ebene der vorhergehenden bzw. liegt bei jeder Furchung – da ja die Lage der Ebenen im Zusammenhang mit der Richtung der Teilungsspindelachse steht – die Spin-delachse senkrecht zur Richtung, welche die Spindelachse der vorausgehenden Teilung innegehabt hat.

Doch kann dieser Prozeß nur bis zum 16-Zellstadium gültig sein; würde er auch darüber hinaus gelten, entstünde statt der kegelförmi-

gen Blastula ein Zellzylinder. Indes persistieren in der Tat bei *Sy-napta* zwei am animalen und vegetativen Pol gelegene Öffnungen bis zum 128-Zellstadium (Abb. 46 b).

Die **Alternanzregel** der Spiralfurchung ergibt sich als Konse-quenz der Perpendikularitätsregel für diese Segmentierungs-art. Sie fordert den regelmäßigen Wechsel von dexio- und leiotropen Teilungen, gilt aber nur bis zur Bildung des

5. Quartetts. Dann gibt es vor allem durch die bilateralen Tendenzen bedingte Abweichungen.

Der Furchungsbeginn ist oft abhängig vom **Centriol** des Spermienmittelstückes (vgl. S. 122 ff.).

Zahlreiche Hinweise gibt es für **plasmatische Steuerungsfaktoren.**

Schon die nur kurzen Interphasezustände der Kerne weisen auf die relative Bedeutungslosigkeit der direkten Kerneinwirkung während der Frühentwicklung hin. Nach Raven ist das Furchungsmuster abhängig von progressiven Veränderungen im Cytoplasma.

Eine UV-Schädigung des Kernes hindert den Ablauf der Teilungsperiode nicht; dasselbe gilt nach Transplantation eines älteren Kernes auf eine enucleirte Oocyte (vgl. S. 54).

Des weiteren können, wie man seit Boveri (1895) weiß, kernlose Eier sich weiter entwickeln. Dies geht bei *Chaetopterus* nur bis zum 2-Zellstadium, beim Seeigel bis zur Erreichung von blastulaähnlichen Strukturen sowie beim Axolotl bis zur weitgehend „normalen" Blastula. Beim Frosch dagegen wird nur eine „Teilblastula" mit unsegmentierten Arealen im vegetativen Bereich erzielt. Doch muß in diesen Fällen die Rolle der im Plasma vorhandenen maskierten DNS berücksichtigt werden.

Isolierte Pollappen zeigen als kernlose Fragmente die typischen periodischen Formveränderungen, als ob sie noch im intakten Blastomerenverband liegen würden, und sind auch zu autonomer Proteinsynthese fähig. Des weiteren stülpen isolierte vegetative, sich nicht teilende Eifragmente trotzdem Pollappen aus.

Die z. B. durch Zentrifugierung (seit Boveri 1901) bewirkte Veränderung der Plasmaverteilung führt zu abgeänderter Spindelstellung. Diese ist als Funktion eines autonomen rhythmischen, plasmatischen Prozesses abhängig vom Zeitabstand seit der Befruchtung, also vom „Cytoplasma-Alter" (Hörstadius). Nach künstlich unterdrückter erster Mitose erfolgen die weiteren Furchungen, als ob eine erste Teilung stattgefunden hätte. Isolierte Blastomeren furchen sich, als ob sie noch im zusammenhängenden Verband der Furchungszellen wären. Man kann deshalb die Idee einer biochemischen Speicherung von Synchroniefaktoren vertreten, welche etwa die lange unverändert bleibende Zusammensetzung der plasmatischen DNS bei Amphibien mit erklären könnte.

Das **Furchungszentrum** der Insekten (S. 61) ist eine weitere im Plasma lokalisierte Steuerungseinheit. Bei *Gryllus* kommt es experimentell trotz ausbleibender Befruchtung und der damit fehlenden Kernteilung dank ihm zur Ausbildung von sich vermehrenden kernlosen Hofplasmen (S. 61 und Abb. 21 d–g).

Auf die wohl entscheidende Rolle der **plasmatischen DNS** wurde bereits mehrfach hingewiesen.

Trotzdem ist zu betonen, daß natürlich letztlich die Gene, wenn diese auch in der Frühentwicklung wenig direkt manifest werden, als **genetische Kernfaktoren** immer entscheidend sind. Sie bestimmen – was anhand der inversen Furchung bewiesen ist (S. 167) – primär das Furchungsmuster. Die intensive direkte Kern-Einwirkung erfolgt aber vornehmlich postgastrulär.

Darüber hinaus sind eine Vielzahl von **mechanischen Faktoren** mit im Spiel. Dies gilt z. B. für Außenhüllen, äußere Plasmamembranen oder Dottermembranen usw. Als Beispiele seien etwa die gallertig-hyaline Schicht bei Seeigeln, die Zona pellucida der Säuger oder das Oberflächenhäutchen der Amphibien erwähnt. Oft nachgewiesene, filamentöse Verbindungen zwischen den Blastomeren bzw. Gap-junctions und ähnliche, früher als knotenähnliche Bildungen in der Zellmembran bezeichnete Verbindungen sind für den Zusammenhang der Blastomeren von Bedeutung (vgl. S. 31). Physikalische Faktoren wirken im weiteren beim Aufbau der Blastomerenform und des Furchungsbildes mit.

Schließlich gibt es **Umgebungseinflüsse** i. w. S. Deren generelle Einwirkung auf den Ontogeneseablauf und die Entwicklungstypen (S. 378 f. und Tabelle 84) zeigen sich bereits während der Furchung, wenn teilweise auch indirekt. So können sie etwa Einfluß auf den Dottergehalt und damit auf die Inaequalität der Teilungen nehmen. Große Furchungshöhlen sind für Tiere des Süßwassers besonders typisch.

8.2 Ooplasmatische Segregation

8.2.1 Generelles zum Ablauf

Dieser in der embryologischen Übersichtsliteratur leider oft nur wenig berücksichtigte Prozeß bringt die Aufteilung des Keimes in einzelne, unterschiedliche Plasmazonen oder Plasmen.

Er umfaßt zwei Teilprozesse, die histologisch nicht sichtbare Chemodifferenzierung [Chemodifferentiation (Huxley-de Beer 1934)] und die simultan mit morphologischen Veränderungen stattfindende chemische Differenzierung.

Die Aufteilung basiert in erster Linie auf der **unterschiedlichen Synthese spezifischer Proteine** sowie auf einer **Segregation der Mitochondrien.** Sie schafft primär – wenn sie auch oft mit derselben parallel geht – eine von der Furchung unabhängige Aufteilung in unterschiedliche Plasmabezirke mit differierenden Entwicklungspotenzen. Sie kann damit zu einer frühen Determination von Keimteilen führen und hat His und Roux zum freilich etwas extrem formulierten Konzept der „organbildenden Bezirke im Ei" geführt. Die Segregation der Plas-

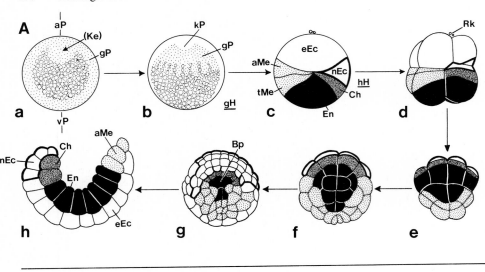

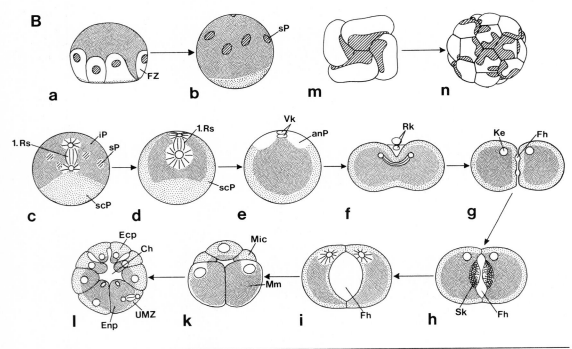

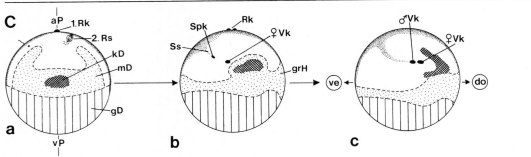

maanteile kommt deshalb vorzüglich bei der determinierten Mosaikentwicklung früh zum Tragen. Ein gutes Beispiel für ihre determinative Rolle stellen die Pollappen (S. 162 ff.) dar. Die durch die ooplasmatische Segregation vorbereitete Plasmasonderung wird im Laufe der Furchung – vor allem intensiv vom 8-Zellstadium an – durch diese gefördert. Die Furchung ermöglicht dabei eine Aufteilung bestimmter Plasmen auf spezifische Blastomeren, durch Kernvermehrung eine gesteigerte Wechselwirkung zwischen genetisch identischen Kernen und differierenden Plasmen sowie eine intensive Einwirkung der Gene.

Die chemische Embryologie beschreibt die mit den morphologischen sichtbaren Umgestaltungen simultan erfolgenden biochemischen Veränderungen. Diese Forschungsrichtung ist speziell an Vögeln, Amphibien, Ascidien, Seeigeln sowie an *Lymnaea*, *Tubifex* und den Ctenophoren intensiv tätig.

Die eben erwähnte Unabhängigkeit der ooplasmatischen Segregation von der Furchung wird u. a. durch die erstmals durch Lillie (1905) und D'Allys (1913) an *Chaetopterus* experimentell erzeugte Differenzierung ohne Furchung sichtbar:

Bei durch KCl-Zugabe parthenogenetisch und ohne Kernteilungen sich entwickelnden Keimen sondert sich unter „unizellulärer Gastrulation" ein cilientragendes Ectoplasma vom Endoplasma, und es kommt zur Bildung einer freischwimmenden „Larve". – Ähnliche Ergebnisse sind schon um die Jahrhundertwende auch bei *Podarke*, *Amphitrite* und *Thalassema* geglückt.

Die ooplasmatische Segregation setzt oft schon während der Oogenese anläßlich der Abscheidung der Richtungskörper ein (vgl. Abb. 63 Bc + d) bzw. wird durch das eindringende Spermium anläßlich der Impregnation (erneut) induziert (Abb. 42 A und 63 C), um dann simultan mit der Furchung fortzuschreiten.

Ihr Ablauf wird weitgehend **cortical gesteuert.** Wird nämlich während der Oogenese oder vor der Furchung durch Zentrifugieren die Verteilung der Plasmen gestört, so folgt unter Mitwirkung des nicht gestörten Cortexmusters die Redistribution (= Readjustment) der Plasmen in ihre ursprünglich eingenommene Lage. Zahlreiche Experimente an Anneliden, Opisthobranchiern, *Lymnaea* u. a. beweisen dies.

Das corticale Muster wird der Oocyte während der Oogenese „von außen her" aufgeprägt, wobei meist das Follikelepithel des Ovars beteiligt ist. Man vergleiche hierzu besonders den **Positionseffekt** (= Orientierung) der Eizell-Lage im Ovar auf die Bestimmung der Lage von Kern bzw. von animalem und vegetativem Pol (vgl. auch S. 18 f.).

Nachweise der ooplasmatischen Segregation sind abhängig von der methodischen Zugänglichkeit. Besonders günstig sind natürlich differierend gefärbte Plasmen (vgl. Abb. 46 c und 63 A). Doch können auch mittels Vitalfärbemethoden einzelne Blastomeren markiert werden. – Die stark determinierte bilateralsymmetrische bzw. spiralige Furchung gestattet die Bezugsetzung der differierenden Plasmen zum späteren Blastomerenschicksal (vgl. Abb. 63 A).

8.2.2 Typisierung

Eine einfache generalisierende Typisierung ist bereits aufgrund der Mitochondriensegregation möglich. Mitochon-

---

Abb. 63. Ooplasmatische Segregation (schematisiert).

A Ooplasmatische Segregation, Furchung und Zellschicksal bei der Ascidie *Styela*: **a** abgelegte Eizelle (von lateral); **b** nach der Befruchtung; **c** Zygote (von lateral); **d** 8-Zellstadium (von lateral); **e** 16-Zellstadium (von ventral); **f** 64-Zellstadium (von ventral); **g, h** Gastrula (von ventral bzw. sagittal).
B Furchung und ooplasmatische Segregation bei der Pulmonate *Lymnaea stagnalis*: **a, b** heranreifende Oocyte im Ovar bzw. freie Oocyte mit den subcorticalen Plasmaakkumulationen, die ungefähr den Kontaktstellen der Follikelepithelzellen entsprechen (Lateralansicht); **c–h** sukzessive Stadien (von lateral); **c** frisch abgelegte Zygote (frühe Anaphase der 1. Reifungsteilung); **d** Zygote in später Anaphase der 1. Reifungsteilung;

e Pronucleus-Stadium; **f–i** periodische Bildung von Furchungshöhlen während der 1. Teilung; **k** 8-Zellstadium mit Micro- und Macromeren; **l** Blastula; **m, n** 4- bzw. 24-Zellstadium (von vegetativ) mit Aufteilung der subcorticalen Plasmaakkumulationen.
C Verlagerung der inneren Plasmen im Zusammenhang mit der Besamung bei *Xenopus laevis* (vgl. Abb. 42 A): **a** besamtes Ei bei Bildung der 2. Reifungsspindel (0–25 min nach der Besamung), **b** dorsalwärts gerichtete Verlagerung der dotterärmeren Plasmen sowie die Bildung des grauen Halbmondes (25–45 min nach der Besamung); **c** definitive Plasmen-Anordnung im Zeitpunkt der Verschmelzung von ♂ und ♀ Vorkern.

aMe abdominales Mesoderm
anP animales Polplasma
Ecp Ectoplasma

Enp Endoplasma
FZ Follikelzelle (der Zwitterdrüse)
gD grobscholliger Dotter
gH gelber Halbmond
gP gelbes Plasma
grH grauer Halbmond
hH heller Halbmond
iP vakuolisiertes Innenplasma
kD kleinscholliger Dotter
(Ke) Lage des Kernes
kP klares Plasma
mD mittlerer Dotter
RS Reifungsspindel
scP subcorticales Plasma
Sk Sekretionskonus
sP subcorticale Plasmaakkumulation
Spk Spermienkern
Ss Spuren des Spermieneintrittes
tMe thorakales Mesoderm
Vk Vorkern

drien können relativ leicht mit Janus-Grün oder der Nadi-Färbung dargestellt werden. Während die Verteilung der Mitochondrien bei den Cnidariern gleichmäßig ist, zeigen die Acnidarier (Ctenophora) ihre quantitative Segregation ins Ectoplasma, welches in der Folge in die Micromeren übergeht (Abb. 50 c). Bei den Spraliern ist eine Verteilung spezifischer Plasmaanteile auf Polplasmen (animale und vegetative) feststellbar (Tabelle 4 sowie Abb. 63 Be). Das vegetative Polplasmenmaterial geht in die Macromere D, die in der Folge den Ursomatoblasten 2 d und den Urmesoblasten 4 d bildet bzw. – im Spezialfall – auch in das im D-Quadranten sich ausstülpende Pollappen-Plasma über. Für die Ascidien schließlich ist eine halbmondförmige Mitochondrien-Verteilung typisch, wobei der sog. gelbe Halbmond dem künftigen Mesodermbereich entspricht (vgl. Abb. 2 c und 63 Ac ff.).

8.2.3 Spezielles

Die **Chromatindiminution** in den Somazellen von *Ascaris megalocephala* (Abb. 29 d–f) wurde auf S. 55 schon tangiert. Das Verhalten der Sammelchromosomen – Diminution oder Nichtdiminuieren – ist abhängig von der Cytoplasmazone, in welche sie jeweils gelangen. Die Aufteilung der Zellen in eine somatische und eine germinative Linie (mit intaktem Chromosomenmaterial) basiert damit auf einer entsprechenden ooplasmatischen Segregation.

Dies wurde bereits von Boveri (1910) mittels doppelter Besamung bewiesen; je nach Kernlage im Plasma werden unterschiedlich viele Stammzellen (Keimbahnzellen) mit unreduziertem Chromatingehalt gebildet.

Die reife Eizelle des Seeigels *Paracentrotus* ist mit rot pigmentierten Granulae im corticalen Plasma versehen, die über die ganze Oberfläche verteilt sind. Die durch Besamung und Befruchtung induzierte strömende Bewegung der Oberflächenschicht konzentriert das Pigment in einem subaequatoriellen Ring (Abb. 46 c).

Auf die Polplasmen der Spiralier wurde schon mehrmals eingegangen (z. B. S. 18 und 162).

Umfangreich sind die frühen Plasmaverschiebungen bei der durch die Ravensche Schule seit 1945 eingehend untersuchten *Pulmonate Lymnaea stagnalis* (Abb. 63 B). Die in der Anaphase der 1. Reifungsteilung frisch abgelegte Oocyte besitzt ein animalwärts liegendes vakuolisiertes **Endoplasma** und ein vegetatives Plasma, welches teilweise später das **Ectoplasma** (= subcorticales Plasma) bildet (Abb. 63 Bc). Es breitet sich dabei in der späten Anaphase der 1. Reifungsteilung animalwärts aus (Abb. 63 Bd). Bei der Vereinigung der Proculei kommt es zur Bildung des **animalen Polplasmas** (Abb. 63 Be).

Im Verlauf der frühen Furchung werden Ectoplasma, animales Pol- und perinucleäres Plasma vornehmlich in den Micromeren konzentriert, während das mit viel Dotter und Lipidtropfen versehene Endoplasma ab dem 8-Zellstadium beginnend und später noch verstärkt in die Macromeren gelangt (Abb. 63 Bf–l).

Zudem sind in der animalen Eihälfte **subcorticale Plasmaakkumulationen** lokalisiert, die anläßlich der Oogenese an den Kontaktstellen mit den Follikelzellen der Oocyte von außen aufgeprägt werden dürften (Abb. 63 Ba + b). Diese verlagern sich im Zusammenhang mit der ooplasmatischen Segregation (Abb. 63 Bb, m + n). Später konzentrieren sie sich vornehmlich in der D-Macromere, wo ja später die Urmesodermzelle 4 d gebildet und damit gleichzeitig die bisher radiärsymmetrische Blastomerenanordnung aufgehoben wird. Ein Zusammenhang der Plasmaverschiebung mit diesen grundlegenden morphogenetischen Prozessen wird vermutet.

Ähnlich umfangreich ist die seit 1905 dank Conklin bekannte ooplasmatische Segregation der wie *Lymnaea* durch eine determinative Entwicklung ausgezeichneten *Ascidie Styela (Cynthia) partita* (Abb. 63 A). Sie stellt insofern einen Paradefall dar, als die einzelnen Plasmen durch natürliche Anfärbungsunterschiede hervortreten.

Die Eizelle (mit animalwärts verlagertem Kern) ist bei der Ablage auf der ganzen Eioberfläche vom corticalen **gelben Pigment** umgeben (Abb. 63 Aa), welches den im granulierten **braunen Plasma** liegenden Dotter umschließt. Nach der Besamung bildet sich um die Vorkerne ein **klares Cytoplasma** und es kommt zur Induktion von komplizierten Plasmaströmungen (Abb. 63 Ab). Dabei wird das gelbe Plasma zuerst vegetativwärts konzentriert; anschließend strömt es vor allem auf einer Seite zurück, um den **gelben** (= mesodermalen) **Halbmond** aufzubauen. Dieser liegt auf der prospektiven hinteren Hälfte des Keimes. Bereits an der noch ungefurchten Zygote lassen sich auch die weiteren späteren Keimblattzonen erkennen, nämlich der **graue**, notochordale **Halbmond** sowie die prospektiven Plasmen von Chorda, Ectoderm und Entoderm (Abb. 63 Ac). Somit bringt diese frühe Plasmenverschiebung die Etablierung der Bilateralität und führt gleichfalls zur Festlegung der prospektiven Lage der späteren Organe.

Während anfänglich (Abb. 63 Ad) eine Blastomere noch mehrere Plasmen enthält, sind diese ab dem 64-Zellstadium (Abb. 63 Af) sehr genau auf gesonderte Furchungszellen verteilt.

Als letztes Beispiel sei die schon geschilderte Besamungsrotation der *Amphibien* zitiert, die mit der Bildung des **grauen Halbmondes** (z. B. *Rana temporaria*) und damit mit dem Aufbau der definitiven Körpersymmetrien kombiniert ist (Abb. 42 A für *Rana* und 63 C für *Xenopus*).

9 Gastrulation und Bildung der Körpergrundgestalt

9.1 Allgemeines

9.1.1 Definition

Durch die Gastrulation entsteht auf sehr unterschiedliche Weise (Tabelle 47) aus der Blastula die **mehrschichtige** Gastrula; es handelt sich hierbei um einen basalen ontogenetischen Formbildungsprozeß zum Aufbau des Metazoen-Organismus. Dieser verwandelt die oft omnipotente Keimschicht der Blastula in eine irreversibel **determinierte**, in Keimblätter aufgeteilte **Keimanlage**.

Eine exakte Definition ist nicht einfach. Unter Betonung des kinetischen Aspektes kann man z. B. in der Gastrulation einen dynamischen Prozeß zur Rearrangierung (zwei- oder dreischichtig) und Reorganisation der praesumptiven Organanlagen der Blastula (vgl. Abb. 64–66) sehen, welcher die Umwandlung in den typischen Bauplan der betreffenden Art erlaubt. Dabei werden die ento- und mesodermalen Anteile – bei Wirbeltieren mit Einschluß der notochordalen Zellen der Chorda-Anlage – ins Embryoinnere verfrachtet.

Dagegen beschränken etwa Siewing und Starck den bei ihnen stark morphologisch fundierten Begriff der Gastrulation auf die unter Invagination erfolgende **Urdarmbildung** und lehnen sich damit an die ursprüngliche „didermische", mit einem Archenteron versehene Gastrula (Gastraea) von Haeckel an (vgl. S. 1).

Diese vereinfachende Formulierung erfaßt aber Abwandlungen nicht, wie z. B. die komplexe Ablösung des entodermalen Dotterblattes bei der Sauropsiden-Keimscheibe, die verschiedenen Bildungsmöglichkeiten von transitorischem Entoderm oder die sehr frühen Mesenchymsonderungen (z. B. beim Seeigel).

Unserer Meinung nach ist der Begriff der Gastrulation weitreichender aufzufassen; er muß neben dem Prozeß der Urdarmbildung die davon oft nicht klar trennbare **Bildung der Körpergrundgestalt** sowie die **Keimblattbildung** umfassen.

Letztere wird vielleicht besser als **Keimblattablösung** bezeichnet. Das Keimblattmaterial wird ja nicht neu gebildet, sondern ist bereits vorhanden.

Diese Topogenese der Bildung der Körpergrundgestalt („Gastrulation") bedingt eine **räumliche Neuorientierung des Anlagematerials**, die oft unter Wirkung eines Organisators im Urmundbereich (Wirbeltiere; Abb. 18) oder von morphogenetischen Zentren (Insekten; Abb. 21) erfolgt. Sie bringt eine Neuorientierung der Blasteme in Keimblätter und ermöglicht die Interaktion von Geweben, indem diese in direkten räumlichen Kontakt zueinander geraten. Die gleichzeitig einsetzende gewebliche Differenzierung trägt zur Umwandlung in den definitiven Bauplan mit bei. Die spätere Gastrula erscheint damit als ein Mosaik von organbildenden Regionen.

Der Zustand der etablierten Körpergrundgestalt ist dann erreicht, wenn die für eine Tiergruppe charakteristische Anordnung der Organe bzw. Organanlagen vorliegt, also beispielsweise bei Wirbeltieren nach der Neurulation im Schwanzknospenstadium (Abb. 4b bzw. 77g).

9.1.2 Generelles zum Ablauf

In der Regel beginnen Gastrulation und Keimblattbildung nach Erreichung des Blastulastadiums. Bei meroblastischen Entwicklungen mit discoidaler Furchung und früher Ablösung des Entoderms (z. B. Sauropsiden) bzw. des transitorischen Entoderms (z. B. Cephalopoden) ist die Abgrenzung zwischen Blastula und Gastrula indes nicht leicht. Zudem gibt es neben verfrühten auch verspätete Keimblatt-Ablösungen (S. 188 und Abb. 69).

Die am Furchungsende erreichte Blastula enthält infolge der ooplasmatischen Segregation unterschiedliche Keimbezirke, die für bestimmte prospektive Differenzierungen mit verantwortlich sind. Diese Blasteme als Verbände von morphologisch meist noch wenig differenzierten Zellen mit einem für sie spezifischen Endwert der Kern-Plasma-Relation (S. 130) besitzen die Fähigkeit zur späteren Aufteilung in Teilblasteme (Organanlagen). Diese lassen sich, erschlossen aus Vitalfärbungen oder entwicklungsphysiologischen Resultaten, durch Anlagepläne (z. B. Abb. 64–66) darstellen.

Tabelle 47. Generelle Gastrula- bzw. Gastrulationstypen (vereinfacht). (Vgl. auch Tabellen 53 und 57)

		Beispiele
I. Embolische Invaginationsgastrula	mit Blastocoel (Abb. 67 A, 69 a + b, 71 e, 75 b und 82 b + c)	Parazoa *(Sycon, Oscarella)*, Scyphozoa *(Linuche)*, Echinodermata, Enteropneusta, Nemertini, Nematomorpha, Kamptozoa, Polychaeta *(Eupomatus)*, Scaphopoda *(Dentalium)*, Bivalvia *(Cyclas)*, Amphibia
	ohne Blastocoel (Abb. 29 c + k, 71 c, 81 a + b und 82 a, d–i)	Scyphozoa *(Aurelia)*, Anthozoa *(Bolocera, Cerianthus, Metridium, Pachycerianthus)*, Chaetognatha *(Sagitta)*, Crustacea *(Lucifer, Penaeus* u. a.*)*, Polyplacophora *(Chiton)*, zahlreiche Gastropoda, Acrania
	Invagination eines gesonderten Zellkomplexes (Abb. 85 e)	Cyclops und andere Entomostraca
II. Einkrümmung (der Placula)	(Abb. 63 h und 82 m)	Cnidaria, Tentaculata *(Phoronis; Argiope, Terebratulina)*, Oligochaeta *(Allobophora)*, Ascidiacea
III. Übergänge zwischen Invagination und Epibolie	(Abb. 77 a–e, 78 B e–g, 82 o + p und 90 m + n)	Bryozoa, Nematoda, Polychaeta, Pantopoda, Mollusca, Ascidiacea, meiste Amphibia
IV. Epibolische Umwachsungsgastrula	(Abb. 74 b und 82 q–w)	Ctenophora, Polycladida, Trematodes (Monogenea), Rotatoria, meiste Annelida, Echiurida *(Bonellia)*, Sipunculida *(Phascalosoma)*, z. T. Onychophora, Cirripedia, Mollusca (v. a. Gastropoda und Bivalvia), Appendicularia
V. Immigrationsgastrula (Einwanderungsgastrula)	apolar	Tardigrada *(Hypsibius)*
	unipolar (Abb. 69 d und 82 k + l)	Cnidaria *(Aequorea, Clytia)*, Aplacophora *(Neomenia)*, Gastropoda *(Patella)*
	multipolar	Cnidaria *(Aeginopsis, Charybdaea, Chrysaora, Hydra, Liriope, Sympodium* etc.*)*
VI. Epibolie und polare Immigration		Bryozoa *(Flustrella)*
VII. Delaminationsgastrula	Morula-Delamination (Abb. 73)	Cnidaria *(Clava)*, Pogonophora
	Blastula-Delamination (Abb. 73)	Cnidaria *(Geryonia)*
	Syncytial (Abb. 73)	Cnidaria *(Eudendrium, Turritopsis)*, Trematodes (Digenea)
	Delamination (Abb. 82 n)	Aplacophora *(Halomenia)*
VIII. „Discogastrula"	(Abb. 88, 89, 90 a–c, e–i, 91; 95 und 96)	nach Discoidalfurchung (vgl. Tabelle 74)
IX. „Perigastrula"	(Abb. 68, 85 a, b + g, 86 c, d + i und 87 a–d)	nach superfizieller Furchung (vgl. Tabelle 55)

Die diese Blasteme neu arrangierende Gastrulation stellt primär eine **morphogenetische Bewegung** dar und kann sekundär auch ein Produkt des noch bescheidenen Wachstums sein. So erfolgt meist keine große Volumenzunahme. Im Vergleich zur Furchung sind Mitosen selten, aber gelegentlich (z. B. bei Gastrotrichen) doch von Bedeutung.

Es wird deshalb kaum neues Material gebildet, sondern es lösen sich einzelne Partien der Blastula als Keimblätter ab.

Die verlagerten Bezirke können entweder schon determiniert bzw. praedeterminiert sein oder es kommt erst während der Keimblattbildung unter Wirkung der dann einsetzenden Determination (vgl. S. 47 ff.) zu einer sukzessiven Potenzbeschränkung.

Besonders bei Seeigeln, Amphibien und Vögeln sind die mit der Gastrulation parallel gehenden ersten morphologischen (Tabelle 48) und physiologischen Veränderungen der Zellen untersucht worden.

Tabelle 48. Vereinfachte Darstellung der während der Bildung der Körpergrundgestalt stattfindenden ersten Veränderungen der Zellorganellen bei Vögeln und Amphibien. (Nach zahlreichen Autoren, aus Fioroni 1973a)

Zellorganell	Junge Gastrula	Alte Gastrula	Neurula	Schwanz-knospen-stadium
Mitochon-drien	ovoid	stabförmig (in prae-sumptiven Neural-zellen)	größer	
	Cristae inkomplett	in großem Abstand	kompli-zier-tes System	
		Zunahme der Zahl ———————————————————→		
Endoplasmati-sches Reticu-lum		Zunahme von Größe und Zahl der Vesikeln ——————→		
Ribosomen		Zunahme in neuraler Linie ——————→		
Golgi-Kom-plex	in Organi-satorzellen	in praesumptiven Neuralzellen		
Dotterplätt-chen		Abbau ——————————→		
Pigmentgra-nula		Abnahme in neuraler Linie ——————→		
Zellwand	Schwinden der Interzellularräume ——————→			
Kern	Erscheinen des Nucleolus —————→	typische Struktur, Protrusio-nen der äußeren Kernwand, Plasma ein-schließende Indentatio-nen, usw.		

Im Gegensatz zur weitgehend unter anaeroben Bedingungen ablaufenden Furchung läßt sich nunmehr eine Zunahme des O_2-Verbrauches feststellen. Dieser ist bei Wirbeltieren vor allem in der oberen Urmundlippe und der prospektiven Neuralplatte nachweisbar und zeigt zudem einen animal-vegetativwärts gerichteten Gradienten. Mit Gastrulationsbeginn setzen ein Glykogenverlust sowie eine starke Zunahme des Protein-Turnovers ein. Zur Eiweißsynthese werden dabei Proteine durch den Dotterabbau bereitgestellt. Beim Abbau läßt sich eine Sukzession von Kohlehydratmetabolismus, Fettabbau und Eiweißstoffwechsel aufzeigen. Im Kern ist eine Zunahme des DNS- und RNS-Gehaltes festzustellen, wobei auch die rapide Vermehrung der mRNS zu betonen ist.

Die während der Furchung gleichsam „schlafenden" genetischen Kernfaktoren werden nun aktiviert. Dies zeigt sich bei hybridisierten Seeigeln darin, daß die väterlichen Proteine erst mit der Gastrulation gebildet werden.

9.1.3 Keimblattbegriff

9.1.3.1 Historisches und Terminologie

Keimblätter gibt es nur bei Metazoen; die phylogenetische Entstehung der Keimblätter ist deshalb mit dem Auftreten der vielzelligen Tiere verbunden (vgl. Abb. 61).

Der Begriff „Keimblatt" [= tierisches Fundamentalorgan (von Baer 1828ff.)] als Bildner der Organe geht auf Wolffs lateinisch geschriebene Studie der Hühnchenentwicklung (1768/69) zurück; der Einfluß der Ideen Goethes über das Blatt als pflanzliche Grundform hat dabei sicher mitgespielt. Durch Panders auf Deutsch verfaßte, ebenfalls den Hühnchenkeim behandelnde Studie (1817) ist die Keimblattidee noch vor der Aufstellung der Zellenlehre durch Schwann (1839) und Schleiden (1838) popularisiert worden.
Die Begriffe **„Ecto-"** und **„Entoderm"** sind erstmals durch Allman (1853) in seiner Hydroiden-Monographie angewendet worden. Die gewieften Embryologen haben rasch diese ursprünglich für Adultgewebe bestimmten Termini übernommen und durch das **„Mesoderm"** ergänzt.
Remak (1855) gibt als erster eine *funktionelle Zuordnung* der Keimblätter und unterscheidet ein oberes, äußeres sensorielles Blatt, ein inneres trophisches und ein mittleres, motorisch-germinatives Blatt. Letzteres unterteilt er in ein parietales somatisches Hautfaserblatt (= Somatopleura) und ein viscerales splanchnisches Darmfaserblatt (= Splanchnopleura).

Heute spricht man von Ecto-, Meso- und Entoderm (Tabelle 49), wobei – freilich nicht einheitlich – zur Bezeichnung des noch embryonalen Zustandes eines Keimblattes die Endung „-blast" (z. B. Ectoblast) verwendet wird. Die u.a. von Seidel propagierte Endung „-blastem" (z. B. Ectoblastem) wird nur selten eingesetzt.

Tabelle 49. Zur Keimblatt-Terminologie

Primäre Keimblätter:
- Ectoderm, Ectoblast, Ectoblastem, Epiblast[a]
- Entoderm, Entoblast, Entoblastem, Hypoblast[a]

Sekundäres Keimblatt:
- Mesoderm, Mesoblast, Mesoblastem
Gliedert sich in: Ectomesenchym
Entomesoderm
Mesenchym

Urkeimzellen

[a] Bei meroblastischer, discoidaler Entwicklung.

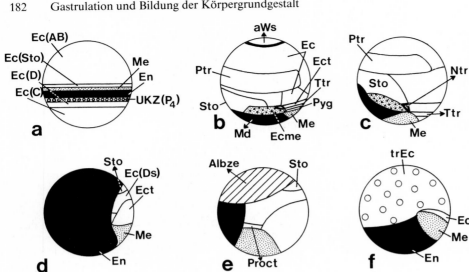

Abb. 64. Anlagepläne von Evertebraten.

a *Ascaris* (Nematoda): ungefurchtes Ei; **b** *Podarke* (Polychaeta): Blastula von lateral; **c** *Scoloplos* (Polychaeta): Blastula von lateral; **d–f** Blastulae von Clitellaten (von lateral); **d** *Rynchelmis* (dotterreich); **e** *Eisenia* (dotterarm, aber mit Eiklar-Aufnahme); **f** *Stylaria* (dotterarm, mit transitorischer Embryonalhülle).

Legende: vgl. Abb. 66

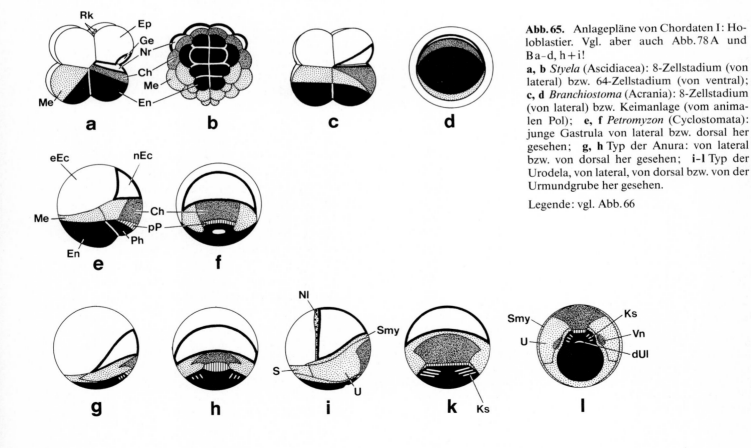

Abb. 65. Anlagepläne von Chordaten I: Holoblastier. Vgl. aber auch Abb. 78 A und B a–d, h + i!

a, b *Styela* (Ascidiacea): 8-Zellstadium (von lateral) bzw. 64-Zellstadium (von ventral); **c, d** *Branchiostoma* (Acrania): 8-Zellstadium (von lateral) bzw. Keimanlage (vom animalen Pol); **e, f** *Petromyzon* (Cyclostomata): junge Gastrula von lateral bzw. dorsal her gesehen; **g, h** Typ der Anura: von lateral bzw. von dorsal her gesehen; **i–l** Typ der Urodela, von lateral, von dorsal bzw. von der Urmundgrube her gesehen.

Legende: vgl. Abb. 66

Abb. 66 Anlagepläne von Chordaten II: Meroblastier (außer **f** von der dorsalen Seite her gesehene Blastulae).

a *Scyllium* (Chondrichthyes); **b** *Fundulus* (Osteichthyes, Teleostei; vgl. auch Abb. 3Cb); **c** *Salmo* (Teleostei; vgl. auch Abb. 3Cb); **d** *Clemmys* (Reptilia, Chelonia); **e,f** *Gallus* (Aves) (Blastula bzw. Blastoderm im Primitivstreifen-Stadium; vgl. auch Abb. 3Cc).

Gemeinsame Legende der Abb. 64–66

A, B, C, D, P₄	Blastomerenbezeichnungen (Nematoda; vgl. Abb. 29d–f und 55g)
Albze	albumenotrophe Zellen
Ecme	Ectomesenchym
epP	epidermale Placoden
Kme	Kopfmesoderm
Megr	Mesoderm-Grenze
Na	Nasenanlage
Nep	Nephrone
Ntr	Neurotroch
Pyg	Pygidium
Smy	Schwanzmyotom
trEc	transitorische Keimhülle (ectodermal)
Vn	Vorniere
1	Telencephalon
2	Auge + Diencephalon
3	Mesencephalon
4	Myelencephalon
5	Rückenmark
6	Sinus rhomboidalis

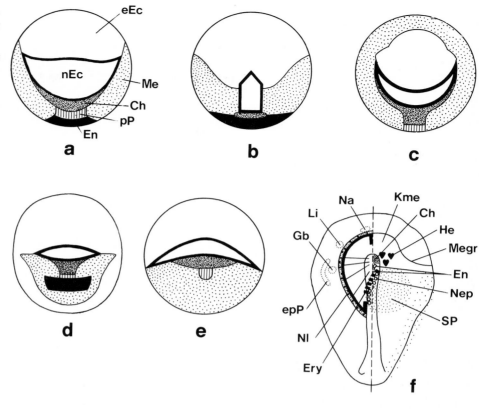

Im weiteren erscheint es als vorteilhaft, die **primären Keimblätter** (Ecto- und Entoderm) vom **sekundären Keimblatt** des Mesoderms zu sondern. Letzteres fehlt ja bei diblastischen Tieren und entsteht stets in Anlehnung an die primären Keimblätter. Deshalb unterscheidet man das ursprünglich in Verbindung mit dem Entoderm stehende Entomesoderm und das sich vom Ectoderm detachierende Ectomesenchym.

Die oft verwendete Bezeichnung „Ectomesoderm" ist unsinnig, da nie eine Haut („Dermis") gebildet wird. Das Entomesoderm ist das typische, bereits vom Entoderm abgelöste Mesoderm. Das Mesentoderm stellt dagegen die noch nicht in Entoderm, Mesoderm und meist die Urkeimzellen aufgeteilte Anlage der beiden inneren Keimblätter dar (vgl. z. B. Abb. 86b + d, 88g und 89f–h).
Der Begriff „Mesenchym" sollte nur für embryonales Bindegewebe angewendet werden. Mesenchym kann zu unterschiedlichen Zeitpunkten von verschiedenen Keimblättern gebildet werden. Angesichts seiner oft differierenden prospektiven Bedeutung erscheint es phylogenetisch als abgeleitet und ist deshalb zu Homologisierungen ungeeignet.

Das Ectoderm (vgl. S. 193 f.) ist vielleicht insofern kein typisches Keimblatt, als es nach der Gastrulation außen „übrig bleibt". Eindeutig nehmen die zwar oft in Verbindung zum Mesentoderm stehenden **Urkeimzellen** eine Sonderstellung ein; sie sollten getrennt von den Keimblättern geführt werden.
Zu betonen ist schließlich, daß Keimblätter bzw. Keimblattanteile nicht immer epithelial zusammenhängend sind, sondern auch in Form von isolierten Zellen auftreten können. Dies gilt z. B. für das Mesenchym und die ectomesoblastischen Neuralleistenzellen der Wirbeltiere bzw. hinsichtlich des Entoderms für die Vitellophagen (vgl. S. 212 bzw. 344 f.).

9.1.3.2 Spezifität der Keimblätter

Namentlich die Erkenntnisse aus vergleichenden embryologischen Untersuchungen an unterschiedlichsten Evertebraten in der zweiten Hälfte des 19. Jahrhunderts (vgl. S. 1) erlaubten die Herleitung von funktionellen Homologien der Keimblätter. Im weiteren wurden die bei allen Tiergruppen übereinstimmenden Lagebeziehungen derselben festgestellt. Diese Tatsachen führten zur Idee der **Keimblatt-Spezifität**, die sich in Lage, Bildungsleistungen (Tabelle 50) und in ihrem Ablöseort äußert:

Das Entoderm bildet sich (bei Wirbeltieren) ventral und caudal von der Blastoporus-Region; das Mesoderm detachiert sich primär vom Entoderm oder bei früher Separierung (z.B. als primäres Mesenchym des Seeigels) vom vegetativwärts liegenden entodermalen Feld. Diese grundlegenden Lagebeziehungen können sich sekundär komplizieren; man denke beispielsweise an Vitellophagen, die Ectomesoblast-Zellen oder die multipolare Delamination von Entoderm (vgl. Tabelle 52).

Die Idee der Keimblatt-Spezifität ist andererseits schon durch Kölliker (1884) angezweifelt worden. In der Tat sind hinsichtlich deren Gültigkeit zahlreiche Einschränkungen zu machen, wenn auch jedem Keimblatt entsprechende generelle Bildungsleistungen durchaus zuzuordnen sind.

So bildet ein Keimblatt stets mehrere Organe bzw. kann ein Organ aus mehreren Keimblättern entstehen.

Die Nebenniere besitzt eine mesodermale Rinde, während das Mark aus den ectomesenchymalen Neuralleistenderivaten seinen Anfang nimmt. Die Mundschleimhaut der Wirbeltiere setzt sich aus wechselnden ecto- und entodermalen Anteilen zusammen. Ähnliches trifft für die von Ecto- und Mesoderm abstammenden Metanephridien der Polychaeten zu. Die Cölomkammern der Polychaeten *Eupomatus* und *Tomopteris* entstehen in den Larvalsegmenten aus dem Entomesoblast, in den Imaginalsegmenten aus einer ectomesoblastischen Sprossungszone (Abb. 67 Be und 84c). Die Hypophyse der Wirbeltiere ist aus epidermalen (Adenohypophyse aus dem Munddach) und neuralen (Neurohypophyse aus dem Infundibulum) Anteilen des Ectoderms zusammengesetzt.

Zahlreiche Beispiele illustrieren ein *nicht-keimblattspezifisches Verhalten* von Geweben:

So können etwa ectodermale Zellen Nährstoffe aufnehmen, wie anläßlich der peripheren Eiklaraufnahme der Pulmonaten (Abb. 56a und 133c-f). Dasselbe gilt für den Larvalmantel des Glochidiums (Abb. 122l) bzw. der Haustorienlarve (Abb. 122i) innerhalb der Muscheln oder die ectodermalen Dotterzellen der aplacophoren *Neomenia carinata* (Abb. 127k+l). Bei den Tunicaten wandern mesoblastische Zellen in die als Integument dienende Tunica (Mantel) ein. Innerhalb der Arthropoden werden die Malpighigefäße unterschiedlich gebildet, nämlich vom Ectoderm bei Insekten bzw. vom Entoderm bei Spinnen. Man vergleiche hierzu auch die anläßlich der Substitution von Keimblatt-Anteilen (S.194) ablaufenden Bildungsleistungen. Als aspezifische Keimblatt-Leistung sei ferner der sekundäre Fettkörper von *Pauropus* als Ectodermderivat genannt; normalerweise entsteht ja der Fettkörper der Insekten aus dem Mesoderm. Am Aufbau des Amphibienschwanzes ist Neuralleis-

Tabelle 50. Prospektive Bedeutung bzw. allgemeine Bildungsleistungen der Keimblätter (stark vereinfacht). (Vgl. hierzu auch Tabelle 54)

Keimblatt	Lage	Prospektive Bedeutung
Ectoderm	außen	Epidermis und Epidermisderivate Exoskelett Vorder- und z.T. Enddarm Nervensystem Sinneszellen, Sinnesorgane
Mesoderm	dazwischen	Blutgefäß-System und Blutzellen Exkretionsorgane Coelom (sekundäre Leibeshöhle) Gonaden und Gonodukte Muskulatur Endoskelett (Knochen, Knorpel) Chorda (Chordata) Bindegewebe
Entoderm	innen	Magen Mitteldarm und Anhangsorgane (Leber, Mitteldarmdrüse, Lunge, Schilddrüse usw.)

stenmaterial beteiligt und auch die Ringmuskulatur der Oligochaeten bzw. die Larvalmuskeln der Sipunculiden sind ectodermaler Herkunft.

Manchmal ist die Zuordnung eines bestimmten Organs auch Ermessenssache. Siewing etwa betrachtet die Chorda als entodermal, während wir in ihr in Anbetracht ihrer späteren Funktion ein mesodermales Gebilde sehen.

Dann ist zu beachten, daß im normalen Begriff der Keimblattleistung die latente Fähigkeit der Keimblätter zur **Pluripotenz** (S.12ff. und Abb. 4d) nicht eingeschlossen ist. Im weiteren tritt während der meist mit Dedifferenzierung verbundenen Regeneration bzw. anläßlich von Sprossungsphaenomenen nicht immer ein keimblattspezifisches Verhalten ein.

So kann bei der Kamptozoen-Sprossung eine ectodermale Invagination auch Entoderm bilden. Bei der Sprossung von Bryozoen [am Funiculus (Abb. 27i-p) bzw. an der Körperwand (Abb. 24i)] und von *Botryllus* sowie anderen Ascidien bilden Ecto- und Mesoderm ebenfalls die entodermalen Organe.

Bei determinativen Entwicklungen, bei denen sich dank der Zellstammbaum-Methode die z.T. als Primitivanlagen bezeichneten Organ-Primordien oft anläßlich der Furchung auf bestimmte Blastomeren bzw. auf „organbildende Bezirke im Ei" zurückverfolgen lassen, wird die Bedeutung des Keimblattbegriffes ebenfalls eingeschränkt.

Die Möglichkeit, Organ-Anlagen bereits im Blastula-Stadium abzugrenzen sowie im weiteren die neuerdings oft stark betonte Rolle des individuellen Zellverhaltens führten mit zur bereits von Meisenheimer (1896) und Veit (1922) ausgesprochenen Tendenz, den Keimblatt-Begriff fallen zu lassen und durch Organ-Anlagen zu ersetzen.

Trotz dieser Einschränkungen muß – allein schon aus Gründen der vergleichenden Embryologie – der *Keimblattbegriff* bestehen bleiben. Dieses Anliegen ist umso berechtigter, als sich mit Siewing (1969) gemeinsame, hier nochmals kurz rekapitulierte Kriterien herausstellen:

(1) Keimblätter stehen im Keim in bestimmter Lagebeziehung zueinander.

(2) Die Ablösung des Entoderms erfolgt primär im Blastoporusgebiet, diejenige des Entomesoderms aus dem morphogenetischen Feld des Entoderms.

(3) Oft bestehen feste Lagebeziehungen zwischen Ento- und Mesoderm sowie zu den Urkeimzellen und zum Urmund.

(4) Keimblätter haben im Prinzip die gleiche prospektive Bedeutung.

(5) Keimblätter haben wahrscheinlich die gleiche phylogenetische Ausgangsform, nämlich den Urdarm der Gastrula fürs Entoderm bzw. die archimer gegliederten Coelomkammern fürs Mesoderm (vgl. S. 22).

(6) Keimblätter entstehen durch verschiedene, aber oft aufeinander zurückführbare Ablösungsmodi in einer bestimmten Embryonalperiode, die in der Regel nach unten durch das Blastula-Stadium begrenzt ist.

(7) Keimblätter stellen typischerweise das Ausgangsstadium zur Organogenese dar.

9.1.4 Typisierung

9.1.4.1 Zahl der Keimblätter

Nach der Anzahl der durch sie gebildeten Keimblätter unterscheidet man **di-** und **triblastische Tiere.**

Schon im letzten Jahrhundert hat Lankester die Homoblastica (= Protozoa) sowie innerhalb der Metazoen die Diplo- und Triploblastica unterschieden.

Alle Bilateralier sind triblastisch, die Hydrozoen dagegen mit Sicherheit diblastisch. Die Scypho- und Anthozoen sowie die Parazoen besitzen zwar mesenchymatische Zellen von ectomesoblastischer Herkunft, doch fehlt ihnen ein Mesentoderm. Man kann sie deshalb den Diblastiern zurechnen oder in ihnen mögliche verbindende Glieder zu den Triblastiern sehen.

9.1.4.2 Generelle Ablösemechanismen

Die Tabellen 51 und 52 informieren über die generellen, bei Ento- und Mesoderm übereinstimmend realisierten Möglich-

keiten der Keimblattsonderung bzw. über die innerhalb der einzelnen Keimblätter (z.T. unter Einbezug von transitorischen Anteilen) auftretenden Ablösemechanismen. Diese lassen sich identisch bei holo- und meroblastischen Entwicklungen nachweisen. – Der Modus der Invagination dürfte den ursprünglichen Typ darstellen (vgl. S. 244).

Im weiteren sei auf die in Abb. 10 allgemein zusammengefaßten morphogenetischen Gestaltungsprinzipien hingewiesen, die sich oft auch anhand von Keimblatt-Ablösungen demonstrieren lassen.

9.1.4.3 Phasigkeit

Sowohl Ento- als auch Mesodermablösungen können **ein-** bzw. **mehrphasig** sein (Tabelle 1 C + D sowie Abb. 67 und 68); der letztere Zustand ist meist abgeleitet (S. 9). Gelegentlich wird selbst die Ectoderm-Entwicklung mehrphasig (Tabelle 1 B).

Der Begriff der Mehrphasigkeit kann auf die Ablösung der einzelnen Keimblätter angewendet werden. Zudem kann man ihn auch auf den Gesamtablauf der Bildung der Körpergrundgestalt ausweiten und dann entsprechend von mehrphasiger Gastrulation (Tabelle 1 A) sprechen.

9.1.4.4 Bildungsleistung

Im Hinblick auf ihre formative Kompetenz können Keimblätter transitorische bzw. definitive Keimblattanteile bilden.

Tabelle 51. Prinzipielle Möglichkeiten der Keimblattablösung. (Vgl. dazu Tabelle 52)

Charakteristisch	Vorgang
Ablösung durch Umordnung von Einzelzellen	Morula-Delamination Blastuladelamination Lokalisation
Zentripetale Bewegungen	apolare Immigration unipolare (hypotrope) Immigration multipolare Immigration Delamination polares Einwandern einer Zellgruppe Invagination (Embolie) Umwachsung (Epibolie) Placula-Einkrümmung
Zentrifugale Bewegungen (vornehmlich bei Sonderung des Mesoderms)	diffuse Emigration multipolare Emigration lokalisierte Emigration Evagination
	Übergangsformen

Tabelle 52. Übersicht über den generellen Ablauf der Sonderung der einzelnen Keimblätter. (Aus Fioroni 1979 b, vereinfacht)

	Sonderfälle	Möglichkeiten der Ablösung	Bemerkungen

primäre Keimblätter	z. T. transitorisches Ektoderm ←——— Ektoderm →epidermales: bleibt an Oberfläche
	definitives Ektoderm ←———————————————↘neurales: Immigration bzw. Tubulation
	
	z. T. transitorisches Entoderm ←———Entoderm: Invagination (Epibolie)
	(z. B. Vitellophagen,
	Dotterepithelien i. w. S.) Umwachsung (Embolie)
	
	definitives, organogene- lokalisiert,
	tisches Entoderm Immigration—unipolar z. T. Kom-
	               binationen
	        multipolar
	
	        Delamination
		Entodermablösung ein- oder mehrphasig

sekundäres Keimblatt		Mesoderm →Ektomesenchym: Immigration
		(bzw. Neuralleistenzellen)
		
		↘Entomesoderm: Evagination (Enterocoelie)
		
		        lokalisiert
		Emigration
		        diffus
		
		Delamination
		
		teloblastische Sprossung
		(aus Urmesodermzelle)
			Ablösung vom Entoderm früh (Urmesodermzellen) oder spät (v. a. bei Meroblastie)
			
			Mesodermablösung ein- oder mehrphasig
			
			Cölombildung durch Enterocoelie, Schizocoelie oder Mixocoelie

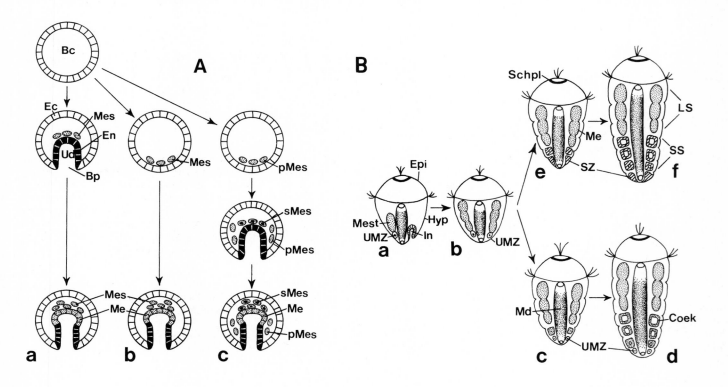

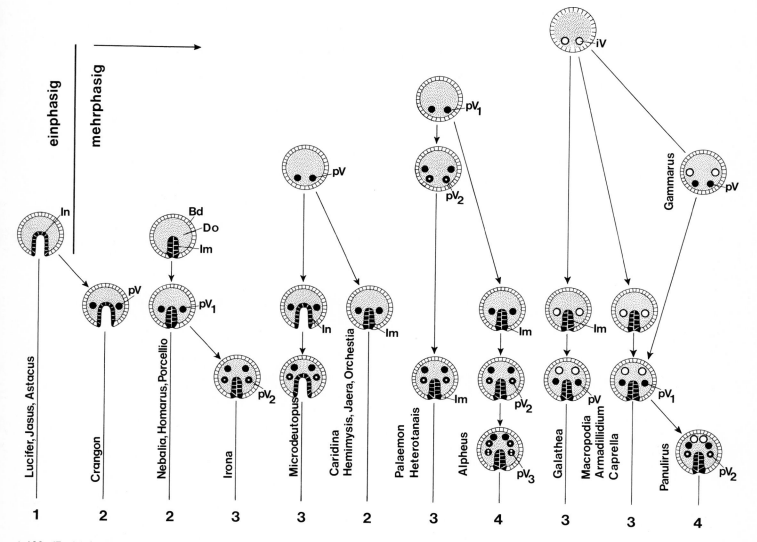

◁ **Abb. 67.** Mehrphasige Mesoderm-Ablösung bei Evertebraten (stark schematisiert).

A Echinodermata: **a** Crinoidea (2phasig): 1. Mesenchymbildung, 2. Coelombildung durch Enterocoelie; **b** Holothurioidea (2phasig): wie **a**, aber mit verlängerter Mesenchym-Ablösungsphase; **c** Echinoidea, Ophiuroidea (3phasig): die Mesenchym-Loslösung ist in 2 Phasen eingeteilt (primäres und sekundäres Mesenchym), dazu wiederum Coelombildung durch Enterocoelie (vgl. Abb. 75 a–c).

B Annelida (Polychaeta) (vgl. auch Abb. 84): **a–d** einphasige Mesodermablösung bei *Arenicola cristata* und *Scoloplos armiger*: Larval-

und Sprossungssegmente gehen aus den beiden Urmesodermzellen hervor; **a, b, e, f** zweiphasige Mesodermbildung bei *Eupomatus uncinatus* und *Tomopteris helgolandica*. Die Sprossungssegmente bilden sich unabhängig von den Larvalsegmenten aus einer ectomesoblastischen Sprossungszone. Bei *Tomopteris* ist die frühe Einsenkung dieser Sprossungszone unter Invagination (**a** rechte Seite) zu betonen.

Coek Coelomkammern
LS Larvalsegmente
SS Sprossungssegmente
SZ Sprossungszone

Abb. 68. Mehrphasige Morphogenese des Entoderms bei höheren Krebsen. Vgl. hierzu auch Abb. 85 a–c, 128 und 129. – Zur durch Invagination (*In*) oder Immigration (*Im*) gesonderten Anlage des Mesentoderms treten bei mehrphasigen Morphogenesen Vitellophagen (primäre Dotterzellen), die in einer oder mehreren Generationen vorhanden sein können (z. B. $pV_2 = 2$. Vitellophagengeneration).

1–4 Phasigkeit der Entodermgenese (ein- bis vierphasig)

9.1.4.5 Zeitpunkt der Keimblattablösung

Wie schon erwähnt, erfolgt die Keimblattablösung meist im Verlauf der Gastrulation. Bei determinativer Entwicklung lassen sich freilich Keimblatt-Anteile schon auf bestimmte Furchungszellen zurückführen.

Eine *verfrühte Detachierung* als Entwicklungsverkürzung kann bei Parazoen erfolgen. Hier läßt sich eine Reihe mit sukzessiver Vorverlagerung der Mesenchymbildung und -differenzierung feststellen, die ihren Endzustand bei den Süßwasser-Schwämmen findet (Abb. 69 a–e). Bei der **Morula-Delamination** gewisser Cnidarier (vgl. Tabelle 53 und Abb. 73) sondern sich die prospektiven Entodermzellen bereits während der Furchung und werden dabei unter Ausfüllung des Blastocoels ins Keimesinnere verfrachtet. Ähnliches gilt für die **Blastula-Delamination** der Trachyline *Geryonia fungiformis* (Abb. 73). Eine frühe Sonderung des Entoderms kommt bei vielen höheren Metazoen mit meroblastischer Entwicklung vor. Dies gilt sowohl für die **Ablösung von transitorischen Anteilen** wie die intravitellinen Vitellophagen von Arthropoden (z. B. Abb. 51 c, 85 a, 86 und 128 b), das Dottersyncytium der Cephalophoden (z. B. Abb. 89 und 130 a + b) und den Periblasten der Fischartigen und Sauropsiden (z. B. Abb. 53 a + b, 90 b, e–i und 131 d) als auch für das organogenetische Entoderm (Hypoblast) der Sauropsiden und der Prototheria (z. B. Abb. 54 A und 91).

Bei Spiraliern, bei denen das Mesoderm oft auf Urmesodermzellen zurückgeht, gibt es neben der meist üblichen Sonderung auch Fälle, wo das mittlere Keimblatt sich in größerem Maße schon während oder nach der Furchung ablöst (vgl. z. B. Abb. 83 a + b).

Zwei *Sonderfälle* seien besonders hervorgehoben. Beim extrem dotterreichen Prosobranchier *Fulgur* (Abb. 69 f + g) beginnt die Organogenese am animalen Pol, bevor im vegetativen Bereich die durch die Überwachsung der sehr großen Macro- durch die Micromeren gekennzeichnete Gastrulation beendet ist. Die Organsonderung von *Echinorhynchus* (Acanthocephala) erfolgt aus einem Zellsyncytium des Embryonalkeims vom sog. Acanthella-Stadium. Es ist dies ein schönes Beispiel dafür, daß eine Differenzierungsleistung wie die Keimblattbildung nicht unabdingbar von zellulär durchgliedertem Bildungsmaterial ausgehen muß.

Eine *verspätete Keimblattablösung* ist eher selten. Die Sonderung des organogenetischen Entoderms in Form der sog. Entodermspange erfolgt bei Tintenfischen erst beim Embryo (z. B. Abb. 69 h + i); deren Dotterepithel hat sich andererseits schon sehr früh (vgl. oben) detachiert. Auch bei Clitellaten-Keimen kann – entgegen anderen Anneliden – die Keimblattbildung gegen die Organogenese hinausgeschoben werden.

Anläßlich des teloblastischen Wachstums im „Blastoderm" entstehen jeweils aus einem auf eine Bildungszelle zurückgehenden Blastem sowohl Epidermisanteile als auch Muskulatur.

9.1.4.6 Verhalten des Urmundes

Das Blastoporus-Verhalten ist seit langem ein entscheidendes Kriterium der tierlichen systematischen Klassifikation. Man unterscheidet **Proto-** und **Deuterostomier** (Abb. 70).

Erstere sind nach Grobbens klassischer Definition (1908) „Coelomaten (Bilaterien) mit ventralem, in der Schlundpforte (Stomodealpforte) erhaltenem Prostoma" (= Blastoporus, Urmund), während der „After sekundär am Hinterende entstanden" ist. Noch vereinfachter: der Blastoporus wird zum Mund; der After bricht neu durch. Die Deuterostomier sind dagegen „Coelomaten (Bilaterien) mit hinterem oder ventralem, zum After gewordenen Prostoma", bei denen die „Mundöffnung sekundär an der ventralen Seite nahe dem Vorderende entstanden" ist. Der Urmund wird zum After; der Mund bricht neu durch.

Diesen beiden Termini (Proto- bzw. Deuterostomia) wurden die **Gastroneuralia** [= Zygoneura (Hatschek), Epineuria (Hadzi), Bilateralia hypogastrica (Goette 1902)] bzw. **Notoneuralia** (= Hyponeuria, Bilateralia neurogastrica) zugeordnet (Abb. 61). Der Begriff der **Archicoelomata** als dritte Großgruppe der Bilateralier (Abb. 61) war damals noch nicht populär.

Die eben geschilderte Charakterisierung des Urmundverhaltens der Protostomier ist unzureichend. In Wirklichkeit wird der anfänglich vegetativwärts in der monaxonen heteropolaren Achse liegende, mehr oder minder kreisförmige Blastoporus in Form einer Blastoporusspalte postgastrular in die Länge gestreckt (Abb. 70 a–d). Er bestimmt dabei eine neue sagittal-bilaterale Sekundärachse (= Protostomier-Achse), die Mund (cephal) und After (caudal) einschließt (Abb. 70 e). Hinsichtlich des Urmundschlusses kommen alle Varianten vor (Abb. 70 e–h und 71 a–d), darunter auch die „klassische" Deuterostomier-Situation (Abb. 70 i und 71 e–g). Diese basieren auf einem unterschiedlichen Verwachsungsmodus der Urmundspalte; deren Verwachsungsnaht kann manchmal mit einem Neurotrochoid – einer mit Cilien ausgestatteten Bandfurche – versehen sein (Abb. 83 e–g und 142 b).

Die **neue Protostomier-Definition** sagt somit aus, daß aus der Blastoporus-Region auf im einzelnen unterschiedliche Weise sowohl Mund als auch After hervorgehen.

In gewissem Sinne ließe sich somit der Blastoporus des Protostomierembryos mit dem Mundafter der Cnidarier (vgl. Abb. 61) vergleichen!

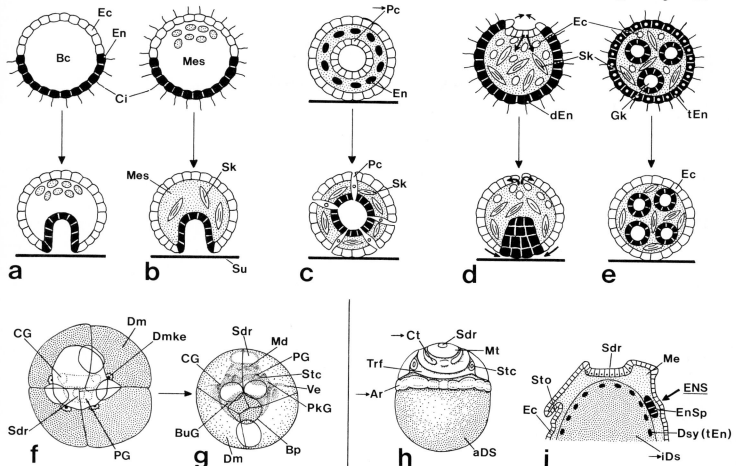

Abb. 69. Verfrühte (a–e) bzw. verspätete, z.T. mit Keimblattumkehr kombinierte Keimblattablösung (h, i) sowie sehr frühe Keimblattdifferenzierung (f, g) (schematisiert).

I. Sukzessive Verfrühung der Keimblattablösung bei den Parazoa. Diese dürfte als Anpassung an die von **a** nach **e** sukzessive verlängerte Planktonphase gelten. **a** *Sycon* (Calcarea) als Ausgangszustand: Amphiblastula bzw. festgesetzte Gastrula mit später, erst nach dem Festsetzen erfolgender Keimblattsonderung. **b** *Oscarella* (Textraxonida): Amphiblastula mit verfrühter Mesodermablösung bzw. Gastrula. Als Sonderfall unter den Schwämmen treten ectoblastische Cilien auf. **c** *Clathrina* (Calcarea) mit früher Mesoderm-Ablösung. Die gemäßigte Keimblattumkehr erfaßt die aus dem Inneren sekundär nach außen wandernden Porocyten. **d** *Myxilla* (Cornacuspongida): die Parenchy-

mulalarve hat eine sehr frühe Keimblattsonderung und Skelettbildung. Die Oberfläche der Larve ist mit cilientragenden, später organogenetischen Entodermzellen besetzt. Diese gelangen sekundär unter Keimblattumkehr nach innen, während die Ectodermzellen nach außen wandern. **e** *Spongilla* (Cornacuspongida): extrem frühe Keimblatt- und Skelettbildung sowie Formierung von Geißelkammern bei der Parenchymulalarve; diese ist von einem transitorischen Entoderm umkleidet. Nach dem Festsetzen wandern die Ectoblastzellen zur Bildung des Deckepithels unter Keimblattumkehr an die Peripherie.

II. Verfrühte Keimblattbildung bei Mollusken. **f, g** *Fulgur carica* (Prosobranchia): Gastrulations-Stadien vom animalen Pol (**f**) bzw. vom Blastoporus (**g**) her gesehen. Während der langsamen Umwachsung der 4 großen Dottermacromeren durch die Microme-

ren differenzieren sich im animalen Bereich bereits Organanlagen (vgl. Abb. 62 Ab).
III. Verspätete Entodermablösung bei Cephalopoden. **h, i** *Loligo vulgaris* (Decabrachia): die Loslösung des definitiven organogenetischen Entoderms als Entodermspange erfolgt erst beim schon weit differenzierten Embryo [= Naefsches Stadium VIII; von der Trichterseite (**h**) bzw. im schematischen Sagittalschnitt (**i**)] (vgl. Abb. 89 i + k).

BuG	Buccalganglion
dEn	definitives Entoderm
Dmke	Kern der Dottermacromere
ENS	Entodermsonderung
EnSp	Entodermspange
Gk	Geißelkammer
Mt	Mantel
Pc	Porocyte
Sk	Sklerit (Skelettelement)
tEn	transitorisches Entoderm
Trf	Trichterfalten

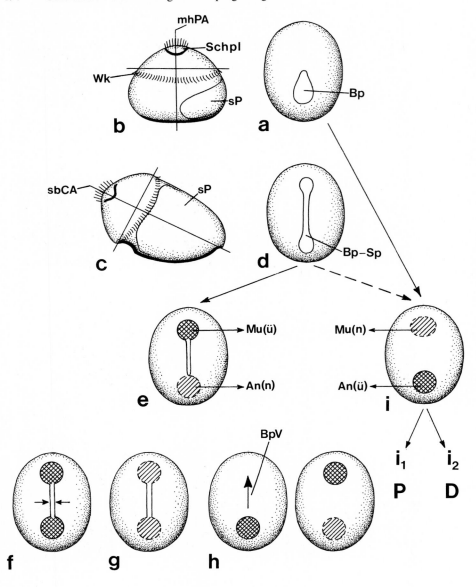

Abb. 70. Das Blastoporus-Verhalten bei Proto- (*P*) und Deuterostomiern (*D*) (stark schematisiert). Außer **b** und **c** (Sagittalansichten) jeweils Aufsichten auf die Blastoporusregion.

a–d Streckung des Blastoporus zur Blastoporus-Spalte bei Protostomiern. Man beachte die parallel dazu erfolgende Ablösung der ursprünglichen monaxon-heteropolaren Achse (*mhPA*) (**b**) durch die sagittal-bilaterale Coelomatenachse (*sbCA*).

e–i Variabilität im Verwachsen der Blastoporusspalte bei Protostomiern: **e** mit übernommener Mundöffnung; **f** mit übernommener Mund- und Afteröffnung (vgl. Abb. 71 a + b); **g** mit neu durchbrechender Mund- und Afteröffnung (vgl. Abb. 71 c); **h** mit cephalwärts verlagertem, nicht verlängertem Blastoporus (vgl. Abb. 71 d); **i** deuterostomiertypische Übernahme des Afters mit neu durchbrechendem Mund, verwirklicht bei einigen Prosobranchiern (**i₁**) (vgl. Abb. 71 e–g) und bei den Deuterostomiern (**i₂**).

Bp-Sp	Blastoporus-Spalte (Blastoporus-Rinne)
Bp-V	Blastoporus-Verlagerung
(n)	neu gebildet
sP	somatische Platte (ectodermal)
(ü)	übernommen

Die Deuterostomier zeigen ebenfalls kleinere Varianten. So bleibt der Urmund bei Urodelen offen, während bei Anuren der After nach einer temporären Verschlußperiode unter sekundärem Neudruchbruch entsteht. Doch stimmt die klassische Definition weiterhin.

Diese Ergebnisse müssen u. E. allgemein zu akzeptierende systematische und phylogenetische Konsequenzen nach sich ziehen. Bisher wurde dem in Wirklichkeit stark variablen Urmundverhalten eine zu große Bedeutung beigemessen.

Eine Dreigliederung des Tierreiches scheint angemessener (Abb. 61). Die protostomen Gastro- und die deuterostomen Notoneuralier werden als Neocoelomata durch die bisher auf Splittergruppen aufgeteilten Archicoelomata mit Coelomtrimerie (Masterman 1898, Ulrich 1951, Siewing 1976) ergänzt. Diese haben sowohl protostome (Tentaculata) als auch deuterostome Vertreter (z. B. Echinodermata, Hemichordata) und sind u. E. die basale Stammgruppe der Bilateralier, von der aus sich die Noto- und Gastroneuralia ableiten lassen.

Abb. 71. Unterschiedliches Blastoporus-Verhalten bei Protostomiern (schematisiert).

I. Mit offen bleibender Mund- und Afteröffnung (vgl. Abb. 70 f): **a** *Polygordius* spec. (Archiannelida, Gastrulae). Es sind nur die den Blastoporus (Ventralansicht) umgebenden Zellen eingezeichnet. Die Ziffern symbolisieren die Herkunft aus den entsprechenden Micromerenquartetten. **b** *Peripatopsis capensis* (Onychophora), Ventralansichten auf die sich sukzessive median schließende Blastoporus-Region der Gastrulae.

II. Mit sich neu bildender Mund- und Afteröffnung (vgl. Abb. 70 g): **c** *Astacus* sp. (Crustacea malacostraca), Gastrula bzw. Embryo (Sagittalschnitte).

III. Mit cephalwärts verlagertem, offen bleibenden Blastoporus und neu gebildeter Afteröffnung (vgl. Abb. 70 h): **d** *Procephalothrix sinulus* (Nemertini), Gastrulae (Sagittalschnitte).

IV. Mit deuterostomierhaft zum After werdenden Urmund (alles Sagittalschnitte) (vgl. Abb. 70 i): **e** *Chordodes japonicus* (Nematomorpha), Gastrula bzw. schlüpfreife Larve; **f** *Eunice kobensis* (Polychaeta), Gastrulae; **g** *Viviparus viviparus* (Prosobranchier): Gastrula bzw. Praeveliger.

Dr   Drüse
Drg   Drüsengang
EcMes   Ectomesenchym
met   metamerisiert
Proct   Proctodaeum (Anlage des Enddarmes)
sDp   sek. Dotterpyramiden
Wk   Wimpernkranz
2, 3, 4, 5 Herkunft der Blastomeren aus den Micromerenquartetten 2 bis 5
4d   Urmesodermzelle

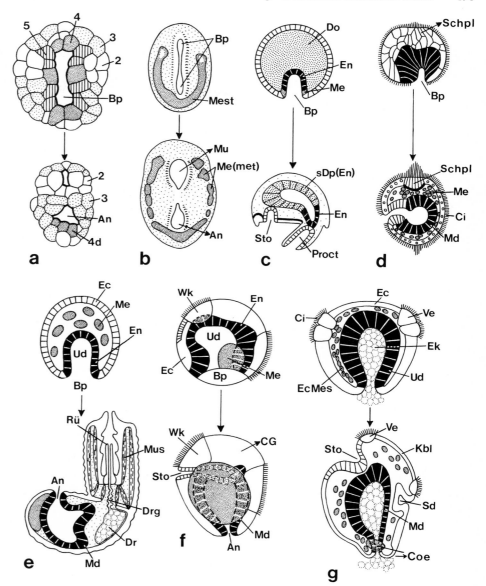

9.1.5 Ablösung der einzelnen Keimblatt-Anteile

Über die prinzipiellen Ablösemechanismen orientiert Tabelle 51. Man vergleiche zum weiteren Verständnis auch die bildlichen Darstellungen der Anlagepläne in den Abb. 2 e–g, 3 C und 64–66.

9.1.5.1 Entoderm

(1) Eine **Invagination** oder **Embolie** erfolgt meist bei der Coeloblastula (vgl. z. B. Abb. 69 a + b, 73, 75 b, 76, 82 a–i und 85 a),

ausnahmsweise auch bei der Periblastula [z. B. *Astacus, Jasus* (Abb. 129 c)]. Die primäre Leibeshöhle (= Blastocoel) kann dabei beibehalten werden (Seeigel; Abb. 67 Ac und 75 b + c) oder auch obliterieren (*Branchiostoma*; Abb. 81 b). Die so gebildete Gastrula besitzt einen Urdarm, einen Blastoporus (= Urmund), an welchem bei den Vertebraten eine dorsale und eine ventrale Blastoporus- oder Urmundlippe (vgl. z. B. Abb. 77 e) unterschieden werden.

(2) Bei der **Immigration** (z.B. Abb.73 und 82 k + l) wird – wie bei allen weiteren Ablösungstypen – der Urmund erst sekundär gebildet. Die Epithelialisierung des Entoderms erfolgt nachträglich. Die Immigration verlief ursprünglich wohl unipolar am vegetativen Pol, sekundär auf multipolare Weise an verschiedenen Stellen des Keims (vgl. Abb.73). Wird anfänglich das ganze Blastocoel mit Zellen erfüllt, so erfordert die Urdarm-Bildung eine Histolyse von Zellen.

(3) Die **Delamination** zeigt eine gleichzeitig erfolgende Ablösung von Zellen, sei es durch Hineindrängen derselben oder infolge radiärer Spindelstellung (z.B. Abb.73, 82 n und 87 a). Sie ist durch eine sofortige Urdarmbildung gekennzeichnet, während der Urmund zunächst noch fehlt.

(4) Bei der nur von einigen Cnidariern bekannten **Morula-Delamination** beginnt die Ablösung des prospektiven Entoderms schon während der Furchung, wodurch das Blastocoel schon früh mit Entodermzellen aufgefüllt wird (Abb.73).

(5) **Syncytiale Delamination** (= Lokalisation) erfolgt nach superfizieller Furchung (z.B. *Eudendrium*) durch peripheriewärts wandernde, sich epithelialisierende prospektive Entodermzellen (S.196 und Abb.73).

(6) **Epibolie** oder **Umwachsung** findet meist bei der Sterroblastula statt, indem mehrere Macromeren bzw. auch nur eine Urentodermzelle von den Micromeren überwachsen werden (Abb.74 a–c und 82 o–w).

(7) Zwischen den einzelnen Typen – namentlich zwischen Epi- und Embolie – gibt es zahlreiche **Übergangsformen**. So ist z.B. die Gastrulation des Frosches (Abb.77 a–f) als eine Kombination von Invagination und Umwachsung zu taxieren.

Bei Aufteilung des inneren Keimblattes in **zwei Entoderm-Anteile** – meist in einen transitorischen und einen organogenetischen Bereich – wird die Entodermablösung kompliziert und **mehrphasig** (vgl. z.B. Abb.68, 89, 90 a–i, 128 und 129).

9.1.5.2 Mesoderm

Entomesoblastische Anteile

Diese Ablösung wird infolge ihrer Anbindung an das Entoderm auch als gastrale Mesodermbildung bezeichnet und erfolgt recht unterschiedlich:

(1) Die **Evagination**, d.h. in Form einer Ausstülpung bzw. mehrerer, aus dem Entoderm (Urdarm) gegen das Ectoderm in das Blastocoel hinein gerichteter Blasen, führt zur Zurückdrängung der primären Leibeshöhle. Diese durch die frühe Ausbildung von Coelomanlagen ausgezeichnete Urdarmausstülpung wird als **Enterocoelie** bezeichnet (vgl. Abb.75 c, 76 und 81 d). Sie stellt wahrscheinlich die ursprünglichste Meso-

derm-Bildungsart dar. Man vergleiche hierzu die Gastrocoel-Theorie der Coelomsack-Entstehung von Remane, welche die ursprünglich dreifachen archimeren Coelomsackpaare der Bilateralia auf die Gastraltaschen der Cnidarier zurückführt (S.22; Abb.61).

(2) Aus der Enterocoelie läßt sich die an einer oder mehreren Urdarmstellen ablaufende **lokalisierte Emigration** von Zellen ableiten, zumal diese – z.B. bei Enteropneusten (Abb.76 k, m + n) – gemeinsam mit der Urdarmausfaltung vorkommen kann. Hier entstehen die Coelomanteile sekundär unter Spaltraumbildung (Schizocoelie) in der mesoblastischen Zellmasse.

(3) Die **diffuse Emigration** erstreckt sich über größere Urdarmpartien.

(4) Bei der **Delamination** als schichtenförmiger Detachierung des Mesoderms aus dem Mesentoderm (z.B. Anuren) (Abb.77 k) erfolgt anschließend die Coelombildung gleichfalls durch Schizocoelie.

(5) Anläßlich der Spiralfurchung läßt sich die Mesoderm-Anlage auf die **Urmesodermzelle** (Urmesoblast) **4 d** zurückführen. Diese teilt sich meist in zwei Urmesodermzellen, die unter teloblastischer Sprossung paarige Mesodermstreifen oder -anlagen mit nachträglicher Schizocoelie entstehen lassen (vgl. z.B. Abb.83 c + k und 84 a–c).

Ectomesoblastische Anteile

Dieser durch Auswanderung von Zellen aus dem Ectoderm sich ablösende Mesoblastbereich wird auch als Pädomesoderm (Reisinger) bzw. bei Spiraliern als trochophorales Mesoderm bezeichnet.

Er kommt als einzige Ergänzung zwischen Ecto- und Entoderm bei Cnidariern (Antho- und Scyphozoen) anläßlich der Bezellung der dann zum Coenenchym werdenden Mesogloea vor. Da sich die Zellen vom Ectoderm detachieren, handelt es sich um **Ectomesenchym**. Ähnliches gilt für die Parazoa (vgl. z.B. Abb.144 c–e).

Bei den Bilateralia tritt das in den allgemeinen Lehrwerken oft zu wenig gewürdigte Ectomesenchym in quantitativ unterschiedlicher Ausprägung gleichsam als Ergänzung zum Entomesoderm auf.

Es wird bei den Spiraliern (vgl. z.B. Abb.83 i + k) von den Micromerenquartetten bzw. bei den Acoela von den -duetten ausgebildet. Beteiligt sind namentlich der dritte, teilweise auch der erste (Echiurida) und zweite Kranz. Aus ihm gehen Bindegewebe und Muskulatur sowie die Protonephridien der Larve (Trochophora) hervor.

Auch die **Neuralleistenzellen** der Wirbeltiere sind als Ectomesenchym zu bezeichnen. Sie wurden erstmals von Kastschenko (1888) an Selachiern, Goronowitsch (1891) an

Amnioten und von Landache-Stone (1921) an Lurchen beschrieben und durch Hörstadius (1950) vergleichend dargestellt und allgemein bekannt gemacht. Die anläßlich der Einfaltung des Neuralrohres beidseitig aus den Neuralfalten immigrierenden Zellen (Abb. 80 a–g) sind am Aufbau unterschiedlichster Komplexe beteiligt (Abb. 80 m + n).

Innerhalb der Gruppe der Evertebraten gibt es ebenfalls Beispiele für umfangreiche Bildungsleistungen von aus dem Ectoderm sich ablösenden Ectomesoblastanteilen. So geht beim Prosobranchier *Viviparus* das gesamte Mesoderm durch Sprossung aus dem Ectoderm hervor (Abb. 71 g und 83 i). Bei verschiedenen Seesternen (vgl. S. 201 und Abb. 76 d) entsteht der erste rechte Coelomsack, das Protocoel, aus einer sich vom Ectoderm detachierenden ectomesoblastischen Anlage. Die Urmesodermzellen liefern bei den Polychaeten *Eupomatus* und *Tomopteris* nur das Mesoderm der Larvalsegmente; die Coelomkammern der mengenmäßig dominierenden Imaginalsegmente sind Derivate einer ectomesoblastischen Sprossungszone (Abb. 67 Be + f und 84 c). Eine vergleichbare Region findet sich auch bei Onychophoren. Beim Diplopoden *Platyrrhachus amauros* liefert das Entomesoderm nur die Vorderdarm-Muskulatur. Die restlichen Mesodermzellen wandern an den Segmentgrenzen von außen hinein. In allen diesen Fällen ersetzt das Ectomesenchym funktionell das Entomesoderm.

Ergänzungen

Es sei betont, daß sich Mesenchym auch an anderen Orten als aus dem Ectoderm ablösen kann, so bei Cnidariern, Echinoiden (sek. Mesenchym; Abb. 67 Ac und 75 c), Holothurien und Enteropneusten aus dem Urdarm, bei Crinoiden (Abb. 67 Aa), Holothurien (Abb. 67 Ab), Enteropneusten und Insekten aus Coelomwänden und bei Echinoiden als primäres, später das Larvalskelett bildende Mesenchym aus der Blastoporus-Region (Abb. 67 Ac und 75 a).

Besonders umfangreich und zahlreich sind die **Mesenchymbildungsstätten** beim Wirbeltierkeim, der zudem in frappanter Weise demonstriert, daß die Mesenchymbildung in sehr unterschiedlichen Perioden der Ontogenese ablaufen kann. Frühembryonal kann diese aus Furchungszellen (*Homo* und einige Säuger), aus dem Trophoblast (Mammalier) (vgl. Abb. 95 II) sowie vom Primitivstreifen, Kopffortsatz und vom Dottersackentoderm aus erfolgen. Im weiteren findet im Gebiet der „Protochordalplatte" eine praechordale Mesenchymbildung statt, die durch entsprechende Bildungsprozesse aus den Somiten und aus der Somato- und Splanchnopleura ergänzt wird. Schließlich sei für Wirbeltiere die unlängst erwähnte Mesenchymbildung aus der Neuralleiste (Abb. 80)

bzw. die Mesenchymauswanderung aus den ektodermalen Plakoden erwähnt.

Mesenchym bildet primär embryonales, zwischen den Organanlagen bzw. Organen liegendes Bindegewebe, von dem aus spezialisierte Stütz- und Bindegewebszelltypen abstammen. Besonders beim Wirbeltier sind diese sehr zahlreich und umfassen einerseits durch Sonderbildungen der Interzellularsubstanz ausgezeichnete Gewebe (kollagene Fibrillen, elastische Netze, Knorpel, Knochen und Dentin) sowie beträchtliche Muskelanteile (z. B. Gefäß- und Herzmuskulatur, Darm- und z. T. auch Skelettmuskelgewebe) und schließlich eine ganze Reihe von spezialisierten Zellen bzw. Geweben (Fettgewebe, die diversen Typen von Blut- und Lymphzellen sowie alle speziellen Zellformen des Bindegewebes).

In analoger Weise wie beim Entoderm kann – wenn auch seltener – das Mesoderm sich in **embryonales** bzw. **extraembryonales**, transitorisches **Mesoderm** aufgliedern.

Zur letzteren Kategorie gehören z. B. der Blutsinus des äußeren Dottersackes sowie der dem inneren Dottersack anliegende Sinus posterior bei Cephalopoden (Tabelle 74 und Abb. 89 i sowie 130 c–d). Dasselbe gilt für die Mesoderm-Anteile der transitorischen Anhangsorgane der Amnioten; besonders bei Säugern – als Extremfall der Mensch (Abb. 95 IIa) – ist der früh und unabhängig von der definitiven Mesodermbildung erfolgende Aufbau eines Mesenchyms zu betonen.

9.1.5.3 Ectoderm

Das gleichsam als „Rest" außen bleibende Ectoderm unterliegt aus diesem Grund keinem besonderen Bildungsmodus. Es wurde ihm deshalb auch schon der Charakter eines eigentlichen Keimblattes abgesprochen. Doch ist es trotz seiner großen latenten Pluripotenz von charakteristischer prospektiver Bedeutung, nämlich für die Bildung von Epidermis (Oberhaut), Nervensystem und Sinnesorganen.

Als Spezialfall einer besonderen Ektodermbildung sind allerdings diverse Schwämme mit Keimblattumkehr zu zitieren; bei ihnen gelangen auf unterschiedliche Weise ursprünglich im Keiminnern liegende prospektive Ektodermzellen nach außen (vgl. S. 196 und Abb. 96 c–e).

Die Aufgliederung in ein **epidermales** und ein **neurales Ectoderm** (vgl. z. B. Abb. 1 g, 4 a und 65 a–k) erfolgt bei den höheren Metazoen durch die **Neurulation**. Diese findet in der Regel postgastrulär statt, speziell bei Wirbeltieren direkt im Anschluß an die Gastrulation (Amphibien); bei Teleostiern kommt es indes schon früh zur Anlage einer umfangreichen „Hirnplatte" (Abb. 90 b).

Bei *Protostomiern* findet die Abtrennung des Nervengewebes durch **Immigration** von Zellen aus dem Ectoderm statt, die sich zur Bildung der Elemente des gastroneuralen Nervensystems zusammenfinden (vgl. Abb. 103 a–f).

Innerhalb der deuterostomen *Notoneuralier* (Chordata) zeigt die Bildung des Nervensystems zahlreiche Varianten.

Die unter Wirkung der Primärinduktion (S. 58 ff.) stehende Neurulation der Vertebrata erfolgt oft aus einer **ektodermalen Einfaltung**, die sich zum **Neuralrohr** schließt. Dies gilt für die meisten Gruppen der Wirbeltiere sowie die Dipnoi [*(Neo) ceratodus*] (z. B. Abb. 80 a–c und 101 f). Das ursprüngliche Epithel der Einfaltung bleibt im später ja vielschichtigen Neuralkomplex als Ependymauskleidung des Rückenmarkzentralkanals und der Gehirnventrikel erhalten.

Anläßlich der Versenkung des Neuralrohrs gelangt der Urmund, wo der Prozeß beginnt, mit in die Vertiefung hinein. Er mündet deshalb durch den später verschlossenen **Canalis neurentericus** temporär ins Neuralrohr. Cephal bleibt als vorderer **Neuroporus** (Abb. 92 b) eine Stelle ebenfalls noch längere Zeit offen. Eine sich zur Neuralrinne einsenkende Neuralplatte kommt im übrigen in ähnlicher Weise bei Ascidien vor (Abb. 101 c).

Bei Teleostiern, Ganoiden, Holostei *(Lepisosteus)*, bei *Lepidosiren* und *Protopterus* unter den Dipnoi sowie *Petromyzon* wächst das Ectoderm leicht seitlich über eine Zellplatte (**„Hirnplatte“**) vor, die unter schwacher Rinnenbildung in die Tiefe sinkt und den hohlraumlosen Neuralstrang formiert (Abb. 101 e). Das Rückenmarks- bzw. Gehirnlumen entsteht durch anschließende Spaltraumbildung. Beim Acranier *Branchiostoma* ist die laterale Ectodermüberwachsung verstärkt; die dabei ins Innere gelangende Zellplatte bildet den Zentralkanal durch Faltung (Abb. 101 d).

Schließlich nehmen bei den Vertebraten diverse neuronale Strukturen (vgl. S. 212, 260 und 266) ihren Anfang aus ectodermalen Bildungen, die als **Placoden** bezeichnet werden und von denen aus Zellen in die Tiefe wandern.

9.1.6 Besonderheiten

9.1.6.1 Substitution von Keimblatt-Anteilen

Der Ersatz von zuerst gebildeten transitorischen Keimblatt-Anteilen durch neue, z. T. zu anderen Keimblättern zugehörigen Bildungen ist vor allem vom Ecto- sowie vom Entoderm bekannt.

Das primäre Ectoderm und der Larvenschlund (Embryonalpharynx) von tricladen Turbellarien werden durch ein sekundäres, aus dem embryonalen Parenchym abzuleitendes Ectoderm ersetzt. Vergleichbares gilt für die freilich nicht so genau untersuchten Rhabdocoela.

Unter den Strudelwürmern ist *Polycelis tenuis* besonders genau analysiert. Die primäre Epidermis wird ab dem 8. Embryonaltag durch Einwanderung von Mesoblastzellen aus dem Parenchym ergänzt, die als sekundäre Epithelzellen bezeichnet werden. Diese transitorische Epidermis beginnt indessen ab dem 11. Tag zu degenerieren; das definitive Deckepithel wird durch seit dem 9. Tag aus dem Mesoblast zuwandernde Zellen formiert.

Trematoden bilden – ähnlich wie dies für das Coracidium der Bandwürmer (vgl. Abb. 117 a) gilt – in Ergänzung zum primären Ectoderm eine zusätzliche, schützende Embryonalhülle aus ectodermalen Zellen. Das primäre Ectoderm, das aus einer Art Parenchym-Delamination resultiert, wird entweder zum Miracidium-Epithel oder aber unter Substitution durch ein neues definitives Epithel abgelöst.

Man vergleiche in diesem Zusammenhang generell die anläßlich von Metamorphoseabläufen oft degenerierenden Ectoderm-Bezirke, die dann aber meist nicht ersetzt werden.

Der Polychaete *Capitella capitata* und ähnlich die Hirudinee *Protoclepsis tessulata* bilden im Dotterinnern ein primäres Darmepithel, das nach einem Tag zerfällt. Dessen nicht degenerierende Zellen formieren nach Durchquerung des Dotters an der Dotteroberfläche ein neues sekundäres Darmepithel. Es sei des weiteren an die organogenetischen Vitellophagen der Arthropoden mit einem ähnlichen Verhalten sowie an das Dotterentoderm (z. B. der Sauropsida) oder die Dottermacromeren der Prosobranchia erinnert (vgl. Kapitel 13).

9.1.6.2 Keimblatt-Umkehr

Bei heterocoelen Kalkschwämmen (z. B. *Sycon*) erfolgt vor der Gastrulation eine „Inversion“ der einreihigen Schicht der Blastula (Abb. 72 B). Diese darf zwar nicht als Keimblatt-Umkehr i. e. S. bezeichnet werden, da keine Keimblätter betroffen sind; sie sei infolge ihrer möglichen phylogenetischen Bedeutung (S. 168) aber trotzdem erklärt.

Die fertige Blastula nimmt aus dem Gastralraum des Mutterschwammes Choanocyten (Kragengeißelzellen) auf. Nachher schließt sich der „Blastula-Mund“ und das Entoderm der Stomoblastula bildet nach innen gegen das Blastocoel zu gerichtete Cilien aus (Abb. 72 Ba). Die durch eine Einstülpung des prospektiven Entoderms eingeleitete Inversion wird von der Umstülpung (Exkurvatur, „Démasquage“) des künftigen Ectoderms gefolgt (Abb. 72 Bb). Gleichzeitig aus dem Choanocyten„epithel“ immigrierende Zellen werden mitgezogen. Sie umgeben nach Zusammenschluß der Blastula-Schicht als stark abgeplattete, zellularisierte Placentar„membran“ die Amphiblastula (Abb. 72 Bc). Letztere verläßt mittels ihrer nunmehr nach außen gerichteten Cilien den Mutterschwamm (vgl. Abb. 72 Bd + e). Sie setzt sich fest; das Entoderm baut die Cilien ab und stülpt sich unter Gastrulation ein (Abb. 72 Bf; vgl. auch Abb. 69 a). Aus der Außenschicht immigriert Mesenchym; der Blastoporus schließt sich, das Entoderm differenziert sich unter Bildung neuer Cilien zu Kra-

Abb.72. Inversion und Exkurvatur bei vielzelligen Phytomonadinen (Protozoa) (**A**) und
Kalkschwämmen (Parazoa) (**B**).

A Volvocales *(Volvox, Janetosphaera):*
a durch Inkurvation gebildete „Stomoblastula" mit nach innen gerichtetem künftigen
Geißelpool; **b** Exkurvation; **c** umgestülpte
Blastula mit nach außen zeigendem Geißel-
pol.
B Calcarea *(Sycon):* **a** junge Stomoblastula
nach Schluß des transitorischen Blastula-
mundes und mit Anlage der Placentarmembran; **b** Stomoblastula in durch Inversion
bewirkter Exkurvation; dabei wird die
Placentarmembran mitgenommen; **c** junge,
von der Placentarmembran umgebene Amphiblastula; **d, e** reife, in den Radiärtuben
des Mutterschwammes liegende Amphiblastula (von lateral bzw. transversal geschnitten) mit radiärsymmetrisch angeordneten
Kreuzzellen. **f** nach dem Festsetzen gebildeter Jungschwamm (Olynthus) mit noch
fehlendem, erst später durchbrechenden Osculum (vgl. Abb.69a).

„Bc"   „Blastocoel" der „Stomoblastula" der
        Volvocales
Bc₁   Blastocoel der Stomoblastula (Para-
        zoa)
Bc₂   Blastocoel der Amphiblastula (Para-
        zoa)
Gal   Gallerte der Mutterkolonie
KZ   Kreuzzellen
OD   Ort des späteren Osculumdurchbru-
        ches
Php   Phialoporus (transitorischer Blastula-
        mund)
Pm   Placentarmembran
sZ   somatische Zellen der Mutterkolonie
*   aus dem Choanocytenepithel des Mut-
        terschwammes auswandernde, an der
        Bildung der Placentarmembran betei-
        ligte Zellen.

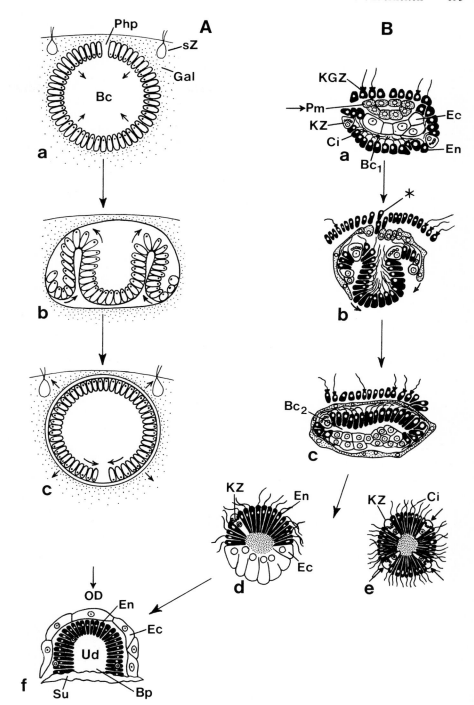

gengeißelzellen, und das Osculum bricht beim Olynthus (Jung-schwamm) neu durch.

Bei anderen, im Gegensatz zu *Sycon* durch eine frühe Mesen-chym-Ablösung ausgezeichneten Schwämmen kommt dage-gen eine **echte Keimblattumkehr** vor. Beim Kalkschwamm *Clathrina* (Abb.69c) wandern die nach dem Festsetzen im Innern liegenden ectodermalen Porocyten nach außen. Bei *Myxilla* (Cornacuspongida) ist die ganze Oberfläche der Par-enchymula-Larve durch das Cilien tragende Entoderm besetzt. Das künftige Ectodermzellen sowie auch die Mesen-chymzellen müssen unter Keimblatt-Umkehr nach außen wandern, während das Entoderm nach innen gelangt (Abb.69d). Ähnliches gilt für den Hornschwamm *Spon-gilla*. Hier besteht freilich die später durch Ectodermzellen er-setzte Oberflächenschicht aus transitorischem Entoderm (Abb.69e).

Von einer Keimblatt-Umkehr spricht man oft auch bei den durch einen langen Eizylinder ausgezeichneten Nagern (z. B. *Mus, Cavia;* vgl. S.242). Dies erscheint uns fürs Meerschwein-chen berechtigt, da das ectoplacentare, extraembryonale Entoderm den dorsal vom Embryo liegenden Ectoplacentar-konus völlig umschließt (Abb.96 IV). Bei der Maus dagegen entspricht die Entodermsituation durchaus den Sauropsiden-verhältnissen. Da der Keim als Eizylinder zapfenförmig aus-wächst, scheint das gleichsam von allen Seiten aufgefaltete Entoderm von außen den Keim zu umgeben; morphologisch gesehen liegt es aber eindeutig ventral (vgl. Abb.94 IV und 96 III).

9.2 Spezielles

Im folgenden wird anhand von ausgewählten Beispielen die Keim-blattbildung und - aus praktischen Gründen - die weitere Entwick-lung bis zur Erreichung der Körpergrundgestalt in groben Zügen zusammenhängend dargestellt.

9.2.1 Diblastische Tiere

9.2.1.1 Keimblattbildung bei Parazoen und Cnidariern

Wie die Abb.69a-e und 72 B zeigen, besteht bereits bei *Schwämmen* eine reiche Variabilität, die nicht zuletzt auf einer zunehmenden Verfrühung der Loslösung des Mesenchyms beruht.

Bei **Cnidariern** sind die Gastrulationsformen ebenfalls sehr vielfältig. Abbildung 73 und Tabelle 53 demonstrieren ein-drucksvoll, daß der seinerzeit von Haeckel als ursprünglich taxierte Fall der Invagination eher selten und nur bei gewis-sen Scypho- und Anthozoen eintritt. Die auch bei den Hohl-tieren teilweise verwirklichte Tendenz zur Entwicklungsver-kürzung führt zur Morula-Delamination, d. h. zu einer bereits während der Furchung einsetzenden Ablösung von Ento-dermzellen. Der Mundafter wird - mit Ausnahme der Invagi-nationsgastrula - stets erst sekundär gebildet!

Bei Anthozoen kann im Zusammenhang mit der Aufarbeitung der Dotterreserven der Gastrulationsablauf kompliziert werden (Abb.73 oben und 127c-e).

Eine **komplexe Keimblatt-Bildung** erfolgt bei der Hydroide *Eudendrium* nach superfizieller (syncytialer) Furchung (vgl. Abb.51e) als **syncytiale Delamination**, die auch als Lokalisa-tion bezeichnet wird (Abb.73).
Zuerst an den beiden Körperpolen ordnen sich die periphe-riewärts gewanderten Furchungsenergiden zum Primär- oder **Praeectoderm** zusammen. Dieses ist anfänglich syncytial und wird durch Zellularisierung zum Ectoderm, das sich rasch in verschiedene Zelltypen differenziert. Die im Dotterbereich in Zellreihen angeordneten prospektiven Nesselzellen wandern von dort ins Ectoderm ein. Unterhalb des äußeren Keimblat-tes erfolgt sodann auf analoge Weise die **Epithelialisierung** des Entoderms; ein Teil der entodermalen Zellen bleibt indessen als sog. Riesenzellen zum Dotterabbau im Vitellus zurück. Zwischen Ecto- und Entoderm wird die Mesogloea einge-zogen. Unter Dotterverflüssigung erfolgt die Bildung des Urdarmlumens.

Abb.73. Variabilität der Gastrulationstypen bei Cnidariern (stark schematisiert). Vgl. Ta-belle 53.
Gastrulationstypen: *B-D* Blastula-Delami-nation; *Dd* Dotterdurchtritt (aus dem Blasto-coel ins Urdarmlumen); *gD* gemischte De-lamination (multipolare Immigration und anschließende Delamination); *In* Invagina-tion (Embolie); *M-D* Moruladelamination; *mIm* multipolare Immigration; *plm* polare Immigration; *sD₁* syncytiale Delamination nach irregulärer Furchung; *sD₂* syncytiale Delamination nach syncytialer Furchung ("Lokalisation").
Systematische Zugehörigkeit: *A* Anthozoa; *An* Athecata-Anthomedusae (Hydrozoa); *L* Thecata-Leptomedusae (Hydrozoa); *S* Scy-phozoa; *T* Trachylina.
Weitere Abkürzungen: *De* Dotterelimina-tion; *EP* Epithelialisierung; *Fe* Furchungs-energiden; *diEn* diffus (im Dotter) verteilte Entoderm- und Dotterzellen; *G* Gallerte; *NZ* Nährzellen; *tZ* transitorische Zellen

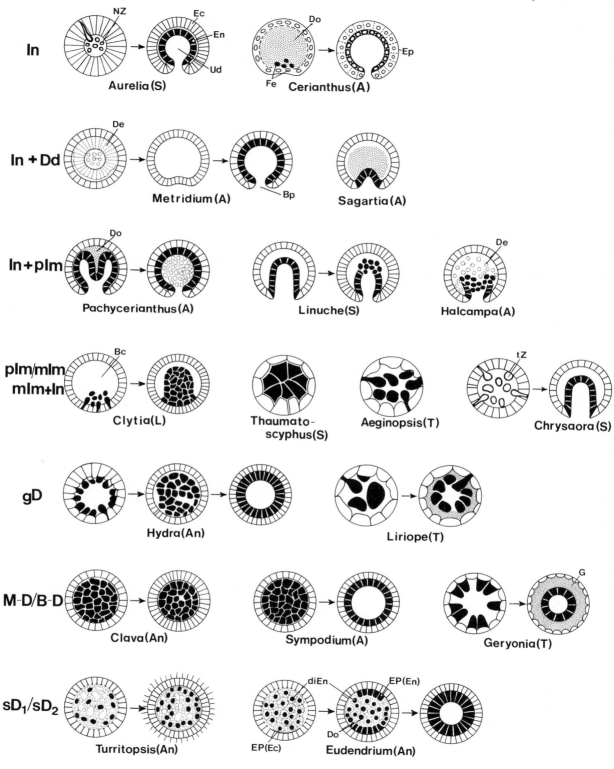

Tabelle 53. Gastrulationstypen der Cnidarier. (Nach Angaben vieler Autoren, aus Fioroni 1979b). (Vgl. Abb. 73)

	Hydrozoa			Scyphozoa	Anthozoa
	Hydroida (H)		Trachylina/Siphonophora[+]		
	Athecata-Anthomedusae	Thecata-Leptomedusae	(T)	(S)	(A)
Invagination (Embolie) (In)				*Aurelia aurita, flavidula, Cotylorhiza* sp., *Cyanea capillata, Mastigias papua, Nausithoë* sp., *Pelagia noctiluca*	*Adamsia* sp., *Cerianthus lloydii, Edwardsia* sp.
Invagination mit Dotterdurchtritt (aus Blastocoel ins Urdarmlumen) (In und Dd)					*Actinia equina, bermudensis, Bolocera turdiae, Epiactis prolifera, Metridium marginatum, Pachycerianthus multiplicatus, Sagartia troglodytes, Urticina crassicornis*
Unipolare Immigration (Einwanderung) (plm)	*Rathkea fasciculata, Stomatoca apicata, Tiara pileata, leucostyla, Tubularia larynx*	*Aequorea forskalea, Clytia viridicans, flavidula, Laodicea cruciata, Melicertidium octocostatum, Mitrocoma annae, Obelia* sp., *Tima* sp.		*Haliclystus octoradiatus, Thaumatoscyphus distinctus*	
Invagination + unipolare Immigration (In und plm)				*Linuche unguicula*	*Halcampa duodecimcerata*
Multipolare Immigration (mlm)	*Tubularia larynx*	*Melicertidium octocostatum, Obelia* sp.	*Aeginopsis mediterranea*	*Aurelia marginalis, Charybdaea rastonii, Chrysaora hyoscella*	
Multipolare Immigration → Invagination (mlm/In)				*Chrysaora hyoscella*	
Immigration → Morula-Delamination (In/M-D)	*Gonothyrea loveni*				
Gemischte Delamination (= multipolare Immigration + anschließende Delamination) (gD)	*Bougainvillia superciliaris, Cordylophora lacustris,* diverse *Hydra*-Arten, *Hydractinia echinata, Tubularia mesembryanthemum*	*Halecium tenellum*	*Liriope mucronata*		
Morula-Delamination (M-D)	*Clava squamata*	*Dynamena pumila, Gonothyrea loveni, Laomedea flexuosa, Plumularia echinulata, Sertularella polyzonias*	*Aglaura* sp., *Rhopalonema* sp./Siphonophoren[+]		*Renilla* sp., *Sympodium coralloides*
Blastula-Delamination (B-D)			*Geryonia fungiformis*		

Tabelle 53 (Fortzetzung)

Syncytiale Delamination nach irregulärer Furchung (sD_1)	*Turritopsis nutricola*
Syncytiale Delamination nach syncytialer Furchung („Lokalisation") (sD_2)	*Eudendrium racemosum*

Im Gegensatz zu den nur zweischichtigen Hydroiden wandern bei Antho- und Scyphozoen später Ectomesenchymzellen in die azelluläre Zwischenschicht (= Coenenchym oder Coenosark) ein.

9.2.1.2 Keimblattbildung nach disymmetrischer Furchung bei Acnidariern

Ähnlich wie bei den Spiraliern oder den Ascidien kommt es bei den Rippenquallen zu einer Überschneidung der Keimblattausbildung mit einem früh festgelegten Zellschicksal der einzelnen Blastomeren.

Die Entodermzellen sind schon während der Furchung in Form von 16 Macromeren auszumachen (Abb. 50 c). Sie werden **epibolisch** von den Micromeren überwachsen (Abb. 74 a–c). Dabei zeichnet sich der animale Pol von Anfang an durch eine Ectodermlücke aus, die später geschlossen wird. Nach der Epibolie kommt es zu einer erneuten Abschnürung von 16 mit dem Rest des Ectoplasmas (S. 150) versehenen Micromeren von den Macromeren. Diese gelangen im Zusammenhang mit der das ectodermale Schlundrohr bildenden Ectodermeinstülpung animalwärts; sie bilden unter vierstrahlig radiärsymmetrischer Anordnung einen Teil der Mesogloea und die Tentakelmuskulatur (vgl. Abb. 74 f).

Die Ausdeutung dieser Micromeren ist umstritten. Infolge ihres Ectoplasma-Anteils sind sie u. E. als Ectoblast-Abkömmlinge und damit als **Ectomesenchym** zu taxieren. In Anbetracht ihrer Abschnürung aus den ja später zum Entoderm werdenden Macromeren könnte man sie andererseits als (Ento)mesoderm betrachten und müßte damit den Ctenophoren eine Coelomatennatur zugestehen, die uns indes als wenig wahrscheinlich erscheint.

9.2.2 Triblastische Tiere mit Totalfurchung

9.2.2.1 Keimblattbildung nach Radiärfurchung

Echinodermata

Als exemplarisches Beispiel seien die durch eine dreiphasige Genese des mittleren Keimblattes ausgezeichneten Seeigel (z. B. *Psammechinus, Paracentrotus*) vorgestellt (Abb. 75; vgl. auch Abb. 67 Ac und 76 a). Die Echinoidea besitzen eine einschichtige Blastula mit zentrischem, flüssigkeitsgefülltem Blastocoel (Abb. 43/9). Am vegetativen, sich etwas abflachenden Pol immigrieren zuerst die Zellen des **primären Mesenchyms** als spätere Bildner des Larvalskelettes in die Furchungshöhle (Abb. 75 a). Dann geschieht ebenfalls am vegetativen Pol die **Invagination** des den **Urdarm** (**Archenteron**, Coelenteron) bildenden Mesentoderms; dabei wird der später deuterostomiertypisch zum After werdende Blastoporus (Urmund) formiert (Abb. 75 b).

Im Apex des Urdarmdaches kommt es zum Auswandern des vornehmlich Bindegewebe liefernden **sekundären Mesenchyms**. Anschließend erfolgt im sog. Prismen- oder Tetraederstadium die **Enterocoelie** (= Urdarmausfaltung) (Abb. 75 c). Die das prospektive Mesoderm enthaltende sog. Vasoperitonealblase stülpt sich nach beiden Seiten aus und untergliedert sich beiderseits in je drei, anfänglich noch zusammenhängende Coelomsäcke. Es sind dies links und rechts je das Axocoel (Protocoel oder Prosomacoelom; C_1), das Hydrocoel (Mesocoel oder Mesosomacoelom; C_2) und das Somatocoel (Metacoel oder Metasomacoelom; C_3). Auf der linken Seite bleiben in der Folge C_1 und C_2 miteinander verbunden, während die übrigen Coelomsäcke sich voneinander isolieren werden. Die linke Hälfte der späteren Pluteus-Larve wird von Anfang an bevorzugt; auf der rechten Seite sind die Coelomsäcke kleiner (Abb. 75 d). Das rechte Mesocoel wird zwar noch angelegt, degeneriert aber in der Folge.

Über das weitere Schicksal dieser Mesoderm-Anteile wird anläßlich der Besprechung der Metamorphose des Pluteus (S. 314) berichtet.

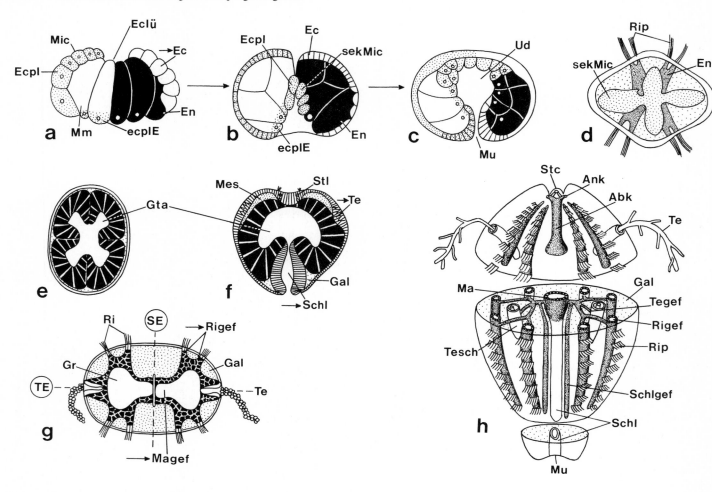

Abb. 74. Bildung der Körpergrundgestalt nach disymmetrischer Totalfurchung: Ctenophora (schematisiert). Vgl. Abb. 50 c.

a–d Frühentwicklung bei *Calianira bialata*. In **a–c** ist *links* jeweils die Plasmaverteilung angegeben, während *rechts* die Keimblattzugehörigkeit ausgewiesen ist: **a** epibolische Überwachsung der Macromeren (Sagittalschnitt); **b** fortschreitende Epibolie sowie Abschnürung der sog. „sek. Micromeren des vegetativen Pols" (Sagittalschnitt); **c, d** Einordnung derselben ins Urdarmdach [Sagittalschnitt (c)] unter nachfolgender kreuzwei-

ser Anordnung [Ansicht vom aboralen Pol (d)]; **e, f** temporäre Ausbildung von vier Gastraltaschen beim jungen *Beroë*-Embryo (Horizontal- bzw. Längsschnitt); **g** weitere Entwicklung des Gastrovaskularsystems bei *Eucharis multicornis* (Horizontalansicht); **h** Organisation der Cydippen-Larve (räumliche Rekonstruktion).

Abk	Aboralkanal
Ank	Analkanal mit Pore
Eclü	Ectodermlücke am animalen Pol
Ecpl	Ectoplasma
ecplE	ectoplasmatische Einschlüsse

Gal	Gallerte
Gta	Gastraltasche
Magef	Magengefäß
Rip	Rippe (Ruderplättchen)
Rigef	Rippengefäß
Schl	Schlund
Schlgef	Schlundgefäß
SE	Schlundebene
sekMic	sekundäre Micromeren
Stl	Statolithen
TE	Tentakelebene
Tegef	Tentakelgefäß
Tesch	Tentakelscheide

Abb. 75. Bildung der Körpergrundgestalt und frühe Metamorphose nach radiärer Totalfurchung: Echinoidea (stark schematisiert). Vgl. Abb. 67 Ac sowie auch 15 b.

a Blastula (Schnitt); **b, c** Gastrula mit Invagination des Mesentoderms bzw. Bildung der Coelomkammern aus dem Urdarmdach durch Enterocoelie (Frontalschnitte); **d** Tetraeder- oder Prismenstadium (Frontalansicht); **e** Pluteus (Frontalansicht); **f** Aufsicht auf die Seeigelscheibe von oral; **g** Coelomverhältnisse bei einem älteren Metamorphose-Stadium nach Entfernung der ectodermalen Derivate (gleiche Orientierung wie **f**).

abor	aboraler Pol (des definitiven Seeigels)
Axc	Axocoel (aus linkem C_1)
bsPA	bilateralsymmetrische Pluteus-Achse
C_1	1. Coelomsackpaar (= Protocoel)
C_2	2. Coelomsackpaar (= Mesocoel)
C_3	3. Coelomsackpaar (= Metacoel)
Dobl	Dorsalbläschen [Madreporenbläschen (aus rechtem C_1)]
Ef	Epineuralfalte
Hyc	Hydrocoel (aus linkem C_2)
„LA"	Ort der Anlage der Laterne des Aristoteles
li	linke Körperseite
Ls	Larvalskelett
lSoc	linkes Somatocoel (aus linkem C_3)
or	oraler Pol (des definitiven Seeigels)
Ped	Pedicellarie
PHS	Perihaemalsystem
Pt	Primärtentakel
pvCoe	periviscerales Coelom
re	rechte Körperseite
Rik	Ringkanal (des Ambulacralsystems)
rSoc	rechtes Somatocoel (aus rechtem C_3)
rsSA	radiärsymmetrische Seeigelachse
SIS	Seeigelscheibe
Stk	Steinkanal
Vpbl	Vasoperitonealblase
Wie	Wimperepaulette

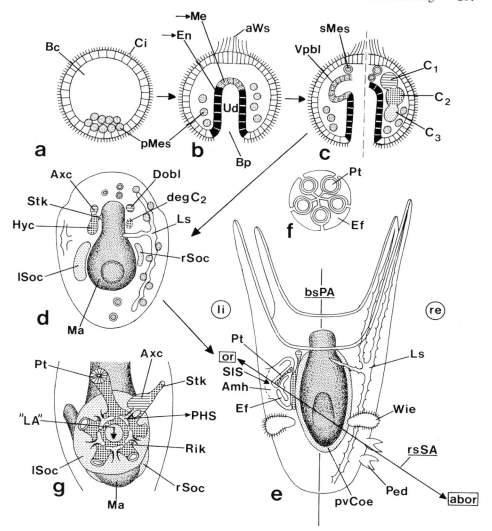

Bei den anderen Echinodermenklassen – die Ophiuriden verhalten sich im Prinzip wie die Echiniden – zeigen sich zahlreiche Abweichungen, wobei die Asymmetrie der Körperseiten sich im Vergleich zum Seeigel noch verstärkt.

Die Mesenchym-Ablösung kann im Gegensatz zum Echinidenfall auch nur einphasig sein. Sie ist bei Crinoiden nur kurz vor der Coelombildung festzustellen (Abb. 67 Aa), bei den Holothurien, bei denen sie bei der Blastula beginnt, stellt sie dagegen einen lang anhaltenden Prozeß dar (Abb. 67 Ab).

Varianten in der Mesodermbildung zeigen die Asteroiden. Bei *Asterina* wird das rechte C_2 nicht mehr angelegt (Abb. 76 b); gleiches gilt für die anderen Seesternarten. Bei *Porania* und *Patinia* entstehen die beiden Coelome C_1 und das linke C_2 aus einer einheitlichen Blase (Abb. 76 c). *Crossaster*, *Solaster* und *Cribella* lassen alle drei linken Coelome und das rechte C_3 aus einer Blase hervorgehen, während das rechte C_1 sich aus dem Ektoderm detachiert und damit aus Ectomesoblast entstanden ist (Abb. 76 d).

Die Holothurien legen rechts die beiden Coelome C_1 und C_2 nicht mehr an und lassen oft die übrigen Coelomsäcke sich aus einer einheitlichen Blase bilden (Abb. 76 e + f). Auch die Crinoiden verzichten auf die beiden ersten rechten Leibeshöhlen (Abb. 76 g); ihre Coelom-Entwicklung ist durch eine komplizierte Verlagerung der Coelomsäcke charakterisiert.

Eine abgewandelte, von einer Periblastula ausgehende Gastrulation kommt bei den auf S. 151 erwähnten Echinodermen mit superfizieller Furchung vor.

Übrige Archicoelomata

Die freilich nicht immer eine reine Radiärfurchung ausweisenden anderen Gruppen der Archicoelomaten sind infolge ihrer Coelom-Trimerie hier angeschlossen.

Die deuterostomen *Enteropneusten* durchlaufen eine Invagination des Mesentoderms; sie besitzen stets nur einen unpaaren, durch Enterocoelie entstehenden Protocoelsack, daneben aber eine reiche Variabilität in der Ablösung der beiden hinteren Coelomsackpaare. Diese können zusammenhängend oder voneinander isoliert durch Enterocoelie oder durch Zellemigration aus dem Urdarm entstehen (Abb. 76 h–n).

Die gleichfalls – zumindest embryonal, z. T. auch adult – mit fünf Coelomsäcken und einer Invaginationsgastrula dotierten protostomen *Tentaculaten* sind sehr wenig untersucht; doch dürfte Enterocoelie – z. B. bei *Phoronis buskii* (Abb. 76 p) verwirklicht – selten sein. Meist kommt eine Emigration des mittleren Keimblattes an verschiedenen Stellen des Archenterons (Abb. 76 q + r) bzw. bei Brachiopoden (vgl. Abb. 76 t) auch Delamination vor. Bei mit einer placulaähnlichen Blastula versehenen Arten – wie bei gewissen *Phoronis*-Species und *Terebratulina* – erfolgt statt der Invagination des Mesentoderms eine Einkrümmung der Blastula zur Gastrula.

Die wahrscheinlich deuterostomen *Chaetognathen* besitzen ebenfalls eine Invaginationsgastrula (Abb. 29 c und 76 u); doch liefert entgegen den Seeigel-Verhältnissen der vegetativwärts liegende Urdarm-Anteil Mesoderm, während das Urdarmdach das Entoderm und die früh gesonderten Urkeimzellen aus sich hervorgehen läßt (Abb. 29 c und 76 u).

Die Stellung der *Pogonophora* (Abb. 76 v), deren Furchung stark an den Spiraliertyp gemahnt, ist heute umstritten. Infolge der metamerisierten Coelomanteile im Opisthosoma wird die ursprünglich aufgrund des trimeren Vorderkörpers angenommene Archicoelomaten-Natur in Frage gestellt und oft eine Zuordnung in die Annelidennähe bzw. zu den Ringelwürmern versucht. Das auch noch im adulten Zustand eine Sprossungszone aufweisende Opisthosoma ist durch ein Septum vom trimeren Vorderkörper getrennt. Die Gastrulation erfolgt anfänglich durch Epibolie, vornehmlich durch Zellen des ersten Micromerenquartettes, später auch durch Delamination am vegetativen Pol. Der transitorische Blastoporus – die Adulttiere sind darmlos – könnte die Ventralseite markieren, wo später ein mediales Wimperband (neurotrochoidähnlich?) gebildet wird und der Longitudinalnerv sich entwickelt. Entgegen der klassischen Ansicht Ivanovs (Abb. 76 v) soll nach neueren Befunden das Mesoderm nicht durch Enterocoelie entstehen. Daneben kommt es zur Untergliederung in Coelomkammern, die caudalwärts zur Ausbildung vieler Segmente führt. Da vieles noch als ungesichert erscheint, bedarf das Pogonophorenproblem u. E. auch in embryologischer Hinsicht dringend noch weiterer detaillierter Untersuchungen.

Amphibia

Das nach total-inaequaler Furchung (Abb. 47) erreichte Stadium der Coeloblastula ist entgegen der Seeigelblastula mehrschichtig (Abb. 43/25). Infolge der vegetativwärts liegenden größeren dotterhaltigen Macromeren (Dotterzellen) liegt das Blastocoel zudem exzentrisch, d. h. es ist nach animalwärts verlagert (Abb. 43/25 und 77 a + b). Die durch die Besamungsrotation (Abb. 43 A und 63 C) bestimmte Region der dorsalen Urmundlippe befindet sich entgegen dem Seeigelkeim nicht mehr ganz vegetativ, sondern ist wegen der großen,

---

Abb. 76. Bildung des Entomesoderms bei den Archicoelomata (schematisiert). Die Bildung des Mesenchyms ist weggelassen. Vgl. auch Abb. 67 A.

a Generelles Schema der Echinoidea; **b** *Asterina*; **c** *Porania, Patinia*; **d** *Crossaster, Solaster, Cribrella* (ähnliche Verhältnisse kommen auch bei den Schlangensternen *Ophiura* und *Ophioderma* vor); **e** *Holothuria*; **f** *Cucumaria, Leptosynapta*; **g** *Antedon*; **h** *Dolichoglossus kowalewskyi*; **i** *D. pusillus*; **k, l** *Ptychodera*-Arten; **m, n** bisher adult unbekannte Enteropneusten-Arten; **o** *Cephalodiscus*; **p** *Phoronis buskii*; **q** *Phoronis architecta, hippocrepia, mülleri*; **r** *Phoronopsis viridis*; **s** *Phoronis ijimai*: Coelom-

verhältnisse bei der Actinotrocha-Larve (vgl. Abb. 115 a); **t** *Terebratulina*; **u** *Sagitta*; **v** Mesodermbildung bei den Pogonophora nach der Interpretation durch Ivanov (vgl. Text).

Axc	Axocoel ($= C_1$)
Dis	Dissepiment
ecmeSp	ectomesoblastische Sprossung
Hyc	Hydrocoel ($= C_2$)
Kra	Kragen
KS	Kopfschild
laNe	larvales Nephridium
Late	larvale Tentakel
lC_1–lC_3	linke Cölomsäcke 1–3
Loc	Lophophorcoelom
lSoc	linkes Somatocoel
Mbl	Madreporenbläschen (Dorsalblase)
Mesc	Mesocoel
Mess	Mesosoma
Metc	Metacoel
Mets	Metasoma
Mfa	Mantelfalte
Ms	Mesenterium
Prc	Protocoel
Prol	Proliferation
Pros	Prosoma
rC_1–rC_3	rechte Cölomsäcke 1–3
rSoc	rechtes Somatocoel
Soc	Somatocoel ($= C_3$)
Stk	Stielkammer
Vapbl	Vasoperitonealblase
1–3	Nr. der Cölomsäcke

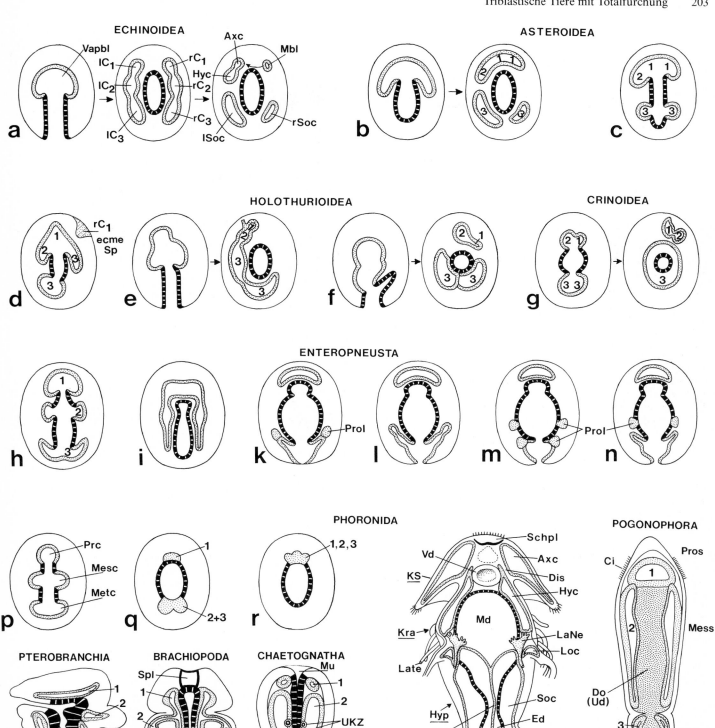

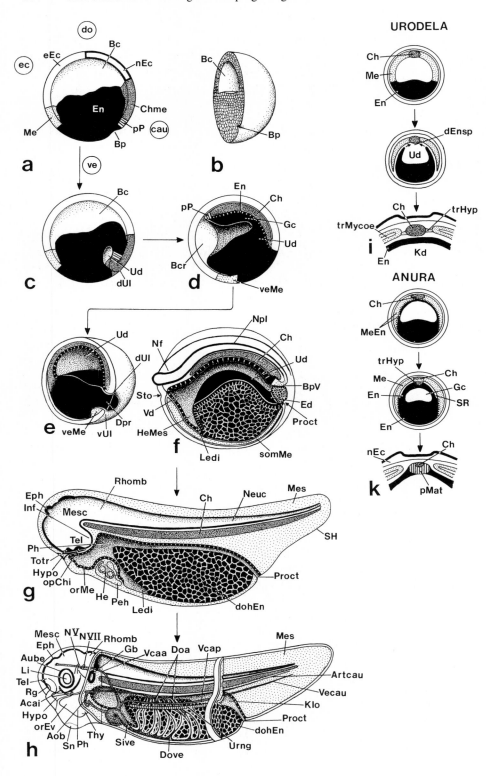

Abb. 77. Bildung der Körpergrundgestalt nach radiärer Totalfurchung bei den Amphibia (schematisiert). Vgl. die Abb. 79, 80 und 105 sowie 43/25.

I. Gastrulation und Bildung der Körpergrundgestalt bei Amphibien (**a–c** Urodelen; **d–h** Anuren) (Sagittalschnitte): **a–b** junge Gastrula mit beginnender Urdarmeinsenkung und großem Blastocoel. Entsprechend Abb. 2 g bzw. 65 i + k ist das Ectoderm in neurales und epidermales aufgeteilt. **c** verstärkte Einsenkung des Archenterons; **d** alte Gastrula mit langem Urdarm und Blastocoelrest; **e** vollendete Gastrula mit Dotterpfropf zum Blastoporusverschluß; **f** Neurula (sog. Neuralfaltenstadium); **g** 5 mm langer Embryo (Schwanzknospenstadium) (vgl. Abb. 4 b); **h** 7 mm lange Kaulquappe. II. Unterschiede im Gastrulationsablauf von Urodelen und Anuren (Querschnitte, vgl. S. 206 ff.): **i** Urodela; **k** Anura.

Acai	Arteria carotis interna
Aob	Aortenbogen
Bcr	Blastocoelrest
BpV	Blastoporusverschluß
Chme	Chordamesoderm
dEnsp	dorsale Entodermspalte
Doa	Dotterarterien
dohEn	dotterhaltiges Entoderm
Dpr	Dotterpfropf
Eph	Epiphyse
Gc	Gastrocoel (= Urdarmlumen)
HeMes	Herzmesenchym
Hypo	Hypophyse
Inf	Infundibulum
Kd	Kopfdarm
Ledi	Leberdivertikel
Mesc	Mesencephalon (Mittelhirn)
N V	Nervus trigeminus
N VII	Nervus facialis
Neuc	Neurocoel (→Rückenmarkslumen)
opChi	optisches Chiasma
orEv	orale Evagination
orMe	orale Membran
Peh	Pericardialhöhle
pMat	praechordales Material
Rg	Riechgrube (Nasengrube)
Sfl	Schwanzflosse
somMe	somatisches Mesoderm
SR	Spaltraum
Tel	Telencephalon (Vorderhirn)
Thy	Thyreoidea
Totr	Torus transversus
trHyp	transitorischer Hypochord

schwer einstülpbaren Dotterzellen etwas nach animalwärts verschoben (Abb. 4a, 18 A und 77 e).

Die an der dorsalen Urmundlippe beginnende **Invagination** zeigt ihren Anfang in der Bildung von längsgestreckten sog. **Flaschenzellen** (Abb. 78 Be). Diese sind als eine gleichsam zusammengestauchte, nach innen verlagerte Schicht von ehemaligen Oberflächenzellen zu taxieren.

Die Materialverlagerung um die Blastoporusregion ist bei Urodelen eher einfacher als bei Anuren (vgl. unten). Die starke Invagination beginnt mit der Einstülpung eines kleinen Entodermanteils und dann dominierend des Chordamesoderms, wodurch ein kleiner Urdarm gebildet wird. Die Kante der dorsalen Urmundlippe ist als sog. Rusconische Furche oder Sichelrinne sichelartig ausgebildet (vgl. Abb. 18 Aa). Der Urmund entspricht, da ja die Wirbeltiere Deuterostomier sind, dem späteren After.

Die sukzessive Einrollung des prospektiven Chordamesoderms um die dorsale bzw. die auch epibolische Züge demonstrierende Verlagerung des Entoderms um die ventrale Urmundlippe setzen sich fort, wodurch das Blastocoel sukzessive zusammengedrängt wird und dann schlußendlich gänzlich verschwindet (vgl. die Abb. 77 d + e).

Allerdings kann eine **Ergänzungshöhle** als ein in Abhängigkeit vom Dotterreichtum mehr oder weniger umfangreicher Blastocoelrest (Abb. 77 d) auf der prospektiven Cephalseite der Gastrula persistieren. Es kommt in der Folge zum Durchbruch und zur Vereinigung mit der Urdarmhöhle.

Eine solche Ergänzungshöhle tritt regelmäßig bei *Pelobates*, häufig bei *Alytes*, *Salamandra*, *Megalobatrachus* und den Gymnophionen sowie oft – wenn auch nicht immer – bei *Rana* auf. Im übrigen ist sie auch beim Altfisch *Amia* nachweisbar.

Die Vorgänge der hier bisher nur äußerst unzulänglich und kurz zusammenfassend geschilderten Gastrulation sind in der Realität wesentlich komplizierter. Man vergleiche hierzu auch das im Abschnitt 9.4 Gesagte. Im einzelnen entwirft die vor allem mittels Vitalfarbstoffen und Farbmarken vorzunehmende Analyse (Abb. 97 a–c) der beteiligten morphogenetischen Bewegungen ein recht kompliziertes Bild einer **Kombination von Epibolie und Embolie**.

---

trMycoe	transitorisches Myocoel
Vcaa	Vena cardinalis anterior
Vcap	Vena cardinalis posterior
Urng	Urnierengang (Wolffscher Gang)
veMe	ventrales (= gastrales) Mesoderm
vUl	ventrale Urmundlippe (Blastoporuslippe)

Im Zusammenhang mit ersterer wandern die praesumptiven epidermalen und neuralen ectodermalen Bezirke in anterioposteriorer Richtung (vgl. auch Abb. 97 d + e), wobei sich die Zellen stark ausdehnen. Der epidermale Bereich ist dadurch verlängert, der neurale schildförmig.

Eine genauere Analyse der frühen Gastrulationsphasen bei *Xenopus* (Abb. 78 Be–g) hat gezeigt, daß die tieferliegenden Zellen der dorsalen Marginalzone sich verlängern und unter radialer Interdigitation Protusionen nach außen vortreiben und sich so gleichsam an die Blastulaperipherie schieben. Dieser Prozeß und eine anschließende Abflachung der Zellen führen – auch unterstützt von Zellteilung – zu einer Vergrößerung der Keimoberfläche und damit zur Epibolie.

Diese abgeflachten Zellen formieren nach der Involution um die dorsale Blastoporuslippe einen Strom von mesodermalen Zellen, die unter Verringerung der Schichtdicke animalwärts wandern (Abb. 78 Bf + g). Dabei werden die prospektiv entodermalen Zellen sowie die an der Spitze der Invagination liegenden Flaschenzellen noch mehr verflacht; sie bilden vornehmlich das dorsale, bei Anuren ja entgegen den Urodelen (Abb. 77 i) von Anfang an mesentodermale Dach des Archenterons (Abb. 77 k und 78 Bg). Bei *Ambystoma maculatum* konnte demonstriert werden, daß die prospektiven Mesodermzellen bei ihrer Wanderung entlang der Innenseite des Ectoderms Lamelli- und Filopodien ausformieren, die vor allem gegen den animalen Keimpol ausgerichtet sind. Sie lagern auf einem Netzwerk von auf der Ectoderminnenseite ausgebildeten extrazellulären Fibrillen, das unter Kontaktorientierung die Wanderungsrichtung der Mesoblastzellen steuern dürfte.

Die **Embolie** (Invagination) der inneren Keimblätter ins Blastocoel ist Produkt zahlreicher Teilprozesse. Sie beginnt mit der schon erwähnten Flaschenzellen-Bildung. Die **Konvergenz** (dorsale Raffung, Dorsalkonvergenz des Mesoderms) entspricht der Einwärtswanderung der oberflächlichen Zellen zum äußeren Rand der Blastoporuslippen [Abb. 97 d + e (dicke Pfeile)] und ist ein Umwachsungsprozeß. Dann geschieht die **Involution** (Einrollung) um die Urmundlippe. Die Invagination ist besonders in dorsal-medianen Bereich stark und erfolgt – wie schon gezeigt – aktiv durch Zellmobilität, passiv durch mechanische Wirkungen. Die Rolle von Zellproliferationen ist bei Amphibien bescheiden. Man beachte auch, daß der Urmundrand nach seitlich und ventral herumgreift.

Die sich anschließende **Divergenz** [Abb. 97 d + e (dünne Pfeile)] ist nach Einrollung der Zellen über die Urmundlippen eine Gegenbewegung zur Konvergenz. Sie führt zum Auseinanderweichen der Zellen in ihre künftige dorsale Lage im Bereich der Mesoderm- (Urodelen) bzw. Mesentodermanlage

(Anuren). Dann kommt es zur **Extension**, zur Keimverlängerung in anterior-posteriorer Richtung (vgl. auch Abb. 77 f). Erwähnenswert ist schließlich, daß ein Teil der Masse der dotterhaltigen Entodermzellen bei der alten Gastrula als temporärer Dotterpfropf im Blastoporus liegt (Abb. 77 e).

Die Amphibien-Gastrulation stellt einen umfangreichen Prozeß dar, bei dem mehr als die Hälfte der Blastulaoberfläche ins Keimesinnere verfrachtet wird.

Die „klassische", noch in vielen Lehrbüchern dargestellte Schilderung des Gastrulationsablaufes geht von einer einschichtigen Lagerung der prospektiven Keimblätter bzw. Blasteme auf der Blastula-Oberfläche aus. Es sei aber betont, daß Løvtrup (1965 ff.) für Anuren und Urodelen und von ihm unabhängig Keller (1975 ff.) für *Xenopus* auf Grund von Analysen des individuellen Zellverhaltens bzw. auch von Experimenten wohl mit Recht eine andere Meinung vertreten, die im Prinzip (wenn auch modifiziert) ebenfalls von der Nieuwkoopschen Schule ausgesprochen wird. Nach diesen Auffassungen zeigt bereits die Blastula eine mehrschichtige Anordnung der Keimblätter (Abb. 78 A, Ba–d). Das Chordamesoderm liegt nach Løvtrups Vorstellungen bei Urodelen vor der Gastrulation zwar noch außen, das übrige Mesoderm befindet sich dagegen bereits innen. Bei Anuren ist die Innenanlage des gesamten Mesoderms verstärkt, da ja anläßlich der Einstülpung des Urdarmdaches dessen gegen das Gastrocoel zu gerichtete Partie bereits entodermal ist. Somit dürften bei dieser Ordnung beträchtliche periphere Entodermanteile um

die dorsale Blastoporuslippe nach innen verlagert werden (vgl. auch Abb. 78 Bh + i).

In diesem Zusammenhang sei erwähnt, daß neueste Vitalfärbungsbefunde am sich ja fast discoidal furchenden Holostier *Amia calva* (Abb. 90 n) vermuten lassen, daß auch dort viele, wenn nicht gar alle mesentodermalen Zellen a priori im Keiminnern liegen und keine Invagination derselben um die dorsale Blastoporuslippe vorkommt.

Am Gastrulationsende findet sich im Inneren ein großes Urdarmlumen (= **Gastrocoel**). Nach Rückzug des **Dotterpfropfens** nach beendeter Epibolie wird der Urmund mehr und mehr eingeengt; er wird schließlich zu einem engen Ring. Bei Urodelen geht aus dem Urmund dann direkt der After hervor, während bei Anuren ein vorübergehender Urmundverschluß eintritt und der Anus nachher sekundär durchbricht.

Da die Mesoderm-Ablösung bei Frosch- und Schwanzlurchen variiert, ist der Bau des Urdarmdaches der Gastrula unterschiedlich (Abb. 77 i + k):

Die *Anuren* haben eine typische Mesentoderm-Anlage; das das Urdarmlumen durchgehend begrenzende Entoderm sondert sich unter Delamination und Bildung eines Spaltraumes vom peripher liegenden Mesoderm (Abb. 77 k), wobei die Spalte von dorsal nach ventral fortschreitet. Median unter der Chorda liegt ein transitorischer **Hypochord** (subchordaler Stab). Damit ist der Darm dorsal kurz offen; er wird aber bald durch das zusammenwachsende Entoderm geschlossen. Nur im Gebiet der **praechordalen Platte**, die zur Induktion von

---

Abb. 78.   Neue Interpretationen des Gastrulationsablaufes bei den Amphibien. Vgl. auch Abb. 97 sowie Abb. 65 g–l.

A Urodela: a–d mehrschichtiger Anlageplan für die Molchblastula (nach Løvtrup 1965): **a** Ansicht von der Dorsal- oder Blastoporusseite; **b** medianer Querschnitt; **c** Lateralansicht; **d** medianer Sagittalschnitt. Die Pfeile bei **b** und **d** bezeichnen das ungefähre spätere Schicksal der unterlagernden Mesodermzellen.

B Anura: a–d mehrschichtiger Anlageplan für die Froschblastula (nach Løvtrup 1965). **a–d** entsprechen in ihrer Orientierung den entsprechenden Darstellungen in **A**. Die Pfeile in **d** bezeichnen das ungefähre Schicksal des tiefer liegenden Ektodermbereiches.

e–g Verhalten der Marginalzone während der Gastrulation von *Xenopus laevis* (nach Keller 1981) (vgl. S. 205): **e** erste Hälfte der Gastrulation: Ausbreitung der Marginalzone

gegen den vegetativen Pol *(große Pfeile)* unter Interdigitation der Zellen mehrerer tiefliegender Schichten *(kleine Pfeile);* diese wandern nach der Involution um die Blastoporuslippe als prospektives Mesoderm gegen den animalen Pol. Die flaschenförmigen Zellen sind noch eine dicke kompakte Masse; **f** weiterer Gastrulationsablauf: fortgeführte Strömung dieser mesodermalen Zellen, wobei die abgeflachten, gleichfalls involvierten Oberflächenzellen zusammen mit den flaschenförmigen Zellen das dorsale Dach des Archenterons (Urdarms) bilden; **g** späte Gastrulation mit flachen, das Archenteron auskleidenden Entodermzellen. Das in **e** und **f** angegebene *helle Dreiecksymbol* bezeichnet die morphologischen Änderungen der tiefer liegenden Zellen, die diese beim Erreichen der Blastoporuslippe durchmachen. Die Keimblattzugehörigkeit ist nur angegeben für die Zellen, welche die Blastoporuslippe bereits passiert haben.

h, i Anlageplan der inneren Marginalzone der frühen Anurengastrula in lateraler bzw. in leicht geneigter Dorsalansicht [nach Vogt (1929) in der durch Pasteels (1942) und Nieuwkoop-Florschütz (1950) korrigierten Fassung].

doRume   dorsales Rumpfmesoderm
doWa(Ud) dorsale Wand des Urdarms
EpEc   Epiectoderm
ffZe   flaschenförmige Zellen
Heme   Herzmesoderm
HypEc   Hypoectoderm
I   Interdigitationen
Kome   Kopfmesoderm
M   Wanderung gegen den animalen
          Keimpol
PhEn   Pharynxentoderm
plaEc   placodales Ectoderm
Schme   Schwanzmesoderm
suchSt   subchordaler Stab (= Hypo-
          chord)
veRume   ventrales Rumpfmesoderm

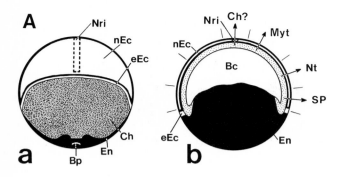
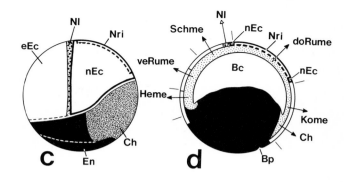
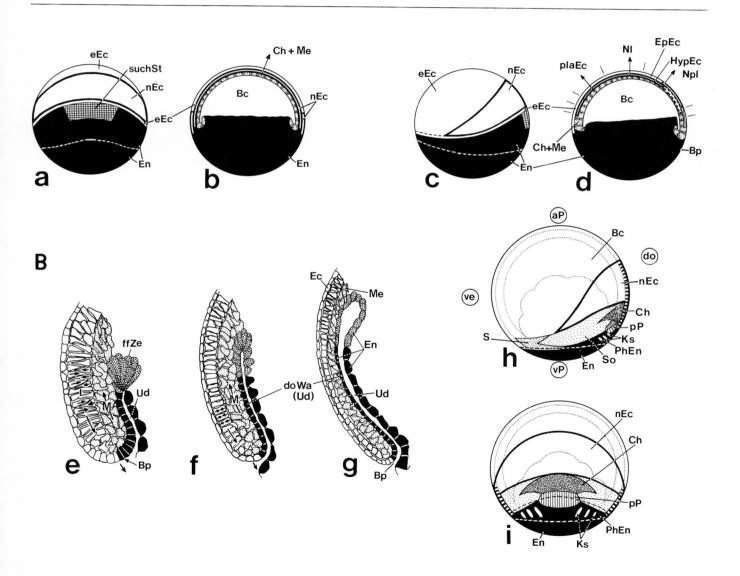

cephalen Strukturen wichtig ist, findet sich eine dauernde kontinuierliche Verbindung zwischen Chorda, Mesoderm und Urdarm-Entoderm.

Man beachte im weiteren, daß das Mesoderm auch nach seiner Ablösung vom Entoderm lateral und ventral noch mit der Urmundregion in Verbindung bleibt; hier wird unter Einrollung noch weiteres Mesoderm nach innen verlagert.

Bei den *Urodelen* ist der genetische Zusammenhang des Mesoderms mit dem Entoderm reduziert. Entgegen den Froschlurchen ist der Urdarm nämlich nicht von Anfang an geschlossen, sondern – mit Ausnahme des Kopfdarmes – mit einer weiten dorsalen Entodermspalte versehen. Das dorsale Urdarmdach besitzt anfänglich kein Entoderm; es besteht aus der prospektiven Chorda und dem durch Immigration aus fast dem ganzen Blastoporusumfang entstandenen Mesoderm, das fest mit der Chorda verwachsen ist und von dorsal her die Entodermrinne umgibt (Abb. 77i). Ento- und Mesoderm bilden somit zwei ineinander geschachtelte, in etwa kugelförmige, gegeneinander offene rinnenartige Gebilde, die indes an den ventralen und lateralen Urmundrändern sowie in der praechordalen Platte zusammenhängen. In der Folge schließt sich die Entodermrinne zum Darmrohr und das Mesoderm umwächst das Entodermrohr ventralwärts.

Zentrum des Mesoderms ist die mediane **Chorda-Anlage**. Entgegen den urtümlichen Chordaten (Acrania) ist das mittlere Keimblatt *primär unsegmentiert* und besonders bei Urodelen durch ein schon früh umfangreiches, durch Schizocoelie (Spaltraumbildung) entstandenes **Coelom** ausgezeichnet. Dieses bildet in den prospektiven Ursegmenten das transitorische Myocoel, in der künftigen Seitenplatte die eigentliche sekundäre Leibeshöhle.

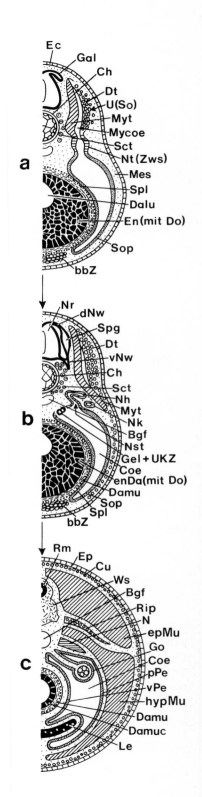

Abb. 79. Sukzessive postgastruläre Ausdifferenzierung des Wirbeltiergrundbauplanes (schematische Querschnitte). Vgl. auch Abb. 77f–h und 80 sowie 105, 106a+b, 108, 110c–k und 111.

a, b Jüngeres bzw. älteres postneurales Stadium (Schwanzknospenstadium und älter) (vgl. auch Abb. 4b und 77g+h); **c** Adultsituation.

bbZ	ventrale blutbildende Zellen
Cu	Cutis (Dermis, Unterhaut)
Dalu	Darmlumen
Damu	Darm-Muskulatur
Damuc	Mucosa des entodermalen Darmes
dNw	dorsale Nervenwurzel
en	entodermal
epMu	epaxonische Rumpfmuskulatur (Skelettmuskulatur)
Gal	Ganglienleiste
hypMu	hypaxonische Rumpfmuskulatur (Skelettmuskulatur)
Mycoe	Myocoel
Nk	Nierenkanälchen
Nst	Nephrostom
pPe	parietales Peritoneum (Coelomwand)
Rip	Rippe
Sct	Sclerotom
Spg	Spinalganglion
vNw	ventrale Nervenwurzel
vPe	viscerales Peritoneum (Coelomwand)
Ws	Wirbelsäule
Zws	Zwischenstück (Nephrotom)

Tabelle 54. Bildungsleistungen der Wirbeltierkeimblätter (stark vereinfacht)

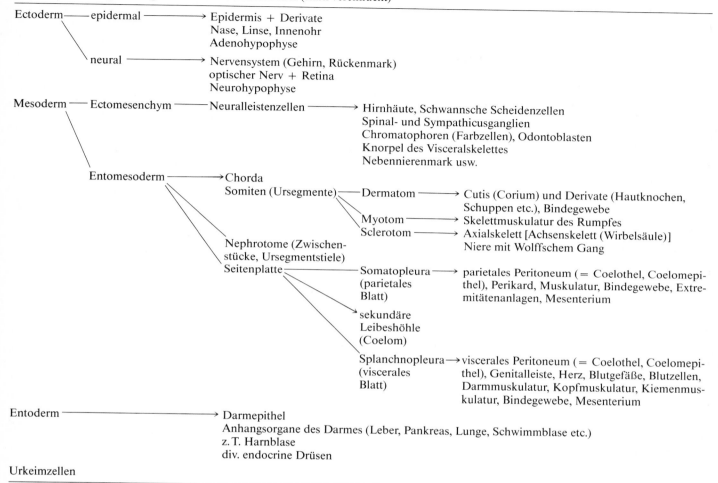

Ectoderm——epidermal ————→ Epidermis + Derivate
                              Nase, Linse, Innenohr
                              Adenohypophyse
          neural ————→ Nervensystem (Gehirn, Rückenmark)
                              optischer Nerv + Retina
                              Neurohypophyse

Mesoderm —— Ectomesenchym ———— Neuralleistenzellen ————→ Hirnhäute, Schwannsche Scheidenzellen
                              Spinal- und Sympathicusganglien
                              Chromatophoren (Farbzellen), Odontoblasten
                              Knorpel des Visceralskelettes
                              Nebennierenmark usw.

          Entomesoderm ————→ Chorda
                              Somiten (Ursegmente)—— Dermatom ————→ Cutis (Corium) und Derivate (Hautknochen,
                                                                      Schuppen etc.), Bindegewebe
                                                     Myotom ————→ Skelettmuskulatur des Rumpfes
                                                     Sclerotom ————→ Axialskelett [Achsenskelett (Wirbelsäule)]
                                                                      Niere mit Wolffschem Gang
                              Nephrotome (Zwischen-
                              stücke, Ursegmentstiele)
                              Seitenplatte ———— Somatopleura ————→ parietales Peritoneum (= Coelothel, Coelomepi-
                                                (parietales   thel), Perikard, Muskulatur, Bindegewebe, Extre-
                                                Blatt)   mitätenanlagen, Mesenterium
                                                sekundäre
                                                Leibeshöhle
                                                (Coelom)
                                                Splanchnopleura ——→ viscerales Peritoneum (= Coelothel, Coelomepi-
                                                (viscerales   thel), Genitalleiste, Herz, Blutgefäße, Blutzellen,
                                                Blatt)   Darmmuskulatur, Kopfmuskulatur, Kiemenmus-
                                                                     kulatur, Bindegewebe, Mesenterium

Entoderm ————————→ Darmepithel
                    Anhangsorgane des Darmes (Leber, Pankreas, Lunge, Schwimmblase etc.)
                    z. T. Harnblase
                    div. endocrine Drüsen

Urkeimzellen

Anläßlich seiner weiteren Durchgliederung teilt sich das Mesoderm aber bald auf beiden Körperseiten jeweils in die metameren **Somiten (Ursegmente)** und **Nephrotome** (Zwischenstücke, Ursegmentstiele) und die ungegliederte **Seitenplatte** auf.

Die anfänglich den Hohlraum des Myocoels umschließenden Ursegmente zerfallen in der Folge in **Derma-, Myo-** und **Sklerotom** (Tabelle 54). Die Seitenplatten umgeben von beiden Seiten her den Darm und spalten sich in die dem Darm anliegende **Splanchnopleura** (splanchnisches Blatt) und die außen liegende **Somatopleura** (somatisches Blatt) auf. Der diese Schichten trennende, unter Schizocoelie (Spaltraumbildung) entstandene Hohlraum ist das **Coelom** (sekundäre Leibeshöhle).

Über das weitere Schicksal dieser Anteile geben Tabelle 54 und u. a. Abb. 79 Auskunft.

Es sei an dieser Stelle auf die speziell in amerikanischen Lehrbüchern vertretene „unglückliche" Gewohnheit hingewiesen, besonders bei meroblastischen Ontogenesen (Huhn) unter „Splanchnopleura" nicht nur den mesodermalen Anteil, sondern auch die darunterliegende Entodermschicht zu verstehen. Ebenfalls wird dann das die somatische Schicht des Seitenplattenmesoderms überdeckende Ektoderm in den Begriff der „Somatopleura" mit eingeschlossen.

Nach dem Blastoporus-Verschluß sind die Voraussetzungen zur Neurulation (Abb. 80 a–c) gegeben; deren Faltenbildung setzt freilich schon etwas vor dem Blastoporus-Verschluß ein.

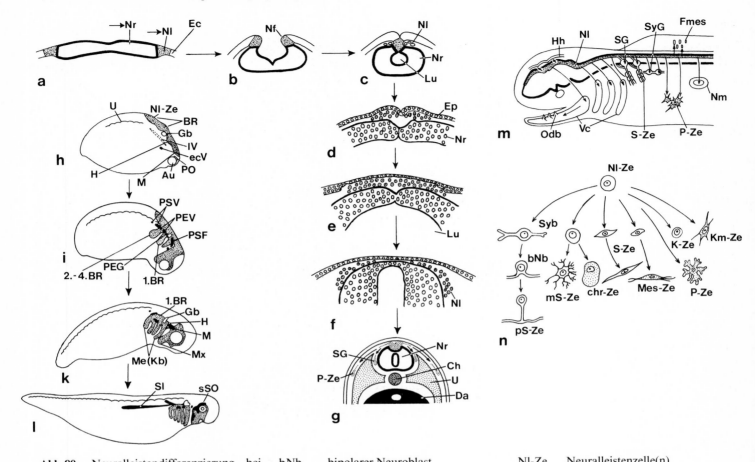

Abb. 80. Neuralleistendifferenzierung bei Wirbeltieren, dargestellt am Amphibienbeispiel (schematisiert).

a–g Bildung und Auswanderung der Neuralleistenzellen (Querschnitte): **a** prospektive Lage der Neuralleistenzellen vor der Neurulation; **b** Auffaltung der Neuralwüste; **c** Schluß derselben zum Neuralrohr und beginnende Auswanderung der Neuralleistenzellen; **d–f** sukzessive Stadien der anfänglichen Ausbreitung derselben über den dorsalen Bereich des Neuralrohrs; **g** weitere Auswanderung im Körper.
h–l Ausbreitung der cranialen Neuralleistenzellen bei *Ambystoma*. Die Placoden der lateralen Sinnesorgane und die Kopfganglien sind dunkel gehalten.
m Bildungsleistungen der Neuralleistenzellen bei der Amphibienlarve.
n schematisierte Darstellung der histologischen Differenzierungsmöglichkeiten der Neuralleistenzelle.

bNb	bipolarer Neuroblast
BR	branchiale Neuralleistenzellen
1. BR	Neuralleistenzellen des 1. Kiemenbogens
2.–4. BR	Neuralleistenzellen des 2.–4. Kiemenbogens
chr-Ze	chromaffine Zelle
ecV	ectodermale Verdickung der Hyomandibularspalte
Fmes	Flossensaummesenchym
H	hyoidale Neuralleistenzellen
Hh	Hirnhäute
K-Ze	Knorpel-Zelle
Km-Ze	Kopfmesenchym-Zelle
Lu	Lumen
lV	longitudinale Ectodermverdickung
M	mandibuläre Neuralleistenzellen
Me(Kb)	Mesoderm der Kiemenbögen
Mes-Ze	Mesenchym-Zelle (Leptomeninx)
mS-Ze	multipolare Sympathicus-Ganglienzelle
Mx	maxilläre Neuralleistenzellen
Nl-Ze	Neuralleistenzelle(n)
Nm	Nebennierenmark
Odb	Odontoblasten (Dentinkeime der Zähne)
Peg	epibranchiale Placode des Nervus glossopharyngeus
Pev	epibranchiale Placode des Nervus vagus
PO	ophthalmische Placode
PSF	Seitenlinien-Placode des Nervus facialis
PSV	vagale Seitenlinienplacode
pS-Ze	pseudounipolare Spinalganglienzelle
P-Ze	Pigmentzelle
SG	Spinalganglion
Sl	Seitenlinie
sSO	supraorbitale Gruppe von Sinnesorganen
Syb	Sympathicoblast
SyG	Sympathicus-Ganglion
S-Ze	Schwannsche Scheidenzelle
Vc	Knorpel des Viscerocraniums

Abb. 81. Bildung der Körpergrundgestalt nach bilateralsymmetrischer Furchung bei *Branchiostoma lanceolatum* (schematisiert). Vgl. auch Abb. 43/14.

a, b Junge bzw. alte Gastrula (sagittal); **c** Keim in beginnender Neurulation mit ausgebildeten Mesodermrinnen (entsprechend **d**) (sagittal); **d** Keim mit ausgebildeten Mesodermrinnen und einem Ursegment (quer); **e** Keim mit 5 Ursegmenten (quer); **f–h** Embryo mit 10–11 Ursegmenten (quer, sagittal und horizontal geschnitten). **i, k** sukzessive Differenzierung des Mesoderms, der Coelomanteile und des ectodermalen Peribranchialraumes bei verschieden alten Larven bzw. beim Adulttier (**k**).

Ao	Aorta
Aow	Aortenwurzel
Cneu	Canalis neurentericus
Cu	Cutis
Ea	Endostylarterie
Ecoe	Endostylcoelom
Ebr	Epibranchialrinne
Fk	Flossenkämmerchen
Glo	Glomerulus
Gocoe	Gonadencoelom (Genitalhöhle)
Hybr	Hypobranchialrinne
Hkb	Hauptkiemenbogen
Kbcoe	Kiemenbogencoelom
Kcoe	sich vom Urdarm abschnürender unpaarer Coelomdivertikel, bildet später die Praeroralhöhle *(links)* und die Kopfhöhle *(rechts)*
Kgef	Kiemengefäß
Meri	Mesodermrinne
Mpcoe	Metapleuralcoelom
Mpf	Metapleuralfalte
Myc	Myocoel
Mym	Myomer
Nik	Nierenkanälchen
Np	Neuroporus
Nw	Neuralwulst (Medullarwulst)
Pr	Peribranchialraum
sCoe	subchordales Coelom
sgS	skelettogene Schicht
Spc	Splanchnocoel
Spt	Splanchnotom
Suv	Subintestinalvene

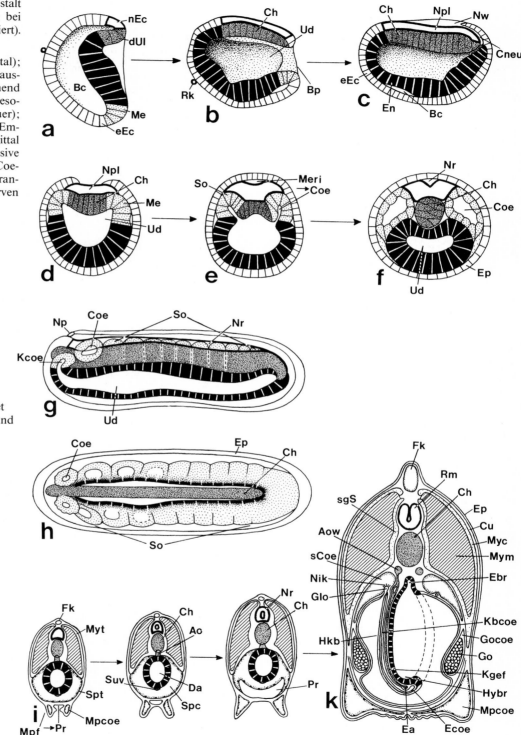

Die auch für Amphibien typische Einfaltung der **Neuralfalten** (Medullarfalten) zum **Neuralrohr** wurde schon auf S. 194 dargestellt. Das postgastruläre, für diesen Ablauf charakteristische Stadium wird als *Neurula* (Abb. 77 f) bezeichnet.

Die Neuralfalten-Bildung gibt auch Anlaß zur Ablösung des Ectomesenchyms in Form der **Neuralleistenzellen** (Abb. 80 a–g). Diese immigrieren beidseitig aus den Neuralfalten und sind hinsichtlich ihrer Bildungsleistung ausgesprochen pluripotent und zur im folgenden nur vereinfacht resümierten Bildung der unterschiedlichsten Zellen befähigt (Abb. 80 und Tabelle 54).

Im Rumpf werden vor allem Pigmentzellen [Melano-, Xantho- (= Erythro-) und Guanophoren (= Iridophoren)], Spinalganglien, viele Ganglien des vegetativen Nervensystems (wie Sympathicus- und Parasympathicusganglien u. a.), Zellen der peripheren Glia (Oligodendroglia), die Schwannschen Scheidenzellen, Zellen der Leptomeninx, die chromaffinen Zellen des Nebennierenmarks und der Paraganglien und schließlich das Flossensaummesenchym formiert. Die cranialen Neuralleistenzellen bilden neben Pigmentzellen die sensiblen Kopfganglien der Gehirnnerven V, VII, IX und X und daneben auch parasympathische und weitere Ganglien. Dann gehen die Odontoblasten, Anteile des Kopfmesenchyms und Knorpel- bzw. – bei in der Folge verknöchernden Knochen – auch Knochenzellen, die die Visceralbögen, die Trabeculae cranii, teilweise die Parachordalia und weitere Skelettelemente aufbauen (vgl. Abb. 105 a + b), auf Neuralleistenzellen zurück.

Doch sei betont, daß bei den verschiedenen Wirbeltiergruppen der Bildungsanteil der Neuralleistenderivate generell etwas variiert.

Auch haben aus Placoden (= verdickten Bezirken des lateralen Ectoderms; Abb. 10/30) stammende Zellen an verschiedenen, durch Neuralleistenabkömmlinge aufgebauten Strukturen ebenfalls Bildungsanteile. Dies gilt vornehmlich für die sensiblen Kopfnerven-Ganglien, das Kopfmesenchym sowie das Gliagewebe.

9.2.2.2 Keimblattbildung nach bilateralsymmetrischer Furchung

Der als Beispiel darzustellende Lanzettfisch *Branchiostoma lanceolatum* besitzt am Furchungsende eine Coeloblastula mit zentralem Blastocoel, wobei das Epithel am animalen Pol niedriger als am vegetativen ist (Abb. 43/14). Die der Chordamesoderm-Anlage entsprechenden, infolge der determinativen Entwicklung durch einen Zellstammbaum darstellbaren, früh determinierten Zellen umgeben ringförmig die Randzone (vgl. Abb. 65 c + d). Die zum Verschwinden des Blastocoels führende **Invagination** des Mesentoderms verläuft asymmetrisch, da der Bereich am Rand der vegetativen Hemisphäre zuerst eingestülpt wird (Abb. 81 a). Doch wird die dorsale Urmundlippe im Folgenden betont. Das Blastocoel verschwindet vollständig. Der Blastoporus liegt auf der prospektiven Dorsalseite am hinteren Körperende (Abb. 81 b). Die **Neurulation** (Abb. 81 c–f und 101 d) erfolgt durch Einsenkung einer Medullarplatte, die gleichzeitig von lateralem, sich überschiebendem Ektoderm überdeckt wird. Wie bei Wirbeltieren (S. 194) werden ein Canalis neurentericus (Abb. 81 c) und ein Neuroporus (Abb. 81 g) gebildet.

Die Ablösung des Mesoderms erfolgt unter **Enterocoelie,** indem der Urdarm mit zwei dorsolateralen, sich abfaltenden Mesodermrinnen versehen ist (Abb. 81 d + e). Diese gliedern als Mesodermsegmente seriale, jeweils mit Coelom versehene Blindsäcke (= Somiten) ab (Abb. 81 f–h).

Vergleichbares kommt bei den Cyclostomen vor. Auch bei Ascidien (z. B. *Clavelina*) ist die Ablösung ähnlich; doch fehlen diesen entgegen den Neunaugen die Coelomkammern.

Zunächst werden bei *Branchiostoma* nur 8–9 Paare von **Coelomsäcken** gebildet, die das axiale Mesoderm formieren; die caudalen Anteile bleiben noch ungegliedert. Die sekundäre Leibeshöhle ist nur bei den ersten 2–3 Säcken deutlich; bei den hinteren, anfänglich dicht gefalteten Mesodermanlagen tritt das Coelom erst bei der Larve deutlich in Erscheinung.

Abb. 82.   Bildung der Körpergrundgestalt nach Spiralfurchung I: Gastrulationsformen bei spiralig sich furchenden Mollusken (schematisiert).

Typen: *D* Delamination; *E* Einkrümmung; *Ep* Epibolie (Umwachsung); *Im* Immigration; *In* Invagination (Embolie).
Systematische Zugehörigkeit: *A* Aplacophora (Solenogastres); *B* Bivalvia; *O* Opisthobranchia; *P* Polyplacophora; *Pr* Prosobranchia; *Pu* Pulmonata; *S* Scaphopoda.

Beispiele: **a** *Chiton polii;* **b** *Dentalium dentale;* **c** *Cyclas corneus;* **d** *Viviparus viviparus;* **e** *Pomatias elegans;* **f** *Elysia viridis;* **g** *Lymnaea stagnalis;* **h** *Agriolimax agrestis;* **i** *Bradybaena fruticum;* **k** *Neomenia carinata;* **l** *Patella* sp.; **m** *Firoloides desmaresti;* **n** *Halomenia gravida;* **o** *Littorina divaricata;* **p** *Ostrea* sp.; **q** *Rhodope verani;* **r** *Pterotrachea mutica;* **s** *Neritina fluviatilis;* **t** *Yoldia limatula;* **u** *Crepidula fornicata;* **v** *Clione limacina;* **w** *Nassarius reticulatus.*

Anatomische Details:

ACG   Anlage des Cerebralganglions
AKbl Anlage der Kopfblase
Ap   Apikalplatte (Scheitelplatte)
tEc   transitorisches Ectoderm
Wk   Wimpernkranz

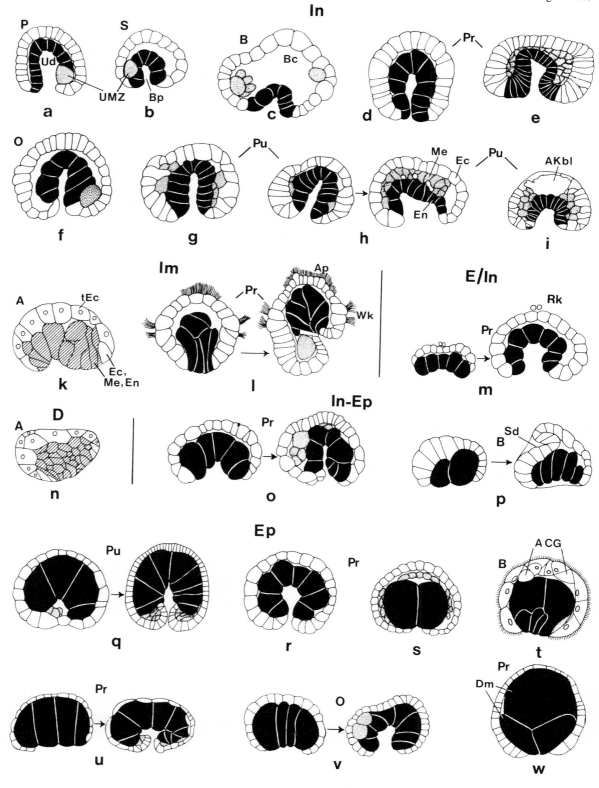

Cephal schnürt sich aus dem Urdarm die Praeoral- oder **Kopfhöhle** ab. Sie ist primär unpaar (Abb. 81 g) und könnte dem Axocoel der Archicoelomaten entsprechen. Später teilt sie sich asymmetrisch in zwei Teile, wobei nur der rechte Sack groß ist. Auch die caudal folgenden Coelomsäcke der Körperseiten verschieben sich asymmetrisch. Aus dem mittleren Urdarmdach entsteht die **Chorda**.

Schließlich kommt es im Urmundbereich noch zur Proliferation von mesodermalem Zellmaterial des peristomalen Mesoderms.

Die weitere Durchgliederung des Mesoderms (Abb. 81 i + k) wird unterschiedlich gesehen, wenn auch der anfänglich segmentierte Coelomcharakter allgemein anerkannt wird. So wird etwa eine mit den Wirbeltieren vergleichbare typische Dreigliederung vertreten. Meist akzeptiert man aber eine Aufteilung in ein dorsales **Myotom** und ein später unsegmentiertes ventrales **Splanchnotom**; diese Teile isolieren sich in der Folge voneinander. Beide sind mit einem parietalen somatischen und einem visceralen splanchnischen Blatt versehen. Aus der sekundären Leibeshöhle des Splanchnotoms trennt sich bei der Anlage der Kiemenspalten das **subchordale Coelom** ab; die Anlage der **Genitalhöhle** erfolgt im Myotom.

9.2.2.3 Keimblattbildung nach Spiralfurchung

Als „Grundmodell" des Spiraliertyps dienen uns im folgenden vornehmlich die Verhältnisse der Polychaeten. Die wichtigsten Abwandlungen bei den übrigen Gruppen sind indessen jeweils aufgeführt.

Infolge des determinativen Grundcharakters der Entwicklung lassen sich einzelne „Keimblattzellen" wie die 4 d-Urmesodermzelle als praesumptives oder prospektives Mesoderm schon anläßlich der Furchung erkennen (Abb. 2 a und 49); doch handelt es sich hierbei noch um kein Keimblatt, sondern eben nur um eine Einzelzelle.

Je nach Dottergehalt erfolgt später die *Entoderm-Ablösung* durch **Epibolie** (bei Dotterreichtum) bzw. durch **Embolie** (bei dotterarmen Keimen). Doch gibt es – wie Abb. 82 für Mollusken ausweist – im einzelnen zahlreiche Varianten.

Die Invagination (vgl. auch Tabelle 57) kommt bei Nemertinen, einigen Polychaeten *(Polygordius, Podarke, Eupomatus),* Lumbriciden, *Sipunculus,* bei Kamptozoen *(Pedicellina)* und diversen Mollusken (Abb. 82 a–h) vor. Sie ist durch eine Längsstreckung des Urmundes zur Blastoporus-Spalte begleitet, welche letztere sich auf unterschiedliche Weise verschließt (S. 188).

Epibolische Umwachsung tritt z. B. bei den meisten Polychaeten, dem Sipunculiden *Phascalosoma* und manchen Mollusken (Abb. 82 o–w) als sicher sekundärer Zustand ein. Dabei ist infolge der sukzessiven Macromerenüberwachsung durch die Micromeren die Abgrenzung der Gastrulation von der Furchung oft nicht leicht durchzuführen (vgl. Abb. 69 f + g als Extremfall).

Die zweiteilige *Ablösung des mittleren Keimblattes* erfaßt das **Entomesoderm** und das **Ectomesenchym** (vgl. Abb. 83 k).

Letzteres stammt aus den **Micromerenquartetten** (besonders dem 2. und 3.). Es hat bei Plathelminthen und Mollusken zusammen mit dem gleichfalls mesenchymbildungsfähigen Entomesoderm u. a. Anteil am Aufbau von Mesenchym, von umfangreichem Bindegewebe und Muskulatur. Dabei ist es im einzelnen oft schwierig, die Bildungsleistungen der beiden Keimblatt-Anteile genau auseinander zu halten.

Bei Polychaeten formiert das Ectomesenchym auch die Muskulatur der Prostomialanhänge (Palpen, Antennen) und die

Abb. 83. Bildung der Körpergrundgestalt nach Spiralfurchung II: Annelida **(a–g)** und Mollusca **(h–p)** (schematisiert). Vgl. auch Abb. 67 B, 84 und 103 e + f.

a, b *Tubifex rivulorum* (Oligochaeta): Entwicklung der Ectoteloblasten (**a** von caudal gesehen) und der aus ihr hervorgehenden ectodermalen Zellreihen (**b** von rechts gesehen) mit unterschiedlicher Bildungsleistung.
c–g *Scoloplos armiger* (Polychaeta): Entwicklung der Mesodermstreifen, der Coelomkammern sowie weitere Durchgliederung des Mesoderms (**c, d** Frontalschnitte, **e–g** Querschnitte).
h *Patella* sp. (Prosobranchia): Praeveliger (Frontalschnitt) mit sich ins Coelenchym auflösenden Zellen der Mesodermanlage.

i *Viviparus viviparus* (Prosobranchia): postgastruläres Stadium (Sagittalschnitt) mit atypischer Mesodermbildung (ausschließlich aus Ectomesenchym) und peranaler Eiklaraufnahme (vgl. Abb. 71 g).
k *Unio* sp. (Bivalvia): ältere Gastrula (Sagittalschnitt) mit Urmesodermzellen, Mesodermstreifen und schon früh invaginierender Schalendrüse. **l–n** *Ostrea edulis* (Bivalvia): Entwicklung der Perikardial-Nierenanlage (Querschnitte). **o, p** *Anodonta cellensis* (Bivalvia): Herzbildung beim jüngeren und älteren Glochidium (Querschnitte). Das Herz liegt schließlich um den Darm herum.

aHew	äußere Herzwand
Bfol	Borstenfollikel
Coel	Coelenchym
Cu	Cuticula

dMes	dorsales Mesenterium
Dogf	dorsales Längsgefäß
EcMes	Ectomesenchym
esZest	ectoteloblastisch entstandener Zellstreifen
Ga	Ganglion
iHew	innere Herzwand
MeTe	Mesoteloblasten
Mick	Mikromerenkappe (1. Micromerenquartett)
Myobl	Myoblast
Neutr	Neurotrochoid
N	Niere(nsack)
Pe	Perikard
Pyec	pygidiales Ectoderm
Vegf	ventrales Längsgefäß
vMes	ventrales Mesenterium
z. T.	teilweise

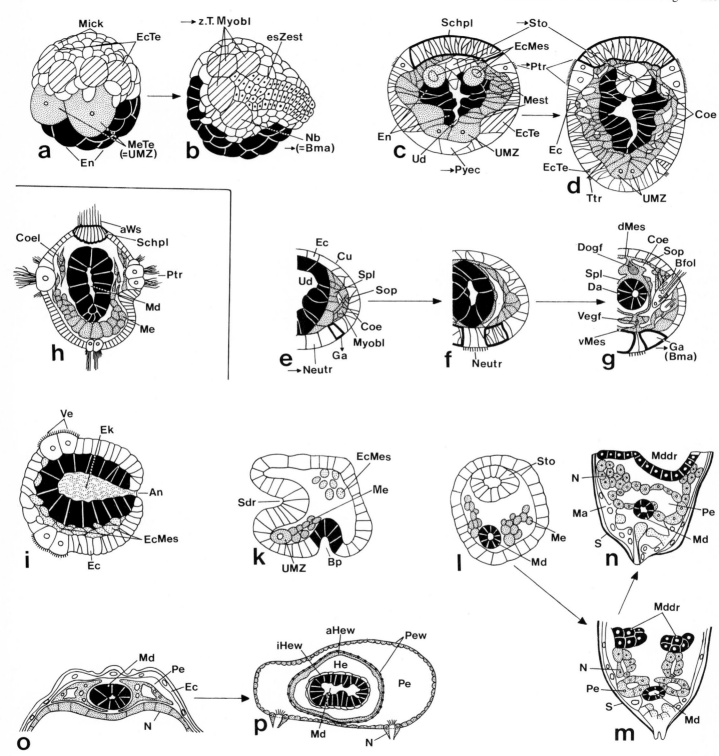

Bindegewebshülle der ganzen Cerebralganglien. Auf die Ablösung des ganzen „Mesoderms" aus dem Ectoderm bei *Viviparus* wurde schon hingewiesen (S. 193).

Das Entomesoderm geht auf die beidseitig am hinteren Urmundrand liegenden **Urmesodermzellen** $4d^1$ und $4d^2$ zurück (Abb. 67 Ba + b und 84 a). Diese lassen die entsprechend paarig angelegten Mesodermstreifen aus sich hervorgehen (Abb. 83 c–g, k).

Bei *Mollusken* sind die **Mesodermstreifen** nur **wenigzellig** (z. B. je 8–9 Zellen bei *Crepidula*). Dementsprechend ist auch das Coelom meist stark reduziert (vgl. Abb. 83 h, k + l und 145 Ab + c); aus der Mesodermanlage entsteht im Prinzip die Gonopericardialhöhle mit dem gonopericardialen Gang. Diese ist mit dem renopericardialen Gang bzw. den renopericardialen Gängen mit dem Nephridium bzw. den Nephridien verbunden, die mit unterschiedlich umfangreichen ectodermalen Anteilen ausgestattet sind (vgl. Abb. 83 l–m).

Bei den *Anneliden* erfolgt dagegen, entgegen den Weichtieren, unter **teloblastischer Sprossung** die Bildung von **umfangreichen Mesodermstreifen** (Abb. 84 b). Diese Mesoblasten formieren zunächst die wenigen, nicht selten in Dreizahl vorhandenen **Larvalsegmente** (Abb. 67 Bc + e). Ihre unter Spaltraumbildung sich konstituierenden Coelomhöhlen sind anfänglich zusammenhängend und gliedern sich erst nachträglich unter synchroner Zerlegung und Einzug von Dissepimenten voneinander ab. Diese von Remane als Deutometameren (Abb. 61) bezeichneten Mesodermsegmente sind auch adultmorphologisch von den weiteren Segmenten geschieden. Oft sind sie ohne Keimzellen und Nephridien bzw. besitzen letztere, wenn sie vorhanden sind, einen abweichenden Bau.

Die im folgenden gebildeten Sprossungs- oder **Imaginalsegmente** (Abb. 67 Bf + d und 84 c) – die Tritometameren Remanes (Abb. 61) – werden in Form von mesodermalen Zellblöcken angelegt, die von Anfang an voneinander getrennt sind. In ihnen entstehen ebenfalls durch Schizocoelie die a priori voneinander isolierten Coelomkammern.

Im Normalfall geht alles Entomesoderm auf die beiden Urmesodermzellen zurück (Abb. 67 Bd). Bei *Eupomatus uncinnatus* und *Tomopteris helgolandica* erschöpft sich – wie schon früher erwähnt – deren Bildungsleistung aber nach dem Aufbau der Larvalsegmente. Die Imaginalsegmente sind bei diesen Polychaetenarten auf eine ectomesoblastische Bildungszone zurückzuführen (Abb. 67 Bf). Bei den Clitellaten liefern drei dorsale Ectoteloblastenpaare (vgl. Abb. 49 p) – neben typischen ectodermalen Strukturen wie Nervensystem und Borstenfollikeln – die Ringmuskulatur, die ja bei den Polychaeten von Mesoteloblasten abstammt.

Hinsichtlich des weiteren Mesodermschicksals sei für Polychaeten nochmals präzisiert, daß **pro Segment ein Paar** durch ein Coelomepithel ausgekleidete **Coelomkammern** gebildet werden (Abb. 83 c–g und 84 d). Diese grenzen entlang der Körperlängsachse mittels **Dissepimenten** als Scheidewände aneinander und hängen durch ihre in der Medianen gelegenen **Mesenterien** den Darm auf (Abb. 142 a + b). In den zwischen diesen doppelwandigen Scheidewänden liegenden Spalträumen, die als Rest der primären Leibeshöhle anzusprechen sind, entstehen auch Blutgefäße (Abb. 83 g).

Die außen liegende Somatopleura bildet das parietale Blatt des Coelomepithels, den Hautmuskelschlauch und die Parapodialmuskeln (Borstenmuskeln), die an den Darm anschließende Splanchnopleura das viscerale Blatt des Peritoneums sowie die Darm-Muskulatur. Das Prostomium bleibt primär frei von Mesoderm; es kann aber sekundär durch dieses besiedelt werden.

Das Ectoderm nimmt seine Entstehung aus den Micromerenquartetten 1–3. Der dorsal liegende Ur-Somatoblast 2 d hat dabei eine Sonderstellung inne. Aus ihm geht die sattelartig dorsalwärts liegende **somatische Platte** (Abb. 70 b + e und 84 a) hervor. Bei ihrem Auswachsen wird der ursprünglich am vegetativen Pol liegende Blastoporus unter einer rund 90° betragenden Drehung auf die künftige Ventralseite verlagert. Er verlängert sich im Zusammenhang mit der Längsstreckung des Keimes zur Blastoporus-Spalte, die – wie schon ausgeführt – auf unterschiedliche Weise verwächst (Abb. 70 e–g und 71 a).

Im Gebiet der Verschlußnaht wird oft ein mit Cilien dotierter **Neurotrochoid** (Abb. 83 e–g und 142 b) gebildet. In dessen Bereich bzw. an den Rändern der somatischen Platte entsteht unter Immigration die Anlage des Bauchmarks. Im Gebiet des hinteren Blastoporus-Randes liefert die somatische Platte die mit **Ectoteloblasten** (Abb. 83 a + b) dotierte ectodermale Sprossungszone, die zur „Kompensation" der mesodermalen Proliferation eingesetzt wird.

Diese für Polychaeten geschilderten Verhältnisse treffen prinzipiell ebenfalls für Clitellaten zu, wobei allerdings hier die somatische Platte – wie schon gesagt – auch mesodermale Elemente liefert. Infolge des gleichen, auf die 2 d-Zelle zurückgehenden Zellstammbaumes sind die Verhältnisse aber homolog.

9.2.2.4 Keimblattbildung nach primär totaler Arthropodenfurchung

Unter den *Tardigraden* ist nur die Entwicklung der als abgeleitet geltenden Eutardigraden in groben Zügen bekannt. Nach der apolaren Immigration des Mesentoderms kommt es durch Spaltraumbildung zur Konstituierung des Urdarmlumens. Vorder- und Enddarm entstehen aus ectodermalen Einsenkungen. Unter **Enterocoelie** aus dem Mitteldarm werden anschließend 5 Coelomsackpaare formiert (Abb. 87 l). Die vier vorderen lösen sich unter **Mixocoelbildung** (vgl. S. 223) auf; das letzte, mit den Urkeimzellen versehene Paar wird zur Gonade.

Abb. 84. Bildung der Körpergrundgestalt nach Spiralfurchung III: Entstehung der Metamerie bei den Polychaeten (schematisiert). Vgl. auch Abb. 67 B.

a Bau der Trochophora (Sagittalschnitt); **b** Auswachsen des Mesodermstreifens und Bildung der Larvalsegmente im Wurmkeim, der die Episphäre gleichsam cephalwärts von sich wegschiebt; **c** Bildung der Imaginalsegmente aus Derivaten der Urmesodermzellen (I: z. B. *Arenicola, Scoloplos*) bzw. aus einer neu gebildeten ectomesoblastischen Sprossungszone (II: z. B. *Eupomatus, Tomopteris*); **d** stark vereinfachte Darstellung einiger definitiver Annelidensegmente.

Coek	Coelomkammer
Diss	Dissepiment
ecmesSz	ectomesoblastische Sprossungszone
Gg	Ganglion
IS	Imaginalsegmente
Kon	Konnektiv
LS	Larvalsegmente
Metn	Metanephridium
pLH	primäre Leibeshöhle
soPl	somatische Platte
Wtr	Wimpertrichter

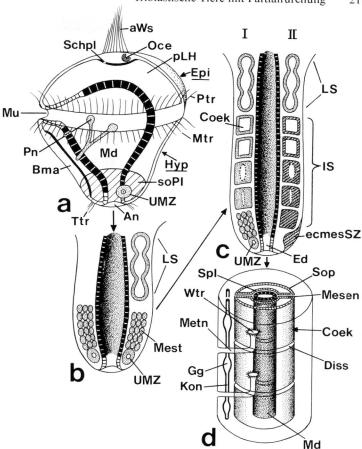

Der dotterarme Typ der gleichfalls schlecht untersuchten *Pantopoda* hat wahrscheinlich eine determinative Entwicklung. Eine von einem Kranz von 8–10 Mesodermzellen umgebene Urentodermzelle sinkt unter Epi-Embolie in die Tiefe.

Bei den ebenfalls determinativen Ontogenesen von *entomostraken Crustaceen* erfolgt die Gastrulation durch Embolie bei *Cyclops* (Abb. 85 e) und *Polyphemus* (Abb. 29 i) bzw. durch eine zum „Hineindrängen" des Mesentoderms führende Kombination von Invagination und Immigration bei *Cetochilus* und *Artemia*. Ausgangspunkt ist immer eine Coeloblastula. Auch diverse Malacostraca wie die Decapoden *Penaeus* (Abb. 29 k) und *Lucifer* sowie *Anaspides* und die Euphausiaceen entsprechen diesem Typ. Die Sterroblastula der Cirripedier *Balanus* und *Lepas* geht unter Epibolie zur Keimblattbildung über.

Oft ist in diesen Fällen eine klare Trennung in Ento- und Mesoderm schwierig. Bei *Artemia* gelangt – ähnlich wie bei den Echiniden – das Mesoderm vor dem Entoderm nach innen.

9.2.3 Triblastische Tiere mit Partialfurchung

9.2.3.1 Keimblattbildung nach superfizieller Furchung

Onychophora

Die dotterreichen Arten besitzen eine sehr umfangreiche Blastoporus-Region (vgl. S. 188); diese liegt in der Keimscheibe im Blastoderm über dem Dotter. Sie umfaßt caudal die **Immigrationszone** des Mesentoderms und der Urkeimzellen sowie cephad eine Spalte. Letztere gliedert sich in der Folge in die Anlagen von Mund und After auf (Abb. 71 b).

Bei *Peripatoides orientalis* läßt sich sogar eine Einstülpung des Entoderms nachweisen, die aber auch hier von einer Proliferation des Mesoderms gefolgt wird.

Besonders bei dotterreichen Formen löst sich das innere Keimblatt in zwei Phasen ab. Die erste, ganz oder teilweise transitorische Entoderm-Generation inkorporiert in vitellophagenartiger Weise den Dotter, während sich die definitiven entodermalen Darmanteile in einer zweiten Ablösungsperiode bilden. Andererseits haben dotterarme Arten wie *Peripatopsis mosleyi* und *sedgwicki* nur eine Entodermgeneration. Die lange aktiv bleibende mesodermale Immigration formiert umfangreiche Mesodermstreifen mit später paarigen segmentalen Coelomhöhlen (Abb. 85 h und 142 c).

Es sei hervorgehoben, daß die Keimblattbildung im Prinzip bei dotterarmen und dotterreichen Arten aber übereinstimmt.

Arthropoda

Nach superfizieller und, identisch dazu, nach gemischter Furchung (S. 167) entsteht stets eine **Periblastula**; sie ist durch ein den Innendotter umgebendes **Blastoderm** gekennzeichnet (vgl. z. B. Abb. 51 b–d, g + h und 86 a). Vornehmlich durch Zusammenscharen von Zellen kommt es auf der prospektiven Ventralseite zu einer bei den einzelnen Gruppen unterschiedlich gebauten keimscheibenartigen Bildung (vgl. z. B. Abb. 85 a, 86 b und 87 f + g), die mit Ausnahme des dorsalen Integumentes alle Keimteile aus sich hervorgehen läßt. Diese differenziert sich bei höheren Krebsen zur dreiteiligen Keimanlage, die aus den paarigen Kopfloben und Keimstreifen sowie der unpaaren Thoracoabdominalanlage besteht (Abb. 85 b);

bei den Insecta fusionieren die beiden **Vorkeimanlagen** (Abb. 86 a) dagegen zur **unpaaren Keimanlage** (Abb. 86 b).

Crustacea

Die Einwärtsverlagerung des Mesentoderms sowie der Urkeimzellen erfolgt meist durch eine **Immigration** (Abb. 85 g), manchmal durch eine **Kombination** von Immigration und Invagination [*Galathea* (Abb. 85 a + b), *Hemimysis*] oder gelegentlich selbst bei sehr dotterreichen Keimen in Form einer **Invagination** [*Astacus* (Abb. 129 c), *Jasus*]. Die in unterschiedlicher Weise auftretenden **Vitellophagen** (= primäre Dotterzellen; vgl. S. 344 f. und Abb. 128) lassen die dann stets mehrphasige *Entodermbildung* sehr variantenreich ablaufen. Einige wenige Beispiele seien in Ergänzung zu Abb. 129 aufgeführt.

Bei *Hemimysis lamornae* (Mysidacea) bilden die anfänglich isoliert sich loslösenden Entodermzellen nach Dotteraufnahme unter Epithelialisierung einen den Dotter verarbeitenden **epithelialisierten Dottersack** (vgl. Abb. 85 g). Dieser baut später unter Beteiligung von zwei dotterlos bleibenden cephalen Entodermplatten unter geweblicher Transformation die definitiven entodermalen Mitteldarmanteile auf.

Die Decapoden *Astacus* und *Jasus* invaginieren dagegen das Mesentoderm in Form eines zusammenhängenden Urdarms. Mit Ausnahme eines kleinepithelialen, caudalen Entoderm-

Abb. 85. Bildung der Körpergrundgestalt nach superfizieller (**a–d, f, g**) bzw. totaler Furchung (**e, h**): Arthropoda I [Crustacea (**a–g**) und Onychophora (**h**)] (schematisiert). Vgl. auch Abb. 129 und 142 c + d.

a–d *Galathea squamifera* (Decapoda, Anomura; jeweils Totalansicht von ventral und Sagittalschnitt). Die anfängliche Invagination des Mesentoderms geht in eine Immigration über: **a** Invagination (mit einzelnen, bald degenerierenden intravitellinen Vitellophagen); **b** dreiteilige Keimanlage (mit Immigration); **c** intrakapsulärer Nauplius (mit auswandernden Vitellophagen und Mesodermzellen); **d** intrakapsulärer Metanauplius [mit zusammenhängendem durch die primär epithelialisierten Vitellophagen (= tertiäre Dotterpyramiden) gebildetem intraembryonalen Dottersack].
e *Cyclops viridis* (Copepoda; Sagittalschnitt): mit einer Keimblattsonderung unter Epibolie nach totaler Furchung.

f *Estheria* sp. (Phyllopoda, Querschnitte): sukzessive Stadien der Mesoderm-Entwicklung mit transitorischem Coelom.
g *Hemimysis lamornae* (Mysidacea): sukzessive Ablösung von Keimblatt-Anteilen in zellulärer Form aus der Blastoporus-Region.
h Onychophora: postgastrulärer Embryo einer viviparen plazentalen Art (Horizontalschnitt) mit segmentalen Somiten und Coelomhöhlen.

A_1	1. Antenne
A_2	2. Antenne
Aseg	Antennensegment
bDv	blastodermale Dottervakuole
Cp	Caudalpapille
dlMu	dorsolaterale Körpermuskulatur
Da-Anl	Darmanlage
Epl	Entodermplatte
Et	Entodermtrichter
(ep)	epithelialisiert
(fr)	frei wandernd
Imm	Immigration
Kl	Kopflappen
KSt	Keimstreifen
Kseg	Kiefersegment
MeTe	Mesoteloblast
Mp_1	1. Maxilliped (= 1. Kieferfuß)
Mp_2	2. Maxilliped (= 2. Kieferfuß)
Mp_3	3. Maxilliped (= 3. Kieferfuß)
Mx_1	1. Maxille
naMe	Nauplius-Mesoderm
Pes	Pericardialseptum
ponaMe	postnaupliäres Mesoderm
Rseg	Rumpfsegment
sDZ	sekundäre Dotterzelle
Sf	Sternalfurche
spMe	splanchnisches Mesoderm
SpEc	Sprossungsectoderm
Spseg	Schleimpapillen-Segment
SZ	Sprossungszone
TA	Thoracoabdominalanlage
tDp	tertiäre Dotterpyramide (oft mehrkernig)
vlMu	ventrolaterale Längsmuskulatur

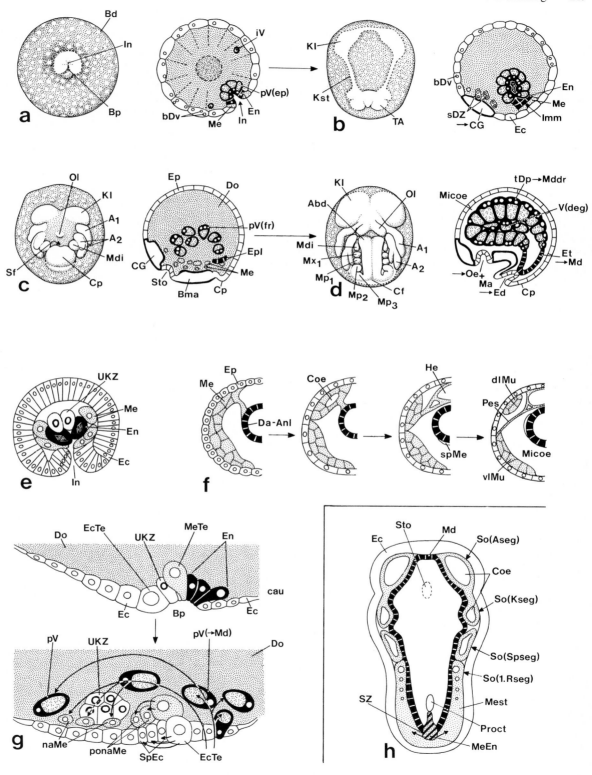

trichters nehmen im Bereich der prospektiven Mitteldarmdrüse die im Epithelverband bleibenden Entodermzellen als mehrkernig werdende, **sekundäre Dotterpyramiden** allen Dotter in sich auf (Abb. 129 d). Sie degenerieren nach der Dotteraufarbeitung; das auswachsende Entoderm des **Entodermtrichters** bildet neben dem Mitteldarm auch die definitive Mitteldarmdrüse (Abb. 129 e).

Beim Amphipoden *Gammarus pulex* sind intravitelline, bei der Furchung im Dotter zurückbleibende sowie perivitelline, aus dem peripheren Blastoderm sich sondernde Vitellophagen gemeinsam für die Dotterzerklüftung verantwortlich. Das immigrierende Entoderm bildet einerseits einen später in den Mitteldarm transformierten Dottersack, während zwei dotterlos bleibende Entodermplatten andererseits zur Mitteldarmdrüse auswachsen (vgl. Abb. 142 d).

Heterotanais oerstedi (Tanaidacea) besitzt adult keinen entodermalen Mitteldarm. Die entodermale Mitteldarmdrüse wird aus einer paarigen Entodermplatte gebildet, während wahrscheinlich zwei perivitelline Vitellophagen-Generationen den transitorischen Dottersack etablieren.

Die unpaare Entodermplatte von *Palaemonetes varians* (Decapoda) und, ähnlich dazu, von *Nebalia* (Leptostraca) und *Squilla* (Stomatopoda) bildet den Mitteldarm, während die perivitellinen Vitellophagen nach Dotterzerklüftung teilweise degenerieren bzw. zum Teil die Mitteldarmdrüse aufbauen. Bei den zu den Anomuren zählenden *Galathea*-Arten sind viele sich transformierende Vitellophagen organogentisch,

während ein geringer Teil degeneriert (Abb. 85 d). Doch liefert im weiteren auch der den Mitteldarm aufbauende Entodermtrichter Bildungsanteile zur Mitteldarmdrüse.

Der Mitteldarm von *Cyprideis litoralis* (Ostracoda) schließlich wird von zwei sich nachträglich vereinigenden Generationen immigrierender Entodermzellen konstituiert; die Rolle der perivitellinen Vitellophagen beschränkt sich auf die Dotterzerklüftung.

Übereinstimmend entstehen bei allen Krebsen die ectodermalen Darmanteile - Oesophagus und Magen bzw. Enddarm - durch die ectodermalen Invaginationen des Stomo- bzw. Proctodaeums (vgl. Abb. 71 c und 85 c + d).

Die *Mesoderm-Sonderung* der Krebse verläuft im Gegensatz zur Entodermentwicklung einheitlicher (vgl. Abb. 85 g). Bei den Malacostraca sondern sich aus dem Mesentoderm große Teloblasten-Mutterzellen in Form von 8 **Mesoteloblasten**. Diese sind bei den Mysidacea und ähnlich bei *Gammarus* auf zwei Stammzellen zurückführbar und gelegentlich auch bei Entomostraken (z. B. *Ibla*) nachzuweisen. Sie bilden das sich von der ersten Maxille caudalwärts erstreckende, wahrscheinlich dem Sprossungsmesoderm der Anneliden entsprechende **metanaupliale Mesoderm**.

In den vorderen Segmenten (vom Mandibelsegment cephalwärts bis zum „praeantennalen Mesoderm") erstellen ebenfalls aus der Immigration auswandernde Mesoblastzellen das **naupliale Mesoderm** (larvales Mesenchym), das des öfteren mit dem Larvalmesoderm der Ringelwürmer verglichen wird.

Abb. 86. Bildung der Körpergrundgestalt nach superfizieller Furchung: Arthropoda II: Insecta. Vgl. Abb. 87, 103 a-d, 110 a + b und 142 e + f. - Gleich alte Stadien sind durch Striche miteinander verbunden.

a Paarige Vorkeimanlage; **b** unpaare, einschichtige Keimanlage; **c, d** Bildung des unteren Blattes und Versenkung desselben nach innen.
e-g Sukzessive Differenzierung des unteren Blattes sowie der Extremitäten (unterstrichene Begriffe) (die Keimhüllen sind auf den ventralen Totalansichten nicht eingezeichnet); **h** Embryo nach Ausbildung des Rückenschlusses.
i Auswachsen des Entoderms aus polaren Zellhaufen zur Bildung des entodermalen Mitteldarmes (entsprechend den Stadien **f** und **g**) (in optischen Horizontalschnitten).
k-n Sukzessive Ausgestaltung von Ento- und Mesoderm (Querschnitte). Die anfänglich kompakten segmentalen Cölomkammern **(k)** lösen sich **(l)** zur Bildung des Mixocoels auf **(m, n)**. Das Entoderm umwächst von ventral den Dotter **(m)** zur Bildung des geschlossenen Darmrohres **(n)**; die nach dorsal immigrierten Cardioblasten **(m)** formieren den Herzschlauch **(n)**.

Blze	Blutzelle
Cabl	Cardioblasten
Coek	segmentale Coelomkammer
Damu	Darmmuskulatur
doLm	dorsale Längsmuskulatur
Dore	Dotterrest
Dorg	Dotterorgan
D	Differenzierungszentrum
Ex(Abd)	Extremität des 1. Abdominalsegmentes (= Pleuropodium, Drüsenorgan)
Fk	Fettkörper
KA	Keimanlage
Kl	Kopflappen
Lab	Labium (2. Maxille)
Mx$_1$	1. Maxille
Mx$_2$(Lab)	Segment der 2. Maxille (Labialsegment)
Mpl	Mittelplatte
Mst	Mittelstreifen
Nwu	Neuralwulst
ogPh	oligopode Phase
poPh	polypode Phase
poZh	polare Zellhaufen (entodermal)
Pri	Primitivrinne
prPh	protopode Phase
q	Querschnitt
Rgef	Rückengefäß
sg	Sagittalschnitt
Stig	Stigma
Th$_1$	1. Thorakalsegment
uBl	unteres Blatt
ve	ventrale Totalansicht
veLm	ventrale Längsmuskulatur
VKA	Vorkeimanlage

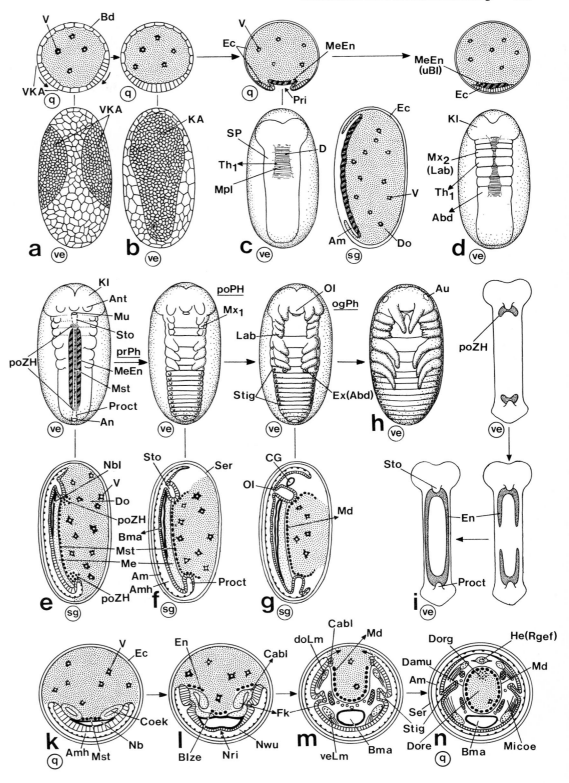

Das praeantennale Mesoderm kann aber auch unabhängig vom Mesentoderm aus immigrierenden Zellen konstituiert werden.

Schließlich gibt es bei malacostracen Krebsen auch sich unabhängig ablösendes Mesoderm ohne segmentalen Charakter, das z.B. die Mitteldarmdrüse umkleidet bzw. bei den mit einer Caudalpapille versehenen Ordnungen als Telson-Mesoderm etwa die Enddarm-Muskulatur bildet.

In einem typischen Sprossungssegment – die Larvalsegmente zeigen Abweichungen – differenzieren sich die paarigen segmentalen Mesoderm-Massen weiter. Bei der hier als ursprüngliches Beispiel gewählten Cladocere *Estheria* wird früh durch einen Ausläufer mit dem Darm Kontakt aufgenommen. Hier entstehen unter Schizocoelie die paarigen **Coelomkammern** (Abb. 85f). Der dorsale Mesodermabschnitt liefert Herz, Aorta, dorsolaterale Längsmuskulatur sowie Darmmuskulatur und das Pericardialseptum, sein ventraler Partner die ventrolaterale Längs- sowie die Extremitätenmuskulatur. Das Coelom wird nicht aufgelöst; doch obliteriert sein Hohlraum infolge der sich zusammenschiebenden Epithelien des Pericardialseptums. Im Kopfbereich, wo auch Muskulatur und Bindegewebe der Mitteldarmdrüse formiert werden, treten zahlreiche Abwandlungen vom geschilderten Schema auf. – Bei höheren Krebsen unterbleibt die Coelomkammer-Rekapitulation dagegen meistens (vgl. indes Abb. 142d).

Insecta

Wie bei der Mehrzahl der Krebse zerfällt auch bei den Kerbtieren das innere Keimblatt oft in **Vitellophagen** und das aus dem Mesentoderm sich sondernde eigentliche **Entoderm** (vgl. z.B. Abb. 86).

Das bisher freilich eher bescheiden analysierte Vitellophageninventar ist variantenreich. Neben intravitellinen, bei Thysanuren einen eigentlichen Dottersack aufbauenden Vitellophagen gibt es teilweise auch perivitelline sowie gelegentlich sich sogar aus dem Mesoderm loslösende Vitellophagen (vgl. Tabelle 55). Gelegentlich bilden die Vitellophagen den ganzen Mitteldarm, der definitiv *(Lepisma,* Odonata, *Melanoplus)* oder aber als sogenanntes „Entamnion" nur transitorisch ist (*Gryllus,* Strepsiptera). Damit immigriert im Fall der Thysanuren nur das Mesoderm, da ja die Vitellophagen die ganze Entodermbildung leisten. – Andererseits kommen auch vitellophagenlose Ontogenesen vor. Zudem ist zu betonen, daß der definitive entodermale Mitteldarm bei den meisten Insekten aus den von den Vitellophagen unabhängigen, in der Folge zu beschreibenden, sich aus dem Mesentoderm detachierenden Entoderm-Anlagen hervorgeht (vgl. auch Tabelle 55).

Die **Bildung des** sogenannten „**unteren Blattes"** (Mesentoderm) mit anteilmäßig stark dominierendem Mesodermanteil (und Urkeimzellen) erfolgt auf unterschiedliche Weise im Gebiet der sogenannten Mittelplatte. Diese bildet sich median anläßlich der Verschmelzung der beiden Vorkeimanlagen (Abb. 86a) zur Keimanlage (Abb. 86b). Sie kann mit einer im Vergleich zu den Crustaceen (vgl. Abb. 85a!) recht langgestreckten Blastoporusregion gleichgesetzt werden.

Bei *Calandra* und den Hymenoptera ist die **Epibolie** einer umfangreichen Zellplatte beobachtet worden (Abb. 87c). Viele Hemimetabola, die Paraneoptera und diverse Langkeime von Holometabolen (wie z.B. *Hydrophilus, Dacus, Chrysopa*) bilden eine transitorische, auch als Blastoporusraphe bezeichnete **Primitivrinne**, in der die embolische rinnen-

Tabelle 55. Keimblattsonderung bei Insekten (vereinfacht; vgl. Text)

Thysanura	iV $\longrightarrow$ Ds $\rightarrow$ t
z.B. *Lepisma saccharina*	(1) Md
	Imm $\longrightarrow$ Me
Orthopteroidea	iV $\longrightarrow$ Ds $\longrightarrow$ Md $\leftarrow$
z.B. *Tachycines asynamorus*	(1)
	Imm/Inv $\longrightarrow$ Me
	sek p En[a]
Hemipteroidea	iV
z.B. *Pyrrhocoris apterus*	Inv $\longrightarrow$ Me
	pEn $\rightarrow$ Md
Neuropteroidea	iV (40) $\rightarrow$ iV (600)
z.B. *Dacus tryoni*	Ds $\rightarrow$ t
	pV (2–5)[b]
	Inv/Imm $\longrightarrow$ Me
	Imm $\longrightarrow$ pEn $\longrightarrow$ Md

Ds = aus Dotterzellen aufgebauter, zellularisierter Dottersack; Imm = Immigration des „unteren Blattes"; Inv = Invagination des „unteren Blattes"; Md = Mitteldarm; Me = Mesoderm; pEn = „polares" Entoderm (über Stomo- bzw. Proctodaeum sich bildend); sek = sekundär; iV = intravitelline Vitellophagen (aus zurückgebliebenen Furchungsenergiden); pV = perivitelline Vitellophagen (sich aus Blastoderm detachierend); (1) = splanchnisches Mesoderm, umhüllt als Matrix den Dottersack.

[a] unbekannter Herkunft; [b] sich von den Polzellen (Urkeimzellen) detachierend.

förmige Einfaltung mit anschließender Überschichtung stattfindet (vgl. auch Abb. 87 d). Diese kann zuerst cephal *(Doryphara decemlineata, Calandra orizae)* oder caudal *(Tenebrio molitor)* bzw. zuerst in der Mitte *(Donacia pusis)* auftreten. Bei *Meloë procarabus* bildet sich das Mesoderm cephal unter Zellproliferation, in den hinteren Körperabschnitten dagegen durch Invagination. Die eingestülpte Rinne wird besonders bei den Hymenopteren durch Lateralplatten überwachsen. Auch bei Lepidopteren kommt eine nachträgliche Überwachsung vor. Daneben gibt es Mesentodermbildung durch **Immigration** [wie bei Orthopteren (*Carausius;* Abb. 87 b) und diversen Coleopteren *(Meloë violaceus, Gastrophysa, Agelastica)*] sowie **Delamination** *(Haploembia, Isotoma)* (Abb. 87 a); im letzteren Fall kann die Abspaltung auf der ganzen Fläche erfolgen. Zusätzlich kommen zahlreiche Zwischenformen vor.

Das Entoderm löst sich beim Kurzkeim der Isoptera sowie den Käfern *Corynodes pusis* und *Euryope terminalis* in Form eines unpaaren, zwischen den rein mesodermalen Strängen liegenden entodermalen „**Mittelstranges**". Meist aber ist eine **Entodermimmigration** aus dem Mesentoderm am Vorder- und Hinterende der Primitivrinne vorhanden (= sog. polare oder besser bipolare Entoderm-Entwicklung; z. B. *Tenebrio molitor, Calandra oryzae*). Die zwei Entodermportionen wachsen dorsal vom Mesoderm einander entgegen und umwachsen in der Folge unter Bildung des Mitteldarmdrüsenepithels auch dorsalwärts den Dotter.

Beim Thysanuren *Petrobius* sowie bei *Corynodis pusis* und *Euryope terminalis* beschränkt sich dagegen die Proliferationszone des Entoderms aufs Hinterende. Eine bipolare, zusätzlich durch einzelne Zellen aus der Mittellinie ergänzte Entodermimmigration ist schließlich für *Donacia crassipes* typisch.

Ventral vom Mesoderm sondert sich aus dem Ectoderm die Anlage des gastroneuralen Nervensystems (Abb. 103 a–d).

Tabelle 55 informiert zusammenfassend anhand weniger Beispiele über die ähnlich wie bei den Krebsen vornehmlich auf das unterschiedliche Verhalten von Vitellophagen bzw. Entoderm zurückführbare Variabilität der Keimblattbildung bei Insekten.

Die schon besprochene Wirkung des Differenzierungszentrums zeigt sich auch bei der Keimblattablösung und -differenzierung. Von hier aus schreitet die Entwicklung der Ganglien des Bauchmarks nach vorne und hinten bzw. von der Mittellinie nach den Seiten hin fort; dasselbe gilt für die Differenzierungsvorgänge im „unteren Blatt".

Hinsichtlich der weiteren Durchgliederung des Mesoderms ist festzuhalten, daß pro Segment ein Paar **Coelomblasen** gebildet werden, die median meist durch einen **Mittelstrang** (Mittelstreifen) verbunden sind (Abb. 86 k + l, 87 e und

142 e + f). Die sekundäre Leibeshöhle entsteht oft durch Auseinanderweichen der Zellen **(Schizocoelie)**; bei Odonaten, Dictyopteren und den Malophaga wird dagegen durch mediane **Ausfaltung** der seitlichen Somitenpartie der künftige Coelomraum umschlossen. Bei verschiedenen Insekten wie etwa *Locusta migratoria* und *Kalotermes flavicollis* sind innerhalb der gleichen Art beide Bildungsmodalitäten in unterschiedlichen Körperregionen vereinigt. Die Somiten sind – in divergierendem Ausmaß – auch im Kopf noch nachweisbar (vgl. Abb. 87 e).

Nach dieser Rekapitulation der Annelidenverhältnisse brechen die Somiten auseinander (Abb. 86 m + n). Die Anteile der sekundären Leibeshöhlen verschmelzen mit der primären Leibeshöhle; der definitive Körperhohlraum der Arthropoden wird deshalb als **Mixocoel** (= Mischcoelom) bezeichnet. Aus dem übrigbleibenden Mesoderm werden vornehmlich unterschiedlichste Muskulaturpartien, Blut- und Pericardzellen sowie der Fettkörper gebildet. Aus den Lateralwänden der Coelomkammern nach dorsad auswandernde **Cardioblasten** formieren den median dorsal liegenden Herzschlauch (Abb. 86 n und 110 a + b). Im Mixocoel werden schließlich zur Verbesserung der Strömungsverhältnisse der Haemolymphe zwei, dorsal bzw. ventral liegende Diaphragmen eingerichtet. Sie sind gleichfalls mesodermaler Natur und in der Regel aufs Abdomen beschränkt.

Auch wird bei den Euarthropoden die Gonade als übrig bleibender Coelomrest taxiert. Ähnliches gilt für die Speicheldrüsen, die als persistierende Sacculi der ursprünglichen Metanephridien (vgl. S. 281) interpretiert werden können.

Ergänzend sei noch erwähnt, daß bei höheren Insekten die Ausbildung metamerer „Ursegmente" meist weniger deutlich ausfällt als bei den ursprünglicheren Gruppen.

Chelicerata

Auch bei den Spinnenartigen herrscht eine hier nicht im Detail behandelte Variabilität der Keimblattbildung.

Während bei den weniger untersuchten *Xiphosura* eine Einwucherung entlang einer **Primitivrinne** festgestellt worden ist, sondert sich das Mesentoderm bei den *übrigen Gruppen* im Gebiet der Ventralplatte durch **Immigration**. Diese Zone wird auch als **Cumulus primitivus** bezeichnet; sie läßt zusätzlich die Vitellophagen aus sich hervorgehen. Bei den Acari und Opiliones erfolgt die Einwanderung nur in einem Zentrum, wogegen bei den Solifugen und Pedipalpen sowie den Araneiden (Abb. 87 g) zwei Immigrationsstellen nachgewiesen sind.

Bei den *Spinnen* geht das in Ergänzung zu den Vitellophagen sich loslösende **Entoderm** meist auf drei bis vier voneinander **isolierte Anlagen** zurück, wobei zur cephalen (stomodealen)

und caudal-proctodealen auch noch eine dorsale sowie eine diffuse Entodermanlage treten können.

Das Mesoderm formiert segmentale, anfänglich im Extremitätenbereich liegende auffällige **Coelomsäcke** sowie nach Dorsalwanderung derselben unter „Rückenschluß" auch Pericard und Herzschlauch (Abb. 87 h–k). Im weiteren bilden die die sekundäre Leibeshöhle umkleidenden Wände im Bereich der prospektiven im Opisthosoma liegenden Mitteldarmdrüse deren Umhüllung sowie zentripetalwärts in deren Dottervorrat eindringende doppelwandige Septen. Diese gleichsam präformierten Konturen werden von den zu Fermentzellen sich differenzierenden Vitellophagen besetzt; zusätzlich von den „diffusen" Entodermanlagen herbeiwandernde Zellen transformieren sich in die zahlreichen absorbierenden Zellen der Mitteldarmdrüse; deren Zellinventar stammt somit aus unterschiedlichen Quellen.

Zu betonen ist im weiteren, daß hier das Mesoderm als eine Art Gußform zur Ausgestaltung der dotterbeladenen entodermalen Darmregion dient (vgl. Abb. 87 i). Vergleichbares ist im übrigen vom splanchnischen Mesoderm der Insekten *Tachycines* und *Lepisma* (Tabelle 55) bekannt.

Myriapoda

Ähnliche cumulus-artige Immigrationen sind bei Chilo- und Diplopoden nachgewiesen; bei der letzteren Unterklasse können sich Mesoderm-Anteile im Bereich der späteren Segmentgrenzen auch sekundär aus dem Ectoderm loslösen; sie sind dementsprechend als Ectomesoblast anzusprechen. Der dominierende Bildungsanteil desselben beim Diplopoden *Plathyrrhachus* wurde schon früher erwähnt.

Erwähnenswert ist auch, daß bei den progoneaten Myriapoden die Vitellophagen später sich zu Zellen des Fettkörpers entwickeln; sie dürften deshalb hier eigentlich nicht dem Entoderm zugerechnet werden.

Allgemeine Folgerungen

Der Umfang unserer Kenntnisse der für evolvierte Arthropoden typischen, auf der prospektiven Ventralseite erfolgenden Keimblattbildung vom superfiziellen Typ ist bei den einzelnen Klassen sehr unterschiedlich. Als gut untersucht dürfen die Onychophoren und Crustaceen gelten. In den anderen Gruppen bestehen große Lücken; dies gilt hinsichtlich der Vitellophagen selbst für Insekten.

Angesichts der im Vergleich zur „klassischen" Invaginationsgastrula stark abgewandelten Keimblattablösung vieler Arthropoden kann hier die Gastrulation zu Recht als **cryptomer** (= verborgen) taxiert werden.

Der Aufbau eines häufig transitorischen, oft sich früh in Form von intravitellinen Vitellophagen ablösenden Entoderms läßt die Keimblattbildung **mehrphasig** [bis zu vierphasig bei Crustaceen (Abb. 68; *Alpheus* und *Palinurus*)] werden. Beim Vorliegen von intravitellinen Vitellophagen erfolgt die Ablösung

---

Abb. 87. Bildung der Körpergrundgestalt nach superfizieller (a–k) bzw. totaler Furchung (l): Arthropoda III [Insecta (a–e) und Chelicerata (f–k)] und Tardigrada (l) (schematisiert). Vgl. Abb. 86.

I. Unterschiedliche Bildung des unteren Blattes (= Mesentoderm) bei Insekten (Querschnitte): **a** *Isotoma cinerea*: Delamination; **b** *Carausius morosus*: Abspaltung von der Keimstreifenanlage; **c** *Calandra granaria*: Zelleinwanderung aus einer schmalen Rinne; **d** *Hydrophilus piceus*: sich einfaltende breite Rinne mit anschließender Überdeckung durch das Ectoderm.
II. Bildung der Somiten im sich segmentierenden Keimstreif von *Calotermes flavicollis* (**e**) (plastische Lateralansicht).
III. Keimblattbildung und -differenzierung bei Cheliceraten: **f** *Latrodectus mactans* (Sagittalschnitt): Keimblattbildung unter Cumulus-Bildung; **g** *Agelena labyrinthica* (Ventralansichten): Bildung von vorderem und hinterem Cumulus; **h, i** *Theridium maculatum* (Querschnitte): Somitendifferenzierung im Prosoma (**h**) bzw. Opisthosoma (**i**) zu Beginn der Inversion; **k** *Agelena labyrinthica* (Parasagittalschnitt): Segmentierter Keimstreif.
IV. *Hypsibius* sp. (Eutardigrada): Coelombildung durch Enterocoelie (plastischer Sagittalschnitt) (**l**).

A	Antennensomit	
Abd$_1$–Abd$_{10}$	1. bis 10. Abdominalsomit	
Bl-Ze	Blutzellen	
Cabl	Cardioblasten	
Che	Chelicerensomit	
Cuant	Cumulus anterior	
Cupo	Cumulus posterior	
Ekn	Extremitätenknospe	
Gen	Genitalsomit	
Kcoe	Kopfcoelom	
KL	Kopflappen	
KSt	Keimstreif	
Lab	labialer Somit	

Lap	Appendicularlobus	der
Ldol	Dorsolaterallobus	Coelom-
Lmer	Medioventrallobus	kammer
Mdi	Mandibularsomit	
Mx	Maxillensomit	
Op$_1$–Op$_9$	Opisthosoma-Somiten 1–9	
Pep	Pedipalpensomit	
Pri	Primitivrinne	
Prche	Praechelicerensomit	
Prgen	Praegenitalsomit	
Pw	Primitivwülste des Bauchmarkes	
Rucoe$_1$–Rucoe$_4$	Rumpfcoelom 1–4	
Sko	Schlundkopf	
SL	Schwanzlappen	
Spdr	Speicheldrüse	
Th$_1$	Somit von Thorax$_1$	
Thp$_1$–Thp$_4$	Somiten der Thorakopoden 1–4	
VeG	Ventralganglion	
veSu	ventraler Sulcus	

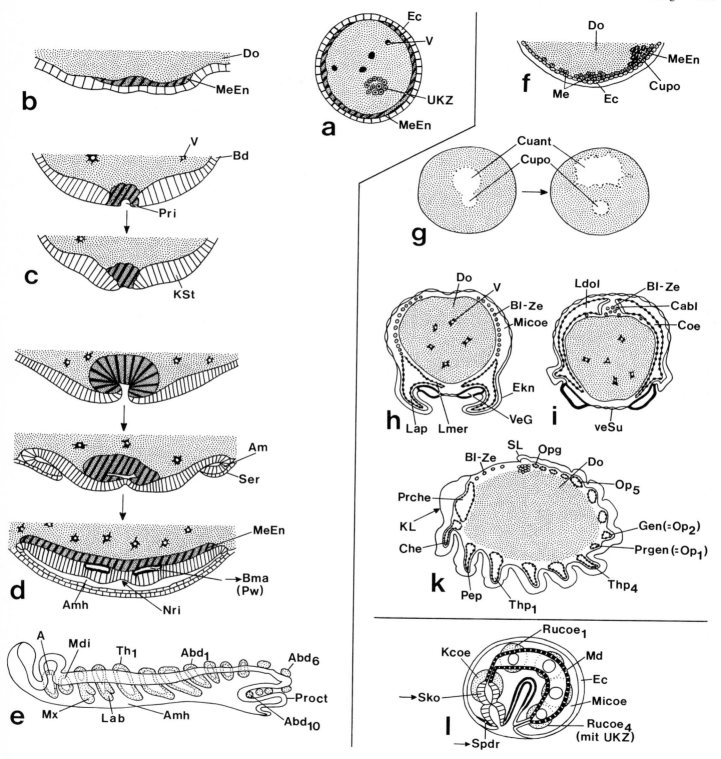

b Do, MeEn

a Ec, V, UKZ, MeEn

c V, Bd, Pri, KSt

d Am, Ser, MeEn, Bma (Pw), Amh, Nri

e A, Mdi, Th$_1$, Abd$_1$, Abd$_6$, Mx, Lab, Amh, Proct, Abd$_{10}$

f Do, MeEn, Cupo, Me, Ec

g Cuant, Cupo

h Do, V, Bl-Ze, Micoe, Ekn, VeG, Lap, Lmer

i Ldol, Bl-Ze, Cabl, Coe, veSu

k SL, Opg, Bl-Ze, Do, Op$_5$, Prche, KL, Che, Gen(=Op$_2$), Prgen(=Op$_1$), Thp$_4$, Pep, Thp$_1$

l Rucoe$_1$, Kcoe, Md, Ec, Sko, Micoe, Spdr, Rucoe$_4$ (mit UKZ)

eines Keimblattanteiles schon während der Furchung, was im Sinne einer Entwicklungsbeschleunigung zu deuten ist.

Der mehrphasige Typ erscheint abgeleiteter als der einphasige. Andererseits ist – entgegen der discoidalen Keimblattbildung (vgl. S. 243) – die Aufstellung einer in Beziehung zur Systematik der Adultformen stehenden phylogenetischen Reihe schwer. Besonders die Crustaceen dokumentieren, daß die Entodermablösung selbst innerhalb einzelner Ordnungen zahlreichen kaenogenetischen Varianten unterworfen ist.

Wie die superfizielle Furchung ist entsprechend der sich an sie anschließende Modus der Keimblattbildung wohl polyphyletisch mehrmals entstanden. Dasselbe gilt für die Vitellophagen.

Diese demonstrieren besonders schön, daß ein Keimblatt-Anteil auch in Form von isolierten Einzelzellen abgelöst werden kann. Diese Zellen bleiben voneinander unabhängig oder werden im Falle der Bildung eines intraembryonalen Dottersackes sekundär epithelialisiert. Letzteres Prinzip gilt entsprechend für die Entodermanlagen der Spinnentiere.

Entgegen den transitorischen Periblasten (Trophoblasten) der Fischartigen sind die Vitellophagen der Arthropoden oft organogenetisch. Dies erfordert, daß ein Keimblattanteil zur Erfüllung seiner endgültigen Funktion eine **gewebliche Transformation** und damit eine **mehrphasige Histogenese** durchmacht.

Die im Vergleich zur Keimblattbildung nach Totalfurchung umfangreichen Abwandlungen beim „superfiziellen Typ" sind als Anpassungen an den meist vergrößerten Dottergehalt und namentlich dessen Abbau zu interpretieren. Freilich kann, wie z. B. der Flußkrebs und andere Malacostraca zeigen, trotz viel Dotter anläßlich der Mesentodermbildung noch eine Invagination ablaufen.

Im Gegensatz zu der stark kaenogenetischen Abwandlungen unterworfenen Entodermablösung ist die Sonderung des mittleren Keimblattes vermehrt durch rekapitulative Züge geprägt, die an die Annelidenabkunft der mit diesem Stamm ja oft zu den Articulata zusammengeschlossenen Arthropoden erinnern.

Durch ihre zwei Mesodermgenerationen sowie ein typisches Sprossungsmesoderm kommen die Crustaceen den Ringelwürmern besonders nahe (S. 216). Ähnliches gilt für die Onychophoren, die zudem entgegen den meisten Krebsen segmentale Coelomkammern rekapitulieren. Auch die Insekten und Spinnen – mit einer sonst abgewandelten Mesodermbildung – zeigen diese Coelomrekapitulation deutlicher als die Krebse.

9.2.3.2 Keimblattbildung nach discoidaler Furchung

Evertebraten

Trotz starker Ähnlichkeit der Furchung der dotterreichen Onychophoren (S. 153) mit dem discoidalen Segmentierungsmodus läuft die anschließende Bildung der Körpergrundgestalt nach „superfizieller Art" ab und ist deshalb dort unter Kapitel 9.2.3.1 behandelt.

Skorpione

Dagegen offenbart die weitere Ausgestaltung der einschichtigen primordialen Keimscheibe bei dotterreichen Skorpionen weiterhin große Ähnlichkeiten zum discoidalen Typ (Abb. 88a–d). In **drei** sukzessiven **Delaminationsphasen** bilden sich hintereinander: die Vitellophagen (Dotterzellen), das definitive organogenetische Entoderm und das Mesoderm. Die sehr frühe Sonderung der Urkeimzellen ist zu betonen (Abb. 88a). Schließlich geschieht unter Aufwölbung des Ectoderms die Bildung von **Amnion** und **Serosa** (Abb. 141c).

Bei *Euscorpius italicus* hat Metschnikoff (1871) sogar eine primitivstreifenähnliche Rinne nachgewiesen (vgl. Abb. 88e und S. 234), diese Beobachtung bedarf indes der Überprüfung.

Andererseits ist aber doch erneut zu betonen, daß die Keimscheibe der Scorpiones auf der Ventralseite liegt und sich damit deren generelle Lagebeziehung an den superfiziellen Arthropodentyp anlehnt.

Cephalopoda

Im Gegensatz zu den Skorpionen entspricht der animale Pol der Cephalopoden-Keimscheibe der morphologischen Dorsalseite (vgl. z. B. Abb. 89a+k). Nach der rein discoidalen Furchung erfolgt bei Tintenfischen die Bildung der Körpergrundgestalt ebenfalls nach „discoidaler Weise". Ihre transitorischen Dotterepithelzellen, später zu einem **Dottersyncytium** sich zusammenschließend, detachieren sich am Keimscheibenrand schon während der Furchung. Dies geschieht bei den Decabrachia in Form der zusammenhängenden Zellreihen der **Blastokonen** (Abb. 89a+b), bei Octopoden dagegen durch schon früh syncytial werdende **Marginalzellen** (Randzellen) (Abb. 89c–e). Letztere werden bei *Eledone* durch zentrale, sich aus dem mittleren Keimscheibenbereich ablösende Dotterzellen (Abb. 89f) ergänzt.

Nach Erreichung des einschichtigen Stadiums der Discoblastula delaminiert am Keimscheibenrand das Mesentoderm in Form eines **Randwulstes** (Abb. 89b, d+g und 130a+b). Dieser ist bei Octopoden ein zusammenhängender Ring; er läßt bei den Decabrachia dagegen eine Ventrallücke frei. Das Mesentoderm wird bei den Sepiiden von Anfang an zusam-

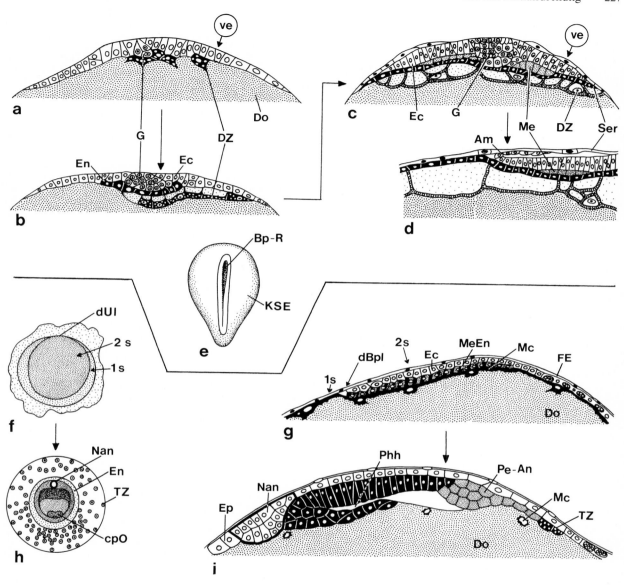

Abb. 88. Bildung der Körpergrundgestalt nach discoidaler Furchung: Evertebrata (schematisiert). Vgl. hierzu auch Abb. 44b, 52b + d und 141c.

a–e Skorpione: **a–c** sukzessive Gastrulationsstadien (quer) von *Euscorpio carpathicus* mit frühzeitiger Sonderung der Urkeimzellen; bei **d** setzt die Amnionbildung ein. **e** *Euscorpio italicus:* Keimscheibe von ventral mit Blastoporus-Raphe.

f–i Pyrosomida *(Pyrosoma giganteum); f, g* (von dorsal bzw. sagittal gesehen); **h, i** älte-

re dreischichtige Gastrula (von dorsal bzw. im Sagittalschnitt). Die Verhältnisse sind nach der Interpretation Julins (1912) dargestellt. Man beachte die später wahrscheinlich an der Bildung der Leuchtorgane beteiligten Testazellen.

Stadium der zweischichtigen Keimscheibe

Bp-R	Blastoporus-Region
cpO	cardioperikardiales Organ des Cyathozoides
FE	Follikelepithel
G	Gonadenanlage
Mc	Merocyten
Nan	Neuralanlage
Pe-An	Perikard-Anlage
Phh	Pharynxhöhle
1 s	einschichtig
2 s	zweischichtig
TZ	Testazelle(n)

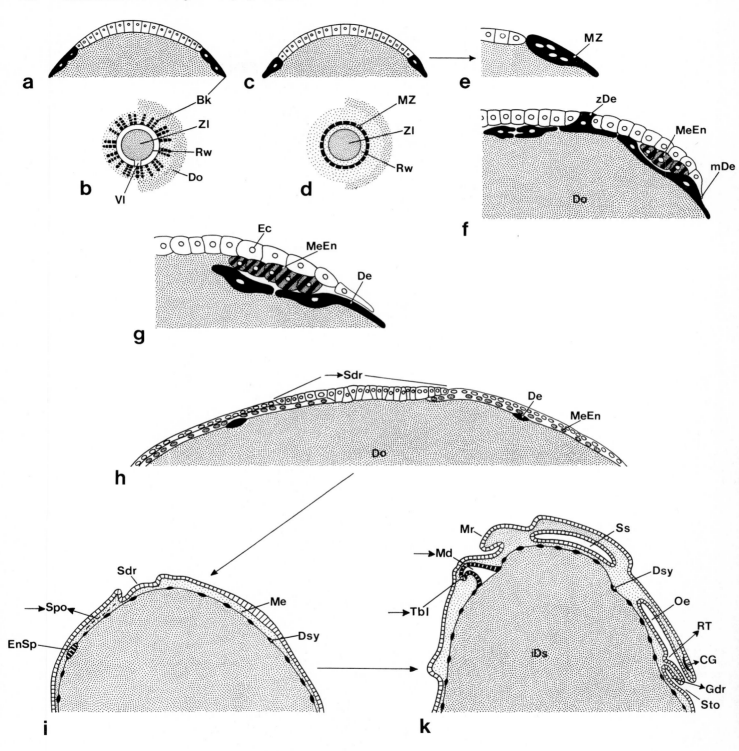

menhängend gesondert; bei *Octopus* und *Loligo* dagegen verschmelzen anfänglich voneinander isolierte Mesentoderm-Portionen sekundär zur einheitlichen Anlage.

Diese wächst zentripetal gegen die Keimscheibenmitte aus und läßt dabei nur im Gebiet der Anlage der **Schalendrüse** – dem ersten sichtbaren Organprimordium der Tintenfische – den Dotterspiegel und das über diesem liegende, vielleicht induzierende Dottersyncytium direkt ans Ectoderm grenzen (Abb. 89 h; vgl. hierzu auch S. 60 sowie Abb. 20 h).

Das Dotterepithel unterwächst nicht nur die Keimscheibe, sondern umschließt vegetativwärts sukzessive auch den ganzen, später den Dottersack bildenden übrigen Dotter. Dieser wird dann auch vom Ectoderm und dem in der Folge den Dottersacksinus bildenden extraembryonalen Mesoderm-Anteil umgeben (vgl. Abb. 89 i + k).

Der durch das Dottersyncytium bewerkstelligte frühe Dotteraufschluß erlaubt eine extrem **späte Ablösung des definitiven** organogenetischen **Entoderms**. Letzteres detachiert sich erst beim mit zahlreichen Organanlagen versehenen Embryo auf der späteren Trichterseite aus dem Mesentoderm (Abb. 89 k; vgl. auch Abb. 69 h + i).

Pyrosomida

Bei den Feuerwalzen (Abb. 88 f–i) schließlich bilden die in einer ersten Phase gesonderten Dotterzellen (Merocyten) anschließend ein **Dottersyncytium**. Die Loslösung des Mesentoderms erfolgt wahrscheinlich durch **Delamination**. Die Dotterumwachsung geschieht ausgesprochen zögernd und ist im Stadium der tetrazoiden Kolonie (Abb. 25 e + f) noch nicht beendet. Angesichts der vielen Unklarheiten bedarf diese Entwicklung dringend einer Neuuntersuchung!

Vertebraten

Die Wirbeltiere vom meroblastischen Entwicklungstyp zeigen hinsichtlich der Keimblattsonderung beträchtliche Differenzen zu den holoblastischen Vertebraten, die im folgenden entsprechend geschildert werden müssen.

Andererseits sei betont, daß nach Erreichung der definitiven Lagebeziehungen keine prinzipiellen Unterschiede mehr auftreten. So unterteilt sich bei allen Vertebraten das Entomesoderm in eine mediane Chorda sowie die beidseitig von derselben angelegten metameren Ursegmente (Somiten), die metameren Nephrotome (Ursegmentstiele, Zwischenstücke) und die unpaare Seitenplatte auf. Auch die Bildung des Ectomesoblasten aus Neuralleistenzellen gilt für alle Vertebrata.

Zu erwähnen ist indes, daß bei den Amnioten im Zusammenhang mit der später darzustellenden Amnionbildung das Coelom in einen embryonalen und einen extraembryonalen Anteil aufgeteilt ist.

Angesichts dieser prinzipiellen Übereinstimmung zwischen holo- und meroblastischen Wirbeltieren wird auf die ja am Amphibienbeispiel eingehend abgehandelte Mesoderm-Aufgliederung im folgenden nicht mehr weiter eingegangen.

Teleostei

Das transitorische, aus Dotterenergiden aufgebaute Periplasmodium oder Dottersyncytium (= **Peri-** oder **Trophoblast**) wird – wie früher bereits geschildert – schon während der Furchung im 16-Zellstadium formiert (vgl. Abb. 53 b). Die 4 zentralen, sich vom Dotter unter Aushöhlung eines Blastocoels abhebenden Zellen lassen auf der Dotteroberfläche das

---

Abb. 89. Bildung der Körpergrundgestalt nach discoidaler Furchung: Keimblattsonderung und Darmentwicklung bei Cephalopoden: mehrphasige Bildung der Körpergrundgestalt sowie mehrphasige Entoderm-Entwicklung mit verspäteter Ablösung des definitiven, organogenetischen Entoderms (schematisiert). Vgl. Abb. 44 a und 130.

a, b Frühembryonale Bildung der Blastokonen [als Anlage des Dotterepithels (= transitorisches Entoderm)] bei den Decabrachiern (Sagittalschnitt bzw. Ansicht der Keimscheibe vom animalen Pol). **c–e** Frühembryonale Bildung der polynucleär (**e**) werdenden Marginalzellen als Dotterepithelanlage bei den Octobrachiern [Sagittalschnitte (**c** und **e**) bzw. von animal (**d**)].

f *Eledone cirrosa* mit zusätzlich zu den marginalen sich auch zentral detachierenden Dotterepithelzellen; **g** Loslösung des Mesentodermringes im Gebiet des Randwulstes (Sagittalschnitt); **h** Keim (Naefsches Stadium V) mit zentripetalwärts bis zur Schalendrüsen-Anlage vorgewachsener Entomesodermanlage (Sagittalschnitt).

h–k Spätere Entwicklungsstadien von *Loligo vulgaris* (Sagittalschnitte): **h** Embryo (Naefsches Stadium VII) mit Ablösung des organogenetischen Entoderms (Sagittalschnitt); **k** Embryo vom Naefschen Stadium X mit Einsenkung der ectodermalen Vorderdarmanlage; diese wird in zwei Richtungen vorwachsen und etwa über dem apikalen Pol des inneren Dottersackes mit den entodermalen Darmanlagen verschmelzen.

Bk	Blastokonen
De	Dotterepithel
Ensp	Entodermspange
Gdr	Giftdrüse (hintere Speicheldrüse)
mDe	marginales Dotterepithel
MZ	Marginalzelle
Rw	Randwulst
Spo	Sinus posterior
Ss	Schalensack
Vl	Ventrallücke
zDe	zentrales Dotterepithel
Zl	Zentrallücke

Plasma des zentralen Periblasten übrig, der mit dem Plasma der 12 peripheren Zellen (=peripherer Periblast) in Verbindung bleibt; die Periblastzonen werden in der Folge mit weiteren Kernen dotiert.

Neuste Befunde zur epibolischen Ausbreitung der Keimscheibe bei *Fundulus heteroclitus* haben ergeben, daß das anfänglich weit über den Keimscheibenrand vorgestoßene Dottersyncytium wesentlichen Anteil an dieser morphogenetischen Bewegung hat.

Am Rand der mehrschichtigen, durch eine von Flüssigkeit erfüllte **Subgerminalhöhle** vom Dottersyncytium abgehobenen Keimscheibe der Discoblastula wird unter Verdickung ein **Randwulst (Keimwall,** Randring) gebildet. Er wird am prospektiven Caudalende im Bereich der dorsalen Urmundlippe durch einen massiven **Embryonalschild** ergänzt (Abb. 90a).

Entwicklungsphysiologische Experimente beweisen, daß ursprünglich auch der totipotente Keimring zur Embryobildung fähig wäre, während sich später diese Potenz auf den Embryonalschild-Bereich einschränkt.

Im Randringgebiet werden Mesoderm (auch extraembryonales), im Embryonalschild dagegen Chordamesoderm, Mesentoderm und die prospektiven Urkeimzellen eingerollt. Dies gilt z.B. für *Salmo,* wo sich das definitive Entoderm nachträglich delaminiert (vgl. Abb. 131a). Bei anderen Fischen ist dagegen das Entoderm (=Hypoblast) früh gesondert, und das Mesoderm schiebt sich hier zwischen **Epi-** (=Ectoderm) und **Hypoblast** (= Entoderm) ein. Bei *Serranus* ist das Urdarmdach rein entodermal (Abb. 90e), während bei *Salmo* dessen Mitte durch die Chorda eingenommen wird (Abb. 90f).

Im weiteren sei betont, daß die Loslösung der inneren Keimblätter auch durch Umlagerung von Zellen und nicht durch Invagination erfolgen kann (z.B. *Brachydanio* u.a.).

Die Entwicklung des Nervensystems wird früh durch die Anlage der verdickten **Neural-** oder **Hirnplatte** gefördert (Abb. 90b und 101e). Im Bereich des postanalen Entoderms wird gleichfalls zeitig die **Kupffersche Blase** (vgl. S.348 und Abb. 90b) gebildet.

Im Vergleich zu anderen Wirbeltieren ist die späte Dotterumwachsung hervorzuheben. Gegen Ende derselben wird vor dem Blastoporusverschluß die dorsale Urmundlippe durch einen Dotterpfropf von der ventralen, gleichfalls Mesoderm invaginierenden Blastoporuslippe getrennt (Abb. 90c+d).

Neuere Analysen des Gastrulationsablaufes haben im übrigen ergeben, daß bei Teleostiern die mit der Differenzierung der Axialorgane einsetzende Organogenese unabhängig von der beendeten Dottersackumwachsung (=Keimringschluß) abläuft.

So beginnt etwa die Organogenese bei *Salmo gairdneri* ähnlich wie bei den Amnioten beträchtlich vor dem Keimringschluß, während sie bei den meisten bisher untersuchten Knochenfischen ungefähr mit der beendeten Dottersackumwachsung zusammenfällt. Bei *Carassius auratus* (Goldfisch), *Esox masquinongy* sowie *Aphysemion scheeli* und *Austrofundulus myersi* als Extremen erfolgt schließlich die Organogenese erst nach dem Keimringschluß. Entgegen früheren Annahmen bestehen auch keine direkten Beziehungen zwischen dem Zeitpunkt der Dottersackumwachsung und dem Dottergehalt, indem innerhalb aller drei Typen recht unterschiedliche Oocytendurchmesser nachzuweisen sind.

Neben dem stark divergierenden Dottergehalt, der bereits zur Ausbildung von unterschiedlichen Blastulae führt (Abb. 44d–f), machen diese Fakten die vergleichend-embryologisch leider erst relativ spärlich untersuchten Teleostier-Entwicklungen sehr variantenreich.

Abb. 90. Bildung der Körpergrundgestalt nach discoidaler Furchung: Vertebrata I. (schematisiert). Vgl. Abb. 44c–f.

a–f Teleostei: **a** Keimscheibe mit Embryonalschild und Keimwall (von animal); **b, c** späte Gastrula im Sagittalschnitt bzw. in lateraler Totalansicht (etwas jünger); **d** Dorsalansicht eines Embryos (mit Mesodermdurchgliederung und Dotterpfropf); **e, f** späte Gastrulae von *Serranus* (e) bzw. *Salmo* (f) im Querschnitt mit unterschiedlicher Chorda-Entoderm-Beziehung.

g–i Sukzessive Gastrulationsstadien der Chondrostei *(Scyllium)* im Sagittalschnitt.

k, l Stadien der Abhebung des prospektiven

Embryonalkörpers anläßlich der Gastrulation von *Scyllium* in Dorsalansicht.

m–o Gastrulation nach fast discoidaler Furchung: Querschnitte durch die Gastrulae von *Acipenser* **(m)** (vgl. Abb. 43/24), *Amia* **(n)** und *Hypogeophis* **(o)** (vgl. Abb. 44g). Man vgl. hierzu besonders Abb. 3Ab, welche die prinzipielle Übereinstimmung in der Schichtenlage darlegt.

Des	Deckschicht
Dpf	Dotterpfropf
eeEn	extraembryonales Entoderm
enSy	entodermales Syncytium
Es	Embryonalschild
exBd	extraembryonales Blastoderm

Hp	Hirnplatte (Neuralplatte)
Kf	Kopffalte
Kor	Kopfregion
KuBl	Kupffersche Blase
Kw	Keimwall (Randring)
Mri	Medullarrinne
mRk	mediale Randkerbe
Mw	Medullarwulst
Ot	Öltropfen
Rke	Randkerbe
Rüw	Rückenwulst
Rw	Randwulst
sceT	subcephale Tasche
vUl	ventrale Urmundlippe (Blastoporuslippe)

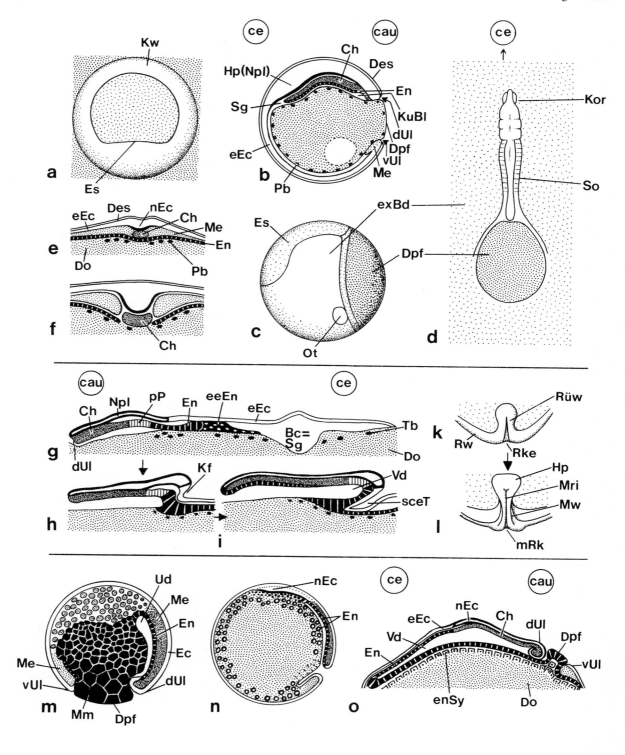

Myxinoidea

Die Periblastbildung ist bei *Bdellostoma* ähnlich wie bei den Knochenfischen. Die stärker auswachsende Seite der über die sehr längliche Dottermasse kappenartig gestülpten Keimscheibe zeigt die zur Keimblattsonderung führende Einstülpung des Mesentoderms. Zahlreiche Konvergenzen zu den Teleostiern sind nachweisbar; andererseits verläuft infolge der länglichen Eiform der Verschluß des Blastoporus durch eine lange Naht und wird – entgegen *Petromyzon*, aber wie bei den Amphibien – das Nervensystem nicht als Zellstrang, sondern als Hohlorgan angelegt.

Chondrichthyes

Im Zusammenhang mit Polyspermie eingedrungene, unter Amitose sich vermehrende **Nebenspermakerne** bilden auf der Dotteroberfläche einen Teil der dem frühen Dotteraufschluß dienenden **Merocyten**. Diese werden durch wahrscheinlich ähnlich wie bei den Teleostiern sich aus dem Blastoderm detachierende **Periblastkerne** ergänzt (Abb. 53 c).

Die **Einstülpung** des Ento- und anschließend des Mesoderms setzt zuerst am flacheren caudalen Ende der Blastula (Abb. 44 c) unter Invagination in die Subgerminalhöhle ein (Abb. 90 g). Das Mesoderm wächst in der Folge sichelartig mit nach rostral zeigenden Enden aus (vgl. auch S. 234). Es wird anschließend durch seitlich sich einrollendes Mesoderm ergänzt. Das im Einrollungsbereich liegende sogenannte „Chorda-Dreieck" wird zur Randkerbe (Abb. 90 k), die sich im Rückenwulstgebiet gegen die früh gebildete, eine subcephale Tasche formierende **Kopffalte** (Hirnfalte) bzw. später in die **Medullarrinne** und cephalwärts in die **Hirnplatte** fortsetzt (Abb. 90 h). Das weitere Auswachsen des Embryos (Abb. 90 h, i + l) erfolgt – wie Farbmarkierungen beweisen – vornehmlich durch Längsstreckung; das in der Konkreszenz-Theorie behauptete mediale Verschmelzen von ehedem lateralen Anlagen findet nicht statt.

Zu betonen ist die Aufteilung des **Entoderms** in einen **embryonalen** und einen **extraembryonalen Anteil**, wobei letzterer später als geschlossenes Dotterblatt an der Dottersackbildung beteiligt ist. Die Dottersackumwachsung ist wie bei Knochenfischen langsam.

Bei den Holocephali sowie *Cestracion* und *Heterodontus* wird freilich der Dotter nur zu einem Zehntel umwachsen, worauf der restliche Dotter unter Dotterfragmentation zerfällt und via Mund, Kiemenspalten bzw. Kiemenfäden des Embryos aufgenommen bzw. abgebaut wird.

Als Besonderheit zeigen die Chimaeren und ähnlich *Squalus* im zentralen Bereich der Keimscheibe eine transitorische Invagination. Diese wird gelegentlich als unter vorübergehender Gastrocoelbildung entstehender Embryonaldarm gedeutet, der aber bald verschlossen wird.

Gymnophiona

In der etwa ein Fünftel der Keimoberfläche einnehmenden Keimscheibe (vgl. auch Abb. 44 g) findet im Bereich der Blastoporusrinne eine beschränkte Invagination des Mesentoderms statt (Abb. 90 o). Dieser Urdarm-Anteil verschmilzt mit als Blastocoelreste zu deutenden Spalträumen (= Ergänzungshöhle, S. 205) im Entoderm des Cephalbereiches zum definitiven Darm; dessen Lumen ist damit von doppelter Entstehung.

Der Dotter zeigt eine **Nachfurchung** und ist mit einem entodermalen Syncytium bedeckt. Später tritt im Dotterinnern eine Dotterhöhle auf.

Bei Altfischen, wie z. B. *Amia* (Abb. 90 n) (vgl. auch Abb. 90 m für *Acipenser*), finden sich ähnliche Verhältnisse.

Reptilia

Nach der sauropsidentypischen, ebenfalls durch abortive **Dotterenergiden** gekennzeichneten Frühentwicklung (vgl. S. 234) löst sich die oft als **Hypoblast** bezeichnete Entodermanlage – meist durch Delamination – vom **Epiblasten** (vgl. Abb. 44 h). Bei den Cheloniern soll eine Invagination auftreten. Diese Sonderung des inneren Keimblattes geschieht unmittelbar bevor im Bereich der verdickten Primitiv-Platte (Urmundplatte, Area primitiva) in der dem Blastoporusgebiet entsprechenden Region das sogenannte **Primitivsäcklein** invaginiert (Abb. 91 a). Diese auch als Chordamesodermkanal (Notochord- bzw. Blastoporuskanal, „Kopffortsatz") bezeichnete Bildung schafft Chorda- und Mesodermmaterial sowie bei Schlangen auch einige entodermale Darmanteile nach innen. Nach Verschmelzung mit der Dotterentodermlamelle des Hypoblasten bricht der Chordakanal in die Subgerminalhöhle durch (Abb. 91 b). Die lateralwärts mit dem Entoderm zusammengeschlossene Chorda bildet apikal, wo sie mit dem Ento- und in gewissem Grad mit dem Ectoderm fusioniert, die **praechordale Platte**.

Die caudal vom Blastoporus liegende Primitiv-Platte (vgl. Abb. 91 c + d) läßt zudem cephalwärts Mesoderm auswandern und schließt sich hinter dem Blastoporus zum im Vergleich mit den Vögeln erst sehr spät gebildeten **Primitivstreifen** zusammen. Früh tritt dann im Zusammenhang mit der Embryonalhüllen-Bildung die Sonderung in **embryonales** und **extraembryonales Mesoderm** auf.

Betont sei, daß in Abweichung vom hier skizzierten generellen Bildungsschema bei verschiedenen Reptiliengruppen zahlreiche Varianten vorkommen.

So ist z. B. die äußerst frühe, durch ein konzentrisches Vorwachsen einer Falte ablaufende Amnionbildung von *Chamaeleo* zu nennen,

Abb. 91. Bildung der Körpergrundgestalt nach discoidaler Furchung: Vertebrata II. (schematisiert). Vgl. Abb. 44h + i.

a–d Reptilia: **a, b** schematische Sagittalschnitte durch die junge und alte Gastrula. Man beachte bei **b** das in die Subgerminalhöhle durchbrechende Primitivsäcklein. **c, d** Junge bzw. sehr alte Gastrula (mit beginnender Kopffaltenbildung) von *Chrysemis picta* (Keimscheibe in dorsaler Ansicht).

e–i Aves *(Gallus):* **e** 18 h alte Gastrula im Sagittalschnitt; **f, g** entsprechendes Stadium in räumlicher Rekonstruktion (quer geschnitten) mit entferntem **(f)** bzw. intakt gelassenem Ectoderm **(g)**; **h, i** Von dorsal gesehene Keimscheiben: **h** nach 15 h Brutdauer mit am Rostralende zum Primitivknoten mit Primitivgrube verdicktem Primitivstreifen; **i** nach 20 h Brutdauer mit Bildung der Medullarwülste und mesodermfreier Sichel vor der Embryo-Anlage.

aMe auswanderndes Mesoderm
AO Area opaca
AP Area pellucida
Es Embryonalschild
Hk Hensenscher Knoten
Kf Kopffalte
mfZ mesodermfreie Zone
Mw Medullarwulst
Öf$_1$ Öffnung (des Primitivsäckleins in die Subgerminalhöhle)
Öf$_2$ äußere Öffnung des Primitivsäckleins
Pgr Primitivgrube
Pk Primitivknoten
Ppl Primitivplatte
Pr Primitivrinne
Pra Proamnion
Ps Primitivstreifen
Psä Primitivsäcklein (Chordamesodermkanal)
Ür Überwachsungsrand

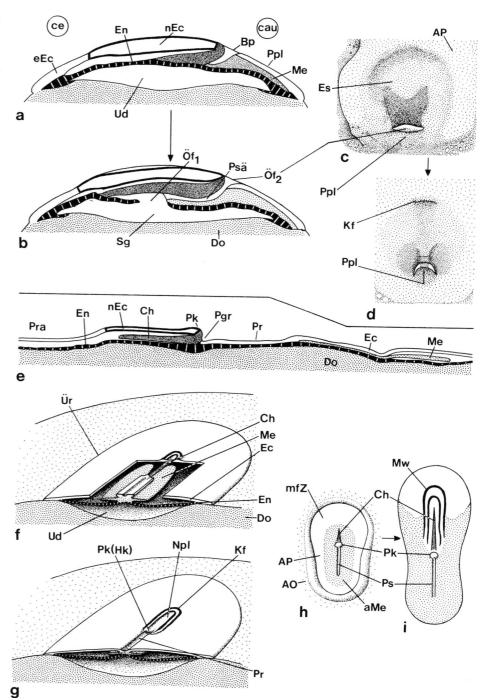

die mit dem Einsetzen der Gastrulation ihren Anfang nimmt, wobei die Amnionhöhle zeitweilig einen Entoderm-Anteil in sich einschließt.

Aves

Ähnlich wie bei den Teleostiern treten während der Furchung unter Bildung eines **Periblasten** und eines Blastocoels als **Dotterenergiden** bezeichnete abortive Kerne auf. Diese freien Zellen tragen unter der zentralen Keimscheibe durch Dotterverflüssigung zur Bildung der **Subgerminalhöhle** bei und degenerieren rasch. Ähnliches gilt für die auf S. 232 schon erwähnten **accessorischen Spermakerne**.

Der kurz vor der Eiablage gebildete **Hypoblast** als Anlage des gesamten formativen Entoderms und des Dotterentoderms entsteht nach der heutigen Auffassung durch Segregation und Delamination bzw. durch Zellauswanderung aus dem **Epiblast** (Abb. 44 i). Neuste Untersuchungen zeigen, daß eine Polyingression von Zellen als hauptverantwortlich für die Hypoblastbildung zu gelten hat. Bei der Ingression erfolgt im übrigen keine generelle Auflösung der Basallamina der Zellen der Oberflächenschicht, sondern es findet eine De-epithelialisierung von individuellen Zellen statt. Zu betonen ist, daß im Gegensatz zu verschiedenen Reptilien bei Vögeln die Mesodermbildung damit völlig von der Entodermsonderung gelöst ist!

Der Hypoblast induziert die frühe Bildung des unter Verdickung entstehenden **Primitivstreifens** (Abb. 91 h), der - entgegen den Reptilien - keine Urdarminvagination vorangeht. In ihm senkt sich caudad die nahtförmige **Primitivrinne** ein. Der am cephalen Ende sich erhebende **Primitivknoten** (Hensenscher Knoten) tieft in sich die **Primitivgrube** ein (Abb. 91 e-g, i). Im Primitivstreifengebiet wird - unter Auslassung einer mesodermfreien Sichel - lateral- und cephalwärts vorstoßendes Mesoderm gebildet (vgl. Abb. 92 a). Dieses wird sich später bei der **Amnionauffaltung** in einen embryonalen und einen extraembryonalen Bereich gliedern (vgl. S. 363 und Abb. 93 a-c).

Der als Induktionszentrum zu taxierende Primitivknoten läßt kopfwärts die nicht durch Invagination gebildete kompakte **Chorda-Anlage** („Kopf"- oder Chordafortsatz) auswachsen. Die **Neuralfalten** und die cephalwärts sich abhebenden Kopffalten werden schon früh gebildet (vgl. Abb. 91 i).

Im einzelnen hat eine genauere Analyse der *Entodermablösung* eine **Dreiphasigkeit** ergeben. Der primäre Hypoblast konstituiert sich durch in die Area pellucida (vgl. hierzu Abb. 92 b) auswandernde Zellen, die in der Folge eine kontinuierliche Schicht aufbauen. Am verdickten hinteren Ende des Blastoderms (= sog. Kollersche Sichel) schiebt der sekundäre Hypoblast den primären Entodermanteil nach vorne. Danach erscheinen der bereits vorgestellte Primitivstreifen und der Hensensche Knoten. Der tertiäre, definitive Hypoblast invaginiert direkt hinter dem Hensenschen Knoten und bildet alles

Abb. 92. Bildung der Körpergrundgestalt nach discoidaler Furchung: Vertebrata III: *Gallus* (schematisiert). Vgl. auch Abb. 44 i, 91 e-i, 93, 102 a-d, 106 c+m, 109, 110 l-o und 141 e-g.

a Räumliche Rekonstruktion des 24 h alten Embryos (Dorsalansicht); **b** Dorsalansicht des ca. 30 h alten, mit 10 Somiten dotierten Embryos; **c** räumliche Rekonstruktion des rund 35 h alten Embryos (Ventralansicht); **d** räumliche Rekonstruktion des rund 50 h alten Embryos (Ventralansicht).

Aob I-III	Schlundbogengefäße (Aortenbögen) I-III
Aodo	Aorta dorsalis
AP	Area pellucida
Arh	Area (Sinus) rhomboidalis
Aubl	Augenblase
Ausp	Augenbecherspalte (choroidale Fissur)
AV	Area vitellina
AVA	Area vasculosa
Bi	Blutinsel
Coe(Peca)	Pericardcoelom
doAo	dorsale Aorten
Doart	Dotterarterie (Arteria omphalomesenterica)
Ec(Bd)	„blastodermales" Ectoderm
Ec(Ko)	Kopfectoderm
eeMe	extraembryonales Mesoderm
En(Md)	Entoderm des Mitteldarmes
En(Vd)	Entoderm des Vorderdarmes
Hk	Hensenscher Knoten
Inf	Infundibulum
laKöfa	laterale Körperfalte
Mesen	Mesencephalon (Mittelhirn)
Met	Metencephalon (Kleinhirn)
Myepca	Myoepicard (Epimyocard)
Nm	Neuromeren des Myelencephalons
Pam	Proamnion (= mesodermfreie Sichel)
Pf	Primitivfalte
Pgr	Primitivgrube
Pr	Primitivrinne
Pros	Prosencephalon
Pst	Primitivstreifen
RaT	Rathkesche Tasche (= Anlage der Adenohypophyse)
scTA	subcephale Tasche
SMe	Seitenplattenmesoderm
St	Sinus terminalis
Trart	Truncus arteriosus
usMe	unsegmentiertes Mesoderm
Vcaant	Vena cardinalis anterior (vordere Cardinalvene)
Vcacom	Vena cardinalis communis
Vcapo	Vena cardinalis posterior (hintere Cardinalvene)
Ven	Ventrikel (Herzkammer)
veAow	ventrale Aortenwurzel
vNep	vorderer Neuroporus
Wu(Doart)	Wurzel der Dotterarterie
Zws	Zwischenstück (Nephrotom, Ursegmentstiel)
*	Öffnung des Mitteldarmes in den Vorderdarm
**	Ausdehnung des Enddarmes

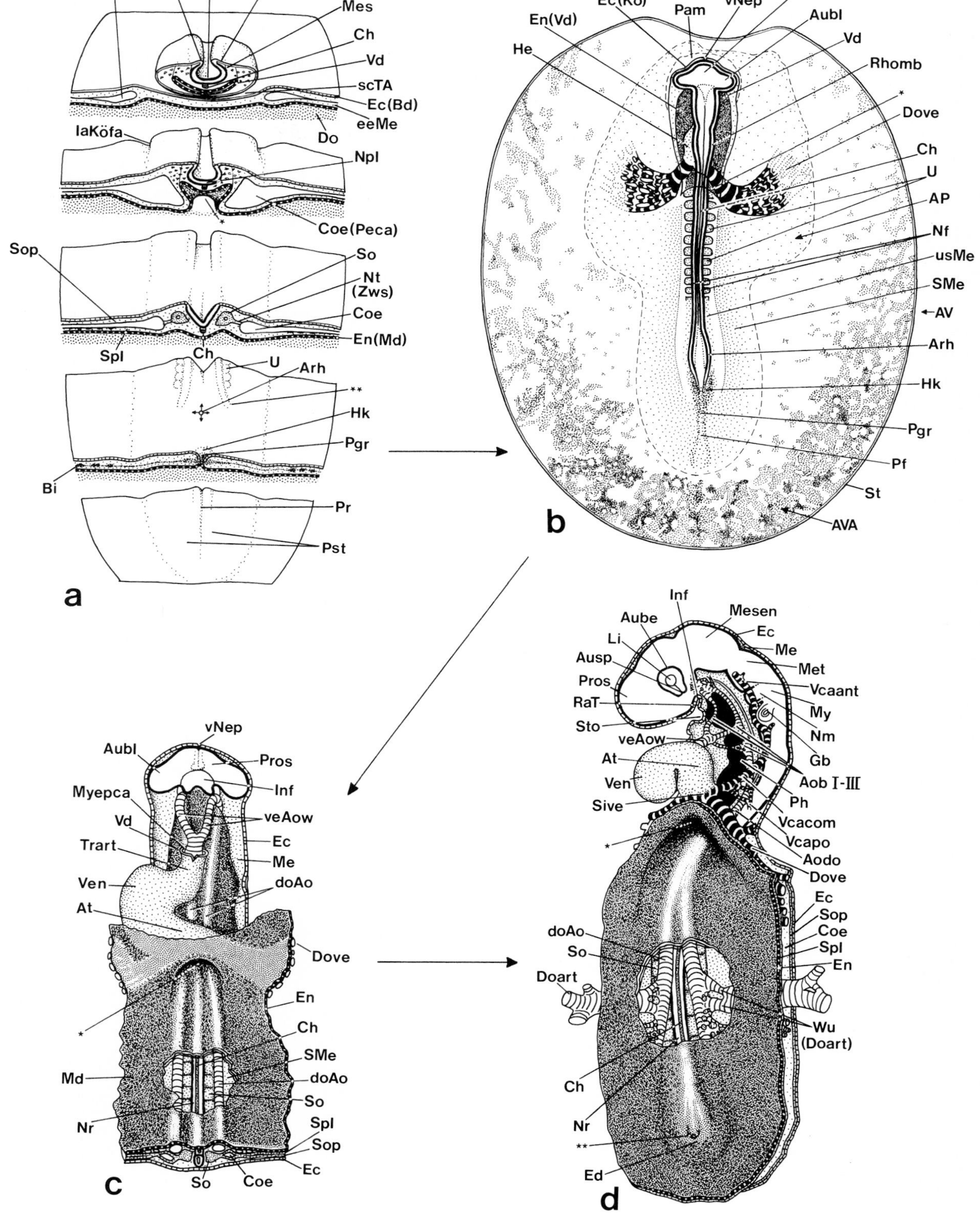
eeCoe
Nf
Nri
Ec(Ko)
Mes
Ch
Vd
scTA
Ec(Bd)
eeMe
Do
laKöfa
Npl
*
Coe(Peca)
Sop
So
Nt
(Zws)
Coe
En(Md)
Spl
Ch
U
Arh
**
Hk
Pgr
Bi
Pr
Pst
a
En(Vd)
Ec(Ko)
Pam
vNep
Pros
Aubl
Vd
He
Rhomb
*
Dove
Ch
U
AP
Nf
usMe
SMe
AV
Arh
Hk
Pgr
Pf
St
AVA
b
vNep
Aubl
Pros
Myepca
Inf
veAow
Vd
Ec
Trart
Me
Ven
doAo
At
Dove
En
*
Ch
SMe
Md
doAo
So
Nr
Spl
Sop
Ec
So
Coe
c
Inf
Mesen
Aube
Ec
Li
Me
Ausp
Met
Pros
Vcaant
RaT
My
Sto
Nm
veAow
Gb
At
Aob I-III
Ven
Ph
Sive
Vcacom
*
Vcapo
Aodo
Dove
Ec
Sop
Coe
doAo
Spl
So
En
Doart
Wu
(Doart)
Ch
Nr
**
Ed
d

embryonale Entoderm, während aus dem primären und sekundären Hypoblast extraembryonales Entoderm hervorgeht.

Das Entoderm differenziert später unterhalb der sich in der Splanchnopleura-Begrenzung des extraembryonalen Coeloms formierenden **Blutinseln** ein hochprismatisches, vakuolisiertes **Dotter-Entoderm** aus. Dieses liegt entsprechend im Bereich der Area vasculosa der Keimscheibe und dient der Dotteraufarbeitung und der Weitergabe der aufgeschlossenen Substanzen an die Blutinseln (Abb.3 Bb, 92 b und 131 h + i).

Die durch den Primitivstreifen mitdokumentierte Embryolängsachse liegt übrigens - wie man seit K. E. von Baer weiß - im rechten Winkel zur Längsachse des Eies.

Mammalia

Die *Monotremata* (Prototheria) weisen ähnliche Verhältnisse auf wie die Sauropsiden (Abb.44 k und 54 A), während die *Marsupialia* (Metatheria) nach frühzeitiger **Dotterelimination** eine mit den Placentaliern (Eutheria) vergleichbare meroblastische, aber dotterlose Entwicklung evolviert haben (Abb.44 l und 54 B).

Die *Eutherien* haben eine totale Furchung (vgl. S.160 und Abb.54 Ca-e). Ihre Keimblattsonderung, durch den Aufbau eines die Implantation ermöglichenden transitorischen **Trophoblastes** (= Trophectoderm) mitbestimmt, erfolgt aber in meroblastischer ("discoidaler") Weise. Sie läßt sich dank der oben erwähnten Zwischenformen (vgl. Abb.54 A + B) an die Verhältnisse der Wirbeltiere vom discoidalen Typ zwanglos anschließen und sei deshalb auch im Hinblick auf die Reptilienabstammung der Säuger an dieser Stelle besprochen.

Die plazentalen Säuger haben in ihren verschiedenen Gruppen sehr umfangreiche Varianten ausgebildet, die in Tabelle 56 und Abb. 94 ff. vereinfacht zusammengefaßt sind.

Die nach dem Furchungsende aufgebaute Blastocyste besteht (Abb.44 m, 54 Cf ff. und 94) aus dem **Embryoblast** (Embryoanlage) und dem schon erwähnten Trophoblast. Letzterer überdeckt unter **Entypie** den Embryoblasten (Primaten, *Mus;* Abb.54 Ch + i) oder läßt diesen sekundär frei [*Sus* (Abb. 54 Ck + l), *Felis, Oryctolagus; Didelphis* (Opossum; vgl. Abb. 54 Be)]. Im Inneren der **Blastocystenhöhle** sondert die Embryoanlage frühzeitig das Entoderm (Abb.54 Cg ff.), welches nach ventrad das prospektive Gebiet des hier freilich dotterlosen Dottersackes (= Nabelblase) umkleidet.

Später werden ähnlich wie bei den Sauropsiden **Primitivstreifen** und **Primitivknoten** als Bildner von Mesoderm und Chorda gebildet (vgl. z.B. Abb.95 c, 96 IIa), wobei entgegen den Aves die Chorda anfänglich noch Teil der Urdarmdecke ist. Im cephalen Verschmelzungsbereich der Chorda mit dem Entoderm erhalten auch die Säugerkeime eine **praechordale Platte** (vgl. unten). Der anfänglich stark caudal liegende Primitivknoten wird in Verbindung mit der Bildung des Primitivstreifens nach cephad verlagert.

Bei *Sus* wird im Zusammenhang mit der Aufwölbung der Amnionfalten **(Faltamnion)** das früh mit Coelomhöhlen dotierte Mesoderm bald in einen embryonalen und einen extraembryonalen Anteil aufgeteilt (Abb.96 IIb).

Homo besitzt eine sehr intensive Implantation (Abb.95 II), indem die Blastocyste komplett ins Uterusgewebe eindringt sowie eine ausgesprochen frühe Amnionbildung durch Spaltraum-Aushöhlung im Embryoblasten (**Schizamnion**; vgl. Abb.141 i). Außerdem wird zwischen Ectoderm, Entoderm und Trophoblast verfrüht extraembryonales Mesenchym gebildet, das in der Folge unter anderem die auf Dottersack, Haftstiel und Chorion liegenden Blutgefäße aus sich hervorgehen läßt (Abb.95 IIa).

Abb.93. Die extraembryonalen Hüllen des Hühnchenkeimes (schematisiert). Vgl. auch Abb.141 e-g.

Die Verhältnisse sind zum klareren Verständnis der einzelnen Schichten vereinfacht dargestellt; so fehlen die dem Dotterentoderm von der Splanchnopleura her aufliegenden Dottersackgefäße und die Allantois umgebenden Allantoiskapillaren. Das Ei ist von **a-e** longitudinal und auf **f** quer geschnitten; der Embryo ist in **a-d** und **f** quer, auf **e** dagegen frontal geschnitten: **a** 2tägiger Keim; **b** 3tägiger Keim;

c 5tägiger Keim; **d,e** Keim nach 14tägiger Brutdauer mit Weißeisack; das Weißei (Albumen) gelangt durch den Serosa-Amnionkanal in die Amnionhöhle, wo es vom Embryo peroral verschluckt wird. **f** Keim am 20. Bebrütungstag.

Al	Albumen (Eiweiß, Weißei)
Allep	Allantoisepithel
Allh	Allantoishöhle (-lumen)
Amec	Amnionectoderm
Amme	Amnionmesoderm
Chec	Chorionectoderm
Chme	Chorionmesoderm

Dost	Dotterstiel
Ex	Extremität
lAmf	laterale Amnionfalte
lKf	laterale Körperfalte
Ma(+ Al)	mit Weißei gefüllter Magen
Nari	Nabelring
SAH	Serosa-Amnion-Höhle
SerAmk	Serosa-Amnionkanal
Sh	Schalenhaut
Wa(WES)	Wand des Weißeisackes
WES	Weißeisack

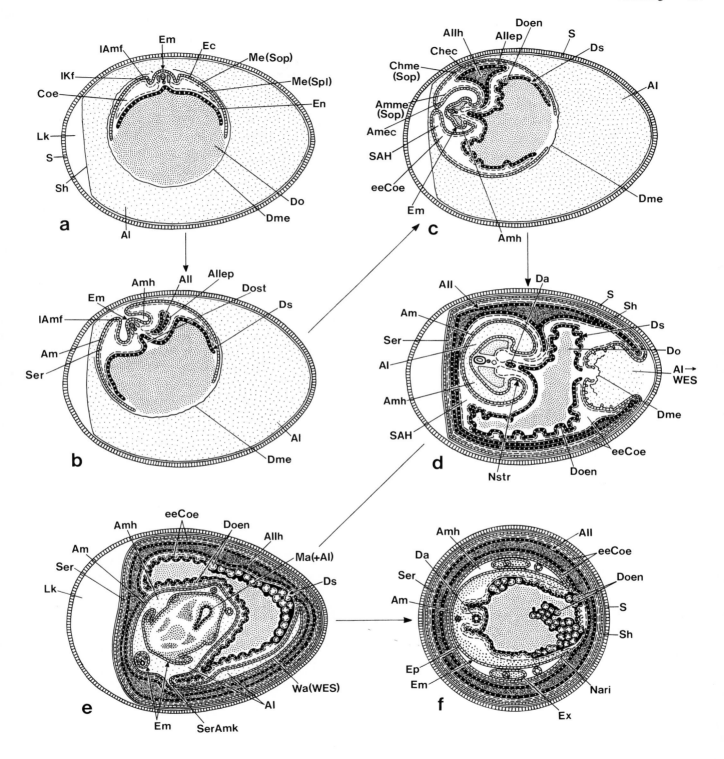

Unter Chorion versteht man im übrigen besonders in der Humanembryologie den Trophoblasten sowie die ihn unterlagernden bzw. die im Bereich der Chorionzotten (vgl. Abb. 95 IIb) zwischen den Trophoblastlagen liegenden Mesenchymzellen.

Nach Etablierung von Keimscheibe, Primitivstreifen und Primitivknoten bildet letzterer nach cephal einen Chordafortsatz als Anlage von Chorda und Prächordalplatte. Er birgt im Innern einen **Chordakanal** (= Notochordkanal, Lieberkühnscher Kanal; Canalis neurentericus), der beim Menschen wie bei den Kriechtieren (Abb. 91 b) ins Dottersacklumen durchbricht (Abb. 95 IId). Ähnliche Verhältnisse sind auch von *Talpa* (Maulwurf) bekannt. Sie können als eine ontogenetische Rekapitulation von Entwicklungszuständen der Reptilien taxiert werden; die Säuger stammen bekanntlich von den Kriechtieren ab.

Mus zeigt wie andere Nager u. a. infolge seines früh den epithelialen Zusammenhang aufgebenden Trophoblasten (vgl. unten) eine besonders stark abgewandelte Keimblattbildung (Abb. 94 IV und 96 III). Oberhalb des Embryoblasten bildet der Trophoblast einen umfangreichen, ins Uterusgewebe eindringenden Träger (= **Ectoplacentarkonus**), der anschließend mit einer **Ectoplacentarhöhle** dotiert ist und tief ins mütterliche Gewebe vorstößt. Im Inneren der zum länglichen **Eizylinder** auswachsenden Embryoanlage verbindet sich die **Markamnionhöhle** (später gleichsam in den Rückenmarkszentralkanal und das Amnion aufgeteilt) temporär mit ihr. Der Epithelverband des übrigen im Dottersackbereich liegenden

Trophoblasten wird aufgelöst und persistiert in Form von im Uterusgewebe bleibenden **Trophoblast-Riesenzellen**, während die Basalmembran als sog. Reichertsche Membran erhalten bleibt. Das **distale**, ehedem die Trophoblastinnenfläche ausgekleidet habende **Entoderm** degeneriert gleichfalls. Damit ist der Hohlraum der Nabelblase (die dem Dottersack entspricht) nur noch ventral von der Embryo-Anlage mit Entoderm bestückt; er wird dagegen peripher vom Uterus-Gewebe und den Trophoblast-Riesenzellen begrenzt.

Das anfänglich bei der Blastocyste ja noch linsenförmige **proximale Entoderm** (vgl. Abb. 94 IV) umgibt auf der Nabelblasen-Innenseite rundherum den gegen die Nabelblasenregion auswachsenden, immer länger werdenden Eizylinder. Es umschließt dabei sowohl embryonale (basal am Eizylinder) als auch die gegen den Träger zu liegenden extraembryonalen Bereiche (Abb. 96 IIIa + b). Das basale embryonale Entoderm bleibt flachepithelial, während das extraembryonale, hochprismatische Entoderm – mit dem extraembryonalen Dotterentoderm der Vögel vergleichbar – unter Vakuolenbildung von den Trophoblastzellen aufgeschlossene Nährsubstanzen in sich aufnimmt. Der Keim hat schon früher im Bereich des **Primitivstreifens** mit der Mesodermbildung eingesetzt; die Mesodermzellen wandern dabei beidseitig cephalwärts aus. Durch mesodermale Spaltraumbildung im Bereich der sich zur Bildung der **Amnionhöhle** gegen die nur schwach entwickelte vordere Amnionfalte eintiefenden hinteren Amnionfalte entsteht das extraembryonale, später dorsal vom Amnion sich

Gemeinsame Legende zu den Abb. 94–96

Alldi	Allantoisdivertikel	eeMes	extraembryonales Mesenchym
äuBw	äußere Blastocystenwand	Emb	Embryoblast
Bcy	Blastocyste	emEc	embryonales Ectoderm
Bcy-H	Blastocysten-Höhle	ENT	Entypie
Blak	Blutlakunen	ENT(-)	rückgängig gemachte Entypie
Chk	Chordakanal	Es	Embryonalschild
Chomes	Chorionmesenchym	hAmf	hintere Amnionfalte
Choz	Chorionzotte	Hk	Hensenscher Knoten (Primitiv-
Dari	Darmrinne		knoten)
diEn	distales Entoderm	HMb	Heusersche Membran
Dog	Dottergang	Hst	Haftstiel
Ds-H	Dottersackhöhle	kapSi	kapilläre Sinus
Ds-Wa	Dottersackwand	KBU	Keimblatt-Umkehr
Ecoe	Exocoel	Kfo	Kopffortsatz
ecpEn	ectoplacentales Entoderm	KsEc	Keimschildectoderm
Ecp-H	Ectoplacentarhöhle	Mam-H	Markamnion-Höhle
Ecpko	Ectoplacentarkonus (Träger)	mBl	mütterliches Blut
Ecy	Embryocystis (bei Aufhebung der	Mera	Mesodermrand
	Entypie nach außen durchbre-	Mo	Morula
	chend)	Mri	Medullarrinne
eeEc	extraembryonales Ectoderm	Pam	Proamnion

Pgr	Primitivgrube
Pk	Primitivknoten (Hensenscher Knoten)
prEn	proximales Entoderm
priEn	primäres Entoderm
Pr	Primitivrinne
Ps	Primitivstreifen
Psmes	Primitivstreifenmesenchym
RMe	Reichertsche Membran
RDs	Raubersche Deckschicht
Sk	Schlußkoagulum (Verwachung des Uterusepithels nach Implantation)
sRZ	sekundäre Riesenzelle
Ste	Sinus terminalis
Sysp	Syncytiumsprossen
Uep	Uterusepithel
vAmf	vordere Amnionfalte
vChbl	verlängerte Chorionblase

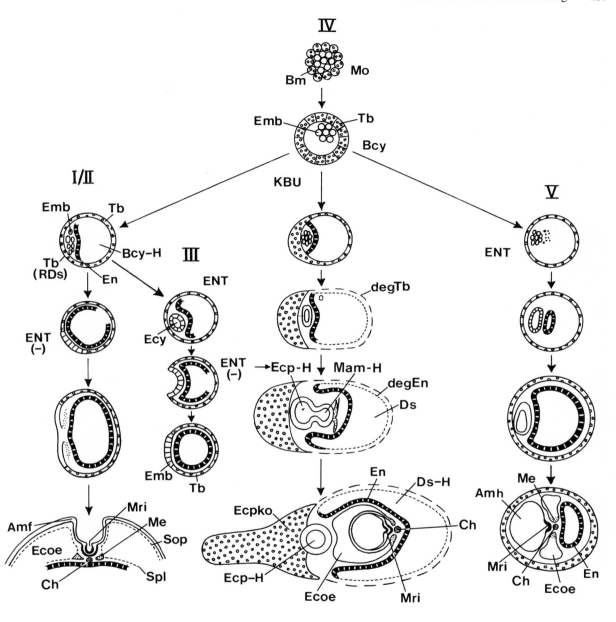

Abb. 94. Bildung der Körpergrundgestalt bei den Eutherien I: Schematische Haupttypen der Primitiventwicklung bei plazentalen Säugern. Vgl. auch Abb. 141 h + i und Tabelle 56.

I/II Partielle Einschaltung des Embryoblasten in den Trophoblasten: Raubtiere, teilweise auch Kaninchen.
III Die gebildete Embryocyste bricht durch; sekundäre Einschaltung des Embryoblasten in den Trophoblasten: Huftiere, *Talpa, Tupaja,* Halbaffen.

IV Mit Keimblattumkehr: kleine Nagetiere.
V Spaltamnion sowie nachträgliche Ausfüllung der Keimblase durch den Dottersack, der durch Dehiszenz aus einer soliden Zellmasse entsteht: Igel.

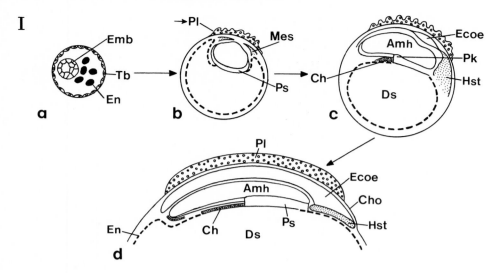

I

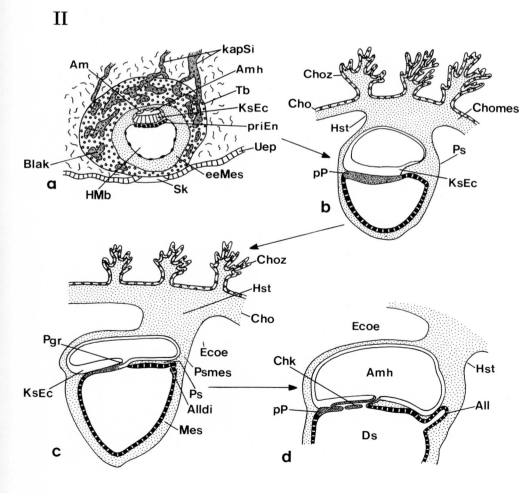

II

Abb. 95. Bildung der Körpergrundgestalt bei den Eutherien II (schematisiert).

I. Primitiventwicklung der Rüsselspitzmaus *(Elephantulus)* (Längsschnitte): **a** Amöboide Zellen der Keimblasenwand haben sich zur Bildung des Embryonalknotens aggregiert und bilden jetzt ein Schizamnion. Ablösung von mesenchymartigen Entodermzellen; **b** Anlage des Primitivstreifens sowie extraembryonale Mesenchymbildung; **c** Bildung des caudad gelegenen Haftstiels sowie des Exocoel-Lumens; **d** Ausdehnung des Exocoels. Im darauffolgenden Stadium erfolgen die Abhebung der Embryonalanlage vom Dottersack sowie die Bildung der entodermalen Allantois.

II. Primitiventwicklung des Menschen *(Homo;* Längsschnitte): **a** 12tägiger Keim mit Schizamnion und frühembryonalem Mesenchym. Anschluß der maternen Gefäße an die Lakunen im früh umfangreichen Trophoblasten; **b** 15tägiger Keim mit ausgebildetem sekundären Dottersack. Man beachte das sich in den Haftstiel fortsetzende Primitivstreifenmaterial; **c** 16tägiger Keim mit abgeflachter Amnionhöhle, Primitivgrube und Primitivstreifen sowie früher, in den Haftstiel sich einsenkender Allantoisanlage; **d** etwa gleich alter Embryo mit in den Dottersack durchgebrochenem Chordakanal; der Allantoisdivertikel ist vergrößert.

Legende vgl. Abb. 94

Abb. 96. Bildung der Körpergrundgestalt bei den Eutherien III.

I Kaninchen (*Oryctolagus caniculus;* Sagittalschnitte): **a** Die Allantois erreicht die Placentaranlage; Amnionbildung durch Faltung. Unvollständige Entodermumwachsung. **b** Im Vergleich zur Maus späte Rückbildung der äußeren Keimblasenwand sowie der Dottersackwand. Dottergang bleibt erhalten (unvollkommene Keimblattumkehr).
II Schwein *(Sus):* Primitivstreifenstadium (ca. 12. Tag) in Aufsicht **(a)** bzw. im Sagittalschnitt **(b).**
III Maus *(Mus)* (vgl. Abb. 44 m): **a** 6 Tage 13 h alter Embryo (Sagittalschnitt) mit sich formierenden, in die Proamnionhöhle hineinreichenden Amnionfalten. Man beachte das stark degenerierende distale Entoderm. **b** 7 Tage 6 h alter Embryo (Sagittalschnitt) mit geschlossenem Amnion, Exocoel und Ectoplacentarhöhle sowie der Allantois-Anlage. Die im ebenfalls nicht berücksichtigten Deciduagewebe des Uterus liegenden Riesentrophoblastzellen, die peripher die Dottersack-Höhle umgeben, sind nicht eingezeichnet. **c** Noch älterer Embryo (Querschnitt) mit stark ausgewachsener, rein mesodermaler Allantois und Placenta-Anlage.
IV Meerschweinchen (*Cavia porcellus;* Querschnitt): Das extraembryonale, ectoplacentare Entoderm hat den ganzen ectoplacentaren Bereich umwachsen (= totale Keimblattumkehr).

Legende: vgl. Abb. 94

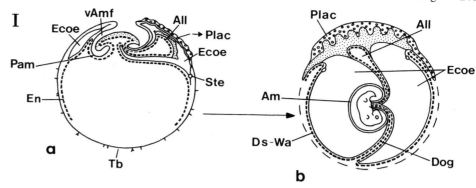

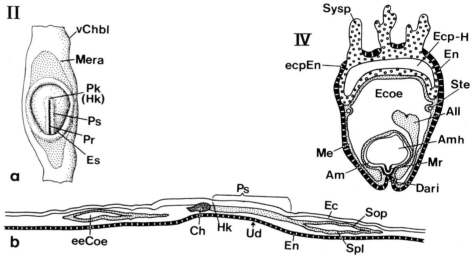

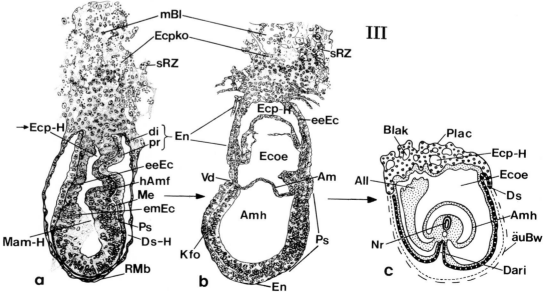

Tabelle 56. Typen der Primitiventwicklung bei Eutherien. (Nach Angaben von Starck 1975). (Vgl. auch Abb. 94)

Typ		Beispiele	Abbildung
I	Embryoblast in Trophoblast eingeschaltet (Aufhebung der Entypie), Faltamnion, Allantois aus Enddarm	Raubtiere, Spitzmaus (Sorex)	94 I/II
II	Ähnlich I, aber Trophoblast als Raubersche Deckschicht längere Zeit erhalten, langsames Entoderm-Auswachsen, untere Keimblase ohne Ento- und Mesoderm (→ Rückbildung von äußerer Keimblasen- und Dottersackwand)	Kaninchen (Oryctolagus)	94 I/II, 96 I
III	Ähnlich I, aber im Embryoblasten vor Aufhebung der Entypie zur Oberfläche durchbrechender Hohlraum (= Embryocystis) auftretend, Mesoderm und Coelom bis zum vegetativen Keimblasenpol auswachsend, Dottersack klein	Huftiere, Maulwurf (Talpa), Spitzhörnchen (Tupaja), Prosimier	94 III, 96 II
IV	Schizamnion aus Markamnionhöhle, Trophamnion früh den Ectoplacentarkonus (Träger) bildend, Trophoblast degenerierend (außer Trophoblastriesenzellen), Dottersackentoderm umgibt Embryo und z. T. den Träger (= Keimblattumkehr)	Nager	94 IV, 96 III und IV
V	Schizamnion aus Markamnionhöhle, starke Entypie (dicker Trophoblast)	Igel (Erinaceus) Flughunde	94 V
VI	Schizamnion verliert seine Decke und wird nur vom Trophoblasten überdeckt; sekundär Bildung eines Faltamnions	Kleinfledermäuse	–
VII	Frühes Schizamnion, sehr früh Mesenchym sich zwischen Embryonalknoten und Trophoblast einschiebend	Rüsselspitzmaus (Elephantulus)	95 I

Die höheren Primaten (vgl. S. 236) sind nicht berücksichtigt.

erstreckende, umfangreich werdende extraembryonale Coelom (= **Exocoel**) (Abb. 96 IIIb). Es steht in Homologie zu den Sauropsidenverhältnissen mit dem embryonalen Coelom des Embryos in Verbindung. Am der Dorsalfläche des Embryos entsprechenden Boden der Amnionhöhle kommt es unter Einfaltung der **Neuralfalten** zur Neurulation.

Im Gegensatz zu *Mus*, deren weitere Entwicklung auf S. 370 dargestellt ist, zeigt das Meerschweinchen *(Cavia)* eine abgeänderte Entodermgenese. Das extraembryonale Entoderm umwächst nämlich als ectoplacentares Entoderm den ganzen Ectoplacentarkonus, womit sich auch dorsal vom Embryo Entoderm befindet; dieses Verhalten wird oft als „Keimblatt-Umkehr" bezeichnet (vgl. Abb. 96 IV sowie S. 196).

Allgemeine Folgerungen

Der Gültigkeitsbereich der im Vorhergehenden erläuterten Befunde zur „discoidalen Gastrulation" ist etwas zu relativieren. Die eher unzureichenden Untersuchungen an nur wenigen Arten lassen besonders bei Fischartigen und Sauropsiden die Möglichkeit des Auftretens weiterer, noch unbekannter Varianten im Ablauf der Keimblattsonderung durchaus offen.

Nach der discoidalen Furchung wird die Keimblattbildung kompliziert durch die Dotteraufarbeitung. Letztere erfordert ein transitorisches Entoderm in Form eines **Dottersyncytiums** (aus ursprünglich isolierten Zellen) oder eines zusammenhängenden zellularisierten **Dotterentoderms**. Die Notwendigkeit der baldigen Verfügbarkeit von Zellen des inneren Keimblattes erfordert entsprechend oft eine sehr frühe Ablösung von Entodermzellen, die die Sonderung der übrigen Keimblattanteile zeitlich stark präzedieren kann (vgl. hierzu u. a. auch Abb. 44).

In Analogie zu diesen entodermalen Erfordernissen führt die durch eine Trophoblastbildung belastete, in späteren Stadien manche Sauropsidenverhältnisse rekapitulierende Eutherienentwicklung zu einer abgewandelten Keimblattsonderung.

Analog wie anläßlich der discoidalen Furchung läßt sich auch in den anschließenden Entwicklungsphasen ein Einfluß des Dotters auf den weiteren Ontogeneseverlauf feststellen. Dies zeigt z. B. die Dotterfragmentation einiger Haie oder die zwar nicht immer verwirklichte Abhängigkeit des Invaginationszeitpunktes vom Dottergehalt des Keimes bei Teleostiern (S. 230).

In allen Fällen erfolgt eine Aufteilung in ein **transitorisches**, früh teilweise schon während der Furchung gesondertes sowie in ein **organogenetisches, formatives Entoderm**. Letzteres löst sich bei Cephalopoden extrem spät erst beim Embryo aus dem Mesentoderm (Abb. 69 h + i und 89 i).

Im Vergleich mit einer Invaginationsgastrulation muß die Bildung der Körpergrundgestalt hier in Analogie zum superfiziellen Typus wiederum als **cryptomer** (verborgen) und als **mehrphasig** bezeichnet werden. Daß stark abgewandelte Keimblattverlagerungen – z. B. der Chondrichthyes – nicht mehr direkt mit der einfacher ablaufenden Gastrulation des Amphibientyps zu tun haben, wird vielleicht durch die zusätzlich zur mesentodermalen Einstülpung auftretende transitorische Invagination im inneren Keimscheibenbereich der Chimaeren und von *Squalus* dokumentiert (vgl. S. 232).

Entsprechend der polyphyletisch mehrmals verwirklichten discoidalen Furchung sind auch die ihr folgenden Prozesse der Bildung der Körpergrundgestalt mehrfach entstanden. Dies beweisen außer der besonders augenfälligen Sonderstellung der Cephalopoden, die übergangslos von den übrigen Mollusken vom Spiraliertyp gesondert sind (S. 392 und Abb. 145 C), innerhalb der Tunicaten die Pyrosomiden (Feuerwalzen).

Dasselbe gilt für Wirbeltiere. Entgegen der Molluskensituation sind bei dieser Gruppe aber embryologisch fundierte phylogenetische Ableitungen möglich. Unseres Erachtens läßt sich dank der vermittelnden Zwischenstellung der Gymnophionen sowie verschiedener Altfische eine von den holoblastischen Urodelen und Anuren zu den meroblastischen Sauropsiden und Säugern führende Sukzession herleiten, während der Keimblattbildungsmodus der Teleostier bzw. der Chondrichthyes davon unabhängig entstanden sein dürfte. Darauf weisen neben dem differierenden morphogenetischen Ablauf mit entsprechend variierenden Fate-Maps (Abb. 66) u. a. die unterschiedliche Ausprägung und funktionelle Bedeutung der Periblastzellen innerhalb der Gruppe der Fischartigen hin.

Im Einzelnen lassen sich die nicht durch den Aufbau von Primitivknoten und Primitivstreifen komplizierten Verhältnisse der Teleostier gut mit der Situation der holoblastischen, heute vor allem durch die Amphibien repräsentierten Wirbeltierontogenese parallel setzen: die Haupteinstülpung im Embryonalschild ist sowohl hinsichtlich ihrer Bildungspotenz als auch ihrer entwicklungsphysiologischen Bedeutung und ihrer topographischen Lage mit der dorsalen Blastoporuslippe der Lurche zu vergleichen (Abb. 3 Ab + d). Entsprechendes gilt nach erfolgter Dotterumwachsung für den unterhalb des Dotterpfropfes liegenden, ebenfalls Mesoderm enthaltenden invaginierenden Keimscheibenrand; er ist der ventralen Urmundlippe gleichzusetzen. Des weiteren entspricht der Randwulst des Knochenfischkeims dem übrigen Blastoporusgebiet bei Amphibien. Die Dottersackumwachsung der meroblastischen Knochenfische ist damit dem Blastoporusverschluß des Holoblastiers homolog.

Diese Übereinstimmung tritt bei Mitberücksichtigung von dotterreichen Altfischen und vor allem der Gymnophionen als Zwischengliedern noch stärker hervor. Diese Gruppen besitzen zwar einen noch mehr oder weniger zellularisierten (etwa durch Nachfurchung), mit

einem temporären Dotterpfropf versehenen Dotterbereich, aber andererseits eine animalwärts liegende Keimscheibe (vgl. Abb. 90 m-o). Insbesondere läßt sich die zweifache Darmbildung der Blindwühlen (vgl. S. 232) zu der bei diversen Amphibien und bei *Amia* auftretenden Ergänzungshöhle (S. 205) in Bezug setzen. Diese vereinigt sich ja als Blastocoelrest später durch das Aufreißen der Urdarmwand mit dem Archenteronlumen; damit liegt auch hier eine Darmentstehung aus zwei Anteilen vor.

Die Unabhängigkeit der über dem Dotterspiegel liegenden Subgerminalhöhle (als „Invaginationslumen") vom Blastocoel (als zwischen den Blastomeren gebildeter Furchungshöhle) läßt die gelegentlich noch getätigte Bezeichnung der Subgerminalhöhle als Blastocoel als unglücklich erscheinen.

Wie bei der Keimblattbildung vom superfiziellen Typ sind auch bei den Anamniern die Ento- und Mesodermbildung eng liierte Prozesse, die nur schwer voneinander gesondert werden können.

Die Verhältnisse der Amnioten sind stärker abgewandelt. Der bei Reptilien erst spät, bei den Warmblütlern dagegen früh erscheinende Primitivstreifen ist die kaenogenetische Neubildung eines mesodermalen Proliferationszentrums. Er läßt sich u. E. entgegen der z. B. durch Gräper, Goerttler, Da Costa u. a. vertretenen Ansicht kaum mehr direkt mit dem Blastoporusgebiet vergleichen. Dasselbe gilt für den Primitivknoten, der ja meist nur noch Chordamaterial aus sich hervorgehen läßt. Überhaupt fällt auf, daß entgegen den Anamniern die Detachierung von Ento- bzw. Mesoderm stärker bzw. vollständig voneinander getrennt ist. Dies wird durch die ja stets frühe Entodermablösung auf der Blastulastufe (vgl. z. B. Abb. 44 h-l) mit bedingt.

Die niederen Säuger, vor allem die Schnabeltiere, zeigen von der Furchung an noch den Sauropsidentyp; die Eutherien mit ihren extrem abgeleiteten Frühentwicklungen lassen sich über die diesbezüglich vermittelnden Beutler mit ihrer in der frühen Segmentierung ablaufenden Dotterelimination unschwer auf den ursprünglicheren discoidalen Entwicklungstyp zurückführen. Nach der Bildung der Blastocyste – die nicht mit der Blastula homologisierbar ist – wird aber auch bei den placentalen Säugern eine mit Sauropsidenverhältnissen vergleichbare Keimblattbildung durchgeführt, wobei nicht zuletzt die Rekapitulation des reptilienhaften Chordakanals durch die menschliche Entwicklung hervorzuheben ist.

9.3 Phylogenetische Aspekte

Bei der Besprechung der Keimblattbildung der meroblastischen Entwicklungstypen (S. 224 ff. und 242 f.) sowie auch schon anläßlich der Diskussion der Furchung (S. 168 ff.) konnten phylogenetische

Aspekte von Gastrulation und Keimblattbildung schon mitberücksichtigt werden. Deshalb kann dieses Kapitel kurz gehalten werden.

Allgemein wird der Gastrulationsablauf wesentlich durch die **Furchungsmodalitäten** und den **Bau der Blastula** mitbestimmt. Damit setzt sich der schon anläßlich der Furchung manifeste Einfluß des Dottergehaltes auch in den weiteren Entwicklungsabschnitten fort.

Der durch nur zwei Keimblätter gekennzeichnete **diblastische Zustand** der Schwämme und Hohltiere ist **ursprünglicher** als der **triblastische** der höheren Metazoen. Doch sind bereits auf der diblastischen Cnidarier-Stufe sehr unterschiedliche Modalitäten der Entodermablösung ausgebildet. Auch sind bei den Antho- und Scyphozoen Ansätze zur Etablierung eines dritten Keimblattes vorhanden, das aber nicht als Mesoderm, sondern als (Ecto)mesenchym zu taxieren ist. Ähnliches gilt für die Schwämme sowie – wie auf S. 199 diskutiert wird – auch für die Acnidarier.

Unter den generellen Ablösungsmechanismen für Keimblätter dürfte die **Invagination als ursprünglich** gelten. Sie kommt vorzüglich bei dotterarmen Entwicklungen und bei unterschiedlichsten Tiergruppen (Tabelle 57) vor.

Die mit einem Urmund versehene Invaginationsgastrula war Modell für die durch Kowalewsky und vor allem Haeckel (1877) begründete, in der Folge zum biogenetischen Grundgesetz (S. 1) ausgeweitete Gastrula- bzw. **Gastraea-Theorie**. Sie sieht in diesem Gastrula-Typ gleichsam die Urform der vielzelligen Tiere. Ähnliches gilt für die bilateralsymmetrische Bilaterogastraea von Jägersten (1972).

Freilich ist zu betonen, daß entgegen Haeckels Vorstellungen die typische Invaginationsgastrula bei den Cnidariern faktisch ziemlich selten ist (vgl. auch Abb. 73).

Lankester (1877) nahm in seiner Planula-Theorie dagegen an, daß die Urform der Metazoen keinen Urmund besaß und daß die beiden Keimblätter durch Delamination entstanden seien. Metschnikoff (1877 ff.) postulierte dagegen in der Parenchymella- oder Phagocytella-Theorie eine multipolare Immigration als ursprünglichen Ablösemechanismus. Ähnlich sah dies auch Goette; die immigrierenden Zellen wären ihm zufolge freilich Urkeimzellen gewesen, die sich erst sekundär zu Entodermzellen transformiert hätten.

Die *phylogenetische Entstehung des Mesoderms* und gleichzeitig der sekundären Leibeshöhle (= Coelom) wird unterschiedlich gesehen. Die etwa von Lankester (1874), Hertwig (1881), Sedgwick (1884), Masterman (1897 ff.) und vor allem Remane (1948 ff.) vertretene **Enterocoel-Theorie** führt die durch Enterocoelie entstandenen Coelomsäcke der Archi- und Neocoelomaten auf die Gastral-Taschen der Coelenteraten (speziell der Anthozoen) zurück (vgl. Abb. 61). Hatschek (1877 ff.),

Tabelle 57. Beispiele des Vorkommens der Invaginationsgastrula

Parazoa		*Sycon* (Abb. 69 a und 72 Bf), *Oscarella* (Abb. 69 b)
Cnidaria	Scyphozoa	*Aurelia* (Abb. 73), *Cotylorhiza, Cyanea, Linuche, Mastigias, Nausithoë*
	Anthozoa	*Bolocera, Cerianthus* (Abb. 73), *Metridium* (Abb. 73), *Peachia, Sagartia*
Tentaculata	Phoronida	*Phoronis* (vgl. Abb. 76 p + q)
	Brachiopoda	*Argiope, Terebratulina*
Chaetognatha		*Sagitta* (Abb. 29 c)
Echinodermata		*Asterias, Paracentrotus* und *Psammechninus* (Abb. 75 b), *Synapta, Cucumaria* (Abb. 76 f)
Hemichordata	Enteropneusta	*Dolichoglossus* (Abb. 76 h + i), *Ptychodera* (Abb. 76 k + l)
	Pterobranchia	*Cephalodiscus*
Nemertini		*Lineus, Micrura*
Nemathelminthes	Nematomorpha	*Paragordius, Chordodes* (Abb. 71 e)
	Gastrotricha	*Turbanella*
Kamptozoa		*Pedicellina*
Annelida	Polychaeta	*Eupomatus, Podarke, Polygordius* (Abb. 71 a)
	Oligochaeta	*Allobophora*
Sipunculida		*Sipunculus*
Echiurida		*Thalassema*
Arthropoda	Crustacea	*Astacus* (Abb. 71 c), *Cyclops* (Abb. 85 e), *Cyprideis, Galathea* (Abb. 85 a), *Jasus, Lucifer, Penaeus* (Abb. 29 k)
Mollusca	Polyplacophora	*Chiton* (Abb. 82 a)
	Scaphopoda	*Dentalium* (Abb. 82 b)
	Bivalvia	*Cyclas, Unio* (Abb. 83 k)
	Gastropoda	*Agriolimax* (Abb. 82 h), *Bradybaena* (Abb. 82 i), *Elysia* (Abb. 82 f), *Firoloides* (Abb. 82 m), *Lymnaea* (Abb. 82 g), *Pomatias* (Abb. 82 e), *Viviparus* (Abb. 82 d)
Tunicata	Ascidiacea	*Clavelina, Styela* (Abb. 63 Ah)
	Thaliacea (Cyclomyaria)	*Doliolum*
Acrania		*Branchiostoma* (Abb. 81 b)
Vertebrata	Amphibia	*Rana, Triturus* etc. (Abb. 3 Ab und 77 e)

Berg (1885) und Meyer (1890ff.) nehmen in der **Gonocoel-Theorie** dagegen an, daß die Gewebebegrenzung der Gonade Ausgangspunkt des Mesoderms gewesen und der Gonadenhohlraum zum Coelom geworden ist. Die **Nephrocoel-Theorie** von Ziegler (1898ff.) geht von sich jeweils zur Coelomhöhle erweiternden Protonephridien aus. Schließlich fordert die durch Thiele (1902ff.) und Sarvaas (1933) vertretene **Mesenchym-Schizocoel-Theorie**, daß das Coelom unter Spaltraumbildung im Mesenchym und damit unter sekundärer Bildung des Coelomepithels entstanden ist.

Aus diesen Angaben geht hervor, daß die sekundäre Leibeshöhle, das Coelom, für die Anhänger der Enterocoel-Theorie die ursprüngliche Mesodermsituation der Bilaterien darstellt, während die Adepten der übrigen Theorien den primären Bilateralier mit einem Parenchym versehen.

Heute sind die Gonocoel- und ganz besonders die Enterocoel-Theorie im Gespräch. Innerhalb der letzteren besteht Uneinigkeit hinsichtlich der Anzahl der ursprünglichen Gastraltaschen. Jägersten glaubt an sechs, Remane (1948) plädiert für vier (Abb. 61, vgl. auch Abb. 74e). Aus diesen wären die Coelomsäcke der Archicoelomaten (= **Archimerie**) entstanden (Abb. 76). Bei den höheren Metazoen würden dann das Proto- und das Mesocoel (vgl. S. 22) wegfallen und das Metacoel unter Untergliederung **Deutometameren** bilden. Diese könnten den Larvalsegmenten der Anneliden entsprechen. Bei den Articulaten würden durch Bildung einer Sprossungszone zusätzliche **Tritometameren** formiert [man vgl. hierzu die Imaginalsegmente der Anneliden (z. B. Abb. 84b + c)].

Rezentontogenetisch ist Mesoderm-Ablösung durch Enterocoelie (noch) weit verbreitet [z. B. Tardigraden (Abb. 87l), viele Archicoelomaten (Abb. 76), niedere Chordaten (Abb. 81d + e)]. Auch die Keimblatt-Detachierung der Vertebraten läßt sich dank ihrer topographischen Beziehungen zum Urdarm auf Enterocoelie zurückführen. Die Enterocoelie kann sekundär schon innerhalb der Archicoelomaten durch Proliferation (Abb. 76d, k, m, n, q + r) ersetzt sein. Bei den rezenten Spiraliern haben sich dagegen die Urmesodermzellen und für die Articulaten gemeinhin das Sprossungsmesoderm als Bildner des mittleren Keimblattes durchgesetzt.

Die basale Stellung der Archicoelomaten zeigt sich außer in der Enterocoelie auch im Urmund-Verhalten. Es gibt unter ihnen sowohl Proto- als auch Deuterostomier, so daß sich von hier aus zwei zu den protostomen Gastro- bzw. den deuterostomen Notoneuraliern führende Linien vorstellen lassen (Abb. 61).

Die **einphasige Keimblatt-Ablösung** ist **ursprünglicher** als die **mehrphasige**, bei welcher ein anfänglich einheitlicher Ablauf in zeitlich und räumlich isolierte Vorgänge aufgetrennt ist. Die Mehrphasigkeit der Entodermbildung steht meist in Beziehung zum sekundären Nährstoffreichtum und den zu dessen Bewältigung nötigen transitorischen Entoderm-Anteilen, die sich polyphyletisch bei unterschiedlichsten Gruppen (z. B. Arthropoden, Cephalopoden, Teleostier, Chondrichthyes, Sauropsiden, Monotremata etc.) ausgebildet haben. Mehrphasige Mesodermgenese beruht entweder auf dem Vorkommen von unterschiedlichen, d. h. meist ecto- und entomesoblastischen Bildungsanteilen bzw. besonders bei Articulaten auf der divergierenden Besiedelung von Körperregionen (z. B. Rumpf- bzw. Sprossungsmesoderm, Nauplius- und Telsonmesoderm der Krebse usw.). Mehrphasige Morphogenese des Ektoderms ist dagegen selten; die beiden, zu unterschiedlichen Zeitpunkten sich ablösenden Micromeren-Generationen der Ctenophoren können evtl. in diesem Sinne gedeutet werden.

Innerhalb systematisch verwandter Einheiten ist der **Grad der Homologisierbarkeit** von zur Bildung der Körpergrundgestalt führenden Prozessen verschieden. Innerhalb der Gruppe der Wirbeltiere ist – wie demonstriert – der abgeleitete meroblastische Typ relativ leicht auf den holoblastischen Ausgangszustand zurückführbar (vgl. Abb. 3 Ab + d). Auch läßt sich innerhalb der Säuger die Placentalier-Entwicklung dank der vermittelnden Beutler-Stufe von der Ontogenese der Kloakentiere (Monotremata) ableiten (Abb. 54). Andererseits gelingt es nicht, die völlig isolierte meroblastische Cephalopoden-Entwicklung direkt mit den Verhältnissen der Molluskenklassen vom holoblastischen Spiraliertyp gleichzusetzen (vgl. S. 392 und Abb. 145 C).

Doch muß die **generelle Homologie** hinsichtlich der Spezifität der Bildungsleistung der Keimblätter (Tabelle 50) nochmals betont werden. In analoger Weise wie bei der Furchung sind einzelne Gastrulationsabläufe polyphyletisch unabhängig mehrfach voneinander entstanden; dies gilt besonders für die Keimblattablösung nach superfizieller bzw. discoidaler Furchung.

Es läßt sich wohl keine absolute Homologisierbarkeit aller Gastrulationsabläufe erzielen. Diese Schwierigkeiten hinsichtlich der Vergleichbarkeit von morphogenetischen Prozessen führten Keibel (1901) und Pasteels (1940ff.; an Wirbeltieren), Hirscheler (1912) und Roonwal (1939; an Insekten) sowie Sacarrão (1952ff.; an Cephalopoden) und verschiedene andere Autoren zu einer neuen Betrachtungsweise der Bildung der Körpergrundgestalt. Diese basiert auf der Vergleichbarkeit des Segregationsprozesses, der als kinetischer Formbildungsprozeß auf im einzelnen sehr unterschiedliche Weise aus der weitgehend omnipotenten Keimschicht der Blastula eine in irreversibel determinierte Schichten (= Keimblätter) gegliederte Keimanlage schafft. Die Keimblätter als Vorstufe zur Organogenese sind damit miteinander vergleichbare Endprodukte dieses Segregationsprozesses; sie haben bestimmte Lagebeziehungen zueinander und bestehen aus embryonalem Gewebe mit der gleichen prospektiven Bedeutung.

9.4 Abhängigkeiten und Steuerungsmechanismen

Wie die für die Amphibien geltenden Ausführungen auf S. 202 ff. zeigen, sind die anläßlich der Gastrulation stattfindenden morphogenetischen Bewegungen bereits schon bei Holoblastiern im einzelnen äußerst kompliziert und in ihrem Gesamtablauf schwer faßbar. Eine ganzheitliche Analyse darf ja nicht nur Einzelkomponenten erfassen und kann auch nicht nur die mechanisch-physikalischen Hintergründe als agierend sehen.

Wie schon mehrfach betont, wird der Gastrulationsablauf wesentlich durch die „Vorgeschichte", d.h. den **Dottergehalt** des Keimes und den **Furchungsverlauf**, mitbestimmt. Er kann u.a. mit der seit Vogt (1923 ff.) angewendeten Methode der Farbmarkierungen verfolgt werden (Abb. 97 a–c).

Die dabei mitwirkenden Faktoren werden nach wie vor kontrovers beurteilt, sei es, daß man wie Holtfreter besonders die Auswirkungen von autonomen Zellbewegungen (vgl. Abb. 97 l–o) betont oder aber die Gastrulation als Resultat

übergeordneter Einflüsse und als *Zusammenspiel unterschiedlichster Faktoren* [z.B. als Resultanten von „inneren" Dotter- und „äußeren" corticalen Faktoren (Dalcq-Pasteels)] betrachtet. Die gegenseitige Beeinflussung der verschiedenen Zellbewegungen darf als sicher vorausgesetzt werden. So könnte etwa beim Vogel – wie schon Waddington (1937) und Spratt (1946) angenommen haben – das Entoderm im prospektiven Mesoderm die morphogenetischen Bewegungen induzieren.

Isolationen von Blastomeren bzw. Keimblattzellen (vgl. auch Abb. 9 A) haben autonome Bewegungstendenzen demonstriert (Abb. 97 f + g, i + k) und gezeigt, daß das Blastoderm ein Mosaik von unterschiedlichen morphogenetischen Abläufen darstellt. Dabei sind neben der elektrokinetischen Zellmobilität unter anderem die Auswirkungen von Veränderungen der Zelloberflächen und der interzellulären Verbindungen zu berücksichtigen. Speziell bei Amphibien wurde im übrigen im durch eine intensivierte Zellaktivität gekennzeichneten Einstülpungsgebiet der Urmundlippe ein erhöhter Calciumgehalt festgestellt.

Wichtig für die Gastrulation ist das **Vorhandensein des Blastocoels** bzw. der Subgerminalhöhle, welche die Rearrangierung („Rearrangement") und die Wanderung und Verschiebung der praesumptiven Keimbezirke erlauben. Wachstumsdruck kann mit im Spiel sein; so tragen sich schneller teilende

Abb. 97. Bewegungstendenzen anläßlich der Amphibien- (alle Bilder außer **k**) und Seeigel-Gastrulation (**k**).

a–c Verschiebung der nach der Technik von Vogt (1929) angebrachten Vitalfarbstoff-Markierungen in der Marginalzone von *Triturus* (Urodela): **a** junge Gastrula (von caudal); **b, c** Neurula (von caudal bzw. im Querschnitt).
d, e Während der Amphibiengastrulation ablaufende Bewegungen auf der Oberfläche *(dicke Pfeile)* bzw. im Innern im Bereich der invaginierten Zellen *(dünne Pfeile)* (vom Blastoporus her bzw. von lateral gesehen).
f, g Protoplasmatische Strukturen einer globulären (**f**) bzw. einer verlängerten Zelle (**g**) einer Amphibiengastrula.
h Durch die dunkle Oberflächenschicht sowie filiforme und knopfähnliche Fortsätze zusammengehaltene Zellen aus der Wand der großzelligen Blastula von *Amblystoma tigrinum* (Urodela).
i Aktive Extension der Zellen im Blastopo-

rusbereich anläßlich der Amphibien-Gastrulation (Sagittalschnitt).
k Pseudopodiale Anheftung der primären Mesenchymzellen an der ectodermalen Blastulawand des Seeigels.
l–o Ausbreitungs- und Segregationstendenzen von embryonalem Amphibiengewebe in reaggregierten Zellmassen (nach Holtfreter 1943 und Townes-Holtfreter 1955): **l** oberflächliches, „bedecktes" (coated) Entoderm überwächst normales, unbedecktes Entoderm; **m** ein Aggregat von unbedecktem Entoderm wird ins entodermale Substrat inkorporiert; **n** ein von Ectoderm bedecktes Entodermtransplantat dringt ins Entodermsubstrat ein *(links)*; das sich dabei anfänglich ausbreitende Ectoderm *(Mitte)* wird anschließend isoliert *(rechts)*; **o** ein teilweise mit Oberflächenhäutchen versehenes Material aus der Blastoporuslippe sinkt ins entodermale Substrat ein und bildet eine Blastoporusgrube.
1–9 symbolisieren die Vitalfarbstoff-Markierungen

ag	aggregiert
Bpg	Blastoporusgrube
BpV	Blastoporusverschluß
D	Divergenz (= Auseinanderweichen bei Ausgestaltung des Mesoderms)
Dme	primäre Dottermembran (Dotterhäutchen, Oberflächenhäutchen)
E	Extension (= Keimverlängerung in anteroposteriorer Richtung)
Ecfl	ectoplasmatische Flüssigkeit
En$^+$	oberflächliches Entoderm
ffZe	flaschenförmige Zellen
fl	flächig
K	Konvergenz (dorsale Raffung anläßlich der Embolie)
Me$^{(+)}$	teilweise mit Oberflächenhäutchen dotiertes Mesoderm
Pgel	Plasmagel
Pp	Pseudopodien
Psol	Plasmasol
Udlu	Urdarmlumen
Zeme	Zellmembran (Zellwand)
ZV	Zellverlagerung in der Blastoporusregion

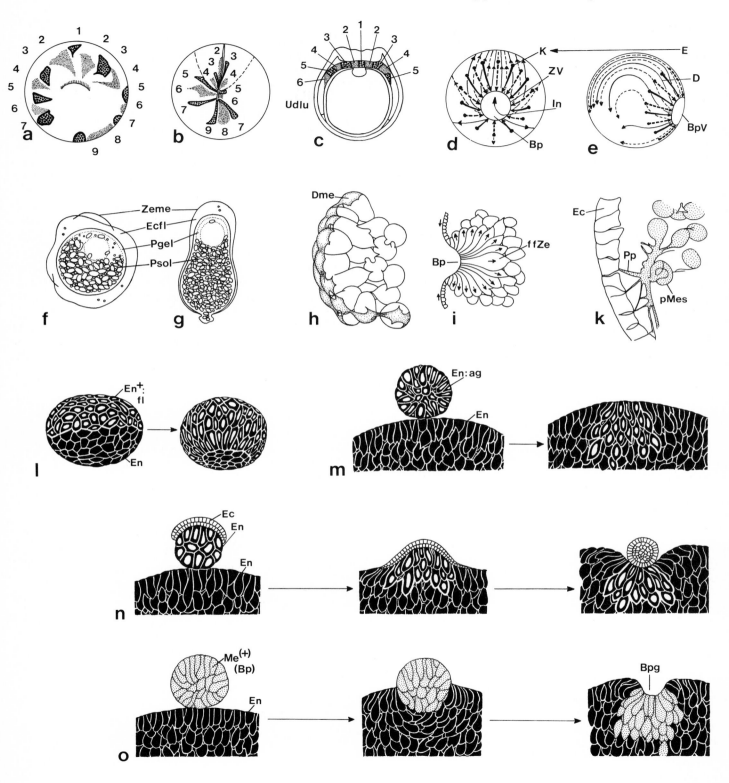

Micromeren zur Unterstützung der Invagination bei. Auch führt bei Amphibien die **Vergrößerung der inneren gegenüber der äußeren Oberfläche**, repräsentiert durch die sich im Blastoporus-Bereich vergrößernden Macromeren, zur Einstülpung. Dies hat Spek schon 1931 in einem Modellversuch mit Quellung einer das Entoderm darstellenden Gelatineschicht nachgewiesen. Bei Amphibien ist die Rolle der gelartigen, dünnen, zähen aber elastischen Oberflächenschicht (= **Oberflächenhäutchen**) (Abb. 97 h) mit zu berücksichtigen. Sie besteht aus ausgerichteten Kettenmolekülen von Eiweißkörpern, enthält Pigmente und ist auch für die Permeabilität verantwortlich.

Die **autonomen Eigenschaften des Plasmas** sind mit von Einfluß. Sowohl bei Amphibien als auch bei *Chaetopterus* kann bei unbefruchteten, sich nicht furchenden Eiern eine Pseudogastrulation ablaufen. So kommt es bei solchen Lurch-Oocyten zur Bildung des grauen Halbmondes und von Strömungsfiguren im Pigment. Auch kann prospektiv das dorsalwärts liegende Material eingestülpt und eine dorsale sowie teilweise auch eine ventrale Urmundlippe gebildet werden. Bei *Chaetopterus* überzieht im Verlaufe dieser „unizellulären Gastrulation" das Ektoplasma allmählich das gesamte Endoplasma. Auch bildet es einen den Verhältnissen bei der normalen Trochophora ähnelnden Cilienbesatz, welcher ein Schwimmen

erlaubt. Apikalorgane, ein apikaler Wimperschopf und typische Wimperkränze werden allerdings nicht ausgebildet.

An übergeordneten Steuerungsfaktoren sei vor allem auf die bei Wirbeltieren in der dorsalen Urmundlippe lokalisierten **Organisator-Wirkungen** (S. 58; Abb. 18 A) hingewiesen; sie ermöglichen eine ganzheitliche Regulation der einzelnen Bewegungstendenzen. Von analoger übergeordneter Bedeutung können auch **Gradientenwirkungen** sein (S. 55 ff. und Abb. 17).

Im Zusammenhang mit den anläßlich der Gastrulationsprozesse möglichen Interphasezuständen der Kerne ist entgegen der Furchung nun auch die intensivierte direkte Einwirkung des Genoms gegeben. So läßt sich mit dem Gastrulationsbeginn etwa eine stark geförderte Neusynthese von m-RNS (vgl. S. 181) feststellen.

Abschließend sei erwähnt, daß verschiedene moderne Autoren versucht haben, das anläßlich der Gastrulation manifest werdende Migrationsverhalten der embryonalen Zellen mit demjenigen von invasiven malignen Zellen zu vergleichen. Ein unlängst entsprechend durchgeführter Vergleich der ja auf der Ingression von Zellen beruhenden Hypoblastbildung des Hühnchens mit verschiedenen Typen von menschlichen Krebszellen hat – glücklicherweise – doch beträchtliche Differenzen im Zellverhalten aufdecken können.

10 Organogenese

Dieses äußerst umfangreiche Gebiet kann zum Leidwesen des Autors nur auszugsweise und unter Setzung von ganz wenigen Schwerpunkten dargestellt werden, zumal bei einer detaillierteren Behandlung für jede Tiergruppe jeweils auch adultmorphologische Fakten eingearbeitet werden müßten.

Einem allgemeinen, namentlich anhand der breiter dargestellten Augenentwicklung auch die Steuerungsfaktoren exemplarisch berücksichtigenden Teil folgt die Kurzdarstellung der Genese der wichtigsten Organsysteme der Vertebraten. Ergänzend werden jeweils auch einige besonders interessante Evertebraten-Beispiele erwähnt.

Schließlich sei darauf hingewiesen, daß im Kapitel, das die Bildung der Körpergrundgestalt beschreibt, schon zahlreiche Voraussetzungen und Fakten zum Verständnis der Organogenese erarbeitet worden sind.

10.1 Allgemeines

Die Organogenese hat die Bildung von definitiven Organen sowie - sofern diese vorhanden sind - auch von transitorischen Larvalorganen zum Ziel.

Sie tritt erst bei den **triblastischen Bilateraliern** auf.

Den Coelenteraten und Parazoen fehlen ja mit Ausnahme der Sinnesorgane der Medusen noch typische Organe. Diese werden bei diesen Stämmen durch differierende Zelltypen in den einzelnen Keimblättern ersetzt, die teilweise schon auf der Gastrulastufe angelegt sind (z. B. bei *Eudendrium*). Die Bildungspotenzen ihrer Keimblätter sind aber mit denjenigen der höheren Tiere vergleichbar; so gehen z. B. auch hier aus dem Entoderm die verdauenden Zellen hervor.

Die Organogenese (= Organentwicklung) umfaßt topografische **(Topogenese)**, gewebliche **(Histogenese)** und chemische Differenzierung. Sie ist - entgegen der Gastrulation - mit von Zellvermehrung begleitetem **Wachstum** kombiniert.

Diese Teilprozesse sind voneinander *unabhängig,* sowohl morphogenetisch im Hinblick auf die Reihenfolge ihrer zeitlichen Sukzession (Abb. 98) als auch entwicklungsphysiologisch hinsichtlich ihrer Steuerung, was schon Ranzi (1928) bei Cephalopoden festgestellt hat.

Bei der Darmentwicklung der Cephalopoden etwa erfolgt zuerst die topografische Ausgestaltung der einzelnen entodermalen Darman-teile aus der einheitlichen Entodermspange (Abb. 98 c–e), die erst nachträglich von der geweblichen Differenzierung gefolgt wird. Letztere ist bis zum Schlüpfen auch nicht nötig, da das Dottersyncytium die Dotteraufarbeitung und die gesamte Ernährung des Embryos besorgt. Bei mit reichen extraembryonalen Nährstoffen versehenen Prosobranchiern (Abb. 98 a + b; vgl. auch Abb. 133 f + h) und Pulmonaten (Abb. 133 d + e), die einen topografisch noch undurchgliederten „entodermalen Nährsack" zur Nährstoffaufbereitung ausbilden, erfolgt aus funktionellen Gründen die gewebliche Differenzierung zuerst. Die Nährstoffreserven müssen hier durch funktionsfähige Zellen abgebaut werden. Zudem hindern die eingelagerten Eiklar- bzw. Näreiermassen anfänglich die topografische Ausgestaltung in die einzelnen sackartigen Darmanteile.

Die Organogenese setzt meist erst **postgastrulär** ein, wobei sich die Organ-Anlagen in der Regel aus den Keimblättern differenzieren.

Allerdings sind - besonders bei zellkonstanten Tieren (z. B. Nematoden) - Organprimordien sogar auf Furchungszellen zurückführbar. Dies gilt extrem auch für Rotatorien, bei welchen Nachtwey (1925) die ganze *Asplanchna*-Entwicklung ohne Anwendung des Keimblattbegriffes beschrieben hat.

Im weiteren können Organe auch aus Imaginalscheiben bzw. bei Knospungs- und Regenerationsprozessen auf besondere „atypische" Art entstehen (vgl. S. 184 sowie Abb. 15).

Bei jeder Organogenese sind unterschiedliche **morphogenetische Bewegungen** beteiligt, die bereits durch Davenport (1895) kategorisiert worden sind und im folgenden anhand von Wirbeltierbeispielen kurz demonstriert seien (vgl. hierzu auch S. 32 sowie Abb. 10).

In *Epithelien* treten lokale Verdickungen (Abb. 10/30; z. B. Neuralplatte, Haarfollikel) auf. Epithelschichten können voneinander getrennt werden (vgl. auch Abb. 10/27) (wie in eine parietale und viscerale Schicht des Seitenplattenmesoderms bei der Coelombildung; Abb. 10/44) bzw. sich einfalten (Abb. 10/37) oder Taschen (Abb. 10/31) bilden. Ersteres gilt für die Neuralrohrbildung bei Elasmobranchiern, Amphibien und Amnioten, letzteres für die Anlage von Drüsen und Sinnesorganen (Riechgrube, Ohrbläschen usw.). Eine ähnlich ebenfalls zur Formierung von Röhren bzw. Vesikeln überleitende Verdickung mit anschließender Exkavation ist beispielsweise für die Neurulation gewisser Myxinoidea und der Teleostei bzw. die Linsenbildung der Knochenfische symptomatisch. Im weiteren sind

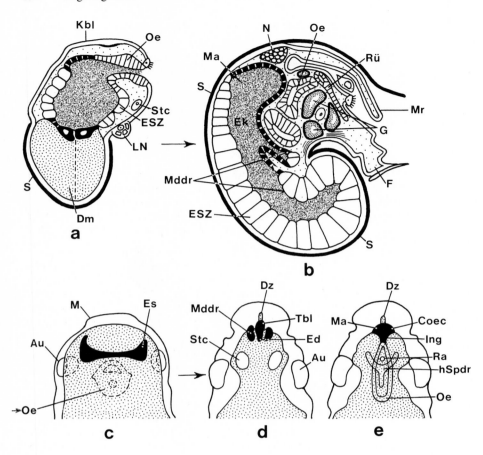

a

b

c

d

e

Abb. 98. Unabhängigkeit von Topo- und Histogenese.

a, b *Fusus* (Prosobranchier): intrakapsuläres Freß- bzw. Metamorphose-Stadium (im Sagittalschnitt). Die sehr frühe Histogenese erfolgt vor der topogenetischen Aufteilung des entodermalen „Darmsackes" in einzelne Abschnitte.

c–e *Octopus* (Cephalopoda): Naefsche Entwicklungsstadien VIII (von anal) bzw. XII (von anal und oral). Die histologisch noch einheitliche Entodermspange (vgl. Abb. 89 i + k) gliedert sich in die einzelnen Darmabschnitte auf; deren gewebliche Differenzierung erfolgt erst später.

Coec   Coecum (Blinddarm)
Dz   Dotterzapfen (Dotterstiel) des inneren Dottersackes
Es   Entodermspange
ESZ   Eiklarspeicherzellen
G   Ganglion
hSpdr hintere Speicheldrüse (Giftdrüse)
Ing   Ingluvies (Kropf)
M   Mantel (Pallium)
Ra   Radula-Anlage

die Fusion von bisher getrennten Zellmassen (z. B. bei aus Arterien bzw. Venen einander entgegenwachsenden Kapillaren) (Abb. 10/17) sowie das Aufbrechen von Epithelien zu Mesenchym (Abb. 10/21) aufzuführen. Dabei können – wie bei der Bildung der Darmmuskulatur aus dem visceralen Seitenplattenmaterial – die Epithelien erhalten bleiben oder aber sich vollständig auflösen (Neuralleiste).

In *mesenchymartigen Geweben* können Mesenchym-Zellen zu Zellmassen aggregieren (Abb. 10/24), wie dies für den Aufbau von Knorpel, Knochen und Muskelgewebe gilt. Auch kann Mesenchym sich an andere Bildungen anheften (Abb. 10/26) und so knöcherne Umhüllungen (z. B. Nasalsack, Innenrohr, Gehirnkapsel) oder fibröse Kapseln um innere Organe (Niere, Leber, Milz) formieren. Schließlich kann es auch zum Aufbau von epithelialen Verbindungen durch Mesenchymzellen kommen (Abb. 10/22); bei Vögeln bilden vom Primitivknoten auswandernde Mesodermzellen eine kompakte Mesodermanlage. Auch sei an den Zusammenschluß von Mesenchymzellen zu Gefäß-Endothelien erinnert.

Nicht selten spielen **Zelldegenerationen** bei der Organogenese eine wichtige Rolle. Dies ist beispielsweise anläßlich der

Differenzierung des Nervensystems, der Gliedmaßen- (Abb. 106 m) und Nierenentwicklung, dem Abbau von Dottergefäßen beim Huhn oder schließlich bei den Kiemenspalten von *Branchiostoma* (vgl. S. 274) festzustellen.

Die Bedeutung der **Zelldifferenzierung** (S. 22) bzw. das so folgenreiche Prinzip der **Metamerisierung** (S. 20 ff.) wurden schon früher besprochen.

Mit Beklemischew, Schmidt u. a. könnte man die epitheliale Organogenese, bei der Organe aus Epithelien, Zellplatten oder Zellschichten sich herleiten (z. B. Neurulation und Augenentwicklung der Amnioten) von der teloblastischen Ontogenese sondern. Hier bilden sich, wie bei der Entwicklung des Nervensystems und des Coelomsystems der Anneliden, Organe aus Zellmassen, die von einem oder mehreren Teloblasten abstammen.

Wie schon früher exemplifiziert, unterscheidet man **ein-** und **mehrphasige Organogenesen** (Tabelle 1 E und F), wobei letztere oft im Zusammenhang mit der embryonalen Ernährung notwendig werden. Organogenesen können sich durch eine

Tabelle 58. Variabilität im Auftreten der ersten Organ-Anlagen bei Pteropoden. (Nach Angaben von Fol 1875)

	Cavolinia	Hyalaea	Hyalocylis	Cleodora	Styliola	Cymbulia	Clio
Schalendrüse (invaginiert)	1	1	1	2	2	6	2
Fuß	2	2	2	6	6	2	6
Velum	3	3	3	1	1	4	1
Mund	4	4	4	4	4	1	3
Stomodeale Höhle	6	6	6	5	5	3	4
Statocyste	5	5	5	3	3	5	5

sehr reiche *Variabilität* auszeichnen. So sei auf Unterschiede anläßlich der Blastozoid- bzw. Oozoidentwicklung hingewiesen.

In der Embryonalentwicklung der Ascidien entsteht der Peribranchialraum aus einer ectodermalen Einfaltung, während er anläßlich der Knospung aus dem Epicard (Abb. 12k) abstammt. Bei der Bryozoen-Knospung bilden sich entgegen der auf allen drei Keimblättern fußenden Embryogenese sämtliche Organe aus dem Ekto- und Mesoderm des die Sprossung leistenden Muttertieres (vgl. Abb. 24k–p).

Auch innerhalb einzelner systematischer Einheiten ist die Variabilität groß. So seien der unterschiedliche Ektoderm-Anteil an der Mundschleimhaut der Wirbeltiere bzw. die topografisch differierenden ekto- und entodermalen Bereiche im Darmtrakt der Crustaceen erwähnt, welch letztere sich besonders in den Längenrelationen von entodermalem Mittel- bzw. ektodermalem Enddarm manifestieren (S. 271). Im weiteren sei an die divergierende Bildung des Neuralrohres innerhalb der Vertebraten (Abb. 101 c–f) bzw. der Coelomkammern der polychaeten Anneliden (Abb. 67 B und 84 c) oder der Enteropneusten (Abb. 76 h–n) erinnert. – Auch im ersten zeitlichen Auftreten der Organe bestehen innerhalb einer systematischen Gruppe oft Unterschiede (Tabelle 58).

10.2 Abhängigkeiten und Steuerungs-mechanismen

Diese sind in jedem Einzelfall derart komplex, daß wir uns hier auf einige wenige generelle Aspekte beschränken müssen.

Vornehmlich als Folge der chemischen Differenzierung erfolgt bereits auf der Blastemstufe eine **Praedetermination**. Diese wird von einer sukzessiven Kanalisierung (bzw. Autonomisation) der Organentwicklung gefolgt, die schließlich unter Verlust der Regulationsfähigkeit zu einer **endgültigen Determination** der die Organe bildenden Blasteme führt.

Man beachte dabei, daß sich eine primäre Organanlage (z. B. des Nervensystems) unter weiterer Untergliederung eines morphogenetischen Feldes in sekundäre Organ-Anlagen (z. B. Gehirnteile, Rückenmark, Auge, Ohr usw.) aufspaltet. Dabei ist die Wirkung von **Induktionen, Induktionsketten** sowie **Rückinduktionen** zu beachten (vgl. Abb. 18 B und 19). Im weiteren führen Gewebs- und Organinteraktionen zu korrelativer Differenzierung; sie werden vor allem in Organaffinitäten und Hemmwirkungen manifest.

Diese **korrelative Organ-Entwicklung** spielt besonders im funktionellen Stadium der Entwicklung eine Rolle, wie u. a. die sogenannte kompensatorische Hypertrophie (S. 16) demonstriert.

Ein gutes Beispiel liefert auch die Abhängigkeit der Nerven und Nervenzentren von peripheren Organen. Die Wegnahme der Vorderbeinanlage bewirkt etwa bei *Salamandra*, daß die Spinalganglien III bis V sowie der Brachialplexus kleiner bleiben und bis zu 50% weniger Zellen aufweisen. Dies gilt entsprechend bei Vögeln für die sensorischen und motorischen Partien des Rückenmarkes. Andererseits unterliegen die Nerven einer „fettigen" Degeneration, wenn sie die Muskeln nicht erreichen können.

Die bei Wirbeltieren ins Telencephalon eindringenden Fasern der Sinneszellen der Riechgruben sind für dessen normale Entwicklung mit verantwortlich.

Besonders gut untersucht ist die Wirkung eines **Nervenwachstum-Faktors** [„nerve growth factor" (NGF)]; die chemische Natur dieses Proteins, das auch im Schlangengift oder in der Submaxillardrüse der Maus vorkommt, ist freilich noch nicht genau abgeklärt.

Eine Injektion von NGF führt zur Zunahme der Zellzahl und der Zellgröße (z. B. in sensorischen und sympathischen Ganglien). In Zuchtmedien gehaltene Nervenzellen bilden unter seinem Einfluß äußerst zahlreiche Nervenfortsätze aus. NGF kann im weiteren chromaffine Zellen des Nebennierenmarkes in Nervenzellen umdifferenzieren. Schließlich tritt bei mit Anti-NGF-Serum behandelten Embryonen eine Degeneration von neuralen Zellen ein.

Die Organogenesen unterliegen den Einwirkungen von sehr vielen **Außenfaktoren**.

Zum Beispiel wirkt sich der O_2-Gehalt des Umgebungswassers auf die Kiemengröße von Amphibienlarven aus. Bei der Beobachtung der Entwicklung des amerikanischen bzw. europäischen Aals wurde ein Einfluß der differierenden Biotope auf die Anzahl der gebildeten Wirbel geltend gemacht.

10.3 Die Augenentwicklung als exemplarisches Beispiel

10.3.1 Wirbeltiere

10.3.1.1 Morphogenese

Die **Augenblase** als früh schon ausgebildete **diencephale Ausstülpung** stülpt sich unter Einwirkung des Epidermiskontaktes zum **Augenbecher** ein (vgl. Abb. 99 a + b und 102 b–f). Die dicke, sich im Verlauf der weiteren Entwicklung in charakteristische Schichten (Abb. 99 c) gliedernde **Retina-Anlage** mit infolge ihrer besonderen Entstehung invers liegenden Sehzellen wird rundherum vom künftigen **Pigmentepithel** der Retina (Tapetum nigrum) umhüllt (Abb. 99 b + c). Der Augenbecher ist später durch den Augenstiel, der den Nervus opticus enthält, vom Diencephalon abgesetzt.

Der Rand des Bechers wird später zum Pupillenrand und zur diesen umrahmenden **Iris**, seine Höhle dagegen zur durch den **Glaskörper** (Corpus vitreum) ausgefüllten hinteren Augenkammer. Ventral bleibt das sog. choroidale Fenster kurzzeitig offen; es ermöglicht den Eintritt von Mesenchymzellen und von Blutgefäßen.

Unter induktiver Wirkung des Augenbechers (Abb. 18 B) entsteht im darüber liegenden Ektoderm aus der Linsenplakode die **zelluläre Linse** (Abb. 99 b); diese invaginiert oder geht aus einer Ectoderm-Verdickung mit anschließender Bläschenbildung (Amphibien, Knochenfische) hervor. Den unterhalb einer äußeren epithelialen Schicht liegenden Linsenfasern fehlt später der Kern, und diese werden dank kristalliner Proteine durchsichtig.

Das für die Normogenese essentielle, die Augenanlage umgebende Mesenchym läßt die mit Blutgefäßen dotierte **Chorioidea** (Pigmentaderhaut) sowie die **Sclera** (Sehnenhaut) aus sich hervorgehen. Letztere ist als fibröse Kapsel mit Ansätzen für die aus Kopfsomiten hervorgehenden **Augenmuskeln** versehen; sie kann verknorpeln bzw. bei den Sauropsiden sogar verknöchern.

Die unter Induktion des gesamten Augenbechers sich konstituierende **Cornea** (Hornhaut) setzt sich aus einem bindegewebigen sowie einem epithelialen Anteil zusammen; beide werden transparent. Dann faltet sich das **Lid** ein (Abb. 99 c).

Der *Aufbau der Retina-Schichten* (vgl. Abb. 99 c) ist, da die meisten Zellteilungen am Augenbecherrand erfolgen, von Zellwanderung sowie von Zelltod begleitet. Die Retinadurchgliederung erfolgt unter einem Differenzierungsgefälle; die innersten, d. h. glaskörperwärts liegenden Zellschichten differenzieren sich zuerst, die Sinneszellen zuletzt. Im einzelnen umfaßt die Sequenz der Differenzierung sechs Stufen:

(1) Die Gliazellen (→Müllersche Fasern) als Umhüllung der retinalen Neurone verbinden mittels ihrer cytoplasmatischen Fortsätze die innere und äußere Oberfläche der sensorischen Retina. Die Fortsatz-Enden vereinigen sich zur Bildung der inneren bzw. äußeren Grenzmembran.

(2) Die Ganglienzellen formieren die innerste Neuronenschicht und senden Axone zum Aufbau des im Augenstiel liegenden „optischen Nerven" (= Tractus opticus) aus. Ihre Dendriten bilden Synapsen mit den Axonen der nächstinneren Körnerschicht, welche zumindest drei Neuronentypen erfaßt.

(3) Die sich als letzte differenzierende äußere Körnerschicht der Sehzellen baut sich nach Sistierung der Mitosen auf, wobei es zur Synapsenbildung mit den Dendriten der bipolaren Zellen aus der inneren Körnerschicht kommt.

(4) Aus jeweils die Grenzmembran durchbrechenden Knospen entstehen – unter Aufbau der entsprechenden Zellorganellen – die lichtempfindlichen Elemente von Außen- und Innensegmenten der Stäbchen und Zapfen (Abb. 99 d–f). Die Innensegmente werden dabei vor den Außensegmenten gebildet.

(5) Feine Fortsätze des Pigmentepithels schieben sich zwischen die hervortretenden Außensegmente, um so die beiden Schichten zusammenzuschließen.

(6) In der Folge kommt es zu einem periodischen Abstoßen der Außensegmente, die von Zellen der Pigmentschicht phagocytiert werden.

10.3.1.2 Steuerungsfaktoren bei der Augenentwicklung der Amphibien

In der Zeitspanne von der Gastrula bis zur frühen Neurula **induziert** das vordere Urdarmdach die Bildung des cephalen Neuralplattenanteils, der im Bereich des Diencephalons die *Augenblasen* aus sich hervorgehen läßt (Abb. 18 B und 19). Dazu ist ursprünglich der ganze Bereich kompetent; unter Einwirkung eines **Hemmfaktors** des Urdarmdaches beschränkt sich das Augenbildungsareal aber dann auf zwei symmetrische laterale Zonen.

Die Augenanlage ist lange **regulationsfähig**.

So bilden zwei miteinander vereinte Augenanlagen der frühen Neurula nur ein Auge. Umgedrehte Augen-Primordien stellen bis zum Schwanzknospenstadium die normale Augenstellung wieder her. Fragmentierte Augenanlagen regenerieren zu normalen Augen; dazu erweist sich aber das umgebende Mesenchym als nötig. Augenbecher ohne Mesenchym erlangen nur eine reduzierte Organisation.

Die *Differenzierung der Retinaschichten* erfolgt wahrscheinlich unter Linseneinfluß. Es findet damit eine **Rückinduktion** (= Rückwirkung) eines induzierten Gewebes auf seinen Induktor statt. Die *Linsenbildung* erfolgt ja aufgrund einer **Induktion** durch den Augenbecher (Abb. 18 B und 19), wobei die nötige Induktionsdauer 24 Stunden beträgt.

Befunde an *Salamandra* lassen im Einzelnen auf **drei Induktionsphasen** schließen:

(1) Das unterlagernde pharyngeale Entoderm der frühen Gastrula liefert einen Linsen-Induktions-Stimulus.
(2) Das unterliegende herzbildende Mesoderm hat in der späten Gastrula gleichfalls eine induzierende Wirkung.
(3) Diese wird durch den Augenbecher ergänzt.

Die beiden ersten Phasen können gelegentlich zur Linsenbildung ausreichen. Dies erklärt auch, weshalb bei fehlendem Nervensystem die Linseninduktion durch das Urdarmdach möglich ist. Im übrigen sind auch künstliche Induktionen nachgewiesen, wie durch diverse Meerschweinchengewebe usw.

Die Linseninduktion ist nicht artspezifisch; ein Frosch-Augenbecher bewirkt in der Molchepidermis eine Linsenbildung.

Die Linseninduktion wird durch eine **autonome Linsenbildungsfähigkeit** des Ectoderms ergänzt, die dem **Prinzip der doppelten Sicherung** entspricht. Dabei reduziert sich ein ursprünglich größerer Kompetenzbereich des Ectoderms auf die definitive Organ-Anlage.

Man beachte aber, daß die ectodermale Kompetenz generell variabel ist: Bei *Rana sylvatica* und *palustris* kann das gesamte Ectoderm Linsen bilden, während dies bei *Rana esculenta* nur dem prospektiven Linsenectoderm möglich ist. Dies gilt, obwohl der Augenbecher von *Rana esculenta* im Ectoderm von *Rana sylvatica* und *palustris* „überall" Linsen induzieren kann.

Die *Linsengröße* wird intraspezifisch durch die **Größe des Augenbechers** bestimmt.

Zwei vereinigte Augenbecher bewirken eine größere Linse. Bei heterospezifischer Transplantation bestimmt dagegen die Linse die Größe des Augenbechers, welcher sich an erstere anzupassen hat. Dies ist ein weiteres Beispiel für Rückinduktion. Es zeigt, wie ein gegenseitiger Modifikationsspielraum unter wechselseitigem, auch die Augenmuskeln erfassenden Anpassungen zu einer kombinierten Einheitsleistung führt.

Ab den Larvalstadien ist *Linsen-Regeneration* möglich. Nötig ist dazu der dorsale Irisrand als Verbindung zur Retina; die Linse entsteht dabei entgegen der Normogenese ohne Epidermisbeteiligung aus dem Irisrand (Abb. 14 D)!
Wird die Erstlinse in die hintere Augenkammer gebracht, so unterbleibt die Regeneration (Abb. 14 De). Das **Hemmfeld** der Erstlinse unterdrückt damit in der Normogenese die latente Kompetenz des oberen Irisrandes zur Linsenbildung.

Zusätzliche Experimente haben darüber hinaus bewiesen, daß zur erfolgreichen Linsenregeneration außer dem dorsalen Irisrand auch ein Einfluß der Retinaschicht nötig ist; eine Isolierung der vorderen von der hinteren Augenkammer mittels eines Pliofilmes verhindert nach Entfernung der Erstlinse eine Linsenregeneration.

Die *Corneabildung* unterliegt Einflüssen der vorderen Linse sowie der Augenblase, die nicht artspezifisch sind. Dabei sind prinzipiell die meisten Epidermisregionen zur Cornea-Bildung befähigt.

Der Aufbau des *Glaskörpers* erfolgt unter Einflußnahme der Linse.

10.3.2 Wirbellose

Der extrem divergierende Augenbau der einzelnen Stämme führt naturgemäß zu sehr unterschiedlichen Entwicklungen; diese haben aber gemeinsam, das die Evertebratenaugen wie die anderen Sinnesorgane immer aus einer **ectodermalen Einsenkung** bzw. **Immigration** entstehen.

Die Entstehung des *Facettenauges* der Arthropoden aufgrund differentieller Zellteilungen wurde schon skizziert (Abb. 8 a–g).

Tabelle 59. Vergleich der Augenentwicklung bei Tintenfischen und Wirbeltieren. (Vgl. Abb. 99)

	Cephalopoda	Vertebrata
Augenbecher (→ Retina)	ectodermale Einstülpung	Hirnausstülpung des Diencephalons
Linse	durch Sekretion; Linse im Prinzip azellulär	durch Ectodermeinstülpung; Linse zellularisiert
Iris	Epidermisfalte	aus vorderem Rand des Augenbechers (Hirnteil)
Retina	einschichtig	vielschichtig
Sehzellen	evers (= convers) mit eingelagertem Pigment	invers ohne Pigment
Gesondertes Pigmentepithel	fehlend	vorhanden
Nervöse Schaltungen	im Lobus opticus	teilweise bereits in der Retina

Die Ontogenese des wohl leistungsfähigsten Evertebratenauges, des zum Wirbeltierauge konvergenten *Cephalopodenauges* (Tabelle 59), beginnt damit, daß die sich einstülpende, aus hohen Zellen bestehende, aber **einschichtig** bleibende **Retina-Anlage** (von ovaler Kontur; Abb. 99 g) zur Augenblase (Abb. 99 h) wird. Diese läßt auf der adult bei *Nautilus* verwirklichten Camera obscura-Stufe nur einen engen Porus frei. Bei allen Coleoidea erfolgt dann der Schluß (Abb. 99 i), womit die **primäre Cornea** gebildet ist. Zwischen die beiden Ectodermschichten kommt der erst spät im Mesenchym angelegte Ringsinus (Abb. 99 k) zu liegen. Der **Ciliarkörper** (Corpus epitheliale) wird angelegt sowie die **Linse**. Letztere stellt im Prinzip ein **Sekretionsprodukt** der auseinanderweichenden lentigenen Zellen dar (Abb. 99 k). Sie zerfällt in ein zuerst als sog. Linsenzapfen angelegtes, umfangreicheres inneres sowie ein kleineres äußeres Linsensegment (Abb. 99 l).

Das Material der primären Augenfalte liefert die auf ihrer Innenseite pigmentierte **Irisfalte**. Aus einer zusätzlichen Falte entsteht die **sekundäre Cornea** [= „Primärlid" (Naef); Abb. 99 m], die bei oegopsiden Teuthoiden offen bleibt, sich bei den übrigen myopsiden Cephalopoden dagegen verschließt. Schließlich können durch eine weitere Faltung noch die **Lider** gebildet werden.

Im Vergleich zu den Wirbeltieraugen verläuft die gewebliche Differenzierung entsprechend dem einfacheren einschichtigen Retina-Bau weniger kompliziert. Die Fortsätze der Sehzellen erlangen nach Chiasmabildung Kontakte mit den mehrschichtig gelagerten Nervenzellen des entsprechenden **Lobus opticus**, der im Vergleich zu den übrigen Gehirnteilen der Tintenfische ausgesprochen groß wird. Zu betonen ist, daß die Retina entgegen den Wirbeltierverhältnissen keine Nervenzellen enthält.

Abb. 99. Organogenese: Entwicklung der Augen: Vertebrata **(a-f)** und Cephalopoda **(g-m)** (schematisierte Sagittalschnitte). Vgl. Tabelle 59.

I. Vertebrata: **a** Stadium des frühen Augenbechers mit sich unter dessen Induktion einstülpender Linsenanlage (vgl. Abb. 18 B); **b** Stadium mit sich differenzierender Retina und abgeschnürter zellularisierter Linse; **c** Definitivzustand; **d-f** Differenzierung der Sehzellen zu Stäbchen und Zäpfchen: **d** Bildung der zwischen der äußeren Grenzmembran der Retina und dem Pigmentepithel liegenden Innenglieder; **e,f** Ausbildung der Außenglieder bei einem Zäpfchen bzw. einem Stäbchen.
II. Cephalopoda (die nachfolgend gegebenen Zahlen entsprechen den Entwicklungsstadien der Naefschen Normentafel; vgl. hierzu Abb. 1 A): **g** Retinaanlage als ectodermale Verdickung (VIII); **h** Stufe des Blasenauges [im Prinzip adult beim Camera obscura-Auge von *Nautilus* verwirklicht (IX)]; **i** Schluß des Blasenauges (IX⁺); **k** Beginn der Abscheidung des inneren Linsensegmentes durch periphere Rand- und zentrale innere Riesenzellen (X); **l** Zustand nach Bildung des inneren und äußeren Linsensegmentes [mit Iris und beginnender Lidbildung (XVII)]; **m** Definitivzustand bei einem myopsiden Teuthoiden. Die vordere Augenkammer ist – im Gegensatz zu den Oegopsiden (mit offener, vom Meerwasser

umspülter vorderer Augenkammer) – ganz oder bis auf einen kleinen Porus verschlossen.

aLis	äußeres Linsensegment
Ama	Amakrine
Ar	Arachnoidea
Arg	Argentea
Aseg	Außensegment (Außenglied)
äuGm	äußere Grenzmembran
Axfi	Axialfilament
Bak	Basalkörper
bFl	blinder Fleck
Bip	Bipolare
Chor	Chorioidea (Aderhaut)
Cik	Ciliarkörper (Corpus epitheliale)
Co	Cornea (Hornhaut)
Dien	Diencephalon (Zwischenhirn)
Dus	Duralscheide
Ell	Ellipsoid
ER	endoplasmatisches Reticulum
Fas	Faserschicht der Sehzellen (mit Chiasma)
Gaze	Ganglienzelle
Gk	Glaskörper
Gm	Grenzmembran
hAk	hintere Augenkammer
Hor	Horizontale
Ic	Iridocyte
iKs	innere Körnerschicht
iLis	inneres Linsensegment
Ir	Iris (Regenbogenhaut)
Irf	Irisfalte
Iseg	Innensegment (Innenglied)

Kkn	Kopfknorpel
L	Lid
Lifa	Linsenfaser
Lilig	Linsenligament
Lisp	Linsenspalte
Liza	Linsenzapfen
Lop	Lobus opticus
mKs	mittlere Körnerschicht
Ms	Markschicht
MüStze	Müllersche Stützzelle
Myo	Myoid
Oh	Orbitalhöhle
Ot	Öltropfen
Par	Paraboloid
pCo	primäre Cornea
Pigep	Pigmentepithel
Pl	Primärlid (Naef)
Po	Porus
Pze	Pallisadenzelle
Raze	Randzelle
Ret	Retina (Netzhaut)
Rieze	Riesenzelle
Risi	Ringsinus
r(p)S	retikuläre (plexiforme) Schicht
Sac	Sacculi („Discs") mit Sehfarbstoff
Sc	Sclera (Lederhaut)
sCo	sekundäre Cornea
Sehn	Sehnerv
Sekfä	Sekretfäden
Stze	Stützzelle
Sze	Sehzelle
vAk	vordere Augenkammer
WK	Weißer Körper
Zfa	Zonulafasern

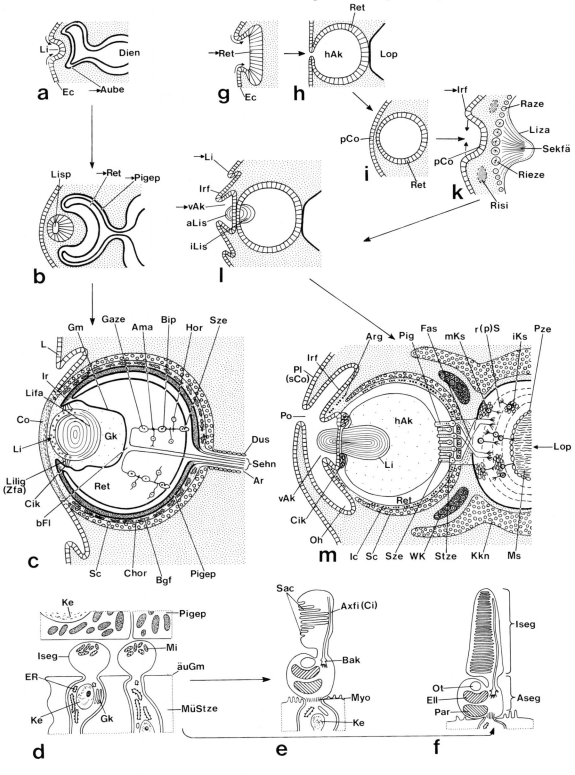

Obwohl die fertigen Augen von Wirbeltier und Tintenfisch leistungsmäßig und hinsichtlich ihrer morphologischen Komplexität miteinander vergleichbar sind, entstehen sie auf sehr unterschiedliche Weise (vgl. auch Tabelle 59). Sie sind deshalb einander nicht homolog sondern analog; sie stellen ein außergewöhnlich schönes Beispiel für **Konvergenz** dar.

10.4 Spezielles

10.4.1 Integument

10.4.1.1 Allgemeines

Beim *Wirbeltier* wird die ursprünglich einschichtige **ectodermale Epidermis** im Entwicklungsverlauf stets **mehrschichtig**, wobei dann das basale **Stratum germinativum** als „Keimschicht" dient (Abb. 100 a – d). Für die Tetrapoden ist die unter Bildung eines apikalen **Stratum corneum** erfolgende Verhornung typisch. Oft bildet die Epidermis auch **Drüsen** aus.
Sie überlagert die **mesodermale Cutis** (Corium, Dermis). Diese wird durch auswandernde Zellen des Dermatoms der Somiten formiert (Abb. 79 b + c) und kann in Form der stets einzelligen **Chromatophoren** (verästelte Farbzellen) bzw. **Melanophoren** (Melanoblasten) auch Neuralleistenderivate in sich bergen (vgl. Abb. 80 m + n). Letztere können sich zudem in der Epidermis ansiedeln (Abb. 100 a + b).
Bei den *Everebraten* bleibt die **Epidermis** trotz ihren teilweise recht umfangreichen Bildungsleistungen (z. B. Chitinpanzer der Arthropoden, Conchiolindecke sowie kalkhaltige Schalenschichten bei Mollusken) stets **einschichtig** (vgl. Abb. 100 l). Oft wird sie durch Cuticulabildungen verstärkt.

Als Sonderfall ist der Mantel (= Tunica) der Tunicaten (Manteltiere) aufzuführen. Er wird durch auswandernde, dann über der Epidermis liegende Mesenchymzellen formiert, welche **Tunicin** als tierische Zellulose synthetisieren.

10.4.1.2 Besondere Bildungen

Bei *Wirbeltieren* werden Haare (Säuger), Schuppen sowie Federn (Aves) unter Beteiligung von Ecto- und Mesodermzellen aufgebaut.
Die junge *Haaranlage* besteht aus einem in die Cutis sich eintiefenden Epidermiszapfen (Abb. 100 c + d), der sich an seinem inneren Ende unter Bildung der Cutispapille (= **Haarpapille**) einbuchtet (Abb. 100 e). Hier wird im **Haarbulbus** eine ernährende Gefäß-Schlinge angelegt. Oberhalb wird durch die Matrix-Zellen der ursprünglich kernhaltige, in der Folge verhornende **Haarschaft** gebildet. Seitliche Ausbuchtungen an den Haaren sind als Anlage der Haarbalgdrüsen zu diagnostizieren.

Die Haaranlage wird des weiteren von **zusätzlichen Schichten** (innere und äußere Wurzelscheide als Derivate des ectodermalen Stratum germinativum sowie mesodermale bindegewebige Hüllen) umgeben (Abb. 100 f). Zudem steht sie in Verbindung mit Nerven sowie mit aus den Neuralleisten stammenden **Melanoblasten**, die für die Haarfärbung verantwortlich sind. Die erste Haargeneration der Lanugobehaarung wird unter Haarwechsel von weiteren Generationen gefolgt.
Auch die *Federn* zeichnen sich durch einen Federwechsel **(Mauser)** und damit unterschiedliche Federgenerationen (Konturfedern, Körperdunen und Fadenfedern) aus.

Die Nestlingsdunen stellen entgegen einer oft vertretenen Meinung einen sekundären Zustand dar; die ursprünglichen Megapodiden (Großfußhühner) bilden nämlich zunächst einmal eine typische Konturfeder, die mittels einer Mauser nachträglich durch eine „Juvenilfeder" ersetzt wird.

In der Federanlage sammeln sich – ähnlich wie beim Schuppenprimordium – unter einer verdickten Epidermisstelle Mesenchymzellen an (Abb. 100 g). Dann kommt es zur Bildung einer sich einsenkenden **Corium-Papille** mit Bindegewebe und einer reichen Blutgefäßversorgung (Abb. 100 h). Der hohlzylinderartige Epidermisanteil bildet radiär gestellte **Pulpaleisten** (Längsleisten), die nach Abwerfen der verhornten Federscheide frei werden und die Dunenfedern bilden.
Die Differenzierung der Adultfedern (= Konturfedern) verläuft im Einzelnen äußerst kompliziert (vgl. Abb. 100 i + k), wobei sich an jeder Follikelbasis ein Epidermisring bildet. Aus diesem entspringt die Rhachis (Federschaft) mit den Anlagen der mit **Radien** (Haken- und Bogenradien) dotierten **Rami** (Federäste), die unter einem distal-proximalen Differenzierungsgefälle stehen. Auch die Federfollikel werden mit Nerven und Muskeln versehen.
Unter den Integumentbildungen der *Wirbellosen* seien zuerst die durch **differentielle Zellteilungen** sich bildenden ectodermalen *Insekten-Schuppen* (Abb. 8 h) erwähnt.

Die entgegen den Wirbeltier-Farbzellen mehrzelligen *Chromatophoren der Cephalopoden* sind rein mesodermal; an die auch die Pigmentgrana bildende **Zentralzelle** (Abb. 100 l) lagern sich peripher kreisförmig angeordnete, sich zu kontraktionsfähigen **Radiärfaserzellen** differenzierende Bindegewebszellen an (Abb. 100 m). Durch ihre bereits in der späteren Embryonalzeit spielende Kontraktion wird die Zentralzelle flach ausgezogen, womit eine Verdunklung des Musters (vgl. Abb. 125) erreicht wird. Das als sog. cytoelastischer Sacculus besonders differenzierte Außenplasma der Zentralzelle wirkt antagonistisch zu den Radiärfasern. Ersteres ist unter gegenseitiger Faltenbildung der beteiligten Plasmamembranen mittels zonaler Haptosomen im Bereich der myochromatophoralen Verbindungen mit den Radiärfaserzellen verbunden. Zudem sind die von peripher sich ins Außenplasma einstülpenden Primärfalten durch focale Haptosomen mit der Sacculusbasis verlötet. Der gesamte „Kontraktionsapparat", der in der späten Embryonalzeit bereits funktionsfähig ist, beruht somit auf einer komplizierten Ultrastruktur.

Die **Köllikerschen Organe** (Abb. 100 n) kommen nur den Octopoden zu, wo sie indes z. B. bei *Octopus briareus* fehlen. Sie entstehen aus einer sich früh aus dem Ectoderm detachierenden, ins Bindegewebe verlagerten und in der Folge einen **Chitinkegel** abscheidenden **Basalzelle**. Diese wird von ectoblastischen **Wand-** und mesoblastischen **Bodenzellen** umgeben. Teilweise bricht der Chitinkegel nach außen durch und splittert rasierpinselartig auf. Die Köllikerschen Organe dienen vermutlich als Hilfe beim Schlüpfen, indem sie ein Zurückgleiten des Embryos in die Eihülle verhindern. Darüber hinaus dürften sie, sofern sie sich büschelartig ausbreiten, für den verbesserten Auftrieb anläßlich der planktontischen Embryonalperiode sorgen. Alle *übrigen Integumentalorgane* der Cephalopoden, wie das Hoylesche Schlüpforgan, die Trichterdrüse und die epidermalen Drüsen- und Cilienzellen (Decabrachia) sind einschichtige, rein ectodermale Bildungen.

10.4.2 Nervensystem

Das Nervensystem ist stets eine Bildung des Ectoderms; dies gilt selbst für Cnidarier. Besonders auf Anlageplänen der Wirbeltiere wird hier zurecht ein epidermales, die Epidermis und ein **neurales**, das Nervensystem bildende **Ectoderm** unterschieden (Abb. 2 g, 3 g–i, 4 a, 65 und 66). Bei den Vertebraten sind des weiteren auch geringe Anteile der **Neuralleiste** an der Bildung neuraler Strukturen beteiligt (Abb. 80 m + n).

Bei vielen, wenn nicht allen höheren Metazoen zeichnet sich das Nervensystem im Schlüpfmoment durch eine stark **positive Allometrie** (Abb. 5 A) aus; zum erfolgreichen Funktionieren scheint eine bestimmte Anzahl von Neuronen nötig zu sein.

Abb. 100. Organogenese: Entwicklung von Integument und Hautorganen bei den Vertebrata **(a–k)** und den Cephalopoda **(l–n)**.

a, b Entwicklungszustand des Integumentes von *Natrix natrix* (Ringelnatter) am 14. bzw. 28. Bruttag (bei 29 °C) (Schnitte) mit epidermalen und cutanen Melanophoren, wobei die ersteren für die Pigmentierung des periodisch gehäuteten Natternhemdes (= Häutungshaut) sorgen.

c–f Entwicklung der menschlichen Haare anhand unterschiedlicher Entwicklungszustände beim 5 Monate alten Fetus (Sagittalschnitte).

g–k Entwicklung der Vogelfeder [Sagittalschnitte **(g–i)** bzw. räumliche Rekonstruktion **(k)**]: **g** linsenförmige Papille; **h** vorstehende Papille; **i** fertiger Federkeim; **k** aufgeschnittene Rekonstruktion zur Entstehung einer Konturfeder unter Weglassung der Pulpa. Die entstehenden Federäste sind stellenweise angeschnitten.

l–n Entstehung der Chromatophoren und Köllikerschen Organe bei *Octopus vulgaris* (vgl. Text) (Längsschnitte): **l** Integument im Naefschen Stadium XII–XIII mit prospektiver ectodermaler Basalzelle eines Köllikerschen Organes und mesodermaler Chromatophoren-Initiale; **m, n** ausdifferenzierte Chromatophore bzw. fertiggestelltes Köllikersches Organ kurz vor dem Schlüpfen im Naefschen Stadium XIX bzw. XVIII.

Apl	Außenplasma (bildet den cytoelastischen Sack)
äuWs	äußere Wurzelscheide
Baze	ectodermale Basalzelle (sezerniert Köllikersches Büschel)
Bigfa	Bindegewebsfasern
bigHü	bindegewebige Hülle
bigWs	bindegewebige Wurzelscheide (Follikelscheide)
Bmn	Basalmembran
Chike	Chitinkegel (kann zum Köllikerschen Büschel aufsplittern)
Chrke	Chromatophorenkern
ChrZze	Chromatophorenzentralzelle
Co	Corium (Cutis)
Copa	Coriumpapille
Cu	Cutis (Unterhaut)
cuMeph	cutale Melanophoren
Dodr	Dorsaldreieck
ecWaze	ectodermale Wandzellen
Epkra	Epidermiskragen
epMelph	epidermale Melanophoren
Eppa	Epidermispapille
Epza	Epidermiszapfen (Haarzapfen)
Feast	Federast
Feba	Federbalg
Fefa	sich entfaltende Federfahne
Gh	Glashaut (Basalmembran)
Ha	Haar
Habd	Haarbalgdrüse
Habe	Haarbeet
Habu	Haarbulbus
Hak	Haarkeim
Hak(ta)	tangentialer Anschnitt eines Haarkeimes
Hakze	Haarkanalzelle
Hap	Haarpapille (Cutispapille)
HenSch	Henleysche Scheide
Hos	Hornschicht
HoSch	Hornscheide (Federscheide)
Hr	Hohlraum
HuxSch	Huxleysche Scheide
iepWS	innere epitheliale Wurzelscheide
Ipl	Innenplasma
meBoze	mesodermale Bodenzellen
Mebl	Melanoblast (= junge Melanophore)
Melph	Melanophore (Melanocyte; Pigmentzelle)
Muar	Musculus arrector
Na	Nabel (Umbilicus; Öffnung für Pulpa mit Blutgefäßen)
Pe	Periderm (Deckschicht)
Pigkö	Pigmentkörner
Pul	Pulpa (Mark)
Pulka	Pulpakappe
Pulka*	abgestoßene Pulpakappen
Ra	Ramus (Federast)
Rad	Radius (Federstrahl)
Rf	Radiärfaser
Rha	Rhachis (Federschaft)
Schcu	Scheidencuticula
Stco	Stratum corneum (Hornschicht)
Stc-L	Stratum corneum-Lamelle
Stg	Stratum germinativum (= basale, Malpighii)
Stla	Stratum laxum corii
Vedr	Ventraldreieck
verdEp	verdickte Epidermis
verSu(iWS)	verhornte Substanz der inneren Wurzelscheide
vNucl	vergrößerter Nucleolus
zeBgf	zentrales Blutgefäß (Axialgefäß)

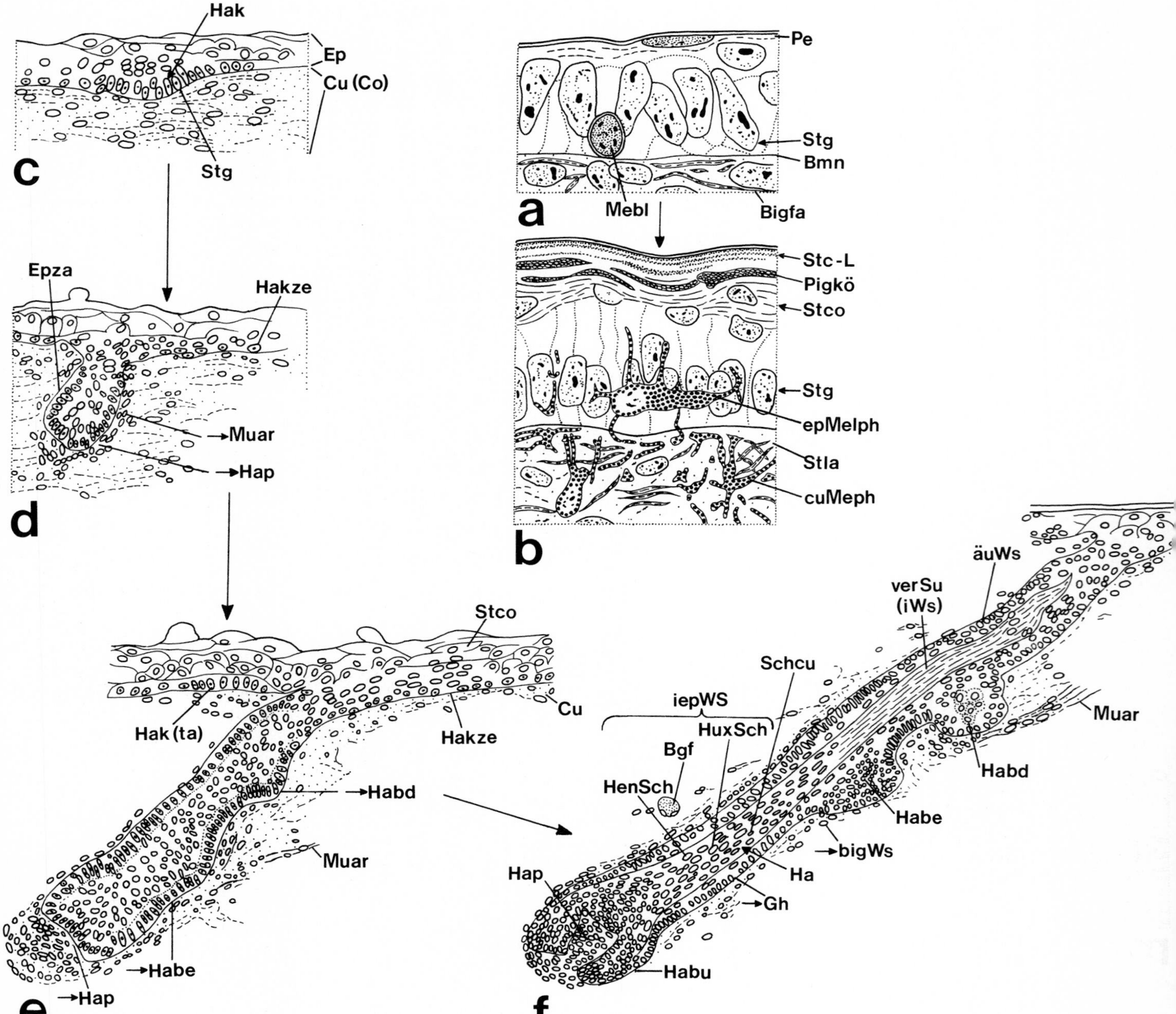

Abb. 100 (Legende s. S. 257)

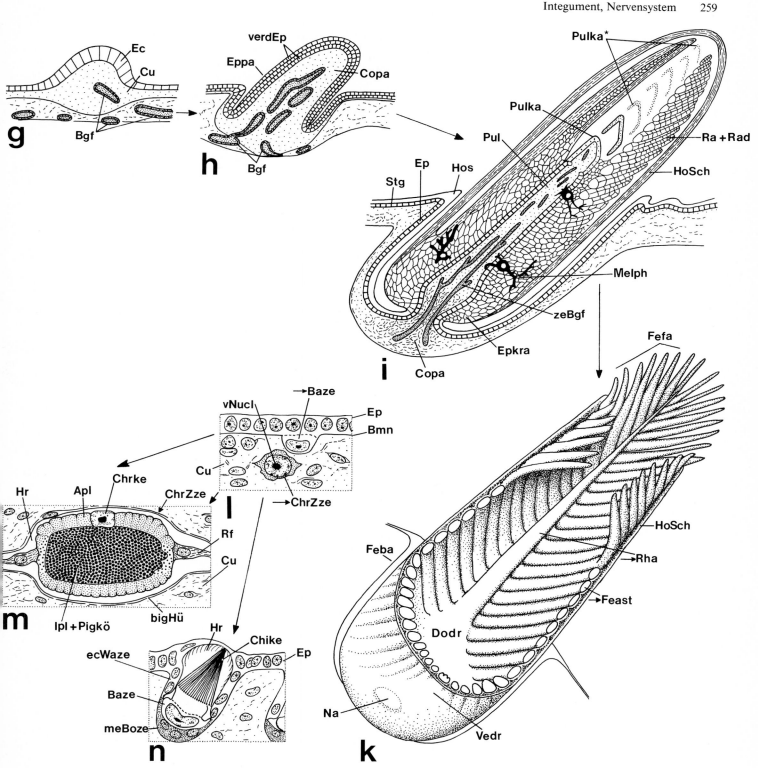

10.4.2.1 Wirbeltiere

Die erste Anlage des primär unsegmentierten neuroectodermalen, dorsal liegenden Neuralrohres entsteht anläßlich der Neurulation (S. 194) durch **Einfaltung** (Abb. 80 a–c und 101 f) bzw. aus einer kompakten **Neuralplatte** mit anschließender Bildung des Zentralkanals durch Auseinanderweichen der Zellen (Abb. 90 f und 101 e). Anfänglich ist infolge der Einfaltung caudal ein ins Darmrohr sich öffnender **Canalis neurentericus** (vgl. hierzu Abb. 81 c) sowie cephal ein **Neuroporus** (Abb. 92 b + c; vgl. auch Abb. 81 g) vorhanden. Im Schwanzbereich geht im übrigen aus dem Neuralrohr auch Muskulatur hervor. Die im Neuralrohr sekundär auftretende Untergliederung in einzelne Abschnitte, die zusätzliche transitorische **Neuromeren** (vgl. Abb. 102 a–c) umfaßt, erfolgt unter induktiver Einwirkung des unterlagernden Mesoderms (Abb. 18 B).

Die einzelnen definitiven Teile des Gehirns werden in Form von Bläschen angelegt. Das **Zweibläschen-Stadium** besteht aus dem **Prosencephalon** mit dem prospektiven Telencephalon (Vorderhirn) und dem früh die Augenblasen ausstülpenden Diencephalon (Zwischenhirn) sowie aus dem **Rhombencephalon** [= prospektives Mesen- (Mittel-), Meten- (Kleinhirn, Cerebrellum) und Myelencephalon (Rauten- oder Nachhirn)]. Letzteres zeigt fünf transitorische, eventuell mit der Anzahl der Branchialnerven vergleichbare Rhombomeren, die infolge ihrer serialen Anordnung mit eine Stütze für die sog. Segment-Theorie des Kopfes liefern (Abb. 102 c).

Diese u. a. auch durch die metamere Anordnung der Gehirn-Nerven sowie das Auftreten von Kopfsomiten, die metameren Partien des Viscerocraniums und die oft segmentierte Occipitalregion des Neurocraniums gestützte Theorie nimmt einen primär auf segmentalen Anteilen beruhenden Aufbau des Wirbeltierkopfes an.

Nachher wird das **Fünfbläschenstadium** (vgl. Abb. 92 d und 102 g) erreicht; bei Vögeln gliedert sich allerdings zwischen Prosen- und Rhombencephalon früh das Mesencephalon aus, weshalb man hier zusätzlich noch von einem Dreibläschen-Stadium (Abb. 102 c) spricht. Anschließend kommt es zu mehreren **Hirnbeugungen**. Es sind dies dorsal im Mittelhirngebiet die Scheitel- (= cephale Flexur) und zwischen Markhirn und Rückenmark die Nackenbeuge (= cervicale Flexur) sowie ventral im Kleinhirnbereich die sog. Brückenbeuge (= pontinische Flexur) (vgl. Abb. 92 d und 102 d ff.). Diese Hirnbeugungen sind vornehmlich bei evolvierten Wirbeltieren und ganz besonders beim Menschen ausgeprägt.

Die Differenzierung des ein Ependym um den Zentralkanal formierenden **Rückenmarks** erfolgt zuerst unter Zellproliferation (Abb. 101 a), die von Zellverlagerung und -differenzierung (Abb. 101 b) gefolgt wird. Die zentralwärts konzentrierten, anfänglich einschichtig angeordneten, wenn auch mit versetzt angelegten Kernen dotierten Zellen wandern peripheriewärts (Abb. 101 b); sie differenzieren sich dabei zu Neuronen werdenden Neuroblasten und zu Spongioblasten (die Bildner der Neuroglia und anderer Hilfszellen). Diese Umlagerungen von Zellen sind von beträchtlichen nekrotischen Prozessen begleitet.

Die **Spinalganglien** entstehen aus zur Zellaggregation gelangenden **Neuralleistenzellen** (Abb. 80 m); die Spinalnerven werden unter Auswachsen aus dem Rückenmark (motorische efferente Fasern) sowie von Zellen aus ectodermalen Placoden und Neuralleistenzellen gebildet.

Im **Gehirn** erfolgen im Prinzip ähnliche Zellverschiebungen wie im Rückenmark, wobei anläßlich der Cortexbildung die Perikaryen freilich auch bis direkt unter die Oberfläche gelangen.

Das **Diencephalon** bildet diverse **Ausstülpungen**, dorsal das Pinealorgan (Epiphyse; Abb. 77 g) und teilweise das Parietalorgan (das Parietalauge bei gewissen Reptilien), lateral die schon erwähnten Augenblasen und ventral das Infundibulum. Dieses läßt terminal die Neurohypophyse aus sich hervorgehen, die sich mit der aus der Rathkeschen Tasche des ectodermalen Munddaches stammenden Adenohypophyse (vgl. Abb. 107 h) gemeinsam zur Hypophyse zusammenschließt.

Hinsichtlich der „klassischen" zwölf **Gehirnnerven** (I bis XII; vgl. u. a. Abb. 102 g + h) sei festgestellt, daß die beiden Riechnerven (I) von den ectodermalen Riechgruben her gehirnwärts auswandern und daß der Tractus (Nervus) opticus (II) einen Gehirnteil darstellt. Die übrigen Gehirnnerven wandern im Prinzip vom Gehirn her aus, was ähnlich für die Fasern des autonomen Nervensystems gilt. Die Ganglien der Nerven N. trigeminus (V), facialis (VII), statoacusticus (VIII), glossopharyngeus (IX) und vagus (X) entstammen ähnlich wie bei den Rückenmarksnerven aus Neuralleistenmaterial bzw. aus ectodermalen Placoden, die sich vereinigen. So kommt beim N. glossopharyngeus das obere „Wurzelganglion" (Neuralleiste) mit dem Ganglion petrosum (aus einer epibranchialen Placode) bzw. entsprechend beim N. vagus das Ganglion jugulare mit dem Ganglion nodosum zusammen.

Die somatomotorischen Augenmuskelnerven entstehen unter Auswachsen von Neuronen in den ventrolateralen Partien des Mesen- [N. oculimotorius (III) und trochlearis (IV)] bzw. des Metencephalons [N. abducens (VI)].

Man beachte, daß das Entgegenwachsen der Nerven zum Effektor anfänglich oft mittels des Aussendens von Primärfasern erfolgt.

Abb. 101. Organogenese: Entwicklung des Nervensystems I: Chordata. Vgl. auch Abb. 80a–g, 90b und 92a.

a, b Entwicklungsstadien der Neurone im Zentralnervensystem der Wirbeltiere: **a** Stadium mit proliferierenden neuroepithelialen Zellen; die „Masse" des Rückenmarks besteht vornehmlich aus Perikaryen; **b** Auswandern von Nervenzellen an die Peripherie unter Entwicklung von Neuriten und Dendriten; das Rückenmark wird in eine zentrale Zone mit Perikaryen und in eine periphere Faserregion gegliedert.

c–f Neurulationstypen der Chordaten (extrem schematisierte Querschnitte): **c** Ascidiacea *(Clavelina):* Einsenkung der Neuralplatte zur Neuralrinne; **d** Acrania *(Branchiostoma):* laterale Ectodermüberwachsung der ins Innere gelangenden, dann sich einfaltenden neuralen Zellplatte; **e** Teleostei, Chondrostei, Holostei *(Lepisosteus),* Dipnoi *(Lepidosiren, Protopterus):* Einsenken des Neuralgewebes in Form eines primär hohlraumlosen Neuralstranges, der sich nachträglich aushöhlt; **f** Dipnoi [*(Neo)ceratodus*] und alle höheren Vertebrata: Einsenkung der neurectodermalen Einfaltung zum Neuralrohr.

Ef	Einfaltung
Nst	Neuralstrang
Nw	Neuralwulst
pbpZe	primäre bipolare Zelle
RMZ	Rückenmarkszentralkanal (Rückenmarkslumen)
Spr	Ort der Spaltraumbildung
ZemVDe	Zellen mit Verlust der transitorischen Dendriten
ZemdefDe	Neurone mit den definitiven Dendriten

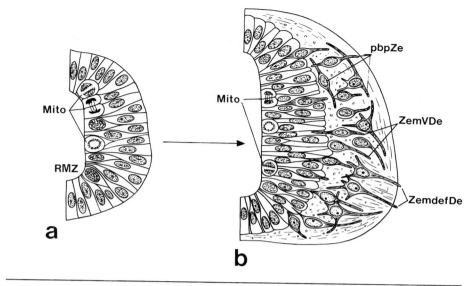

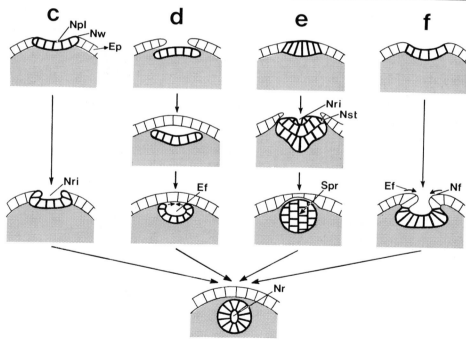

10.4.2.2 Wirbellose

Für die *Gastroneuralia* ist die **ventrale, paarige**, bei den Articulata segmentale **Anlage** des Nervensystems hervorzuheben (Abb. 85c + d, 86 l–n und 103 a–f). Dessen ventral vom Oesophagus bzw. Darm liegender Teil entsteht bei den polychaeten *Anneliden* aus einer paarigen **Immigration** (Abb. 84a) aus den Ventralrändern der somatischen Platte und läßt sich damit auf die Zelle 2d des 2. Micromerenquartettes zurückführen. Durch frühe Unterbrechung in den Teilungen der prospektiven Nervenzellen im intersegmentalen Bereich gliedern sich in der Folge die einzelnen Ganglienpaare voneinander ab (Abb. 84d). Bei Polychaeten ist die Region des Bauchmarkes äußerlich oft durch den mit Cilien dosierten **Neurotrochoid** (Abb. 83f + g und 142b) markiert. Die **Scheitelplatte** der Polychaeten-Trochophora (z. B. Abb. 84a) läßt das mit Ausnahme der paarigen Anlage von *Tomopteris* anfänglich unpaare Cerebralganglion aus sich hervorgehen.

Scoloplos und die Archianneliden besitzen ein **Hautnervensystem**; dessen Fasern liegen zwischen der Basis der Epidermiszellen und ihrer Basallamina.

Bei den Oligochaeten mit ihrem mit Teloblastenreihen dotierten Keimstreifen entsprechen die beiden medianen der beidseitig vier Zellreihen den Neuroblasten (Abb. 83b), die zur Bildung des Bauchmarkes zusammenrücken und später unter cephalwärts gerichteter Umgreifung der Mundbucht auch die Cerebralganglien formieren dürften.

Die Nervensystem-Anlage der *Arthropoden* zerfällt meist in viele segmentale, erst sekundär miteinander Kontakte aufnehmende Anlagen.

Diese bestehen bei Insekten und Cheliceraten aus vom Ectoderm her in die Tiefe dringenden **Neuroblasten** bzw. Ganglienmutterzellen (vgl. Abb. 103 a–d), während bei den Pseudoskorpionen **ectodermale Einstülpungen** vorliegen. Auch bei den Onychophora, Pantopoda und Symphyla sind segmentale, anschließend in eine Zellproliferation übergehende Invaginationen der Epidermis ausgebildet. Die ohne scharfe Trennung vom Bauchmark sich konstituierende, stets paarige Anlage des Gliederfüßler-Gehirns entsteht unter Immigration oder Einfaltung (Chelicerata).

Dabei sind als Anlage der einzelnen Gehirnteile mehrere Neuroblastengruppen vorgesehen, die entsprechend dem komplexen Gehirnbau eine recht komplizierte Genese durchmachen.

Das metamere Arthropodengehirn ist im übrigen phylogenetisch durch die Verlagerung von ehemaligen Rumpfganglien in den Kopfbereich entstanden.

Die Ganglien der *Mollusken* nehmen ihren Anfang aus voneinander unabhängigen **Immigrationen** aus dem äußeren Keimblatt (vgl. Abb. 103 e + f). Dasselbe gilt teilweise für die Kommissuren sowie die sich unter Bildung eines transitorischen ectodermalen Ganges (Köllikerscher Gang der Cephalopoden) eintiefenden Statocysten (Abb. 104 f–i).

Abb. 102. Organogenese: Entwicklung des Nervensystems II: Vertebrata.

a–d Frühe Gehirnentwicklung von *Gallus* (Aves) (**a–c** von dorsal; **d** von lateral): **a** Stadium mit 7 Somiten; **b** Stadium mit 11 Somiten und mit für die Vögel typischer temporärer Dreigliederung des Gehirns; **c** Stadium mit 14 Somiten; **d** Zustand nach 75–80 h Brutdauer. – Man beachte die sukzessive Fusion der Neuromeren (1–11) zu den fünf definitiven Gehirnabschnitten. (Vgl. auch Abb. 92).

e–h Entwicklung von Gehirn und Gehirnnerven beim Menschen (von lateral): **e** ca. 3½ Wochen alter Embryo mit 20 Somiten; **f** ca. 5⅓ Wochen alter Embryo (8 mm lang); **g** ca. 7 Wochen alter Embryo (17 mm lang); **h** ca. 11 Wochen alter Embryo (50–60 mm lang).

Aubl	Augenblase
ceFl	cephale Flexur
Cer	Cerebellum (Kleinhirn)
Colsup	Colliculus superior
Colinf	Colliculus inferior
Dien	Diencephalon (Zwischenhirn)
Eph	Epiphyse
Hem	Hemisphären
Hy	Hyoidbogen (Zungenbeinbogen)
Lab	Labyrinth
Lar	Larynx (Kehlkopf)
Lol	Lobus olfactorius
Mdb	Mandibularbogen (Kieferbogen)
Med	Medulla oblongata (= Myelencephalon, verlängertes Mark)
Mese	Mesencephalon (Mittelhirn)
Met	Metencephalon (Hinterhirn)
Muh	Mundhöhle
Nm	Neuromeren
opCh	optisches Chiasma
Pros	Prosencephalon

RaT	Rathkesche Tasche (Anlage der Adenohypophyse)
Rl	Rautenlippe
So_1	erster Somit
Tel	Telencephalon (Vorderhirn)
Vex	Vorderextremität
vNp	vorderer Neuroporus
V_1	Nervus trigeminus (N. ophthalmicus)
V_{2a}	Nervus trigeminus (Ramus maxillaris)
V_{2b}	Nervus trigeminus (Ramus mandibularis)
VII	Nervus facialis
VII_{Chty}	Chorda tympanii-Ast des Nervus facialis
VIII	Nervus statoacusticus
IX	Nervus glossopharyngeus
X	Nervus vagus
XII	Nervus hypoglossus
1–11	Neuromeren

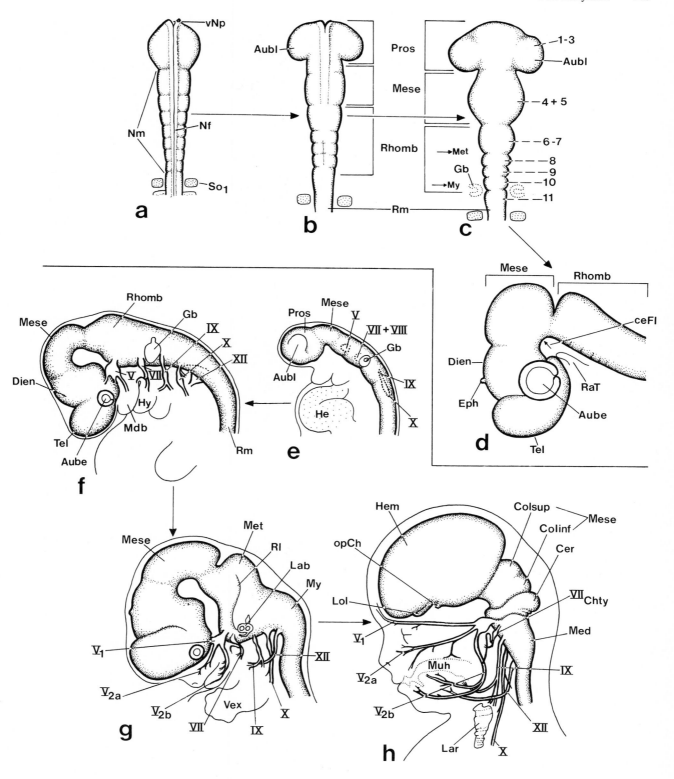

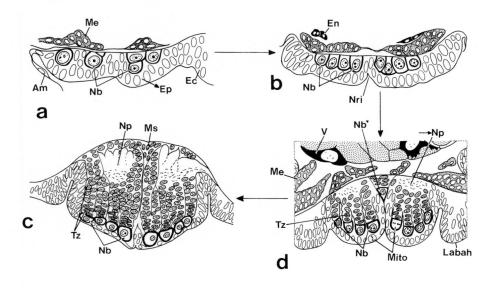

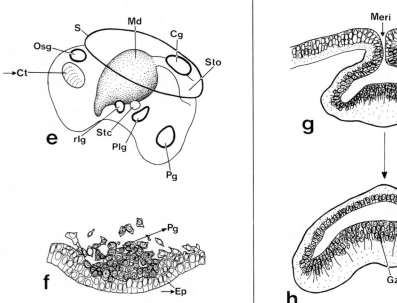

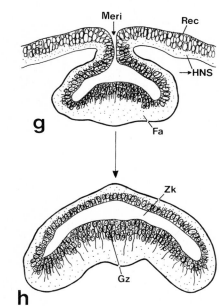

Abb. 103. Organogenese: Entwicklung des Nervensystems III: Evertebrata (schematisiert).

a–d *Xiphidium ensiferum* (Insecta) (Querschnitte): sukzessive Stadien der Bildung des gastroneuralen Nervensystems: **a, b** Abdominalregion bzw. Maxillarsegment während der Verlagerung der Keimanlage nach dorsal mit Neuroblasten; **c, d** Stadium der intensiv proliferierenden Neuroblasten (= Ganglienmutterzellen) im Labialsegment einer nach dorsal verlagerten Keimanlage bzw. im Mesothorakalsegment eines noch älteren Embryos (vgl. hierzu auch Abb. 86).

e, f *Marisa cornuarietis* (Mollusca, Prosobranchia): **e** intrakapsulärer Veliger (von lateral; vereinheitlicht) mit den sich detachierenden Ganglienanlagen; **f** Schnitt durch das sich loslösende Pedalganglion.

g, h *Ptychodera flava* (Enteropneusta, Hemichordata) (Querschnitte): **g** Bildung des Kragenmarkes (= mesosomales Mark) durch Invagination auf der Dorsalseite der Tornarialarve (vgl. Abb. 115 p–s); **h** Kragenmark im Adultzustand.

Fa	Nervenfasermasse
Gz	Ganglienzellen
HNS	Hautnervensystem
Labah	Labialanhang
Meri	Medianrinne
Ms	Mittelstrang
Nb*	Neuroblast aus dem Mittelstrang
Np	Neuropil
Osg	Osphradialganglion
Rec	Rückenepidermis der Tornaria
rIg	rechtes Intestinalganglion (Visceralganglion)
Tz	Tochterzellen (der Neuroblasten)
Zk	zentraler Kanal des Kragenmarks

Abb. 104. Organogenese: Entwicklung von Gehörorganen und Labyrinth bei Vertebraten (**a–e**) bzw. der Statocyste bei Cephalopoden (**f–i**) (schematisiert).

Die Abbildung vergleicht in Ergänzung zu Abb. 99 anhand eines weiteren Sinnesorganes die im einzelnen sehr divergierende Entwicklung bei Wirbeltieren und Cephalopoden. Zu betonen ist indes der übereinstimmende Ursprung aus einer ectodermalen Einsenkung.

I. Vertebrata (Beispiel: *Rana*): **a–d** sukzessive Stadien der Entwicklung (Querschnitte); **e** Definitivzustand (total).

II. Cephalopoda: **f–h** *Loligo vulgaris* (Querschnitte der Naefschen Stadien IX, X, XII); **i** Definitivzustand der Sepioidea (Frontalschnitt). Vgl. hierzu auch Abb. 130 c–e.

Bog	Bogengänge (→Gleichgewichtsorgan)
Coch	Cochlea
Cr	Crista statica
Duend	Ductus endolymphaticus
EcV	Ectodermverdickung
hAmp	hintere Ampulle
hiseK	hinterer semicirculärer Kanal (Canalis semicircularis posterior)
hoseK	horizontaler semicirculärer Kanal
Kkn	Kopfknorpel
KMes	Kopfmesenchym
Knz	Knorpelzäpfchen (Anticristae)
Kög	Köllikerscher Gang
Lag	Lagena
Lop	Lobus opticus
Mna	Macula neglecta anterior (= dorsalis)
Mnp	Macula neglecta posterior (= ventralis)
Mp	Macula princeps
Öff	Öffnung des Köllikerschen Ganges
Opl	Ohrplakode
Paba	Pars (Papilla) basilaris (→Gehörsinn)
Sac	Sacculus
Sisup	Sinus superior
Sl	Statolith
Stcsi	Statocystensinus
Tf	Trichterfalte
vAmp	vordere Ampulle
Vg	Visceralganglion
voseK	vorderer semicirculärer Kanal
Ut	Utriculus
VIII	Nervus stato-acusticus (octavus)

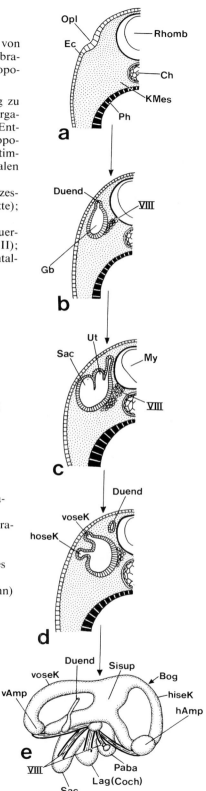

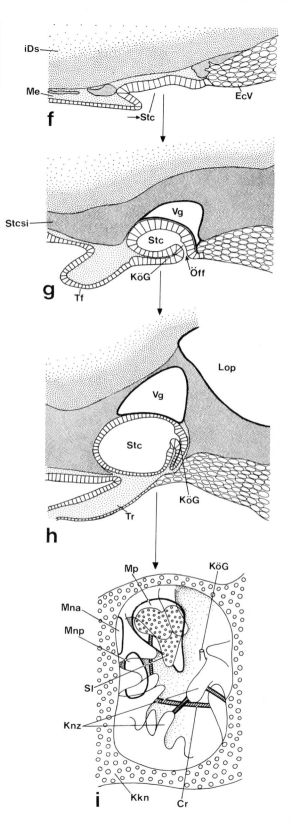

Besonders bei Cephalopoden kommt es anschließend im später durch einen mesodermalen Kopfknorpel geschützten Gehirnbereich zu komplizierten Verschmelzungen der einzelnen, anfänglich isolierten Anlagen zu sog. Loben (z. B. Lobus opticus, Lobus pallioviceralis etc.).

Bei den Aplacophora zeigt *Neomenia* vorerst drei Paare von ectodermalen Einstülpungen, die Cerebral- und Pedalganglien sowie Ventralnerven bilden. Die Buccalganglien entstehen später gleichfalls durch Invagination.

Unter den *Archicoelomata* seien die Enteropneusten erwähnt. Die ähnlich wie bei den Wirbeltieren unter Faltenbildung erfolgende **Einsenkung des Kragenmarkes** im Mesosoma (Abb. 103 g + h) wird mit als ein Argument zur Verwandtschaft der Eichelwürmer mit den Chordaten verwendet, obwohl das übrige Nervensystem als Hautnervensystem ausgebildet ist.

10.4.3 Sinnesorgane

Die Entwicklung der Augen wurde bereits im allgemeinen Teil dieses Kapitels abgehandelt.

Für die übrigen Sinnesorgane der Wirbeltiere ist die wichtige Rolle der in Form von Ectodermverdickungen angelegten, jeweils paarigen **Plakoden** (Abb. 10/30) zu betonen.
Im Nasenbereich invaginieren daraus die Anlagen der *Riechgruben* (Abb. 18 B und 77 h); die Ausläufer von ihren Sinneszellen nehmen später Kontakt zum Gehirn auf.
Die seitlich vom Myelencephalon liegenden *Ohrplakoden* stülpen sich bei den Amnioten als Ohrbläschen (= Gehörbläschen, Otocysten; Abb. 4 b, 18 B, 77 h, 92 d und 104 a-e) ein, wobei sie vor ihrem Verschluß temporär offen bleiben. Sie zeigen damit ein konvergentes Verhalten zum Köllikerschen Gang (Abb. 104 h + i) der Cephalopoden-Statocyste. Bei Anuren und den Teleostiern ist indes die erste Anlage kompakt.
Das **Ohrbläschen** (Abb. 104 a + b) stellt die Anlage des Labyrinthes des Innenohres [mit Utriculus, Sacculus und Cochlea (Lagena)] sowie der semicirculären Kanäle dar (Abb. 104 c-e). Dieses differenziert sich histologisch in die membranöse Zone, die Sinnesepithelien sowie das akustische Ganglion. Ein sich ausstülpender Gang bildet den Ductus endolymphaticus.
Das Ohrbläschen induziert im umgebenden Mesenchym die Bildung der aus Sklerotomanteilen aufgebauten knorpeligen **Ohrkapsel**, die ihrerseits wiederum die Anlage des außen im Mittelohr liegenden **Trommelfells** auslöst (Abb. 18 B). Das **Mittelohr** (mit Paukenhöhle) der Tetrapoden differenziert sich dagegen - auch entwicklungsphysiologisch unabhängig - aus einer Aussackung des Branchialapparates und entspricht dem Spritzloch (Spiraculum) der Haifische.

Die **Gehörknöchelchen** der Landwirbeltiere entwickeln sich aus Teilen des Splanchnocraniums, die bei Fischartigen noch voll in dieses integriert sind. Aus dem Hyomandibulare des Hyoidbogens (Zungenbeinbogens) entsteht die Columella der Amphibien und Sauropsiden bzw. der damit homologe Stapes (Steigbügel) der Säuger. Die Elemente des bis und mit den Vögeln noch vorhandenen primären Kiefergelenkes (Quadratum und Articulare) werden beim mit einem sekundären Kiefergelenk dotierten Säuger zum Incus (Amboß) bzw. Malleus (Hammer), wobei dieser phylogenetische Vorgang zumindest teilweise ontogenetisch rekapituliert wird (vgl. Abb. 105 b und 144 a).

Diese in der klassischen Reichert-Gauppschen Theorie (1838!) zusammengefaßten Befunde werden neuerdings durch Jarvik angezweifelt, der aufgrund von palaeontologisch fundierten Argumenten alle Mittelohrknochen aus dem Zungenbeinbogen ableiten will.

Der äußere Gehörgang schließlich entsteht aus einer epidermalen Einsenkung.
Auch das *Seitenliniensystem* der Wasserwirbeltiere ist auf Plakoden zurückzuführen.

10.4.4 Stütz- und Bewegungsapparat

10.4.4.1 Skelettapparat

Exoskelette sind **ectodermaler** Herkunft. Sie treten bereits bei Cnidariern auf und sind bei Evertebraten auch in Form der Cuticula verbreitet. Bei Arthropoden wird eine namentlich bei höheren Krebsen durch Kalkeinlagerung verstärkte Chitin-Außenhülle sezerniert. Ectodermale Einsenkungen lassen das vor allem zum Muskelansatz dienende sogenannte Endoskelett der Gliedertiere entstehen.
Die im ausgebildeten Zustand aus drei Schichten bestehende *Schale der* conchiferen *Mollusken* wird als Sekretionsprodukt der ectodermalen **Schalendrüse** (Abb. 83 k, 89 h + i, 122 c + g und 145 Ac) gebildet. Diese senkt sich anfänglich stets ein (Abb. 89 i), weicht aber - wenn eine Außenschale entstehen soll - unter Evagination wieder auseinander (vgl. z. B. Abb. 145 Ac). Aus ihren ehemaligen Einfaltungsrändern entsteht der Mantelrand. Bleibt die Invagination dagegen erhalten, so schließt sich die Schalendrüse zum Schalensack, der in seinem Innern in der Folge eine Innenschale beherbergt (z. B. coleoide Cephalopoden (Abb. 89 k) und die Nacktschnecken unter den Stylommatophora). Die Schalenplatten der Chitonen formieren sich dagegen direkt aus dem Ectoderm und stellen infolge ihrer unterschiedlichen Genese keine echten Schalen dar.

Im Gegensatz zu den Exoskeletten sind echte **Endoskelette** stets **mesodermal**. In der gallertigen Zwischenschicht bilden die **Skleroblasten** der *Schwämme* Kalk- bzw. Kieselsäurespiculae (Abb. 69 b–e und 144 d + e), wobei letztere manchmal zusätzlich durch Sponginabscheidung miteinander verkittet werden können. Auch das teilweise in Form von isolierten Skleriten bzw. teilweise als zusammenhängende Stäbe vorliegende Endoskelett der *Anthozoen* wird durch im Coenenchym liegende Zellen sezerniert. Diese sind aus dem Ectoderm immigriert und damit als Ectomesenchym anzusprechen. Der gegen Ende der Embryogenese aufgebaute mesodermale *Knopfknorpel der Cephalopoden* (Abb. 99 m) ist ähnlich wie das *Calcit-Skelett der Echinodermen* eine Bildungsleistung von mesodermalen Zellen (vgl. z. B. Abb. 75 d + e). Dabei treten bei den Stachelhäutern die **Skleroblasten** zu einem **Syncytium** zusammen, was auch bezüglich der Bildungszellen von Ankern und Ankerplatten im Integument der Holothurien zutrifft.

Nur die schon erwähnten, in Anbetracht ihrer Lage als Endoskelette zu taxierenden Innenschalen von Mollusken, wie sie bei gewissen Stylommatophoren und den coleoiden, endocochleaten Cephalopoden auftreten, sind ectodermaler Natur, da sie ja im Innern der sich zum Schalensack schließenden ectodermalen Schalendrüse ausgeschieden werden.

Die Ontogenese des *Axialskelettes der Wirbeltiere* zeigt **drei Phasen**. Zuerst wird aus dem medianen Urdarmdach die **Chorda** (= Notochord) isoliert. Beim Frosch wird diese in der Entwicklungsperiode vom 8-Somitenstadium bis zum 13 mm langen Keim temporär vom **Hypochord** unterlagert. Dieser subchordale Stab besteht aus drei bis vier Zellen, die wahrscheinlich vom dorsalen Mitteldarm herzuleiten sind; ihre Funktion ist unbekannt. Nach der Konstituierung der Chorda als primäres Stützorgan der Vertebraten bilden die aus dem **Sklerotom** der Somiten ausgewanderten Zellen um sie herum die zuerst knorpeligen Wirbelanlagen (Abb. 79 und 105 c–i). Während der anschließenden Verknöcherung **reduziert sich die Chorda** meist als Nucleus pulposus auf den Bereich der Zwischenwirbelscheiben. Sie ist bei den höheren Vertebraten damit nur noch ein embryonales Stützorgan.

Die **Wirbelbildung** basiert auf drei Verknöcherungstypen. Die **arcozentrale** Verknöcherung beruht auf dem Auswachsen der die Chorda umgebenden Bogenenden, während die **chordazentrale** mit einer Verknorpelung der Chordascheide einsetzt; der **autozentrale** Typ schließlich ist durch Substanzeinlagerung im perichordalen Gewebe charakterisiert.

Bei den nur Knorpelknochen aufweisenden Knorpelfischen (= Chondrichthyes) entfällt die anschließende Verknöcherung.
Ein Wirbel besteht im Prinzip aus vier, bei primitiven Wasserwirbeltieren teilweise getrennt bleibenden, sonst aber verschmelzenden Elementen (Abb. 105 k). Das cranialwärts liegende **Pleurozentrum** umfaßt dorsal das Interdorsale, ventral das Interventrale, während das caudale Hypo- oder **Interzentrum** aus dem Basidorsale (Anlage des Neuralbogens) und dem Basiventrale (Anlage des bei Reptilien und Säugern im Schwanz noch vorhandenen Haemalbogens) zusammengesetzt ist.

Diese Elemente können im Falle des **Konkreszenz-Wirbels** gemeinsam zu einem Wirbelkörper (= Centrum) verschmelzen. Beim **Expansionswirbel** der Amnioten wird der Wirbelkörper dagegen durch das Pleurozentrum formiert, während das Hypozentrum die Intervertebralscheibe (Zwischenwirbelscheibe) bildet (Abb. 105 l).

Die Wirbelkörper sind jeweils gegenüber den Mytomen um ein halbes Segment versetzt aufgereiht (Abb. 105 c–i), was funktionell u. a. einen verbesserten Muskelansatz gewährleistet. Diese Anordnung beruht auf einer **Aufteilung** und **erneuten Verwachsung** des aus unterschiedlich dichten Mesenchymzellen aufgebauten **Sklerotoms**: Die primär durch die Intersegmentalspalten – diese sind später anhand der segmentalen Blutgefäße (Arteriae intersegmentales) noch erkennbar (Abb. 105 g–i) – getrennten Sclerotome (Abb. 105 c) spalten sich jeweils durch eine Intrasegmentalspalte in zwei Sclerotomiten (Abb. 105 d). Diese verwachsen im Gebiet der ehemaligen Intersegmentalspalte miteinander, während die Region der gleichfalls verwischenden Intrasegmentalspalte die neuen Sclerotom- bzw. prospektiven Wirbelgrenzen markiert (Abb. 105 e + f).

Das *Kopfskelett der Vertebraten* ist im einzelnen sehr kompliziert und setzt sich aus dem als Hautknochen mit einer Knorpelvorstufe versehenen **Neuro-** und dem **Viscerocranium** (Splanchnocranium) sowie dem direkt verknöchernden **Dermatocranium** aus Deckknochen zusammen (vgl. Abb. 105 b). Letztere fehlen den Knorpelfischen.
Diese Teile entstehen unabhängig voneinander und sind – mit Ausnahme der Bögen des Splanchnocraniums (Abb. 80 m und 105 a + b) sowie oft der Occipitalregion – nicht segmental angeordnet. An der Bildung des Neurocraniums sind mehrere Teile beteiligt (vgl. Abb. 105 a), nämlich die aus Neuralleistenzellen und aus von der praechordalen Platte abstammendem Mesenchym gebildeten **Trabeculae cranii** (cephal vor der Hypophyse und ventral von Tel- und Diencephalon sich ausbreitend), die aus dem Mesenchym (Sclerotom) der Kopfsomiten abzuleitenden **Parachordalia** (caudal vom Infundibulum gelegen) sowie die aus Mesenchym divergierender Herkunft aufgebauten **Kapseln der Fernsinnesorgane** (Nase, Auge, Ohr). Die Fusion dieser verschiedenen Anteile führt zum Aufbau des Chondrocraniums.
Während dieses bei Anammiern meist auch im Neurocranium die dorsale Bedeckung liefert, spielen vor allem bei

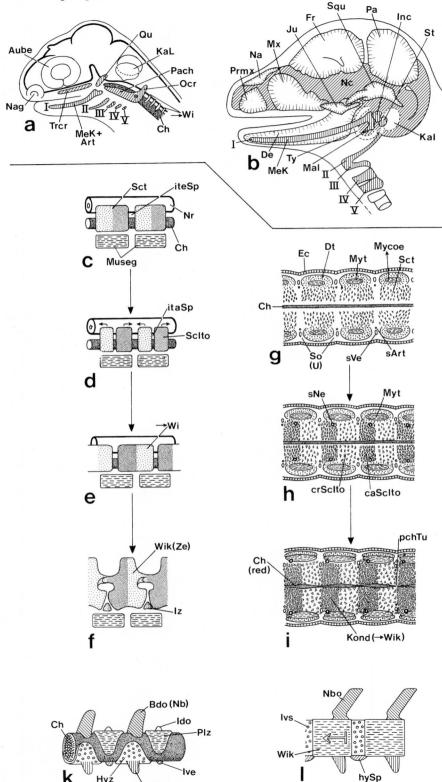

Abb. 105. Organogenese: Entwicklung des Kopfskelettes (**a, b**) und der Wirbelsäule (**c–l**) bei den Vertebrata. Vgl. auch Abb. 79.

a Erste embryonale Schädelanlage (von lateral); **b** Kopf eines Säugerembryos mit der Anlage von Deckknochen des Dermatocraniums (von lateral).

c–f Entstehung eines Amniotenwirbels aus dem Mesenchym zweier Sclerotome (schematische Vertikalansicht): **c** Ausgangszustand mit intrasegmentaler Lage der Sclerotome; **d** Spaltung jedes Sclerotoms in zwei Hälften (= Sclerotomiten), die in der Folge auseinanderweichen; **e** anschließende Verschmelzung mit den Hälften der benachbarten Sclerotome zu den Wirbelanlagen; **f** fertiger adulter Wirbel in intersegmentaler Lage.

g–i Bildung des Säugerwirbels (histologische Frontalschnitte): **g** Sonderung der Sclerotome aus den Somiten (vgl. **c**); **h** Auftreten von Fissuren im Zentrum der Sclerotome zur Bildung der Sclerotomiten (Vorstufe zu **d**); **i** erneute Verwachsung der Sclerotomiten (wie **e**) und Konzentrierung der Zellen zur Wirbelbildung. Man beachte die sukzessive Reduktion der Chorda.

k Fertiger acentrischer Wirbel primitiver Vertebraten mit noch umfangreicher Chorda (von lateral); **l** Schema des Expansionswirbels der Amniota (von lateral).

Art	Articulare
Bdo	Basidorsale
Bve	Basiventrale
caSclto	caudaler Sclerotomit
crSclto	cranialer Sclerotomit
De	Dentale
Fr	Frontale
Hb	Haemalbogen
hySp	hypochordale Spange
HyZ	Hypozentrum (= Interzentrum)
Ido	Interdorsale
Inc	Incus (Amboß)
itaSp	Intrasegmentalspalte
iteSp	Intersegmentalspalte
Ju	Jugale
Ive	Interventrale
Ivs	Intervertebralscheibe (Zwischenwirbelscheibe)
Iz	Interzentrum
KaL	Kapsel des Labyrinths (otische Region)
Kond	Kondensation
Mal	Malleus (Hammer)
MeK	Meckelscher Knorpel

Amnioten die direkt verknöchernden **dermatocranialen Anteile** eine entscheidende Rolle bei der Schädelbildung (Abb. 105 b). Infolge der gesteigerten Gehirngröße reißt bekanntlich bei ihnen das neurocraniale Dach auf, um gemeinsam mit dem Dermatocranium eine neue Gehirnkapsel zu formieren.

Bei Wirbeltieren leisten Chondroblasten die Knorpel-, Osteoblasten die Knochenbildung. Letztere erfolgt bei Haut- oder Deckknochen direkt, bei den Ersatzknochen dagegen über eine knorpelige Vorstufe. Die endochondrale Verknöcherung setzt zuerst in der Tiefe, die perichondrale dagegen zuerst an der Knochenoberfläche ein. Osteoklasten ermöglichen bei Neubildungen im Knochen den lokalen Abbau von Knochensubstanz.

10.4.4.2 Muskulatur

Das Muskelgewebe stammt bei Wirbeltieren aus zwei Hauptquellen: Die quergestreifte *somatische Muskulatur* ist **Myotom**-Material aus den Ursegmenten (Abb. 4b, 61, 79 a, 90 d, 92 a + b und 106 a). Sie breitet sich besonders bei primären Wasserformen dorsal stark aus (Abb. 79 b) und bildet die dorsale epaxonische bzw. unter dem trennenden Myoseptum horizontale die ventrale hypaxonische Muskulatur (Abb. 79 c). Durch Segmentverschmelzungen kann die primäre Metamerie teilweise verloren gehen.

Die glatte *viscerale Muskulatur* stammt aus der **Seitenplatte** (Abb. 4b, 61, 79, 92 und 106 a–c) und liefert als Splanchnopleura-Derivat vornehmlich die Darmmuskulatur. Bei Landwirbeltieren transformiert sich die ursprüngliche Kiemenbogenmuskulatur der Wasserformen unter Somatisierung zur mimischen Gesichtsmuskulatur und zu anderen Bildungen. – Bei höheren Tetrapoden ist die Somatopleura der Seitenplatte bei der Bildung der natürlich quergestreiften **Extremitätenmuskulatur** engagiert (vgl. unten und Abb. 106 a–c).

Schließlich sei erneut erwähnt, daß das letzte Fünftel der Neuralplatte bei den Amphibien Schwanzmuskulatur liefert.

Die hier als Evertebraten-Beispiel gewählten *Anneliden* gliedern ihre metameren „Ursegmente" ebenfalls in zwei ähnlich wie bei den Wirbeltieren gemeinsam auch das Coelomepithel bildende und durch die sekundäre Leibeshöhle voneinander getrennte Lagen (vgl. Abb. 83 e – g, 84 c + d und 142 a + b). Das splanchnische oder **viscerale Blatt** liefert ferner **Darmmuskulatur**, das somatische bzw. **parietale Blatt** bei allen Klassen die Körper-Längsmuskulatur des **Hautmuskelschlauchs**.

Die Ringmuskulatur der Oligochaeten stammt wahrscheinlich aus Zellen des ectodermalen Keimstreifs; bei Polychaeten dagegen ebenfalls aus der Somatopleura.

10.4.4.3 Extremitäten

Das *Tetrapoden-Autopodium* nimmt in einer Verdickung des parietalen **Seitenplattenmesoderms** ihren Anfang. Die daraus resultierenden freien Mesenchymzellen akkumulieren sich unterhalb der Epidermis (Abb. 106 a–c).

Dieser Prozeß erfolgt bei Amphibien lokalisiert in Form der **Extremitätenhöcker** im künftigen Extremitätenbereich (vgl. Abb. 1 Bc), bei den Amnioten dagegen mittels paariger, anfänglich durchgehender Wolffscher Leisten **(Extremitätenleisten)**, die sich erst nachträglich zu Extremitätenknospen reduzieren.

Teilweise ist auch Somitenmaterial, das allerdings bei den Fischartigen einzige Quelle ist, an der Extremitätenbildung beteiligt. Im Verlauf der Extremitäten-Differenzierung (Abb. 106 d–f) kommt es am distalen Ende der Anlage unter Abflachung zur Bildung der **Hand-** bzw. **Fußplatte**. Die zuerst flossenförmige Anlage der Extremität wird in der Folge schaufelförmig. Dabei zeigen die zwischen den künftigen Phalangen liegenden Bereiche umfangreiche Zelldegenerationen (Abb. 106 m). Unter geweblicher Differenzierung entstehen u. a. Mesenchym, Blutgefäße sowie die Skelett-Elemente, welche generell unter einem proximodistalen Differenzierungsgefälle erscheinen; Humerus bzw. Femur werden also zuerst angelegt.

Museg	Muskelsegment	Plz	Pleurozentrum	Trcr	Trabeculae cranii
Mx	Maxillare	Prmx	Praemaxillare	Ty	Tympanicum
Mycoe	Myocoel	Qu	Quadratum	Wi	Wirbel
Na	Nasale	(red)	in Reduktion	Wik	Wirbelkörper
Nag	Nasengrube	sArt	segmentale Arterie	Ze	Zentrum
Nbo	Neuralbogen	Sclto	Sclerotomit	I	Maxillarbogen (Kieferbogen)
Nc	Neurocranium	Sct	Sclerotom	II	Hyoidbogen (Zungenbeinbogen)
Ocr	Occipitalregion	sNe	segmentaler Nerv	III	
Pa	Parietale	Squ	Squamosum	IV	Branchialbögen (Kiemenbögen)
Pach	Parachordalia	St	Stapes (Steigbügel)	V	
pchTu	schmaler perichordaler Tubus	sVe	segmentale Vene		

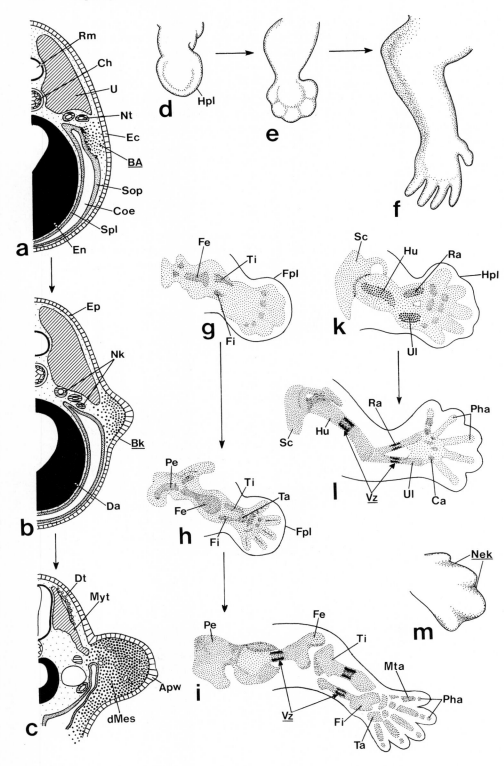

Abb. 106. Organogenese: Entwicklung der Extremitäten bei den Vertebrata (meist schematisiert).

a–c Entstehung der Tetrapoden-Extremität (quer) bei Amphibien (**a, b**) und beim Vogel-Embryo (**c**) (vgl. auch Abb. 2 h). – Der ectodermale Apikalwulst – typisch nur für die Amnioten – wirkt auf das unterlagernde Mesenchym induzierend.

d–f Entwicklung des menschlichen Armes (Totalansicht) beim 9 mm, 12 mm und 25 mm langen Embryo.

g–i Entwicklung der Knochen des menschlichen Beines beim 11 mm bzw. 14 mm langen sowie beim 8 Wochen alten Embryo.

k, l Entwicklung der Knochen des menschlichen Armes beim 11 mm langen und beim 8 Wochen alten Embryo.

m Beinknospe des ca. 1 Woche alten Hühnchenkeimes mit dunkel eingezeichneten Regionen, die durch Zelltod charakterisiert sind.

Apw   Apikalwulst (Ectodermkuppe)
BA   Beinanlage
Bk   Beinknospe
Ca   Carpus
dMes   dichtes Mesenchym (aus der Somatopleura abstammend)
Fe   Femur (Oberschenkel)
Fi   Fibula (Wadenbein)
Fpl   Fußplatte
Hpl   Handplatte
Hu   Humerus (Oberarm)
Mta   Metatarsus (Mittelfuß)
Nek   Nekrose (Zelltod)
Nk   Nierenkanälchen
Pe   Pelvis (Becken)
Pha   Phalangen (Finger- bzw. Zehenglieder)
Ra   Radius (Speiche)
Sc   Scapula (Schulterblatt)
Ta   Tarsus (Fußwurzel)
Ti   Tibia (Schienbein)
Ul   Ulna (Elle)
Vz   Verknöcherungszone

Wie Abb. 106 g–l ausweist, folgt indes der Ablauf der Verknöcherung in den eigentlichen Knochen nicht einfach diesem Gefälle; vielmehr verknöchern im allgemeinen die säulenförmigen Knochenteile zuerst.

Die als Beispiel für eine völlig differierende Genese aufgeführten, mit einem chitinösen Exoskelett dotierten *Extremitäten der holometabolen Insekten* entstehen aus anläßlich der Metamorphose evaginierenden **Imaginalscheiben** (Abb. 15e). Die Flügelanlagen gehen bei der *Ephestia*-Raupe auf vier Gruppen von je 12–14 etwas höheren Zellen im 2. und 3. Thoraxsegment zurück, welche sackartig eingefaltete Imaginalscheiben bilden. Nach einer Ausfaltung in den Exuvialraum weichen die Epithelien unter Bildung eines Lakunensystems auseinander. Später gebildete Chitinleisten sind die Anlage des Flügelgeäders, in welches Tracheen und schließlich auch Nerven einwandern.

10.4.5 Darmsystem und Anhangsorgane

10.4.5.1 Allgemeines

Oft entsteht die erste Anlage des Darmrohres durch **Einstülpung** (Abb. 15c, 67A, 69a+b, 71, 74c, 75b+c, 76, 77a–f, 78Be–g, 81a–c und 82); dies gilt stets für seine **ectodermalen Anteile** (Abb. 71c, 85d, 86e–g, 89k, 107a und 129d,e,h+i), die meist erst sekundär in den **entodermalen Darmbereich** durchbrechen. Im entodermalen Darmteil kommt neben der Einstülpung auch **Immigration** mit nachträglicher Lumenbildung (Abb. 85b) bzw. – wie etwa bei Spinnen – eine Darmbildung aus diffusen Entoderm-Anlagen vor.

Am Aufbau des Darmrohres sind *alle Keimblätter* beteiligt. Das **Mesoderm** bildet die Umhüllung und die **Darmmuskulatur**.

Die Pharynxmuskulatur der Nematoden ist dagegen ectodermaler Herkunft.

Meistens werden die ectodermalen Derivate als Vorder- und Enddarm, die entodermalen als Mitteldarm bezeichnet.

Freilich sind die Anteile bei den einzelnen Gruppen sehr verschieden. Bei Arthropoden etwa, wo die mit einem Chitinüberzug versehenen ectodermalen Komponenten mit gehäutet werden, ist der teilweise auch Kaumägen bildende Vorderdarmabschnitt meist groß; die Länge des Enddarmes und damit des Mitteldarmes, der bei gewissen Krebsen nur noch die Mitteldarmdrüsen bildet, variiert dagegen stark. Bei Mollusken ist fast der ganze Enddarm entodermal (vgl. z. B. Abb. 122f, 123a,b,d,e,h,k, 124a,b,e–g,i,k, 127l–n und 132h). Andererseits sind bei Wirbeltieren die ectodermalen Anteile am Darmrohr recht bescheiden (vgl. z. B. Abb. 107a–c).

Besonders die Entwicklung der entodermalen Darmbereiche wird oft durch besondere *Anpassungen an den Dotter* und allfällige *extraembryonale Nährstoffe* kompliziert. Diese können zur Aufteilung in ein **transitorisches** und ein **organogenetisches Entoderm**, zur Bildung von im künftigen Darmbereich liegenden Vitellophagen (Dotterzellen) bzw. dem Darm anhängenden Dottersäcken, zu umfangreichen geweblichen Transformationen u. a. zwingen (vgl. vor allem Kapitel 13). Auch kann infolge der Dotterbelastung der Entodermzellen das Lumen des Darmrohres anfänglich sehr stark reduziert sein (Abb. 77g+h, 79a+b und 107a).

Die *Zähne* als Mittel zum Beutefang und zur Nahrungszerkleinerung sind unterschiedlicher Abstammung. Die wohl monophyletisch entstandenen Knochenzähne der Wirbeltiere sind ectodermaler und ectomesenchymaler Herkunft (S. 273). Dazu treten bei verschiedenen Gruppen polyphyletisch entstandene, vom Ectoderm abgeschiedene Hornzähne. Die Radulazähne der Mollusken sind ebenfalls ectodermale Sekrete, während die fünf Zähne der Seeigel in mesodermalen Zahnsäcken liegen.

10.4.5.2 Wirbeltiere

Das Urdarmdach hat bei den Ordnungen der *holoblastischen* Amphibien unterschiedliche Beziehungen zum definitiven Darm (vgl. S. 206ff. und Abb. 77i+k).

Bei *meroblastischen* Vertebraten stellt der **Hypoblast** eine sich über den Dotterspiegel erstreckende weitflächige, früh gesonderte Entoderm-Anlage dar (vgl. z. B. Abb. 54A+B, 90o, 91a+b,e–g, 92a,c+d und 96 IIb); dann erfolgt im künftigen Darmbereich eine **Rinnenbildung** (vgl. z. B. Abb. 3f, 92a, 93 und 96 IIIc + IV) mit anschließender, auf der Ventralseite erfolgender **Verwachsung zum Darmrohr** (vgl. auch Abb. 92c+d). Zuerst wird dabei der Vorder-, dann der Enddarm angelegt.

Aus dem **Entoderm** entsteht nur das *Darmepithel*; das umhüllende **Mesoderm** liefert die in mehrere Schichten aufgeteilte *Darmmuskulatur* (vgl. Abb. 79b+c) sowie auch die *Mesenterien* als Aufhängebänder des in der sekundären Leibeshöhle liegenden Darmes.

Man gliedert den **entodermalen** Wirbeltierdarm in *Vorder-, Mittel-* und *Enddarm* (Abb. 107a). Ersterer bildet nach dem Neurula-Stadium im cephalen Bereich Mundhöhle und Pharynx (mit Kiemenregion; Abb. 4b) sowie in seinem hinteren Teil die Anlagen von Magen, Pankreas und das Leberdiverticulum (Abb. 107b).

Die *Harnblase* ist bei Säugern eine ventrale Evagination des Enddarmes (Abb. 107c). In diesem Bereich der ventralen Kloakenregion wird bei Meroblastiern auch die Allantois als embryonale Harnblase gebildet (vgl. S. 364).

272

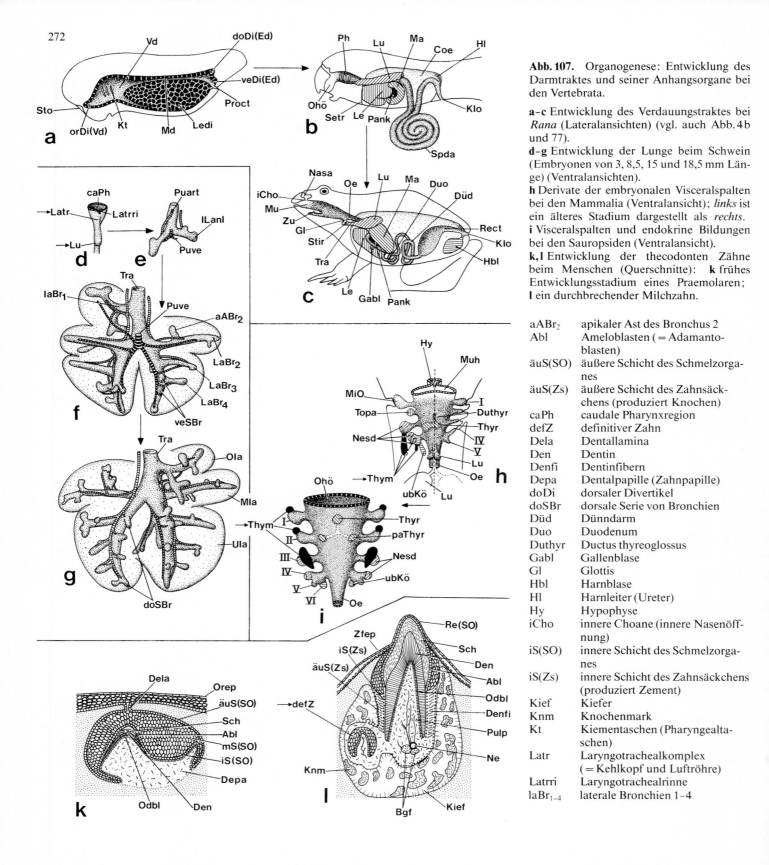

Abb. 107. Organogenese: Entwicklung des Darmtraktes und seiner Anhangsorgane bei den Vertebrata.

a–c Entwicklung des Verdauungstraktes bei *Rana* (Lateralansichten) (vgl. auch Abb. 4b und 77).

d–g Entwicklung der Lunge beim Schwein (Embryonen von 3, 8,5, 15 und 18,5 mm Länge) (Ventralansichten).

h Derivate der embryonalen Visceralspalten bei den Mammalia (Ventralansicht); *links* ist ein älteres Stadium dargestellt als *rechts*.

i Visceralspalten und endokrine Bildungen bei den Sauropsiden (Ventralansicht).

k,l Entwicklung der thecodonten Zähne beim Menschen (Querschnitte): **k** frühes Entwicklungsstadium eines Praemolaren; **l** ein durchbrechender Milchzahn.

aABr₂	apikaler Ast des Bronchus 2
Abl	Ameloblasten (= Adamanto- blasten)
äuS(SO)	äußere Schicht des Schmelzorga- nes
äuS(Zs)	äußere Schicht des Zahnsäck- chens (produziert Knochen)
caPh	caudale Pharynxregion
defZ	definitiver Zahn
Dela	Dentallamina
Den	Dentin
Denfi	Dentinfibern
Depa	Dentalpapille (Zahnpapille)
doDi	dorsaler Divertikel
doSBr	dorsale Serie von Bronchien
Düd	Dünndarm
Duo	Duodenum
Duthyr	Ductus thyreoglossus
Gabl	Gallenblase
Gl	Glottis
Hbl	Harnblase
Hl	Harnleiter (Ureter)
Hy	Hypophyse
iCho	innere Choane (innere Nasenöff- nung)
iS(SO)	innere Schicht des Schmelzorga- nes
iS(Zs)	innere Schicht des Zahnsäckchens (produziert Zement)
Kief	Kiefer
Knm	Knochenmark
Kt	Kiementaschen (Pharyngealta- schen)
Latr	Laryngotrachealkomplex (= Kehlkopf und Luftröhre)
Latrri	Laryngotrachealrinne
laBr₁₋₄	laterale Bronchien 1–4

Im Schwanzbereich kann ein transitorischer postanaler Darm (Schwanzdarm) liegen. Er wird bei Haien und Unken besonders groß und erhält sich zeitweilig als Canalis neurentericus.

Im Zusammenhang mit der herbivoren Ernährung zeigt der Kaulquappen-Darm bei den Anuren eine spiralige Aufrollung (Abb. 107b), die zusätzlich zur bei allen Vertebraten verwirklichten gastrointestinalen Schlinge auftritt (vgl. S. 336).

Man beachte des weiteren, daß Vorder- und Enddarm anfänglich blind geschlossen sind. Sie sind durch die Oropharyngeal- oder Rachenmembran vom sich einstülpenden **ectodermalen Stomodaeum** bzw. durch die Kloakenmembran vom sich eintiefenden, gleichfalls **ectodermalen Proctodaeum** abgetrennt (Abb. 107a).

Das Stomodaeum bildet als dorsale Ausstülpung die zur *Adenohypophyse* werdende **Rathkesche Tasche** (vgl. Abb. 107h) sowie die transitorische Seesselsche Tasche, die durch Silen (1954) in Beziehung zum Stomochord der Hemichordaten gesetzt worden ist. Gleichfalls im stomodealen Bereich treten die oft in **Zahnleisten** liegenden Zahnanlagen (Abb. 107k + l) auf. Sie umfassen bei Tetrapoden das ectodermale, mit Ameloblasten dotierte Schmelzorgan; es sezerniert den das Dentin umhüllenden Schmelz. Das Dentin wird durch in der Zahnpapille liegende Odontoblasten gebildet, die aus der Neuralleiste herkommen. - Auf den Zahnwechsel kann hier nicht eingegangen werden.

Besondere Beachtung verdient die Branchialregion, die 4 (Amniota), 5 (Amphibia) oder 6 (Osteichthyes, Chondrichthyes) entodermale **Pharyngeal-** oder **Branchialtaschen** ausstülpt, die von cephal nach caudal (vgl. Abb. 4b) erscheinen. Diese verschmelzen mit der ectodermalen Branchialmembran (= Schlundfurche), worauf es zum Durchbruch der **Kiemenspalten** kommt (vgl. Abb. 4b). Bei Wasserformen entstehen zwischen den Spalten die Kiemen. Selbst bei aquatilen Vertebraten brauchen nicht alle Spalten durchzubrechen; bei den Säugern fehlt der Durchbruch in der Regel sogar völlig.

Material der Kiemenregion dient des weiteren zum Aufbau der aus dem Pharynxboden abzuleitenden *Thyreoidea* (Schilddrüse) sowie der **branchiogenen Drüsen** (branchiogene Organe). Im weiteren wird bei Amnioten die 1. Pharyngealtasche zur Bildung der Eustachischen Röhre des Ohres verwendet, und aus dem Spritzloch entsteht - wie schon mitgeteilt - die *Paukenhöhle* des Mittelohres. Aus der 3., 4. und eventuell 5. Tasche werden der *Thymus* sowie die Parathyreoidea (= Nebenschilddrüse, Epithelkörperchen) formiert (vgl. Abb. 107h + i).

Die *Lunge* der Tetrapoden ist eine ventrale, sackartige, sekundär paarig werdende Ausstülpung aus der **laryngotrachealen Rinne**, die sich direkt hinter der Branchialregion (Abb. 107b-e, h) ausbildet. Dadurch wird das die Darmwand umgebende Mesenchym vorgewölbt. Die proximale Trachea bleibt freilich unpaar und geht im Kehlkopfgebiet in den Vorderdarm über. Über die weitere Aufgliederung der Lungenanlage in die verschiedenen Bronchialterritorien gibt Abb. 107f + g Aufschluß. - Die *Schwimmblase* der Teleostier ist entgegen der Lunge eine dorsale Ausstülpung.

Die *Leber* erscheint als ventrale Aussackung des Duodenums. Zwei weitere Evaginationen bilden den ventralen bzw. dorsalen Anteil des *Pankreas*; die bei Amnioten sekundär miteinander fusionieren (Abb. 107b + c).

10.4.5.3 Wirbellose

Der adult bis zu 180 Spalten aufweisende *Kiemendarm* des *Acraniers Branchiostoma* zeigt eine ausgesprochen komplizierte Genese.

Über den 12 bis 15 **primären**, ursprünglich von ventral nach rechts rückenden **Kiemenspalten** entstehen - um eine halbe Segmentlänge versetzt - 7 bis 9 **sekundäre Kiemenspalten**,

Ledi	Leberdivertikel (noch mit Dotter)	orDi(Vd)	oraler Divertikel des Vorderdarmes	Stir	Stimmritze
lLanl	linke Lungenanlage			Thym	Thymus
Lu	Lunge	Orep	Oralepithel	Thyr	Thyreoidea (Schilddrüse)
MiO	Mittelohr	Pank	Pankreas	Topa	Tonsilla palatina
Mla	Mittellappen	paThyr	paarige Thyreoidea der Vögel	Tra	Trachea (Luftröhre)
mS(SO)	mittlere Schicht des Schmelzorganes (Schmelzpulpa)	Puart	Pulmonararterie (Lungenarterie)	ubKö	ultimobranchialer Körper
		Pulp	Pulpa	Ula	Unterlappen
Muh	Mundhöhle	Puve	Pulmonarvene (Lungenvene)	veDi	ventraler Divertikel
Nasa	Nasensack	Re(SO)	Rest des Schmelzorgans über der durchbrechenden Krone	veSBr	ventrale Serie von Bronchien
Ne	Nerv			Zfep	Zahnfleischepithel
Nesd	Nebenschilddrüsen	Rect	Rectum	Zu	Zunge
Odbl	Odontoblasten	Sch	Schmelz	I-VI	Visceralspalten (Kiemen- oder
Ohö	Oralhöhle (Mundhöhle)	Setr	Septum transversum		Branchialspalten)
Ola	Oberlappen	Spda	Spiraldarm		

während ihre primären Partner sich nach links verschieben. Dabei wird – ein weiteres Beispiel für Nekrose – ein Teil der primären Kiemenspalten rückgebildet. Caudal vom Ganzen entstehen schließlich die von Anfang an paarig angelegten *tertiären Spalten*.

Die die Spalten trennenden *Hauptkiemenbögen* enthalten Coelom, die erst nachträglich die Spalten unterteilenden *Nebenkiemenbögen* dagegen nicht mehr.
Der Kiemendarm wird in der Folge vom sich von ventral her einfaltenden *Peribranchialraum* umgeben, der durch die mediane Verwachsung der an den Metapleuralfalten liegenden Subatrialfalten entsteht (Abb. 81 i). – Während die primären Kiemenspalten zuerst noch direkt nach außen münden, brechen die sekundären Spalten bereits in den Peribranchialraum durch.

Hinsichtlich der Darmbildung zeigen – infolge des stark divergierenden Baus bzw. als Auswirkung der unterschiedlichen Dotterbelastung – die Wirbellosen starke Divergenzen, auf die hier kaum eingegangen werden kann.
Immerhin seien die früher schon grob skizzierten Verhältnisse bei den *Cephalopoden* kurz berücksichtigt:

Die Darmbildung erfolgt **unabhängig** vom rein transitorischen, nicht organogenetischen, bereits frühembryonal gesonderten **Dottersyncytium**. Wie schon erwähnt, ist die Sonderung des organogenetischen Entoderms in Form einer den inneren Dottersack auf der Trichterseite umschließenden **Entodermspange** (Abb. 69 i, 89 i und 98 c) spät, während der **ectodermale Vorderdarm** als *Oesophagus*-Anlage sich schon früher eintieft (Abb. 69 i, 89 k und 98 c). Aus seinen Evaginationen gehen die zuerst angelegten hinteren Speicheldrüsen (= *Giftdrüsen*), die *Radulatasche* sowie später auch die vorderen im Schlundkopf liegenden Speicheldrüsen hervor (vgl. Abb. 89 k und 98 e). Die dem inneren Dottersack entlang vorstoßende Vorderdarm-Anlage verschmilzt sekundär mit der Entoderm-Anlage (Abb. 98 e). Diese sondert zuerst unter Ausstülpung die Anlage des gleichfalls **entodermalen** *Tintenbeutels* (Abb. 89 k und 98 d), der durch den Tintengang später in die Mantelhöhle durchbricht, sowie die lateral sich abhebenden Anlagen der stets paarig angelegten *Mitteldarmdrüse* (Abb. 98 d sowie 130 f + h). Diese wird bei Octopoden, die im übrigen im Übergang des Magens zum Oesophagus einen entodermalen Kropf ausbilden, sekundär unpaar. Die Entodermspange umwächst im weiteren ringartig den Apex des inneren Dottersackes, der zu einem den Dotter völlig reduzierenden „Dotterzapfen" wird; sie bildet die apicalwärts auswachsenden Anlagen von *Magen* und *Coecum* (Blindsack) (Abb. 98 e). Die gewebliche Differenzierung aller Darmanteile erfolgt spät, da ja die Dotteraufarbeitung weitgehend vom Dotterepithel geleistet wird.

Die bei allen Vertebraten verwirklichte Verknüpfung der Genese von Darm- und Atem-Organen trifft bei Evertebraten für die mit einem Kiemendarm dotierten Acranier, Tunicaten, Hemichordaten sowie für einige Spezialfälle (z. B. den zur Respirationskammer erweiterten, mit Tracheennetzen dotierten Enddarm der anisopteren Odonaten-Larven) ebenfalls zu.

Entsprechend ihrer Vielfalt ist bei den übrigen Wirbellosen die Entwicklung der Atmungsorgane sehr von den Vertebraten unterschieden und äußerst variabel.
So entstehen die *Tracheen* [z. B. Insekten (Abb. 112 e), div. Chelicerata] aus **ectodermalen Invaginationen**, die im Endbereich in gestielte, sternförmige, mit großen Kernen dotierte Tracheenendzellen (Matrixzellen) übergehen. Die *Fächertracheen* (Blätterlungen) der Spinnen sind stark gefaltete, ectodermale **Einstülpungen**, die bis auf einen engen Porus gegen außen abgeschlossen sind und von mesodermalen Elementen „durchblutet" werden. *Kiemen* [z. B. Mollusken (Abb. 1 A, 69 h, 123 l, 130 f + g und 132 h), Crustaceen] differenzieren sich an unterschiedlichen Stellen des Körpers bzw. der Extremitäten als verschiedenartig mit Mesoblastzellen versorgte **Ausstülpungen** des Ectoderms.

10.4.6 Coelom (sekundäre Leibeshöhle)

Dieser im vorhergehenden schon mehrfach behandelte und auf S. 216 hinsichtlich der Mollusken ergänzte Faktenkomplex sei hier nur noch sehr kurz resümiert.

Die sekundäre Leibeshöhle stellt einen mesodermalen, von einem Coelomepithel umgebenen Hohlraum dar, der mehr oder minder das Blastocoel ausfüllt. Sie dürfte primär metamer angelegt sein. Die archimere Untergliederung der Archicoelomata kann dabei als ursprünglich angesehen werden (Abb. 61). Die bei den Articulaten vorhandene, stärker ausgebaute Metamerie der Coelomkammern (vgl. Abb. 84, 85 h und 87 e) ist im Hinblick auf die anfänglich im Inneren der ja segmentalen Somiten liegenden Myocoele (Abb. 77 i und 79 a) auch bei Wirbeltieren verwirklicht.
Das definitive, meist auch das Pericard und die „Genitalhöhle" bildende und mit den Nephridien in Verbindung stehende *Coelom* entsteht bei *Gastroneuraliern* aus Derivaten der **Urmesodermzellen** (Annelida, Mollusca u. a.; Abb. 83 c–g, k und 84 b–d) bzw. des **Sprossungsmesoderms** (Arthropoda), bei *Wirbeltieren* dagegen im Inneren der **Seitenplatte** (vgl. z. B. Abb. 4 b, 79, 92 a, 93 und 106 a–c). Es untergliedert sich bei höheren Wirbeltieren in eine Peritonealhöhle (Eingeweidehöhle), die mittels des Zwerchfells gegen die beiden Pleuralhöhlen (mit den Lungen) und das das Herz umgebende Pericard abgetrennt ist.
Im Sonderfall des *Mixocoels* der Arthropoden reißen die meist noch angelegten **segmentalen Coelomkammern** (Abb. 86 k), die durch Einfaltung bzw. Schizocoelie gebildet worden sind, auf, und ihre **Hohlräume verschmelzen mit der primären Leibeshöhle**, die damit zum Mixocoel wird (Abb. 86 m + n sowie S. 223). Bei Myriapoden, Onychophoren, Arachniden

und gelegentlich selbst bei Insekten ist ein Eindringen der transitorischen Coelomsäcke bis in die Extremitäten festzustellen (Abb. 87 h–k).

Das auf das Perikard reduzierte Coelom der Ascidien entsteht gleichfalls als Entomesoderm aus einer Ausstülpung der Innenwand des Kiemendarmes. Ähnliches gilt für die Salpen.

Bei den freilich nur schlecht untersuchten *Archicoelomaten* (vor allem gilt dies für die Tentaculata) erfolgt die ursprüngliche Coelombildung wohl durch Ausstülpung aus dem Urdarm (= **Enterocoelie**; Abb. 75 c und 76 a–i, p, s–v); sie kann sekundär in Form von Zellimmigration aus dem Archenteron mit anschließender Schizocoelie ablaufen (vgl. z. B. Abb. 76 k, m, n, q + r).

10.4.7 Blutgefäß-System

10.4.7.1 Allgemeines

Den Coelomaten stehen unterschiedliche Bildungsweisen des stets mesodermalen Blutgefäß-Systems offen. So können **primäre Blutgefäße** durch Aneinanderlegen von Coelothelien entstehen (z. B. Abb. 83 g und 142 a), wobei der dazwischen übrig bleibende Hohlraum der primären Leibeshöhle entspricht. **Sekundäre Blutgefäße** bilden sich beispielsweise bei Hirudineen und Nemertinen aus Resten der sekundären Leibeshöhle. Oft können Blutgefäße schließlich auch aus Lücken im Bindegewebe bzw. in der Splanchnopleura ihren Anfang nehmen.

Die embryonal selbst bei Holoblastiern (Amphibien; Abb. 108 a) zusätzlich als **Dottersackkreisläufe** (vgl. Tabelle 74 sowie z. B. Abb. 92 b, 130 d + e und 131 f–i) eingesetzten, epithelial ausgekleideten Blutgefäße können durch Lakunen ersetzt sein, welche der primären Leibeshöhle entsprechen.

10.4.7.2 Wirbeltiere

Ihr Zirkulationsorgan ist ursprünglich ein **paarig angelegtes**, primär **ventral** liegendes, in späteren Stadien stets unpaares **Kopfherz**, welches auf der Fisch-Stufe rein **venös** ist. Es ist eines der am frühesten aufgebauten und funktionierenden Organe und wird bei den Tetrapoden sekundär in den **Rumpf verlagert**.

Bei den holoblastischen Wirbeltieren (z. B. Amphibien) wandern **Cardioblasten** beiderseits in der Pharynxregion hinter der Region des Munddurchbruchs aus den Rändern der Seitenplatte (Abb. 110 g + h) aus. Sie finden sich zur Anlage eines Endothelrohres zusammen (Abb. 110 i), das in der Folge nach cephal in die ventrale Aorta, nach caudal in die Dottervenen übergeht (vgl. Abb. 4 b, 77 g + h und 108 a).

Von ventral und von beiden Seiten her wird dieses Endocard sukzessive durch die Enden der **Seitenplatten** umhüllt, wobei sich diese in der Folge vom restlichen Seitenplattenmaterial abtrennen (Abb. 110 k). Das median durch das Zusammenwachsen gebildete **Mesocard** bildet das ventrale, rasch schwindende, sowie das dorsale, erst später reduzierte Mesenterium. Der Coelomanteil wird zur Perikardhöhle, die Somatopleura zur Perikardwand und die Splanchnopleura zum **Myoepicard**, welches auch die Herzmuskulatur formiert. Das früh schon pulsierende Herz krümmt sich s-förmig ein und teilt sich dabei in seine vier Teile [Sinus venosus, Atrium, Ventrikel und Bulbus arteriosus (mit Truncus arteriosus und Kiemenarterie)] auf (Abb. 110 c–f); es **rekapituliert** auch bei Landwirbeltieren den fischartigen, rein venösen Zustand (vgl. hierzu auch Abb. 92 c + d).

In der Folge erfolgt bei den Tetrapoden der „Descensus" des Herzens in den Rumpf sowie die Ausbildung von *Lungen-* und *Körperkreislauf*. Die weitere Entwicklung hängt natürlich von der definitiven Struktur des Herzens ab; so bilden die mit dem arterio-venösen Doppelherz dotierten Warmblütler 2 Herzkammern (Ventrikel) und 2 Vorhöfe (Atria) aus, die durch ein sukzessive auswachsendes Septum völlig voneinander getrennt werden.

Im meroblastischen Fall (z. B. Vögel) verhindert der Dotter eine frühe Vereinigung der Anlagen, die somit anfänglich paarig bleiben; so kommt es zur Bildung von zwei mit Myocard dotierten Endocard-Röhren, die lateral vom Perikard umgeben sind und erst sekundär miteinander fusionieren (Abb. 110 l–o).

Die nachfolgend stark vereinfacht dargestellte Entwicklung der *Blutgefäße des Frosches* diene als repräsentatives Beispiel für den *holoblastischen Fall*:

Mit **Angioblasten** dotierte paarige Blutinseln liefern mittels ventralen, von der Splanchnopleura abstammenden Mesenchymzellen die ersten Gefäße. Dabei werden zuerst nur die Endothelien angelegt; die Blutströmung fördert die weitere Differenzierung.

Beim *arteriellen Kreislauf* (Abb. 108 b) findet sich caudal und dorsal vom Pharynx zuerst der paarige, **dorsale Aortenbogen** (aus den IV. Schlundbogengefäßen), der sich nach caudal zur großen unpaaren **Aorta dorsalis** vereint. Dann erscheinen zwischen den ventralen Aorten (aus dem Truncus arteriosus) und den dorsalen Anteilen die weiteren Schlundbogengefäße (I, II, IV–VI), die mit Ausnahme der nur rudimentären VI-Gefäße sich anschließend in die Kiemen hinein ausbauen. Anläßlich der Metamorphose schwinden die Gefäße I und II (vgl. Abb. 108 d). Ihre Anteile an der dorsalen und ventralen Aorta bilden zusammen mit dem Schlundbogengefäß III die inneren und äußeren **Carotiden**, die den Kopfbereich versor-

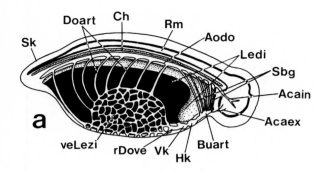

Abb. 108. Organogenese: Entwicklung des Blutgefäß-Systems der Vertebrata I: Amphibia *(Rana).*

a Frühstes geschlossenes Blutgefäß-System bei einem 4 mm großen Frosch-Embryo (= Schwanzknospenstadium; Sagittalschnitt). **b, c** Arterielles bzw. venöses Blutgefäß-System der Kaulquappe (von ventral). **d** Schematische Darstellung des Schicksals der Schlundbogengefäße (von ventral).

Legende: vgl. Abb. 109

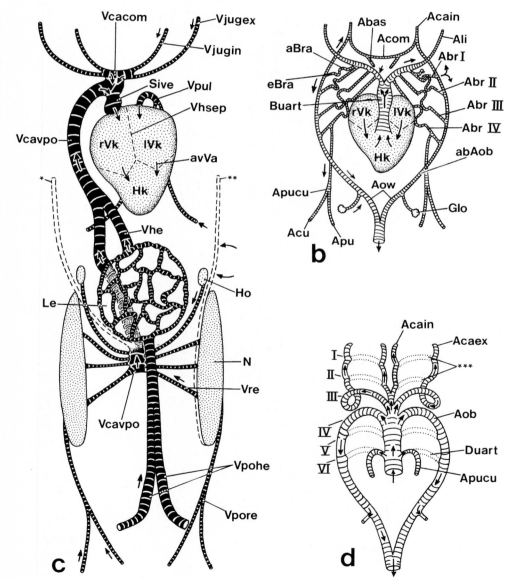

gen. IV wird zum Aortenbogen, der die vertebrale, subclaviale und coeliacale Arterie sowie die Hauptkörperteile mit Blut versorgt. Die Schlundbogengefäße V degenerieren komplett. Der temporär als Ductus arteriosus botalli noch mit dem Aortenbogen verbundene VI-Bogen liefert die **pulmocutanen Arterien** zur Lunge und zur Haut (Abb. 108 d).

Beim *venösen Kreislauf* sind die **paarigen Dottervenen**, welche aufgeschlossenes Dottermaterial direkt zum Sinus venosus und zum Herzen bringen, mittels der Dotterarterien mit der dorsalen Aorta verbunden (Abb. 108 a). Sie vereinen sich vor der Leber zur unpaaren Lebervene **(Vena hepatica)**. Nach der Dotteraufarbeitung schwindet die rechte hintere Dottervene, während die linke zur hepatischen **Vena portae** wird (Abb. 108 c).

Die vorderen und hinteren **Cardinalvenen** sind durch die **Ductus cuvieri** mit dem **Sinus venosus** verbunden, von woher sie übrigens in dorsolateraler Richtung ausgewachsen sind. Cephalwärts bildet die Vena cava anterior (= vordere Hohlvene) die äußeren Jugularvenen, während die inneren Jugularvenen nahe am gemeinsamen Cardinalisabschnitt des Ductus cuvieri entspringen. Die hinteren Cardinalvenen fusionieren wahrscheinlich, um vor der Niere die linke Vena cava zu bilden. Ein Paar hinter den Nieren liegende Subcardinalvenen (die späteren renalen Pfortadervenen) bringen Blut aus dem caudalen Nierenabschnitt. Paarige Abdominalvenen ziehen vom Sinus venosus gegen die Blase. Sie verlieren ihre Verbindung zum Sinus und bauen eine neue Kommunikation zur hepatischen Vena portae auf. Relativ spät entstehen die zuerst in den Sinus venosus, später ins linke Atrium einmündenden Pulmonarvenen (Lungenvenen). – Man beachte die parallel zum Dotterabbau erfolgende Ausgestaltung des endgültigen Venennetzes. Nach einer Phase des generellen Konvergierens in den Sinus venosus wird der Aufbau der Lebervenen gefördert, während schließlich die renalen Venen als letzte Gefäße ihre definitive Funktion erhalten.

Bei der folgenden Schilderung des embryonalen Blutkreislaufes beim *meroblastischen Vogel* (mit einem embryonalen und einem extraembryonalen Anteil; vgl. auch Abb. 92 b–d) wird die Entwicklung des Körperkreislaufes, welche die metameren Schlundbogengefäße gleichfalls rekapituliert (Abb. 109 d), nicht mehr genauer behandelt.

Die ersten **Blutinseln** treten in der Splanchnopleura im Bereich der **Area vasculosa** auf (vgl. Abb. 3 f, 92 b und 131 h + i). Dann stehen die **paarigen Dottervenen** (= V. omphalomesentericae) mit dem früh erscheinenden Herzen in Verbindung (Abb. 92 b + c und 109 a). Dieser gefäßführende Dotterbereich wird peripher vom **Sinus terminalis** (Abb. 92 b) umrundet, der damit die Grenze der Keimscheibe gegen den Dotterbereich markiert.

Die medianen, vor dem Cephalende des Keims noch nicht miteinander verwachsenen Mesodermflügel werden durch die **Venae vitellina** anterior sinistra bzw. dexter begrenzt; letztere erreichen caudal vom Herzen den späteren Sinus venosus. Dieser **primäre Dottersackkreislauf** (Abb. 109 a) wird durch die paarigen Dotterarterien (Arteriae omphalomesentericae) ergänzt. Diese gehen vom hinteren Aortenbereich aus (vgl. auch Abb. 109 d), verzweigen sich in der Area vasculosa und entsprechen den Dotterarterien der Amphibien.

Auf der Stufe des **sekundären Dottersack-Kreislaufes** (Abb. 109 b) ist im Bereich des cephal-medianen, nunmehr verwachsenen Mesoderms die Vena vitellina dexter abgebaut; die ehemalige Grenze wird nunmehr durch die als **Vena vitellina anterior** übriggebliebene, linke vordere Dottervene markiert. Neu ist die caudale **Vena vitellina posterior** hinzugekommen.

Es sei betont, daß mit Ausnahme des Anfangsteils der Arteriae omphalomesentericae, wo die Arteria mesenterica superior formiert wird, alle geschilderten Gefäße transitorisch sind.

Der Dottersack-Kreislauf wird in der Folge schrittweise durch die für die Atmung wichtigen paarigen, die Allantois versorgenden **Umbilicalgefäße** ersetzt (vgl. Abb. 109 c). Die Arteriae umbilicales haben Verbindung zur Aorta descendens, die Venae umbilicales dagegen zur Vena cava. – Aus diesem **Allantois-Kreislauf** der Sauropsiden hat sich beim placentalen Säuger die Gefäß-Versorgung der allantoiden Placenta evolviert.

10.4.7.3 Wirbellose

Die Entstehung von Haemal- und Perihaemalsystem der *Echinodermen* wird auf S. 314 kurz umrissen (vgl. Abb. 75 g). Die dorsalen und ventralen Hauptblutgefäße der *Anneliden* (mit einem geschlossenen Kreislauf ohne zentrales Herz) entstehen unter Lückenbildung zwischen den Mesenterien (Abb. 83 g und 142 a). Ähnliches erfolgt im Hinblick auf die segmentalen Blutgefäß-Schlingen zwischen den Dissepimenten.

Anläßlich der Herzbildung der *Arthropoden* (bei Insekten im Abdomen, bei den Cheliceraten im Opisthosoma bzw. bei höheren Krebsen im Cephalothorax) wandern Zellen der Ränder des segmentalen Mesoderms als **Cardioblasten** um den Dotter nach **dorsal** (Abb. 86 l + m, 87 i und 110 a). Sie bilden einen Herzschlauch mit segmentalen Ostien, einem äußeren Endothel (= bindegewebige Adventitia) und einer inneren Ringmuskelschicht sowie die Aorta anterior (= cephalica) als Hauptblutgefäß (Abb. 86 n und 110 b). Bei den verschiedenen Gruppen bestehen im einzelnen große Unterschiede.

So wandert bei Cheliceraten das Coelom ebenfalls dorsalwärts (Abb. 87 h). Bei der Cladocere *Estheria* (Abb. 85 f), deren Herzgenese sich im Prinzip mit der Bildung des Dorsalgefäßes der Polychaeten vergleichen läßt, verschiebt sich sogar das gesamte Mesoderm als Block nach dorsal. Dort entsteht ein Coelomspalt und krümmt sich der dorsomediane Anteil des Coelomepithels zur Herzbildung ein. Bei höheren Krebsen werden zusätzliche Blutgefäße angelegt. Bei Insekten schließlich wird zur Verbesserung der Blutströmung im Mixocoel dasselbe oft durch mesodermale **Diaphragmen** in einen Dorsal- (= Pericardial-), einen Perivisceral- und einen Ventral- oder Perineuralsinus unterteilt.

Unter den *Mollusken* vereinigen sich bei den höheren Gastropoden **ursprünglich paarige mesodermale Perikard-Anlagen**; sie lassen aus einer dorsal sich schließenden Rinne das Herz aus sich hervorgehen. Von ihnen wachsen unter Evagination die Niere bzw. die Nieren aus [vgl. z. B. Abb. 1 C (E_{11}) und 123 i–l], wobei eine Verbindung mit einer ectodermalen Einstülpung der Mantelhöhle erreicht wird. Die Gonade (meist unpaar) ist ursprünglich aus Zellwucherungen der Perikardialwand herzuleiten. Die ectodermalen Anteile an den komplizierten Ausfuhrgängen der *Helix*-Zwittergonade sind besonders groß. – Die Blutgefäße entstehen durch **Spaltraumbildung** im Mesenchym.

Die Muscheln weisen im Prinzip ähnliche Verhältnisse auf (Abb. 83 l–n). Da die Herz-Perikard-Anlagen oft beidseitig des Darmes liegen und um diesen herumwachsen, durchquert der adulte Darm dann das zentrale Zirkulationsorgan.

Die Gefäße des entgegen den übrigen Weichtieren weitgehend geschlossenen Zirkulationssystems der *Cephalopoden*

Abb. 109. Organogenese: Entwicklung des Blutgefäß-Systems der Vertebrata II: Aves *(Gallus)*.

a, b Entwicklungszustände der Dotterzirkulation (Dorsalansichten auf die Keimscheibe): **a** nach 44 h Brutdauer mit primärem Dottersackkreislauf; **b** nach 96 h Brutdauer mit sekundärem Dottersackkreislauf. **c** Schematische Darstellung der wichtigsten Blutzirkulationsverhältnisse sowie der wesentlichen Stoffwechselvorgänge im extraembryonalen Bereich beim 96 h alten Embryo. **d, e** Entwicklungszustand der Schlundbogengefäße nach 60 h Brutdauer bzw. im Schlüpfmoment (Lateralansichten).

Gemeinsame Legende zu Abb. 108 und 109

abAob	absteigende Aortenbögen
Abas	Arteria basilaris
Abr I	Arteria branchialis I (visceralis III)
Abr II	Arteria branchialis II (visceralis IV)
Abr III	Arteria branchialis III (visceralis V)
Abr IV	Arteria branchialis IV (visceralis VI)
aBra	afferente Branchialarterie (Kiemenarterie)
Acacom	Arteria carotis communis
Acaex	Arteria carotis externa (äußere Carotis)
Acain	Arteria carotis interna (Arteria cerebralis: innere Carotis)
Acom	Arteria commissuralis
Ali	Arteria lingualis (visceralis I)
Amfl	Amnionflüssigkeit

Aob	Aortenbogen
Aodo	Aorta dorsalis
Aomphme	Arteriae omphalomesentericae (Dotterarterien)
Aow	Aortenwurzel
Apu	Arteria pulmonalis (Lungenarterie)
Apucu	Arteria pulmocutanea
avVa	atrioventriculäre Valve (Herzklappe)
Buart	Bulbus (Conus) arteriosus
CO₂	Kohlensäure
Doart	Dotterarterie(n)
Dosu	Dottersubstanzen
Duart	Ductus arteriosus Botalli
eBra	efferente Branchialarterie
Glo	Glomus
hDove	hintere Dottervene
Hk	Herzkammer (Ventrikel)
Hs	Harnsäure
kaPle	kapillärer Plexus
lDoart	linke Dotterarterie
lDove	linke Dottervene
Ledi	Leberdivertikel
lVk	linke Vorkammer
O₂	Sauerstoff
rDoart	rechte Dotterarterie
rDove	rechte Dottervene
rVk	rechte Vorkammer
Sbg	Schlundbogengefäße
Sh	Schalenhaut (Schalenmembran)
Sk	Schwanzknospe
St	Sinus terminalis
Umart	Umbilicalarterie (Allantoisarterie)
Umve	Umbilicalvene (Allantoisvene)
vaAllpl	vaskulärer Plexus der Allantois

vaDspl	vaskulärer Plexus des Dottersackes
Vcaant	Vena cardinalis anterior
Vcacom	Vena cardinalis communis
Vcapo	Vena cardinalis posterior
Vcavpo	Vena cava posterior
Ven	Ventrikel
veAo	ventrale Aorta
veLezi	venöse Leberzirkulation
Vhe	Vena hepatica (Lebervene)
Vhsep	Vorhofseptum
Vjugex	Vena jugularis externa
Vjugin	Vena jugularis interna
Vk	Vorkammer (Atrium)
voDove	vordere Dottervene
Vpca	Vena praecava
Vpohe	Vena portae hepatis (Leberpfortader aus Dottervene)
Vpore	Vena portae renalis (Vena subcardinalis; Nierenpfortader)
Vpul	Vena pulmonalis (Lungenvene)
Vre	Vena renalis (Nierenvene)
*	degenerierender vorderer Teil der rechten Vena cardinalis posterior
**	degenerierende ganze linke Vena cardinalis posterior
***	nie entwickelt
****	nur vor der Bildung der Allantois für den Gasaustausch bedeutungsvoll
I–VI	Nummern der Schlundbogengefäße I–VI

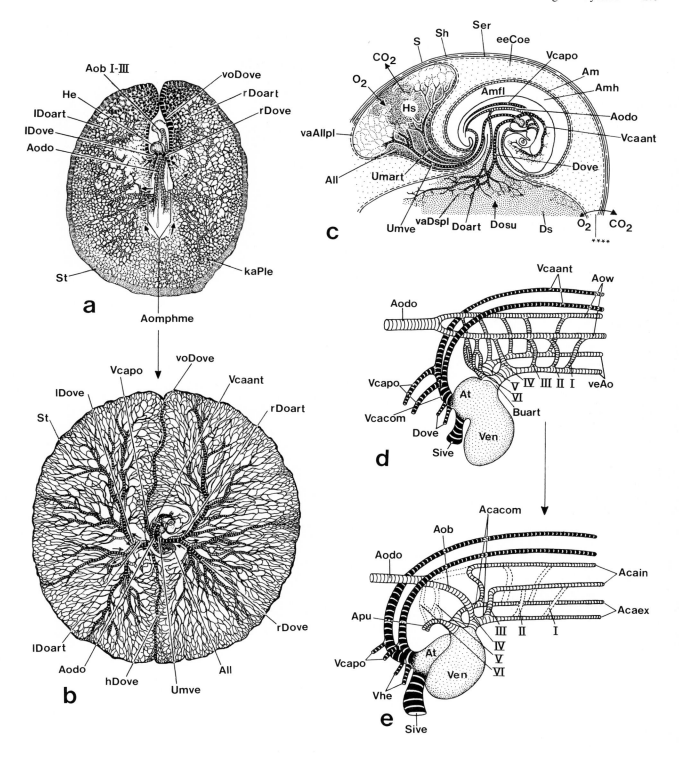

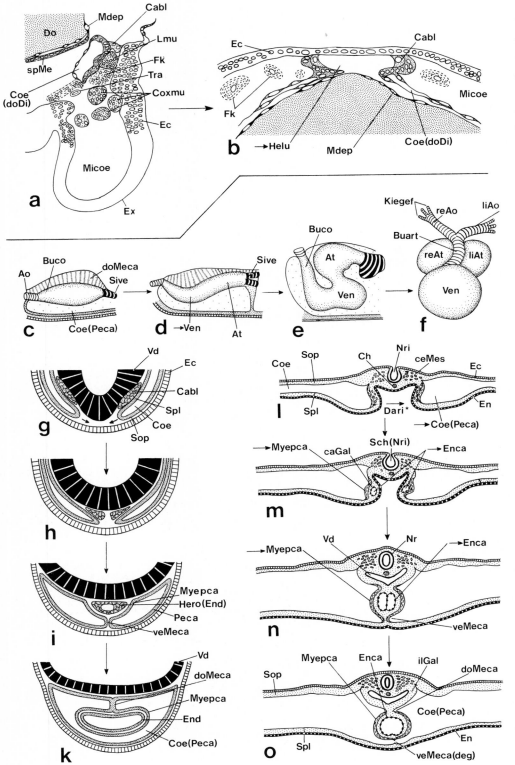

Abb. 110. Organogenese: Entwicklung des Herzens bei Insekten (**a, b**) und bei den Vertebraten (**c–o**) (schematisiert). Vgl. auch Abb. 86 l–n, 87 h + i bzw. 77 g + h, 92 b–d.

a, b Dorsalwanderung der Cardioblasten bei *Carausius morosus* [Querschnitte durch das Prothorax- (ventrale Hälfte) respektive Metathoraxsegment (dorsale Hälfte)].

c–f Herzentwicklung bei *Rana pipiens* [in Lateral- (**c–e**) bzw. Ventralansicht (**f**)].

g–k Entwicklung der kurzzeitig paarigen Herzanlage beim holoblastischen Wirbeltier (stark schematisch) (Querschnitte von ventralen Keimhälften).

l–o Entwicklung der längerfristig paarigen Herzanlage beim meroblastischen Wirbeltier am Beispiel von *Gallus*. Die Embryonen sind 25, 26, 27 und 28 Brutstunden alt. Der unterhalb des Entoderms liegende Dotter ist nicht eingezeichnet.

Ao	Aorta
Buart	Bulbus (Conus) arteriosus
Buco	Bulbus cordis
Cabl	Cardioblasten (Herzzellen)
caGal	cardiale Gallerte
ceMes	cephales Mesenchym
Coe (doDi)	dorsale Divertikel der Coelomanlage
Coe (Peca)	Pericardcoelom
Coxmu	Coxalmuskulatur
Dari	Darmrinne
doMeca	dorsales Mesocard
Enca	Endocard
End	Endothel
Ex	Extremität
Fk	Fettkörper
Helu	Herzlumen
Hero	Herzrohr
ilGal	interlaminäre Gallerte
Kiegef	afferente Kiemengefäße
liAo	linke Aorta
liAt	linkes Atrium
Lmu	Längsmuskulatur
Mdep	Mitteldarmepithel
Myepca	Myoepicard (Epimyocard)
Peca	Perikard
reAo	rechte Aorta
reAt	rechtes Atrium
Sch(Nri)	Schluß der Neuralrinne
spMe	splanchnisches Mesoderm
Tra	Trachee
Ven	Ventrikel (Herzkammer)
veMeca	ventrales Mesocard
*	Darmanschnitt unmittelbar hinter der Öffnung des Mitteldarmes in den Vorderdarm

(vgl. Abb. 130 c–e) entstehen durch **Spaltraumbildung** im dicht stehenden Mesenchym (Abb. 89 i), wobei früh auch Gefäßwände formiert werden. Die zentralen Kreislauforgane (Herzkammer, zwei Vorkammern, zwei Kiemenherzen) werden sekundär vom davon unabhängig ebenfalls durch Schizocoelie entstandenen Coelom umhüllt, welches sich in Genitalhöhle, Perikard und die Nierensäcke differenziert. Wie Tabelle 74 ausweist, tritt im Blutgefäßsystem als Komplizierung ein **transitorischer Dottersack-Kreislauf** hinzu. Ein **äußerer Dottersacksinus** steht mittels zweier Dottergefäße mit dem transitorischen **Sinus cephalicus** (Kopfsinus) in Verbindung (Abb. 130 c + d), der sekundär mit den zentralen Kreislauforganen verbunden wird (Abb. 130 e). Ein zusätzlicher **Sinus posterior** um den inneren Dottersack sorgt für die Dottaraufarbeitung im Bereich des Eingeweidesackes.

10.4.8 Exkretions- und Osmoregulationsorgane

10.4.8.1 Allgemeines

Generell kommen zwei Haupttypen von Exkretionsorganen vor:

(1) *Protonephridien* sind **blind** gegen die primäre Leibeshöhle bzw. das Parenchym **geschlossen** und mit einer inneren Wimperflamme bzw. als Solenocyten mit einer besonders langen Geißel dotiert.

Adult sind sie beispielsweise für die Plathelminthes und Rotatorien typisch; bei Coelomaten treten sie in Form von einem Paar oder mehreren Paaren nur larval auf, wie bei der Trochophoralarve der Polychaeten (Abb. 84 a) oder den intrakapsulären Larven der Pulmonaten (Abb. 1 C und 124 g + i–m). Nachher werden sie abgebaut bzw. teilweise in Metanephridien transformiert.

Ähnlich wie die Solenocyten der Acrania (Abb. 81 k) sind die Protonephridien wahrscheinlich meist **ectodermaler Entstehung**; eine Beteiligung von Mesoderm-Elementen ist umstritten (vgl. unten).

(2) *Metanephridien* haben jeweils einen gegen die sekundäre Leibeshöhle **geöffneten Wimpertrichter** (Abb. 83 p und 84 d). Sie können auch als Gonodukte dienen und damit etwa bei Anneliden oder Brachiopoden ein einfaches Urogenitalsystem bilden.

Sie sind für Eucoelomaten typisch, sofern diese nicht – wie die Insekten und andere Arthropoden im Zusammenhang mit der Mixocoelbildung – andere Exkretionsorgane aufbauen. Als Beispiel dafür seien die *Malpighigefäße* als zwischen Mittel- und Enddarm gelegene Ausstülpungen genannt. Sie sind bei Chilopoden und Insekten ecto-, bei den Cheliceraten dagegen entodermaler Herkunft. Andere Arthropoden behalten freilich in Form eines terminalen Säckleins an ihren Exkretionsorganen noch einen Coelomrest. Die metameren,

jeweils mit einem Sacculus versehenen Nephridien der Onychophora (Abb. 142 c) bzw. die zwei mit einem Endsack versehenen grünen Drüsen (= Antennendrüse) des Flußkrebses entsprechen damit dem Typ des Metanephridiums. Dasselbe gilt für das primär ein Nephrostom gegen das Coelom bildende *Nephron der Wirbeltiere* (z. B. Abb. 79 b und 111 b).

Die Genese der Metanephridien ist selbst bei den diesbezüglich gut untersuchten Anneliden noch etwas umstritten: die Wimpertrichter entstehen als **mesodermale** Elemente im Coelomepithel der Dissepimente. Die oberhalb der Teloblasten in den Intersegmentalspalten liegenden Nephridioblasten sind dagegen wahrscheinlich **ectodermaler** Herkunft, wenn manchmal auch eine mesodermale Entstehung propagiert wird. Sie bilden den Nephridialkanal und sind zwischen den Dissepimenten eingeschlossen; eine Verbindung nach außen kommt erst nachträglich zustande, teilweise unter Vermittlung einer ectodermalen Einsenkung.

10.4.8.2 Wirbeltiere

Die Niere entsteht retroperitoneal, d. h. außerhalb des Coeloms, aus den **Nephrotomen** (Zwischenstücken), die jeweils mit einem Nephrocoel versehen sind. Sie sind zumindest temporär mit der Seitenplatte (mit dem definitiven Coelom) sowie kurzfristig auch mit den Somiten (mit dem transitorischen Myocoel) verbunden (Abb. 79 a + b, 92 a und 111 a).

Die segmentalen Nierenkanälchen (Nephrone) bilden unter Fusion ihrer distalen Enden einen zum **primären Harnleiter** werdenden **Pronephros-Gang** (Abb. 79 b und 101 a + b), der nach caudal gegen den Sinus urogenitalis auswächst (Abb. 101 c). Bei den Myxinoiden sind die Enden der Harnkanälchen von Pro- und Opisthonephros an der Bildung des primären Harnleiters beteiligt, bei den übrigen Vertebraten dagegen nur diejenigen des Pronephros. Durch die Blutgefäß-Versorgung kommt es gegen das Nierenkanälchen zu jeweils zur Einstülpung der mit dem Glomerulus versehenen Bowmanschen Kapsel; diese beiden letzteren Elemente bilden in ihrer Gesamtheit das **Malpighische Körperchen** (Abb. 111 b).

Charakteristisch für die Nierenentwicklung ist das craniocaudale Differenzierungsgefälle sowie das Auftreten von **drei**, speziell bei höheren Vertebraten sich unterscheidenden **Nierengenerationen** (Abb. 111 c–f), von denen bei den Amnioten nur die letzte definitiv exkretorisch funktioniert, die zweite im Zusammenhang mit der Bildung des Urogenitalsystems beim ♂ zur Ableitung der Geschlechtsprodukte dient (vgl. S. 284) und die erste in der Regel transitorisch ist.

(1) Der cephale *Pronephros* (Vorniere) (Abb. 111 c) zeigt eine strikte **segmentale** Anlage; er ist z. B. bei Amphibien typisches

larvales Exkretionsorgan, wird dagegen bei den Amnioten nie funktionell.

Er erfaßt bei Anuren die 2. bis 4. Zwischenstücke und bei Urodelen das 3. und 4. Nephrotompaar, bei *Homo* dagegen wahrscheinlich 7 Paare. Oft ist die Tendenz festzustellen, die einzelnen Glomeruli durch einen gemeinsamen Glomus zu ersetzen.

(2) Beim caudalwärts anschließenden *Mesonephros* (Urniere) (Abb. 111 d + e) sind die mit Bowmanscher Kapsel und Glomerulus dotierten Nephrone **nicht** mehr **segmental**, sondern „lösen sich auf" in den nephrogenen Strang (= nephrogenes Gewebe). Die einzelnen Tubuli nehmen Kontakt mit dem jetzt **Wolffscher Gang** (Abb. 111 d) genannten primären Harnleiter auf. Die vorderen Tubuli degenerieren oft; bei den caudalen Nephronen fehlt häufig das Nephrostom.

Der Mesonephros kann bei Anamniern auch adult exkretorisch sein. Innerhalb der *Amnioten*, wo ein Teil der Urniere degeneriert bzw. in die **Ableitung der Gonen** eingeschaltet wird (S. 284), ist er bei den Sauropsiden nur embryonal exkretorisch. Dasselbe gilt unter den Säugern beispielsweise für das Schwein; bei anderen Mammaliern ist die exkretorische Rolle dagegen nurmehr rudimentär ausgeprägt.

(3) Der *Metanephros* (Nachniere) (Abb. 111 f) ist entsprechend dem Mesonephros **nie segmental** und meist ohne Bildung von Nephrostomen. Bei Amnioten liegen die Nephrone in der sog. Nephrotomplatte als Anlage des **definitiven**, postembryonal funktionierenden **Exkretionsorganes**. Die Ableitung des Urins erfolgt durch einen von der Kloakenregion gegen die Niere vorwachsenden (Abb. 111 e) mesodermalen **Ureter** (Abb. 111 f) (= **sekundärer Harnleiter**; bei Amphibien teilweise auch durch mehrere Harnleiter), der oft als Ausstülpung des Wolffschen Ganges in Kloakennähe seinen Anfang nimmt und der Niere entgegenwächst.

Die diversen Reptiliengruppen und den carinaten Vögeln freilich fehlende Harnblase stellt oft eine Ausstülpung des mesodermalen sekundären *Harnleiters* dar. Bei anderen Reptilien und den Säugern geht sie indes aus dem Stiel des embryonalen Harnsackes der Allantois hervor und ist damit entodermal.

Eine andere Terminologie der Wirbeltier-Nieren-Generationen geht von einem hypothetischen Holonephros mit streng segmentalen Nephronen aus. Dieser teilt sich in den *cephalen Pronephros* und den *caudalen Opisthonephros*. Letzterer umfaßt die dem Mesonephros entsprechende *Pars sexualis* sowie die mit dem Metanephros übereinstimmende *Pars renalis*.

Abb. 111. Organogenese: Entwicklung der Exkretions- und Geschlechtsorgane bei den Vertebrata (stark schematisiert). Vgl. u.a. auch Abb. 4 b und 79.

a, b Schematische räumliche Rekonstruktionen des Urogenitalsystems bei Wirbeltieren. **a** Pronephros; **b** Mesonephros.
c–f Entwicklung bzw. Degeneration der einzelnen Nierengenerationen (vereinfacht). **c** mit Pronephros; **d** mit sich entwickelndem Mesonephros und degenerierendem Pronephros; **e** Zustand des funktionierenden Mesonephros mit der Anlage des sekundären Harnleiters; **f** definitiver Zustand mit exkretorisch und osmoregulatorisch funktionierendem Metanephros (= definitive Niere) sowie vor allem im ♂ Fall zur Ausleitung der Geschlechtsprodukte eingesetztem Mesonephros (vgl. Text).
g–k Entwicklung der Gonade der höheren Wirbeltiere (Querschnitt): **g** Stadium der Genitalleiste; **h** noch indifferente Gonade mit Urkeimzellen im Cortex und in den Keimsträngen; **i** sich zum Hoden differenzierende Gonade mit sich reduzierendem Cortex und den Urkeimzellen in den später die Tubuli seminiferi bildenden Keimsträngen; **k** sich zum Ovar differenzierende Gonade mit cortical liegenden Urkeimzellen und Follikelzellen.

Aode	Aorta descendens
äuWT	äußerer Wimpertrichter
BowK	Bowmannsche Kapsel
Cort	Cortex (Rinde)
Dalu	Darmlumen
defN	definitive Niere
doMes	dorsales Mesenterium
Dueff	Ductuli efferentes
fuMSN	funktionierender Mesonephros
fuMTN	funktionierender Metanephros
FZ	Follikelzellen
Glo	Glomerulus
Hozk	Hodenzentralkanal
iGo	indifferente Gonade
Kap	Kapillare
Kst	Keimstrang
„Mar"	Mark
Mesor	Mesorchium
Mesov	Mesovarium
MSN	Mesonephros (Urniere)
MSNG	Mesonephros-Gang (Urnieren-Gang)
MTN	Metanephros (Nachniere)
MTNG	Metanephros-Gang (Nachnieren-Gang)
MüG	Müllerscher Gang
Neg	Nephridialgang
Nst	Nephrostom
Nst +	Nephrostom vorhanden
Nst −	Nephrostom fehlend
Ooc	Oocyten
Otu	Ostium tubae (Muttertrompete)
pHl	primärer Harnleiter
PN	Pronephros (Vorniere)
sHl	sekundärer Harnleiter (Ureter)
spG	Spinalganglion
Tea	Testisampulle
Tub	Tubuli (der Nierenanlage)
Tuse	Tubuli seminiferi (des Hoden)
Vcapo	Vena cardinalis posterior
Vde	Vas deferens (Samenleiter)
Vsca	Vena subcardinalis
WG	Wolffscher Gang

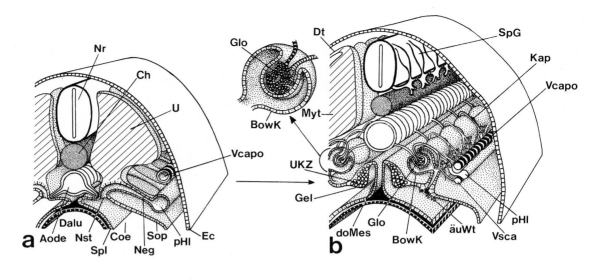

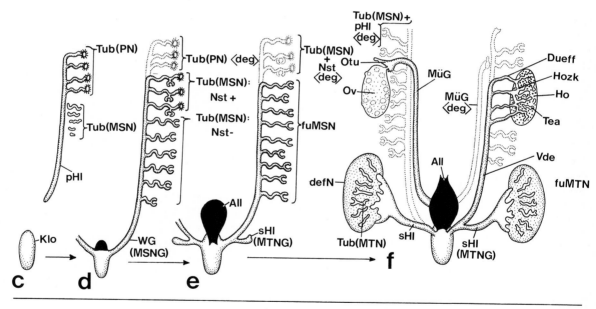

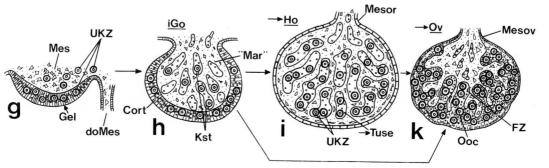

10.4.9 Geschlechtsorgane

10.4.9.1 Allgemeines

Einleitend sei festgestellt, daß die Gonaden nur die Lager-, nicht aber die primären Bildungsstätten der Gonen darstellen. Diese wandern als **Urkeimzellen** meist von außen in die Genitalanlage ein (vgl. Keimbahn; S. 94 ff. sowie Abb. 29 und 30).

Selbst bei Cnidariern, denen epithelial umkleidete Gonaden fehlen, migrieren die sich zu Geschlechtszellen entwickelnden I-Zellen (= interstitielle Zellen) aus dem unteren Stock- bzw. Polypenbereich in die fertilen Zonen ein.

Entsprechend lassen sich – wie gerade die Wirbeltiere exemplarisch demonstrieren – einzelne **Phasen** der Gonadendifferenzierung ableiten: In der extragonadalen Periode kommt es zur Segregation, Determination, Wanderung und beginnenden morphologischen Differenzierung der Urkeimzellen. Der Bildung der Gonadenanlage folgt deren Kolonisation durch die Urkeimzellen (Abb. 111 g), die sich anschließend in der noch indifferenten Gonade vermehren (Abb. 111 h). Dann erfolgt die Differenzierung in Hoden (Abb. 111 i) bzw. Ovar (Abb. 111 k) und die sexuelle Reifung durch die Oo- bzw. Spermatogenese mit der Befruchtung als Endziel.

10.4.9.2 Wirbeltiere

Die paarigen, medial vom Mesonephros liegenden **Genitalleisten** (= Genitalfalten, Genitalstränge; Abb. 79 b) als **Ausfaltungen der Splanchnopleura** schnüren sich nach Einwandern der Urkeimzellen, das aus dem embryo- oder extraembryonalen Entoderm (Abb. 30 a–f, i–p) bzw. aus dem Seitenplattenmesoderm (Urodelen; Abb. 30 g + h) erfolgt, als Gonaden-Anlage ab. Die Verbindung zum Peritoneum bleibt als Aufhängeband des Mesorchiums bzw. Mesovariums (Abb. 111 i + k) erhalten.

Man beachte, daß nur ein Teil der Genitalleiste mit Keimzellen versehen wird; der Rest bleibt steril (z. B. Leistenbänder der Säuger).

Nach Erreichung der Genitalleiste, die auch zum Stroma werdendes Mesenchym einschließt, beginnen die zuerst im Epithel liegenden **Urkeimzellen** sich zu differenzieren. Auch die Gonadenanlage gestaltet sich weiter aus; bei Fischen fehlt freilich deren Aufteilung in Mark und Rinde.

Im *Hoden* bilden einwuchernde Epithelstränge die Tubuli seminiferi, die eine nachträgliche Hohlraumbildung zeigen. Die Urkeimzellen vermehren sich im Mark (Abb. 111 i).

Im *Ovar* zeigen die Mammalier anfänglich die sog. Pflügerschen Schläuche, die aber stets in Eiballen zerfallen. Die sich in der Rinde (Cortex) vermehrenden Urkeimzellen bleiben als junge Oocyten außen (Abb. 111 k).

Die Bildung der ableitenden Wege ist bei den einzelnen Klassen sehr unterschiedlich:

So demonstrieren die Gonaden der Teleostier am caudalen, keimzellfreien (= epigonalen) Teil das Auswachsen eines Ovi- bzw. Spermiduktes. Ein Urogenitalsystem fehlt hier somit.

Die ♂♂ der übrigen Wirbeltiere weisen ein durch den Einbezug von Teilen des Nierensystems in die Gonenableitung charakterisiertes *Urogenitalsystem* auf.

Von der Urniere (= Pars sexualis des Opisthonephros) auswachsende Vasa efferentia sind – z. T. über einen Nierenrandkanal – als *Paratestis* (Nebenhoden, Epidymidis) mit dem Hoden verbunden. Sie stehen mit dem primären Harnleiter, der nun unter Funktionswandel zum Samenleiter (Spermidukt, **Vas deferens**) wird, in Verbindung. Die Ableitung des Urins wird durch den schon erwähnten, neu vom Sinus urogenitalis her auswachsenden **Ureter** (= sekundärer Harnleiter) gewährleistet (vgl. Abb. 111 f).

Im einzelnen sind zahlreiche, in Lehrbüchern der vergleichenden Anatomie der Wirbeltiere stets besprochene Modalitäten verwirklicht. Bei Säugern trennt sich entgegen den Amphibien der Paratestis vom Metanephros; er kann damit anläßlich des **Descensus** (= Abstieg) der Hoden zusammen mit diesen in einen äußeren Hodensack (Scrotum) verlagert werden. Im ♀ Geschlecht, wo ein dem Paratestis entsprechendes Nebenovar *(Epoophoron)* nachweisbar ist, sind die Beziehungen zur Niere weniger ausgeprägt.

Bei Amphibien entsteht der **Ovidukt** (= Müllerscher Gang) unter Umwandlung des das Ostium tubae bildenden zweiten Vornierenkanälchens, das mit einer wie bei anderen Vertebraten zum Rohr verwachsenden Coelomfalte Verbindung aufnimmt. Bei Urodelen und Elasmobranchiern spaltet sich dagegen der Müllersche Gang vom primären Harnleiter ab.

Zum Verständnis sei ergänzt, daß beim ♂ Säuger der transitorisch angelegte Müllersche Gang (= Uterus masculinus) degeneriert, während dasselbe im ♀ System für den primären Harnleiter zutrifft.

Die Ausführgänge münden im **Sinus urogenitalis**. Hier bilden sich später die äußeren Geschlechtsorgane (Penis, Scrotum; Clitoris, Vulva, Vagina usw.).

10.4.9.3 Wirbellose

Die bei den einzelnen Stämmen realisierte Vielfalt verbietet eine detaillierte Schilderung, wenn auch bei den Coelomaten fast immer eine Beziehung der Gonaden zum Coelom zu betonen ist.

Zudem kommen selbst innerhalb systematischer Einheiten größere Varianten vor. Innerhalb der *Arthropoden* zeigen die Insecta, Chilopoda und ähnlich die Chelicerata temporär eine metamere Anlage, wobei jeweils der Gonadenhohlraum nach

Ansicht verschiedener Autoren einem Coelomrest entsprechen dürfte. Anschließend geht aber die segmentierte Genital- oder Geschlechtsleiste in einen unsegmentierten Genitalstrang über. Bei Crustaceen läßt sich dagegen nie eine metamere Gonadenanlage aufzeigen, was entsprechend für Mollusken gilt.

Die Gonen der *Archicoelomaten* zeigen eine Affinität zum Somatocoel (C_3). Dabei führt bei Echinodermen das mit Ausnahme der nur mit einer Gonade ausgestatteten Holothurien stets pentamere Auswachsen der Genitalrhachis zur Bildung von 5 interradiär plazierten Gonaden. Diese sind jeweils von einem mit dem dorsalen Metacoelring (= Genitalkanal) verbundenen, einen Blutsinus einschließenden Gonadencoelom umgeben. Bei Enteropneusten wandern die Urkeimzellen in metamere Coelomausstülpungen, die ebenfalls auf das Metacoel zurückgehen.

Unter den Chordaten besitzen die *Acrania* (vgl. Abb. 81 k) als einziger Stamm **metamere Gonaden**. Die Urkeimzellen gelangen mittels einer Aussackung aus dem Mesoderm der Sklerotome jeweils in die Wand des vorhergehenden Segmentes. Dieses bildet jeweils eine Genitalhöhle, der ein Ausführgang fehlt. Nach ihrem Durchbruch werden die Geschlechtsprodukte einfach durch den Peribranchialraum und schließlich den Atrioporus nach außen entleert.

Ursprüngliche Zustände zeigen neben den Schwämmen die *Cnidarier*, denen durch Hüllen begrenzte Gonaden abgehen. Vielmehr aggregieren sich zugewanderte interstitielle **Zellen** (bzw. Urkeimzellen; Archaeocyten bei Schwämmen) an jeweils mehr oder minder spezifischen, meist fälschlich als „Gonade" bezeichneten Körperregionen (Abb. 26 a–d), um dort ♂ bzw. ♀ Geschlechtszellen ausreifen zu lassen.

11 Altern (Seneszenz) und Tod

Das Altern als im Folgenden kurz dargestelltes letztes Stadium des individuellen Lebenszyklus stellt ein in der Humanbiologie durch die Gerontologie intensiv bearbeitetes Spezialthema der Entwicklungsgeschichte dar; es wird in letzter Zeit auch auf breiter Basis mit molekularbiologischen Methoden angegangen. Die Tatsache, daß in modernen Embryologiebüchern, besonders den amerikanischen, das Altern mitberücksichtigt wird, läßt ebenfalls auf die Wichtigkeit dieser Lebensphase für biologische Fragestellungen schließen.

Die Seneszenz führt als unumgänglicher, progressiv zunehmender biologischer Prozeß zur Verschlechterung der Leistungen des adulten Organismus und schließlich zu dessen Tod. Sie bedingt als Funktion der Biomorphose (Bürger) meist **irreversible Wandlungen** in der lebenden Substanz und in den Aktivitäten der Zelle; sie läßt sich daher auch anhand der Veränderung der biologischen Strukturen bzw. der sie aufbauenden chemischen Komponenten charakterisieren.

Das Altern ist damit Funktion der nach Erreichung des fertilen Adultzustandes ablaufenden Reduktionserscheinungen. Es äußert sich speziell auch in der Abnahme der Fähigkeit, auf Umgebungseinflüsse zu antworten (z. B. Verlust der Homeostasis).

Alterungsprozesse sind vornehmlich typisch für die **Metazoen**; die Protisten besitzen dank ihrer permanenten Teilungsfähigkeit eine mehr oder minder ausgeprägte „potentielle Unsterblichkeit" (vgl. aber unten!).

Stark vereinfacht gesehen beginnt der tierliche **Lebenszyklus** mit raschem Wachstum, das von einer Phase von Altern und Wachstum und schließlich vom reinen Altern, oft mit negativem Wachstum kombiniert, gefolgt wird.

Ein schönes Beispiel für letzteres stellt die bis zu 24 cm Durchmesser erreichende und über 7 Jahre alt werdende Mangrovenqualle *Cassiopeia xamachana* dar. Vor ihrem Absterben schrumpft diese zu einem fingernagelgroßen Medüschen zusammen.

Degenerationserscheinungen können schon früh einsetzen. So sei erwähnt, daß z. B. das Kleinhirn des Eintagskükens bereits über 9000 abgestorbene Purkinje-Zellen (= 2,1% der Gesamtzahl) aufweist.

Eine Kategorisierung des Alterns muß einmal das **kalendarische**, effektive, in Zahlen darstellbare Alter vom **biologischen**, nur schwer faßbaren Alter trennen.

Letzteres wird von zahlreichen Bedingungen beeinflußt. So sind wiederholt trächtig gewesene Ratten biologisch älter als ihre kalendarisch gleich alten Partnerinnen, die nicht trächtig gewesen sind. Dieselbe Relation gilt für wiederholt gestreßte bzw. in Ruhe gelassene Individuen (vgl. die sog. Lebensraten-Theorie).

Dann muß das **zelluläre**, in den Zellen ablaufende Altern vom **extrazellulären Altwerden** geschieden werden. Letzteres findet in Bezug auf das Kollagen, Elastin und Mucopolysaccharide in den Interzellularräumen statt.

Besonders auf zellulärer Ebene können Alterungsprozesse innerhalb eines Tieres ungleich ablaufen, da diese ja nicht mehr teilungsfähige „Dauerzellen" (z. B. Nervensystem, Muskulatur) und andererseits periodisch sich erneuernde Zellen von nur kurzer Lebensdauer (Blut-, Lymph-, Knochenmark-, Epidermiszellen u. a.) befallen.

Außerdem werden oft nicht alle Organe gleichzeitig erfaßt:

So baut sich zum Beispiel beim Oligochaeten *Nais* zuerst der Darm ab. Falls keine Neoblasten (= Blastocyten) zur Bildung eines neuen Intestinums da sind, erfolgt der Tod. Bei alten Königinnen von Bienen und Termiten sind vor allem Veränderungen im Gehirn nachgewiesen, während alternde Schnecken Pigmentanhäufungen in den Ganglienzellen sowie eine Bindegewebsverminderung erleiden. – Dagegen beeinträchtigen bei Wirbeltieren die Altersveränderungen meist simultan viele Organe.

Das Altern erfaßt in erster Linie **ausdifferenzierte Zellen,** die sich nicht mehr weiter teilen können:

Protozoen, deren Teilungsfähigkeit künstlich unterdrückt wird, erleiden den Zelltod. In Zellkulturen hören die Mitosen nach einer bestimmten Zeit auf, und es kommt auch hier zum Absterben der Zellen.

Freilich wurde auch bei sich weiterteilenden Zellen eine altersabhängige Abnahme der Teilungsfähigkeit festgestellt. Dies gilt ebenfalls für in Zellkultur gehaltene Zellen, selbst wenn diese unter künstlich dauernd optimal konzipierten Bedingungen kultiviert werden.

Darüber hinaus scheinen gewisse Gewebe schneller zu altern als andere. Dies gilt z. B. im Vergleich zu Pankreas und Leber (mit Zellteilungen) für das Nervensystem und die Muskulatur.

Wie schon erwähnt, wird das Alter manifest anhand von morphologischen und physiologischen, zu einem **sukzessiven Leistungsverlust** führenden Veränderungen (Tabellen 60 und 61).

Diese zeigen sich z.B. auch in einer Abnahme der Enzymaktivität bzw. in einer Zunahme des „Alterspigmentes" (Lipofuchsin), welches in Form von pigmentierten Einschlußkörpern in den Zellen vorliegt. Beim menschlichen Myocard konnte dabei eine direkte Beziehung zwischen Pigmentmenge und Gewebealter festgestellt werden. Dies gilt auch für den Hund, wo indes der Pigmentgehalt vergleichsweise rascher zunimmt.

Durch Analyse von Einzelzellen sind zahlreiche *zelluläre Altersveränderungen* festgestellt worden. So nimmt der Gehalt an Glykogen, Lipoiden, RNS und die Zahl der Lysosomen zu, während die Synthese von Mucopolysacchariden, Kollagen und Nucleinsäuren zurückgeht. Bei zahlreichen anderen Parametern ließen sich dagegen keine signifikanten Unterschiede feststellen.

In Verbindung mit human-gerontologischen Fragestellungen wurde besonders das Altern von Stütz- und Bindegewebe untersucht.

Sogenannte bradytrophe, durch einen minimalen O_2-Gehalt charakterisierte Gewebe (Linse, Cornea, hyaliner Knorpel, Knochen, Zähne, Sehnen, Herzklappen und große Arterien) zeigen im Alter eine Wasserverarmung, eine Zunahme des Eiweißgehaltes, mineralische, zu einer „chemischen Verarmung" führende Verschiebungen sowie Verschlackung.

In zahlreichen Organen (vgl. auch Tabelle 61) konnte eine Zunahme des Bindegewebsanteils festgestellt werden, während die Grundsubstanz des Bindegewebes – relativ gesehen – sich vermindert. In diesem nehmen auch die Fibrocyten ab und zeigen sich an seinen Kollagenfasern Altersveränderungen; verstärkte Kreuzverbindungen der Kollagenmoleküle reduzieren die Kontraktilität. Es läßt sich im weiteren eine Zunahme des unlöslichen Kollagens feststellen. Die Retikulinfasern verdicken sich und werden weniger elastisch und zugkräftig.

Darüber hinaus ist für die Humanmedizin das Studium der altersbedingten Gefäßveränderungen zu einem hochaktuellen Problem geworden.

Die eigentlichen *Ursachen* des Alterns sind kaum bekannt. Bisher sind eigentlich nur Symptome analysiert und viele Theorien aufgestellt worden, von denen im Folgenden nur einige erwähnt seien.

(1) Die Ansicht des Verbrauchs einer hypothetisch geforderten Lebenssubstanz verdient nurmehr historisches Interesse.

(2) Sicher sind „äußere Bedingungen" generell von großem Einfluß. Die verbesserten Lebensumstände (kombiniert mit medizinischen Fortschritten!) haben das menschliche Durchschnittsalter in den letzten hundert Jahren fast verdoppelt.

(3) Die generelle **Abnützungstheorie** nimmt an, daß die Abnützung von Zellen zu intensiven „Erschöpfungszuständen" führt, die schlußendlich zum Tod überleiten.

Tabelle 60. Abnahme morphologischer und physiologischer Charakteristika beim Menschen in % (zwischen dem 30. und 75. Lebensjahr). (Aus Keeton 1980)

Gehirngewicht	44
Zahl der Axone in den Spinalnerven	37
Geschwindigkeit der Nervenimpulse	10
Zahl der Tastkörperchen	64
Blutversorgung des Gehirns	20
Herzleistung (Ruhephase)	30
Wiederherstellung des normalen Blut-pH nach Störung	83
Zahl der Nierenglomeruli	44
Filtrationsrate der Glomeruli	31
Lungenkapazität	44
Maximale O_2-Aufnahme	60

Tabelle 61. Altersveränderungen der Arteria femoralis. (Nach Angaben von Bertolini aus Rosenbauer 1969)

Typ	Merkmale
Säuglingshaft	Eine Membrana elastica direkt unter dem Endothel
Frühkindlich	Zwei durch lockere Bindegewebe getrennte elastische Membranen; deren innere liegt dem Endothel an
Juvenil	Zarte Bindegewebsfasern zwischen Endothel und innerer elastischer Membran; elastische Netze zwischen den beiden elastischen Membranen
Adult	Zusätzliche elastische Netze zwischen Endothel und innerer elastischer Membran
Alternd	Subendotheliale fibröse Verdickung; zahlreiche elastische Netze von unterschiedlicher Dicke

(4) Die **Vergiftungstheorie** bzw. die Theorie der Abfallprodukte sehen die Hauptursache des Alterns in einer Anhäufung von Stoffwechselprodukten, die u.a. zur Unlöslichkeit von Eiweißverbindungen führt. Diese hat eine sukzessive Autotoxikation zur Folge.

(5) Stets sind die in jedem Organismus tätigen **Wechselwirkungen** zu berücksichtigen.

Beispielsweise hat eine altersmäßig verminderte Hormonproduktion Auswirkungen auf andere Zellen; andererseits ergibt sich die Möglichkeit einer temporären Verjüngung durch Hormontherapie. Oder es führt eine primäre Involution einzelner Organe zu ähnlichen Prozessen in anderen Organen. Letzteres gilt vor allem für das Nerven-, Blut- und Inkret-System.

(6) Auch kann die Beeinträchtigung spezieller Molekülarten von Bedeutung sein, wie dies zum Beispiel fürs Kollagen des Bindegewebes nachgewiesen worden ist (vgl. vorne). Dies hat

Ruzicka zur Aufstellung der **Hysteresis-Theorie** geführt: die Zellen altern infolge der unter Dehydrierung ablaufenden Alterung der sie aufbauenden Kolloide.

(7) Ein rasches bzw. langsames Altern ist **genetisch** mitbedingt.

Phänomene der menschlichen Langlebigkeit zeigen durchaus genetische Charakteristika. Auch werden bei *Homo* die Frauen im Schnitt älter als die Männer.

(8) Eine weitere Ansicht plädiert für eine Anhäufung von teilweise auch auf Strahlenschäden zurückgehenden **somatischen Mutationen**, die zu zunehmenden „Irrtümern im Genom" und Mißregulationen des Stoffwechsels führen.

Bei bestrahlten Versuchstieren ist entsprechend eine verkürzte Lebensdauer feststellbar.

(9) Schließlich ist auch ein sukzessive ansteigender **Verlust von nicht ersetzbaren Zellen** in Rechnung zu stellen, der auf normalem „Verbrauch", aber auch auf Verletzung und Krankheit (z. B. bei Muskulatur und Nervengewebe) beruht. Dies führt zur ja vielfach dokumentierten Abnahme der funktionellen Kapazität bei älteren Organismen.

Das Altern hat schließlich den *Tod* als irreversibles Ende der Lebenserscheinungen zur Folge.

Letzterer ist für den Wissenschaftler nur physiologisch erfaßbar und angesichts der „potentiellen Unsterblichkeit" der Protisten (S. 286) nur für Metazoen typisch.

Der Eintritt des Todes wird durch das Absterben des „kurzlebigsten" Organes eines Organismus bestimmt; er kann künstlich durch Unfall oder Krankheit induziert werden.

Besonders beim Menschen dürfte er wohl nur selten als „normales Ende der Biomorphose" (Bürger) im Sinne eines physiologischen Alterstodes eintreten.

Es ist schwer, die im Tierreich die (mittlere) *Lebenserwartung* bestimmenden Faktoren zu finden, da alle bisher aufgestellten Regeln stets auch Ausnahmen zeigen. Immerhin dürften eine frühe sexuelle Maturität sowie eine kleine Körpergröße – dies gilt vielleicht noch exakter hinsichtlich eines kleinen Gehirnvolumens – für kurzlebige Formen typisch sein.

In der Regel dürften Wirbeltiere älter als Evertebraten werden; gewisse Schildkröten haben ein Alter von über 150 Jahren erreicht und auch beim Menschen sind mit 118 Jahren erstaunliche Werte vorgekommen. Doch können auch Hummer um die 50 Jahre und sollen Termiten bis zu 60 Jahren alt werden. Selbst von der Zylinderrose *Cereus pedunculatus* wird von 85–90 Jahre alt gewordenen Exemplaren berichtet.

Die Lebensdauer einer Art kann durch die Zwischenschaltung von latenten Dauerzuständen verlängert werden, eine für den Menschen trotz entsprechenden Wunschvorstellungen kaum mögliche und auch nicht erstrebenswerte Lösung.

12 Umwege der Entwicklung

Die in Kapitel 2 präzisierten, über den Aufbau des definitiven Bauplans hinausgehenden Zusatz-Aufgaben der Ontogenese bedingen häufig die Ausbildung von transitorischen Organen sowie von Larven. Nur bei der seltenen direkten Entwicklung geht alles Anlagematerial des Keims in den Adultkörper über. Im weiteren sind die oft vorkommenden besonderen Anpassungen an die embryonale Ernährung aufzuzeigen, die in diesem Buch in Kapitel 13 gesondert ausgewiesen sind.

12.1 Larven (Larvalstadien)

Diese werden nur kurz unter allgemeinen Aspekten vorgestellt, da manche Einzelheiten ihres Aufbaus bei der Besprechung der Metamorphose abgehandelt werden. Sie haben im Gedichtbändchen des englischen Zoologen W. Garstang „Larval forms and other zoological verses" (1951) eine köstliche Darstellung erfahren.

12.1.1 Allgemeines

Larven sind zwischen frühen Entwicklungsstadien und das Jungtier eingeschaltet und oft durch **Proportionsänderungen** ausgezeichnet. Sie stellen **Träger von Larvalorganen** (transitorischen Organen) dar, die in den Larvenkörper integriert sind. Letzterer besitzt ausgewogene Anteile von Larval- und Imaginalorganen (vgl. z.B. die Pluteus-Larve des Seeigels), wobei die Adultorgane auch in Form von Imaginalscheiben oder imaginalscheibenähnlichen Bildungen ausformiert sein können (Abb.15 und 112e).
Der *Embryo* (= Embryonalstadium) ist dagegen ausschließlich mit definitiven Organen dotiert bzw. besitzt er als *Embryo mit transitorischen Anhangsorganen* außerhalb seines eigentlichen Körpers liegende **Anhangsbildungen** wie z.B. Amnion, Allantois und Nabelblase oder den Dottersack bei Wirbeltierembryonen (z.B. Abb.112i; vgl. auch Abb.130e und 131f+g).

Oft ist eine klare Trennung zwischen den einzelnen Kategorien nicht leicht. Embryonen von grundsätzlich adultähnlichem Bau, die nur wenige, meist als Larvalanhänge ausgebildete Larvalorgane besitzen, können auch als Partial- oder Pseudolarven, Embryonallarven oder als Nymphen (z.B. Chelicerata) bezeichnet werden.
Der Larvalcharakter tritt bei diblastischen Tieren, wo Larven als Larvalorgane meist nur transitorische Cilien besitzen, ebenfalls nicht stark hervor (vgl. Abb.114). Dies gilt etwa für die Planula der Hydroiden oder die freischwimmenden Blastulae und Flimmerlarven der Schwämme und anderer Metazoen. Man kann diese wenig differenzierten Stadien auch als **indifferente Larven** zusammenfassen.
Angesichts seiner oft wichtigen *Funktionen* stellt das Larvenstadium einen wesentlichen Abschnitt im individuellen Lebenszyklus dar. So haben freischwimmende Larven häufig eine große Bedeutung für die **Artverbreitung.** Besonders bei Insekten fällt die gesamte Wachstumsphase in die Larvenzeit. Bei nährstoffreichen Ontogenesen (z.B. Mollusken) werden Larven bei der **Nährstoffbewältigung** eingesetzt. Andererseits kann sich die Rolle der Larve auch auf die **Rekapitulation** von phylogenetischen Vorfahrenzuständen (z.B. Ascidien) einschränken.
Dann ist zu betonen, daß Larven nicht unbedingt **freilebend** sein müssen, da es besonders bei nährstoffreicher Entwicklung auch **intrakapsuläre** Larven (S.294) gibt.
Über das Vorkommen der Larven bei den einzelnen Stämmen orientieren Tabelle 62 sowie Abb.114ff.

12.1.2 Typisierung

(1) Nach *morphologischen Kriterien* sind mit Geigy-Portmann (1941) **Früh-** und **Spätlarven** zu sondern, wobei diesen Termini primär keine phylogenetische Wertigkeit innewohnt. Eine weitere Kategorie kann die schon erwähnten indifferenten Larven einschließen.
Indifferente Larven (Abb.112a) sind sehr einfach gebaut und sind weder stammes- noch klassenspezifisch. Sie weisen nur lokomotorische Larvalorgane (Cilien) auf.

Abb. 112. Larventypen **(a–h)**, der Embryo mit transitorischen Anhangsorganen **(i)** und besondere Entwicklungs- **(k)** bzw. Überwinterungsstadien **(l–o)** (schematisiert; sagittale Schnittbilder bzw. Totalansichten). Vgl. u. a. auch Abb. 114–126.

I. Indifferente Larven: **a** Amphiblastula von *Sycon* (Calcarea).
II. Primärlarven: **b** Planula einer Hydroide (Cnidaria; sie könnte auch als indifferente Larve klassiert werden); **c** Pilidium einer Nemertine; **d** Trochophora von *Polygordius* (Polychaeta).
III. Sekundärlarven: **e** Larve von *Drosophila* (Diptera) mit sekundärer Embryonisierung (verkürzt dargestellt); **f** Kaulquappe eines Anuren.
IV. Rekapitulative **(g)** bzw. kaenogenetische Larven **(h)**: **g** Larve von *Phallusia* (Ascidiacea) mit vorwiegend rekapitulativen Larvalorganen (unterstrichen); **h** Typus des Prosobranchier-Veligers mit vorwiegend kaenogenetischen Larvalorganen (unterstrichen). Die in Wirklichkeit bei unterschiedlichen Arten realisierten Bildungen sind hier in den gleichen Veliger eingezeichnet. Die schrägen Buchstaben umschreiben die Funktionen der einzelnen Organe bzw. Larvalorgane. Es bedeuten: *A* Atmung; *E* Exkretion/Osmoregulation; *F* Färbung; *L* Lokomotion; *S* Schutz; *U* unbekannte Funktionen; *Z* Zirkulation. Die Zahlen symbolisieren die nutritiven Funktionen. Es bedeuten dabei: *I:* Arten mit Nähreiern: *1* Perorale Aufnahme der Nähreier; *2* Nähreier-Drehung (Rotation) zur mechanischen Zerkleinerung derselben; *3* Abflimmern von Dotterplättchen zur mechanischen Zerkleinerung der Nähreier; *4* Transport dieser Dotterplättchen zum Stomodaeum; *5* Einlagerung von abgeflimmerten Dotterplättchen; *6* Einlagerung und extrazelluläre Andauung von Dotterplättchen bzw. von Nähreiern; *7* mechanische Zerkleinerung der peroral aufgenommenen Nähreier; *8* intrazelluläre Nähreierdotter-Resorption. *II:* Arten mit Nähreiern bzw. Eiklar: *9* Speicherung des eigenen Dotters (Protolecith). *III:* Arten mit Eiklar: *10* perorale Eiklaraufnahme; *11* Dosierung derselben; *12* Speicherung des Eiklars; *13* Einlagerung und extrazelluläre Andauung des aufgenommenen Eiklars; *14* Abgabe spezifischer Fermente zum Eiklar-Aufschluß; *15* intrazelluläre Eiklarspeicherung und -resorption; *16* intrazelluläre Eiklarresorption; *17* frühembryonale peranale Eiklar-Aufnahme und extrazelluläre Speicherung; *18* intrazelluläre Aufnahme, Speicherung und Resorption; *19* Beherbergung des im Kopfblaseninnern liegenden Eiklarsackes; *20* Aufnahme von ♀ Uterussekreten.
V: **i** Embryo mit transitorischen Anhangsorganen (unterstrichen), dargestellt am intrauterinen Embryo von *Citellus* (Ziesel, Rodentia). Vgl. hierzu die Abb. 137a + b.
VI: **k** Pelagisches Propagula-Verbreitungsstadium von *Alectona* (Demospongiae). Die zahlreichen, bereits unterschiedlich differenzierten, die Skelettelemente umgebenden Zelltypen sind nicht eingezeichnet.
VII: Konvergente Überwinterungsstadien bei Süßwasserformen: **l** Gemmula von *Ephydatia* (Spongillidae); **m** Statoblast (sog. Spinoblast) von *Cristatella* (Bryozoa); **n** Sessoblast von *Stolella* (Bryozoa); **o** Ephippium (= durch eine Häutung des ♀ abgeworfene Carapaxhaut) von *Daphnia* (Cladocera).

Weitere Abkürzungen:

aCh	äußere Chitinschale
aCu	äußere Cuticula
aD	ankerförmiger Dorn
Ak	Außenkiemen
Allgef	Allantoisgefäße
Amph	Amphidisken
Ann(red)	reduzierter Annulus
Ar	Archaeocyten
BS	Bein-Imaginalscheibe
Bs	Blutsinus zwischen den Kiemenspalten
domesB	dotterhaltige, mesodermale „Bildungsmasse"
Dop	Dotterpartikel
Edbl	Enddarmblase
eEd	erweiterter Enddarmabgang
End	Endostyl
Eph	Ephippium
ESZ	Eiklarspeicherzellen
Fg	Freßgestell
Fgr	Flimmergrube
Fk	Fettkörper
Fls	Vorderflügel-Imaginalscheibe
FS	Frontalsack (mit den Imaginalscheiben für Auge und Antenne)
Fsa	Flossensaum
Fur	Futterrinne

GS	Genital-Imaginalscheibe
HdIR	Hinterdarm-Imaginalzellring
Hm	Hüllmembran
Hp	Haftpapillen
HS	Halteren-Imaginalscheibe
HVZ	Hautvakuolenzellen des Fußes
I	Ingestionsöffnung
iCu	innere Cuticula
KamT	mit Tuberkeln dotierte Kapsel
KZ	Kreuzzellen (total 4; radiärsymmetrisch angeordnet)
Latei	Latenzei (Dauerei, befruchtet)
LS	Rüssel-Imaginalscheibe (Labialscheibe)
Mgef	Malpighi-Gefäße
MRZ	Hautvakuolenzellen des Mantelrandes
Nbl	Nabelblase
NEV	mit Nähreierdotter gefüllte Vakuolen der Mitteldarmdrüse
Nö	Nasenöffnung
NZ	Nuchalzellen
oeKr	oesophagealer Kropf
orSn	oraler Saugnapf
Pco	Protoconch (Larvalschale)
Pl(SiO$_2$)	Skelettplatten aus Kieselsäure (SiO$_2$)
pnSZ	polynucleäre Sekretzellen
Po	Porus („Micropyle"; zum Ausschwärmen der Archaeocyten)
Poe	Postoesophagus
Pv	Proventrikel
Rkr	Regenerationskrypten
Rs	Randsinus der Dottersackgefäße
RZ	Resorptionszelle, Verdauungszelle
Sbl	Sinnesbläschen (Gehirnbläschen)
Sch	Scheiben (Anlagen des Adultus; vgl. Abb. 14c + d)
Schw	Schwanz
Sk	Sklerite (Skelettnadeln)
Sl	Seitenlappen
Spdr	Speicheldrüsen
Sri	Schwimmring
Sum	Subumbrella
Tls	Tracheenlängsstamm
TS	Imaginalscheibe für Tergite und Thorax
Udr	Uterusdrüsen
Ut	Uterus
VA	transitorischer Verschlußapparat des Oesophagus
VdIR	Vorderdarmimaginalzellring
Wa(Nbl)	Wände der Nabelblase
zemM	zementiertes Material

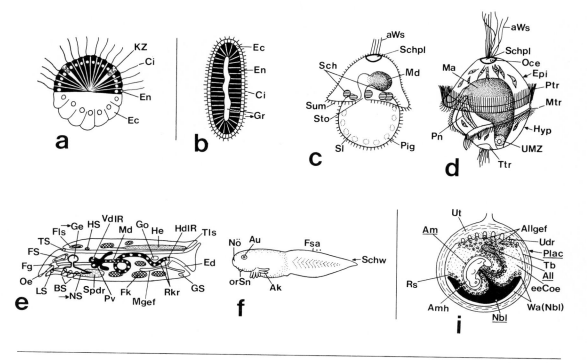

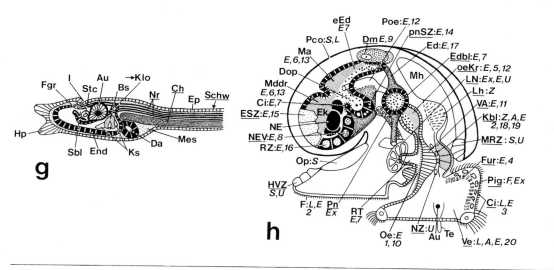

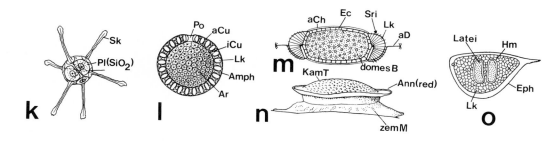

Tabelle 62. Charakteristische Larven

Parazoa (Abb. 69 a–e, 112 a und 114 a–e)			Amphiblastula, Parenchymula-Larve (= Parenchymella), Rhagon-Stadium
Mesozoa			Schwärmerlarve
Cnidaria	Hydrozoa		Planula, Actinula
		Hydroida	Rataria *(Velella)*, Siphonula
		Siphonophora	Ephyra, Flimmerlarve *(Pelagia)*
	Scyphozoa		Arachnactis, Cerianthula, Zoanthella
	Anthozoa		„Planula", Cydippenlarve
Acnidaria (Abb. 27 a–d, 112 b und 114 f–u)			
Tentaculata	Phoronida		Actinotrocha
	Bryozoa		Cyphonautes
	Brachiopoda		freischwimmende und festsitzende Larve
(Abb. 15 a und 115 a–n)			
Echinodermata			Dipleurula
	Crinoidea		Doliolaria, Cystidenlarve, Pentacrinoid-Larve
	Asteroidea		Bipinnaria, Brachiolaria, reduzierte Larve *(Asterina)*
	Ophiuroidea		Ophiopluteus, tonnenförmige Larve
	Echinoidea		Echinopluteus
	Holothurioidea		Auricularia, Pseudodoliolaria, Pentactula
(Abb. 15 b, 75 e und 116)			
Enteropneusta			Tornaria
			w. Planctosphaera (vgl. S. 295)
(Abb. 115 o–s)			
Plathelminthes	Turbellaria		Müllersche Larve, Goettesche Larve
	Trematodes		Oncomiracidium, Sporocyste, Redie, Cercarie, Diporpa *(Diplozoon)*
	Cestodes		Lycophora (Cestodaria), Oncosphaera, Coracidium, Procercoid, Cysticercoid, Strobilo-cercus, Cysticercus, Polycercus, Coenurus, Hydatide (unilokuläre Cyste), alveoläre Cyste (multilokuläre Cyste), Plerocercoid, Tetrahydrium
Nemertini (Abb. 15 c + d, 27 f + g, 112 c, 117 a–h und 132 e)			Pilidium, Iwata-Larve, Desorsche Larve, Schmidtsche Larve
Kamptozoa			trochophoraähnliche Larve
Acanthocephala			Acanthor, Acanthella, Cysthasanthus
Kinorhyncha			Hapalodes-Larve
Priapulida			Halycryptus-Larve
(Abb. 117 n–q)			
Annelida	Polychaeta		Trochophora, Metatrochophora
			Chaetosphaera, Mitraria, atroche Larve, mesotroche Larve, polytroche Larve, Necto-chaeta
			Aulophora, Rostraria
(Abb. 84 a, 112 d, 118 und 145 e)			
Myzostomida			trochophoraähnliche Larve
Echiurida			„indifferente" Larve *(Bonellia)*
Sipunculida			trochophoraähnliche Larve, Pelagosphaera-Larve
(Abb. 117 k–m)			
Pentastomida (Abb. 119 a)			Primärlarve, Stachellarve, Sekundärlarve

Arthropoda	Crustacea		
		„Entomostraca"	Nauplius, Metanauplius, Copepodit-Larve, Cypris, Postcypris, Kentrogon, Sacculina interna
		Malacostraca	Nauplius (selten), Zoëa, Protozoëa, Metazoëa, Megalopa, Elaphocaris, Phyllosoma, Erichthys-Larve (Antizoëa) Glaucothoë
			Mysis-Stadium, Parvastadium
			Calyptopis-Stadium, Furcilia-Stadium, Cyrtopia-Stadium
			Manca-Stadium, Neutra *(Heterotanais)*
			Epicaridium, Microniscus-Larve (Microniscidium), Cryptoniscidium
			Pantochelis-Larve, Protopleon-Larve
	Chelicerata		
		Xiphosura	Trilobitenlarve
		Arachnida	Praenymphe, Nymphe, Hypopus-Stadium, sechsbeinige Larve
	Pantopoda		Protonymphon-Larve
	Insecta		Made, Raupe (Chrysalis), Engerling, Najaden-Larve, Puppe, cyclopoide Larve, Nymphe etc.

(Abb. 15 e, 27 h–k, 112 e, 119 b–g, 120, 121 und 143 d–g)

Mollusca	Aplacophora	Hüllglockenlarve
	Polyplacophora	Larve
	Scaphopoda	polytroche Larve
	Bivalvia	polytroche Larve, Praerotiger, Rotiger, Glochidium, Lasidium, Haustorienlarve, Pediveliger
	Gastropoda	Pseudotrochophora (Praeveliger), Freß-Stadium (Freßlarve), Veliger, Veliconcha, abgewandelte Larven
	Cephalopoda	Doratopsis-Larve, Macrotritopus-Larve u. a.

(Abb. 112 h, 113 c, e + g, 122–125, 127 k–n, 132 f–n, 133 e–i, 139, 143 a–c und 145 b)

Tunicata	Ascidiacea	Kaulquappen-Larve

(Abb. 12 h und 112 g)

Vertebrata	Cyclostomata	Ammocoetes
	Osteichthyes	Larven mit Außenkiemen („Altfische"), Leptocephalus *(Anguilla)* div. Larven
	Amphibia	geschwänzte Molchlarven, Kaulquappe usw.

(Abb. 27 l–o, 112 f und 126)

Die Charakteristika der nur bei Evertebraten vorkommenden **Früh-** oder **Primärlarve** (z. B. Abb. 112 b–d) werden auf Tabelle 63 dargestellt. Da diese keine gruppentypische Organisation erkennen läßt, ist die schon früh einsetzende Metamorphose oft umfangreich.

Infolge ihrer meist frühontogenetischen Entstehung und ihres relativ einfachen Baues treten bei Primärlarven verschiedener Tiergruppen oft **Konvergenzen** auf, ohne daß diese unbedingt auf eine direkte Verwandtschaft schließen lassen müßten (vgl. hierzu S. 390 ff.).

Die **Spät-** oder **Sekundärlarve** (z. B. Abb. 112 e + f) dominiert bei den höheren Metazoen (Tabelle 63). Sie demonstriert entgegen der Primärlarve eine spezifische Zugehörigkeit zu einer bestimmten Tiergruppe; somit sind Konvergenzen seltener.

Bei den Spätlarven der Chordaten liegen viele Larvalorgane im Kopfbereich (Abb. 126).

Im Einzelfall kann eine präzise Zuweisung zu einer Larvenkategorie schwierig sein. Die Auricularia der Seegurken verkörpert in ihrem Gesamthabitus eine typische Primärlarve, weist aber bereits holothurien-typische Kalkkörperchen auf (Abb. 116 o).

Des weiteren können Früh- in Spätlarven übergehen, wie beispielsweise bei Polychaeten die Trochophora in die Metatrochophora und Nectochaeta (Abb. 118 b–d, i) bzw. bei Holothurien die Dipleurula über die Auricularia in die Pseudodoliolaria (Abb. 116 e, o–q).

Schließlich sei betont, daß im Entwicklungsverlauf früh ausgebildete Sekundärlarven durchaus auch primitive einfache Baumerkmale aufweisen und dann mit Primärlarven verglichen werden können. Der Nauplius der Crustaceen ist infolge

Tabelle 63. Die wichtigsten Unterschiede zwischen Früh- und Spätlarven. (Nach Fioroni 1973a)

	Frühlarve (Primärlarve)	Spätlarve (Sekundärlarve)
Transitorische Organe	entstehen frühembryonal und sind auf Gastrulastufe ausgeprägt	entstehen meist postgastrulär
Morphologischer Charakter	gruppentypische Zugehörigkeit nicht direkt erkennbar	mit typischen klassen- oder stammesspezifischen Merkmalen
Konvergenzen	häufig; die Larven sind sich relativ ähnlich	selten; viele, sehr unterschiedliche Larventypen
Sukzessionen mehrerer Larvalstadien	möglich	relativ häufig
Biotop der Larve	meist marin, freilebend	alle Milieus, auch im Weibchen oder intrakapsulär
Vorkommen	nur Wirbellose	Wirbellose und Wirbeltiere
Beispiele	Actinotrocha, Cyphonautes, Pluteus, Auricularia, Tornaria, Müllersche Larve, Pilidium, Trochophora	Actinula, Ephyra, Pseudodoliolaria, Nectochaeta, Nauplius, Zoëa u.a. Krebslarven, Raupe u.a. Insektenlarven, Veliger, Rotiger, Glochidium u.a. Molluskenlarven, geschwänzte Ascidienlarve, Kaulquappe u.a. Wirbeltierlarven

seiner krebstypischen Spaltfüße zwar als Spätlarve anzusprechen. In Anbetracht der Mesodermsituation (Vorkommen eines nauplialen, mit dem Mesoderm der Polychaeten-Larvalsegmente vergleichbaren Mesoderms im Kopfbereich), der noch fehlenden Rumpfmetamerisierung und der Tatsache, daß er im Prinzip einen schwimmenden Adultkopf darstellt, läßt sich der Nauplius aber in seiner morphologischen Wertigkeit ohne Schwierigkeiten mit dem Aufbau der diese Kriterien gleichfalls erfüllenden, als klassische Frühlarve geltenden Trochophora der Polychaeten vergleichen.

In der Literatur werden die Begriffe Primär- und Sekundärlarve leider ebenfalls zur Bezeichnung von sich zeitlich folgenden Larvenstadien verwendet (z.B. bei Pentastomiden). Die Benennungen 1. bzw. 2. Larve wären u.E. richtiger.

Des weiteren wird der Ausdruck „Primärlarve" manchmal auch in Beziehung zur Phylogenie gebracht und verkörpert dann eine besonders ursprüngliche, oft rekapitulative Züge aufweisende Larve. Der Terminus „urtümliche Larve" wäre vorzuziehen.

(2) Im Hinblick auf ihre *morphologische Wertigkeit* kann die Larve eine Zwischenform zum die Klimaxform darstellenden Adultus sein.

Besonders bei Frühlarven kommt es andererseits vor, daß die Larvalphase als erste Klimax über eine umfangreiche Metamorphose zum Adultzustand als zweiter Klimax übergeht.

(3) Nach ihrer *Entstehung* gibt es neben den dominierenden, aus einer Zygote abzuleitenden Larven auch asexuell (z.B. Ephyra der Scyphozoa; Abb. 24a und 114m) oder durch Parthenogenese entstandene Larven (z.B. Trematodenlarven).

(4) Entsprechend ihrer *funktionellen Bedeutung* sind zahlreiche Larven-Kategorien zu sondern:

Ruhelarven können passiv festgeheftet, organ- oder kapselinklus oder auch parasitisch sein. **Freßlarven** stellen im Extremfall entwicklungsarretierte Freß-Säcke dar (z.B. Abb. 123c und 132). Die Bedeutung der **Verbreitungslarven** mit sog. pelagischen „Langdistanzlarven" als höchstem Spezialisierungsgrad (z.B. Abb. 123f + g) wurde bereits erwähnt. Einige Beispiele für **Vermehrungslarven** geben Abb. 27 und Tabelle 17. Diese können sich entweder sexuell (vgl. Neotenie und Dissogonie) oder asexuell fortpflanzen.

(5) In Bezug auf ihre *phylogenetische Wertigkeit* unterscheidet man **kaenogenetische** und **rekapitulative** (= palingenetische) **Larven**. Erstere besitzen zahlreiche, in Anpassung an das Entwicklungsmilieu entstandene Neubildungen (vgl. z.B. Abb. 112h). Letztere zeichnen sich durch das Vorkommen von auf der phylogenetischen Vergangenheit beruhenden, ehemaligen Adultorganen aus (Abb. 112g), welche heute nur noch bei Larven auftreten und beim Adultus reduziert sind; sie stellen eigentlich keine echten Larvalorgane dar.

Typische palingenetische Larven sind die Trilobiten-Larve der Xiphosura (Abb. 119c), die Protonymphonlarve der Pantopoda (Abb. 119b) und viele Chordatenlarven, wie die geschwänzte Ascidienlarve (Abb. 12h und 112g) der Ammocoetes der Cyclostomen und die Larven der Urodelen (Abb. 126h + i) und der Anuren (Abb. 126 l–p).

(6) Nach ihrem *ökologischen Verhalten* sind u.a. passiv festgeheftete, kapselinkluse (= intrakapsuläre, im Innern von Eihüllen liegende), organinkluse im Elterntier bzw. – bei Parasiten – im Wirt wirtsinklus sich aufhaltende Larven von den frei beweglichen, mobilen Larven zu sondern.

Eine weitere Untergliederung dieser letzten Kategorie wird anläßlich der Besprechung der Entwicklungstypen vorgenommen.

(7) Nach der *Nährstoffabhängigkeit* lassen sich Larven **ohne** Nährstoffaufnahme von außen [z.B. lecithotrophe Dotterlarven der Crinoiden (Abb. 116a), Polyplacophoren (Abb. 122a) und Ascidien (Abb. 12h und 112g)] von solchen **mit Nahrungsaufnahme** scheiden.

Zu den ersteren zählen auch die darmlose Larve von *Bugula plumosa* sowie ähnliche Bryozoenlarven, wie sie sich u.a. bei den Vesicularien *(Serialaria)* und bei *Crisia* finden. Vergleichbares gilt für die Larven der Phylactolaemata (z.B. *Plumatella*; Abb.115 m + n) mit früh angelegten Polypiden. Der letztere Typ mit Nahrungsaufnahme bildet dagegen teilweise besondere Freßlarven aus und läßt sich anhand der eingesetzten Nährstoffe weiter untergliedern.

(8) Nach der *Determination* sind die **sexuell-differenzierten** von den sexuell-**indifferenten Larven** zu sondern.

Die indifferente Larve der Echiuride *Bonellia viridis* - ein jahrzehntelanges Untersuchungsobjekt der Schule von Baltzer - entwickelt sich bei ausschließlichem Aufenthalt im freien Meerwasser zum ♀, nach Absolvierung einer Anheftungsphase am mütterlichen Rüssel dagegen zum ♂. Bei experimenteller Verkürzung der „Rüsselzeit" entstehen entsprechend Intersexe.
Unter den Krebsen geht bei den Tanaidacea (= Anisopoda; z.B. *Heterotanais*) aus dem Manca-Stadium die sexuell nicht differenzierte Neutra hervor. Sie entwickelt sich in Gegenwart von ♂♂ zum ♀ bzw. in weiblicher Umgebung dagegen zum ♂. Isoliert aufgezogene Neutra bilden ♀♀.

(9) Ein weiteres Kriterium liefert die *Dauer der Larvalphase*; es wird im den Entwicklungstypen gewidmeten Kapitel 14 näher besprochen.

Extreme sind hier mehrjährige Käferlarven (z.B. Engerling des Maikäfers) oder die bei Nahrungsmangel sich einstellende „Dauerlarve" des Erdnematoden *Pelodera*.

(10) Schließlich gibt es Tierformen, die man bisher nur als Larve kennt, wie die wohl den Hemichordaten nahestehenden Planctosphaeroidea. Hierbei sei erwähnt, daß viele der heute klar zuzuordnenden Larven früher unabhängig von der damals noch unbekannten Adultform beschrieben worden sind, was auch die vielen historischen Larvennamen (z.B. Pluteus) erklärt.

12.2 Embryonen mit transitorischen Anhangsorganen

Besonders bei hoher Organisation (z.B. Amnioten bzw. Cephalopoden mit dotterreichen Eiern) oder bei Verzicht auf den Einsatz von Ontogenesestadien bei der Artverbreitung kann - trotz umfangreicher Anpassungen an das Entwicklungsmilieu und die embryonale Ernährung - auf die Ausbildung einer Larve verzichtet werden.
Der eigentliche Embryonalkörper ist dann direkt auf die Erreichung der adulten Struktur ausgerichtet. Die **transitorischen Organe** sind ihm **als Anhang** beigegeben.
Beispiele von Anhangsorganen sind etwa Trophoblast, Placenta, Amnion, Allantois, Dottersack bzw. Nabelblase der Amnioten (vgl. z.B. Abb.54 und 137) sowie der Dottersack bei sich partiell furchenden Anamniern (Abb.131 f + g) und bei Cephalopoden (z.B. Abb.1 A). Dasselbe gilt für Nacken-

blase (Abb.135 b + c) bzw. Pseudoplacenta (Abb.135 d) der Onychophora.
Auch hier gibt es Übergänge. Der äußere Dottersack der Cephalopoda setzt sich in einen inneren fort (Abb.130 c-e); der Dottersack der Teleostier wird später sukzessive ins Innere verfrachtet.

12.3 Besondere Entwicklungsstadien

Weitere Entwicklungsstadien passen nicht direkt in die beiden eben besprochenen Hauptkategorien.
Dies gilt innerhalb der Siphonophoren für die *Geschlechtsglokken* oder die sich vom Stamm der Mutterkolonie detachierenden *Eudoxien* (= Kormidien) als mit allen „Personen" (d. h. medusoiden und polypiden Bildungen) ausgestattete freie Teilstücke. Auch die losgelösten Proglottiden der Cestoden bzw. die freien epitoken Segmente der Polychaeten wären zu nennen; diese stellen aber keine Individuen dar!
Andere besondere Entwicklungsstadien können mit den Erfordernissen zur *Überwinterung* kombiniert sein.
Die *Gemmulae* der Schwämme (Abb. 112 l) besitzen eine **harte Außenhülle** aus Spongin, die mit zusätzlichen Skleriten verstärkt sein kann. Bei *Ephydatia* liegen in ihr durch besondere **Amphidisken** abgestützte Luftkammern, die eine Schwimmfähigkeit ermöglichen. Im Innern der Gemmula sind undifferenzierte **Archaeocyten** sowie z. T. auch Nährzellen angehäuft. Gemmulae sind besonders für limnische Arten [z.B. *(Eu)spongilla, Ephydatia*] typisch; sie kommen aber auch im Meer (z.B. *Haliclona, Suberites, Tethya*) vor. Während im Süßwasser die Archaeocyten im Frühjahr direkt den Adultus bilden, ist von mehreren marinen Arten (z.B. *Mycale, Euplectella, Hymeniacidon*) bekannt, daß aus den Gemmulae Larven hervorgehen.

Sorite als anschließend auswachsende Knospungen am Mutterschwamm können innerlich oder äußerlich auftreten (z.B. *Suberites, Tethya* (Abb.24 g). Bei Süßwasser-Spongilliden (z.B. *Potamophloios*) kommen auch mit Gemmoskleriten (Skelettelementen) bewehrte sog. „Statoblasten" vor.

Die ebenfalls der Überwinterung dienenden *Statoblasten* der Bryozoen sind damit natürlich nicht homolog. Eine teilweise mit einem **chitinösen Annulus** (= Schwimmring, pneumatischer Ring) und ankerförmigen Dornen dotierte harte Außenhülle umschließt das **Ectoderm** und eine dotterhaltige „**mesodermale Bildungsmasse**". Im einzelnen gibt es verschiedene Typen:

Frei flottierende Statoblasten sind als Spinoblasten *(Cristatella, Pectinatella)* mit Ankern dotiert (Abb.112 m), während die Floatoblasten *(Plumatella)* ankerlos sind. Unter den nicht flottierenden Typen (z.B.

Fredericella) können die Sessoblasten (Abb. 112 n) ans Substrat zementiert sein, während die Piptoblasten unbefestigt auf der Kolonie liegen.

Die Statoblasten bilden sich am **Funiculus** des Adultus, einem ecto- und mesodermale Anteile enthaltenden Strang, der die Darmschlinge mit der Cystidwand verbindet (Abb. 24 i–p). Dabei spalten sich aus dem ectodermalen Achsenstrang sich zu einem Bläschen anordnende Zellen (Abb. 24 i) ab. Diese umwachsen unter Bildung einer doppelten Wand als **cystogene Blase** die mesodermalen „Bildungszellen" (Abb. 24 m + n). Die äußere Ectodermlage bildet die feste Wand des Statoblasten, während die innere Schicht zum Außenectoderm des künftigen Polypids wird. Letzteres macht im übrigen schon sehr bald Sprossungen durch, die zum Aufbau von weiteren Zoiden führen (Abb. 24 p).

Dann gibt es bei Moostierchen sog. *Sacculi* (z. B. bei der marinen *Aetea sica*), die als lateral gebildete, mit tellerförmigen Enden dotierte Röhren neue Kolonien formieren. Die *Hibernacula* bei Süßwasserformen sind knospenartige Anschwellungen an Stolonen, die mit chitinähnlichen, mit Kalk inkrustierten Hüllen umgeben werden und bei günstigen Außenbedingungen neue Individuen bilden können.

Gemmulae und Statoblasten sind ein schönes Beispiel für die **konvergente Ausbildung** ähnlicher Überwinterungsstadien durch sehr unterschiedliche Tierstämme.

Überwinterungsformen stellen auch die *Ephippien* der Cladoceren (z. B. *Daphnia*) dar (Abb. 112 o). Die vom ♀ durch eine Häutung abgeworfene **Carapaxhaut** dient als Schutz der wenigen (oft nur zwei) überwinternden **Latenzeier** (vgl. S. 86).

Da Ephippien, wenn sie von einem Wirbeltier gefressen werden, eine Darmpassage überleben, können sie zusätzlich auch eine Rolle bei der Artverbreitung spielen.

In ähnlicher Weise wie die Dauereier der Wasserflöhe können Tardigraden-Eier durch eine gehäutete Exuvie geschützt werden.

12.4 Larvalorgane (transitorische Organe)

12.4.1 Allgemeines

Die Larvalorgane und die transitorischen Anhangsorgane sind nur während einer bestimmten Entwicklungsperiode funktionell und einer Larve bzw. einem Embryo mit transitorischen Anhangsorganen zugeordnet.

Echt larvale Organe degenerieren anschließend, während die sich davon auch in anderen Belangen unterscheidenden **partiell larvalen Organe** (Tabelle 64) sich unter geweblicher Transformation und teilweise unter Funktionswandel in die Adultstruktur umwandeln. Diese gewebliche Neuorientie-

rung erfordert, wie das Mitteldarmdrüsenepithel von *Fusus* (Tabelle 1 E) demonstriert, eine mehrphasige Histogenese.

Zwischen beiden Kategorien gibt es Übergänge. Man denke z. B. an organogenetische bzw. transitorische Vitellophagen der Arthropoden oder an das unterschiedliche Schicksal der Protonephridien bei der *Polygordius*-Larve (S. 320); auch bei Phoroniden können diese transitorischen Exkretionsorgane degenerieren bzw. sich teilweise in Metanephridien transformieren.

Typische Larvalorgane sind meist **wenigzellig**: Das Protonephridium der Basommatophora ist vierzellig (vgl. z. B. Abb. 124 i), die ectodermale Larvalniere der Prosobranchier (Abb. 123 c + d, h) häufig einzellig.

Sie ermöglichen eine **frühe,** teilweise direkt postgastruläre **Funktionsfähigkeit** und damit eine frühzeitige Aktivität der Larve, die ihre noch latenten Imaginalzellen „geruhsam" differenzieren kann. In der späteren Entwicklung ist oft eine Übergangsphase des gemeinsamen Funktionierens von larvalen und adulten Organen verwirklicht.

Tabelle 64. Die wichtigsten Unterschiede zwischen echt larvalen und partiell larvalen Organen. (Nach Fioroni 1973a)

	Echt larval	Partiell larval
Schicksal	rein transitorisch	gewebliche und z. T. topographisch-morphologische Transformation ins Adultorgan
Morphogenese	einphasig	mehrphasig
Zellzahl	meist ein- oder wenigzellig	vielzellig
Zelltyp	larval (Zelltyp I)[a]	imaginal (Zelltyp II)[a]
Zellfunktion	oft polyvalent	oft univalent
Zellvermehrung	bald arretiert	oft sich fortsetzend
Vorkommen	bei Früh- und Spätlarven	eher bei Spätlarven
Beispiele	Embryonalhüllen	Larvalschale
	zahlreiche lokomotorische Larvalorgane	transitorische Blutkreisläufe
	Anheftungsorgane	transitorische Hautstrukturen
	verschiedene Typen von Larvalnieren	Larvalmusterungen
	Larvalherz	
	larvale Außenkiemen	
	transitorische Sinnesorgane	

[a] Vgl. Tabelle 9.

Überhaupt müssen infolge ihres entsprechenden Zusammenwirkens die Larvalorgane stets in **Beziehung zu den Adultorganen** gesehen werden; beide Organtypen werden manchmal schon früh und gleichzeitig determiniert [z. B. im Kreuzstadium der Spiralia (vgl. dazu Abb. 49 d–i und 145 A a + d)].

Die unterschiedlichen Aufgaben von Adult- und Larvalorganen finden ihren Ausdruck im divergierenden Bau von **adulten** bzw. **larvalen Zelltypen** (Tabelle 9).

Neben typischen **Larvalorganen** gibt es auch Gruppen von isolierten **transitorischen Zellen** [z. B. die Nuchalzellen der Pulmonaten (Abb. 124 i–m) und Süßwasser-Prosobranchier] bzw. lassen sich auch **transitorische Keimblattanteile** festlegen, wie das sich vor der Einsenkung der Mittelplatte bildende Mesoderm des Käfers *Tenebrio molitor* oder die transitorischen Entoderm-Anteile bei discoidalen Entwicklungen.

Der *Abbau* von Larvalorganen kann langsam oder „katastrophenähnlich" sehr schnell erfolgen.

Letzteres gilt etwa für den Abwurf von Vela und Larvalschalen bei Gastropoden bzw. die Hautvakuolenzellen bei Aplacophoren (vgl. Abb. 122 b).

Innerhalb enger Gruppen variiert der Abbau des Mundsegels sowohl in zeitlicher als auch in ablaufmäßiger Hinsicht manchmal beträchtlich. Ein langsamer Abbau des Velums gilt für *Patella, Haliotis* und viele Prosobranchier mit intrakapsulärer Entwicklung sowie Scaphopoden; bei *Adalaria, Calyptraea, Crepidula, Crucibulum, Nassarius* und vielen Bivalviern ist die Reduktion des Mundsegels dagegen rasch. Beim langsamen „intrakapsulären" Abbau bei nährstofffreien Gastropoden-Ontogenesen wird oft das ganze Velum sukzessive resorbiert. Bei *Onchidella* und vielen Opisthobranchiern werden nur die Cilien detachiert und der Rest resorbiert. *Crepidula* dagegen löst den Velumrand ab, während bei *Patella, Acmaea, Diodora (Fissurella), Ocinebra* und dem Opisthobranchier *Adalaria* das gesamte Velum abgeworfen wird.

Die *funktionelle Ersetzung* eines Larvalorganes durch ein Adultorgan kann - bei benachbarter Lage - in **räumlicher Abhängigkeit** erfolgen. Die Reduktion des Larvalorgans geht dabei parallel mit der zunehmenden Differenzierung und dem Wachstum des Adultorgans.

So reduziert sich bei Cephalopoden der innere Dottersack zugunsten der auswachsenden Mitteldarmdrüse (Abb. 130 f–h) bzw. der Dottersack der Teleostier zugunsten der sich vergrößernden Leber.

Bei nicht benachbarter Lage bestehen zum entsprechenden Adultorgan in erster Linie **funktionelle Abhängigkeiten,** die sich in einer sukzessiven Funktionszunahme des definitiven bzw. -abnahme des entsprechenden larvalen Organes äußern.

Dies gilt beispielsweise für larvale bzw. definitive Nieren vieler Gruppen oder für das Larvalherz (vgl. Abb. 123 d, e, h und 124 a, g, k + l) bzw. das definitive Herz bei Gastropoden.

12.4.2 Typisierung

(1) Nach ihrem *späteren Schicksal* sind die schon erwähnten echt-larvalen bzw. partiell-larvalen Organe voneinander zu sondern.

(2) In Bezug auf ihre *phylogenetische Wertigkeit* scheiden sich die **primär larvalen,** d. h. nur der Larve zugeordneten Organe von den **sekundär larvalen Organen.** Letztere Kategorie umfaßt die sich oft früh reduzierenden „Larvalorgane" einer bestimmten Art, die bei verwandten Formen Adultorgane waren oder sind und hier - infolge von Entwicklungsabänderungen - sekundär transitorisch geworden sind. Solche **rekapitulativen Larvalorgane** treten vor allem bei Spätlarven auf.

Beispiele liefern etwa der Protoconch (= Larvalschale) bei sekundär schalenlosen Gastropoden, die zeitweilig angelegten Flossen bei achtarmigen Tintenfischen, der später reduzierte Fuß bei Austern (vgl. Abb. 122 f) und anderen festsitzenden Bivalviern, die adult manchmal fehlende Byssusdrüse bei Muscheln, die Kaulade der 2. Naupliusantenne bei Cirripediern, viele Larvalorgane der Ascidienlarve (Abb. 12 h–k und 112 g), die temporären Zahnanlagen der Bartenwale, die Kiementaschen der Amniotenembryonen (Abb. 144 b) sowie viele im Ontogenese-Verlauf sekundär reduzierte Organe bei Parasiten (vgl. Abb. 121 g–h und 143 b).

(3) Hinsichtlich der *Keimblattzugehörigkeit* sind die im Zusammenhang mit der Lokomotion der Larve oft verwirklichten **ectodermalen** Larvalorgane besonders häufig. Erfordernisse der Nährstoffaufarbeitung führen oft zu transitorischen **entodermalen** Bildungen. Dagegen sind mesodermale Larvalorgane eher selten.

Besonders bei Spätlarven kann ein Larvalorgan aus mehreren Keimblättern formiert werden, z. B. aus Ecto- und Mesoderm bei Larvalherz, Cephalocyste, Podocyste und Velum der Gastropoden (vgl. z. B. Abb. 124).

(4) Die Tabelle 65 gibt eine Aufgliederung der Larvalorgane nach ihrer *Funktion*.

Man unterscheidet nur mit einer Funktion betraute **univalente** und **pluri-** bzw. **polyvalente** Larvalorgane, die innerhalb des gleichen Individuums mehrere Aufgaben gleichzeitig wahrnehmen können (Tabelle 66).

In diesem Zusammenhang kann es zu **Funktionsphasenfolgen** kommen, die etwa für Vitellophagen die folgenden Phasen umfassen: Immigration bzw. Delamination, Auswandern, Dotteraufarbeitung, zur Mehrkernigkeit führende Teilungen, Zusammenschluß zu tertiären Dotterpyramiden (= primäre Epithelialisierung), Dotterabgabe, gewebliche Transformation zum Mitteldarmdrüsen-Epithel (= sekundäre Epithelialisierung) bzw. Degeneration (vgl. S. 345 sowie Abb. 128 und 129).

Auch spätere Adultorgane können übrigens bei der Larve andere Funktionen erfüllen, wie dies die anfänglich dem

Tabelle 65. Auswahl einiger Larvalorgane bzw. transitorischer Organe. Die rekapitulativen Larvalorgane (S. 297) sind nicht berücksichtigt

Tiergruppe	Funktion	Beispiele	Abbildungen
Parazoa	2	Cilien	69a+b, 112a und 114a–e
	8	„Blastulamund" der Stomoblastula	132a
Mesozoa	2	Cilien	
Coelenterata	2	Cilien, apikaler Wimperschopf (A), Phorocyten *(Cunina)*, Öl- und Gasbläschen (Si)	112b und 114f+g, l, n, q, s+t
A = Anthozoa Si = Siphonophora	8	trophische Fortsätze *(Stygomedusa)*	
Tentaculata	2	Cilien der Mantelfalte + Borsten (Br), Wimperbänder („Corona") (B), Larvalsack (B), Tentakel und Kopflappen (P)	76s und 115a–n
B = Bryozoa Br = Brachiopoda P = Phoronida	3	Saugnapf (B)	115h+i
	4	Protonephridien	76s und 115a
	7	Larvendarm (B: Gymnolaemata)	
	8	Vestibulum (B), placentaähnliche Bildungen (B)	
	10	birnförmiges Organ (B), retraktiles Scheitelorgan (B); larvale Augen (Br), Statocysten (Br); 2. Nervenkomplex (P)	115g–i; 115e+f; 115b
	11	transitorischer Darm (B), Schale (B)	115i–l
Chaetognatha	3	adhaesive Rumpfzellen und Kopffortsätze	
Echinodermata	1	Vestibulum (Amnion)	15b, 75e, 116a und 141a
A = Asteroidea E = Echinoidea H = Holothurioidea	2	Cilien, Wimperbänder, Wimperreifen (H), Wimperepauletten (E), Arme und andere Körperfortsätze, Primärtentakel	75e und 116
	3	Saugnapf (A); Stiel *(Antedon)*	116l+n; 116b–d
	8	larvaler Mund	116g
	11	Larvalskelett (E), Primärstacheln (E); Kalkrädchen (H)	75d+e und 116g; 116o–q
Hemichordata	2	Cilien, Wimperbänder, apikaler Wimperschopf	115o–s
	3	birnförmiges Organ *(Cephalodiscus)*; transit. Stiel *(Saccoglossus)*	
	10	Scheitelplatte, Ocellen	
Pogonophora	2	Wimperkränze	76v
Plathelminthes	1	Hüllmembran (Tricladida), zellige Hüllen (gew. T.); „Dottermantel" (aus Blastomeren; Macrostomida)	56d, 117a und 132b; 132c
C = Cestodes T = Trematodes Tu = Turbellaria	2	Cercarienschwanz (T), Cilien, Wimperbänder, Körperfortsätze (Tu)	117g
	3	Larvenhaken (C)	117a–e
	8	Embryonalpharynx (T)	132b
	9	Schlüpffermente	
	10	Miracidium-Auge (T)	vgl. auch Abb. 117g
Nemertini	1	larvales Ectoderm (Desorsche Larve)	
	2	Wimperbänder, Seitenlappen	15c+d, 117h, 132e und 141b
	10	Scheitelplatte	
Nemathelminthes	1	larvale Hypodermis (Ac)	
Ac = Acanthocephala N = Nematomorpha Ne = Nematoda	3	Larvalhaken (Ac), Bohrapparatur (N)	117i
	10	Larvalgehirn (N)	
	11	Kopfstachel [*Spiroptera* (Ne)]	

Die arabischen Zahlen umschreiben die Funktionen: 1 = Embryonalhüllen i. w. S.; 2 = Lokomotion und Auftrieb; 3 = Festhaften, Einbohren; 4–6 = Metabolismus (4 = Exkretion/Osmoregulation, 5 = Atmung, 6 = Zirkulation); 7 und 8 = Ernährung [Verarbeitung des Dotters (7) bzw. von extraembryonalen Nährstoffen (8)]; 9 = Schlüpfen; 10 = Sinnesfunktionen; 11 = weitere Funktionen.

Die eingeklammerten Großbuchstaben symbolisieren jeweils die in der linken Kolonne ausgewiesenen systematischen Untereinheiten.

Tabelle 65 (Fortsetzung)

Tiergruppe	Funktion	Beispiele	Abbildungen
Kamptozoa	2	Wimperbänder, apikaler Wimperschopf	⎫
	6	larvaler Praeoralsinus	117o
	10	Scheitelplatte, Augenflecke	⎭
Priapulida	11	Panzer	vgl. Abb. 117n
Annelida	1	syncytiale Embryonalhülle (aus Macromeren A–C) [*Stylaria, Chaetogaster* u. a. (Ol)]	vgl. Abb. 49n
Cl = Clitellata	2	Wimperbänder (Po), Borsten, apikaler Wimperschopf (Po), transitorische Tentakel (Po)	84a und 118
H = Hirudinea			
Ol = Oligochaeta	4	Protonephridien (Po); Exkretspeicher aus A + B-Blastomere [*Bimastus* (Ol)]	84a und 118a–c; vgl. Abb. 49p
Po = Polychaeta	8	„Eiklarsack" (Cl), Embryonalpharynx (H)	133a + b
	10	Augenflecke (Ocelli; Po), Scheitelplatte (Po)	84a und 118i + l
Echiurida	2	Cilien, Wimperbänder	⎫
	4	Protonephridien, z. T. mit Solenocyten	117l
	10	Scheitelplatte	⎭
Sipunculida	1	Embryo- bzw. Larvalhülle (mit Cilien) aus Prototroch	⎫
	2	Wimperband, apikaler Wimperschopf	117k
	4	Protonephridien	
	10	Augenflecke	⎭
Myzostomida	2	Wimperbänder, Borsten, apikaler Wimperschopf	⎫ 117m
	10	Scheitelplatte	⎭
Pentastomida	3	Bohrapparat, Stachelkränze, doppelkrallige Haken	⎫ 119a
	9/11	Dorsalorgan („Facette")	⎭
Onychophora	1	Amnion	135d
	7	Vitellophagen	
	8	Nackenblase; Placenta	135b + c; 135d
Arthropoda Crustacea	2	Borsten, Schwimmanhänge an Extremitäten, transitorische Spaltfuß-Anhänge, Stirnstachel, Schwanzstachel(n)	121
	3	Hohlstachel der 1. Antenne *(Sacculina)*, Saugnäpfe	121h
	5	Embryonalkiemen	
	7	Vitellophagen; blastodermale Dottervakuolen	68, 85a–d + g und 128b; 127g + h und 128a
	9	Schlüpffermente, Dorsalorgan	
	10	Naupliusauge	121b, l + r und 143d–g
	11	Dorsalorgan; Lateralorgane, Larvalmusterung	127i; 121v–x
Chelicerata	1	Apoderma (Aca), Micromerenhülle (Ps); Amnion + Serosa (S)	51i und 134a; 88d und 141c
Aca = Acari	3	Haftlappen (U)	
Ps = Pseudoscorpiones	7	Vitellophagen	87h + i
S = Scorpiones	8	transitorischer Enddarm (Aca), transitorische Rückenanhänge (S); trophische Extremitätenanhänge (S); Micromerenhülle und Pumporgan (Ps); „Placenta" (S)	135e; 135f + g; 134a–d; 135i + k
U = Uropygi	9	Eizahn (2. Pedipalpenglied)	
	11	Dorsalorgan, Lateralorgane	135e
Pantopoda	2	2. und 3. Larvenextremität, fädige Extremitätenanhänge	119b
	3	Klebedrüsen	
	7	Vitellophagen	

Tabelle 65 (Fortsetzung)

Tiergruppe	Funktion	Beispiele	Abbildungen
Insecta	1	Amnion, Serosa; Indusium; Trophamnion [aus Richtungskörpern (Schlupfwespen)], azelluläre Kokons	11a–e, 86c–n und 141d; 11e; 56i und 134g
	2	Schwimmborsten; Raupenfüße, abdominale Nachschieber (Lepidoptera), Abdominalbeine, Kriechwülste (Diptera)	120Ae+f; 120Bd+e
	3	Saugnäpfe, Pygopodium und andere Haftapparate.	
	5	Tracheen-, Blut- und Analkiemen, pupales Atmungsorgan *(Chironomus)*	120Ac–f
	7	Vitellophagen	51c+d, 86a–m und 87a, c+d
	8	Trophamnion; Pseudoplacenta, transitorischer Mitteldarm, Frontalsack (Diptera), Mundhaken, mandibuläre Haken; Fangmaske (Odonata) u.a. Fangapparaturen	134g; 135n+o; 120Aa+b
	9	Eizahn, Ptilinium (Kopfblase; Diptera)	
	11	Dorsalorgan; Pleuropodien (abdominales Drüsenorgan), Pygopodium, Perianalschläuche (Culicidae)	135 l; 135 m
Chilopoda	2	hydrostatische Tracheenblase	
	7	Vitellophagen	
	11	Dorsalorgan („Kopfscheibe")	
Diplopoda	7	Vitellophagen	
	9	Eizahn	
	11	Dorsalorgan	
Symphyla, Pauropoda	11	Dorsalorgan	
Mollusca Polyplacophora	2	Wimperkranz, apikaler Wimperschopf	122a
	11	Larvalaugen	
Aplacophora	1	transitorisches Ectoderm	122b
	2	Wimperkranz, apikaler Wimperschopf	
	7	dotterhaltiges Ectoderm	127k+l
Scaphopoda	2	Wimperkränze, apikaler Wimperschopf	122c
Bivalvia	1	ectodermale Hüllzellschicht (Protobranchia)	122d
	2	Velum, apikaler Wimperschopf, Wimperkränze (Protobranchia), Ölbläschen	122d–g
	3	Larvalfaden u. Schalenhaken (Unionidae); Haken (freischwimmende Larve von *Mutela*)	122 l; 122h
	4	Protonephridien	122e
	8	Larvalmantel (Unionidae); Haustorium *(Mutela)*	122 l und 134e; 122i und 134f
	10	Scheitelplatte; Sinnesborsten (Unionidae) Larvalaugen, Tentakel	122d+e; 122 l
	11	Larvalschale (Prodissoconch)	113i und 122f
Gastropoda O = Opisthobranchia Pr = Prosobranchia Pu = Pulmonata	2	apikaler Wimperschopf, Velum; Wimperkränze (Gymnosomata); Echinospira-Schale (*Lamellaria* u.a.)	123, 124a–i und 132f–n; 124d; 113c–e
	4	ectodermale Larvalnieren (Pr); Protonephridien; ectodermale Analniere (O)	112h und 123c, d+h; 124f, g+i–m; 124a+b
	5/6	Kopfblase (Cephalocyste; Pu), Fußblase (Podocyste; Pu); Velum; Larvalherz	112h und 124k–m; 123e–h+m und 124a–i; 112h, 123d, e+h und 124a+g
	7	Pollappen (Pr); Dottermacromeren (Pr)	58; 59, 112h und 127m+h
	8	Futterrinne (Velum; Pr); transitorische Oesophagus-Strukturen; epidermale Eiklarvakuolen; Eiklarsack	123e, h+m und 132h; 133h+i; 133c–f; 123b und 124f–m
	10	refraktäre Körper *(Patella)*	123a

Tabelle 65 (Fortsetzung)

Tiergruppe	Funktion	Beispiele	Abbildungen
Gastropoda	11	Larvalschale (Protoconch); Echinospira-Schale, transitorisches Operculum; Hautvakuolenzellen; Nuchalzellen	113a, f+g, 123e+f und 124a+b; 113c–e; 112h und 123b; 112h und 124i
Cephalopoda	2	larvale Flossen (Octopoda), Köllikersche Organe (Octopoda), Armmanschetten (Argonautidae), Gallerthüllen *(Japetella)*	100n
	6	Dottersack-Kreislauf	130c–e
	7	innerer und äußerer Dottersack	130
	8	Rynchoteuthion (Oegopsida)	
	9	Hoylesches Organ, Köllikersche Organe (Octopoda)	130n
	11	gekammertes Halsstück (Doratopsis-Larve) Larvalmusterung; Endstachel (Sepioliden)	vgl. Abb. 125a–g+m–p; 125q
Tunicata	1	Follikel- und Testazellen	52d
As = Ascidiacea	2	Schwanz (As), Schwanzblase [*Doliolum* (Th)]	12h und 112g
Th = Thaliacea	3	Haftpapille (As)	
	8	Testazellen (?); Kalymmocyten; Blastophorus, Placenta (Th)	88i; 56e; 135a
	10	Ocellus und Statocyste (As)	12h und 112g
	11	Rüssel *(Doliolum)*, Chorda (As), Elaeoblast (Th)	
Acrania	2	Cilien	
	3	kolbenförmige Drüse	
	8	primärer Mund	
	9	Schlüpffermente	
Vertebrata Cyclostomata	4	Pronephros	111c
	7	Dottersack	
Osteichthyes	2	transitorische Körperfortsätze *(Fierasfer)*, Ölbläschen	126a+b
	3	Epidermisschuppen *(Acanthorhodeus)* bzw. Dottersackfortsätze zum Festhalten in Muschelkieme *(Rhodeus)*, larvale ectodermale Haftdrüsen	
	4	Pronephros; transitorische Harnblase *(Lebistes)*	111c
	5	Außenkiemen („Altfische"); zusätzliche Blutgefäß-Netze (Karpfenartige)	126e–g
	6	Dottersack-Kreislauf; Pericardialumhüllung um Kopf *(Heterandria)*	136c; 136d+e
	7	Dottersack; Kupffersche Blase (?)	131a, b, d–f; 90b
	8	Trophotaenien (Jenynsiidae); Pericardialsack (?); Dottersackbulbi, Larvalzähne (Leptocephalus)	136h; 136d+e; 136f+g
	9	Schlüpffermente (in einzelligen epidermalen Schlüpfdrüsen)	
	10	Larvalmusterung	
Chondrichthyes	4	Pronephros	111c
	5	Außenkiemen	
	6	Dottersackkreislauf	131g
	7	Dottersack, Schwanzblase	131g
	8	Außenkiemen, Placenta *(Mustelus)*	136a+b
Amphibia	2	Schwanz (An)	126l–o+q
An = Anura	3	Saugnapf (Adhaesivorgan; An); Balancer (U)	126l; 126h
Gy = Gymnophiona	4	Pronephros	111c
U = Urodela	5	Außenkiemen; Spiraculum und Operculum (An), Abdominalsack *(Cornufer)*, blattartige Außenkiemen *(Gastrotheca)*, Schwanz (zur Atmung dienend) *(Eleutherodactylus)*)	126h, i, l+r; 126m

Tabelle 65 (Fortsetzung)

Tiergruppe	Funktion	Beispiele	Abbildungen
Amphibia	6	„Dottersack"-Kreislauf *(Pipa)*	
	7	„Dottersack" *(Pipa)*, Larvalzähne (Gy)	
	8	Hornkiefer und Hornzähne (An)	126 p
	9	Schlüpffermente, „Eizahn" auf Schwanz *(Eleutherodactylus)*	
Reptilia	1	Amnion und Serosa	141 e–g
	4/5	Pronephros, Allantois	111 c; 151 e–g
	6/7	Dottersack mit Dottersackgefäßen	136 i
	8	gelegentlich Placenta	136 i
	9	Eizahn, Eizähne, Eischwiele	
Aves	1	Amnion und Serosa	93 und 141 e–g
	4/5	Pronephros; Allantois	111 c; 93 und 141 e–g
	6/7	Dottersack mit Dottersackgefäßen	3 f, 92 b und 131 h+i
	8	Weißei-Sack	93 d
	9	Eischwiele	
Mammalia	1	Amnion und Serosa	94–96 und 137 a–g
	7	Dottersack (bei Prototherien noch mit Dotter) bzw. Nabelblase	95, 136 k und 137 a–g
	8	Trophoblast und Placenta	44 m, 54 B+C, 94–96, 137 und 138
	9	Eischwiele, Eizahn (Prototheria)	
	11	Epitrichium, Eponychien (Huftiere)	

Tabelle 66. Beispiele für polyvalente Funktion von transitorischen Organen innerhalb der gleichen Art. (Nach Fioroni 1973 a)

Organ	Funktionen	Beispiele	Abbildungen
Embryonalhülle	Schutz, Aufnahme der vom Weibchen abgegebenen Nährflüssigkeit	Pseudoscorpiones	51 i und 134 a
Velum	Lokomotion, Atmung, Ernährung (Futterrinne)	Gastropoda	112 h, 123, 124 a–i, 132 f–n und 134 d
Außenkiemen	Atmung, Aufnahme von Uterinmilch	Selachii	–
Larvalnieren	Osmoregulation, Exkretion; z. T. Eiklaraufnahme	Gastropoda	112 h, 123 c, d+h und 132 g+h
Dorsalorgan	Exkretion, Häutung, Embryonalhüllenbildung, Dotteraufschluß, phylogenetische Rekapitulation [Nackendrüse (Haftorgan) der Phyllopoda]	Crustacea malacostraca	127 i
Dottersack	Ernährung, Atmung	Cephalopoda, Eutheria	130 und 137 a
	Ernährung, Atmung, evtl. Exkretion, z. T. Uteruskontakt	Fische	131 und 136 a–c+f
	Ernährung, Atmung, Uteruskontakt	Marsupialia	136 k
Allantois	Exkretion, Atmung, Ernährung (allantoide Placenta bzw. Weißeisack), Festhalten des Embryos	Eutheria bzw. Sauropsida	93 b–f, 96 I, III c, IV, 109 c, 137 a–g und 141 e–g

Tabelle 67. Beispiele für Funktionswandel von Larvalorganen. (Nach Fioroni 1973a)

Organ	Primäre Funktion	Sekundäre Funktion	Beispiele
Epidermis	Schutz	metabolische Aufgaben (Hautvakuolen-zellen)	Prosobranchia (Abb. 112h), Cephalopoda
		Exkretion (Larvalnieren)	Gastropoda (z. B. Abb. 112h)
		Nährstoffaufnahme: Eiklarvakuolen	Prosobranchia (*Pomatias* Abb. 123k und 133f), Pulmonata (Abb. 133c–e)
		blastodermale Dottervakuolen	höhere Crustacea, Chelicerata (z. B. Abb. 127h)
		dotterhaltige Ectoblastzellen	Aplacophora (*Neomenia;* Abb. 127k+l)
		Festhalten an Muschelkieme	*Acanthorhodeus* (Bitterling)
Mantel bzw. Haustorium	Schutz	Substanzaufnahme aus Wirtsgewebe	Bivalvia: Unionidae (Abb. 134e) bzw. *Mutela* (Abb. 134f)
Velum:	Support für Cilien	Placenta	Prosobranchia (*Veloplacenta,* Abb. 134d)
Cilien	Schwimmen im Wasser	Flottieren und Drehen im Eiklar (inner-halb der Eihüllen)	Prosobranchia, Pulmonata
		Nähreierdrehung bzw. Festhalten von Nähreiern, Abflimmern von Dotterplätt-chen	Prosobranchia vom Nähreier-Typ (Abb. 132h, i, l+m)
Futterrinne	automatischer Transport von Microplankton	Transport von abgelösten Dotterplättchen	Prosobranchia vom Nähreier-Typ (Abb. 132h)
Kopfblase (Cephalocyste)	Atmung, Träger von Hautvakuo-lenzellen (→Metabolismus)	Nähreierrotation	Prosobranchia vom Nähreier-Typ (*Bursa;* Abb. 132k)
		Eiklar-Resorption	Prosobranchia: *Pomatias* (Abb. 133f), *Cymba*
		Aufnahme des entodermalen Eiklarsackes, passive Zirkulation	Pulmonata (Abb. 124k–m und 133e)
Dottersack	Ernährung (Protolecith)	Anteil an Placentabildung (omphaloide Placenta)	Eutheria (Abb. 137a)
		Festhaften an Muschelkiemen	*Rhodeus* (Bitterling)
Allantois	Exkretion, Atmung	Anteil an Placentabildung (allantoide Placenta)	Eutheria (z. B. Abb. 96 und 137a–g)
Schwanz	Lokomotion	Aufnahme von Uterussekreten	Anura (*Nectophrynoides;* vgl. Abb. 126a)

Schwimmen dienenden Maxillipeden (Kieferfüße) bei Larven der decapoden Krebse demonstrieren.

Im Laufe der Stammesentwicklung können Larvalorgane eine **Funktionserweiterung** bzw. einen **Funktionswandel** durchmachen. Wie Tabelle 67 ausführt, erhalten bei durch Nährstoffreichtum ausgezeichneten, phylogenetisch abgewandelten intrakapsulären Entwicklungen ursprünglich für die Phase der freischwimmenden Larven konstruierte Larvalorgane neue Funktionsmöglichkeiten (vgl. auch Abb. 112h).

In Ergänzung zu Tabelle 65 sei erwähnt, daß Embryonal- bzw. Larvalhüllen in zellularisierter bzw. azellulärer Form vorliegen und daß Placenten als Abwandlungen davon zu taxieren sind. Besonders reichhaltig ist das Inventar von lokomotorischen Larvalorganen bei Früh- und Spätlarven. Primär dem Schwimmen im freien Wasser dienend, können sie sekundär auch eine Bewegung im Kapselmilieu ermöglichen. Ursprünglich frei bzw. uniform verteilte Cilien treten sekundär zu Wimperkränzen bzw. -bändern sowie auch zu apikalen

Wimperschöpfen zusammen. Larvale Schlüpforgane können chemisch (z.B. Hoylesches Schlüpforgan der Cephalopoden) oder mechanisch (z.B. Eizähne und Eischwielen bei Amnioten) wirken.

Man beachte weiterhin, daß selbst innerhalb einer systematischen Einheit zur Erfüllung der gleichen Funktion unterschiedliche Larvalorgan-Typen eingesetzt werden können.

Besonders groß ist der Reichtum an transitorischen Exkretionsorganen bei Gastropoden, die ektodermale Larvalnieren (Proso- und Opisthobranchia), ektodermale Analnieren (Opisthobranchier), wohl vorwiegend ectodermale Urnieren (Protonephridien; Pulmonaten und limnische Prosobranchier) sowie mesodermale Nuchalzellen (Pulmonaten sowie Vorderkiemer des Süßwassers) umfassen (vgl. u.a. Abb. 123 und 124).

12.4.3 Die Larvalschale als exemplarisches Beispiel

Die entgegen dem Teloconch (= Adultschale) als **Protoconch** bezeichnete Larvalschale der Mollusken diene uns als Beispiel eines Larvalorgans, wobei wir diejenige der Gastropoden besonders eingehend berücksichtigen wollen.

Die Larvalschale wird von der ektodermalen **Schalendrüse** (Abb. 83 k und 89 h ff.) sezerniert, welche nach einer ersten Phase von **Invagination** zur Bildung der **Außenschale** (Ectocochlea) **evaginiert.** Sie erweist sich von hohem **taxonomischem Wert.**

Vor allem bei Prosobranchier-Veligern ist in den letzten Jahren sehr viel rasterelektronenmikroskopisch gearbeitet worden; dabei ist leider das nicht einfache Problem der einheitlichen Terminologie der einzelnen Protoconch-Generationen noch nicht zufriedenstellend gelöst.

Diese Untersuchungen erweisen sich auch für ökologische Schlußfolgerungen als sehr wichtig. Der Bau der Schalenspitze gestattet entsprechend der **Schalenapex-Theorie** Dalls (1924) innerhalb eines Genus die Bestimmung der Lebensweise der Larve; ein enger Apex weist auf eine pelagische, ein weiter auf eine benthonische Phase hin (Abb. 113 b).

Larvalschalen können verschiedene *Komplizierungen* aufweisen, wie eine mediane, wohl der Stabilisation dienende keilförmige Carina bei *Bursa corrugata* (Abb. 113 g) oder eine zusätzliche Außenschale von bei den einzelnen Arten unterschiedlicher Form. Diese **Echinospira** (= Scaphoconch; Abb. 113 c–e) dient bei *Lamellaria, Velutina, Capulus, Trivia* und *Erato* als Auftriebshilfe für die lange planktontische Phase und wird bei der Metamorphose abgeworfen. Die „akzessorische Schale" dürfte keine zweite Schale darstellen, sondern darauf zurückzuführen sein, daß der periostracale und der kalkhaltige Schalenteil, die ja bei der normalen Schale aufeinanderliegen, weit voneinander entfernt sind.

Das weitere *Schicksal des Protoconchs* ist verschieden.

(1) Bei vielen Prosobranchiern (namentlich bei Arten mit intrakapsulärer Entwicklung) und den Scaphopoden geht er fließend in den u.a. durch eine intensivere Verkalkung ausgezeichneten **Teloconch** (= definitive Schale) über (vgl. Abb. 113 h). Anläßlich der Planktonphase ist oft ein intensives Größenwachstum des Protoconchs festzustellen. Dieses ist an der Zunahme der Windungszahl während der Veligerphase – sie reicht von 3½ Windungen bei *Mangelia nebula* bis zu 8–9 Windungen bei *Triphora perversa* – leicht meßbar. Ein vergleichbares Wachstum ist auch unter den Hinterkiemern bei den Saccoglossen und vor allem den Notaspidea nachgewiesen. Die Größenunterschiede zwischen der Prodissoconcha I und II der Muscheln sind ebenfalls beträchtlich (Abb. 113 i).

Trotz des fließenden Übergangs können Komplikationen auftreten. Die beiden Schalenhälften von *Dentalium* verwachsen zur Röhre. Beim Opisthobranchier *Berthellinia (Tamanovalva)*, bei *Hipponyx* sowie bei den Clausiliidae und anderen Basommatophoren wird eine **accessorische Schale** gebildet. Die Schalenwindungen werden bei den Vermetidae gelockert bzw. verschwinden bei *Caecum glabrum* ganz; auch kann bei den Pyramidellidae die Windungsrichtung unter Heterostrophie geändert werden.

(2) Bei adult nackten Formen wird, sofern die Larvalschale nicht – wie bei den endocochleaten Cephalopoden und bei nackten Stylommatophoren – zu einer adulten Innenschale wird, der Protoconch **abgeworfen,** wobei das larvale Muskelsystem vorzeitig den Visceralkomplex von der Schale zurückzieht. Dies gilt für manche Opisthobranchia.

(3) Beim Pteropoden *Cymbulia* wird der Protoconch durch eine sekundär gebildete, nicht mit einer echten Schale vergleichbare gallertartige **Pseudoconcha** (Abb. 143 c) ersetzt.

(4) Bei *Patella, Haliotis, Diodora (Fissurella)* und *Acmaea* geht der napfartige Protoconch anläßlich einer **mehrphasigen Morphogenese** (Tabelle 1 F) in eine gewundene Veligerschale über, die von einer wiederum napfartigen Adultschale abgelöst wird. Auch bei der monoplacophoren *Neopilina* wird die gewundene Larvalschale von einem napfartigen Teloconch gefolgt.

(5) Bei der sekundär napfartigen Schale von *Diodora* bzw. bei *Haliotis* kommt es zum Auftreten eines medianen Schalenloches bzw. von lateralen Schalenschlitzen.

12.5 Metamorphose

12.5.1 Allgemeines

Der Begriff der „Metamorphose" wurde ursprünglich an Insekten und Amphibien verwendet.

Die Metamorphose ist ein mit einem Formwechsel verknüpfter Prozeß und an eine indirekte Entwicklung mit **Larven gebunden.** Sie umfaßt den **Abbau** von Larvalorganen, das **Weiterbestehen** von larvo-adulten Bildungen sowie den **Neuaufbau** bzw. Aufbau von adulten Organen.

Abb. 113. Larvalschalen von Mollusken.

a Die beiden Protoconch-Typen der Opisthobranchia von Hurst (1967) mit gewundener bzw. eiförmiger Form.
b Die Schalenapex-Theorie (vgl. Text) demonstriert an *Natica montagui* und *nitida* mit pelagischer *(oben)* bzw. *Natica pallida* und *clausa (unten)* mit benthonischer Entwicklung.
c–e Echinospira-Schalen von *Lamellaria perspicua*, einer unbestimmten mediterranen Art und von *Velutina velutina* (hier von gallertartiger Konsistenz).
f Sinusigera-Larvalschale, wahrscheinlich von *Trivia*, mit Außenlippe als Velumsupport.
g Protoconch von *Bursa corrugata* mit Carina.
h Postembryonale Schalenentwicklung von *Murex ramosus* (am Schlüpf- bzw. am 38. Postembryonaltag).
i Schalenentwicklung der Bivalvier dargestellt *(von links nach rechts)* anhand des Rotigers, der Veliconcha und des Bodenstadiums.
Die horizontalen Linien entsprechen einer Länge von 100 μm.

Al   Außenlippe
Ca   Carina
Dc   Dissoconcha (Adultschale der Bivalvier)
Es   Echinospira (Scaphoconch)
HVZ Hautvakuolenzellen
Pc   Protoconch (Larvalschale)
Prc   Prodissoconcha
Tc   Teloconch (Adultschale)

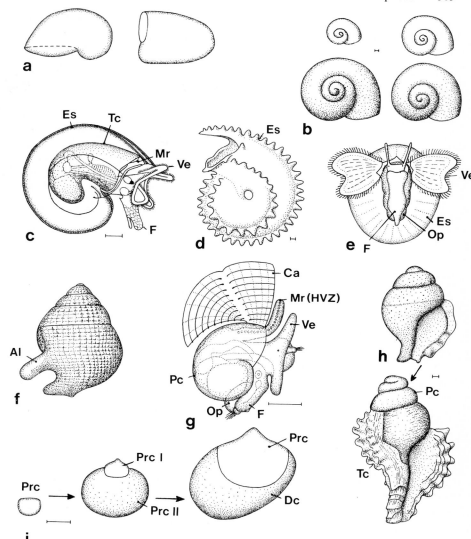

Die oft mit einem Milieuwechsel kombinierte Metamorphose wird beeinflußt durch Anpassungen ans Entwicklungsmilieu sowie teilweise auch durch phylogenetisch bedingte Rekapitulationen, die – wie etwa die Scheitelplatte des Pilidiums (Abb. 117 h) – für die Larve durchaus auch eine funktionelle Bedeutung haben können.
Oft verläuft die Metamorphose innerhalb einer systematischen Gruppe sehr unterschiedlich.

So kommen bei Nemertinen neben direkter Entwicklung indirekte Ontogenesen mit Pilidien bzw. der Desorschen Larve und entsprechend voneinander divergierende Metamorphosen vor.

12.5.2 Typisierung

Der manchmal verwendete Begriff der „embryonalen Metamorphose", der dann bei Amnioten auf Embryonen mit transitorischen Anhangsorganen angewendet wird, erscheint uns als unangemessen. Der Terminus „Metamorphose" sollte nur auf die Umwandlung von Larven (freilebende und intrakapsuläre) abzielen.

Generell wird, wie Tabelle 68 demonstriert, der Ablauf der Metamorphose natürlich stark von den beteiligten jeweiligen Larventypen beeinflußt.

Tabelle 68. Generalisierte Darstellung der Beziehungen zwischen Larventyp (bzw. Embryo mit transitorischen Anhangsorganen) und Metamorphoseablauf (bzw. Entwicklungsablauf). (Aus Fioroni 1973b)

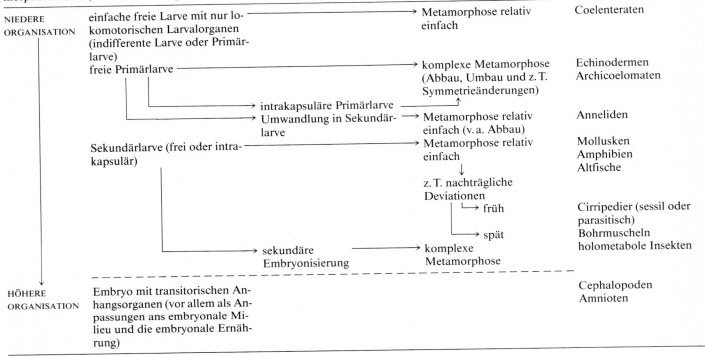

(1) Nach *morphologisch fundierten* generellen *Kriterien* sind die **Früh-** bzw. die **Spätmetamorphose** zu unterscheiden (Tabelle 69).

Sie erfassen die Früh- bzw. Spätlarven (S. 293) und damit deren Eigenheiten. Teilweise, aber nicht immer, entsprechen die Begriffe der radikalen bzw. der kontinuierlichen Metamorphose in der Garstangschen Unterteilung.

Der Begriff der Spätmetamorphose ist – ähnlich wie beim Terminus der Spätlarve – weniger scharf umrissen.

Bezeichnungen wie **Anamorphose** (Apterygota) oder **Epimorphose** (Chelicerata) umschreiben die Umwandlung von Stadien mit reduziert larvalem Charakter bzw. bei der **Pseudometamorphose** der Ascidien (Abb. 12 h–k) eine weitestgehend nur durch Reduktion gekennzeichnete Umwandlung.

Auch die Spätmetamorphose kann, teilweise unter **sekundärer Embryonisierung** (holometabole Insekten), zu sehr umfangreichen Veränderungen führen (vgl. z. B. Abb. 119g und 120 B + C).

(2) Nach dem *Zell- und Organschicksal* kann man mit Schmidt (1966) die **evolutive** Metamorphose, bei der viele Larvalorgane unter Umformung erhalten bleiben (z. B. Polychaeta), von der **nekrobiotischen** Umwandlung mit einem großen Anteil von degenerierenden Larvalorganen (z. B. Echinoiden, Nemertinen) sondern.

Das Extrem der letzteren Kategorie wird wohl durch die rekapitulative Pseudometamorphose der Ascidien repräsentiert, die fast nur aus Abbauprozessen besteht.

(3) Auch kann der *Umfang der Veränderungen* und die Zahl der beteiligten Larvalorgane berücksichtigt werden.

Hier gibt es alle Varianten von geringen Transformationen [z. B. Ana- und Epimorphosen; hemimetabole Insekten (Abb. 119f)] bis zum weitestgehenden Neuaufbau [z. B. Umbau des Cyphonautes der Bryozoa (Abb. 115i–l) oder der Cyprislarve bei den sessilen bzw. parasitischen Cirripediern (Abb. 121b–k)]. Auch bei Metamorphosen nach dem „Imaginalscheiben-Prinzip" (Abb. 14) sind die Veränderungen meist beträchtlich. Metamorphosen können **ohne** (z. B. Polychaeten, Crustaceen) oder **mit Symmetrieänderungen** (Echinodermen; Abb. 75e) kombiniert sein.

Eine sukzessive Vorverlagerung der Metamorphose kann dieselbe vereinfachen: im mütterlichen Brutraum sich entwickelnde Ophiuriden zeigen eine zunehmende Reduktion ihrer lokomotorischen Larvalorgane und entwickeln sich im Extremfall einer durch Kirk beschriebenen Ophiuride ohne Ophiopluteus direkt aus der Gastrula zum Schlangenstern.

Tabelle 69. Die wichtigsten Unterschiede zwischen Früh- und Spätmetamorphosen. (Nach Fioroni 1973a). (Vgl. hierzu die Abb. 115–124 und 126)

Frühmetamorphose	Spätmetamorphose
Erfaßt Frühlarven (Primärlarven)	Erfaßt Spätlarven (Sekundärlarven)
Erfaßt viele echt larvale Organe	Erfaßt oft partiell larvale Organe und nur selten Sinnesorgane und das Nervensystem
Oft verbunden mit großen Symmetrieänderungen und kombiniert mit einem weitgehenden Neuaufbau des nur durch „Imaginalzellen" angelegten adulten Organismus	Große Symmetrieänderungen selten [außer z. B. Auswachsen in der sekundären Molluskenachse (bei den Conchifera)] Der Anteil übernommener Organe der Larve [bzw. der Imaginalscheiben (Insecta)] ist groß
Beispiele:	
Actinotrocha→Phoronide Echinopluteus (bilateralsymmetrisch) →Seeigel (pentamer) Tornaria→Enteropneust Pilidium→Nemertine Trochophora (unsegmentiert) →Polychaete (segmentiert)	Nauplius→Krebs Veliger→Schnecke Raupe→Schmetterling geschwänzte Larve (freischwimmend) →Ascidie (sessil) Kaulquappe (aquatil) →Frosch (terrestrisch)

(4) Nach der *Phasigkeit* gibt es **ein-** sowie **mehrphasige,** mehrere Larvalstadien erfassende Metamorphosen. Letztere wurden von Fabre auch als **Hypermetamorphosen** bezeichnet.

Neben den auf Tabelle 1 H zusammengestellten Beispielen sei an die Sukzession mehrerer Larvalstadien bei Crinoiden, Holothurien, Enteropneusten, Anneliden und Crustaceen erinnert (vgl. Abb. 115 o–s, 116a–d, o–r, 118b–e und 121b–f, g–k, v–x).

Besondere Beachtung verdient die mehrphasige **Aal-Entwicklung.** Aus den in rund 500 m Tiefe im Sargassomeer abgelegten Eiern schlüpfen die mit Larvalzähnen versehenen Leptocephalus-Larven (Abb. 126c), die teilweise erst nach 3 Jahren die europäische Küste erreichen, wo sie sich - bei bis zu 78%igem Gewichtsverlust - in das Stadium des Glasaals („Civelle") umwandeln. Der sich pigmentierende Steigaal wandert die Flüsse herauf und erreicht dann als Gelbaal nach 4½–10 Jahren eine Länge von ca. 1 m. Nach der Rückkehr ins Meer wird er als silbriger großäugiger Blankaal (Silberaal) unter Reduktion des Darmtraktes geschlechtsreif.

Heute ist es u. a. umstritten, ob die europäischen Adultaale entsprechend der bisherigen Annahme wirklich ins Sargassomeer zurückgelangen. Eventuell könnten nach den Vorstellungen Tuckers alle europäischen Aale von amerikanischen Aal-Eltern abstammen, dies gälte dann, falls die europäischen Blankaale ihre Laichgründe im Sargassomeer gar nicht mehr erreichen.

(5) Nach dem *zeitlichen Ablauf* lassen sich rasche, „katastrophale" sowie kontinuierliche, **fließende Metamorphosen** unterscheiden.

Erstere sind gleichsam mit einer „Krisis" verbunden und finden sich besonders bei nährstoffarmer Entwicklung und eher bei Frühlarven. Extrembeispiel ist die später beschriebene zeitmäßig äußerst rasche Umwandlung der Actinotrocha der Phoroniden (S. 311 f.).

Die für viele Mollusken, Krebse und manche Anneliden bzw. Anamnier charakteristische langsame Metamorphose kann indes ebenfalls Primärlarven erfassen.

So entsteht bei *Psammechinus* die Seeigelscheibe (vgl. Abb. 75e) am 12 Tage alten Pluteus und differenziert sich bis zum 33. Tag weiter; dann erfolgt die endgültige Umwandlung zum jungen Seeigel innerhalb weniger Tage.

Innerhalb systematischer Gruppen bestehen große Unterschiede.

Alle Protobranchier-Muschellarven mit Hüllzellen (Abb. 122d) wandeln sich innerhalb weniger Minuten in die Jungmuschel um; andererseits sind von Rotigern längere Planktonzeiten bekannt. Auch Vela und Schalen von Gastropoden können bei freier Metamorphose rasch abgeworfen werden, während sich die fließende intrakapsuläre Metamorphose über Wochen oder Monate erstrecken kann.

Innerhalb der Gattung *Polygordius* gibt es eine fließende Metamorphose mit sukzessiver Verlängerung des Wurmkeimes (Abb. 118b–e) sowie andererseits eine „katastrophale Umwandlung", indem die „Endolarve" aufreißt und den bisher eingefalteten Wurmkeim zu beträchtlicher Länge ausfaltet [vgl. dazu Abb. 118f + g (für *Owenia*)].

(6) Eine Gliederung nach *ökologischen Kriterien* (entsprechend dem Metamorphosemilieu) erweist sich infolge der relativen Bedeutungslosigkeit des Schlüpfmomentes bei Evertebraten eher als **ungünstig.** Man kann einerseits eine „postembryonale" **freie Metamorphose** im freien Biotop (Süßwasser oder meistens Meerwasser) und andererseits eine **intrakapsuläre,** im Innern von Eihüllen bzw. von Gelegekapseln, des Elters oder im Wirt (bei parasitischen Larven) durchlaufene Metamorphose feststellen.

Letztere, wurde auch als Cryptometabolie (Jeschikov 1936) bzw. „verborgene Metamorphose" [„métamorphose abritée" (Portmann 1955)] bezeichnet. Im Gegensatz dazu sind die Ausdrücke der sukzessiven Aneignung („gradual Assumption") (Carrick 1938) bzw. der „kondensierten Entwicklung" [„développement condensé" (Pelseneer 1935)] unzutreffend, da die Umwandlungen im intrakapsulären Fall oft noch größer sind als im freien Wasser sind! Man vergleiche hierzu z. B. die auf den Abb. 122 bis 125 neben den freien Larven dargestellten intrakapsulären Larvalstadien.

(7) Dann gibt es hinsichtlich der **Kontinuität** Metamorphosen, die **ohne Unterbrechung** vollendet werden oder aber mit einer **Ruhepause** (Dormanz, Entwicklungsarretierung) verbunden sind.

Beispiele für letzteres Verhalten finden sich bei diversen kapselinklusen Larven, bei der Cypris-Puppe der Cirripedier (Abb. 121 d + g) und bei den mit einer **Diapause** (= Puppenruhe) versehenen Puppen der holometabolen Insekten (Abb. 120 C).

Auch hier gibt es zahlreiche Zwischenformen. So wurde die bei höheren Krebsen zwischen der Metazoëa und den älteren Larven eingeschaltete Entwicklungsruhe als Vorstufe zur Diapause der Insekten gedeutet. – Im Entwicklungsablauf von intrakapsulären Larven bei Gastropoden lassen sich häufig Aktivitäts- und Ruhepausen unterscheiden, wobei sich im Falle einer Ruhepause der kapselinkluse Prosobranchierveliger in seine mittels des Operculums verschlossene Schale zurückzieht.

(8) Metamorphosen können im Hinblick auf eine eventuell damit verbundene Größenzunahme – vornehmlich bei Spätlarven – **mit Wachstum** kombiniert sein bzw. kann dieses **fehlen.**

Wachstum verlängert natürlich die Metamorphosedauer. Das zeigt sich extrem bei den teilweise durch mehrere Jahre andauernde Larvalstadien ausgezeichneten holometabolen Insekten (vgl. z. B. den Maikäfer); ihre in bestimmten Fällen nicht mehr fressenden Adulti häuten sich nicht und wachsen

---

Abb. 114. Larven der Parazoa **(a–e)** und der Coelenterata: Cnidaria **(f–u)** [Schnitte bzw. Totalansichten (außer **m** von lateral)]. Vgl. auch Abb. 69 a–e und 72 B.

a Amphiblastula von *Leucosolenia variabilis* (Calcarea) mit divergierend gebauten „Außenzellen".
b Flimmerlarve von *Leucosolenia reticulum* (Calcarea) mit polarer Immigration von ectodermalen und mesenchymalen Zellen und einheitlichem entodermalen Außenepithel. Man beachte die beim Vergleich mit **a** sich manifestierende Ontogenesevariante innerhalb der gleichen Gattung.
c Flimmerlarve von *Clathrina blanca* (Calcarea) mit multipolarer Immigration und einheitlichem entodermalen Außenepithel.
d Parenchymulalarve von *Myxilla rosacea* (Cornacuspongida) mit wie bei **a** aus Ecto- und Entodermzellen bestehendem Außenepithel und früh ausgebauter und geweblich differenzierter Mesenchymregion (vgl. Abb. 69 d).
e Parenchymulalarve von *Spongilla lacustris* (Cornacuspongida) mit transitorischer entodermaler Außenhülle und sehr weit differenzierten „Innenzellen" mit prospektiven Ecto- und Mesenchymzellen, die die bereits Geisselkammern ausformierenden definitiven Entodermzellen einschließen (vgl. Abb. 69 e).
f Planulalarve von *Laomedea (Obelia)* sp. (Hydrozoa, Hydroida) ohne Mundafteröffnung und früh histologisch differenziertem Ectoderm (vgl. auch Abb. 26 a).
g Ratarula (Rataria-)-Larve von *Velella* sp.

(Hydrozoa, Siphonophora) mit bereits ausgebildeter apikaler Luftkammer.
h Actinula-Larve von *Tubularia mesembryanthemum* (Hydrozoa, Hydroida) mit 2 Tentakelkränzen.
i, k Postembryonale Stadien von *Haliclystus octoradiatus* (Scyphozoa): **i** freie Planula-Larve mit „solidem" Entoderm aus vakuolisierten Zellen; **k** sessiles Metamorphosestadium mit 4 Tentakeln sowie 4 Tentakelanlagen.
l, m Larvenstadien von *Pelagia perla* (Scyphozoa), einer ohne sessile Stadien auskommenden Scyphozoe: **l** Planula mit beginnender Formierung des Mundkonus am oralen Ende; **m** Ephyra-Larve (Ansicht auf den Oralpol).
n Larve von *Sagartia troglodytes* (Anthozoa, Actiniaria) mit eingesenktem ectodermalen Schlundrohr, beginnender Septenbildung und aboralem Wimperschopf.
o, p Postembryonale Stadien von *Siderastrea radians* (Anthozoa, Madreporaria): **o** ältere, mit 12 Septen dotierte Planula ohne Tentakel; **p** junger Korallenpolyp mit Basalplatte, 6 Tentakeln, 12 Septen und der Anlage von 12 Sklerosepten.
q Arachnactis-Larve mit 4 Tentakeln von *Cerianthus lloydii* (Anthozoa, Ceriantharia).
r *Cerianthula braemi*-Sekundärlarve (Anthozoa, Ceriantharia) mit 12 Tentakeln.
s Larve von *Zoanthella henseni* (Anthozoa, Zoantharia) mit Wimpernband und aboralem Porus.
t, u Larven von *Zoanthina americana* (Anthozoa, Zoantharia): **t** mit 12 Septen und aboralem Cilienring; **u** mit 12 Tentakeltaschen.

abor	aboral
Aborpo	Aboralporus
aborTe	aboraler Tentakel
Bapl	Basalplatte
Col	Collencyte
defEn	definitives Entoderm
DrZe	Drüsenzelle
eFs	eingesenkte Fuß-Scheibe
Enka	Entodermkanal
Enpin	Endopinakocyten
Es	Einschnürung
Flla	Flügellappen
Gafi	Gastralfilamente
Gk	Geißelkammer
Lim	Limbus (Randsaum)
Meg	Megasclerite
Mics	Microsclerite
MuAf	Mundafter
Muko	Mundkonus (Mundkegel)
Nc	Nematocyte (Nesselzelle)
NcDe	Nematocyten-Depot
or	oral
orCir	oraler Cilienring
orTe	oraler Tentakel
Pin	Pinakocyte
(Po)	des Polypen
Scsep	Scleroseptum
Sep	Septum (Mesenterium)
Sikö	Sinneskörper (Rhopalium)
SiZe	Sinneszelle
Sk	Sklerit
Sr	Schlundrohr (ectodermal)
Tekn	Tentakelknospe
trEn	transitorisches Entoderm
vHr	vorderer Hohlraum
Wib	Wimpernband

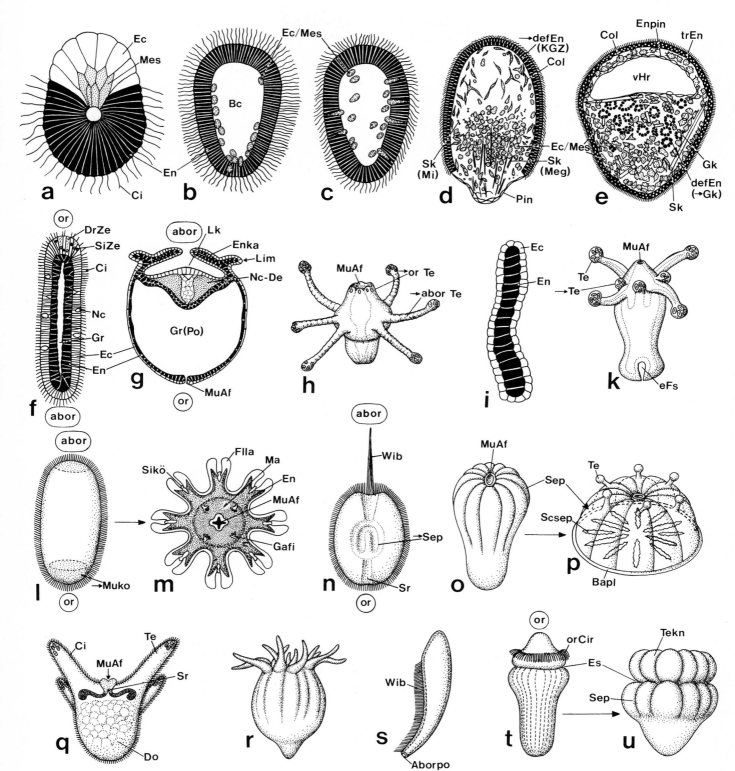

nicht mehr. Auch die diverse weitere Larvenstadien umfassende Metamorphose der auswachsenden Polychaetentrochophora ist von einer sukzessiven Größenzunahme der Larven begleitet.

Wiederum kann innerhalb einer Gruppe die Situation differieren: Unter den Mollusken wandeln sich lecithotrophe Dotterlarven (z.B. bei Chitonen; Abb.122a) rasch um, während die nährstoffreiche intrakapsuläre Ontogenese bzw. die planktontische Nährphase bei Langdistanzlarven ein intensives Wachstum ermöglicht (vgl. S. 371). Ähnliches läßt sich innerhalb der Gruppe der Chordaten feststellen: bei den oft durch lecithotrophe Dotterlarven ausgezeichneten Ascidien dauert die Pseudometamorphose nur wenige Stunden; das Wachstum setzt erst dann ein. Bei den Acrania wird die 2–3 monatige Larvenzeit von einer einmonatigen Metamorphose und erst dann vom entscheidenden Wachstum gefolgt. Andererseits ist für Cyclostomen ein intensives Wachstum während der 4 *(Lampetra)* bis 7 Jahre *(Ichthyomyzon)* währenden Larvalzeit typisch.

(9) Ähnlich wie bei den Larven kann entsprechend die Metamorphose nach *phylogenetischen Kriterien* gegliedert werden.

Kaenogenetische Umwandlungen erfassen den Abbau von autonom als Anpassung ans Entwicklungsmilieu entstandenen Larvalorganen. Bei der **rekapitulativen Metamorphose** werden dagegen in Wiederholung von ursprünglichen Zuständen angelegte Organe bzw. Organisationsprinzipien wieder abgebaut.

Die evolvierteren Scyphozoen rekapitulieren anläßlich ihrer Umwandlung die Merkmale diverser primitiver Ordnungen. Während der Metamorphose der sekundär abgewandelten Cirripedier werden die ursprünglichen Nauplius- und Metanauplius-Larven wiederholt (Abb.121a–c und 143e), die im übrigen – entgegen den übrigen Malakostraken – auch bei Penaeiden und Euphausiaceen noch freischwimmend in Erscheinung treten (Abb.121r+s und 143f+g). Innerhalb der Prosobranchier wird die typische Veligerlarve auch in später zu teilweise extremen Abwandlungen führenden Metamorphose der parasitischen Mesogastropoden bzw. der planktontischen Hetero- und Pteropoden wiederholt (Abb. 143a–c). Die rekapitulativen Vorgänge anläßlich der Pseudometamorphose der Ascidien (Abb.12h–k) wurden schon mehrfach erwähnt.

Im Hinblick auf ihre *Auswirkungen auf den Adultzustand* sind **progressive** und **regressive Metamorphosen** zu sondern. Erstere sind mit neuen Formabwandlungen kombiniert, die entweder schon zur Veränderung der gruppentypischen Larven führen [Cirripedier (Abb. 121d–k), Gymnosomen (Abb. 124d)] oder aber v. a. zur Neugestaltung der bisherigen Endstadien der Entwicklung überleiten, wie dies etwa für Bohrmuscheln und parasitische Formen unter den Schnecken und Crustaceen gilt.

Regressive Metamorphosen beinhalten dagegen den vornehmlich auf Reduktionen beruhenden Umbau der Larven-

organisation; dies gilt für die Ascidien und auch für manche Parasiten.

Vereinfacht gesagt, können Metamorphose-Prozesse somit einen primären, d.h. ursprünglicheren Bauplan in einen sekundären abgeleiteten transformieren. Letzterer kann komplizierter („progressiv") oder reduzierter, d.h. vereinfachter (= „regressiv") sein.

In der Praxis sind beide Kategorien oft nicht scharf zu trennen, zumal sie kombiniert auftreten können. Im Verlauf der Pulmonaten-Metamorphose werden viele Veligermerkmale nicht mehr oder nur noch andeutungsweise angelegt und dafür durch neue Larvalorgane ergänzt bzw. ersetzt.

(10) Schließlich sei erwähnt, daß Metamorphosen auch *Beziehungen zu übergeordneten Prozessen* wie Generationswechsel (z.B. Cnidarier, Plathelminthes, Tunicata) und Wirtswechsel (bei Parasiten; z.B. Plathelminthes, Copepoda, Epicaridea etc.) haben können.

12.5.3 Abhängigkeiten und Steuerungsmechanismen

Wie auch die Kapitel 5 und 14 mehrfach dokumentieren, stellt jeder Entwicklungs- bzw. Metamorphoseablauf stets ein sehr komplexes System dar. Es wird von inneren und äußeren Faktoren wie etwa Licht, Temperatur und anderen Außeneinflüssen des Entwicklungsmilieus, von verfügbaren Nährstoffen, hormonalen Steuerungen sowie durch Abhängigkeiten vom generellen Ontogenesemodus der Gruppe beeinflußt.

(1) Die **genetische Einflußnahme** läßt sich beispielsweise durch die schon erwähnte Puffbildung anläßlich der Insektenmetamorphose demonstrieren (S.53).
(2) Wie jeder Entwicklungszustand sind die Phasen der Metamorphose oft von der **Hormonsituation** abhängig (S.66ff. und Abb. 22).

So können entsprechend bei Insekten z.B. Subitan- und Diapausepuppen (mit fakultativer bzw. essentieller Diapause) ausgebildet sein.

Oft sind die Auswirkungen von antagonistisch wirkenden Hormonen entscheidend (vgl. S.66ff.).

(3) Fol hat bereits 1879/80 bei der durch eiklarreiche Totaleier ausgezeichneten Weinbergschnecke *(Helix)* durch eine weitere künstliche Eiklarfütterung der Keime die Metamorphose herausgezögert und damit eine **Abhängigkeit von Nährstoffen** aufzeigen können. Nach neuen Untersuchungen an *Deroceras* wird bei dieser Stylommatophoren-Art freilich die Umwandlung des Eiklarsackes (vgl. Abb. 124 l) in die definitive Mitteldarmdrüse nicht grundsätzlich gehemmt, aber immerhin deren folliculäre Gliederung und die Ausbildung von Sekretionsresorptionszellen verlangsamt.

Entgegen einer weit verbreiteten früheren Ansicht verhindert der Nährstoffreichtum eine Metamorphose nicht; vielmehr kann dieser infolge des nötigen Aufbaues von zusätzlichen Larvalorganen bzw. durch Funktionswandel derselben sogar zu deren Komplizierung führen!

(4) Wie schon Schmidt in seiner „ökologischen Ontogenie" dokumentiert hat, stellt die Analyse der **Außeneinflüsse** auf die Metamorphose und die Entwicklungstypen ein besonders in neuester Zeit sehr beachtetes weites Gebiet dar (vgl. auch S. 378f.).

Die Metamorphose steht unter dem Einfluß von **Licht** und **Temperatur**, bei manchen Tieren von **Salinität** sowie - beim Festsetzen - auch von **Gravitationskräften**. Sie ist z. B. bei der Umwandlung der Actinotrocha durch Bakterien induzierbar.

Bei vielen marinen Larven muß dem Festsetzen eine Lichtphase vorausgehen. Doch gibt es neben lichtpositiven auch -negative sowie -indifferente Tiere.

Der „Geruch" des Süßwassers löst die Umwandlung des Leptocephalus des Aales aus.

Das Festsetzen, welches bei vielen marinen, adult benthonisch lebenden Arten der Auslöser zur Metamorphose ist, ist von der **Substrat-Zusammensetzung** abhängig (Tabelle 70). Diese ist besonders wichtig, wenn die Umwandlung - wie bei den eine große „individuelle Freiheit" genießenden Molluskenlarven - nicht unter Hormonkontrolle steht.

Bei Cirripediern spielt die **Rugophilie** des Untergrundes eine Rolle. Oft sind bestimmte **Nahrungstiere**, die mit dem späteren Futter identisch sind, auslösend; zur Umwandlung brauchen innerhalb der Hinterkiemer *Adalaria proxima* die Bryozoe *Electra pilosa* bzw. *Tritonia hombergi* die Anthozoe *Alcyonium digitatum* als Substrat. Häufig werden bereits mit **festgesetzten Artgenossen** dotierte Nischen besetzt, was infolge der dadurch ja erwiesenen günstigen Lebensbedingungen für die Auslese günstig ist. Es ist nachgewiesen, daß bereits Larven - wahrscheinlich an deren cuticulären Substanzen (z. B. chinongefärbte Proteine) - eigene Artgenossen erkennen können. Besonders bei der Austernzucht sind zahlreiche Experimente mit als sog.

Tabelle 70. Beispiele von zum Festsetzen mariner Mollusken-Larven geeigneten Substraten

Tiergruppe	Nötiges Substrat
Prosobranchia	Cnidarier, Schlammsedimente, Wirtsgewebe (bei Parasiten)
Opisthobranchia	Cnidarier, Bryozoen, diverse Algen, Microorganismen, die Meduse *Zanclea costata* (für *Phyllirhoë bucephala*)
Polyplacophora	Algen
Bivalvia	Algen, Adultschalen, Holz (bei Bohrmuscheln)

„Brutfänger" wirkenden, d. h. ein Festsetzen der Rotiger herbeiführenden künstlichen Substraten unternommen worden.

Umfangreiche Tests sind auch zur Feststellung der nötigen **Zeitdauer des Substratkontaktes** gemacht worden. So genügt dem Veliger des Opisthobranchiers *Capellinia exigua* eine Stunde Kontakt mit der Hydroide *Kirchenpaueria* zur erfolgreichen Umwandlung.

Die zeitliche Dauer der Suchphase ist oft limitiert. Der Rotiger der Muschel *Zirphaea* kann nach einer Woche erfolglosen Suchens nicht mehr metamorphosieren. Andere Larven können mehrmals Substrate testen. Bei längerem Mißerfolg und zunehmendem Larvenalter werden dann auch weniger attraktive Substrate besiedelt.

Dies gilt entsprechend für die heute sehr weitgehend analysierten Balaniden-Larven. Diese machen nach einer kurzen Vorbereitungsphase eine weiträumig und anschließend eine eng orientierte Suchphase durch. Nach Inspizierung eines möglichen Besiedlungsplatzes erfolgt bei ungünstigen Bedingungen das Wegschwimmen. Bei u.a. von der Rugophilie des Substrates abhängiger, positiver Konstellation macht der Larvenkörper der Cypris kreisförmige Bewegungen, die u.a. die Einhaltung eines Minimalabstandes zum (prospektiven) Nachbartier gewährleisten. Dann erfolgt die Anheftungs- bzw. Besiedlungsphase.

Das hier für die Seepocken geschilderte Verhalten kommt konvergent bei vielen marinen Invertebraten-Larven vor.

(5) Schließlich kann Metamorphose mit horizontalen bzw. vertikalen **Wanderungen** kombiniert sein.

Die Aalwanderung wurde schon besprochen (S.307). Die Larven der Anglerfische sind anfänglich relativ oberflächlich, um bei Metamorphosebeginn auf 500-1000 m Meerestiefe abzusteigen. Am Metamorphoseende finden sie sich in rund 2000 m Tiefe. Die Adulttiere leben zwischen 1500-2000 m tief.

12.5.4 Spezielles

Im Folgenden werden einige besonders signifikante Metamorphoseabläufe in systematisch geordneter Reihenfolge vorgestellt.

12.5.4.1 Phoronida

Die mit Bakterien künstlich induzierbare und deshalb sehr gut untersuchte Umwandlung der Actinotrocha (Abb.15a) verläuft „katastrophal" und extrem rasch. Sie dauert bei *Phoronopsis psammophila* 25-30 Min. (bei 18-20 °C) und bei *Phoronis mülleri* sogar nur 11-15 Min.!

Die planktontische **Actinotrocha** gliedert sich ähnlich wie die Trochophora der Polychaeten in eine **Epi-** und eine **Hyposphäre** (Abb.115a). Ihr Wimpernkranz ist auf zahlreichen mit Cilien besetzten Lappen (= **Larvaltentakel**) aufgezogen; zusätzlich gibt es einen circumanalen Telotroch. Das **Coelom** ist archicoelomatentypisch **trimer.** Des weiteren finden wir ein Paar **Protonephridien,** ein Erythrocytenbildungszentrum sowie apical in der Episphäre neben der **Scheitelplatte** einen der Substratkontrolle dienenden **2. Nervenkomplex** (vgl. Abb. 115 b). In der Hyposphäre schließlich liegt ein sich immer stärker einstülpender und aufwindender metasomaler Blindsack von ectodermaler Herkunft.

Dieser **Metasomadivertikel** stülpt sich nach Substratkontakt der Larve zum Metamorphosebeginn aus (Abb. 115 b). Der **larvale Darm** wird anschließend in ihn hineingezogen und damit u-förmig (Abb. 115 c); er bildet terminal eine Ampulle aus. Die abgeworfene Episphäre und die Larvaltentakel werden verschluckt, und der Telotroch wird in den Enddarm hinein transportiert (Abb. 115 d). Zwischen den Larvaltentakeln schon vorher vorhandene Anlagen wachsen zu den definitiven Lophophortentakeln aus. Das vornehmlich aus Blutgefäßen entlang dem Darm bestehende Kreislaufsystem tritt in Aktion. Die blind geschlossenen Protonephridien werfen ihre Wimpernkölbchen ab; der jeweils übriggebliebene Nephridialgang baut sich einen neuen offenen Wimpertrichter.

Die Raschheit der Phoroniden-Metamorphose wird möglich, da es sich vor allem um Materialverschiebungen und Abbauprozesse handelt.

12.5.4.2 Bryozoa

Die marinen Moostierchen besitzen zahlreiche, sehr divergierende Larventypen (Abb. 115 g–l) und damit recht unterschiedliche Metamorphosen. Die Larven der Süßwasserformen haben einen transitorischen, mit Cilien besetzten Larvalsack und zwei Primärzoecien (Abb. 115 m + n); diese „Primärkolonie" zeigt bald weitere Sprossungen.

Die im folgenden geschilderte Umwandlung der marinen *Membranipora*-Arten ist mit **extremen Degenerationen** kombiniert:

Die seitlich oft komprimierte *Cyphonautes*-Larve (Abb. 115 i) hat eine nur kleine Hyposphäre. Ein vor dem Vestibulum gelegener ausstülpbarer **Blindsack** (Saugnapf) dient der Festheftung, während das eine Nervenverbindung mit der Scheitelplatte aufweisende **birnförmige Organ** zur Substrat-

---

Abb. 115. Larven der Archicoelomata I: Phoronida (**a–d**), Brachiopoda (**e, f**), Bryozoa (**g–n**) und Hemichordata (**o–s**) [Schnitte (**i–l**) bzw. Totalansichten].

a–d Metamorphose der Actinotrocha zur *Phoronis* (Lateralansichten) (vgl. hierzu auch Abb. 15 a und 76 s): **a** planktonische Actinotrocha mit eingestülptem metasomalen Blindsack; **b** zum Bodenleben übergehende Actinotrocha mit ausgestülptem metasomalen Blindsack; **c** oberhalb dem zur Rumpfanlage werdenden metasomalen Blindsack (mit u-förmig gekrümmtem Darm) schrumpft die Episphäre zusammen; **d** Übergang zur jungen *Phoronis* mit auswachsenden Adulttentakeln.
e Larve von *Lacazella* sp. (Totalansicht); **f** Larve von *Argyrotheca* sp. (Ventralansicht); **g** Larve von *Bugula plumosa* (Lateralansicht); **h** Larve von *Alcyonidium mytili* (Lateralansicht).
i–l Metamorphose des Cyphonautes von *Membranipora pilosa* (Sagittalschnitte): **i** planktonischer Cyphonautes; **k** abgeplatteter Cyphonautes, direkt nach der Festheftung; **l** späte Metamorphose mit histolysiertem Material und Bildung des Polypids; **m, n** Larvenentwicklung von *Plumatella fungosa* (Totalansichten): **m** freie Larve mit zwei Primärzoecien; **n** „Schlüpfen" der zwei Zoe-

cien aus dem noch schwimmenden Larvalsack.
o Freischwimmende Larve des Pterobranchiers *Cephalodiscus (Orthecus) indicus* (Lateralansicht).
p–s Ausgewählte Entwicklungsstadien der Tornaria-Larve der Enteropneusta [mit Ausnahme von **r** (von ventral) stets Lateralansichten]; **p** Müller-Stadium; **q** Heider-Stadium; **r** Krohn-Stadium; **s** Metamorphosestadium zum jungen Eichelwurm.

adRu	adulter Rumpf
adTe	adulte Tentakel (Lophophortentakel)
apOef	apikale Öffnung
Bap	Basalplatte (= umgewandelter Saugnapf)
bOr	birnförmiges Organ
C_1	Protocoel
C_2	Mesocoel
C_3	Metacoel
Co	Corona
Co*	stark verlängerte Coronalzellen
Done	Dorsalnerv
Drfe	Drüsenfeld
Ecoe	Eichelcoelom
Es	Einsenkung vor dem Vestibulum
Fur	Furche
Hist	Histolyse
Kcoe	Kragencoelom
Km	Kragenmark

Kn	Knospung
Kr	Kragen
Ksch	Kopfschild
laBo	larvale Borsten
laTe	larvale Tentakel
Lobant	Lobus anterior des Embryos
loWik	longitudinaler Wimpernkranz
Lsa	Larvalsack
M	Mantel
Malob	Mantellobus
Mb	Mundbucht
msB	metasomaler Blindsack
Mufa	Muskelfasern
2. Nk	2. Nervenkomplex
Pedlob	Peduncularlobus des Embryos
Pigfl	Pigmentfleck
Polp	Polypidanlage
Prizoe	Primärzoecium
Rec	Rectum
Retr	Retraktor
Rucoe	Rumpfcoelom
Rüpo	Rückenporus
rSor	retraktiles Scheitelorgan
veCi	verlängerte Cilien
Ves	Vestibulum
Wib	Wimperband
Wis	Wimpersaum
ziWik	zirkulärer Wimperkranz

*	Umschlagrand der Basalplatte
**	u-förmig gebogener Darm

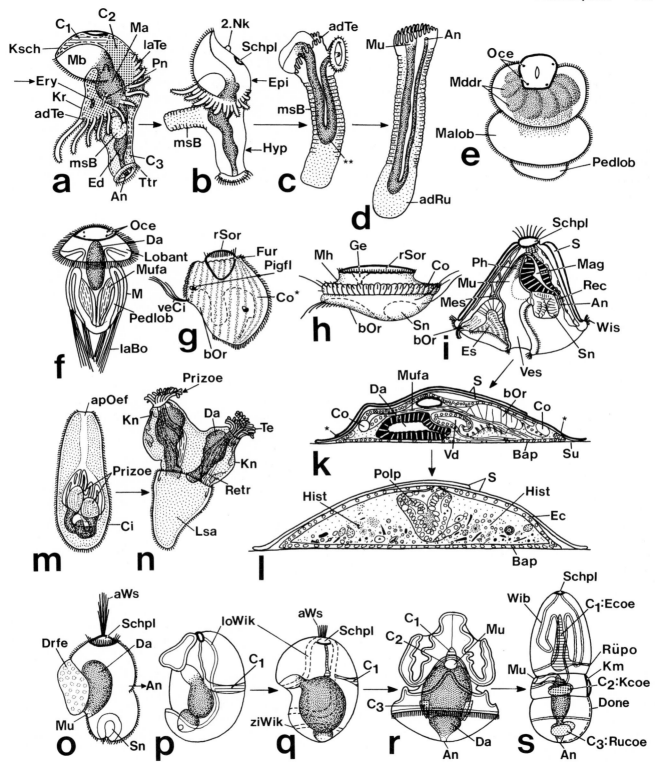

kontrolle eingesetzt wird. Die zwei seitlichen **Schalen** führen äußerlich zu einer gewissen Muschelähnlichkeit; basal ist der mit einem nur kleinen oder reduzierten Darm versehene Cyphonautes von einem Wimperkranz umgürtet.

Bei der Metamorphose wird der Saugnapf zur Basalplatte, während die beiden Schalenplatten ein geschlossenes Dach bilden (Abb. 115k). Im Innern verfällt außer dem umhüllenden Epithel alles Material der **Histolyse** (Abb. 115l), wobei der Bildungsanteil der sich dedifferenzierenden Zellen umstritten ist. Im Gebiet der ehemaligen Scheitelplatte beginnt – ähnlich wie bei der asexuellen Vermehrung – das Polypid zu knospen, während aus der übrigen Larve das Cystid des Primärzoeciums (= **Ancestrula**) hervorgeht. Dann erfolgt unter weiterer Knospung von Zoiden (= **Zoarien**) die Bildung der Kolonie.

12.5.4.3 Echinodermata

Echinoidea

Ausgangspunkt der umfangreichen, durch einen extremen Symmetriewechsel gekennzeichneten Seeigel-Metamorphose ist der *Pluteus* (= Echinopluteus; Abb. 116f), die wohl klassischste, mit einer Coelomtrimerie (S. 199; vgl. Abb. 75) ausgezeichnete planktotrophe Primärlarve. An ihren innen durch ein **Larvalskelett** gestützten Armen dienen **Wimperbänder** der Lokomotion, die sich vor der Metamorphose zur Verbesserung des Schwebens noch verlängern können. Auch werden teilweise paarige laterale Wimperepauletten formiert. Der Pluteus ist zweiseitig symmetrisch und besitzt damit eine **bilateralsymmetrisch ausgerichtete Pluteus-Achse.**

Zu Metamorphosebeginn senkt sich an der linken Seite (an der Basis des linken posterodorsalen Armes) das vermutlich durch das Hydrocoel induzierte ectodermale Vestibulum ein (Abb. 15b und 75e). Letzteres schließt sich zur Amnionhöhle (vgl. Abb. 141a). Sein verdickter Boden bildet die **Seeigelscheibe** als Anlage des oralen Pols des Adultus; ihr Zentrum entspricht dem künftigen Mund. Gleichzeitig markieren auf der Gegenseite aufgetretene **Pedicellarien** (meist in Zweizahl) den prospektiven aboralen Pol des künftigen Seeigels. Die durch ihn und das Zentrum der Seeigelscheibe ziehende **definitive Seeigelachse** (Abb. 75e) ist gegenüber der Pluteusachse abgewinkelt und seitlich verschoben, wenn auch beide Achsen in der Horizontalebene liegen. Sie ist auf der Oralseite das Zentrum der radiärsymmetrisch-pentamer auftretenden ersten Differenzierungen des definitiven Seeigels [5 Primärtentakel und 5 Epineuralfalten (Abb. 75f); vgl. unten].

Die Anlagen der **Coelomsäcke** (vgl. Abb. 75c + d) zeigen nun folgende Veränderungen: das Hydrocoelbläschen (linkes C_2)

wird sichelartig und schließt sich anschließend zum **kreisförmigen Ringkanal** (Abb. 75g). Dieser ist durch den **Steinkanal** mit dem **Axocoel** (linkes C_1) als Bildner des Axialorgans verbunden. Das rechte C_1 degeneriert oder wandert nach links, um zur Dorsalblase (Madreporenbläschen) zu werden, während das von ihm abgetrennte rechte Mesocoel (C_2) degeneriert. Doch gibt es auch einzelne Seeigelarten, bei denen das rechte Axocoel den gesamten Axialsinus bildet. Beide jeweils von C_1 und C_2 isolierten Somatocoele (linkes und rechtes C_3) umwachsen den Darm und vereinigen sich zum zusammenhängenden perivisceralen Coelom (vgl. Abb. 75e).

Das zwischen der Seeigelscheibe und dem Somatocoel eingepreßte Hydrocoel bildet in den Ebenen der prospektiven Radiärkanäle 5 transitorische **Primärtentakel** aus, die gemeinsam mit dem Ringkanal die erste Anlage des Ambulacralsystems bilden (Abb. 75f). Sie wölben an fünf Stellen das Vestibulum auf, welches zwischen ihnen 5 **Epineuralfalten** auffaltet; letztere bestehen jeweils aus der Epidermallamelle, dem mesoblastischen **skelettogenen Raum** (der die Skelettelemente bilden läßt) und der basalen **Epineuralfalte** (Anlage des Nervensystems; später mit 5 großen Radiärnerven). Damit zeigt die Seeigelscheibe a priori die schon erwähnte **Pentamerie** (= **Fünfstrahligkeit**).

Im Verlauf der weiteren Entwicklung stoßen die Primärtentakel weiter in die Amnionhöhle vor und vermehren sich die Skelettplatten. Bald erheben sich in die Amnionhöhle hinein auch **Stacheln.** Die mit einem vierzipfeligen Ende versehenen Larvalstacheln werden durch spitze definitive Stacheln ergänzt. Im Zentrum der Seeigelscheibe kondensiert sich im Mesoblast die Anlage der **Laterne des Aristoteles.** Der übernommene Vorderdarm bekommt zu dieser Kontakt, während der Enddarm zum Zentrum des Aboralpols verlagert wird. Die definitiven Öffnungen von Mund und After entstehen neu.

Zwischen den Primärtentakeln, die im weiteren Entwicklungsverlauf unter Bildung der Radiärkanäle durch zahlreiche definitive paarig aufgereihte Ambulacralfüßchen ergänzt werden, stülpt das Somatocoel fingerartige, natürlich auf der Innenseite der Skelettplatten liegende metacoelomatische Zapfen aus. Diese schließen sich in der Folge durch seitliches Auswachsen zum **oralen Perihaemalring** (= oraler Metacoelring) des Pseudohaemalsystems (parallel zum Ringkanal) (Abb. 75g). Letzteres ist später durch den Spaltraum des **Haemalsystems** vom Ambulacralsystem getrennt. Der Darm bildet eine Windung und das Somatocoel läßt im weiteren die 5 Zahnsäcklein, die 10 Kiemen, die Anteile des Kiefercoeloms und den ringförmigen, aboralen mit den interradiär liegenden Genitalhöhlen kommunizierenden Genitalkanal aus sich hervorgehen.

Auf der Aboralseite formieren sich gleichfalls Skelettelemente, so daß mit der Zeit von oral bzw. aboral her ein zusammenhängender kugelförmiger Adultkörper entsteht, während andererseits die Pluteusarme, das Larvalskelett und die Wimperbänder abgebaut werden. Die Amnionhöhle reißt übrigens mit der Vergrößerung der Stacheln und der Vermehrung der Ambulacralfüßchen bald auf (vgl. Abb. 15 b, rechts).

Andere Echinodermenklassen

Alle Eleutherozoen-Larven lassen sich auf die sog. *Dipleurula* (Abb. 116 e) zurückführen; dieses Stadium wird in den Larvensukzessionen dieser Klasse meist rekapituliert.

(1) Die Metamorphose der Ophiuriden verläuft (Abb. 116 g + h) ähnlich wie beim Seeigel; doch stimmt die definitive Oralseite mit dem Mundpol des *Ophiopluteus* überein, legt sich das Hydrocoel um den Oesophagus herum und bleibt das Vestibulum eine dauernd offene Einsenkung. Im weiteren ist das rechte Axocoel hälftig an der Bildung des Axialsinus beteiligt.

Arktische und antarktische Ophiuriden zeigen mit der Tendenz zur Entwicklungsverkürzung (S. 381 f.) vereinfachte Larven mit reduzierten Armen (Abb. 116 i).

(2) Bei den Asteroiden, die einen Symmetriewechsel, aber gleichfalls ein offen bleibendes Vestibulum haben, wird das rechte Mesocoel (C_2) nicht mehr angelegt (Abb. 76 b–d). Die auf die *Bipinnaria* (Abb. 116 k) folgende, mit vielen Armen versehene *Brachiolaria* (Abb. 116 l) heftet sich zur Metamorphose (Abb. 116 m) an das Substrat fest. Stomo- und Proctodaeum werden dabei neu gebildet; beträchtliche Teile des Larvenkörpers sind degenerativ.

Ähnlich wie bei den Ophiurida kommt die Tendenz zu „kondensierter Entwicklung" auch bei diversen Seesternen vor. Die stark modifizierten, oft mittels des umgewandelten Praeorallobus zum Kriechen befähigten Larven, die vor allem bei Arten mit Brutpflege auftreten, zeigen äußerlich stark reduzierte bzw. fehlende Körperanhänge und im übrigen auch das Coelomsystem mit erfassende beträchtliche Abwandlungen im inneren Bau. Solche für *Asterina gibbosa* (Abb. 116 n) und *phylactica* und auch für *Solaster, Cribrella, Crossaster, Echinaster, Asteracantion, Fromia* u. a. charakteristischen Larven haben dementsprechend mit der typischen Brachiolaria nur noch wenig gemein.

(3) Die *Pseudodoliolaria* (Abb. 116 q) der Holothurien ist durch den reifenartigen Umbau (Abb. 116 p) der früher zusammenhängenden Wimperkränze der *Auricularia* (Abb. 116 o) entstanden. Die rechten vorderen Coelome C_1 und C_2 werden nicht mehr angelegt (Abb. 76 e + f). Die bei der Larve vorhandene **Körpersymmetrie** sowie die Lage der Darmöffnungen werden **direkt übernommen**. Zudem wird praktisch der ganze Larvenkörper zum Aufbau der jungen Seegurke verwendet (vgl. Abb. 116 r). Am Oralpol senkt sich das die Primärentakel aufnehmende **Vestibulum** ein; das Hydrocoel schließt sich um den Vorderdarm zur Bildung des Ringkanals. Der innere Madreporit liegt holothurientypisch im Innern des Metacoels. Die frühe Anlage von laterad-aboral gelegenen **Skelettplättchen** (Skeletträdchen) schon bei der Auricularia verdient Erwähnung (Abb. 116 o).

(4) Die Pelmatozoa (Crinoidea) – nur die Ontogenese von *Antedon* ist genauer bekannt – zeigen eine **komplizierte Verlagerung** des Darmes sowie der Coelome (vgl. auch Abb. 76 g). Die mundlose lecithotrophe *Doliolaria* (Abb. 116 a) besitzt ein sich einsenkendes **Vestibulum**. In dieses stülpen sich später bei der inzwischen festgesetzten *Cystid-* (Abb. 116 b + c) bzw. *Pentacrinoidlarve* (Abb. 116 d) die von Hydrocoeldivertikeln ausgefüllten **Primärentakel** aus. Das Vestibulum reißt zum Freiwerden der Arme dann auf. Diese gestielten Larven **rekapitulieren** die primäre Situation der dauernd sessilen Seelilien der Tiefsee; der adulte *Antedon*-Haarstern ist frei. Diese Umwandlung weist – wenn man vom nicht mehr gebrauchten Stiel (Pedunculus) absieht – nur wenige abbauende Prozesse auf.

12.5.4.4 Nemertini

Die Schnurwürmer haben zwei mit Larven (mit Scheiben; siehe unten) dotierte Metamorphosetypen sowie auch unterschiedlich stark gegen eine direkte Entwicklung (ohne Scheiben) tendierende bzw. diese repräsentierende Ontogenesetypen (z. B. bei *Emplectonema, Oerstedia, Tetrastemma, Tubulanus*). Dabei gibt es neben Stadien mit transitorischen Embryonalhüllen nur noch durch ein transitorisches Flimmerkleid bzw. durch transitorische Geißeln an Vorder- und Hinterende sich auszeichnende Formen, die sich ansonsten direkt zum Adultus entwickeln. Auch Entwicklungsvarianten innerhalb der gleichen Art (z. B. *Lineus ruber*) kommen vor.

Besonders typisch ist die auf einem *Pilidium* (Abb. 15 c + d und 117 h) basierende Metamorphose der Heteronemertini (z. B. *Cerebratulus, Micrura, Lineus*).

Die **helmartige Larve** ist mit einem komplizierteren Wimperkranz dotiert, der sich auch auf die zwei **Seitenlappen** erstreckt. Die **Scheitelplatte** hat einen apikalen Wimperschopf und zum Teil Pigmente. Der Darm weist weder After noch Enddarm auf und zeigt somit ein extrem protostomierhaftes Verhalten; doch kommt ein transitorischer Urmundverschluß vor und könnte der Vorderdarm eventuell ectodermaler Natur sein. Protonephridien fehlen. Vom in einer gallertigen Schicht liegenden Mesenchym dient ein Teil der Larve, der andere dem Adultus.

Anläßlich der Metamorphose wird der adulte Wurmkörper aus einer Anzahl ectodermaler, in etwa mit Imaginalscheiben

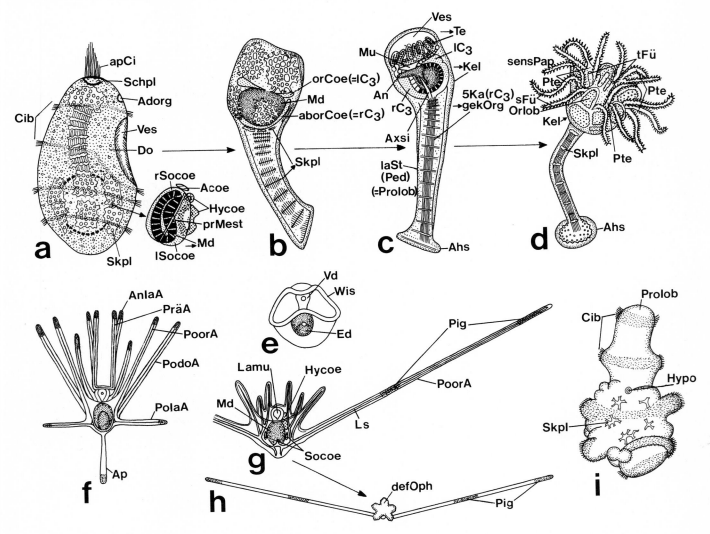

Abb. 116. Larven der Archicoelomata II: Echinodermata (Totalansichten).

I. Pelmatozoa (Crinoidea): **a–d** Larven von *Antedon* sp. (in Lateralansicht): **a** lecithotrophe Doliolaria (die Cölomverhältnisse sind *rechts* besonders herausgezeichnet); **b, c** junge festgesetzte bzw. ältere Cystidenlarve; **d** Pentacrinoidlarve.
II. Eleutherozoa [außer **l** und **r** (= von lateral) stets in Oralansicht]: **e** die urtümliche, von allen Klassen rekapitulierte Dipleurula-Larve; **f** Echinoidea: Echinopluteus des irregulären Seeigels *Echinocardium cordatum* (vgl. auch Abb. 75 e); **g–i** Ophiuroidea: **g, h** Ophiopluteus bzw. Metamorphosestadium von *Ophiothrix fragilis;* **i** tonnenförmige planktontische Larve (mit reduziertem Brachialapparat, aber 5 Wimpergürteln) von *Ophionereis squamulosa.* **k–n** Asteroidea: **k** Bipinnaria von *Astropecten aurantiacus;* **l** Brachiolaria von *Asterias forbesi;* **m** Metamorphosestadium zum jungen Seestern von *Astropecten aurantiacus;* **n** 8tägige alte Larve mit stark reduziert angelegten Larvalarmen von *Asterina gibbosa,* die mit ihren Praeorallloben kriechen kann. **o–r** Metamorphosestadien der Holothurioidea (**o–q** unbestimmt; **r** *Cucumaria* sp.): **o** Auricularia; **p** Umwandlungsstadium zur Pseudodoliolaria; **q** Pseudodoliolaria; **r** Pentactula mit den Anlagen der Ambulacralfüßchen.

aborCoe	aborales Coelom
Acoe	Axocoel
Adorg	Adhaesivorgan
Ahs	Anheftungsscheibe
Amgef	radiäre Ambulacralgefäße
AndoA	Anterodorsalarm
AnlaA	Anterolateralarm
Ap	Apicalappendix
apCi	apikale Cilien
Axsi	Axialsinus
Bra-Anh	Brachiolaria-Anhänge
Cib	Cilienband
defOph	definitiver Ophiuride
DomeA	Dorsomedianarm
Dos	Dorsalsack
EVes	Eingang zum Vestibulum

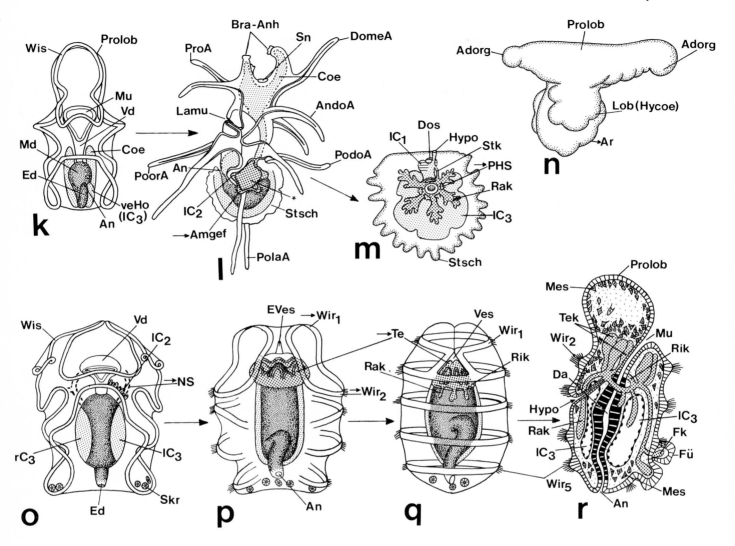

Fk	Füßchenkanal	orCoe	orales Coelom	rSocoe	rechtes Somatocoel
Fü	Ambulacralfüßchen	Orlob	Orallobus	sensPap	sensorische Papille
gekOrg	gekammertes Organ	Ped	Pedunculus	sFü	sekundäre Füßchen
Hycoe	Hydrocoel	PHS	Perihaemalsystem	Skpl	Skelettplatten
Hypo	Hydroporus	PodoA	Posterodorsalarm	Skr	Skeletträdchen
5Ka	5 Kanäle	PolaA	Posterolateralarm	Socoe	Somatocoele
Kel	Kelch (Calyx)	PoorA	Posterooralarm	Stk	Steinkanal
Lamu	Larvalmund	PräA	Praeoralarm	Stsch	Seesternscheibe
laSt	larvaler Stiel	prMest	primäres Mesenterium	Tek	Tentakelkanal
IC$_1$	linkes Axocoel	ProA	Praeoralarm	tFü	tertiäre Füßchen
IC$_2$	linkes Hydrocoel	Prolob	Praeorallobus	veHo	ventrales Horn
IC$_3$	linkes Somatocoel	Pte	Primärtentakel	Ves	Vestibulum
Lob(Hycoe)	Loben des Hydrocoels	Rak	Radiärkanal (des Hydrocoels)	Wir	Wimperring
Ls	Larvalskelett	rC$_3$	rechtes Somatocoel	Wis	Wimpersaum
lSocoe	linkes Somatocoel	Rik	Ringkanal (des Hydrocoels)	*	Ort des definitiven Mundes

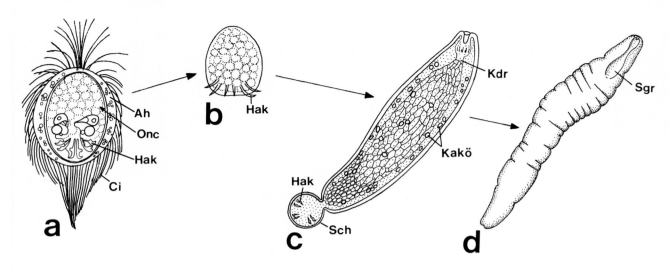

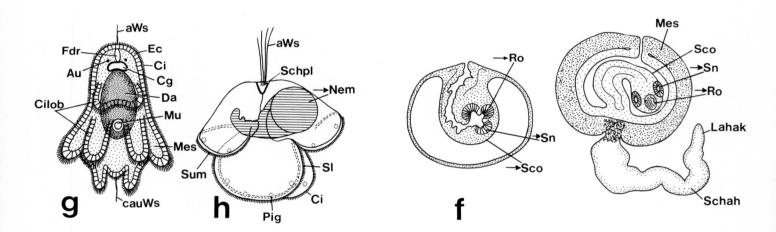

Abb. 117. Larven von verschiedenen Stämmen der protostomen Gastroneuralia [Schnitte (**f, g** und **o–q**) bzw. Totalansichten].

a–g Plathelminthes: **a–f** Cestodes: **a–d** Larvensukzession der Pseudophyllidea (z. B. *Diphyllobothrium latum*) (Totalansichten): **a** Coracidium mit bewimperter Außenhülle (im Wasser); **b** Oncosphaera mit Haken [zuerst im Wasser, dann vom Zwischenwirt 1 (z. B. *Cyclops*) aufgenommen]; **c** Procercoid (in *Cyclops*); **d** Plerocercoid [im Zwischenwirt 2 (Fisch)]; **e, f** Larven der Cyclophyllidea (z. B. *Taenia*-Arten) als Cysticercoid bzw. Cysticercus. Diese in der Muskulatur

des Zwischenwirtes (z. B. Schwein, Rind) liegende Finne stülpt sich im Endwirt (z. B. *Homo*) zum Bandwurm aus.
g Turbellaria: Müllersche Larve (von oral).
h Nemertini: Pilidium mit schon weit differenzierter Nemertine (nach Verwachsung der Scheiben; vgl. Abb. 15 c + d und 112 c) (Lateralansicht).
i Acanthocephala: Acanthor-Larve von *Gigantorhynchus gigas* aus der Leibeshöhle des Engerlings (total).
k Sipunculida: ältere, trochophoraähnliche Larve (= Pelagosphaera) von *Sipunculus nudus* (Sagittalschnitt).

l Echiurida: Trochophora von *Echiurus abyssalis* (Sagittalschnitt). Die seitlich vom Darm liegenden Urmesodermzellen mit den Mesodermstreifen sind nicht getroffen.
m Myzostomida: trochophoraähnliche Larve von *Myzostomum glabrum* (Sagittalschnitt).
n Priapulida: Halicryptus-Larve von *Halicryptus spinulosus* (halbausgestreckt; Ventralansicht).
o–q Kamptozoa: Metamorphose und Rotation von *Pedicellina cernua* (Sagittalschnitte): **o** freischwimmende Larve; **p** festgesetzte Larve mit beginnender Rotation der Eingeweide; **q** Umwandlung zum Adultus.

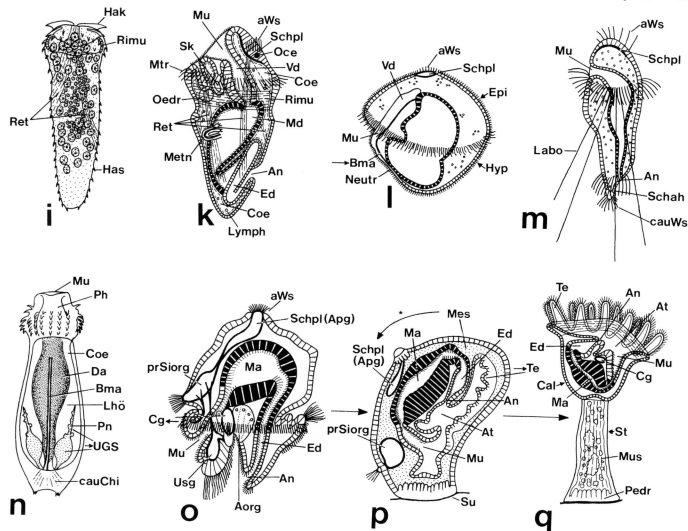

Ah   Außenhülle
Aorg   Anheftungsorgan (vestibuläre
        Drüse)
Apg   Apicalorgan
Cal   Calyx
cauChi caudale Chitinmembran
cauWs   caudaler Wimperschopf
Cilob   Cilienlobus
Fdr   Frontaldrüse
Hak   Haken
Has   Hautstacheln
Kakö   Kalkkörper
Kdr   Kopfdrüsen (Frontaldrüsen)
Labo   Larvalborsten
Lahak   Larvalhaken

Lhö   Leibeshöhle
Lymph   Lymphocyten
Metn   Metanephridium
Nem   Nemertine
Neutr   Neurotrochoid
Oedr   Oesophagealdrüse
Onc   Oncosphaera
Pedr   Pedaldrüse der Anheftungsscheibe
prSiorg praeorales Sinnesorgan
Ret   Retraktormuskulatur
Rimu   Ringmuskulatur
Ro   Rostellum (Hakenkranz)
Sch   Schwanz
Schah   Schwanzanhang
Sco   Scolex

Sgr   Sauggrube
Sk   Schlundkopf
Sl   Seitenlappen
St   Stiel
Sum   Subumbrella
UGS   Urogenitalsystem
Usg   Unterschlundganglion
*   Rotationsrichtung

vergleichbarer Einsenkungen, die im Larveninnern zu **Scheiben** werden, gebildet (Abb. 15 c + d). Es sind 3 paarige (Kopf-, kleine Cerebral- und Rumpfscheiben) sowie 2 unpaare Scheiben (Rüssel- und Dorsalscheibe). Diese Anlagen des Adultkörpers umgeben den zum großen Teil übernommenen Larvaldarm (Abb. 117 h und 141 b) sowie die daran angrenzenden Mesenchymzellen und bilden nach außen ein dünnwandiges **Amnion**. Die erwähnten Mesoblastzellen formieren Parenchymgewebe, Muskulatur, die Rüsselscheide u. a. Der Rest der Larve ist degenerativ.

Im Mesenchym treten später **coelomatische Hohlräume** auf [sog. Kopf- und Rumpfcoelom sowie das Rhynchocoel (Rüsselcoelom)]. Weitere epidermale Einsenkungen werden zu Nephridien, und die Wurmoberfläche bekommt Cilien. Hautmuskelschlauch, Längsmuskulatur, Enddarm und Gonaden entstehen erst nach dem Schlüpfen des jungen Schnurwurmes.

Die nicht freischwimmende **Desorsche Larve** (z. B. von *Lineus ruber*) besitzt gleichfalls Scheiben, die aber kein zusammenhängendes Amnion bilden. Auch wird der dotterbeladene Darm erst postlarval ausdifferenziert. Beispielsweise bei *Lineus gesserensis* kommt es auch zur Aufnahme von Nähreiern (S. 351 und Abb. 132 e). Die gleichfalls bewimperte Körperdecke der Larve dient als Larvenhaut.

12.5.4.5 Polychaeta

Die neben der Seeigelmetamorphose wohl bekannteste Umwandlung einer Primärlarve verläuft **ohne Symmetrieänderung** relativ einfach und geht oft von der planktotrophen *Trochophora* (Abb. 84 a und 118 a + b) aus.

Deren **Episphäre** ist mit einer **Scheitelplatte** mit apikalem Wimperschopf und teilweise mit Ocellen (Larvalaugen) sowie einem **Prototroch** [praeoraler Wimperkranz (aus Trochoblasten)] versehen. In der **Hyposphäre** liegen der postorale Kranz des **Metatrochs** sowie oft ein um den Anus gegürteter Telotroch. Die larvalen Nephridien sind meist blind geschlossene **Protonephridien** und bei *Polygordius* in zwei Paaren vorhanden. Am caudalen Ende des in Vorder-, Mittel- und Enddarm gegliederten Darmrohres liegen die beiden **Urmesodermzellen.**

Die Metamorphose ist durch die auf S. 216 schon beschriebenen **Sprossungsphänomene** charakterisiert, welche bei der **Metatrochophora** bzw. teilweise auch bei weiteren Larven (Nectochaeta u. a.) zu einem sich sukzessive verlängernden **Wurmkeim** führen (Abb. 67 B, 84 c–d und 118 c–e). Die transitorischen Protonephridien werden durch neu gebildete definitive Metanephridien ersetzt; bei *Polygordius* wird freilich das zweite Protonephridienpaar transformiert. Aus dem schrumpfenden Bereich der Episphäre wird der Kopf, der oft mit

---

Abb. 118. Larven der Annelida: Polychaeta (Totalansichten).

a Spezialisierte Trochophora von *Lopadorhynchus* sp. mit larvalem Nervensystem (von lateral). Man beachte die aus mehreren Neuromeren zusammengesetzte Anlage des Cerebralganglions.

b–e Metamorphose von *Polygordius neapolitanus* [außer e (von dorsal) stets in Lateralansicht]: **b** Trochophora; **c** auswachsende Metatrochophora mit Wurmkeim; **d** Reduktion und Transformation der Episphäre zum Kopf; **e** Adultus. Die den äußeren Segmentgrenzen entsprechenden Umrisse der metameren Cölomkammern sind nicht eingezeichnet. Man vgl. hierzu Abb. 84!

f, g Durch lange terminale Borsten ausgezeichnete, voll entwickelte Mitraria von *Owenia fusiformis* mit eingefaltetem Wurmkeim bzw. dieselbe Larve zu Metamorphosebeginn nach Ausstülpung desselben (beide von lateral).

h Mitraria einer unbekannten Art mit spatelartig verbreiterten Borsten zum verbesserten Auftrieb.

i Voll entwickelte, noch planktontische Nectochaeta (vor Metamorphosebeginn) von *Polydora ciliata* (von ventral).

k Festgesetztes, frisch metamorphosiertes Jungtier von *Phragmatopoma californica* (von lateral), das zur benthonischen Ernährungsweise übergeht.

l–p Vor allem durch besondere Anordnung der Wimperkränze abgewandelte Larventypen: **l** atroche Larve (= Prototrocha, Protrochophora) von *Lumbriconereis* sp. (Frontalansicht); **m** Mesotrocha von *Chaetopterus pergamentaceus* (von lateral); **n** Chaetosphaera-Larve einer unbekannten Art mit Büscheln aus langen gezähnten Borsten (von dorsal); **o** polytroche Larve (Polytrocha) (von dorsal), z. B. verwirklicht bei *Ophryotrocha puerilis, Harpochaeta cingulata, Arenicola* sp. und *Nereis pelagica;* **p** Rostraria-Larve mit rüsselartig ausgezogenem Apicalteil der Episphaere und spiralig gedrehten Tentakeln.

aWk	ausgestülpter Wurmkeim
brTe	branchiate Tentakel

Ck	Cölomkammer
defBo	definitive Borsten (Chaetae)
Kr	Kragen
laBos	larvaler Borstensack („Höcker")
laNefa	larvaler Nervenfasernstrang
laNene	larvales Nervennetz
mstPatr	mittelständiger Paratroch
Patr	Paratroche
Pig	Pigmentierung [in Chromatophore (Farbzelle)]
Pro	Prostomium
Pyg	Pygidium
Ru	Rumpf
„Rü"	rüsselartig ausgezogene Episphäre
Schdr	Schleimdrüse (Mucusdrüse)
segTr	segmentaler Trochus (Wimpernkranz)
spBo	spatelförmige Borsten (= Schwebeborsten)
spTe	spiralig gedrehte Tentakel
trBo	transitorische, larvale Borsten (Chaetae)
Wk	Wurmkeim
*	eingestülpte Rumpfsegmente

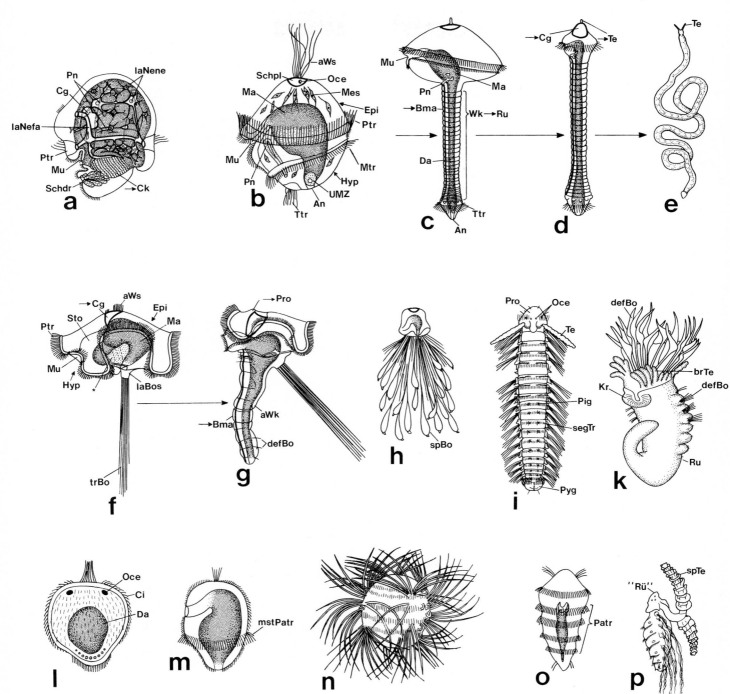

Kopfanhängen versehen wird. Die Scheitelplatte beteiligt sich an der Bildung der Cerebralganglien, während das gastroneurale Rumpfnervensystem (Bauchmark) unter Zellimmigration aus dem ventralen Ectoderm konstruiert wird. Im Rumpfbereich differenzieren sich Parapodien und Borsten (vgl. Abb. 118 i + k), die indes beim auf Abb. 118 e vorgestellten Archianneliden *Polygordius* fehlen.

Entgegen diesen auf Abb. 118 b-e für *Polygordius neapolitanus* dargestellten Verhältnissen mit einem sich sukzessive aus einer Exolarve verlängernden Wurmkeim und damit einer fließenden Umwandlung kommt schon innerhalb der Gattung *Polygordius* bei *P. appendiculatus* und *ponticus* eine von einer **Endolarve** ausgehende sog. „**katastrophale Metamorphose**" vor. Der sich stark in Falten legende Wurmkeim bleibt mittels eines ektodermalen Sackes, der eine Art Amnion bildet, eingestülpt im Innern der damit kugelförmig bleibenden Trochophora. Ist eine bestimmte Segmentzahl erreicht, erfolgt dann der äußerst rasche Durchbruch nach außen. Ähnliche Metamorphosen zeigen Angehörige der Gattungen *Phyllodoce* und *Eulalia* sowie die in Abb. 118 f + g dargestellte ausgewachsene Mitraria von *Owenia fusiformis*.

Wie Abb. 118 f-h sowie l-p demonstriert, gibt es neben der Trochophora auch *abgewandelte Larven*. So zeichnen sich proto-, meso- und polytroche Larven (Abb. 118 m-o) durch eine gegenüber der Trochophora unterschiedliche Zahl und Anordnung der Wimpernkränze aus; die *Mitraria* (Abb. 118 f + h) besitzt besonders lange, teilweise spatelförmig verbreiterte Borsten, die einen verbesserten Auftrieb ermöglichen. Auch die späten Larvenstadien sind recht divergierend.

Verständlicherweise sind bei den adultmorphologisch stärker abgewandelten sessilen Formen die Umwandlungen größer (vgl. etwa Abb. 118 k) als z. B. bei einem Ringelwurm vom *Nereis*-Typ.

12.5.4.6 Arthropoda

Oft wird bei den gleichfalls durch ein **Sprossungsmesoderm** ausgezeichneten Gliederfüßlern zwischen Epi- und Anamerie unterschieden (Tabelle 6).

Epimerie führt zur vollständigen Ausbildung aller Segmente bereits im Ei.

Sie tritt z. B. bei vielen Phyllopoden, *Anaspides,* den Leptostraca, Peracarida, einigen Decapoda *(Astacus)* und den Insekten (Abb. 119 f + g und 120) auf und ist in der Regel auf einen gewissen Nährstoffreichtum angewiesen.

Bei der **Anamerie** schlüpft die Larve mit noch wenigen Metameren, wie bei manchen Crustaceen (vgl. z. B. Abb. 121), den freilich ausgestorbenen Trilobiten (Protaspis-Larve), Pantopoden (Abb. 119 b), diversen Myriapoden, den Proturen u. a. (Abb. 119 e); übrigens zeigen auch die Pentastomida Anamerie (Abb. 119 a).

Die Segment-Ergänzung kann durch eine regelmäßige Ausbildung neuer Segmente in caudorostraler Richtung charakterisiert sein. Die unregelmäßige Anamerie (vor allem Decapoda und viele Stomatopoda) fördert dagegen bestimmte Bereiche früher, was zu einem Entwicklungsvorsprung des Pleons (= Abdomens) gegenüber den hinteren Thoraxsegmenten führt (vgl. z. B. Abb. 121 w).

Es sei betont, daß diese eben charakterisierte Unterscheidung auf einem ökologischen Kriterium (Moment des Schlüpfens) basiert und die Anamerie im Innern der Eihüllen rekapituliert wird; auch *Astacus* zeigt mit vielen anderen Decapoden (Abb. 85 c für *Galathea*) einen mit 3 Gliedmaßenpaaren versehenen intrakapsulären Nauplius.

Abb. 119. Larven der Pentastomida **(a)** sowie der Arthropoda I **(b-g)** (Totalansichten).

a Pentastomida: Larve von *Pentastomum proboscideum* (Ventralansicht).
b Pantopoda: Protonymphon-Larve von *Ammothea echinata* (Dorsalansicht); die aufgrund ihrer drei Gliedmaßenpaare versuchte Gleichsetzung mit dem Crustaceen-Nauplius (vgl. Abb. 121 a, b, l + r und 143 d-g) ist problematisch, da die entsprechenden Extremitäten nicht homolog sind.
c Xiphosura: oft palingenetisch gedeutete Trilobitenlarve von *Limulus polyphemus* (Dorsalansicht).
d Acari: sog. sechsbeinige Larve von *Gamasus fucorum* (Dorsalansicht).
e Pauropoda: zwei Stadien der anameren

Larvenentwicklung von *Pauropus silvaticus* (von lateral).

f, g Insecta: Gegenüberstellung der hemi- **(f)** und holometabolen Kerbtierentwicklung **(g)** am Beispiel von *Melanoplus differentialis* bzw. *Platysamia cecropia*.

Aoce	Aorta cephalica
Boap	Bohrapparat
Ceth	Cephalothorax
Che	Chelicere
Coseg	Collumsegment (Halssegment)
Dor	Dorn
Drze	Drüsenzelle
Ei	Ei
$Ex_1...Ex_9$	Extremitätenpaare
Fl	Flügel
$Gb_1....Gb_3$	Gehbeinpaare

H	Häutung
1.H.....5.H	Häutungen 1-5
Im	Imago
Kr	Kralle
Lau	Lateralauge
Mau	Medianauge
Met	Metamorphose
Pap	Parapodium
Pp	Pedipalpus
Pup	Puppe
Rau	Raupe
Rebl	Rectalblase
Sanh	Schwanzanhang
Schdr	Scherendrüse
Stap	Stützapparat der Kralle
VM	Malpighische Gefäße
VP	Verpuppung

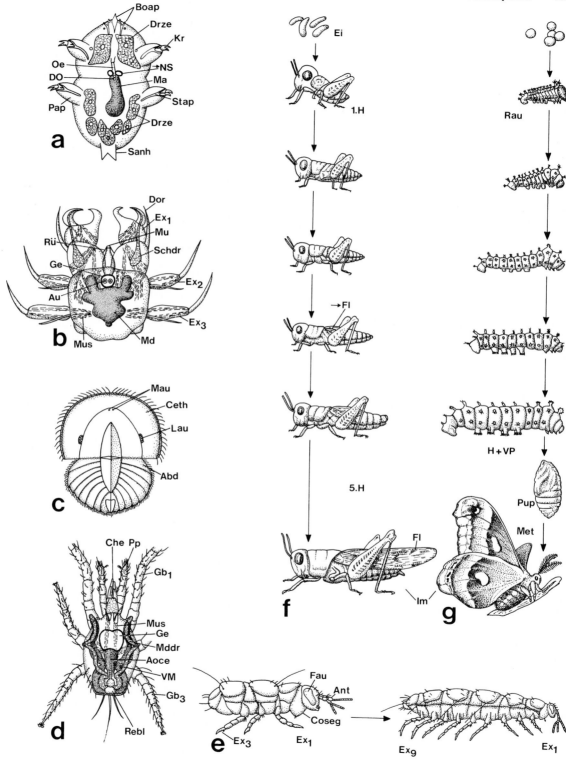

a — Boap, Drze, Kr, Oe, NS, DO, Ma, Pap, Stap, Drze, Sanh

b — Dor, Ex₁, Mu, Rü, Schdr, Ge, Ex₂, Au, Ex₃, Mus, Md

c — Mau, Ceth, Lau, Abd

d — Che Pp, Gb₁, Mus, Ge, Mddr, Aoce, VM, Gb₃, Rebl

e — Fau, Ant, Coseg, Ex₃, Ex₁, Ex₉, Ex₁

f — Ei, 1.H, Fl, 5.H, Fl, Im

g — Rau, H+VP, Pup, Met

Crustacea

Die Krebse haben wie die Kerbtiere eine durch **Häutungsprozesse** mit gekennzeichnete Postembryonalentwicklung; im Gegensatz zu den Insekten gehen aber bei ihnen die Häutungen **bei der Imago** weiter.

Die ursprüngliche, bedeutungsmäßig mit der Dipleurula der Echinodermen bzw. der Trochophora der Polychaeten vergleichbare Larve ist der *Nauplius.*

Er kommt freischwimmend bei den Phyllopoda (Abb. 121 a), den Anostraca, Copepoda (Abb. 121 c und 143 d), Ostracoda, Ascothoracida, den Cirripedia (Abb. 121 b und 143 e) sowie als rekapitulative Larve unter den sonst als Zoëa oder als noch ältere Larve schlüpfenden Malacostraca bei den Euphausiacea sowie den Penaeidae (Abb. 121 r und 143 f + g) unter den Decapoda vor.

Der Nauplius ist gleichsam ein **schwimmender Adultkopf** mit einem unpaaren **Nauplius-Auge** und **drei Gliedmaßenpaaren** [1. Antennen sowie die als Spaltfüße ausgebildeten 2. Antennen (oft mit Kaulade) und die Mandibeln].

Obwohl als sekundäre Larve mit bereits arthropodentypischen Merkmalen (Spaltfuß) klassifizierbar, zeigt der Nauplius – wie schon früher erwähnt worden ist – große Ähnlichkeit zur Primärlarve der Trochophora, die im Prinzip ja gleichfalls ein schwimmender Adultkopf ist; durchaus berechtigt kann man deshalb die Naupliussegmente mit den Larvalsegmenten der Metatrochophora vergleichen.

Meist ist die Krebsmetamorphose von einem **Funktionswandel der Extremitäten** begleitet. So haben die anfänglich schwimmenden Nauplius-Mandibeln bzw. die Maxillipeden (= Kieferfüße) älterer Larven später nutritive Funktion.

Oft sind bei freischwimmenden Larven Anpassungen ausgebildet, die eine bessere Schwimmfähigkeit ermöglichen. So gibt es verlängerte Stirn-, Dorsal- bzw. Caudalstacheln bei *Metazoëen* (Abb. 121 o, v + w), zahlreiche Borsten bei der *Elaphocaris* der Garneele *Sergestes* (Abb. 121 u) bzw. eine dorsoventrale Abplattung des Carapax beim Metanauplius von Balaniden (Abb. 121 c) oder bei den *Phyllosoma*-Larven der Macruren *Scyllarus* und *Palinurus* (Abb. 121 t).

Man beachte – wie Tabelle 71 exemplarisch für Copepoden darstellt –, daß die meist durch klassische Larvenstadien umschriebenen Hauptlarvenzustände noch in weitere, jeweils durch Häutungen getrennte Unterstadien zerfallen.

Cirripedia

Die Metamorphose der Rankenfußkrebse stellt ein klassisches Beispiel für **Rekapitulation** und **anschließende Deviation** dar.

Die Entwicklung zur *sessilen Form* geht vom *Nauplius* (3 Stadien; Abb. 121 b und 143 e) auf den wie etwa bei Copepoden ausgebildeten *Metanauplius* (Abb. 121 c; 3 Stadien) über und

führt zur *Cypris* (= Cyprispuppe; Abb. 121 d). Dieser fehlt ein funktioneller Darm; im Kopfbereich liegende Ölzellen liefern ihr Triglyceride zur Energiegewinnung. Die Cyprislarve besitzt seitlich herabgefaltete Carapaxteile, 6 Thoraxsegmente, ein kleines Abdomen mit 4 Segmenten, ein Naupliusauge und zwei Komplexaugen. Die Mundgliedmaßen sitzen als kammförmige Stummel auf einem Mundkegel; die 2. Antennen werden im letzten Metanauplius-Stadium reduziert. Die der Anheftung mit dem Vorderende dienenden 1. Antennen sind dagegen sehr massiv und werden in der Folge bei den Lepadomorpha zum **Stiel** (Abb. 121 A) bzw. bei den Balanomorpha (Abb. 143 e) zur **Bodenplatte.** In die Carapaxfalte wird anläßlich der Bildung der verschiedenen **Schalenplatten** Kalk eingelagert. Das Hinterende winkelt sich durch Körperdrehung um fast 180° unter Bildung einer tiefen Falte im hinteren Kopfbereich dorsalwärts ab (vgl. Abb. 121 d + e). Die copepodiden Extremitäten wandeln sich zu **Rankenfüßen** (Cirren) um; die Komplexaugen werden abgebaut und das Abdomen reduziert sich.

Die *parasitischen Rhizocephala* zeigen bis zur Cypris (Abb. 121 g), die freilich ohne Komplexaugen auskommt und sich ausschließlich durch ihren Dottervorrat ernährt, eine sehr ähnliche Entwicklung. Die Cypris heftet sich mittels der 1. Antennen am **Wirt** [z. B. *Carcinides (Carcinus) maenas* (= Strankrabbe)] fest und wird zum *Kentrogon-Stadium* (Abb. 121 h).

Das Ectoderm zieht sich dabei von der bisherigen Cuticula zurück und bildet unterhalb derselben eine neue Cuticula. Es umgibt in der Folge **undifferenzierte „Mesodermzellen“.** Zahlreiche **abgestoßene Teile** wie Extremitäten, Muskulatur, Pigment, das Nauplius-Auge, Dotterreste etc. liegen zwischen

Tabelle 71. Sukzession der jeweils durch eine Häutung voneinander getrennten Larvenstadien bei Copepoden. (Nach Angaben von Siewing 1969)

Stadium	Angelegt sind:	
Nauplius	1. und 2. Antenne, Mandibel	
1. Metanauplius	1. Maxille	
2. Metanauplius	2. Maxille	
3. Metanauplius	1. Thorakelbein und -segment (= Maxilliped)	
4. Metanauplius	2. Thorakelbein und -segment (= Maxilliped)	
1. Copepodit	4. und 5. Thoracomer	
2. Copepodit	6. Thoracomer	
3. Copepodit	7. Segment – 1. Pleomer	bilden mit dem Pygidium das Abdomen
4. Copepodit	8. Segment – 2. Pleomer	
5. Copepodit	9. Segment – 3. Pleomer	
6. Copepodit	10. Segment – 4. Pleomer	

den beiden Cuticula-Schichten. Anschließend dringt das Kentrogon durch den **Hohlstachel** in den Krabbenwirt ein. Die früheren Larvalorgane sind also durchwegs transitorisch und die sog. *Sacculina interna* (Abb. 121 i) bildet sich neu aus den undifferenzierten Zellen. Sie besteht aus **wurzelartigen Verzweigungen,** die sich an die Wirtsorgane anlegen sowie dem **Tumor** oder Nucleus. Dieser besitzt – ähnlich wie ein sessiler Cirripedier – Carapax (Mantel) sowie Mantelhöhle und enthält ein Ganglion, Hoden, Ovarien und Ausfuhrgänge. Der von einer zusätzlichen perivisceralen Höhle umgebene Mantel stülpt sich schließlich zur Bildung der *Sacculina externa* (Abb. 121 1 k) nach außen.

Schließlich sei erwähnt, daß sich der Tumor auch asexuell vermehren kann; bei *Peltogaster* werden auf diese Weise rund 30, bei *Thompsonia* dagegen in die Hunderte gehende Tochtertumoren erzeugt.

Höhere Krebse

Ihr typisches Schlüpfstadium stellt die *Zoëa* dar, die man – je nach Extremitätenzahl – in Proto- (Abb. 121 p, s + v) und Metazoëa-Stadien (Abb. 121 w) weiter untergliedern kann.

Die zur Demonstration der **unregelmäßigen Anamerie** prädestinierte *Metazoëa* der Decapoda, wie sie von Krabben ausgebildet wird, hat die Komplexaugen und alle Mundgliedmaßen angelegt (Abb. 121 w). Die im Vergleich zu später positiv allometrischen Maxillipeden (Kieferfüße) dienen aber als **Spaltfuß-Schwimmextremitäten** noch der Lokomotion. Die Thoracopoden (= Peraeopoden) sind erst in Form von dichtzelligen, im Auswachsen begriffenen Stummeln vorhanden. Die Abdominalsegmente sind bereits mit Pleopodenknospen dotiert. Weiterhin sind im einzelnen unterschiedlich angeordnete, das Schweben verbessernde Carapax-Stacheln vorhanden.

Die Metazoëa wird bei vielen Natantia zum *Mysis-Stadium.* Endstadium für die macruren Decapoda in der Postlarva-Periode ist das sog. *Decapodid-Stadium.* Bei den Brachyura folgt der Metazoëa die nunmehr mit allen funktionellen Gehfüßen dotierte *Megalopa* (Abb. 121 x); sie besitzt die typische Cephalothorax-Form und das untergeschlagene Abdomen des Adultus sowie nunmehr als Mundgliedmaßen tätige Kieferfüße. Man vergleiche hierzu auch das *Glaucothoë*-Stadium der Einsiedlerkrebse (Abb. 121 q).

Auch bei Krebsen sind viele Larven der einzelnen Ordnungen mit historischen Namen (vgl. S. 295) versehen. Diese Tatsache hat bisher oft verhindert, daß miteinander vergleichbare Metamorphosestadien den gleichen, dann für mehrere Gruppen gültigen Namen aufweisen.

Insecta

Allgemeines. Die in vielen Spezialwerken sehr detailliert behandelte, mit Spätlarven agierende Insektenmetamorphose kann hier nur in den gröbsten Zügen umrissen werden. Wie schon erwähnt, ist auch sie durch **Häutungen** mit charakterisiert, die im Gegensatz zu den Krebsen bei der Imago aber **sistieren.**

Die Unterdrückung der Imaginalhäutung könnte als Konsequenz des Flügelerwerbs gedeutet werden.

Entgegen den Crustacea, bei denen die Larve vorwiegend ein wichtiges Verbreitungsstadium ist, steht diese bei Insekten oft im Dienste des Wachstums sowie – verbunden damit – in Beziehung zu Häutungen. Im primären Fall der vor allem bei niederen Insektengruppen verwirklichten *Hemimetabolie* (Abb. 119 f und 120 A) ist das Ausmaß der sog. **unvollständigen,** d.h. ohne Puppenstadium auskommenden **Metamorphose** eingeschränkt und werden die als Imaginalanlagen bereits vorhandenen Flügel postembryonal sukzessive ausgebaut. Dies gilt z. B. für die Orthopteroidea, Blattoidea und die Heteroptera.

Bis zu 40 Larvalhäutungen können ablaufen. Als meist durch Anpassungen an einen anderen Lebensraum bedingte Larvalorgane seien die abdominalen Tracheenkiemen der Ephemeriden (Abb. 120 f), Odonaten und Plecopteren (Abb. 120 d) oder die Fangmaske der 2. Maxillen bei Libellen (Abb. 120 a + b) erwähnt.

Die sekundär bei den höheren **holometabolen Insekten** eintretende **vollständige Metamorphose** (Abb. 119 g und 120 B + C) ist an das Ende der Postembryonalentwicklung auf 2 Häutungen (Puppen- bzw. Imaginalhäutung) zusammengedrängt.

Die *Puppe* (Abb. 120 C) als nicht fressendes Ruhestadium gleicht der Nymphe der Neometabola (s. S. 326) und besitzt imaginale Organ-Anlagen in Form von **Imaginalscheiben** (Abb. 2 i, 15 c und 121 e). Die Metamorphose bewirkt einen äußeren (äußere Metamorphose) und einen inneren Umbau (innere Metamorphose). Sie erfaßt das Auswachsen der Imaginalscheiben sowie Degeneration (ectodermale Darmanteile, Epidermis), Umbau (entodermaler Mitteldarm und Nervensystem), Differenzierung (Flugmuskulatur) und unveränderte Übernahme von Organen (z. B. Malpighi-Gefäße).

Zu den Imaginalscheiben sei ergänzt, daß Flügel-Imaginalscheiben nur bei apoden Maden (z. B. Diptera; vgl. Abb. 120 Bl-n) auftreten. Imaginalscheiben können im einzelnen recht unterschiedliche Bildungsleistungen zeigen. Bei den Lepidoptera bildet eine Augenimaginalscheibe ein Komplexauge; ein Frontalsack der Dipteren (*Drosophila*) läßt ein Komplexauge, einen lateralen und einen halben medianen Ocellus, eine Antenne, einen Palpus sowie die Kopfepidermis aus sich hervorgehen (vgl. auch Abb. 15 e).

Der Neubau des Mitteldarmes geschieht durch sog. **Regenerationskrypten** (Abb. 112 e). Dies sind basale, zwischen die degenerierenden larvalen Zellen eingestreute Zellnester mit undifferenzierten Zellen, die fließend den schwindenden Larvaldarm ersetzen. Für die neu gebildeten ectodermalen Anteile (Vorder- und Enddarm) stehen dagegen zusammenhängende Imaginalscheiben (= Imaginalzellringe) zur Verfügung.

Kategorisierung. Die schon gegebene Grobgliederung der Insekten-Metamorphose läßt sich in zahlreiche Unterkategorien unterteilen, die gleichzeitig den fließenden Übergang zwischen den Hemi- und Holometabola darlegen. Die *Hemimetabola* zerfallen in 3 Gruppen:

(1) Die **Palaeometabola** [z. B. Apterygota und Ephemerida (Abb. 120 Af)] zeigen larvale (= imaginifugale) Merkmale in der Regel höchstens in Gestalt von larveneigenen Dilationsmerkmalen.

(2) Bei den **Heterometabola** [z. B. Odonata (Abb. 120 Aa-c), Plecoptera (Abb. 120 Ad + e), Orthopteroidea] entwickeln sich die Flügel stets allmählich und schrittweise; dasselbe gilt meistens für die Genitalanhänge. Larveneigene Merkmale als Deviationsmerkmale sind nicht selten.

(3) Da bei den **Neometabola** (z. B. Thysanoptera, Coccidea) die Ausbildung der äußeren Anlagen von Flügeln (und Genitalanhängen) verzögert ist, treten flügellose Larven bzw. mit Flügeln versehene (Protonymphen und) Nymphenstadien auf.

Die hier nur im Groben durchgeführte weitere Unterteilung der *Holometabola* basiert namentlich auf den Typen von Larven und Puppen (vgl. Abb. 120 B + C).

Die **Eoholometabola** (= Megaloptera) z. B. haben imagoähnliche Larven, eine bewegliche Puppe sowie eine Embryonalcuticula, die den **Euholometabola**, die die Hauptmasse der Holometabola repräsentieren, fehlt. Während im eben zitierten Fall die Larvenstadien einander gleichen, sind diese bei den **Polymetabola** - vornehmlich infolge funktionsbedingter morphologischer Unterschiede - einander sehr unähnlich.

Die Abbildung 120 B + C versucht eine etwas weitergehende Untergliederung der Larven bzw. Puppen zu geben.

So besitzen **protopode oligomere Larven** (Abb. 120 Ba-c) höchstens rudimentär angelegte Extremitäten und ein durch sekundäre Anamerie unvollständig gegliedertes Abdomen. Unter den **eumeren** (Abb. 120 Bd-m), d. h. die vollständige Segmentzahl ausbildenden Larven haben die **polypoden** Larven (Abb. 120 Bd + e) larveneigene Abdominalextremitäten, wie z. B. Afterfüße oder Tracheenkiemen. Die **oligopoden** Larven (Abb. 120 Bh + i) sind dagegen hinsichtlich ihrer Extremitätenverteilung imagoähnlich; z. T. können indes Nachschieber (Pygopodien) bzw. Peuropodien (provisorische Drüsenorgane am 1. Abdominalsegment) auftreten. Die **apoden** Larven (Abb. 120 Bl-n) schließlich sind beinlos.

Unter den Puppen besitzt die **Pupa dectica** (Abb. 120 Ca + b) frei vom Körper abstehende Flügelscheiben und Beinanlagen sowie sklerotisierte, bewegliche Mandibeln, während bei der **Pupa adectica** (Abb. 120 Cd-g) die Mandibeln unsklerotisiert

Abb. 120. Larven der Arthropoda II: Insecta (Totalansichten).

A Hemimetabola: Larven: **a-c** Odonaten: **a, b** Fangmaske einer *Aeschna*-Larve in angezogenem bzw. halb vorgeklapptem Zustand (schräg von ventral); **c** Larve von *Aeschna* sp. (von dorsal); die im Enddarm liegenden Tracheenkiemen sind von außen nicht sichtbar. **d, e** Plecopteren: Larve von *Taeniopteryx nebulosa* mit an den Extremitätenbasen liegenden fadenförmigen Tracheenkiemen (von ventral bzw. in Dorsalansicht). **f** Ephemeriden: Larve von *Cloeon dipterum* (von dorsal) mit seitlichen, mit Tracheen dotierten abdominalen Kiemenblättern.

B Holometabola: wichtigste Larven-Typen (vgl. Text): **a-c** Larven von Platygastrinen *(Inostema, Platygaster, Synopeas)*; **d** typische Raupe der Lepidopteren *(Pieris)*; **e** typische Afterraupe einer Tenthredinide *(Neo-*

diprion); **f,g** Stummelfüßige Larven einer Cephide *(Janus)* bzw. einer Siricide *(Tremex);* **h** Engerling eines Lamellicorniers *(Popillia);* **i** campodeide Larve eines Planipenniers *(Chrysopa);* **k** Curculionidenlarve *(Anthonomus);* **l** Buprestidenlarve *(Chrysobothris);* **m** Apidenlarve *(Apis);* **n** Cyclorraphenlarve *(Musca;* vgl. Abb. 112 e).
C Holometabola: wichtigste Puppen-Typen [in Lateral- *(untere Reihe)* bzw. in Ventralansicht *(obere Reihe)* (vgl. Text)]: **a** Planipennier *(Myrmeleon);* **b** Trichopteren *(Rhacophila);* **c** Curculioniden *(Brachyrhinus);* **d** Apiden *(Apis);* **e** Cyclorraphe *(Lucilia);* **f** Asiliden *(Machimus);* **g** Nymphaliden *(Nymphalis).*

Af	Afterfuß
AS	Antennenscheide
BS	Beinscheide
Cl	Clypeus
Co	Coxa

Cre	Cremaster (mit Haken bzw. Dornen versehene Telson-Verlängerung)
Fe	Femur
FlS	Flügelscheide
Hn	Häutungsnaht
Hyph	Hypopharynx
Kb	Kiemenblätter
Lp	Labialpalpen (Seitenlappen)
Mdi	Mandibel
Mx	Maxille
Pom	Postmentum
Prm	Praementum
RüS	Rüsselscheide
Sbo	Schwanzborste (Schwanzfaden)
Stf	Stummelfuß
Sti	Stigma (Atemöffnung)
Th	Thorax (mit Extremitätenrudimenten)
Tro	Trochanter
Trki	Tracheenkieme
*	mit rudimentären Mundwerkzeugen

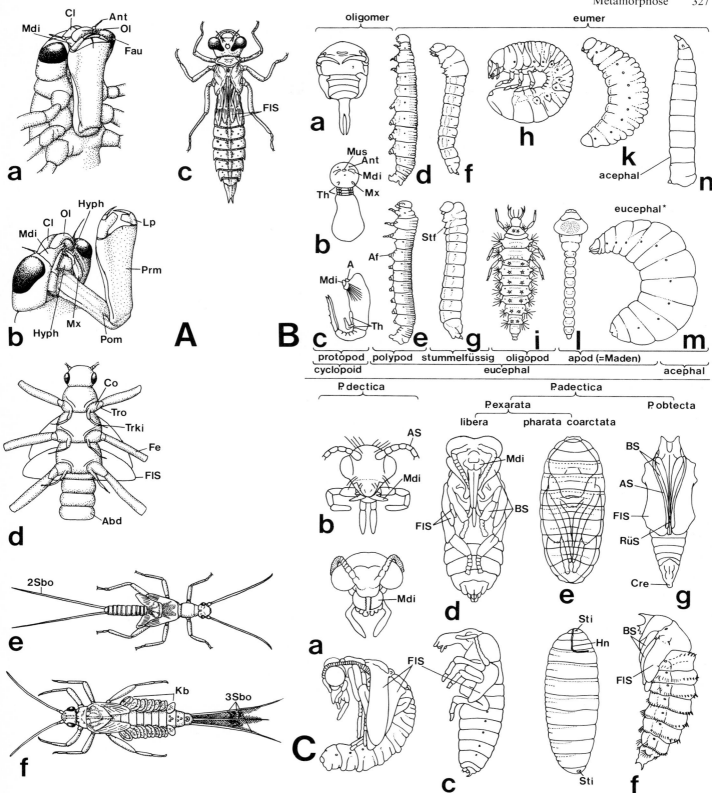

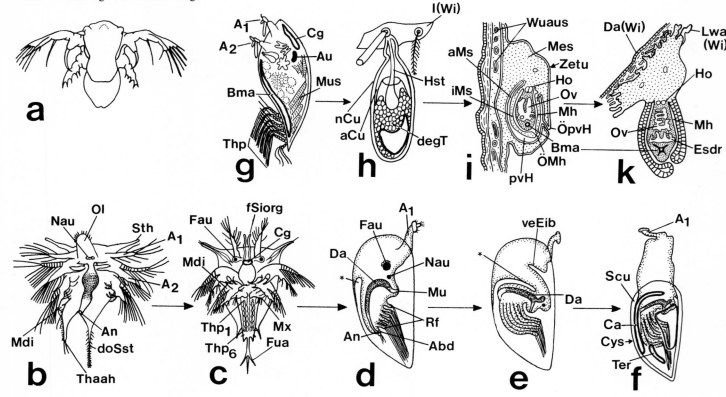

Abb. 121. Larven der Arthropoda III: Crustacea [mit Ausnahme von **i** und **k** (Querschnitte) durchwegs Totalansichten]. Vgl. auch Abb. 143 d–g.

a Phyllopoda: Nauplius von *Limnadia yeyetta* (von dorsal).
b–k Cirripedia: **b–f** Metamorphose-Stadien der sessilen Cirripedier [*Balanus* (**b, c**) bzw. *Lepas* (**d–f**)]: **b** Nauplius (von ventral); **c** Metanauplius (von ventral); **d** Cypris (von lateral); **e** „Puppenstadium" (von lateral); **f** von der Cypris-Schale umgebene junge Entenmuschel beim Festheften; **g–k** Metamorphose-Stadien der parasitischen *Sacculina carcini*: **g** Cyprispuppe (von lateral); **h** Kentrogon mit Hohlstachel zum Eindringen in den Krabbenwirt (total); **i** Sacculina interna (quer); **k** Sacculina externa (quer).
l–n Copepoda: Nauplius (**l**) (von ventral) bzw. parasitische Larvenstadien mit sich zunehmend vergrößernden Tentakeln (Lateralansichten) und mit reduzierten (**m**) bzw. wieder sich durchgliedernden Extremitäten (**n**) von *Haemocera Danae*.
o–q Decapoda (Anomura): **o** Metazoëa von *Pisidia (Porcellana) longicornis* (Lateralan-

sicht) mit zur Erhöhung des Auftriebs verlängertem Stirn- und Carapaxstachel; **p, q** Zoëa (Stadium I) von *Anapagurus hyndmani* (Lateralansicht) bzw. Glaucothoë peronii eines Pauriden (von dorsal).
r–u Decapoda (Macrura): **r,s** Nauplius und Protozoëa von *Penaeus* (von dorsal); **t** zum verbesserten Auftrieb dorsoventral abgeplattete, verbreiterte Phyllosomalarve von *Scyllarus (Scyllarides)* mit Rekapitulation des Spaltfußcharakters bei den Anlagen der Peraeopoden (= Thoracopoden) (von ventral); **u** mit Schwimmborsten dotierte Elaphocaris-Larve von *Sergestes*.
v–x Decapoda (Brachyura): Metamorphose-Stadien von *Sesarma reticulatum* (von lateral): **v** erste Zoëa (Protozoëa); **w** dritte Zoëa (Metazoëa); **x** Megalopa.
y,z Stomatopoda: **y** Pseudozoëa (Alima-Typ) von *Squilla* (Ventralansicht); **z** Antizoëa (Erichthus-Typ) von *Lysiosquilla* mit zum verbesserten Auftrieb verbreitertem Carapax (Ventralansicht).

A_1	1. Antenne
A_2	2. Antenne
aCu	alte Cuticula

aMs	äußere Mantelschicht
Ast	Augenstiel
Ca	Carina
Chr	Chromatophore
Cth	Cephalothorax
Cys	Cypris-Schale
Da(Wi)	Darm des Wirtes
degT	degenerierende, abgestoßene Teile (Extremitäten, Muskulatur, Pigment, Naupliusauge, Dotterreste usw.)
Dost	Dorsalstachel (Carapaxstachel)
doSst	dorsaler Schwanzstachel
Epis	Epistom
Esdr	Eiersackdrüsen mit Atrium
Ex	Extremitäten-Anlagen
fSiorg	frontales Sinnesorgan
Fua	Furca
Hst	Hohlstachel
iMs	innere Mantelschicht
I(Wi)	Integument des Wirtes
Kie	Kieme
Lwa(Wi)	Leibeswand des Wirtes
Mdi	Mandibel
Mur	Mundregion
Mx	Maxille

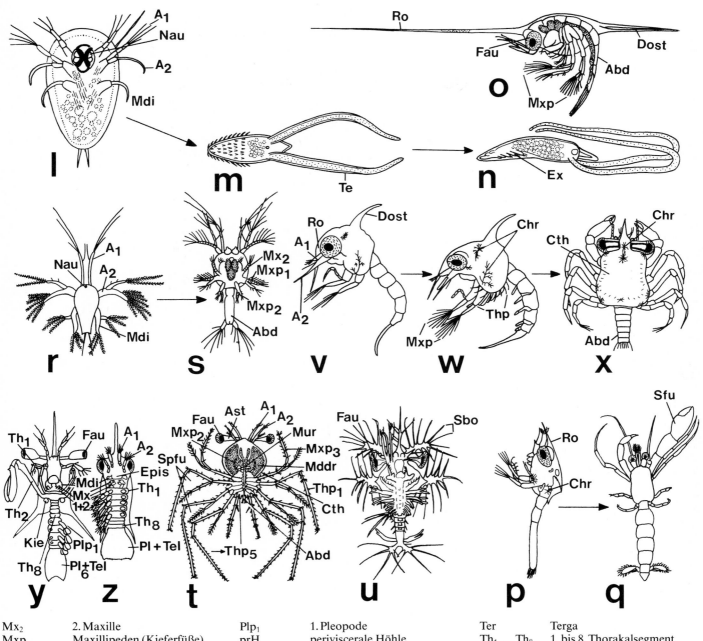

und unbeweglich sind. Letztere Kategorie teilt sich in die Pupa **exarata** (Abb.120Cd + e) mit nicht sklerotisierten und unbeweglichen, aber nicht mit dem Rumpf verklebten Anhängen und die Pupa **obtecta** (Abb.120Cf + g) auf. Beim letzteren, auch als Mumienpuppe bezeichneten Typ sind die Antennen-, Bein- und Flügelscheiben durch die erhärtende Exuvialflüssigkeit mit dem Rumpf verklebt und die freiliegenden Cuticularflächen pigmentiert und stark sklerotisiert (= puparisiert).

Puppen sind oft von besonderen Puppenhüllen (Kokons) umgeben, die z. B. mit Hilfe der Labial- oder Speicheldrüsen des Darmes bzw. auch der Malpighischen Gefäße gebildet werden. Die sogenannten pharaten Puppen werden von der gehäuteten Cuticula des vorhergehenden Stadiums umhüllt.
Bei neotenen Insekten können larvale bzw. pupale Charaktere bis zur Sexualreife konserviert bleiben.

12.5.4.7 Mollusca

Die stets mit in einem **inneren Dottersack** liegenden Dotterreserven dotierten Schlüpfstadien der *Cephalopoden* (Abb.130f) sind entweder äußerlich adultähnliche, benthonische Jungtiere (Abb.125g–l, q–s) oder auch plaktontische Larven (Abb.125a–f, m–p). Auch letztere besitzen indes weitgehend die definitive Körperorganisation und nur wenige Larvalorgane (Tabelle 65), so daß ihnen eine eigentliche Metamorphose nicht zukommt.

Innerhalb der Gruppe der sich *spiralig furchenden Weichtiere* fallen die Larven (Abb.122–124) und dementsprechend auch die Metamorphosen recht divergierend aus. Doch werden viele molluskentypische Merkmale in der Regel schon früh angelegt, so daß – etwa im Vergleich zu den Echinoiden – die Umwandlungen bei Mollusken meist relativ bescheiden sind (vgl. aber Abb.143a–c).

Die Larven der amphineuren Klassen besitzen nur wenige Larvalorgane und wachsen in der primären Protostomierachse (vgl. Abb.122a und 145A) weiter aus. Die meist lecithotrophen, nur sehr kurz planktontischen *Chitonenlarven* (Abb.122a) differenzieren – entgegen den Conchiferen mit ihrer Schalendrüse (z. B. Abb.83k oder 122c + g) – ihre Schalenplatten bald direkt auf der Epidermis. Die manchmal mit der Hüllglockenlarve (= Pericalymma) der Turbellarien verglichenen *Aplacophorenlarven* zeigen teilweise ein umfangreiches **larvales Ectoderm** (Abb.122b); dessen dotterbeladene Zellen gelangen unter Überwachsung durch das definitive Ectoderm ins Larveninnere und bedingen entsprechend eine umfangreichere Metamorphose (Abb.127k + l).
Auch bei den *polytrochen*, d.h. mit drei Wimperkränzen ausgestatteten *Larven* der protobranchiaten Muscheln (Abb.122d) ist das äußere Keimblatt transitorisch. Es ist durch einen „Stiel" mit dem definitiven Keim verbunden und wird

abgeworfen, so daß man von einer „**katastrophalen Metamorphose**" sprechen kann. Bei der gleichfalls polytrochen *Scaphopoden-Larve* (Abb.122c) ist dagegen das Ectoderm organogenetisch und verläuft die Metamorphose entsprechend **fließend**.
Die Larven-Mannigfaltigkeit ist bei Bivalviern auffallend groß (vgl. Abb.122e–l). Zu den schon besprochenen polytrochen Larven und den besonderen, temporär parasitierenden Larven der Süßwassermuscheln [*Glochidium* (Abb.122l), Lasidium (Abb.122k), Haustorienlarve (Abb.122i) etc.] tritt der in manchem dem Prosobranchier-Veliger ähnliche, planktontische *Rotiger* (Abb.122e + f), der speziell für marine Arten typisch ist. Seine Umwandlung ist vornehmlich durch die Reduktion des **scheibenförmigen Velums** und den Umbau der **anfänglich einheitlichen Prodissochoncha** (Larvalschale) in eine zweiklappige Schale charakterisiert. Bei den parasitischen Glochidien der Süßwassermuscheln werden anläßlich der Metamorphose zahlreiche Larvalorgane (Abb.122l) abgebaut und manche noch nicht oder erst als kleine Anlage vorhandene Adultorgane (z. B. Ganglien, Muskelsystem und Darm) bilden sich bzw. differenzieren sich weiter aus.
Der nach seinem **gelappten Velum** (= Mundsegel) benannte primär planktontische *Veliger* der Proto- und Opisthobranchier (vgl. Abb.123 und 124) ist bereits in der sekundären Molluskenachse (vgl. Abb.145Ac) ausgewachsen, zeigt schon gastropodentypische Baumerkmale und ist vornehmlich für marine Formen charakteristisch. Er geht aus dem noch trochophorahaften Praeveliger (Abb.123a + b) hervor. Zahlreiche Larvalorgane umgeben gleichsam einen bereits schnekkentypischen Keim. Zudem zeigt – besonders bei nährstoffreicher intrakapsulärer Entwicklung – auch der Darm mannigfaltige transitorische Anpassungen (vgl. u. a. Abb.112h).

Das „Grundmodell" des Veligers wird unter entsprechenden Abwandlungen in unterschiedlichsten Entwicklungsgängen eingesetzt, die einerseits sehr kurze bis sehr lange planktontische Larvalphasen bzw. andererseits vollständig intrakapsuläre Entwicklungen (im Inneren der Gelege bzw. Laichkapseln) mit einem intrakapsulären Veliger und einem kriechenden Schlüpfstadium beinhalten (vgl. Abb.139).

Im letzteren Fall werden des öfteren unter Abwandlung des Praeveligers besondere, nicht selten in ihrer Entwicklung retardierte *Freßlarven* (z. B. Abb.123c) ausgebildet. Süßwasser- und Landschnecken zeigen statt des Veligers häufig *abgewandelte Larven* (Abb.123b, i + k und 124h–m); für die Stylommatophora ist dabei die Ausbildung von meist großen **Kopf-** und **Fußblasen** typisch (Abb.124k–m).
Die Metamorphose verläuft bei frei schwimmenden Veligern häufig rasch, während sie im intrakapsulären Fall, bei dem die Larvalorgane meist sukzessive resorbiert werden, fließend

Abb. 122. Larven der Mollusca I: Polyplacophora (**a**), Aplacophora (**b**), Scaphopoda (**c**) und Bivalvia (**e–l**) (Totalansichten).

a *Chiton polii* (freischwimmende Larve); **b** *Neomenia carinata* („Hüllglocken"-Larve mit einem Wimpernkranz); **c** *Dentalium* sp. (freischwimmende Larve); **d** *Yoldia limatula* (freischwimmende Larve mit drei Wimpernkränzen); **e** *Teredo* sp. (Praerotiger); **f** *Ostrea edulis* (Rotiger); **g** *Sphaerium corneum* (reduzierter intrakapsulärer Praerotiger); **h,i** *Mutela bourguignati* (freischwimmende Larve bzw. Haustorienlarve); **k** *Anodontites wymani* (Lasidium-Larve); **l** *Anodonta cygnea* (Glochidium).

Legende: vgl. Abb. 123

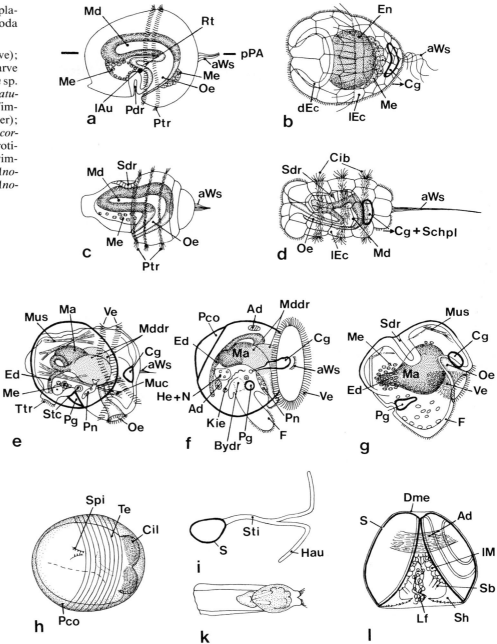

statthat. Da der Veliger bereits gastropodentypische Bau-merkmale trägt, ist entsprechend der Metamorphoseumfang gemäßigt. Nur die Umwandlung zu den stark abgewandelten Endstadien bei pelagischen und parasitischen Schnecken (Abb. 143 a–c) – im letzteren Fall oft durch umfangreiche Reduktionen gekennzeichnet – ist komplexer.

12.5.4.8 Ascidiacea

Die **Pseudometamorphose** der kaulquappenähnlichen „*urode-len*" Larve (Abb. 12 h und 112 g), die ohne Nahrungsaufnahme nur wenige Stunden planktontisch lebt und eine typische rekapitulative Sekundärlarve darstellt, basiert vorwiegend auf einem auf **Histolyse** angewiesenen Abbau (vgl. Abb. 12 h–k). Dieser erfaßt den Schwanz mit Muskulatur, das chordatenty-pische dorsale Nervensystem, welches nur in Form eines Ganglions übrigbleibt, Auge und Statocyste im Gehirnbläs-chen sowie später auch die terminalen Anheftungspapillen.

Nach dem Festsetzen erfolgt nach Schließung von Mund und Anus der Larve die bereits schon erwähnte **Umdrehung der Eingeweide** um 180°, so daß der definitive „Mund" (= Inge-stionsöffnung) dem larvalen Mund gegenüberliegt (Abb. 12 k).

Die Pseudometamorphose kann bei Entwicklungsverkürzung auch im Inneren von Eihüllen ablaufen.

Bei bestimmten *Molgula*-Arten mit abgekürzter Entwicklung wird kein Schwanz mehr ausgebildet; bei dieser „anuren" Larve sind frei-lich Chorda, Neuralrohr und die Muskelbänder temporär durchaus vorhanden.

12.5.4.9 Amphibia

Anura

Die umfangreiche Metamorphose der Frosch-Spätlarve (Abb. 126 l–p) kann nur in den wichtigsten Zügen dargelegt werden.

Die **Kaulquappe** (Abb. 126 l) lebt aquatil und ist herbivor. Sie besitzt dementsprechend ein **Seitenliniensystem,** zwei Paare äußere, bäumchenartige **Kiemen** auf den Kiemenbögen, einen mit zwei **Hornschnäbeln** und hornigen **Larvalzähnen** dotierten Mund (Abb. 126 p) sowie **Haftscheiben** (Saugnäpfe) zum Fest-halten. Die Mundarmaturen können bei gewissen Familien auch fehlen. Die Larve zeichnet sich – entgegen den Urode-len, wo die Vorderextremitäten beträchtliche Zeit vor den Hinterbeinen auswachsen (vgl. Abb. 126 h) – anläßlich der Umwandlung durch eine früh forcierte Entwicklung der Anlagen der Hinterbeinknospen aus (vgl. Abb. 126 m).

Vor allem nach dem Bau der Mundarmaturen, der Paarigkeit bzw. Unpaarigkeit des unten erwähnten Spiraculums und dem Vorkom-men eines Operculums und von inneren Kiementaschen lassen sich diverse Kaulquappentypen unterscheiden. Diese sind bei intrakapsu-lären, sich auf dem Land bzw. dem Elterntier zu Fröschen entwi-ckelnden Larven (z. B. *Eleutherodactylus*) am stärksten abgewandelt (vgl. auch Abb. 126 q).

Das mit äußeren Kiemen dotierte Frühstadium der Anuren (Abb. 126 l) dauert bei 16 °C rund 4–5 Tage, die Phase der mit inneren Kie-men versehenen Kaulquappe 13–14 Tage, die durch ein weitergehen-des Wachstum und das Auswachsen der hinteren Gliedmaßen ausge-

---

Abb. 123. Larven der Mollusca II: Gastro-poda; Streptoneuria (Prosobranchia) (Total-ansichten). Vgl. auch Abb. 132, 133 f–i und 143 a + b.

a *Patella* sp. (freischwimmender Praeveli-ger); **b** *Ampullarius canaliculatus* (intrakap-sulärer Praeveliger; mit Eiklaraufnahme); **c** *Nucella lapillus* (intrakapsuläres Freßsta-dium mit Nähreieraufnahme); **d** *Fusus sy-racusanus* (früher intrakapsulärer Veliger; mit Eiklaraufnahme); **e** *Crepidula fornicata* (planktotropher Veliger); **f** *Simnia patula* [langer planktontischer Veliger („Langdi-stanzlarve" mit superpelagischer Entwick-lung)]; **g** Langdistanzlarve bei einem un-bekannten chinesischen Prosobranchier; **h** *Polinices catena* (intrakapsulärer Veliger; zerstört mittels der velaren Cilien die Näh-reier, um die dadurch gewonnenen Dotter-partikel mit dem Stomodaeum aufzuneh-men); **i** *Viviparus viviparus* (reduzierter in-trakapsulärer Veliger); **k** *Pomatias elegans*

(abgewandelte intrakapsuläre Larve mit Eiklaraufnahme durch die Kopfblase); **l, m** *Nassarius mutabilis* [Veliconcha in krie-chendem (**l**) bzw. schwimmendem Zustand (**m**)].

Gemeinsame Legende zu den Abb. 122–124

Ad	Adductor-Muskel
Anz	Analzelle
Bg	Buccalganglion
Bydr	Byssusdrüse
Cib	Cilienbänder
Cil	Cilienlobus
dEc	definitives Ectoderm
EKS	Eiklarsack
Fur	Futterrinne
Hau	Haustorium
Hydr	Hypobranchialdrüse
Kie	Kieme (Ctenidium)
Kst	Kristallstielsack
lAu	larvales Auge
lEc	larvales Ectoderm

Lf	Larvalfaden
lM	larvaler Mantel
Luh	Lungenhöhle
Muc	Musculus columellaris (Schalen-retraktor)
Mute	Mundtentakel
Nuz	Nuchalzellen
Pc	Podocyste (Fußblase)
Pco	Protoconch (Larvalschale)
Pdr	Pedaldrüse (Fußdrüse)
Pe	Perikard
Pez	Pedalzellen
pPA	primäre Protostomierachse
rK	refraktärer Körper
Sb	Sinnesborsten
Sh	Schalenhaken
Siph	Sipho
sMA	sekundäre Molluskenachse
Spi	Spinulae
Sti	Stiel
Sve	Subvelum

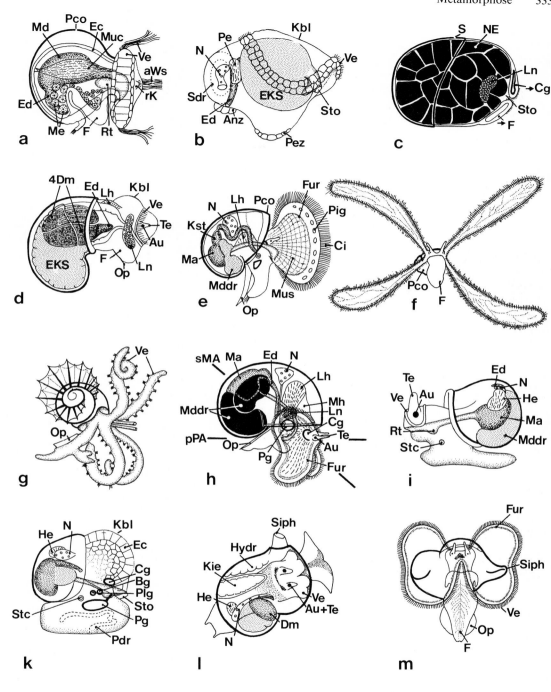

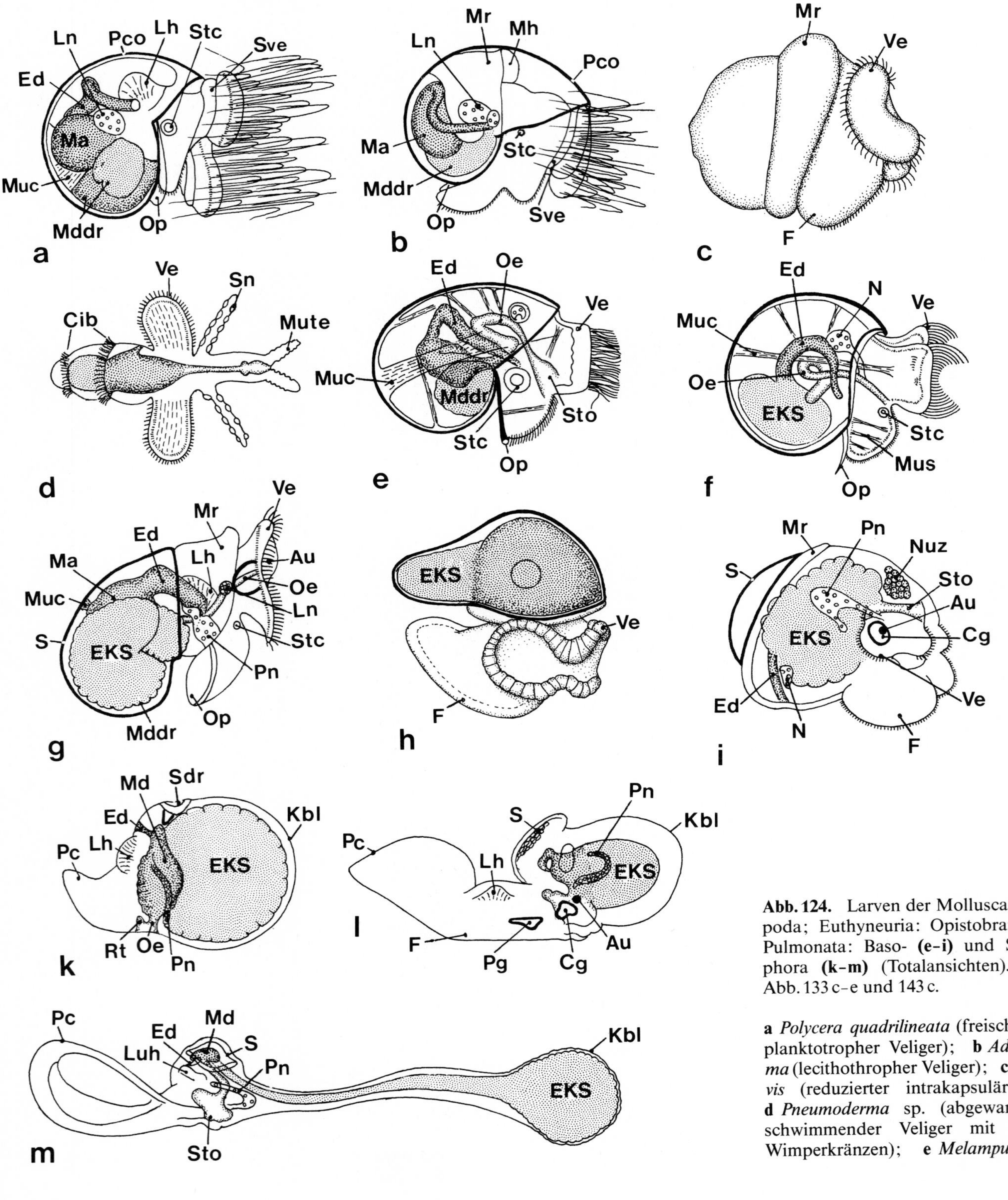

Abb. 124. Larven der Mollusca III: Gastropoda; Euthyneuria: Opistobranchia (**a–d**), Pulmonata: Baso- (**e–i**) und Stylommatophora (**k–m**) (Totalansichten). Vgl. auch Abb. 133 c–e und 143 c.

a *Polycera quadrilineata* (freischwimmender planktotropher Veliger); **b** *Adalaria proxima* (lecithothropher Veliger); **c** *Cadlina laevis* (reduzierter intrakapsulärer Veliger); **d** *Pneumoderma* sp. (abgewandelter freischwimmender Veliger mit zusätzlichen Wimperkränzen); **e** *Melampus bidentatus*

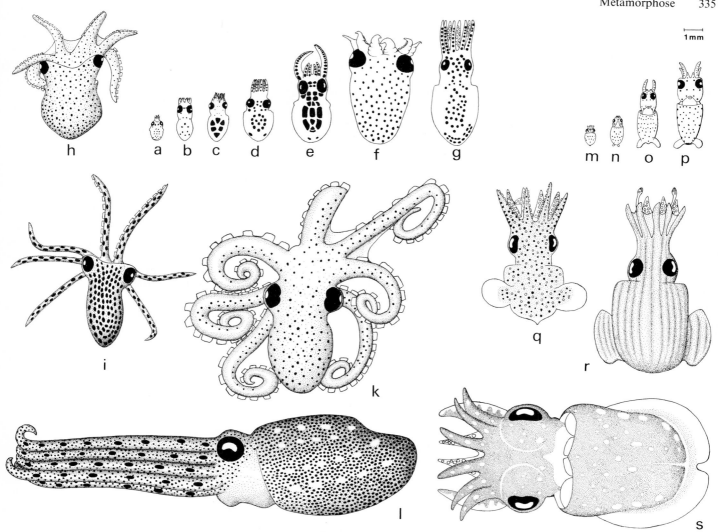

1mm

h   a   b   c   d   e   f   g   m   n   o   p

i   k   q   r

l   s

[Veliger (vor Schlüpfen)]; **f** *Amphibola crenata* (freischwimmender Veliger); **g** *Onchidella celtica* (intrakapsulärer Veliger); **h** *Carychium bidentatum* (intrakapsulärer Veliger); **i** *Lymnaea stagnalis* (reduzierter intrakapsulärer „Veliger"); **k** *Helix pomatia* (abgewandelte intrakapsuläre Larve); **l** *Limax maximus* (abgewandelte intrakapsuläre Larve); **m** *Archatina marginata* (stark abgewandelte intrakapsuläre Larve).

Legende: vgl. Abb. 123

Abb. 125.   Schlüpfstadien von Cephalopoden (im gleichen Größenverhältnis gezeichnet; Totalansichten). In Klammern sind jeweils die Eimaße (größte Breite und Länge bzw. Ei ⌀ in mm) und der Schlüpfzustand [planktontisch *(p)* bzw. benthonisch *(b)*] angegeben. Vgl. auch Abb. 140 d.

I. Octopoda: **a** *Argonauta argo* (0,6 : 0,8 ; *p*); **b** *Octopus vulgaris* (1,0 : 1,8–2,0; *p*); **c** *Octopus cyanea* (1,0 : 2,5; *p*); **d** *Robsonella australis* (2,9; *p*); **e** *Octopus defilippi* (0,9 : 1,6; *p*); **f** *Eledone cirrosa* (3,5 : 6,0; *p*); **g** *Octopus maorum* [4–6 (längerer Ei ⌀); eventuell *b*]; **h** *Hapalochlaena maculosa* (3,8 : 8,0; *b*); **i** *Octopus joubini* (2,1 : 6,0; *b*); **k** *Octopus briareus* (3,6 : 12,0; *b*); **l** *Eledone moschata* (4,3 : 13,0; *b*).

II. Teuthoidea: **m** *Ommastrephes sloani pacificus* (0,7 : 0,8 ; *p*); **n** *Ommastrephes* sp. (0,8 : 1,0; *p*); **o** *Alloteuthis media* (1,1 : 1,5; *p*); **p** *Loligo vulgaris* (1,6 : 2,2; *p*).

III. Sepioidea: **q** *Sepietta oweniana* (2,0 : 2,4; *b*); **r** *Sepioloidea lineolata* [10 (wahrscheinlich mit Eihüllen gemessen!); *b*]; **s** *Sepia officinalis* (4,6–6,0–7,0; *b*).

zeichnete sog. „Praemetamorphose" 25–30 Tage und die eigentliche Metamorphose schließlich weniger als 10 Tage.

Die Metamorphose, über deren Steuerung auf S. 68 berichtet wird, ist zweiphasig:

Durch die *Metamorphose 1* werden die nunmehr inneren Kiemen durch das **Operculum,** eine vom Hyoidbogen auswachsende Hautfalte, überdeckt. Diese verschließt mit Ausnahme des **Spiraculums** die ganze Kiemenkammer (vgl. Abb. 126 m).

Die in morphologischer und physiologischer Hinsicht gewichtigere *Metamorphose 2* (Abb. 126 n + o) bringt den **Übergang zum Landleben.** Insbesondere durch Lysosomen und Macrophagen werden dabei umfangreiche Abbauprozesse eingeleitet; andere Organe werden um- bzw. neu aufgebaut. Folgende Veränderungen finden statt:

(1) Der **Schwanz** mit Flossensaum und die **Kiemen werden resorbiert.** Der Verlust der Kiemen ist begleitet von der Umbildung der Blutbahnen vom Kiemen- auf den die Luftatmung ermöglichenden **Lungenkreislauf** (vgl. hierzu auch Abb. 108).

Im Zusammenhang mit diesem kommt es zum Aufbau **neuer Haemoglobine.** Auch ändert sich die Zusammensetzung der Serumproteine. Entgegen den bei der Kaulquappe dominierenden Globulinen herrschen jetzt die Albumine vor. Die Blutkörperchen werden statt in der Niere nur noch in der Milz gebildet.

(2) Die **Extremitäten** werden formiert. Die vorderen liegen meist im Innern der Kiemenhöhle, aus der sie dann durchbrechen.

(3) Die larvale Mundbewaffnung mit den Hornschnäbeln und den Hornstiftchen wird abgestoßen. In den Kiefern brechen die **echten Zähne** durch; die **Zunge** entsteht als Neubildung.

(4) Der bisher spiralig aufgewundene und eine dreifache Körperlänge erreichende **Darm** (Abb. 107 b) **verkürzt sich** im Zusammenhang mit dem Übergang von vegetarischer auf Fleischernährung auf die zweifache Körperlänge (Abb. 107 c). Der bis jetzt fehlende Magen wird formiert.

(5) Der durch äußere Glomeruli und fehlende Bowmannsche Kapseln charakterisierte larval tätige Pronephros (Vorniere; bei *Rana* mit 3 Nephronen) wird durch den **Mesonephros** (Urniere; = Pars renalis des Opisthonephros) ersetzt (vgl. auch S. 282 und Abb. 111 c–f). Letzterer weist innere Glomeruli in Bowmannschen Kapseln auf und scheidet, statt wie bisher NH_3, nunmehr Harnstoff auf.

Abb. 126. Larven der Vertebrata: Osteichthyes (**a–g**) und Amphibia (**h–q**) (Totalansichten). Man beachte die vornehmlich auf die Kopfregion beschränkten transitorischen Anhänge.

a 12 mm lange Larve von *Lophius* sp. (Anglerfisch, Teleostei) mit durch Verlängerung der Flossenstrahlen entstandenen Körperanhängen.
b 3,6 mm lange Larve von *Carapus (Fierasfer) acus* (Nadelfisch; Teleostei) mit blattartig verzweigtem Fortsatz, der dem ersten Flossenstrahl der Dorsalflosse entspricht.
c Leptocephalus-Larve (17–35 mm lang) *(oben)* und Jungaal *(unten)* von *Anguilla vulgaris* (europäischer Aal; Teleostei) (auf gleiche Größe gebracht).
d Jüngere (Kopfbild) und ältere Larve mit langgestielten Augen und Afterpapille von *Stylophthalmus paradoxus* (Teleostier der Tiefsee).
e Larve von *Gymnarchus niloticus* (Nilhecht; Teleostei) mit ähnlich wie bei den Selachierembryonen ausgebildeten äußeren Kiemen.
f Larve von *Lepidosiren* sp. (südamerikanischer Lungenfisch; Dipnoi).

g 5,5 mm lange junge sowie alte Larve von *Polypterus* sp. (Flösselhecht; Brachiopterygii).
h–k Metamorphosestadien von *Ambystoma* (Urodela): **h** jüngere Larve von *A. maculatum;* **i** ältere Larve von *A. rosaceum;* **k** Juvenilstadium (nach der Metamorphose) von *A. rosaceum.*
l–o Metamorphosestadien von *Rana pipiens* (Anura) [gleichzeitig ein weiteres Beispiel für Stadien einer Normentafel (Witschi 1956) (vgl. Abb. 1)]; **l** junge Kaulquappe mit freien Außenkiemen; **m** ältere Kaulquappe mit durch das Operculum überdeckten Innenkiemen; **n** alte Kaulquappe mit durchgebrochenen Vorderfüßen sowie Hinterextremitäten; **o** spätes Metamorphosestadium mit Schwanzreduktion und Übergang zum Landleben.
p Details der Mundregion (Frontalansicht) einer Kaulquappe von *Leptodactylus melanotus* (Anura).
q Aus dem Ovidukt genommene, metamorphosierende Larve mit bereits resorbiertem Flossensaum der ovoviviparen Kröte *Nectophrynoides tornieri* (Anura).
r Larve von *Hypogeophis rostratus* (Gymnophiona).

Afp	Afterpapille
Ak	Außenkiemen
AO	Adhaesivorgan (Saugnapf)
Ba	Balancer (Haftfaden)
Chr	Chromatophoren
Fs	transitorischer, blattartig verzweigter Fortsatz
Fsa	Flossensaum
Hex	Hinterextremität
Hoki	Hornkiefer
Hozä	Hornzähne (in Reihen)
Kah	Körperanhänge (aus verlängerten Flossenstrahlen)
Kf	Kiemenfäden
laDs	larvaler Dottersack
Nö	Nasenöffnung
orPa	orale Papillen
orSn	oraler Saugnapf
Sli	Seitenliniensystem
Spi	Spiraculum
S(re)	sich reduzierender Schwanz
Vex	Vorderextremität
vNö	vordere Nasenöffnung

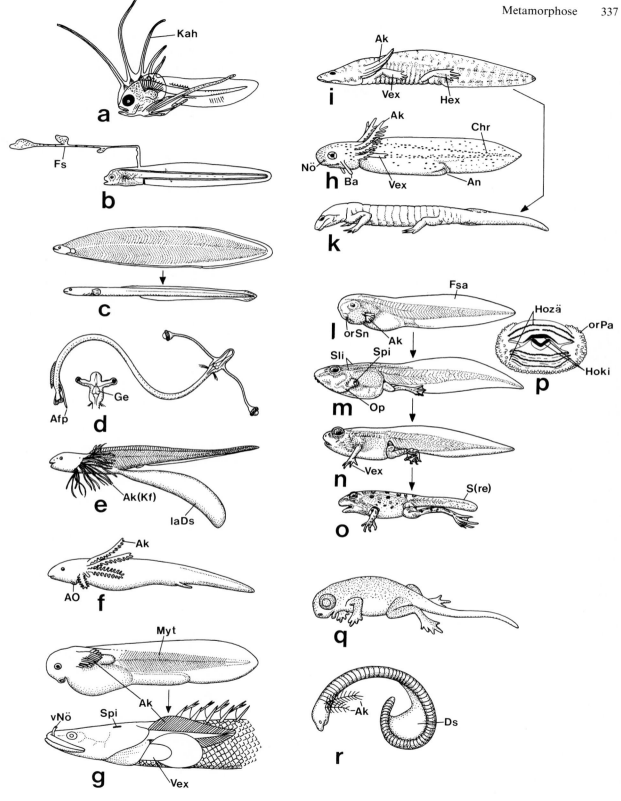

(6) Außer beim ja rein aquatil lebenden Krallenfrosch *Xenopus* **degeneriert das Seitenliniensystem.**

(7) Im Integument entfallen die einzelligen Leydigschen Drüsen und werden durch mehrzellige **muköse** und **seröse Hautdrüsen** ersetzt.

(8) Das Knorpelskelett der Kaulquappe **verknöchert,** wobei freilich beispielsweise im Kopfskelett und in den Gelenken viel Knorpel erhalten bleibt.

(9) Die Augen wachsen heran und werden mit Lidern versehen; die Linsengestalt ändert sich. Im weiteren wird der lichtresorbierende Farbstoff (= Sehpurpur) Porphyropsin durch das **Rhodopsin** abgelöst.

(10) Die **Trommelfellmembranen** werden gebildet.

(11) Schließlich kommt es, wie Abb. 126 l–o auch ausweist, zur **Umwandlung der** ganzen **Körpergestalt** der Kaulquappe in ein junges Fröschlein. Bis zu 40% des Körpergewichtes werden dabei in Form von Wasser verloren.

Urodela

Da bei Molchen der Schwanz persistiert und bei neotenen Formen die Kiemen erhalten bleiben [z. B. Axolotl *(Siredon)* und Grottenolm *(Proteus)*], sind die Umwandlungen geringer (Abb. 126 h–k). Auch werden die drei Paar äußeren Kiemen nie durch ein Operculum überdeckt. Die Molchlarve schlüpft im weiteren mit zwei Haftfäden (= **Balancers**) an der Mundregion und zeigt früh die Anlage der positiv allometrischen Vorderbeine.

Anläßlich der *Metamorphose 1* schwinden die Haftfäden. Die *Metamorphose 2* bringt das Auftreten der Zähne sowie – ähnlich wie bei den Anuren – die Umbauten von Haut, Kreislauf- und Atemorganen.

Gymnophiona

Die Larven der Blindwühlen (Abb. 126 r) bleiben im Innern der Eihüllen bzw. des Ovidukts der Mutter. Von den drei äußeren Kiemenpaaren ist eines meist rudimentär. Manchmal liegen diese bei im Eileiter heranwachsenden Larven in Form hohler Säcke vor, die bis zu 50–70% der Keimlänge erreichen. Gelegentlich wird ein Seitenliniensystem ausgebildet. Larvale Zähne sind vorhanden.

Man kann auch hier **zwei Metamorphosephasen** unterscheiden. Die erste bringt die Reduktion der Kiemen und des umfangreichen, aus 9–10 Nephromeren bestehenden Pronephros. In der 2. Phase werden die Kiemenspalten geschlossen und die Haut umgebaut.

Bei *Dermophis, Hypogeophis* und *Siphonops* kommt direkte Entwicklung vor.

13 Embryonale Ernährung

Kaum eine andere Zusatzfunktion der Ontogenese hat einen vergleichbar großen Einfluß auf den Ontogenese-Ablauf wie gerade die Ernährung. Wir gliedern im folgenden nach der Art der Nährstoffe (vgl. Tabelle 72) und der mit ihnen verbundenen Anpassungen der Entwicklungsstadien.

13.1 Protolecith

Der Protolecith oder eigene **Dotter** (= Eidotter, Vitellus) liegt als wichtigster embryoeigener, **endolecithaler Nährstoff** in der Eizelle selbst [Abb. 37 (außer Ag)]. Er besteht vor allem aus proteiden und lipoiden Anteilen (vgl. S. 103 ff.) und ist von den außerhalb der Oocyte liegenden extraembryonalen Nährstoffen zu sondern.

Der **ectolecithale Dotter** als Sonderfall liegt in spezialisierten Dotterzellen des ectolecithalen Eies von vielen Plathelminthen (S. 116 und 351 und Abb. 37 Ag).

Der *Dottergehalt* steht in starker Relation zur sehr unterschiedlichen **Eizellgröße** (Tabelle 36 und Abb. 38). Der Dotter steht damit dem Keim der einzelnen Tierarten in sehr verschiedener Quantität zur Verfügung.

Tabelle 72. Art und Herkunft der den Entwicklungsstadien zur Verfügung stehenden Nährstoffe

I. Embryonal [aus Oocyte (Dotter)] Extraembryonal (außerhalb der Oocyte liegend)	
II. Protolecith (eigener Dotter) Nährzellen Deutolecith („Eiklar") Mütterliche Sekrete Mütterliches Gewebe	III. Direkt vom Elter abstammend bzw. gebildet Vom Keim (als nicht zum Aufbau gebrauchte Anteile) abstammend Von außen stammend (Nährstoffe aus planktontischer Nährphase oder vom Substrat, aus Parasitismus, Fütterung durch Eltern, etc.)

Die Eizelle der Eutherien bzw. die Oocyte im ectolecithalen Ei sind dotterlos (vgl. Abb. 54 C).

Der Vitellus wird bei der holoblastischen Furchung mitgefurcht, nicht aber im meroblastischen Fall (vgl. z. B. Abb. 45).

13.1.1 Anpassungen in der Frühentwicklung

Verschiedene Phänomene wie die Polarisierung der Oocyte (mit vegetativ liegendem Dotter; Abb. 37 C), die inaequalen bzw. partiellen Furchungsmuster (z. B. Abb. 45 f–k), die Dottermacromeren (Abb. 59) und die Dotterfragmentation (= Elimination) von nicht in den „Dottersack" übernommenem Dotter bei einigen Chondrichthyes, den Metatherien (Abb. 54 B und 127 o–q) und bei verschiedenen Onychophoren (Abb. 48 h) sowie die Merocytenkerne bei diversen Discoidalfurchungen (Abb. 53 q und 127 a + b) wurden schon erwähnt.

Ergänzend seien hier diverse Anthozoen (z. B. *Metridium marginatum*) aufgeführt, bei denen der **Dotter** aus den Blastomeren ins Keimzentrum **abgegliedert** und resorbiert wird (Abb. 127 c), was ähnlich auch beim Schwamm *Halisarca* zutrifft. Bei *Pachycerianthus multiplicatus* gelangt der Vitellus sogar zwischen den Entodermzellen ins Gastrallumen (Abb. 127 d + e; vgl. auch Abb. 73!).

Anläßlich der Frühentwicklung von parthenogenetischen Blattlaus-Generationen (z. B. *Stylops;* Abb. 56 f) wird früh eine zentrale **ungefurchte Dottermasse** gebildet. In sie wandert erst im 16-Zellstadium der Kern einer Tochterzelle ein und teilt sich noch zweimal im Dotter, der später sukzessive durch den Keim aufgenommen wird.

Im Verlauf der gemischten Crustaceen-Furchung bleiben nach der Blastodermbildung die ehemaligen, anläßlich der totalen Segmentierungsphase gebildeten Blastomerengrenzen als sog. **primäre Dotterpyramiden** im Inneren des Dotters noch sichtbar bzw. treten unterhalb der Blastodermzellen auf (Abb. 127 h, 128 a und 129 b). Die primären Dotterpyramiden bewirken im Sinne einer sekundären Dotterfurchung (Nachfurchung; vgl. auch die Gymnophionen und *Amia*) eine Dotterzerklüftung. Besonders bei *Orchestia* und manchen Decapoden bleibt im Keimzentrum ein zentraler Dotterrest

[= **zentraler Dotterkörper** (Abb. 127 h, 128 q und 129 b)] übrig; er ist schon primär vorhanden oder wird erst sekundär durch Schwinden der Blastomerengrenzen erzeugt. Ebenfalls bei Krebsen (diversen Amphi- und namentlich vielen Decapoden) können beim Zusammenschluß der Furchungsenergiden zum Blastoderm Dotteranteile in die Blastodermzellen gelangen, sei es aus zwischen den Blastomeren liegendem Dotter oder auch infolge von Ausläuferbildung der Blastodermzellen in den Innendotter hinein (Abb. 127 g). Dieser Dotteranteil liegt dann in Form von **blastodermalen Dottervakuolen** (Abb. 127 h und 128 a) besonders gehäuft im Kopflappengebiet (vgl. auch Abb. 85 a + b) vor. Solche dotterhaltigen Blastodermzellen können bei verschiedenen decapoden Krebsen sich als **sekundäre Dotterzellen** wiederum im Bereich der Kopflappen aus dem Blastodermverband lösen (Abb. 127 h und 128 a) und sich oberhalb des Dotterspiegels desintegrieren. Sie dürften die anfänglich ja vorwiegend ventral liegenden Vitellophagen im Dorsalbereich funktionell ergänzen.

Eine Beteiligung des schon besprochenen **Dotterkernes** (S. 116) beim Abbau des Dotters ist umstritten.

Abschließend sei erwähnt, daß der intrazelluläre Dotterabbau in den Blastomeren, in den Keimblattzellen bzw. in den Zellen späterer Entwicklungsstadien zu sehr verschiedenen Zeitpunkten einsetzen bzw. sich unterschiedlich lange erstrecken kann.

Dabei sei auch hervorgehoben, daß sich bei dotterreicher holoblastischer Entwicklung der Dotter keinesfalls nur auf das Entoderm beschränken muß, wie man angesichts der inaequalen, mit sehr dotterhaltigen vegetativen Macromeren versehenen Furchungsstadien etwa meinen könnte.

So besitzt beispielsweise das Schwanzknospen-Stadium von *Xenopus* in fast allen Zellen noch zahlreiche Dottergrana, die natürlich auf die Dotteranteile von ehemaligen Furchungszellen zurückgehen.

13.1.2 Keimblattspezifische Anpassungen

Im holoblastischen Fall kann in den Zellen aller Keimblätter Dotter abgebaut werden; dies trifft als Ausnahme unter den sich discoidal segmentierenden Meroblastiern auch für die Zellen der Keimscheibe von *Scyliorhinus* zu.

Bei den übrigen Entwicklungen vom discoidalen Typ bleiben dagegen die über dem Periblasten bzw. Entoderm liegenden ecto- und mesodermalen Zellen frei von Dottergrana.

Abb. 127. Anpassungen an die Protolecith-Bewältigung (stark schematisiert). Vgl. auch Abb. 128 und 129.

a, b Selachii (Ansichten vom animalen Pol): **a** Keimscheibe von *Torpedo ocellata* mit 4 Furchungskernen und zahlreichen peripher liegenden Merocytenkernen [Nebenspermienkernen (vgl. S. 232 und Abb. 53 c)]; **b** 8-Zellstadium von *Scyliorhinus canicula* mit Zellgrenzen ausbildenden Merocytenkernen am Keimscheibenrand.
c–f Cnidaria (Längsschnitte): **c** Blastula von *Metridium marginatum* (Anthozoa) mit sich nach innen detachierenden, den Dotter enthaltenden Anteilen der Blastomeren. Um diese Nährmasse konstituiert sich das definitive Blastoderm; **d, e** sukzessive Abgabe des zwischen Ento- und Ectoderm liegenden Dotters ins Gastrallumen bei *Pachycerianthus multiplicatus* (Anthozoa); **f** Bildung von Dottervakuolen anläßlich der Bildung des Primärectoderms am Ende der superfiziellen Furchung bei *Eudendrium armatum* (Hydrozoa, Hydroida) (vgl. Abb. 73).
g–i Crustacea (Decapoda) (Längsschnitte): **g** Bildung von blastodermalen Dottervakuolen anläßlich der Blastodermbildung von *Galathea squamifera*; **h** sekundäre Wegschaffung dieses Dotters durch die unter das Blastoderm immigrierenden sekundären Dotterzellen (vgl. Text); der Innendotter ist in primäre Dotterpyramiden und den zentralen Dotterkörper aufgeteilt; **i** Dotteraufnahme durch das Dorsalorgan von *Maja squinado*.
k–n Mollusca (Sagittalschnitte): **k, l** Die dotterhaltigen Ectodermzellen von *Neomenia carinata* (Aplacophora) gelangen durch Überfaltung ins Larveninnere, wo sie auf unbekannte Weise resorbiert werden; **m, n** im Gebiet des Enddarm-Abganges persistierende Dottermacromeren bei intrakapsulären Prosobranchierveligern mit zusätzlicher Nähreier- (Typ mit einer inaequalen Dottermacromere) bzw. Eiklar-Ernährung (Typ mit 4 aequalen Dottermacromeren) (vgl. Abb. 59 c + e).
o–q Metatheria [Marsupialia (vgl. Abb. 54 B)] mit Dotterelimination anläßlich der Furchung bei *Dasyurus* sp. (Längsschnitte): **o** ungefurchte Eizelle mit Dottervakuole; **p** 2-Zellstadium mit ausgestoßener Dottervakuole; **q** Bildung der Keimblase (Trophoblast) unter Resorption des sich in Auflösung befindlichen Dotterkörpers.

auDok	sich auflösender Dotterkörper
Al	Plasmaausläufer (der Furchungsenergide)
auDv	ausgestoßene Dottervakuole
bDv	blastodermale Dottervakuole
dEc	definitives Ectoderm
degId	degenerierender Innendotter
Dpa	Dotterpartikel
Dv	Dottervakuole
EKS	Eiklarsack
etBd	etabliertes Blastoderm
EV	Eiklarvakuole
Fke	Furchungskern
IZ	interstitielle Zelle (I-Zelle)
lMddr	linke Mitteldarmdrüse
Mgl	Mesogloea
Mke	Merocytenkern
pDp	primäre Dotterpyramide
Pec	Primärectoderm
Pl	Plasma
pnSZ	polynucleäre Sekretzelle
rMddr	rechte Mitteldarmdrüse
sDZ	sekundäre Dotterzelle
Sh	Schalenhaut
tEc	transitorisches Ectoderm
zDk	zentraler Dotterkörper
Zgr	Zellgrenze

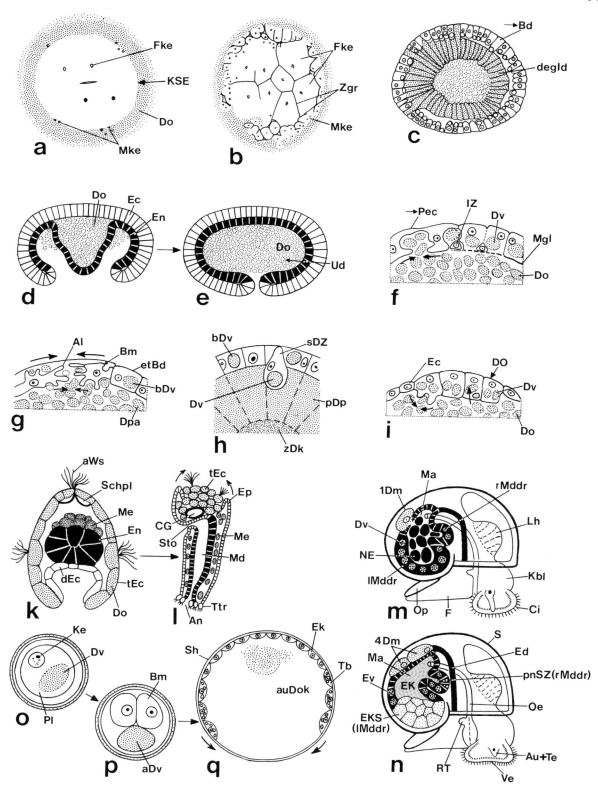

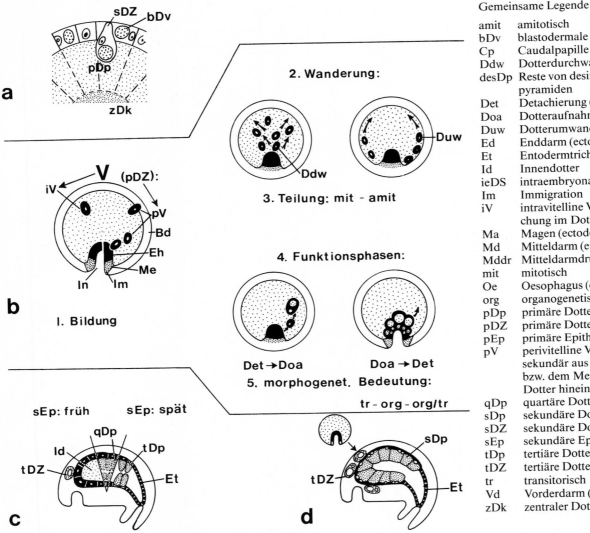

amit	amitotisch
bDv	blastodermale Dottervakuole
Cp	Caudalpapille
Ddw	Dotterdurchwanderung
desDp	Reste von desintegrierten Dotterpyramiden
Det	Detachierung (Ablösung)
Doa	Dotteraufnahme
Duw	Dotterumwanderung
Ed	Enddarm (ectodermal)
Et	Entodermtrichter
Id	Innendotter
ieDS	intraembryonaler Dottersack
Im	Immigration
iV	intravitelline Vitellophagen (bei Furchung im Dotter zurückgeblieben)
Ma	Magen (ectodermal)
Md	Mitteldarm (entodermal)
Mddr	Mitteldarmdrüse (entodermal)
mit	mitotisch
Oe	Oesophagus (ectodermal)
org	organogenetisch
pDp	primäre Dotterpyramide
pDZ	primäre Dotterzelle
pEp	primäre Epithelialisierung
pV	perivitelline Vitellophagen (sich sekundär aus dem Blastoderm bzw. dem Mesentoderm in den Dotter hinein detachierend)
qDp	quartäre Dotterpyramide
sDp	sekundäre Dotterpyramide
sDZ	sekundäre Dotterzelle
sEp	sekundäre Epithelialisierung
tDp	tertiäre Dotterpyramide
tDZ	tertiäre Dotterzelle (mesodermal)
tr	transitorisch
Vd	Vorderdarm (ectodermal)
zDk	zentraler Dotterkörper

Abb. 128. Die dotterverarbeitenden Zellen und ihre Variabilität bei höheren Krebsen (stark schematisiert). Vgl. auch Abb. 129.
a Frühontogenetische Dotteraufnahme durch blastodermale Dottervakuolen, die nachträglich mittels der sich dotterwärts detachierenden sekundären Dotterzellen wieder aus dem Blastoderm entlassen werden können. Durchgliederungen des zentralen Innendotters.
b Variantenreichtum der Vitellophagen (primäre Dotterzellen).
c Variabilität des intraembryonalen Dotter-

sackes nach Immigration des Mesentoderms (viele höhere Krebse): bei früher sekundärer Epithelialisierung umgibt ein zusammenhängendes Epithel den im Inneren liegenden ungegliederten oder durch quartäre Dotterpyramiden azellulär unterteilten Innendotter. Bei später Epithelialisierung werden tertiäre Dotterpyramiden gebildet, die allen Dotter in zellularisierter Form in sich einschließen (vgl. Abb. 85 d).
d Nach der Invagination des Mesentoderms (z.B. *Astacus, Jasus*) entstehen sekundäre Dotterpyramiden (vgl. Abb. 129 d).

Abb. 129. Zur Dotteraufarbeitung der Crustacea (Modell der Decapoda) (stark schematisiert). Vgl. auch Abb. 128.

a Furchung: hier das oft verwirklichte Beispiel von früher Totalfurchung.
b Übergang zur superfiziellen Furchung und Blastodermbildung; der zentrale Dotterrest bleibt ungefurcht, die peripheren Dotterpartien werden durch azelluläre primäre Dotterpyramiden unterteilt.
c–e Weitere Entwicklung bei *Astacus* (Flußkrebs): **c** Invagination des Mesentoderms; **d** dieses bleibt dauernd epithelialisiert und bildet cephal den aus polynucleären, epithelialisierten sekundären Dotterpyramiden aufgebauten intraembryonalen Dottersack; die sekundären Dotterpyramiden nehmen sukzessive allen Dotter in sich auf. Der caudale Entodermtrichter bleibt dagegen dotterfrei; **e** er bildet den definitiven Mitteldarm und die Mitteldarmdrüse, während die Dottersack-Zellen transitorisch sind und zumindest teilweise durch mesodermale tertiäre Dotterzellen (im Blutlakunensystem) abgebaut werden.
f–i Weitere Entwicklung bei vielen decapoden Krebsen: **f** Immigration des Mesentoderms; **g** Auswandern der Vitellophagen, die polynucleär werden und den Dotter in sich aufnehmen. Die nicht auswandernde Entodermpartie bildet den Entodermtrichter; **h** dessen Zellen vereinigen sich mit den Vitellophagen, die sich unter primärer Epithelialisierung zum aus tertiären Dotterpyramiden aufgebauten intraembryonalen Dottersack zusammenschließen; **i** oft sind diese Vitellophagen zumindest teilweise organogenetisch und bilden dann unter sekundärer Epithelialisierung (= gewebliche Transformation) das Epithel der Mitteldarmdrüse. Der Dotter wird via Darmsystem sowie auch mittels der nur spärlich vertretenen tertiären Dotterzellen abgebaut. Vgl. hierzu auch Abb. 85 a–d.

Legende: vgl. Abb. 128

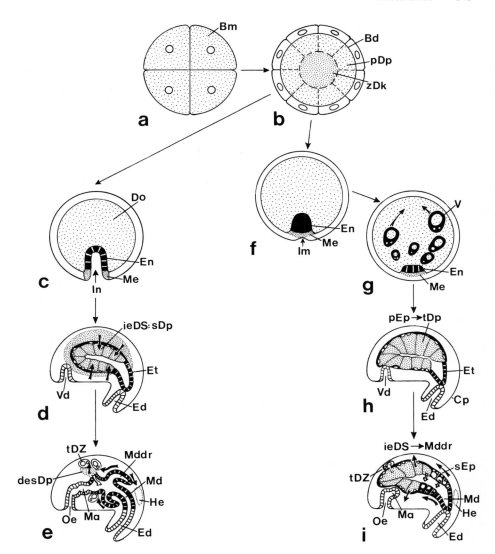

13.1.2.1 Entodermale Anpassungen

Nach holoblastischer-inaequaler Furchung bekommen infolge der Dotterpolarisierung speziell die vegetativwärts liegenden entodermalen Zellen besonders viel Dotter zugeteilt (vgl. z. B. Abb. 59b + d und 62 Ab).

Bei Anthozoen zerfallen die dotterhaltigen Entodermanteile häufig (vgl. S. 339).

Als wichtigste Spezialisierung sind **Dotterzellen im weitesten Sinne** zu nennen.

Sie können sowohl bei aus ectolecithalen Eiern stammenden Keimen (Allo- und Rhabdocoela, cyclophoride Cestodes) als auch in aus superfiziell-syncytialer Furchung entstandenen Gastrulae (als „Riesenzellen" von *Eudendrium;* vgl. unten) auftreten.

Ihre dominierende Rolle spielen sie aber **im Zusammenhang mit extra-** (nach discoidaler) bzw. **intraembryonalen Dottersäkken** (nach superfizieller Furchung) (vgl. z. B. Abb. 130 und 131 bzw. 128 c + d und 129 d + h). Ihre **Entoderm**-Natur ergibt sich aufgrund ihrer Beziehung zu den entodermalen Darmteilen, die später aus ihnen hervorgehen können (z. B. der Mitteldarm der Insekten bzw. teilweise die Mitteldarmdrüse der Crustaceen). Fast immer treten sie zusätzlich zu zusammenhängenden Entodermanteilen auf, wie z. B. zum Entodermtrichter der höheren Krebse oder zur Entoderm-Anlage beim discoidalen Typ. Die Entodermgenese ist damit – wie schon mehrfach betont – mehrphasig und erfaßt voneinander räumlich und zeitlich getrennte Anlagen (vgl. Tabelle 1 A).

13.1.2.2 Vitellophagen

Vitellophagen (= **primäre Dotterzellen**) als primär freie, der Dotteraufarbeitung dienende Zellen kommen bei den meisten *Arthropodengruppen* vor (Tabelle 73).

Nach superfizieller Furchung finden sich auch bei *einigen Cnidariern* (z. B. *Eudendrium*) im Innendotter große, mit den Vitellophagen wohl vergleichbare, dem Dotterabbau dienende Riesenkerne („Dotterkerne") (Abb. 51 e). Ähnliches gilt für die Holothurie *Cucumaria glacialis*. – Die großvakuoligen Zellen im Innern des *Peripatopsis*-Keimes (Abb. 48 h) dürften ebenfalls mit Vitellophagen vergleichbar sein.

Die Vitellophagen der Arthropoden liegen im vom Blastoderm umkleideten Innendotter (vgl. auch Abb. 86 e ff.), der später als intraembryonaler Dottersack vom die Weiterleitung von aufgeschlossenen Dottersubstanzen ermöglichenden Haemocoel (Mixocoel) umgeben ist.

Sie sind besonders intensiv bei Crustaceen untersucht, die uns deshalb als repräsentatives Beispiel dienen (vgl. Abb. 128 und 129).

Bei den verhältnismäßig wenigen Krebsontogenesen ohne Vitellophagen (z. B. *Anaspides,* Euphausiaceen, *Astacus*-Arten, *Jasus* u. a.; Abb. 128 d und 129 a–e) sind die Vitellophagen funktionell durch zusammenhängende Entodermzellen ersetzt, die besonders im Gebiet der prospektiven Mitteldarmdrüse als sekundäre Dotterpyramiden (S. 220) Dotter in sich aufnehmen und abbauen und wie die Vitellophagen oft **polynucleär** sind.

Tabelle 73. Vitellophagen (primäre Dotterzellen) bei Arthropoden. (Vgl. hierzu die Abb. 51 c + d, 68, 85 a–c + g, 86, 87 a, c, d, h + i, 128 b, 129 g und 142 e + g)

		Crustacea	Chelicerata	Insecta	Diplopoda[a]	Chilopoda[a]	Pantopoda[a]	Onychophora[a]
Entstehung:	intravitellin	+	+	+	+	+		
	perivitellin	+	+	+	+	+		+
Zahl der Generationen (bis 3)		oft 2		z. T. mehrere	oft mehrere	z. T. 2		
Wanderungsverhalten	Dotterumwanderung	+	+		+			
	Dotterdurchwanderung	+		+	+			+
Teilungsfähigkeit		+	+[b]	+				
Mehrkernigkeit		+		+				
Morphogenetische Bedeutung:	organogenetisch	+	+	+				
	transitorisch	+	+	+			+	
	organogenetisch/ transitorisch	+			+			
Arten ohne Vitellophagen		+	oft +	+				

[a] Vieles unbekannt; [b] außer Skorpione.

Die Mehrzahl der Krebsordnungen besitzt eine Ontogenese mit Vitellophagen (Abb. 85 a–d, g, 128 und 129 a + b, f–i), wobei letztere Dotter in ihre Vakuolen aufnehmen, dabei von ihrem unterschiedlichen Detachierungsort aus den **Dotter durch-** oder **umwandern** (Abb. 128 b und 129 g) und sich oft anschließend unter **primärer Epithelialisierung** zum dotterhaltigen **Epithel des intraembryonalen Dottersackes** (Abb. 85 d und 129 h) zusammenschließen. Dieser besteht aus **tertiären Dotterpyramiden,** die zwar baumäßig den sekundären gleichen, aber eben unterschiedlich entstanden sind. Im organogenetischen Fall transformieren sie sich unter **sekundärer Epithelialisierung** und Dotterabgabe bzw. -resorption **ins definitive Mitteldarmdrüsenepithel** (Abb. 129 i). Es sei dabei nochmals präzisiert, daß der Terminus der primären Epithelialisierung den Zusammenschluß von isolierten Dotterzellen (Vitellophagen) zu einem Epithel, derjenige der sekundären Epithelialisierung dagegen die gewebliche Transformation dieses Epithels umschreibt.

Erfolgt diese Epithelialisierung sehr früh, so kann der dann noch im Innern liegende Dotter unterhalb des Mitteldarmdrüsenepithels durch azelluläre quartäre Dotterpyramiden untergliedert sein (Abb. 128 c).

Aus Abb. 128 geht der *Variantenreichtum* der Vitellophagen hervor:

Intravitelline Vitellophagen entstehen aus Furchungsenergiden, die während der Furchung im Dotter zurückbleiben. Entgegen den Insekten (Abb. 51 c, 86 e ff. und 87 a,c + d) ist ihre Bedeutung bei Krebsen (Abb. 128 b) gering.

Die bei Crustaceen dominierenden **perivitellinen Vitellophagen** (Abb. 128 b) detachieren sich nach der Blastodermbildung aus der mesentodermalen Immigration (vgl. Abb. 85 b + c) oder aus dem Bereich des prospektiven Ectoderms. Sie können sich manchmal in einem Entwicklungsablauf zu unterschiedlichen Zeitpunkten ablösen (Abb. 128 b) und bis zu 3 **Generationen** umfassen (Abb. 68). Dies gilt auch für Insekten; ihre Morphogenese ist damit wiederum mehrphasig.

Weitere Kategorisierungen erfassen das **Wanderungsverhalten** (Um- bzw. Durchwanderung des Dotters) als systematisch relevantes Merkmal, die **Teilungsmodalitäten** [mitotisch; endo- oder amitotisch (oft zur Mehrkernigkeit führend)] sowie die **funktionelle Bedeutung** (Abb. 128 b). Der Dotter kann ganz in Vitellophagen eingeschlossen werden oder es bleibt im Inneren des intraembryonalen Dottersackes eine zentrale ungegliederte Dotterpartie übrig. Im Hinblick auf ihre **morphogenetische Bedeutung** können Vitellophagen rein transitorisch sein, wobei dann die Bildung der definitiven entodermalen Darmanteile (Mitteldarm, Mitteldarmdrüse) ausschließlich durch die Entodermplatte(n) (Entodermtrichter; vgl. Abb. 85 d und 128 c + d) geleistet werden muß. Im organogenetischen Fall ist dagegen eine zu mehrphasiger Histogenese führende gewebliche Transformation der primären Dotterzellen in das definitive Darmepithel nötig. Schließlich ist die **Reihenfolge der** Schritte der auf S. 297 bereits vorgestellten **Funktionsphasenfolge** der Vitellophagen variabel; beispielsweise machen diese bei *Irona* nach der primären Epithelialisierung eine zweite Phase der Dotteraufnahme durch.

Ein Artenvergleich zeigt, daß besonders bei höheren Krebsen die Entwicklung mit Vitellophagen dominiert. Evolutive Tendenzen peilen eine möglichst frühzeitige intravitelline Sonderung und eine extreme Spezialisierung, d. h. den Verlust der Organbildungsfähigkeit der Vitellophagen, an. Zur wohl ursprünglichen Sonderung aus dem Mesentoderm bzw. aus der ventralen Zone kommt sekundär auch eine Loslösung in weiteren, vorab dorsalen ectodermalen Bereichen.

Die Vitellophagen illustrieren im weiteren den Trend zur Ausbildung von **diffusen Entodermanteilen.**

Diese Tendenz läßt, wie auf S. 323 f. aufgeführt wird, bei Spinnen auch die Entoderm-Anlagen diffus werden.

Ein analoger Trend besteht bei Insekten, wenn anläßlich der sog. polaren Mitteldarmbildung (Abb. 86 e–g) sich vom Gebiet des Stomo- bzw. des Proctodaeums Entodermzellen aus der Mesoderm-Anlage detachieren, einander entgegenwandern und anschließend unter dorsad gerichteter Ausbreitung als künftiges Mitteldarmepithel den Innendotter umschließen.

13.1.2.3 Dotterzellen und Dotterentoderm

Auch nach discoidaler Furchung – wie vor allem bei *Cephalopoden, Pyrosomiden,* diversen *Cyclostomata,* den *Teleostiern,* den *Chondrichthyes* und den *Sauropsiden* – liegen oft syncytiale, transitorische Entoderm-Anteile vor.

Man vergleiche hierzu das anläßlich der Furchung und Gastrulation Referierte sowie die zusammenfassende Tabelle 74.

Daraus geht hervor, daß die Dotterzellen stets an einen – bei Cephalopoden durch einen inneren Dottersack ergänzten – **extraembryonalen Dottersack** gebunden sind. Dieser ist bei älteren Keimen von Blutgefäßen bzw. Sinusen umgeben, welche die durch die Dotterzellen aufgearbeiteten Dotternährstoffe an den eigentlichen Embryo weiterleiten (vgl. z. B. Abb. 130 und 131).

Diese Dotterzellen sind **unabhängig vom definitiven Entoderm** tätig. Sie können anfänglich zellularisiert sein, sind aber oft schon frühontogenetisch bzw. bald danach zu einem meist syncytialen Deuterentoderm zusammengeschlossen, das eine vom organogenetischen Entoderm unabhängige Dotteraufarbeitung gewährleistet. Man vergleiche hierzu das zum **Dottersyncytium** der Cephalopoden bzw. zum **Periblast** der Teleostier Gesagte sowie die Abb. 89, 90 b–i, 130 und 131.

Bei den Chondrichthyes und den Sauropsiden sind dagegen konvergent die Dotterzellen relativ bedeutungslos und funktionell durch ein spezialisiertes, epithelialisiertes, mit dem definitiven organogenetischen Entoderm als Epithel zusammenhängendes **Dotterentoderm** ersetzt (vgl. Abb. 3 Bb und 131 h + i).

In beiden Fällen werden ursprünglich die Dotterabbauprodukte direkt an die Keimscheibe, später dagegen unter Vermittlung des Blutgefäß-Systems (vgl. Abb. 130 c–e und 131 f–i) an den Embryo weitergegeben.

Sowohl beim Dottersack der Teleostier (Abb. 131 d + e) als auch beim inneren Dottersack der Cephalopoden (Abb. 130 f–h) fällt auf, daß sich die Leber bzw. die Mitteldarmdrüsen auf Kosten des schwindenden Dottersackes vergrößern, ein bei *Loligo* am Ende der ersten postembryonalen Woche abgeschlossener Prozeß (Abb. 130 h). Doch ist die direkte Beteiligung dieser Organe am Dotterabbau fraglich. Bei Cephalopoden besteht aufgrund elektronenmikroskopischer Untersuchungen kein direkter Kontakt zwischen Mitteldarmdrüse und Dottersyncytium, da Pericyten und Endothelzellen dazwischenliegen. Bei den Salmoniden wird die bei den Percidae freilich direkt dem Dotter anliegende Leber (Abb. 131 d) durch eine doppelte Splanchnopleura-Schicht vom Dottersack (Abb. 131 e) getrennt.

Tabelle 75 gibt als repräsentatives Beispiel einen Begriff von der *Variabilität* der Dottersäcke bei Cephalopoden.

Analog wie bei den Vitellophagen lassen sich – wie hier für die Tintenfische demonstriert sei – **Funktionsphasenfolgen** herleiten: Die anfänglich verwirklichte Abgabe von Dottersubstanzen aus dem Dottersyncytium direkt ans Blastoderm erfolgt später in beiden Dottersack-Anteilen unter Vermittlung eines transitorischen Dottersackkreislaufs (Abb. 130 c–e und Tabelle 74). Da in der Folge die äußere Dotterzirkulation unterbrochen und der Sinus posterior abgebaut wird, wird aller außenliegende Dotter durch Kontraktionen der Mundfeldmuskulatur auf mechanische Weise in den inneren Dottersack gepreßt. Hier dürfte dann neben dem weiterhin existenten Dotterepithel unter anderem der Blutsinus des Pankreas beim Dotterabbau von Bedeutung sein.

13.1.2.4 Weitere entodermale Sonderbildungen

Bei diversen Octopoden (z. B. *Argonauta* und *Eledone*) wird ein Teil des äußeren Dottersackes abgeworfen, gefressen und in die stark erweiterungsfähige entodermale **Ingluvies** (Kropf) eingelagert, um später durch die definitiven entodermalen Darmanteile verdaut zu werden.

Abb. 130. Dottersack und Dotterabbau bei den Cephalopoden. Vgl. hierzu Abb. 89 und Tabellen 74 und 75.

a, b *Octopus vulgaris* (Naefsches Stadium II; Sagittalschnitte) mit sich peripher detachierendem Dottersyncytium mit Ausläuferbildung, welches aufgenommene Dottersubstanzen direkt ans Blastoderm vermittelt. **c–h** *Loligo vulgaris* (das den inneren und äußeren Dottersack nun völlig umkleidende Dottersyncytium ist nicht eingezeichnet): **c–e** Entwicklung des embryonalen Kreislaufes und des transitorischen Dottersackkreislaufes; letzterer vermittelt die aufgenommenen Dottersubstanzen dem Embryo: **c, d** Naefsches Stadium IX (von der Trichterseite bzw. von lateral); **e** Stadium XV (von lateral). **f–h** Abbau des inneren Dottersakkes: **f** Schlüpfzustand (Naefsches Stadium XX; Sagittalschnitt) mit ins Embryoinnere verlagertem Dottervorrat; **g, h** 4–10 bzw. über 120 h alte Larve (Frontalschnitte) mit sich sukzessive reduzierendem inneren Dottersack sowie entsprechend in dessen Bereich auswachsender Mitteldarmdrüse.

Al	Plasmaausläufer des Dottersyncytiums
Aoan	Aorta anterior (= cephalica)
Aopo	Aorta posterior
dDek	degenerierender Dotterepithelkern
„Dohe"	„Dotterherz" (Pulsationszentrum des Dottersackkreislaufs)
Dosu	aufgenommene Dottersubstanzen
Ds-Ko	Gebiet der stärksten Dottersackkontraktionen
Ds-St	Dottersackstiel (verbindet den inneren und äußeren Dottersack)
Fl	Flosse
Hk	Herzkammer (Ventrikel)
hSpdr	hintere Speicheldrüsen (= Giftdrüsen)
Kh	Kiemenherz
Kha	Kiemenherzanhang (Perikardialdrüse)
Lan	Lobus anterior ⎫ des inneren
Lpo	Lobi posteriores ⎭ Dottersackes
MZ (mDe)	Marginalzelle (marginales Dotterepithel) (vgl. Abb. 89 e)

Ncl	Nucleolus
Nclsu	ins Plasma abgegebene Nucleolärsubstanz
oDog	„oberes" Dottergefäß
P	Prophasezustand des Kernes
(r)	sich reduzierend
Rw	Randwulst
SiaDs	Sinus des äußeren Dottersackes
Sice	Sinus cephalicus (Kopfsinus) [= Sinus ophthalmicus (Augensinus)]
Sipo	Sinus posterior (hinterer Sinus)
Stcsi	Statocystensinus
Trr	Trichterretraktor
uDog	„unteres" Dottergefäß
VA	Ventralarm
Vca	Vena cava (Hohlvene)
Vce	Vena cephalica (Kopfvene)
Vepa	Vena pallialis (Mantelvene)
Vk	Vorkammer (Atrium)

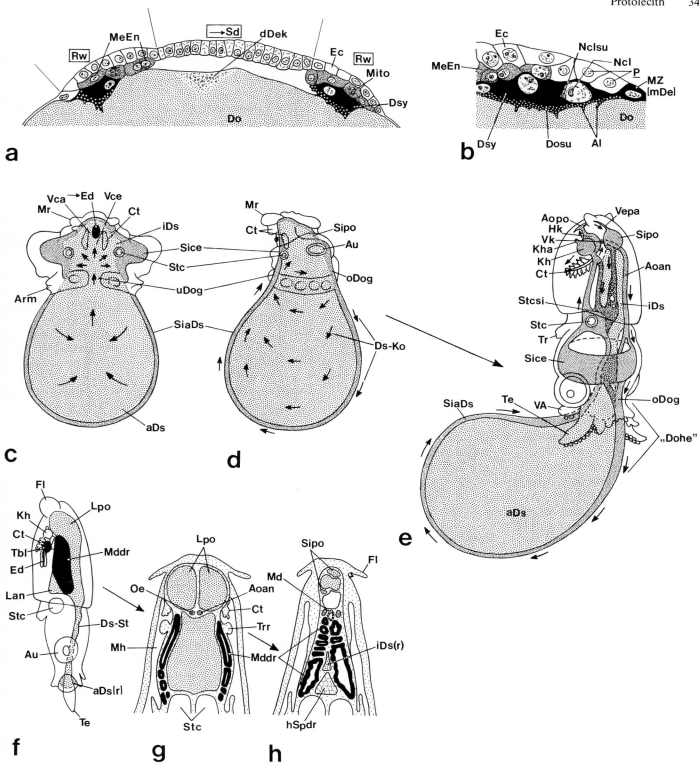

a

b

c

d

e

f

g

h

Die **Kupffersche Blase** tritt bei Teleostiern (vor allem bei Salmoniden) unter dem caudalen Chorda-Abschnitt im Bereich des Schwanzdarmes auf (Abb. 90 b). Sie dürfte einen Teil des Gastrocoels darstellen. Ihre Bedeutung hinsichtlich des Dotterabbaues ist freilich umstritten. Dies gilt auch für die mögliche Homologie mit dem Schwanzbläschen der Selachier. Deren postanaler Darm (= Schwanzdarm) erweitert sich temporär gegen das Schwanzhinterende und endet am unteren Teil des Canalis neurentericus.

13.1.2.5 Mesodermale Anpassungen

Die Beziehungen des Dotterabbaues zum **Blutgefäß-System** – zum Haemocoel bei Arthropoden bzw. zu Dottersackblutgefäßen und -sinusen beim discoidalen Typ – wurden in Tabelle 74 sowie im Text schon mehrfach erwähnt.

Im weiteren treten bei Crustaceen spezialisierte Blutzelltypen, die freien **tertiären Dotterzellen** (auch als Reservezellen bezeichnet) auf (Abb. 128 c + d und 129 e + i). Sie helfen – vor allem bei Flußkrebsarten – mit, größere Dotteranteile des intraembryonalen Dottersackes sowie Kernreste der degenerierenden sekundären Dotterpyramiden abzubauen.

Elektronenmikroskopische Untersuchungen an *Pacifastacus* zeigen, daß sie Proteine, etwas Glykogen und Lipide sowie Endocytosevesi-

keln enthalten. Bei dieser Art besteht, zumal hier entgegen *Astacus* die sekundären Dotterpyramiden nicht zu degenerieren scheinen, eventuell nur eine mittelbare Beziehung zum Dotterabbau, indem von der Mitteldarmdrüse abgebaute und ins Haemocoel gelangte Substanzen durch die tertiären Dotterzellen aufgenommen werden. Auch dürften letztere anläßlich der Häutungen jeweils eine Sekretabgabe an die Integumentzellen leisten, was im übrigen auch für *Astacus* zutrifft.

13.1.2.6 Ectodermale Anpassungen

Ectodermale Adaptationen an die Protolecithbewältigung sind, wenn man von den schon als frühontogenetische Anpassungen deklarierten **blastodermalen Dottervakuolen** der Krebse (Abb. 27 g + h und 128 a) und der Bildung von Dottervakuolen anläßlich der Konstituierung des Primärectoderms bei *Eudendrium* (Abb. 127 f) absieht, selten.

Bei der Aplacophore *Neomenia carinata* werden die **dotterhaltigen larvalen Ectodermzellen** (Abb. 127 k) unter Auffaltung der definitiven Ectodermzellen ins Larveninnere verfrachtet (Abb. 127 l), wo sie auf unbekannte Weise resorbiert werden.

Vom **Dorsalorgan** der intrakapsulären Stadien der Seespinne *Maja* ist eine Aufnahme von unterhalb des Ectoderms liegen-

Abb. 131. Dottersack und Dotterabbau bei Teleostiern (a, b, d–f), Selachiern (b, g) und Sauropsiden (c, h, i) (schematisiert).

a *Salmo salar:* späte Gastrula (Sagittalschnitt der animalen Keimhälfte) mit detachierten Periblastzellen, die sich zum zusammenhängenden Dotterentoderm zusammengeschlossen haben (vgl. Abb. 90 b).
b Genereller Typus des Dottersackes der Teleostier und Elasmobranchier (schematischer Querschnitt; vgl. aber d + e).
c Genereller Typus des Dottersackes bei Reptilien, Vögeln und den Monotremata (schematischer Querschnitt).
d, e Unterschiedliche Beziehung von Splanchnopleura, Leber und Dottersack bei Teleostiern (schematische Querschnitte): **d** Percidae: die Leber liegt dem Dottersack direkt auf, das Coelom wächst erst nach Anlage der Leber aus; **e** Salmonidae: die Leber ist infolge des frühen Auswachsens der sekundären Leibeshöhle durch eine doppelte Splanchnopleura-Schicht vom Dottersack getrennt.
f Typus des nabelstranglosen, mit einem rein venösen Dottersackkreislauf dotierten Dottersackes der Teleostier (seitliche Totalan-

sicht); die Dottergefäße transformieren sich später in die Lebervene.
g Typus des äußeren Dottersackes der Selachier (seitliche Totalansicht); er ist durch den Nabelstrang (Dottergang) vom Embryo getrennt und besitzt einen venösen und arteriellen Dotterkreislauf.
h Schematischer Querschnitt durch Embryo und Dottersack des Vogels mit Blutinseln und Dotterentoderm. Vgl. hierzu u. a. auch Abb. 93.
i *Gallus:* funktionelle Beziehungen zwischen Blutinseln und unterliegendem Dotterentoderm (Querschnitt).

Anart	Analarterie (nur sehr kurzzeitig vorhanden)
Ao	Aorta
Bi	Blutinsel (aus Splanchnopleura)
Bz	Blutzelle (Erythrocyte)
Chs	Chordascheide
Dart	Darmarterie
Des	Deckschicht (Deckepithel)
Dg	Dottergang
Doart	Dotterarterie
Dswa	Dottersackwand
DuCuv	Ductus cuvieri
eCoe	embryonales Coelom
eeEn	extraembryonales Entoderm
End	Endothel eines Dottergefäßes
Enz	zur Dotterverdauung vom Dotterentoderm abgegebene Enzyme
fDo	freier Dotter
Hb	Harnblase
Hp	Hirnplatte (Neuralplatte)
Lab	Labyrinth (der Ohranlage)
Livak	Lipoidvakuolen
Nanl	Nierenanlage
O_2	Sauerstoff
Öt	Öltropfen (Ölkugel)
Rgf(Ds)	Randgefäß des Dottersackes
Sbgf	Schlundbogengefäße
Sop	Somatopleura (bzw. parietales Peritoneum)
Spl	Splanchnopleura (bzw. viscerales Peritoneum)
Stv	Stammvene (anfangs unpaar)
Subve	Subintestinalvene (Vena subintestinalis)
Uwr	Umwachsungsrand des Dottersackes
vDoSu	verdaute, ans Blutsystem abgegebene Dottersubstanzen
veDogf	rein venöses Dottergefäß
*	Vorwachsrichtung des Coeloms

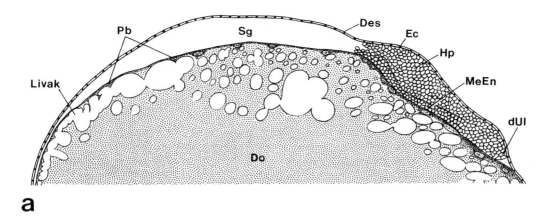

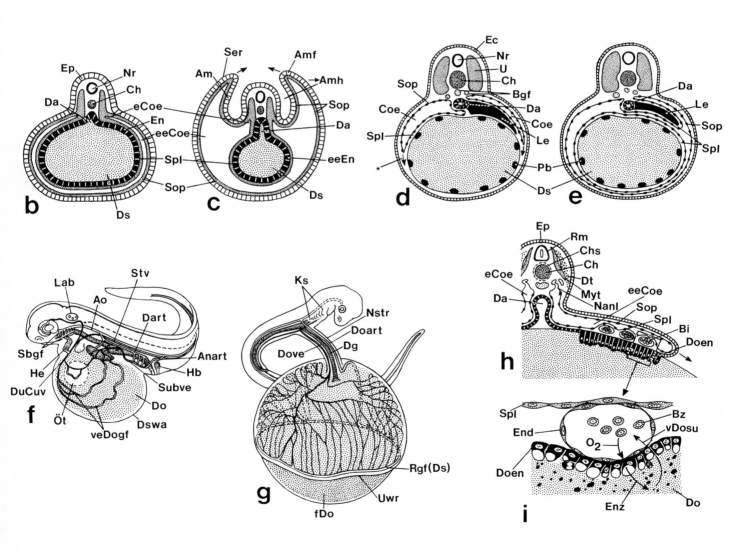

Tabelle 74. Beispiele für Dotteraufarbeitung nach discoidaler Furchung

	Dotterzellen	Definitives organogenetisches Entoderm	Blutgefäße
Cephalopoda	Blastokonen (Decapoda) bzw. Marginalzellen [Octopoda; z. T. auch zentrale Dotterepithelzellen (Abb. 89 a–g und 130 a + b)] ↓ Dotterepithel (= Dottersyncytium) um inneren und äußeren Dottersack (Abb. 89 h–k)	Aus spät gesonderter Entodermspange (Abb. 89 i + k und 98 c–e); spätere Beteiligung der Mitteldarmdrüse am Abbau des inneren Dottersackes umstritten (vgl. Abb. 130 f–h)	Transitorischer Dottersack-Kreislauf: Sinus des äußeren Dottersackes mit oberem und unterem Dottergefäß [mit pulsierendem Dottersackhals („Dotterherz")] zum Sinus cephalicus; letzterer sekundär mit zentralen Kreislauforganen verbunden Sinus posterior (um inneren Dottersack; später Abdominalvene) (vgl. Abb. 130 c–e)
Pyrosomida	Früh gesonderte Merocyten (Abb. 52 d) ↓ Dottersyncytium	Aus Mesentoderm gesondert (vgl. Abb. 88 g + i)	
Teleostei	Zentraler und peripherer Periblast (Trophoblast) (Abb. 53 a + b) ↓ Dottersyncytium, den nicht mit dem Darm verbundenen Dottersack langsam umwachsend (Abb. 131 d + e)	Aus Mesentoderm losgelöst (vgl. Abb. 90 b, e + f und 131 a) Beteiligung der Leber am Dotterabbau umstritten (vgl. Abb. 131 d + e)	Rein venöse Dottergefäße [bzw. Sinus (*Brachydanio*)], später sich in Lebervene transformierend (vgl. Abb. 131 f)
Chondrichthyes	Aus Blastoderm sich detachierende Periblastkerne, relativ bedeutungslos (Abb. 53 c) Dagegen Nebenspermakerne (Merocyten; amitotische Teilungen) auffällig (Abb. 53 c und 127 a + b)	Früh eingestülptes Entoderm, sich in embryonales und extraembryonales Entoderm (um den Dottersack, der mittels eines engen Dotterganges mit dem Darm Verbindung hat) aufgliedernd (Abb. 90 g–i)	Transitorisches Dottergefäßsystem mit zuführenden Arterien und abführenden Venen (Abb. 131 g)
Aves	Abortive freie „Dotterenergiden" dienen der Dotterverflüssigung unter der Subgerminalhöhle	Sehr früh gesonderter Hypoblast (= Entodermanlage) bildet im extraembryonalen Bereich das sogenannte Dotterentoderm (Abb. 44 i, 91 e–i und 131 h + i)	Splanchnopleura bildet im extraembryonalen Bereich über dem Dotterentoderm sog. „Blutinseln" → Dottergefäße mit 2 großen Dottervenen (Venae omphalomesentericae) ins Herz über Aortenbogen und dorsale Aorten in Arteriae vitellinae. Peripherer Abschluß der Area vasculosa durch Sinus terminalis (= primärer Dotterkreislauf). Dann sekundärer Dotterkreislauf (vgl. hierzu S. 277; Abb. 92 b–d, 109 und 131 h + i)

Tabelle 75. Variabilität der Dottersäcke bei Cephalopoden

Äußerer Dottersack	kugelig	*Rossia*
	ellipsoid	Loliginiden, Octopoden
	dreilobig	Sepioiden
Innerer Dottersack	dreilobig	Teuthoiden
	vierlobig	Sepioliden, Sepiiden
	einlobig	Octopoden

dem Innendotter durch das Dorsalorgan (Abb. 127i) nachgewiesen; ähnliches dürfte für die Isopoden *Irona* und *Idotea* sowie weitere Crustaceer gelten.

13.2 Ectolecithale Eier

Die Tatsache, daß hier der Dotter in speziellen Dotterzellen und damit isoliert von der Eizelle vorliegt (Abb. 37 Ag), macht umfangreiche Anpassungen erforderlich; dies sei anhand von zwei repräsentativen Turbellarien-Beispielen demonstriert.

Bei *Monocoelis fusca* (Protricladida) (Abb. 132 c + d) mit rund 600 Dotterzellen pro Eizelle besteht die flache Gastrula aus Urdarmzellen, dazwischenliegendem Mesenchym sowie animalen Hüllzellen, die außer den Embryonalhüllen auch vier **Urmundzellen** bilden. Schon im Coeloblastula-Stadium dringen kleine **abortive Blastomeren** mit einer relativ geringen abbauenden Wirkung in die Dotterzellen ein. Dann kommt es zur sukzessiven Phagocytose der Dotterzellen durch die 4 Urmundzellen, während zwei als **Vitellocytophagen** dienende Urdarmzellen die verflüssigten Reservesubstanzen aufnehmen (Abb. 132 c). – Letztere Zellen werden anschließend durch die vier Urmundzellen epibolisch umwachsen (Abb. 132 d).

Die tricladen Turbellarien (z. B. *Dendrocoelum lacteum*), bei denen manchmal tausende von Dotterzellen auf eine Eizelle kommen, formieren nach anarchischer Furchung (Abb. 56 d) vorübergehend ein **Freßstadium** (Abb. 132 b). Dessen transitorischer **Embryonalpharynx** sowie ein **Embryonaldarm** dienen zur Aufnahme der Dotterzellen. Sich stark vermehrende sog. **Embryonalzellen,** die zwischen der Innen- und Außenschicht des Keimes liegen, bilden anschließend auf der Ventralseite drei Komplexe. Daraus gehen ein neuer Pharynx, der Kopfabschnitt mit Gehirn sowie der übrige Körper hervor. Die Embryonalzellen verstärken auch den embryonalen Darm oder ersetzen ihn.

13.3 Nährzellen und Nähreier

Diese beiden Typen sind oft nicht leicht zu trennen.

Die bei den verschiedensten Tiergruppen vorkommenden *Nährzellen* (vgl. S. 102 sowie Abb. 34 e,f,n–o), die meist vor der Besamung durch die Oocyte phagocytiert werden, sind ernährende Zellen von **unterschiedlichster Herkunft.** Man denke an die Kragengeißelzellen der Schwämme (vgl. auch Abb. 132 a) oder die Kalymmocyten der Tunicaten bzw. an die vom Folli-

kelepithel abstammenden Nährzellen bei den unterschiedlichsten Tiergruppen. Besonders im letzteren Fall sind die Nährzellen aber als degenerative Oocyten oft mit den Keimzellen verwandt.

Nähreier sind früh (z. B. durch eine gestörte Parthenomeiose) bzw. auch in späteren Entwicklungsphasen (Furchung bis Gastrulation) gesetzmäßig **arretierte atypische ♀ Keimzellen.** Sie werden von ihren normalen Geschwistern, die häufig spezialisierte Freßstadien ausbilden (z. B. Abb. 123 c bzw. 132 f + g), in einem postgastrulären Entwicklungsstadium auf recht unterschiedliche Weise aufgenommen (Abb. 132 h–n). Das Nähreierfressen wird als **Adelphophagie** bezeichnet.

Die Ursachen der **Entwicklungsarretierung** der Nähreier sind trotz mehreren, den Prosobranchiern gewidmeten Studien nach wie vor nicht eindeutig geklärt. Zur ursprünglichen Vermutung einer Besamung durch atypische Spermien treten Auffassungen, die ein multiples genetisches Faktorensystem bzw. eine vor der Befruchtung eintretende Praedetermination infolge eines oocytären Dimorphismus annehmen.

Bei später Arretierung der Nähreier zeigt sich ein fließender Übergang zur fakultativen Adelphophagie (= **Kannibalismus**), bei der auch retardierte Embryonen durch ihre normalen Geschwister aufgefressen werden können.

Diese Möglichkeit ist beim Prosobranchier *Buccinum undatum* (vgl. auch Abb. 132 g) allerdings obligat, indem hier von lebenskräftigen intrakapsulären Larven zusätzlich zu den Nähreiern regelmäßig auch retardierte Keime verschluckt werden. Es ist dies ein eindrucksvolles Beispiel für das Darwinistische Prinzip des Überlebens des Tüchtigsten („Survival of the Fittest") innerhalb der Eihüllen.

Die Aufnahme von arretierten Nähreiern kennt man auch von einigen *Nemertini* wie *Amphiphorus lactiflorens* und *Lineus gesserensis* (Abb. 132 e); bei letzterer Art erfolgt sie im 20-Blastomeren-Stadium.

Oligochaeten-Keime können gelegentlich abortive Eier auffressen. Ähnliches kennt man von den Spioniden unter den Polychaeta, von antarktischen Ophiuriden und Crinoiden sowie einigen Polycladen und von diversen *Haien.* Der Embryo von *Lamna cornubica* frißt, nachdem er seinen eigenen Dotter aufgebraucht hat, durch den Ovidukt des Muttertieres angelieferte unreife Eier sowie übrigens auch degenerierendes Ovarialgewebe. Der durch die Keime von *Lamna nasus* (Heringshai) respektive von *Isurus oxyrhynchus* (Makrelenhai) aufgenommene Fremddotter läßt deren Magen zu einem „Dottermagen" aufblähen. Ähnliches gilt für den Sandhai *Carcharias taurus.*

Allgemein bekannt ist der *Alpensalamander (Salamandra atra):* bei ihm werden die zwei fertilen, zu normalen Keimen sich entwickelnden Eizellen durch sog. **Embryotropheier** ergänzt, die der Ernährung der beiden Normalkeime dienen.

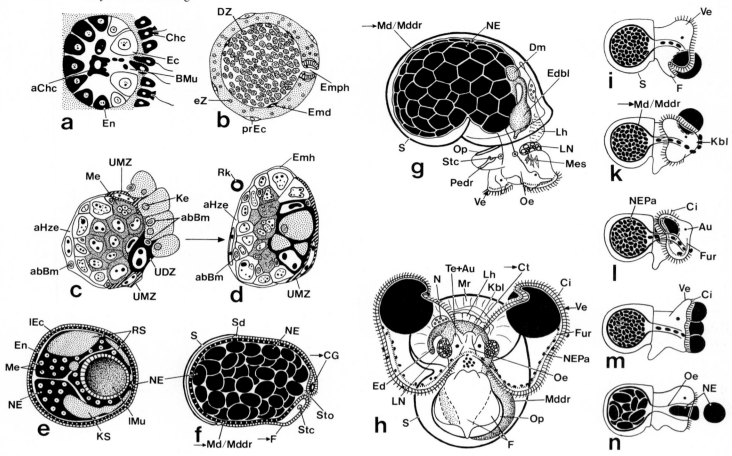

Abb. 132. Anpassungen an die Aufnahme von Nährzellen i. w. S. und Nähreier (schematisiert).
a Aufnahme von Kragengeißelzellen durch den „Blastulamund" der Stomoblastula von *Grantia compressa* (Calcarea) (längs).
b Älterer Embryo von *Dendrocoelum lacteum* (Turbellaria) (längs) mit den durch den Embryonalpharynx aufgenommenen Dotterzellen.
c, d Bewältigung der Dotterzellen von *Monocelis fusca* (Turbellaria) (längs): **c** erste Aufnahme von Dotterzellen durch die Urdarmzellen sowie Wiedereinbau von abortiven Blastomeren; **d** Beendigung der Gastrulation unter Epibolie durch die die Dotterzellen ins Innere schiebenden 4 Urmundzellen.
e Intrakapsuläre Larve von *Lineus gesserensis* (Nemertini) nach Nähreieraufnahme (von der Mundseite) (vgl. auch Abb. 112c).
f–n intrakapsuläre Larven der Prosobran-

chia vom Nähreiertyp (vgl. auch Tabelle 76): **f** Freß-Stadium (Sagittalschnitt) mit extremer Entwicklungsretardierung von *Nucella (Purpura) lapillus*; **g** Veliger (Lateralansicht) von *Buccinum undatum* nach Aufnahme der Nähreier mit mittelstarker Entwicklungsretardierung; **h** älterer Veliger (Ansicht von ventral) von *Cassidaria* sp. in Nähreierdrehung und ohne Entwicklungsretardierung; **i–n** stark schematisierte Darstellung der Hauptaufnahmetypen (Lateralansichten): **i** *Neritina fluviatilis* mit Nähreierdrehung durch Velum und Fuß; **k** *Bursa* sp. mit Nähreierdrehung auf der Kopfblase; **l** *Cassidaria* sp. mit Nähreierdrehung hinter dem Velum (vgl. **h**); **m** *Polinices catena* (vgl. Abb. 123h) und andere Arten mit Abflimmern von Dotterkugeln aus den zu einer Nähreiersäule zusammengepappten Nähreiern; **n** viele Stenoglossa mit Verschlingen der ganzen Nähreier durch den stark dehnbaren Oesophagus.

abBm	abortive Blastomere
aChc	aufgenommene Kragengeißelzelle
aHze	animale Hüllzelle
BMu	Blastulamund
Chc	Choanocyte (Kragengeißelzelle)
DZ	Dotterzelle (aus ectolecithalem Ei)
Edbl	Enddarmblase
Emd	Embryonaldarm
Emh	Embryonalhülle
Emph	Embryonalpharynx
eZ	embryonale Zellen zwischen Darm und Ectoderm
Fur	Futterrinne
KS	Kopfscheibe
lEc	larvales Ectoderm
lMu	larvaler Mund
NEPa	Nähreier-Partikel
Pedr	Pedaldrüse
prEc	provisorisches Ectoderm
RS	Rumpfscheibe
UDZ	Urdarmzelle (= Vitellophage)
Vi	Vitellocyte

Eine Speziallösung mit erst postembryonal verwerteten Nähreiern zeigt die zu den stachellosen Bienen (Meliponen) gehörende *Scaptotrigona postica*. Von den Arbeiterinnen abgegebene Eier werden unter obligatorischer Oophagie von der Königin sowie den Arbeiterinnen gefressen.

Paradebeispiel zur Demonstration der Nähreier-Entwicklung sind aber die *Prosobranchier*.

Während bei den Archaeo- und Mesogastropoda Nähreier-Formen eher selten auftreten, sind bei den Neogastropoden (Stenoglossa) bis heute weit über 50 Nähreier-Gattungen bekannt.

Zur äußerst großen *Variabilität* können nur wenige Angaben gemacht werden:

Der **Arretierungsmoment** der Nähreier reicht von den Reifungsteilungen bis zur Gastrula. Er kann im übrigen auch innerhalb der gleichen Art variieren. Die **Nähreierzahl** pro Embryo geht – je nach Art – von rund 60 bis zu über 10000. Groß ist auch die individuelle Schwankung in der Zahl der innerhalb einer Gelegekapsel pro Embryo aufgenommenen Nähreier, was zu beträchtlichen Größenunterschieden bei den fertig ausgebildeten Jungschnecken einer Laichkapsel führt. – Schließlich sind – wie Abb. 132 f–n und Tabelle 76 ausweisen – die **Aufnahmetechniken** und damit auch entsprechend die retardierten Auswirkungen auf den Entwicklungsverlauf sehr verschieden.

Zusätzliche *Anpassungen* an die Nähreier-Aufnahme sind der blasenartig erweiterte, mit Cilien dotierte, zur mechanischen Zerkleinerung des Nähreierdotters eingesetzte **Enddarmabgang** verschiedener Arten, der zur Speicherung verwendete **oesophageale Kropf** von *Polinices catena* sowie die in der Mitte des Enddarmes liegende, von Muskeln umhüllte und teilweise mit Cilien versehene **Enddarmblase** von *Buccinum undatum* (Abb. 132 g). Letztere dient ebenfalls der Zerkleinerung des Nähreierdotters. Auch sei erneut erwähnt, daß der Abbau des bei vielen Nähreier-Prosobranchiern in einer **Dottermacromere** (Abb. 59 c) bzw. in 4 Dottermacromeren (Abb. 59 e) eingelagerten eigenen Dotters zugunsten der vordringlichen Nähreier-Resorption oft zurückgestellt ist. – In Ergänzung zu den Nähreiern nehmen *Cymba*-Arten riesige Eiklar-Mengen auf; eine beschränkte, ergänzend eingesetzte Aufnahme von Kapselflüssigkeit durch die Hautvakuolenzellen der Kopfblase ist ebenfalls für *Nucella lapillus* nachgewiesen und dürfte auch bei anderen Nähreier-Prosobranchiern erfolgen.

Tabelle 76. Typen der Nähreieraufnahme und ihrer entwicklungsretardierenden Auswirkungen bei Prosobranchiern. (Aus Fioroni und Schmekel 1976)

Stadium der Aufnahme	Form der Aufnahme	Entwicklungs-retardierung	Beispiele
postgastruläres Freß-Stadium	rasch durch Verschlingen der Nähreier durch den Oesophagus (Abb. 132 n)	sehr stark	*Nucella lapillus* (Abb. 132 f)
		stark	*Cassidaria echinophora, Ocinebra* sp., *Fasciolaria tulipa; Bursa* sp. (frühembryonal)
Praeveliger, in weniger stark retardiertes Freß-Stadium übergehend	rasch durch Verschlingen der Nähreier durch den Oesophagus (Abb. 132 n)	stark	*Thais emarginata*
		mittelstark	*Murex brandaris, Sipho (Colus) stimpsoni, curtus, Pisania maculosa, Buccinum undatum* (Abb. 132 g)
Praeveliger→Veliger→metamorphosierender Veliger	mechanische Zerkleinerung der Nähreier durch Abflimmern mit Velum (Abb. 132 m)	gering	*Polinices catena*
Veliger	mechanische Zerkleinerung der Nähreier durch Abflimmern mit Velum (Abb. 132 m)	gering	*Bedeva hanleyi*
	mechanische Zerkleinerung der Nähreier durch Drehen mit Velum bzw. Fuß oder Kopfblase (Abb. 132 i–l)	gering	*Neritina fluviatilis, Cassidaria* sp. (Abb. 132 f); *Bursa* sp. (spätembryonal)
Kriechstadium	Zerkleinerung der Nähreier mit Radula	gering	*Thais lamellosa*

Tabelle 77. Mögliche Evolutionslinien bei Prosobranchiern vom Nähreiertyp. (Aus Fioroni und Schmekel 1976)

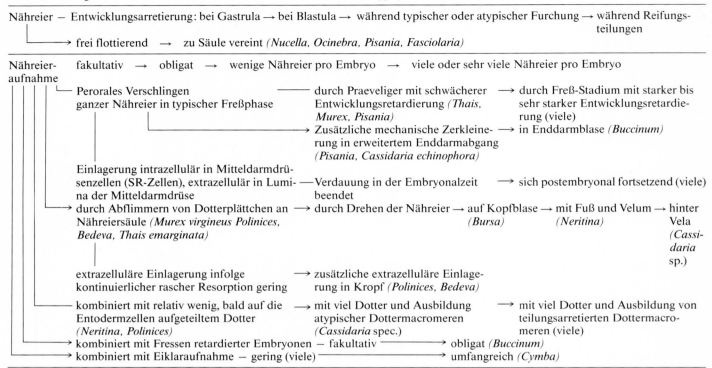

Nähreier — Entwicklungsarretierung: bei Gastrula → bei Blastula → während typischer oder atypischer Furchung → während Reifungs-
                                                                                                                        teilungen
        └─────→ frei flottierend   →   zu Säule vereint *(Nucella, Ocinebra, Pisania, Fasciolaria)*

Nähreier- fakultativ → obligat → wenige Nähreier pro Embryo   →   viele oder sehr viele Nähreier pro Embryo
aufnahme
        └─ Perorales Verschlingen   ──────── durch Praeveliger mit schwächerer → durch Freß-Stadium mit starker bis
           ganzer Nähreier in typischer Freßphase   Entwicklungsretardierung *(Thais,*   sehr starker Entwicklungsretardie-
                                                        Murex, Pisania)   rung (viele)
                                              └────────→ Zusätzliche mechanische Zerkleine- → in Enddarmblase *(Buccinum)*
                                                         rung in erweitertem Enddarmabgang
                                                         (Pisania, Cassidaria echinophora)

           Einlagerung intrazellulär in Mitteldarmdrü-
           senzellen (SR-Zellen), extrazellulär in Lumi- ─Verdauung in der Embryonalzeit   → sich postembryonal fortsetzend (viele)
           na der Mitteldarmdrüse   beendet
        → durch Abflimmern von Dotterplättchen an → durch Drehen der Nähreier → auf Kopfblase → mit Fuß und Velum → hinter
           Nähreiersäule *(Murex virgineus Polinices,*   *(Bursa)*   *(Neritina)*   Vela
           Bedeva, Thais emarginata)   *(Cassi-*
                                                                                                               daria
                                                                                                               sp.)
           extrazelluläre Einlagerung infolge   → zusätzliche extrazelluläre Einlage-
           kontinuierlicher rascher Resorption gering   rung in Kropf *(Polinices, Bedeva)*

        └─ kombiniert mit relativ wenig, bald auf die → mit viel Dotter und Ausbildung   → mit viel Dotter und Ausbildung von
           Entodermzellen aufgeteiltem Dotter   atypischer Dottermacromeren   teilungsarretierten Dottermacro-
           (Neritina, Polinices)   *(Cassidaria* spec.*)*   meren (viele)
        → kombiniert mit Fressen retardierter Embryonen − fakultativ ──────── obligat *(Buccinum)*
        → kombiniert mit Eiklaraufnahme − gering (viele) ──────────────── umfangreich *(Cymba)*

Über mögliche Evolutionstendenzen der Nähreier-Aufnahme orientiert Tabelle 77.

13.4 Deutolecith (Eiklar, „Eiweiß")

Der kolloidale Deutolecith wird entgegen dem Protolecith (Dotter) nicht durch die Eizelle selbst, sondern meist im ♀ **Geschlechtstrakt** (Ovidukt) durch teilweise besondere **Eiweißdrüsen** sezerniert.

Bei den *Clitellaten* sind die Hautdrüsen des Clitellums für die Bildung von Eikokons und Eiklar verantwortlich.

Der Deutolecith liegt zwischen der Eizelle bzw. den Oocyten und den Eihüllen in der **perivitellinen Flüssigkeit,** die als weitere Aufgabe oft auch in die Osmoregulation eingespannt ist. Ein Totalei setzt sich damit aus der Eizelle, der perivitellinen Flüssigkeit und den Eihüllen (z. B. Chorion) zusammen. - Bei Prosobranchiern können mehrere bis viele Eizellen auch

in einem gemeinsamen, mit Eiklar gefüllten Kapselraum (Abb. 35 f + g) vereinigt sein.

Für die Ernährung bedeutsame Deutolecith-Vorräte spielen eine Rolle bei **Oligochaeten, Hirudineen, Prosobranchiern** (vor allem Mesogastropoda), allen **Pulmonaten,** bescheidener bei den Opisthobranchiern und ganz besonders bei den **Sauropsiden.** Hier besitzen indes die Squamaten wenig Eiweiß, während Schildkröten, Krokodile und die Vögel über viel Deutolecith verfügen.

Die chemische Zusammensetzung des anfänglich dickflüssigen, durch sukzessive Substanzaufnahme dünnflüssiger werdenden Deutoleciths ist sehr verschieden; dieser besteht namentlich bei Evertebraten nicht nur aus Proteinen. Deshalb ist zumindest hier statt „Eiweiß" der chemisch neutrale Ausdruck **„Eiklar"** vorzuziehen.

Das Weißei des Huhnes enthält 86% Wasser, 13% (4 g) Eiweiß, Spuren von Fetten sowie 1% weitere Bestandteile. Während bei der Pulmonate *Lymnaea* neben Wasser und Calcium auch Proteine sowie Galaktogen nachgewiesen sind,

Tabelle 78. Mögliche Evolutionslinien bei Gastropoden mit Eiklarreichtum. (Aus Fioroni und Schmekel 1976)

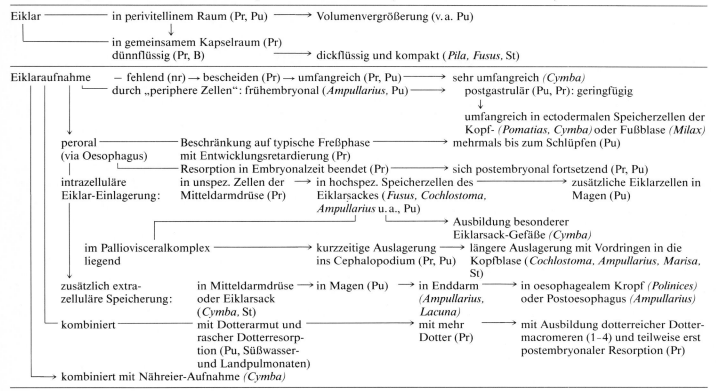

B = Basommatophora, Pr = Prosobranchia, Pu = Pulmonata, St = Stylommatophora, nr = nicht realisiert.

kennt man beim Prosobranchier *Viviparus viviparus* auch Mineralsalze. Das Eiklar von *Viviparus benegalensis* zeichnet sich im übrigen neben Glykogen durch viele Fette und Proteine aus.

Die *Totaleigröße* vermag – wenn man den Eizelldurchmesser kennt – einen guten Begriff von den **verfügbaren Deutolecith-Mengen** zu vermitteln. Bei *Gallus* nimmt das Weißei 57% des Eies ein (vgl. Abb. 37 B). Die mit sehr kleinen, meist unter 200 μm Durchmesser liegenden Eizellen dotierten Pulmonaten können in extremen Fällen wie bei *Helix waltoni* Totaleier von Sperlingsei-Größe (2,2 : 1,4 cm!) ablegen. *Bulimnus*-Eier haben sogar einen Durchmesser von bis zu 5 cm, während die Oocyten andererseits bei den Siphonariiden kaum über 100 μm groß sind.

Wie auch die folgenden Ausführungen zeigen, steht – namentlich beim Abbau – der Deutolecith in vielfacher Beziehung zum Protolecith. Als *Anpassung* an die Eiklar-Aufnahme zeigen die Oligochaeta (z. B. *Lumbricus*), Rhynchobdelliformes *(Piscicola)* und Gnathobdelliformes [*(H)erpobdella*] ein typisches **Freß-Stadium** (Abb. 133 a + b). Dieses ist bei den Egeln durch einen Embryonal-Pharynx charakterisiert, der nicht direkt in die Adultstruktur übergeht oder sogar ganz ersetzt wird. Zusätzlich soll bei *Bdellodrilus* und anderen Oligochaeten (vgl. Abb. 64 e) das sog. **„Dottersack-Ektoderm"** eine temporäre albumenotrophe Funktion haben, obwohl es später an der Bildung des definitiven Ektoderms partizipiert.

Innerhalb der *Gastropoden* demonstrieren die Pulmonaten eine frühembryonale **periphere Eiklaraufnahme** durch die Blastomeren (S. 162 und Abb. 56 a und 133 c); die dank ihrer hydrolytischen Enzyme als Lysosomen fungierenden kleinen Dottergrana dürften dabei eine wichtige Rolle beim Abbau des pinocytotisch aufgenommenen Eiklars spielen. Die Aufnahme setzt sich im übrigen während der Gastrulation gemeinsam mit der nun einsetzenden peroralen Eiklaraufnahme fort (Abb. 133 d). Postgastrulär wird dann die periphere Aufnahme gestoppt, womit der **perorale Modus** dominiert (vgl. unten). Bei den Prosobranchiern *Cymba* und

Pomatias (Abb. 133 f) geht indessen die periphere Aufnahme postgastrulär weiter und führt zu riesigen, Eiklarvakuolen enthaltenden **Kopfblasen**. Diese speichern das Eiklar intrazellulär im Ektoderm.

Es sei nochmals betont, daß bei allen Eiklarformen unter den Schnecken anschließend die besonders unter den Lungenschnecken mengenmäßig dominierende perorale Aufnahme (vgl. Abb. 133 d + e) folgt, die oft zu Entwicklungsretardierungen der palliovisceralen Organe führt. Während bei *Ancylus* und vielen Prosobranchiern die Resorption kontinuierlich ist, zeichnen sich die Pulmonaten (vor allem die Stylommatophora) meist durch mehrere Phasen der intensiven Aufnahme aus.

Zum Eiklarschlingen dient der mit uniform verteilten (Prosobranchia) bzw. mit auf besonderen Wülsten liegenden **Cilien** (Pulmonata) versehene Schlund. Er wird bei den Prosobranchiern *Fusus* und *Marisa* durch einen **oesophagealen Verschlußapparat,** der eine Dosierung ermöglicht, funktionell ergänzt (Abb. 133 h). Ein **oesophagealer Kropf** (*Polinices*-Arten; Abb. 133 i) bzw. ein erweiterter Postoesophagus *(Ampullarius)* erlauben diesen Vorderkiemern eine zusätzliche extrazelluläre Speicherung. Als Sonderfall zeigt *Viviparus* eine **peranale Eiklaraufnahme** (Abb. 71 g und 133 g).

Das verschlungene Albumen wird mittels Micro- und Macropinocytose oft in die Eiklarspeicherzellen von besonderen entodermalen **Eiklarsäcken** (= entodermale Nährsäcke) eingelagert (vgl. z. B. Abb. 124 f + g, i-m).

Der Eiklarsack entspricht bei den Prosobranchiern und den Basommatophora topographisch der prospektiven linken Mitteldarmdrüse; er kann bei Stylommatophoren aber auch weit in die Kopfblase hineinreichen (Abb. 124 k-m).

Kleinere Resorptionsvakuolen können sich als sog. sekundäre Eiklarzellen ebenfalls in anderen Regionen des Pulmonaten-Mitteldarmes bilden. Zudem wird Eiklar oft extrazellulär auch in den Lumina vom Eiklarsack bzw. von anderen entodermalen Darmanteilen magaziniert.

Der Abbau erstreckt sich oft weit in die Postembryonalzeit hinein (6 Tage bei *Deroceras,* 8 Tage bei *Lymnaea* und 4 Wochen bei *Fusus*).

Über mögliche Evolutionstendenzen bei eiklarreichen Gastropoden gibt Tabelle 78 Aufschluß.

Das speziell beim Sperling und Huhn untersuchte Weißei der **Vögel** liefert dem Dotter zwischen dem 1. und 8. Bruttag Wasser. Dies führt zu einer Eindickung der Albumine und einem Absinken des H_2O-Gehaltes auf 20%, während sich der Dotter verflüssigt. Vom 9. bis zum 13. Bruttag ist die sich fortsetzende Resorption von Dotter und von flüssigen Weißeikomponenten des Dotters von einer Vergrößerung der Allantois

---

Abb. 133. Anpassungen an die Aufnahme von Deutolecith (Eiklar, perivitelline Flüssigkeit) bei Anneliden **(a, b)** und Gastropoden **(c-i)** (Längsschnitte; schematisiert).

a, b Embryo von *Piscicola geometra* (Hirudinea) bzw. *Lumbricus* sp. (Oligochaeta) mit ihrem mit Eiklar gefüllten Mitteldarm-Lumen.

c, d *Lymnaea stagnalis* (Pulmonata, Basommatophora): **c** pinocytotische periphere Eiklaraufnahme während der Furchung (vgl. Abb. 56 a); **d** postgastruläre Larve, die zusätzlich zur sukzessive sich reduzierenden peripheren Eiklaraufnahme nunmehr dominierend peroral Eiklar aufnimmt. Im letzteren Fall wird das Eiklar - wie auch bei e, f - extrazellulär ins Lumen sowie intrazellulär in den Entodermzellen des prospektiven Eiklarsackes eingelagert.

e Abgewandelte intrakapsuläre Larve von *Archatina marginata* (Pulmonata, Stylommatophora) mit riesiger Kopfblase (mit ectodermalen Eiklarzellen), die im Inneren den Eiklarsack temporär in sich birgt.

f Intrakapsuläre abgewandelte Larve des Landprosobranchiers *Pomatias elegans* mit gleichfalls riesiger Kopfblase, die indes keinen Eiklarsack aufnimmt (vgl. Abb. 123 k).

g Intrakapsulärer Praeveliger des deuterostomen Süßwasser-Prosobranchiers *Viviparus viviparus;* durch den offenbleibenden, zum Anus werdenden Blastoporus wird Eiklar aufgenommen (vgl. Abb. 71 g).

h Intrakapsulärer Veliger des marinen Vorderkiemers *Fusus (Fusinus) syracusanus;* neben den umfangreichen intra- und extrazellulär eingelagerten Eiklarmengen sind in den 4 Dottermacromeren beträchtliche Protolecithreserven vorhanden (vgl. auch Abb. 98 a + b).

i Intrakapsulärer Veliger der marinen *Polinices sp.* (Prosobranchia) mit oesophagealem Kropf zur zusätzlichen Eiklarspeicherung.

Big	Bindegewebe
Coek	Coelomkammern
ecEV	ectodermale Eiklarvakuole(n), entstanden durch periphere Eiklaraufnahme
enEV	entodermale Eiklarvakuole(n), entstanden durch perorale Eiklaraufnahme
ESZ	Eiklarspeicherzelle
Fdr	Fußdrüse
Kcoe	Kopfcoelom
Kr	oesophagealer Kropf (Ingluvies)
kzeEn	kleinzellige Entodermplatte
lEc	larvales Ectoderm
lMddr	linke Mitteldarmdrüse
lMes	larvales Mesenchym
Mc	Musculus columellaris
Ng	Nierengang
oeVA	oesophagealer Verschlußapparat (zur Dosierung der Eiklaraufnahme)
OG	Osphradialganglion
Pi	Pinocytose
rMddr	rechte Mitteldarmdrüse
⟶	pinocytotische, periphere Eiklaraufnahme

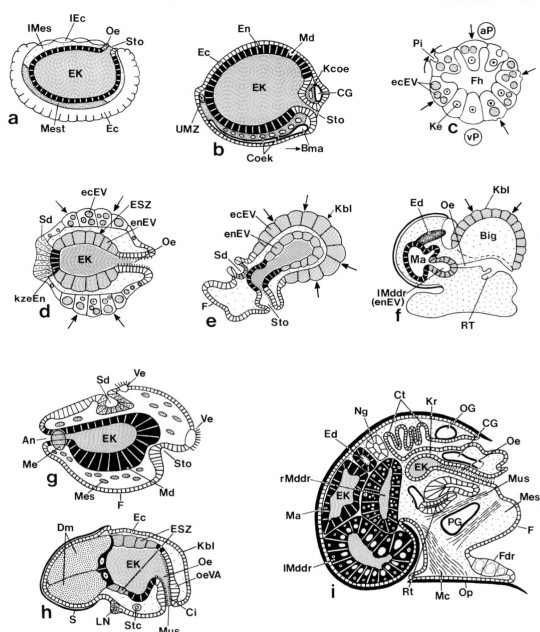

(vgl. Abb.93 b–f) begleitet; deren Innenmembran und das Chorion bilden das sog. **Weißei-Säcklein.** Circa vom 13. bis zum 16. Tag gelangt nun das Weißei durch den **Eiweißkanal** (= Serosa-Amnionkanal; Abb. 93 e) ins Amnion. Hier wird es durch die Amnionflüssigkeit verdünnt, vom Embryo peroral aufgenommen und vom embryonalen Dünndarm resorbiert. Nach völligem Aufbrauchen des Weißeies am 18. Tag erfolgt die weitere Ernährung des Embryos nur noch auf Dotterbasis (Abb. 93 f). Der restliche Dottersack wird vor dem Schlüpfen (20,5 Tage) eingezogen.

13.5 Durch das ♀ vermittelte Sekrete

Vom ♀ können, wie im folgenden an einigen Beispielen demonstriert wird, Sekrete von unterschiedlicher Natur dem Keim bzw. auch dem Jungtier übermittelt werden.

Die Abgabe von **Uterus-Sekreten** leitet zur später eingehend behandelten Placentation (= Einnistung) über, bei welcher der Keim vom mütterlichen Gewebe und dem nährstoffhaltigen maternellen Blut mit profitieren kann.

Als bekanntestes Wirbeltier-Beispiel eines mütterlichen postembryonal abgegebenen Sekretes darf die aus Milchdrüsen unter Prolactin-Einfluß sezernierte **Milch** der Säuger gelten. Sie ist bei den einzelnen Ordnungen recht unterschiedlich zusammengesetzt und erfordert bei Jungtieren teilweise die Ausbildung von besonderen Saugstrukturen.

Das in wenig entwickeltem Zustand geborene Beuteljunge der Marsupialier saugt noch mit dem primären Kiefergelenk; das Waljunge bekommt die Milch eingespritzt.

Für die Vögel sind die bei Tauben und Flamingos vorkommende **Kropfmilch** und für diverse Haifische die **Uterinmilch** zu nennen, wobei letztere unter Beteiligung der embryonalen Außenkiemen des Embryos resorbiert wird.

In Ergänzung zu dem unter dem Begriff „Deutolecith" bereits Gesagten liefern die *Evertebraten* zahlreiche Beispiele für ernährende Sekrete i. w. S.

Die junge Tiefseemeduse *Stygiomedusa fabulosa* reicht mit zwei trophischen Fortsätzen in den Magenraum der Mutter-Scyphozoe hinein. In den Bursae (Bruttaschen) der Ophiuriden kalter Meere dienen – neben gelegentlich degenerierenden Eiern – Ausscheidungen der weiblichen Genitalwand zur Keimernährung. Ähnliches kommt auch bei anderen Echinodermen vor. Zungen- *(Glossina)* und Lausfliegen bereiten durch Uterusdrüsen ein milchartiges Sekret bzw. einen besonderen Nahrungsbrei im Uterus zu.

Beim Prosobranchier *Veloplacenta* nehmen die Veliger mittels ihres Mundsegels (Velums) ♀ Uterussekrete auf (Abb. 134 d).

Beim Skorpion *Ischnurus ochropus* (vgl. S. 362) halten blasenartige Chelicerenanhänge im Uterus einen ernährenden Nährstrang fest und reichen in die Nährflüssigkeit des Appendix des Weibchens hinein (Abb. 135 f + g).

Ein besonders schönes Beispiel geben die Pseudoskorpione. Ähnlich wie bei der peripheren Eiklaraufnahme der Pulmonaten nehmen die Zellen der aus **Micromeren** gebildeten Embryonalhülle (S. 168 und Abb. 51 i) vom ♀ in den Brutbeutel abgeschiedene Nährsubstanzen auf (Abb. 134 a). Eine der Entwicklung vorauseilende, später durch das definitive Labrum ersetzte Oberlippe bildet anschließend mit den Coxal-Laden des ersten Beinpaares das **Pumporgan** (Abb. 134 b + c). Es erlaubt die Aufnahme der Micromerenhülle und ihrer Nährstoffe sowie später auch von Nährsekreten direkt aus dem Brutbeutel. Die Einlagerung dieser Nährstoffe führt zu einem extrem aufgequollenen Freß-Stadium.

13.6 Placentation

Die Placenta (= „Mutterkuchen" der Säuger) dient – meist unter Blutgefäß-Kontakt oder zumindest -Vermittlung – als *feto-maternelles Austauschorgan.* Neben ihrer trophischen Aufgabe sind auch exkretorische, respiratorische und hormonelle Funktionen möglich. Sie tritt in der Regel in Verbindung mit Viviparität auf.

Am Aufbau der Placenta sind meist **Zellen von Keim und Mutter** beteiligt. Die Salpen-Pseudoplacenta (Abb. 135 a) besteht freilich nur aus mütterlichem Gewebe.

Im Gegensatz zur Wirbeltier-Placenta sollte man bei Evertebraten besser von Pseudo-Placenten sprechen, was leider oft unterbleibt. Die als Beispiel für konvergente Tendenzen bei verschiedensten Tierstämmen heranziehbare Placentation führt oft zur **Dotterarmut** der Keime und zur Herabsetzung der Jungenzahl.

Als besonderer Brutpflegeapparat erlaubt sie beispielsweise den Amphibien und Reptilien die sonst unmögliche Besiedlung von kalten Gebirgsgegenden bzw. von trockenen Wüstengebieten.

13.6.1 Wirbellose

Aus einer Fülle können im folgenden nur wenige ausgewählte Beispiele gezeigt werden.

13.6.1.1 Bryozoa

Bei den Phylactolaemata vermittelt ein **zellulärer Ring** Kontakte zwischen Embryo und Brutkammer (Ooecium), die im

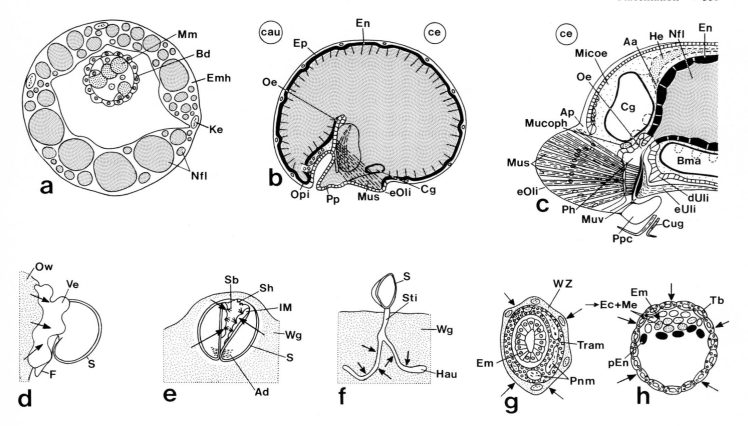

Abb. 134. Ernährung des Keimes durch vom ♀ abgegebene bzw. vom Wirt stammende Nährstoffe (schematisiert).

a–c Pseudoscorpiones: **a** *Neobisium muscorum:* Aufnahme der mütterlichen Nährflüssigkeit durch die von Micromeren abstammende, zellularisierte Embryonalhülle (im Schnitt);   **b** *Chelifer cancroides:* vollgesogenes zweites Embryonalstadium (Lateralansicht);   **c** *Neobisium muscorum:* dasselbe Stadium im Sagittalschnitt mit der Detailanatomie des Pumporgans (vgl. hierzu auch Abb. 51 i).
d–f Mollusca (Schemabilder): **d** *Veloplacenta maculata* (Prosobranchia): Kontakt des Velums mit der Uteruswand; **e** *Anodonta cellensis* u. a. Unionidae (Bivalvia): Aufnahme von Wirtsgewebe durch den Larvalmantel des auf Fischen parasitierenden Glochidiums (vgl. Abb. 122 l); **f** *Mutela bourguignati* (Bivalvia): Aufnahme von Fischgewebe durch

das Haustorium der Haustorienlarve (vgl. Abb. 122 i).
g *Platygaster hiemalis* (Insecta, Hymenopteroidea): Aufnahme von Insekten-Wirtsgewebe durch das aus dem Richtungskörper gebildete Trophamnion des Schlupfwespenkeimes (vgl. Abb. 56 i).
h Typus des placentaren Säugers (Eutheria): Aufnahme von mütterlichem Gewebe durch den Trophoblasten (vgl. auch Abb. 94–96 sowie 137 und 138).

Aa	Aorta anterior
Ad	Adductor (Schließmuskel)
Ap	Oberlippenapodem
Cug	Cuticulagerüst des Pumporgans des 1. Embryonalstadiums (auch nach der Häutung noch am Embryo hängend)
dUli	definitive Unterlippe
Emh	Embryonalhülle

eOli	Oberlippe des Pumporgans (embryonale Oberlippe)
eUli	Unterlippe des Pumporgans (embryonale Unterlippe)
Hau	Haustorium
lM	Larvalmantel
Mucoph	Musculus compressor pharyngi
Muv	Mundvorraum
Nfl	Nährflüssigkeit
Opi	Ophisthosoma
Ow	Ovarialwand
pEn	primäres Entoderm
Pnm	Paranuclearmasse
Pp	Pedipalpus
Ppc	Pedipalpencoxen und deren Laden
Sb	Sinnesborsten
Sh	transitorische Schalenhaken
Sti	Stiel
Tram	Trophamnion
Wg	Wirtsgewebe
WZ	Wirtszellen

Sinne einer Pseudoplacenta gedeutet werden können. Dieser Ring dient aber sicher auch zum Festhalten des Embryos. Bei den cyclostomen Moostierchen erfolgt teilweise eine Keimernährung durch den aus degenerierendem mütterlichem Gewebe bestehenden **Embryophor.**

13.6.1.2 Insecta

Unter den verschiedenen Insektenordnungen mit Viviparität lassen sich zahlreiche Fälle von Ovoviviparität bis hin zur **Pseudoplacentabildung** zeigen.

Der Ohrwurm *Hemimerus talpoides* hat eine chorion- und dotterlose, aber mit Fettsubstanzen versehene Eizelle. Diese wird im Ovar durch Falten des Follikelepithels von der sehr großen, zum „Corpus luteum" degenerierenden Nährzelle getrennt. Das Follikelepithel bildet in einer ersten Placentationsphase – wahrscheinlich mittels Amitosen – eine **anteriore** und eine **posteriore mütterliche Pseudoplacenta** (Abb. 135 n). Der Keim differenziert sich in Embryonanlage, Trophocyten (Nährzellen) und in ein Amnion, welches nach außen eine Serosa abgibt. Dann degeneriert die mütterliche Pseudoplacenta. In einem zweiten Placentationsabschnitt bauen Amnion und Serosa gemeinsam eine große **anteriore** und eine kleine **posteriore fetale Pseudoplacenta** auf (Abb. 135 o). Da sich die dorsale Embryowand lange nicht schließt, besteht ein Kontakt zwischen dem embryonalen Haemocoel und der Pseudoplacenta.

Bei der Hemiptere *Hesperoctenes fumarius* degenerieren die ursprünglich vorhandenen Hüllen von Amnion und Serosa, womit der Embryo kurzzeitig frei daliegt. Durch Auswachsen der **Pleuropodien,** d.h. der transitorischen abdominalen Gliedmaßen-Anlagen, kommt es zur Ausbildung einer wahrscheinlich syncytialen **Pleuropodialscheibe** (Abb. 135 m). Sie fungiert als mit einer Pleuropodialhöhle versehene Pseudoplacenta. Eine weitere z.B. beim Psocoiden *Archipsocus fernandi* verwirklichte Möglichkeit besteht im Kontakt zwischen dem **Dorsalorgan** des Keimes und der Uteruswand der Mutter (Abb. 135 l).

Abb. 135. Placentaähnliche Bildungen bei Evertebraten (schematisiert).

a Thaliacea: Embryo von *Thalia (Salpa) democratica* mit fortentwickelter Placenta (quer).
b-d Onychophora: **b, c** zwei Embryonalstadien (total) von *Peripatopsis sedgwicki* mit großer Nackenblase; **d** in einer Amnionhöhle liegender Embryo von *Peripatus edwarsii* (quer) mit fetaler und materneller Placenta.
e-k Scorpiones: **e** Embryo (total) von *Lichas tricarinatus* mit „dotterbildendem Apparat"; **f, g** Embryo mit Nährapparat von *Ischnurus ochropus* (total) (vgl. S. 362); **h-k** frühe Entwicklungsstadien von *Hormurus australasiae* (Sagittalschnitte): **h** Übersicht des Ovardivertikels mit Embryo und Nährgewebe; **i** Follikel (mit maternellen und fetalen Anteilen) mit 28-zelligem Embryo; **k** älterer, infolge Nährstoffaufnahme den Follikel ganz ausfüllender Embryo.
l-o Insecta: **l** mit der Uteruswand in Kontakt stehendes Dorsalorgan von *Archipsocus fernandi* (Psocoidea) (quer); **m** Embryo von *Hesperoctenes fumarius* (Hemipteroidea) mit zur Embryonalhülle ausgewachsenen Pleuropodien (quer); **n, o** zwei Entwicklungsstadien von *Hemimerus talpoides* (Orthopteroidea) mit Trophocyten und unterschiedlichen Placentagenerationen (sagittal).

afPl	amniotisch-fetale Placenta
amPl	anteriore maternelle Placenta
Ap	Appendix
Apl(Ped)	Abschlußplatte des Pedunculus
As	Außenschicht
Big(Ut)	Bindegewebsschichten des Uterus
Ceth	Cephalothorax
Chel	Chelicere
Cl	„Corpus luteum"
dbA	„dotterbildender Apparat"
Diwa	Divertikelwand
Eh	Embryohülle
Ex	Extremitäten
Fol	Follikel
Folh	Follikelhülle
Folre	Follikelrest
Folze	Follikelzelle
Haec	Haemocoel (Mixocoel)
Is	Innenschicht
Iz	Interzellularen zwischen den Ectodermzellen und dem Mesoderm
Ka	Kalymmocyten
Lak	Lakune
Lym	Lymphocyte
Mudie	Musculi dilatatores
Nb	Nackenblase
Nfl	Nährflüssigkeit
Nst	Nährstrang
Odep	Oviduktepithel
Oen	Oenocyten
Pabd	Postabdomen
Phf	Pharynxfalten
Pld	Placentadach
Pleuba	Pleuropodialbasis
Plem	Placenta embryonalis
Pleuh	Pleuropodialhöhle
Pleus	Pleuropodialschild
Plh	Placentahöhle
Plko	Placentakonus
Plut	Placenta uterina
Plwa	Placentawand
pmPl	posteriore maternelle Pseudoplacenta
Pp	Pedipalpus
„sekDo"	„Sekundärdotter"
sfPl	serosal-fetale Pseudoplacenta in Teilung
(T)	
Trocy	Trophocyten
Uep	Uterusepithel
vOrg	vesiculäres Organ der Cheliceren
Wu(Eh)	Wucherung der Embryohülle (bildet drüsiges Organ)
Zk	Zentralkanal
Zpfr	Zellpfropf (mit Kanälchen- und Lakunensystem und sezernierenden Zellen)

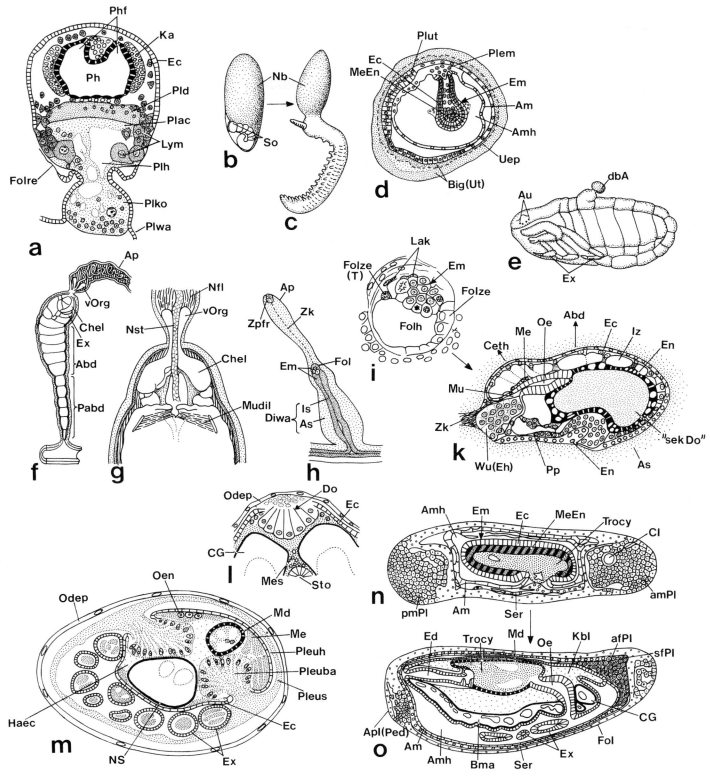

13.6.1.3 Scorpiones

Die Skorpione zeigen im einzelnen recht unterschiedliche, zur Ernährung des Embryos dienende Einrichtungen, die indes wohl nur teilweise als Pseudoplacenten zu bezeichnen sind.

Lychas bicarinatus bildet konvergent zum eben erwähnten Laus-Beispiel eine als **„dotterbildender Apparat"** bezeichnete dorsale Ausstülpung (Abb. 135 e). Diese durchdringt die maternelle Eiröhrenwand und vermittelt dadurch Kontakte mit der Haemolymphe des Muttertieres.

Auf dem Rücken des Keimes von *Heterometrus cyaneus* liegen elf Paare von sog. **„Blutkiemen"**. Diese lassen sich eventuell mit der *Lychas*-Situation vergleichen, nehmen aber zudem noch zerfallende Appendixzellen auf.

Bei *Ischnurus ochropus* ragen dagegen **blasenförmige Cheliceren-Anhänge** des Embryos in die Nährflüssigkeit des Appendix herein (Abb. 135 f + g); im weiteren dient ein zentraler Nährstrang der Ernährung. Alle Nährstoffe sollen mittels besonderer **Muskeln,** den Musculi dilatatores (Abb. 135 g), in den Darm des Keims gepumpt werden.

Die Vejovidae besitzen im Ovar ein verdicktes Epithel, welches Nährsubstanzen an die sich entwickelnden Embryonen abzugeben scheint.

Der Embryo von *Hormurus australasiae* gliedert sich – in Konvergenz zur „Blastocyste" der Onychophora (Abb. 135 d) – in einen Embryonalknoten und ein **trophoblastähnliches Hüllgewebe** (Abb. 135 i). Letzteres wird aber primär vom mütterlichen Material gebildet und erst nachträglich durch vermutlich ectodermale Embryonalzellen ergänzt. So entsteht eine stabile „Embryonalhülle". An der Ansatzstelle des Appendix formiert sich aus der Embryonalhülle ein mächtiges **drüsiges Organ;** dessen Sekrete werden durch den Zentralkanal des Appendix unmittelbar zum Mund und von hier aus in den Darm des Embryos geleitet (Abb. 135 k). Im weiteren dürften auch die stark verdickten Schichten der Divertikelwand, besonders anläßlich von deren Abbau, in den Dienst der Ernährung gestellt werden.

13.6.1.4 Onychophora

Die Protracheaten zeigen eine Sukzession von „Placenta-Typen", die stets von der Nackenregion ausgehen. Diese Reihe steht in Parallelität zum sich von den eierlegenden, ohne Kontakte zur Mutter auskommenden Arten zu den viviparen Formen hin sukzessive verringernden Eizelldurchmesser.

Die beispielsweise bei *Peripatopsis sedgwicki* (Eidurchmesser 125 μm) vorkommende **Nackenblase** kann als Nackenblasen-Pseudoplacenta (Abb. 135 b + c) angesprochen werden.

Dagegen umgeben bei *Peripatus edwarsii* (Eidurchmesser 40–50 μm) die Embryonalhüllen vollständig den Embryo, so daß dieser in einer Amnionhöhle liegt (Abb. 135 d). Trotz der frappierenden Konvergenz zu den Säugerverhältnissen bleibt die „Nabelschnur" als Pediculus aber dorsal. Die Amnionwand bildet eine **„Placenta" embryonalis;** die Uteruswand, die wiederum konvergent erhebliche Abbauprozesse durchmachen kann, formiert die **„Placenta" uterina.**

13.6.1.5 Tunicata

Die frühontogenetisch ernährend fungierenden, sich aus dem Follikelepithel detachierenden **Kalymmocyten** (Abb. 56 e) der Thaliacea (Salpen) werden später durch eine in der Literatur als Placenta (Abb. 135 a) bezeichnete Pseudoplacenta ergänzt. Das Ovarialgewebe des Blastozoids wird zum funktionellen Uterus, indem eine **Placentaknospe** entsteht, die sich an den Keim anschließt. Diese wird durch den Genitalsinus versorgt und ermöglicht den Transport von nährstoffhaltigen Blutzellen. Der Embryo umwächst sogar teilweise die Placentarknospe, welche bei der Geburt mit abgestoßen wird und als erste postembryonale Nährquelle für das Oozoid dient.

Pseudoplacentaähnliche Bildungen kommen unter den Ascidien vermutlich bei den Polycliniden vor.

13.6.2 Wirbeltiere

13.6.2.1 Teleostei

Trotz des Fehlens von typischen, echten Placenten gibt es bei Knochenfischen zahlreiche interessante Nährmöglichkeiten zwischen Mutter und Kind.

Bei der *follikulären Gestation* vor allem der Poeciliidae erfolgt die Befruchtung innerhalb der Follikel, wo es zu unterschiedlichen Typen von Keim-Mutterkontakten kommt.

Bei *Lebistes, Xiphophorus, Belenesox* u.a. sind zu diesem Zweck zwei mit Blutgefäßen dotierte **Dottersackdivertikel** (Abb. 136 c) tätig, während bei *Heterandria, Plathypoeciliopsis* und anderen Gattungen ein großer vaskularisierter **Pericardialsack,** der auch an der Außenwand Gefäße enthält, dem Stoffaustausch dient (Abb. 136 d + e). Da dieses umfangreiche Gebilde beträchtliche Anteile des Embryos umgibt, wird es manchmal mit dem Amnion der höheren Wirbeltiere verglichen; eine Homologie liegt selbstverständlich nicht vor. Bei *Poecilistes, Poeciliopsis* und *Aulophallus* treten zusätzlich **zapfenartige Fortsätze der Follikelwand** (Abb. 136 g) in Aktion, die eventuell auch sekretorisch aktiv sind. Schließlich sind auf dem Dottersack von *Anablebs* (Abb. 136 f) entsprechende

Bulbi vorhanden, die mit den Zapfen der mütterlichen Follikelwand eine follikuläre Pseudoplacenta aufbauen.

Die *ovarielle Gestation* im Ovarlumen ist besonders von der Aalmutter *(Zoarces viviparus)* bekannt. Bei den südamerikanischen Goodeidae stehen vom Darm des Embryos aus spezielle **Trophotaenien** (Abb. 136 h) mit dem mütterlichen Ovar in Verbindung. Fortsätze des Ovarepithels reichen bei den Jenynsiidae zwischen die Kiemen des Embryos.

Beim Seepferdchen *(Hippocampus)* haben die ♂♂ eine **Bruttasche**, bei den Seenadeln *(Nerophis, Syngathus)* eine entsprechende Brutrinne wahrscheinlich placentaähnliche Funktionen.

Auch dürften schließlich bei gewissen Maulbrütern Nährstoffe abgegeben werden, wie Carbohydrate bei den Galeichthyes.

13.6.2.2 Chondrichthyes

Haie und Rochen zeigen zahlreiche Placentationstypen, wobei vor allem seröse, mucöse und lipide, auch als **Uterinmilch** bezeichnete Uterussekrete als Embryotrophe abgegeben werden.

Dies gilt z. B. für die ovoviviparen *Torpedo ocellata*, *Trygon violacea* und *Mustelus vulgaris*.

Bei den viviparen *Carcharias*-Arten, *Mustelus laevis* und anderen Haien, bei denen die Schalenhaut erhalten bleibt, ist eine intime omphaloide **Dottersackplacenta** mit Doppelfunktion ausgebildet (vgl. Abb. 136 a + b).

Sie besteht aus dem extraembryonalen Ektoderm. Dieses ist wie das Uterusepithel zu einer dünnen Schicht, die manchmal fehlen kann, reduziert und nimmt auch mucöse Uterussekrete auf. Hier besteht ein Blutgefäß-Kontakt. Dann folgen Somatopleura, Coelom, Splanchnopleura mit Gefäßen und das extraembryonale Entoderm, welches zur Aufnahme des zuerst noch vorhandenen Dotters dient.

13.6.2.3 Amphibia

Bei viviparen Arten [z. B. *Salamandra atra* und *Nectophrynoides*-Arten (Anura, vgl. Abb. 126 q)], deren Larven im Ovidukt bleiben, erfolgt - beim Alpensalamander zusätzlich zu den Embryotroph-Eiern - die Abgabe von milchartigen **Uterus-Sekreten**. Bei den Gymnophionen regen besondere larvale Zähne der Larven das mütterliche Uterusepithel zur Abgabe von Sekreten an oder „weiden" dieses sogar ab.

Bei *Pipa*-Arten, die ihre Nachkommen in epidermalen Rückentaschen bergen, zeigen die Keime entweder keine besonderen Anpassungen oder aber spezielle **Kiemenstrukturen**. Ähnliche Bildungen treten bei Hyliden-Arten auf, die mit einer ♀ Bruttasche versehen sind; sie können hier außer zur Atmung zusätzlich zur Ernährung dienen.

Neben zahlreichen weiteren, hier nicht besprochenen Amphibienbeispielen sei die extrem abgeleitete Brutpflegeweise des Frosches *Rheobatrachus silus* aus Queensland vorgestellt. Diese hat indessen, wie dies gleichfalls für die eben erwähnten Anuren-Beispiele gilt, nichts mit einer Placentation bzw. einer Placentavorstufe zu tun! Die durch das in der Folge fastende ♀ **verschluckten Eier** verbleiben bis ans Ende ihrer Metamorphose im während dieser „Gestation" sehr ausgedehnten, dünnhäutigen Magen und verlassen anschließend durch eine „orale Geburt" ihre Mutter.

13.6.2.4 Embryonalhüllen und Anhangsorgane der Amnioten

Diese sind **Voraussetzung zur Ausbildung von Amnioten-Placenten**. Wir besprechen sie hier zusammenhängend für alle Amnioten und damit auch für Vögel, wo keine, bzw. für Reptilien, wo nur selten Placenten ausgebildet sind.

Im Zusammenhang mit dem Besitz von terrestrischen Eiern bzw. dem Lebendgebären bilden alle Amnioten-Embryonen - entgegen den Anammiern - eine flüssigkeitsgefüllte **Amnionhöhle** (Abb. 93-96, 131 c, 137 a-g und 141 e-i) aus. Diese dient dem Keim als eine Art Mikroaquarium. Im weiteren treten als embryonale Anhangsorgane die **Allantois** (embryonale Harnblase; Abb. 93, 96 IIIc, IV, 109 c und 141 e-g) sowie der **Dottersack** (Sauropsiden, Monotremata; Abb. 93, 109 c und 141 e-g) bzw. die diesem homologe **Nabelblase** (höhere Säuger; Abb. 95, 96 I und 37 a + b, e-g) auf.

Sauropsida

Die Amnionwand entsteht bei den Sauropsiden aus **Amnionfalten**. Deren ectodermale Erhebung beginnt beim Vogel in der noch mesodermfreien Zone des sog. Proamnions (= mesodermfreie Sichel; Abb. 92 b). Sobald der Wulst Mesoderm enthält, spricht man vom Amnion (Abb. 93 a und 141 e). Die Amnionfalten verschmelzen unter Bildung einer temporären **Amnionnaht** (Abb. 93 c-d und 141 f + g) bzw. - im Falle eines konzentrischen Vorrückens - eines Amnionnabels. Im geschlossenen Amnion befindet sich die den Keim umgebende **Amnionflüssigkeit**.

Folgende Schichten und Hohlräume (von außen nach innen), die dem extraembryonalen Ecto- und Mesoderm angehören, werden beim Vogel gebildet (vgl. speziell Abb. 93 c): die Serosa (= Chorionectoderm), das Chorionmesoderm (aus der Somatopleura), das extraembryonale Coelom (Exocoel), das Amnionmesoderm (aus der Splanchnopleura) und das Amnion oder Amnionectoderm.

Beim Vogel hebt sich der Embryo durch Bildung eines **Nabelstrangs** vom Dottersack ab (vgl. Abb. 141 e-g); dieser Prozeß ist von der Rinnenbildung des Embryonaldarmes (vgl. Abb. 131 h) begleitet. Der Nabelstrang enthält den **Dottergang** und die **Dottersackgefäße** [Venae und Arteriae omphalomesentericae (vitellinae sinistra et dextra)].

Daneben stülpt sich aus der Kloakenwand die mit den Arteriae et Venae umbilicales versehene entodermale **Allantois** (Abb. 93 b, 141 e + f) aus. Sie ist mit einem dichten Mesodermbelag (= Coelenchym) belegt und legt sich im Exocoel unter Verklebung ans Chorionmesoderm, wobei die **Nabelgefäße** [Vasa allantoidea (= umbilicalia)] formiert werden. Beim Säuger entsteht an vergleichbarer Stelle der Kreislauf der allantoiden Placenta (vgl. z. B. Abb. 137 b).

Die Allantois, die auch den Eiweißsack umwächst (vgl. S. 282 und Abb. 93 d), dient primär als Exkretspeicher für Harnsäure, sekundär – dank ihrer Gefäße – der Atmung sowie bei einigen Reptilien auch als Placenta (S. 370 und Abb. 136 i).

Besonderheiten der Eutheria

Die schon erwähnte Entypie des Embryoblasten in den Trophoblasten (S. 160) führt bei den Placentaliern teilweise zu einer abgewandelten Amnionbildung.

Im Falle der Ausbildung des ursprünglichen **Falt-** oder **Pleuramnions** (Raubtiere, Spitzmäuse, Kaninchen u. a.) ermöglicht die vorangehende Rückgängigmachung der Entypie die dorsale Auffaltung des Embryonalgewebes zu den Amnionfalten (Abb. 94 I/II, 96 I und 141 h). Das sekundäre **Schiz-** oder **Spaltamnion** entsteht dagegen durch Spaltraumbildung im Innern des im Trophoblasten bleibenden Embryoblasten und bleibt von der Entypie unbeeinflußt (Abb. 94 IV + V, 95 IIa, 96 III und 141 i).

Die Embryocystis wird im letzteren Fall direkt zur Amnionhöhle [Igel (Abb. 96 V) Flughunde] oder es wird anfänglich eine Ectoplacentar- und eine Markamnionhöhle gebildet [Maus, Ratte und andere Nager (Abb. 94 IV und 96 IIIa + b; S. 238)].

Im weiteren besteht im Zusammenhang mit der dominierend werdenden **allantoiden Placenta** die Tendenz zur sukzessiven Reduktion des Dottersackes (Abb. 137 c), der freilich als Nabelblase bei diversen Eutherien und auch beim Menschen (vgl. Abb. 137 g) bis zur Geburt erhalten bleibt. Dieses Verhalten kann als Rekapitulation des Sauropsidenzustandes gedeutet werden.

Bei Beutlern *(Didelphis)* kommt sogar die **omphaloide Dottersack-Placenta** (Abb. 136 k) noch vor. Auch der Nager *Citellus* zeigt anfänglich eine recht große Nabelblase (Abb. 137 a). Ähnliches gilt für das Pferd. Immerhin werden bei vielen Säugern – meist auch beim Menschen – zumindest die Dottersackgefäße rekapituliert und treten in deren Region auch die ersten Blutinseln auf. Ähnliches gilt entsprechend für die Maus (S. 370).

Placenta-Typen

Voraussetzung zur Placentation ist bei Säugern die **Implantation,** d. h. die Einnistung der Blastocyste in den Uterus bzw. ins Uterusgewebe.

Als *Vorstufe* der eigentlichen Placenta dient der **Trophoblast** (Abb. 54 Bd + e, Cf ff., 94 und 95 Ia, IIa), der noch vor der

Abb. 136. Placenten und placentaähnliche Bildungen bei den Selachii (**a, b**), Teleostei (**c–h**), den Reptilia (**i**) und den Marsupialia (**k**).

a,b Dottersackplacenta von *Mustelus canis* (Glatthai) (Übersicht bzw. Details einer Stelle mit besonders intensiver Blutgefäß-Versorgung; die Placenta ist jeweils im Schnittbild dargestellt).
c Vaskularisierter Dottersackdivertikel von *Lebistes* sp. (Guppy) (Totalansicht).
d,e Ausgewachsener Pericardialsack von *Fundulus heteroclitus* (Sagittalschnitt) bzw. von *Poeciliopsis* sp. (Totalansicht).
f Herz und Perikard im von Dotter entleerten Dottersack von *Anableps anableps,* der als Pseudoplacenta fungiert.

g Zur Sekretion fähige Villi in der Follikelwand von *Aulophallus* sp.
h Alter Embryo von *Zoogeneticus cuitzeodensis* (Goodeidae) mit Trophotaenien.
i Chorio-allantoide Placenta von *Tiliqua scincoides* (Riesenglattechse, Blauzunge) (im Schnitt).
k Die Allantois und das Amnion einschließende Dottersackplacenta von *Didelphis virginiana* (Opossum). Der Sinus terminalis dient als Grenze zum mesodermfreien Dottersackanteil.

Bu	Bulbi (Dottersackfortsätze)
Doart	Dotterarterie (Arteria vitellina)
Dswa	Dottersackwand
feBgf	fetale Blutgefäße
lAllart	linke Allantoisarterie

lAllve	linke Allantoisvene
Lu	Lumen
maBgf	maternelle Blutgefäße
mefrDs	mesodermfreier Dottersackanteil
Ms	Mesenterium
Nigef	Nierengefäß
Peh	Pericardialhöhle
Pesa	Pericardialsack
psamH	pseudoamniotische Höhle
Schdr	Schleimdrüse
sfDr	sacciforme Drüse
Site	Sinus terminalis (Randsinus)
veDogef	venöse Dottersackgefäße
Uw	Uteruswand

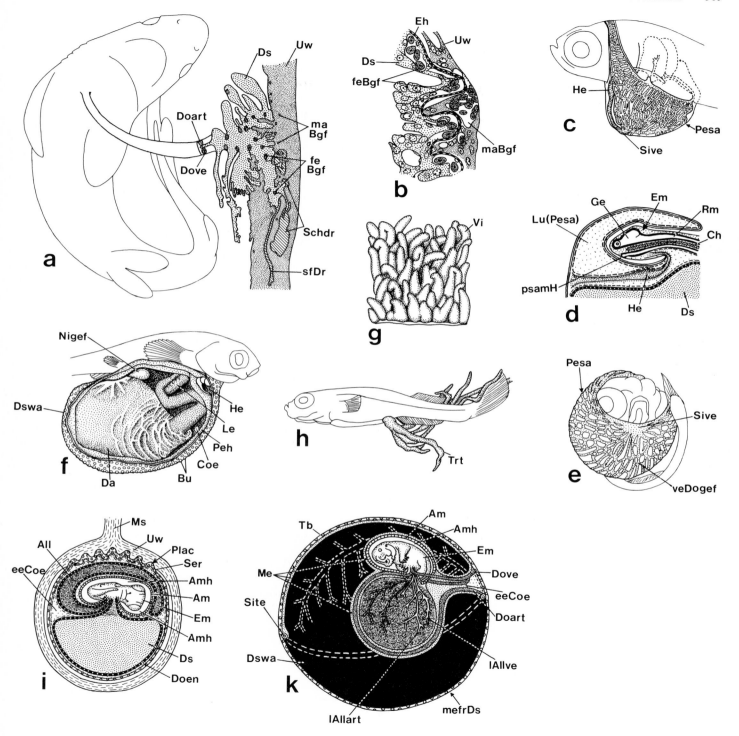

Ausbildung von embryonalen Blutgefäßen die ♀ Blutgefäße im Uterus „anbohren" kann (vgl. auch Abb. 95 IIa) und im Prinzip gegenüber dem maternellen Gewebe wie ein Parasit wirkt.

Sein Bereich läßt sich später in den zellularisiert bleibenden **Cytotrophoblasten** und den syncytialen **Syncytiotrophoblasten** gliedern. Sein epithelialer Zusammenhang kann, wie bei der Maus, auch aufgelöst werden, wobei die dann voneinander isoliert im Uterusgewebe liegenden Trophoblast-Riesenzellen ihre lytischen Funktionen aber fortsetzen.

Die *Kategorisierung* der eigentlichen Placenten erfolgt nach unterschiedlichen Kriterien:

(1) Die fetalen *Nährstoffe* [= Embryotrophe (Grosser)] können als **Histiotrophe** aus dem mütterlichen Teil stammen, histiogen in Form von Sekreten u. a., histiolytisch als zerfallende Materialien bzw. Blutextravasate auftreten. Die **Haemotrophe** werden aus dem strömenden Blut der Mutter durch Diffusion oder durch Resorption aufgenommen.

(2) Die *Implantation* kann zentral im Uteruslumen (Kaninchen) oder exzentrisch in einer Seitenbucht der Gebärmutter (Ratte, Maus) stattfinden bzw. im interstitiellen Fall (Mensch, Menschenaffen, Igel etc.) vom Eindringen ins Uterusgewebe (vgl. Abb. 137 g) begleitet sein.

(3) Eine weitere Untergliederung basiert auf dem *Verhalten der Uterusschleimhaut* anläßlich der Ausstoßung der Frucht. Bei den durch eine komplikationslose Placenta-Ablösung ausgezeichneten Adeciduata bleibt das Uterusepithel intakt. Bei den durch eine große Wundfläche charakterisierten Deciduata werden dagegen Teile der Uterusschleimhaut abgestoßen. Beim contradeciduaten Typ schließlich wird die Placenta im Uterus resorbiert. Dieser seltene Fall ist beim Maulwurf realisiert.

(4) Die bekannte *Grossersche Gliederung* (Abb. 138 A) basiert auf den beim Kind-Mutterkontakt engagierten histologischen Schichten.

Beteiligt sind von fetaler Seite das fetale Blut, Gefäßendothel, Chorionmesenchym und das Chorionepithel (= Trophoblastepithel), von materneller Seite das Uterusepithel, das maternelle Bindegewebe (u. a. polygonale, als Lipoid- und Glykogenspeicher dienende Deciduazellen), Gefäßendothel und schließlich das maternelle Blut.

Im **epithelio-chorialen Fall** (Abb. 138 Aa) grenzt das Chorion des Keims an das Uterusepithel; es ist im **syndesmo-chorialen** Modus (Abb. 138 Ab) bis ins Bindegewebe vorgestoßen. Dann kann es die Innenschicht der feinen mütterlichen Gefäße berühren (= **endothelio-chorial**; Abb. 138 Ac) oder gar bis ins mütterliche Blut eindringen (= **haemo-chorial**; Abb. 138 Ad). Bei manchen Nagern kann sich der Trophoblast an einigen Stellen zurückbilden, wodurch die **hämo-endotheliale** Lösung realisiert ist.

Epithelio- und syndesmochorialer Typ bilden eine sog. **Semiplacenta** (Halbplacenta), die übrigen Formen dagegen eine **Placenta vera**.

Von der syndesmo-chorialen Lösung an spricht man auch von invasiven Placenten.

Im haemochorialen Fall zirkuliert bei der **Labyrinthplacenta** (z. B. Maus) das mütterliche Blut in einem labyrinthartigen

---

Abb. 137. Placentation bei den Eutherien I. **a–g** Unterschiedliche Placenta-Typen im Lateralschnitt: **a, b** *Citellus* (Ziesel, Rodentia): massige, anfänglich omphaloide Placenta **(a)**, die nach Auswachsen der Allantois zu einer allantoiden **(b)** wird. **c, d** Gedehnte allantoide Placenten von Huftieren (Artiodactyla), wobei nach Abbau der Nabelblase die das Amnion umschließende umfangreiche, flüssigkeitsgefüllte Allantois die Keimblasenwand an die Uterusschleimhaut preßt. Das extraembryonale Coelom ist klein [**c** Placenta diffusa von *Sus* (Schwein)] oder fehlend [**d** Placenta cotyledonaria (= multiplex) des Wiederkäuers *Bos* (Rind)]. Die Keimblasenwand zeigt eine Arbeitsteilung in glatte Partien und sog. „Areolen" **(c)** bzw. Placentome **(d)**. **e** Aus gedehnter Placenta und Gürtel bestehende Mischplacenta (Placenta zonaria) von *Canis* (Hund; Carnivora); die Nabelblase bleibt trotz der umfangreichen Allantois entgegen **c** und **d** auch im Spätstadium noch erhalten. **f** Massige allantoide Doppelplacenta (Placenta bidiscoidalis) von *Macaca* (Makak; Primates); entgegen *Homo* **(g)** liegt die Keimblase im Uteruslumen (= superfizielle Nidation); **g** massige Placenta (Placenta discoidalis) vom Menschen mit interstitieller Nidation (komplettes Eindringen der Keimblase in die Uteruswand).

h–n Totalansicht (von außen) der unterschiedlichen Placenta-Typen: **h** Placenta diffusa (vgl. **c**); **i** Placenta cotyledonaria (vgl. **d**); **k, l** komplette (Hund, Katze, Seehund) bzw. inkomplette (Waschbär) Placenta zonaria (vgl. **e**); **m** Placenta bidiscoidalis (vgl. **f**); **n** Placenta discoidalis (vgl. **g**).

Allgef	Allantoisgefäße
Areo	Areole
Car	Caruncula
Chofa	Chorionfalte
Cot	Cotyledo
Dsgef	Dottersackgefäße
isNid	interstitielle Nidation
Nbl	Nabelblase (entspricht dem Dottersack)
Rs	Randsinus der Dottersackgefäße
supNid	superfizielle Nidation
Udr	Uterusdrüsen
Ut	Uterus (Gebärmutter)
Utlu	Uteruslumen
Vi	Villi
Wa(Nbl)	Wand der Nabelblase

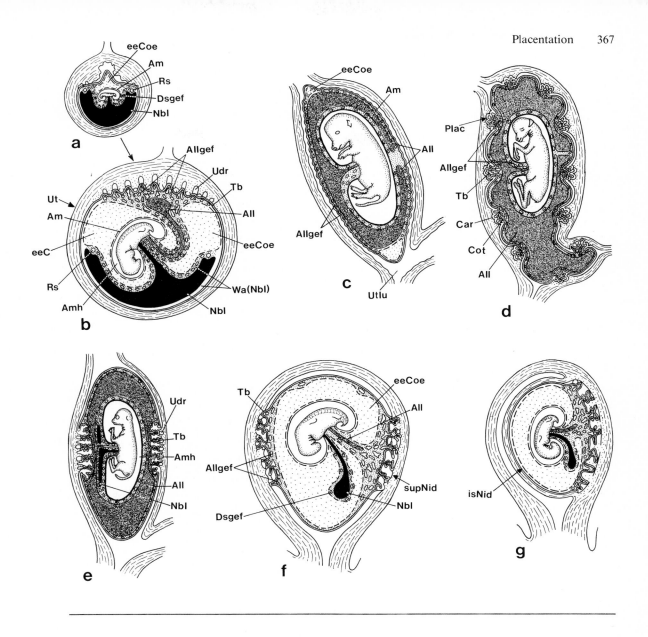

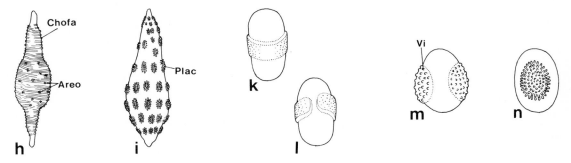

Lakunennetz, während bei der **Zotten-** oder **Topfplacenta** (z. B. Mensch) große, einheitliche intervillöse Räume um die zottenartigen Ausstülpungen des Chorions liegen (vgl. Abb. 138 B). Hierbei sei präzisiert, daß gemäß der Mossmanschen Regel die Strömungen von fetalem bzw. maternellem Kreislauf gegensinnig zueinander verlaufen.

Die an sich fruchtbare Grossersche Regel bedarf einiger Einschränkungen bzw. Ergänzungen. Alle Placentationstypen sind funktionell hinsichtlich ihrer Leistungsfähigkeit vollwertig. Die Grosserschen Stufen beinhalten deshalb weder eine physiologische noch eine phylogenetische Wertung. Es hat sich nämlich gezeigt, daß innerhalb einer Placenta mehrere Typen vorkommen können.

Ergänzend sei erwähnt, daß sich hinsichtlich des Chorionepithels auch eine Aufteilung in Epithelplatten (Bezirke mit Diffusion) und in den eigentlichen Trophoblasten als Zentren der aktiven Resorption durchführen läßt.

(5) Gemäß der *beteiligten embryonalen Anhangsorgane* ist – wie schon angedeutet – die ursprünglichere **omphaloide Dottersackplacenta** von der **allantoiden Placenta** zu sondern.
(6) Nach der *Form* werden **gedehnte** und **massige Placenten** unterschieden. Dabei ist bis heute umstritten, welcher Typ den evolutiv ursprünglicheren darstellt.

Die gedehnten oder **diffusen Placenten** mit dominierenden Histiotrophen zeigen epithelio- und teilweise syndesmo-choriale Kontakte unter Beteiligung von eine Uterinmilch abscheidenden Uterusdrüsen. Die Allantois drückt als Keimblasenwand gegen die ernährende Uteruswand, wobei die dazu nötige Flüssigkeit vom cranialen Teil des Opisthonephros (Wolffscher Körper) sezerniert wird. Dieser Typ trifft für Halbaffen, Wale und die meisten Huftiere zu (vgl. Abb. 137 c, d, h + i).
Im Falle der **Placenta multiplex** (= cotyledonaria) findet bei Wiederkäuern eine funktionelle Teilung der Keimblasenwand

in **glatte Wandpartien** und **Placentome** (Abb. 137 d + i) statt. Letztere sind besonders intensive Kontaktstellen und bestehen jeweils aus einem **Cotyledo** der Placenta und einer **Caruncula** der Uterusmucosa. Dabei werden die zu größeren Bündeln zusammengeschlossenen Chorionzotten in entsprechend vorgestülpte Felder der Uterusmucosa eingestülpt. – Ähnlich zeigt das Schwein eine Aufteilung in glatte Partien und sog. Areolen (Abb. 137 c + h).

In der u. a. für Insektivoren, Fledermäuse, Nager und die übrigen Primaten typischen **massigen Placenta** basiert die Ernährung – zumindest sekundär – vornehmlich auf Haemotrophe. Die Kontakte sind meist endothelio- oder haemo-chorial. Das craniale Opisthonephros sowie die funktionell durch die Placenta ersetzte, teilweise fehlende Allantois sind als Exkretionsorgane unwichtig.

Die lokalisierten massigen Placenten zerfallen in die scheibenförmige **Placenta discoidalis** [Bär oder Mensch (Abb. 137 g + n)], die mit zwei Scheiben dotierte Placenta **bidiscoidalis** [Makak (Abb. 137 f + m), Gorilla] sowie die Placenta **zonaria** der meisten Raubtiere (Abb. 137 e, k + l), der Klippschliefer und der Elefanten. Letztere umgreift gürtelartig den Fetus und ist eine Art „Mischplacenta", indem der endothelio-choriale Gürtel eine Variante des massigen, die beiden Enden der Keimblase eine Abwandlung vom gedehnten Typus darstellen.
(7) Entsprechend den *kindlichen* bzw. *mütterlichen Bildungsanteilen* ist schließlich die **Placenta fetalis** von der **Placenta materna** zu sondern.

Beispiele von Amnioten-Placenten

Squamate Reptilien. Wenn auch der Großteil der Schuppenkriechtiere sich durch Eiablage auszeichnet, so kommen doch bei verschiedenen viviparen Arten Placentationen vor.

Abb. 138. Placentation bei den Eutherien II.

A Beziehung zwischen Keimblasenwand und Uterus bei den verschiedenen Placentaformen (Grossersche Placentationstypen): **a** epithelio-chorial; **b** syndesmo-chorial; **c** endothelio-chorial; **d** hämo-chorial.
B Aufbau der reifen Placenta von *Homo*. Vgl. auch Abb. 95 II.

Amep	Amnionepithel
Aumb	Arteriae umbilicales
bTb	basaler Trophoblast
Chopl	Chorionplatte
Cytb	Cytotrophoblast

Dec	Decidua
Decba	Decidua basalis [maternes (deciduales) Bindegewebe]
degMuc	degenerierte Mucosa
fBgf	fetale Blutgefäße
Hz	Haftzotte
ivR	intervillöser Raum
Kblwa	Keimblasenwand
Knart	Knäuelarterie
mBgf	maternelle (mütterliche) Blutgefäße
Muc	Mucosa (Schleimhaut)
mV	materne (mütterliche) Vene

Myom	Myometrium
NiFist	Nitabuchscher Fibrinstreifen
Plsept	Placentarseptum
RoFi	Rohrsches Fibrin
Rsi	Randsinus
SmüBl	Strömungsrichtung des mütterlichen Blutes
subchFi	subchoriales Fibrin (Langhans)
subchSp	subchoriale Spalte
(Ut)	des Uterus
Vumb	Vena umbilicalis
Zei	Zellinsel
Zob	Zottenbaum

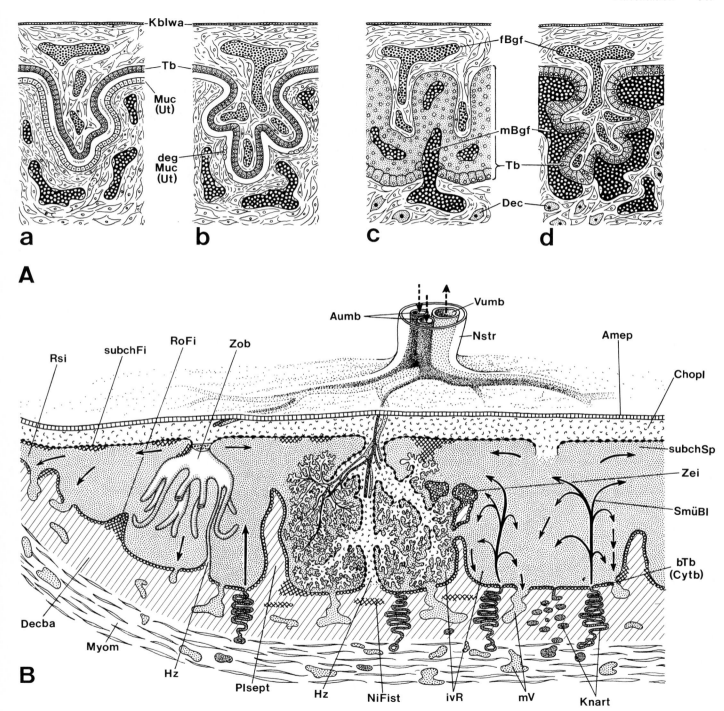

A
a
b
c
d

Kblwa
Tb
Muc (Ut)
deg Muc (Ut)
fBgf
mBgf
Tb
Dec

B

Rsi
subchFi
RoFi
Zob
Aumb
Vumb
Nstr
Amep
Chopl
subchSp
Zei
SmüBl
bTb (Cytb)
Decba
Myom
Hz
Plsept
Hz
NiFist
ivR
mV
Knart

Die ursprünglich vorhandene Schalenhaut wird teilweise vor dem Aufbau von Placenten verlassen.

Omphaloide Placenten sind beispielsweise von *Thamnophis sirtalis* (Strumpfbandnatter) und den Eidechsen *Chalcides tridactylus, Lacerta vivipara, Hoplodactylus maculatus, Trachysaurus rugosus, Tiliqua scincoides* und *Gongylus ocellatus* bekannt.

Allantoide Placenten sind für den Ophidier *Denisonia superba,* die Seeschlange *Enhydrina* und wohl auch für *Vipera berus* aufgezeigt. Sie gelten auch für *Egernia*-Arten, *Tiliqua*-Arten (Abb.136i), *Mabuja multifasciata, Chalcides ocellatus* sowie *Lygosoma*-Arten und besitzen im letzteren Fall sogar endothelio-endotheliale Kontakte. Bei *Seps chalcides* ist zusätzlich zur allantoiden eine freilich stark reduzierte omphaloide Placenta vorhanden.

Metatheria. Das Opossum *(Didelphis)* besitzt ein Faltamnion, geringe extracoelomatische Anteile sowie einen mächtigen, die Allantois und die Amnionhöhle nach außen umschließenden Dottersack (Abb.136k). Dieser ist nur in der embryonalen Hälfte vom Trophoblasten getrennt, so daß im „Aequatorbereich" ein Sinus terminalis gebildet werden kann. Die Ernährung basiert auf der Resorption von Histiotrophe.

Bei *Perameles* verklebt dagegen die Allantois trotz des ausgebildeten Dottersacks peripher mit dem Chorion zum Allantochorion. Die allantoide Placenta ist endothelio-endothelial, ein bei Eutherien übrigens nie vorkommender Typ. Auch *Dasyurus* hat eine allantoide Placenta.

Man beachte ferner, daß entgegen den Eutherien die Anheftung an die Uteruswand mittels der Verschmelzungsregion und nicht mit dem Embryonalpol statthat.

Eutheria. Die Placentation der hier in Anbetracht ihres häufigen Einsatzes in embryologischen Kursen dargestellten *Maus* – ihre Frühentwicklung wurde bereits geschildert – zeigt starke Abwandlungen.

Infolge der Degeneration des distalen Entoderms **fehlt ein zusammenhängendes Dottersackepithel,** und auch der ursprüngliche epithelialisierte Trophoblast hat sich in **Trophoblast-Riesenzellen** mit lytischer Funktion aufgelöst, die in die umgebenden Decidua-Zellen des Uterus eingedrungen sind und dabei das Dottersacklumen gleichsam von außen herum umgeben. Nur in Form des früh schon umfangreiche, die maternellen Gefäße eröffnenden Trägers (= **Ectoplacentarkonus**) bleibt der Trophoblast als Komplex zusammen (vgl.

Abb.94 IV und 96 IIIa + b). Sowohl dieser als auch – unter Miteinbezug der Trophoblast-Riesenzellen – das den Eizylinder (S.238) umgebende **extraembryonale Entoderm** vermitteln dem Embryo noch vor der endgültigen typischen Placentation eine ausgedehnte Ernährung. Nach Ausbildung des Amnions und des mit Keimblättern und Nervensystem-Anlage dotierten Embryonalkörpers wächst die entodermlose, **rein mesodermale Allantois** ins umfangreiche Exocoel hinein und gegen die nunmehr halbkugelförmige Ectoplacentarmasse vor (Abb. 96 IIIc). Sie bildet in der Folge – während die ectoplacentaren Zellen sukzessive verschwinden – eine **allantoide, haemo-choriale Placenta.** Diese entspricht dem Typus der Labyrinthplacenta. Bei dieser fließt das mütterliche Blut in engen kapillären Kanälen innerhalb des vom Chorion formierten Schwammwerkes. Man beachte, daß bei der Maus ein wesentlicher Teil des ursprünglichen Trophoblasten nicht an der eigentlichen Placenta-Bildung beteiligt ist. Erwähnenswert ist weiterhin, daß es seitlich zwischen Exocoel und proximalem Entoderm zur Bildung von freilich relativ unbedeutenden Blutgefäß-Anteilen kommt, die mit einem Teil der Dottersackgefäße zu homologisieren sind.

Beim *Meerschweinchen (Cavia)* ist die Placenta zweigeteilt. Der vom schon früher erwähnten ectoplacentaren Entoderm überzogene Träger durchstößt dieses und eröffnet mit wurzelartigen Zapfen (= Syncytiumsprossen) die maternen Blutgefäße (Abb. 96 IV). Das ectoplacentare Ektoderm ist wie bei der Maus histologisch bald nicht mehr vom umliegenden Gewebe zu unterscheiden. Die Blutversorgung erfolgt gleichfalls durch die lumenlose, als „mesenchymale Brücke" ausgebildete Allantois. Diese Region wird als **Subplacenta** bezeichnet, in der auch Histiotrophe aufgenommen werden.

Die **eigentliche Placenta** ist lappenartig. Zwischen den stark vaskularisierten Lappen des Placentarlabyrinthes bleiben Teile des mit Blutlakunen versehenen ursprünglichen Syncytiums der Ectoplacenta als interlobuläres System erhalten. Diese finden sich im übrigen auch in den nach wie vor vom ectoplacentaren Entoderm überzogenen Randpartien der Placenta. Dort sind unterhalb des Entoderms immer noch Riesenzellen des Trophoblasten nachweisbar.

Bei der reifen *Cavia*-Placenta schnürt sich unter Vergrößerung des Uterus-Lumens die Placentarscheibe immer mehr ein, was zur sog. „praenatalen Ablösung" der Gebärmutter führt. Dieser Prozeß ermöglicht eine Verkleinerung der Wundfläche bei der Geburt.

Über den Bau der *menschlichen Placenta,* die im Endstadium dem haemochorialen Typ entspricht, orientiert Abb. 138 B.

14 Entwicklungstypen

Tiere können in unentwickeltem bzw. larvalem Status oder in weit differenziertem bzw. äußerlich adultähnlichem Zustand schlüpfen bzw. geboren werden. Entsprechend verläuft die Postembryonalentwicklung verschieden.

Dieser an sich äußerst spannende Faktenkomplex kann im folgenden nur sehr summarisch abgehandelt werden.

14.1 Wirbellose

Besonders bei marinen Formen hat sich die generelle Unterteilung in den **planktontischen** und **benthonischen Entwicklungstyp** bewährt; sie orientiert sich hauptsächlich am im einzelnen freilich oft relativ variablen Bau und am Verhalten des Schlüpfstadiums.

Die *Hauptcharakteristika* der auch bei limnischen Formen anwendbaren Kategorisierung sind auf Tabelle 79 resümiert. Die Landtiere entsprechen mit Ausnahme der oft als Larven schlüpfenden Arthropoden in etwa den Charakteristika des benthonischen Typs.

Beide Entwicklungsweisen sind im übrigen auch **paläontologisch** nachgewiesen, wie etwa bei Ammoniten. Auch hatten – in Parallelität zur Rezentsituation (S. 378) – 70 bis 80% der oligo- und miozänen Gastropoden Norddeutschlands planktotrophe Arten, während in Island schon damals verstärkt benthonische Schlüpfstadien ausgebildet wurden. – Zur praktischen Bestimmung des Entwicklungstypus hat sich dabei die schon erwähnte Schalenapex-Methode (S. 304 und Abb. 113b) bewährt.

Innerhalb vieler Tierstämme bzw. Tiergruppen kommen beide Entwicklungstypen vor; Tabelle 19 zeigt dies für Aktinien und Abb. 139 demonstriert das gleiche für die besonders eingehend untersuchten Mollusken, die im folgenden deshalb häufig als repräsentative Beispiele beigezogen werden sollen. Es gibt, wie dies bereits aus Abb. 139 hervorgeht, aber auch konservative Gruppen mit nur einem Entwicklungstyp.

In diesem zur Zeit intensiv bearbeiteten Gebiet muß stets mit neuen Erkenntnissen gerechnet werden. So gibt es entgegen den bisherigen Annahmen bei Opisthobranchiern nicht nur relativ kurz planktontische Veliger, sondern darüber hinaus sowohl Langdistanzlarven als auch kriechende Schlüpfstadien vom benthonischen Typ.

Besonders der planktontische Modus läßt sich – wie auch aus Tabelle 79 hervorgeht – in *weitere Kategorien* unterteilen. Eine lange planktontische, teilweise Monate während Phase mit „**superpelagischen Langdistanzlarven**" erlaubt sogar dank Verdriftung die Überquerung der Ozeane durch Larven und damit eine außergewöhnlich extensive Ausbreitung der betreffenden Art.

Dies ist z. B. für Bivalvier *(Teredo)* und manche Prosobranchier-Genera (vgl. auch Abb. 123 f + g) nachgewiesen.

Die sogenannte **demerse Entwicklung** der sich in Bodenwasserschichten bzw. auch direkt auf dem Boden aufhaltenden Formen darf als Übergangsform zum benthonischen Typ gelten.

Eine weitere Untergliederung kann entsprechend der Ernährung in **planktotrophe** und **lecithotrophe Larven** erfolgen. Letztere ernähren sich als sog. „non feeding group" der sog. Dotterlarven aus den eigenen Dotterreserven und sind nicht auf eine Nahrungsaufnahme aus dem Plankton angewiesen. Als vermittelnder Typ kommen die **mixotrophen,** beide Ernährungsquellen ausnützenden Larven hinzu.

Die Entwicklungstypen haben natürlich im Einzelfall jeweils detailliert zu prüfende ökologische und *biologische Vor- und Nachteile.*

Der kurz-planktontische Typ ist besonders günstig für Tiere der Litoralregion mit rasch wachsenden Futterorganismen (wie Hydroiden); er kann bei Küstenformen auch ein Verdriften verhindern.

Eine längere planktontische Zeit erleichtert andererseits das Verdriften und erlaubt dadurch den genetischen Austausch zwischen geografisch isolierten Populationen. Sie ist durch die Bildung neuer Areale natürlich auch für die Artverbreitung förderlich.

Der benthonische Typ ermöglicht die besseren Überlebenschancen in der frühen Postembryonalperiode, da die Schlüpflinge weiter differenziert als die planktontischen Larven sind; sie gestattet damit den Elterntieren, mit geringeren Eizahlen auszukommen. Allerdings ist auch hier die Verlustquote oft hoch; so sterben in den beiden ersten postembryonalen

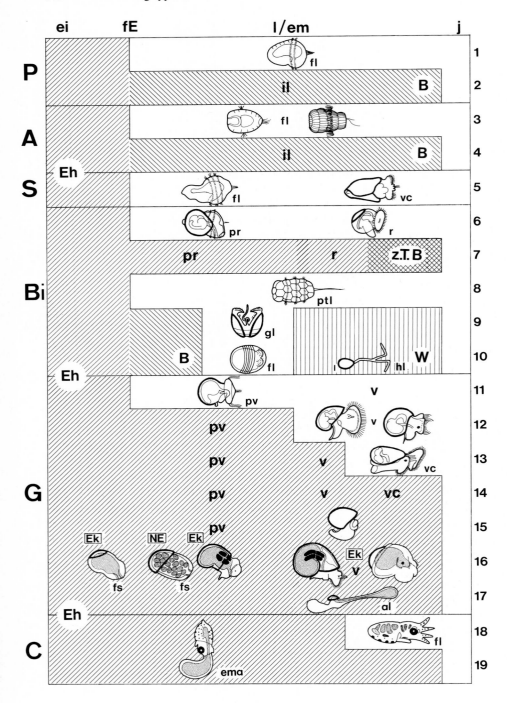

Abb. 139. Übersicht der Entwicklungstypen bei den verschiedenen Molluskenklassen. Vgl. auch Abb. 122–125.

Ein heller Untergrund symbolisiert Entwicklung im freien Milieu [Meer- oder Süßwasser bzw. (nach dem Schlüpfen) auch Land], ein schraffierter Untergrund gilt für ein „inneres" Entwicklungsmilieu wie Entwicklung in Eihüllen, Gelegekapseln, bei Brutpflege oder im Wirt (bei parasitischen Formen). Die Ernährung nur mit eigenem Dotter ist nicht besonders ausgewiesen, wohl aber diejenige mit Eiklar (Kapselflüssigkeit) oder mit Nähreiern. Von den Larvalstadien sind einige exemplarisch abgebildet.
Molluskenklassen: *A* Aplacophora (Caudofoveata und Solenogastres); *Bi* Bivalvia (Lamellibranchiata); *C* Cephalopoda; *G* Gastropoda; *P* Polyplacophora; *S* Scaphopoda.
Milieu und Nährstoffe: *B* Brutpflege; *Eh* Eihülle(n); *Ek* Eiklar; *NE* Nähreier; *W* Wirt; *z. T.* teilweise.
Entwicklungsstadien: *al* abgewandelte Larve; *ei* Eizelle; *em* Embryo; *ema* Embryo mit transitorischen Anhangsorganen (Dottersack); *fE* frühe Entwicklung (Furchung, Gastrulation); *fl* freischwimmende Larve; *fs* Freß-Stadium; *gl* Glochidium; *hl* Haustorienlarve; *il* intrakapsuläre Larve; *j* Jungtier; *ksl* kriechend-schwimmende Larve; *l* Larve; *pr* Praerotiger; *ptl* polytroche Larve; *pv* Praeveliger; *r* Rotiger; *v* Veliger; *vc* Veliconcha.

Beispiele: 1 *Chiton, Ischnochiton;* 2 *Callistochiton;* 3 *Nematomenia, Neomenia;* 4 *Halomenia;* 5 *Dentalium;* 6 viele marine Muscheln, *Dreissena* (Süßwasser); 7 *Modiolaria, Sphaerium;* 8 protobranchiate Muscheln *(Yoldia, Nucula);* 9 Süßwassermuscheln *(Unio, Anodonta);* 10 *Mutela;* 11 verschiedene Archaeogastropoda; 12 viele Proso- und Opisthobranchia, einige Basommatophora (z. B. *Amphibola);* 13 diverse Prosobranchia *(Nassarius, Polinices, Conus);* 14 viele Prosobranchia, *Onchidella;* 15 einige Opisthobranchia (z. B. *Cadlina);* 16 viele Stenoglossa, Basommatophora; 17 Stylommatophora; 18 Teuthoidea, diverse Octopoda; 19 Sepioidea, diverse Octopoda.

Tabelle 79. Die zwei basalen Entwicklungstypen bei (marinen) Tieren

	Planktontisch	Benthonisch
Besamung	meist äußerlich	meist innerlich
Eizellgröße, Dottergehalt	klein	groß
Eizahl/♀	groß	klein
Nährstoffe	spärlich (→planktontische Nährphase erforderlich)	reichlich oft Zusatznährstoffe (Eiklar, Nähreier etc.), die eine lange Entwicklung im Innneren von Eihüllen oder im ♀ erlauben. Teilweise Viviparität.
Metamorphose (bei indirekter Entwicklung)	meist frei/postembryonal	„intrakapsulär" im Inneren der Eihüllen bzw. des Elters
Entwicklungsdauer	kurz	lang
Verlustrate während der Entwicklung	groß	relativ gering
„Probleme"	Konkurrenz durch andere Planktonter; Substratfindung („Krisis" des Festsetzens)	Aufarbeitung der extraembryonalen Nährstoffe
Schlüpfstadium Typ	Larve (lokomotorische Larvalorgane besonders evolviert), oft transparent	oft äußerlich adultähnliches Jungtier (besonders die Darmorgane aber infolge Nährstoffreichtum teilweise noch larval)
Größe individuelle Größenvariabilität	klein gering	relativ groß beträchtlich
postembryonale Phase	planktontisch a) planktotroph: kurz bzw. lang (2–4 Wochen) oder sogar „superpelagisch" (bis mehrere Monate) b) lecithotroph: kurze Planktonperiode ohne Nährstoffaufnahme	benthonisch
Milieuwechsel	vorhanden (bei benthischen Arten anläßlich des „Festsetzens")	fehlend
Hauptvorkommen	boreale Meere, tropische Küstengewässer (selten Süßwasser)	polare Meere, Tiefsee (Land, Süßwasser)
jährliche Populationsschwankungen	groß	gering
phylogenetische Interpretation	primär	sekundär

Monaten 90–99% der äußerlich adultähnlich im Kriechstadium schlüpfenden Jungtiere des Prosobranchiers *Thais lamellosa.*

14.2 Wirbeltiere

Nestflüchter und Nesthocker als divergierende, den Verlauf der Postembryonalentwicklung wesentlich bestimmende Schlüpfzustände der Amnioten, die sich in „Vorstufen" bereits bei den Fischartigen nachweisen lassen, sind schon lange bekannt, aber besonders durch Portmann (1937 ff.), dem wir auch die entsprechende Charakterisierung des menschlichen Geburtszustandes verdanken, morphologisch präzise erfaßt worden.

Der sogenannte **Nesthocker** ist **hilflos,** hat verschlossene Sinnesorgane, zeigt teilweise besondere Anpassungen und ist auf eine intensive Betreuung durch die Mutter bzw. die Elterntiere angewiesen. Der weitaus **selbständigere Nestflüchter** ist beträchtlich weiterentwickelt, gleicht eher der Erwachsenenform und ist vor allem fähig, sich kurz nach dem Schlüpfen bzw. der Geburt bereits fortzubewegen.

Die *Reptilien* schlüpfen durchweg als den Adulti ähnliche Nestflüchter. Dieser Zustand ist unter den *Vögeln* als ursprünglicher Modus noch ideal bei den Megapodiden verwirklicht; diese Großfußhühner lassen ihre Eier dank der in Laubhaufen erreichten Temperaturen ohne Brüten zeitigen. Der u.a. für viele Singvögel charakteristische sekundäre Nesthocker zeigt im Schlüpfzustand besondere Anpassungen. Zum bei allen Amnioten typischen Nasenverschluß kommen durch Verklebung **Ohr-** und **Lidverschluß** hinzu. Des weiteren sind die Federanlagen versenkt und es treten **Schnabelwülste** und **Rachenfärbungen** (als Auslöser zum elterlichen Füttern) auf. Die Gehirnentwicklung ist vorerst zugunsten des Ausbaus des Verdauungstraktes zurückgestellt.

Die **Portmannschen Gehirnindices** stellen Quotienten der Masse der höher zu bewertenden Hirnteile im Vergleich zum elementaren Anteil des Gehirns, dem sog. Stammrest, dar und sind damit ein guter Maßstab zur Darstellung des evolutiven

Niveaus des Gehirns bei Vögeln und Säugern. Die damit mögliche *Bezugsetzung des Ontogenesemodus zur Cerebralisation* des Adultus ergibt, daß hochcerebralisierte Vögel mit einem Index über 10 durchweg Nesthocker haben, während bei niedrigen Indexwerten von 2-4 sowohl Nesthocker als auch Nestflüchter ausgebildet werden. Entsprechend der Portmannschen **Regel von der „Präzedenz der Ontogenesetypen"** wird somit der evoliertere Ontogenesetyp vor Erreichung einer entsprechenden Cerebralisationshöhe verwirklicht.

Bei den *Mammaliern* ist entgegen den Sauropsiden der Nesthocker primär und der Nestflüchter-Zustand, der den Ohr- und Lidverschluß des primären Nesthockers (hier entgegen den Vögeln durch epidermale Verwachsung während seiner Embryonalentwicklung) rekapituliert, sekundär.

Beim extremen Nesthocker der Beutler (z.B. Opossum) wird sogar das primäre Kiefergelenk (= Quadratum-Articulare-Gelenk) noch zum Milchsaugen eingesetzt.

Zur exakteren Charakterisierung des Schlüpfzustandes der Säuger hat sich die durch Portmann eingeführte **Vermehrungszahl** (VMZ) des Gehirns (= definitives Gehirngewicht dividiert durch das Geburtsgewicht des Gehirns) als besonders aufschlußreich erwiesen. Die VMZ liegt bei Nesthockern stets über, bei Nestflüchtern dagegen unter 5.

Bei vielen höheren Eutherien beträgt die VMZ bei der Geburt 1,5. Dieser Wert wird beim Menschen erst am Ende des ersten postembryonalen Frühjahres erreicht. Daraus kann geschlossen werden, daß bei *Homo* die Geburt vorverlegt wird. Der menschliche Säugling als **sekundärer Nesthocker** (= Tragling) verlebt ein bereits Sozialkontakte ermöglichendes extraembryonales Frühjahr, das eigentlich im Uterus absolviert werden müßte. Dieses Faktum ist sicherlich eine wesentliche Mitursache der menschlichen Sonderstellung innerhalb der Vertebraten.

14.3 Abhängigkeiten und Steuerungsmechanismen

Die für Wirbeltiere so entscheidenden Beziehungen der Ontogenesemodalitäten zur Cerebralisation sind im vorhergehenden am Beispiel der Wirbeltiere schon abgehandelt worden.

Unter den Evertebraten lassen sich bei *Cephalopoden* gewisse **Beziehungen zur Gehirnevolution** ableiten. Bei den Decabrachiern ist der Dotterreichtum der Eier direkt proportional zum jeweiligen Cerebralisationsindex. Die mit dotterreichen Eiern dotierten, hochcerebralisierten Sepiiden haben benthonische Jungtiere, während die weniger cerebralisierten Teu-

thoiden kleinere Eier und entsprechend planktontische Larven ausweisen. Nur die in ihrem übrigen Bau freilich stark evolvierten Sepioliden besitzen trotz relativ niedriger Gehirnwerte dotterreiche Eier.

Unter den Octopoden haben die mit niedrigen Indices versehenen Argonautidae sehr kleine Eier und planktontische Larven, die durchweg sehr hoch cerebralisierten Octopodidae aber selbst im Rahmen einer Gattung sehr extrem divergierende Eidurchmesser und Schlüpfstadien (vgl. Abb. 125 a-l). Die Octopodiden sind somit ein äußerst geeignetes Beispiel für kaenogenetische, d.h. unabhängig von der Adultsituation erfolgende Entwicklungsabwandlungen.

Entscheidend für den Bau und die Größe des Schlüpfzustandes sind bei vielen *Evertebraten* der mittels des Eidurchmessers darstellbare **Dottergehalt** sowie auch allfällige zusätzliche extraembryonale Nährstoffe.

Diese bei Mollusken besonders intensiv untersuchte Tatsache wird durch Abb. 140 demonstriert, die für Prosobranchier, Opisthobranchier, Bivalvier und Cephalopoden übereinstimmend eine direkte Beziehung zwischen dem Eizelldurchmesser und der Größe des Schlüpfstadiums ausweist. Da die Schlüpfgröße in etwa den Entwicklungstyp bestimmt (vgl. Tabelle 79), wird durch den Nährstoffgehalt auch der Entwicklungstyp festgelegt. Tabelle 80 zeigt dasselbe Prinzip für decapode Krebse. Entsprechendes gilt etwa auch für

Tabelle 80. Durch den Eidurchmesser mitbedingte Varianten der Postembryonalentwicklung bei decapoden Krebsen. (Nach Fioroni 1973 b)

Schlüpf-stadium	Extremitäten	Biotop des Schlüpf-stadiums	Eigröße in µm (Beispiel)	Beispiele
Nauplius	1. und 2. Antennen und Mandibel als Schwimmextremitäten	pelagisch	230-250 *(Penaeus)*	*Penaeus*
Zoëa (i.w.S.)	zusätzlich angelegte Maxillipeden (Kieferfüße) als Schwimmfüße 1. Pereiopoden (Gehfüße) höchstens als undifferenzierte Anlage	pelagisch	500-550 *(Galathea)*	*Sergestes,* Anomura Brachyura
Jungkrebs	alle Extremitäten	pelagisch	1500-2000 *(Homarus)*	*Homarus*
Jungkrebs	alle Extremitäten	benthisch	3000	*Astacus (Astacus)*

Man beachte, daß bei spät schlüpfenden Formen die vorangehenden Larvenstadien intrakapsulär rekapituliert werden (vgl. Abb. 85 a-d).

Echinodermen. Die mit dotterreichen Eiern (570 ø μm Durchmesser) dotierte *Cucumaria planci* schlüpft als Pseudodoliolaria!
Freilich gibt es im einzelnen Einschränkungen. So entscheidet etwa bei Octopoden im „Zwischenbereich" der Eizelldurchmesser von 2-10 mm nicht die absolute, sondern die relative Eigröße (= Eilänge in % der dorsalen Mantellänge des reifen ♀) über den Entwicklungstyp; bei 2-6% erfolgt eine planktontische, bei 12-25% dagegen eine benthonische Juvenilentwicklung. Oocytendurchmesser von achtarmigen Tintenfischen unter 2 mm haben stets eine planktontische, von über 10 mm durchgehend eine benthonische Entwicklung zur Folge.

Im einzelnen lassen sich z.B. auch bei Prosobranchiern gattungsspezifische „Umschlagpunkte" zwischen planktontischer und benthonischer Entwicklung aufzeigen:

So führen z.B. bei *Crepidula* Eizelldurchmesser unter 200 μm zu einem Veliger bzw. über diesem Wert zu einem Kriechstadium als Schlüpfzustand. *Nassarius*-Arten schlüpfen bei Eizellgrößen um 160 μm als Veliger, während *Nassarius mutabilis* mit 500 μm Oocytendurchmesser die Laichkapsel als kriechend-schwimmende Veliconcha (vgl. Abb. 1231 + m) verläßt.

Bei mit Nähreiern versehenen Vorderkiemern bestehen entsprechende Korrelationen zwischen der Schlüpfgröße und der Anzahl der jeweils pro Keim verfügbaren Nähreier.
Ähnlich wie bei den Mollusken lassen sich auch bei anderen Stämmen vergleichbare Relationen aufzeigen. Werden beim Polychaeten *Pygospio* alle Eier zu Embryonen, so entstehen aus einem Gelege viele kleine planktontische Larven; dienen dagegen Eier auch als zusätzliche Nährstoffe, so werden pro Gelege nur wenige, größere Bodenlarven frei. Eine Ausnahme innerhalb der Polychaeten macht indes die adult planktontische Gattung *Tomopteris,* die trotz der großen Eier planktontische Stadien entläßt.

Entwicklungstypen können auch von **evolutiven Trends** mitbestimmt werden.
Innerhalb der Prosobranchier (Tabelle 81) sind Nähreierformen bei den Stenoglossen besonders häufig, während die Mesogastropoden ausgeprägte Tendenzen zur Ausbildung von Eiklarformen und Langdistanzlarven aufweisen. Im übrigen läßt sich bei Vorderkiemern eine von den Archaeo- über die Meso- zu den Neogastropoden zunehmende Tendenz zur Verlängerung der Entwicklungszeit nachweisen.
Ebenfalls der **Reproduktionsmodus** bzw. die **Größe der Adulti** können von Einfluß sein.

Tabelle 81. Evolutionstendenzen der Entwicklung bei Prosobranchiern. (Aus Fioroni 1982 a)

	Archaeogastropoda	Mesogastropoda	Stenoglossa (Neogastropoda)
Eizelldurchmesser (μm)	80-164-280	60-184-1500	96-295-1700
Schalenlänge im Schlüpfmoment (μm)	130-1100	110-1850	110-12000
Schlüpfstadien (in %)			
Praeveliger	25	0	0
Veliger	33,3	55,1	29,7
Veliconcha	0	3,4	4,4
Kriechstadium	41,6	41,5	65,9
Langdistanzlarven	1	21	6
Eiklarformen	1	16	5
Nähreierformen	5	18	52
Dauer der Embryonalentwicklung (in Tagen)	0,54-70	2-120	7- >180
Zahl der untersuchten Arten	33	134	116

Tabelle 82. Abhängigkeit des Entwicklungstyps von „Klimafaktoren" bei Mollusken. (Nach Knudsen, Mileikowsky, Natarajan sowie Thorson u.a., aus Fioroni 1982 c)

	%
I. Prosobranchia	
Ostgrönland	0
Nord- und Südisland	7,5
West- und Ostisland	27,3
Faroër bis Orkney-Inseln	48,7
Südnorwegen bis Dänemark	58,0
Südengland und Kanalinseln	63,0
Kanarische Inseln	68,0
Westafrikanische Küste	69,0
Persischer Golf	75,0
Bermuda Inseln	85,0
Südindien	91,0
II. Bivalvia	
Spitzbergen	17/35
Ostfinmarken und Murmansk	34/31
Westfinmarken	53/26
Lofoteninseln	55/25
nördlich von Stavanger, Gebiete um Bergen und Trondheim	57/25
nördliche Nordsee, Kattegat, Skagerrak bis zu Stavanger	62/26
südliche Nordsee inklusive Doggerbank	73/16
Englische und französische Kanalküsten	80/11
Brest bis St. Malo	80/10
Gibraltar bis Arcachon	76/16

Die %-Angaben beziehen sich bei I auf Arten mit pelagischer Entwicklung, bei II auf Species mit planktontischer bzw. lecithotropher Entwicklung (mit Dotterlarven) (Kolonne ganz rechts).

Abb. 140. Beziehungen zwischen Eizelldurchmesser und Schalenlänge **(a, b)** bzw.
dorsaler Mantellänge **(d)** im Schlüpfmoment
bzw. Prodissoconchalänge bei Larven **(c)** innerhalb der Mollusken.

a Prosobranchia ohne Nähreier. Quadrate
gelten für als Veliger, Kreise für als Kriechstadium bzw. Dreiecke für als Praeveliger
schlüpfende Arten. 1 *Patella vulgata;* 2 *Cal-
liostoma zizyphinum;* 3 *Lacuna divaricata;*
4 *Lacuna pallidula;* 5 *Littorina saxatilis;*
6 *Rissoa sarsii;* 7 *Rissoa inconspicua;* 8 *Rissoa
guerini;* 9 *Rissoa membranacea;* 10 *Turitella
communis;* 11 *Bittium reliculatum;* 12 *Pelse-
neeria stylifera;* 13 *Odostomia eulimoides;*
14 *Brachystomia rissoides;* 15 *Eulimella niti-
dissima;* 16 *Capulus hungaricus;* 17 *Crepidula
fornicata;* 18 *Aporrhais pes pelecani;* 19 *Polinices heros;* 20 *Lunatia nitida;* 21 *Simnia patula;* 22 *Nassarius reticulatus;* 23 *Fusus* sp.;
24 *Philbertia purpurea;* 25 *Conus tesselatus;*
26 *Conus planiliratus;* 27 unbest. Art.

b Opisthobranchia von japanischen Küsten
(Kreise), des Roten Meeres (Dreiecke) bzw.
des Atlantik (Plymouth) (Quadrate). 1 *Catriona pinnifera;* 2 *Doriopsis aurantiaca;*
3 *Doridium giglioli;* 4 *Doto japonica;* 5 *Decori-
fer matushimana;* 6 *Doriopsis viridis;* 7 *Goniodoris sugashimae;* 8 *Homoiodoris japonica;*
9 *Halgerda rubicunda;* 10 *Philine japonica;*
11 *Petalifera punctulata;* 12 *Stiliger berghi;*
13 *Asteronotus cespitosus;* 14 *Chromodoris
inornata;* 15 *Chromodoris tinctoria;* 16 *Dis-
codoris concinna;* 17 *Dendrodoris fumata;*
18 *Hexabranchus sanguineus;* 19 *Trippa areo-
lata;* 20 *Aeolidia papillosa;* 21 *Archidoris pseu-
doargus;* 22 *Catriona aurantia;* 23 *Elysia viridis;* 24 *Eubranchus cingulatus;* 25 *Eubranchus
exiguus;* 26 *Eubranchus farrani;* 27 *Eubranchus pallidus;* 28 *Goniodoris nodosa;* 29 *Jano-
lus cristatus;* 30 *Placida dendritica;* 31 *Ro-
stanga rufescens;* 32 *Tritonia hombergi.*

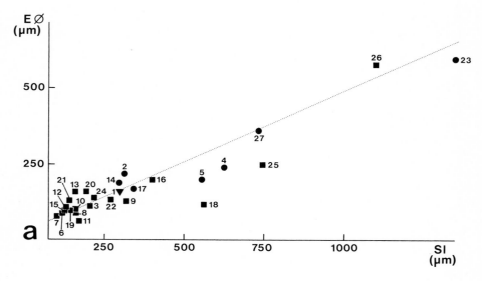

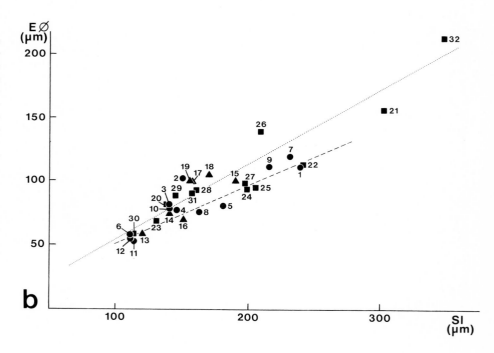

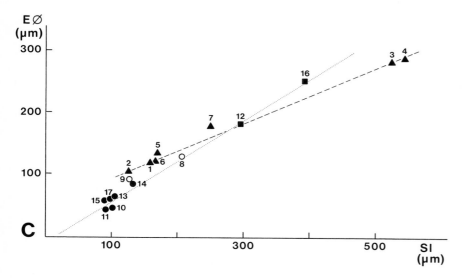

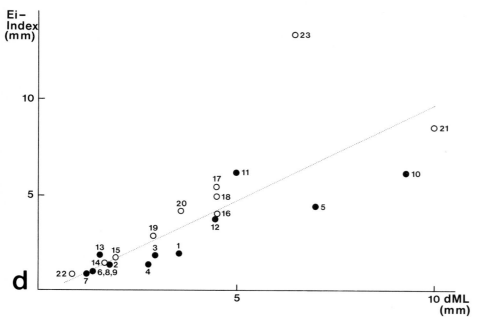

c Marine Bivalvier: Dreiecksymbole gelten für diverse Genera zugehörigen Arten (1–7); innerhalb der Mytilidae (8–17) bezeichnen helle Kreise lecithotrophe, schwarze Kreise planktotrophe und Vierecke intrakapsuläre Larven. 1 *Cuspidaria subtorta*; 2 *Dacrydium vitrei*; 3 *Gomphiona fluctuosa*; 4 *Macoma loveni*; 5 *Propraemussium imbriferum*; 6 *Thyasina equalis*; 7 *Thyasina gouldi*; 8 *Crenelia decumata*; 9 *Dacrydium vitreum*; 10 *Idasola argentea*; 11 *Modiolus adriaticus*; 12 *Musculus discors*; 13 *Mytilus edulis*; 14 *Modiolus modiolus*; 15 *Musculus marmoratus*; 16 *Musculus niger*; 17 *Modiolus phaseolinus*.
d Cephalopoda, aufgeteilt in Decabrachia (dunkle Kreise) und Octopoda (helle Kreise). 1 *Loligo vulgaris*; 2 *Loligo pealei*; 3 *Loligo opalescens*; 4 *Alloteuthis media*; 5 *Sepioteuthis sepioidea*; 6 *Ommastrephes* sp.; 7 *Ommastrephes sloani pacificus*; 8 *Todarodes sagittatus*; 9 *Illex coindeti*; 10 *Sepia officinalis*; 11 *Rossia macrosoma*; 12 *Sepiola robusta*; 13 *Euprymna scolopes*; 14 *Octopus vulgaris*; 15 *Octopus cyanea*; 16 *Octopus joubini*; 17 *Octopus briareus*; 18 *Octopus maorum*; 19 *Robsonella australis*; 20 *Eledone cirrosa*; 21 *Eledone moschata*; 22 *Argonauta argo*; 23 *Octopus bimaculoides*. Vgl. hierzu auch Abb. 125.

dMl	dorsale Mantellänge
E∅	Eizelldurchmesser
Ei-Index	Eiindex (= größte Länge und größte Breite der Eizelle: 2)
Sl	Schalenlänge

Brutfürsorge bzw. Viviparität führen oft zum benthonischen Typ. Kleine Arten – z. B. bei diversen Opisthobranchiern – können nur wenige Eier zeitigen. Da angesichts der geringen Eizahl eine Planktonphase zu riskant wäre, erfolgt eine benthonische Entwicklung.

Es ist namentlich das Verdienst Thorsons (1936 ff.), den Einfluß von „Klimafaktoren" aufgezeigt und generelle, für alle Evertebraten gültige Regeln aufgestellt zu haben: in tropischen Gewässern dominiert die planktontische Entwicklung, während im Süßwasser, in der Arktis, in der Antarktis und in der Tiefsee der benthonische Typ überwiegt (Tabelle 82).

Tropische Prosobranchier mit Nähreiern *(Murex incarnatus, ramosus* und *Fasciolaria adouini)* bzw. mit Eiklarreichtum *(Dolium olearium)* schlüpfen entsprechend trotz reichlicher Ernährung als Veliger.

Die Ursache der Dominanz des benthonischen Types in kalten Gebieten dürfte laut Thorson vor allem in der niedrigen Temperatur dieser Biotope begründet sein, die hinsichtlich der Futterbeschaffung eine pelagische Periode als zu ungünstig erscheinen lassen würde. Unseres Erachtens verhindert die zu große Kompetition durch besser angepaßte Planktonter (vor allem Crustaceen) in kalten Meeren das Aufkommen vieler planktontischer Evertebratenlarven.

Die Thorsonschen Vorstellungen sind allerdings im einzelnen etwas zu revidieren, wie dies im folgenden für die Mollusken getan sei.
Für Bivalvier konnten die Regeln voll bestätigt werden. Dagegen besitzen 30% der unterhalb 1000 m Tiefe lebenden bathyalen atlantischen Prosobranchier pelagische Veliger, die diesen Arten durch die Möglichkeit der Vertikalwanderung die Überwindung untermeerischer Schwellen ermöglichen dürften. In der Karibik bestehen vor allem Bezüge zwischen dem ökologischen Verhalten des Adultus und dem Schlüpfzustand. Zumindest bei Prosobranchiern dürfte die Thorson-Regel nur für Muricaceen der Felsküsten und Austernbänke gültig sein, während deren Arten in anderen Habitaten ohne Beziehung zur geografischen Breite stets im Kriechstadium schlüpfen.

Im übrigen mußte auch die klassische Bezugsetzung Woodwards (1909) zwischen Küstenbiotopen und Entwicklungstyp bei *Littorina*-Arten nach der Berücksichtigung von 39 Arten inzwischen widerlegt bzw. modifiziert werden.
Der **Einfluß des Biotops** auf die Entwicklung läßt sich besonders schön an den in Abhängigkeit zu bestimmten Parametern der Umgebung stehenden **Entwicklungsvarianten innerhalb der gleichen Art** demonstrieren.

Außer den auf Tabelle 83 gegebenen Prosobranchier-Beispielen läßt sich Vergleichbares bei den Vermetidae sowie den Opisthobranchier-Arten *Cuthona nana, Elysia chlorotica* und *cauze, Spurilla neapolitana* sowie vor allem *Tenellia pallida* aufzeigen.
Letztere Art besitzt in ihrem gesamten Verbreitungsgebiet sogar 3 Entwicklungstypen (planktotroph, lecithotroph und benthonisch).

Tabelle 83. Biotopabhängige Entwicklungsvarianten innerhalb der gleichen Art am Beispiel der Prosobranchier. (Nach zahlreichen Autoren, aus Fioroni 1982 c)

Art	Vorkommen	Vermutlich verantwortlicher Faktor	Ontogenesevarianten	Schlüpfzustand
Polinices catena	nördliches Kattegat, Helgoland englischer Kanal und südlichere Gebiete	Temperatur	Nähreier pro Embryo 5–110	K
			2–22	V
Polinices triseriata	Florida	wärmere Sommertemperatur		Ve
				K
Cantharus tinctus	Florida südliches Karibisches Meer	Temperatur	Nähreier: +	K
			–	V
Modulus modulus	Bermudas Santa Marta	Temperatur		Vc
				V
Littorina angulifera	Florida	Jahreszeit		K
				V
Planaxis sulcatus	Persischer Golf Neukaledonien	Salinität		K
				V
Brachystomia rissoides	Frankreich	Salinität	Ei ⌀ (in µm): 380	K
	Dänemark		180–220	V
Neritina fluviatilis	Süßwasser	Salinität	Ei ⌀ (in µm): 120–150 Nähreier pro Embryo: 110	K
	Brackwasser		Ei ⌀ (in µm): 110–130 Nähreier pro Embryo: 55–82	K
Melanogena melanogena	einige bis 20 m Tiefe Küstenlinie	Meerestiefe		K
				V
Thais canaliculata	Kalifornien San Juan Island	?	Nähreier: +	K
			–	V

K = Kriechstadium, V = Veliger, Vc = Veliconcha (= kriechendschwimmendes Stadium).

Im weiteren zeigt ein Vergleich zwischen den Prosobranchiern aller Biotope (marin, limnisch, terrestrisch) mit den im Wasser bzw. auf dem Land lebenden Pulmonaten, daß – unabhängig von der systematischen Stellung – im gleichen Milieu erstaunliche, **biotopbedingte Konvergenzen** der Entwicklung bestehen (Tabelle 84):

Die nicht marinen Prosobranchier (vgl. Abb. 36e) und die Pulmonaten haben ein dotterarmes Totalei mit viel Eiklar und kleinen Dottergrana gemeinsam. Ihrer Invaginationsgastrula (Abb. 82d, e, g–i) mit peripherer Eiklaraufnahme (vgl. Abb. 133d) fehlen die Dottermacromeren, und es werden kriechende Schlüpfstadien ausgebildet. Alle Landformen zeigen die Tendenz zur Abwandlung des ursprünglichen Veligers zu intrakapsulären Larven mit großer Kopfblase und mehr oder minder stark reduziertem Velum (Abb. 123k, 124k–m und 133f). Die Oocyten aller Süßwasser-Formen sind mit Ferritin-haltigen Eisenproteinen dotiert, während schließlich die limnischen Larven der Prosobranchier und die Larvalstadien sämtlicher Pulmonaten die Nuchalzellen und Protonephridien (vgl. Abb. 124i–m) gemeinsam haben.

Tabelle 84. Einige Entwicklungscharakteristika von Prosobranchiern verschiedener Biotope bzw. Pulmonaten (Fioroni 1982a)

	Prosobranchia		Pulmonata	
	Marine Arten	Limnische und terrestrische Arten	Basommatophora	Stylommatophora
Gelegetyp	sehr variabel	Totaleier (= Eizelle + Eiklar + Eihüllen)	meist zu Laichschnüren vereinigte Totaleier	Totaleier
Eizellgröße	sehr variabel (60-1700 µm)	gering (60-200 µm)	gering (67-270 µm)	gering (150-200 µm)
∅ der Dotterpartikeln	variabel (1-40 µm)	klein (0,7-4 µm)	klein (0,6-2,5 µm)	klein (2-3 µm)
Ferritin (als Dotterprotein)	fehlend	vorhanden	vorhanden	gelegentlich vorhanden (*Succinea*)
Pinocytotische Eiklaraufnahme	meist fehlend	vorhanden	vorhanden	vorhanden
Extraembryonale Nährstoffe	fehlend, Nähreier, Eiklar	Eiklar	Eiklar	Eiklar
Gastrulation	sehr variabel (Invagination bis Epibolie)	Invagination	Invagination	Invagination
Dottermacromeren (= in ihrer Entwicklung arretierte Dotterspeicherzellen)	vorhanden oder fehlend	fehlend	fehlend	fehlend
Larventypen	sehr variantenreich; stets auch Veligerstadium	gelegentlich Veliger; abgewandelte Larven	abgewandelter Veliger	abgewandelte Larven
Larvalorgane Velum	vorhanden	reduziert oder fehlend	reduziert	reduziert oder fehlend
Urnieren (Protonephridien)	fehlend	vorhanden (bei limnischen Arten)	vorhanden	vorhanden
Nuchalzellen	fehlend	vorhanden (bei limnischen Arten)	vorhanden	vorhanden
große Kopfblase	fehlend	z. T. vorhanden (terrestrische Arten)	fehlend	vorhanden
Schlüpfstadium	sehr variabel (vom freien Furchungsstadium bis zum kriechenden Jungtier reichend)	meist Kriechstadium	meist Kriechstadium	meist Kriechstadium
Entwicklungsdauer	kurz-lang	kurz-lang (terrestrische Formen)	relativ kurz	relativ kurz

In der uralten Diskussion um die *phylogenetische Wertigkeit* der Entwicklungstypen sind wir im Gegensatz zu verschiedenen Autoren der bereits durch Pelseneer (1911 ff.) u. a. vertretenen Auffassung, daß der **planktontische Entwicklungstyp** mit relativ kurz planktontischen, durch wenige Larvalorgane ausgezeichneten Larven der **ursprünglichere** war.

Die Nährstoffarmut läßt auf komplexe Anpassungen der Keime verzichten, bietet aber infolge der erhöhten Zahl von früh freien Larven eine größere Auswahl für die Selektion. Bis hinauf zu den Wirbeltieren zeichnen sich die archaischen Arten durch eine größere Jungenzahl aus. Auch wird die ökologische Radiation und die Eroberung neuer Nischen durch freischwimmende Larven gefördert.

Innerhalb einer systematischen Gruppe können ursprünglich gebliebene Arten - z. B. die Penaeiden unter den Decapoden (Abb. 121 r + s und 143 g) - noch einfache pelagische Larven ausweisen. Viele ancestrale Larven wie Trochophora oder Nauplius sind planktontische Stadien.

Bei Cephalopoden kann gezeigt werden, daß das embryonale Größenwachstum bei beiden Entwicklungstypen bis zum Naef'schen Stadium XVIII gleich verläuft. Der pelagische Typ schlüpft kurz darauf (= Stadium XX), während beim benthonischen Typ vor dem Schlüpfen noch ein intensives, evolutiv sekundär entstandenes Zusatzwachstum hinzukommt (vgl. hierzu Abb. 125).

Schließlich werden des öfteren die Merkmale freischwimmender Larven bei intrakapsulärer Entwicklung rekapituliert, wobei teilweise ein Funktionswandel bzw. eine Funktionserweiterung eintritt (Tabelle 67).

Nach den Modellvorstellungen von Jägersten (1972) ist die ursprünglich rein holopelagische Lebensweise [mit Primärlarven im Sinne Geigy-Portmanns (vgl. S. 293)] durch die Ausbildung von sekundär benthonischen Adulti abgelöst worden. Dies brachte größere Unterschiede zwischen Larven und Adultus und damit eine zunehmende Komplizierung der Metamorphose. Diese Tendenz könnte durch „Adultation", d. h. dem Auftreten von Adultmerkmalen schon in der Larve, sekundär abgeschwächt worden sein. Unter dem „Adultdruck" akzelerierte Gesamtentwicklungen sind „direkt" geworden. Von hieraus kann man sich die Entstehung von sekundär indirekten sowie von nachträglich sekundär wiederum direkter gewordenen Ontogenesen vorstellen.

15 Ontogenie – Phylogenie

Das unerschöpfliche Gebiet der Beziehungen von Einzel- und Stammesentwicklung erforderte an sich die Behandlung in einem eigenen Buch. Es können im folgenden nur einige wenige generelle Aspekte kurz umrissen werden; auf die an verschiedenen Stellen dieses Buches bereits behandelten phylogenetischen Aspekte sei indes besonders hingewiesen (vgl. z. B. S. 9, 22, 168 ff., 188 ff., 224 ff., 242 ff., 297, 310 und 380).

15.1 Allgemeines

Phylogenie (Stammesentwicklung) und Ontogenie (Individualentwicklung) stehen in enger Beziehung dadurch, daß ja die zeitliche Sukzession von Einzelontogenesen erst die Phylogenie schafft.

Die Ontogenese als „fresh Creation" (De Beer) stellt das **Zentrum der Artbildung** und **-abwandlung** dar, indem jede adult manifeste, durch Mutation oder Neukombination von Genen entstandene Änderung auf Abwandlungen der Ontogenese basiert.

Jede evolutive Neubildung greift in einen festgelegten Entwicklungsgang ein. Charakteristische Züge dieses Ablaufes werden auch nach der Änderung noch rekapituliert. Die Ontogenese ist somit ein **Gemisch von palingenetischen,** d. h. die konservativen Zustände wiederholenden **Merkmalen** und von abgeleiteten, oft **kaenogenetischen Neubildungen** (vgl. S. 383 ff.). Tabelle 86 demonstriert dies exemplarisch für Mollusken.

Jede auf genetischen Abwandlungen beruhende Entwicklungsänderung unterliegt als Phänotyp der Auslese, die als „Germinalselektion" (Weismann) bereits während der Keimzellreifung einsetzt, und beeinflußt im weiteren das bis dahin erreichte **intraembryonale Gleichgewicht.** Dieses wirkt als intraembryonale Selektionsschranke, indem nur diejenigen Veränderungen toleriert werden, die für die bisherigen Ontogenesevorgänge tragbar sind und die Einpendelung auf ein neues Gleichgewicht ermöglichen. Man vergleiche hierzu die bedeutungsmäßig allerdings etwas abgewandelte Idee von Roux, der von einem „Kampf der Teile" innerhalb der Organismen (= **Intraselektion**) gesprochen hat.

Für diese Vorstellungen können Modellversuche mit xenoplastischen Transplantationen wertvolles Anschauungsmaterial liefern.

Nach Dobzansky ist damit die Evolution eine schöpferische Antwort der lebenden Materie auf die Bedingungen der embryonalen Umwelt. Des weiteren spielen bereits während der Ontogenese schon Außeneinflüsse (Stimuli) und populationsgenetische Effekte – wie die genetische Drift bei isolierten Populationen – eine selektive Rolle.

Der mitwirkende Selektionsdruck der Umgebung spiegelt sich faktisch u. a. in der Biotopabhängigkeit der Entwicklung (S. 378 ff.) wieder.

Die allgemeinen *Auswirkungen der Mutationen* auf die Ontogenese lassen sich unter verschiedenen Gesichtspunkten beurteilen.

(1) Der Zeitpunkt des **Manifestwerdens** einer Abwandlung ist mit phänogenetischen Methoden (Haecker) bestimmbar, indem durch den Vergleich der abgewandelten Entwicklung mit der „Ausgangs-Ontogenese" festgestellt wird, ab welchem Ontogenesestadium der Entwicklungsverlauf verändert wird.

Sewertzoff bezeichnete die Veränderung der Entwicklungswege einzelner Organe der Nachkommen im Vergleich zur Ontogenese der entsprechenden Organe der Eltern als Phylembryogenese.

In zeitlicher Hinsicht bieten sich (Tabelle 85) drei Haupttypen an. Während die frühe Einflußnahme mit (= **Archallaxis**) oder ohne Auswirkungen auf den Adultus (= **Archibolie**) kombiniert sein kann, bleibt die mittlere, postgastrulär sich manifestierende **Mesobolie** in ihrer Wirkung meist auf den Ontogeneseverlauf beschränkt. Späte Einwirkungen können einerseits unter **Pädomorphose** durch Wegfall von Stadien zur Entwicklungsverkürzung, andererseits durch Hinzufügung neuer Endstadien zur Entwicklungsverlängerung führen. Vereinfacht gesehen würde nach McBride im letzteren Fall die heutige Larve einem ehemaligen Adultus vergleichbar sein.

Präzisierend sei aber betont (vgl. Tabelle 85), daß im Prinzip jede Entwicklung – unabhängig vom Zeitpunkt der Abänderung – verlängert bzw. verkürzt werden kann.

Tabelle 85. Generelle Übersicht der zu Ontogeneseänderungen führenden biometabolischen Modi. (Vor allem nach Angaben von Siewing 1969)

Zeitpunkt der Änderung im Entwicklungsverlauf	Ablenkung	Addition	Subtraktion	Totale Verschiebung
spät (=terminal)	definitive Deviation (=terminale Differenz) (1)	Anabolie (=terminale Prolongation; = „Overstepping") (4)	terminale Abbreviation: →Aphanisie (Pädomorphose) (7) →Foetalisation (8) →Neotenie (9)	Archallaxis
mittel (=intermediär)	intermediäre Deviation (Mesobolie) (2)	Interkalation (5)	Exkalation (10)	
früh (=basal)	initiale Deviation oder Differenz (=Archibolie) (3)	basale Prolongation (6)	basale Abbreviation (11)	

Einige exemplarische Beispiele: (1) Entstehung der Asymmetrie bei Plattfischlarven; (2) zahlreiche känogenetisch divergierende Ontogenese-Abläufe; (3) unterschiedliche Ablösung von Keimblättern bzw. Organanlagen; (4) Differenzierung der branchiogenen Drüsen aus den Visceralspalten (Kiemenspalten) der Amnioten; (5) Auftreten von zusätzlichen Larvengenerationen bzw. Larvalorgantypen; (6) Auftreten von Pollappen, von pinocytotischer Eiklaraufnahme bzw. von frühembryonalen Freßstadien; (7) Wegfall des Stiels bei der Pentacrinoidlarve von *Antedon* bzw. der Zähne bei den Bartenwalen; (8) segmentale Bewimperung als persistierendes Jugendmerkmal bei *Ophryotrocha*; (9) bei perennibranchiaten Molchen; (10) fehlende Scheitelplatte bei der Larve von *Tomopteris* und *Pisione*; (11) Wegfall der formativen Blastomeren bei *Stylaria* und *Bimastus*.

(2) In Bezug auf **Änderungen des Ontogenesetempos** unterscheidet man Akzeleration und Retardation.

Die **Akzeleration** [=Gerontomorphose (De Beer)] oder Entwicklungsbeschleunigung kann unter Subtraktion zur Auszugsentwicklung mit Wegfall von Entwicklungsstadien bzw. von Endstadien führen. In diesem letzteren Fall kann der einstige Embryo im Sinne der Rekapitulationsidee (S. 386) gleichsam zum rezenten Adultus werden.

Die **Retardation** [= Pädomorphose (De Beer) oder Proterogenese (Schindewolf)] kann als Entwicklungsverzögerung mit oder ohne Wegfall von Endstadien erfolgen. Im ersteren Fall führt sie zu **Neotenie** [Bolk; = Neogenese (Garstang), Neomorphose (Beurlen); vgl. S. 87 und Abb. 27] bzw. zur **Fetalisierung** (Bolk; Fötalisation). Sie stellt dann eine Möglichkeit zur Entspezialisierung bzw. zur evolutiven Verjüngung dar.

Hervorzuheben ist, daß damit sowohl bei der Akzeleration als auch bei der Retardation eine Auszugsentwicklung möglich ist, sei es durch „Zusammenpressung" von Ancestralstadien [=Tachygenesis (George)] oder durch Wegfall von Stadien [=Lipopalingenesis (Buckmann)].

(3) Besonders anhand von Organ-Entwicklungen lassen sich **Heterochronien** aufzeigen; sie können bei positiver Allometrie zu exzessiven Formbildungen, bei negativer Allometrie dagegen zur Rudimentation führen. Letztere ist durch die nicht mehr vollwertige Anlage bzw. Ausbildung von Organen charakterisiert.

(4) Des weiteren sei festgestellt, daß frühontogenetische Abwandlungen oft zu **„umwegiger Entwicklung"** [Nauck; = Kaenogenese (Haeckel, Rensch u.a.)] überleiten, bei welcher sich die Abwandlungen ausschließlich auf den Ontogenese-Ablauf erstrecken (vgl. S. 383 ff.). Sie können andererseits im Sinne der **Ontomutation** (Dalcq) auch auf die Palingenese (Haeckel) einwirken, indem sie entscheidende Auswirkungen auf den Adultzustand haben und vielleicht klassenspezifische Unterschiede bewirken.

Dabei dürfte eine Ontomutation jeweils eine Serie von einzelnen Parallelmutationen umfassen und keinesfalls nur aus einer isolierten Mutation bestehen. Als Beispiel sei die Schalendrüse der Mollusken genannt. Die frühontogenetische Umwandlung ihrer Invagination (vgl. z.B. Abb. 83 k, 89 h + i, 122 c + g und 145 Ab) in eine Evagination (Abb. 145 Ac) führt zum Typus der Außenschale der Monoplacophoren, Gastropoden, Bivalvier und Scaphopoden, wobei weitere Mutationen die Abwandlung vom ursprünglich wohl napfartigen Grundtyp in die im einzelnen gewundenen, zweiklappigen bzw. röhrenförmigen Schalen gebracht haben. Die Beibehaltung der Invagination, wobei die Schalendrüse sich anschließend zum Schalensack (Abb. 89 k) schließt, ermöglicht dagegen die bei den rezenten coleoiden Tintenfischen und den Stylommatophora verwirklichte Innenschale. Der Verzicht auf die Anlage einer Schalendrüse schließlich gehört mit zum Typus der amphineuren Poly- bzw. Aplacophora, die eine unechte (in Form von metameren Schalenplatten) bzw. keine Schale besitzen.

(5) Mutationen können im Hinblick auf ihren **Umfang** nur ein Organ bzw. einen Organkomplex verändern oder aber auch ganze Ontogenesen umgestalten.

Dabei sind die gegenseitigen Relationen der Abänderung oft im Sinne der „additiven Typogenese" (Heberer, Simpson) deutbar. Andererseits kann aber auch der Mosaikmodus (Watson, de Beer) der Entwicklung gewahrt bleiben, der die unabhängig voneinander ablaufende selbständige Evolution der einzelnen Merkmale nach sich zieht.

So haben sich etwa bei Prosobranchiern die Nähreier (vgl. Tabelle 77, oben) bzw. die intrakapsulären, diese bewältigenden Entwicklungsstadien unabhängig voneinander evolviert (Tabelle 77, unten; vgl. auch Abb. 132 f–n). Freilich lassen sich auch hier als „Trends" zu bezeichnende phylogenetische Tendenzen (Tabelle 81) beobachten.

15.2 Kaenogenese

Kaenogenesen im Sinne von Haeckel und Rensch (die „conspicious Deviations" Garstangs) sind „innere" ontogenetische **Anpassungen an besondere Entwicklungsbedingungen,** wie an die embryonale Ernährung. Sind diese umfangreich, so können nahe verwandte Arten mit sehr ähnlichen Adulti trotzdem extrem divergierende Entwicklungen haben.

Innerhalb der Prosobranchier haben die adult nur schwer voneinander unterscheidbaren *Cassidaria*-Arten nicht nur unterschiedliche Nähreier (mit atypischer Furchung bzw. während der Reifungsteilungen oder vor der Furchung erfolgender Arretierung), sondern auch

Tabelle 86. Beispiele von kaenogenetischen (A) und rekapitulativen Entwicklungsmerkmalen (B) bei Mollusken

A. Kaenogenetische Entwicklungsmerkmale

Parthenogenese (statt Bisexualität), Viviparität, atypische Spermien (Abb. 33 g–h)

Eihüllen, Gelegebau, Laichformen (Abb. 36 e–i)

Spermatophoren (Abb. 39 k + l)

Eizahl, Nähreierzahl, Kapsel- bzw. Gelegezahl pro ♀

Eizellgröße (Dottergehalt), Eiform, Struktur und Größe der Dottergrana [Tabelle 84 und Abb. 38 b (7–14)]

Pollappen, Furchungs- und Gastrulationsablauf (Abb. 45 e–g, 57, 58 und 82)

Bau und Anzahl der Dottermakromeren (Abb. 59)

Bau und Bildung der Blastokonen sowie des Dotterepithels bei Cephalopoden (Abb. 89 a–g und 130 a + b)

Ablauf der Mesodermgenese (mit bzw. ohne Urmesodermzellen) (Abb. 83 i + k)

Vorkommen, Bau und Bildung sowie Abbau-Modalitäten von Larvalorganen

Bau und Anzahl der Larvalstadien (vgl. u. a. Abb. 122–125, 127 k–n und 139)

Art der embryonalen Ernährung inklusive Bewältigung der embryonalen bzw. extraembryonalen Nährstoffe (Abb. 132 und 133 e–i)

Arretierungsmoment der Nähreier (vgl. Tabelle 77)

Bau und Größe des Schlüpfstadiums (vgl. Abb. 125 und 140)

Metamorphose [Typen, Ablauf (langsam oder „krisenhaft")]

Entwicklungstyp (Abb. 139)

Entwicklungszeit

B. Rekapitulative Entwicklungsmerkmale

Zellstammbaum und prospektive Bedeutung der Blastomeren der Polychaeten bei spiralig sich furchenden Conchiferen (Abb. 145 Aa + d)

Totale Spiralfurchung trotz sehr hohem Dottergehalt durch dotterreiche Prosobranchier (Abb. 62 Ab)

Annelidenähnliche Urmesodermzellen (z. B. Abb. 83 k und 145 b) durch spiralig sich furchende Mollusken (außer *Viviparus*) (Abb. 145 b + e)

Stets Anlage der primären Protostomierachse auch bei später in der sekundären Molluskenachse auswachsenden Conchiferen (Abb. 145 b–f)

Kopfanlage bei den später „acephalen" Muscheln (vgl. Abb. 122 e–g)

Anlage der Byssusdrüse, auch bei später byssuslosen Muscheln (Abb. 122 f)

Anlage der zweiklappigen Schale bei später abgewandelten Muscheln [*Anomia, Teredo* (Abb. 122 e) u. a.]

Isolierte Ganglien-Anlagen bei Opisthobranchiern mit später konzentriertem Nervensystem

Torsionsabläufe bei später detordierten Opisthobranchiern

Große Schalendrüse bei Cephalopoden mit später kleiner oder reduzierter Schale

Flossenanlage bei später flossenlosen incirraten Octopoden

Ursprünglich nicht konzentrierte Ganglien-Anlagen beim später hochcerebralisierten, konzentrierten Octopodengehirn

Sekundäre Mundumwachsung durch die Armkanten bei allen coleoiden Cephalopoden (Abb. 145 B)

Wie bei zehnarmigen Cephalopoden unabhängig vom Tintenbeutel erfolgende, stets paarige Anlage der Mitteldarmdrüse bei Octopoden

Anlage des für alle zehnarmigen Cephalopoden typischen Nackenknorpels bei Sepioliden mit Nackenband

Intrakapsuläre, den freischwimmenden Larven entsprechende Entwicklungsstadien bei vielen Mollusken (Abb. 139)

Anlage des typischen Veligers bei später abgewandelten parasitischen Mesogastropoden bzw. bei pelagischen Hetero- und Pteropoden (Abb. 143 a–c)

differierende intrakapsuläre Larven, nämlich die Nähreier verschlingende, stark retardierte, sackförmige Freßstadien (Abb. 132 n) bzw. die Nähreier mit Hilfe ihres Velums drehende Veliger (vgl. Abb. 132 h + l) ohne Entwicklungsretardierung. Die adult kaum voneinander zu diagnostizierenden *Octopus bimaculatus* bzw. *bimaculoides* zeigen Eizelldurchmesser von 1,8 : 4,6 bzw. 9,5 : 17,5 mm und damit sehr unterschiedliche, wahrscheinlich planktontische bzw. benthonische Schlüpfstadien. Ähnliches gilt für *Eledone cirrosa* (3,5 : 6,0 mm) bzw. *moschata* (4,3 : 13,0 mm) (vgl. auch Abb. 125 f + l). Man berücksichtige darüber hinaus die im folgenden gegebenen allgemeinen Beispiele für Kaenogenesen.

Kaenogenesen haben – wie schon erklärt – keine direkte Auswirkungen auf den Adultus. Sie können aber im Sinne der „Präzedenz der evolutiven Phänomene" Edingers **ontogenetische Praeadaptationen** ermöglichen, die in einer späteren Phase der Phylogenese auch Definitivstrukturen beeinflussen.

So sind bei den Amnioten die Ontogeneseänderungen vom Nestflüchter zum Nesthocker (bei Vögeln) – bzw. umgekehrt bei Mammaliern – Voraussetzung zur erst später entwickelten erhöhten Cerebralisation der Adultformen gewesen (vgl. S. 374). Innerhalb der Sepioidea erfolgte bei den Sepioliden die Etablierung des relativ dotterreichen Entwicklungsmodus vor Erreichung einer höheren Cerebralisationsstufe, die erst bei den noch dotterreicheren Sepiiden verwirklicht ist.

Der auf Tabelle 86 für die Mollusken exemplarisch zusammengestellte Reichtum an tierlichen Kaenogenesen kann hier nur anhand weniger *allgemeiner Beispiele* weiter exemplifiziert werden.

Differierende **Eizelldurchmesser** innerhalb einer systematischen Einheit sind weit verbreitet (vgl. Abb. 38). Dasselbe gilt

hinsichtlich der Ausbildung verschiedener **Larventypen,** die vor allem bei Schwämmen, Anneliden (Abb. 118), Arthropoden (Abb. 119-121), Mollusken (Abb. 122-125, 132 f-h und 133 d-i) und Echinodermen (Abb. 116) sehr variantenreich sind. Divergierende **Furchungen** bei verwandten Formen sind häufig (Tabellen 43 und 44; Abb. 47, 48, 51 und 54); beim Strudelwurm *Prorhynchus stagnalis* kommen selbst innerhalb einer Art unterschiedliche Segmentierungen vor (S. 168; vgl. dazu auch Abb. 46 d$_1$ + d$_2$). Das Vorkommen bzw. die Anzahl der sog. Larvalsegmente (vgl. hierzu Abb. 67 B und 84 c) ist innerhalb der polychaeten Anneliden verschieden. Die Arthropoden bestechen durch eine reiche Variabilität in Typ und Generationenzahl ihrer **Vitellophagen** (Tabelle 73 und Abb. 68). Schließlich sei erwähnt, daß innerhalb relativ kleiner systematischer Einheiten sowohl benthonische als auch planktontische **Entwicklungstypen** (vgl. z. B. Tabelle 80 sowie Abb. 125 und 139) nachweisbar sind.

Es ist augenfällig, daß bei nicht miteinander verwandten Formen der Zwang zur Anpassung an bestimmte vergleichbare Entwicklungsbedingungen zu *Konvergenzen* führt.

Am auffälligsten ist dies vielleicht bei der Ausbildung von vergleichbaren **Furchungstypen** bei nicht miteinander verwandten Formen, was besonders für die Partialfurchungen zutrifft (vgl. Abb. 51-53).

Auch frühe Differenzierungen in **formative** bzw. prospektiv **extraembryonale** Blastomeren können bei unterschiedlichsten Tierstämmen verwirklicht sein. Eine schon im Zweizellstadium getätigte Aufteilung in eine formative bzw. eine trophische Blastomere tritt etwa

---

Abb. 141. Konvergentes Auftreten von Amnionhöhlen bzw. amnionhöhlenähnlichen Bildungen bei Vertretern der Archicoelomata **(a)**, Gastro- **(b-d)** und Notoneuralia **(e-i)** (schematisiert).

a Bildung von Seeigel-Scheibe und Amnionhöhle beim Seeigel-Pluteus (Echinodermata; Frontalschnitt) (vgl. auch Abb. 15 b und 75 e).
b Aufbau der Nemertine im Innern der Pilidiumlarve unter Verwachsung verschiedener Scheiben (Frontalschnitt) (vgl. auch Abb. 15 c + d, 112 c und 117 h).
c Skorpion vom discoidalen Entwicklungstyp mit Amnionbildung (Chelicerata; Sagittalschnitte).
d Bildung der Embryonalhüllen beim Insektenkeim (Querschnitte) (vgl. Abb. 86 und 87 d).
e-g Formierung von Amnion, Allantois und

Dottersack beim meroblastischen Sauropsidenkeim (Sagittalschnitte): **e** Beginn der Amnionfaltung; erste Anlage der Allantois; **f** Amnionverschluß und Auswachsen der Allantois; der extraembryonale Coelombereich hat den Dottersack noch nicht vollständig umwachsen; **g** Der Dottersack ist vollständig umwachsen; die Allantois hat Kontakt mit der äußeren Wand (= Serosa) der Keimblase (vgl. auch Abb. 93).
h, i Bildung des Amnions bei placentalen Säugern (Querschnitte): **h** Faltamnion (Pleuramnion) wie beim Vogel (vgl. **e**); **i** Spaltamnion (Schizamnion) (vgl. z. B. Abb. 95 II a). Links ist jeweils das Stadium der zweischichtigen Keimblase abgebildet.

Ax(lC$_1$)   Axocoel (linkes Cölom$_1$)
Allep   Allantoisepithel
Am   Amnion(epithel)
Amsp   Amnionspalte

CS   Cerebralscheibe
DS   Dorsalscheibe
Eanl   Embryoanlage
,eeEc   extraembryonales Ectoderm
eeZ   extraembryonale Zone
Hc(lC$_2$)   Hydrocoel (linkes Cölom$_2$)
KS   Kopfscheibe
Nbl   Nabelblase
Pec   Pedicellarie
RA   Rüsselanlage
RS   Rumpfscheibe
Sc(lC$_3$)   Somatocoel (linkes Cölom$_3$)
Sk   Steinkanal
SS   Seeigelscheibe
(ver)   (vereinigt)
Vst   Verwachsungsstelle der Amnionfalten (sero-amniotische Verbindung)
Wep   Wimperepaulette
x   vorläufiges Ende des extraembryonalen Cöloms

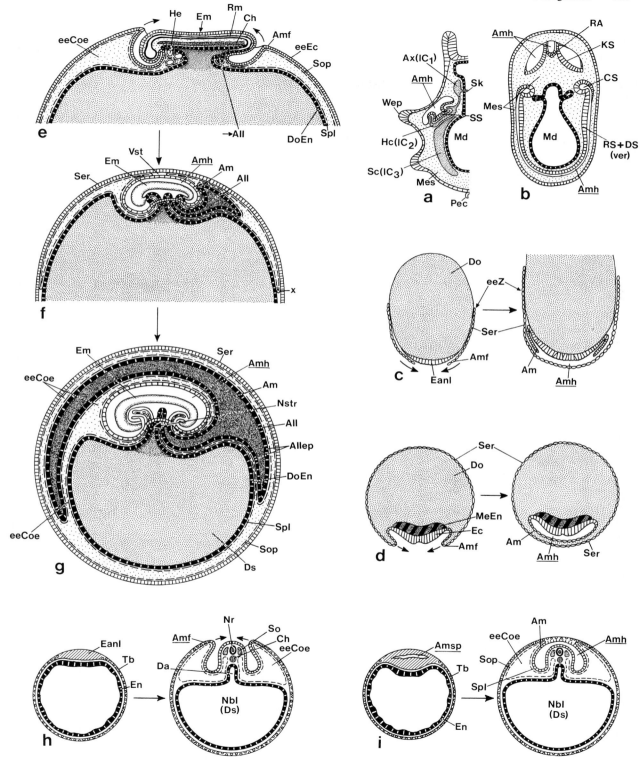

beim Säuger (*Sus;* Trennung in Embryo - bzw. Trophoblast; Abb. 54 Ca) wie auch bei der Narcomeduse *Cunina* [Aufteilung in Embryo- und Phorocyte (Nährzelle)] ein.

Übereinstimmend kommt bei Prosobranchiern, Nemertinen und anderen Gruppen die Ausbildung von **Nähreiern** (S. 351 und Abb. 132) vor.

Im weiteren kann der Nährstoffreichtum bei verschiedensten Stämmen retardierende Auswirkungen haben und zur Ausbildung von ähnlichen **Freß-Stadien** (z. B. Abb. 123 b-d, k, 124 i-m, 132, 133 und 134 b + c) führen.

Amnionbildung kommt bei Nemertinen, Skorpionen, den Insekten, beim Seeigel und bei allen Amnioten vor (vgl. u. a. Abb. 141); das „Imaginalscheibenprinzip" der Morphogenese ist ebenfalls recht weit verbreitet (Abb. 14). Innerhalb der Arthropoden dürften die **Dorsalorgane** und wohl auch die **Vitellophagen** (vgl. Tabelle 73) mehrmals und unabhängig voneinander entstanden sein.

Bei Prosobranchiern sowie bei Pulmonaten können wir in Anpassung ans Land- bzw. Süßwassermilieu konvergent entstandene Ontogeneseanpassungen demonstrieren (S. 379). Schließlich weisen fast alle marinen Evertebratengruppen unabhängig voneinander hervorgebrachte pelagische und benthonische **Entwicklungstypen** auf.

15.3 Rekapitulation

Die **Parallelität von Ontogenese und Phylogenese** ist schon lange bekannt; neben anderen Vorläufern sei diesbezüglich vor allem Meckel (1821) erwähnt, der eigentlich alle wesentlichen Gedankengänge die meist als Begründer der Rekapitulationsidee betrachteten Haeckel schon vorweggenommen hat.

Da jede Neuformung an einem festgelegten Entwicklungsgang angreift, werden - wie schon erwähnt - auch nach erfolgreich etablierter Änderung gewisse charakteristische Züge noch rekapituliert.

Die Ontogenese wird so - wie schon erläutert - zu einem Gemisch von abgewandelten und konservativen, d. h. palingenetischen Zügen. Letztere Tatsache führte zur Aufstellung des gleichfalls schon bei mehreren Vorläufern registrierbaren, aber besonders durch Haeckel (1866) in seiner klassischen Fassung formulierten und allgemein populär gewordenen **„biogenetischen Grundgesetzes"**:

„Die Ontogenese ist die kurze und schnelle Rekapitulation der Phylogenie, bedingt durch die physiologischen Funktionen der Vererbung und der Anpassung. Das organische Individuum wiederholt während des raschen und kurzen Laufes

seiner individuellen Entwicklung die wichtigsten von denjenigen Formveränderungen, welche seine Voreltern während des langsamen und langen Laufes ihrer paläontologischen Entwicklung nach dem Gesetz der Vererbung und Anpassung durchlaufen haben."

Heute freilich ist eine modifizierte, besser als **„biogenetische Grundregel"** zu bezeichnende Fassung vorzuziehen, die im übrigen lange vor Haeckel schon durch K. E. von Baer (1828) postuliert worden ist: der Embryo ist nicht einer früheren Tierform gleich, sondern ihrem Embryo ähnlich. Entgegen der Haeckelschen Fassung dürften somit nicht die noch nicht funktionsfähigen Embryonalorgane einer rezenten Form mit den entsprechenden funktionellen Adultorganen der Ahnen verglichen werden.

Von Baer hat im übrigen in seinem theoretischen Gedankengut zur Embryonalentwicklung die Idee vom **Typus** stark hervorgehoben. Entgegen Haeckels Auffassung der ontogenetischen Rekapitulation der gesamten Phylogenese werden nach von Baer in der Individualentwicklung direkt die Charakteristika eines bestimmten Typus (z. B. des Wirbeltieres) angelegt. Dies gilt für alle Vertreter eines Stammes, die somit zuerst den Grundbauplan ihrer systematischen Einheit anlegen bzw. rekapitulieren und von diesem Zustand aus sich zu ihren divergierenden Endformen differenzieren.

Des weiteren ist die Tatsache des **„Primates der ontogenetischen Präzedenz"** (J. Müller, von Baer, Oppel, Keibel, Naef u. a.) zu beachten: Das zeitliche Erscheinen eines Organes im Ontogeneseablauf wird primär von dessen Wichtigkeit für den entsprechenden Entwicklungsgang und nicht von dessen phylogenetischem Alter bestimmt.

So wird bei Säugern die phylogenetisch junge Lunge vor den Zähnen, die ein uraltes Vertebratenmerkmal darstellen, angelegt.

Selbstverständlich reduzieren Kaenogenesen - von vehementen Phylogenetikern auch als Störungs- oder Fälschungsentwicklung bezeichnet - oft den Umfang der Rekapitulation. Diese ist aber, wie Tabelle 86 für die Mollusken ebenfalls ausweist, trotzdem oft noch beträchtlich.

Als „grobe" *Rekapitulation* wird in jeder Metazoen-Ontogenese der **Übergang vom Ein- zum Vielzeller** wiederholt. Dagegen ist es u. E. umstritten, ob die Inversion und anschließende Exkurvation der Kalkschwämme (Abb. 72 B) eine Rekapitulation der ähnlich auch bei den Phytomonadinen (Abb. 72 A) zu beobachtenden Vorgänge darstellt.

Die als Ctenophore in der Anordnung ihres Gastrovaskularsystems später eine Disymmetrie aufweisende *Callianira* zeigt wie *Beroë* (Abb. 74 e + f) in Wiederholung von einfacheren Vorfahrenzuständen temporär vier Gastraltaschen. Das sog. Edwardsia-Stadium der Hexacorallier besitzt anfänglich nur

Abb. 142. Rekapitulation der Anlage der metameren Coelomkammern der Annelida (**a, b**) durch Prot- [Onychophora (**c**)] und Euarthropoden [Amphipoda (**d**) und Insecta (**e, f**)] (stark schematisierte Querschnitte).

a *Owenia fusiformis* (früh); **b** *Scoloplos armiger* (späteres Differenzierungsstadium); **c** *Peripatopsis capensis* (frühes und späteres Differenzierungsstadium) (vgl. Abb. 85h); **d** *Gammarus pulex* (früheres und älteres Differenzierungsstadium) (vgl. auch Abb. 85f); **e** *Chrysopa* sp. mit sich einfaltenden Coelomwänden; **f** *Tenebrio molitor* mit etablierten Coelomkammern (vgl. auch Abb. 86k+l).

dLMu dorsale Längsmuskulatur
dMes dorsales Mesenterium
LMu Längsmuskulatur
mMe medianes Mesoderm
Mst Mittelstreifen
Nbl Neuroblasten
Nep Neuropodium
Nop Notopodium
Ntr Neurotroch
pPer parietales Peritoneum
Pes Pericardialseptum
RMu Ringmuskulatur
Sac Sacculus (Endsack)
Schdr Schleimdrüse
sMu schrägverlaufende Muskulatur
Sorg Segmentalorgan (Nephridium)
vlBgf ventrales Longitudinalgefäß
vLMu ventrale Längsmuskulatur
vMes ventrales Mesenterium
vNs ventraler Nervenstrang
vPer viscerales Peritoneum

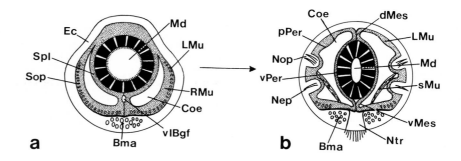

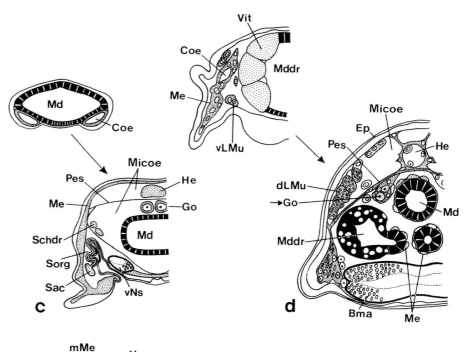

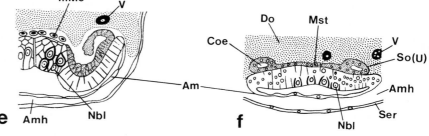

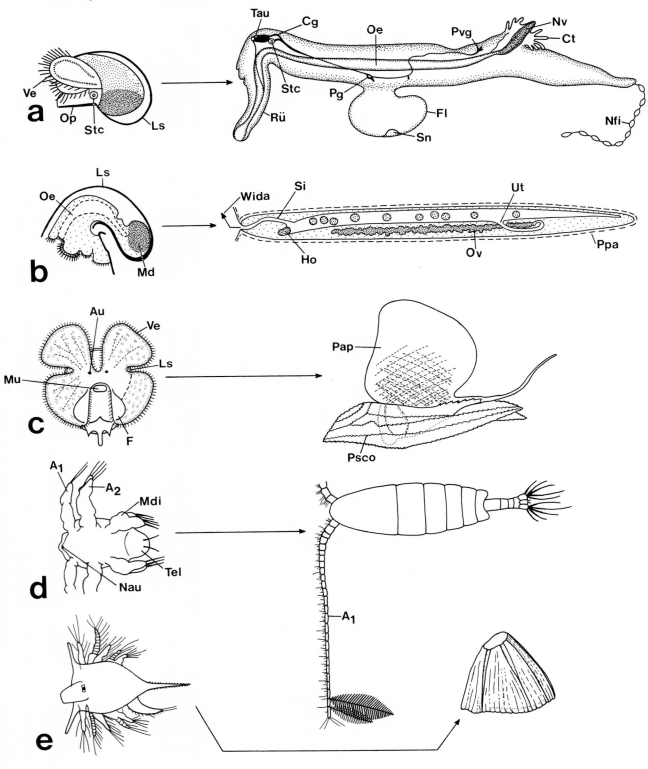

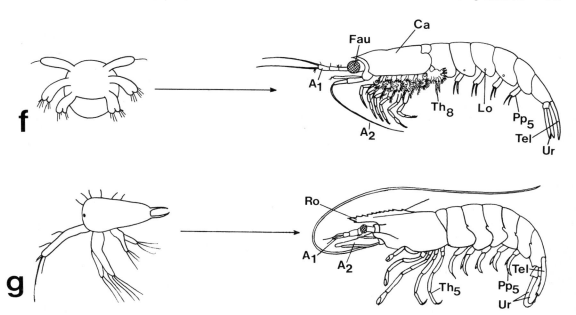

Abb. 143. Rekapitulation von Larven (Totalansichten). Vgl. hierzu auch Abb. 145.

a–c Rekapitulation des Veligers (vgl. z. B. Abb. 123 a, e–g und 124 a–c) auch bei adult stark abgewandelten Gastropoden: **a** beim adult ebenfalls pelagischen Heteropoden *Pterotrachea;* **b** beim adult parasitischen Mesogastropoden *Enteroxenos;* **c** beim auch adult planktontischen thecosomen Opisthobranchier *Cymbulia.* Die glashelle, knorpelige Pseudoconcha der adulten *Cymbulia* wird neu gebildet, nachdem die Larvalschale des Veligers abgeworfen worden ist.
d–g Ursprüngliches Vorkommen **(d)** bzw. Rekapitulation des Nauplius (vgl. Abb.

121 a, b, l + r) bei adult abgewandelten Entomostraken **(e)** bzw. bei malacostraken Krebsen **(f, g)**: **d** bei Copepoden (z. B. *Calanus*); **e** bei Cirripediern (z. B. *Balanus*); **f** bei Euphausiaceen (z. B. *Euphausia*); **g** bei Penaeiden (z. B. *Penaeus*).

A₁	1. Antenne
A₂	2. Antenne
Ca	Carapax
Fl	Flosse
Lo	Leuchtorgan
Ls	Larvalschale
Nau	Naupliusauge
Nfi	Nidamentalfilament
Nv	Nucleus vegetativus

Pap	Parapodium
Pp₅	5. Pleopode
Ppa	Pseudopallium
Psco	Pseudoconcha
Pvg	Parietovisceralganglion
Ro	Rostrum
Si	Sipho
Tau	Telescopauge
Tel	Telson
Th₅, Th₈	5. bzw. 8. Thorakopode (Peraeopode)
Ur	Uropode
Ut	Uterus
Wida	Darm des Wirtes

8 Septen, was auf eine Herkunft der Hexacoralliern schließen läßt.
Die infolge von Nährstoffreichtum abgeleitete, später mit einem „elastischen" dünnen Ectoderm dotierte Freßlarve des Nemertinen *Lineus ruber* (Abb. 132 e) rekapituliert die **Scheiben** der typischen Desorschen bzw. der planktontischen Pilidium-Larve (Abb. 15 b + c und 117 h).
Die adult mit einem durch Verschmelzung der primären Leibeshöhle mit den transitorischen segmentalen, paarigen Coelomkammern entstandenen Mixocoel versehenen Protracheata (Onychophora, Pentastomida und Tardigrada) sowie viele Arthropoden (vor allem Chelicerata, div. Crustacea,

Insecta) wiederholen als Articulata mit der **temporären Anlage der metameren Coelomkammern** die Annelidenverhältnisse (Abb. 142). Die später das Coelomsystem stark reduzierenden Hirudineen besitzen embryonal metamere Coelomkammern. Bei Wirbeltieren sind die ursprünglich in der Ontogenese noch nachweisbaren **segmentalen Kopfsomiten** mit ein Beweis für die sog. Segment-Theorie des Wirbeltierkopfes (S. 260).
Crustaceen zeigen in ihrer Extremitätenentwicklung des öfteren Wiederholungen von ursprünglichen Zuständen. Die 2. Antenne des Nauplius hat häufig eine **Kaulade;** die Thorakopoden der Phyllosoma-Larve von Decapoden *(Palinurus, Scyllarus)* werden anfänglich als **Spaltfüße** angelegt (Abb.

121 t). Die urtümlichste Krebslarve, der **Nauplius,** wird trotz anschließend stark divergierenden Ontogenesen auch bei den entomostraken, adult sessil oder parasitisch lebenden Cirripediern (Abb. 121 b und 143 e) wiederholt.

Der Nauplius tritt innerhalb der Malacostraca freischwimmend noch bei den Euphausiaceen (Abb. 143 f) und Penaeiden (Abb. 121 r und 143 g) auf; intrakapsulär, d. h. im Innern der Eihüllen, läßt er sich aber selbst beim Flußkrebs noch demonstrieren (vgl. auch Abb. 85 c für *Galathea*).

Ähnlich wird bei den stark abgeleiteten parasitischen Mesogastropoden und den hochspezialisierten planktontischen Gastropoden der **Veliger** wiederholt (Abb. 143 a–c). Die **Dipleurula**-Larve (Abb. 116 e) ist innerhalb der Echinodermata im Prinzip in allen Entwicklungsgängen der Eleutherozoen nachweisbar und die in der Folge klassenspezifisch divergierenden Larven lassen sich hinsichtlich ihrer Wimperbänder auf die einfache diesbezügliche Anordnung bei der Dipleurula zurückführen (vgl. Abb. 116 f ff.).

Eine damit vergleichbare, ursprüngliche Rolle wird von vielen Zoologen der Trochophora zuerkannt. Hatschek hatte 1878 in seiner **Trochophora-Theorie** die Vorstellung entwickelt, daß der primäre Bilaterialer, das sog. Trochozoon, postembryonal eine Trochophora aufgebaut habe.

Die heute gleichsam „klassisch" bei manchen Polychaeten verwirklichte Trochophora (Abb. 118 b) kommt in ähnlicher Anpassung auch bei anderen Stämmen bzw. Klassen vor, die dem Großkreis der Spiralier angehören [Sipunculida (Abb. 117 k), Echiurida (Abb. 117 l), Mollusca (ohne Cephalopoda!) (vgl. Abb. 122 a–d, 123 a und 145 Ab), Kamptozoa (Abb. 117 o), Nemertini (Abb. 117 h), Polycladida (Abb. 117 g)]. Auch die Actinotrocha der Phoroniden (Abb. 115 a) bzw. der Cyphonautes (Abb. 115 i) von marinen Bryozoen wird manchmal der Anneliden-Trochophora nahegestellt.

Ein Vergleich der Bildungsleistung der Blastomeren zwischen Prosobranchiern und Polychaeten im sog. Kreuzstadium der **Furchung** zeigt, daß die Blastomeren die gleichen formativen Potenzen haben [wenn auch die Identität nur im Zentrum des Spiralierkreuzes (vgl. Abb. 145 Aa + d) vollkommen ist]. Diese Tatsache führt entsprechend zum Aufbau von einander sehr ähnlichen, wohl homologen **Frühlarven.** Erst anschließend erfolgt die ontogenetische Divergenz. So formiert das Mesoderm der zur Metatrochophora auswachsenden Anneliden-Trochophora segmentale Coelomkammern (Abb. 84 b–d und 145 Af). Beim Praeveliger der Prosobranchier treten bald die molluskentypischen Organe wie Radulatasche, Statocysten und Schalendrüse sowie der Columellarmuskel auf (Abb. 145 Ab), während der wenig umfangreiche Mesoderm-Anteil sich nicht segmentiert (vgl. auch Abb. 83 k–p). Die Ausdehnung der bei der frühen Larve eingenommenen, sich von cephal nach caudal erstreckenden primären Protostomierachse wird bei der Metatrochophora der Ringelwürmer im Zusammenhang mit der Metamerisierung der Rumpfsegmente verlängert (Abb. 145 Af); der Praeveliger der Vorderkiemer etabliert mit dem Ausstülpen des Fußes und dem Abheben des Eingeweidesackes (= Pallioviszeralkomplex) dagegen eine neue sekundäre Molluskenachse (Portmann; Abb. 145 Ac), die in schrägem Winkel zur ursprünglichen Protostomierachse liegt.

Andererseits sei nicht verschwiegen, daß verschiedene Biologen in den trochophoraähnlichen Larven konvergente, in Anpassung ans Planktonmilieu unabhängig voneinander entstandene Bildungen sehen wollen.

Dagegen wird allgemein der rekapitulative Charakter der Ascidien-Larve anerkannt, die in einer kurzen Periode vor der Deviation zum infolge Sessilität stark abgewandelten

Abb. 144. Dokumente zur Rekapitulationsidee, dargestellt an der Anlage von primärem und sekundärem Kiefergelenk beim Menschen **(a)** bzw. anhand der sich in ihrer äußeren bzw. inneren Anatomie stark entsprechenden frühen Entwicklungsstadien von verschiedenen Wirbeltierklassen **(b)**.
a zeigt, daß auch bei *Homo* (Embryo von 62 mm Scheitel-Steißlänge) sich das Articulare erst sekundär aus dem Verband des primären Kiefergelenkes löst und sich dann im Bereich des Mittelohrs zum Malleus (Hammer) transformiert. Vgl. hierzu auch Abb. 105 b. Man beachte bei **b** u. a. die übereinstimmenden Anlagen der Extremitäten und von Branchialbögen und Kiemenspalten bzw. -taschen, die einander stark ähnlichen Schlundbogengefäße und die auch bei Tetrapoden erfolgende temporäre Rekapitulation des rein venösen Herzens der Fischstufe. Vgl. auch Abb. 107 h + i.

Akn	Armknospe
Bkn	Beinknospe
Brb	Branchialbogen (Kiemenbogen)
dAo	dorsale Aorta
Den	Dentale
Fkn	Flügelknospe
Hbl	Herzbulbus
Inc	Incus (Amboß)
Mal	Malleus (Hammer)
MeKn	Meckelscher Knorpel
pKG	primäres Kiefergelenk
Pht	Pharyngealtasche (Branchialtasche)
Sch	Schwanz
Sbgef	Schlundbogengefäße [primär in
(I–VI)	Sechszahl (I–VI)] vorhanden
sKG	sekundäres Kiefergelenk
Sta	Stapes (Steigbügel)
Squa	Squamosum
Ty	Tympanicum
veAo	ventrale Aorta
Vt	Ventrikel (Herzkammer)
III	3. Bögen, bilden die Carotiden (Kopfarterien)
IV	4. Bögen, bilden die primär paarigen Wurzeln der Aorten
VI	6. Bögen, bilden die Lungenarterien

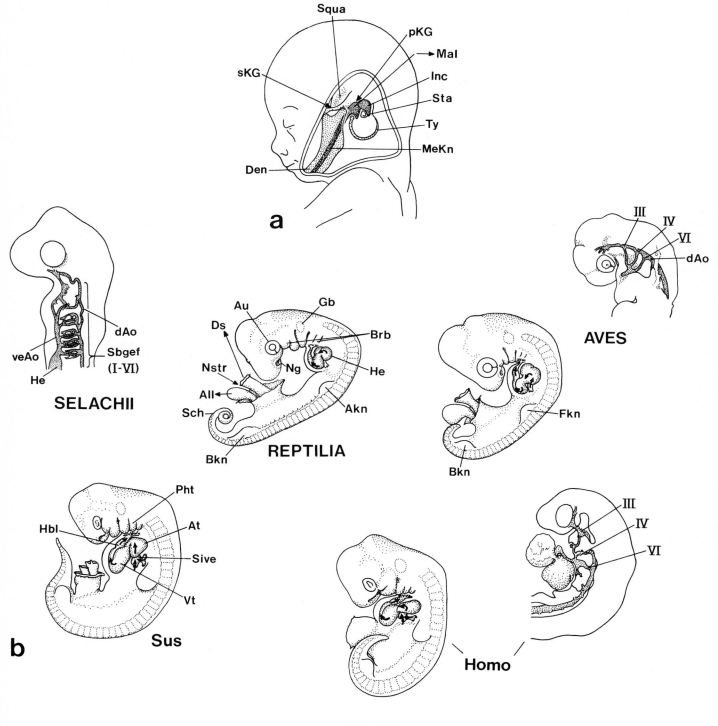

a

Squa
pKG
→ Mal
sKG
Inc
Sta
Ty
MeKn
Den

SELACHII

veAo
He
dAo
Sbgef
(I-VI)

REPTILIA

Ds →
Au
Gb
Brb
Nstr
Ng
He
All →
Sch
Akn
Bkn

AVES

III
IV
VI
dAo

Fkn
Bkn

b

Hbl
Pht
At
Sive
Vt

Sus

Homo

III
IV
VI

MAMMALIA

Seescheiden-Bauplan urtümliche **Chordaten-Merkmale** (Abb. 12 h–k) wiederholt.

Im Verlauf der Entwicklung der höheren Wirbeltiere – ihre frühen Entwicklungsstadien sehen einander sehr ähnlich und divergieren im Verlauf ihrer weiteren klassenspezifischen Weise immer mehr (Abb. 144 b) – rekapitulieren zahlreiche Organ-Anlagen noch ursprüngliche Verhältnisse. Man denke an die embryonal noch nachweisbaren **Kiementaschen** der Amniota, an das bei Tetrapoden zuerst rein **venöse „Fischherz"** (Abb. 108 a) oder die anfänglich „fischartig" metameren **Schlundbogen-Gefäße** bei den Amnioten (Abb. 109 d + e) sowie die bei Bartenwalen noch angelegten Zahnleisten.

Die in der allgemein bekannten **Reichert-Gauppschen Theorie** behandelte Verlagerung des primären Kiefergelenkes (= Quadratum-Articulare-Gelenk) ins Mittelohr zur Bildung der Mittelohrknochen der Säuger (Incus und Malleus) basiert u.a. auch auf ontogenetischen Fakten; es läßt sich zeigen, wie der Malleus (Hammer) als Articulare in Form eines Gelenkteils des primären Unterkiefers (= Meckelscher Knorpel) angelegt wird (Abb. 105 b und 144 a) und sich erst nachträglich von diesem löst. Auch fungiert bei Beuteljungen von Marsupialiern das primäre Kiefergelenk vorerst als Kiefergelenk beim Milchsaugen; das spätere sekundäre Kiefergelenk (Dentale-Squamosum) ist in diesem Zustand noch nicht ausgebildet.

Die *Bewertung der Aussagekraft* von ontogenetischen Rekapitulationen für phylogenetische Fragestellungen variiert. Vielleicht wurde sie zu Haeckels Zeiten etwas überbewertet; andererseits negiert heute die Gutmannsche Schule das biogenetische Grundgesetz komplett.

Unseres Erachtens erweist sich die Rekapitulationsidee aber nach wie vor als ein für den Phylogenetiker wertvolles Instrument, sofern dabei nicht nur einzelne isolierte Stadien bzw. Merkmale, sondern ganze Entwicklungsabläufe verglichen werden. Schon Hatschek hatte 1880 postuliert, daß die Ontogenese als „Formenreihe" und nicht am einzelnen Entwicklungsstadium zu untersuchen sei.

Als Beispiel für eine gefährliche, d.h. zu wenige Merkmale berücksichtigende Analyse sei die unlängst vertretene, auf den Urkeimzellenverhältnissen (vgl. Abb. 30) basierende Annahme von zwei Wirbeltierlinien zitiert, die von den Urodelen zu den Mammaliern bzw. von den Anuren zu den Vögeln sich entwickelt hätten.

15.4 Ontogenie und Homologie bzw. Analogie

Der für den Phylogenetiker beim Vergleich von Adultstadien so wichtige *allgemeine Homologiebegriff* basiert auf verschiedenen Kriterien (vgl. Remane). Zu den **Kriterien der Lage** (gleiche Lage in vergleichbaren Gefügesystemen) und der **spezifischen Qualität** (die spezifische Qualität der Struktur ohne Rücksicht auf deren Lage erwägend) tritt das Kriterium der **Kontinuität**. Es fordert systematisch oder embryonal nachweisbare Übergänge von Strukturen und ist damit oft auf die Mitarbeit des vergleichenden Embryologen angewiesen. Es sei aber betont, daß eine Homologie nicht unbedingt auf einer gleichen Entstehung basieren muß. Die Keimblattsonderung [z.B. die Mesodermablösung bei *Viviparus* (Abb. 71 g und 83 i)] oder sogar die ganze Entwicklung (Cephalopoden; vgl. unten) können in kaenogenetischer Weise innerhalb einer systematischen Einheit extrem abgewandelt sein.

Der Embryologe hat anläßlich seines phylogenetisch ausgerichteten Einsatzes jeweils eine subtile Abstimmung auf den Einzelfall durchzuführen. Es wird ihm dann oft gelingen, an geeigneten Beispielen durch den Nachweis von Rekapitulationen überzeugende Argumente vorzubringen, wie z.B. hinsichtlich der Anneliden-Mollusken-Verwandtschaft (Abb. 145 A) oder dem Spiralier-Konzept, beim Vergleich der holo- und meroblastischen Wirbeltier-Gastrulation (Abb. 3 Ab + d), beim Aufzeigen des sukzessiven Dotterverlustes innerhalb der Gruppe der Säuger (Abb. 54) und eventuell bei der Zurückführung der Larvalsegmente der Anneliden auf die Deutometameren der Archicoelomaten im Sinne von Remane und Ivanov (vgl. Abb. 61, 67 B und 84 c).

Andererseits gibt es auch Fälle, wo der Embryologe dem Phylogenetiker nicht oder kaum helfen kann. So erweist sich die ursprüngliche Protostomierdefinition angesichts der großen Variabilität im Ablauf des Urmundverschlusses (vgl. Abb. 70 d–h) als phylogenetisch unzureichendes Kriterium. Auch ist die Entwicklung der meroblastisch sich furchenden Cephalopoden infolge zahlreicher Kaenogenesen ontogenetisch ohne Rekapitulation weitgehend von den Ontogenesen der spiralig sich segmentierenden Weichtieren gesondert (Tabelle 87 und Abb. 145 C); erst nach Etablierung der Körpergrundgestalt treten wieder vergleichbare Verhältnisse auf. Andererseits könnte die erst sekundäre Umwachsung des Mundkegels durch den Armkranz der Tintenfisch-Embryonen eine Rekapitulation jener phylogenetischen Abläufe sein, die einst den ursprünglich in gastropodenähnlicher Weise außerhalb des Fußes gelegenen Mund in das Zentrum des Cephalopodenfußes verlagert haben (Abb. 145 B). Freilich könnte man in der Mundsituation des Tintenfischembryos auch eine durch den äußeren und inneren Dottersack sowie den Dottersackstiel bedingte kaenogenetische Anpassung sehen.

Schließlich sei darauf hingewiesen, daß bei reinen Ontogenesevergleichen auch *spezifisch entwicklungsgeschichtliche Homologiekriterien* angewendet werden können. Dabei muß offen bleiben, inwieweit die Homologie in der Gestalt (Phaenotypus) auf eine Homologie im Genom (= Genotypus) zurückführbar ist. Es lassen sich allgemeine Homologien für grundlegende Entwicklungsprozesse bzw. Bildungen sowie spezielle Homologien für Detailfragestellungen anwenden.

Tabelle 87. Die wichtigsten Entwicklungsunterschiede zwischen den spiralig sich furchenden Mollusken und den Tintenfischen. (Aus Fioroni 1982a)

	Spialiertyp der Mollusken	Cephalopoden
Eizellgröße und Dottergehalt	oft klein, eher dotterarm	oft groß, dotterreich
Eizelldurchmesser (in μm)	40 *(Tapes)* bis 1700 *(Fulgur)*	600:800 *(Argonauta)* bis 9500:17000 *(Octopus bimaculoides)*
Furchung	holoblastisch, total (Abb. 49c, h–m und 145Ca)	meroblastisch, partiell (Abb. 45h, 52c und 145Cd)
Zellstammbaum	meist genau verfolgbar	höchstens frühembryonal verfolgbar
Bildung der Körpergrundgestalt	meist Invagination oder Epibolie (Abb. 82, 83h–p und 145Cb)	komplexe, „kryptomere", mehrphasige Gastrulation (Abb. 89 und 145Ce)
Entoderm	Mit Ausnahme der gelegentlich bei Prosobranchiern auftretenden transitorischen Dottermakromeren durchwegs organogenetisches Entoderm; einphasige Ablösung	Aufgeteilt in ein frühembryonal gesondertes, rein transitorisches Dottersyncytium und ein erst spätembryonal in Form der Entodermspange gesondertes organogenetisches Entoderm (Abb. 89i + k); mehrphasige Ablösung
Mesoderm	Entomesoderm aus 2 Urmesodermzellen, welche die meist wenigzellige Mesodermanlage bilden (Abb. 83k und 145Ab); zusätzliches Ectomesenchym aus den Micromerenkränzen 2 und 3; zweiphasige Mesodermablösung	Aus dem zusammenhängenden Randwulst (aus Keimscheibenrand immigriert) wird die relativ umfangreiche Mesodermanlage gebildet (Abb. 89g und 145Ce); einphasige Mesodermablösung
Verhältnis Topogenese – Histogenese	Histogenese oft schon früh während der Topogenese einsetzend (Abb. 98a und b)	Topogenese geht der Histogenese voran (Abb. 98c–e)
Körper-Symmetrie	Spiralfurchung mit lange radiärsymmetrischen Zügen Adulttier in primärer Protostomier-Achse auswachsend („Amphineuren") bzw. mit Retroflexion (viele „Conchiferen") in sekundärer Molluskenachse (Abb. 145Ac); bei Gastropoden mit zusätzlicher Torsion (Schalenwindung) und z.T. Chiastoneurie	z.T. bereits ab dem ungefurchten Ei schon stark bilateralsymmetrische Züge, Adulttier bilateralsymmetrisch mit durch Auswachsen in der sekundären Molluskenachse sehr ausgeprägter Retroflexion (vgl. Abb. 145Bb)
Embryonale Nährstoffe	Zellularisierter eigener Dotter (Protolecith), z.T. durch extraembryonale Nährstoffe ergänzt: Eiklar [perivitelline Flüssigkeit (vgl. Abb. 133c–i)], Nähreier (vgl. Abb. 132e–h), retardierte Embryonen, Wirtsgewebe	Ausschließlich unzellularisierter Protolecith im äußeren und inneren Dottersack (Abb. 134)
Entwicklungstyp	Stets indirekt mit Larven und oft komplizierter intra- oder extrakapsulärer Metamorphose (Abb. 122–124 sowie 139)	Indirekt mit Embryo mit transitorischen Anhangsorganen (Dottersack) (benthonischer Entwicklungstyp) bzw. mit Larve (wenige transitorische Organe) (planktontischer Entwicklungstyp) (Abb. 125 und 130c–h sowie 139)

Kinetische Homologien bezeichnen identische Bewegungsabläufe, die sich sekundär freilich durch Mehrphasigkeit (vgl. Tabelle 1 und z. B. Abb. 67 und 68) komplizieren können. **Final-topologische Homologien** (Anlage-Topologien) gelten für eine identische Einordnung der Lage in vergleichbaren Gefügesystemen. Sie können auch für differierende Strukturen gelten, sofern sich zwischen ihnen ontogenetische Übergänge herleiten lassen. **Funktionelle Homologien** basieren auf der Bezugsetzung der embryonalen Zustände von Organen bzw. Entwicklungsstadien zu den entsprechenden Adulttierverhältnissen. Sie ermöglichen oft die Herleitung der prospektiven Bedeutung sowie der spezifischen Qualität der betreffenden Strukturen.

In kleinerem Rahmen lassen sich häufig mit all diesen Kriterien vereinbare Entwicklungs-Homologien nachweisen. Dagegen ergeben sich bei Prüfung von umfangreicheren entwicklungsgeschichtlichen Begriffen oft Schwierigkeiten, die zur Beschränkung auf eine der Kategorien zwingen. So ist die Keimblattbildung ein allgemein kinetischer Segregationsprozeß; dagegen lassen sich sowohl in morphologischem Ablauf als auch in der Schichtenfolge der zudem teilweise mehrpha-

sigen Gastrulationen so viele Unterschiede feststellen, daß des öfteren weitere Homologien nicht aufzustellen sind. Schließlich gibt es u. E. über sämtliche drei Homologiekriterien hinausgehende Begriffe, wie z. B. Metamerisierung (Segmentierung), Delamination usw.

Wie früher schon angedeutet, finden sich darüber hinaus **ontogenetische Konvergenzen (= Analogien);** sie sind Funktion von bei verschiedenen Tiergruppen gleichartig erfolgten, aber auf unterschiedlichen Prinzipien beruhenden Anpassungen an die „inneren", einer „embryonalen Eigengesetzlichkeit" unterliegenden Entwicklungsbedingungen. Der Begriff der **ontogenetischen Divergenz** ist nur sinnvoll, wenn er bei nahe verwandten, durch ähnliche Adultstrukturen ausgezeichneten Formen angewendet wird. Dann freilich bildet er ein aussagekräftiges Kriterium zur Feststellung des Umfangs von Kaenogenesen bzw. von kaenogenetischen Präadaptationen, welche die Möglichkeit zu weiteren evolutiven Abwandlungen in sich bergen.

Wohl bei jedem Vergleich von Ontogenesen lassen sich Homologien, Analogien und Differenzen nachweisen; diese Tatsache läßt die phylogenetisch orientierte Entwicklungsfor-

Abb. 145. Rekapitulationen bzw. Divergenzen in der Molluskenentwicklung.

A Rekapitulation und anschließende Deviation in der Entwicklung von Prosobranchiern (**a–c**) und Polychaeten (**d–f**) (stark schematisiert). Die Entwicklung verläuft von der Spiralfurchung [**a, d** (Ansicht auf den animalen Pol)] mit vergleichbarer Bildungsleistung der Blastomeren und Ausbildung des „Kreuzes der Mollusken" bzw. des „Kreuzes der Anneliden" (vgl. Abb. 49 d–i) bis zur Gastrulation sehr ähnlich. Im Stadium der anfänglich nur wenig differierenden Frühlarven setzt dann die Deviation ein, indem die Trochophora (**e**) bzw. der Praeveliger (**b**) (beide in Lateralansicht) bald die stammesspezifischen Merkmale anlegen, die sich während des weiteren Auswachsens [**f** bzw. **c** (von lateral)] noch verstärken (vgl. S. 392).
B Rekapitulation von Vorfahrenzuständen in der rezenten Cephalopoden-Ontogenese (alles Totalansichten): **a, b** Versuch der Ableitung des ectocochleaten Urcephalopoden (**b**) vom Molluskengrundtyp (**a**) (beide von lateral) entsprechend den Naefschen Vorstellungen. Die dabei notwendige Verlagerung des Mundkegels ins Zentrum des Armkranzes, der mit den Epipodialtentakeln der

Urform verglichen wird, wird in jeder Tintenfischentwicklung durch die sekundäre Umwachsung des Mundkegels durch die Armkanten rekapituliert [**c**: von der physiologischen Dorsalseite (= Mundseite) her gesehen; **d**: von cephal her gesehen].
C Sonderstellung der Cephalopodenentwicklung (**d–f**) gegenüber der Ontogenese der spiralig sich furchenden Mollusken [dargestellt am Prosobranchier-Beispiel (**a–c**) (schematische Sagittalschnitte)]: **a, d** Furchungsstadien (Zweizellstadium): **a** nach totaler Furchung; **d** nach discoidaler Segmentierung; **b, e** Gastrulationsstadien: **b** epibolische Umwachsungsgastrula; **e** „cryptomere Gastrulation" unter frühzeitiger Sonderung des transitorischen Entoderms (= Dottersyncytium) und Ausbildung eines den ungefurchten Dotter enthaltenden Dottersackes; **c, f** Keime mit etablierter Körpergrundgestalt: **c** Praeveliger; **f** Tintenfischembryo mit innerem und äußerem Dottersack. Man beachte, daß bei **f** die animal-vegetative Eiachse durch die Schalendrüse und den Dottersack zieht und die Kopfanlage seitlich und kreisförmig dem äußeren Dottersack aufliegt, während bei **c** die Eiachse durch die prospektive Kopfregion austritt.

Af	Augenfühler
aRze	apikale Rosettenzellen
ceR	cephale Region
Ck(met)	metamere Coelomkammern
D_1	zellularisierter, mitgefurchter Dotter
D_2	azellulärer, nicht gefurchter Dotter
DA	Dorsalarm
De	Dotterepithel
DsSt	Dottersackstiel
Ept	Epipodialtentakel
IZe	Intermediärzellen
Kze	Kreuzzellen
Mc	Musculus columellaris (Schalenretraktor)
Me(met)	Mesoderm (metamerisiert)
Me(wz)	wenigzellige Mesodermanlage
Muk	Mundkegel
$Ns_{(1)}$	ganglionäres Nervensystem
$Ns_{(2)}$	Strickleiternervensystem
pPA	primäre Protostomieachse
pTrb	primäre Trochoblasten
S_1	Außenschale
S_2	Innenschale
Sh	Schirmhaut
SiaDs	Sinus des äußeren Dottersackes
sMA	sekundäre Molluskenachse
Ss	Schalensack
v	vegetativer Pol der Eiachse

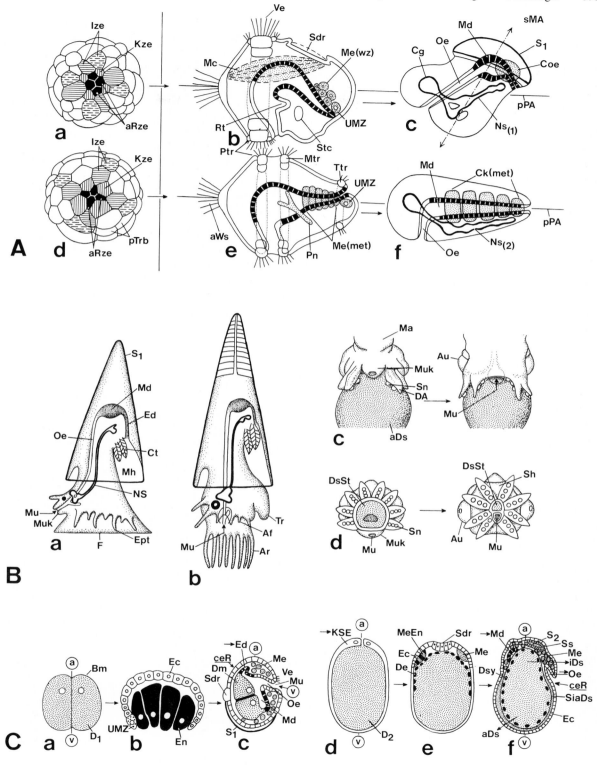

schung zwar nicht als leichter, aber dafür als um so anziehender erscheinen.

Abschließend sei festgestellt, daß die vergleichende Embryologie zur Lösung phylogenetischer Fragen über viel **mehr Detailwissen** als bisher verfügen muß, das u.a. die Entwicklungsgänge von phylogenetischen „Schlüsselfiguren" wie z.B. die Tardigraden, *Nautilus* und *Neopilina* einschließen sollte.

Der Autor freut sich besonders, daß im Moment des Erscheinens seines Buches dank Arnold erstmals über erste Ergebnisse zur Entwicklung des Perlbootes verfügt werden kann.

Es ist absolut unzulässig – obwohl dies sehr oft gemacht wird – aufgrund einer bekannten Ontogenese anzunehmen, daß diese für die ganze Gruppe charakteristisch sei. Deshalb ist noch sehr viel intensive Arbeit an Einzelentwicklungen als Basis einer ausgeweiteten vergleichenden deskriptiven Embryologie nötig.

Diese ist als biologischer Wissenschaftszweig nach wie vor voll berechtigt; es ist zu hoffen, daß die vergleichende Entwicklungsgeschichte, deren Blütezeit nach der pessimistischen Meinung Siewings um die Jahrhundertwende erloschen ist, eine neue Blüte erleben möge!

Tabelle 88. Aufteilung der Abbildungen auf die einzelnen Tiergruppen und die verschiedenen Entwicklungsabschnitte und -funktionen. Die Aufteilung hilft dem Betrachter, die Ontogenesen einzelner Taxa in zeitlicher Folge bildmäßig erfassen zu können

	Fortpflanzung, Keimbahn, Progenese	Blastogenese	Bildung der Körpergrundgestalt	Organogenese	Larven, Metamorphose, Entwicklungstypen	Embryonale Ernährung	Weiteres (u.a. Entwicklungsphysiologie)
Allgemeine Übersichten	7, 16, 24, 25, 27, 28–30 und 32–41	43–45 und 56–62	10 und 64–71	5, 10, 98, 99, 104 und 141	15, 27, 112 und 143	127 und 135	1–5, 13, 14, 17–22 und 141–145
Protozoa	23						
Parazoa	24g, 34m und 39o	43/6	9B, 69a–e und 72B		112a+k und 114a–e	132a	9B
Cnidaria	24a–f, 26, 27a–d und 34i	43/1–5, 45a, 46a+d, 50c, 51e+f und 56c	73 und 74	74g+h	112b und 114f–u	127c–f	13c–e
Acnidaria		45d					
Tentaculata	24i–p, 25n+o und 27e	43/7+19, 49a und 55a–c	76p–t	76s	15a, 112l–n und 115a–n		
Chaetognatha	29a–c und 39q	29b und 43/15	29c und 76u				
Echinodermata (außer Echinoidea)	24h und 38b	43/8, 45a und 46b	3Aa, 67Aa+b und 76b–g		116a–e, g–r		
Echinoidea	31a, 32c, 40A und 41a–g	3Aa, 43/9 und 46c	3Aa, 17, 67Ac, 75, 76a und 97k	75d–g	15b, 75e–g, 116f und 141a		17 und 141a
Hemichordata	24q–s, 31d und 38b		76h–o und 103g+h	103g+h	115o–s		
Pogonophora		55d	76v				
Plathelminthes	25a, 27f+g und 37Ae	43/31, 49o und 56d			117a–g	132b–d	13a+b
Nemertini		43/10	71d		15c+d, 112c, 117h und 141b	132e	141b
Nemathelminthes	29d–g, l+m, 33b+c, 34g+n und 40B	43/12+26 und 55e–g	29g, 64a und 71e	71e	117i		64a
Kamptozoa		43/32			117o–q		
Priapulida					117n		
Annelida	25b–d, 31e, 34a+o und 41h–t	43/11, 20, 27, 33+34, 45b, 49b, f, g, n+p, 57 und 145Aa	2a, 64b–f, 67B, 71a+f, 83a–g, 84 und 145Ae+f	71f, 83e–g, 84c+d und 142a+b	112d und 118	133a+b	2a, 64b–f, 142a+b und 145Ad–f

Tabelle 88 (Fortsetzung)

	Fortpflanzung, Keimbahn, Progenese	Blastogenese	Bildung der Körpergrundgestalt	Organogenese	Larven, Metamorphose, Entwicklungstypen	Embryonale Ernährung	Weiteres (u.a. Entwicklungsphysiologie)
Echiurida		49e			117 l		
Sipunculida		49d			117k		
Myzostomida	39p	57			117m		
Protarthropoda		43/16, 48a, g+h und 51a	71b, 85h und 87 l	142c	119a	127 und 135b-d	142c
Arthropoda							
Crustacea	27h, 29h-k, 31c, 33a, d-f, 38b und 39b	43/18, 48b-e, 51b+g und 62B	29k, 68, 71c und 85a-g	85d+f und 142d	112o, 121 und 143d-g	68, 85a-d+g, 127g-i, 128 und 129	142d und 143d-g
Chelicerata	27k und 39a, c+d	43/22, 48f, 51h+i und 52a+b	87f-k, 88a-e und 141c	87h-k	119c+d	134a-c und 135e-k	11f+g und 141c
Insecta	16g, 25m, 27i, 29n-s, 31f, 32b, 34d-f, 36a-d und 39e-i	45k, 51c, d+k und 56f-i	21, 86, 87a-e und 141d	8, 86e-n, 103a-d, 110a+b und 142e+f	2i, 15e, 16i+k, 22a+b, 112e, 119f+g und 120	134g und 135 l-o	11a-e, 21, 22a+b, 141d und 142e+f
andere Gruppen	32a	43/17			119b+e		
Mollusca							
Gastropoda	33g-n, 34 l, 35a, 36e-g, 38b und 42B	2b-d, 43/29, 45b, e-g, 49c, i-m, 56a, 57, 58, 59, 62Ab, 63B, 69f, 145Aa und 145Ca	69f+g, 71g, 82d-i, l+m, o, q-s, u-w, 83h+i, 145Ab+c und 145Cb+c	1C, 5A a+b, 20e-g, 71g, 98a+b, 103e+f und 113a-h	112h, 113a-h, 123, 124, 139 und 143a-c	59, 71g, 112h, 123b-d+k 124f-m, 127m+h, 132f-n, 133c-i, 134d und 140a+b	12d-g, 20c-g, 143a-c und 145Aa-c und Ca-c
andere Spiralier	31b und 38b	43/13, 21, 28, 45b, 49h, 56b und 57	82a-c, k, n, p+t und 83k-p	113i	113i, 122 und 139	127k+l, 134e+f und 140c	
Cephalopoda	34h, 36h-l, 38b und 39k-m	44a, 45h, 52c, 62Aa und 145Cd	69h+i, 89, 145B und 145Ce+f	1A, 5Ac+d, 20h, 89i+k, 98c-e, 99g-m, 100 l-n und 104f-i	125 und 139	89, 130 und 140d	12a+b, 20h und 145B+Cd-f
Acrania		43/14, 45c und 50a	65c+d, 81a-h und 101d	81g-k und 101d			65c+d
Tunicata	25e-l	2e, 43/30+35, 44b, 45c, 50b, 52d, 56e und 63A	20a-d, 65a+b, 88f-i und 101c	101c	12h-k und 112g	135a	2e, 20a-d und 65a+b
Vertebrata: Allgemeines	31m+n und 38a		79 und 144	6B, 79, 99a-f, 101a+b, 105, 110g-k, 111 und 144			22c

Tabelle 88 (Fortsetzung)

	Fortpflanzung, Keimbahn, Progenese	Blastogenese	Bildung der Körpergrundgestalt	Organogenese	Larven, Metamorphose, Entwicklungstypen	Embryonale Ernährung	Weiteres (u. a. Entwicklungsphysiologie)
Cyclostomata	36o	43/23	65e+f				65e+f
Chondrichthyes	36p–r	44c, 53c und 127a+b	2f, 66a und 90g–l	144a		127a+b, 131b+g und 136a+b	2f, 66a und 144b
Osteichthyes	32d und 36m+n	3Ad, 43/24, 44d–f, 45i, 47, 53a+b und 62C	3Ad+Cb, 66b+c, 90a–f, m+n und 101e+f	101e+f	126a–g	131a, b, d–f und 136c–h	3Cb und 66b+c
Amphibia: Allgemeines	35b	3Ab und 62C	3Ab+Ba, 4, 9A, 18A, 80 und 97a–i, l–o	18B, 19, 79, 80, 106a+b und 110g–k			4, 9A, 14B, 18, 19 und 97l–o
Urodela	16f, 27l–o, 30g+h, 32e+f und 39n	47 und 62C	2g, 4a, 65i–l, 77a–c+i, 78A und 97a–c+h		126h–k		2g, 4a, 14A, C+D, 65i–l, 78A und 97a–c
Anura	30a–f, 34b, 35c, 36s, 42A und 63C	1Ba, 42A, 43/25, 47, 62C und 63C	3Ab+Ca, 65g+h, 77d–h+k und 78B	1Bc, 104a–e, 107a–c, 108 und 110c–f	1Bb, 22c+d, 77g+h, 112f und 126l–q	108a	3Ca, 22c+d, 65g+h und 78Ba–d, h+i
Gymnophiona		44g und 62C	90o		126r		
Reptilia		44h	66d und 91a–d	100a+b, 107i, 141e–g und 144b		136i und 141e–g	66d, 141e–g und 144b
Aves	30i–m, 31g, 32g+h und 37B	44i und 53d	3Bb+Cc, 66e+f, 91e–i und 92	2h, 92, 93, 100g–k, 102a–d, 106c+m, 107i, 109, 110l–o, 141e–g und 144b		92, 93, 109a–c, 131h+i und 141e–g	3Cc, 66e+f, 141e–g und 144b
Mammalia	6A, 30n–p, 31h–l, 32i–n, 34c+k, 35d und 41u–w	3Ac, 44k–m, 53e+f und 54	3c, 94, 95I, 96, 134h und 141h+i	6C, 107d–h und 144a+b		94, 95I, 96, 112i, 127o–q, 134h, 136k, 137 und 138A	141h+c und 144b
Homo	32n		95II	5B, 100c–f, 102e–h, 106d–l, 107k+l und 144a+b		95II und 138B	144a+b

Tabelle 89. Aufteilung der Textstellen auf die wichtigsten, in Embryologiepraktika meistens behandelten Tiergruppen und die verschiedenen Entwicklungsabschnitte und -funktionen. Die Aufteilung hilft dem Leser, die Ontogenese einzelner Taxa in zeitlicher Folge erfassen zu können. Hinweise auf Seitenzahlen sind in normaler Schrift gesetzt; kursive Zahlen geben die Nummern von Tabellen an.

	Fortpflanzung, Keimbahn, Progenese	Blastogenese	Bildung der Körpergrundgestalt	Organogenese	Larven, Metamorphose, Entwicklungstypen	embryonale Ernährung	Weiteres (u.a. Entwicklungsphysiologie)
Echinodermata (Echinoidea)	54, 102, 116, 121f., 124f.	131, 135, 141, 151, 173, 178	191ff., 199ff.	267, 271, 275, 277, 285, 314f.	19, 44, 289, 306f., 314f.		19, 31, 50, 53ff., 60, 81, 129f., 175, 386, 390
	40		*1D*				
Annelida (v.a. Polychaeta)	68, 87, 97, 102f., 116f., 125	141, 145ff., 162ff., 169	20f., 26, 184, 188, 193f., 214ff., 245	251, 262, 269, 274, 281	44, 293f., 296, 306ff., 320ff., 375	351, 354f.	42, 44, 54f., 75, 81, 175ff., 248, 286, 390, 392
	4		*1D, 5*				
Arthropoda Crustacea	72, 75, 86f., 94, 97f., 103f., 111, 118	145, 167, 169f., 173	188, 191, 217ff., 224ff., 245	251, 271, 274, 278, 281, 285	44, 66, 293ff., 306ff., 310, 322ff., 374f., 380	297, 339f., 344f., 348ff.	15, 39, 40, 54, 288, 311, 378, 380, 384, 389f.
		44	*1C, 6*		*1H, 66, 67, 71*	*73, 80*	
Insecta	26, 29, 74f., 86f., 94ff., 100, 102f., 108, 111, 113, 117f., 127	131, 151, 167f.	20f., 188, 218, 222ff.	184, 253, 256, 262, 271, 274f., 277, 281, 284f., 297	26, 44, 66ff., 295f., 306, 308, 322, 325ff.	339, 344, 353, 358, 360	19f., 24, 26, 32, 48ff., 52f., 55f., 61ff., 74, 122, 175, 179, 310, 386, 389
		44	*1A, 6, 55*			*73*	*23*
Mollusca Gastropoda	72, 97f., 100, 102, 108, 111ff., 116f., 122, 125, 127	135, 145ff., 160ff., 166f., 169, 173, 178	184, 188, 193, 214ff.	249, 262, 266, 271, 274, 278, 304	296f., 304, 307, 310, 330ff., 371, 374f., 378f.	162, 165, 351ff.	9, 15, 19, 36ff., 42, 48, 54, 56, 60, 70, 177, 311, 382ff., 390, 392
		45, 46	*1E, 1F, 58*		*1H, 9, 66, 67, 70, 82, 84*	*1G, 76, 77, 78*	*81, 83, 87*
Cephalopoda	24, 94, 100, 102, 105, 108, 111ff., 116, 118, 125	139ff., 153, 169	179, 188, 193, 226ff., 242, 245	249, 254ff., 262, 266f., 274, 278ff.	295, 297, 304, 330, 371, 374f., 380	345f.	15, 36, 60, 249, 382, 384, 392
		46	*1A*	*59*	*66*	*74, 75*	*87*
Tunicata Ascidiacea	102f., 111	135, 148ff., 167, 170, 178	184, 212	39, 184, 251, 256, 274f.	29, 289, 294, 297, 306, 332		15, 39, 42, 46, 60f., 75, 392
Acrania	127	148, 170	22, 191, 194, 212ff.	273f., 281, 285	310		
			5				
Vertebrata (Allgemeines)	101f., 105	156ff., 170ff.	22, 179ff., 180f., 183f., 192f., 229ff., 245	251ff., 256ff., 266ff., 274ff., 281ff.	289, 295, 304f., 373f.	345, 363f.	42, 47, 58ff., 179, 251, 288, 386, 389, 392
			54	*59*			
Chondrichthyes	111, 117, 127	156, 166, 173	188, 232, 242f.	267, 273, 284		340, 345f., 351, 363	
						74	

Tabelle 89 (Fortsetzung)

	Fortpflanzung, Keimbahn, Progenese	Blastogenese	Bildung der Körpergrundgestalt	Organogenese	Larven, Metamorphose, Entwicklungstypen	embryonale Ernährung	Weiteres (u.a. Entwicklungsphysiologie)
Osteichthyes (Teleostei)	72, 87, 98, 102, 109 ff., 114, 116 ff., 125	131, 135, 156, 169, 173	188, 193 f., 229 f., 242 f.	252, 266, 273, 284	295, 297, 306, 311 *66, 67*	345 f., 348, 362 f. *74*	19, 311
Amphibia (Anura, Urodela)	47, 54, 87, 90, 92, 97 f., 102 ff., 108 f., 111, 116, 118, 124 f., 129	131, 135, 143, 162, 167, 169, 173, 177 f.	29, 192 f., 202 ff., 243, 246 *48*	252 f., 266, 269, 271, 273, 275 ff., 281 f., 284	68, 294, 332 ff. *1H, 67*	340, 351, 358, 363	9 ff., 12 ff., 19, 30, 32, 40, 49 f., 53 f., 56, 58 ff., 72 ff., 122, 129, 175, 246 ff., 251 ff. *1G*
Aves (v.a. *Gallus*)	68, 88, 90, 97 f., 108 f., 111, 117, 127 *26/I, 32*	156 ff.	179, 184, 188, 234 ff., 248 *48*	29, 256, 260, 275, 277, 282	295, 373 f. *66*	345 f., 356 ff., 363 f. *74*	14 ff., 53, 60, 246, 286, 384
Mammalia (v.a. *Mus, Cavia*)	65 f., 87 f., 92, 98, 102, 108 ff., 111, 116, 118, 125 *26/II*	133 ff., 158 ff., 166, 173, 385 f.	193, 196, 236 ff., 243, 245 *56*	256, 271, 273, 282, 284	295, 297, 374 *66, 67*	339, 358, 364 ff.	15, 50, 52 ff., 69 f., 80, 122, 127, 175, 384 ff., 392
Homo	24, 87, 100, 102, 108, 117 *28*		193, 238, 243	260	374	370	9, 11, 69 f., 288 *60, 61*

16 Weiterführende Literatur

16.1 Alphabetisches Literaturverzeichnis

Diese nur die wichtigste Literatur erfassende Auflistung berücksichtigt vornehmlich Bücher; Zeitschriftenartikel sind nur dann aufgeführt, wenn entsprechende Publikationen in Buchform fehlen.

Aus Platzgründen werden nur in relativ wenigen Fällen einzelne Beiträge zitiert, die in von Herausgebern betreuten Büchern oder Buchreihen (vgl. unter Punkt 16.2.4) erschienen sind. Dasselbe gilt für embryologische Abschnitte in zoologischen Sammelwerken, wie z. B. im „Traité de Zoologie".

Leider mußte aus den gleichen Gründen weitgehend auf die Aufführung der älteren Literatur verzichtet werden.

Mit einem * versehene Literaturquellen sind vornehmlich deshalb zitiert, weil aus ihnen Abbildungsvorlagen (vgl. Kapitel 17) entstammen.

Abeloos M (1956) Les métamorphoses. Colin, Paris

Abercrombie M, Brachet S (Hrsg) (1961 ff.) Advances in morphogenesis. Academic Press, London New York

Adiyodi KG, Adiyodi RG (Hrsg) (1983a) Reproductive biology of invertebrates, Bd I. Oogenesis, oviposition and oosorption. Wiley, New York

Adiyodi KG, Adiyodi RG (Hrsg) (1983b) Reproductive biology of invertebrates, Bd II. Spermatogenesis and sperm function. Wiley, New York

Afzelius BA (Hrsg) (1975) The functional anatomy of the spermatozoon. Pergamon Press, Oxford New York

Anderson DT (1973) Embryology and phylogeny in annelids and Arthropoda. Pergamon Press, Oxford New York

*Ankel WE (1930) Die atypische Spermatogenese von *Janthina* (Prosobranchia, Ptenoglossa). Z Zellforsch Mikrosk Anat 11: 491–608

*Ankel WE (1936) Prosobranchia. Die Tierwelt der Nord- und Ostsee. IX b₁, Akad Verlagsges Geest & Portig, Leipzig

Apter MJ (1966) Cybernetics and development. Pergamon Press, Oxford New York

Arey LB (1974) Developmental anatomy. A textbook and laboratory manual of embryology, 7. Aufl. Saunders, Philadelphia London

Asdell SA (1967) Patterns of mammalian reproduction, 2. Aufl. Cornell Univ Press, Ithaca

Ashworth JM (1974) Zelldifferenzierung. Führer zur modernen Biologie. Fischer, Stuttgart

Austin CR (1961) The mammalian egg. Blackwell, Oxford

Austin CR (1965) Fertilization. Prentice-Hall, Englewood Cliffs

Austin CR (1968) Ultrastructure of fertilization. Holt, Rinehart and Winston, New York

Austin CR (Hrsg) (1973) The mammalian fetus in vitro. Chapman and Hall, London

*Austin CR (1974) Fertilization. In: Lash J, Whittaker JR (Hrsg) Concepts of development. Sinauer, Stamford, S 48–75

Austin CR, Short RV (Hrsg) (1972) Embryonic and fetal development. Cambridge Univ Press, Cambridge

Austin CR, Short RV (Hrsg) (1976–81) Fortpflanzungsbiologie der Säugetiere, 5 Bde. Parey, Berlin Hamburg

Avers J Ch (1976) Einführung in die Sexualbiologie. Fischer, Stuttgart

Bacetti B (Hrsg) (1970) Comparative spermatology. Academic Press, London New York

Bacetti B, Afzelius BA (1976) The biology of the sperm cell. Karger, Basel München

Baer KE von (1828) Über Entwicklungsgeschichte der Thiere. Bornträger, Königsberg (Neudruck 1967 Brüssel)

*Bakke T (1976) The early embryos of *Siboglinum fiordicum* Webb (Pogonophora) reared in the laboratory. Sarsia 60: 1–12

Balin H (Hrsg) (1972) Reproductive biology. Excerpta Medica, Amsterdam

*Balinsky BI (1970) An introduction to embryology, 3. Aufl. Saunders, Philadelphia London

Balinsky B, Fabian BC (1981) An introduction to embryology, 5. Aufl. Saunders, Philadelphia London

Ballard WW (1964) Comparative anatomy and embryology. Ronald Press, New York

Balls W, Bownes M (Hrsg) (1985) Metamorphosis. Br Soc Dev Biol Symp Clarendon Press, Oxford

Bandlow (1970) Philosophische Aspekte in der Entwicklungsphysiologie der Tiere. Fischer, Jena

Barry JM (1964) Molecular biology: genes and the chemical control of living cells. Prentice-Hall, Englewood Cliffs

Barth LG (1953) Embryology. Dryden, New York

Barth LG (1964) Development; selected topics. Addison-Wesley, Reading

Batt R (1979) Influences on animal growth and development. Arnold, London

Beatty RA (1957) Parthenogenesis and polyploidy in mammalian development. Cambridge Univ Press, Cambridge

*Beauchamp P de (1959) Archiannélides. In: Grassé P (Hrsg) Traité de zoologie, Bd V/1. Masson, Paris, S 197–223

*Beauchamp P de (1960) Classe des chétognathes (Chaetognatha). In: Grassé P (Hrsg) Traité de zoologie, Bd V/2. Masson, Paris, S 1500–1520

Beck F (1984) Human embryology: the development of structure and function, 2. Aufl. Blackwell, Oxford London

Beer GR de (1930) Embryology and evolution. Clarendon Press, Oxford

Beer G de (1958) Embryos and ancestors, 3. Aufl. Clarendon Press, Oxford

Beermann W, Gehring WJ, Gurdon JB, Kafatos FC, Reinert J (1968 ff.) Results and problems in cell differentiation. Springer, Berlin Heidelberg New York

Begley DJ, Firth JA, Hoult JRS (1980) Human reproduction and developmental biology. Macmillan, London

Behnke JA, Finch CE, Moment GB (1978) The biology of ageing. Plenum Press, New York London

Bellairs R (1971) Developmental processes in higher vertebrates. Logos Press, London

*Benesch R (1969) Zur Ontogenie and Morphologie von Artemia salina L. Zool Jahrb Anat 86: 307–458

Berking S (1981) Zur Rolle von Modellen in der Entwicklungsbiologie. Springer, Berlin Heidelberg New York

Berrill NJ (1961) Growth, development and pattern. Freeman, San Francisco

Berrill NJ (1971) Developmental biology. Mc Graw Hill, New York

Bertalanffy LV (1962) Modern theories of development. Harper and Row, New York

*Bertin L (1958a) Larves et métamorphoses. In: Grassé P (Hrsg) Traité de zoologie, Bd XIII/3. Masson, Paris, S 1813–1834

*Bertin L (1958b) Viviparité des téléostéens. In: Grassé P (Hrsg) Traité de zoologie, Bd XIII/2. Masson, Paris, S 1791–1812

*Bertin L (1958c) Sexualité et fécondation. In: Grassé P (Hrsg) Traité de zoologie, Bd XIII/2. Masson, Paris, S 1584–1652

Bielka H (1985) Molekularbiologie. Fischer, Stuttgart

Billett FS (1982) Egg structure and animal development. Arnold, London

Billett FS, Wild AE (1975) Practical studies of animal development. Chapmann and Hall, London

Blachwelder RE, Shepherd BA (1981) The diversity of animal reproduction. CRC Press Inc, Boca Raton

Blandau RJ (Hrsg) (1971) The biology of the blastocyst. Univ Chicago Press, Chicago London

Blechschmidt E (1968) Vom Ei zum Embryo. Die Gestaltungskraft des menschlichen Keims. Deutsche Verlagsanstalt, Stuttgart

Blechschmidt E (1973) Die pränatalen Organsysteme des Menschen. Hippokrates, Stuttgart

Blechschmidt E (1974) Humanembryologie. Prinzipien und Grundbegriffe. Hippokrates, Stuttgart

Blüm V (1985) Vergleichende Reproduktionsbiologie der Wirbeltiere. Springer, Berlin Heidelberg New York Toronto

Bodemer C (1968) Modern embryology. Holt, Rinehart and Winston, New York

Boenig H, Bertolini R (1971) Leitfaden der Entwicklungsgeschichte des Menschen. Thieme, Leipzig

Bonner JT (1952) Morphogenesis; an essay on development. Princeton Univ Press, Princeton

Bonner JT (1965) The molecular biology of development. Clarendon Press, Oxford

Bonner JT (1974) On development. Harvard Univ Press, Cambridge

Bonner JT (1982) Evolution and development. Rep Dahlem Workshop, Berlin Mai 1981. Springer, Berlin Heidelberg New York

Bonnet R, Peter K (1929) Lehrbuch der Entwicklungsgeschichte, 5. Aufl. Parey, Berlin

Botsch W (1965) Morsealphabet des Lebens. Grundlagen der Vererbung. Kosmos Francksche Verlagshandlung, Stuttgart

Boyle PR (Hrsg) (1983) Cephalopod life cycles, Bd I. Species accounts. Academic Press, London New York

Brachet A (1935) Traité d'embryologie des vertebrés, 2. Aufl. (überarbeitet von Dalcq A, Gérard P). Masson, Paris

Brachet J (1960) The biochemistry of development. Pergamon Press, Oxford

Brachet J, Alexandre H (1986) Introduction to molecular embryology, 2. Aufl. Springer, Berlin Heidelberg New York

Bresch C, Hausmann R (1972) Klassische und molekulare Genetik, 3. Aufl. Springer, Berlin Heidelberg New York

*Brien P (1937) La réorganisation de l'éponge après dissociation par infiltration et phénomènes d'involution chez Ephydatia fluviatilis. Arch Biol 48: 185–268

*Brien P (1948) Embranchement des tuniciers. In: Grassé P (Hrsg) Traité de zoologie, Bd XI. Masson, Paris, S 553–930

*Brien P (1959) Classe des endoproctes ou kamptozoaires. In: Grassé P (Hrsg) Traité de zoologie, Bd V/1. Masson, Paris, S 927–1007

*Brien P (1960) Classe des bryozoaires. In: Grassé P (Hrsg) Traité de zoologie, Bd V/2. Masson, Paris, S 1053–1379

Brien P (1966) Biologie de la réproduction animale. Blastogenèse, gamétogenèse, sexualisation. Masson, Paris

*Brien P (1967) Blastogenesis and morphogenesis. In: Abercrombie M, Brachet J, King Th J (Hrsg) Advances in morphogenesis, Bd 6, Academic Press, London New York, S 151–203

*Brien P (1973) Les démosponges. Morphologie et réproduction. In: Grassé P (Hrsg) Traité de zoologie, Bd III. Masson, Paris, S 133–461

Brodsky VY, Uryvaeva IV (1985) Genome multiplication in growth and development. Cambridge Univ Press, Cambridge

Brøndsted HV (1969) Planarian regeneration. Monogr Pure Appl Biol. Pergamon Press, Oxford

Brookbank JW (1978) Developmental biology: embryos, plants and regeneration. Harper & Row, New York

Browder LW (1980) Developmental biology. Saunders, Philadelphia London

*Bucher O (1965) Histologie und mikroskopische Anatomie des Menschen. Huber, Bern Stuttgart

*Budker P (1958) La viviparité chez les sélaciens. In: Grassé P (Hrsg) Traité de zoologie, Bd XIII/2. Masson, Paris, S 1755–1790

Burger M, Weber R (1982a) Embryonic development, Teil B. Cellular aspects. IX. Congr Int Soc Dev Biol, Basel 1981. Liss, New York

Burger M, Weber R (1982b) Embryonic development, Teil A. Genetic aspects. IX. Congr Int Soc Dev Biol, Basel 1981. Liss, New York

Busk AG de (1968) Molecular genetics. Macmillan, New York

Butler JA (1968) Genregulation in der lebenden Zelle. Das wissenschaftliche Taschenbuch. Goldmann, München

Calow P (1978) Life cycles. An evolutionary approach to the physiology of reproduction, development and ageing. Chapman and Hall, London

Chandebois R (1976a) Histogenesis and morphogenesis in planarian regeneration. Karger, Basel München

Chandebois R (1976b) Morphogénétique des animaux pluricellulaires. Maloine, Paris

Chandebois R (1983) Automation in animal development. A new theory derived from the concept of cell sociology. Monogr Dev Biol 16. Karger, Basel München

Chia FS, Rice ME (Hrsg) (1978) Settlement and metamorphosis of marine invertebrate larvae. Elsevier, Amsterdam New York

Child CM (1911) Die physiologische Isolation von Teilen des Organismus als Auslösungsfaktor der Bildung neuer Lebewesen und der Restitution. Engelmann, Leipzig

Child CM (1941) Patterns and problems of development. Univ Chicago Press, Chicago London

Cohen J (1967) Living embryos, an introduction to the study of animal development. Pergamon Press, Oxford New York

Cohen J (1977) Reproduction. Butterworths, London

Cohen J, Massey B (1984) Biology of animal reproduction. Stud Biol 163. Arnold, London

Comfort A (1964) Ageing: the biology of senescence. Holt, Rinehart and Winston, New York

Costello DP, Davidson EM, Eggers A, Fox MH, Henley C (1957) Methods for obtaining and handling marine eggs and embryos. Mar Biol Lab, Woods Hole

*Costlow JD (1968) Metamorphosis in crustaceans. In: Etkin W, Gilbert LI (Hrsg) Metamorphosis, a problem in developmental biology. Appleton-Century-Crofts, New York, S 3–41

*Cowden RR (1968) Cytological and cytochemical studies of oocyte development and development of the follicular epithelium in the squid, Loligo brevis. Acta Embryol Morphol Exp 10: 160–173

Cowen WM (Hrsg) (1981) Studies in developmental neurobiology. Essays in honour of Viktor Hamburger. Oxford Univ Press, New York

Cristofalo V (ed) (1985) CRC Handbook of cell Biology of aging. CRC Press Inc, Boca Raton

*Crofts DR (1955) Muscle morphogenesis in primitive gastropods and its relation to torsion. Proc Zool Soc London 125: 711–750

*Cuénot L (1948) Anatomie, éthologie et systématique des échinodermes. In: Grassé P (Hrsg) Traité de zoologie, Bd XI. Masson, Paris, S 3–275

*Cumin R (1972) Normentafel zur Organogenese von Limnaea stagnalis (Gastropoda, Pulmonata) mit besonderer Berücksichtigung der Mitteldarmdrüse. Rev Suisse Zool 79: 709–774

Curtis ASG (1967) The cell surface, its molecular role in morphogenesis. Academic Press, London, New York

Curtis J (1968) Altern, die biologischen Grundlagen. Fischer, Stuttgart

Czihak G (Hrsg) (1975) The sea urchin embryo. Biochemistry and morphogenesis. Springer, Berlin Heidelberg New York

Dalcq A (1941) L'oeuf et son dynamisme organisateur. Michel, Paris

Dalcq AM (1957) Introduction to general embryology. Oxford Univ Press, London New York

Dale B (1983) Fertilization in animals. Stud Biol 157. Arnold, London

Daniel JC (Hrsg) (1978) Methods in mammalian reproduction. Academic Press, London New York

Dantschakoff V (1941) Der Aufbau des Geschlechts beim höheren Wirbeltier. Fischer, Jena

Davenport R (1979) An outline of animal development Addison-Wesley, Reading

Davey KG (1965) Reproduction in the insects. Univ Rev Biol. Oliver and Boyd, Edinburgh London

Davidson EH (1976) Gene activity in early development, 2. Aufl. Academic Press, London New York

Davies DD, Balls M (Hrsg) (1971) Control mechanisms of differentiation and growth. Symp Soc Exp Biol 25. Cambridge Univ Press, Cambridge

Davies I (1983) Ageing. Arnolds, London

Dawydoff C (1928) Traité d'embryologie comparée des Invertebrés. Masson, Paris

*Dawydoff C (1948) Embryologie des échinodermes. In: Grassé P (Hrsg) Traité de zoologie, Bd XI. Masson, Paris, S 277–363

*Dawydoff C (1949) Développement embryonnaire des arachnides. In: Grassé P (Hrsg) Traité de zoologie, Bd VI. Masson, Paris, S 320–385

*Dawydoff C (1959) Ontogenèse des annélides. In: Grassé P (Hrsg) Traité de zoologie, Bd V/1. Masson, Paris, S 594–686

*Demian ES, Yousif F (1975) Embryonic development and organogenesis in the snail Marisa cornuarietis (Mesogastropoda: Ampullariidae). V. Development of the nervous system. Malacologia 15: 29–42

*Dent JN (1968) Survey of amphibian metamorphosis. In: Etkins W, Gilbert LI (Hrsg) Metamorphosis, a problem in developmental biology. Appleton-Century-Crofts, New York, S 271–311

Deuchar EM (1966) Biochemical aspects of amphibian development. Methuen, London

Deuchar EM (1975a) Xenopus: the South African clawed frog. Wiley, New York

Deuchar EM (1975b) Cellular interactions in animal development. Chapman and Hall, London

*Dohle W (1979) Vergleichende Entwicklungsgeschichte des Mesoderms bei Articulaten. In: Siewing R (Hrsg) Erlanger Symp Ontogenie Phylogenie. Parey, Hamburg Berlin, S 120–140

Downs LE (1968) Laboratory embryology of the frog. Brown, Dubuque, Jowa

Downs LE (1972) Laboratory embryology of the chick, 2. Aufl. Brown, Dubuque, Jowa

Duspiva F (1980) Das Problem der Determination und Differenzierung in der Biologie. Springer, Berlin Heidelberg New York

Duval M (1889) Atlas d'embryologie. Masson, Paris

Ebert JD (1967) Entwicklungsphysiologie. Moderne Biologie. BLV, München

Ebert JD, Okada TS (1979) Mechanisms of cell change. Wiley, London New York

Ebert JD, Sussex JM (1970) Interaction systems in development, 2. Aufl. Holt, Rinehart and Winston, New York

Ede DA (1981) Einführung in die Entwicklungsbiologie. Thieme, Stuttgart

Eichler VB (1978) Atlas of comparative embryology, a laboratory guide to invertebrate and vertebrate embryos. Mosby, St Louis

Elias H, Pauly JE, Severn CB (1974) Human embryology. Springer, Berlin Heidelberg New York

Emschermann R (1973) Entwicklung. Grundlagen – Erkenntnisse der tierischen Fortpflanzung und der Ontogenie. Studio Visuell. Herder, Freiburg

*Engelhardt W (1977) Was lebt in Tümpel, Bach und Weiher? 7. Aufl. Kosmos Franccksche Verlagshandlung, Stuttgart

Ephrussi B (1972) Hybridization of somatic cells. Oxford Univ Press, London New York

*Etkin W (1955) Metamorphosis. In: Willier BH, Weiss PA, Hamburger V (Hrsg) Analysis of development. Saunders, Philadelphia London

Etkin W, Gilbert LI (Hrsg) (1968) Metamorphosis a problem in developmental biology. Appleton-Century-Crofts, New York

Fautrez J (1967) Eléments d'embryologie causale. Gauthiers-Villars, Paris

*Fioroni P (1961) Zur Pigment- und Musterentwicklung bei squamaten Reptilien. Rev Suisse Zool 68: 727–874

Fioroni P (1970) Am Dotteraufschluß beteiligte Organe und Zelltypen bei höheren Krebsen; der Versuch zu einer einheitlichen Terminologie. Zool Jahrb Anat 87: 481–522

Fioroni P (1973a) Einführung in die Embryologie. Moderne Biologie. BLV, München

Fioroni P (1973b) Zur Klassifizierung tierlicher Ontogenesen. Verh Naturforsch Ges Basel 83: 161–190

*Fioroni P (1974) Zur Entstehung des Dotterepithels bei verschiedenen Octopoden-Arten (Mollusca, Cephalopoda). Rev Suisse Zool 81: 813–837

*Fioroni P (1977a) Zum Bau der Gonangien von Corydendrium parasiticum L., zugleich ein Beitrag zur Terminologie des Generationswechsels. Verh Naturforsch Ges Basel 86: 193–206

Fioroni P (1977b) Zur peripheren Eiklaraufnahme bei Gastropoden und ihrer allgemein-embryologischen Bedeutung. Zool Jahrb Anat 98: 181–202

Fioroni P (1977c) Probleme und Ergebnisse der Entwicklungsbiologie der Mollusken. Verh Dtsch Zool Ges 70: 216–228

Fioroni P (1978) Cephalopoda, Tintenfische. In: Seidel F (Hrsg) Morphogenese der Tiere. Lieferung 2: G_5–I. Fischer, Jena

*Fioroni P (1979a) Phylogenetische Abänderungen der Gastrula bei Mollusken. In: Siewing R (Hrsg) Erlanger Symp für Ontogenie und Evolutionsforschung: Ontogenie und Phylogenie. Parey, Hamburg Berlin, S 82–100

Fioroni P (1979b) Abänderungen des Gastrulationsverlaufs und ihre phylogenetische Bedeutung. In: Siewing R (Hrsg) Erlanger Symp Ontogenie Evolutionsforsch: Ontogenie und Phylogenie. Parey, Hamburg Berlin, S 100–119

*Fioroni P (1979c) Zur Struktur der Pollappen und der Dottermakromeren – eine vergleichende Übersicht. Zool Jahrb Anat 102: 395–430

Fioroni P (1980a) Zur Signifikanz des Blastoporus-Verhaltens in evolutiver Hinsicht. Rev Suisse Zool 87: 261–272

*Fioroni P (1980b) Ontogenie – Phylogenie. Eine Stellungnahme zu einigen neuen entwicklungsgeschichtlichen Theorien. Z Zool Syst Evolutionsforsch 18: 90–103

*Fioroni P (1981) Die Sonderstellung der Sepioliden, ein Vergleich der Ordnungen der rezenten Cephalopoden. Zool Jahrb Syst 108: 178–228

Fioroni P (1982a) Allgemeine Aspekte der Mollusken-Entwicklung. Zool Jahrb Anat 107: 85–121

*Fioroni P (1982b) Entwicklungstypen und Schlüpfstadien bei Mollusken – einige allgemeine Befunde. Malacologia 22: 601–609

Fioroni P (1982c) Larval organs, larvae, metamorphosis and types of development of Mollusca – a comprehensive review. Zool Jahrb Anat 108: 375–420

Fioroni P (1983) Phylogenetische Aspekte der Furchungsmuster. Rev Suisse Zool 90: 939–949

Fioroni P (1985) Zur Klassierung tierlicher Morphogenesen. Zool Jahrb Anat 113: 299–330

*Fioroni P, Baechinger A (1971) Le développement des épines de la carapace des Porcellanidae (Crustacea, Decapoda, Anomoura). Bull Soc Zool Fr 96: 531–533

Fioroni P, Meister G (1974) Embryologie von Loligo vulgaris Lam. In: Siewing R (Hrsg) Großes Zoologisches Praktikum, H 16 c/2. Fischer, Stuttgart

Fioroni P, Schmekel L (1975) Entwicklung und Biotopabhängigkeit bei Gastropoden – ein entwicklungsgeschichtlicher Vergleich. Forma Functio 8: 209–252

Fioroni P, Schmekel L (1976) Die nährstoffreiche Gastropoden-Ontogenese. Zool Jahrb Anat 96: 74–171

Fishel S, Symonds EM (1986) In vitro fertilisation: past, present and future. IRL Press, Oxford, Washington

*Fol H (1875) Etudes sur le développement des mollusques. Premier mémoire: Sur le développement des Ptéropodes. Arch Zool Exp Gén 4: 1–214

*Fontaine R, Damas H, Rochon-Duvigneaud A, Pasteels J (1958) Classe des cyclostomes. Formes actuelles. In: Grassé P (Hrsg) Traité de zoologie, Bd XIII/1. Masson, Paris, S 13–172

Fox H (1983) Amphibian morphogenesis. Humana Press, Clifton, NJ

Freeman BM, Vince MA (1974) Development of the avian embryo. A behavioural and physiological study. Chapman and Hall, London

Freeman WH, Bracegirdle B (1967) An atlas of embryology, 2. Aufl. Heinemann, London Melbourne Toronto

Friedrich H (1979) Nemertini. In: Seidel F (Hrsg) Morphogenese der Tiere. Lieferung 3: D_5–I. Fischer, Jena

Galtsoff PS, Lutz FE, Welch PS, Needham JG (1937) Culture methods for invertebrate animals. Dover, New York

Gardner EJ (1968) Principles of genetics, 3. Aufl. Wiley, New York

Garrod DR (1974) Zellentwicklung. Zelluläre Interaktionen in der embryonalen Entwicklung. Fischer Taschenbuch, Jena

Garrod DR (Hrsg) (1978) Specificity of embryological interactions. Chapman and Hall, London

Garstang W (1928) The origin and evolution of larval forms. Rep Br Assoc U K Presidential Adress, Section D: 77–98

Garstang W (1966) Larval forms with other zoological verses. Blackwell, Oxford London

Gassen HG, Martin A, Bertram S (1985) Gentechnologie. Fischer, Stuttgart

Gasser RF (1975) Atlas of human embryos. Harper and Row, New York

Geigy R, Portmann A (1941) Versuch einer morphologischen Ordnung der tierischen Entwicklungsgänge. Naturwissenschaften 29: 734–743

*Geiler H (1962) Allgemeine Zoologie. Taschenbuch der Zoologie, Bd I. Thieme, Leipzig

Giese AC, Pearse JS (Hrsg) (1974ff.) Reproduction of marine invertebrates. Academic Press, London New York

Gilbert LI, Frieden E (1981) Metamorphosis, a problem in developmental biology, 2. Aufl. Plenum, New York London

Gilchrist FG (1968) A survey of embryology. Mc Graw Hill, New York London

Giudice G (1973) Developmental biology of the sea urchin embryo. Academic Press, London New York

Giudice G (1985) The sea urchin embryo, a developmental biological system. Springer, Berlin Heidelberg New York

Glücksmann A (1965) Cell death in normal development. Arch Biol 76: 413–432

Goodrich ES (1930) Studies on the structure and development of vertebrates. Macmillan, London

Goodwin BC, Holder N, Wylie CC (Hrsg) (1983) Development and evolution. Br Soc Dev Biol Symp 6. Cambridge Univ Press, Cambridge

Goss RJ (1964) Adaptive growth. Academic Press, London New York

Goss RJ (1974) Regeneration. Probleme, Experimente, Ergebnisse. Thieme, Stuttgart

Gottschewski GHM, Zimmermann W (1970) Embryologische Untersuchungsmethoden für Laboratoriumssäugetiere. Schaper, Hannover

Gottschewski GHM, Zimmermann W (1973) Die Embryonalentwicklung des Hauskaninchens, Normogenese und Teratogenese. Schaper, Hannover

Gould JS (1977) Ontogeny and phylogeny. Belknop Press of Harvard Univ Press, Cambridge, Ma, London

Graham CF, Wareing PF (1984) Developmental control in animals and plants. Blackwell, Oxford London

Grant P (1978) Biology of developing systems. Holt, Rinehart and Winston, New York

Grell KG (1973) Protozoology. Springer, Berlin Heidelberg New York

Grosser O, Ortmann R (1970) Grundriß der Entwicklungsgeschichte des Menschen, 7. Aufl (bearb. von R. Ortmann). Springer, Berlin Heidelberg New York

Guenther E (1984) Lehrbuch der Genetik, 4. Aufl. Grundbegriffe der modernen Biologie, Bd 4. Fischer, Stuttgart

Gurdon JB (1968) Transplanted nuclei and cell differentiation. Sci Am 219 (Dezember): 24–35

Gurdon JB (1974) The control of gene expression in animal development. Clarendon Press, Oxford

Gurney R (1942) Larvae of decapod Crustacea. Roy Society B. Quaritch, London

Haan RL de, Ursprung G (Hrsg) (1965) Organogenesis. Holt, Rinehart and Winston, New York

Hadorn E (1961) Developmental genetics and lethal factors. Methuen, London

Hadorn E (1965) Problems of determination and transdetermination. Brookhaven Symp Biol 18: 148–161

Hadorn E (1970) Experimentelle Entwicklungsforschung im besonderen an Amphibien, 2. Aufl. Verständliche Wissenschaft. Springer, Berlin Heidelberg New York (Nachdruck 1981)

*Hadorn E, Wehner R (1978) Allgemeine Zoologie, 20. Aufl. Thieme, Stuttgart

Haeckel E (1866) Generelle Morphologie der Organismen, Bd 1 und 2. Reimer, Berlin

Haecker V (1918) Entwicklungsgeschichtliche Eigenschaftsanalyse (Phänogenetik). Gemeinsame Aufgaben der Entwicklungsgeschichte, Vererbungs- und Rassenlehre. Fischer, Jena

Hämmerling J (1951) Fortpflanzung im Tier- und Pflanzenreich. Sammlung Göschen 1138. De Gruyter, Berlin

Hafez ESE (1975) Scanning electron microscopic atlas of mammalian reproduction. Thieme, Stuttgart

Hagan RH (1951) Embryology of the viviparous insects. Ronald Press, New York

Haget A (1977) L'embryologie des insectes. In: Grassé P (Hrsg) Traité de zoologie, Bd VIII/5 B. Masson, Paris, S 1–387

Ham RG, Veomett MJ (1980) Mechanisms of development. Mosby, St Louis Toronto London

Hamburger V (1960) A manual of experimental embryology. Univ Chicago Press, Chicago London

Hamburgh M (1971) Theories of differentiation. Contemporary biology. Arnold, London

Hamilton WJ, Boyd JD, Mossman HW (1972) Human embryology, 4. Aufl. Williams & Williams, Baltimore

*Harant H, Grassé P (1959) Classe des annélides achètes ou hirudinées ou sangsues. In: Grassé P (Hrsg) Traité de zoologie, Bd V/1. Masson, Paris, S 471–593

Harris H (1970) Cell fusion. Clarendon Press, Oxford

Harrison FW, Cowden RR (Hrsg) (1982) Developmental biology of freshwater invertebrates. Liss, New York

Harrison RG (1969) Organization and development of the embryo. Yale Univ Press, New Haven

Hartmann JF (Hrsg) (1983) Mechanism and control of animal fertilization. Academic Press, London New York

Hartmann M (1943) Die Sexualität. Fischer, Jena

Hartmann M (1951) Geschlecht und Geschlechtsbestimmung im Tier- und Pflanzenreich. Sammlung Göschen 1127. De Gruyter, Berlin

Hay ED (1966) Regeneration. Holt, Rinehart and Winston, New York

Heberer G (Hrsg) (1967ff.) Die Evolution der Organismen, 3. Aufl, 3 Bde. Fischer, Stuttgart

*Hennig W (1964) Wirbellose II. Gliedertiere. Taschenbuch der Zoologie, Bd 3. Thieme, Leipzig

*Herrmann K (1976) Untersuchungen über Morphologie, Physiologie und Ökologie der Metamorphose von Phoronis muelleri (Phoronida). Zool Jahrb Anat 95: 354–426

Hertwig O (1894) The biological problem of today: preformation or epigenesis? The basis of a theory of organic development. Macmillan, London

Hertwig O (Hrsg) (1906) Handbuch der vergleichenden und experimentellen Entwicklungslehre der Wirbeltiere, 3 Bde. Fischer, Jena

Hess D (1972) Genetik. Studio visuell. Herder, Freiburg

Hilscher W (Hrsg) (1983) Problems of the Keimbahn. New work on mammalian germ cell lineage. In: Lierse W (Hrsg) Bibliotheca anatomica, No 24. Karger, Basel München

Hinchcliffe JR, Johnson DR (1980) The development of the vertebrate limb: an approach through experiment, genetics, and evolutions. Oxford Univ Press, London New York

Hörstadius S (1950) The neural crest. Oxford Univ Press, London New York

Hörstadius S (1973) Experimental embryology of echinoderms. Clarendon Press, Oxford

Hogarth PJ (1976) Viviparity. Stud Biol Arnold, London

Hogarth PJ (1978) Biology of reproduction. Blacher, Glasgow

Hopper AF (1985) Foundations of animal development, 2. Aufl. Oxford Univ Press, London New York

Horder TJ, Witkowski JA, Wylie CC (Hrsg) (1985) A history of embryology. Cambridge Univ Press, Cambridge

Houillon Ch (1969) Sexualität. Uni-Text. Reihe Biologie. Vieweg, Braunschweig

Houillon Ch (1972) Embryologie. Uni-Text. Reihe Biologie. Vieweg, Braunschweig

Huettner AF (1960) Fundamentals of comparative embryology of the vertebrates, 5. Aufl. Macmillan, New York

*Hyman LH (1951) The invertebrates, Bd II. Plathelminthes and Rhynchocoela. Mc Graw Hill, New York London

*Hyman LH (1955) The Invertebrates, Bd IV. Echinodermata. Mc Graw Hill, New York London

*Hyman LH (1959) The invertebrates, Bd V. Smaller coelomate groups. Mc Graw Hill, New York London

Jacobsen M (1978) Developmental neurobiology, 2. Aufl. Plenum Press, New York London

Jägersten G (1972) Evolution of the metazoan life cycle. Academic Press, London New York

Jentsch KD (1983) Regulation des Wachstums und der Zellvermehrung. UTB Nr 1255. Fischer, Stuttgart

Jeschikov J (1936) Metamorphose, Cryptometabolie und direkte Entwicklung. Zool Anz 114: 141–152

Johannsen OA, Butt FH (1941) Embryology of insects and myriapods. Mc Graw Hill, New York London

Johnson MH (1977) Development in mammals, 3 Bde. Elsevier, Amsterdam New York

*Jollie M (1962) Chordate morphology. Reinhold, New York

Jüdes U (Hrsg) (1983) In-vitro-Fertilisation und Embryotransfer (Retortenbaby). Wiss Verlagsges, Stuttgart

Just EE (1939) Basic methods for experiments on eggs of marine animals. Blakiston, Philadelphia

*Kaestner A (1963) Lehrbuch der speziellen Zoologie, Teil 1: Wirbellose, 2. Halbbd. Fischer, Jena

*Kaestner A (1965) Lehrbuch der speziellen Zoologie, Bd I. Wirbellose, 1. Teil. Fischer, Jena

*Kaestner A (1972) Lehrbuch der Speziellen Zoologie. Insecta. A: Allg Teil. Fischer, Stuttgart

Karp G, Berrill NJ (1981) Development, 2. Aufl. Mc Graw Hill, London New York

Kaudewitz F (1973) Molekular- und Mikroben-Genetik. Heidelberger Taschenbücher 115. Springer, Berlin Heidelberg New York

Kaufmann MH (1983) Early mammalian development: parthenogenetic studies. Cambridge Univ Press, Cambridge

*Keeton WT (1980) Biological science, 3. Aufl. Norton, London New York

Keibel F (1938 ff.) Normentafeln zur Entwicklungsgeschichte der Wirbeltiere. Fischer, Jena

Keibel F, Abraham K (1900) Normentafeln zur Entwicklungsgeschichte des Huhnes (Gallus domesticus). Fischer, Jena

*Keller RE (1981) An experimental analysis of the role of bottle cells and the deep marginal zone in gastrulation of Xenopus laevis. J Exp Zool 216: 81–101

Kiortsis V, Trampusch HAL (Hrsg) (1965) Regeneration in animals and related problems. Elsevier/North-Holland, Amsterdam New York

Klaembt D, Heitmann J (1979) Grundriß der Molekularbiologie. UTB, Fischer, Stuttgart

Klingmüller W (1979) Genmanipulation und Gentherapie. Springer, Berlin Heidelberg New York

Knippers R (1985) Molekulare Genetik, 4. Aufl. Thieme, Stuttgart

Kohn RR (1971) Principles of mammalian aging. Prentice Hall, Englewood-Cliffs

Koller G (1949) Daten zur Geschichte der Zoologie. Athenäum, Bonn

Kopsch F (1952) Die Entwicklung des braunen Grasfrosches Rana fusca Roesel dargestellt in der Art der Normentafeln zur Entwicklungsgeschichte der Wirbeltiere. Thieme, Stuttgart

Korn H (1982) Annelida (einschließlich Echiurida und Sipunculida). In: Seidel F (Hrsg) Morphogenese der Tiere. Lieferung 5: H-I. Fischer, Jena

Korochkin LJ (1981) Gene interactions in development. Springer, Berlin Heidelberg New York

Korschelt E (1922) Lebensdauer, Altern und Tod, 2. Aufl. Fischer, Jena

Korschelt E (1927) Regeneration und Transplantation. Bornträger, Berlin

Korschelt E, Heider K (1890–1909) Lehrbuch der vergleichenden Entwicklungsgeschichte der wirbellosen Thiere. Allgemeiner Theil (4 Lieferungen) und spezieller Theil (3 Hefte). Fischer, Jena

Korschelt E, Heider K (1936) Vergleichende Entwicklungsgeschichte der Tiere, 2. Aufl, 2 Bde. Fischer, Jena

Kühn A (1965) Vorlesungen über Entwicklungsphysiologie, 2. Aufl. Springer, Berlin Heidelberg New York

Kühn A, Hess O (1984) Grundriß der Vererbungslehre, 8. Aufl. Quelle und Meyer, Heidelberg

Kumé M, Dan K (1968) Invertebrate embryology. Nolit, Belgrad

Kunz W, Schäfer U (1978) Oogenese und Spermatogenese. Fischer, Stuttgart

Lamb M (1977) Biology of aging. Halsted, New York

Lampel G (1965) Die Erscheinungsformen des Blattlaus-Generations- und Wirtswechsels (Homoptera, Aphidoidea). Rev Suisse Zool 72: 609–618

*Langer EM (1979) Auswirkungen der experimentellen Dotterwegnahme auf die Entwicklung von Brachydanio rerio (Cyprinidae, Teleostei). Dissertation, WWU Münster

Langman J (1974) Medizinische Embryologie. Die normale menschliche Entwicklung und ihre Fehlbildungen, 3. Aufl. Thieme, Stuttgart

Lash J, Whittaker JR (Hrsg) (1974) Concepts of development. Sinauer Books. Freeman, Reading

Laviolette P, Grassé PP (1971) Fortpflanzung und Sexualität. In: Grassé PP (Hrsg) Allgemeine Biologie, Bd 2. Fischer, Stuttgart

Lawrence PA (Hrsg) (1976) Insect development. Symp R Entomol Soc London. Blackwell, Oxford London

Le Douarin L (Hrsg) (1979) Cell lineage, stem cells and cell determination. Elsevier, Amsterdam New York

Le Douarin N (1983) The neural crest. Dev Cell Biol 12. Cambridge Univ Press, Cambridge

Lehmann FE (1945) Einführung in die physiologische Embryologie. Birkhäuser, Basel

Leighton T, Loomis WF (Hrsg) (1980) The molecular genetics of development. Mol Biol Ser. Academic Press, London New York

Levine RP (1962) Genetik. Moderne Biologie. BLV, München

Lewin B (1974) Gene expression, 3 Bde. Wiley, New York

Lillie FR, Hamilton HL (1952) Lillies development of the chick; an introduction to embryology. 3. Aufl. Holt, Rinehart and Winston, New York

Lloyd CW, Rees DA (Hrsg) (1981) Cellular controls in differentiation. Academic Press, London New York

Lloyd CW, Pool RK, Edwards SW (Hrsg) (1982) The cell division cycle. Academic Press, London New York

Locke M (Hrsg) (1968a) The emergence of order in developing systems. 27. Symp Soc Dev Biol. Academic Press, London New York

Locke M (Hrsg) (1968b) Control mechanisms in developmental processes. 26. Symp Soc Dev Biol (= Dev Biol Symp A). Academic Press, London New York

Loomis WF Jr (Hrsg) (1970) Papers on regulation of gene activity during development. Harper and Row, New York

Loomis WF (1985) The development of *Dictyostelium discoideum*. Academic Press, London New York

Lotze R (1937) Zwillinge. Einführung in die Zwillingsforschung. Rau, Oehringen

Løvtrup S (1965) Morphogenesis in the amphibian embryo. Zool Gothoburgensis 1: 1–139

Luckhaus G (1965) Fortpflanzung und Nomenklatur im Pflanzen- und Tierreich. Parey, Berlin Hamburg

Ludwig W (1932) Das Rechts-Links-Problem im Tierreich und beim Menschen. Springer, Berlin

Maclean N (1980) Zelldifferenzierung. Steinkopf, Darmstadt

Mann T (1984) Spermatophores. Development, structure, biochemical attributes and role in the transfer of spermatozoa. Zoophysiology, Bd 15. Springer, Berlin Heidelberg New York

*Manner HW (1953) The origin of the blastema and new tissues in regenerating fore limbs of adult *Triturus viridescens viridescens* (Rafinesque). J Exp Zool 122: 229–257

Markert CL, Ursprung H (1974) Entwicklungsbiologische Genetik. Fischer, Stuttgart

Marrable AW (1971) The embryonic pig. Pitman, London

Marshall FHA (1960) Physiology of reproduction, 3. Aufl, 3 Bde. Longmans, London

*Martoja R (1977) Les organes génitaux femelles. In: Grassé P (Hrsg) Traité de zoologie, Bd VIII/5A. Masson, Paris, S 1–123

Mathews WW (1986) Atlas of descriptive embryology, 4. ed. Macmillan, New York

McBride EW (1914) Text-book of embryology, Bd I. Invertebrata, Macmillan, London

McLaren A (Hrsg) (1966) Advances in reproductive physiology. Logos Press, London

McLaren A (1976) Mammalian Chimaeras. Cambridge Univ Press, Cambridge

McLaren A, Wylie CC (Hrsg) (1983) Current problems in germ cell differentiation. Br Soc Dev Biol Symp 7. Cambridge Univ Press, Cambridge

Meisenheimer J (1917) Entwicklungsgeschichte der Tiere, 2 Bde. Göschen, Berlin Leipzig

Meisenheimer J (1921–1930) Geschlecht und Geschlechter im Tierreich, 2 Bde. Fischer, Jena

*Mendoza G (1937) Structural and vascular changes accompanying the resorption of the proctodaeal processes after birth in the embryon of the Goodeidae. J Morphol 61: 95–125

Mergner H (1971) Cnidaria. In: Reverberi G (Hrsg) Experimental embryology of marine and fresh-water invertebrates. Elsevier North-Holland, Amsterdam New York, S 1–84

*Merton H (1930) Die Wanderungen der Geschlechtszellen in der Zwitterdrüse von Planorbis. Z Zellforsch 10: 527–551

Metz CB, Monroy A (Hrsg) (1985) Biology of fertilization, 3 Bde. Academic Press, London New York

Michel G (1983) Kompendium der Embryologie der Haustiere, 3. Aufl. Fischer, Stuttgart

Miller PL (Hrsg) (1970) Control of organelle development. Symp Soc Exp Biol 24. Cambridge Univ Press, Cambridge

Mohr H, Sitte P (1971) Molekulare Grundlagen der Entwicklung. Moderne Biologie. BLV, München

Monroy A (1965) Chemistry and physiology of fertilization. Holt, Rinehart and Winston, New York

Monroy A, Moscona AA (Hrsg) (1966ff.) Current topics in developmental biology. Academic Press, London New York

Moore FD (1970) Transplantation. Geschichte und Entwicklung bis zur heutigen Zeit. Heidelberger Taschenbücher, Bd 77. Springer, Berlin Heidelberg New York

Moore JA (1972) Heredity and development. Oxford Univ Press, London New York

Moore KL (1980) Embryologie. Lehrbuch und Atlas der Entwicklungsgeschichte als Menschen. FK Schattauer, Stuttgart New York

Morgan TH (1927) Experimental embryology. Columbia Univ Press, New York

Moscona AA (Hrsg) (1974) The cell surface in development. Wiley, New York

Naaktgeboren C, Slijper EJ (1970) Biologie der Geburt. Eine Einführung in die vergleichende Geburtskunde. Parey, Hamburg Berlin

Nagl W (1972) Chromosomen. Struktur, Funktion und Evolution. Das wissenschaftliche Taschenbuch. Goldmann, München

Nagl W (1976) Zellkern und Zellzyklen. Molekularbiologie, Organisation und Entwicklungsphysiologie der Desoxyribonucleinsäure und des Chromatins. Ulmer, Stuttgart

Nakamura O, Toivonen S (Hrsg) (1978) Organizer, a milestone of a half-century from Spemann. Elsevier North-Holland, Amsterdam New York

Nath V (1965) Animal gametes (Male). Asia Publ House, London

Nath V (1969) Animal gametes (Female). Asia Publ House, London

Nauck ET (1931) Über umwegige Entwicklung. Morphol Jahrb 66: 65–195

Needham AE (1952) Regeneration and wound-healing. Methuen, London

Needham AE (1964) The growth process in animals. Pitman, London

Needham J (1959) The history of embryology, 2. Aufl. Abelard-Schuman, New York

Nelsen OE (1953) Comparative embryology of the vertebrates. Mc Graw Hill, London New York

New DAT (1966) The culture of vertebrate embryos. Logos Press, London

Newth DR (1970) Animal growth and development. Inst Biol Stud Biol No 24. Arnold, London

Nieuwkoop PD, Faber J (1967) Normal table of *Xenopus laevis* (Daudin), 2. Aufl. Elsevier North-Holland, Amsterdam New York

Nieuwkoop PD, Sutasurya LA (1979) Primordial germ cells in the chordates. Cambridge Univ Press, Cambridge

Nieuwkoop PD, Johnen AG, Albers B (1985) The epigenetic nature of early chordate development. Inductive interaction and competence. Cambridge Univ. Press, Cambridge

*Nigon V (1965) Développement et reproduction des nématodes. In: Grassé P (Hrsg) Traité de zoologie, Bd IV/2. Masson, Paris, S 218–386

Nigon V, Lueken W (1976) Vererbung. In: Grassé PP (Hrsg) Allgemeine Biologie, Bd 4. Fischer, Stuttgart

Nilson L, Furuhjelm M, Ingelman-Sundberg A, Wirsen C (1981) Ein Kind entsteht. Eine Bilddokumentation über die Entwicklung des Kindes vor der Geburt und praktische Ratschläge für die Schwangerschaft. Mosaik, München

Nitschmann J (1986) Entwicklung bei Mensch und Tier (Embryologie). Wiss Taschenbücher, Bd 111, 3. Aufl. Vieweg, Braunschweig

Nover L, Lückner M, Parthier B (Hrsg) (1982) Cell differentiation, molecular basis and problems. Springer, Berlin Heidelberg New York

Nowinski WW (Hrsg) (1960) Fundamental aspects of normal and malignant growth. Elsevier, Amsterdam New York

Oppel A (1891) Vergleichung des Entwicklungsgrades der Organe zu verschiedenen Entwicklungszeiten bei Wirbeltieren. Fischer, Jena

Oppel A (1914) Leitfaden für das embryologische Praktikum und Grundriß der Entwicklungslehre des Menschen und der Wirbeltiere. Fischer, Jena

Oppenheimer J (1967) Essays in the history of embryology and biology. MIT Press, Cambridge

Ortmann R (1979) Gastrula and gastrulation in vertebrates. In: Siewing R (Hrsg) Erlanger Symp Strukturanal Evolutionsforsch: Ontogenese und Phylogenese. Parey, Hamburg Berlin, S 57–72

Overzier C (Hrsg) (1961) Die Intersexualität. Thieme, Stuttgart

Papaconstantinou J, Rutter WJ (Hrsg) (1978) Molecular control of proliferation and differentiation. Academic Press, London New York

Pasternak CA (1970) Biochemistry of differentiation. Wiley Interscience, London

Patten BM (1952) Embryology of the pig, 3. Aufl. Blakiston, New York

Patten BM (1968) Human embryology, 3. Aufl. Mc Graw Hill, London New York

Patten BM (1971) Early embryology of the chick, 5. Aufl. Mc Graw Hill, London New York

Patten BM, Carlson BM (1974) Foundations of embryology. Mc Graw Hill, London New York

*Pehlemann F-W (1968) Die amitotische Zellteilung. Eine elektronenmikroskopische Untersuchung an Interrenalzellen von *Rana temporaria* L. Z Zellforsch 84: 516–548

Peter K (1920) Die Zweckmäßigkeit in der Entwicklungsgeschichte. Eine finale Erklärung embryonaler und verwandter Gebilde und Vorgänge. Springer, Berlin

Pflugfelder O (1958) Entwicklungsphysiologie der Insekten, 2. Aufl. Geest and Portig, Leipzig

Pflugfelder O (1970) Lehrbuch der Entwicklungsgeschichte und Entwicklungsphysiologie der Tiere, 2. Aufl. Fischer, Jena

Pflugfelder O (1980) Protarthropoda. In: Seidel F (Hrsg) Morphogenese der Tiere. Lieferung 4: J–I. Fischer, Jena

Philipp SDM (1974) Spermiogenesis. Academic Press, London New York

Pincus G (1965) The control of fertility. Academic Press, London New York

Platt D (Hrsg) (1974) Experimentelle Gerontologie. Fischer, Stuttgart

Platt D (1976) Biologie des Alterns. Quelle und Meyer, Heidelberg

*Portmann A (1969) Einführung in die vergleichende Morphologie der Wirbeltiere, 4. Aufl. Schwabe, Basel

*Portmann A, Sandmeier E (1965) Die Entwicklung von Vorderdarm, Macromeren und Enddarm unter dem Einfluß von Nähreiern bei *Buccinum, Murex* und *Nucella* (Gastropoda, Prosobranchia). Rev Suisse Zool 72: 187–204

Poste G, Nicolson GL (1976) The cell surface in animal embryogenesis. Elsevier, Amsterdam New York

*Rack G (1972) Pyemotiden an Gramineen in schwedischen landwirtschaftlichen Betrieben. Ein Beitrag zur Entwicklung von *Siteroptes graminum* (Reuter 1900) (Acarina, Pyemotidae). Zool Anz 188: 157–174

Raff RA, Kauffman TC (1983) Embryos, genes and evolution. Macmillan, New York

Rafferty KA (1970) Methods in experimental embryology of the mouse. Hopkins, Baltimore London

Ransom R (1981) Computers and embryos. Models in developmental biology. Wiley, New York

Raven ChRP (1958) Information versus preformation in embryonic development. Arch Neerl Zool 13 (Suppl 1): 185–193

Raven ChRP (1961) Oogenesis; the storage of developmental information. Pergamon Press, Oxford New York

Raven ChRP (1966a) An outline of developmental physiology, 2. Aufl. Pergamon Press, Oxford New York

Raven ChRP (1966b) Morphogenesis: the analysis of molluscan development. 2. Aufl. Pergamon Press, Oxford New York

Raynaud A (Hrsg) (1977) Méchanismes de la rudimentation des organes chez les embryons des vertebrés. Coll Int CNRS (Toulouse), Paris

Reinboth R (Hrsg) (1975) Intersexuality in the animal kingdom. Springer, Berlin Heidelberg New York

*Reinboth R (1980) Vergleichende Endokrinologie. Thieme, Stuttgart

Reinert J, Holtzer H (Hrsg) (1975) Cell cycle and cell differentiation. Springer, Berlin Heidelberg New York

*Renner M (1984) Kükenthal's Leitfaden für das Zoologische Prakti-
kum, 19. Aufl. Fischer, Stuttgart

Reverberi G (Hrsg) (1971) Experimental embryology of marine and
fresh-water invertebrates. Elsevier/North-Holland, Amsterdam
New York

*Riedl R (1983) Fauna und Flora des Mittelmeeres, 3. Aufl. Parey,
Berlin Hamburg

Ries E, Gersch M (1953) Biologie der Zelle. Teubner, Leipzig

Ringertz NR, Savage RE (1977) Cell hybrids. Academic Press, London New York

*Ris H (1955) Cell division. In: Willier BH, Weiss PA, Hamburger V
(Hrsg) Analysis of development. Saunders, London Philadelphia

Romanoff AL (1960) The avian embryo, structural and functional
development. Macmillan, New York

Romanoff AL, Romanoff AJ (1949) The avian egg. Wiley, New
York

Romanoff AL, Romanoff AJ (1967) Biochemistry of the avian
embryo. A quantitative analysis of prenatal development. Wiley,
New York

*Romer AS, Parsons TS (1983) Vergleichende Anatomie der Wirbel-
tiere, 5. Aufl. Parey, Berlin Hamburg

Roosen-Runge EC (1977) Process of spermatogenesis in animals.
Cambridge Univ Press, Cambridge

Rose SM (1974) Regeneration. Addison-Wesley, Reading

Rosenbauer KA (Hrsg) (1969) Entwicklung, Wachstum, Mißbildungen und Altern bei Mensch und Tier. Wiss Verlagsges, Stuttgart

Rothschild L (1956) Fertilization. Methuen, London

Roule L (1894) L'embryologie comparée. Reinwald, Paris

Roux W (1905) Die Entwicklungsmechanik. Ein neuer Zweig der
biologischen Wissenschaft. Beiträge und Aufsätze Entwicklungsmechanik der Organismen No 1. Engelmann, Leipzig

Roux W (1912) Terminologie der Entwicklungsmechanik. Engelmann, Leipzig

*Rudnick D (1944) Early history and mechanics of the chick blasto-
derm. Rev Biol 19: 187-212

Rudnick D (Hrsg) (1958) Embryonic nutrition. Univ Chicago Press,
Chicago London

Rudnick D (Hrsg) (1961) Regeneration. Ronald Press, New York

Rugh R (1946) A laboratory manual of vertebrate embryology. Burgess, Minneapolis

Rugh R (1951) The frog. Its reproduction and development. Mc
Graw Hill, London New York

Rugh R (1964) Vertebrate embryology, the dynamics of development.
Harcourt, Brace and World, New York

Rugh R (1965) Experimental embryology, techniques and procedu-
res. Burgess, Minneapolis

Rugh R (1968) The mouse, its reproduction and development. Burgess, Minneapolis

Sachwatkin AA (1956) Vergleichende Embryologie der niederen Wirbellosen (Ursprung und Gestaltungswege der individuellen Entwicklung der Vielzeller). Deutscher Verlag der Wissenschaften,
Berlin

Sauer HW (1980) Entwicklungsphysiologie. Ansätze zu einer Synthese. Hochschultext. Springer, Berlin Heidelberg New York

Sauer HW (Hrsg) (1981) Progress in developmental biology. Sympo-
sium Mainz 1980. Fortschr Zool. Fischer, Stuttgart

Saunders JW (1968) Animal morphogenesis. Macmillan, New York

Saunders JW (1970) Patterns and principles of animal development.
Macmillan, New York

Saxen L, Toivonen S (1962) Primary embryonic induction. Logos
Press, London

*Schaller F (1962) Die Unterwelt des Tierreiches. Verständliche Wis-
senschaft. Springer, Berlin Göttingen Heidelberg

Schjeide OA, Vellis JC de (Hrsg) (1970) Cell differentiation. Van
Nostrand Reinhold, London New York Toronto

Schmidt GA (1966) Evolutionäre Ontogenie der Tiere. Akademie-
Verlag, Berlin

*Schneiderman HA, Gilbert LI (1964) Control of growth and develop-
ment in insects. Science 143: 325-333

Schumacher GH (1974) Embryonale Entwicklung der Menschen,
2. Aufl. Fischer, Stuttgart

Schwalbe E (1906-1913) Die Morphologie der Mißbildungen des
Menschen und der Tiere. Fischer, Jena

Schwartz V (1973) Vergleichende Entwicklungsgeschichte der Tiere.
Ein kurzes Lehrbuch. Thieme, Stuttgart

Seidel F (1972-1976) Entwicklungsphysiologie der Tiere, 2. Aufl,
3 Bde Sammlung Göschen. De Gruyter, Berlin

Seidel F (Hrsg) (1978ff.) Morphogenese. Handbuch der ontogenetischen Morphologie und Physiologie in Einzeldarstellungen. Erste
Reihe: Descriptive Morphogenese. Fischer, Jena

Seidel F (1978a) Einleitung zum Gesamtwerk. Morphogenetische
Arbeitsmethoden und Begriffssysteme. In: Seidel F (Hrsg) Morphogenese der Tiere. Lieferung 1: A-I. Fischer, Jena

Sengbusch P von (1979) Molekular- und Zellbiologie. Springer, Berlin Heidelberg New York

Sengel P (1976) Morphogenesis of the skin. Cambridge Univ Press,
Cambridge

Sewertzoff AN (1931) Morphologische Gesetzmäßigkeiten der Evolution. Fischer, Jena

Siewing R (1964) Zur Frage der Homologie ontogenetischer Prozesse
und Strukturen. Verh Dtsch Zool Ges 57: 51-95

Siewing R (1969) Lehrbuch der vergleichenden Entwicklungsgeschichte der Tiere. Parey, Berlin Hamburg

Siewing R (Hrsg) (1979) Ontogenese und Phylogenese. Erlanger
Symp Strukturanal Evolutionsforsch 1977. Parey, Berlin Hamburg

Slach JMW (1985) From egg to embryo. Determinative events in
early development. Cambridge Univ Press, Cambridge

Smit P (1961) Ontogenesis and phylogenesis, their interrelation and
their interpretation. Acta Biotheoretica (Th). Brill, Leiden

Smit P (1969) The relationship between form and function and its
influence on ontogenesis and phylogenesis. Acta Biotheoretica 18.
Brill, Leiden

Smith RL (1984) Sperm competition and the evolution of animal
mating systems. Academic Press, London New York

Smith WL, Chanley MH (Hrsg) (1972) Culture of marine invertebrate animals. Plenum Press, London New York

Spemann H (1936) Experimentelle Beiträge zu einer Theorie der Entwicklung. Springer, Berlin (Nachdruck 1968)

Spratt NT (1971) Developmental biology. Wadsworth, Belmont,
Calif

Stancyk SE (Hrsg) (1979) Reproductive ecology of marine invertebrates. Univ South Carolina Press, Columbia

Starck D (1959) Ontogenie und Entwicklungsphysiologie der Säugetiere. De Gruyter, Berlin

Starck D (1962) Der heutige Stand des Fetalisationsproblems. Parey, Berlin Hamburg

Starck D (1975) Embryologie. Ein Lehrbuch auf allgemein biologischer Grundlage, 3. Aufl. Thieme, Stuttgart

*Starck D (1979) Vergleichende Anatomie der Wirbeltiere auf evolutionsbiologischer Grundlage, Bd 2. Springer, Berlin Heidelberg New York

Stearns LW, Stearns NA (1974) Sea urchin development, cellular and molecular aspects. Dowden, Hutchinson and Ross, London New York

Stent G, Calendar R (1978) Molecular genetics, 2. Aufl. Freeman, San Francisco

Steven DH (1975) Comparative placentation. Academic Press, London New York

*Stöhr Ph (1910) Lehrbuch der Histologie und der mikroskopischen Anatomie des Menschen, 14. Aufl. Fischer, Jena

Strehler BL (1976) Time, cells and aging, 2. Aufl. Academic Press, London New York

Subtelny S, Kafatos FC (Hrsg) (1983) Gene structure and regulation in development. 41. Symp Soc Dev Biol. Wiley, New York

Subtelny S, Konigsberg IR (Hrsg) (1979) Determinants of spatial organization. Academic Press, London New York

Sussman M (1978) Molekularbiologie und Entwicklung. Parey, Hamburg Berlin

*Tardent P (1954) Axiale Verteilungs-Gradienten der interstitiellen Zellen bei *Hydra* und *Tubularia* und ihre Bedeutung für die Regeneration. Wilhelm Roux' Arch Entwicklungsmech Org 146: 593–649

Tardent P (1978) Coelenterata, Cnidaria. In: Seidel F (Hrsg) Morphogenese der Tiere. Lieferung 1: A–I. Fischer, Jena

Taylor HD, Guttman SI (Hrsg) (1977) The reproductive biology of amphibians. Plenum Publ, New York

Theiler K (1972) The house mouse. Development and normal stages from fertilization to 4 weeks of age. Springer, Berlin Heidelberg New York

Thompson d'Arcy W (1966) On growth and form. Cambridge Univ Press, Cambridge

Thorbecke GJ (1975) Biology of aging and development. Faseb Monogr 3. Plenum Press, London New York

Timiros PS (Hrsg) (1972) Developmental physiology and aging. Macmillan, New York

Tompa AS, Verdonk NH, Biggelaar JAM van den (Hrsg) (1984) Reproduction. In: Wilbur KM (Hrsg) The mollusca, Bd 7. Academic Press, London New York

*Torrey TW (1971) Morphogenesis of the vertebrates, 4. Aufl. Wiley, New York

Torrey TW, Feduccia A (1979) Morphogenesis of the vertebrates, 4. Aufl. Wiley, New York

*Traut W (1979) Homology of the inducing tissues. In: Siewing R (Hrsg) Erlanger Symp Ontogenie Evolutionsforsch: Ontogenie und Phylogenie. Parey, Hamburg Berlin, S 50–56

Trégouboff G, Rose M (1957) Manuel de planctologie méditerranéenne, 2 Bde. CNRS, Paris

Tuchmann-Duplessis H, Haegel P (1982) Illustrated human embryology, Bd 2. Organogenesis. Springer, Berlin Heidelberg New York

Tuchmann-Duplessis H, Aroux M, Haegel P (1982a) Illustrated human embryology, Bd 3. Nervous system and endocrine glands. Springer, Berlin Heidelberg New York

Tuchmann-Duplessis H, David G, Haegel P (1982b) Illustrated human embryology, Bd 1. Embryogenesis. Springer, Berlin Heidelberg New York

*Tuzet O (1973) Eponges calcaires. In: Grassé P (Hrsg) Traité de zoologie, Bd III/1. Masson, Paris, S 27–132

*Tyler A (1955) Gametogenesis, fertilization and parthenogenesis. In: Willier BH, Weiss PA, Hamburger V (Hrsg) Analysis of development. Saunders, London Philadelphia

Ursprung H, Nöthiger R (Hrsg) (1972) The biology of imaginal disks. Results and problems in cell differentiation, Bd 5. Springer, Berlin Heidelberg New York

Vanable JW, Clark JH (1968) Developmental biology, a laboratory manual. Burgess, Minneapolis

*Verdonk NH (1965) Morphogenesis of the head region in *Limnaea stagnalis*. Dissertation, Utrecht, Thoben Offset Nijmwegen

Verdonk NH, Biggelaar JAM van den, Tompa AS (Hrsg) (1983) Development. In: Wilbur KM (Hrsg) The mollusca, Bd 3. Academic Press, London New York

Vogt W (1925) Gestaltungsanalyse am Amphibienkeim mit örtlicher Vitalfärbung. I. Teil: Methodik und Wirkungsweise der örtlichen Vitalfärbung mit Agar als Farbträger. Wilhelm Roux' Arch Entwicklungsmech Org 106: 542–610

Vorontsova MA, Liosner LD (1960) Asexual propagation and regeneration. Pergamon Press, London New York

Voss H (1962) Embryologischer Atlas für Studenten, 2. Aufl. Fischer, Jena

Waddington CH (1962) New patterns in genetics and development. Columbia Univ Press, New York

Waddington CH (1966) Principles of development and differentiation. Macmillan, New York

Wallace A (1984) Mechanisms of morphological evolution. A combined genetic, developmental and ecological approach. Wiley, New York

Wallace H (1981) Vertebrate limb regeneration. Wiley, New York

Walter H (1978) Sexual- und Entwicklungsbiologie des Menschen. Thieme, Stuttgart

Watson JD (1969) Die Doppel-Helix. Rowohlt, Hamburg

Watson JD (1976) Molecular biology of the gene, 3. Aufl. Benjamin, New York

Watterson RL, Schoenwolf GC, Sweeney RM (1979) Laboratory studies of chick, pig and frog embryos, 4. Aufl. Burgess, Minneapolis

*Weber H (1954) Grundriß der Insektenkunde, 3. Aufl. Fischer, Stuttgart

Weber R (Hrsg) (1965–1974) The biochemistry of animal development, 3 Bde. Academic Press, London New York

Weiss P (1939) Principles of development. Holt, Rinehart and Winston, New York

*Wesenberg-Lund, C (1943) Biologie der Süßwasserinsekten. Springer, Berlin New York

Wessels NK (1977) Tissue interactions and development. Benjamin, New York

Wheatley DN (1982) Cell growth and division. Arnolds, London

Wigglesworth VB (1954) The physiology of insect metamorphosis. Cambridge Univ Press, Cambridge

Willier BH, Oppenheimer JM (Hrsg) (1975) Foundations of experimental embryology, 2. Aufl. Casell & Collier, Macmillan, London

Willier BH, Weiss P, Hamburger V (Hrsg) (1955) Analysis of development. Saunders, London Philadelphia

Willmer EN (1970) Cytology and evolution. Academic Press, London New York

Wilt EN, Wessels NK (Hrsg) (1967) Methods in developmental biology. Crowell, New York

Winkler H (1920) Verbreitung und Ursache der Parthenogenesis im Pflanzen- und Tierreich. Fischer, Jena

Wischnitzer S (1975) Atlas and laboratory guide for vertebrate embryology. Mc Graw Hill, London, New York

Witschi E (1956) Development of vertebrates. Saunders, London Philadelphia

Wolff E (Hrsg) (1964) L'origine de la lignée germinale. Hermann, Paris

Wolff E (Hrsg) (1965) New methods in embryology. Hermann, Paris

Wolff E (1971) Experimentelle Embryologie. Entwicklungsmechanik. In: Grassé PP (Hrsg) Allgemeine Biologie, Bd 3. Fischer, Stuttgart

Wolstenholme GEW, Knight J (1970) Control processes in multicellular organisms. Ciba Found Symp. Churchill, London

Wolstenholme GEW, O'Connor M (Hrsg) (1959) The lifespan of animals. Ciba Found Coll Ageing, Bd 5. Churchill, London

*Woollacott RM, Zimmer RL (Hrsg) (1977) Biology of bryozoans. Academic Press, London New York

Wynn RM (Hrsg) (1977) Biology of the uterus. Plenum Publ, New York

Young D (Hrsg) (1973) Developmental neurobiology of arthropods. Cambridge Univ Press, Cambridge

Zaneveld LJD (1982) Biochemistry of mammalian reproduction. I: Gametes and genital tract fluids. II: Reproductive endocrinology. Wiley, New York

Ziegler H (1902) Lehrbuch der vergleichenden Entwicklungsgeschichte der niederen Wirbeltiere. Fischer, Jena

*Zilch R (1979) Cell lineage in arthropods. In: Siewing R (Hrsg) Erlanger Symp Strukturanal Evolutionsforsch: Ontogenese und Phylogenese. Parey, Berlin Hamburg, S 19–41

Zotin AJ (1972) Thermodynamic aspects of developmental biology. In: Wolsky A (Hrsg) Monogr Dev Biol, Bd 5. Karger, Basel München

Zuckerman L, Weir BJ (1972) The ovary, 2. Aufl. Academic Press, London New York

16.2 Aufgliederung nach Sachgebieten

Die vorliegende Zuordnung ist oft etwas subjektiv. Dies gilt vor allem für die Punkte 16.2.5 und 16.2.6. Zudem ist die Auflistung nicht zuletzt – um allzu häufige Wiederholungen von bereits aufgeführten Büchern zu vermeiden – innerhalb der einzelnen Sachgebiete nicht immer vollständig.

Für die Furchung, ooplasmatische Segregation und die Bildung der Körpergrundgestalt (Gastrulation) wurden keine besonderen Rubriken erstellt. Diese so wichtigen Prozesse werden ausführlich in den unter Punkt 16.2.5 und teilweise 16.2.11 zusammengestellten Büchern behandelt, die im übrigen oft noch verschiedene andere Gebiete abdecken.

Für Fachgebiete, die in diesem Buch weniger intensiv oder nur am Rande dargestellt werden (vor allem Punkt 16.2.7, z. T. auch 16.2.6), sind, um dem Leser ein weiterführendes Literaturstudium zu ermöglichen, trotzdem die wichtigsten Werke zitiert.

16.2.1 Geschichte der Embryologie (Kapitel 1.1)

Horder et al. 1985; Koller 1949; F. D. Moore 1970; Nakamura und Toivonen 1978; J. Needham 1959; Oppenheimer 1967; Watson 1969.

16.2.2 Methodik (Kapitel 1.3)

Austin 1973; Cohen 1967; Costello et al. 1957; Daniel 1978; Ephrussi 1972; Galtsoff et al. 1937; Gassen et al. 1985; Gottschewski und Zimmermann 1970; Gurdon 1968; Hamburger 1960; Harris 1970; Just 1939; New 1966; Rafferty 1970; Ringertz und Savage 1977; Rugh 1946, 1965; Seidel 1978a; W. L. Smith und Chanley 1972; Vanable und Clark 1968; Vogt 1925; Wilt und Wessels 1967; Wolff 1965.

16.2.3 Entwicklungsgeschichtliche Praktika und Atlanten

Arey 1974; Billet und Wild 1975; Downs 1968; Duval 1889; Eichler 1978; Freeman und Bracegirdle 1967; Gasser 1975; Hafez 1975; Mathews 1986; Oppel 1914; Theiler 1972; Voss 1962; Watterson et al. 1979; Wischnitzer 1975.

16.2.4 Entwicklungsgeschichtliche Buchreihen

Abercrombie und Brachet 1961 ff.; Austin und Short 1976–1981; Beermann et al. 1968 ff.; Burger und Weber 1982a, 1982b; Giese und Pearse 1974 ff.; Hertwig 1906 ff.; Keibel 1938 ff.; Korschelt und Heider 1890–1909; Metz und Monroy 1985; Monroy und Moscona 1966 ff.; Seidel 1978 ff.; R. Weber 1965 ff.

16.2.5 Umfassende Embryologien (mit Aspekten in allgemeiner und spezieller Embryologie) (vor allem Kapitel 4 bis 15)

Vgl. auch unter 16.2.6.1.

Abercrombie und Brachet 1961 ff.; von Baer 1828; Balinsky und Fabian 1981; Ballard 1964; Berrill 1961, 1971; Bodemer 1968; Brookbank 1978; Cohen 1967; Emschermann 1973; Fioroni 1973a; Gilchrist 1968; Grant 1978; Hopper 1985; Houillon 1972; Karp und Berrill 1981; Korschelt und Heider 1936; Lash und Whittaker 1974; Meisenheimer 1917; Nitschmann 1986; Patten und Carlson 1974; Pflugfelder 1970; Rosenbauer 1969; Roule 1894; Saunders 1968, 1970; Schmidt 1966; Schwartz 1973; Siewing 1969; Spratt 1971; Starck 1975; Willier, Weiss und Hamburger 1955.

16.2.6 Allgemeine Embryologie

Vgl. auch unter 16.2.7 und 16.2.8.

16.2.6.1 Generelle Fragestellungen (vor allem Kapitel 4 und 5)

Austin und Short 1972; Barth 1953, 1964; Billet 1982; Bonner 1952, 1974; Browder 1980; Burger und Weber 1982a; Calow 1978; Chandebois 1976b; Child 1941; Dalcq 1957; Davenport 1979; Deuchar 1975b; Ebert und Okada 1979; Ede 1981; Garrod 1974, 1978; Glücksmann 1965; Ham und Veomet 1980; Harrison 1969; N. Le Douarin 1979; Locke 1968a; 1968b; Miller 1970; Ries und Gersch 1953; Sauer 1981; Slack 1985; Sussmann 1978; Ursprung und Nöthiger 1972; Waddington 1966; Weiss 1939; Willmer 1970; Wolff 1965; Wolstenholme und Knight 1970; Zotin 1972.

16.2.6.2 Modellvorstellungen, Theorien; philosophische Aspekte (vor allem Kapitel 4 und 5)

Apter 1966; Bandlow 1970; Berking 1981; Bertalanffy 1962; Chandebois 1983; Child 1911; Hamburgh 1971; Hertwig 1894; Peter 1920; Ransom 1981; Raven 1958.

16.2.6.3 Biochemische Aspekte (vor allem Kapitel 4.1 und 4.2)

Brachet 1960; Brachet and Alexandre 1986; Deuchar 1966; Pasternak 1970; Romanoff und Romanoff 1967; R. Weber 1965–1974; Zaneveld 1982.

16.2.6.4 Differenzierung (Kapitel 4.1.1)

Asworth 1974; Beermann et al. 1968ff.; D. D. Davies und Balls 1971; Duspiva 1980; Hamburgh 1971; Lloyd und Rees 1981; Maclean 1980; Nover et al. 1982; Papaconstantinou-Rutter 1978; Pasternak 1970; Schjeide und de Vellis 1970; Waddington 1966.

16.2.6.5 Wachstum (Kapitel 4.1.3)

Batt 1979; Goss 1964; Jentsch 1983; A. E. Needham 1964; Newth 1970; Nowinski 1960; Rosenbauer 1969; Thompson d'Arcy 1966.

16.2.6.6 Zellzyklus (Kapitel 4.2.1)

L. Le Douarin 1979; Lloyd et al. 1982; Nagl 1976; Reinert und Holtzer 1975; Ries und Gersch 1953; Wheatley 1982.

16.2.6.7 Verhalten von Zelloberflächen; Gewebsinteraktionen (vor allem Kapitel 4.2.2)

A. S. G. Curtis 1967; Deuchar 1975; Garrod 1974; Moscona 1974; Poste und Nicolson 1976; Wessels 1977; Willmer 1970.

16.2.7 Entwicklungsphysiologie, experimentelle Embryologie
(vor allem Kapitel 4, 5, 8 bis 10)

16.2.7.1 Allgemeine Aspekte

Vgl. auch unter 16.2.5 und vor allem 16.2.6.

Abercrombie und Brachet 1961ff.; Bandlow 1970; Dalq 1941; D. D. Davies und Balls 1971; Duspiva 1980; Ebert 1967; Ebert und Sussex 1970; Ephrussi 1972; Fautrez 1967; Garrod 1978; Graham und Wareing 1984; Gurdon 1968, 1974; Hadorn 1970; Hamburger 1960; Harris 1970; Hörstadius 1973; Jentsch 1983; Kühn 1965; Lehmann 1945; McLaren 1976; Monroy und Moscona 1966ff.; Morgan 1927; Nieuwkoop et al. 1985; Pflugfelder 1958, 1970; Raven 1966a; Reverberi 1971; Ringertz und Savage 1977; Roux 1905, 1912; Rugh 1965; Sauer 1980; Seidel 1972–1976; Spemann 1936; Subtelny und Konigsberg 1979; Willier und Oppenheimer 1975; Wolff 1971.

16.2.7.2 Mißbildungen (Kapitel 5.11)

Vgl. auch unter 16.2.7.1 und 16.2.11.3 (Homo).

Nowinski 1960; Rosenbauer 1969; Schwalbe 1906–1913.

16.2.7.3 Genetische Aspekte; Molekularbiologie (vor allem Kapitel 5)

Barry 1964; Bielka 1985; Bonner 1965; Botsch 1965; Bresch und Hausmann 1972; Burger und Weber 1982b; De Busk 1968; Brodsky und Uryvaeva 1985; Butler 1968; Davidson 1976; Gardner 1968; Guenther 1984; Gurdon 1974; Hadorn 1961, 1965; Hess 1972; Kaudewitz 1973; Klaembt und Heitmann 1979; Klingmüller 1976; Knippers 1985; Korochkin 1981; Kühn und Hess 1984; Leighton und Loomis 1980; Levine 1962; Lewin 1974; Loomis 1970; Markert und Ursprung 1974; Mohr und Sitte 1971; J. A. Moore 1972; Nagl 1972, 1976; Nigon und Lueken 1976; Papaconstantinou-Rutter 1978; Raff und Kauffman 1983; von Sengbusch 1979; Stent und Calendar 1978; Subtelny und Kafatos 1983; Sussman 1978; Waddington 1962; Watson 1976.

16.2.7.4 Gradientenwirkungen (Kapitel 5.5)

Hörstadius 1973; Kühn 1965; Lehmann 1945.

16.2.7.5 Organisator- und Induktionswirkungen (Kapitel 5.6)

Hadorn 1970; Kühn 1965; Lehmann 1945; Nakamura und Toivonen 1978; Nieuwkoop et al. 1985; Saxen und Toivonen 1962; Spemann 1936.

16.2.7.6 Transplantation (Kapitel 1.3)

Korschelt 1927; I. D. Moore 1970.

16.2.8 Regeneration (Kapitel 4.3)

Brønsted 1969; Brookband 1978; Chandebois 1976a; Goss 1974; Hay 1966; Kiortsis und Trampusch 1965; Korschelt 1927; A. E. Needham 1952; Rose 1974; Rudnick 1961; Vorontsova und Liosner 1960; H. Wallace 1981.

16.2.9 Reproduktion (Kapitel 6)

16.2.9.1 Allgemeine Aspekte; Reproduktion bei bestimmten Gruppen

Asdell 1967; Austin und Short 1976–1981; Balin 1972; Blachwelder und Shepherd 1981; Blüm 1985; Brien 1966; Calow 1978; Cohen 1977; Cohen und Massey 1984; Davey 1965; Giese und Pearse 1974ff.; Hafez 1975; Hämmerling 1951; Hogarth 1978; Laviolette und Grassé 1971; Lotze 1937; Luckhaus 1965; Marshall 1960; McLaren 1966; Pincus 1965; Taylor und Guttman 1977; Walter 1978; Zaneveld 1982; Zuckerman und Weir 1972.

16.2.9.2 Sexualität, Intersexualität, Parthenogenese

Avers 1976; Beatty 1957; Dantschakoff 1941; M. Hartmann 1943, 1951; Houillon 1969; Kaufmann 1983; Lampel 1965; Meisenheimer 1921–1930; Overzier 1961; Reinboth 1975; R. L. Smith 1984; Winkler 1920.

16.2.9.3 Geburt, Viviparität

Hagan 1951; Hogarth 1976; Naaktgeboren und Slijper 1970.

16.2.9.4 Urkeimzellen, Keimzellreifung, Keimzellen (Kapitel 7.1)

Adiyodi und Adiyodi 1983a, 1983b; Afzelius 1975; Austin 1961; Bacetti 1970; Bacetti und Afzelius 1976; Hilscher 1983; Kunz und Schäfer 1978; McLaren und Wylie 1983; Nath 1965, 1969; Nieuwkoop und Sutasurya 1979; Philipp 1974; Pincus 1965; Raven 1961; Roosen-Runge 1977; Wolff 1964; Zaneveld 1982.

16.2.9.5 Besamung, Befruchtung; Spermatophoren (Kapitel 7.2)

Austin 1965, 1968; Dale 1983; Fishel und Symonds 1986; J. F. Hartmann 1983; Jüdes 1983; Mann 1984; Metz und Monroy 1985; Rothschild 1956.

16.2.10 Vergleichende Embryologie

Vgl. auch unter 16.2.3, 16.2.5, 16.2.11 und 16.2.11.3.

Ballard 1964; Dawydoff 1928; Eichler 1978; F. W. Harrison und Cowden 1982; Korschelt und Heider 1890–1909, 1936; Nath 1965, 1969; Nitschmann 1976; Pflugfelder 1970; Roule 1894; Schwartz 1973; Siewing 1969; Starck 1975.

16.2.11 Spezielle Embryologie, Entwicklung spezieller Tiergruppen (vor allem Kapitel 8–10, 12 und 13)

16.2.11.1 Protozoa

Grell 1973; Loomis 1985.

16.2.11.2 Everterbrata

Allgemein
Adiyodi-Adiyodi 1983, 1984; Dawydoff 1928; Giese und Pearse 1974ff.; F. W. Harrison und Cowden 1982; Korschelt und Heider

1890–1909, 1936; Kume und Dan 1968; McBride 1914; Pflugfelder 1970; Reverberi 1971; Roule 1894; Sachwatkin 1956; Schwartz 1973; Siewing 1969; W. L. Smith und Chanley 1972.

Cnidaria
Mergner 1971; Tardent 1978.

Echinodermata
Czihak 1975; Giudice 1973, 1985; Hörstadius 1973; Lehmann 1945; Stearns-Stearns 1974.

Plathelminthes/Nemertini
Brønstedt 1969, Friedrich 1979.

Articulata
Anderson 1973; Davey 1965; Fioroni 1970; Gurney 1942; Hagan 1951; Haget 1977; Johannsen und Butt 1941; Korn 1982; Lawrence 1976; Pflugfelder 1958, 1980; Wigglesworth 1954; Young 1973.

Mollusca
Boyle 1983; Fioroni 1977c, 1978, 1982a, 1982c; Fioroni und Meister 1974; Raven 1966b; Tompa et al. 1984; Verdonk et al. 1983.

16.2.11.3 Vertebrata

Allgemeines
von Baer 1928; Bellairs 1971; Blüm 1985; Bonnet und Peter 1929; Brachet 1935; Dantschakoff 1941; Duval 1889; Goodrich 1930; Hertwig 1906; Hinchcliffe und Johnson 1980; Hörstadius 1950; Huettner 1960; Keibel 1938; Korschelt und Heider 1936; Michel 1983; Nelsen 1953; New 1966; Nieuwkoop et al. 1985; Nieuwkoop und Sutasurya 1979; Oppel 1891; Ortmann 1979; Pflugfelder 1970; Raynaud 1977; Roule 1894; Rugh 1946, 1964, 1965; Schwartz 1973; Starck 1975; Torrey und Feduccia 1979; A. Wallace 1981; Wischnitzer 1975; Witschi 1956; Ziegler 1902.

Anamnia
Deuchar 1975a; Downs 1968; Fox 1983; Gurdon 1968; Hadorn 1970; Kopsch 1952; Lehmann 1945; Løvtrup 1965; Rugh 1951; Taylor und Guttman 1977; Vogt 1925; Ziegler 1902.

Aves
Downs 1972; Freeman und Vince 1974; Keibel und Abraham 1900; Lillie und Hamilton 1952; Patten 1971; Romanoff 1960; Romanoff und Romanoff 1949, 1967.

Mammalia
Asdell 1967; Austin 1961, 1973; Austin und Short 1972, 1976–1981; Beatty 1957; Blandau 1971; Daniel 1978; Gottschewski und Zimmermann 1970, 1973; Hafez 1975; Hilscher 1983; Johnson 1977; Kohn 1971; Marrable 1971; McLaren 1976; Patten 1952; Rafferty 1970; Starck 1959; Steven 1975; Theiler 1972; Zaneveld 1982.

Homo
Beck 1984; Begley et al. 1980; Blechschmidt 1968, 1973, 1974; Boenig und Bertolini 1971; Elias et al. 1974; Gasser 1975; Grosser und Ortmann 1970; Hamilton et al. 1972; Langman 1974; K. L. Moore 1980; Nilsson et al. 1981; Oppel 1914; Patten 1968; Schumacher 1974; Tuchmann-Duplessis und Haegel 1982; Tuchmann-Duplessis et al. 1982a, 1982b; Walter 1978.

16.2.12 Organogenese (Kapitel 10)

Blechschmidt 1973; Cowen 1981; Fox 1983; Hinchcliffe und Johnson 1980; Hörstadius 1950; Jacobsen 1978; N. Le Douarin 1983; Oppel 1891; Sengel 1976; Tuchmann-Duplessis und Haegel 1982; Tuchmann-Duplessis et al. 1982 a; Young 1973.

16.2.13 Altern/Lebensdauer (Kapitel 11)

Behnke et al. 1978; Comfort 1964; Cristofalo 1985; J. Curtis 1968; Davies 1983; Kohn 1971; Korschelt 1922; Lamb 1977; Platt 1974, 1976; Rosenbauer 1969; Strehler 1976; Thorbecke 1975; Timiros 1972; Wolstenholme und O'Connor 1959.

16.2.14 Umwege der Entwicklung; Larven, Metamorphose (Kapitel 12)

Abeloos 1956; Balls und Bownes 1985; Chia und Rice 1978; Etkin und Gilbert 1968; Fioroni 1982 c; Garstang 1928, 1966; Gilbert und Frieden 1981; Jägersten 1972; Trégouboff und Rose 1957; Wigglesworth 1954.

16.2.15 Embryonale Ernährung; Placentation (Kapitel 13)

Fioroni 1970, 1977 b, Fioroni und Schmekel 1976; Hagan 1951; Rudnick 1958; Starck 1975; Steven 1975; Wynn 1977.

16.2.16 Ontogenese-Klassierungen, Entwicklungstypen (Kapitel 3 und 14)

Boyle 1983; Fioroni 1973 b, 1982 c, 1985; Fioroni und Schmekel 1975; Geigy und Portmann 1941; Hogarth 1976; Jägersten 1972; Jeschikov 1936; Stancyk 1979.

16.2.17 Ontogenie und Phylogenie (Kapitel 15)

de Beer 1930, 1958; Bonner 1982; Fioroni 1979 b, 1980 a, 1983; Goodwin et al. 1983; Gould 1977; Haeckel 1866; Haecker 1918; Heberer 1967 ff.; Nauck 1931; Raynaud 1977; Sachwatkin 1956; M. Schmidt 1966; Sewertzoff 1931; Siewing 1964, 1979; Smit 1961, 1969; Starck 1962; A. Wallace 1984; Willmer 1970.

17 Quellenverzeichnis der Abbildungen

Die eigenen, für dieses Buch entworfenen Bilder (wie Abb. 23, 61, 75, 77 i + k, 84, 128 und 129) werden nicht erwähnt. Abbildungen aus Spezialarbeiten, die sich auch in allgemein zugänglichen Embryologiebüchern reproduziert finden, werden unter Mitangabe der letzteren zitiert, um das Literaturverzeichnis (S. 402 ff.) nicht allzu umfangreich werden zu lassen. Alle mit dem Publikationsjahr versehenen Autorennamen finden sich entsprechend im Literaturverzeichnis, so daß unschwer die genaue Quelle der Abbildungen nachgeschlagen werden kann. Dies gilt im übrigen entsprechend für die in den Tabellen aufgeführten Verfassernamen. Wir danken allen Verlagen und Autoren herzlich, die uns das entsprechende Copyright zur Verwendung im vorliegenden Buch erteilt haben.

Man beachte im weiteren, daß die meisten der aus anderen Quellen übernommenen Abbildungen für dieses Buch neu gezeichnet und – im Interesse einer einheitlichen Darstellung (vgl. S. VIII) – entsprechend verändert bzw. teilweise auch ergänzt worden sind (z. B. nach Naef, usw.).

Abb. 1: **A** nach Naef aus Fioroni und Meister (1974); **B** nach Nieuwkoop und Faber (1967); **C** nach Cumin (1972).

Abb. 2: **a–d** nach Pflugfelder sowie Verdonk aus Fioroni (1973 a); **e** nach Ortolani sowie Reverberi aus Traut (1979); **f–i** nach Nelsen, Vogt u. a., Saunders sowie Hadorn aus Fioroni (1973 a).

Abb. 3: **A** nach Fioroni (1973 b); **B + C** nach Portmann (1969).

Abb. 4: nach Vogt, Pasteels, Hadorn, Holtfreter und Hamburger, Holtfreter u. a. aus Fioroni (1973 a).

Abb. 5: **A** aus Fioroni (1982 a); **B** nach Scammon aus Patten und Carlson (1974).

Abb. 6: **A** nach Houillon (1969); **B** nach Seis et al. aus Karp und Berrill (1981); **C** nach Rifkind aus Lash und Whittaker (1974).

Abb. 7: **a + b** nach Ries und Gersch aus Fioroni (1973 a); **c** nach Pehlemann (1968); **d** nach Longo und Anderson aus Lash und Whittaker (1974).

Abb. 8: nach Bernard sowie Stossberg aus Kühn (1965).

Abb. 9: **A** nach Townes und Holtfreter aus Fioroni (1973 a); **B** nach Brien (1937).

Abb. 10: aus Fioroni (1985).

Abb. 11: **a–e** nach Weber (1954); **f + g** nach Yoshikura sowie Rempel aus Anderson (1973).

Abb. 12: **a + b** nach Fioroni (1978); **c + d** nach Crofts (1955); **e–g** nach Angaben Cumins (1972); **h–k** nach Fioroni (1973 b).

Abb. 13: **a + b** aus Spratt (1970); **c–e** nach Tardent (1954).

Abb. 14: **A + B** nach Hay (1966); **C** nach Spratt (1971); **D** nach Hadorn (1981) und Spratt (1971).

Abb. 15: **a** nach Herrmann (1976); **b** nach McBride sowie Czihak aus Pflugfelder (1970); **c + d** nach Salensky sowie Bürger aus Korschelt und Heider (1936); **e** nach Fristrom et al. aus Susuki in Lash und Whittaker (1974).

Abb. 16: **a–f + i** nach Ries und Gersch, Botsch, Dodson sowie Breuer und Pavan aus Fioroni (1973 a); **g, h + k** nach Hess aus Nagl (1972).

Abb. 17: nach Hörstadius, von Ubisch u. a. aus Fioroni (1973 a).

Abb. 18: nach Fioroni (1973 a).

Abb. 19: nach Mangold aus Saxen und Toivonen (1962).

Abb. 20: **a–d** nach Reverberi sowie Minganti aus Kühn (1965); **e–g** nach Hess sowie Cather aus Fioroni (1977 c); **h** nach Fioroni (1974).

Abb. 21: nach Weber, Mahr, Seidel sowie Sauer aus Kühn (1965).

Abb. 22: **a** nach Schneiderman und Gilbert (1964); **b** nach Kaestner (1972); **c** nach Filburn und Wyatt aus Lash und Whittaker (1974); **d** nach Reinboth (1980).

Abb. 24: **a** nach Guligher aus Pflugfelder (1970); **b–f** nach Kühn aus Korschelt und Heider (1936); **g** nach Merejkowsky aus Brien (1937); **h** nach Cuénot (1948); **i** nach Brien aus Hyman (1959); **k–p** nach Braem, von Buddenbrock sowie Oka aus Korschelt und Heider (1936); **q–s** nach Schepotieff aus Korschelt und Heider (1936).

Abb. 25: **a** nach Graff aus Brien (1966); **b + c** nach Pflugfelder (1970); **d** nach Boas aus Hennig (1964); **e–i** nach Kowalewsky bzw. Leuckart, Todaro sowie Korschelt aus Pflugfelder (1970); **k** nach Berrill (1961); **l** nach Brien (1966); **m–o** nach Martin sowie Hirschler bzw. Harmer, Calvet sowie Robertson aus Korschelt und Heider (1936).

Abb. 26: nach Fioroni (1977 a).

Abb. 27: **a–e** nach Bigelow, Wietrzykowski sowie Chun aus Fioroni (1973 a); **f + g** nach Bott sowie Stempell aus Pflugfelder (1970); **h + i** nach Calman bzw. Kahle aus Fioroni (1973 a); **k** nach Rack (1972); **l–o** nach Young aus Etkin und Gilbert (1968).

Abb. 28: nach Kühn aus Fioroni (1973 a).

Abb. 29: a–c nach De Beauchamp (1960) sowie Korschelt und Heider (1936); **d–g** nach Boveri aus Fioroni (1973 a) und Pflugfelder (1970); **h + i** nach Kühn aus Korschelt und Heider (1936); **k** nach Zilch (1979); **l + m** nach Nachtwey aus Korschelt und Heider (1936); **n–s** nach Kahle bzw. Hasper aus Haget (1977).

Abb. 30: nach Nieuwkoop und Sutasurya (1979).

Abb. 31: a–h nach Berrill (1971); **i–n** nach Longo und Anderson aus Lash und Whittaker (1974).

Abb. 32: nach Schmidt (1966) und Cohen (1977).

Abb. 33: a–f nach Schmidt (1966); **g–n** nach Ankel (1930).

Abb. 34: a nach Tuzet aus Harant und Grassé (1959); **b** nach Korschelt und Heider (1936); **c** nach Gatenby sowie Beams aus Siewing (1969); **d–f** nach Martoja (1977); **g** nach Fauré und Frémiet aus Nigon (1965); nach Cowden (1968); **i** nach Mergner aus Siewing (1969); **k** nach Bucher (1965) und Stöhr (1910); **l** nach Merton (1930); **m–o** nach Sara, Lebedinski sowie Pérez aus Siewing (1969).

Abb. 35: a nach Ubbels aus Fioroni (1973 a); **b + c** nach Berrill (1971); **d** aus Torrey (1971).

Abb. 36: a–d aus Haget (1977); **e–g** nach Ankel (1936); **h–l** nach Fioroni (1978); **m + n** nach Ehrenbaum sowie Ancona aus Bertin (1958 c); **o** nach Dean aus Fontaine et al. (1958); **p–r** nach Doflein sowie Ouang aus Bertin (1958 c); **s** nach Rugh (1964).

Abb. 37: A + C nach Fioroni (1973 a); **B** nach Patten und Carlson (1974).

Abb. 38: a nach Ortmann (1979); **b** nach Fioroni (1980 b).

Abb. 39: a + b nach Michael sowie Wolf aus Meisenheimer (1921-1930); **c₁ + c₂** nach Angermann aus Schaller (1962); **d–f** nach Schaller (1962); **g, h + n** nach Geiler (1962); **i** nach Sturm aus Schaller (1962); **k–m** nach Fioroni (1978); **o–q** nach Duboscq und Tuzet, Jägersten sowie Stevens aus Fioroni (1973 a).

Abb. 40: nach Ries und Gersch bzw. Boveri aus Fioroni (1973 a).

Abb. 41: a–d, o–t nach Endo bzw. Colwin und Colwin aus Fioroni (1973 a); **e–n** nach Dan sowie Fallon und Austin aus Saunders (1970); **u–w** nach Cohen (1977).

Abb. 42: A nach Ancel und Vintemberger aus Fioroni (1973 a); **B** nach Raven aus Fioroni (1973 a).

Abb. 43: 1 + 5 nach Pflugfelder (1970); **2, 3, 8-10, 13-15, 18, 19, 21, 23, 25, 28, 30** und **34** nach Hein, Bergh, Selenka, Wilson, Meisenheimer, Hatschek, Hertwig, Brooks, Pace, Clark, Kowalewsky, Glaesner, Schultze sowie Conklin aus Korschelt und Heider (1936); **4** nach Harm aus Mergner (1971); **6** nach Tuzet (1973); **7 + 24** nach Rattenbury sowie Dean aus Siewing (1969); **11 + 27** nach Woltereck sowie Kowalewsky aus Dawydoff (1959); **12, 16, 17 + 35** nach Montgomery, Marcus, Dogiel sowie Delsman aus Pflugfelder (1970); **20 + 33** nach Delsman sowie Wilson aus Anderson (1973); **22** nach Pflugfelder aus Dawydoff (1949); **26** nach Boveri aus Fioroni (1973 a); **29** nach Fioroni (1979 a); **31** nach Gardiner aus Hyman (1951); **32** nach Hatschek aus Brien (1959).

Abb. 44: a nach Fioroni (1974); **b** nach Julin aus Brien (1948); **c, e, f–h** nach Nelsen (1953); **d** nach Langer (1979); **i–l** nach diversen Autoren aus Siewing (1969); **m** nach Rugh aus Berrill (1971).

Abb. 45: nach Fioroni (1973 a).

Abb. 46: a nach Claus aus Mergner (1971); **b** nach Selenka aus Siewing (1969); **c** nach Boveri aus Korschelt und Heider (1936); **d₁ + d₂** nach Nyholm aus Mergner (1971).

Abb. 47: Rs + Rp nach Pollister und Moore bzw. Nelsen aus Nelsen (1953); **Ta** nach Knight aus Lehmann (1945); **Am, As, Nm + Lp** nach Eycleshymer, Dean, Eycleshymer und Wilson sowie Kerr aus Nelsen (1953); **Ac** nach Dean sowie Whitman aus Nelsen (1953) bzw. Pflugfelder (1970); **Lo** nach Dean aus Nelsen (1953).

Abb. 48: a nach Marcus aus Pflugfelder (1970); **b** nach Brooks aus Korschelt und Heider (1936); **c + d** nach Anderson bzw. Delsman aus Siewing (1969); **e** nach Kühn sowie Anderson aus Anderson (1973); **f** nach Mathew aus Anderson (1973); **g** nach Anderson (1973); **h** nach Manton aus Anderson (1973).

Abb. 49: a nach Rattenbury aus Siewing (1969); **b + c** nach Child bzw. Robert aus Pflugfelder (1970); **d–f, i** nach Newby, Geroud, Child sowie Robert aus Siewing (1969); **g** nach Mead aus Anderson (1973); **h** nach Heath aus Pflugfelder (1970); **k** nach Verdonk (1965); **l + m** vor allem nach Conklin aus Fioroni (1973 a); **n** nach Sukatschoff, Dimpker sowie Anderson aus Anderson (1973); **o** nach Bresslau aus Siewing (1969); **p** nach Swetloff aus Siewing (1969).

Abb. 50: a nach Cerfontaine sowie Conklin aus Siewing (1969) und Pflugfelder (1970); **b** nach Conklin aus Korschelt und Heider (1936); **c** nach Siewing (1969).

Abb. 51: a–d nach Anderson, Manton sowie Mellanby aus Anderson (1973); **e + f** nach Mergner bzw. Nyholm aus Mergner (1971); **g** nach Brauer aus Korschelt und Heider (1936); **h** nach Morin aus Dawydoff (1949); **i** nach Weygoldt aus Anderson (1973); **k** nach Uzel aus Pflugfelder (1970).

Abb. 52: a + b nach Brauer aus Dawydoff (1949); **c** nach Fioroni (1978); **d** nach Korotneff aus Siewing (1969).

Abb. 53: nach Kopsch, Wilson, Ziegler, Patterson, Olsen sowie Flynn und Hill aus Nelsen (1953).

Abb. 54: nach Hill, Flynn und Hill, Heuser und Streeter u. a. aus Fioroni (1973 b).

Abb. 55: a nach Marcus aus Brien (1960); **b** nach Pace aus Pflugfelder (1970); **c** nach Correa aus Siewing (1969); **d** nach Bakke (1976); **e–g** nach Tannreuther, Meyer sowie Boveri aus Siewing (1969).

Abb. 56: a nach Raven aus Fioroni (1973 a); **b** nach Meisenheimer aus Korschelt und Heider (1936); **c** nach Brooks und Rittenhouse aus Mergner (1971); **d** nach Fulinski und Bresslau aus Pflugfelder (1970); **e** nach Stier aus Siewing (1969); **f, g + i** nach Johannsen und Butt aus Pflugfelder (1970); **h** nach Pflugfelder (1970).

Abb. 57-59 nach Fioroni (1979 b).

Abb. 60: nach Fioroni (1983).

Abb. 62: nach Fioroni (1980 b) und Fioroni (1973 a).

Abb. 63: **A** nach Conklin aus Fioroni (1973 a); **B** nach Raven aus Fioroni (1973 a, 1977 c); **C** nach Ubbels aus Nieuwkoop und Sutasurya (1979).

Abb. 64: **a** nach von Ubisch aus Tyler (1955); **b-f** nach Treadwell, Delsman sowie Anderson aus Anderson (1973).

Abb. 65: **a + b** nach Ortolani sowie Reverberi et al. aus Traut (1979); **c + d** nach Tung et al. aus Ortmann (1979); **e** nach Weissenberg sowie Dalcq aus Nieuwkoop und Sutasurya (1979); **f** nach Pasteels sowie Nieuwkoop und Florschütz aus Nieuwkoop und Sutasurya (1979); **g + h** nach Vogt, Pasteels sowie Nieuwkoop und Florschütz aus Nieuwkoop und Sutasurya (1979); **i-l** nach Vogt sowie Pasteels aus Saxen und Toivonen (1962) und Nieuwkoop und Sutasurya (1979).

Abb. 66: **a, c-e** nach Nelsen (1953); **b** nach Oppenheimer aus Nelsen (1953); **f** nach Rudnick (1944).

Abb. 67 + 68: nach Fioroni (1979 b).

Abb. 69: **a-e** aus Fioroni (1979 b); **f-i** nach Conklin, Naef sowie Fioroni aus Fioroni (1979 a).

Abb. 70: nach Fioroni (1980 a).

Abb. 71: nach Woltereck, Manton, Fioroni, Iwata, Inoue, Akesson sowie Dautert aus Fioroni (1980 a).

Abb. 72: **A** nach Zimmermann aus Sachwatkin (1956); **B** nach Tuzet aus Fioroni (1973 a).

Abb. 73: nach zahlreichen Autoren schematisiert aus Fioroni (1979 b).

Abb. 74: **a-e, g** nach Metschnikoff sowie Chun aus Siewing (1969); **f** nach Korschelt und Heider (1936); **h** nach Hertwig aus Kaestner (1965 ff).

Abb. 76: **a-g, p-r** nach den Angaben der verschiedensten Autoren schematisiert; **h-n** nach Bateson sowie Dawydoff aus Siewing (1969); **o** nach Pflugfelder (1970); **s** nach Goodrich aus Siewing (1969); **t** nach Conklin aus Pflugfelder (1970); **u** nach Doncaster aus Korschelt und Heider (1936); **v** nach Ivanov aus Siewing (1969).

Abb. 77: **a + c** nach Spemann (1936); **b + d** nach Balinsky (1970); **e-h** nach Rugh (1964).

Abb. 78: **A + B a-d** nach Løvtrup (1965); **B e-g** nach Keller (1981); **B h + i** nach Vogt, Pasteels sowie Nieuwkoop und Florschütz aus Nieuwkoop und Sutasurya (1979).

Abb. 79: **a + b** nach Portmann (1969); **c** nach Torrey (1971).

Abb. 80: **a-f** nach Patten und Carlson (1974); **g + m** nach Hadorn und Wehner (1978); **h-l** nach Stone aus Nelsen (1953); **n** nach Boyd, Hamilton sowie Mossman aus Starck (1975).

Abb. 81: **a + b** nach Conklin aus Nelsen (1953); **c, f-h** nach Conklin aus Siewing (1969); **d + e** nach Hatschek aus Korschelt und Heider (1936); **i** nach Lankester und Willey aus Korschelt und Heider (1936); **k** nach Renner (1984).

Abb. 82: nach Fioroni (1979).

Abb. 83: **a + b** nach Penners aus Siewing (1969); **c-g** nach Anderson aus Siewing (1969); **h** nach Patten aus Siewing (1969); **i + k** nach Fioroni (1979); **l-p** nach Fernando und Herbers aus Korschelt und Heider (1936).

Abb. 85: **a-d** nach Fioroni aus Anderson (1973); **e + f** nach Fuchs sowie Cannon aus Siewing (1969); **g + h** nach Manton bzw. Anderson aus Anderson (1973).

Abb. 86: **a-h, k-n** nach Weber (1954); **i** nach Korschelt und Heider (1936).

Abb. 87: **a-d** nach Philiptschenko, Leuzinger, Inkmann sowie Heider aus Pflugfelder (1970); **e, f, h-k** nach Striebel, Rempel, Dawydoff sowie Wallstabe aus Anderson (1973); **g + l** nach Kautsch bzw. Marcus aus Korschelt und Heider (1936).

Abb. 88: **a-d** nach Brauer aus Pflugfelder (1970); **e** nach Metschnikoff aus Dawydoff (1949); **f-i** nach Julin aus Korschelt und Heider (1936) und Brien (1948).

Abb. 89: **a-g** nach Fioroni (1979 a); **h-k** nach Fioroni (1978).

Abb. 90: **a-d** nach Wilson sowie Kerr aus Nelsen (1953); **e + f** nach Sumner bzw. Wilson aus Nelsen (1953); **g-i** nach Nelsen (1953); **k + l** nach Kopsch aus Starck (1975); **m** nach Dean aus Siewing (1969), **n + o** nach Brauer bzw. Dean aus Nelsen (1953).

Abb. 91: **a + b** nach Spratt (1971); **c + d** aus Nelsen (1953); **e** nach Patten (1971); **f + g** nach Huettner aus Rugh (1964); **h + i** nach Starck (1975).

Abb. 92: **a + d** nach Patten (1971); **b** nach Freeman und Bracegirdle (1967); **c** nach Patten und Carlson (1974).

Abb. 93: **a-d** nach Patten (1971); **e + f** nach Ragosina aus Starck (1975).

Abb. 94: nach Grosser aus Starck (1975).

Abb. 95: nach van der Horst bzw. Starck, Boyd, Hamilton sowie Mossman aus Starck (1975).

Abb. 96: **I** nach Duval aus Starck (1975); **II** nach Patten (1952); **III a + b** nach Snell aus Rugh (1964); **III c + IV** nach Starck (1975).

Abb. 97: **a-c** nach Vogt aus Balinsky (1970); **d + e** nach Nelsen (1953); **f-k** nach Holtfreter bzw. Gustafson aus Berrill (1971); **l-o** nach Townes und Holtfreter und Holtfreter aus Berrill (1971).

Abb. 98: nach Fioroni (1982 a).

Abb. 99: **a-c, g-m** nach Portmann (1969) und Fioroni (1978); **d-f** nach Coulombre aus Karp und Berrill (1981).

Abb. 100: **a + b** nach Fioroni (1961); **c-f** nach Stöhr (1910); **g-i** nach Witschi (1956); **k** nach Portmann (1969); **l-n** nach Fioroni (1978).

Abb. 101: **a + b** aus Balinsky (1970); **c-f** nach Fioroni (1973 a).

Abb. 102: nach Hill bzw. Streeter und diversen Rekonstruktionen der Carnegie Collection aus Patten und Carlson (1974).

Abb. 103: **a-d** nach Wheeler aus Haget (1977); **e + f** nach Demian und Yousif (1975); **g + h** nach Dawydoff aus Kaestner (1963).

Abb. 104: **a-e** nach Rugh aus Karp und Berrill (1981); **f-h** nach Meister aus Fioroni (1978); **i** nach Hamlyn und Harris aus Fioroni (1981).

Abb. 105: **a + b** nach Portmann (1969); **c-f** nach Romer und Parsons (1983); **g-i** nach Patten aus Jollie (1962); **k + l** nach Starck (1975).

Abb. 106: **a-c** nach Balinsky aus Torrey (1971); **d-f** nach Torrey (1971); **g-l** nach Nelsen (1953); **m** nach Hamburger und Hamilton aus Saunders (1968).

Abb. 107: **a-c** nach Nelsen (1953); **d-g** nach Flint sowie Maximow und Bloom aus Nelsen (1953); **h + i** nach Portmann (1969); **k + l** nach Morris aus Nelsen (1953).

Abb. 108: nach Rugh (1964).

Abb. 109: **a + c** nach Patten (1971); **b, d + e** nach Rugh (1964).

Abb. 110: **a + b** nach Wiesmann aus Haget (1977); **c-f** nach Nelsen (1953); **g-k** nach Portmann (1969); **l-o** nach Patten (1971).

Abb. 111: **a + b** nach Huettner aus Siewing (1969); **c-k** nach Patten und Carlson bzw. Balinsky aus Karp und Berrill (1981).

Abb. 112: **a-c, e-g, i, l, m + o** nach Fioroni (1973 b); **d** nach Woltereck aus Dawydoff (1959); **h** nach Fioroni (1982 c); **k** nach Trégouboff aus Brien (1973); **n** nach Rogick aus Hyman (1959).

Abb. 113: aus Fioroni (1982 c).

Abb. 114: **a-c** nach Minchin aus Korschelt und Heider (1936); **d + e** nach Maas bzw. Brien und Meewis aus Brien (1973); **f + g** nach Kühn bzw. Leloup aus Korschelt und Heider (1936); **h-u** nach Ciamician, Wietrzykowski, Delap, Duerden, Carlgren sowie Conklin aus Mergner (1971).

Abb. 115: **a-d** nach Selys-Longchamps, Meek sowie Cori aus Siewing (1969); **e-i** nach Lacaze-Duthiers, Kowalewsky, Barrois sowie Prouho aus Hyman (1959); **k-n** nach Kupelwieser bzw. Marcus aus Siewing (1969); **o** nach Schepotieff aus Pflugfelder (1970); **p-s** nach Stiasny sowie Morgan aus Korschelt und Heider (1936).

Abb. 116: **a-d** nach Thomson sowie Seeliger aus Hyman (1955); **e** nach Müller aus Siewing (1969); **f** nach Mortensen aus Pflugfelder (1970); **g + h** nach Trégouboff und Rose (1957); **i** nach Mortensen aus Dawydoff (1948); **k + m** nach Hörstadius aus Siewing (1969); **l + n** nach Mead bzw. McBride aus Hyman (1955); **o** nach Pflugfelder (1970); **p-r** nach Semon sowie Selenka aus Siewing (1969).

Abb. 117: **a, b, e + f** nach Janicki, Rosen sowie Fuhrmann aus Pflugfelder (1970); **c, d, g + h** nach Rosen bzw. Kato sowie Verrill aus Hyman (1951); **i + k** nach Meyer bzw. Hatschek aus Korschelt und Heider (1936); **l** nach Siewing (1969); **m + n** nach Beard bzw. Hammersten aus Korschelt und Heider (1936); **o-q** nach Cori aus Siewing (1969).

Abb. 118: **a** nach Akesson aus Anderson (1973); **b-e** nach Woltereck und Fraipont aus Siewing (1969) und De Beauchamp (1959); **f, g, i + k** nach Wilson sowie Dales aus Anderson (1973); **h, l, m, o + p** nach Pflugfelder (1970); **n** nach Haecker aus Korschelt und Heider (1936).

Abb. 119: **a-d** nach Stiles, Meisenheimer, Kingsley und Winkler aus Korschelt und Heider (1936); **e** nach Tiegs aus Pflugfelder (1970); **f + g** nach Turner aus Etkin (1955).

Abb. 120: **A a, b, d-f** nach Weber, Lauterborn, Rousseau sowie Schoenemund aus Wesenberg-Lund (1943); **A c** nach Engelhardt (1977); **B** nach Weber sowie Peterson aus Weber (1954); **C** nach Sundermeier, Hickin sowie Peterson aus Weber (1954).

Abb. 121: **a** nach Benesch (1969); **b-f** nach Claus aus Korschelt und Heider (1936); **g-k** nach Delage aus Siewing (1969); **l-n** nach Malaquin aus Korschelt und Heider (1936); **o** nach Fioroni und Baechinger (1971); **p + q** nach Gurney (1942); **r + s** nach Müller aus Korschelt und Heider (1936); **t** nach Siewing (1969); **u** nach Trégouboff und Rose (1957); **v-x** nach Costlow und Bookhout aus Costlow (1968); **y + z** nach Giesbrecht aus Korschelt und Heider (1936).

Abb. 122-125 nach Fioroni (1982 c).

Abb. 126: **a + b** nach Taning bzw. Emery aus Bertin (1958 a); **c-e** nach Hesse, Brauer sowie Assheton aus Korschelt und Heider (1936); **f-h** nach Kerr, Steindachner sowie Witschi aus Jollie (1962); **i, k, p + q** nach Anderson sowie Orton aus Dent (1968); **l-o** nach Witschi (1956); **r** nach Brauer aus Korschelt und Heider (1936).

Abb. 127: **a + b** nach Rückert aus Ziegler (1902); **c-e** nach McMurrich bzw. Nyholm aus Mergner (1971); **f-i** nach Fioroni (1977 b); **k-n** nach Thompson bzw. Fioroni aus Fioroni (1973 a); **o-q** nach Starck (1975).

Abb. 130: **a + b** nach Fioroni (1974); **c-h** nach Portmann sowie Portmann und Bidder aus Fioroni (1978).

Abb. 131: **a** nach Billeter (unveröffentlicht); **b-e** nach Nelsen bzw. Kunz aus Fioroni (1973 a); **f-h** nach Portmann (1969); **i** nach Patten und Carlson (1974).

Abb. 132: **a + b** nach Tuzet und Duboscq bzw. Metschnikoff aus Fioroni (1973 a); **c + d** nach Ax sowie Giesa aus Pflugfelder (1970); **e** nach Schmidt aus Fioroni (1973 a); **f, h-n** nach Fioroni und Schmekel (1976); **g** nach Portmann und Sandmeier (1965).

Abb. 133: **a + b** nach Schmidt bzw. Wilson aus Fioroni (1973 a); **c-f** nach Fioroni (1977 b); **g** nach Fioroni (1979 c); **h + i** nach Fioroni (1973 a).

Abb. 134: **a-c** nach Weygoldt aus Fioroni (1973 a); **d-f** nach Hubendick, Herbers sowie Fryer aus Fioroni (1977 b); **g** nach Johannsen und Butt aus Fioroni (1973 a); **h** nach Fioroni (1977 b).

Abb. 135: **a-e** nach Brien, Manton, Kennel sowie Pawlowsky aus Fioroni (1973 a); **f-k** nach Pawlowsky bzw. Pflugfelder aus Pflugfelder (1970); **l-o** nach Fernando, Hagan sowie Heymons aus Fioroni (1973 a).

Abb. 136: **a + b** nach Ranzi aus Jollie (1962) und Bertin (1958 c); **c-g** nach Turner, Tavolga sowie Rugh aus Bertin (1958 b); **h** nach Mendoza (1937); **i + k** nach DeLange aus Jollie (1962).

Abb. 137: **a-g** nach Portmann (1969); **h-n** nach Jollie (1962).

Abb. 138: **A** nach Portmann (1969); **B** nach Starck (1975).

Abb. 139: nach Fioroni (1982 b).

Abb. 140: nach Fioroni (1982 a).

Abb. 141: **a** nach McBride aus Pflugfelder (1970); **b** nach Bürger aus Korschelt und Heider (1936); **c** nach Dawydoff (1949); **d** nach Korschelt und Heider (1936); **e-i** nach Portmann (1969).

Abb. 142: **a + b** nach Anderson (1973); **c + d** nach Sedgwick bzw. Weygoldt aus Dohle (1979); **e + f** nach Bock bzw. Ullman aus Anderson (1973).

Abb. 143: **a + b** nach Fioroni (1982 a); **c-g** nach Trégouboff und Rose (1957) und Riedl (1983).

Abb. 144: **a** nach Frick sowie Starck aus Starck (1979); **b** nach Newth (1970) und Patten aus Patten und Carlson (1974).

Abb. 145: **A + B** nach Fioroni (1982 a); **C** nach Fioroni (1979).

Sachverzeichnis

Die gewöhnlich gesetzten Zahlen bezeichnen die entsprechenden Seiten im Text. Kursive Zahlen beziehen sich auf Tabellen, halbfette auf Abbildungen.
Abbildungshinweise sind nicht zuletzt im Hinblick auf Tabelle 88 nur spärlich beigefügt. Zudem kommen die Begriffe oft in mehr Abbildungen vor als angegeben; die Hinweise wollen dem Leser in erster Linie erlauben, sich vom betreffenden Begriff rasch ein optisches Bild machen zu können. Die Tabellen sind nur nach Hauptbegriffen aufgeschlüsselt.
Des weiteren werden die einzelnen Tierarten bzw. systematischen Einheiten nicht aufgeführt, da die Tabellen 88 und 89 eine Aufteilung des behandelten Stoffes auf die einzelnen Tiergruppen ermöglichen.

Liste der mehrfach in den Abbildungen auftretenden Abkürzungen

Abd	Abdomen
Ac	Acrosom (Kopfstück)
aDs	äußerer Dottersack
All	Allantois (embryonale Harnblase)
Am	Amnion
Amf oder AmF	Amnionfalte
Amh	Amnionhöhle
An	Anus (After)
Ant	Antenne
aP	animaler (Ei)pol
Arm	Arm(e) bzw. Armkranz
At	Atrium (Vorkammer)
Au	Auge
Aube	Augenbecher
aWs	apikaler Wimperschopf
Bc	Blastocoel (Furchungshöhle)
Bd	Blastoderm
Bgf	Blutgefäß
Bm	Blastomere(n)
Bma	Bauchmark
Bp	Blastoporus (Urmund)
cau	caudal
ce	cephal
Cen	Centriol (Centrosom)
Cg oder CG	Cerebralganglion
Ch	Chorda
Cho	Chorion (Eihülle)
Ci	Cilie(n)
Coe	Coelom (sekundäre Leibeshöhle)
Ct	Ctenidium (Kieme)
Da	Darm
deg oder (deg)	degenerierend
Dm	Dottermacromere(n)
Dme	Dottermembran (vitelline Membran)
do	dorsal
Do	Dotter (Vitellus)
DO	Dorsalorgan (Rückenorgan)
Doen	Dotterentoderm
Dove	Dottervene [Vena vitellina bzw. omphalomesenterica (*Gallus*)]
Ds	Dottersack
Dsy	Dottersyncytium (Dotterepithel)
Dt	Dermatom
dUl	dorsale Urmundlippe (dorsale Blastoporuslippe) (=Organisatorbereich)
DZ	Dotterzelle
Ec	Ectoderm
Ect oder EcTe	Ectoteloblast(en)
Ed	Enddarm
eEc	epidermales Ectoderm
eeCoe	extraembryonales Coelom (Exocoel der Säuger)
Ek oder EK	Eiklar (perivitelline Flüssigkeit)
Em	Embryo
En	Entoderm
Ep	Epidermis (Oberhaut)
Epi	Episphäre
Ery	Erythrocyte(n) [Blutzelle(n)]
EZ	Eizelle (Oocyte)
F	Fuß
Fau	Facettenauge (Komplexauge)
Fh	Furchungshöhle (Blastocoel)
Gb	Gehörbläschen (Ohrbläschen)
Ge	Gehirn
Gel	Genitalleiste
Go	Gonade
Gr	Gastralraum
He	Herz
Ho	Hoden (Testis)
Hyp	Hyposphaere
iDs	innerer Dottersack
In	Invagination (Einstülpung, Embolie)
iV	intravitelline Vitellophage(n)
Kbl	Kopfblase (Cephalocyste)
Ke	Kern (Nucleus) bzw. Kerne
KGZ	Kragengeißelzelle(n) [Choanocyte(n)]
Klo	Kloake
Ks	Kiemenspalte(n)
KSE	Keimscheibe
Le	Leber
Lh	Larvalherz
Li	Linse
Lk	Luftkammer
Ln oder LN	Larvalniere
Ma	Magen
Md	Mitteldarm
Mddr	Mitteldarmdrüse
Mdi	Mandibel
Me	Mesoderm
MeEn	Mesentoderm
Mes	Mesenchym (Mesenchymzellen; Bindegewebe)
Mest	Mesodermstreifen
Mh	Mantelhöhle
Mi	Mitochondrium
Mic	Micromere(n)
Micoe	Mixocoel
Mito	Mitose(n)
Mm	Macromere(n)
Mr	Mantelrand
Mtr	Metatroch (postoraler Wimperkranz)
Mu	Mund(öffnung)
Mus	Muskulatur
My	Myelencephalon (Mark- oder Nachhirn)
Myt	Myotom
N	Niere
Nb	Neuroblast(en) [Ganglienmutterzelle(n)]
NE	Nährei(er)
nEc	neurales Ectoderm
Nf	Neuralfalte (Neuralwulst)
Nl	Neuralleiste
Npl	Neuralplatte (Medullar- oder Hirnplatte)
Nr	Neuralrohr (bzw. Rückenmark)
Nri	Neuralrinne
NS	Nervensystem
Nstr	Nabelstrang
Nt	Nephrotom (Zwischenstück, Ursegmentstiel)
Oce	Ocellus (Augenfleck)
Oe	Oesophagus
Ol	Oberlippe (bzw. Labrum)
Op	Operculum
Ov	Ovar (Eierstock)
Pb	Periblast (Dotterepithel)
Pg oder PG	Pedalganglion
Ph	Pharynx
Pig	Pigment(ierung)
Plac	Placenta
Plg oder PlG	Pleuralganglion
pMes	primäres Mesenchym
Pn	Protonephridium (Urniere)
pP	praechordale Platte
Proct	Proctodaeum
Ptr	Prototroch (praeoraler Wimperkranz)
pV	perivitelline Vitellophage(n)
Rhomb	Rhombencephalon
Ri	Ribosom(en)
Rk	Richtungskörper (Polkörper, Polocyte)
Rm	Rückenmark (Neuralrohr)
Rt oder RT	Radulatasche
Rü	Rüssel (Proboscis)
S	Schale
Schpl	Scheitelplatte (Apicalplatte)
Sd oder Sdr	Schalendrüse
Ser	Serosa (bzw. Chorionectoderm bei Eutheriern)
Sg	Subgerminalhöhle
Sive	Sinus venosus
sMes	sekundäres Mesenchym
Sn	Saugnapf
So	Somit (Ursegment)
Sop	Somatopleura
Sp	Spermium
SP	Seitenplatte
Spl	Splanchnopleura
Stc	Statocyste
Sto	Stomodaeum (Anlage des Vorderdarms)
Su	Substrat
Tb	Trophoblast (bzw. Periblast bei Fischartigen)
Tbl	Tintenbeutel (bzw. Tintendrüse)
Te	Tentakel
Tr	Trichter(rohr)
Ttr	Telotroch (circumanaler Wimperkranz)
U	Ursegment (Somit)
Ud	Urdarm (Archenteron)
UKZ	Urkeimzelle(n)
UMZ	Urmesodermzelle
V	Vitellophage(n) [primäre Dotterzelle(n)]
Vd	Vorderdarm
ve	ventral
Ve	Velum (Mundsegel)
vP	vegetativer Eipol
→	Anlage von, Bildung von bzw. prospektive Anlage von

,

per-

,

rm

bei

üse)

w.